제5편 제어용 기계요소 ··· 294
제6편 주조 ·· 300
제7편 소성가공 ·· 308
제8편 용접 ·· 318
제9편 절삭가공 ·· 327
제10편 공작기계 ·· 334
제11편 측정 ·· 358
제12편 유체기계 ·· 361
제13편 유압기기 ·· 367
제14편 공압기기 ·· 370
제15편 재료역학 ·· 372
제16편 보속의 굽힘과 응력 ·· 376

Part 04 전기제어공학

제1편 직류회로 ·· 380
제2편 정전용량과 자기회로 ·· 390
제3편 교류회로 ·· 409
제4편 전기기기 ·· 424

Part 05 CBT 대비 실전 기출문제 I

< 2014년 - 2019년 >

승강기 기사 기출문제 (2014. 3. 2) ························· 506
승강기 기사 기출문제 (2017. 3. 5) ························· 522
승강기 기사 기출문제 (2017. 5. 7) ························· 539
승강기 기사 기출문제 (2017. 9. 23) ······················· 557
승강기 기사 기출문제 (2018. 3. 4) ························· 576
승강기 기사 기출문제 (2018. 4. 28) ······················· 594
승강기 기사 기출문제 (2019. 3. 3) ························· 612
승강기 기사 기출문제 (2019. 4. 27) ······················· 632
승강기 기사 기출문제 (2019. 9. 21) ······················· 650

승강기 산업기사 기출문제 (2016. 10. 1) ················ 669

승강기 산업기사 기출문제 (2017. 5. 7) ·· 686
승강기 산업기사 기출문제 (2018. 3. 4) ·· 703
승강기 산업기사 기출문제 (2018. 9. 15) ··· 716
승강기 산업기사 기출문제 (2019. 9. 21) ··· 732

Part 06 CBT 대비 실전 기출문제 Ⅱ

< 2020년 >

승강기 기사 기출문제 (2020. 6. 7) ··· 750
승강기 기사 기출문제 (2020. 9. 26) ·· 769
승강기 산업기사 기출문제 (2020. 6. 6) ·· 786
승강기 산업기사 기출문제 (2020. 8. 22) ··· 803

< 2021년 >

승강기 기사 기출문제 (2021. 3. 7) ··· 822
승강기 기사 기출문제 (2021. 5. 15) ·· 840
승강기 기사 기출문제 (2021. 9. 12) ·· 860

< 2022년 >

승강기 기사 기출문제 (2022. 3. 5) ··· 878
승강기 기사 기출문제 (2022. 4. 24) ·· 898

【부록】승강기기사·산업기사 법 개정 요약 (2019. 4. 4 개정) ················ 918

Part 01 승강기 개론

제1편 승강기 개요
제2편 승강기의 주요장치
제3편 승강기 안전 장치
제4편 승강기 도어 시스템
제5편 승강로와 기계실
제6편 승강기의 부속장치
제7편 유압 승강기의 주요장치
제8편 에스컬레이터 및 수평보행기
제9편 소형 승강기
제10편 휠체어 리프트
제11편 비상용 승강기
제12편 기계식 주차 장치
제13편 유희시설

제1편 승강기 개요

제1장 승강기 일반 및 각부의 명칭

1. 승강기의 정의

건축물, 기타 공작물의 부착되어 일정한 승강로를 통하여 사람이나 화물을 운반하는데 사용되는 시설로서 엘리베이터, 에스컬레이터 등을 말한다.

2. 로프식 승강기 주요부의 명칭

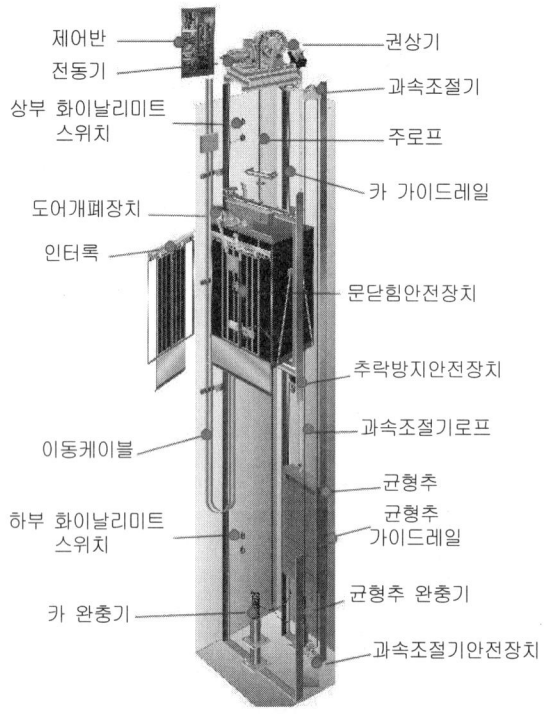

로프식 엘리베이터

3. 유압식 승강기 주요부의 명칭

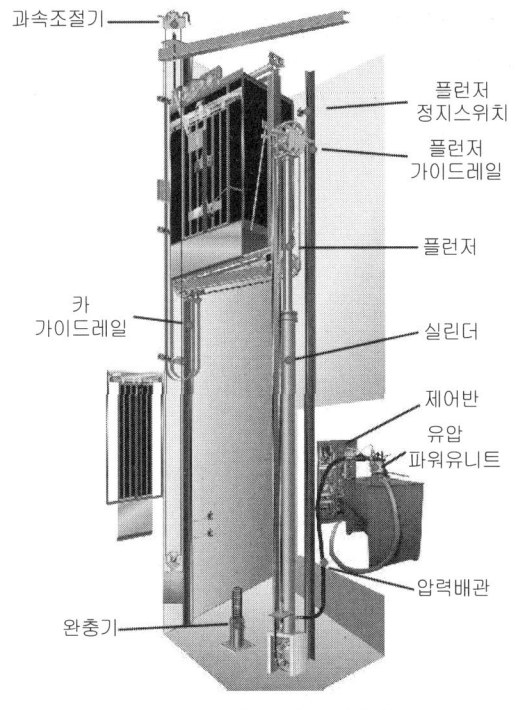

간접식 유압 엘리베이터

4. 에스컬레이터 주요부의 명칭

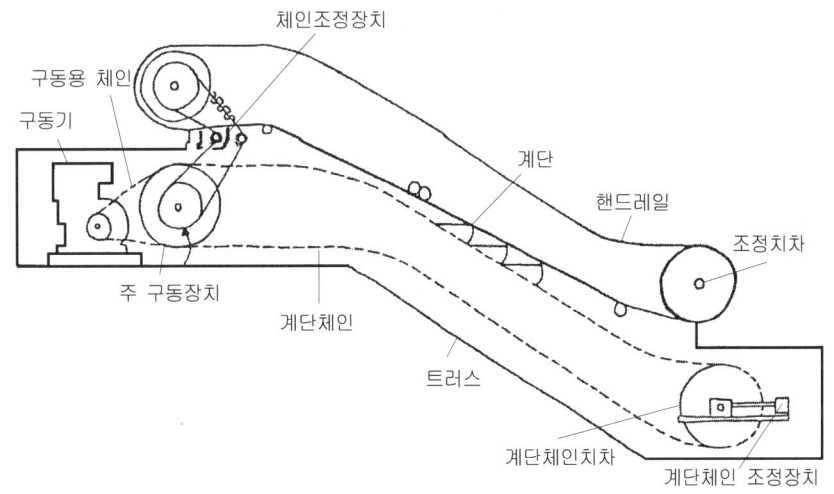

에스컬레이터의 구조

5. 덤웨이터 주요부의 명칭

덤웨이터는 사람이 타지 않는 소형 화물을 운반하는 엘리베이터로서 식당, 여관, 호텔, 사무실, 도서관, 병원 등에서 요리, 서류, 책, 약품, 집기 등을 층과 층 사이에 운반하는 수단으로 사용하는 리프트로써 케이지 바닥 면적이 $1m^2$ 이하, 천정 높이가 1.2m 이하로 중량 300kg 이하의 화물 운반에 사용된다. 리프트(Lift) 소화물용 승강기라고도 한다.

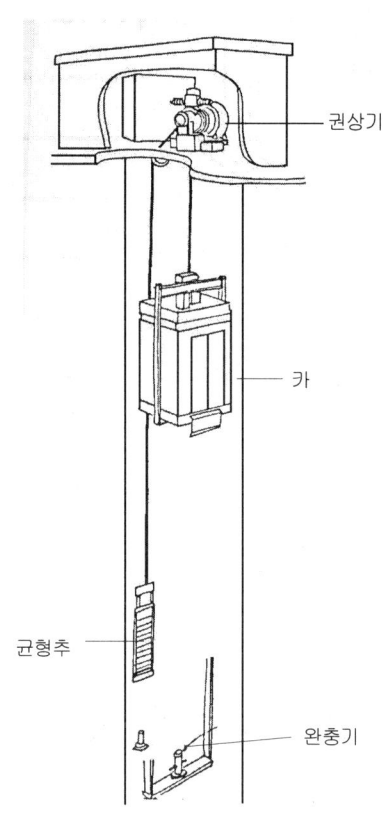

덤웨이터의 구조

제2장 승강기의 종류

1. 용도에 의한 분류

(1) 엘리베이터

① 승용(passenger) : 사람만을 운반한다.
② 화물용(freight) : 화물과 화물을 취급하는 사람만을 운반한다.
③ 인하용(service) : 사람과 화물을 운반한다.
④ 자동차용(car) : 자동차를 전용으로 운반한다.
⑤ 침대용(bad) : 병원 등에서 환자를 운반한다.
⑥ 비상용(emergency) : 화재시 소화 및 구조활동에 사용한다.
⑦ 장애인용 : 장애인이 사용하기에 적합 하도록 제작 되었다.
⑧ 덤웨이터(dumb waiter) : 사람은 타지 않는 소형 엘리베이터로 호텔 병원 등에 음식물 등을 운반하는데 사용된다.

(2) 에스컬레이터

① 승용
② 화물용

(3) 휠체어 리프트

① 장애인용 경사형
② 장애인용 수직형

2. 구동 방식에 의한 분류

(1) 로프식

① 트랙션(traction)식
  한쪽에는 카, 다른 쪽에는 균형추를 매달아 권상기의 도르래에 걸어 구동하는 방식
② 권동식
  드럼을 사용해 로프를 드럼에 감거나 풀어, 카를 움직이는 방식

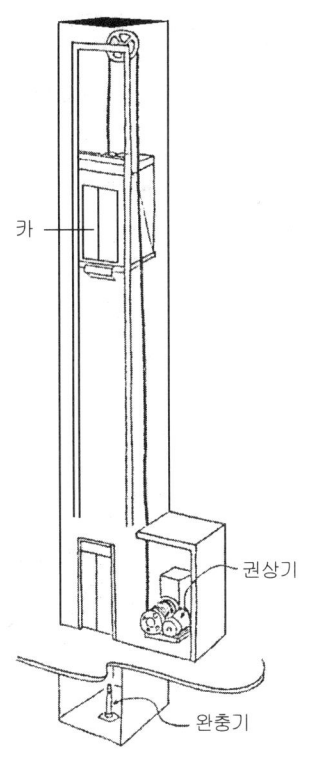

권동식

(2) 유압식

① 직접식

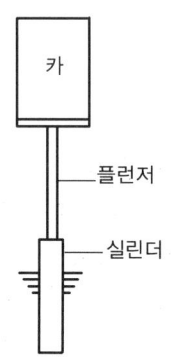

② 간접식

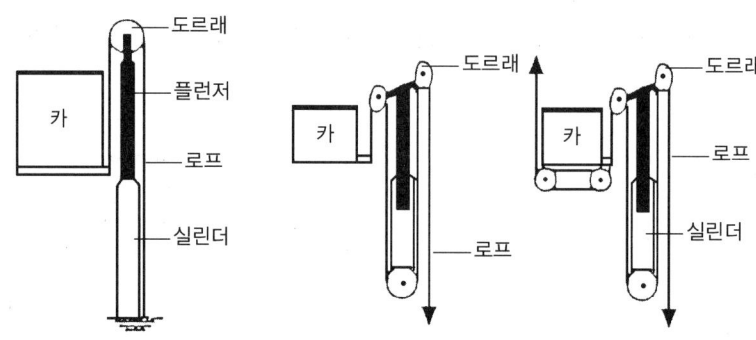

③ 팬더 그래프식

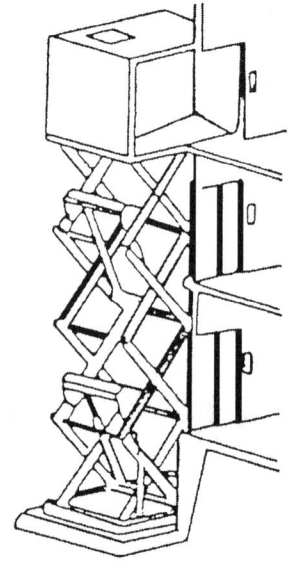

(3) 리니어 모터식:
균형추측에 리니어 모터를 설치, 카를 승강시키는 방식

(4) 스크류(screw)식
나사의 홈 기둥을 따라 케이지가 이동하도록 한 것

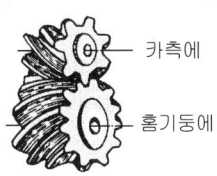
― 카측에
― 홈기둥에

(5) 랙·피니언(rack and pinion)식
레일에 랙(rack) 톱니를 만들고 케이지에 피니언을 만들어 케이지를 상·하로 움직이게 한 것. 공사현장 및 승강행정을 자주 바꾸는 곳에 이 방식을 사용한다.

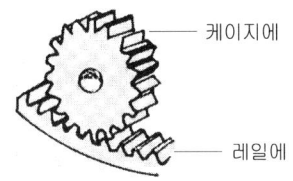
― 케이지에
― 레일에

3. 속도에 의한 분류

(1) 저속 엘리베이터
45m/min 이하로 아파트 및 소형 빌딩에 사용된다.

(2) 중속 엘리베이터
60~105m/min으로 병원 및 중형 빌딩에 사용된다.

(3) 고속 엘리베이터
120~300m/min으로 대형빌딩 및 대형 백화점에 사용된다.

(4) 초고속 엘리베이터
360m/min 이상으로 초고층 빌딩에 사용된다.

4. 제어 방식에 의한 분류

(1) 교류 엘리베이터

① 교류1단 속도제어 방식
　가장 간단한 제어방식인데 3상유도 전동기에 전원을 투입하여 기동과 정속운전을 하고, 정지는 전원을 차단한 후, 제동기에 의해 기계적으로 브레이크를 거는 방식이다. 그런데 기계적인 브레이크로 감속하기 때문에 착상이 불량하다. 이 방식은 30m/min 이하의 저속용 엘리베이터에 적용된다.

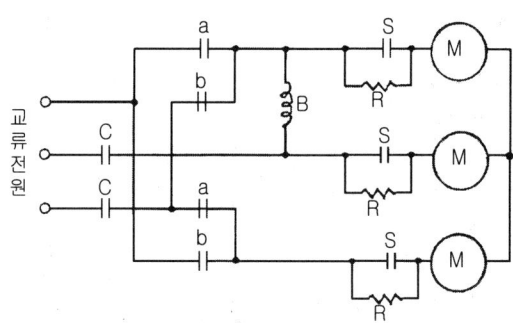

② 교류 2단 속도제어
　2단 속도 모터(motor)를 사용하여 기동과 주행은 고속권선으로 행하고 감속시는 저속권선으로 감속하여 착상하는 방식이다. 이 방식은 교류 1단 속도제어에 비하여 착상의 우수한데, 주로 화물용(30m/min~60m/min)에 사용된다.
　2단 속도 전동기의 속도비는 여러 가지 비율을 생각할 수 있지만 착상오차, 감속도, 감속시의 잭(감속도의 변화비율), 크리프(cleep)시간(저속으로 주행하는 시간) 등을 고려해 4 : 1이 가장 많이 사용되고 있다.

③ 교류 귀환제어
　이 방식은 케이지의 실속도와 지령속도를 비교하여 사이리스터의 점호각을 바꿔, 유도전동기의 속도를 제어하는 방식이다. 이 방식은 속도 45m/min에서 105m/min 이하에 적용된다. 감속시는 모터에 직류를 흐르게 하여 제동 토오크를 발생해 제동한다.

④ V.V.V.F.(Variable Voltage Variable Friquency : 가변전압 가변주파수)제어
　유도 전동기에 인가되는 전압과 주파수를 동시에 변환시켜 직류 전동기와 동등한 제어성능을 갖는다. 이 방식은 소비전력이 절감된다. 적용 엘리베이터의 속도는 고속범위까지 가능하다.

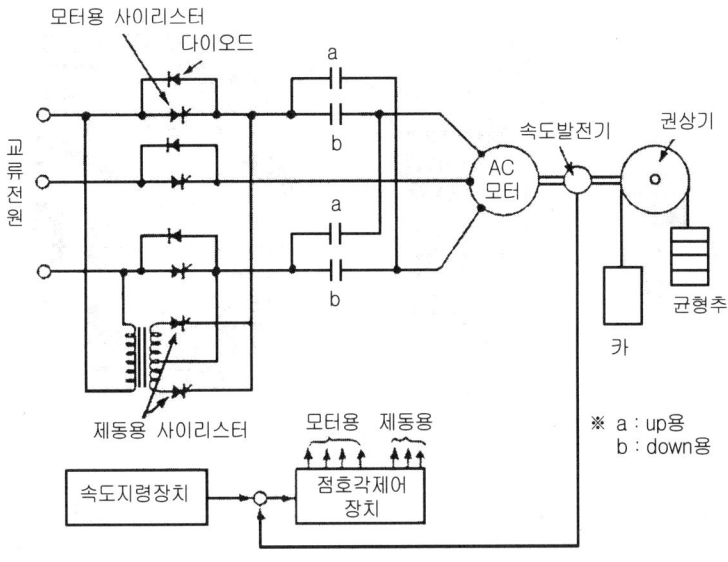

교류 귀환제어

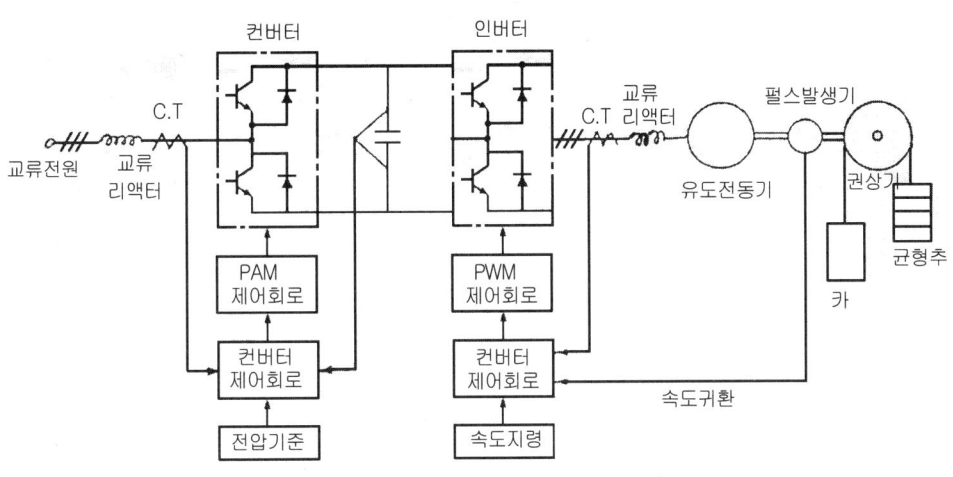

V.V.V.F. 제어

(2) 직류 엘리베이터

① 워드 레오나드(ward leonard) 방식

직류 발전기의 출력단을 직접 직류 전동기 전기자에 연결시키고, 발전기의 계자 전류를 조정하여 발전전압을 엘리베이터 속도에 대응하여 연속적으로 공급시키는 방식이다. 유지보수가 어려우나, 교류 2단 속도에 비하여 승차감이 좋고 착상시간도 짧다.

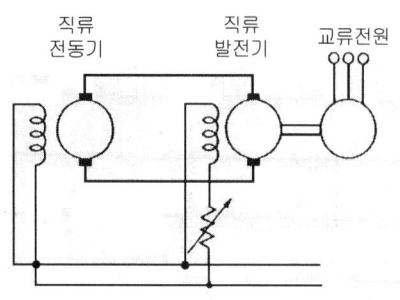

워드 레오나드(ward leonard) 방식

② 정지 레오나드 방식

사이리스터를 사용하여 교류를 직류로 변환하여 전동기에 공급하고, 사이리스터의 점호각을 제어하여 직류 전압을 가변시켜, 전동기의 속도를 제어하는 방식이다. 이 방식은 워드 레오나드 방식에 비하여 손실이 적고, 유지 보수가 용이하다. 고속 엘리베이터에 적용된다.

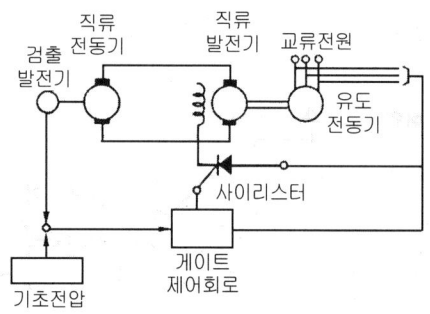

정지 레오나드 방식

제3장 승강기의 조작방식

1. 운전원 방식

① 카 스위치(car switch) 방식
  기동 및 정지가 운전원의 조작에 의해 이루어진다.
② 신호(signal)방식
  엘리베이터 도어의 개폐는 운전자의 조작에 의해서 이루어지고, 기타 기동은 카내의 버튼 또는 승강장의 버튼에 의해 이루어진다.

2. 무운전원 방식

① 단식 자동식(single antomatic type)
　가장 먼저 눌러진 호출에만 응답하고, 운행 중 다른 호출에는 응하지 않는다. 자동차용 및 화물용에 적합하다.

② 하강 승합 자동식(down collective automatic type)
　2층 이상의 승강장에는 내림방향의 버튼밖에 없다. 중간층에서 위 방향으로 올라갈 때에는 1층까지 내려와서 카 버튼으로 목적층을 등록시켜 올라가야 한다.
　아파트 등에서 사생활 침해나 방범 목적으로 사용된다.(예 : 홍콩, 유럽 등)

③ 승합 전자동식(乘合全自動式)
　승강장의 누름버튼을 상하 2개가 있고 동시에 기억시킬 수 있다. 카 진행방향의 누름버튼과 승강장의 누름버튼에 응답하면서 오르고 내린다. 1대의 승용 엘리베이터는 이 방식을 채용하고 있다.

④ 군승합 전자동식
　엘리베이터 2~3대가 병설 되었을 때 주로 사용되는 방식. 1대의 승강장 부름에 1대의 카만 응답하여 필요 없는 운전을 줄인다.

⑤ 군관리 방식
　엘리베이터가 3~8대 병설될 때, 각각의 카를 합리적으로 운행·관리하는 방식이다. 출퇴근시의 피크수요 점심시간 등 특정층의 혼잡을 자동으로 판단하고, 교통 수요의 변화에 따라 카의 운전 내용을 변화시켜서 적절히 배치한다. 이 방식은 전체 효율에 중점을 둔다. 승강장 위치 표시기는 홀랜턴(hall lantern)이 사용된다.

[군관리방식의 장점]
　① 인건비가 절약된다.
　② 엘리베이터의 사용 수명이 길어진다.
　③ 대기 시간이 항상 비슷하다.
　④ 승객의 대기 시간이 단축된다.

출제예상문제

1. 수송능력은 일반형의 2배가 되고 승강로의 단면적을 적게 하여 빌딩의 가용면적을 넓히는데 도움이 되는 승강기는?

　　가. 더블테크 엘리베이터　　　　　　나. 인화용 엘리베이터
　　다. 비상용 엘리베이터　　　　　　　라. 전망용 엘리베이터

　해설 더블테크 엘리베이터는 2층으로 된 케이지를 상·하로 운행하는 방식의 엘리베이터이다.

2. 2~3대의 승강기를 병설할 경우 적당한 조작방법은?

　　가. 군관리 방법　　　　　　　　　　나. 군승합 자동식
　　다. 카 스위치방식　　　　　　　　　라. 시그널 컨트롤 방식

　해설 군관리 방식은 3~8대의 엘리베이터를 병설할 경우, 군승합 자동식은 2~3대의 엘리베이터를 병설할 때 사용되는 조작방식이다.

3. 엘리베이터를 3~8대 병설하여 운행관리하며, 출·퇴근시 피크수요, 점심식사시간 및 회의 종료 시 등 특정층의 혼잡 등을 자동적으로 판단하고 서비스 층을 분할하거나 집중적으로 카를 배치하는 조작방식으로 적합한 것은?

　　가. 단식 자동식　　나. 하강 승합 자동식　　다. 군승합 자동식　　라. 군관리 방식

4. 엘리베이터의 속도에 영향을 미치지 않는 것은?

　　가. 전동기 회전수　　나. 권상도르래 직경　　다. 감속기　　라. 편향도르래 직경

5. 비상용 엘리베이터에 대한 다음의 설명 중 옳지 않은 것은?

　　가. 10층 이상인 공동주택에 의무설치토록 규정되어 있다.
　　나. 건축법령상에 건축물의 높이가 31m를 초과하는 경우 적용토록 되어 있다.
　　다. 화재발생시 인명구조 및 소방활동 등에 사용하는 것이다.
　　라. 운행속도는 50m/min 이상으로 하여야 한다.

　해설 운행속도는 60m/min 이상으로 하여야 한다.

6. 자동차용 엘리베이터에 일반적으로 적용되고 있는 운전방식은?

　　가. 양방향 승합 전자동식　　　　　　나. 하강승합 전자동식
　　다. 단식 자동식　　　　　　　　　　라. 군승합 자동식

정답　1. 가　2. 나　3. 라　4. 라　5. 라　6. 다

해설 단식 자동식은 먼저 등록된 호출에만 응답하고, 그 운전이 완료될 때까지 다른 부름에는 응답하지 않는다. 자동차용, 화물용에 사용된다.

7. 60m/min인 엘리베이터를 속도에 의해 분류 했을 때 맞는 것은?

　가. 저속　　　　나. 중속　　　　다. 고속　　　　라. 초고속

해설 저속 : 45m/min 이하
중속 : 60~105m/min
고속 : 120~300m/min
초고속 : 360m/min 이상

8. 다음 중 엘리베이터의 승장 위치표시기를 적용하지 않아도 되는 것은?

　가. 화물용 엘리베이터　　　　나. 군관리 엘리베이터
　다. 자동차용 엘리베이터　　　라. 전망용 엘리베이터

9. 다음에서 카 내에 설치되어 있지 않은 것은 어느 것인가?

　가. 완충기　　　나. 조작반　　　다. 문개폐기　　　라. 위치표시기

해설 완충기는 피트 바닥에 설치된다.

10. 유압식 승강기와 밀접한 관계가 있는 것은?

　가. 플런식　　　나. 로프식　　　다. 랙·피니언식　　　라. 스크류식

해설 직접식 유압 엘리베이터 :

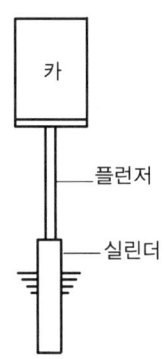

11. 승강기 카를 움직이는데 많이 사용되고 있는 방식은?

　가. 스크류식　　　나. 로프식　　　다. 플런저식　　　라. 랙·피니언식

정답 7. 나　8. 나　9. 가　10. 가　11. 나

12. 다음에서 승강기 동력원으로 많이 사용되고 있는 것은?
  가. 발전기   나. 전동기   다. 내연기관   라. 증기기관

  해설 승강기 동력원으로 3상 유도전동기가 많이 사용된다.

13. 유압엘리베이터에서 유압 피스톤으로 팬터그래프를 개폐하여 카를 승강시키는 방식은?
  가. 팬터그래프식   나. 스크류식   다. 간접식   라. 직접식

14. 유압엘리베이터에서 가이드 레일에 랙 톱니를 만들고, 카에 이것과 맞물리는 피니언을 설치하여 카를 승강시키는 방식은?
  가. 간접식   나. 직접식   다. 리니어 모터식   라. 랙·피니언식

15. 엘리베이터의 분류와 종류가 맞지 않게 연결된 것은 어느 것인가?
  가. 구동방식별 - 로프식 엘리베이터
  나. 용도별 - 승객용 엘리베이터
  다. 제어방식별 - 반자동 엘리베이터
  라. 속도별 - 중속 엘리베이터

  해설 제어방식에 의한 분류
  ① 교류 엘리베이터
    - 교류 1단 속도제어 방식
    - 교류 2단 속도제어 방식
    - 교류 귀환제어 방식
    - VVVF 제어 방식
  ② 직류 엘리베이터
    - 워드레오나드 방식
    - 정지 레오나드 방식

16. 다음 승강기의 표시방법에 대한 설명 중 옳지 않은 것은?

  P20-CO150-10S

  가. 승용 승강기이다.
  나. 20인승이다.
  다. 정지층은 10개소이다.
  라. 센터오픈 도어 방식으로 폭이 150cm이다.

  해설   P   20   CO   150   10S
        승용 인승 센터오픈 속도 정지층수

17. 교류 엘리베이터의 제어와 관계없는 것은?
  가. 정지 레오나드 방식
  나. VVVF 제어방식
  다. 교류 귀환제어 방식
  라. 교류 1단 속도제어방식

정답 12. 나 13. 가 14. 라 15. 다 16. 라 17. 가

해설 교류 엘리베이터의 제어방식
  ① 교류 1단 속도제어
  ② 교류 2단 속도제어
  ③ 교류 귀환제어
  ④ VVVF 제어

18. 승강기의 교류2단 속도제어에서 가장 많이 사용되고 있는 2단 속도 전동기의 속도비는?

  가. 4 : 1   나. 3 : 1   다. 2 : 1   라. 1 : 1

19. 속도가 30m/min인 승강기에 적당한 제어방식은?

  가. VVVF   나. 교류귀환   다. 교류 2단   라. 교류 1단

해설 - 교류 1단 속도제어 : 30m/min 이하
  - 교류 귀환 제어 : 45m/min 이상 105m/min 이하

20. 다음은 워드 레오나드 방식의 전동발전기에 대한 설명이다. 옳지 않은 것은?

  가. 발전기 계자 전류를 변환시켜 발전 전압을 조정한다.
  나. 계자 전류에 발전전압은 반비례한다.
  다. 승강기 1대에 1대가 필요하다.
  라. 직류 발전기 축과 유도전동기 축이 1 : 1로 연결되어 있다.

해설 직류 전동기는 계자 전류가 일정하면 전기자에 가해진 전압에 비례해 회전수가 변하는 특성이 있다.

21. 속도가 45m/min, 90m/min, 105m/min인 승강기에 적당한 제어방식은?

  가. 교류 1단 제어   나. 교류 2단 제어   다. VVVF 제어   라. 교류 귀환 제어

22. 속도가 120m/min 이상인 승강기에 적합한 구동방식은?

  가. 교류 1단   나. 교류 2단   다. 직류 기어드   라. 직류 기어레스

해설 - 기어드 방식 : 90m/min, 105m/min에 적용
  - 기어레스 방식 : 120m/min 이상에 적용

23. VVVF 제어 방식의 특징으로 맞지 않는 것은?

  가. 1차 전압 제어방식에 비해 역률이 낮다.
  나. 1차 전압 제어방식에 비해 소비전력이 작다.
  다. 전동기의 발열량이 적다.
  라. 기동전류가 낮기 때문에 전원설비 용량도 작아진다.

해설 1차 전압 제어 방식에 비해 역률이 높다.

정답 18. 가 19. 라 20. 나 21. 라 22. 라 23. 가

24. 직류 워드레오나드 방식의 승강기가 상승을 하다가 하강을 하려한다. 어떻게 하여야 하는가?

가. 발전기의 계자 전류방향을 바꾼다.
나. 전동기의 회전방향을 바꾸어 준다.
다. 발전 전압의 극성은 바꾸지 않고 전기자 전압만 바꾸어 준다.
라. 전기자 전압을 내려준다.

25. 교류 2단 속도제어에 관한 설명 중 틀린 것은?

가. 전동기는 고속권선과 저속권선으로 구성되어 있다.
나. 기동 및 주행은 고속권선, 착상은 저속권선으로 한다.
다. 교류 1단 속도제어에 비해 착상 정도가 나쁘다.
라. 교류 1단 속도제어에 비해 착상 정도가 좋다.

해설 교류 1단 속도제어에 비해 착상 정도가 좋다.

26. 교류 1차 전압제어 방식의 전동기에 관한 설명이다. 맞지 않는 것은?

가. 슬립이 크고 효율이 낮다.
나. 발열량이 크다.
다. 직류 전동기에 비해 유지보수가 쉽다.
라. 직류 승강기용 전동기보다 소비전력이 작다.

해설 직류 승강기용 전동기보다 소비전력이 크다.

27. VVVF 제어방식에 관한 설명이다. 맞지 않는 것은?

가. 직류 전동기와 동등한 제어특성을 낼 수 있다.
나. 유도 전동기의 전압과 주파수를 변환시킨다.
다. 고속의 승강기까지 적용 가능하다.
라. 저·중속의 승강기까지 적용 가능하다.

해설 고속범위까지 적용 가능하다.

28. 직류 전동기의 속도 제어법으로 맞지 않는 것은?

가. 전압 제어법   나. 저항 제어법   다. 계자 제어법   라. 파형 제어법

해설 파형 제어법이란 것은 없다.

29. 교류 엘리베이터의 제어 성능이 우수한 순으로 나열된 것은 어느 것인가?

가. 교류 귀환제어 → 교류 1단 속도제어 → VVVF 제어 → 교류 2단 속도제어
나. 교류 1단 속도제어 → 교류 2단 속도제어 → 교류 귀환제어 → VVVF 제어
다. VVVF 제어 → 교류 귀환제어 → 교류 2단 속도제어 → 교류 1단 속도제어
라. VVVF 제어 → 교류 2단 속도제어 → 교류 1단 속도제어 → 교류 귀환제어

정답 24. 가 25. 다 26. 라 27. 라 28. 라 29. 다

30. 교류귀환 속도제어방식에 대한 설명으로 옳지 않은 것은?

가. 사이리스터 점호각을 제어하여 유도 전동기 속도제어를 한다.
나. 감속시는 직류제어를(DB) 한다.
다. 속도 45m/min에서 105m/min 이하에 적용된다.
라. 속도 110m/min 이상에 적용된다.

해설 교류 귀환속도제어는 45m/min에서 105m/min 이하에 적용된다.

31. 다음은 정지형 레오나드 방식에 관한 설명이다. 맞지 않는 것은?

가. 다이악 정류기를 사용한 방식이다.
나. 워드 레오나드방식에 비하여 손실이 적고 유지보수가 용이하다.
다. 속도제어는 사이리스터의 위상각을 제어해 실행한다.
라. 고속 엘리베이터에 적용된다.

해설 사이리스터 정류기를 사용한 방식이다.

32. 발전기의 계자에 넣은 작은 양의 저항 변화에 의하여 큰 동력을 제어할 수 있는 제어방식은?

가. 워드 레오나드방식   나. 귀환 제어방식
다. 전압제어방식   라. 사이리스터 제어방식

해설 워드 레오나드방식
타여자 직류 전동기는 계자 전류가 일정하면 전기자에 걸리는 전압에 비례하여 회전수가 변화하는 특성이 있다. 전기자에 직류를 공급하기 위해서는 AC로 DC 발전기를 회전시키는 M·G(Motor Generator)를 엘리베이터 1대마다 1세트씩 설치한다. 그리고 MG 출력을 직접 직류 전동기의 전기자에 공급하여 발전기의 계자를 강하게 또는 약하게 하여 발전기의 유기전압을 임의로 연속적으로 변화시켜, 직류 전동기의 속도를 연속으로 광범위하게 제어한다. 이 방식은 발전기의 계자에 넣은 적은 양의 저항변화에 의해, 큰 동력을 제어할 수 있는 것이 특징이다.

33. VVVF 제어방식에서 컨버터 제어방식을 무엇이라 하는가?

가. PAM   나. PWM   다. PCM   라. PTM

해설 PAM(Pulse Amplitude Modulation): 펄스 진폭변조
PWM(Pulse Width Modulation): 펄스폭 변조
PCM(Pulse Code Modulation): 펄스 부호 변조
PTM(Pulse Time Modulation): 펄스 시간 변조

34. 직류 전동기의 속도 특성으로 적합한 것은?

가. 속도를 높이려면 전기자 전압과 계자전류를 올려 주면 된다.
나. 계자전류를 높이고 전기자 전압을 낮추면 속도는 빨라진다.
다. 속도를 높이려면 계자전류를 높이면 된다.
라. 일정계자전류에서는 전기자 전압을 높이면 속도가 빨라진다.

정답 30. 라 31. 가 32. 가 33. 가 34. 라

35. 교류 1단 속도제어 엘리베이터의 착상오차는?

가. 엘리베이터 속도에 반비례하여 작아진다.
나. 엘리베이터 속도의 제곱에 비례하여 커진다.
다. 엘리베이터 속도에 반비례하여 커진다.
라. 엘리베이터 속도의 제곱에 비례하여 작아진다.

36. 교류 1단 속도제어의 특징은?

가. 구조가 간단, 착상오차가 크다.
나. 구조가 간단, 착상오차가 작다.
다. 구조가 복잡, 착상오차가 크다.
라. 구조가 복잡, 착상오차가 작다.

37. 워드 레오나드 방식이 주로 사용되는 승강기는?

가. 직류 기어드 승강기
나. VVVF 제어 승강기
다. 교류 2단 속도제어 승강기
라. 교류 1단 속도제어 승강기

38. 직류 엘리베이터의 제어에 사용되는 워드 레오나드 방식의 목적은?

가. 속도제어   나. 역률개선   다. 병렬운전   라. 정류

39. VVVF 제어방식의 특징이 아닌 것은?

가. 속도에 대응하여 최적의 전압과 주파수로 제어하므로 승차감이 좋다.
나. 높은 기동전류로 기동하며 기동시에도 높은 토크를 낼 수 있다.
다. 워드 레오나드 방식에 비해 유지보수가 용이하다.
라. 교류 2단 속도제어방식보다 소비전력이 적다.

40. VVVF 제어방식에서 인버터 제어방식을 무엇이라 하는가?

가. PAM   나. PWM   다. PCM   라. PTM

해설 PAM(Pulse Amplitude Modulation): 펄스 진폭변조
PWM(Pulse Width Modulation): 펄스폭 변조
PCM(Pulse Code Modulation): 펄스 부호 변조
PTM(Pulse Time Modulation): 펄스 시간 변조

정답 35. 나 36. 가 37. 가 38. 가 39. 나 40. 나

제2편 승강기의 주요장치

제 1장 권상기

1. 권상기의 종류별 특징

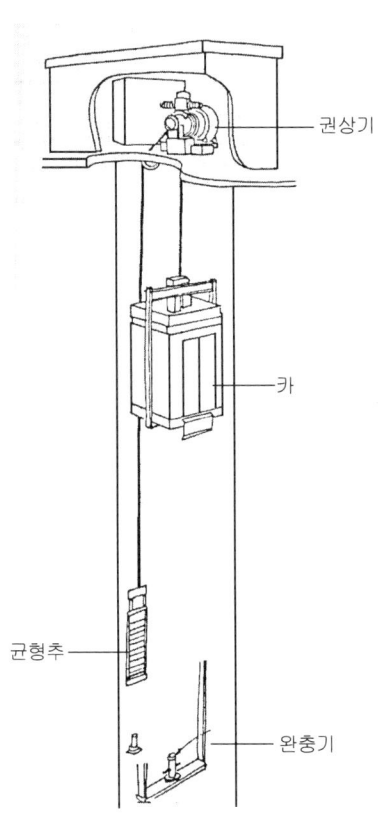

견인형 로프식

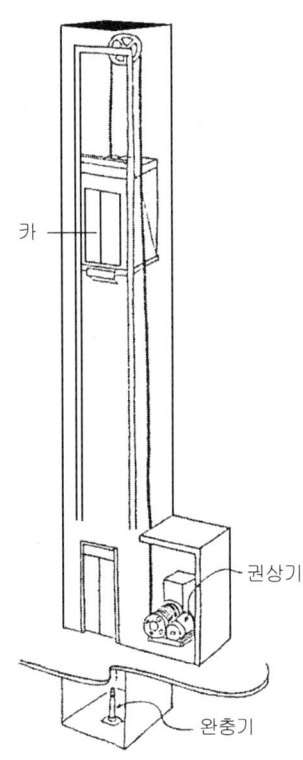

권동형 로프식

(1) 권동식 권상기의 단점
① 과하게 감는 위험이 있다.
② 승강행정이 달라질 때마다 다른 권동이 필요하다. 특히 높은 행정은 곤란하다.
③ 균형추를 쓰지 않으므로 감아올리는 중력이 커지고 소비전력이 크다.

(2) 권상기의 형식
① 기어드(geard) 방식
  전동기의 회전을 감속시키기 위하여 기어를 부착시킨 것.
  웜 기어(worm gear) 또는 헬리컬기어(helical gear)를 사용한다.

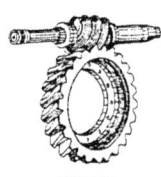  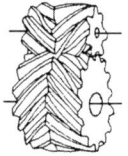 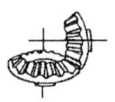

웜기어　　　헬리컬기어　　2중헬리컬기어　　헬리컬 베벨기어

② 기어레스(gearless) 방식
  기어를 사용하지 않고 전동기의 회전축에 시브(sheave : 도르래)를 부착시킨 것 속도 120m/min 이상의 엘리베이터에 적용된다.

웜 기어와 헬리컬 기어의 비교

구분＼방식	헬리컬 기어	웜 기어
효율	높다	낮다
소음	크다	작다
역구동	쉽다	어렵다
최대적용속도	120m/min~240m/min	105m/min 이하

2. 도르래(sheave) 홈의 종류별 특징

(1) 도르래 홈의 형상은 마찰력이 큰 것이 좋다.
도르래 홈의 재질이 동일한 경우 마찰력의 크기는 다음과 같다.

V홈 > 언더컷 홈 > U홈

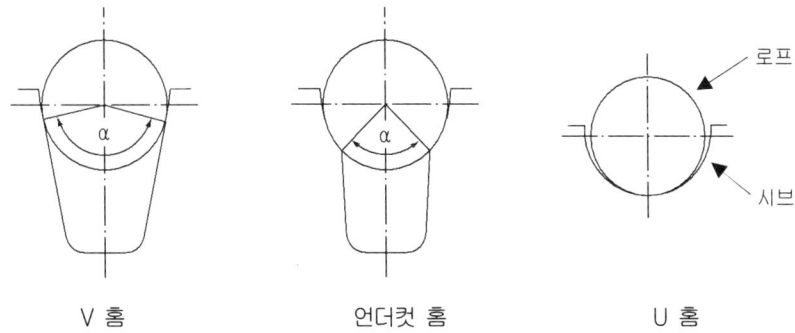

V 홈   언더컷 홈   U 홈

(2) 로프의 미끄러짐이 쉽게 발생하는 경우

① 로프의 권부각이 작을수록 미끄러지기 쉽다.
② 카의 가속도와 감속도가 클수록 미끄러지기 쉽다.
③ 카측과 균형추측의 로프에 걸리는 장력비가 클수록 미끄러지기 쉽다.
④ 로프와 도르래 간의 마찰계수가 작을수록 미끄러지기 쉽다.

3. 권상기용 전동기의 구비요건

(1) 전동기가 구비 해야 할 특성

① 기동빈도가 매우 높아(1시간에 180~300회 운행) 발열량을 고려해야 한다.
② 기동 전류가 작아야 한다.
③ 회전속도의 오차는 +5~-10% 범위 이내이어야 한다.
④ 전동기의 최소 필요 회전력은 +100~-70% 이상이어야 한다.

전동기   권상기

(2) 전동기의 형식

직류전동기는 타여자 직류전동기를 워드-레오나드 시스템으로 운전하고, 교류 전동기는 3상 유도 전동기(이중농형 3상 유도전동기 또는 디프농형 3상유도 전동기)를 많이 사용한다.

4. 엘리베이터용 전동기의 용량

$$P = \frac{MVS}{6120\eta}(kw)$$

M : 정격 적재량(kg)   V : 정격속도
S : 1-A(A : 오버밸런스율)   η : 종합효율

제2장 가이드 레일

1. 가이드레일의 사용목적

차체와 균형추의 승강로 평면내의 위치를 규제하고, 차체의 자중이나 하중이 반드시 차체의 중심에 없기 때문에 기울어짐을 막아 준다. 그리고 정지장치가 작동했을 때 수직하중을 유지하기 위해 가이드레일을 설치한다.

2. 가이드 레일의 규격

(1)규격

① 레일 호칭은 마무리 가공전 소재의 1m당 중량으로 한다.
② 보통 T형 레일을 사용하는데 공칭은 8K, 13K, 18K, 24K이나, 대용량 엘리베이터에서는 37K, 50K 등도 사용된다.
③ 레일의 표준길이는 5m이다.

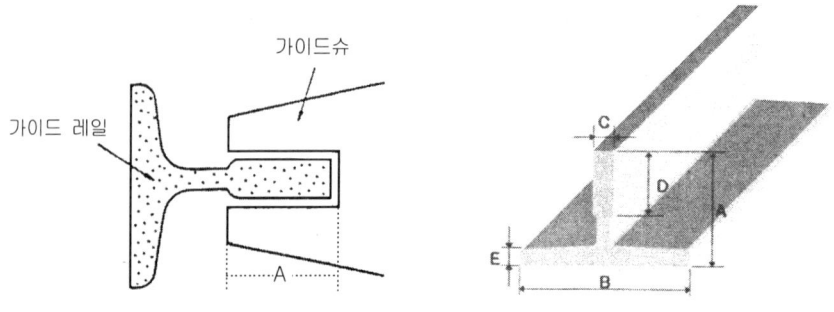

가이드 레일

※ 가이드슈 걸림대(A)

　5k 레일 : 2.5cm
　8k 레일 : 2.5cm
　13k 레일 : 3.0cm
　18k 레일 : 3.5cm
　24k 레일 : 3.5cm
　30k 레일 : 4.0cm
　37k 레일 : 4.0cm
　50k 레일 : 4.0cm

④ 가이드 레일의 허용응력은 2400(kg/cm²)이다.

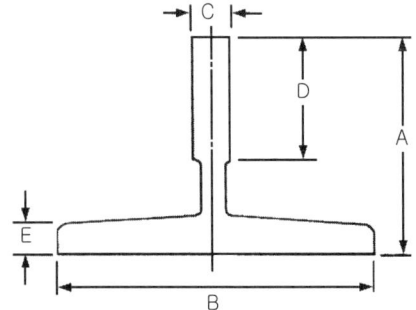

공칭 (mm)	8k	13k	18k	24k	30k
A	56	62	89	89	108
B	78	89	114	127	140
C	10	16	16	16	19
D	26	32	38	50	51
E	6	7	8	12	13

가이드 레일의 치수

3. 가이드 레일의 적용방법

(1) 레일을 결정하는 3가지 요소

① 안전장치가 작동했을 때 좌굴하지 않는 지에 대한 점검
② 지진 발생시 레일의 휘어짐이 한도를 넘거나, 레일의 응력이 탄성한계를 넘으면 카 또는 균형추가 레일에서 벗어나지 않는지에 대한 점검
③ 불균형한 큰 하중을 적재시 또는 그 하중을 올리고 내릴 때 카에 큰 회전 모멘트가 걸리는데, 레일이 지탱할 수 있는지에 대한 점검

제3장 가이드 슈

1. 설치 장소

카 또는 균형추의 상, 하, 좌, 우 4곳에 부착되어 레일을 따라 움직인다. 이것은 카 또는 균형

추를 지지해 주는 역할을 하는 것으로써, 저속용은 슬라이딩 가이드 슈(siding guide shoe), 고속용은 롤러 가이드 슈(Roller guide shoe)가 사용된다.

제4장 와이어 로프(wire rope)

1. 로프의 구조

① 철제 또는 강철제 2본 이상의 와이어로프를 사용하여야 하며, 공칭직경은 8mm 이상 되어야 한다.
② 로프의 교체시기 판정은 단선, 마모, 사용년수(3~5년), 부식정도 등에 의한다.
③ 주로프는 10~12호 또는 15~17호 등이 있다.
④ 로프의 안전율은 2본은 16이상, 3본 이상은 12이상, 체인은 10이상이다.
⑤ 밧줄의 보통 꼬임은 스트랜드(다수의 소선을 꼬아 합친 것)의 꼬임방향과 로프의 꼬임방향이 반대로 된 것이고, 랭꼬임은 그 방향이 동일한 것이다.

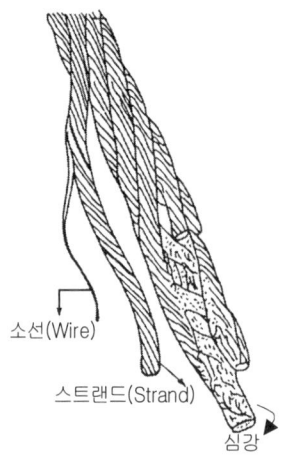

※ 심강은 마닐라삼 등 천연섬유나 합성섬유를 꼬아 로프모양으로 만들고 구리스를 함유시켜, 소선의 방청효과와 로프의 굴곡시 소선끼리 미끄러지는 원활 작용도 한다.
⑥ 엘리베이터에는 보통 Z꼬임이 사용된다.

보통 Z 꼬임   보통 S 꼬임   랭 Z 꼬임   랭 S 꼬임

와이어 로프의 단면 형상

호 칭	1호	2호	3호	4호
구 성	7본선 6꼬임	12본선 6꼬임	19본선 6꼬임	24본선 6꼬임
구성번호	6×7	6×12	6×19	6×24
단 면				

호 칭	5호	6호	7호	8호
구 성	30본선 6꼬임	37본선 6꼬임	61본선 6꼬임	실형 19본선 6꼬임
구성번호	6×30	6×37	6×61	6×S(19)
단 면				

호 칭	9호	10호	11호	12호
구 성	후레트 환형 삼각심 24본선 6꼬임	실형 19본선 6꼬임	워링톤형 19본선 6꼬임	휠라형 25본선 6꼬임
구성번호	6×F(3×2+3)+12+12	6×S(19)	6×W(19)	6×Fi(25)
단 면				

호 칭	13호	14호	15호	16호
구 성	휠라형 25본선 6꼬임	휠라형 25본선 6꼬임	실형형 19본선 8꼬임	워링톤형 19본선 8꼬임
구성번호	6×Fi(25)	IWRC+6×Fi(25)	8×S(19)	8×W(19)
단 면				

호 칭	17호
구 성	휠라형 25본선 8꼬임
구성번호	8×Fi(25)
단 면	

⑦ 소선의 강도에 의한 분류
 ⓐ E종
  엘리베이터용으로 제조 되었다. 파단 강도는 $1,320N/mm^2$급이다.
  이것은 강도는 다소 낮지만 유연성을 좋게 하여 소선이 잘 파단되지 않고, 도드래의 마모가 적게 되도록 하였다.
 ⓑ A종
  $1,620N/mm^2$급의 강도를 갖는 소선으로 구성된 로프이다. E종 보다 경도가 높아 도르래의 마모에 대한 대책이 필요하다.
 ⓒ B종
  강도와 경도가 A종보다 높아 엘리베이터에는 사용하지 않는다.
 ⓓ G종
  소선의 표면에 아연도금을 한 것으로서 녹이 나지 않으므로 습기가 많은 장소에 적합하다.
⑧ 엘리베이터 주로프에 사용되는 것은 8×5(19)E종, 보통 Z꼬임이다.
⑨ 로프의 측정 방법

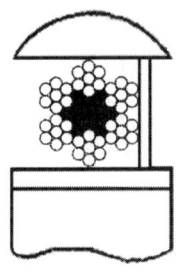

2. 와이어 로프의 로핑 방법

(1) 로핑방식

① 승용 엘리베이터는 1 : 1 로핑방식을 사용한다.
② 2 : 1 로핑방식의 엘리베이터는 기어식 30m/min 미만에 사용한다.
③ 3 : 1, 4 : 1, 6 : 1 로핑방식의 엘리베이터는 대용량의 저속화물용 엘리베이터에 사용된다. 단점으로는 로프의 길이가 매우 길어지며, 로프의 수명이 짧아지고, 종합효율이 저하된다.

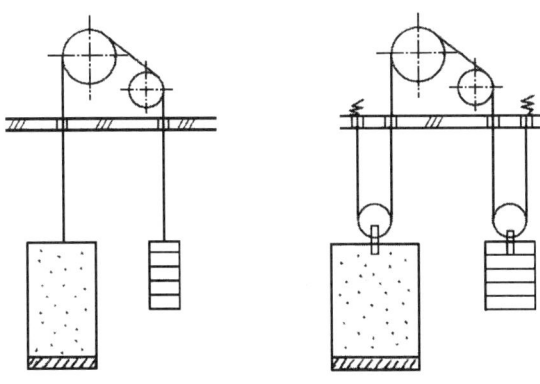

1 : 1 로핑   2 : 1 로핑

(2) 도르래(sheave)에 로프를 감는 방법

중저속 엘리베이터는 싱글랩 방식이, 고속에는 더블랩 방식이 사용된다. 더블랩 방식은 와이어 로프의 수명을 연장하게 위하여 마찰력이 작은 U홈 시브를 사용하고, 와이어로프를 주도르래와 보조도르래(디플렉터 시브)를 완전히 둘러싸게 감아 권부각을 높여 트랙션 능력을 향상 시켰다.

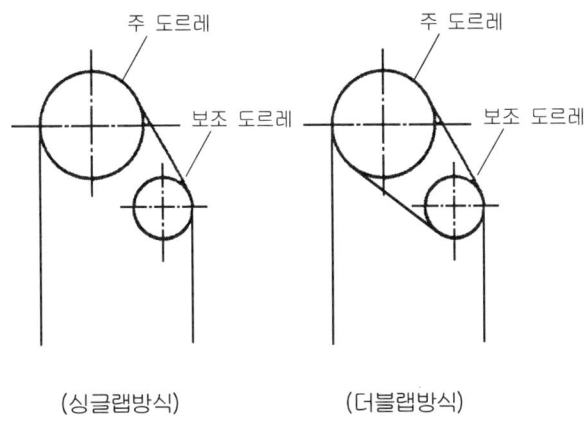

(싱글랩방식)   (더블랩방식)

도르래에 로프를 거는 법

(3) 와이어로프의 안전율

$$F = \frac{S \times N}{W}$$

N : 부하를 받는 와이어로프의 가닥수(2:1 로핑에서 N은 사용되는 로프수의 2배 일것)
S : 로프 1가닥에 대한 제작사의 정격 파단강도
W : 카와 정격하중을 승강로 안의 어떤 곳에 두고, 모든 카로프에 걸리는 최대 정지 부하

제5장 균형추(Counter Weight)

카의 무게를 일정 비율로 보상하기 위하여 카측과 반대편에 설치한다.

1. 오버밸런스(over balance)율

적재 하중에 더할 값(%)을 말하는데 승용은 45(%), 화물용은 50%를 적용한다. 이 율은 마찰(traction)비를 개선하여 로프가 시브에서 미끄러지지 않게 하는데 중요하다.

$$\text{균형추의 중량} = \text{케이지 자체하중} + L \cdot F$$

L : 정격 적재량(kg)   F : 오버 밸런스율

2. 마찰비(traction ratio)

케이지측 로프에 매달려 있는 중량과 균형추측 로프에 매달려 있는 중량의 비

① 전 부하시 트랙션비(전 부하가 실린 카를 최하층에서 기동시)

$$\frac{\text{카측 중량}}{\text{균형추측 중량}} = \frac{\text{카하중} + \text{적재하중} + \text{로프하중}}{\text{카자중} + (\text{적재하중} \times \text{오버밸런스율}) + (\text{로프하중} \times \text{균형로프에 의한 하중보상율})}$$

② 무 부하시 트랙션비(빈 카가 최상층에서 하강시)

$$\frac{\text{균형추측 중량}}{\text{카측 중량}} = \frac{\text{카자중} + (\text{적재하중} \times \text{오버밸런스율}) + \text{로프하중}}{\text{카자중} + (\text{로프하중} \times \text{균형로프에 의한 하중보상율})}$$

균형추

제6장 균형체인 및 균형로프

1. 균형체인의 사용목적

① 카의 위치변화에 따른 로프·이동케이블 등의 무게 보상을 하기 위해 사용한다.
② 중저속 엘리베이터에 사용된다.

2. 균형로프의 사용목적
① 카의 위치변화에 따른 주 로프(main rope)무게에 의한 권상비(traction) 보상을 위해서 사용한다.
② 고속 엘리베이터에 사용된다.

출제예상문제

1. 기어드 방식과 기어레드 방식이 적용되는 엘리베이터는?

　가. 로프식　　　　나. 플런저식　　　　다. 수압식　　　　라. 실린더식

2. 케이지 틀이 레일에서 이탈하지 않도록 하는 것은?

　가. 가이드 슈(guide shoe)　　　　나. 제동기
　다. 균형추　　　　　　　　　　　라. 리밋 스위치

해설 가이드 슈는 케이지틀이 레일에서 벗어나지 않도록 하는 장치이다.

3. 다음에서 승강기에 사용되는 전동기의 용량을 결정하는 요소가 아닌 것은?

　가. 정속도　　　나. 주파수　　　다. 정격적재량　　　라. 종합효율

해설 전동기용량 $P = \dfrac{MVS}{6120 \times \eta}$ (kw)

4. 정격속도 60m/min, 적재하중 700kg, 오버밸런스율 40%, 전체효율 0.9인 엘리베이터의 용량은?

　가. 약 4.6kw　　　나. 약 5.2kw　　　다. 약 6.1kw　　　라. 약 7.1kw

해설 $P = \dfrac{MVS}{6120 \times \eta} = \dfrac{700 \times 60 \times (1 - 0.4)}{6120 \times 0.9} \fallingdotseq 4.6 \text{kw}$

5. 다음은 승강기 로프에 관한 설명이다. 옳지 않는 것은?

　가. 2본 이상의 와이어 로프를 사용해야 한다.
　나. 로프의 안전율은 2본인 경우 16이상이어야 한다.
　다. 권상기 시브의 회전력을 카에 전달하는 중요한 부품이다.
　라. 공칭직경이 40mm 이상이어야 한다.

해설 공칭직경은 8mm 이상이어야 한다.

6. 다음은 가이드 레일에 관한 설명이다. 맞지 않는 것은?

　가. 표준길이는 5000mm이다.
　나. 레일의 호칭은 소재 5m당 공칭하중으로 분류한다.
　다. 강판을 접어서 만든 레일은 속도 60m/min 이하에만 적용 가능하다.
　라. 레일은 승강로 평면에서 카와 균형추의 위치를 규제한다.

정답 1. 가　2. 가　3. 나　4. 가　5. 라　6. 나

해설 레일의 호칭은 소재 1m당 공칭하중으로 분류한다.

7. 다음은 트랙션(traction)비의 설명이다. 옳지 않은 것은?

가. 카측 로프에 매달려 있는 중량과 균형추 측 로프에 매달려 있는 중량의 비를 트랙션비라 한다.
나. 트랙션 비가 작을수록 트랙션 능력이 좋아진다.
다. 트랙션 비는 3 이상이다.
라. 트랙션 비가 낮아지면 로프의 수명이 길어지고 소비전력도 적어진다.

해설 트랙션 비는 1 이상이다.

8. 승강기의 카를 움직이는데 주로 사용하고 있는 방식은?

가. 로프식   나. 체인식   다. 스프링식   라. 플런저식

9. 전동기에 설치되어 있는 THR은 무엇인가?

가. 열동 계전기   나. 퓨즈   다. 배선용 차단기   라. 나이프 스위치

해설 열동 계전기(Thermal relay : Thr) : 부하전류를 흘려 부하에 과전류가 흐르면 완곡되어 압판(壓板)을 밀어 작동레버가 가동, 접점을 동작시켜서 조작회로를 차단한다.

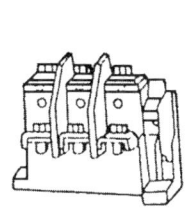
열동 계전기의 외형

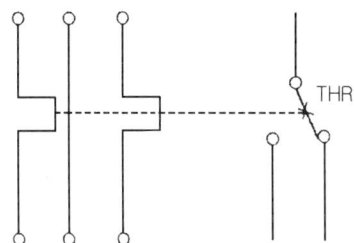
열동 계전기의 도기호

10. 다음 중 균형추의 무게 결정에 영향을 주는 것은?

가. 속도   나. 빈 카의 자중   다. 레일의 상태   라. 소음상태

해설 균형추의 무게는 빈카의 자중, 적재하중, 오버 밸런스율에 의거 결정된다.
※ 균형추의 중량 = 카 자체하중 + L.F , 여기서 L : 정격 적재량(kg), F : 오버 밸런스율

11. 적재하중 2000kg, 카 하중 3500kg, 승강행정 25m인 엘리베이터가 있다. 주로프는 1m당 1kg인 로프가 6줄 걸려있다. 오버밸런스율을 40%로 할 때 트랙션비를 구하여라.(단, 전부하시로 구할 것)

가. 1.214   나. 1.27   다. 1.526   라. 1.723

정답 7. 다 8. 가 9. 가 10. 나 11. 나

해설 카(측)중량 = 카하중+적재하중+로프하중 = 3500+2000+(25×6) = 5650(kg)
균형추(측)중량 = 카하중+L.F+(로프하중×균형로프에 의한 하중보상률) = 3500+(2000×0.4)+25×6=4450(kg)
∴ 트랙션비 = $\frac{5650}{4450}$ ÷ 1.27

12. 다음 로프 중 승강기의 주로프에 주로 사용되는 것은?

가. 보통 S꼬기 　　나. 보통 Z꼬기 　　다. 랭식 S꼬기 　　라. 랭식 Z꼬기

해설 보통 Z꼬임이 주로 사용된다.

13. 다음에서 로프의 직경 측정방법으로 옳은 것은?

가. 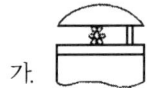　　나. 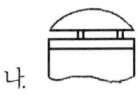　　다. 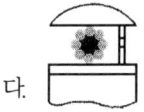　　라.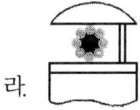

14. 가이드 레일 8K, 13K, 18K, 24K 등으로 분류하는 기준은?

가. 단면적　　나. 단위 길이의 무게　　다. 인장강도　　라. 가공 정밀도

해설 레일 호칭은 마무리 가공전 소재의 1m당 중량으로 한다.

15. 다음에서 롤러 가이드슈(roller guide shoe)의 특징이 아닌 것은 어느 것인가?

가. 레일에 대한 압력을 조정할 수 없다.
나. 고속의 승객용 엘리베이터에 주로 사용된다.
다. 롤러가 회전하기 때문에 슬라이딩 슈보다 효율이 좋다.
라. 롤러의 타이어가 고무이기 때문에 소음과 진동이 작다.

16. 다음은 레일의 규격을 나타낸 그림이다. ① ②에 맞는 것은 몇 kg인가?

공칭 (mm)	8k	①	18k	②
A	56	62	89	89
B	78	89	114	127
C	10	16	16	16
D	26	32	38	50
E	6	7	8	12

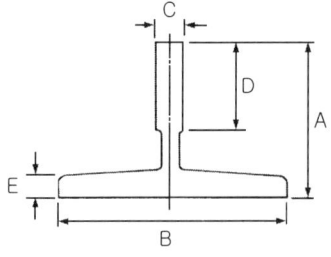

가. ① 10, ② 26　　나. ① 12, ② 22　　다. ① 13, ② 24　　라. ① 15, ② 27

정답　12. 나　13. 라　14. 나　15. 다　16. 다

17. 가이드 롤러(guide roller) 또는 가이드 슈(guide shoe)가 가이드 레일과 겹치는 부분은 13K 레일에서 몇 cm인가?

가. 2
나. 3
다. 4
라. 5

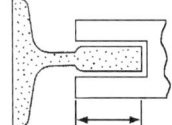

18. 균형체인(Compensation Chain)을 설치하는 이유로 맞는 것은?

가. 균형추의 낙하방지
나. 주행 중 카의 진동을 방지
다. 이동케이블과 로프의 이동에 따라 변화하는 하중을 보상
라. 카의 하중을 보상

해설 균형체인은 이동 케이블과 로프의 이동에 따라 변화하는 하중을 보상하게 위해 설치한다.

19. 다음의 그림이 표시하는 로핑 방식으로 적합한 것은?

가. 1 : 1
나. 2 : 1
다. 3 : 1
라. 4 : 1

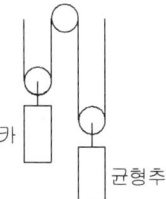

20. 1:1로핑 방식에서 2:1 로핑 방식으로의 변경시 설명으로 맞지 않는 것은?

가. 로프의 거는 길이가 현저하게 길게 된다.
나. 엘리베이터 종합효율이 낮게 된다.
다. 속도가 줄고 적재하중이 감소한다.
라. 로프의 수명이 짧게 된다.

해설 1:1로핑 방식에서 2:1 로핑 방식으로의 변경시 속도는 감소하나 적재하중은 증가한다.

21. 트랙션 권상기에서 미끄러짐 현상에 대해 설명한 것 중 옳지 않은 것은?

가. 로프가 감기는 각도가 작을수록 미끄러지기 쉽다.
나. 카의 가속도와 감속도가 클수록 미끄러지기 쉽다.
다. 카측과 균형추측의 와이어로프에 걸리는 중량비가 클수록 미끄러지기 쉽다.
라. 로프와 도르래의 마찰계수를 높이기 위하여 U 홈을 사용한다.

해설 로프와 도르래의 마찰계수를 높이기 위해 언더컷 홈을 사용한다.

정답 17. 나 18. 다 19. 나 20. 다 21. 라

22. 트랙션 권상기에서 트랙션 능력에 가장 영향을 적게 미치는 것은 어느 것인가?

　가. 카의 가속도와 감속도　　　　　　　　나. 전동기 용량
　다. 와이어 로프와 도르래의 마찰계수　　　라. 와이어로프의 권부각

23. 언더컷 홈 형상에서 중심각 α가 크면 트랙션 능력은?

　가. 작다.　　　　　　　　　　　　　　　　나. 크다.
　다. 클수도 있고 작을 수도 있다.　　　　　라. 변화가 없다.

24. 권상도르래에 사용되는 도르래의 직경은 최소한 로프 직경의 몇 배 이상이어야 하는가? (단, 주로프의 직경에 접한 부분의 길이가 그 둘레 길이의 1/4 이하인 주로프를 사용하였다.)

　가. 20배 이상　　　나. 28배 이상　　　다. 36배 이상　　　라. 40배 이상

25. 소선의 강도에 의하여 E종으로 분류된 와이어로프의 파단강도로 적합한 것은?

　가. 1,150N/mm²　　나. 1,320N/mm²　　다. 1,720N/mm²　　라. 1,960N/mm²

26. 소선의 표면에 아연도금 처리한 로프는?

　가. A종　　　　　나. B종　　　　　다. E종　　　　　라. G종

　해설　A종 : 1,620N/mm² 급의 강도를 갖는 소선으로 구성된 로프, E종보다 경도가 높기 때문에 도르래의 마모에 대한 대책이 필요하다.
　　　　B종 : 강도와 경도가 A종보다 높아, 엘리베이터용으로는 사용하지 않는다.
　　　　E종 : 엘리베이터용으로 제조된 것이다. 이것은 오층 소선이 다른 일반 로프에 비해 탄소량이 작아, 경도를 낮게 한 것으로, 파단 강도는 1,320N/mm² 급이다.
　　　　G종 : 소선의 표면에 아연도금을 한 것으로, 녹이 잘 나지 않아, 습기가 많은 장소에 사용된다.

27. 로프식 엘리베이터의 주로프에 대한 설명 중 맞지 않는 것은?

　가. 가장 많이 사용되는 와이어 로프는 8×S(19), E종, 보통 Z꼬임이다.
　나. 로프의 안전율은 같은 조건에서 2:1 로핑이 1:1로핑보다 크다.
　다. 로프 소켓팅 작업시 동여매는 로프길이는 끝단에서 120mm 정도이다.
　라. 사용하는 로프의 최소지름과 가닥수는 각각 8mm 3가닥 이상이다.

　해설　사용하는 가닥수는 2가닥 이상이어야 한다.

28. 일반적으로 1:1 로핑 방식을 사용하나 2:1 로핑방식을 적용할 때도 있다. 2:1방식을 사용하는 목적으로 적합한 것은?

　가. 로프의 수명을 연장하기 위하여　　　　나. 속도를 줄이거나 정격하중을 증가시키기 위하여
　다. 속도를 증가하기 위하여　　　　　　　　라. 정격하중을 감소시키기 위하여

정답　22. 나　23. 나　24. 다　25. 나　26. 라　27. 라　28. 나

29. 와이어 로프의 구성요소가 아닌 것을 고르시오.

  가. 심강   나. 스트랜드   다. 킹크   라. 소선

  해설 와이어 로프는 심강, 스트랜드, 소선으로 구성된다.

30. 적재하중 1,150kg, 카 자체하중 2,100kg, 행정거리 28m인 엘리베이터가 있다. 주 로프는 1m당 1kg인 로프가 5본 걸려 있다. 오버밸런스율을 50%로 하였을 때의 무부하 트랙션비를 구하면?

  가. 1.257   나. 1.296   다. 1.329   라. 1.340

  해설 무부하시 트랙션비 = $\dfrac{카자중+(적재하중 \times 오버밸런스율)+로프하중}{카자중}$

  $= \dfrac{2100+(1150 \times 0.5)+(28 \times 5)}{2100} \fallingdotseq 1.340$

31. 적재하중 2,000kg, 카 자체하중 3,500kg, 행정거리 50m인 엘리베이터가 있다. 주 로프는 1m당 1.2kg인 로프가 6가닥 걸려 있고, 오버밸런스율을 40%라면 전부하 트랙션비는? 단, 보상율이 90%가 되게 균형 체인을 설치했다.

  가. 1.236   나. 1.267   다. 1.362   라. 1.394

  해설 트랙션비 = $\dfrac{3,500+2,000+50 \times 1.2 \times 6}{3,500+2,000 \times 0.4+50 \times 1.2 \times 6 \times 0.9} = \dfrac{5,860}{4,624} \fallingdotseq 1.267$

32. 와이어로프를 로프소켓 안에 고정시킬 때의 순서로 적합한 것은?

  가. 로프 동여매기→로프 절단→로프가닥의 분산→구리스 제거→로프가닥 집어넣기→고착제
  나. 로프 동여매기→로프 절단→구리스 제거→로프가닥의 분산→로프가닥 집어넣기→고착제
  다. 구리스 제거→로프가닥의 분산→로프 동여매기→로프 절단→로프가닥 집어넣기→고착제
  라. 구리스 제거→로프 절단→로프 동여매기→로프가닥의 분산→로프가닥 집어넣기→고착제

33. 다음은 가이드 레일의 역할에 대한 설명이다. 옳지 않은 것은?

  가. 추락방지안전장치가 작동시 수직하중을 유지하나 자체의 기울어짐을 막아주지 못한다.
  나. 자체의 기울어짐을 막아준다.
  다. 추락방지안전장치 작동시 수직하중을 유지해 준다.
  라. 카와 균형추를 승강로 평면내에서 일정 궤도상에 위치를 규제한다.

  해설 카의 자중이나 화물에 의한 카의 기울어짐을 방지해 주고, 추락방지안전장치 작동시 수직하중을 유지한다.

34. 권상기 시브 직경은 주로프 직경의 몇배 이상되어야 하는가?

  가. 40배   나. 30배   다. 20배   라. 10배

  해설 권상기의 시브 직경은 주로프 직경의 40배 이상되어야 한다.

정답 29. 다 30. 라 31. 나 32. 가 33. 가 34. 가

제3편 승강기 안전 장치

제1장 추락방지안전장치(비상정지장치 Safety Device)

엘리베이터의 속도가 규정속도 이상으로 하강하는 경우에 대비하여 추락방지안전장치를 설치한다. 이 장치는 로프식 엘리베이터 또는 간접적 유압 엘리베이터에서는 카측에 설치해야 한다. 그런데 승강로 피트 하부가 사무실이나 통로로 사용되어, 사람이 출입하는 곳이면 균형추에도 설치해야 한다. 그리고 추락방지안전장치 작동으로 정지 후 승강기 바닥면의 수평도는 5%를 초과하여 기울어지지 않아야 한다.

1. 추락방지안전장치의 동작

속도 60m/min 초과는 점진식 작동형, 60m/min를 초과하지 않을 시는 완충효과 있는 즉시 작동형 그리고 37.8m/min를 초과하지 않는 경우는 즉시 작동형이어야 한다.

2. 추락방지안전장치의 종류

(1) 점진식 추락방지안전장치

① F·G·C(flexible guide clamp)형
레일을 죄는 힘이 동작에서 정지까지 일정하다. 이 방식은 구조가 간단하고, 복구가 쉬워 널리 사용되고 있다.

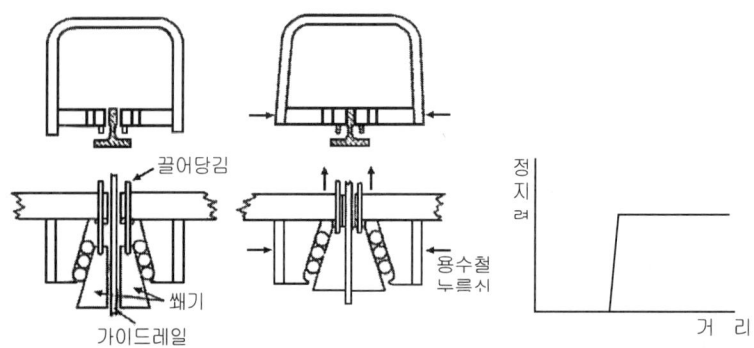

② F·W·C(flexible wedge clamp)형
레일을 죄는 힘이 동작 초기에는 약하나 점점 강해진 후 일정하다.

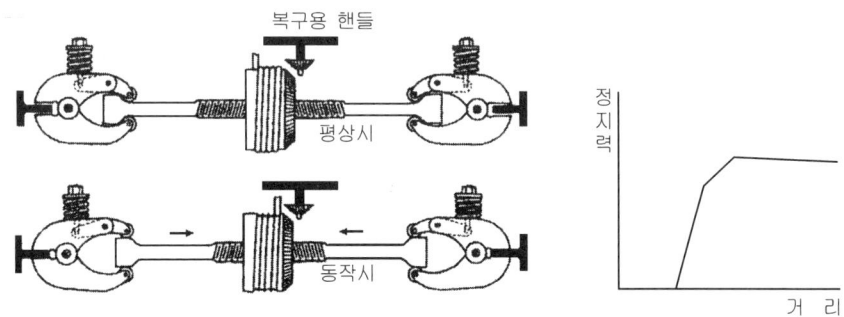

(2) 순간식 추락방지안전장치

카속도가 37.8m/min를 초과하지 않을시 사용된다. 레일을 협착하고 있는 크램프(clamp)와 레일 사이에 강체의 굴림대(미끄러짐 방지를 막기 위해 주위에 롤러 설치)를 설치하여 카를 정지시킨다. 롤러식 추락방지안전장치라고 한다.

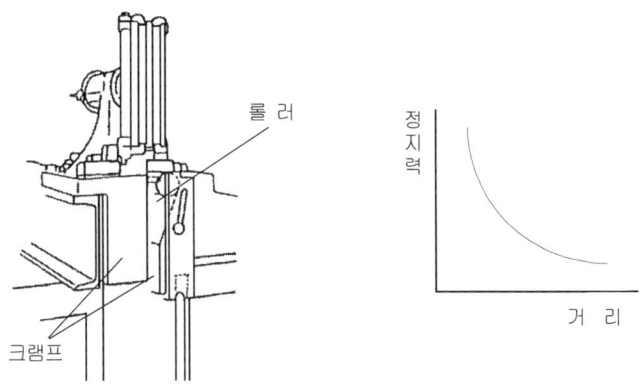

① 슬랙 로프 세이프티(Slake Rope Safety)
순간식 추락방지안전장치의 일종으로 소형 저속 엘리베이터로써 주로 로프에 걸리는 장력이 없어져 휘어짐이 생겼을 때 센서가 감지하여 엘리베이터를 정지시킨다.

제2장 과속조절기(Governor)

케이지와 같은 속도로 움직이는 과속조절기 로프에 의해서 회전되고, 언제나 케이지의 속도를 조사하여 과속도를 검출하는 장치이다.

과속조절기

1. 동 작

(1) 과속조절기의 동작

카 추락방지안전장치의 작동을 위한 과속조절기는 정격속도의 115% 이상의 속도 그리고 다음과 같은 속도 미만에서 작동되어야 한다.
① 고정된 롤러형식을 제외한 즉시 작동형 추락방지안전장치: 48m/min
② 고정된 롤러형식의 추락방지안전장치: 60m/min

(2) 과속조절기가 동작시 과속조절기에 의해 생성되는 과속조절기 로프의 인장력:

다음의 두 값 중 큰 값 이상이어야 한다.
① 300N
② 최소한 추락방지안전장치가 물리는 데 필요한 값의 2배

2. 과속조절기의 종류

(1) 디스크 과속조절기(disk governor)

과속조절기 시브의 속도가 빠르면 원심력에 의거 웨이트가 벌어지는데, 이때 과속스위치가 작동해 전원이 차단된다. 따라서 브레이크가 걸린다. 디스크 과속조절기는 저·중속 엘리베이터에 사용된다.

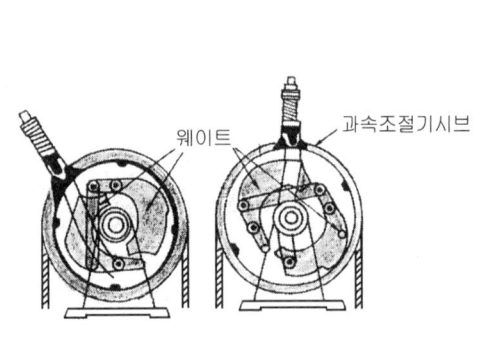

디스크 과속조절기의 작동전과 작동후의 상태

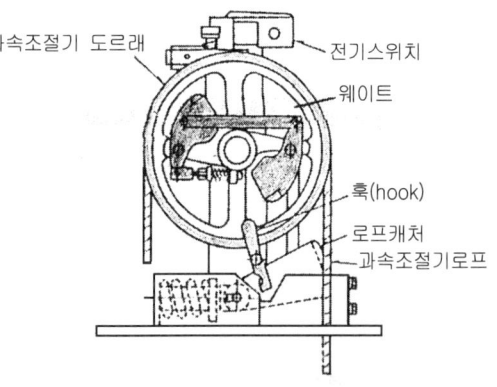

디스크(disk) 과속조절기

(2) 플라이볼 과속조절기(fly ball governor)

시브의 회전을 종축으로 변환시켜 그 원심력(속도가 빠르면)으로 플라이볼이 작동해 전원스위치와 추락방지안전장치를 작동시킨다. 플라이볼 과속조절기는 고속용 엘리베이터에 사용된다.

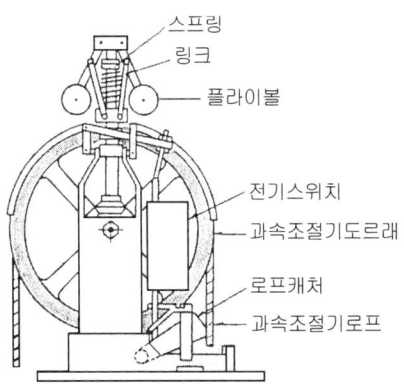

플라이볼 과속조절기

제3장 완충기(Buffer)

카가 어떤 원인으로 최하층을 통과하여 피트로 떨어질 때 충격을 완화시키기 위해 설치한다.

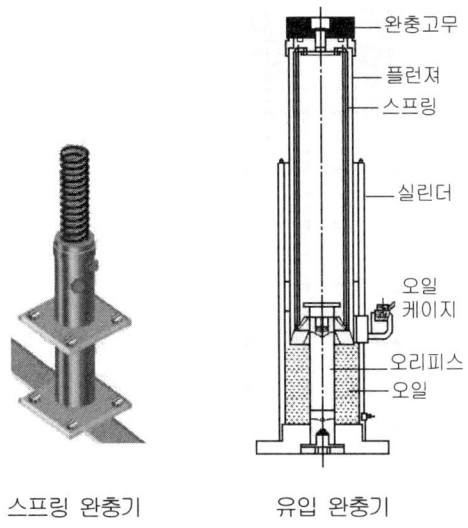

스프링 완충기   유입 완충기

1. 완충기의 종류

(1) 스프링 완충기(spring buffer)

① 정격속도 60m/min 이하의 엘리베이터에 사용되며, 행정(stroke : 압축전과 압축 후 사이의

거리)은 정격속도 115%에 상응하는 중력정지거리의 2배($0.135V^2$) 이상이어야 한다. 단, 행정은 65mm 이상이어야 한다.
② 완충기는 카 자중과 정격하중(또는 균형추의 무게)을 더한 값의 2.5배와 4배 사이의 정하중으로 ①에 규정된 행정이 되어야 한다.
③ 감속도 : 2.5g을 초과하는 감속도는 0.04초보다 길지 않아야 한다.
④ 적용중량

  ㉠ 최대 압축하중의 $\frac{1}{4}$배~$\frac{1}{2.5}$배의 범위에서 정해져야 한다.

  ㉡ 균형추 완충기 : 균형추 자중

  ㉢ 카 완충기 : 카 자중+정격하중

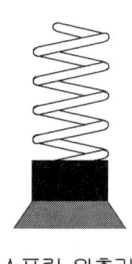

스프링 완충기

(2) 유입 완충기

① 모든 경우의 속도에 사용하며, 행정(stroke)은 정격속도의 115%에 상응하는 중력정지거리 ($0.067V^2$[m]) 이상이어야 한다.
② $2.5g_n$을 초과하는 감속도는 0.04초보다 길지 않아야 한다.
③ 카에 정격하중을 싣고 정격속도의 115%의 속도로 자유낙하하여 완충기에 충돌시 평균 감속도는 1g 이하이어야 한다.
④ 적용중량
  · 카 완충기 최대 적용중량 : 카 자중 + 적재하중
  · 카 완충기 최소 적용중량 : 카 자중 + 65
  · 균형추용 완충기의 적용중량 : 균형추의 중량

제4장 제동기(brake)

제동기의 코일이 여자되면 플런저를 밀고 내려와 제동슈(brake shoe)가 드럼을 조이지 못하지만, 솔레노이드 코일이 소자되면 즉시 제동이 걸린다.

1. 제동기의 능력

① 엘리베이터의 카가 정격속도로 정격하중의 125%를 싣고 하강 방향으로 운행될 때 구동기를 정지시킬 수 있어야 한다.

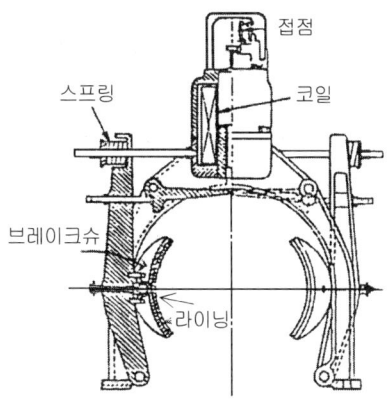

권상기 브레이크의 구조

② 제동시간(t)

$$t = \frac{120d}{V} \, (s)$$

여기서, V : 엘리베이터의 속도(m/min)
　　　　d : 제동 후 이동거리(m)

※ 제동코일의 여자 전류는 DC를 사용하며, AC 전원인 경우는 정류기로 정류하여 사용한다.

제5종 상승과속 방지 장치

카나 균형추 무게보다 가벼운 상태에서 제동기의 제동력 부족현상이 생기면, 균형추는 과속하강하고 카는 과속상승하게 되는데, 미리 설정한 속도에 도달 또는 그 이전에 제어불능 상태로 운행하는 것을 감지하여 카나 균형추가 완충기에 충돌하기 전, 카를 정지시키거나 최소한 카 속도를 완충기 설계속도 이하로 낮추는 장치이다. 이 장치는 카가 승강장에서 50cm 이상 이동하기 전, 통제 불능한 것을 감지하고, 70cm를 이동하기 전에 카를 정지시킬 수 있어야 한다.

출제예상문제

1. 제동코일의 여자전류로 적당한 것은?

가. 직류 나. 단락전류 다. 과도전류 라. 공진전류

2. 승강기 정격속도가 120m/min이고 제동거리가 1m인 승강기가 있다. 제동을 건 후 몇 초 후에 정지하는가?

가. 1초 나. 2초 다. 3초 라. 4초

해설 $t = \dfrac{120d}{v}$(초), $t = \dfrac{120 \times 1}{120} = 1$(초)

3. 다음 그림의 명칭 중 잘못 기재된 명칭은?

가. 접점
다. 코일
나. 스프링(spring)
라. 브레이크 휠(brake wheel)

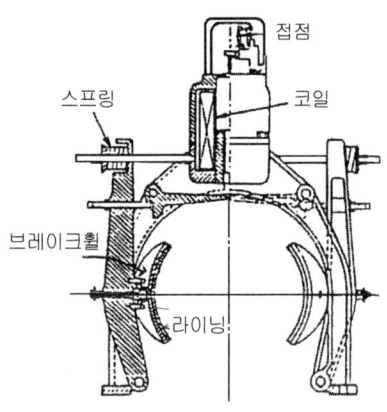

해설 브레이크 휠은 브레이크 슈로 정정되어야 한다.

4. 다음 중 플라이볼 과속조절기를 적용하는 승강기는?

가. 저속 승강기 나. 중속 승강기 다. 고속 승강기 라. 초고속 승강기

해설 디스크 과속조절기는 저·중속 엘리베이터에, 플라이볼 과속조절기는 고속 엘리베이터에 사용한다.

5. 카 추락방지안전장치의 작동을 위한 과속조절기는 정격속도의 몇 % 이상시 작동되어야 하는가?

가. 100 나. 105 다. 110 라. 115

정답 1. 가 2. 가 3. 라 4. 다 5. 라

해설 카 비상장치의 작동을 위한 과속조절기는 정격속도의 115% 이상이 되면 작동되어야 한다.

6. 과속조절기가 작동시 과속조절기에 의해 생성되는 과속조절기 로프의 인장력에 대한 설명으로 맞는 것은?

　가. 400N 또는 최소한 추락방지안전장치가 물리는 데 필요한 값의 2배 중 큰 값
　나. 400N 또는 최소한 추락방지안전장치가 물리는 데 필요한 값의 3배 중 큰 값
　다. 300N 또는 최소한 추락방지안전장치가 물리는 데 필요한 값의 3배 중 큰 값
　라. 300N 또는 최소한 추락방지안전장치가 물리는 데 필요한 값의 2배 중 큰 값

7. 아래 그림은 추락방지안전장치의 정지력과 거리를 나타낸 것이다. 어떤 형의 추락방지안전장치인가?

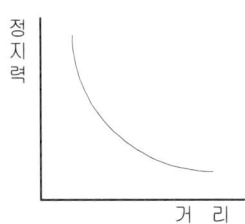

　가. 순차 정지식　　나. 순간 정지식　　다. 정역 정지식　　라. Y-Δ 정지식

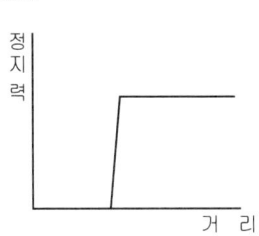
해설 F.G.C형 추락방지안전장치

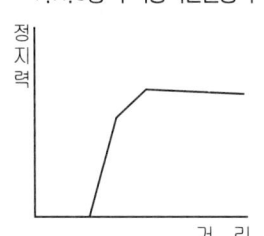
F.W.C형 추락방지안전장치

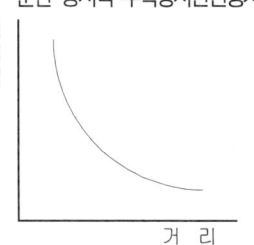
순간 정지식 추락방지안전장치

8. 다음은 과속조절기 및 추락방지안전장치의 작동에 관한 설명이다. 맞는 것은?

　가. 과속조절기는 정격속도의 2.5배 이내에서 안전회로가 차단되어야 한다.
　나. 추락방지안전장치는 상승시만 유효하다.
　다. 과속조절기에 의한 안전회로 차단은 양방향 모두 유효하다.
　라. 추락방지안전장치는 상하 양방향 모두 유효하다.

해설 추락방지안전장치는 하강시만 유효하고, 과속조절기에 의한 안전회로 차단은 양방향 모두 유효하다.

9. 순간식 추락방지안전장치가 적용되는 엘리베이터는?

　가. 초고속 엘리베이터　　　　　　　나. 고속 엘리베이터
　다. 중속 엘리베이터　　　　　　　　라. 저속 엘리베이터

해설 화물용, 자동차 전용의 저속 엘리베이터는 순간식 추락방지안전장치가 적용된다.

정답 6. 라　7. 나　8. 다　9. 라

10. 다음 중 승강기 브레이크장치에 관한 설명으로 맞는 것은?

　가. 승용 엘리베이터는 115%의 적재하중을 싣고, 정격속도 하강시, 정격부하시와 같은 승차감으로 안전하게 감속 정지해야 한다.
　나. 승용 엘리베이터는 130%의 적재하중을 싣고, 정격속도 하강시, 정격부하시와 같은 승차감으로 안전하게 감속 정지해야 한다.
　다. 화물용 엘리베이터는 115%의 적재하중을 싣고, 정격속도 하강시, 안전하게 감속 정지해야 한다.
　라. 화물용 엘리베이터는 125%의 적재하중을 싣고, 정격속도 하강시, 안전하게 감속 정지해야 한다.

　해설 브레이크는 125%의 적재 하중을 싣고, 정격속도로 하강시, 안전하게 감속 정지시킬 수 있어야 한다.

11. 다음은 균형추측에도 추락방지안전장치를 설비해야 할 경우를 설명한 것이다. 옳은 것은?

　가. 승강기 속도가 105m/min 이상일 때
　나. 승강기 피트 하부가 통로나 사무실로 사용될 때
　다. 승강기 피트 하부가 습기가 찰 때
　라. 건물의 높이가 31m 이상일 때

　해설 승강로 피트(pit)하부가 통로나 사무실로 사용될 때에는 균형추측에도 추락방지안전장치를 설치해야 한다.

12. 다음 중 승강기의 방호장치에 해당되지 않는 것은?

　가. 브레이크　　　　나. 과속조절기　　　　다. 발전기　　　　라. 추락방지안전장치

　해설 발전기는 전기를 일으키는 기계이다.

13. 다음에서 승강기의 속도를 검축하는 장치는?

　가. 완충기　　　　나. 리밋 스위치　　　　다. 과속조절기　　　　라. 로프

14. 다음 카의 비상구 출구에 관한 사항 중 옳지 않은 것은?

　가. 외부에서만 열 수 있어야 한다.
　나. 내부에서만 열 수 있어야 한다.
　다. 비상구 출구가 열려있는 동안에는 카가 움직여서는 안 된다.
　라. 한 승강로에 2대 이상의 승강기가 설치된 경우에는 카벽에 설치해도 된다.

　해설 카의 비상 구출구는 외부로 열려야 한다.

15. 다음에서 완충기의 행정거리에 관한 설명으로 맞는 것은?

　가. 정격속도의 115%로 충돌할 때 평균감속도 1g 이하로 정지하기에 충분한 거리
　나. 정격속도의 130%로 충돌할 때 평균감속도 1g 이하로 정지하기에 충분한 거리
　다. 정격속도의 140%로 충돌할 때 평균감속도 1g 이하로 정지하기에 충분한 거리
　라. 정격속도의 150%로 충돌할 때 평균감속도 1g 이하로 정지하기에 충분한 거리

정답 10. 라　11. 나　12. 다　13. 다　14. 나　15. 가

해설 용수철 완충기는 정격속도 60m/min 이하의 엘리베이터에 사용되고 있다. 즉 행정은 정격속도의 115%로 충돌할 때 평균감속도 1g 이하로 정지하기에 충분한 길이이어야 한다.

16. 승강기가 과속되어 권상기 브레이크가 작동하였으나 정지하지 않고 계속 하강할 경우 동작하여 정지시키는 장치는 무엇인가?

가. 과속조절기   나. 전동기   다. 추락방지안전장치   라. 회로 시험기

해설 승강기가 과속으로 운전되어 브레이크가 동작되었으나 정지하지 않고 계속 하강할 경우, 동작하여 정지시키는 장치는 추락방지안전장치이다.

17. ※ 관련법 개정(2013. 9. 15)으로 삭제

18. ※ 관련법 개정(2013. 9. 15)으로 삭제

19. 완충기의 행정을 줄이기 위해 사용하는 장치는 무엇인가?

가. 균형추   나. 리밋 스위치   다. 강제 감속장치   라. 가이드슈

20. 균형추 상단과 기계실 하부와의 거리가 카와 완충기와의 거리보다 커야하는 이유는?

가. 카가 완충기에 충돌하기 전 균형추가 기계실 하부에 충돌하기 때문에
나. 로프의 수명을 길게 하기 위하여
다. 승강기의 속도조절을 용이하게 하기 위하여
라. 승강기의 소음을 줄이기 위하여

21. B종 절연의 최고 허용온도는 몇 도인가?

가. 105°   나. 110°   다. 120°   라. 130°

해설 B종 : 130℃, E종 : 120℃

22. 엘리베이터의 속도와 관계되지 않은 것은 어느 것인가?

가. 레일의 상태   나. 전동기의 회전수
다. 권상기 기어의 감속비   라. 권상기 주시브의 직경

23. 추락방지안전장치가 작동된 상태에서 자동복귀를 위한 케이지의 강제상승 거리는 얼마인가?

가. 20mm   나. 30mm   다. 40mm   라. 50mm

정답 16. 다 19. 다 20. 가 21. 라 22. 가 23. 나

24. 브레이크 제동력이 너무 크면 일어나는 현상으로 옳은 것은?

가. 엘리베이터 감속도 과대
나. 권상기의 파열
다. 브레이크의 전자코일 소손
라. 전자소음 발생

25. 브레이크는 중력 가속도의 어느 정도가 적당한가?

가. $\frac{1}{5}$ 　　나. $\frac{1}{10}$ 　　다. $\frac{1}{15}$ 　　라. $\frac{1}{20}$

해설 제동력이 너무 크면 로프가 슬립을 일으킬 수 있다. 또 승차감도 나쁘다. 그러므로 $\frac{1}{10}$(gal) 정도로 한다.

26. 로프와 시브 사이의 슬립이 작은 경우로 맞는 것은?

가. 카가 급정거시
나. 카측과 균형추 측의 무게가 같을 때
다. 로프에 윤활유가 첨가될 때
라. 로프가 시브에 감기는 각도가 작을 때

27. 다음에서 와이어로프 클립(clip)의 체결 방법으로 적합한 것은?

가. 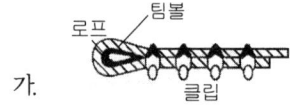　　나.

다. 　　라.

28. ※ 관련법 개정(2013. 9. 15)으로 삭제

29. 유입 완충기의 플런저를 완전히 압축시킨 후, 복귀시키는데 걸리는 시간으로 적합한 것은?

가. 60초 이하　　나. 70초 이하　　다. 80초 이하　　라. 90초 이하

30. 완충기의 최대감속도는 2.5G를 초과하는 감속도가 일반적으로 몇 초를 넘지 않아야 하는가?

가. 1/10　　나. 1/15　　다. 1/20　　라. 1/25

31. 스프링 완충기의 적용범위는?

가. 정격속도 45m/min 이하
나. 정격속도 60m/min 이하
다. 정격속도 60~105m/min 이하
라. 정격속도 60~120m/min 이하

정답 24. 가 25. 나 26. 나 27. 가 29. 라 30. 라 31. 나

해설 스프링 완충기는 정격속도 60m/min 이하, 유입완충기는 모든 속도에 사용한다.

32. 비상정지장치 작동시 카 바닥의 기울기는 정상위치에서 몇 %를 초과하여 기울어지지 않아야 하는가?

가. 2 나. 3 다. 5 라. 7

해설 카 추락방지안전장치가 작동될 때, 부하가 없거나 부하가 균일하게 분포된 카의 바닥은 정상적인 위치에서 5%를 초과하여 기울어지지 않아야 한다. 추락방지안전장치가 작동된 후 정상 복귀는 전문가(유지보수업자)에 의해 복귀되어야 한다.

33. 플렉시블 가이드 클램프(FGC:Flexible Guide Clamp)형의 추락방지안전장치를 설명한 것 중 맞는 것은?

가. 점진식 추락방지안전장치의 일종으로 카가 정지할 때까지 레일을 죄는 힘이 처음에는 약하다가 하강함에 따라서 강해지다가 얼마 후 일정해진다.
나. 순간식 추락방지안전장치의 일종으로 카가 정지할 때까지 레일을 죄는 힘이 처음에는 약하다가 하강함에 따라서 강해지다가 얼마 후 일정해진다.
다. 점진식 추락방지안전장치의 일종으로 카가 정지할 때까지 레일을 죄는 힘이 일정하다.
라. 순간식 추락방지안전장치의 일종으로 카가 정지할 때까지 레일을 죄는 힘이 일정하다.

34. FGC(Flexible Guide Clamp)형 추락방지안전장치의 장점으로 옳은 것은?

가. 정격속도의 1.3배에서 작동하여 순간적으로 정지시킨다.
나. 베어링을 사용하기 때문에 접촉이 확실하다.
다. 작동 후 복구가 쉽다.
라. 레일을 죄는 힘이 초기에는 약하나, 하강에 따라 강해진다.

35. 다음 즉시 작동형 추락방지안전장치의 정지거리로 적합한 것은?

가. 540mm 이하 나. 규정하지 않음 다. 700mm 이하 라. 1000mm 이하

36. 다음 추락방지안전장치의 설명으로 맞지 않는 것은?

가. 점진식 추락방지안전장치는 플랙시블 가이드 클램프와 플랙시블 웨지 클램프형이 있다.
나. 추락방지안전장치의 정지거리에서 최소치는 평균감속도를 1G 이하로, 최대치는 평균감 속도를 0.2G 이하로 억제한다.
다. 정격 속도 37.8m/min를 초과하지 않을시 순간정지식 추락방지안전장치가, 정격 속도 60m/min 초과인 엘리베이터에서는 점진식 추락방지안전장치가 적용된다.
라. 추락방지안전장치의 정지거리는 1m 이하이다.

해설 1. 점진식 추락방지안전장치 : 중·고속 엘리베이터(60m/min 초과)에 적용된다.
① F·G·C(flexible guide clamp)형 : 레일을 죄는 힘이 동작에서 정지까지 일정하다. 이 방식은 구조가 간단하고, 복구가 쉬워 널리 사용되고 있다.

정답 32. 다 33. 다 34. 다 35. 나 36. 라

② F-W-C(flexible wedge clamp)형 : 레일을 죄는 힘이 동작 초기에는 약하나 점점 강해진 후 일정하다.
2. 순간식 추락방지안전장치 : 속도 37.8m/min를 초과하지 않을시 주로 사용된다.
3. 추락방지안전장치의 정지거리에서 최소치는 평균 감속도를 1G 이하로, 최대치는 평균 감속도를 0.2G 이하로 억제한다.

37. 다음 중 주유를 해서는 안 되는 부품은 어느 것인가?

가. 가이드레일   나. 가이드 슈   다. 기어 박스   라. 브레이크 라이닝

38. 제동기에 대한 설명 중 옳지 않은 것은?

가. 안전회로에 이상이 발생되면 전자코일에 전원이 차단된다.
나. 브레이크용 전원은 주로 직류가 사용된다.
다. 정지시 브레이크의 제동력은 브레이크 라이닝의 마찰계수에 비례한다.
라. 스프링의 힘에 의해 개방되고 전자코일에 의해 닫힌다.

해설 제동기는 전자코일이 여자되면 개방되고, 소자되면 닫히는 구조이다.

39. 추락방지안전장치의 성능 기준에 대한 설명 중 맞지 않는 것은?

가. 카 비상정지 작동을 위한 과속조절기는 정격속도의 115% 이상의 속도시 작동되어야 한다.
나. 추락방지안전장치의 좌·우양 쪽 다 같이 균등하게 작용하고, 카 바닥의 수평도는 어느 부분에서나 5%를 초과하여 기울어지지 않아야 한다.
다. 카측 추락방지안전장치는 카 자중과 정격 적재하중에 균형로프(체인) 및 균형시브 중량의 1/2 등을 더한 중량을 적용 중량으로 한다.
라. 점차 작동형 추락방지안전장치의 정지거리 최대치는 평균 감속도를 1G로 억제한 값이고, 최소치는 평균 감속도를 0.35G로 억제한 값이다.

해설 점차 작동형 추락방지안전장치의 정지거리 최소치는 평균 감속도를 1G로 억제한 값이고, 최대치는 평균 감속도를 0.2G로 억제한 값이다.

제4편 승강기 도어 시스템

제1장 도어 시스템의 종류 및 원리

1. 도어 시스템의 종류

도어 시스템에서 숫자는 문짝수, S는 가로열기(사이드 오픈방식), CO는 중앙열기(센터오픈 방식)를 나타낸다.

(1) 가로 열기식문(사이드 오픈방식)

① 종류에는 1S, 2S, 3S 등이 있다.
② 화물용 및 침대용으로 사용된다.

(2) 중앙 열기식문(센터 오픈방식)

① 종류에는 2CO, 4CO 등이 있다.
② 승용에 사용된다.

(3) 상하 열기식문(수직 열기식문)

① 종류에는 외짝문 상하 열기식문과 2짝문 상하 열기식문이 있다.
② 자동차용이나 대형 화물 전용 엘리베이터에 사용된다.

(4) 스윙식 문

외짝 스윙식문과 2짝 스윙식문이 있다.

2. 도어 머신 장치

문 개폐장치를 카 위에 두고 암(arm)과 체인(chain)에 의해서 카 문을 열고 닫는데, 도어·레일, 도어·행거 등에 의해서 원활히 개폐할 수 있도록 설치한다.

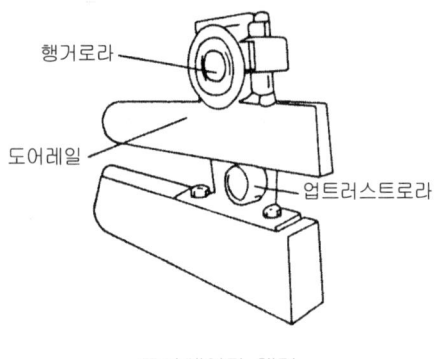

도어·레일과 행거

3. 도어 시스템의 원리

도어 시스템은 구동장치, 전달장치, 도어 판넬로 구성되어 있고, 도어 구동용 전동기는 직류 전동기 또는 인버터(inverter)를 이용한 교류전동기가 사용되고 있다.

① 1m/s를 초과하여 운행 중인 엘리베이터 카 문의 개방은 50N 이상의 힘이 필요하여야 한다.
② 카가 승강장 근처에서 정지 중 도어를 개방하는 데 필요한 힘은 300N을 초과하지 않아야 한다.

4. 도어·머신(door machine)에 요구되는 성능

① 동작이 원활하고, 조용하여야 한다.
② 카 위에 부착시키므로 소형이고, 가벼워야 한다.
③ 동작 회수는 엘리베이터 기동회수의 2배가 되므로, 동작빈도에 따른 내구성이 좋아야 한다.
④ 가격이 저렴해야 한다.

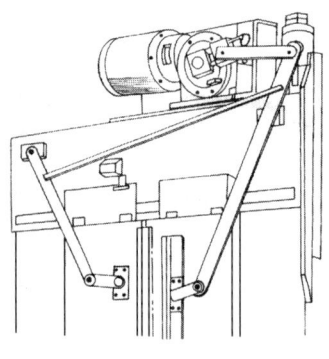

웜기어 감속기

제2장 도어의 안전장치

1. 도어 록(door lock)

카가 정지하고 있지 않는 층계의 승강장문은 전용 열쇠를 사용하지 않으면 열리지 않도록 하는 장치

2. 도어 스위치(door switch)

문이 닫혀있지 않으면 운전이 불가능하도록 하는 장치

3. 클로저(closer)

승장 도어가 열려있을시 자동으로 닫히게 하는 장치. 스프링 방식과 중력방식이 있다.

4. 도어의 보호장치

① 세이프티 슈(safety shoe)
  문의 선단에 이물질 검출장치를 설치하여 사람이나 물질이 접촉되면 도어의 닫힘은 중단되고 열린다.
② 광전장치
  투광(投光)기와 수광(受光)기로 구성되며, 도어의 양단에 설치해 광선(beam)이 차단될 때 도어의 닫힘은 중단되고 열린다. 라이트 레이(light ray)라고도 한다.
③ 초음파 장치
  초음파로 승장쪽에 접근하는 사람이나 물건(유모차, 휠체어 등)을 검출해, 도어의 닫힘을 중단시키고 열리게 한다.

출제예상문제

1. 케이지 내에 승객이 갇혀 있을 때, 케이지 문을 강제로 여는데 필요한 힘은?

　가. 50N 초과하지 않을 것　　　　　　　나. 120N 초과하지 않을 것
　다. 200N 초과하지 않을 것　　　　　　　라. 300N 초과하지 않을 것

2. 1m/s를 초과하여 운행 중인 엘리베이터 카 문의 개방은 몇 N 이상이어야 하는가?

　가. 15　　　　　나. 30　　　　　다. 50　　　　　라. 80

3. 승강장 문의 도어가 닫힌 상태에서 틈사이의 거리는 얼마이내이어야 하는가?

　가. 5mm 이내　　　나. 6mm 이내　　　다. 7mm 이내　　　라. 8mm 이내

4. 자동차용이나 대형 화물용 승강기 문은 어떠한 문을 사용하고 있는가?

　가. 상하 열기식문　　나. 중앙 열기식문　　다. 스윙식문　　라. 가로 열기문

5. 다음 도어 시스템의 기호중 문짝수가 2개인 중앙 열기식문의 표시로 옳은 것은?

　가. 2CO　　　　나. 2S　　　　다. 2SO　　　　라. 2BO

　해설 가로 열기식 문은 S, 중앙 열기식 문은 CO로 한다.

6. 다음은 도어머신 장치가 갖추어야 할 조건이다. 해당되지 않는 것은?

　가. 동작이 원활하고 조용하여야 한다.
　나. 카 위에 부착시키므로 소형이면서 무거워야 한다.
　다. 동작횟수는 엘리베이터 기동횟수의 2배가 되므로 동작빈도에 따른 내구성이 좋아야 한다.
　라. 가격이 저렴해야 한다.

　해설 카 위에 부착시키므로 소형이고 가벼워야 한다.

7. 케이지가 정지하고 있지 않은 층계의 승강장 문은 전용의 키를 사용해야만 열 수 있도록 한 장치는?

　가. 도어 스위치　　　　　　　　　　나. 도어 록(lock)
　다. 도어 클로저(closer)　　　　　　　라. 도어 키(key)

정답 1. 라　2. 다　3. 나　4. 가　5. 가　6. 나　7. 나

[해설] • 도어 클로저(closer) : 승장 도어가 열려 있을시 자동으로 닫히게 하는 장치. 스프링 방식과 중력방식이 있다.
• 도어 록(door lock) : 카가 정지하고 있지 않는 층계의 승강장 문은 전용 열쇠를 사용하지 않으면 열리지 않도록 하는 장치
• 도어 스위치(door switch) : 문이 닫혀있지 않으면 운전이 불가능하도록 하는 장치

8. 전동기의 회전을 감속시키고 암이나 로프 등을 구동시켜 승강기 문을 개폐시키는 장치는 무엇인가?

가. 도어 록   나. 도어 머신   다. 도어 스위치   라. 토글 스위치

[해설] • 도어 록(door lock) : 카가 정지하고 있지 않는 층계의 승강장 문은 전용 열쇠를 사용하지 않으면 열리지 않도록 하는 장치
• 도어 머신(door machine) : 전동기의 회전을 감속시키고, 암이나 로프 등을 구동시켜 승강기 문을 개폐시키는 장치
• 도어 스위치(door switch) : 문이 닫혀있지 않으면 운전이 불가능하도록 하는 장치
• 토글 스위치 : on, off에 의해서 회로를 개폐하는데 사용한다.

9. 도어 인터록 장치에 관한 설명 중 맞지 않는 것은?

가. 승장 도어의 개방을 방지하는 장치이다.
나. 승장 도어의 닫힘 상태를 판단, 제어반 신호를 준다.
다. 승장 도어의 닫힘을 방지하는 장치이다.
라. 도어 인터록 해제 키는 전용의 키로만 가능해야 한다.

[해설] • 도어 인터록(door interlock) : 이 장치는 도어 록(door lock)과 도어 스위치(door switch)로 구성되어 있으며, 닫힘동작시는 도어록이 먼저 걸린 상태에서 도어 스위치가 들어가고, 열림동작시는 도어 스위치가 끊어진 후에 도어록이 열리는 구조로 되어 있다.
• 도어 록(door lock) : 카가 정지하고 있지 않는 층계의 승강장 문은 전용 열쇠를 사용하지 않으면 열리지 않도록 하는 장치
• 도어 스위치(door switch) : 문이 닫혀있지 않으면 운전이 불가능하도록 하는 장치

10. 다음에서 도어 시스템과 관계가 없는 것은 어느 것인가?

가. 도어 레인   나. 오리피스   다. 웜기어   라. 도어 행거

[해설] 오리피스 : 유량의 조절 측정 등에 사용되며, 가공하기 쉬워 보통 원형으로 만든다. 지름 D인 유관 도중에 관의 지름 d(D〉d)의 오리피스를 삽입하면, 그 직후에서 유속이 변화하여 압력이 떨어진다.

정답   8. 나   9. 다   10. 나

제5편 승강로와 기계실

제1장 카실(케이지실)과 카틀(케이지틀)

1. 케이지(cage)실

(1) 재 질

1.2mm 이상의 강판을 사용하여야 하고, 도장 또는 비닐류의 피복을 칠하고 있다.

(2) 도어(door)

① 승용 및 인하용 엘리베이터는 한 케이지에 2개 이상의 도어를 설치하면 안된다.
② 침대용 및 자동차용은 2개의 도어를 설치할 수 있다(단, 2개의 도어가 동시에 열려 통로로 사용해서는 안 된다).

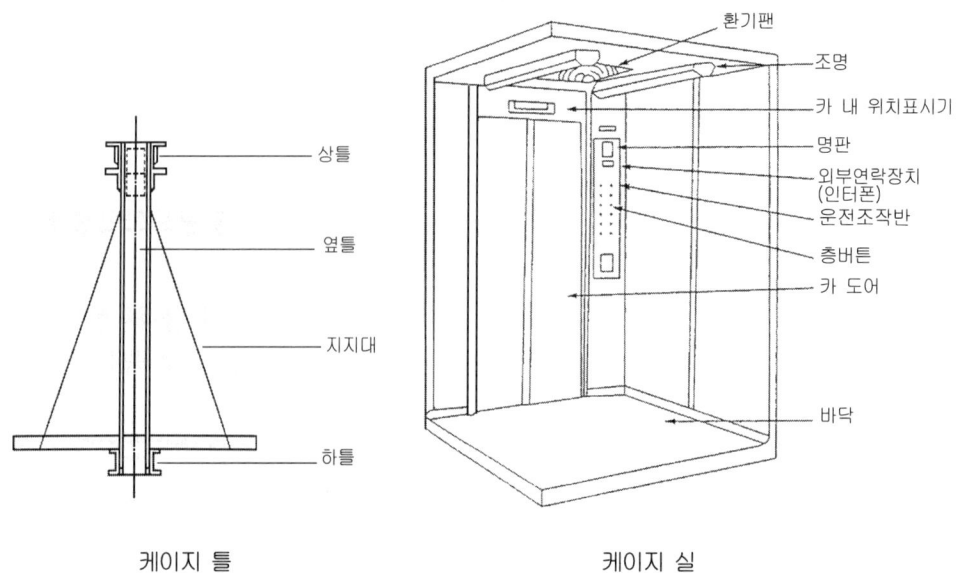

케이지 틀 　　　　　케이지 실

(3) 구출구

① 천장에 설치하되 외부에서만 열 수 있는 구조로 하여야 한다. 크기는 0.4m×0.5m 이상일 것
② 비상 구출구가 열려 있는 경우에는 카의 움직임이 없도록 안전 스위치를 부착하여야 한다.
③ 2대 이상의 엘리베이터가 한 승강로 안에 설치된 경우에는 벽면에 설치하여도 된다. 이 구출구는 카 안에서는 열쇠로만, 외부에서는 열쇠 없이 열 수 있는 구조이어야 한다.

제2장 승강로의 구조

1. 승강로의 구조와 여유공간

승강로는 외부에서 사람 또는 물건이 운전 중 카나 균형추에 닿지 않도록 그리고 화재시 승강로를 거쳐 다른 층이 연소되지 않도록 벽 또는 울타리에 의하여 외부공간과 격리되어야 한다. 또 필요한 배관 설비 이외의 설비는 절대로 해서는 안된다. 이유는 설비의 부적정이나 설비 오조작에 의한 피해를 방지하기 위하여 그리고 관리자가 승강로에 들어가 재해를 입는 것을 방지하기 위함이다.

※ 승강로 : 승객 또는 화물을 싣고 오르내리는 카(car)의 통로

(1) 권상 구동식 엘리베이터의 상부 틈새

① 균형추가 완전히 압축된 완충기 위에 있을 때
  · 카 가이드 레일의 길이는 0.1[m] 이상 연장되어야 한다.
  · 카 지붕에서 가장 높은 부분과 승강로 천장의 가장 낮은 부분 사이의 수직거리는 0.5[m] 이상이어야 한다.
  ※ 카가 완전히 압축된 완충기 위에 있을 때, 균형추 가이드 레일의 길이는 0.1[m] 이상 연장되어야 한다.

(2) 피트

① 피트 출입문은 피트 깊이가 2.5m를 초과하는 경우에 설치한다.
② 카가 완전히 압축된 완충기 위에 있을 때 다음 3가지가 동시에 만족되어야 한다.
  · 피트에는 0.5m×0.6m×1.0m 이상의 장방형 블록을 수용할 수 있는 충분한 공간이 있어야 한다.
  · 피트 바닥과 카의 가장 낮은 부품 사이의 수직거리는 0.5m 이상이어야 한다.
  · 피트에 고정된 가장 높은 부품과 카의 가장 낮은 부품 사이의 수직거리는 0.3m 이상이어야 한다.

2. 출입구의 간격

카의 문턱과 승강장 문턱과의 거리는 3.5cm 이하이어야 한다. 단, 지체 부자유자용(휠체어용)은

3cm 이하이다.

3. 카실과 승강로 벽과의 수평거리

카 문턱끝과 승강로 벽과의 간격은 0.15m 이하이어야 한다. 초과시에는 금속제 보호판을 설치해야 한다. 금속제 보호판을 설치하는 이유는 탈출시 떨어질 위험이 있기 때문이다.

4. 출입구

승용, 인화용 승강기에서는 한 카(car)내에 1개의 출입구만을 설치해야 한다. 또 승강쪽 역시 1개의 층에 2개 이상의 출입구를 설치해서는 안 된다. 그런데 화물용, 자동차용은 1개층에 2개까지 출입구를 설치할 수 있다. 단, 양쪽문이 동시에 열려 통로로 사용되어서는 안 된다.

출 입 구

제3장 기계실의 제설비

1. 기계실의 구비요건

① 출입문은 잠금장치(내부에서는 열쇠 없이 열림)가 있어야 한다.
② 출입문은 폭 0.7m 이상, 높이 1.8m 이상의 금속제 문(외부로 열리는 문)이어야 한다.
③ 구동기의 회전부품 위로 0.3m 이상의 유효 수직거리가 있어야 한다.
④ 기계실 바닥에 0.5m 초과의 단차가 있을 때에는 보호난간이 있는 계단 또는 발판이 있어야 한다.
⑤ 기계실의 온도는 +5℃~+40℃이어야 한다.

⑥ 기계실 바닥면 조도는 200 lx 이상이어야 한다.
⑦ 1개 이상의 콘센트 설비가 되어 있어야 한다.
⑧ 유효공간으로 접근하는 통로의 폭은 0.5m 이상이어야 한다. 단 움직이는 부품이 없는 경우에는 0.4m로 줄일 수 있다.
⑨ 작업구역에서 유효높이는 2.1m 이상이어야 한다.

2. 기계실의 종류

① 사이드머신 타입(side machine type) : 승강로 상부 측면에 설치한다.

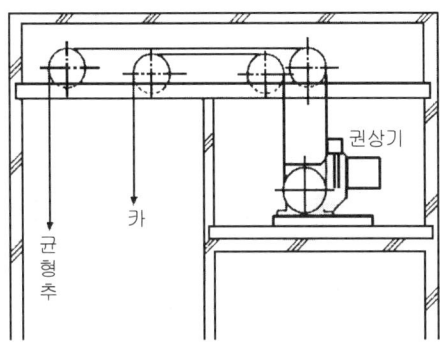

사이드 머신 방식

② 베이스먼트 타입(Basement type) : 하부측면에 설치한다.

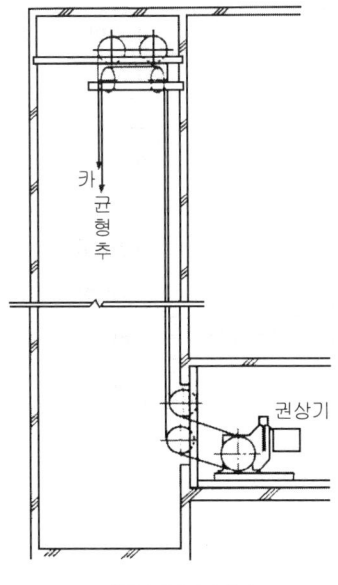

베이스먼트 타입

③ 정상부 타입(over head machine type) : 정상부에 설치한다.

출제예상문제

1. 카실 강판은 몇 mm 이상의 것을 사용하는가?

　가. 1.0mm　　　나. 1.2mm　　　다. 1.3mm　　　라. 1.4mm

2. 카틀 제작시 강판을 접어서 사용하는 목적은 무엇인가?

　가. 경량화　　　나. 연성유지　　　다. 건성유지　　　라. 소성유지

3. 카 꼭대기틈새에 대한 설명으로 맞는 것은?

　가. 카 상부의 가이드 슈에서 승강로 천장까지의 거리
　나. 최상층 바닥에서 승강로 천장까지의 거리
　다. 카 상부의 가장 높은 구조물 꼭대기에서 승강로 천장까지의 거리
　라. 카 상부체대의 상부면에서 승강로 천장까지의 거리

4. 승객용 엘리베이터의 경우 카실과 승강장실과의 간격은 얼마이어야 하는가?

　가. 5cm 미만　　　나. 5cm 이하　　　다. 4cm 미만　　　라. 3.5cm 이하

5. 다음은 기계실의 넓이를 설명한 것이다. 맞는 것은?

　가. 승강로 수평 투영면적의 2배 이상으로 한다.　　　나. 승강로 수평 투영면적의 3배 이상으로 한다.
　다. 승강로 수평 투영면적의 4배 이상으로 한다.　　　라. 승강로 수평 투영면적의 5배 이상으로 한다.

6. 다음은 기계실의 조명과 온도에 관한 설명이다. 맞는 것은?

　가. 조명 200lx 이상, 온도 40℃ 이하　　　나. 조명 200lx 이상, 온도 40℃ 이상
　다. 조명 120lx 이상, 온도 30℃ 이하　　　라. 조명 120lx 이상, 온도 30℃ 이상

　해설 기계실의 조도는 200럭스 이상이 되어야 하고, 온도는 5℃ 이상 40℃ 이하가 되어야 한다.

7. 다음에서 피트의 깊이 설명으로 적합한 것은?

　가. 카가 최상층에 정지하였을 경우 카 바닥과 기계실 바닥간의 거리
　나. 카가 최상층에 정지하였을 경우 카 천장에서 기계실 천장까지의 거리
　다. 카가 최하층에 정지하였을 경우 카 바닥과 승강로 바닥사이의 거리
　라. 카가 최하층에 정지하였을 경우 카 바닥과 승강로 천장사이의 거리

정답 1. 나　2. 가　3. 라　4. 라　5. 가　6. 가　7. 다

8. 승강로의 상부 여유거리와 피트 깊이에 영향을 주는 것은 무엇인가?

　가. 정격속도　　　나. 건물의 높이　　　다. 승강로의 온도　　　라. 균형추의 무게

　해설 상부 여유거리와 피트 깊이에 영향을 주는 것은 정격속도이다.

9. 다음에서 기계실에 설치되어 있지 않은 장치는?

　가. 전동기　　　나. 제어반　　　다. 권상기　　　라. 레일

　해설 기계실에는 전동기, 권상기, 과속조절기, 제어반, 전자제동기 등이 설치되어 있다.

10. 다음 중 승강로에 설치되어 있지 않은 것은?

　가. 가이드 레일　　　나. 최종 감속정지장치　　　다. 자동착상장치　　　라. 토글 스위치

　해설 토글 스위치는 전원을 공급 또는 차단을 위해 사용되는 스위치의 일종이다.

11. 다음 중 기계실에 관한 내용으로 맞지 않는 것은?

　가. 기계실의 온도는 10℃~40℃이어야 한다.
　나. 바닥면의 조도는 200lx 이상이어야 한다.
　다. 작업구역에서의 높이는 2.1m 이상 되어야 한다.
　라. 유효공간으로 접근하는 통로의 폭은 0.5m 이상이어야 한다.

　해설 기계실의 온도는 5℃~40℃이어야 한다.

12. 카의 문턱 끝과 승강로 벽과의 간격은?

　가. 15cm 이하　　　나. 15.5cm 이하　　　다. 20.5cm 이하　　　라. 22.5cm 이하

　해설 카 문턱 끝과 승강로 벽과의 간격은 15cm 이하이어야 한다.

13. 다음의 승강로에 대한 설명 중 옳지 않은 것은?

　가. 피트 바닥 하부를 통로로 사용할시는 균형추에도 추락방지안전장치를 설치해야 한다.
　나. 승강로 내부의 환기를 위해 환기구를 설치해야 한다.
　다. 필요한 배관설비 이외의 타설비는 설치해서는 안 된다.
　라. 벽 또는 울타리에 의하여 외부공간과 격리되어야 한다.

　해설 환기구를 설치하면 화재시 연통 역할을 하여 설치해서는 안 된다.

14. 카 문턱끝과 승강로 벽까지의 거리는 얼마이어야 하는가?

　가. 10.5cm 이하　　　나. 11.5cm 이하　　　다. 15cm 이하　　　라. 18cm 이하

정답 8. 가　9. 라　10. 라　11. 가　12. 가　13. 나　14. 다

제6편 승강기의 부속장치

제1장 조명장치 및 환풍장치

1. 비상등
램프 중심으로부터 1m 떨어진 수직면상에서 5lux 이상의 밝기가 되어야 하며, 60분 이상 유지되어야 한다.

2. 환풍장치
승객용 저소음의 브로어(Blower)가 주로 사용 된다.

제2장 신호장치

1. 위치표시기(Indicator)
승강장이나 카내에서 이용자에게 현재 카의 위치를 알려주는 장치이다. 군관리 방식에서는 위치표시기 대신에 홀랜턴(hall lantern)을 사용한다.

2. 아난세타
수동식 엘리베이터에서 승강장 버튼 등록을 카내의 운전자가 알 수 있도록 해주는 표시기를 말한다. 오래된 백화점의 엘리베이터에서 가끔 볼 수 있다.

3. 통신장치
비상사태가 발생시 카내부와 외부와의 연락장치이다. 이에는 인터폰, 전화, 비상벨 등이 있다. 전원은 충전 배터리(battery)를 사용하는데 정전시에도 작동되어야 하기 때문이다.

4. 과부하 경보장치

케이지내에 정원을 초과하여 승차를 하였다든가, 정격하중 이상의 물건을 적재하면 케이지 바닥 밑에 설치한 풋 스위치(foot switch)가 작동하여 경보 부저가 울리고 동시에 경보등이 점등되고 전동기 전원을 차단시켜 엘리베이터 동작을 금지시킨다. 보통 적재하중의 105~110%로 설정한다.

제3장 비상전원장치(자가발전설비)

1. 보조전원 공급장치

정전 후 60초 이내에 안정된 전압을 확립하여 모든 비상용 엘리베이터가 정격부하에서 2시간 연속운행할 수 있어야 한다.

제4장 기타 부속설비 및 보호장치

1. 리미트 스위치(limit switch)

카(car)가 충돌하는 것을 방지할 목적으로 종단층(최상층 또는 최하층)의 감속정지할 수 있는 거리에 설치한다.

리미트 스위치

2. 파이널 리미트 스위치(final limit switch)

리미트 스위치가 동작하지 않을 경우에 대비, 종단계(최상층 또는 최하층)를 현저하게 지나치지 않도록 하기 위해 설치한다.

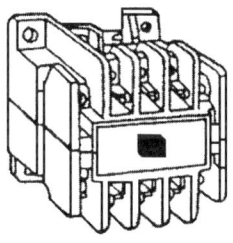

전자접촉기

3. 주접촉기
정전, 저전압 또는 각부 고장시 주회로를 차단한다.

4. 슬로다운 스위치(Slow Down Switch)
카가 어떤 이상 원인으로 감속되지 못하고 최상·최하층을 지나칠 경우 이를 접촉, 강제적으로 감속, 정지시키는 장치인데, 리미트 스위치(Limit Switch)전에 설치한다.

5. 종단층 강제 감속장치
슬로다운 스위치가 종단층에서 카의 속도를 감속시키는데 실패하면 종단층 강제감속장치를 1G($9.8m/sec^2$)를 초과하지 않는 감속도를 가져야 하며, 이때 카의 추락방지안전장치를 작동시키지 않아야 한다.

6. 로크다운(lock down) 추락방지안전장치
고층에 사용되는 엘리베이터는 로프의 중량 불평형을 보상하기 위해 카(car)하부에서 균형추 하부에 보상로프를 설치하는데 그 로프를 지지하는 시브를 견고하게 설치하고 레일에 오름 방향 추락방지안전장치를 취부하여 카(car)의 추락방지안전장치가 작동시, 로크다운(lock down) 추락방지안전장치를 동작시켜 균형추 로프 등이 관성으로 상승하는 것을 예방한다.
이 장치는 속도 210m/min 이상의 엘리베이터에 필요한 안전장치이다.

7. 피트 정지스위치(Pit Stop Switch)
보수점검 및 검사를 위하여 피트내부로 들어가기 전, 스위치를 '정지'위치로 하여, 작업 중 카가 움직이는 것을 방지하여야 한다. 수동으로 조작되고, 스위치가 작동되면 엘리베이터 전동기 및 브레이크(Brake)에 전력이 차단되어야 한다.

8. 역결상 검출장치
동력전원이 어떤 원인으로 상이 바뀌거나 결상이 될시 이를 감지, 전동기의 전원을 차단하고 브레이크를 작동시키는 장치이다.

9. 강제 각층 정지운전
주로 야간에 사용되는데 방범을 목적으로 주택에서 사용되고 있다. 각층 정지 스위치를 ON 시키면 각층을 정지하면서 목적층까지 운행한다.

10. 파킹(parking)장치
엘리베이터를 사용하지 않을 경우 기준층에 파킹 스위치(parking switch)를 설치하여 작동시켜 기준층에 대기하게 하는 기능의 장치이다.

11. 비상용 엘리베이터

① 높이가 31m를 초과하는 건축물에 설치를 하여야 한다.
② 주전원이 차단될시 60초 이내에 전원을 확립하고 전원을 2시간 이상 공급할 수 있는 시설이 있어야 한다.
③ 운행 속도는 60m/min 이상 되어야 한다. 또한 중앙 관제실과 통화가 가능하여야 한다.

12. B.G.M 장치

back ground music의 약자로 카 내부에 음악이나 방송을 하기 위한 장치이다.

출제예상문제

1. 다음에서 승강장의 신호장치로 맞지 않는 것은?

　가. 형광등　　　나. 방향등　　　다. 홀랜턴　　　라. 위치표시기

2. 정전, 저전압 또는 각부 고장시 주회로를 차단하는 것은?

　가. 주접촉기　　나. 3로 스위치　　다. 리밋 스위치　　라. 토글 스위치

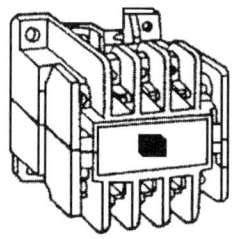

전자접촉기

3. 엘리베이터가 운행시 최상층 또는 최하층을 지나치지 않도록 카를 급제동시키는 장치는 무엇인가?(카는 역방향으로도 운행이 가능하다.)

　가. 종점스위치　　　　　　　　나. 파이널리미트 스위치
　다. 슬로다운 스위치　　　　　　라. 완충기

리미트 스위치 (종점스위치)

4. B.G.M 장치에 대한 설명으로 옳은 것은?

　가. 전화선을 이용한 경찰서와의 연락장치이다.
　나. 전화선을 이용한 주택관리 사무실과의 연락장치이다.
　다. 전화선을 이용한 승강기 보수회사와의 연락장치이다.
　라. back ground music의 약자로 카 내부에 음악을 방송하기 위한 장치이다.

정답　**1.** 가　**2.** 가　**3.** 가　**4.** 라

5. 전동기가 회전력을 상실하였을 때 엘리베이터를 정지시키는 장치는?

   가. 전자 브레이크   나. 과속조절기   다. 균형추   라. 타임 스위치

6. 2차 소방운전시에만 무효되어야만 하는 안전 장치는?

   가. 초음파 장치
   나. 광전장치
   다. 카 및 승강장 도어 스위치
   라. 과부하 감지장치

   해설
   · 초음파 장치(Ultrasonic Door Device) : 초음파로 승강쪽에 접근하는 사람이나 물건을 검출해 (유모차, 휠체어 등) 도어의 닫힘을 중단시키고 열리게 한다.
   · 광전장치(Photo Electric Device) : 광선빔을 발생시는 투광기와 그리고 수광기로 구성된다. 설치는 양단에 하고, 광선빔이 차단되며 도어를 반전시킨다.
   · 과부하 경보장치 : 케이지 내에 정원을 초과하여 승차를 하였다든가, 정격하중 이상의 물건을 적재하면 케이지 바닥 밑에 설치한 풋 스위치(foot switch)가 작동하여 경보 부저가 울리고 동시에 경보 등이 점등되고 전동기 전원을 차단시켜 엘리베이터 동작을 금지시킨다. 보통 적재하중의 100~110%로 설정한다.

7. 록다운 추락방지안전장치의 적용속도는?

   가. 200m/min 이상   나. 220m/min 이상   다. 210m/min 이상   라. 260m/min 이상

   해설 로크다운(lock down) 추락방지안전장치 : 고층에 사용되는 엘리베이터는 로프의 중량 불평형을 보상하기 위해 카(car)하부에서 균형추 하부에 보상로프를 설치하는데 그 로프를 지지하는 시브를 견고하게 설치하고 레일에 오름 방향 추락방지안전장치를 취부하여 카(car)의 추락방지안전장치가 작동시 로크다운(lock down) 추락방지안전장치를 동작시켜 균형추 로프 등이 관성으로 상승하는 것을 예방한다. 이 장치는 속도 210m/min 이상의 엘리베이터에 필요한 안전장치이다.

8. 과부하 감지장치(Overload Switch)의 작동범위로 맞는 것은?

   가. 정격하중의 100~105%
   나. 정격하중의 105~110%
   다. 정격하중의 110~115%
   라. 정격하중의 115~120%

9. 다음 중 위치표시기(Indicator)를 적용하지 않아도 좋은 방식은 어느 것인가?

   가. 군승합방식
   나. 양방향 승합전자동식
   다. 단식 자동식
   라. 군관리방식

   해설 군관리방식(群管理方式) : 3~8대의 엘리베이터를 연계, 집단으로 묶어 합리적으로 운행, 관리하는 방식. 엘리베이터의 이용사항 및 환경을 고려해, 효율적 운행을 도모하기 위하여 사용되며, 카위치 표시기는 문제점이 있어 사용하지 않고, 홀랜턴(hall lantern)이 사용된다. 주로 대형빌딩의 고속용 엘리베이터에 적용되고 있다.

10. 리미트스위치(Limit Switch)전에 설치되며, 카가 어떤 원인으로 최상층이나 최하층에서 정지장치에 의해 정지하지 못하는 경우, 이를 검출하여 카를 강제적으로 감속, 정지시키는 장치는 무엇인가?

정답 5. 가 6. 다 7. 다 8. 나 9. 라 10. 가

가. 슬로다운 스위치 나. 록다운 추락방지안전장치
다. 종단층 강제감속장치 라. 리미트 스위치

해설
- 슬로다운 스위치(Slow Down Switch) : 카가 어떤 이상 원인으로 감속되지 못하고 최상·최하층을 지나칠 경우 이를 접촉, 강제적으로 감속, 정지시키는 장치인데, 리미트 스위치(Limit Switch) 전에 설치한다.
- 록다운(lock down) 추락방지안전장치 : 고층에 사용되는 엘리베이터는 로프의 중량 불평형을 보상하기 위해 카(car)하부에서 균형추 하부에 보상로프를 설치하는데 그 로프를 지지하는 시브를 견고하게 설치하고 레일에 오름 방향 추락방지안전장치를 취부하여 카(car)의 추락방지안전장치가 작동시 로크다운(lock down) 추락방지안전장치를 동작시켜 균형추 로프 등이 관성으로 상승하는 것을 예방한다. 이 장치는 속도 240m/min 이상의 엘리베이터에 필요한 안전장치이다.
- 종단층 강제 감속장치 : 슬로다운 스위치가 종단층에서 카의 속도를 감속시키는데 실패하면 종단층 강제감속장치를 작동시켜야 하며, 1G(9.8m/sec^2)를 초과하지 않는 감속도를 가져야 하고, 이 때 카의 추락방지안전장치를 작동시키지 않아야 한다.

11. 비상용 엘리베이터의 제한사항 중 맞지 않는 것은?

가. 유압엘리베이터도 비상용으로 사용할 수 있다.
나. 터치버튼을 적용하지 않는다.
다. 승강장 위치표시기는 전층에 걸쳐 설치한다.
라. 각층 승강장에는 비상용 엘리베이터 표지판, 표시 등을 설치한다.

12. 다음에 엘리베이터에 사용되는 인터폰에 대한 설명으로 맞지 않는 것은?

가. 카 내의 조작반에 있는 스위치를 올리면 관리실 또는 기계실 등에 연락된다.
나. 카 내의 안내 방송용으로 사용된다.
다. 승객이 카 안에 갇힌 경우 승객의 호출에 의하여 주택관리사무소 등과 비상 통화용으로 사용한다.
라. 전원은 충전 배터리를 사용한다.

13. 다음의 홀랜턴에 대한 설명 중 맞지 않는 것은?

가. 승장버튼을 누르면 정지할 카의 랜턴을 점등시켜 승객을 유도하는 기능이 있는 것도 있다.
나. 방범 목적으로 사용한다.
다. 램프와 공(gong)으로 이루어져 있다.
라. 군관리 방식에서는 승장 인디케이터(indicator)대신 사용한다.

해설 홀랜턴은 방범을 목적으로 사용되는 것은 아니다.

14. 비상운전에 대한 설명으로 옳은 것은?

가. 나, 다, 라 모두를 말한다. 나. 2차 소방운전
다. 1차 소방운전 라. 비상호출 스위치에 의한 운전

15. 야간에 카 안의 범죄를 예방하기 위하여 각 층에 정지하면서 목적층까지 주행하는 안전장치는?

정답 11. 가 12. 나 13. 나 14. 가 15. 라

가. 화재 관제안전스위치 나. 리미트 스위치
다. 정전시 조명장치 라. 각층 강제정지 운전스위치

해설 각층 강제정지 운전 스위치 : 주로 야간에 사용되는데 방범을 목적으로 주택에서 사용되고 있다. 각층 정지 스위치를 ON시키면 각층을 정지하면서 목적층까지 운행한다.

16. 정전시 카 내부의 정전등은 몇분 이상 작동되어야 하는가?

가. 20분 나. 25분 다. 30분 라. 60분

17. 다음에서 완충기의 스트로크를 줄이기 위한 안전장치는 어느 것인가?

가. 강제 감속장치 나. 과속조절기 다. 토글 스위치 라. 3로 스위치

18. 정전시 카 내부에서 비상등 밝기는 얼마 이상되어야 하는가?

가. 2lux 이상 나. 3lux 이상 다. 5lux 이상 라. 10lux 이상

19. 다음의 정지스위치에 대한 설명 중 맞지 않는 것은?

가. 매우 긴급한 때 카를 정지시키기 위하여 설치하는 스위치이다.
나. 이 스위치가 작동되면 카는 서서히 정지한다.
다. 이 스위치가 작동되면 카는 신속히 정지한다.
라. 카 내부 조작반, 카 상부, 기계실, 피트 등에 설치한다.

20. 완충기의 행정거리를 줄이기 위하여 정격속도 300m/min 이상의 엘리베이터에 사용되는 안전장치는

가. 종점스위치 나. 파이널 리미트 스위치
다. 종단층 강제감속장치 라. 록다운 정지장치

해설 종단층 강제감속장치 : 슬로다운 스위치가 종단층에서 카의 속도를 감속시키는데 실패하면 종단층 강제감속장치를 작동시켜야 하며, 1G(9.8m/sec^2)를 초과하지 않는 감속도를 가져야 하고, 이때 카의 추락방지안전장치를 작동시키지 않아야 한다.

21. 다음은 파이널 리밋 스위치에 대한 설명이다. 맞지 않는 것은?

가. 접점이 개방되어 통전이 중단되는 구조이어야 한다.
나. 구입가격이 고가이어야 동작상태가 양호하다.
다. 제어 및 점검을 쉽게 할 수 있는 것이어야 한다.
라. 자동으로 전원을 차단하여 운전을 제동하는 기능이 있다.

해설 구입가격이 저렴해야 하고, 동작상태가 양호하여야 한다.

정답 16. 라 17. 가 18. 다 19. 나 20. 다 21. 나

22. 승강장에서 키를 사용하여 도어를 강제로 개폐해 동작 시키면 위험한데, 이를 보호하기 위하여 어느 특정 층 승강기에 키 스위치를 설치하고, 카의 운행·정지 또는 재개 조작이 가능하도록 한 안전장치로 적합한 것은?

　가. 수동·자동 전환스위치　　　　　　나. 운행정지 스위치
　다. 도어안전장치　　　　　　　　　　라. 파킹 스위치

23. 다음은 비상용 엘리베이터에 대한 설명이다. 맞지 않는 것은?

　가. 외부와 연락할 수 있는 통화장치를 갖추어야 한다.
　나. 정전시에 대비하여 예비전원을 갖추어야 한다.
　다. 정격속도 60m/min 이상이되, 100m/min 이하이어야 한다.
　라. 정격속도 60m/min 이상이어야 한다.

　해설 정격속도가 60m/min 이상이면 된다.

24. 다음은 비상용 승강기에 관한 설명이다. 옳지 않은 것은?

　가. 비상운전 램프, 1차 소방스위치 등이 양호하게 작동되어야 한다.
　나. 비상운전 중에는 비상운전 램프가 표시되지 않아도 괜찮다.
　다. 1차 소방운전 중에는 승장 호출에 응답하지 않아야 한다.
　라. 비상운전 중에는 비상운전 램프가 표시되어야 한다.

25. 비상용 엘리베이터는 몇 m 이상의 건물에 설치하도록 되어 있는가?

　가. 25m 이상　　　나. 28m 이상　　　다. 31m 이상　　　라. 35m 이상

26. 비상등에 대한 설명으로 옳은 것은?

　가. 정전등의 밝기는 마루면에서 1 lx 이상이어야 한다.
　나. 40분 이상 지속될 수 있는 용량이어야 한다.
　다. 비상정전등은 BGM 장치와 연동되어야 한다.
　라. 정전시 비상전원장치는 자동으로 동작해야 한다.

　해설 마루면에서 5 lx이상, 60분이상의 용량을 가져야 한다. 정전시 비상전원장치는 자동으로 작동해야 한다.

27. 교류 2단 속도제어에서 수동·저속으로 계속 하강중 최하층에서 자동으로 정지하였다. 이때 작동한 스위치로 맞는 것은?

　가. 인터록 스위치　　　　　　　　　　나. 3로 스위치
　다. 종점 리밋 스위치(final limit switch)　라. 타임 스위치(time switch)

28. 다음은 최종 리밋 스위치(final limit switch)의 요건에 대한 설명이다. 맞지 않는 것은?

정답　22. 라　23. 다　24. 나　25. 다　26. 라　27. 다　28. 라

가. 기계적으로 조작되어야 하며, 작동 캠(operating cam)은 금속제로 만든 것이어야 한다.
나. 파이널 리밋 스위치는 승강로 내부에 설치하고 카에 부착된 캠(cam)으로 조작시켜야 한다.
다. 파이널 리밋 스위치가 작동되면 정상적 운전장치에 의한 카의 움직임은 상승하강 양방향에서 정지되어야 한다.
라. 전기적으로 조작되어야 하고, 작동캠은 주물제로 만든 것이어야 한다.

해설 기계적으로 조작되어야 하고, 작동캠은 금속제로 만든 것이어야 한다.

29. 3상 전원의 상이 바뀌어 승강기의 운행이 바뀌는 것을 방지하기 위한 장치는?

　가. 과속조절기　　　나. 역상검출기　　　다. 리밋 스위치　　　라. 계전기

해설 역결상검출기 : 동력전원이 어떤 원인으로 상이 바뀌거나 결상시 이를 감지, 전동기의 전원을 차단하고 브레이크를 작동시키는 장치이다.

30. 다음은 파이널 리밋 스위치에 대한 설명이다. 옳지 않은 것은?

가. 물 또는 분진에 의해 장애를 일으키지 않는 구조이어야 한다.
나. 정격전압, 정격전류가 표시되어 보기 쉬운 곳에 부착되어야 한다.
다. 접점이 개방되어 통전이 중단되는 구조로 해야 한다.
라. 수동적으로 동력을 차단하여 제동하는 기능을 가져야 한다.

해설 자동으로 동력을 차단하여 제동하는 기능을 가져야 한다.

31. 다음의 승강기에 관한 안전장치중 반드시 필요하지 않는 것은?

가. 승강기 내의 비상정지 스위치
나. 승강기 내에서 외부로 연락할 수 있는 장치
다. 출입문이 모두 닫히기 전에는 승강하지 않도록 하는 장치
라. 과속시 동력을 자동으로 차단하는 장치

해설 수동으로 작동하는 비상정지스위치는 생략해도 된다.

32. 엘리베이터에 사용되는 인터폰에 대한 설명으로 옳지 않은 것은?

가. 주로 카 안에 승객이 갇힌 경우 관리실 등과 비상 통화용으로 사용된다.
나. 정전시에도 작동되어야 한다.
다. 카 내에서 범죄 발생시 관리실 등에 신고용으로 사용한다.
라. 전원은 충전 배터리를 사용한다.

해설 인터폰은 카 안에 승객이 갇힌 경우 관리실 등과 통화하기 위해 설치한다.

정답 29. 나　30. 라　31. 가　32. 다

제7편 유압 승강기의 주요장치

제1장 유압 승강기의 구조 및 원리

펌프에서 토출된 작동유로 플런저(Plunger)를 작동시켜 카를 승강시키는 것을 유압 엘리베이터라 한다.

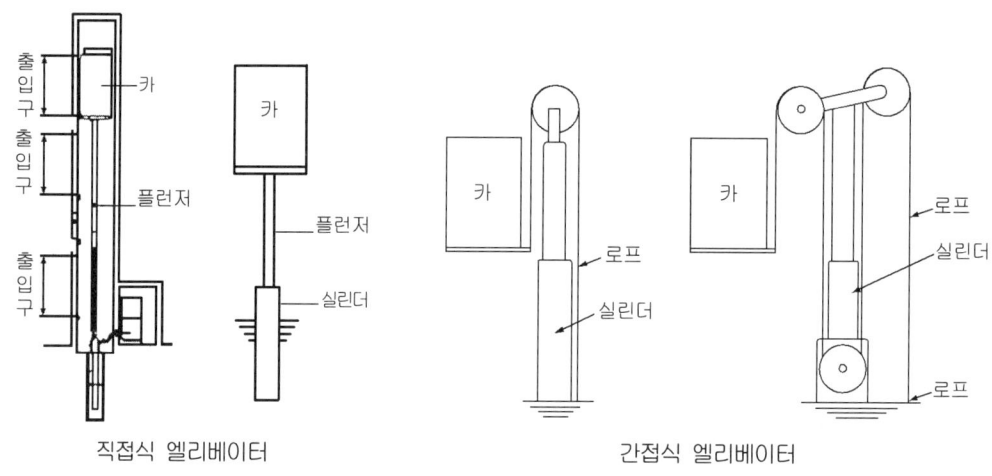

직접식 엘리베이터   간접식 엘리베이터

1. 유압엘리베이터의 장점
① 기계실의 배치가 자유롭다.
② 건물 최상층에 하중이 걸리지 않는다.
③ 승강로 상부여유 거리가 작아도 된다.

2. 유압 엘리베이터의 단점
① 균형추를 사용하지 않으므로 전동기의 소요 동력이 크다.
② 실린더를 사용하므로 행정거리와 속도에 한계가 있다.

제2장 유압 엘리베이터의 종류

1. 직접식 엘리베이터
- 추락방지안전장치가 없어도 된다.
- 실린더(cylinder)를 설치하기 위한 보호관을 땅에 묻어야 하기 때문에 설치가 어렵다.
- 해당 승강로 평면이 작아도 되고 구조가 간단하다.
- 부하에 대한 케이지 응력이 작아진다.

2. 간접식 엘리베이터
- 추락방지안전장치가 필요하다.
- 로프의 이완(늘어남)과 기름의 압축성 때문에 부하로 인한 바닥 침하가 있다.
- 실린더(cylinder) 보호관이 필요 없다.
- 실린더(cylinder) 점검이 용이하다.

3. 팬더 그래프식 엘리베이터
피스톤으로 팬더 그래프를 올리고 내리는 방식이다.

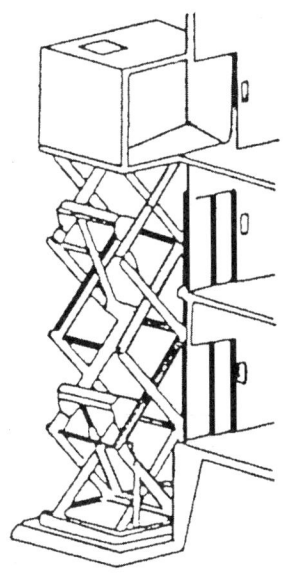

팬더 그래프식 엘리베이터

제3장 유압 엘리베이터의 속도제어

1. 유량제어 밸브에 의한 속도제어
펌프에서 토출된 작동유를 유량제어 밸브로 제어하여 실린더로 보내는 방식이다.

① 미터인(meter-in)회로
 유량 제어밸브를 주회로에 삽입하여 유량을 직접 제어하는 회로. 정확한 제어가 가능하지만 여분의 오일이 안전밸브를 통하여 탱크에 되돌려 보내지기 때문에 효율이 나쁘다.

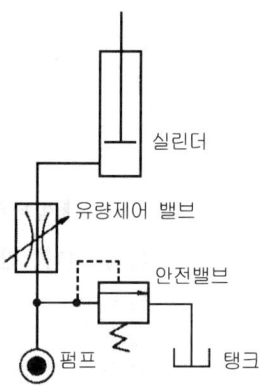

② 블리드 오프(bleed-off)방식
유량제어밸브를 주회로에서 분기된 바이패스(by pass)회로에 삽입한 것. 효율이 높지만 정확한 속도제어가 곤란하다.

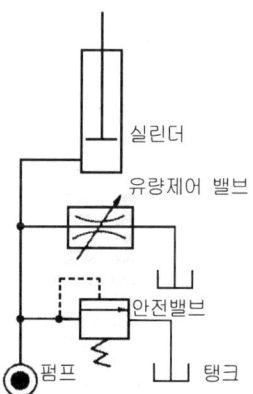

제4장 엘리베이터용 유압회로

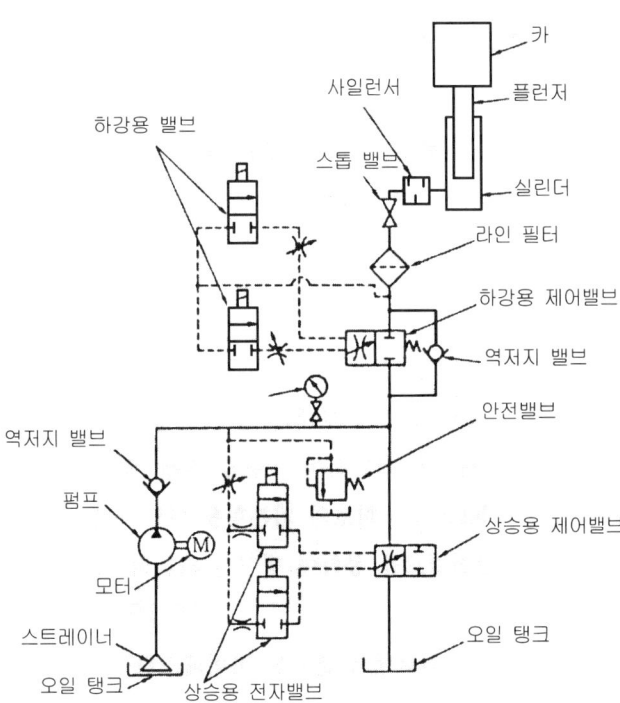

제5장 펌프와 밸브

1. 펌프
펌프의 종류에는 원심식, 가변토출량식, 강제송류식이 있다.

(1) 강제송류식
기어펌프, 밴펌프, 스크류 펌프가 있다. 그런데 오일의 맥동에 따른 소음과 진동이 적은 스크류 펌프가 많이 사용된다.

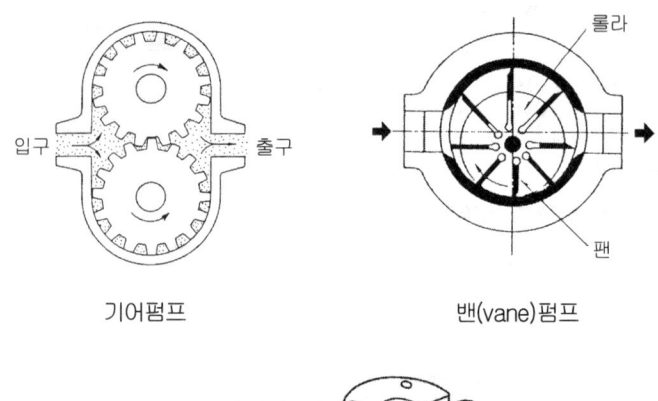

기어펌프   밴(vane)펌프

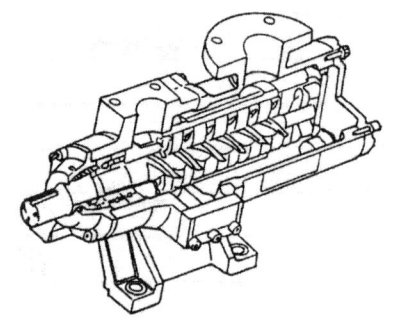

스크류 펌프

2. 실린더와 플런저

① 실린더(cylinder)

보통 강관이 사용되며 안전율은 4이상 되어야 한다. 그러므로 층고가 높아서 행정거리가 긴 경우에는 실린더가 파손되므로 보호관 안에 넣어 시설하여야 한다.

② 플런저(plunger)

강관이 사용되고 높은 압력에 견디기 위해 두께가 두꺼운 것을 사용한다. 또 오일의 누설이 고장 원인이므로 패킹을 끼워야 한다. 플런저의 최하부에는 날개가 있어 최상층을 지나 밀려올라 가더라도 실린더의 메탈에 부딪혀 빠져나가지 못하게 되어 있다.

3. 밸브(Valve)

① 안전밸브(relief valve)

일종의 압력조정 밸브인데 회로의 압력이 설정값에 도달하면 밸브를 열어 오일을 탱크로 돌려보냄으로써 압력이 과도하게 상승(상승 압력의 125%에 설정)하는 것을 방지한다.

② 상승용 유량제어 밸브

펌프로부터 압력을 받은 오일은 실린더로 흐르나, 일부는 상승용 전자밸브에 의거 조정되는 유

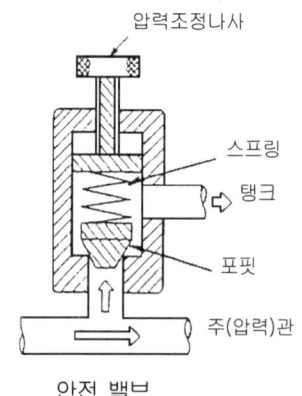

안전 밸브

량제어밸브를 통하여 탱크로 되돌아온다. 즉 탱크로 되돌아오는 유량을 제어해 실린더측의 유량을 간접적으로 제어하는 밸브가 상승밸브이다.

③ 역저지(check)밸브

한쪽 방향으로만 오일이 흐르도록 하는 밸브이다. 기능은 로프식 엘리베이터의 전자 브레이크와 유사하다.

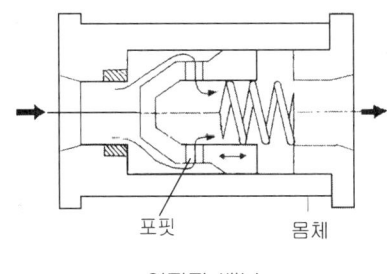

역저지 밸브

④ 하강용 유량 제어밸브

하강시 탱크로 되돌아오는 유량을 제어하는 밸브. 수동식 하강밸브를 열어주면 카 자체의 하중으로 카가 서서히 내려와 승객을 안전하게 구출할 수 있다.

⑤ 필터(Filter)

유압장치에 쇳가루, 모래 등의 고형 이물질 혼입을 막기 위해 설치하는데, 펌프의 흡입구와 배관중간에 설치한다.

⑥ 스톱(stop)밸브

유압파워 유니트에서 실린더로 통하는 배관 도중에 설치되는 수동조작밸브이다. 이 밸브를 닫으면 실린더의 오일이 파워유니트로 역류하는 것을 방지한다. 이 밸브는 유압장치의 보수, 점검, 수리시에 사용되는데 게이트 밸브(gate valve)라고도 한다.

⑦ 사일런서(silencer)

유압 엘리베이터의 소음과 진동을 흡수하기 위한 장치이다. 자동차의 머플러에 해당된다.

⑧ 럽처 밸브(Rupture Valve)

오일이 실린더로 들어가는 곳에 설치하여 압력배관이 파손되었을 때 자동적으로 밸브를 닫아 카가 급격히 떨어지는 것을 방지하는 밸브이다.

⑨ 플런저 리미트 스위치(Plunger Limit Switch)

로프가 사용되는 유압엘리베이터 플런저의 정상적인 상한 행정을 초과하지 않게 제한하는 스위치를 말한다.

제6장 유압 엘리베이터의 특징

1. 유압 엘리베이터의 적용

높이 7층 이하속도 60m/min 이하에 적용한다.

2. 유압 엘리베이터의 운전시 유의 사항

① 전동기 공회전 방지장치가 있어야 한다.
② 안전밸브가 작동한 후 3분 이내에 전동기가 정지해야 한다.
③ 오일의 온도는 5℃ 이상 60℃ 이하로 유지되어야 한다.
④ 파워 유닛은 승강기 1대당 1대가 필요하다.
⑤ 한랭지에서는 5℃ 이하가 되지 않도록 공운전시켜야 한다.

3. 유압 엘리베이터의 안전율

① 로프: 12 이상
② 체인: 10 이상

출제예상문제

1. 다음 중 유압 엘리베이터의 장점으로 맞는 것은?

가. 기계실의 위치가 자유롭지 않다.
나. 고속용 엘리베이터까지 적용 가능하다.
다. 높이 9층 이하 속도 105m/min 이하에 적용된다.
라. 상부 여유거리(상부틈)가 작아도 된다.

해설 유압 엘리베이터는
① 기계실의 위치가 자유롭다.
② 높이 7층 이하 속도 60m/min에 적용된다.
③ 상부여유거리(상부틈)가 작아도 된다.

2. 다음에서 유압 엘리베이터의 종류가 아닌 것은?

가. 팬더 그래프식   나. 파일럿식   다. 직접식   라. 간접식

해설 파일럿(pilot)식
유압 펌프에 보내는 오일의 양을 직접 제어하는 방식이다.

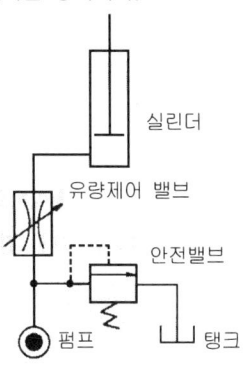

파일럿식

3. 직접식 유압엘리베이터의 장·단점으로 맞지 않는 것은?

가. 승강로 소요평면치수가 작고 구조가 간단하다.
나. 추락방지안전장치가 필요하다.
다. 부하에 의한 카 바닥의 빠짐이 작다.
라. 실린더를 수납하는 보호관을 지중에 설치하여야 한다.

정답 1. 라 2. 나 3. 나

해설 직접식은 추락방지안전장치가 필요하지 않고, 간접식은 필요하다.

4. 간접식 유압엘리베이터의 장단점으로 맞지 않는 것은?
  가. 실린더를 수납하는 보호관이 필요없다.
  나. 추락방지안전장치가 필요하지 않다.
  다. 승강로는 실린더를 수용할 부분의 공간을 확보할 필요가 있다.
  라. 부하에 의한 카바닥의 빠짐이 비교적 크다.

해설 간접식 유압엘리베이터에서는 추락방지안전장치가 필요하다.

5. 블리드 오프(bleed off) 유압 회로의 단점으로 맞는 것은?
  가. 정확한 제어가 불가능하다.   나. 정확한 제어가 가능하다.
  다. 효율이 높다.   라. 전력소모가 많다.

해설 블리드 오프 유압 회로 : 유량제어 밸브를 주회로에서 분기된 바이패스(by pass)회로에 삽입한 것. 효율이 높지만, 정확한 속도제어가 곤란하다.

6. 다음에서 역저지 밸브(check valve)에 관한 설명으로 옳은 것은?
  가. 오일의 방향을 항상 역방향으로 흐르도록 하는 밸브이다.
  나. 오일의 방향을 한쪽 방향으로만 흐르도록 하는 밸브로서 역류 방지용 밸브이다.
  다. 하강시 유량을 제어하는 밸브이다.
  라. 상승시 유량을 제어하는 밸브이다.

해설 역저지 밸브 : 작동유를 한 방향으로만 통과시키는 자폐형의 밸브로써 카가 상승방향에서는 흐르지만, 하강방향으로는 흐르지 않도록 설치하는 밸브이다.

7. 상승시 유량 제어밸브는 2개의 전자밸브에 의해서 제어된다. 2개의 전자밸브가 모두 올려진(ON 상태)상태의 작동구간은?
  가. 가속구간과 주행구간이다.   나. 정지구간이다.
  다. 가속구간이다.   라. 감속구간이다.

해설 2개의 전자밸브가 다 올려(ON 상태)지면 상승용 유량제어 밸브가 작동유의 힘으로 서서히 닫히면서 가속된다. 또한 다 닫히면 정격속도 상태이다.

8. 유압엘리베이터의 오일펌프는 상승운행시 항상 일정량의 작동유를 토출시켜, 펌프 자체로는 주행 속도를 조절할 수 없다. 펌프에서 토출되는 작동유의 양을 실린더로 모두 보내지 않고 제어신호에 따라 일부 작동유를 기름탱크로 돌려보내는 작용을 하는 밸브로 맞는 것은?
  가. 스톱 밸브   나. 릴리브밸브   다. 바이패스 밸브   라. 체크밸브

정답 4. 나 5. 가 6. 나 7. 가 8. 다

9. 직선적인 작동유 통로내에 철분, 모래 등의 이물질을 제거하는 장치로 맞는 것은?

  가. 펌프 나. 니들 밸브 다. 스트레이너 라. 사일렌서

10. 압력이 설정값 이상으로 과도하게 상승하는 것을 방지하기 위해 설치하는 것은?

  가. 역저지 밸브(check valve) 나. 스톱밸브(stop valve)
  다. 사일런서(silencer) 라. 안전밸브(relief valve)

  해설 안전밸브(relief valve) : 회로의 압력이 설정값에 도달하면 밸브를 열어 오일을 탱크로 돌려보내, 압력이 과도하게 상승(상승압력의 125%에 설정)하는 것을 방지한다.

11. 직접식 유압 엘리베이터에서 유압잭은 로프식 엘리베이터의 어느 것과 같은가?

  가. 과속조절기 나. 완충기 다. 균형추 라. 전동기

12. 유압엘리베이터의 최대 특징은?

  가. 기계실의 위치가 자유롭다. 나. 속도에 한계가 있다.
  다. 안전하다. 라. 착상이 정확하다.

13. 〔※ 2019. 4.4 법 개정으로 삭제〕

14. 간접식 유압엘리베이터의 최소 와이어 로프의 본수는?

  가. 2본 이상 나. 3본 이상 다. 4본 이상 라. 5본 이상

15. 유압 엘리베이터 각 부분의 설명이 맞지 않는 것은?

  가. 체크밸브는 기름이 한쪽 방향으로만 흐를 수 있게 한다.
  나. 사이렌서는 진동, 소음을 감소시킨다.
  다. 안전밸브는 압력이 과도하게 높아지는 것을 방지한다.
  라. 펌프는 강제송유식의 기어펌프를 많이 사용한다.

  해설 유압 엘리베이터 펌프는 압력 맥동이 작고, 진동 및 소음이 적은 스크류가 펌프가 사용된다.

16. 유압 엘리베이터의 오일은 온도를 몇 ℃로 유지해야 하는가?

  가. 20℃ 이상 나. 10℃ 이상 40℃ 이하
  다. 5℃ 이상 60℃ 이하 라. 15℃ 이상 70℃ 이하

정답 9. 다 10. 라 11. 나 12. 가 13. 14. 가 15. 라 16. 다

17. 유압 엘리베이터에서 압력 조정 밸브로 사용되고 있는 것은?

　가. 스톱 밸브　　　　나. 릴리프 밸브　　　　다. 첵 밸브　　　　라. 니들 밸브

18. 유압 엘리베이터를 점검 수리하고자 한다. 안전상 어떤 밸브를 사용하는가?

　가. 필터(filter)　　　　　　　　　　나. 스톱 밸브(stop valve)
　다. 역저지 밸브(check valve)　　　라. 안전 밸브(relief valve)

해설 스톱(stop) 밸브
　유압 파워 유니트에서 실린더로 통하는 배관 도중에 설치되는 수동조작밸브이다. 이 밸브를 닫으면 실린더의 오일이 탱크로 역류하는 것을 방지한다. 이 밸브는 유압장치의 보수·점검·수리시에 사용되는데 게이트 밸브(gate valve)라고도 한다.

19. 사일런서(silencer)에 대한 설명으로 옳은 것은?

　가. 카에 과부하 하중이 걸릴 때 발하는 경보장치이다.
　나. 카 안에 부착되어 비상시 외부와의 연락을 취하게 하는 인터폰의 일종이다.
　다. 로프식 엘리베이터의 소음과 진동을 흡수하기 위한 장치이다.
　라. 유압 엘리베이터의 소음과 진동을 흡수하기 위한 장치이다.

20. 간접식 유압 엘리베이터의 특징으로 옳지 않은 것은?

　가. 실린더 점검이 어렵다.　　　　나. 부하에 따른 착상정도가 낮다.
　다. 추락방지안전장치가 필요하다.　라. 실린더 설치가 용이하다.

해설 간접식 유압 엘리베이터
　① 추락방지안전장치가 필요하다.
　② 로프의 이완(늘어남)과 기름의 압축성 때문에 부하로 인한 바닥 침하가 있다.
　③ 실린더(cylinder) 보호관이 필요없다.
　④ 실린더(cylinder) 점검이 용이하다.

21. 다음 그림과 같은 유압회로의 설명으로 맞지 않는 것은?

　가. 효율이 나쁘다.
　나. 미터(meter in)인 회로이다.
　다. 정확한 제어가 가능하다.
　라. 블리드 오프(bleed off) 회로이다.

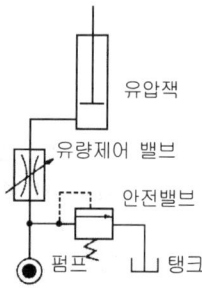

정답 17. 나　18. 나　19. 라　20. 가　21. 라

22. 스크류(screw) 펌프에 대한 설명으로 옳은 것은 어느 것인가?

가. 케이싱의 캠링속에 편심한 로터에 밴이 회전하면서 밀어내는 펌프를 말한다.
나. 2개의 플런저를 동작시켜 밀어내는 펌프를 말한다.
다. 나사로 된 로터가 서로 맞물고 들 때 축방향으로 기름을 밀어내는 펌프를 말한다.
라. 2개의 기어가 회전하면서 기름을 밀어내는 펌프를 말한다.

23. 플런저를 설치할 때 오일의 누설방지를 위해 사용하는 것은?

가. 패킹　　　　나. 필터　　　　다. 테이프　　　　라. 코킹

24. 다음 중 유압 엘리베이터의 압력배관에 대한 설명으로 맞는 것은?

가. 압력배관이란 펌프의 출구에서 역저지 배관까지의 배관을 말한다.
나. 연결자재는 재사용이 항상 가능한 구조이어야 한다.
다. 압력배관이란 펌프의 출구에서 실린더 입구까지의 배관을 말한다.
라. 압력배관이란 실린더 입구에서 필터까지의 배관을 말한다.

해설 압력배관이란 펌프의 출구에서 실린더 입구까지의 배관을 말한다.

25. 유압 엘리베이터는 어느 곳에 필터를 설치하는가?

가. 안전밸브 후단에 설치한다.
나. 배관 중간에 펌프와 실린더 사이에 설치한다.
다. 펌프의 흡입구와 배관 중간에 설치한다.
라. 안전밸브 전단에 설치한다.

26. 유압 엘리베이터의 여러 가지 형태 중, 승강로의 소요 평균면적이 작고, 구조가 간단한 방식은?

가. 팬더그래프식　　　나. 직접식　　　다. 간접식　　　라. 블리드오프식

27. 유압 엘리베이터의 모터 구동 기간으로 옳은 것은?

가. 상승시와 하강시 모두 구동한다.　　　나. 정전시에만 구동한다.
다. 하강시에만 구동한다.　　　　　　　라. 상승시에만 구동한다.

28. 직접식 유압 엘리베이터에 있어서 실린더의 길이 설명으로 맞는 것은?

가. 승강로 행정길이의 4배이다.　　　나. 승강로 행정길이의 3배이다.
다. 승강로 행정길이의 2배이다.　　　라. 승강로 행정길이와 동일하다.

29. 다음은 유압 엘리베이터의 특징이다. 옳지 않은 것은?

정답　22. 다　23. 가　24. 다　25. 다　26. 나　27. 라　28. 라

가. 하강시에는 펌프를 구동하지 않고 밸브를 제어하여 하강시킨다.
나. 로프식 엘리베이터에 비하여 효율이 떨어져 모터의 용량과 소비전력이 크다.
다. 건물의 높이 8층 이하 속도 60m/min 이하에 적용된다.
라. 기계실 위치가 자유롭지 못하다.

해설 기계실 위치가 자유롭다.

30. 오일의 맥동에 따른 소음과 진동이 적어 유압 엘리베이터에 주로 사용되는 펌프는?

가. 스크류펌프   나. 밴펌프   다. 기어펌프   라. 토출펌프

해설 압력맥동이 적고 소음과 진동이 적은 스크류 펌프가 주로 사용된다.

31. 유압식 엘리베이터에서 일종의 유량조절 밸브로 솔레노이드를 여자하면 모두 닫혀 기름의 통과를 허락지 않는 밸브는 무엇인가?

가. 상승밸브   나. 릴리프 밸브   다. 스톱밸브   라. 역저지 밸브

32. 유압식 엘리베이터에서 보통 대, 소 2개의 밸브를 사용하고, 로프식 교류 2단 속도 제어와 같은 작용을 하는 밸브는 어느 것인가?

가. 상승밸브   나. 하강밸브   다. 스톱밸브   라. 역저지 밸브

33. 고장 수리시 손으로 잠그면 카는 하강하지 않게 하는 유압밸브는?

가. 스톱밸브   나. 안전밸브   다. 역저지 밸브   라. 상승밸브

34. 일반적으로 안전밸브는 통상압력의 몇 % 이상이 되면 개방되는가?

가. 110%   나. 115%   다. 120%   라. 125%

35. 유압 엘리베이터가 층중간에 정지하였다. 승객을 구출하는 방법으로 옳은 것은?

가. 첵 밸브를 개방시켜 수동으로 착상을 맞춘 다음 구출한다.
나. 첵 밸브를 자동으로 동작시켜 착상을 맞춘 다음 구출한다.
다. 하강용 유량에서 밸브를 수동으로 개방시켜 착상을 맞춘 다음 구출한다.
라. 하강용 유량제어밸브를 자동으로 개방시켜 착상을 맞춘 다음 구출한다.

36. 상승운전시 모터가 구동되는 구간을 설명한 것은?

가. 카가 기동 후에 구동하고 정지한 직후에 회전을 멈춘다.
나. 카가 기동하기 전에 구동하고 정지 직전에 회전을 멈춘다.
다. 카가 기동하면서 구동하고 정지 직전에 회전을 멈춘다.
라. 카가 기동하기 전에 구동하고 정지한 직후에 회전을 멈춘다.

정답 29. 라 30. 가 31. 가 32. 나 33. 가 34. 라 35. 다 36. 라

37. 오일의 압력이 높기 때문에 실린더는 충분한 강도를 갖어야 한다. 오일의 압력은 어느 정도인가?

가. 60~80kg/cm² 나. 5~40kg/cm² 다. 10~60kg/cm² 라. 60~80kg/cm²

38. 실린더의 플런저가 상승하는데 가장 큰 힘을 받는 것은?

가. 메탈 나. 밸브 다. 필터 라. 패킹

해설 실린더의 상부에는 메탈이 설치되어 있는데, 플런저는 이 메탈에 의해 인도되어 상승 그리고 하강한다. 플런저의 최하부에는 걸림날이 있어 최상층을 통과하여 상승해도 실린더의 메탈에 걸려 빠지지 않는다.

39. 유압식 엘리베이터의 펌프는 몇 회전마다 일정량의 기름을 탱크로부터 끌어올려 압송하는가?

가. 1회전 나. 3회전 다. 5회전 라. 7회전

40. 파일럿 방식의 유압회로에서 사용하는 펌프의 종류는?

가. 강제 송유식 나. 원심식 다. 가변 토출량식 라. 필터

41. 다음 밸브 중 솔레노이드 아닌 것은?

가. 첵 밸브 나. 상승 밸브 다. 하강밸브 라. 저속상승밸브

해설 첵 밸브(check valve) : 정전 등으로 펌프의 토출압력이 떨어져 실린더의 기름이 역류하여 카가 낙하하는 것을 방지하는 역할을 하는 것으로 로프식 엘리베이터의 전자 브레이크와 비슷하다.

42. 유압 엘리베이터의 수리 또는 층간 정지시 수동 하강밸브를 동작시켰다. 하강속도는 어떻게 되는가?

가. 6m/min 이하 나. 7m/min 이하 다. 8m/min 이하 라. 9m/min 이하

43. 다음 밸브 중 정전으로 인하여 카의 정지시 주로 사용되는 밸브는?

가. 첵 밸브(check valve) 나. 안전밸브(relief valve)
다. 스톱밸브(stop valve) 라. 하강용 유량제어 밸브

해설 하강밸브(하강용 유량제어 밸브)
- 하강용 전자밸브에 의해 열림정도가 제어되는 밸브로서 실린더에서 탱크에 되돌아오는 유량을 제어한다.
- 수동식 하강밸브가 부착되어 있는 정전 및 어떤 원인으로 층사이에 갇혔을 때 수동식 하강밸브를 열어주면 카 자체의 하중으로 카가 서서히 내려와 승객을 안전하게 구출할 수 있다.
- 하강밸브는 제어밸브 상부에 부착시키면 카를 6m/min 미만의 속도로 하강시킨다.

44. 다음은 유압기기의 기본회로를 나타내었다. □ 안에 알맞은 것은?

탱크 → □ → 밸브 → 실린더

정답 37. 다 38. 가 39. 가 40. 가 41. 가 42. 가 43. 라 44. 나

가. 역저지 밸브 나. 펌프
다. 상승용 유량제어밸브 라. 하강용 유량제어밸브

45. 다음은 엘리베이터의 승강행정의 한계를 나타낸 것이다. 승강행정이 큰 것부터 된 것은?

가. 로프식＞간접 유압식＞직접 유압식 나. 간접 유압식＞직접 유압식＞로프식
다. 직접 유압식＞로프식＞간접 유압식 라. 간접 유압식＞로프식＞직접 유압식

46. 유압 엘리베이터가 하강시 작동유의 흐름순서로 옳은 것은?

가. 실린더→탱크→체크밸브→솔레노이드밸브
나. 탱크→유량제어밸브→ 솔레노이드밸브, 체크밸브→실린더
다. 실린더→ 솔레노이드밸브, 체크밸브→유량제어밸브→탱크
라. 탱크→체크밸브→유량제어밸브→탱크

47. 다음 중 유압기기의 기본 구성도를 올바르게 나타낸 것은?

가. 탱크→펌프→밸브→실린더 나. 펌프→탱크→실린더→밸브

다. 탱크→펌프→실린더→밸브 라. 탱크→펌프→밸브→실린더

정답 45. 가 46. 다 47. 라

제8편 에스컬레이터 및 수평보행기

제1장 에스컬레이터의 종류

1. 에스컬레이터의 구조

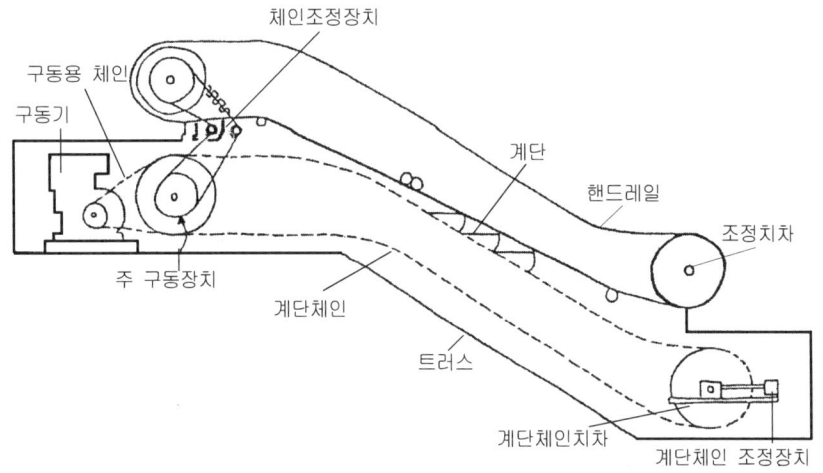

에스컬레이터의 구조

에스컬레이터의 외형

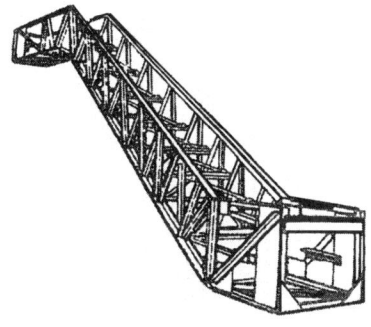

트러스

2. 구동기

① 계단(step)을 구동시키는 주(main) 구동장치와 핸드레일(hand rail)을 구동시키는 핸드레일 구동장치가 있다. 그런데 주 구동장치와 핸드레일 구동장치는 서로 연동되어 같은 속도로 이동하여야 한다.
② 브레이크 제동력은 승객이 타지 않는 경우는 상승시와 하강시가 동일하나, 승객이 탑승한 경우에는 상승시 제동거리가 짧고 하강시에는 길다.
③ 에스컬레이터의 구동기는 주 시브(sheave : 도르레)대신 톱니바퀴를, 로프대신 체인을 사용한다.
④ 에스컬레이터의 모터 용량은 다음과 같다.

$$P = \frac{1분간\ 수송인원 \times 1명의중량 \times 층높이}{6120 \times \eta}(kw)$$

※ η : 종합효율

⑤ 승강구 상하부에는 정지 스위치가 잘 보이도록 설치해야 한다.

3. 핸드레일 구동 장치

핸드레일은 스텝(계단)과 같은 속도로 움직여야 한다.

제2장 스텝과 스텝체인

1. 계단(step)

계단은 지지대에 발판과 라이저(riser)를 조합한 구조로서 전륜롤러와 후륜롤러로 구성된다.
① 계단면 왼쪽과 오른쪽 그리고 전방에는 승객의 주의를 환기시키기 위해 황색선을 표시하여야 한다.
② 알루미늄 다이 캐스팅(die casting)이 사용되고, 계단 디딤판은 수평이어야 한다.

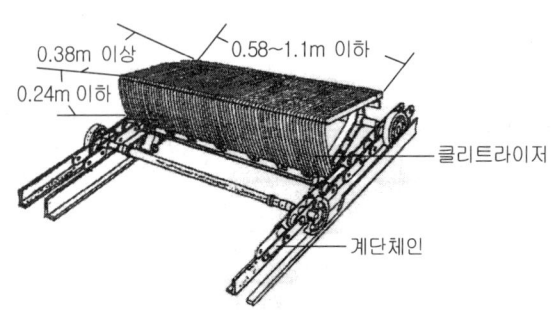

2. 계단 체인(step chain)
① 에스컬레이터의 폭이 넓을수록, 양정(운행길이)이 높을수록 높은 강도의 체인(chain)이 필요하다.
② 좌우 체인의 링크 간격을 일정하게 유지하기 위하여 일정간격으로 롤러를 연결해야 한다.
③ 계단 체인 및 구동 체인의 안전율은 5이상 이다.

제3장 난간과 핸드레일(hand rail)

1. 난간
에스컬레이터의 계단이 움직임에 따라 승객이 추락되지 않도록 만든 측면 벽을 난간이라고 한다.

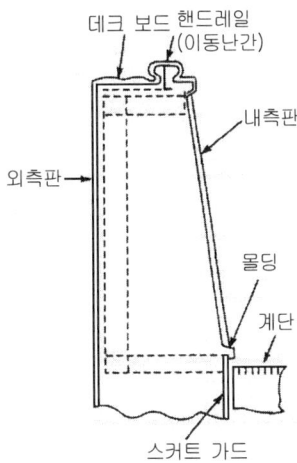

2. 핸드레일(hand rail)
난간 상부의 이동손잡이를 핸드레일이라고 한다. 핸드레일은 계단표면에서 수직방향으로 높이 0.9~1.1m의 위치에 설치한다. 핸드레일 내측거리는 0.58~1.1m 이하로 하여야 하며, 하강운전 중 약 15kgf로 잡아 당겨도 멈추지 않아야 한다.

제4장 안전장치

1. 구동체인 안전장치(driving chain safety device)
체인이 늘어나거나 절단될 경우 즉시 에스컬레이터를 안전하게 정지시켜 사고를 예방하는 장치이다.

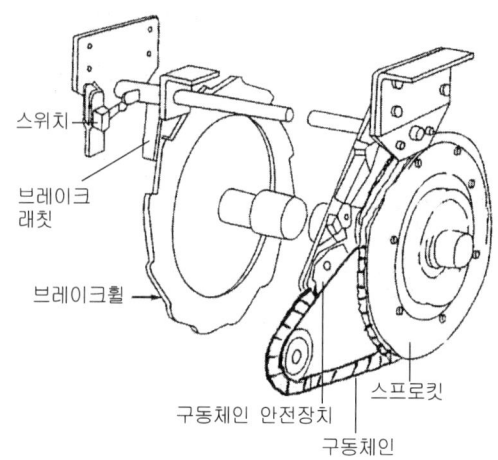

구동체인의 구조

2. 과속조절기

많은 승객의 탑승 또는 전원의 일부가 결여 되었을 때 전동기의 회전력이 부족, 상승 중 하강하는 경우가 있다. 이때 과속조절기가 작동, 전원을 차단라고 머신브레이크를 건다.

3. 머신 브레이크(machine brake)

에스컬레이터를 정지시킨 상태(전원을 OFF시킨 상태)에서 에스컬레이터가 관성으로 움직이는 것을 방지하기 위해 설치하는 장치이다.

4. 계단 체인 안전장치(step chain safety device)

계단 체인이 파단되거나 과도하게 늘어날 때 즉시 작동하여 에스컬레이터를 정지시키는 장치이다.

5. 인레트 스위치(inlet switch)

핸드레일의 인입구에 설치하는데 핸드레일이 난간 하부로 들어갈 때, 어린이의 손가락이 빨려 들어가는 사고가 발생시 운행을 정지시킨다.

6. 핸드레일 안전장치

핸드레일이 늘어나는 것을 검출하여, 일정치 이상이 되면 운행을 정지시킨다.

7. 스커트가드 안전장치(skirt guard safety device)

계단과 스커트 가드 사이에 이물질 및 어린이의 신발 등이 끼이면 그 압력에 의해 스위치가 동작, 에스컬레이터를 정지시키며 상하부 곡선부 좌우에 설치한다.

8. 역결상 보호장치(asymmetric relay in controller)
동력 또는 조명전원에 역상이나 결상이 발생할 경우 전원을 자동으로 차단하는 장치이다.

9. 콤(comb : 빗) 이물질 검출장치
계단과 콤 사이에 이물질이 끼었을 때, 에스컬레이터를 안전하게 정지시킨다.

10. 스텝의 데마케이션 라인
황색라인으로 승객에게 경각심을 일으켜 사고를 예방하는 역할을 한다.

※ 건축물의 안전시설
① 셔터 운전 안전장치
   에스컬레이터의 상부 승강구를 셔터로 닫게 한 것. 셔터가 닫히면 에스컬레이터는 운전을 하지 못한다.
② 삼각부 안내판
   에스컬레이터가 상승 운전시 위층의 바닥과 교차되는 곳에 손이나 머리를 끼일 수 있다. 그러므로 이를 방지하기 위해 교차지점에서 1m 이상 떨어진 곳에 삼각부 가드를 설치한다.

제5장 무빙워크(수평보행기)

승객의 보행을 돕는 목적으로 공항, 백화점 등에서 사용되고 있는데, 디딤판이 단차가 없는 엘리베이터이다.

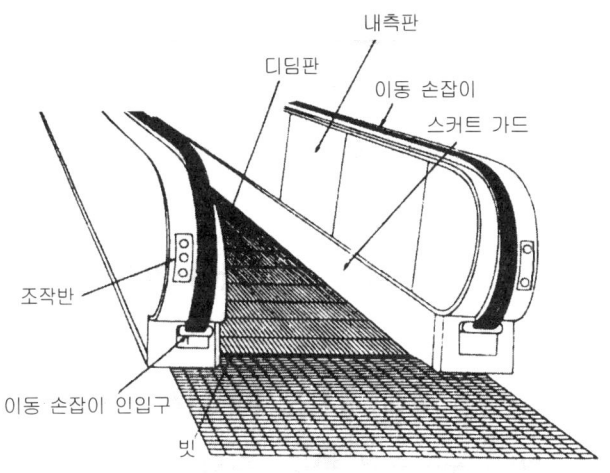

팔레트식 무빙워크

1. 구조
① 팔레트식과 고무벨트식이 있다.
② 경사도는 12°이하로 한다.
③ 핸드레일의 정격속도는 45m/min(0.75m/s) 이하이어야 한다.

제6장 덤웨이터(dumb waiter)

덤 웨이터는 바닥 면적이 $1m^2$이하 그리고 천장높이가 1.2m이하로, 300kg 이하의 소화물(음식물 또는 서적)을 운반하는 데 사용되는 소형 엘리베이터이다. 단 바닥 면적이 0.5㎡ 이하이고, 높이가 0.6m 이하인 것은 제외한다.

출제예상문제

1. 속도가 30m/min인 1,200형 에스컬레이터의 1시간당 수송인원으로 맞는 것은?

　가. 5,000명　　　　나. 6,000명　　　　다. 7,000명　　　　라. 9,000명

　해설 1,200형 : 9,000명/h, 800형 : 6,000명/h

2. 에스컬레이터의 경사도는 몇 도를 초과하지 않아야 하는가?

　가. 25° 이하　　　나. 30° 이하　　　다. 35° 이하　　　라. 40° 이하

3. 에스컬레이터 트러스(truss) 및 빔의 안전율은?

　가. 7　　　　　　나. 6　　　　　　다. 5　　　　　　라. 4

　해설 트러스 및 빔 : 5 이상,　디딤판 체인 및 구동체인 : 5 이상,　모든 구동부품 : 5 이상

4. 에스컬레이터에 관한 설명이다. 맞지 않는 것은?

　가. 경사각도는 30°를 초과하지 않아야 한다.
　나. 정지스위치는 승강구 하구의 잘 보이는 곳에만 설치한다.
　다. 핸드 레일은 계단 표면에서 수직방향으로 0.9~1.1m 이하이어야 한다.
　라. 높이가 6m 이하이고 속도가 30m/min 이하는 경사도 35°까지 가능하다.

　해설 정지스위치는 승강구 상·하구의 잘 보이는 곳에 설치한다.

5. 다음에서 에스컬레이터의 분류방식으로 옳지 않은 것은?

　가. 기어에 의한 분류　　　　　　나. 난간폭에 의한 분류
　다. 속도에 의한 분류　　　　　　라. 운행길이에 의한 분류

　해설 에스컬레이터의 분류방식
　　① 난간폭에 의한 분류　　② 난간 손잡이(의장)에 의한 분류
　　③ 속도에 의한 분류　　　④ 승강양정(길이)에 의한 분류

6. 다음은 계단 체인의 설명이다. 옳지 않은 것은?

　가. 일종의 롤러이다.
　나. 에스컬레이터의 양정이 높을수록 체인의 강도는 높아야 한다.
　다. 계단 체인 안전장치는 하부의 반전부에 설치한다.
　라. 계단 체인의 안전율은 4이다.

　해설 계단체인의 안전율은 10 이상이다.

정답　1. 라　2. 나　3. 다　4. 나　5. 가　6. 라

7. 계단 디딤판의 진행방향 길이는?

　가. 200mm 이상　　나. 380mm 이상　　다. 600mm 이상　　라. 800mm 이상

8. 에스컬레이터는 몇 개의 스텝 체인을 설치해야 하는가?

　가. 2　　　　　　　나. 3　　　　　　　다. 4　　　　　　　라. 5

9. 에스컬레이터에 있어서 난간의 하부와 계단이 만나는 부분을 무엇이라 하는가?

　가. 스커드 가드　　나. 핸드레일　　　다. 빗　　　　　　라. 삼각판

10. 에스컬레이터의 구동 브레이크 강도는 하중을 싣지 않고 상승시 작동시켰을 경우 계단의 정지거리는 얼마인가?

　가. 0.1m 이상 0.6m 이하　　　　　　나. 0.1m 이상 0.8m 이하
　다. 0.2m 이상 0.6m 이하　　　　　　라. 0.2m 이상 0.8m 이하

11. 다음 중 건축물의 안전시설은 어느 것인가?

　가. 삼각부 가드　　나. 과속조절기　　다. 균형추　　　　라. 케이지

12. 핸드레일 인입구에 이물질이 끼었을 때 작동되어 에스컬레이터를 즉시 정지시키는 장치는 무엇인가?

　가. 구동체인 안전장치　　　　　　　나. 핸드레일 인입구 안전장치
　다. 균형추　　　　　　　　　　　　라. 정지스위치

　해설 구동체인 안전장치(driving chain safety device) : 체인이 늘어나거나 절단될 경우 즉시 에스컬레이터를 안전하게 정지시켜 사고를 예방하는 장치이다.

13. 구동기의 보수시 에스컬레이터가 관성으로 움직이는 것을 방지하기 위해 설치하는 안전장치는 무엇인가?

　가. 머신 브레이크　나. 역결상 보호장치　다. 과속조절기　　라. 케이지

　해설 • 머신 브레이크(machine brake) : 에스컬레이터를 정지시킨 상태(전원을 OFF시킨 상태)에서 에스컬레이터가 관성으로 움직이는 것을 방지하기 위해 설치하는 장치이다.
　　　• 역결상 보호장치(asymmetric relay in controller) : 동력 또는 조명전원에 역상이나 결상이 발생할 경우 전원을 자동으로 차단하는 장치이다.

14. 난간폭 1,200형 에스컬레이터에서 스텝면의 수평투영면적이 10m^{2}일 때 구조물이 받는 하중은 얼마인가?

　가. 2100kg　　　　나. 2700kg　　　　다. 3600kg　　　　라. 4100kg

정답　**7.** 나　**8.** 가　**9.** 가　**10.** 가　**11.** 가　**12.** 나　**13.** 가　**14.** 나

해설 $G = 270 \times A = 270 \times 10 = 2700(kg)$

15. 시간당 9,000명을 수송하는 경사도 30°, 속도 30m/min인 에스컬레이터가 있다. 디딤판 폭이 1.0m, 수직고가 3.6m, 종합효율이 0.9이라면 소요동력은 얼마인가?(단, 승객 승입율은 0.8로 한다.)

    가. 5.8KW   나. 4.6KW   다. 3.7KW   라. 2.8KW

해설 $G = 270\sqrt{3}\,HW = 270\sqrt{3} \times 3.6 \times 1 \fallingdotseq 1684(kg)$

$P = \dfrac{GV\sin\theta}{6120\eta} \times \alpha = \dfrac{1684 \times 30 \times \sin 30°}{6120 \times 0.9} \times 0.80 \fallingdotseq 3.7(kw)$

16. 수평보행기에 관한 설명 중 틀린 것은?

    가. 수평보행기의 경사는 12도 이하로 한다.
    나. 수평보행기의 정격속도는 45m/min 이하이어야 한다.
    다. 안전장치는 에스컬레이터와 유사한 출구 부근에 출구표시를 해야 한다.
    라. 안전장치 중 스커트 가드 스위치는 1m이하마다 설치해야 한다.

해설 스커트 가드 스위치는 에스컬레이터에 사용된다.

17. 에스컬레이터의 비상정지스위치를 누를 때 일어나는 현상으로 옳은 것은?

    가. 급정지로 승객이 위험하다.   나. 과속조절기가 작동한다.
    다. 핸드레일이 이탈한다.   라. 인레트 스위치가 작동한다.

해설 인레트 스위치(inlet switch) : 핸드레일의 인입구에 설치하는데, 핸드레일이 난간 하부로 들어갈 때, 어린이의 손가락이 빨려 들어가는 사고가 발생시 운행을 정지시킨다.

18. 에스컬레이터의 핸드레일은 하강 운전중 얼마의 힘으로 잡아 당겨도 멈추지 않아야 되는가?

    가. 450N   나. 500N   다. 550N   라. 600N

19. 다음은 에스컬레이터의 과속조절기에 대한 설명이다. 옳지 않은 것은?

    가. 과속조절기는 상승운전시에만 작동한다.
    나. 3상 전원중 한선이 단선되어 전동기의 토크가 부족하여도 작동될 수 있다.
    다. 상승속도가 과속되면 과속조절기는 작동한다.
    라. 하강속도가 과속이 되면 작동한다.

해설 과속조절기는 상승 및 하강운전시 작동한다.

20. 다음에서 에스컬레이터의 구동장치가 아닌 것은?

    가. 트러스   나. 감속기   다. 구동스프로킷   라. 구동체인

정답 15. 다   16. 라   17. 가   18. 가   19. 가   20. 가

21. 에스컬레이터의 난간은 계단에서 몇 cm 높이까지 설치되어야 하는가?

　가. 40cm　　　　나. 50cm　　　　다. 60cm　　　　라. 110cm

　해설 0.9~1.1m 이하에 난간을 설치한다.

22. 핸드레일과 핸드레일 사이의 내측거리는 얼마인가?

　가. 1.1m 이하　　나. 1.3m 이하　　다. 1.4m 이하　　라. 1.5m 이하

　해설 핸드레일 상호간에 내측거리는 0.58~1.1m 이하이어야 한다.

23. 계단 발판 사이의 높이는 몇 mm 이하인가?

　가. 200　　　　나. 220　　　　다. 240　　　　라. 260

24. 계단 디딤판의 진행방향 깊이는?

　가. 200 이상　　나. 380 이상　　다. 600 이상　　라. 800 이상

25. 에스컬레이터는 몇 개의 스텝 체인을 설치해야 하는가?

　가. 2　　　　나. 3　　　　다. 4　　　　라. 5

　해설 좌우에 설치한다.

26. 에스컬레이터에 있어서 난간의 하부와 계단이 만나는 부분을 무엇이라 하는가?

　가. 스커트 가드　　나. 핸드레일　　다. 빗　　라. 삼각판

정답 21. 라 22. 가 23. 다 24. 나 25. 가 26. 가

제9편 소형 승강기

제1장 적재하중과 정원

단독 주택에 설치된 승객용 엘리베이터이다. 경사도는 15°이하이며, 정격속도는 15m/min 이하이어야 한다. 또한 카의 유효면적은 1.4㎡ 이하이어야 한다.

제2장 승강행정

최하층의 바닥면에서 최상층의 바닥면까지의 수직거리를 말하는데, 12m 이하이다.

제3장 구조

1. 주로프
① 주로프의 직경은 8mm 이상으로 한다.
② 체인은 한국 산업규격 전동용 롤러 체인에 적합한 것으로 호칭번호 60 이상으로 하여야 한다.
③ 주로프는 3가닥(권동식 및 소형 엘리베이터는 2가닥) 이상으로 하여야 한다.
④ 권동식 소형엘리베이터는 카가 최하정지층에 정지시, 주로프가 권동에 감기고 남은 권수는 1.5권 이상 되어야 한다.
⑤ 주로프의 끝부분은 1가닥마다 로프소켓에 바빗트채움 또는 체결시 로프소켓을 사용한다.
⑥ 시브(sheave) 또는 권동의 지름을 주로프 직경의 30배 이상이 되어야 한다. 그런데 주로프가 접하는 부분의 길이가 그 원둘레의 1/4 이하인 것은, 주로프 직경의 25배 이상으로 할 수 있다.

2. 카(car)
① 카에는 천장을 설치하되 비상 구출구는 설치하지 않아도 된다.
② 카의 출입구는 2개 이하로 하고, 2개를 설치한 경우에는 문이 동시에 열려, 통로로 사용되는 구조가 되어서는 안 된다.

3. 승강로
① 출입구 바닥 앞부분과 카 바닥 앞부분과의 틈새는 3.5cm 이하이어야 한다.
② 카 문과 닫힌 승강장문 사이의 수평거리 또는 문이 정상 작동하는 동안 문 사이의 접근거리는 0.12m 이하이어야 한다.

4. 기계실
바닥면적은 승강로 수평투영 면적 이상, 천장의 높이는 1.8m이상이어야 한다. 그리고 바닥면의 조도는 200 lux 이상이어야 한다.

제4장 안전장치

소형 엘리베이터에도 로프식 또는 유압식 엘리베이터의 안전장치 이외에도, 정지되었을 때 외부로 연락할 수 있는 전화 장치가 설비되어야 한다.

출제예상문제

1. 소형 승강기의 승강행정은 몇 m 이하이어야 하는가?

　가. 5　　　　　나. 8　　　　　다. 10　　　　　라. 12

2. 소형 승강기의 주로프 직경은 몇 mm 이상으로 하는가?

　가. 5　　　　　나. 6　　　　　다. 7　　　　　라. 8

3. 소형 승강기의 출입구의 바닥앞부분과 카 바닥 앞부분과의 틈새는 몇 cm 이하이어야 하는가?

　가. 3.5　　　　나. 5　　　　　다. 6　　　　　라. 7

정답　1. 라　2. 라　3. 가

제10편 휠체어 리프트

보행하는 장애인이 이용하기에 알맞도록 제작된 리프트이다. 계단의 경사 또는 수직인 승강로에 따라 동력으로 오르고 내린다.

제1장 구조

1. 수직형 휠체어 리프트
① 정격속도는 0.15m/s 이하이어야 한다.
② 승강행정에 따라 4m 이하 그리고 4m 초과 12m 이하로 구분된다.
③ 주행선의 경사도는 수직에서 15°이하이어야 한다. 그리고 정격하중은 250kg 이상이어야 한다.

2. 경사형 휠체어 리프트
① 정격속도는 0.15m/s 이하이어야 한다. 그리고 레일의 경사도는 15°~75°이하이어야 한다.
② 정격하중은 225kg 이상 350kg 이하이어야 한다.
③ 플랫폼의 형식에 따라 입석식, 좌석식, 휠체어식으로 구분된다.

제2장 안전장치

1. 브레이크
리플은 부드럽게 정지시키고, 원하는 위치에 정지시키기 위한 장치이다.

2. 파이널 리미트 스위치

카가 행정구간을 이탈할 경우, 확실하게 정지시키기 위한 장치이다.

3. 과속조절기
설정된 속도에 도달하면 추락방지안전장치가 작동, 리프트를 정지시키는 장치이다.

4. 리프트 스위치
1개 또는 2개 이상이 조합된 스위치이다. 승강장 또는 기타 원하는 곳에서 리프트를 정지시킬 수 있다.

5. 보호대
경사형 휠체어 리프트로부터 추락을 방지하기 위한 것이다.

6. 감지날
카에 부착되어 전단, 협착, 끼임의 방지를 위한 장치이다.

7. 감지판
플랫폼과 하부면 전면을 보호하기 위한 장치로서 감지날과 유사하다.

8. 기계적 정지장치
수직형 휠체어 리프트 플랫폼의 하부에 보수 및 검사를 위해 최소 안전공간이 필요한데, 최소 안전공간을 확보할 수 있도록 설치하는 장치이다.

출제예상문제

1. 수직형 휠체어 리프트의 정격속도는 몇 m/min 이하이어야 하는가?

　가. 6　　　　　나. 7　　　　　다. 8　　　　　라. 9

2. 수직형 휠체어 리프트의 주행선의 경사도는 수직으로 몇 도를 초과하지 않아야 하는가?

　가. 10　　　　나. 12　　　　다. 15　　　　라. 20

3. 경사형 휠체어 리프트의 레일 경사도는 몇 도 이하이어야 하는가?

　가. 30　　　　나. 60　　　　다. 75　　　　라. 90

4. 카에 부착되어 전단, 협착, 끼임의 방지를 위한 장치는?

　가. 감지날　　　나. 과속조절기　　다. 브레이크　　라. 보호대

정답 1. 라　2. 다　3. 다　4. 가

제11편 비상용 승강기

제1장 비상용 승강기 설치기준

높이 31m를 초과하는 건축물에는 비상용 승강기를 설치해야 한다.

① 높이 31m를 넘는 각 층의 바닥면적 중 최대 바닥면적이 1500m²인 건축물 : 1대 이상
② 높이 31m를 넘는 각 층의 바닥면적 중 바닥면적이 1500m²를 넘는 3000m² 이내마다 1대씩 더한 대수 이상

제2장 비상용 승강기의 승강장의 구조

1. 승강장의 창문 출입구 기타 개구부를 제외한 부분은 당해 건축물의 다른 부분과 내화 구조의 바닥 및 벽으로 구획하여야 한다.
2. 승강장은 각 층의 내부와 연결될 수 있도록 하되, 그 출입구에는 갑종 방화문을 설치하여야 한다.
3. 벽 또는 반자가 실내에 접하는 부분의 마감 재료는 불연재료로 하여야 한다.
4. 채광이 되는 창문이 있거나 예비전원에 의한 조명 설비를 하여야 한다.
5. 승강장의 바닥면적은 비상용 승강기 1대에 대하여 6m² 이상으로 하여야 한다.
6. 피난층이 있는 승강장의 출입구로부터 도로 또는 공지에 이르는 거리는 30cm 이하이어야 한다.
7. 승강장 출입구 부근에 잘 보이는 곳에 당해 승강기가 비상용 승강기임을 알 수 있는 표지를 하여야 한다.
8. 노대 또는 외부를 향하여 열 수 있는 창문이나 규정에 맞는 배연설비를 하여야 한다.

제3장 비상용 승강기의 승강로 구조

1. 승강로는 당해 건축물의 다른 부분과 내화 구조로 구획하여야 한다.
2. 각 층으로부터 피난층까지 이르는 승강로를 단일구조로 연결하여 설치하여야 한다.

제4장 비상용 승강기를 설치하지 않는 경우

1. 높이 31m를 넘는 각 층의 바닥면적의 합계가 500m^2 이하인 건축물
2. 높이 31m를 넘는 부분의 층수가 4개층 이하로서, 각 층의 거실을 200m^2 이내로 방호 구획한 건축물

제5장 비상용 승강기의 설치대수 계산

1. 설치대수 계산

$$설치대수(N) = 1 + \frac{높이\ 31m를\ 넘는\ 각\ 층\ 바닥면적\ 중\ 최대바닥면적(m^2) - 1500(m^2)}{3000m^2}$$

제6장 비상용 승강기 기본 요건

1. 전층을 운행하여야 한다.
2. 정격속도는 60m/min 이상이 되어야 한다.
3. 문이 닫힌 후 60초 이내에 가장 먼 층까지 도착되어야 한다.
4. 카 문과 승강장 문이 연동되는 자동 수평 개폐문이 설치되어야 한다.
5. 소방운전 스위치는 지정된 로비에 설치되어야 한다.
   - 1단계 : 비상용 엘리베이터에 대한 호출
   - 2단계 : 소방운전 제어 조건 아래에서 엘리베이터를 이용
6. 크기는 정격하중 630kg, 폭 1100mm, 깊이 1400mm 이상이어야 한다.
7. 카 지붕 비상구출문의 크기는 0.5m × 0.7m 이상이어야 한다.
8. 소방운전 스위치는 승강장 문 끝부분에서 수평으로 2m 이내에 위치하고, 승강장 바닥 위로 1.4m~2.0m 이내이어야 한다.
9. 보조전원 공급장치는 정전시 60초 이내에 전력용량이 발생되어야 하며, 2시간 이상 운행 가능하여야 한다.

출제예상문제

1. 비상용 승강기는 높이 몇 (m)를 초과하는 건축물에 설치하는가?

　가. 20　　　　나. 26　　　　다. 31　　　　라. 42

2. 비상용 승강기 승강장의 바닥면적은 비상용 승강기 1대에 몇 (m²) 이상으로 하여야 하는가?

　가. 4　　　　나. 5　　　　다. 6　　　　라. 7

3. 비상용 승강기를 설치하지 않는 경우로 맞는 것은?

　가. 높이 31m를 넘는 각 층을 거실 이외의 용도로 사용하는 건축물
　나. 높이 31m를 넘는 각 층의 바닥면적의 합계가 400m² 이하인 건축물
　다. 높이 31m를 넘는 부분의 층수가 4개층 이하로서, 각 층의 거실을 200m² 이내로 방호 구획한 건축물
　라. 높이 31m를 넘는 부분의 층수가 4개층 이하로서, 각 층 거실의 실내를 불연재로 마감하여 500m² 이내로 방호 구획한 건축물

해설 비상용 승강기를 설치하지 않는 경우
　① 높이 31m를 넘는 부분의 층수가 4개층 이하로서, 각 층의 거실을 200m² 이내로 방호 구획한 건축물
　② 높이 31m를 넘는 각 층의 바닥면적의 합계가 500m² 이하인 건축물

정답 1. 다　2. 다　3. 다

제12편 기계식 주차 장치

제1장 기계식 주차장치의 종류 및 특징

1. 2단식 주차방식

주차실을 2단으로 하여 면적을 2배로 이용하는 방식이다.

※ 특징
① 설치비용이 적다.
② 소규모 주차장에 적용된다.
③ 지면의 활용도가 높다.
④ 입출고의 시간이 짧다.
⑤ 공사기간이 짧고 설치가 용이하다.
⑥ 유지보수가 용이하다.

2. 다단식 주차방식

주차실을 3단 이상으로 한 방식이다.

※ 특징
 2단식 주차장치와 같다. 주차대수를 늘릴 수 있다.

3. 수직순환식 주차장치

주차구획에 자동차를 넣고, 그 주차구획을 수직으로 순환 이동하여 자동차를 주차시킨다.

(1) 종류

① 상부 승입식
② 중간 승입식
③ 하부 승입식

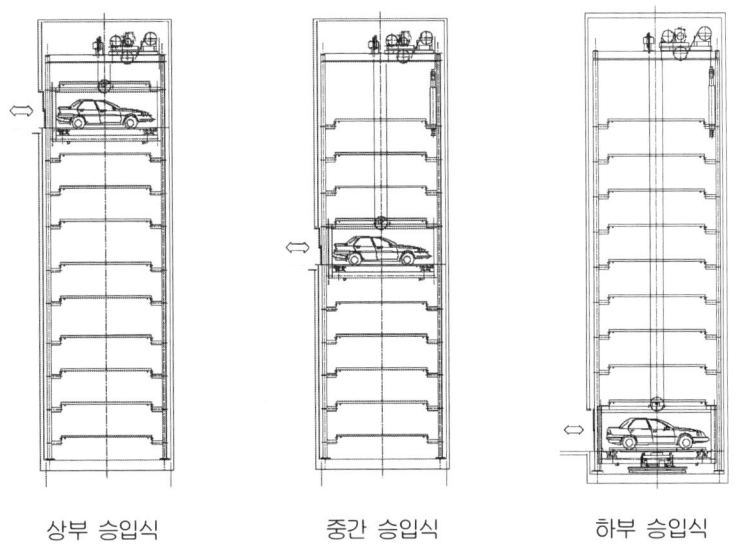

| 상부 승입식 | 중간 승입식 | 하부 승입식 |

(2) 특징
① 승강로 면적이 작아도 되며, 입출고 시간이 단축된다.
② 기계장치의 부하(차량이 실린 주차구획 전체를 1개 라인의 체인으로 승강시키므로)가 높다.
③ 운영 유지비가 많이 든다.
④ 진동 및 소음이 크다.
⑤ 체인이 절단되면 모든 차량이 일시에 파손될 수 있다.

4. 수평 순환식 주차장치
주차구획에 자동차를 넣고 그 주차구획을 수평으로 순환 이동하여 자동차를 주차시킨다.

(1) 원형 순환방식
주차장치의 양 끝에서 운반기로 회전시켜 주차하는 방식으로 상부 승입식, 중간 승입식, 하부 승입식이 있다.

(2) 각형 순환방식
주차장치의 양끝에서 운반기로 직선 운동시켜 주차하는 방식으로 상부 승입식, 중간 승입식, 하부 승입식이 있다.

※ 특징
① 입출고시에 시간이 많이 든다.
② 출구가 한정된 빌딩의 지하 등에 설치하여 지하공간을 이용할 수 있다.

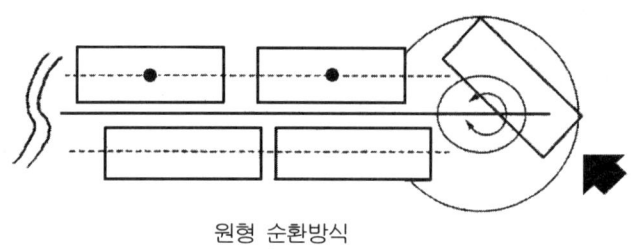

원형 순환방식

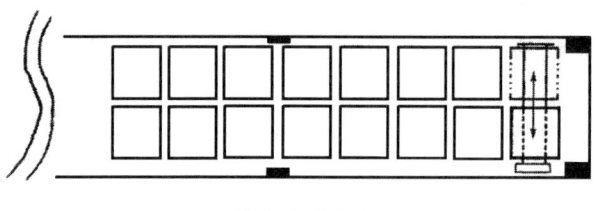

각형 순환방식

5. 다층 순환식 주차장치

다수의 운반기를 1열, 2층 또는 그 이상으로 배열, 임의의 두 층간의 양 쪽에서 운반기를 올리고 내려 순환이동 시키는 방식이다.

※ 특징

좁고 긴 토지나 빌딩의 지하에 적합하다.

6. 승강식 주차 장치

여러 층으로 배치되어 있는 고정된 주차구획에, 상하로 이동 가능한 운반기를 이용, 자동차를 운반하여 주차시키는 장치이다.

※ 특징
 ① 입·출고 시간이 길다.
 ② 운영비가 수직순환식 보다 적게 든다.

7. 승강기 슬라이드식 주차장치

이 방식은 대지가 넓은 곳에 운반하여 종횡방향으로 이동해 주차시키는 방식이다.

(1) 종류

 ① 하부 승입식
 ② 중간 승입식
 ③ 상부 승입식

(2) 특징

① 넓은 대지의 대규모 주차시설에 적합하다.
② 많은 시설비가 들고 또 기술도 필요하다.
③ 운행이 복잡하다.
④ 실용성이 떨어진다.

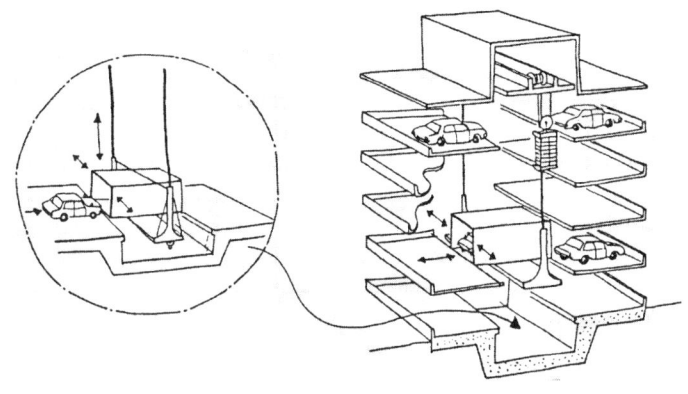

승강기식 주차방식

8. 평면 왕복식 주차장치

각 층에 평면으로 배치되어 있는 고정된 주차 구획에 운반기로 자동차를 운반하여 주차 시키는 장치이다. 승강식 주차 장치를 옆으로 한 것인데, 승강장치를 설치하여 다층으로 사용할 수 있다.

(1) 종류

① 횡식(운반식, 운반격납식) : 운반기를 좌우방향으로 이동해 주차시키는 방식이다.
② 종식(운반식, 운반격납식) : 운반기를 전후방향으로 이동해 주차시키는 방식이다.

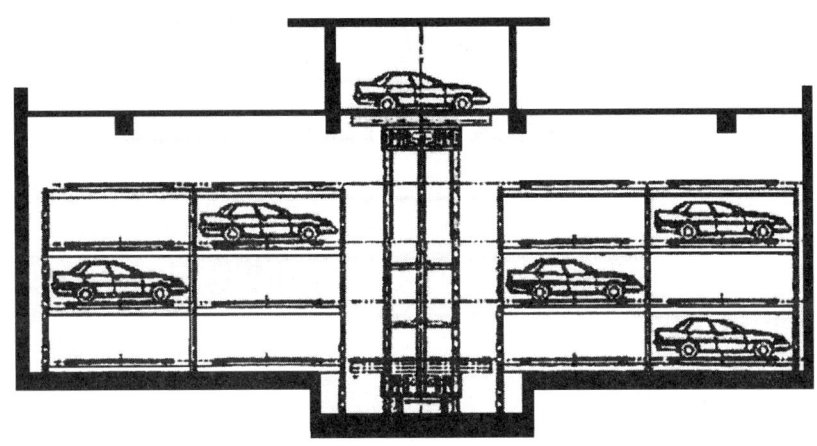

평면 왕복식(횡식) 주차방식

제2장 기계식 주차장의 종류별 분류

1. 2단식 주차장의 분류
① 피트식
② 승강횡행식
③ 단순 2단식

2. 다단식 주차장의 분류
① 승강횡행식
② 피트식

3. 수직 순환식 주차장의 분류
① 주차장치의 설치 장소에 의한 분류 : 건물 내장형과 독립 철탑형이 있다.
② 자동차 입·출고 출입문 위치에 의한 분류 : 하부 승입식, 중간 승입식, 상부 승입식이 있다.

4. 수평순환식 주차장의 분류
① 자동차 승차 방식에 의한 분류 : 직입승입식과 승강장치의 승입식이 있다.
② 양단의 순환 방식에 의한 분류 : 원형 순환식과 각형순환식이 있다.

5. 다층 순환식 주차장의 분류
① 자동차의 승입 방식에 의한 분류 : 직입 승입식과 승강장치에 의한 승입식이 있다.
② 양단의 순환 방식에 의한 분류 : 원형 순환식과 각 층 순환식이 있다.

제3장 주차장의 설치기준

1. 주차장 출입구의 전면공지
기계식 주차장치 출입구 전면에는 자동차의 회전을 위한 전면 공지 또는 방향을 전환하기 위한 방향전환장치를 하여야 한다.

① 중형 기계식 주차장
너비 8.1m 이상, 길이 9.5m 이상의 전면 공지 또는 직경 4m 이상의 방향 전환 장치와 그 방향 전환 장치에 접한, 너비 1m 이상의 여유 공지이어야 한다.

② 대형 기계식 주차장
너비 10m 이상, 길이 11m 이상의 전면 공지 또는 직경 4.5m 이상의 방향 전환 장치와 그 방향 전환 장치에 접한 너비 1m 이상의 여유 공지이어야 한다.

2. 주차 대기를 위한 정류장
주차대수가 20대를 초과하는 매 20대마다 1대분의 정류장을 확보하여야 한다.

① 정류장의 규모
중형기계식주차장 : 길이 5.05m 이상, 너비 1.85m 이상
대형기계식주차장 : 길이 5.75m 이상, 너비 2.05m 이상

제4장 기계식 주차장의 안전기준

1. 출입구의 크기
① 중형 기계식 주차장 : 너비 2.4m 이상, 높이 1.6m 이상
② 대형 기계식 주차장 : 너비 2.4m 이상, 높이 1.6m 이상
단, 사람이 통행하는 경우 출입구의 높이는 1.8m 이상으로 한다.

2. 주차 구획의 크기
① 중형 기계식 주차장 : 너비 2.1m 이상, 높이 1.6m 이상, 길이 5.15m 이상
② 대형 기계식 주차장 : 너비 2.3m 이상, 높이 1.6m 이상, 길이 5.95m 이상

3. 운반의 크기(자동차가 들어가는 바닥의 너비)
① 중형 기계식 주차장 : 1.8m 이상
② 대형 기계식 주차장 : 1.85m 이상

4. 출입 통로
기계식 주차장 안에서 자동차를 입·출고하는 사람이 출입하는 통로의 너비 및 높이 :
너비 50cm 이상, 높이 1.8m 이상

5. 수동정지장치 설치
기계식주차장치의 작동 중 위험한 상항이 발생하는 경우 그 작동을 멈추게 하는 장치이다.

6. 운반기내 정위치 장치 설치

자동차가 주차구획 또는 운반기 안에서 제자리에 위치하지 않는 경우, 기계식 주차장치의 작동을 불가능하게 하는 장치이다.

제5장 입출고 시간

주차장에서 수용할 수 있는 자동차를 모두 입고하는데 소요되는 시간과 출고하는데 소요되는 시간은 각각 2시간 이내이어야 한다. 단, 2단식 주차장치 및 다단식 주차장치에는 적용하지 않는다.

1. 자동차 1대당 입출고 시간 계산 기준
① 기동벨의 울림 : 3초
② 운반자가 자동차를 운전하고 나옴 : 23초 (후열은 27초)
③ 운반자가 입고하는데 필요한 시간 : 20초 (후열은 24초)

출제예상문제

1. 주차장차 중 평균 입출고시간이 가장 빠른 것은 어느 것인가?

　가. 다단방식　　　나. 승강기식　　　다. 평면 왕복식　　　라. 수직 순환식

2. 주차장치의 일반적 분류방법이 아닌 것은 어느 것인가?

　가. 엘리베이터식　　　나. 다층 순환식　　　다. 수직 순환식　　　라. 곤도라식

3. 다음 중 단위면적당 주차대수가 가장 큰 것은 어느 것인가?

　가. 2단방식　　　　　　　　　　나. 다층 순환식
　다. 승강기 슬라이드식　　　　　라. 수평 순환식

4. 자동차의 중량을 배분할 때 전륜 및 후륜에 대한 배분으로 적합한 것은?

　가. 6:4　　　나. 5:3　　　다. 7:4　　　라. 8:2

5. 주차장치의 안전장치 설명으로 적합하지 않은 것은?

　가. 유압식 승강 장치를 이용한 경우에는 유압 안전밸브장치를 설치하지 않아도 된다.
　나. 운반기가 정지시 자연하강을 방지하는 자연하강 보정장치를 설치하여야 한다.
　다. 주차장치 작동 중 비상시에 운전을 즉시 정지시키는 비상정지스위치를 설치하여야 한다.
　라. 기계실 및 피트벽에는 점검용 콘센트를 설치하여야 한다.

6. 자주식 주차장으로서 자동차용 엘리베이터를 이용하여 주차장까지 자동차를 이용하는 경우, 수용 자동차 몇 대당 1기 이상의 엘리베이터를 확보하여야 하는가?

　가. 50대　　　나. 40대　　　다. 30대　　　라. 20대

7. 자동차를 수용하는 주차구획과 자동차용 엘리베이터와의 조합으로 입체적으로 구성되며, 자동차의 전방향으로 주차구획을 설치하는 것을 종식, 좌우방향을 횡식이라 하는 주차장치로 맞는 것은?

　가. 수평 순환식　　　나. 평면 왕복식　　　다. 수직 순환식　　　라. 엘리베이터식

정답　1. 라　2. 라　3. 다　4. 가　5. 가　6. 다　7. 라

제13편 유희시설

제1장 고가의 유희 시설

① 모노레일 : 지면으로부터 높이가 2m 이상 그리고 고·저차가 2m 미만인 구배의 궤도를 40km/h 이하로 주행하여야 한다.
② 어린이 기차 : 지면으로부터 높이가 2m 이하 그리고 고·저차가 2m 미만인 궤조를 10km/h 로 주행하여야 한다.
③ 코스터 : 고·저차가 2m 이상의 궤조를 주행 또는 수로 도중에서 스크루 회전이나 수직회전을 한다.
④ 매트 마우스 : 1인승 또는 2인승 탑승물이 지면으로부터 높이 2m 이상의 궤조를 40km/h 이하로 주행하면서 상하좌우로 급격한 방향 변화를 한다.
⑤ 워터 슈트 : 궤조없이 고저차 2m 이상의 궤도를 주행하는데, 급구배의 수로를 탑승물이 주행한다.

제2장 회전운동을 하는 유희시설

① 회전그네 : 수직면에서 수평으로 퍼지는 팔목 끝에 1인승 의자형의 탑승물이 로프에 매달려 수직축의 주위를 회전한다.
② 비행탑 : 많은 사람이 탈 수 있는 곤돌라 형상으로 주로프에 매여 수직축의 주위를 회전한다.
③ 메리고라운드(회전목마) : 탑승물이 수직축의 주위를 회전한다.
④ 관람차 : 객석부분이 수평축의 주위를 회전한다.
⑤ 옥토퍼스 : 객석부분이 가변축의 주위를 회전한다.
⑥ 문로케트 : 객석부분이 고정된 경사축의 주위를 회전한다.
⑦ 로터 : 객석 부분이 가변축의 주위를 회전한다. 그런데 이것은 원주속도가 크고 객석부분에 작용하는 원심력이 크다.

출제예상문제

1. 다음에서 회전운동을 하는 유희시설은?

가. 비행탑   나. 코스터   다. 매트 마우스   라. 워터슈트

[해설] 회전운동을 하는 유희시설 : 회전그네, 비행탑, 회전목마, 관람기차, 해적선 등

2. 다음에서 고가의 유희시설에 해당되는 것은?

가. 코스터   나. 로터   다. 비행탑   라. 옥토퍼스

[해설]
1. 고가의 유희 시설
   ① 모노레일 : 지면으로부터 높이가 2m 이상 그리고 고·저차가 2m 미만인 구배의 궤도를 40km/h 이하로 주행하여야 한다.
   ② 어린이 기차 : 지면으로부터 높이가 2m 이하 그리고 고·저차가 2m 미만인 궤도를 10km/h로 주행하여야 한다.
   ③ 코스터 : 고·저차가 2m 이상의 궤도를 주행 또는 수로 도중에서 스크루 회전이나 수직회전을 한다.
   ④ 매트 마우스 : 1인승 또는 2인승 탑승물이 지면으로부터 높이 2m 이상의 궤도를 40km/h 이하로 주행하면서 상하좌우로 급격한 방향 변화를 한다.
   ⑤ 워터 슈트 : 궤도 없이 고저차 2m 이상의 궤도를 주행하는데, 급구배의 수로를 탑승물이 주행한다.

2. 회전운동을 하는 유희시설
   ① 로터 : 객석 부분이 가변축의 주위를 회전한다. 그런데 이것은 원주속도가 크고 객석부분에 작용하는 원심력이 크다.
   ② 비행탑 : 많은 사람이 탈 수 있는 곤도라 형상으로 주로프에 매여 수직축의 주위를 회전한다.
   ③ 옥토퍼스 : 객석부분이 가변축의 주위를 회전한다.

3. 1인승 또는 2인승 탑승물이 지면으로부터 높이 2m 이상의 궤조를 40km/h 이하로 주행하면서, 상하좌우로 급격한 방향 변화를 하는 것은?

가. 매트 마우스   나. 코스터   다. 로터   라. 워터슈트

[해설]
① 매트 마우스 : 1인승 또는 2인승 탑승물이 지면으로부터 높이 2m 이상의 궤도를 40km/h 이하로 주행하면서 상하좌우로 급격한 방향 변화를 한다.
② 코스터 : 고·저차가 2m 이상의 궤도를 주행 또는 수로 도중에서 스크루 회전이나 수직회전을 한다.
③ 로터 : 객석 부분이 가변축의 주위를 회전한다. 그런데 이것은 원주속도가 크고 객석부분에 작용하는 원심력이 크다.
④ 워터 슈트 : 궤도 없이 고저차 2m 이상의 궤도를 주행하는데, 급구배의 수로를 탑승물이 주행한다.

정답 1. 가   2. 가   3. 가

4. 다음에서 워터 슬라이드에 대한 설명으로 맞지 않는 것은?

　가. 곡선식과 직선식이 있다.
　나. 활주로는 섬유강화 플라스틱(FRP)제이다.
　다. 활주로는 구배가 변화되어서는 안된다.
　라. 활주로는 단면이 직경 100cm 정도의 반원통 또는 원통형이어야 한다.

해설 활주로는 구배가 변화되도록 한다.

정답 4. 다

Part 02 승강기 설계

제1편 승강기 설계의 기본
제2편 승강기 관련 기준
제3편 카 및 승강관련 기준
제4편 기계실 관련 기준
제5편 기계요소 설계
제6편 전기 설비 설계
제7편 재해 대책 설비

제1편 승강기 설계의 기본

1. 설계계획에 따른 제량산출 및 계획

(1) 설비 계획상의 요건

① 교통량을 계산하여 그 빌딩의 수요에 적합하여야 한다.
② 여러 대를 설치시 건물 중심으로 배치한다.
③ 이용자의 대기 시간이 정확하도록 한다.
④ 군관리 운전시 서비스층은 최상층과 최하층을 일치 시킨다.
⑤ 초고층 빌딩의 경우 서비층의 분할을 고려한다.
⑥ 교통 수요에 따라 시발층을 어느 하나의 층으로 한다.

(2) 설치대수 및 기종 설정

① 교통수요는 빌딩의 규모와 단위 시간의 승객의 집중율로 예측한다.
※ 집중율 : 단위 시간에 집중하는 사람수의 전체 사람수에 대한 비율
② 공동주택은 거주인구, 오피스빌딩은 사무실 유효면적, 백화점은 매장면적, 호텔은 침실수로 빌딩의 규모를 산정한다.
③ 양적인 면 : 수송 가능한 필요소요량의 대수가 필요하다. 수송 능력은 일주시간(一周時間)과 그때의 승객수로 계산 하는데, 보통 5분간의 수송 능력을 산출한다.

※ 일주시간 : 카가 출발층에 되돌아온 시점으로부터, 출발층에서 승객을 싣고 올라갔다가, 다시 출발층에 되돌아 올 때까지의 시간(One Round Trip Time ; RTT)을 말한다.

- 1대의 5분간 수송능력 $B = \dfrac{5 \cdot 60 \cdot S}{RTT}$ ※S;승객수

- 양적으로 엘리베이터 대수 $N = \dfrac{Q}{B}$ ※ Q ; 5분간의 전교통수요

④ 질적인 면 : 이용자의 대기 시간을 정확히 해주어야 한다. 대수가 많으면 평균운전 간격이 작아져 질적으로 서비스가 향상된다.

- 평균 운전 간격 $= \dfrac{RTT}{N}$ ※ RTT : 일주시간, N : 그룹운전하고 있는 대수

(3) 승강기의 기본 시방

엘리베이터는 정격용량과 정격속도에 의해서 카의 크기, 기계실과 승강로의 크기, 권상기와 전동기의 용량, 구동방식등이 결정된다. 또한 건물의 규모나 용도에 따라 승강장, 운전방식, 뱅크수, 교통계산에 의한 설치대수 등이 결정되어 최종적으로 시방이 결정된다.

(4) 엘리베이터의 교통량 계산

① 교통량 계산 방법의 종류
- 시뮬레이션에 의한 계산
- 예상 정지층수에 따른 운전확률에 의한 계산

② 교통량 계산에 필요한 기초자료
㉮ 필수 데이터
- 층고
- 빌딩의 용도 및 성질
- 층별용도
- 출발층

㉯ 필요에 따라 제시하는 데이터
- 엘리베이터의 대수
- 서비스층 구분
- 정격속도
- 정격용량
- 뱅크구분

③ 엘리베이터의 교통량 계산
㉮ 오피스 빌딩의 경우

※ 출근시 교통수요에 대한 수송능력

목 표		5분간 수송능력 (집중률)	평균운전간격
빌딩종류			
관　　　청	일반적인 입지조건	14~16%	30초이하 (수송능력이 충분한 경우는 40초정도까지 허용)
	지하철, 전철역 근처	16~18%	
임대 사무실	룸임대, 불록임대	11~13%	
	층임대	13~15%	
일 사 전 용	일반적인 입지조건	20~23%	
	지하철, 전철역 근처	23~25%	
준 사 전 용	일반적인 입지조건	16~18%	
	지하철, 전철역 근처	18~20%	

※ 중식시 교통 수요에 대한 수송능력

집 중 율 (오름·내림 합계)	방향별의 교통량
9 ~ 16 % (평균 12 %)	12시경은 하강교통량이 많고, 13시경은 상승교통량이 많다. 그 비율은 2 : 1로 계산한다.

 ㉯ 주행시간
주행시간 = 가속시간 + 감속시간 + 전속 주행시간
 ㉰ 일주시간
출발층에 엘리베이터가 도착한 후 승객이 탑승, 출발층에 재도착 하기까지의 시간을 말한다.

일주시간(RTT) = Σ(주행시간 + 도어 개폐시간 + 승객 출입시간 + 손실시간)

 ㉱ 도어 개폐시간
정지할 때마다 발생하는 도어개폐시간의 합을 말한다. 정지층수가 많을수록, 도어폭과 도어 개폐방식에 따라 달라지는데, 런닝오픈 방식(Running Open)일 때 도어개폐시간이 단축된다.
 ※ 런닝 오픈 (Running Open) 방식 : 착상 동작중에 도어가 개폐하기 시작하는 방식
 ㉲ 승객의 출입시간
카의 크기, 형상, 출입구 넓이 등과 관계가 있다.
 ㉳ 손실시간
도어개폐 시간과 승객 출입시간 합계의 10%를 손실시간으로 추가한다. 그 이유는 도어 개폐시간과 승객출입 시간은 불확정 요소를 포함하고 있기 때문이다.
 ㉴ 계산식에 의한 산출방법

2. 승강기의 위치선정

(1) 위치선정의 기본사항

승객이 접근하기 쉬운 위치에 설비하여야 하고, 건물 중앙에 위치하여야 한다.

(2) 건물용도별 교통수요 산출

 ① 호텔
  - 수송인구의 산출
  - 피크 교통 시간의 조사
  - 승객수의 가정 : 1회 왕복시 카에 승차하는 인원은 상향·하향 동일하게 하고, 모두 카 정원을 50%로 한다.
  - 수송능력 : 저녁시간 호텔의 5분간 집중율과 평균운전 간격을 나타낸다.

집중율(%)	평균 운전 간격(초)
9 ~ 11	40 이하가 이상적이다.

② 오피스 빌딩
㉮ 승객수의 계산
출근 때의 승객수는 오름 방향(내림 방향의 승객은 없는 것으로 함)을 카 정원의 80% 정도로 한다.
㉯ 피크 교통시간의 조사
- 오피스 빌딩은 아침 출근시 상승 피크를 대상으로 한다
- 사원 식당이 있어 점심 식사시 교통 수요가, 아침 출근시 보다 많은 경우에는, 점심식사시의 교통 계산도 같이 할 경우가 있다.
㉰ 거주인구의 산출
- 임대빌딩의 경우 거주인구

$$거주인구 = \frac{유효바닥면적\,(m^2)}{1인당점유면적\,(m^2/인)}$$

- 오피스 빌딩의 층별인구

$$층별인구 = \frac{층별유효면적\,(m^2)}{1인당점유면적\,(m^2/인)}$$

- 오피스 빌딩의 층별 유효면적

$$층별유효면적\,(m^2) = 층별총면적\,(m^2) \times 렌탈\,(Rental)비$$

※ 렌탈비는 지하주차장등을 제외한 2층이상의 건물은 80%, 초고층 빌딩은 75%정도이다.
- 1인당 점유면적
※ 중소 사무실 빌딩 : 6~7 m²/인
※ 대규모 사무실 빌딩 : 7~8 m²/인

③ 아파트
㉮ 거주인구의 산출
- 25평 이하 : 2.5~3명
- 26평 이상 : 3.5~4명
㉯ 승객수의 산출
아파트는 카의 크기에 관계없이 일주에 대하여 승객수는 오름/내림 3명/2명, 5명/3명, 6명/4명 비율의 승객수를 적은 쪽부터 순차적으로 가정하여 산출한다.
㉰ 피크 교통시간의 조사
아파트의 피크는 저녁(직장인 및 학생들의 귀가 등)에 일어난다. 그러나 아침 출근 시간이 피크가 될 경우도 있다.

㉔ 수송능력
저녁시간 아파트의 5분간 집중율과 평균운전 간격의 허용값은 다음과 같다.
※ 아파트의 교통수요

주택의 종류	집 중 율 (%)	평균 운전 간격 (초)
주택공사 아파트	3.5 %	60 ~ 90
민간 분양 주택	3.5 % ~ 5.0 %	

(3) 엘리베이터의 집단화 (군관리)

한 건물에서 한 대 이상의 엘리베이터가 설치되면 집단화되어야 한다. 대기시간의 증가, 이사, 보수점검시의 불편 등으로 이용에 어려움이 있기 때문이다.

(4) 서비스 층과 통과층

① 서비스 층
  한 그룹으로 된 전체의 엘리베이터는 동일층을 모두 서비스해야 엘리베이터의 운권에 효율을 기할 수 있다.
② 통과층
  비상용 엘리베이터와 장애인용 엘리베이터는 적용해서는 안 된다. 동작 효율을 향상 시키고 설비비용 감소를 위해 엘리베이터의 정지횟수를 줄이고 있는데, 격층 운행, 홀짝수층 분리운행, 3개층 격층 운행 등 서비스층을 줄여 서비스 효율을 향상시키고 있다.

(5) 설치 대수에 따른 배열

복수의 엘리베이터 설치시 적합한 위치에 그룹화된 엘리베이터를 배치해야 한다. 배열이 적정하지 않으면 각 정지층에서 승객의 대기시간의 증가로 효율이 떨어진다. 효율적인 배열을 위해 다음 사항을 고려해야 한다.

① 2대 집단화   ② 3대 집단화   ③ 4대 집단화   ④ 6대 집단화   ⑤ 8대 집단화

- 1뱅크 4대 이하의 직선배치

- 1뱅크 4-6대의 엘코브 배치 (대면 거리는 3.5~4.5m)

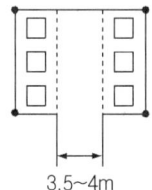

- 1뱅크 4-8대의 대면 배치 (대면 거리는 3.5~4.5m)

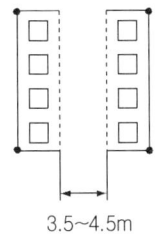

- 2뱅크의 경우

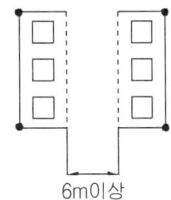

(6) 에스컬레이터의 배열

① 배열의 유의사항
- 바닥의 점유면적을 적게 할 것
- 승객의 보행거리를 줄일것
- 건물의 지지보, 기둥의 위치를 고려해 하중을 균등하게 분산할 것

② 배열의 종류

㉮ 단열 승계형
상층으로 고객을 유도하기 용이하며, 바닥에서는 교통이 연속적이다. 그러나 바닥면적의 점유면적이 크다.

㉯ 단열 겹침형
설치 면적이 적으며, 쇼핑객의 시야를 트이게 한다. 그러나 바닥과 바닥간의 교통은 연속적이지 못하다.

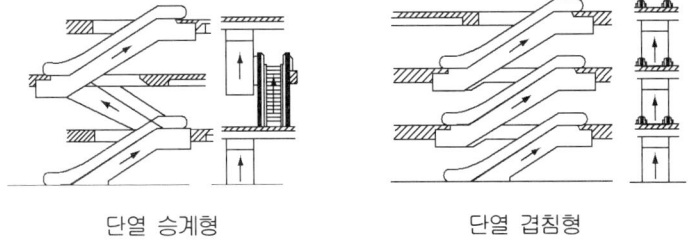

단열 승계형   단열 겹침형

㉰ 복열 승계형
전매장이 보이며, 에스컬레이터의 위치도 보인다. 또한 오르고 내림의 교통을 분할 할 수도 있으며, 오름 내림방향 모두 바닥에서 바닥으로 연속적으로 운반한다.

단점은 바닥면의 장소를 넓게 차지한다.
㉣ 교차 승계형
오름 내림의 교통이 떨어져 있어 승강구에서 혼잡이 적으며, 오름 내림이 모두 바닥에서 바닥으로 연속적으로 운반한다. 단점으로는 쇼핑객의 시야가 적으며, 에스컬레이터의 위치 표시를 하기 어렵다.

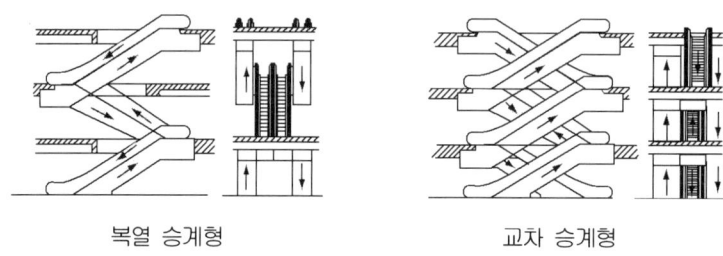

복열 승계형   교차 승계형

(7) 에스컬레이터의 배치

① 건물의 정면 출입구와 엘리베이터 설치 위치와의 중간에 한다.
② 백화점에서는 눈에 잘 띄는 곳에 설치하고, 탑승객이 바닥면을 잘 볼 수 있도록 한다.
③ 기존의 빌딩에서는 벽, 기둥, 보를 고려한다.
④ 1층에서는 사람의 움직임이 많은 곳에 설치한다.

(8) 에스컬레이터의 수송능력

① 800형 : 수송능력 6000명／시간
② 1200형 : 수송능력 9000명／시간

(9) 에스컬레이터의 적재 하중 산출

$$G = 270\sqrt{3}\,WH = 270A$$

G : 에스컬레이터의 적재하중 (kg)
A : 에스컬레이터 계단면의 수평투영 면적 (m^2)
W : 계단 (Step) 폭 (m)
H : 라이즈 (Rise) [m]

(10) 에스컬레이터 전동기의 용량계산

$$P = \frac{GV\sin\theta}{6120\eta} \times \beta$$

P : 전동기 용량 (KW),   V : 에스컬레이터의 속도 ($m/\min$)
η : 에스컬레이터의 종합효율
β : 승객 승입율 = 0.85

(11) 에스컬레이터의 속도 및 각도

정격속도는 경사도 30°이하는 45m/min 이하이어야 한다. 그런데 경사도가 30°를 초과하고 35°이하는 30m/min 이하이어야 한다.

(12) 수평 보행기의 속도

경사도는 12°이하이어야 하며, 속도는 45m/min(0.75m/s) 이하이어야 한다.

(13) 비상용 엘리베이터의 설치기준

구분	비상용 승강기 대수
높이 31m를 넘는 각층의 바닥면적 중 최대 바닥면적이 1,500m² 이하인 경우	1대 이상
높이 31m를 넘는 각층의 바닥면적 중 최대 바닥면적이 1,500m² 를 넘는 경우	1,500m² 를 넘는 3,000m² 이내 마다 1대씩 가산한다.

※ 2대 이상의 비상용 승강기를 설치할 경우에는 화재시 소화에 지장이 없도록 일정한 간격을 두고 설치한다.

(14) 화물용 엘리베이터의 설치기준

7층 이상의 공동주택에서는 다음에 적합한 화물용 승강기를 설치하여야 한다.

① 적재하중이 0.9톤 이상일 것
② 승강기의 폭 또는 너비중 한 변은 1.35m이상, 다른 한 변은 1.6m이상일 것
③ 계단실형 공동주택은 계단실마다 설치할 것
④ 복도형인 공동주택은 100세대까지 1대를 설치하되, 100세대를 초과하는 경우에는 100세대마다 1대를 추가로 설치할 것

(15) 장애인용 엘리베이터의 설치기준

① 승강기의 크기
  너비는 1.6m 이상, 깊이는 1.35m 이상, 출입구의 너비는 0.8m이상일 것
② 승강기 전면의 유효바닥 면적
  1.4m×1.4m 이상의 유효바닥 면적일 것
③ 틈새
  승강기 밖의 건물바닥과 승강기 바닥의 틈은 3cm 이하 일 것
④ 승강기 문의 개폐장치
  광감지식 개폐장치를 설치할 경우, 바닥면 위 0.3m 이상 1.4m 이내의 물체를 감지할 수 있을 것.
⑤ 승강기의 설치물
- 모든 스위치의 높이는 휠체어 사용자가 사용가능 하도록 바닥면으로부터 0.8m이상 1.2m

이하의 위치에 설치할 것
- 승강기 내부에는 바닥으로부터 80cm 이상 90cm 이하의 위치에 수평 손잡이를 설치할 것
- 엘리베이터 내부의 후면에는, 출입문의 개폐여부를 확인할 수 있는 견고한 재질의 거울을 부착 하여야 한다. 단, 엘리베이터의 유효 바닥 면적이 1.4m×1.4m 이상인 경우에는 그렇지 않다.

⑥ 표시
- 조작반·인터폰 등에는 점자표지판을 부착할 것
- 승강기의 호출버튼 0.3m 전면바닥에는, 시각장애인을 위한 점형블록 등의 감지용 바닥재를 설치할 것
- 각 층의 승강장에는 도착여부를 표시하는 점멸등 및 음향신호장치를 설치할 것
- 승강기의 내부에는 도착층 및 운행상황을 표시하는 점멸등 및 음성신호장치를 설치할 것

출제예상문제

1. 다음에서 엘리베이터의 기본 시방은?

  가. 속도와 층수   나. 적재량과 속도   다. 적재량과 대수   라. 속도와 대수

2. 교통량 계산할 때 필요한 자료가 아닌 것은?

  가. 건물의 층수   나. 엘리베이터의 품질
  다. 건물의 용도   라. 엘리베이터의 대수

해설 교통량 계산에 필요한 기초자료
    ① 건물의 층고   ② 건물 층별의 용도   ③ 출발층
    ④ 빌딩의 용도 및 성질   ⑤ 엘리베이터의 대수   ⑥ 정격속도 등

3. 다음에서 설치 대수의 산정시 필요한 자료가 아닌 것은?

  가. 5분간 수송능력   나. 교통수요
  다. 건물의 비상발전기 용량   라. 평균운전 간격

해설 설치대수의 산정시 필요한 자료
    ① 교통수요   ② 1대당 5분간 수송능력   ③ 평균운전 간격

4. 엘리베이터의 배치에서 분산되는 것보다 한곳에 집중하는 것이 좋다. 다음에서 좋은 이유로 맞지 않는 것은?

  가. 운전능률 향상   나. 설비비용의 저렴
  다. 승객의 대기시간 단축   라. 승객의 보행거리 단축

5. 엘리베이터의 배치 계획시 고려해야 할 사항과 관계가 없는 것은?

  가. 군관리일 경우 일렬로 배치하는 것이 가장 좋다.
  나. 가능한 승객의 이동거리를 짧게 배치하는 것이 좋다.
  다. 승객이 접근하기 쉬운 곳에 위치하도록 한다.
  라. 가능한 건물 중앙에 위치하도록 한다.

해설 군관리 방식은 3~8대가 병설되었을 때 개개의 카를 분산제어하는 방식으로, 교통상태에 따라 이동층수 및 정지횟수를 최소화하는 에너지소비 최소화 운전, 회의실 등 혼잡 층의 우선 서비스 기능, 출근시 Low High Zone 분할운전 기능, 중식 시 식당층의 우선할당 기능 등 운행방식을 변화시켜 엘리베이터를 배치하는 방식이다. 군관리방식은 카가 운행 도중의 승강장 부름을 건너뛰어 운행하거나 반대로 되돌아가는 등 전체 효율에 중점을 두고 있으므로, 개개인의 호출에 가장 가까운 카가 도착한다고 볼 수는 없다.

정답 1. 나 2. 나 3. 다 4. 라 5. 가

6. 교통수요 예측을 위한 빌딩규모의 구분방법으로 맞지 않는 것은?

   가. 백화점의 매장면적   나. 아파트 거주인구
   다. 호텔의 상주인구   라. 사무소 빌딩 종류

7. 승객수 r=15, 출발층에서 출발한 엘리베이터가 서비스를 끝내고 다시 출발층으로 되돌아오는 시간(RTT)=25초일 때, 이 엘리베이터의 5분간 수송능력은?

   가. 170명   나. 180명   다. 190명   라. 200명

해설 1대당 5분간 수송능력 $= \dfrac{5 \times 60 \times r}{RTT} = \dfrac{5 \times 60 \times 15}{25} = 180$명

8. 교통 계산을 하는데 있어 엘리베이터 서비스 형식중 '편도급행'을 적용하는 경우로 옳은 것은?

   가. 고층용 엘리베이터   나. 아파트의 저녁시간
   다. 사무소 빌딩의 출근시   라. 호텔의 로비와 객실간 교통량

해설 편도급행을 적용하는 경우는 사무소 빌딩의 출근시이다.

9. 엘리베이터 배열 설명중 맞지 않는 것은?

   가. 8대의 그룹에 대해서는 4대 4로 된 배열이 좋다.
   나. 6대의 그룹에 대해서는 3대 3으로 된 배열이 좋다.
   다. 5대의 그룹에 대해서는 일렬로 나란히 놓는 배치가 가장 좋다.
   라. 3대의 그룹에 대해서는 일렬로 나란히 놓는 배치가 가장 좋다.

해설 ※ 엘리베이터의 배치
     ① 직렬 배치는 4대를 한도로 하며 5대 이상은 엘코브, 대면 배치로 한다.
     ② 8대를 초과할 때는 2개 그룹으로 한다.
     ③ 대면 배치에서는 홀이 관통 통로가 되지 않도록 한다.
     ④ 기둥에 의하여 승강장의 깊이가 깊어지지 않도록 한다.

10. 다음중 초고층 빌딩의 서비스층 분할에 관한 내용과 맞지 않는 것은?

   가. 건물의 인구분포에 큰 변동이 있을 때 간단하게 분할점을 바꿀 수 있다.
   나. 서비스층은 저층용과 고층용 또는 저·중·고에 2~4분할하는 것이 일반적이다.
   다. 일주시간이 짧아지거나 수송능력은 감소한다.
   라. 급행구간이 만들어져 고속능력을 살릴 수 있다.

11. 다음에서 승강기의 설비계획상 주안점이 아닌 것은 어느 것인가?

   가. 건물의 교통수요에 적합한 대수일 것
   나. 교통수요에 따라 시발층을 고려할 것
   다. 이용자의 대기시간이 허용치 이하가 되도록 고려할 것
   라. 승강기의 용량은 가능한 큰 것으로 고려할 것

정답 6. 다   7. 나   8. 다   9. 다   10. 다   11. 라

해설 승강기의 용량은 교통량을 계산하여 그 빌딩의 교통수요에 적합하도록 한다.

12. 비상용 승강기의 의무설치 사항으로 맞는 것은?

　가. 12층 이상의 공동주택　　　　　　나. 16층 이상의 공동주택
　다. 28m 이상의 공동주택　　　　　　라. 28m 이상의 사무용 빌딩

13. 20인승 승객용 엘리베이터의 바닥면적은 최대 얼마인가?

　가. $3m^2$　　　　나. $3.3m^2$　　　　다. $3.5m^2$　　　　라. $3.8m^2$

해설 엘리베이터 카의 정격 하중값

카의 종류		정격 하중 (kg)
승객용 및 승객화물용	바닥 면적 $1.5m^2$ 이하	바닥 면적 $1m^2$당 370kg으로 계산한 값
	바닥 면적 $1.5m^2$ 초과 m^2 이하	바닥 면적중 $1.5m^2$을 초과한 면적에 대해 $1m^2$당 500kg으로 계산한 값에 550을 더한 값
	바닥 면적 $3m^2$ 초과	바닥 면적중 $3m^2$을 초과한 면적에 대해 $1m^2$당 600kg을 계산한 값에 1,300을 더한 값

정답 12. 나 13. 가

제2편 승강기 관련 기준

1. 승강로 치수

(1) 꼭대기 틈새 및 오버헤드 거리

① 꼭대기 틈새

카가 최상층을 지나 균형추가 완충기에 충돌해도, 카 상부의 구조물이 승강로의 상부 구조물에 충돌하지 않도록 하기 위해 틈새를 설치한다.

② 오버헤드

승강로 최상층의 승강장 바닥부터 기계실 지지보 또는 바닥 아래면까지의 수직 거리를 말한다.

③ 꼭대기 틈새의 여유

ⓐ 균형추가 완전히 압축된 완충기 위에 있을 때
- 카 가이드 레일의 길이는 0.1[m] 이상 연장되어야 한다.
- 카 지붕에서 가장 높은 부분과 승강로 천장의 가장 낮은 부분(천장 아래 빔 및 부품 포함) 사이의 수직거리는 0.5[m] 이상이어야 한다.
- 카의 최고위치는 균형추가 완전히 압축된 완충기에 있을 때에다 $0.035V^2$을 더한 값이다.
- 카 위에서 0.5m×0.6m×0.8m 이상의 장방형 블록을 수용할 수 있는 충분한 공간이 있어야 한다.

④ 주행여유

ⓐ 로프식 엘리베이터

카가 최상층에 정지시 균형추와 완충기와의 거리 및 최하층에 정지시 카와 완충기 사이의 거리를 주행여유라고 한다.

로프식 엘리베이터의 주행여유

종 류	정격속도 (m/min)	최소거리(mm)		최대거리(mm)	
		교류1단 속도제어방식 또는 저항제어방식	그 외의 제어방식	카 측	균형추측
스프링 완충기	7.5 이하	78	150	600	900
	7.5넘고 15이하	150			
	15넘고 30이하	225			
	30넘는 것	300			
		규정하지 않음			

ⓑ 유압식 엘리베이터
카가 최하층에 수평으로 정지시 카와 완충기와 거리는 다음 표의 규정에 적합하여야 한다. 단, 자동차 운반용은 제외

유압식 엘리베이터의 주행여유

하강 정격속도(m/min)	최소거리(mm)	최대거리(mm)
30 이하	70	600
30 초과	150	

2. 승강로의 규격

(1) 적용범위

승용엘리베이터와 승강로의 치수에 대하여 적용한다.

① 엘리베이터의 기호
엘리베이터의 기호는 '기종·용도를 표시하는 기호', '정원 또는 적재하중(kg)을 표시하는 숫자', '문의 개폐방식 기호'에 따라서 구성한다.
- 기종·용도기호
P : 로프식 일반승객용
R : 로프식 주택용
RT : 로프식 주택용 트렁크 부착
B : 로프식 침대용
E : 로프식 비상용
HP : 유압식 일반승객용
HR : 유압식 주택용

- 문 개폐방식
2CO : 2매 중앙 개폐식(Center Open)
2S : 2매 측면 개폐(Side Open)

P - 5 - CO
      2매 중앙 개폐식
      정원 5인
      로프식 일반승객용

② 문지방간의 틈새
 카의 문지방과 승강장의 문지방 틈새는 3.5cm 이하(장애인용은 3cm 이하)로 하여야 한다.
③ 승강로 벽과 카 문지방과의 틈새
 승강로 벽과 카 문지방과의 틈새는 150mm 이하로 하여야 한다. 벽의 구조상 150mm를 초과하면 페이서 플레이트(Fascia Plate) 즉 보호관을 설치해야 한다.

3. 승강로 구출구
카가 운행중 층간정지시, 승객의 구출을 목적으로 11m를 초과할 경우 구출구를 설치한다.

(1) 비상문의 치수
폭 0.5m이상, 높이 1.8m 이상

(2) 구조
갑종 방호나 을종 방호의 기준에 의한다.

(3) 도어의 자동 폐쇄
자동으로 닫히는 장치이어야 한다.

(4) 점검문의 치수
폭 0.5m 이하 높이 0.5m 이하이어야 한다.

(5) 트랩 방식의 점검문
폭 0.5m 이하 높이 0.5m 이하이어야 한다.

(6) 도어의 키
도어는 자동으로 닫혀야 하며, 승강로 내·외 어디서나 키를 사용하여만 열리도록 해야 한다.

4. 균형추 (Counter Weight)

(1) 균형추의 중량 산정
 균형추의 중량 = 카의 자체하중 + $L \cdot F$
 단, L : 정격 적재량 (kg), F : 오버 밸런스율

※ 오버 밸런스(Over Balance)율 :
적재 하중에 더할 값(%)을 말하는데, 승용은 45%, 화물용은 50%를 적용한다. 이 율은 마찰비(traction ratio)를 개선하여 로프가 시브에서 미끄러지지 않게 하는데 중요하다.

5. 가이드 레일 (guide rail)및 가이드 슈 (guide shoe)

(1) 가이드 레일 설치 목적
카와 균형추를 승강로 수직면상으로 안내 및 기울어짐을 방지해준다. 또한 추락방지안전장치가 작동시 수직하중을 유지해 준다.

(2) 가이드 레일의 규격
① 레일 호칭은 마무리 가공전 소재의 1m당 중량으로 한다.
② 보통 T형 레일을 사용하는데 공칭은 8K, 13K, 18K, 24K이나 대용량 엘리베이터에서는 27K, 50K 등도 사용된다.
③ 레일의 표준길이는 5m이다.

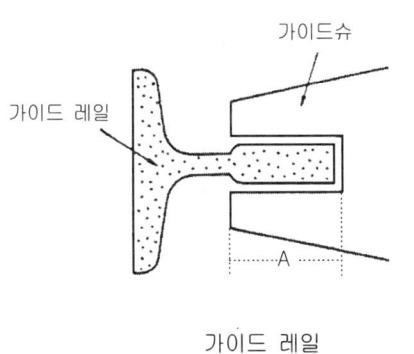

가이드 레일

※ 가이드슈 걸림대(A)
   5k : 2.5cm
   8k : 2.5cm
  13k : 3.0cm
  18k : 3.5cm
  24k : 3.5cm
  30k : 4.0cm
  37k : 4.0cm
  50k : 4.0cm

④ 가이드 레일의 허용응력은 $2400(kg/cm^2)$이다.

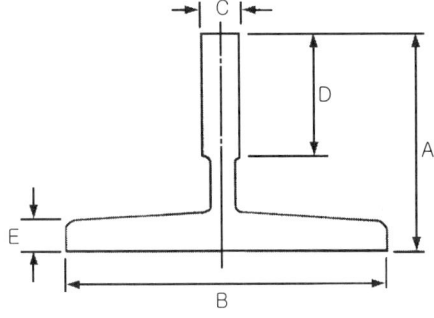

(mm) 공칭	8K	13K	18K	24K	30K
A	56	62	89	89	108
B	78	89	114	127	140
C	10	16	16	16	19
D	26	32	38	50	51
E	6	7	8	12	13

가이드 레일의 치수

(3) 가이드 레일의 치수 결정 3요소

① 추락방지안전장치 작동시 레일이 좌굴하지 않는지에 대한 점검
② 지진 발생시 카 또는 균형추가 레일을 어느 한도에서 벗어나는지에 대한 점검
③ 불균형한 큰 하중이 적재시 또는 그 하중을 오르고 내릴 때 레일이 지탱 가능한지에 대한 점검

(4) 레일의 설계

① 레일의 응력과 휨의 계산

가이드 레일에 지진하중 H가 작용시, 레일에 발생하는 최대응력 σ와 최대 휨 b는 가이드레일의 지지조건을 3분할해 연속 당김으로 하고, 중앙에 하중이 걸리는 것으로 계산한다.

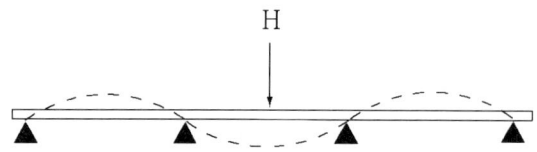

- 카용 가이드 레일의 계산식

응력 $\sigma = \dfrac{7}{40} \times \dfrac{H\ell}{Z} [kg/cm^2]$

휨 $b = \dfrac{11}{960} \times \dfrac{H\ell^3}{Ex} [cm]$

- 균형추용 가이드레일 계산식

응력 $\sigma = \dfrac{7}{40} \times \dfrac{\beta H\ell}{Z} [kg/cm^2]$

휨 $b = \dfrac{11}{960} \times \dfrac{\beta H\ell^3}{Ex} [cm]$

ℓ : 레일브래킷의 간격 (cm)
Z : 가이드레일의 단면계수 (cm^3)
E : 가이드레일의 영률 $(2.1 \times 10^6 kg/cm^2)$
x : 가이드레일의 단면 2차 모멘트 (cm^4)
β : 균형추용 하중 저감율 (※ 중간 스톱퍼 또는 타이브래킷에 의한 저감율을 말한다)

※ 균형추측 레일에 타이브래킷을 설치할 때는 β를 0.67까지 저감할 수 있다. 그 이유는 하중을 반대측 레일에 분산시키기 때문이다.
※ 균형추 틀에 중간 스톱퍼를 설치시에는 β를 0.7까지 저감할 수 있다.
※ 타이브래킷과 중간 스톱퍼를 동시에 설치시에는 한쪽의 값만 채용해야 한다.
※ 타이브래킷이나 중간스톱퍼를 설치하지 않은 경우에는 β를 1로 한다.

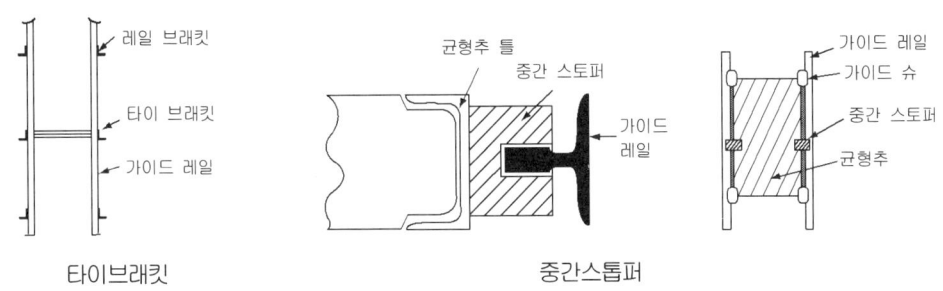

타이브래킷   중간스톱퍼

※ 저감율 (β)

레 일	β(저감율)	타이브래킷을 설치한 경우	중간 스톱퍼를 설치한 경우
5K			
8K			
13K		0.67	0.7
24K			
30K			
18K		0.78	0.78 (구형의 중간 스톱퍼는 0.7)
37K			
50K		0.92	0.92 (구형의 중간 스톱퍼는 0.7)

② 레일의 응력과 휨의 허용차

가이드 레일의 허용응력은 2400(kg/cm^2)이다. 허용되는 휨의 정도는 레일의 휨과 중간빔 또는 레일 블래킷의 휨의 합성치이다. 또한 중간 빔 또는 레일브래킷의 휨은 0.5cm 이하이면 된다.

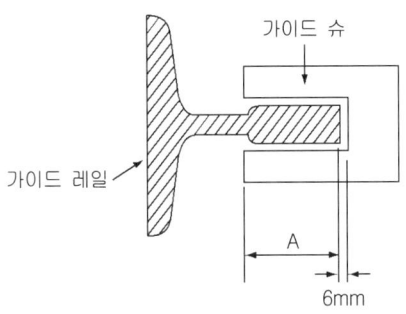

가이드슈와 가이드레일의 겹치는 길이

가이드레일의 허용응력과 허용 휨의 정도

레일기호	단면2차 모멘트(cm^4)		단면계수(cm^3)		허용 응력	가이드슈와 걸침 A(cm)	허용휨 δ(cm)
	Ix	Iy	Zx	Zy			
5K	-	-	-	-	2400	2.5	1.5
8L	29.9	26.1	7.56	6.71	2400	2.5	1.5
13K	59.5	50.4	14.3	11.3	2400	3.0	2.0
18K	179	108	29.7	19.1	2400	3.5	2.0
24K	199	226	31.1	35.6	2400	3.5	2.5

※ 응력 $\sigma \leq$ 허용응력 (kg/cm^2)
※ 휨 $\delta \leq$ A -1.0(cm)

③ 가이드 레일용 부재의 계산
- 응력 $\sigma \leq$ 허용응력(kg/cm^2)
- 휨 $\delta \leq 0.5cm$
- 앵커볼트의 인발하중 $\leq \dfrac{앵커볼트의 인발내력}{4}(kg)$
- 앵커볼트의 전단응력 $\leq$ 전단허용응력(kg/cm^2)

④ 중간 스톱퍼 및 보강재 (패킹)
- 중간 스톱퍼 : 상하의 가이드슈 중간에 설치하여 지진에 의거 레일이나 균형추들이 휘어졌을 때, 레일과 접촉하는 것에서 레일에 걸리는 힘의 일부를 분담하는 장치이다. 중간 스톱퍼의 하중 저감율은 0.7로 한다.
- 보강재 (패킹) : 승강로 구조상으로 인해 레일 브래킷의 고정 위치가 한계를 초과할 경우, 강재를 붙여서 보강한다.

⑤ 가이드슈 (guide shoe)
저속용은 슬라이딩 가이드슈(sliding guied shoe), 고속용은 롤러 가이드슈(Roller guide shoe)로 구분하여 사용한다. 가이드슈는 카 또는 균형추를 지지해 주는 역할을 하는데, 카 또는 균형추의 상하좌우 4곳에 부착되어 레일을 따라 움직인다.

6. 완충기 (buffer)
카가 어떤 원인으로 최하층을 통과하여 피트로 떨어질 때 충격을 완화시키기 위해 설치한다.

(1) 완충기의 종류
① 스프링 완충기(spring buffer)
정격속도 60m/min 이하의 엘리베이터에 사용된다.

ⓐ 선형 특성을 갖는 에너지 축적형(스프링) 완충기
- 완충기의 가능한 총 행정은 정격속도의 115%에 상응하는 중력 정지거리의 2배 ($0.135V^2[m]$) 이상이어야 한다. 단 행정은 65mm 이상이어야 한다.
- 완충기는 카 자중과 정격하중(또는 균형추의 무게)을 더한 값의 2.5배와 4배 사이의 정하중으로 위에 규정된 행정이 적용되도록 설계되어야 한다.

ⓑ 비선형 특성을 갖는 에너지 축적형(스프링) 완충기
- 카에 정격하중을 싣고 정격속도의 115%의 속도로 자유 낙하하여 카 완충기에 충돌할 때의 평균 감속도는 $1g_n$ 이하이어야 한다.
- $2.5g_n$를 초과하는 감속도는 0.04초보다 길지 않아야 한다.
- 카의 복귀속도는 1m/s 이하이어야 한다.

② 에너지 분산형(유입식) 완충기
- 완충기의 가능한 총 행정은 정격속도 115%에 상응하는 중력 정지거리($0.0674V^2[m]$) 이상이어야 한다.
- 카에 정격하중을 싣고 정격속도의 115%의 속도로 자유 낙하하여 완충기에 충돌할 때, 평균 감속도는 $1g_n$ 이하이어야 한다.
- $2.5g_n$를 초과하는 감속도는 0.04초보다 길지 않아야 한다.

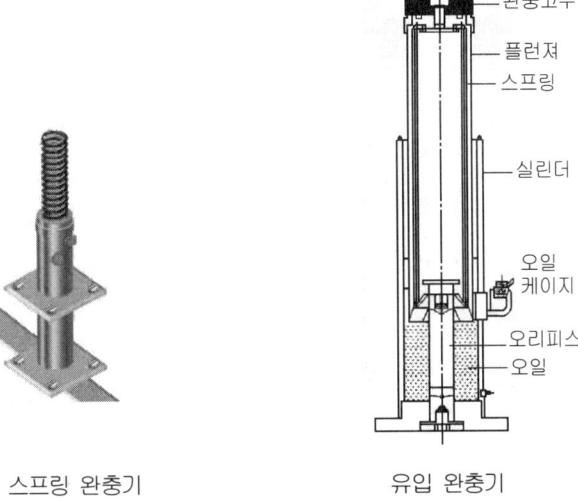

스프링 완충기   유입 완충기

- 정격속도에 구별앖고 모든 경우에 사용하며, 행정(stroke)은 정격속도의 115%로 충돌시, 평균감속도 1g(중력가속도)이하로 정지하기에 필요한 길이이어야 한다. 단, 종단층 강제 감속장치를 이용하는 경우 행정은, 평균감속도 1g 이하로 되기 위해 다음 식의 값 이상이어야 한다.

$$S = \left[\frac{1.15 \times V_0}{60}\right]^2 \times \frac{1000}{2g} = \frac{(1.15 \times V_0)^2}{3.6 \times 19.6} = \frac{V_0^2}{53.35}$$

여기에서,

　　S : 행정(mm)

　　V_0 : 정격속도 또는 종단층 강제 감속장치를 병용한 경우의 설정 충돌속도(m/min)

　　g : 중력가속도($9.8 m/\sec^2$)

- 속도별 최소행정(sroke)

정격속도(m/min)	최소 행정(min)
90(1.5m/s)	152
105(1.75m/s)	207
120(2.0m/s)	270
150(2.5m/s)	422
180(3.0m/s)	608
210(3.5m/s)	827
240(4.0m/s)	1080
300(5.0m/s)	1687

- 적용중량

　적용중량 (용량+카자중)은 아래의 표 범위내에 있어야 한다.

단위 : kgf

항 목	최소적용중량	최대적용중량
카용	카 자중 + 65	카 자중 + 적재하중
균형추용	균형추의 중량	

- 유입 완충기 재료의 안전율
  - 5(cm)당 20(%) 이상의 신율을 갖는 재료의 경우 : 3
  - 5(cm)당 15~20(%)의 신율을 갖는 재료의 경우 : $3\frac{1}{2}$
  - 5(cm)당 10~15(%)의 신율을 갖는 재료의 경우 : 4
  - 5(cm)당 10(%) 이하의 신율을 갖는 재료의 경우 : 5
    단, 주철은 안전율 10이어야 함
- 플런저의 복귀시간
  완전히 압축한 상태에서 완전 복구할 때까지의 시간은 90초 이하 이어야 한다.
- 완충기의 반경과 길이의 비율
  완충기의 반경과 길이의 비는 80이하를 유지해야 한다.

$$\frac{L}{R} \leq 80 \quad 단, \ L : 길이, \ R : 반경$$

(2) 피트의 충격하중

피트 바닥은 카가 낙하시 반력에 견딜 수 있는 강도이어야 한다.

$$\therefore P = 2W\left(\frac{V^2}{2gL} + 1\right) \ [\text{kg}]$$

여기서, P : 피트충격하중(kg), W : 카 또는 균형추 총중량(kg)
V : 과속조절기 트립속도(m/sec), L : 완충기 행정(mm), g : 중력가속도 (9.8m/sec²)

7. 단말 정차 장치

(1) 리미트 스위치 (limit switch)

① 리미트 스위치의 사용 목적
  카(car)가 충돌하는 것을 방지할 목적으로 종단층(최상층 또는 최하층)의 감속정지할 수 있는 거리에 설치한다.

리미트 스위치

② 리미트 스위치의 위치
  권동식 엘리베이터의 장차장치(stopping Device)는 카 또는 승강로에 부착하여야 하며, 카의 동작으로 조작되어야 한다. 그러나 트랙션 (traction Machine)식 엘리베이터 장차장치는 승강로 또는 기계실에 부착되어야 하며, 카의 동작으로 조작되어야 한다.

③ 리미트 스위치의 형식
• 리미트 스위치는 기계적 조작식, 자기적 조작식, 광학적 조작식 등을 사용한다.
• 카 상단 또는 승강로 내부에 부착되는 것은 밀폐형식이어야 한다.

④ 파이널 리미트 스위치(final limit switch)의 사용 목적
  리미트 스위치가 동작하지 않을 경우에 대비, 종단계(최상층 또는 최하층)를 현저하게 지나치지 않도록 하기 위해 설치한다.

⑤ 파이널 리미트 스위치의 요건
㉮ 기계적으로 조작 되어야 하며, 작동캠(cam)은 금속으로 만든 것이어야 한다.
㉯ 스위치의 접촉은 기계적으로 열려야 한다.

㉰ 카 상단 또는 승강로 내부에 부착한 파이널 리미트 스위치는 밀폐형식이어야 한다.
㉱ 카 또는 균형추가 완전히 압축된 완충기에 닿을 때까지 작동을 계속하도록 설계 및 설치되어야 한다.
㉲ 파이널 리미트 스위치가 동작하면 카는 정지하여야 한다.

(2) 로크다운(lock down) 추락방지안전장치

고층에 사용되는 엘리베이터는 로프의 중량 불평형을 보상하기 위해 카(car)하부에서 균형추 하부에 보상로프를 설치하는데 그 로프를 지지하는 시브를 견고하게 설치하고 레일에 오름 방향 추락방지안전장치를 취부하여 카(car)의 추락방지안전장치가 작동시 로크다운(rock down) 추락방지안전장치를 동작시켜 균형추 로프 등이 관성으로 상승하는 것을 예방한다. 이 장치는 속도 210m/min 이상의 엘리베이터에 필요한 안전장치이다.

(3) 각층 강제 정지 운전 스위치(Each floor stop operation switch)

주로 야간에 사용되는데 방범을 목적으로 주택에서 사용되고 있다. 각층 정지 스위치를 ON 시키면 각층을 정지하면서 목적층까지 운행한다.

(4) 슬랙로프 세이프티(Slake rope safety)

소형 저속 엘리베이터로써 주로 로프에 걸리는 장력이 없어져 휘어짐이 생겼을 때 추락방지안전장치를 작동시킨다.

(5) 비상정치 스위치

현재의 모든 엘리베이터는 전자동으로 도어가 닫히고 열리므로 불필요하여 덮개가 있는 박스 내에 장치하여야 한다. 이 장치는 카에 도어가 없는 경우 만일의 경우에 대비하여 필요하였고 또 운전원 방식의 엘리베이터에서도 필요하였다.

(6) 로프 이완 스위치

권동식의 권상기는 카가 착상층을 지나쳐 완충기에 충돌하면 로프가 늘어난다. 이러한 경우를 대비하여 설치하는데, 스위치의 부동작시를 대비하여 스톱모션(stop motion)이라고 하는 주전력 회로 차단 스위치를 설치하기도 한다.

출제예상문제

1. 가이드레일의 공칭하중은 가공전 레일의 얼마만큼의 길이로 표시하는가?

　가. 1m　　　　　나. 2m　　　　　다. 3m　　　　　라. 5m

2. 가이드레일의 허용응력은 원칙적으로 얼마인가?

　가. $2200 kg/cm^2$　　나. $2300 kg/cm^2$　　다. $2400 kg/cm^2$　　라. $2500 kg/cm^2$

3. 다음에서 가이드 레일의 역할로 맞지 않는 것은 어느 것인가?

　가. 추락방지안전장치가 작동했을 때 수직하중을 유지해 준다.
　나. 승강로의 기계적 강도와 수평 방향의 이탈함을 보강해 준다.
　다. 카와 균형추를 양측에서 지지하며 수직방향으로 안내해 준다.
　라. 카의 자중이나 하중의 중심에 관계없이 카의 심한 기울어짐을 막아준다.

해설 가이드레일은 집중하중이나 추락방지안전장치 작동시 수직하중을 유지한다.

4. 카가 가이드레일에서 이탈하지 않도록 안내하는 것은?

　가. 가이드슈　　　나. 가이드 레일　　　다. 완충기　　　라. 균형추

5. 가이드레일을 8K, 13K, 18K, 24K 등으로 분류하는 기준은?

　가. 압축강도　　　나. 개당중량　　　다. 인장강도　　　라. 1m당 중량

6. 가이드레일의 길이는 몇 m가 표준인가?

　가. 1　　　　　나. 3　　　　　다. 5　　　　　라. 8

해설 가이드레일의 표준길이는 5m이다.

7. 가이드레일의 규격을 결정하는데 관계가 없는 것은?

　가. 정격속도
　나. 불균형한 큰 하중이 적재되었을 때 회전모멘트
　다. 추락방지안전장치가 작동했을 때 좌굴하중
　라. 지진 발생시 건물의 수평진동력

해설 정격속도는 가이드레일의 규격을 결정하는데 관계가 없다.

정답 1. 가　2. 다　3. 나　4. 가　5. 라　6. 다　7. 가

8. 레일의 치수를 결정하는데 체크해야 할 세 가지 요소가 아닌 것은?

  가. 카에 물건을 운반할 때 카에 걸리는 회전모우멘트
  나. 레일 브래킷의 간격
  다. 추락방지안전장치가 작동했을 때의 레일에 걸리는 좌굴하중
  라. 지진발생시 건물의 수평진동

  해설 레일 브래킷의 간격은 카 또는 균형추의 총중량에 의해 결정한다.

9. 카 가이드 레일용 브래킷의 일반구조 설명중 옳지 않은 것은?

  가. 사다리형 브래킷의 경사부의 각도는 40°로 한다.
  나. 철골구조에 대해서는 용접 또는 볼트로 부착하고 콘크리트에 대해서는 앵커볼트에 의해 견고하게 부착하여야 한다.
  다. 구조 및 형태는 가이드 레일을 지지하기에 견고한 구조로 한다.
  라. 벽면으로부터의 길이는 600mm이하로 한다.

  해설 사다리형 브래킷의 경사부 각도는 15°~30°로 한다.

10. 레일의 설계에 관한 사항으로 맞는 것은?

  가. 타이 브래킷을 설치한 경우 13K 레일의 저감율은 0.7이다.
  나. 중간빔 또는 레일 브래킷의 휨은 0.8cm이하면 된다.
  다. 카용 가이드레일의 계산식 : 응력 $\sigma = 7 \div 40 \times Px \times l \div Z \, (kg/cm^2)$
     〔Px : 지진하중(kg), l : 레일 브래킷 간격(cm), Z : 레일의 단면계수(cm^3)〕
  라. 앵커볼트의 인발하중 ≤ 앵커 볼트의 인발내력/2 (kg)

  해설 • 타이 브래킷을 설치한 경우 13K 레일의 저감율은 0.67이다.
       • 중간빔 또는 레일 브래킷의 휨은 0.5cm 이하면 된다.
       • 앵커볼트의 인발하중 ≤ 앵커볼트의 인발내력/4 (kg)

11. 다음은 가이드 레일의 역할에 대한 설명이다. 옳지 않은 것은?

  가. 추락방지안전장치가 작동시 수직하중을 유지하나 자체의 기울어짐을 막아주지 못한다.
  나. 자체의 기울어짐을 막아준다.
  다. 추락방지안전장치 작동시 수직하중을 유지해 준다.
  라. 카와 균형추를 승강로 평면내에서 일정 궤도상에 위치를 규제한다.

  해설 카의 자중이나 화물에 의한 카의 기울어짐을 방지해 주고, 추락방지안전장치 작동시 수직하중을 유지한다.

12. 균형추의 상단과 기계실 하부와의 거리가 카의 완충기와의 거리보다 커야 하는 이유는 무엇인가?

  가. 카가 최상층에 정지하지 못하기 때문에
  나. 카가 상승시 기계실 하부에 충돌할 우려가 있기 때문에
  다. 카가 완충기에 충돌하기 전에 균형추가 기계실 하부에 충돌하기 때문에
  라. 카가 최하층에 정지하지 못하기 때문에

정답   8. 나   9. 가   10. 다   11. 가   12. 다

13. 다음의 각층 정지운전에 관한 설명 중 맞지 않는 것은?

가. 방범을 목적으로 주택 등에서 실시한다.
나. 각층이 정지 스위치를 기동(ON) 시키면 각층을 정지하면서 목적층까지 운행한다.
다. 주로 야간에 실시한다.
라. 엘리베이터의 수명을 길게 하기 위하여 실시한다.

해설 엘리베이터의 수명을 길게 하기 위함은 아니다.

14. 다음은 파이널 리미트 스위치에 대한 설명이다. 옳지 않은 것은?

가. 물 또는 분진에 의해 장애를 일으키지 않는 구조이어야 한다.
나. 정격전압, 정격전류가 표시되어 보기 쉬운 곳에 부착되어야 한다.
다. 접점이 개방되어 통전이 중단되는 구조로 해야 한다.
라. 수동적으로 동력을 차단하여 제동하는 기능을 가져야 한다.

해설 자동을 동력을 차단하여 제동하는 기능을 가져야 한다.

15. 승용 승강기의 카 바닥 끝단과 승강로 벽과의 수평거리는 몇 mm 이하이어야 하는가?

가. 100mm 이하   나. 125mm 이하   다. 150mm 이하   라. 165mm 이하

16. 다음에서 균형추의 무게 결정에 영향을 주는 것으로 맞지 않는 것은?

가. 전동기의 회전수   나. 오버밸런스율   다. 카의 무게   라. 적재하중

해설 균형추의 중량 = 케이지 자체 하중 + L·F (여기서 L : 정격 적재량(kg), F : 오버 밸런스율)

17. ※ 관련법 개정(2013. 9. 15)으로 삭제

18. 정격속도 90m/min, 카의 총중량 2000kg일 때 피트의 충격하중을 구하면? 단, 완충기의 행정은 필요 최소 행정으로 한다.

가. 2008   나. 4006   다. 6005   라. 8004

해설 피트의 충격하중 $P = 2W(\frac{V^2}{2gS}+1) = 2 \times 2,000 \times (\frac{(1.15 \times 1.5)^2}{2 \times 9.8 \times 152} + 1) ≒ 4,004\ kg$

여기서 V는 과속조절기 트립속도 (m/sec)
※ 1.15 : 과속 스위치 캣치는 1.15배 이상에서 작동
　　1.5 : 90m/min를 sec으로 계산
※ 정격속도 90m/min에서의 완충기 필요 최소 행정

$S = \frac{V_0^2}{53.35} = \frac{90^2}{53.35} ≒ 152\ mm$

・90m/min : 152㎜　・105m/min : 207㎜　・120m/min : 270㎜

정답 13. 라 14. 라 15. 다 16. 가 18. 나

19. 유입 완충기의 행정은 정격속도 115%에서 충돌할 경우, 평균 감속도 얼마로 정지하기 위해 필요한 값으로 하는가?

　가. 1 G　　　　나. 2 G　　　　다. 3 G　　　　라. 4 G

　해설 유입완충기
　　① 정격속도에 상관없이 모든 경우에 사용하며, 행정(stroke)은 정격속도의 115%로 충돌시, 평균감속도 1g(중력가속도)이하로 정지하기에 필요한 길이이어야 한다.
　　② 순간 최대 감속도는 2.5g을 넘지 않아야 하며, 1/25(초)를 넘어서는(낙하되지 않아야) 안 된다.

20. 유입 완충기에 관한 내용으로 맞지 않는 것은?

　가. 유입완충기는 0.1G를 넘지 않는 평균 감속도를 가져야 하며, 카에 미치는 어떤 하중도 1/25초 이하 동안 24.5(m/s) 이상의 최대속도를 내지 않아야 한다.
　나. 플런저의 스프링 복귀시간은 23kgf의 무게를 가하고 50mm 압축시 20초 이내에 완전히 복귀된 상태로 돌아가야 한다.
　다. 유입식 완충기의 반경과 길이의 비는 80 이하를 유지하여야 한다.
　라. 카측 유입식 완충기의 최대적용중량은 카 자중과 적재하중을 합한 것을 견디면 된다.

　해설 플런저의 스프링 복귀시간은 23kgf의 무게를 가하고 50mm 압축시 30초 이내에 완전히 복귀된 상태로 돌아가야 한다.

21. 건출물 및 공작물에 설치하는 승강로 크기를 결정할 때 고려하지 않아도 되는 사항은?

　가. 엘리베이터 승강로 구출구 크기　　　나. 엘리베이터 인승
　다. 엘리베이터 속도　　　　　　　　　라. 엘리베이터 나열 대수

　해설 승강로의 크기 결정시 고려 사항: ① 인승　② 속도　③ 대수

22. 카 자중 1000kg, 정격하중 1000kg, 스프링 직경(D) 150mm, 소재의 직경(d) 30mm이다. 코일 스프링의 전단응력을 구하면?

　가. $1887\ kg/cm^2$　　나. $2831\ kg/cm^2$　　다. $3708\ kg/cm^2$　　라. $16986\ kg/cm^2$

　해설 전단응력 $T = \tau \dfrac{\pi d^3}{16} = W \dfrac{D}{2}$

$\tau = K \dfrac{8WD}{\pi d^3}$　K는 응력수정계수, C는 스프링정수

$C = \dfrac{D}{d} = \dfrac{150}{30} = 5$　$K = \dfrac{4C-1}{4C-4} + \dfrac{0.165}{C}$
$\phantom{C = \dfrac{D}{d} = \dfrac{150}{30} = 5\ K} = \dfrac{4 \times 5 - 1}{4 \times 5 - 4} + \dfrac{0.165}{5}$
$\phantom{C = \dfrac{D}{d} = \dfrac{150}{30} = 5\ K} = 1.3105$

$\tau = 1.3105 \times \dfrac{8(1000+1000) \times 150}{\pi \times 30^3}$
$ = 37.08 kg/mm^2 = 3708 kg/cm^2$

정답 19. 가　20. 나　21. 가　22. 다

23. 스프링 완충기의 설계조건으로 맞지 않는 것은?

가. 단위체적당 흡수되는 에너지를 크게 하려면 스프링지수(C=D/d)를 크게 하면 된다.
나. 스프링지수(C=D/d)는 제작하기 쉽게 C=4이상으로 하는 것이 좋다.
다. 카측 완충기 적용중량의 기준은 스프링간 접촉된 부분이 없이 정하중상태에서 카 자중과 정격하중을 합한 무게의 2배를 견디면 된다.
라. 엘리베이터 속도가 45초과 60이하에서 스프링완충기의 최소행정은 50mm이다.

해설 엘리베이터 속도가 분당 45 초과 60 이하에서 스프링완충기의 최소행정은 100mm이다.

정답 23. 라

제3편 카 및 승강관련 기준

1. 승장도어 시스템 및 인터록

(1) 도어 시스템의 종류

① 가로 열림
- 중앙개폐(센터 오픈 방식) : CO, 2CO 등으로 승용에 사용한다.
- 측면개폐(사이드 오픈 방식) : 1S, 2S 등으로 화물용, 침대용에 사용한다.

② 세로 열림
- 상승개폐 : 2up, 3up 등으로 자동차용에 사용한다.

③ 여닫이 도어(스윙식) : 1짝 및 2짝 자동문

(2) 도어 시스템의 개폐

① 1m/s를 초과하여 운행 중인 엘리베이터 카 문은 50N 이상의 힘이 있어야 열릴 것
② 어떤 원인에 의해 카가 정지시 도어를 개방하는 데 필요한 힘은 300N을 초과하지 않을 것

(3) 도어 머신(door machine)에 요구되는 성능

① 동작이 원활하고 조용하여야 한다.
② 카 위에 부착시키므로 소형이고, 가벼워야 한다.
③ 동작 회수는 엘리베이터 기동 회수의 2배가 되므로 동작빈도에 따른 내구성이 좋아야 한다.
④ 가격이 저렴해야 한다.

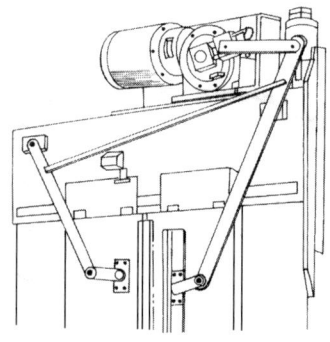

카의 도어 시스템

(4) 도어 인터록(door interlock)

이 장치는 도어록(door lock)과 도어 스위치(door switch)로 구성된다. 그런데 도어록이 확실히 걸린 후 도어 스위치가 들어가고, 도어 스위치가 끊어진 후에 도어록이 열리는 구조로 되어야 한다.

※ 도어록(door lock) : 카가 정지하지 않는 층의 도어는 전용의 열쇠로만 열리도록 한 것
※ 도어 스위치(door switch) : 문이 닫혀 있지 않으면 운전이 불가능하도록 한 것

(5) 도어 클로저(door closer)

승장 도어가 열렸을 때 자동으로 닫히게 하는 장치

(6) 문닫힘 안전장치의 선정

① 세이프티 슈(safety shoe)
문의 선단에 이물질 검출장치를 설치하여 사람이나 물질이 접촉되면 도어의 닫힘은 중단되고 열린다.

② 광전 장치(safety ray)
투광(投光)기와 수광(受光)기로 구성되며, 도어의 양단에 설치해 광선(beam)이 차단될 때 도어의 닫힘은 중단되고 열린다. 라이트 레이(light ray)라고도 한다.

③ 초음파 장치(ultra sonic door sensor)
초음파로 승장쪽에 접근하는 사람이나 물건(유모차, 휠체어 등)을 검출해, 도어의 닫힘을 중단시키고 열리게 한다.

2. 카 및 카틀

(1) 카

카 바닥, 카벽, 틀로 되어있다.

(2) 카틀

상부 체대(로프를 매단다), 하부 체대(틀을 지지), 카주(상부 체대와 카 바닥을 연결)로 구성된다.

(3) 카주(stile)

가이드슈(guide shoe), 카 바닥, 브레이스 로드(brace rod)로 구성된다.
※ 가이드슈 : 카주가 레일로부터 이탈하지 않도록 함

(4) 카 바닥

형강이나 구조강으로 틀을 만들어 사용한다.

(5) 카실

1.2mm 이상의 강판을 사용한다. 또한 카 천정에는 구출구를 설치하되, 카내에서 열리지 않고 카외부에서 열리는 구조이어야 한다. 그리고 구출구를 열고 있을 때에는 엘리베이터의 운전이 불가능하도록 하는 스위치를 설치하여야 한다.

(6) 카의 안전율

① 승용 승강기(인화용 포함)의 카 : 7.5 이상
② 승용 승강기 이외(침대용, 화물용, 자동차용)의 카 : 6.0 이상

(7) 카바닥 및 카틀 부재의 최대 처짐량

부과된 정지부하(Static Load)를 기준으로 아래의 값보다 크지 않아야 한다.

① 상부 체대 : 전장(span)의 $\frac{1}{960}$

② 하부 체대(추락방지안전장치 프레임) : 전장(span)의 $\frac{1}{960}$

③ 카주 : 관성모멘트가 아래의 공식에 의해 결정된 값보다 커야 한다.

$$Q = \frac{K \cdot L^3}{457 \cdot 2E \cdot H}$$

단, K : $9870\left(\frac{WE}{8}\right)$: 회전모멘트(N·m)
  L : 카주의 높이(m)
  H : 상부 가이드슈(롤러)에서 하부 가이드슈(롤러)까지의 거리(m)
  W : 정격하중 (kgf)
  E : BG 방향의 카 바닥폭(m)

④ 카바닥의 부재 : 전장 (span)의 $\frac{1}{960}$

3. 조명 및 전기설비

① 비상등
카 내부에 설치하여 정전시 5(lux) 이상으로 60분 이상 유지되어야 한다.
② B·G·M 장치
back ground music의 약자로 카 내부에 음악이나 방송을 하기 위한 장치이다.
③ 통신 장치
비상사태 발생시 카내부와 외부와의 연락장치이다. 인터폰이 사용된다.

4. 추락방지안전장치 및 부대전기설비

(1) 추락방지안전장치(safety device)의 설치

엘리베이터의 속도가 규정속도 이상으로 하강하는 경우에 대비하여 추락방지안전장치를 설치한다. 이 장치는 로프식 엘리베이터 또는 간접적 유압 엘리베이터에서는 카측에 설치해야 한다. 그런데 승강로 피트 하부가 사무실이나 통로로 사용되어 사람이 출입하는 곳이면, 균

형추에도 설치해야 한다.

※ 피트 : 카가 최하층에 정지시 카바닥과 승강로 바닥사이의 거리

(2) 추락방지안전장치의 동작

① 점진적 작동형 : 60m/min를 초과시
② 즉시 작동형 : 60m/min를 초과하지 않는 경우는 완충효과가 있는 즉시 작동형, 37.8m/min를 초과하지 않는 경우는 즉시 작동형을 사용한다.

※ 균형추, 평형추의 추락방지안전장치는 60m/min 초과는 점차작동형, 60m/min 이하는 즉시작동으로 할 수 있다.

(3) 추락방지안전장치의 종류

① 점진적 작동형 추락방지안전장치
   중·고속 엘리베이터(60m/min 초과)에 적용된다.
   ㉮ F·G·C(flexible guide clamp)형
   레일을 죄는 힘이 동작에서 정지까지 일정하다. 이 방식은 구조가 간단하고, 복구가 쉬워 널리 사용되고 있다.

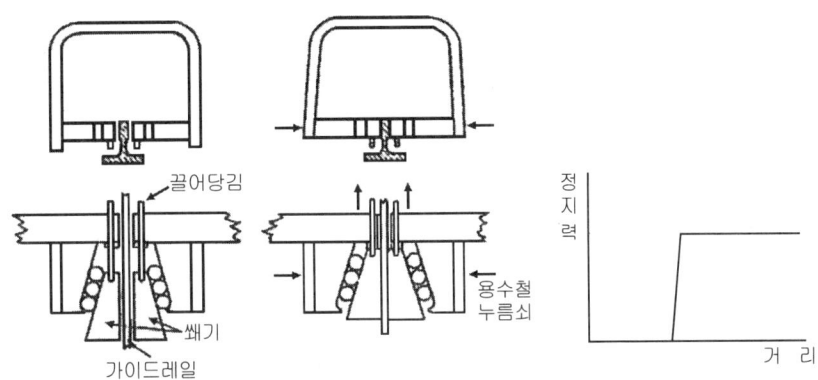

F·G·C형 추락방지안전장치

㉯ F·W·C(flexible wedge clamp)형
레일을 죄는 힘이 동작 초기에는 약하나 점점 강해진 후 일정하다.

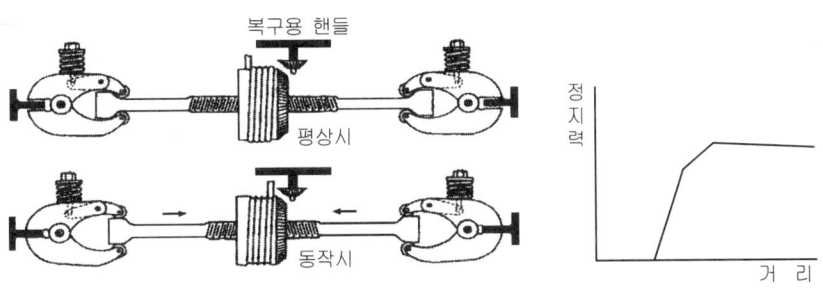

F·W·C형 추락방지안전장치

② 즉시 작동형 추락방지안전장치
레일을 감싸고 있는 블록(Block)과 레일 사이에 롤러(Roller)를 물려서 카를 정지시키는 구조이나, 롤러를 사용하므로 일명 롤러식 추락방지안전장치라고도 한다.

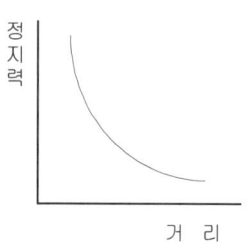

즉시 작동형 추락방지안전장치

(4) 즉시 작동형 추락방지안전장치의 성능시험

가이드 레일(guide rail)의 윤활상태를 실제의 사용 상태와 같도록 하여 행하고, 동작후 정지시의 수평도와 정지거리를 측정한다. 정지거리는 레일 4개소의 흔적을 측정, 그 평균치로 한다.

(5) 즉시 작동형 추락방지안전장치의 흡수에너지

$$K = \frac{W \cdot V^2}{2g} + W \cdot S$$

단, K : 추락방지안전장치의 흡수에너지 (kg·m)
　　W : 추락방지안전장치의 적용중량 (kg)
　　V : 적용과속조절기의 동작속도 (m/s)
　　S : 추락방지안전장치의 정지거리 (m)
　　g : 중력가속도 (9.8m/sec²)

(6) 점진적 추락방지안전장치의 평균 감속도

$$\beta = \frac{V}{9.8 \times T}$$

단, β : 평균 감속도(g)
　　V : 충돌속도(m/s)
　　T : 감속시간(sec)

5. 슬랙로프 세이프티(Slack rope safety)

순간식 추락방지안전장치의 일종이다. 로프에 걸리는 장력이 없어져 로프의 처짐 현상이 생길 때 즉시 동작한다. 과속조절기를 설치할 필요가 없는 방식으로 유압식 엘리베이터에 사용된다.

① 동작 속도

$$V = V_0 + g \cdot t$$

단, V : 슬랙로프 세이프티의 동작속도 (m/s)
  V_0 : 정격속도 (m/sec)
  g : 중력가속도 (9.8m/sec^2)
  t : 슬랙로프 세이프티의 동작시간 (sec)

출제예상문제

1. 자동도어에 이물질이 끼거나 도어 측면에 충돌시 보호하는 장치로 맞지 않는 것은?

　가. 광전장치　　　나. 도어 클로저　　　다. 초음파장치　　　라. 세이프티 슈

　해설 도어 클로저(door closer) : 승장 도어가 열려 있을시 자동으로 닫히게 하는 장치

2. 다음 각 부재에 작용하는 하중의 종류를 연결한 것 중 옳은 것은?

　가. 상부체대-굽힘력　　나. 하부체대-전단력　　다. 카바닥-비틀림　　라. 카주-비틀림

　해설 · 상부체대-굽힘력　· 하부체대-굽힘력　· 카바닥-굽힘력　· 카주-굽힘력 · 장력

3. ※ 관련법 개정(2013. 9. 15)으로 삭제

4. 카의 문이 닫히는 순간 어떠한 원인으로 열렸다. 다시 닫히게 되는 기능의 장치를 무엇이라 하는가?

　가. 도어 보호장치　　나. 도어 록　　다. 도어 스위치　　라. 토굴 스위치

　해설 ① 도어 록(door lock) : 카가 정지하고 있지 않는 층계의 승강장문은 전용열쇠를 사용하지 않으면 열리지 않도록 하는 장치
　　② 도어 스위치(door switch) : 문이 닫혀 있지 않으면 운전이 불가능하도록 하는 장치

5. 케이지가 정지하고 있지 않은 층계의 승강장 문은 전용의 키를 사용해야만 열 수 있도록 한 장치는?

　가. 도어 스위치　　나. 도어 록(lock)　　다. 도어 클로저(closer)　　라. 도어 키(key)

　해설 도어 클로저(closer) : 승장 도어가 열려 있을시 자동으로 닫히게 하는 장치, 스프링 방식과 중력 방식이 있다.

6. 엘리베이터에 사용되는 인터폰에 대한 설명으로 옳지 않은 것은?

　가. 주로 카 안에 승객이 갇힌 경우 관리실 등과 비상 통화용으로 사용된다.
　나. 정전시에도 작동되어야 한다.
　다. 카 내에서 범죄 발생시 관리실 등에 신고용으로 사용한다.
　라. 전원은 충전 배터리를 사용한다.

　해설 인터폰은 카 안에 승객이 갇힌 경우 관리실 등과 통화하기 위해 설치한다.

정답 1. 나　2. 가　4. 가　5. 나　6. 다

7. 정전시 카 내부에서 비상등 밝기는?

가. 1 lux 이상   나. 5 lux이상   다. 7 lux 이상   라. 10 lux이상

8. 카틀 및 카 바닥 설계를 할 때 고려할 사항으로 맞지 않은 것은?

가. 카 바닥, 카틀의 외부 부재들 중 인장, 휨, 비틀림을 받는 부품에는 주철을 사용한다.
나. 구조 부재의 경사진 플랜지에 사용되는 너트에는 경사와셔를 사용해야 한다.
다. 브레이스로드의 장착을 위해 카주의 면적 감축은 카주의 강도에 영향을 주므로 설계시 고려해야 한다.
라. 주로프 소켓의 고정판이 카틀부재 아래쪽에 볼트 고정시, 직접적인 영향을 발생하지 않은 위치에 잡아야 한다.

해설 카 바닥, 카틀의 외부 부재들 중 인장, 휨, 비틀림을 받는 부품에는 깨지기 쉬운 주철을 사용해서는 안 된다.

9. 도어 장치 설계시 도어머신 및 도어 잠김 장치에 대하여 고려할 사항으로 맞지 않는 것은?

가. 도어의 동작횟수는 엘리베이터 동작횟수 보다 2배가 되므로 도어모터로는 AC모터를 부착하는 것이 적합하다.
나. 도어모터를 정기적으로 가감속시키려면 AC모터가 적합하다.
다. 도어머신의 특징중 하나는 정전시에 구출을 위해 도어를 손으로 열수 있는 것인데, 일반적으로 웜기어가 역효율이 나빠서 열리지 않는 경우가 있어 설계상 주의를 요한다.
라. 도어 인터록 장치는 시건장치가 걸린 후에 도어스위치가 온(on)되고, 도어스위치가 끊어진 후에 도어록이 열리는 구조로 해야 한다.

해설 도어 모터를 정기적으로 가감속시키려면 DC모터가 적합하다.

10. 즉시 작동형 추락방지안전장치는 속도 얼마에 작동되는가?

가. 37.8m/min 초과 않을시   나. 45m/min 초과시
다. 60m/min 초과시   라. 90m/min 초과시

11. ※ 관련법 개정(2013. 9. 15)으로 삭제

12. 추락방지안전장치 작동시 카 바닥의 수평도는 어느 부분에서 얼마 이내로 멈추어야 하는가?

가. 1/10   나. 1/20   다. 1/30   라. 1/40

정답 7. 나 8. 가 9. 나 10. 가 12. 나

제4편 기계실 관련 기준

1. 기계실 및 기계대

(1) 기계실의 구조

① 온도는 +5℃에서 +40℃ 사이로 유지되어야 한다.
② 작업구역에서 유효높이는 2.1m 이상이어야 한다.
③ 유효 공간으로 접근하는 통로의 폭은 0.5m 이상이어야 한다. 단, 움직이는 부품이 없는 경우에는 0.4m로 줄일 수 있다.
④ 구동기의 회전부품 위로 0.3m 이상의 유효 수직거리가 있어야 한다.
⑤ 1개 이상의 콘센트가 있어야 한다.
⑥ 바닥면에서 200 lx 이상을 비출 수 있는 영구적 조명이 있어야 한다.
⑦ 바닥에 0.5m를 초과하는 단차가 있는 경우에는 보호난간이 있는 계단 또는 발판이 있어야 한다.
⑧ 내장은 준불연재료 이상으로 마감되어야 한다.
⑨ 출입문은 폭 0.7m 이상, 높이 1.8m 이상의 금속제 문이어야 하며 바깥으로 열려야 하고, 내부에서는 열쇠 없이 열려야 한다.

(2) 기계대

① 구조
 - 건축물의 보나 옹벽등으로 지지하여야 하며, 옹벽에 묻히는 기계대의 깊이는 75mm이상이어야 한다.
 - 건축물의 보 또는 옹벽으로 기계대를 지지할 수 없을 시는 H형 보강보(빔)를 설치하여야 한다.
② 강도 계산
 - 허용응력 : 당해 재료의 파괴강도 값을 다음의 안전율로 나눈 값으로 한다.

구 분		안 전 율
기 계 대	강재의 것	4
	콘크리트의 것	7

- 강도계산 : 기계대에 가해지는 하중은 다음의 값 이상이어야 한다.

    $P = P_1 + 2P_2$

    단, P : 기계대에 가해지는 하중(kg)
       P_1 : 권상기, 기타 기계대에 고정 부착된 모든 장치의 중량(kg)
       P_2 : 주로프의 중량 및 주로프에 작용하는 하중(kg)

(3) 기계실의 발열량

① 유압식 엘리베이터 기계실 내로의 발열량

$Q = Q_1 + Q_2 + Q_3 - Q_4 - Q_5$ ─────────── ①

단, Q : 기계실내로의 발열량(kcal/h)
   Q_1 : 유압기기의 발열량(kcal/h)
   Q_2 : 건축자체에서의 발열량(kcal/h)
   Q_3 : 제어반, 전동기에서의 발열량(kcal/h)
   Q_4 : 승강로 내의 발열량(kcal/h)
   Q_5 : 수냉식 열교환기에 의한 외부로의 발열량(kcal/h)

   ※ $Q_4 = Q_2 + Q_3$ 이므로 ①은 $Q = Q_1 - Q_5$ 라고 표현하기도 한다.

② 유압기기의 발열량

$Q = 860 \times P \times T \times N / 3,600 \, (kcal/h)$

   P : 사용전동기의 출력(kw)
   T : 1주행당 전동기 구동시간(sec)
   N : 1시간당 왕복회수(회)

③ 필요 환기량의 계산식

$Q = G \cdot C(t_2 - t_1)$ 그러므로 $G = \dfrac{Q}{C(t_2 - t_1)}$

   G : 필요 환기량(m^3/h)
   Q : 기계실내로의 발열량(Kcal/h)
   t_2 : 기계실 온도(℃)
   t_1 : 외기 온도(℃)
   C : 공기의 비열(0.29)

2. 권상기 및 과속조절기

(1) 기어식 및 무기어식 권상기

① 기어식(geared type)
- 전동기의 회전을 감속시키기 위하여 기어를 부착시킨 것.
- 웜 기어(worm gear) 또는 헬리컬기어(helical gear)를 사용하는데, 웜기어는 중·저속에, 헬리컬기어는 고속에 적용된다.

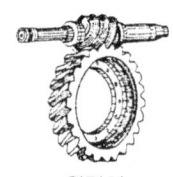  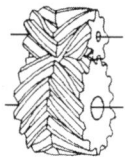 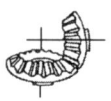

웜기어   헬리컬기어   2중헬리컬기어   헬리컬 베벨기어

② 무기어식(gearless type)
- 기어를 사용하지 않고 전동기의 회전축에 시브(sheave:도르래)를 부착시킨 것
- 속도 120m/min 이상의 엘리베이터에 적용된다.

구분 \ 방식	헬리컬 기어	웜 기어
효율	높다	낮다
소음	크다	작다
역구동	쉽다	어렵다
최대적용속도	120m/min ~ 240m/min	105m/min 이하

(2) 트랙션식(Traction type) 권상기의 특징

① 균형추를 사용하므로 소요동력이 작다.
② 도르래를 사용하므로 승강행정에 제한이 없다.
③ 로프를 마찰로써 구동하므로 지나치게 감길 위험이 없다.
※ 트랙션(마찰비)식 권상기는 로프의 미끄러짐과 로프 및 도르래의 마모가 발생하기 쉬운 단점이 있다.

(3) 트랙션(tration) 능력

카측과 균형추측의 장력비가 일정 한도를 초과하면 로프에 미끄러짐이 발생하는데, 미끄러짐이 발생하는 한계의 장력비값을 말한다.

$$a = e^{\mu\theta},$$

a: 트랙션 ≥ 1
e : 자연대수의 값(=2.7183)
μ : 도르래 홈과 로프사이의 마찰계수
θ : 권부각

(4) 권상기 도르래의 규격

도르래 지름이 작으면 로프 굽힘 반경이 작아, 로프에 무리한 힘이 작용, 로프의 수명이 단축된다. 그러므로 도르래의 지름은 로프 지름의 40배 이상이 되어야 한다. 단, 도르래에 주 로프의 접촉하는 부분의 길이가 그 둘레길이의 1/4 이하일 때 도르래 지름은 로프 지름의 36배 이상으로 할 수 있다.

(5) 엘리베이터의 속도 계산법

$$V = \frac{\pi DN}{1000} \times a \text{ (m/min)}$$

여기서 D : 권상기 시브의 지름(mm)
　　　　N : 전동기 회전수(rpm)
　　　　a : 감속기의 감속비

(6) 권상기용 도르래의 홈의 선정

도르래 홈의 형상은 마찰력이 큰 것이 바람직하나, 로프와 도르래가 쉽게 마모된다. 마찰계수의 크기는 U홈 < 언더컷홈 < V홈

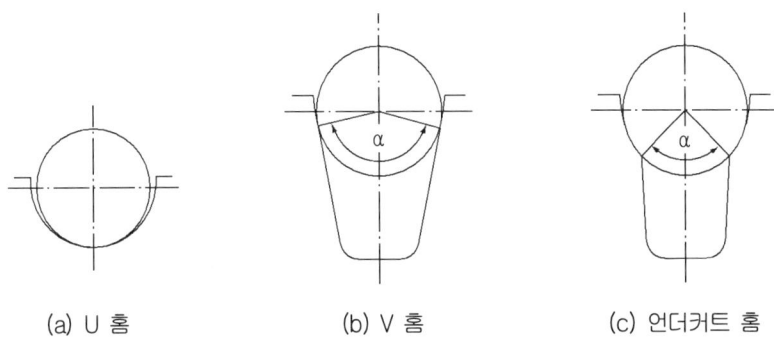

(a) U 홈　　　　(b) V 홈　　　　(c) 언더커트 홈

(7) 권상기(엘리베이터)용 전동기에 요구되는 특성

- 운전 상태는 정숙하고 저진동일 것
- 카의 정격속도를 만족하는 회전 특성을 가질 것(회전수의 오차는 +5%~-10%범위)
- 충분한 제동력을 가질 것(회전은 +100%~-70%가 될 것)
- 고기동 빈도에 의한 발열에 대응할 것

(8) 엘리베이터용 전동기의 소요동력

출력 $P_0 = \dfrac{MV(1 - F/100)}{6120\eta}$ (KW)

여기서 M : 정격하중(kg), V : 정격속도(m/min)
　　　　η : 종합효율(웜기어식 0.50~0.70, 헬리컬기어식 0.80~0.85 무기어식 0.85~0.90)
　　　　F : 오버밸런스율(%)

※ 오버 밸런스율 : 균형추의 중량을 결정할 때 사용하는 계수이다
　　균형추 중량 = 카 자중 + 정격하중(L) × F/100

(9) 제동기(Brake)

① 구조

제동력은 스프링에 의해서 이루어지며, 전원이 투입되고 있는 동안만 전자코일에 의해서 개방된다.

② 브레이크의 능력 및 감속도

브레이크는 125%의 부하에서 전속력 하강 중 카를 안전하게 감속 정지시킬 수 있어야 한다. 또한 감속도는 0.1G 정도이면 된다.

③ 브레이크의 제동 소요시간

$$t = \frac{120d}{V} (\sec)$$

여기서 d : 엘리베이터가 제동을 건후 이동한 정지거리(m)
V : 정격속도(m/min)

④ 브레이크의 제동토크

$$T = K\frac{720HP}{N} = K\frac{974KW}{N}(kg \cdot m)$$

여기서 K : 부하계수(교류 전동기 1.5, 직류 전동기 1.0)
HP : 전동기 마력수
N : 전동기 회전수(rpm)
KW : 전동기 출력

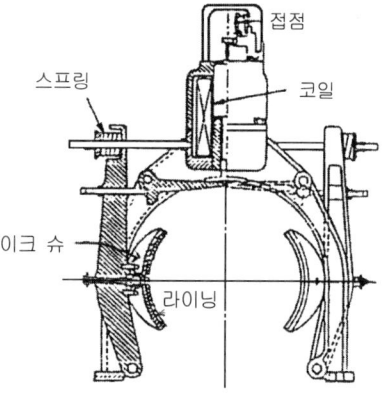

권상기 브레이크의 구조

(10) 과속조절기(speed governor)

① 동작

ⓐ 카 추락방지안전장치의 작동을 위한 과속조절기는 정격속도의 115% 이상의 속도와 다음의 속도 미만에서 작동되어야 한다.
- 고정된 롤러 형식을 제외한 즉시 작동형 추락방지안전장치 : 48m/min
- 고정된 롤러 형식의 추락방지안전장치 : 60m/min
- 완충효과가 있는 즉시 작동형 추락방지안전장치 및 정격속도가 60m/min 이하의 엘리베이터에 사용되는 점차 작동형 추락방지안전장치 : 90m/min

② 종류

ⓐ 디스크(disk) 형 : 저·중속용에 적합하다.
ⓑ 플라이 볼(fly ball) 형 : 진자(fly weight) 대신에 플라이 볼을 사용하여 볼이 링크기구에 있는 로프캣치를 작동시키면, 캣치가 과속조절기 로프를 잡아 추락방지안전장치를 작동시키는 구조로 되어 있다. 고속용에 적합하다.
ⓒ 롤 세이프티(roll safety) 형 : 진자(fly weight)가 과속 스위치를 작동시켜 브레이크를 동작 시키는 구조이다.

③ 과속조절기로프
ⓐ 로프의 지름은 6mm이상 되어야 한다.
ⓑ 과속조절기 시브의 피치지름과 로프의 공칭 지름의 비는 30배 이상 되어야 한다.

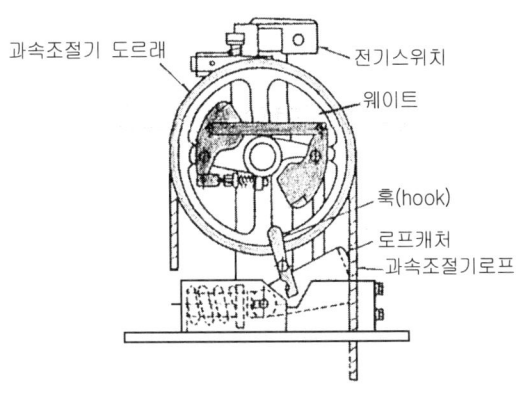
디스크(disk) 과속조절기

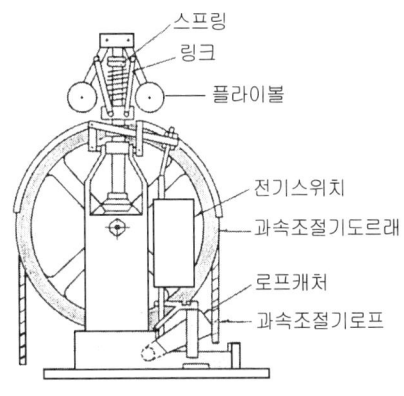
플라이볼 과속조절기

ⓒ 과속조절기 캣치가 작동시, 과속조절기 로프의 인장력은 300N 이상 또는 추락방지안전장치 작동에 필요한 힘의 2배 중 큰 값이어야 한다.
ⓓ 과속조절기 시브(sheave)의 홈은 기계적인 마감처리를 하여야 한다.
ⓔ 시브홈의 지름은 과속조절기 로프지름의 $1\frac{1}{8}$ 을 초과하지 않아야 한다.

④ 과속조절기 로프의 인발력계산
$$F = (a + c \times a) \times k \times (L - L_1) \quad \text{여기서 } a_o = (a + c \times a) \text{라고 하면}$$
$$= a_o \times k \times (L - L_1)$$

여기서, a : 과속조절기 로프의 마찰계수, c : 가동슈의 홈수, k : 스프링 정수(kg/mm)
L_1 : 과속조절기 캣치가 작동할 때의 스프링 길이(mm), a_o : 상당 마찰계수
L : 정상시 스프링 길이(mm)

3. 제어반

(1) 제어반의 종류

카, 전동기, 군관리 제어반이 있다.

(2) 제어반의 설치

로프식은 기둥 및 벽에서 300mm이상, 유압식은 500mm이상 떨어져야 한다.

(3) 제어반의 절연저항

전로의 사용전압의 구분	DC 시험전압	절연 저항값
SELV 및 PELV	250[V]	0.5[MΩ]
FELV, 500[V] 이하	500[V]	1[MΩ]
500[V] 초과	1,000[V]	1[MΩ]

(4) 절연저항 계산

$$R_o = \frac{R_m \times E}{1,000,000} \times \left(\frac{e}{e_o} - 1\right) [\text{M}\Omega]$$

여기서, R_m : 사용 전압계의 1V당 저항값[MΩ]
  E : 사용전압계 당시의 측정범위(V)
  e : 측정회로의 사용조작 전원의 전압(V)
  e_o : 당해 측정 개소에서의 전압계 지시 전압(V)

(5) 접지공사

① 접지의 목적
 - 고장전류나 뇌격전류의 유입에 대해 기기를 보호할 목적
 - 지표면의 국부적인 전위경도에서 감전 사고에 대한 인체를 보호할 목적
 - 이상 전압의 억제

② 접지공사
  ⓐ 단독접지
  ⓑ 공통접지
  ⓒ 통합접지
  ⓓ 변압기 중성점 접지의 접지저항

4. 와이어로프

(1) 견인식 엘리베이터

① 주로프
지름이 8mm 이상, 강철제 2본 이상의 로프이어야 하며, 권상기 시브(도르레) 직경은 주로프 직경의 40배 이상이 되어야 한다.
② 로프의 꼬임
로프의 보통 꼬임은 스트랜드(다수의 소선을 꼬아 합친 것)의 꼬임방향과 로프의 꼬임방향

이 반대로 된 것이고, 랭꼬임은 그 방향이 동일한 것이다.
승강기에 사용되는 로프 꼬임은 보통꼬임으로 S꼬임과 Z꼬임 중 Z꼬임이 주로 사용된다.

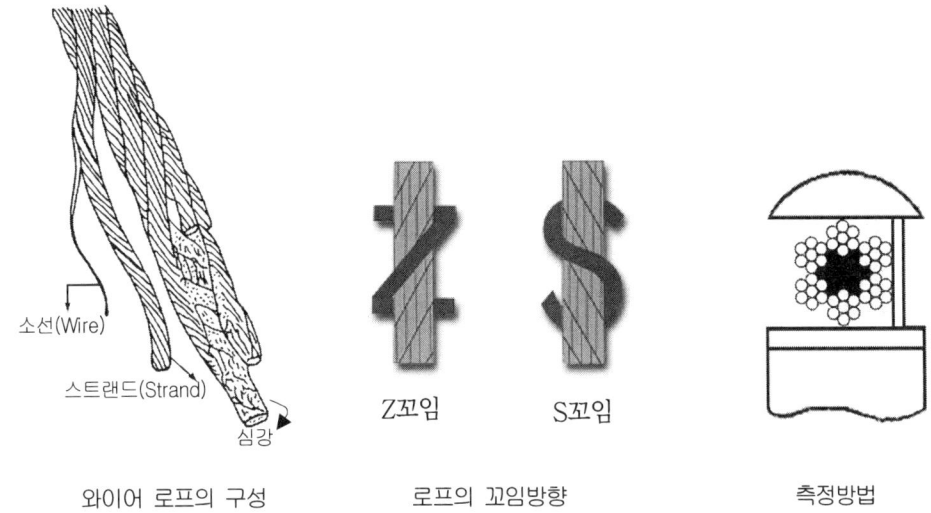

| 와이어 로프의 구성 | 로프의 꼬임방향 | 측정방법 |

③ 단말처리
단부는 1본마다 강재 소켓에 바빗트 채움, 클램프 고정 또는 이와 동등한 방법으로 고정되어 있어야 한다.

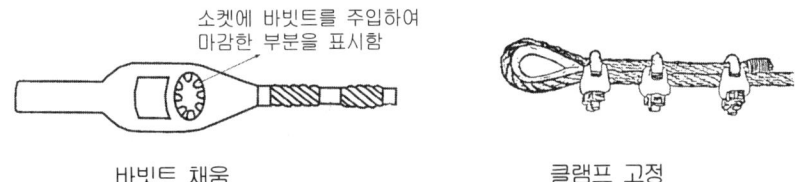

| 바빗트 채움 | 클램프 고정 |

④ 와이어 로프의 안전율
와이어 로프의 안전율은 아래의 값 이상 되어야 한다.

종 류		안전율
권상용 와이어 로프	승용	2본: 16, 3본이상: 12 (체인은 10)
	화물용	6
과속조절기로프		8

※ 안전율 = $\dfrac{파괴강도}{허용응력}$

(2) 권동식 엘리베이터

① 카 1대에 대해 2본 이상이어야 한다.
② 권동식 승강기의 권상용 와이어 로프에 있어서 여유길이는 카의 위치가 최저가 되었을 때 권상기의 드럼에 2회 감고 남는 길이이어야 한다.

출제예상문제

1. 다음은 기계실의 넓이를 설명한 것이다. 맞는 것은?

가. 승강로 수평 투영면적의 2배 이상으로 한다.
나. 승강로 수평 투영면적의 3배 이상으로 한다.
다. 승강로 수평 투영면적의 4배 이상으로 한다.
라. 승강로 수평 투영면적의 5배 이상으로 한다.

2. 다음은 기계실의 조명과 온도에 관한 설명이다. 맞는 것은?

가. 조명 200lx 이상, 온도 40℃ 이하
나. 조명 200lx 이상, 온도 40℃ 이상
다. 조명 120lx 이상, 온도 40℃ 이하
라. 조명 120lx 이상, 온도 40℃ 이상

해설 기계실의 조도는 200럭스 이상이 되어야 하고, 온도는 5℃ 이상 40℃ 이하가 되어야 한다.

3. 로프식 엘리베이터 기계실의 바닥면부터 천정 또는 보의 하부까지의 수직거리로서 적당한 것은?

가. 1.6m 이상   나. 1.8m 이상   다. 2.1m 이상   라. 2.4m 이상

4. 엘리베이터 기계실 출입문의 폭과 높이의 최소치로서 적당한 것은?

가. 폭 60cm 이상, 높이 1.5m 이상
나. 폭 70cm 이상, 높이 1.8m 이상
다. 폭 80cm 이상, 높이 2.0m 이상
라. 폭 90cm 이상, 높이 2.5m 이상

5. 승강기 기계실에 대한 설명으로 맞지 않는 것은?

가. 기계실에는 소요설비 이외의 것을 설치하거나 엘리베이터와 관계없는 물건을 적치하지 않아야 한다.
나. 권상기, 전동기 및 제어반 등의 주요기기는 기둥 및 벽에서 원칙적으로 300mm 이상 떨어져 있어야 한다.
다. 비상용 엘리베이터의 기계실에는 소화설비를 갖추어야 한다.
라. 기계실의 천정에는 기기를 양정하기 위한 고리(hook) 등을 설치하여야 한다.

해설 기계실에 소화설비(소화기, 모래 등)를 갖추어야 하는 경우는 유압식 엘리베이터의 경우이다.

6. 기계대의 설명으로 맞지 않는 것은?

가. 건축물의 보 또는 옹벽으로 기계대를 지지할 수 없는 경우에는 기계대 지지를 위한 H형 보강빔을 설치하여야 한다.
나. 기계대의 안전율은 강재의 것은 4, 콘크리트의 것은 10이다.

정답 1. 가 2. 가 3. 다 4. 나 5. 다 6. 나

다. 기계대는 권상기, 전동기, 제동기 및 주로프의 자중과 최대하중시 카와 균형추의 중량 및 충격하중을 지지하기에 충분한 강도를 가져야 한다.
라. 기계대는 건축물의 보 또는 옹벽 등으로 지지하여야 하고, 옹벽에 묻히는 깊이는 75mm 이상이어야 하며, 보조철근 등에 용접하는 등의 이동방지조치가 되어 있어야 한다.

해설 강재의 것 : 4, 콘크리트의 것 : 7

7. 트랙션식 권상기와 권동식 권상기를 비교할 때, 트랙션식 권상기의 특징이 아닌 것은 어느 것인가?

가. 승강행정에 제한이 없다.   나. 로프가 지나치게 감길 위험이 없다.
다. 로프의 미끄러짐이 발생하기 어렵다.   라. 소요동력이 작다.

해설 트랙션식 권상기는 로프의 미끄러짐이 발생하기 쉽다.

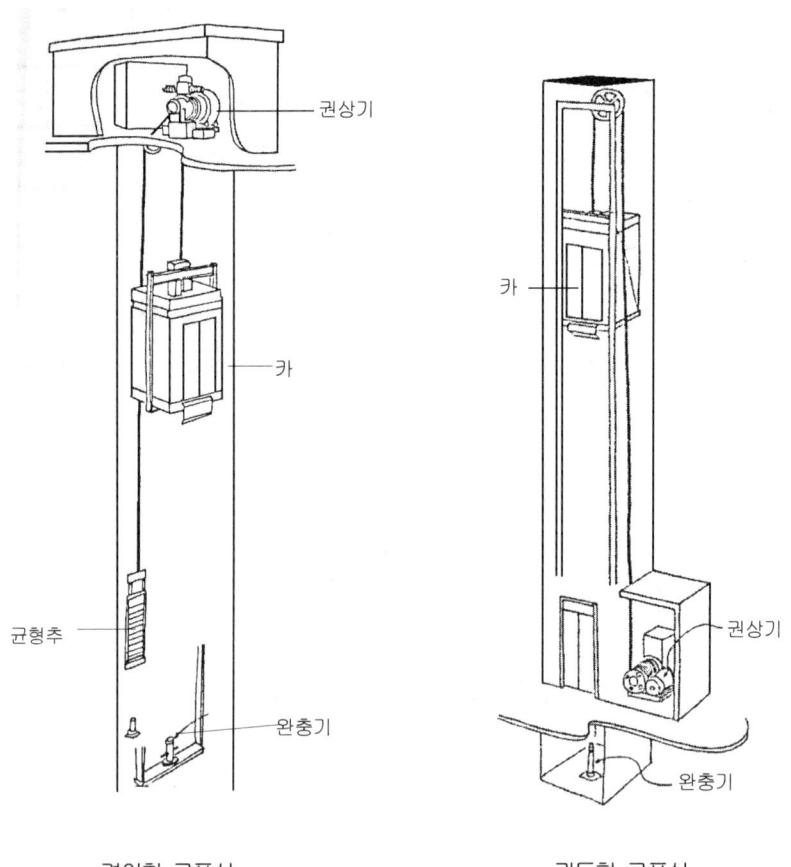

견인형 로프식   권동형 로프식

정답 7. 다

8. 트랙션비(마찰비, 견인비)의 설명을 한 것이다. 맞지 않는 것은?

가. 트랙션비가 작을수록 좋다.
나. 카측과 균형추측의 중량차가 작으면 전동기의 출력이 작아진다.
다. 카측 로프가 매달고 있는 중량과 균형추측 로프가 매달고 있는 중량의 비이다.
라. 무부하의 전부하 모두 검토하고 작은 값을 분자로 하므로 1이하이다.

해설 트랙션비(traction ratio) : 카측 로프에 매달리고 있는 중량과 균형추측 로프에 매달리고 있는 중량의 비를 말한다. 트랙션비는 큰 값을 분자로 하므로 1이상이다.

9. 권동식 권상기의 특징으로 옳지 않은 것은?

가. 승강행정이 달라질 때마다 다른 권동이 필요하다.
나. 승강행정이 높은 경우에는 적용이 곤란하다.
다. 지나치게 로프가 감기거나 풀리게 될 위험이 없다.
라. 균형추를 사용하지 않기 때문에 소요동력이 크다.

해설 권동식 권상기는 지나치게 로프가 감기거나, 풀리게 될 위험이 있다.

10. 엘리베이터용 전동기에 요구되는 특성중 맞지 않는 것은?

가. 카의 정격속도를 만족하도록 회전수의 오차는 +5%에서 −10%범위이내이어야 한다.
나. 부하에 의한 역구동을 고려하여 회전력은 +110%에서 −70%정도가 필요하다.
다. 운전상태가 정숙하고 저진동이어야 한다.
라. 고 기동빈도에 의한 발열에 대응하여야 한다.

해설 부하에 의한 역구동을 고려하여 회전력을 +100% ~ −70% 정도가 필요하다.

11. 로프식 엘리베이터의 권상 도르래와 로프의 미끄러짐 관계를 설명한 것 중 옳지 않은 것은?

가. 카측과 균형추측의 로프에 걸리는 중량비가 클수록 미끄러지기 어렵다.
나. 로프와 도르래 사이의 마찰계수가 작을수록 미끄러지기 쉽다.
다. 권부각이 클수록 미끄러지기 어렵다.
라. 카의 가속도와 감속도가 클수록 미끄러지기 쉽다.

해설 카측과 균형추측의 로프에 걸리는 중량비가 작을수록 미끄러지지 않는다.

12. 시브의 지름을 주로프 지름의 40배 이상으로 하는데, 그 이유는 무엇인가?

가. 시브의 수명을 길게 하기 위하여 나. 로프의 수명을 길게 하기 위하여
다. 시브의 홈에서 로프의 탈선을 방지하기 위하여 라. 시브와 로프의 슬립 방지를 위하여

13. 다음에서 과속조절기의 종류가 아닌 것은?

가. 디스크형 나. 플라이 볼형 다. 롤 세이프티형 라. 세이프티 디바이스형

해설 과속조절기에는 디스크형, 플라이 볼형, 롤 세이프티형이 있다. 세이프 디바이스형은 추락방지안전장치이다.

정답 8. 라 9. 다 10. 나 11. 가 12. 나 13. 라

14. 다음에서 과속조절기 로프 및 도르래의 구비조건으로 적합한 것은?

가. 과속조절기 도르래의 홈은 기계적인 마감처리를 하여야 하며, 도르래 홈의 지름은 과속조절기 로프지름의 1/8배 이상이어야 한다.
나. 과속조절기 도르래의 재료는 압축강도가 우수한 회주철을 사용하여야 한다.
다. 과속조절기 로프의 공칭지름은 적어도 8mm 이상이어야 한다.
라. 과속조절기 도르래의 피치지름과 로프의 공칭지름의 비는 25배 이상이어야 한다.

해설 ① 과속조절기 도르래 홈의 지름은 과속조절기 로프 지름의 $1\frac{1}{8}$배 이상을 초과하지 않아야 한다.
② 과속조절기 로프의 공칭 지름은 6mm 이상 되어야 한다.
③ 과속조절기 도르래의 피치 지름과 로프의 공칭지름의 비는 30배 이상 되어야 한다.

15. 엘리베이터의 제동기(brake)에 대한 설명으로 맞지 않는 것은?

가. 승객용 엘리베이터에서는 125% 부하에서 전속력 하강중인 카를 위험 없이 감속, 정지시킬 수 있어야 한다.
나. 감속도를 크게 하면 승차감을 저해하거나, 로프 슬립을 일으킬 수 있으므로 감속도는 1.0G 이상으로 한다.
다. 제동기는 전동기의 관성력 뿐만 아니라 카와 균형추 등 엘리베이터의 모든 장치의 관성을 제지할 수 있어야 한다.
라. 카가 정지된 후에도 부하에 의한 불균형으로 역구동 되지 않도록 확실하게 유지하여야 한다.

해설 제동기의 감속도는 0.1G(중력가속도) 정도로 한다.

16. 승강기 정격속도가 120m/min이고 제동거리가 1m인 승강기가 있다. 제동을 건 후 몇 초 후에 정지하는가?

가. 1초　　나. 2초　　다. 3초　　라. 4초

해설 $t = \frac{120d}{v}$(초)　$t = \frac{120 \times 1}{120} = 1$(초)

17. 500V 이하일 때 절연저항(MΩ)은?

가. 0.1 이상
다. 0.3 이상
나. 0.2 이상
라. 1.0 이상

해설

전로의 사용전압의 구분	DC 시험전압	절연 저항값
SELV 및 PELV	250[V]	0.5[MΩ]
FELV, 500[V] 이하	500[V]	1[MΩ]
500[V] 초과	1,000[V]	1[MΩ]

정답 14. 나　15. 나　16. 가　17. 라

18. 와이어로프를 카에 체결하려고 한다. 올바른 방법은?

  가. 로프 2가닥 마다 강제 소켓에 베빗 메탈로 채운다.
  나. 로프 1가닥 마다 강제 소켓에 베빗 메탈로 채운다.
  다. 로프 스트랜드 마다 강제 소켓에 베빗 메탈로 채운다.
  라. 로프는 안전기준에 의거하여 3가닥마다 섀클 등으로 고정한다.

19. 주로프의 직경이 15mm 이다. 권상기의 시브 직경은 얼마 이상 되어야 하는가?

  가. 800mm   나. 700mm   다. 600mm   라. 500mm

  해설 15×40배=600mm

20. ※ 관련법 개정(2013. 9. 15)으로 삭제

21. 유압 승강기 제어반에서의 점검사항으로 맞지 않는 것은?

  가. 과전류 계전기의 작동상태 점검   나. 균형추의 무게 측정
  다. 전동기의 전류 측정   라. 절연저항의 측정

22. 엘리베이터를 카 위에서 검사할 때 주로프를 걸어 맨 고정부위는, 2층 너트로 견고하게 조여 있어야 하고, 풀림방지를 위하여 무엇이 꽂혀 있어야 하는가?

  가. 열쇠   나. 스테이플   다. 브래킷   라. 분할 핀

23. 케이지를 매달고 있는 주로프에는 일반적으로 몇 겹 꼬임을 하는가?

  가. 4~6겹   나. 8~10겹   다. 10~12겹   라. 12~15겹

  해설 와이어로프의 구성

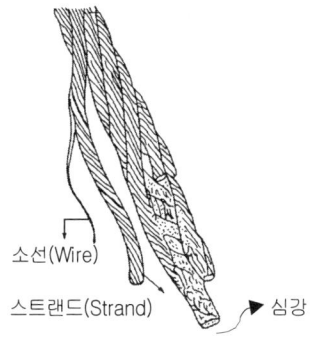

정답 18. 나 19. 다 21. 나 22. 라 23. 가

24. 다음은 주로프 마모 및 파단상태에 관한 검사 설명에 있어서 옳지 않는 것은?

가. 로프의 파단 및 마모상태는 가장 심한 부분에서 검사한다.
나. 마모된 부분의 로프 직경은 마모되지 않은 로프 직경의 90% 이상 되어야 한다.
다. 소선의 파단이 균등하게 분포되었을 때는 1구성 꼬임의 1꼬임 피치 내에서 파단수 4이어야 한다.
라. 마모된 부분의 로프 직경은 마모되지 않은 로프 직경의 70% 이상 되어야 한다.

해설

기 준	마모 및 파손상태
1구성 꼬임(스트랜드)의 1꼬임 피치내에서 파단 수 4 이하	소선의 파단이 균등하게 분포되어 있는 경우
1구성 꼬임(스트랜드)의 1꼬임 피치내에서 파단 수 2 이하	판단 소선의 단면적이 원래의 소선 단면적의 70%이하로 되어 있는 경우 또는 녹이 심한 경우
소선의 파단 총수가 1꼬임 피치 내에서 6꼬임 와이어로프이면 12 이하, 8꼬임 와이어로프이면 16 이하	소선의 파단이 1개소 또는 특정의 꼬임에 집중되어 있는 경우
마모되지 않은 부분의 와이어로프 직경의 90%이상	마모부분의 와이어로프의 지름

25. 정격적재하중 1200(kg), 정격속도 90(m/min), 오버밸런스율 45%, 엘리베이터의 종합효율 75(%)일 때 전동기의 용량(kw)은?

가. 8.2 나. 10.8 다. 12.9 라. 15.2

해설 $P_o = \dfrac{MV(1-\dfrac{F}{100})}{6120\eta} = \dfrac{1200 \times 90(1-0.45)}{6120 \times 0.75} = 12.9$(kw)

26. 카 자중 1,500kg, 정격적재하중 1,000kg인 엘리베이터의 오버밸런스율이 45%일 때 균형추의 중량(kg)은?

가. 1,736kg 나. 1,950kg 다. 2162kg 라. 2346kg

해설 균형추 중량=카 자중+정격적재하중×오버밸런스율/100=1,500+1,000×45/100=1,950(kg)

27. 기어 감속비 49:2, 도르래 지름 540mm, 전동기 입력 주파수 45Hz, 극수 4, 전동기의 회전수 슬립이 4%일 때 엘리베이터의 정격속도(m/min)는?

가. 60 나. 70 다. 80 라. 90

해설 $N_s = \dfrac{120f}{P}(1-S) = \dfrac{120 \times 45}{4}(1-0.04) = 1296$(rpm)

$V = \dfrac{\pi DN}{1000} \times a = \dfrac{3.14 \times 540 \times 1296}{1000} \times \dfrac{2}{49} \div 89.7 = 90$(m/min)

정답 24. 라 25. 다 26. 나 27. 라

28. 정격적재하중 1,000kg, 카 자중 1,500kg, 승강행정 45m, 사용로프 ø 12mm × 5가닥, 오버밸런스율 42%, 주로프/m의 무게 494g인 승객용 엘리베이터의 트랙션비를 구하면?

가. 전부하시 트랙션비 : 1.860, 무부하시 트랙션비 : 1.554
나. 전부하시 트랙션비 : 1.542, 무부하시 트랙션비 : 1.463
다. 전부하시 트랙션비 : 1.360, 무부하시 트랙션비 : 1.354
라. 전부하시 트랙션비 : 1.241, 무부하시 트랙션비 : 1.212

해설 ① 전 부하시(100% 적재하중으로 최하층에서 상승)
$$M = \frac{1,500 + 1,000 + (45 \times 5 \times 0.494)}{1,500 + (1,000 \times 0.42)} = 1,360$$
② 무 부하시(적재하중 없이 최상층에서 하강)
$$M_o = \frac{1,500 + (1,000 \times 0.42) + (45 \times 4 \times 0.494)}{1,500} = 1,354$$

[참고] · 전부하가 실린 카를 최하층에서 기동시킬 때의 트랙션비
 - 케이지측 중량=케이지하중+적재하중+로프하중
 - 균형추측 중량=균형추 중량(케이지 하중+L·F)
· 빈 카가 최상층에서 하강할 때의 트랙션비
 - 케이지측 중량=케이지하중
 - 균형추측 중량=균형추 중량+로프하중=(케이지 하중+L·F)+로프하중

∴ 무부하시 트랙션비 = $\frac{균형추측\ 중량}{케이지측\ 중량}$

29. 아래의 그림에서 권부각(θ)을 적합하게 나타낸 것은?

(A) 싱글 랩   (B) 더블 랩

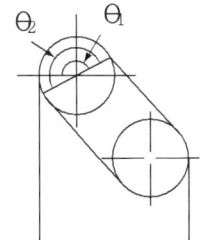

가. (A) : $\theta 1 + \theta 2$, (B) : $\theta 1 + \theta 2$
나. (A) : $\theta 1 + \theta 2$, (B) : $\theta 2$
다. (A) : $\theta 1$,   (B) : $\theta 2$
라. (A) : $\theta 1$,   (B) : $\theta 1 + \theta 2$

30. 유압식 엘리베이터에 사용되는 전동기의 출력은 30kw, 1행정당 전동기의 구동시간은 15초, 1시간당 왕복회수는 60일 때 유압기기의 발열량은 몇 kcal/h인가?

가. 2450   나. 4680   다. 6450   라. 8240

해설 $Q = \frac{860 \times P \times T \times N}{3,600} = \frac{860 \times 30 \times 15 \times 60}{3,600} = 6450(kcal/h)$

※ 1kw=860kcal/h

정답 28. 다 29. 라 30. 다

31. 권상기 및 기타 기계대에 부착된 장치의 중량이 2,000kg이고, 로프 중량이 90kg, 로프에 작용하는 하중이 3,500kg일 때 기계대에 걸리는 하중(kg)은?

　가. 5680　　　　나. 7260　　　　다. 9180　　　　라. 11240

해설 $M = 2000 + 2 \times (90 + 3500) = 9180 \text{(kg)}$

※ 기계대에 걸리는 하중
= 기계대에 부착된 장치의 중량 + 주로프의 중량 및 주로프에 작용하는 중량의 2배

32. 전동기 용량 30kw, 1행정 당 전동기 구동시간 18초, 1시간당 왕복회수 90회, 기계실 온도 38℃, 외기온도 25℃, 공기비열 0.29kcal.kg℃ 이다. 수냉식 열교환기의 환기량(m^3/h)을 구하면?

　가. 2160　　　　나. 3080　　　　다. 4160　　　　라. 5240

해설 유압기기 발열량 $Q = 860 \times P \times T \times \dfrac{N}{3600}$(kcal/h)에서

$Q = \dfrac{860 \times P \times T \times N}{3600} = \dfrac{860 \times 30 \times 18 \times 90}{3600} = 11610 \text{(kcal/h)}$

$Q = G \cdot C_p (t_2 - t_1)$ 에서

필요환기량 $G = \dfrac{Q}{C_p(t_2 - t_1)} = \dfrac{11610}{0.29(38-25)} = 3080 \text{(m}^3\text{/h)}$

33. 교류 전동기의 용량 30kw, 극수 4, 전동기 입력 주파수 60Hz, 슬립 2%, 교류전동기의 부하계수 1.5일 때 제동 토크(kg·mm)를 구하면?

　가. 15,486　　　나. 18,908　　　다. 21,362　　　라. 24,847

해설 $T = K\dfrac{720HP}{N} = K\dfrac{974Kw}{N}$(kg·m)에서

$T = 1.5 \times 974000 \times \dfrac{30}{1764} = 24847 \text{(kg·mm)}$

※ $N = \dfrac{120f}{P}(1-S) = \dfrac{120 \times 60}{4}(1-0.02) = 1764 \text{(rpm)}$

34. 최대 굽힘모멘트 420,000kg·cm, H 250×250×14×9(단면계수 867cm³)인 기계대의 안전율은 얼마인가? (단, 재질은 SS-400, 기준강도는 4,100kg/cm²)

　가. 6.5　　　　나. 8.5　　　　다. 10.5　　　　라. 12.5

해설 허용응력 $= \dfrac{M}{Z} = \dfrac{420000}{867} = 484.4 \text{(kg/cm}^2\text{)}$

안전율 $\delta = \dfrac{\text{기준강도}}{\text{허용응력}} = \dfrac{4100}{484.4} \doteqdot 8.5$

정답 31. 다　32. 나　33. 라　34. 나

35. 적재하중 1200kg, 카 자중 2,850kg, 적용로프 ø 12×5가닥, 로프의 파단력 5500kg, 로핑방식 2:1, 로프자중 250kg, 균형로프 인장도르래 중량이 500kg인 경우 로프의 안전율을 구하면?

가. 12.1   나. 13.5   다. 14.6   라. 15.4

해설 $\delta = \dfrac{k \times N \times f}{W + W_c + W_r + \dfrac{W_t}{2}} = \dfrac{2 \times 5 \times 5500}{1200 + 2850 + 250 + 250} = 12.1$

[참고] $\delta = \dfrac{k \times N \times f}{W + W_c + W_r + \dfrac{W_t}{2}}$

k : 로핑계수, N : 와이어 로프의 가닥수
f : 로프의 파단력, W : 적재하중
W_c : 카자중, W_r : 로프자중
W_t : 균형로프 인장도르래 중량×1/2

정답 35. 가

제5편 기계요소 설계

1. 승강기 재료의 역학적 설계

(1) 하중, 응력, 변형률

① 하중의 종류
  ㉮ 하중이 작용하는 방향에 따른 분류
    ⓐ 인장하중
    ⓑ 압축하중
    ⓒ 비틀림하중
    ⓓ 휨하중
    ⓔ 전단하중
  ㉯ 하중이 걸리는 속도에 의한 분류
    ⓐ 정 하중 : 시간에 따라서 크기가 변하지 않거나 변화를 무시할 수 있는 하중
    ⓑ 동 하중 : 하중의 크기가 시간과 더불어 변화하는 하중.
      - 반복하중 : 계속적으로 반복되는 하중
      - 교번하중 : 하중의 크기와 방향이 바뀌는 하중
      - 충격하중 : 순간적으로 충격을 주는 하중
  ㉰ 분포 상태에 의한 분류
    ⓐ 집중하중 : 전하중이 부재의 한 곳에 작용하는 하중
    ⓑ 분포하중 : 전하중이 부재의 특정 면적 위에 분포하여 걸리는 하중으로 등분포 하중과 부등분포 하중이 있다.

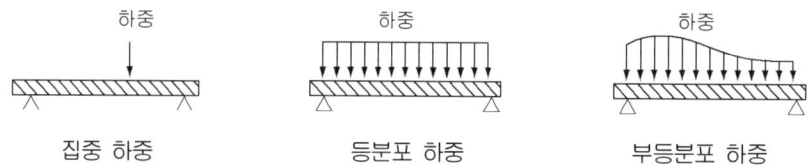

집중 하중   등분포 하중   부등분포 하중

② 응력의 종류
응력이란 내부에 생기는 저항력으로 단위는 (kg/mm^2)이다.

㉮ 인장 응력
$$\sigma_t = \frac{W}{A}(kg/cm^2)$$
㉯ 압축 응력
$$\sigma_c = \frac{W}{A}(kg/cm^2)$$
㉰ 전단 응력
$$\tau = \frac{W}{A}(kg/mm^2) \text{ 또는 } (kg/cm^2)$$

③ 변형률의 종류
변형률이란 단위 길이 및 부피에 대한 변형량을 말한다.
㉮ 인장 변형률
ⓐ 세로 변형률 : $\epsilon = \dfrac{\lambda}{l} = \dfrac{l'-l}{l}$

여기서 l : 최초 재료의 길이(mm)
l' : 변형 후 재료의 길이(mm)
λ : 변형량(늘어난 양)

ⓑ 연신율 : 변형율을 백분율로 표시한 것
$$\text{연신율} = \frac{\lambda}{l} \times 100 (\%)$$

㉯ 압축 변형률
ⓐ 직각 방향(가로)변형률
$$\epsilon' = \frac{\delta}{d}$$

여기서 d : 막대의 지름(mm)
δ : 지름의 수축률(mm)

㉰ 전단 변형률
전단력 W에 의하여 재료가 ABCD로 변형 되었을 때, 즉 λ_s만큼 밀려났을 때 평행면의 거리 l의 단위 높이당 밀려남을 전단 변형률이라 한다.

전단 변형률 $\gamma = \dfrac{\lambda_s}{l} = \tan\phi = \phi$ (rad)

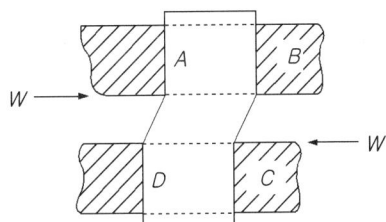

(2) 후크의 법칙과 탄성계수

① 후크의 법칙(hook's law)
'비례 한도 범위 내에서 응력과 변형은 비례한다.'

② 세로 탄성계수
축하중을 받는 재료에 생기는 수직응력을 σ(kg/cm^2), 그 방향의 세로 변형률을 ϵ이라 하면,

$$\frac{응력(\sigma)}{변형률(\epsilon)} = E \quad 또는 \quad \sigma = E \cdot \epsilon$$

여기서, 비례상수 E를 세로 탄성계수 또는 영률이라고 한다.

$$E = \frac{\sigma}{\epsilon} = \frac{W/A}{\lambda/l} = \frac{Wl}{A\lambda} \text{ (kg/cm}^2\text{)} \quad 또는 \quad \lambda = \frac{Wl}{AE}$$

③ 가로 탄성계수
전단 하중을 받는 경우의 재료에서도 한도 이내에서는 후크의 법칙이 성립한다.

즉, $\dfrac{전단응력(\tau)}{전단변형률(\gamma)} = G \quad 또는 \quad \tau = G \cdot \gamma$

여기서, 비례상수 G를 가로 탄성계수 또는 전단 탄성률이라고 한다.

$$\gamma = \frac{\tau}{G} = \frac{W/A}{G} = \frac{W}{AG}$$

(3) 포아송의 비

'탄성한도 이내에서의 가로와 세로 변형률의 비는 재료에 관계없이 일정한 값이 된다.'

$$포아송의 비(\mu) = \frac{가로 변형률(\epsilon')}{세로 변형률(\epsilon)} = \frac{1}{m}, \quad 또는 \quad \frac{1}{m} = \frac{\epsilon'}{\epsilon} = \frac{\dfrac{\delta}{d}}{\dfrac{\lambda}{l}} = \frac{\delta l}{\lambda d}$$

※ 1/m은 포아송의 비로 항상 1보다 작으며, m을 포아송의 수라고 한다. m은 보통 2~4 정도의 값이며, 연강에서는 10/3이다.

(4) 보(beam)

막대가 그 축방향과 직각인 하중을 받으면 구부러지는데 이와 같이 휨 작용을 받는 막대를 보(beam)라 한다. 또한 보를 받치고 있는 점을 받침점, 두 받침점 사이의 거리를 스팬(span)이라 한다.

① 보의 종류
㉮ 정정보

- 외팔보 : 한끝은 고정되고 다른 끝이 자유인 보
- 단순보 : 보의 양끝을 바치고 있는 보
- 내다지보 : 받침점의 바깥쪽에 하중이 걸리는 보

㉯ 부정정보
- 고정보 : 양 끝이 모두 고정되어 있는 보
- 연속보 : 3개 이상의 받침점을 가진 보
- 고정지지보 : 한 끝을 고정하고 다른 한 끝을 바치고 있는 보

② 지지점의 반력
아래 그림은 모멘트 균형관계에 의해서

$R_A \ell = Wb, \; R_B \ell = Wa$ 가 된다.

그러므로 $R_A = \dfrac{Wb}{\ell}, \; R_B = \dfrac{Wa}{\ell}$

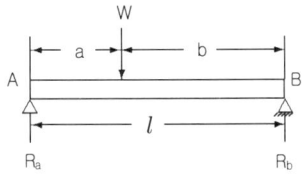

※반력 : 보에 하중이 걸려 지지점을 누를 때, 균형을 이루기 위해 지지점에서 밀어 올리는 힘을 말한다.

③ 축의 비틀림

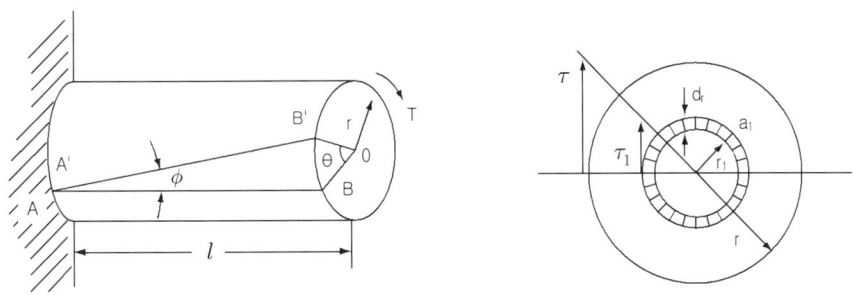

축의 비틀림에 따른 응력 분포

그림과 같이 환봉의 한쪽 끝을 고정하고, 다른 쪽 끝에 우력을 가할 시, 봉에 비틀림이 발생하는데, 전단응력은 바깥 표면으로 갈수록 커진다. 이와 같이 작용을 받으면서 사용하는 봉형상의 것을 축이라 한다.

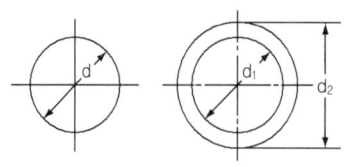

I_p	$\dfrac{\pi}{32}d^4$	$\dfrac{\pi}{32}(d_2^{\,4}-d_1^{\,4})$
Z_p	$\dfrac{\pi}{16}d^3$	$\dfrac{\pi}{16}\left(\dfrac{d_2^{\,4}-d_1^{\,4}}{d_2}\right)$

T : 비틀림 모멘트(kg·cm)
ϕ : 나선각 또는 전단각
Θ : 비틀림 각
I_p : 단면 2차 모멘트(cm^4)
Z_p : 극단면 계수(cm^3)
r : 축의 반지름(cm)
τ : 비틀림 응력(전단응력)

㉮ 원형 중실축

$$T=\tau Z_p=\tau\frac{\pi d^3}{16},\quad \tau=16\frac{T}{\pi d^3}$$

㉯ 원형 중공축

$$T=\tau\frac{\pi}{16}\left(\frac{d_2^{\,4}-d_1^{\,4}}{d_2}\right)$$

④ 비틀림 모멘트와 전달마력

축이 비틀림 모멘트를 받으면서 회전하여 동력을 전달할 때, 전달마력 H는

$$H=\frac{Tw}{100\times75}=\frac{2\pi TN}{60\times100\times75}=\frac{TN}{71620}\text{에서}$$

$$T=71620\frac{H}{N}\,(\text{kg}\cdot\text{m})$$

여기서 H : 전달마력(PS), N : 매분 회전수(rpm)
T : 비틀림 모멘트(kg·cm), w : 각속도(rad/sec)

㉮ 중실축

$$d=\sqrt[3]{\frac{16T}{\pi\tau}}=\sqrt[3]{\frac{16\times71620H}{\pi\tau N}}=71.5\sqrt[3]{\frac{H}{\tau N}}$$

㉯ 중공축

$$\frac{d_2^{\,4}-d_1^{\,4}}{d_2}=365000\frac{H}{\tau N}$$

(5) 웜과 웜 휠(worm & worm wheel)

① 역으로 힘이 전달되지 않는다.
② 엘리베이터 권상기의 감속기로 사용되고 있다.
③ 웜과 웜휠의 회전수는 웜의 나사수와 웜휠의 잇수와 반비례한다.
④ $N_A \cdot T_A = N_B \cdot T_B$

    N_A : 웜의 회전수(rpm)
    N_B : 웜 휠의 회전수(rpm)
    T_A : 웜의 나사수
    T_B : 웜휠의 잇수

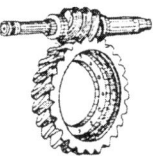

웜기어

(2) 세장비가 아래 도표보다 작은 경우의 계산

  ㉮ 좌굴하중 $W = \dfrac{\sigma_i A}{1 + \dfrac{a}{n}(\dfrac{\ell}{k})^2}$ (kg)

  ㉯ 좌굴응력 $\delta = \dfrac{\sigma_i}{1 + \dfrac{a}{n}(\dfrac{\ell}{k})^2}$ (kg/cm^2)

  여기서 σ_i : 재료의 압축강도(kg/cm^2),
        A : 단면적(cm^2),
        a : 기둥재료에 의한 실험정수

랭킨식의 정수와 적용범위

정수 \ 재료	주 철	연 강	경 강
δ_i(kg/cm^2)	5600	3400	4900
a	1/1600	1/7500	1/5000
세장비(ℓ/k)의 범위	$< 80\sqrt{n}$	$< 90\sqrt{n}$	$< 85\sqrt{n}$

(6) 베어링의 종류 및 특성

① 베어링의 종류
  ㉮ 하중의 작용에 따른 분류
    ⓐ 레이디얼 베어링(radial bearing) : 축에 직각 하중을 받는 베어링
    ⓑ 드러스트 베어링(thrust bearing) : 축 방향으로 하중을 받는 베어링
    ⓒ 원뿔 베어링(conical bearing) : 축 방향 및 축과 직각 방향의 하중을 동시에 받는 베어링

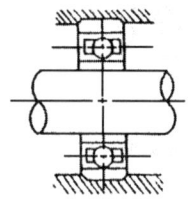
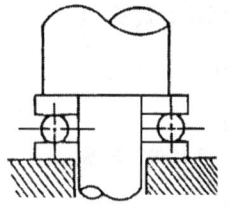

레이디얼 구름 베어링　　　　드러스트 구름 베어링

　㉯ 접촉면에 따른 분류
　　ⓐ 미끄럼 베어링(sliding bearing) : 축과 베어링 면이 직접 접촉하여 미끄럼 운동을 하는 베어링
　　ⓑ 구름 베어링(rolling bearing) : 축과 베어링면 사이에 전동체인 롤러나 볼을 끼워 구름 운동을 하는 베어링

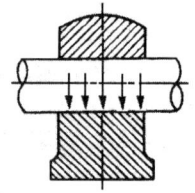
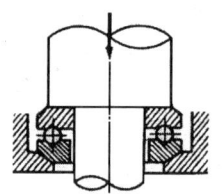

레이디얼 미끄럼 베어링　　　　드러스트 구름 베어링

② 미끄럼 베어링(sliding bearing)의 특징
　㉮ 회전속도가 비교적 느린 경우에 사용한다.
　㉯ 베어링에 충격 하중이 걸리는 경우에 사용한다.
　㉰ 구조가 간단하며, 값이 싸고 수리가 쉽다.
　㉱ 기동시 마찰저항이 큰 결점이 있다.
　㉲ 베어링에 작용하는 하중이 큰 경우에 사용한다.
　㉳ 진동, 소음이 작다.
　㉴ 구름 베어링보다 정밀도가 높은 가공법이다.
　㉵ 윤활유 급유에 신경을 써야 한다.

③ 구름 베어링 수명 계산식
　㉮ $L_n = (\frac{C}{P})^r \times 10^6$
　㉯ $L_n = N \times 60 \times L_h$
　㉰ $L_h = 500(\frac{C}{P})^r \frac{33.3}{N}$

여기서 L_n : 베어링 수명(10^6 회전단위), L_h : 베어링 수명 시간
P : 베어링 하중(kg), C : 기본 동정격하중(kg), N : 회전수
r : 베어링 내외륜과 전동체와의 접촉 상태에서 결정되는 정수

④ 구름 베어링(rolling bearing)의 장단점(미끄럼 베어링과 비교)
㉮ 마찰저항이 적고 동력이 절약된다.
㉯ 윤활유가 적게 들고 급유가 쉽다.
㉰ 충격에 약하다.
㉱ 베어링의 길이가 짧아 기계가 소형화된다.
㉲ 마멸이 적고 정밀도가 높다.
㉳ 수명이 짧다.
㉴ 조립하기가 어렵다.
㉵ 고속회전이 가능하며 과열이 없다.
㉶ 가격이 비싸다.
㉷ 외경이 커지기 쉽다.
㉸ 제품이 규격화되어 사용이 편리하다.

2. 기계 요소별 구조원리

(1) 전동장치
전동장치는 회전하는 두 축 사이에서 동력을 전달해 주는 장치를 말한다.

(2) 전동장치의 종류
① 직접 전달 장치
기어나 마찰차와 같이 직접 접촉으로 전달하는 것으로 축 사이가 비교적 짧은 경우에 사용된다.
② 간접 전달 장치
벨트, 체인, 로프 등을 매개로 한 전달 장치로 축간 사이가 큰 경우에 사용된다.

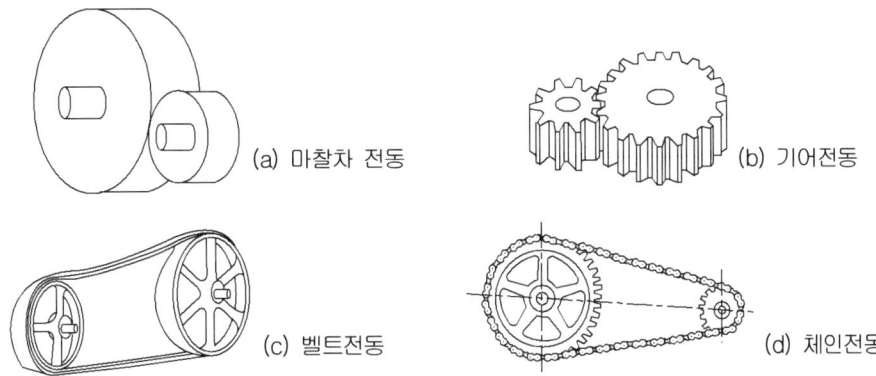

(a) 마찰차 전동 (b) 기어전동
(c) 벨트전동 (d) 체인전동

전동장치의 종류

(3) 벨트

① 벨트 거는 법

㉮ 두 축이 평행한 경우
- 평행 걸기(open belting) : 동일 방향으로 회전한다.
- 엇 걸기(corss belting) : 반대 방향으로 회전하며, 십자걸기라고도 한다.

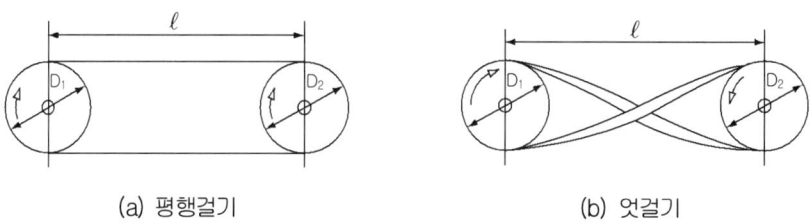

(a) 평행걸기   (b) 엇걸기

㉯ 두 축이 수직인 경우
아래 그림과 같은 방법으로 거는 방법을 말한다. 이 경우는 역회전이 불가능하다.

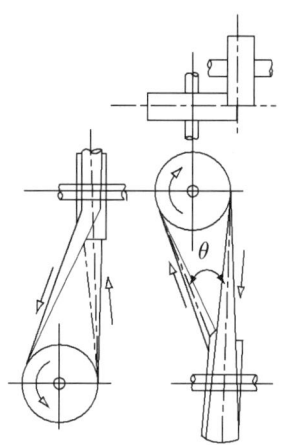

② 벨트의 접촉 중심각

벨트의 미끄러짐을 적게 하려면 풀리와 벨트의 접촉각을 크게 하면 된다. 접촉각을 크게 하는 방법은 이완쪽이 원동차의 위가 되게 하거나 인장풀리(tension pulley)를 사용하면 된다.

③ 벨트의 길이

두 풀리의 지름을 D_1, D_2(cm), 중심 거리를 l(cm), 벨트의 길이를 L(cm)이라 하면,

㉮ 평행걸기의 경우 $L ≒ 2l + \dfrac{\pi(D_2+D_1)}{2} + \dfrac{(D_2-D_1)^2}{4l}$

㉯ 엇 걸기의 경우 $L ≒ 2l + \dfrac{\pi(D_2+D_1)}{2} + \dfrac{(D_2+D_1)^2}{4l}$

(4) 체인

① 체인의 종류
  ㉮ 롤러 체인(roller chain) : 강철제의 링크를 핀으로 연결하고 핀에는 부시와 롤러를 끼워서 만든다.
  ㉯ 사일런트 체인(silent chain) : 링크의 바깥면이 스프로킷(sprocket : 사슬 톱니바퀴)의 이에 접촉하여 물리며 다소 마모가 생겨도 체인과 바퀴 사이에 틈이 없어서 조용한 전동이 된다.

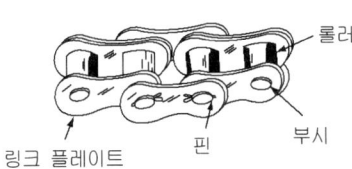
(a) 롤러 체인

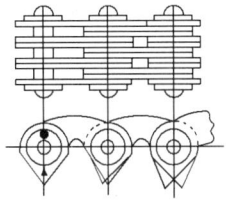
(b) 사일런트 체인 롤러

체인의 종류

② 체인 전동의 속도비
$$i = \frac{N_2}{N_1} = \frac{Z_1}{Z_2}$$

여기서, N_1, N_2 : 원동차, 종동차의 회전수(rpm), Z_1, Z_2 : 원동차, 종동차의 잇수

③ 체인의 평균속도
$$v = \frac{N_1 P Z_1}{60 \times 1000} = \frac{N_2 P Z_2}{60 \times 1000}$$

여기서, P : 체인의 피치(mm)

④ 전달동력
$$H' = \frac{F_1 v}{102} \text{(kW)}, \quad H = \frac{F \cdot v}{75} \text{(P·S)}$$

여기서, F_1 : 체인의 인장측 장력, v : 체인의 평균 속도(m/sec)

⑤ 체인 전동의 특징
  ㉮ 속도비가 정확하다.
  ㉯ 수리 및 유지가 쉽다.
  ㉰ 내열, 내유, 내습성이 있다.
  ㉱ 고속 회전엔 부적당하다.

㉻ 미끄럼이 없다.
㉼ 큰 동력이 전달된다.
㉽ 체인의 탄성으로 어느 정도 충격이 흡수된다.
㉾ 진동, 소음이 심하다.

(5) 활차(도르래) 장치
도르래와 로프를 조합하여 작은 힘으로 큰 하중을 움직일 수 있도록 한 장치

① 단활차(單滑車)
도르래 1개만을 사용한다.
  ㉮ 정활차
    힘의 방향만 바꾼다.(P=W)
  ㉯ 동활차
    하중을 위로 올릴시 $\frac{1}{2}$의 힘으로 올릴 수 있다.($P=\frac{1}{2}W$)

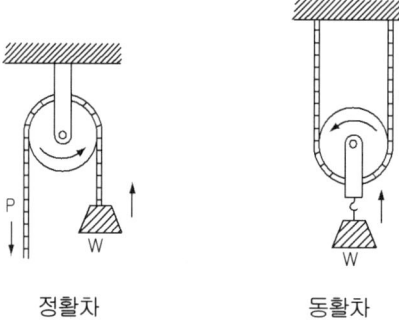

정활차   동활차

② 복활차(複滑車)
정활차와 동활차를 사용하여 조합 활차를 만든 것, 작은 힘으로 몇 배의 하중도 올릴 수 있다.
  $W=2n \times P$ W : 하중,   P : 올리는 힘,   n : 동활차의 수

① W=3P   ② W=4P   ③ $W=P \times 2^2$ ④ $W=P \times 2^3$

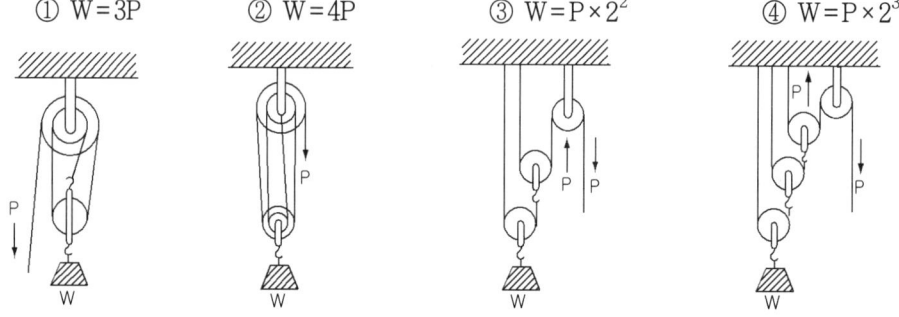

③ 단활차(段滑車)

그림과 같이 작은 직경의 활차에 감긴 로프선단의 하중은 같은 축에 장치된 큰 직경의 활차에 감긴 로프를 올리면 모멘트의 작용으로 직경의 크기에 반비례해서 작은 힘으로 큰 하중을 올릴 수가 있다.

$$W \times r = P \times R$$

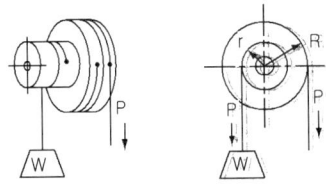

단활차

④ 차동활차(差動滑車)

동활차와 단(段)활차 양쪽의 장점을 동시에 이용한 것이다.

단이 있는 정활차에 감겨진 한선의 로프 중간에 연결된 동활차로 하중을 올릴 수 있게 되어 있다. 로프는 소활차에 감겨져서, 동활차를 경유하여 대활차에 감겨진 대활차의 로프를 당기면, 대활차 직경과 소활차 직경 1/2만큼 동활차가 올라가서 하중을 올릴 수 있게 되어 있다.

$$W = \frac{2PR}{R-r}$$

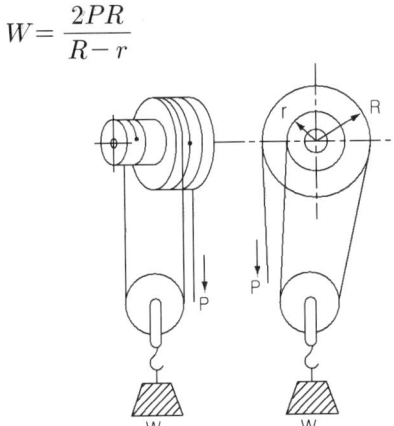

차동활차

(6) 브레이크

① 블록브레이크

운동에너지를 마찰에 의해 열에너지로 변환하고 속도를 제어하여 최종적으로 정지시키는 것이다. 그림에서 블록 B를 레버 L로 원통에 밀어붙이는 구조로 되어 있다.

원통을 제동하는 힘 F는

$$F = \mu N$$ 여기서 N : 원통이 브레이크 블록에 미치는 힘, μ : 마찰계수

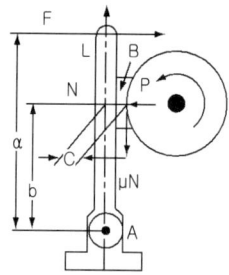

A지점의 좌, 우측의 모멘트는 균등하므로

$$Pa = Nb - \mu Nc$$
$$\therefore F = \mu Pa/(b - \mu c)$$

② 밴드 브레이크

강 또는 가죽의 밴드를 원통에 감아 레버 L을 움직여, 밴드에 인장력을 가해, 밴드와 원통 사이의 마찰력을 생기게 하여 원통의 회전운동을 제동하는 방식이다.

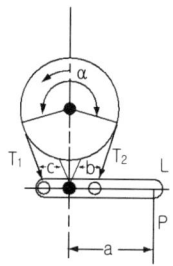

원통을 제동하는 힘 F는

$$F = T_2 - T_1 = T_1(e^{\mu\alpha} - 1)$$

여기서 P : 레버 L에 가하는 힘,
T_1, T_2 : 밴드의 양단에 발생하는 장력
α : 밴드와 원통과의 접촉각도
μ : 마찰계수

또 모멘트를 구하면

$$M = T_2 b - T_1 C = T_1(e^{\mu\alpha} - C)$$
$$\therefore F = \frac{M(e^{\mu\alpha} - 1)}{b e^{\mu\alpha} - C}$$

※ 회전 방향이 반대인 경우의 $M = T_1 b - T_2 C = T_1(b - Ce^{\mu\alpha})$

$$F = \frac{M(e^{\mu\alpha} - 1)}{b - Ce^{\mu\alpha}}$$

(7) 기어의 종류

① 두 축이 서로 평행한 경우
  ㉮ 스퍼기어(spur gear : 평기어)
  ㉯ 헬리컬기어(helical gear)
  ㉰ 인터널기어(internal gear : 내접기어)
  ㉱ 래크(rack)
  ㉲ 더블 헬리컬 기어(double helical gear)

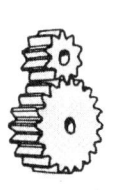  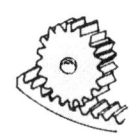  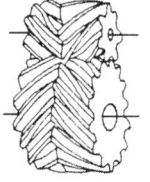

　　스퍼 기어　　헬리컬 기어　　인터널 기어　　래크 기어　　더블 헬리컬 기어

② 두축이 만나지 않고, 평행하지도 않는 경우
  ㉮ 하이포이드기어(hypoid gear)
  ㉯ 스크루기어(screw gear : 나사기어)
  ㉰ 웜기어(worm gear)

  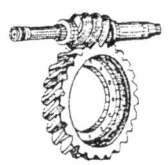

　　하이포이드 기어　　스크루 기어　　웜기어

③ 두 축이 만나는 기어
  ㉮ 직선 베벨기어(bevel gear)
  ㉯ 헬리컬 베벨기어(helical bevel gear)
  ㉰ 스파이럴 베벨기어(spiral bevel gear)
  ㉱ 제롤 베벨기어(zerol bevel gear)
  ㉲ 크라운 기어(crown bevel gear)

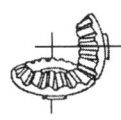 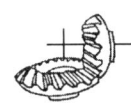  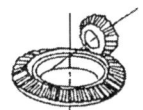 

　직선베벨기어　헬리컬베벨기어　스파이럴 베벨기어　제롤 베벨기어　크라운기어

④ 기어 각부의 명칭

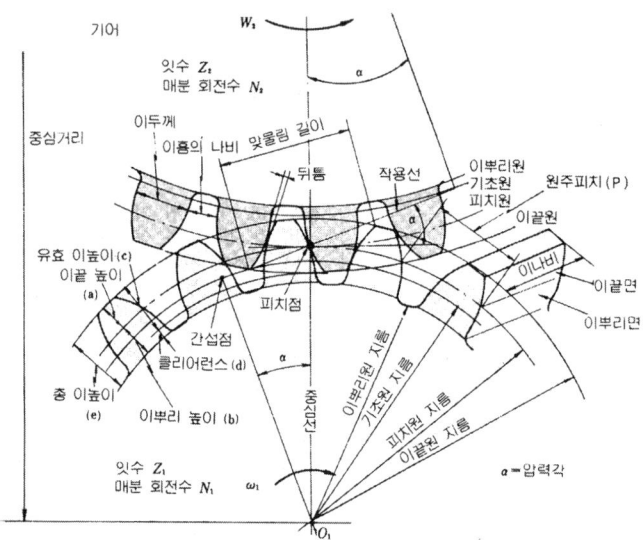

- 피치원(pitch circle) : 축에 수직한 평면과 피치면이 교차하여 이루는 원
- 피치점(pitch point) : 서로 맞물리는 기어의 피치원 상에 만나는 점
- 원주 피치(circular pitch) : 피치원 상에서 측정한 인접한 이와 이의 같은 위치 사이의 원호의 길이(P)
- 이끝 높이(addendum) : 피치원에서 이끝원까지의 거리(a)
- 이뿌리 높이(dedndum) : 피치원에서 이뿌리원까지의 거리(b)
- 이의 높이(whole depth) : 이 전체의 높이(a+b)
- 이끝의 틈새(top clearence) : 이 뿌리원에서 상대기어의 이끝원 까지의 거리(d=e-c)
- 백 래시(back lash) : 서로 물린 한 쌍의 기어에서 잇면 사이의 간격.
- 이면(tooth surface) : 이의 물리는 면
- 이의 나비(face width) : 이의 축단면의 길이
- 압력각(α) : 서로 물린 한 쌍의 기어에서 피치점에 있어서 피치원의 공통 접선과 작용선이 이루는 각
- 기초원(base circle) : 인벌류트 이를 만드는데 기초가 되는 원

⑤ 기어 이의 크기 표시방법
- 모듈(module) : 피치원의 지름을 잇수로 나눈 값(미터식)
- 모듈 $M = \dfrac{\text{피치원의 지름(mm)}}{\text{잇수}} = \dfrac{D}{Z}$
- 원주피치 : 피치원의 원주를 잇수로 나눈 값
- 원주피치 $P = \dfrac{\text{피치원의 둘레(mm)}}{\text{잇수}} = \dfrac{\pi D}{Z}$

- 지름피치(diametral pitch) : 잇수를 피치원의 지름으로 나눈 값(인치식)
- 지름피치 D. P $= \dfrac{잇수}{피치원의 지름(\text{in})} = \dfrac{Z}{D}$

※ 모듈과 지름피치 및 원주 피치사이에는 다음과 같은 관계가 있다.

$$P = \pi M, \quad DP = \dfrac{25.4}{M}$$

(8) 기어의 회전비

① 1쌍 기어의 속도비

$$속도비 \ a = \dfrac{N_2}{N_1} = \dfrac{Z_1}{Z_2} = \dfrac{D_1}{D_2}$$

여기서, N : 회전수(rpm), Z : 잇수, D : 피치원의 지름(cm)

※ 잇수비 $= \dfrac{Z_1}{Z_2}$

② 1쌍 기어의 피치원 속도

ⓐ 기어 1의 피치원 속도

$$V_1 = \dfrac{rZ_1N_1}{100 \times 60} = \dfrac{\pi D_1 N_1}{100 \times 60}$$

ⓑ 기어 2의 피치원 속도

$$V_2 = \dfrac{rZ_2N_2}{100 \times 60} = \dfrac{\pi D_2 N_2}{100 \times 60}$$

여기서, N : 회전수(rpm), V : 피치원의 속도(m/sec)
Z : 잇수, r : 원주 피치(cm)
D : 피치원의 지름(cm)

(9) 기어의 강도 계산

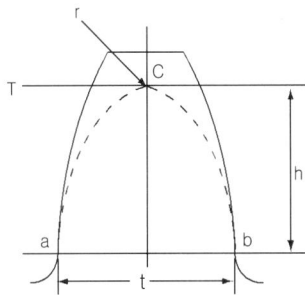

h : 한쪽 지지보의 높이(cm), b : 치폭(cm), t : 이 뿌리 두께(cm),
r : 원주피치(cm), σ : 최대굽힘응력

$$T = \dfrac{1}{6h} bt^2 \sigma = b\sigma r \dfrac{1}{6r} \dfrac{t^2}{h} \ (\text{kg}) \qquad 그런데 \ \dfrac{1}{6} \dfrac{t^2}{rh} = k \ 라면$$

$$\therefore T = kbr\sigma \ (\text{kg})$$

출제예상문제

1. 다음 중 인장하중과 압축하중이 서로 번갈아 이루어지는 하중은?

가. 교번하중　　　나. 전단하중　　　다. 충격하중　　　라. 반복하중

해설
① 교번하중 : 하중의 크기와 방향이 시간에 따라 변화하는 하중
② 전단하중(shearing load) : 재료를 종방향으로 절단되도록 가위로 자르려는 것 같이 작용하는 하중
③ 충격하중 : 순간적으로 격하게 작용하는 하중
④ 반복하중 : 같은 방향으로 반복해 작용하는 하중

2. "비례한도 이내에서 응력과 변형률은 비례한다."라는 법칙은?

가. 훅의 법칙　　　나. 오옴의 법칙　　　다. 오일러의 정리　　　라. 쿨롱의 법칙

해설
- 훅의 법칙 : "비례한도 이내에서 응력과 변형률은 비례한다."
- 오옴의 법칙 : $I = \dfrac{V}{R}$ (A)
- 오일러의 정리 : 구면과 위상 동형인 다면체의 꼭짓점의 수에서 변의 수를 빼고 면의 수를 더하면 항상 2가 된다는 정리. 스위스의 수학자 오일러가 창안하였다.
- 쿨롱의 법칙 : "두 자극 사이에 작용하는 힘은 두 자극의 세기의 곱에 비례하고, 두 자극 사이의 거리의 제곱에 반비례한다."

$$F = \frac{1}{4\pi\mu} \cdot \frac{m_1 m_2}{\gamma^2} = 6.33 \times 10^4 \times \frac{m_1 m_2}{\mu_s \gamma^2} \text{ (N)}$$

여기서 F : 두 자극 사이에 작용하는 힘(N),　μ : 투자율(H/m)　$\mu = \mu_o \cdot \mu_s$
μ_o : 진공의 투자율(H/m)　　　　μ_s : 비투자율(단위 없음)

3. 최대 응력이 $2.4 \times 10^6 \text{kg/cm}^2$이고, 사용응력이 $1.2 \times 10^6 \text{kg/cm}^2$일 때 안전율은 얼마인가?

가. 4　　　나. 3　　　다. 2　　　라. 1

해설 안전율 $= \dfrac{\text{최대응력}}{\text{사용응력}} = \dfrac{2.4 \times 10^6}{1.2 \times 10^6} = 2$

4. 지름이 4cm인 연강봉에 5ton의 인장력이 작용할 때 재료에 생기는 응력(kg/cm²)은?

가. 398　　　나. 425　　　다. 466　　　라. 487

해설 응력 $= \dfrac{\text{하중}}{\text{단면적}} = \dfrac{5,000}{\pi \times 2^2} = 398 \, (kg/cm^2)$

정답 1. 가　2. 가　3. 다　4. 가

5. 길이 350mm, 지름 20mm인 재료를 인장시켰더니 355mm가 되었다. 연신율%은?

가. 1.06 나. 1.24 다. 1.38 라. 1.43

해설 연신율 $= \dfrac{l'-l}{l} \times 100 = \dfrac{355-350}{350} \times 100 = 1.429(\%)$

6. 길이 1m의 연강봉에 인장하중이 작용했을 때 봉이 0.5mm만큼 늘어났다면 인장변형율은 얼마인가?

가. 0.05 나. 0.005 다. 0.0005 라. 0.00005

해설 변형율$(\epsilon) = \dfrac{\text{변형된 길이}(\lambda)}{\text{처음길이}(\ell)} = \dfrac{0.5}{1,000} = 0.0005$

7. 반복하중을 받고 있는 인장강도 60kg/mm²의 연강봉이 있다. 허용응력을 15kg/mm²로 할 때 안전율은 얼마인가?

가. 4 나. 5 다. 6 라. 7

해설 안전율 $= \dfrac{\text{극한강도}}{\text{허용응력}} = \dfrac{60}{15} = 4$

8. 500kg의 응력이 작용하고 있는 재료의 변형률이 0.2이다. 탄성계수값(kg/cm²)은?

가. 1,700 나. 1,900 다. 2,200 라. 2,500

해설 $E = \dfrac{\sigma}{\epsilon} = \dfrac{500}{0.2} = 2500 \,(kg/cm^2)$

9. 다음 관계 중 옳은 것은?

가. 탄성한도 > 허용응력 ≧ 사용응력
나. 탄성한도 > 사용응력 ≧ 허용응력
다. 사용응력 > 탄성한도 ≧ 사용응력
라. 허용응력 > 탄성한도 ≧ 허용응력

10. 다음에서 포와송비에 관한 사항으로 맞는 것은 어느 것인가?

가. 포와송비 $= \dfrac{\text{세로변형률}}{\text{가로변형률}}$
나. 포와송비 $= \dfrac{\text{가로변형률}}{\text{세로변형률}}$
다. 포와송비 $= \dfrac{\text{가로변형률}}{\text{부피변형률}}$
라. 포와송비 $= \dfrac{\text{세로변형률}}{\text{부피변형률}}$

11. 다음 기어의 장점에 대한 설명으로 맞지 않은 것은?

가. 높은 정밀도를 얻을 수 있다.
나. 호환성이 뛰어나다.
다. 동력전달이 확실하다.
라. 충격을 흡수하는 성질이 있다.

해설 기어는 충격을 흡수하는 성질은 없다.

정답 5. 라 6. 다 7. 가 8. 라 9. 가 10. 나 11. 라

12. 웜 기어의 특성에 대한 설명 중 맞지 않는 것은?

가. 전동효율이 높다. 나. 감속비가 크면 역전이 되지 않는다.
다. 큰 감속비를 얻을 수 있다. 라. 물림이 조용하고 원활하다.

해설

구분 \ 방식	헬리컬 기어	웜 기어
효율	높다	낮다
소음	크다	작다
역구동	쉽다	어렵다

13. 피치원이 같은 기어에서 모듈(module)이 커질수록 이의 크기는?

가. 같다. 나. 작아진다. 다. 커진다. 라. 무관하다.

해설 모듈 = $\dfrac{\text{피치원지름}}{\text{잇수}}$

14. 모듈(module)이 2.54이다. 지름의 피치를 구하면?

가. 9 나. 10 다. 11 라. 12

해설 지름피치 = $\dfrac{25.4}{M} = \dfrac{25.4}{2.54} = 10$

15. 모듈 m=2인 스퍼 외접기어의 잇수가 각각 Z_1=20, Z_2=40이라고 할 때 양축간의 중심거리(A)를 구하시오.

가. 40mm 나. 50mm 다. 60mm 라. 70mm

해설 중심거리$(A) = \dfrac{M(Z_1+Z_2)}{2} = \dfrac{2 \times (20+40)}{2} = 60$

16. 그림과 같은 보의 지점 반력 R_A, R_B를 구하면?

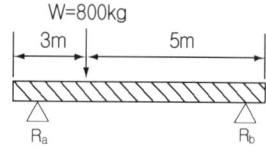

가. R_A=500kg, R_B=250kg
나. R_A=500kg, R_B=300kg
다. R_A=600kg, R_B=250kg
라. R_A=600kg, R_B=300kg

해설 $R_A = \dfrac{W\ell_B}{\ell} = \dfrac{800 \times 5}{8} = 500\,(kg)$, $R_B = \dfrac{W\ell_A}{\ell} = \dfrac{800 \times 3}{8} = 300\,(kg)$

17. 다음의 그림은 연강의 응력 변형률 곡선이다. 후크의 법칙이 적용되는 항복점은?

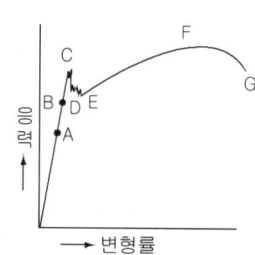

가. A 나. B
다. C 라. D

정답 12. 가 13. 다 14. 나 15. 다 16. 나 17. 다

해설

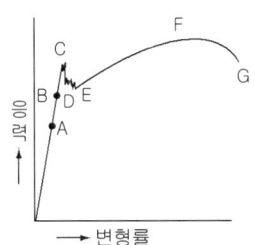

A : 비례한도
B : 탄성한도
C : 항복점
F : 인장 최대하중
G : 파단점

18. 길이 l, 단면적이 A인 균일 단면봉에 인장하중 W를 받아 λ만큼 늘어났을 때, 후크의 법칙을 나타내는 식은? 단, E는 세로탄성계수이다.

가. $E = \dfrac{AW}{l\lambda}$ 나. $E = \dfrac{A\lambda}{Wl}$ 다. $\lambda = \dfrac{WE}{lA}$ 라. $\lambda = \dfrac{Wl}{AE}$

해설 $\lambda = \dfrac{Wl}{AE}$, $E = \dfrac{\sigma}{\epsilon} = \dfrac{Wl}{A\lambda}$

19. 지름이 10mm인 축이 360rpm으로 회전하고 있다. 축의 비틀림 응력을 800kg/cm²라고 하면 전달마력은 얼마인가?

가. 0.276 PS 나. 0.324 PS 다. 0.526 PS 라. 0.789 PS

해설 $T = \dfrac{\pi d^3 \tau}{16} = \dfrac{71620H}{N}$, $H = \dfrac{3.14 \times 10^3 \times 800 \times 360}{71620 \times 16 \times 1000} = 0.789(PS)$

20. 지름이 d(cm)인 둥근 축의 단면 2차 모멘트(I_p)를 올바르게 표시한 것은 어느 것인가?

가. $\dfrac{\pi(d_2^4 - d_1^4)}{16}$ 나. $\dfrac{\pi(d_2^4 - d_1^4)}{32}$ 다. $\dfrac{\pi d^3}{16}$ 라. $\dfrac{\pi d^4}{32}$

21. 다음 그림과 같은 관계에서 주어진 하중과 전단력 선도가 적합하게 연결된 것은 어느 것인가?

가. 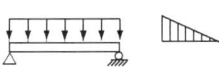 나.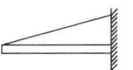

다. 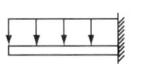 라.

22. 미끄럼 베어링과 구름 베어링을 비교할 때 미끄럼 베어링의 특성으로 적합한 것은?

가. 소음, 진동이 비교적 작다.
나. 윤활 장치가 간단하여 수명이 짧다.
다. 규격화가 되어있다.
라. 내충격성이 비교적 약하다.

해설 미끄럼 베어링(sliding bearing)의 특징

정답 18. 라 19. 라 20. 나 21. 라 22. 가

① 베어링에 작용하는 하중이 큰 경우에 사용한다.
② 진동, 소음이 작다.
③ 구름 베어링보다 정밀도가 높은 가공법이다.
④ 윤활유 급유에 신경을 써야 한다.
⑤ 회전속도가 비교적 느린 경우에 사용한다.
⑥ 베어링에 충격 하중이 걸리는 경우에 사용한다.
⑦ 구조가 간단하며, 값이 싸고 수리가 쉽다.
⑧ 기동시 마찰저항이 큰 결점이 있다.

23. 벨트와 접촉되는 벨트풀리의 중앙을 약간 높게 하는 이유로 맞는 것은?

가. 축간거리를 맞추기 위하여
나. 벨트의 벗겨짐을 방지하기 위하여
다. 강도를 크게 하기 위하여
라. 외관을 보기 좋게 하기 위하여

24. 구름베어링이 미끄럼 베어링에 비해 유리한 점을 설명한 것 중에서 틀린 것은?

가. 마모가 적고 높은 정밀도를 장기간 유지할 수 있다.
나. 비규격 치수의 베어링 제작이 쉽다.
다. 마찰저항이 적어 동력이 절약된다.
라. 고속회전이 가능하고 과열될 위험이 적다.

해설 구름 베어링은 설치가 어렵고, 비규격 치수의 베어링은 제작이 어렵다. 또한 충격에도 약하다.

25. 베어링 메탈 재료에 대한 설명으로 옳지 않은 것은?

가. 마찰열이 잘 방출되도록 열전도가 좋아야 한다.
나. 제작이 용이하고 내부식성이 없어야 한다.
다. 축과의 마찰계수가 작아야 한다.
라. 축을 손상시키지 않도록 축의 재료보다 물러야 한다.

해설 제작이 용이하고 내부식성이 커야 한다.

26. 오픈 벨트에서 중심거리 3m, 원동차의 지름 0.4m, 피동차의 지름 0.6m 일 때, 벨트의 길이 (L)는?

가. 705cm 나. 757cm 다. 778cm 라. 786cm

해설 $L = 2l + \dfrac{\pi}{2}(D_2 + D_1) + \dfrac{(D_2 - D_1)^2}{4l}$

$= 2 \times 300 + \dfrac{3.14(60+40)}{2} + \dfrac{(60-40)^2}{4 \times 300} ≒ 757 \text{cm}$

정답 23. 나 24. 나 25. 나 26. 나

[참고] 풀리의 지름 D1, D2(cm), 중심거리 l(cm)이라 하면, 벨트의 길이 L(cm)은

① 벨트의 평행(오픈)길이의 경우 : $L ≒ 2l + \dfrac{\pi(D_2+D_1)}{2} + \dfrac{(D_2-D_1)^2}{4l}$

② 벨트의 엇걸기의 경우 : $L ≒ 2l + \dfrac{\pi(D_2+D_1)}{2} + \dfrac{(D_2+D_1)^2}{4l}$

27. 벨트장치에서 축간거리가 2.5m, 벨트풀리의 지름이 각각 50cm, 25cm 일 때 엇걸기 벨트의 길이를 구하면?

가. 524.3cm 나. 623.4cm 다. 728.6cm 라. 847.8cm

해설 $L = 2C + \dfrac{\pi(D_1+D_2)}{2} + \dfrac{(D_2+D_1)^2}{4C} = 2 \times 250 + \dfrac{3.14(25+50)}{2} + \dfrac{(50+25)^2}{4 \times 250} = 623.4(mm)$

28. 베어링의 하중 500kg, 회전수 3000rpm일 때 기본 부하용량이 9000kg인 볼 베어링의 수명 시간은?

가. 32400시간 나. 36800시간 다. 38200시간 라. 39600시간

해설 $L_n = (\dfrac{C}{P})^3 = (\dfrac{9000}{500})^3 = 18^3 (10^6 회전)$이므로, 총 회전수는 $18^3 \times 10^6$ 회전이다.

회전수가 3000rpm이므로 $\dfrac{18^3 \times 10^6}{3000} = 1944000(분) = 32400hr$

29. 비틀림 모멘트가 4,800kg·cm, 회전수가 300rpm인 전동축의 마력수를 구하라.

가. 16PS 나. 18PS 다. 20PS 라. 22PS

해설 비틀림 모멘트 $T = 71,620 \dfrac{H}{N}$에서 $H = \dfrac{T \cdot N}{71620} = \dfrac{4800 \times 300}{71620} = 20.1$ PS

30. 4,500kg·cm의 비틀림 모멘트가 작용하는, 지름 8cm의 둥근 막대기에 생기는 비틀림 응력을 구하면?

가. 42.7kg/cm² 나. 44.8kg/cm² 다. 47.6kg/cm² 라. 50.6kg/cm²

해설 비틀림 모멘트 $T = \tau \cdot Z_p$ (단, Z_p는 극단면 계수임)에서

원형의 극단면 계수 $Z_p = \dfrac{\pi d^3}{16}$ 이므로, $T = \tau \cdot \dfrac{\pi d^3}{16}$

∴ $\tau = \dfrac{16T}{\pi d^3} = \dfrac{16 \times 4500}{3.14 \times 8^3} = 44.76 (kg/cm^2)$

31. 지름 8mm, 길이 500mm의 연강봉에 1,300kg의 하중이 걸렸을 때, 재료는 얼마나 늘어나는가? (단, 탄성계수 = $2.1 \times 10^6 kg/cm^2$)

가. 0.58 나. 0.058 다. 0.62 라. 0.062

정답 27. 나 28. 가 29. 다 30. 나 31. 라

[해설] $\lambda = \dfrac{Wl}{AE} = \dfrac{1300 \times 50}{\dfrac{3.14}{4} \times 0.8^2 \times 2.1 \times 10^6} = 0.06160\text{cm}$

32. 높이 30mm의 둥근 봉이 압축되어 0.0003의 변형률이 생겼다면, 변형 후의 길이는 얼마인가?

가. 27.991mm   나. 29.991mm   다. 31.991mm   라. 33.991mm

[해설] 변형률 $= \dfrac{l'-l}{l}$ 에서 $0.0003 = \dfrac{30-l}{30}$

$l = 30 - 0.009 = 29.991\text{mm}$

33. 길이가 10m인 단순보에 왼쪽 처짐에서부터 2m와 6m 되는 곳에 각각 1,000kg 및 7,000kg의 집중 하중이 작용한다면 오른쪽 지점의 반력(R_B)은 몇 kg인가?

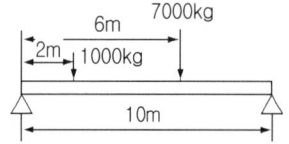

가. 4,400kg
나. 5,200kg
다. 6,700kg
라. 7,600kg

[해설] $F_1 = \dfrac{Wl_2}{l}$ $F_2 = \dfrac{Wl_1}{l}$ 여기서, l : 전체 길이, W : 하중, l_2, l_1 : 하중이 작용하는 곳의 길이

$1,000(kg) \times \dfrac{2}{10} = 200kg,\ 7,000(kg) \times \dfrac{6}{10} = 4,200kg$

$\therefore R_B = 200 + 4,200 = 4,400kg$

34. 중앙에 집중하중 W를 받는 양단지지 단순보에서 최대처짐(δ_{max})을 나타내는 식은? 단, E=탄성계수, I=단면2차 모멘트, l=보의 길이이다.

가. $\dfrac{Wl^2}{24EI}$ 나. $\dfrac{Wl^3}{24EI}$ 다. $\dfrac{Wl^2}{48EI}$ 라. $\dfrac{Wl^3}{48EI}$

[해설] ① 중앙에 집중하중 W를 받는 양단지지 단순보에서 최대처짐 $\delta_{max} = \dfrac{Wl^3}{48EI}$

② 외팔보 최대처짐 $\delta_{max} = \dfrac{Wl^3}{3EI}$

35. 내경 400mm, 두께 5mm의 연강재의 원통에 25kg/cm²의 내압이 작용했을 때 판에 생기는 가로방향의 응력과 세로방향의 응력을 각각 구하시오.

가. 가로방향의 응력=8kg/mm² , 세로방향의 응력=3kg/mm²
나. 가로방향의 응력=8kg/mm² , 세로방향의 응력=5kg/mm²
다. 가로방향의 응력=10kg/mm² , 세로방향의 응력=3kg/mm²
라. 가로방향의 응력=10kg/mm² , 세로방향의 응력=5kg/mm²

정답 32. 나 33. 가 34. 라 35. 라

해설
- 가로방향응력 $= \dfrac{PD}{2t} = \dfrac{0.25 \times 400}{2 \times 5} = 10(kg/mm^2)$
- 세로방향응력 $= \dfrac{PD}{4t} = \dfrac{0.25 \times 400}{4 \times 5} = 5(kg/mm^2)$

36. 동활차 3개와 정활차 1개로 구성된 복합활차를 이용하여 2,000kg의 하중을 들어올릴 경우 얼마의 힘이 필요한가?

가. 350kg 나. 300kg 다. 250kg 라. 200kg

해설 $P = \dfrac{1}{2^n} \times W = \dfrac{1}{2^3} \times 2,000 = 250(kg)$

37. 단활차(段滑車)의 큰 활차 직경과 작은 활차의 직경비가 2:1일 때 작은 활차에 4,000kg의 하중을 매달고, 로프를 당겨 올릴 경우 얼마의 힘이 필요한가?

가. 3,000kg중 나. 2,000kg중
다. 1,000kg중 라. 500kg중

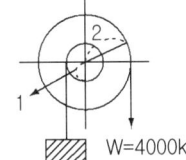

해설 $W \times r = P \times R$, $P = \dfrac{r}{R} \times W = \dfrac{1}{2} \times 4000 = 2000$kg중

정답 36. 다 37. 나

제6편 전기 설비 설계

1. 승강기용 전동기

(1) 직류 전동기의 종류

① 타여자 전동기(seperately excited motor)

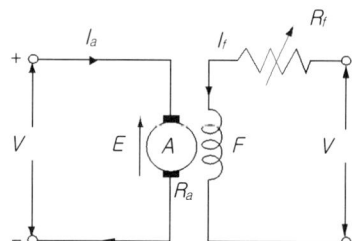

여기서 A : 전기자, I_a : 전기자 전류
I : 부하전류, R_a : 전기자 저항
R_f : 계자저항, I_f : 계자 전류
F : 계자 권선

※ $I = I_a$

타여자 전동기는 독립된 여자 회로를 가지고 있으므로 전원의 극성을 반대로 할 경우 회전 방향이 반대로 되는 특성이 있다.

속도 $N = \dfrac{E}{K_1 \phi} = \dfrac{V - R_a I_a}{K_1 \phi}$ (rpm)식에서, 자속 ϕ가 일정하므로 정속도 특성을 가지고 있다. 또, 토크 $\tau = K_2 \phi I_a$ (N·m)에서 자속 ϕ가 일정하므로 토크는 부하전류에 비례하는 특성을 가지고 있다.

용도는 속도를 광범위하게 조정할 수 있으므로 압연기, 엘리베이터 등에 사용된다.

이 전동기는 계자 전류가 0이면 속도가 급격히 상승하여 위험하므로 계자 회로에 퓨즈를 넣어서는 안 된다.

② 자여자 전동기(self excited motor)
㉮ 분권 전동기(shunt motor)

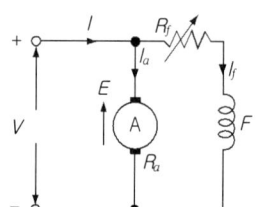

여기서 A : 전기자, F : 계자권선
R_f : 계자저항, I : 부하전류
I_a : 전기자 전류, I_f : 계자전류
R_a : 전기자 저항

분권 전동기는 전원전압이 일정할 경우 계자 전류가 일정하여, 자속이 일정하게 되므로

$$N = \frac{V - I_a R_a}{K_1 \phi} \text{(rpm)}$$

위 식에 의해 속도는 부하가 증가할수록 감소하는 특성을 나타낸다. 이 감소는 크지 않아 타여자 전동기와 같이 정속도 특성을 나타낸다. 또한 전원의 극성을 반대로 하여도 회전방향은 변하지 않는다. 이유는 계자회로와 전기자 회로가 같은 회로로 연결되어 있기 때문이다.
분권 전동기는 계자 저항기로 쉽게 회전 속도를 조정할 수 있으므로 공작 기계, 압연기 등에 적당하나, 정속도성의 전동기로는 거의 동일한 특성이 있는 3상 유도 전동기가 있으므로 많이 사용하지 않는다.

㉯ 직권 전동기

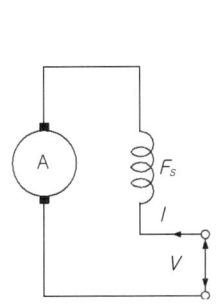 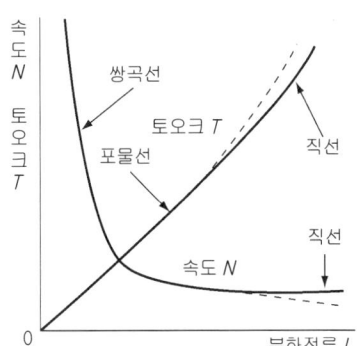

직권전동기는 $I = I_f = I_a$ 의 특성을 가지고 있으므로

속도 $N = \dfrac{V - (R_a + R_s)I_a}{K_1 \phi}$ (rpm)

∴ N은 I에 반비례한다.
그리고 토크 $\tau = K_2 \phi I_a$ 인데 직류 전동기의 토크 $T = K_2 \phi I_a$ 이다. 따라서 I_a가 작고, 자기회로가 불포화일 때 $\phi = K_3 I_a$이므로

$T = K_2 \phi I_a = K_2 K_3 I_a^2 = K_s I_a^2$ (단, $K_s = K_2 K_3$는 상수)

용도는 기동 토오크가 크며, 입력이 과대하지 않으므로 전차, 권상기, 크레인 등과 같이 기동 횟수가 빈번하고 토오크의 변동도 심한 부하에 적당하다.

(2) 직류전동기의 제동

① 발전 제동
운전 중인 전동기를 전원에서 분리해 단자에 적당한 저항을 연결하고 이것을 발전기로 동작하여 부하전류로 역 회전력에 의거 제동하는 방법

② 회생 제동

전동기를 발전기로 동작시켜 그 유도 기전력을 전원 전압보다 크게 해, 전력을 전원에 되돌리면서 제동시키는 방법

③ 역전 제동

전동기를 전원에 접속한 상태에서, 전기자의 접속을 반대로 하고, 회전 방향과 반대 방향으로 토오크를 발생시켜 즉시 정지시키거나 역전 시키는 방법

(3) 직류기의 효율

- 효율 $= \dfrac{출력}{입력} \times 100 \, (\%)$

- 전동기효율 $= \dfrac{입력 - 손실}{입력} \times 100 \, (\%)$

(4) 직류기의 전압변동률

$$\epsilon = \dfrac{V_o - V_n}{V_n} \times 100 \, (\%)$$

단, V_o : 무부하 전압(V)
V_n : 정격 전압(V)

(5) 직류기의 속도 변동률

$$\epsilon_o = \dfrac{N_o - N_n}{N_n} \times 100 \, (\%)$$

단, N_o : 무부하에서의 회전수(rpm)
N_n : 정격 부하에서의 회전수(rpm)

2. 유도 전동기

(1) 3상 유도 전동기 구조

① 농형 회전자

농형 회전자는 회전자의 홈이 축방향에 평행하지 않고 조금씩 삐뚤어져 있는 홈으로 소음 발생을 억제하는 효과가 있다.

농형 유도 전동기는 회전자의 구조가 간단하고, 튼튼하며, 취급하기 쉽고, 운전 중일 때의 성능은 성능은 우수하나 기동할 때의 성능은 떨어진다.

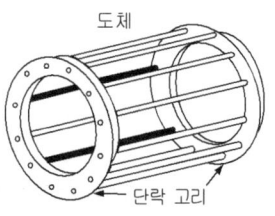

농형 회전자의 구조

② 권선형 회전자

권선형 회전자는 농형 회전자와는 달리 회전자 철심의 홈 속에 구리 도체를 넣어서 고정자 권선과 같이 3상 결선을 한 것이다. 권선형 유도 전동기는 회전자의 구조가 복잡하고 슬립링과 브러시를 통하여 기동 저항기에 접속하기 때문에 구조가 복잡하고 운전이 어렵다.

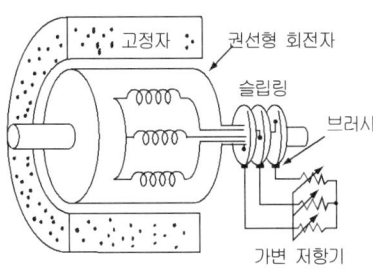

권선형 유도 전동기의 기동 회로

(2) 3상 유도 전동기의 동기속도

$$N_s = \frac{120f}{p} \text{ (rpm)}$$

단, p : 극수, f : 주파수(Hz)

(3) 3상 유도 전동기의 슬립

$$s = \frac{N_s - N}{N_s}$$

$$N = (1-s)N_s = (1-s)\frac{120f}{p}$$

단, N_s : 동기 속도, N : 회전자 회전 속도

(4) 3상 유도 전동기 전부하 토크

$$T = 0.975 \frac{P}{N} \text{ (kg·m)}$$

T : 전부하 토크(kg·m)
N : 전부하 속도(rpm)
P : 출력(W)

(5) 3상 유도 전동기의 2차 입력(회전자 입력) P_2와 2차 저항손 P_{2C}의 관계

$$S = \frac{P_{2C}}{P_2} = \frac{2차저항손}{2차입력}$$

(6) 3상 유도전동기의 기계적 출력(회전자 출력) P_0

$$P_o = P_2 - P_{2C} = P_2 - SP_2 = (1-S)P_2 = \frac{N}{N_s}P_2 \text{(W)}$$

(7) 2차 효율(회전자 효율)

$$\eta = \frac{출력}{입력} \times 100 = \frac{입력 - 손실}{입력} \times 100 (\%)$$

(8) 3상 유도 전동기의 운전

① 농형 유도전동기의 기동법

㉮ 전전압 기동

직접 정격 전압을 전동기에 가해 기동시키는 방법이다.

㉯ $Y-\Delta$ 기동

기동 전류를 줄이기 위해 사용된다. 10~15(kW)까지 이 방법으로 기동시킨다.

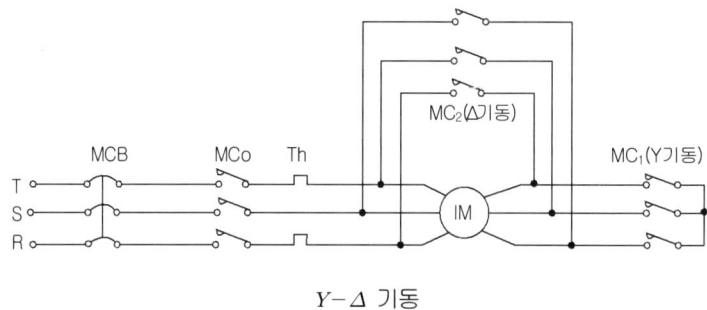

$Y-\Delta$ 기동

㉰ 기동 보상기법

15(kW)이상의 전동기에 사용된다. 단권 변압기를 사용에 공급 전압을 낮추어 기동시키는 방법이다.

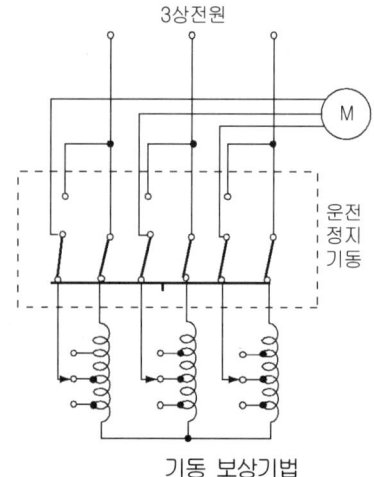

기동 보상기법

(9) 권선형 유도 전동기의 기동법

① 2차 기동법

2차 회로에 가변 저항기를 접속하고, 비례 추이의 원리에 의하여 큰 기동 토오크를 얻고, 기동 전류도 억제된다.

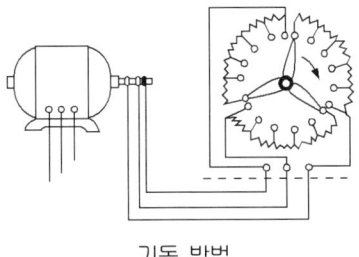

기동 방법

※비례추이 : 권선형 유도전동기의 회전자 외부에 접속시킨 저항의 크기를 조정하면 토크는 그 대로 유지하면서 저항에 비례하여 슬립이 이동하게 되는 현상

(10) 3상 유도 전동기의 회전 방향을 바꾸는 방법

3개의 전원 단자 중 어느 2개를 바꾸어 접속하면 회전 방향이 반대로 된다.

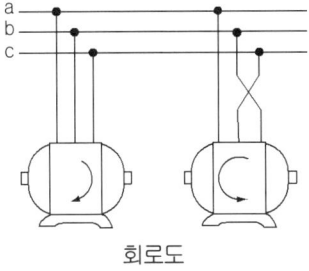

회로도

(11) 단상유도 전동기

① 분상 기동형(split-phase starting type)

전기 냉장고, 세탁기, 소형 공작기계, 펌프 등에 사용된다.

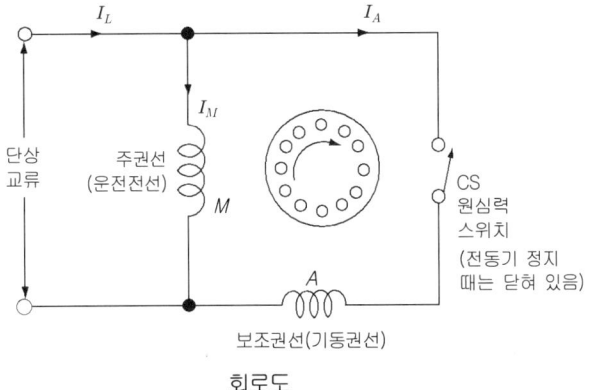

회로도

② 콘덴서 기동형(condenser starting type)
용도는 200(W) 이상의 가정용 펌프, 송풍기, 소형의 공작기계에 사용된다.

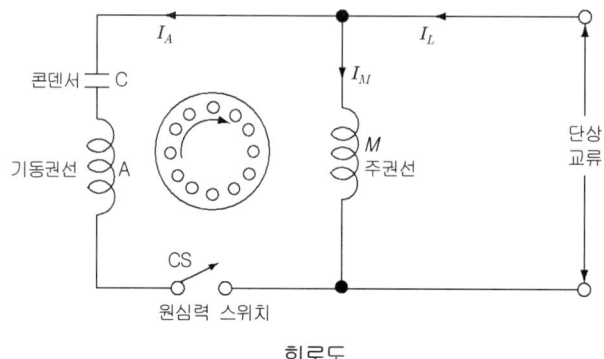

회로도

③ 영구 콘덴서형 단상 유도 전동기
구조상으로는 콘덴서 기동형 단상 유도 전동기에서 원심력 스위치를 제거한 것이다. 원심력 스위치가 없기 때문에 구조가 간단해지고, 역률이 좋기 때문에 큰 기동 토오크를 요구하지 않고, 속도를 조정할 필요가 있는 선풍기나 세탁기 등에 널리 쓰이고 있다.

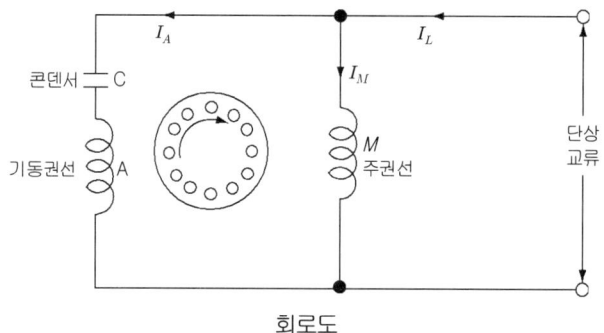

회로도

④ 세이딩 코일형(shaded-pole motor)
세이디 코일형 유도 전동기는 그림과 같이 회전자는 농형의 구조이고, 고정자는 주돌극 (salient pole) 과 주자극 옆에 조그마한 돌극으로 되어있고, 이 돌극에 세이딩 코일 (shading coil)이 끼워져 있는 소형 유도 전동기이다. 세이딩 코일(shading coil)은 굵은 구리선으로 두 번 정도 감아 단락시킨 코일의 형태를 말한다.

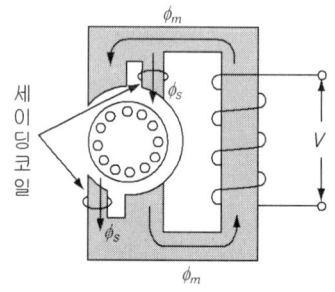

세이딩 코일형

⑤ 반발 유도 전동기

반발 유도 전동기는 그림과 같이 2개의 권선이 있으며, 전기자권선은 정류자에 접속되어 반발 기동시에 주로 동작하고, 농형 권선은 운전시에 사용된다. 용도는 농사용 펌프 등에 사용한다.

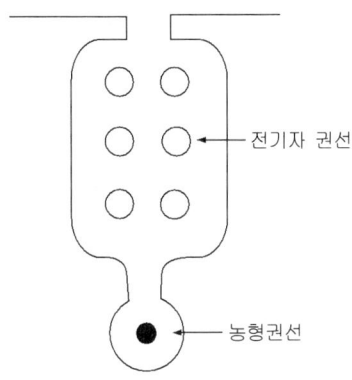

반발 유도 전동기의 슬롯

(12) 절연재료의 내열성

종류	Y종	A종	E종	B종	F종	H종	C종
최고사용 온도(℃)	90	105	120	130	155	180	180이상

2. 승강기 제어 시스템

(1) 로프식 교류 엘리베이터의 속도제어

① 교류1단 속도제어

가장 간단한 제어방식인데 3상 유도 전동기에 전원을 투입함으로써 기동과 정속운전을 하고, 정지는 전원을 차단한 후, 제동기에 의해 기계적으로 브레이크를 거는 방식으로 30m/min 이하에 사용된다.

② 교류2단 속도제어

2단 속도 모터(motor)를 사용하여 기동과 주행은 고속권선으로 행하고, 감속시는 저속 권선으로 감속하여 착상하는 방식으로 4:1 속도비의 착상방식이 주로 사용된다.

③ 교류귀환제어

이 방식은 케이지의 실속도와 지령속도를 비교하여 사이리스터의 점호각을 바꿔, 유도 전동기의 속도를 제어하는 방식이다. 이 방식은 속도 45m/min에서 105m/min 이하에 적용된다. 감속시는 모터에 직류를 흐르게 하여 제동 토오크를 발생해 제동한다.

④ V.V.V.F.(Variable Voltage Variable Friquency : 가변전압 가변주파수) 제어

유도 전동기에 인가되는 전압과 주파수를 동시에 변환시켜 직류 전동기와 동등한 제어 성능을 갖는다. 이 방식은 소비전력이 절감된다. 적용 엘리베이터의 속도는 고속범위까지 가능하다.

(2) 로프식 직류 엘리베이터의 속도제어

① 워드-레오나드 방식

직류 발전기의 출력단을 직접 직류 전동기 전기자에 연결시키고, 발전기의 계자 전류를 조정하여 발전전압을 엘리베이터 속도에 대응하여 연속적으로 공급시키는 방식이다. 유지보수가 어려우나, 교류 2단 속도에 비하여 승차감이 좋고 착상시간도 짧다.

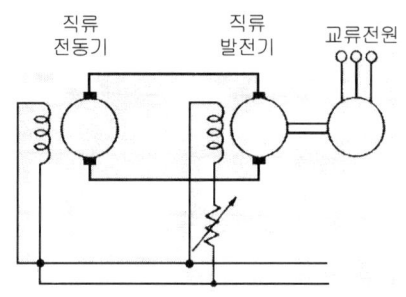

워드-레오나드 방식

② 정지 레오나드 방식

사이리스터를 사용하여 교류를 직류로 변환하여 전동기에 공급하고, 사이리스터의 점호각을 제어하여 직류 전압을 가변시켜, 전동기의 속도를 제어하는 방식이다. 이 방식은 워드 레오나드 방식에 비하여 손실이 적고, 유지 보수가 용이하다. 고속 엘리베이터에 적용된다.

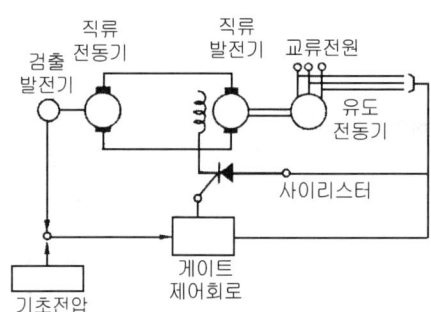

정지 레오나드 방식

(3) 유압식 엘리베이터의 속도 제어

① 미터인(meter-in)회로

유량 제어밸브를 주회로에 삽입하여 유량을 직접 제어하는 회로.
정확한 제어가 가능하지만 여분의 오일이 안전밸브를 통하여 탱크에 되돌려 보내지기 때문에 효율이 나쁘다.

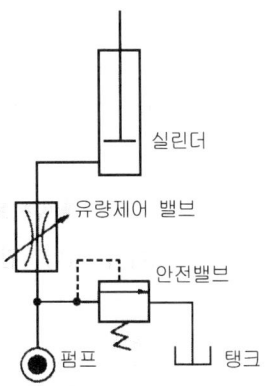

미터인(meter-in) 회로

② 블리드 오프(bleed-off)방식
유량제어밸브를 주회로에서 분기된 바이패스(by-pass)회로에 삽입한 것. 효율이 높지만 정확한 속도제어가 곤란한다.

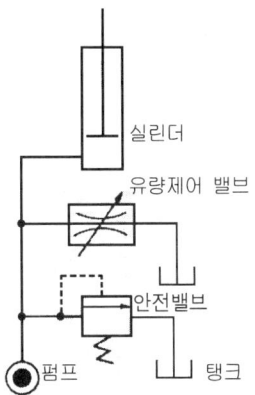

블리드 오프 방식

③ 펌프
펌프의 종류에는 원심식, 가변토출량식, 강제 송류식이 있다.
  ※ 강제 송류식 : 기어펌프, 밴펌프, 스크류 펌프가 있다. 그런데 오일의 맥동에 따른 소음과 진동이 적은 스크류 펌프가 많이 사용된다.
④ 안전밸브
회로의 압력이 설정값에 도달하면 밸브를 열어 오일을 탱크로 돌려보내, 압력이 과도하게 상승(상승 압력의 125%에 설정)하는 것을 방지한다.
⑤ 상승용 유량제어 밸브
펌프로부터 되돌아오는 유량을 제어해 플런저의 상승속도를 제어한다.

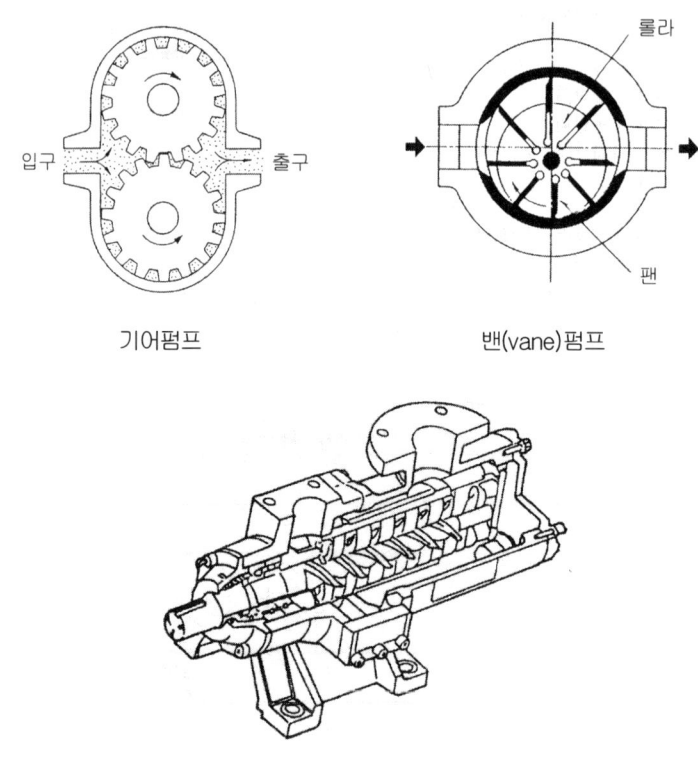

기어펌프   밴(vane)펌프

스크류 펌프

⑥ 하강용 유량제어 밸브
카가 하강시 탱크로 되돌아오는 유량을 제어. 카가 층 중간에 정지시 6(m/min) 미만의 속도로 하강시킨다.

⑦ 체크밸브
정전 등으로 펌프의 토출압력이 떨어져 실린더의 기름이 역류하여 카가 낙하하는 것을 방지하는 역할을 하는 것으로 로프식 엘리베이터의 전자 브레이크와 비슷하다.

⑧ 필터
펌프의 흡입구와 배관 중간에 설치한다.

⑨ 스톱(stop)밸브
유압 파워 유니트에서 실린더로 통하는 배관 도중에 설치되는 수동조작밸브이다.
이 밸브를 닫으면 실린더의 오일이 파워유니트로 역류하는 것을 방지한다. 이 밸브는 유압장치의 보수·점검·수리 시에 사용되는데 게이트 밸브(gate valve)라고도 한다.

⑩ 사일런서(silencer)
유압 엘리베이터의 소음과 진동을 흡수하기 위한 장치이다. 자동차의 머플러에 해당 된다.

⑪ 럽쳐밸브(rupture valve)
압력 배관이 파손 되었을 때 자동적으로 밸브를 닫아 카가 급격히 떨어지는 것을 방지한다. 동작이 된 후 인위적으로 조작하기 전에는 닫힌 상태로 유지된다.

⑫ 플런저 리미트 스위치(plunger limit switch)
로프가 사용되는 유압엘리베이터 플런저의 정상적인 상한 행정을 초과하지 않도록 제한하는 스위치이다.
⑬ 전동기 공회전 방지장치
운행하는데 소요되는 시간을 초과하면 타이머가 동작, 카를 정지시키는 장치이다.
⑭ 작동유 온도 검출 스위치
작동유의 온도 상승을 예방하기 위해 서미스터를 이용, 일정 온도 설정 값을 초과하면 동작하여 전동기의 전원을 차단, 작동유가 규정치(50℃ 이상 60℃ 이하) 이하로 떨어질 때까지 카의 운행을 정지시킨다.

(4) 엘리베이터 작동 방식

① 수동식
  ㉮ 카 스위치 방식
  ㉯ 레코드 컨트롤(record control) 방식
  ㉰ 시그널 컨트롤(signal control) 방식

② 자동식
  ㉮ 단식자동방식(single automatic type) : 승강장 버튼은 오름, 내림 공용인데 먼저 눌러진 호출에 응답하고, 운행 중 다른 호출에는 응하지 않는다. 자동차용 및 화물용에 적용된다.
  ㉯ 하강 승합 자동식(down collective automatic type) : 2층 이상의 승강장에는 내림 방향의 버튼밖에 없다. 중간층에서 위 방향으로 올라갈 때에는 1층까지 내려와서 카 버튼으로 목적층을 등록시켜 올라가야 한다. 아파트 등에서 사생활 침해나 방범 목적으로 사용된다 (예 : 홍콩, 유럽).
  ㉰ 승합전자동식(乘合全自動式) : 승강장의 누름버튼은 상·하 2개가 있고 동시에 기억시킬 수 있다. 카 진행 방향의 누름버튼과 승강장의 누름 버튼에 응답하면서 오르고 내린다. 1대의 승용 엘리베이터는 이 방식을 채용하고 있다.

③ 복수 엘리베이터의 조작방식
  ㉮ 군승합자동식(群乘合自動式) : 2~3대의 엘리베이터를 연계시킨 후, 어떤 호출에 대해 먼저 응답한 카만 움직이고, 나머지는 응답하지 않아 효율적 이용을 도모하는 방식
  ㉯ 군관리방식((群管理方式) : 3~8대의 엘리베이터를 연계, 집단으로 묶어 합리적으로 운행, 관리하는 방식. 엘리베이터의 이용 상황 및 환경을 고려해, 효율적 운행을 도모하기 위하여 사용되며, 카 위치 표시기는 문제점이 있어 사용하지 않고, 홀랜턴(hall lantern)이 사용된다. 주로 대형빌딩의 고속용 엘리베이터에 적용되고 있다.

  ※ 군관리방식의 장점
    - 인건비가 절약된다.
    - 엘리베이터의 사용 수명이 길어진다.
    - 대기 시간이 항상 비슷하다.
    - 승객의 대기 시간이 단축된다.

3. 동력전원 설비

엘리베이터 시스템에 동력전원을 공급하기 위한 과전류차단기, 변압기, 배전선 등을 말한다.

(1) 동력 전원설비 용량을 산정하는데 필요한 요소

① 전압강하 : 가속전류(카가 전부하 상태에서 상승방향으로 가속 시 흐르는 최대전류)에 대하여 AC 엘리베이터의 변압기는 6%, 전원선은 5% 이하이어야 한다. 그런데 DC 또는 인버터 엘리베이터의 변압기는 4%, 전원선은 3% 이하이어야 한다.

② 전압강하 계수(δ) = $\dfrac{R\cos\theta + X\sin\theta}{R}$

여기서 R : 선로 1m 당 저항(Ω)
X : 선로 1m 당 리액턴스(Ω)
θ : 위상각

③ 주위온도 : 기계실 최고 온도가 40℃를 넘지 않도록 환풍장치를 해야 한다.
④ 가속전류 : 정격전류의 1.5~1.7배 이다.
⑤ 부등율 : 한 계통내의 각 개의 부하의 최대 수용전력의 합계와 그 계통의 합성최대 수용전력과의 비를 말한다. 보통 단위법으로 표시되며, 1보다 큰 값인데 값이 클수록 설비의 이용도가 높다.

부등율(Y)

엘리베이터 대수 (N)	부등율 포함 대수(N×Y)		
	전부하 상승전류에 대한 비율	전부하 상승 가속전류에 대한 비율	
		급행구간이 없는 경우	급행구간이 있는 경우
2	2.0	1.7	1.85
3	2.7	2.4	2.7
4	3.1	2.95	3.4
5	3.25	3.6	4.2
6	3.3	4.1	4.9
7	3.71	4.6	5.6
8	4.08	5.1	6.3

(2) 설계 기준에서 정할 대상 항목

① 변압기 용량 산정시 유의사항
정격전류를 역속으로 통전시 내열(耐熱)일 것
전압변동율은 전부하로 카가 상승시 가속전류에 대하여 일정한 값 이하일 것

② 전원 변압기 용량 $P_o = \dfrac{\sqrt{3}\,VINY}{1000}$ (KVA)

여기서 V : 변압기의 2차 정격전압(V), N : 엘리베이터의 대수
Y : 엘리베이터에 적용되는 부등율
I : 엘리베이터에 정격속도시의 전류

③ 배전선 통전 용량 $I_o = INY + I_c N$ (A)

여기서 I_o : 통전용량(A),
I : 엘리베이터의 한 대당 정격전류(A)
N : 엘리베이터 대수(대), Y : 부등율
I_c : 엘리베이터 한 대당 제어전류(A)

④ 전압강하

$$e = \dfrac{34.2INYLk}{1000S} \text{(V)}$$

여기서 I : 엘리베이터 대당 가속전류(A), L : 전선길이(m)
S : 전선의 단면적(mm^2), Y : 부등율
N : 엘리베이터 대수(대), k : 전압강하계수

(3) 전원 설비의 추가 고려 사항

① 인버터 엘리베이터 설치시 고려사항
  ㉮ 전압고조파(저차 고조파 발생) 발생 대책
  ㉯ 고차 고조파 발생 대책
② OA기기, 통신기기 등의 설치에 대한 대책
엘리베이터 동력선과 OA기기, 통신기기의 전원선은 1m 이상 이격하거나, 동력선은 금속관 배선한다.
③ 접지선의 대책
엘리베이터의 접지선과 OA기기, 통신기기 등의 접선선 공용은 하지 않아야 한다.

※ 접지공사
① 접지의 목적
  - 고장전류나 뇌격전류의 유입에 대해 기기를 보호할 목적
  - 지표면의 국부적인 전위경도에서 감전 사고에 대한 인체를 보호할 목적
  - 이상 전압의 억제

② 접지공사
  ⓐ 단독접지
  ⓑ 공통접지
  ⓒ 통합접지
  ⓓ 변압기 중성점 접지의 접지저항

4. 조명 전원 설비

(1) 조명전원은 독립되게 설비하여야 한다.

(2) 조명전원 인입선의 굵기

$$S \geqq \frac{RIL}{1000eV} \cdot NK (\text{mm}^2)$$

여기서, R : 전선계수, 연동선의 경우 39.3(단상 2선식 또는 직류 2선식일 때)
L : 전선로의 길이(m)
I : 한 대당 조명용 회로 전 전류(A)
V : 조명용 전원전압(AC 220V)
e : 허용 전압 강하율(3%)
N : 전원을 공용하는 병렬설치대수(대)
k : 전압강하계수

※ 허용 전압 강하
- 건물 변압기의 2차측으로부터 제어반까지 : 3%
- 제어반으로부터 가장 멀리 떨어진 부하까지 : 3%

출제예상문제

1. 다음 그림은 속도 특성 곡선 및 토크(torque) 특성곡선을 나타낸다. 어느 전동기인가?

가. 직류 분권 전동기 나. 직류 직권 전동기
다. 직류 복권 전동기 라. 유도 전동기

해설 직권 전동기는 $I = I_f = I_a$의 특성을 가지고 있으므로

$$속도\ N = \frac{V-(R_a+R_s)I_a}{K_1\phi}\text{(rpm)}$$

그런데 직권전동기에서 자기 포화가 없을 때는 $\phi \propto I_a$가 되어 다음 식이 성립한다.

$$N \propto \frac{V}{\phi} \propto \frac{V}{I_a}, \quad T \propto \phi I_a \propto I_a^2$$

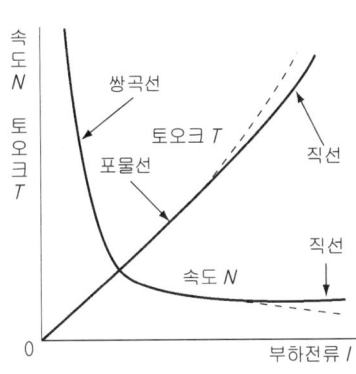

직권 전동기 특성 곡선

2. 직류 전동기의 속도 제어 방법 중 광범위한 속도 제어가 가능하며 운전 효율이 좋은 방법은?

가. 계자 제어 나. 직렬 저항 제어 다. 병렬 저항 제어 라. 전압 제어

해설 직류 전동기의 속도제어 방식
- 전압 제어법 : 전기자에 가해지는 단자 전압을 변화하여 속도를 조정하는 방법, 광범위한 속도제어가 가능하다.
- 계자 제어법 : 계자 전류를 조정하여 계자속 ϕ를 변화시켜 속도를 제어하는 방법.
- 저항 제저법 : 그림과 같이 전기자 회로에 저항 R을 넣고, 가감하여 속도를 제어하는 방법

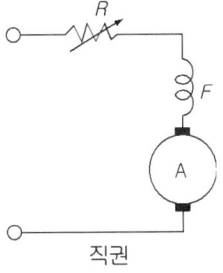

정답 1. 나 2. 라

3. 직류 전동기의 속도 제어법에서 정출력 제어에 속하는 것은?

　가. 전압 제어법　　　　　　　　나. 계자 제어법
　다. 워드 레오나드 제어법　　　　라. 전기자 저항 제어법

해설 계자 제어법은 제어하는 전류가 작기 때문에 손실도 적고, 전기자 전류에 거의 관계없이 비교적 광범위하게 속도 조정을 할 수 있으므로, 정출력 가변 속도의 용도에 적합하다.

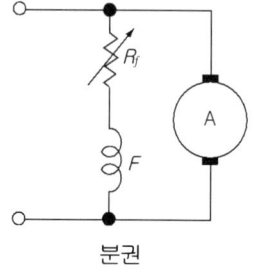
분권

4. 출력 3[kW], 1500[rpm]인 전동기의 토크[kg·m]는?

　가. 1.5　　　나. 2　　　다. 3　　　라. 15

해설 $\tau = 975\dfrac{P}{n} = 975 \times \dfrac{3}{1500} = 1.95 ≒ 2(kg \cdot m)$

5. 제어반 내부를 기능상으로 크게 3가지로 분류시 옳지 않은 것은?

　가. 신호제어반　　나. 군관리제어반　　다. 전동기제어반　　라. 카제어반

6. 직류 분권 전동기에서 운전 중 계자 권선의 저항을 증가하면 회전 속도의 값은?

　가. 관계없다　　나. 증가한다　　다. 일정하다　　라. 감소한다.

해설 계자 저항을 증가하는 것은 계자 코일과 직렬로 접속되어 있는 속도 조정기의 저항을 증가시킨다는 말이다. 따라서 공급 전압을 이것으로 나눈 여자 전류가 감소하고 계자 자속도 감소한다. $n = k\dfrac{V - I_a R_a}{\phi}$ 에서 자속 ϕ가 감소(여자전류감소)하면 회전 속도 n은 증가한다.

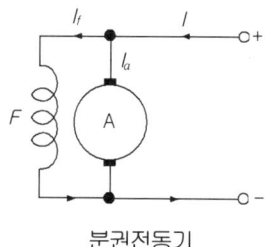
분권전동기

7. 직류 직권 전동기에서 토크 T와 회전수 N과의 관계는?

　가. $T \propto \dfrac{1}{N}$　　나. $T \propto \dfrac{1}{N^2}$　　다. $T \propto N$　　라. $T \propto N^2$

해설 역기전력 E_c를 일정하다고 하고 자기 포화를 무시하면 속도 N은

$N \propto \dfrac{E_c}{\phi} \propto \dfrac{1}{I_a}(\phi = KI_a),\quad T \propto \phi I_a \quad \therefore\ T \propto I_a^2 \propto \left(\dfrac{1}{N}\right)^2$

정답　3. 나　4. 나　5. 가　6. 나　7. 나

8. 직류 직권 전동기가 전차용에 사용되는 이유는?

가. 속도가 클 때 토크가 크다.
나. 토크가 클 때 속도가 적다.
다. 기동 토크가 크고 속도는 불변이다.
라. 토크는 일정하고 속도는 전류에 비례한다.

해설 직권 전동기는 포화하기 전에는 ϕ는 I에 비례하므로, I가 증가하면 토크는 현저하게 증가하나 ϕ가 증가되어 N은 감소한다.

9. 엘리베이터용 전동기가 범용 전동기에 비해 갖추어야 할 조건중 맞지 않는 것은?

가. 기동 토크가 클 것
나. 회전 부분의 관성모멘트가 클것
다. 기동전류가 작을 것
라. 빈번한 운전에도 열적으로 견딜 것

해설 회전 부분의 관성 모멘트는 작아야 한다.

10. 전동기의 역률에 대한 설명으로 맞지 않는 것은?

가. 역률이 나쁘다는 것은 무효전류가 증가하는 것이다.
나. 리액터를 설치하여 전류의 위상을 앞서게 한다.
다. 극수가 작을수록 역률이 좋아진다.
라. 대용량일수록 역률이 좋아진다.

해설 전류의 위상을 앞서게 하려면 진상용 콘덴서를 설치해야 한다.

11. 전동기의 토크는 속도를 증가시키면 점점 커져 최대 토오크시 갑자기 작아져 동기속도는 0이 되는데 이 최대 토오크를 무엇이라 하는가?

가. 기동 토오크
나. 정동 토오크
다. 풀업 토오크
라. 전부하 토오크

12. 엘리베이터용 전동기로 유도 전동기가 주로 사용된다. 그 이유로 맞지 않는 것은?

가. 가격이 싸고 고장이 적다.
나. 동력 전원이 교류로 배전된다.
다. 구조가 간단하다.
라. 속도제어가 용이하다.

13. 제3종 접지공사시 접지 저항값은?

가. 10Ω이하
나. 30Ω이하
다. 100Ω이하
라. 150Ω이하

14. 380V용 전동기 외함 접지공사로 맞는 것은?

가. 제 1종
나. 제2종
다. 제 3종
라. 특별 제 3종

15. ≤500 공칭회로 전압인 경우 시험전압 DC500V로 절연저항(MΩ)은?

가. 0.1 이상
나. 0.2 이상
다. 0.3 이상
라. 0.5 이상

정답 8. 나 9. 나 10. 나 11. 나 12. 라 13. 다 14. 다 15. 가

[해설]

전로의 사용전압의 구분	DC 시험전압	절연 저항값
SELV 및 PELV	250[V]	0.5[MΩ]
FELV, 500[V] 이하	500[V]	1[MΩ]
500[V] 초과	1,000[V]	1[MΩ]

16. 변압기 용량 산정시 전부하 가속전류에 대해서 부등율은 얼마로 계산하는가?

가. 0.65　　　나. 0.85　　　다. 0.95　　　라. 1.2

[해설] 가속전류는 정격전류(전부하 상승전류)의 1.5~1.7배이다.
또한 부등율은 전부하 상승전류에 대해서는 1, 가속전류에 대해서는 0.85이다.

17. 엘리베이터 동력전원 설비용량 산정시 필요한 요소가 아닌 것은 어느 것인가?

가. 감속전류　　　나. 부등율　　　다. 주위온도　　　라. 가속전류

[해설] 동력전원 설비용량을 선정하는데 필요한 요소
① 가속전류 ② 전압강하 ③ 전압강하계수 ④ 주위온도 ⑤ 부등율

18. 여러 대의 엘리베이터가 운행되는 경우 부등율이 1인 경우는?

가. 유압식 엘리베이터　　　나. 화물용 엘리베이터
다. 리니어 엘리베이터　　　라. 비상용 엘리베이터

19. 다음에서 절연등급에 해당되지 않는 것은?

가. A종　　　나. B종　　　다. H종　　　라. G종

[해설]

종류	Y종	A종	E종	B종	F종	H종	C종
최고사용온도(℃)	90	105	120	130	115	180	180이상

20. 인버터 장치에서 고차고조파가 전파되는 경로가 아닌 것은 어느 것인가?

가. 전자·정전유도에 의한 경로　　　나. 전로 전파에 의한 경로
다. 콘덴서에 유입하는 충전전류에 의한 경로　　　라. 복사에 의한 경로

[해설] 콘덴서의 충전 전류는 저차고조파이다.

21. 가속전류에 대한 설명으로 맞는 것은?

가. 카가 전부하 상태에서 상승방향으로 정상 주행할 때 흐르는 최대 선전류
나. 카가 전부하 상태에서 하강방향으로 정상 주행할 때 흐르는 최대 선전류
다. 카가 전부하 상태에서 상승방향으로 가속할 때에 흐르는 최대 선전류
라. 카가 전부하 상태에서 하강방향으로 가속할 때에 흐르는 최대 선전류

정답 16. 나　17. 가　18. 라　19. 라　20. 다　21. 다

22. 변압기 용량은 산정할 때 인버터 엘리베이터의 실효(RMS) 전류를 표현한 것은?

가. 무부하 상승전류의 50%
나. 무부하 상승전류의 70%
다. 전부하 상승전류의 50%
라. 전부하 상승전류의 70%

23. VVVF에 대한 설명중 맞지 않는 것은?

가. 종래 교류귀환제어에 비해 소비전력이 70% 이상 줄일 수 있다.
나. 회생전력은 직류회로에 접속된 저항기로 소모되기도 한다.
다. 직류전동기와 동등한 제어성능을 얻을 수 있다.
라. 귀환제어를 행하여야 한다.

해설 종래 교류 귀환제어에 비해 소비전력을 50%정도 줄일 수 있다.

24. 교류 2단 속도제어에서 고속과 저속의 속도비율에서 고려되어야 할 사항으로 옳지 않은 것은?

가. 착상시간   나. 가속도   다. 감속도   라. 착상오차

25. 다음에서 전동 발전기를 사용하는 제어방식은 어느 것인가?

가. 워드레오나드 방식
나. 사이리스터 레오나드 방식
다. 정지 레오나드 방식
라. 교류귀환제어

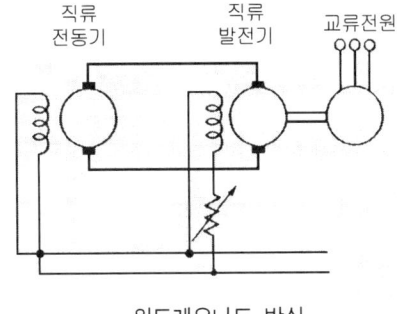

워드레오나드 방식

26. 다음에서 인버터의 기본 구성 요소를 맞지 않는 것은?

가. 인버터부   나. 컨버터부   다. 점호각 제어회로부   라. 제어회로부

해설 인버터는 인버터부, 컨버터부, 평활 회로부, 제어회로부로 되어있다.

27. 정지 레오나드 방식에서 속도 지령값과 비교하여 차이가 있으면, 사이리스터의 무엇을 바꿔 속도를 제어하는가?

가. 주파수   나. 점호각   다. 전압   라. 전류

정답 22. 라   23. 가   24. 나   25. 가   26. 다   27. 나

28. 다음에서 실린더의 기름이 파워 유니트로 역류하는 것을 방지하는 밸브는?

가. 바이패스 밸브   나. 체크밸브   다. 안전밸브   라. 스톱밸브

해설 스톱밸브 : 유압파워 유니트에서 실린더로 통하는 배관 도중에 설치되는 수동조작밸브이다. 이 밸브를 닫으면 실린더의 오일이 탱크로 역류하는 것을 방지한다. 이 밸브는 유압장치의 보수, 점검, 수리시에 사용되는데 게이트 밸브(gate valve)라고도 한다.

29. 다음 그림과 같은 유압회로의 설명으로 맞지 않는 것은?

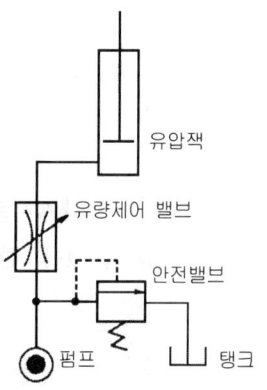

가. 효율이 나쁘다.
나. 미터인(meter in) 회로이다.
다. 정확한 제어가 가능하다.
라. 블리드 오프(bleed off)회로이다.

해설 미터인(meter in)회로 : 유량 제어밸브를 주회로에 삽입하여 유량을 직접 제어하는 회로, 정확한 제어가 가능하지만 여분의 오일이 안전밸브를 통하여 탱크에 되돌려 보내지기 때문에 효율이 나쁘다.

정답 28. 라   29. 라

제7편 재해 대책 설비

1. 지진, 화재, 정전시의 운전

(1) 내진성의 기본적인 사고 방식

① 작은 지진에는 손상이 없을 것
② 대지진시 빌딩의 구조체에 약간의 손상은 있어도 큰 손상은 없을 것
③ 인명, 재산 등의 큰 피해를 입지 않을 것

(2) 엘리베이터 내진설계의 특이성

① 지진 하중에 의해 기기의 이동이나 전도가 없고, 위험한 변형이 생기지 않을 것.
② 지진 발생시 이동케이블, 로프 등이 승강로 내의 돌출물에 걸리거나 절단되는 일이 없을 것

(3) 내진설계의 적용

① 승객용 엘리베이터
② 화물용 엘리베이터(자동차용 포함)
③ 침대용 엘리베이터

(4) 설계용 수평 지진력(작용점은 기기의 중심)

$$F = KW(kg)$$

여기서 K : 설계용 수평진도
W : 기기의 중량(kg)

(5) 설계용 수직 지진력(기계실기기)

$$F_0 = K_0 W(kg), \quad K_0 = \frac{1}{2}K$$

여기서 K_0 : 설계용 수직진도

(6) 높이가 60m 이하인 엘리베이터의 설계용 수평진도

$$F = X \cdot Y$$

여기서 X : 지역계수
Y : 설계용 표준진도

[참고] 설계용 표준진도

대상기기		승용·침대용 엘리베이터	화물용 엘리베이터
승강로의 기기	1층 및 지하층	0.4	0.4
	2층 이상 층	0.6	0.45
기계실의 기기	1층 및 지하층	0.4	0.4
	2층 이상 층	1.0	1.0

(7) 높이가 60m 초과인 엘리베이터 설계용 수평진도

$$F_h = \frac{F_R}{g} K_1 \cdot T$$

여기서 F_R : 각층의 플로어 응답 가속도의 최대값(gal)
  g : 중력 가속도(=980 gal)
  K_1 : 기기의 응답 배율을 고려한 계수
  T : 중요도 계수

2. 지진시 관제 운전

(1) 지진 감지기의 설정값

(단위:gal)

건축물의 높이	저 설정치	고 설정치	특정 설정치
60m이하	120	150	80 또는 P파 감지
60m 넘고 120m 이하	60, 80, 100	100, 120, 150	30,40,60 또는 P파 감지
120m 넘는것	40, 60, 80	80, 100, 120	25,30 또는 P파 감지

(2) 정전시 관제 운전

① 평상시의 전원이 OFF되고, 비상전원이 ON되면 그 형상을 식별하는 전원 식별장치에 의해 검출한다.
② 정전이 되면 승객을 순차적으로 피난 시켜야 한다.
③ 전원이 OFF되면 비상전원이 ON되고 순차적으로 직근층 또는 지정층에 카가 착상된다.
※ 비상용 엘리베이터는 정전이 되면 즉시 엘리베이터에 비상전원을 공급해야 한다.

3. 감시반 설치

(1) 감시반의 종류
① 일반 감시반
② 컴퓨터 감시반

(2) 감시반의 목적
승객의 안전 확보와 신속한 구출을 하기 위함이다.

(3) 감시반 기능의 종류
① 제어기능
② 표시기능
③ 경보기능
④ 분석기능
⑤ 통신기능

(4) 감시반 설치 장소
① 중앙관리실
② 경비실
③ 방재실
④ 승강기 기계실 등

(5) 감시반 설치시 주의 사항
① 전원은 엘리베이터나 에스컬레이터의 전원과 분리해야 한다.
② 컴퓨터 감시반 비상 엘리베이터용 비상호출 스위치는 키보드 외에 별도로 설치되어야 한다. 그러나 아래의 조건을 만족하는 경우에는 키보드로 대신하여도 된다.
  ㉮ 관제 운전자가 상주해 상시감시 및 제어가 가능한 경우
  ㉯ 무정전 전원장치로 전기적 장애를 받지 않는 경우
  ㉰ 화재가 발생하였을 경우 누구나 조작을 할 수 있도록 조작 순서에 대한 매뉴얼이 비치된 경우

4. 방범설비

(1) 방범설비의 설치 목적
엘리베이터를 이용한 범죄를 방지하는데 있다.

(2) 방법 설비의 종류
① 방범창
② 경보장치
③ 연락장치
④ 각층 강제정지 장치

5. 비상용 승강기

(1) 비상운전

① 비상 호출 운전

정상 운전중인 승강기를 지정한 층으로 복귀하게 하는 운전을 말한다. 비상호출 운전은 피난층에 설치된 호출 스위치나 감시반에 부착된 호출 스위치로 한다.

② 1차 소방운전

소방대원 또는 지정 전임자만 사용하도록 하기 위해 카내에 설치된 키 스위치에 의거 전환되는 방식이어야 한다. 카내 비상정지 스위치는 유효하나 과부하 감지 장치 및 문닫힘 안전장치는 무효하다.

③ 2차 소방운전

카와 승강장의 문을 열린 상태로해 카를 승강 하도록하는 운전방식이다. 이 운전은 인명이 위험에 처해 있거나, 문이 화재등으로 변질되어 정상적인 개폐가 불가능한 경우에 한다.

(2) 비상운전 완료시 조치

비상운전이 끝난 후 즉시 복귀시키면 위험하다. 그러므로 기계실에 설치한 복귀 장치를 리셋 해야만 복귀되도록 해야 한다.

(3) 기타의 조치

① 승강장 위치 표시기는 전층에 설치하여야 한다.
② 승장로비에는 최대정원, 적재하중을 나타내는 표지, 용도가 부착되어 있어야 한다.
③ 중앙관리실 감시반 및 카내에는 비상중임을 나타내는 표시등이 점등되어 있어야 한다.
④ 터치버튼은 수분에 의한 오동작이 있으므로 사용하지 않는다.
⑤ 비상시 전원이 OFF되면 안되므로, 누전이 검출되더라도 경보만 울리도록 한다.
⑥ 카내 비상정지 스위치는 조작반 면에 설치해, 정상 운전시 및 소방운전시에는 유효하게 하고, 비상호출 운전시에는 무효하게 한다.

6. 비상용 승강기의 전기배선 공사 및 예비전원

(1) 전기 배선공사

① 기계실 및 승강로를 제외한 것의 배선은 내화 배선으로 한다.
② 비상용과 일반용은 각각 별도의 배선으로 해야 한다.
③ 기계실내 및 승강로내의 배선은 일반배선으로 한다.
④ 방적구조의 기기에 이르는 전선은 직접 기구단자로 접속(도중에 접속점을 만들면 방적처리)해야 한다.
⑤ 중앙 관리실에 이르는 전선은 엘리베이터 기계실에서 분기시켜야 한다.
⑥ 중앙 관리실에 이르는 전선을 승강로에서 분기시킬 때, 분기단자는 최하층 바닥면에서 300mm 이상 높이에 설치해야 한다.

(2) 비상용 엘리베이터의 예비전원

① 2시간 이상 작동 가능해야 한다.
② 총합 변동율이 ±5% 이내 이어야 한다.
③ 정전후 1분 이내에 승강기 운행에 필요한 전력을 자동으로 공급해야 하며, 수동으로 전원이 ON되도록 하여야 한다.

출제예상문제

1. 엘리베이터의 감시반 기능으로 맞지 않는 것은?

　가. 경보기능　　　나. 승객 감시기능　　　다. 표시기능　　　라. 제어기능

　해설 감시반 기능의 종류
　　① 경보, ② 표시, ③ 제어, ④ 통신, ⑤ 분석

2. 설계용 수평 지진력의 작용점은 기기의 어느 부분으로 산정하는가?

　가. 기기의 중심　　　나. 기기의 최고점　　　다. 기기의 최선단　　　라. 기기의 최저점

3. 건물의 높이가 60m이하 이다. 설계용 수평진도를 적합하게 나타낸 것은?

　가. 기기의 중력과 설계용 표준진도의 곱　　　나. 지역계수와 설계용 표준진도의 곱
　다. 지역계수와 기기의 중력의 곱　　　　　　라. 지역계수와 기기의 중력의 합

4. 비상용 승강기에 대한 설명으로 맞지 않는 것은?

　가. 중앙관리실에는 호출스위치 및 비상 운전등이 붙어있어야 한다.
　나. 비상용승강기는 높이 31미터이상의 건축물 또는 16층 이상의 공동주택에 설치하므로 속도는 90m/min 이상이어야 한다.
　다. 2차 소방스위치라 함은 카와 승강장의 문을 연채로 카를 승강시킬 수 있는 스위치를 말한다.
　라. 피난층이나 그 직상층 또는 그 직하층의 승강장에는 카를 부르는 장치가 붙어 있어야 한다.

　해설 비상용 승강기는 속도 60m/min 이상이어야 하며, 설치는 다음과 같다

구분	비상용 승강기 대수
높이 31m를 넘는 각층의 바닥면적 중 최대 바닥면적이 1,500m² 이하인 경우	1대 이상
높이 31m를 넘는 각층의 바닥면적 중 최대 바닥면적이 1,500m² 를 넘는 경우	1,500m² 를 넘는 3,000m² 이내 마다 1대씩 가산한다.

5. 다음에서 비상용 엘리베이터 예비전원의 기준으로 맞지 않는 것은?

　가. 정전후 60초이내에 승강기 운행에 필요한 전력용량을 자동적으로 발생시켜야 한다.
　나. 1시간 이상 작동이 가능해야 한다.
　다. 수동으로 전원을 작동할 수 있도록 해야 한다.
　라. 승강기 운행속도는 60m/min이상이어야 한다.

　해설 2시간 이상 작동이 가능해야 한다.

정답　1. 나　2. 가　3. 나　4. 나　5. 나

Part 03 일반기계공학

제1편 기계재료
제2편 결합용 기계요소
제3편 축과 기계요소
제4편 전동용 기계요소
제5편 제어용 기계요소
제6편 주조
제7편 소성가공
제8편 용접
제9편 절삭가공
제10편 공작기계
제11편 측정
제12편 유체기계
제13편 유압기기
제14편 공압기기
제15편 재료역학
제16편 보속의 굽힘과 응력

제1편 기계재료

1. 철과 강

(1) 선철 (Pig iron)

철광석을 용광로에서 철분을 분리시킨 것
  ① 선철의 탄소량 : 2.5~4.5%C
  ② 선철의 용도
  90%강 제조 (선철을 제강로에서 탈탄 및 탈산)
  10%주철 제조(선철을 용선로 용해)

(2) 강의 제조

  ① 평로 제강법 : 선철, 철광석을 용해시켜 탈산(Mn, Si, Al)하여 제조
   ⓐ 염기성법 : 저급재료 사용(불순물 제거됨)
   ⓑ 산성법 : 고급재료 사용(불순물 제거 못함)
  ② 전로 제강법 : 용해된 선철 주입 후 공기·산소로 불순물을 산화시켜 제조
  ③ 전기로 제강법 : 전기열을 이용하여 선철, 고철을 용해해 제조.

(3) 강재의 종류

  ① 강괴 (Steel ingot)
  킬드 강괴, 림드 강괴, 세미킬드 강괴
  ② 반제품
  강편, 소강편, 판상 강판, 판용 강판
  ③ 완제품
  강판, 강관, 강선, 조강

(4) 순철의 변태

A_2(768℃), A_3(910℃), A_4(1400℃) 변태가 있으며, A_3, A_4 변태를 동소변태, A_2 변태를 자기변태라 한다. 또한 변태에 따라서 α철, γ철, δ철의 동소체가 있는데, α철은 910℃ 이하에서 체심입방격자, γ철은 910~1400℃에서, δ철은 1400℃ 이상에서 체심입방격자로 존재한다.

(5) 탄소강의 조직

① 페라이트(Ferrite) :
  α철에 탄소가 최대 0.025(0.036)% 고용된 α고용체로 흰색의 입상조직인데, 연성·전성이 크다.
② 오스테나이트(Austenite)
  γ철에 탄소가 최대 2.11(1.7또는 2.0)% 고용된 γ고용체이다. A_1 점(723℃) 이상에서 안정되는 조직인데 인성이 크고, 가공이 용이하다.
③ 시멘타이트(Cementite)
  철에 탄소가 최대 6.67% 화합된 금속간 화합물(Fe_3C)이다. 경도가 크고 메짐성이 있다.
④ 펄라이트(Pearlite)
  공석강으로 페라이트와 시멘타이트의 층상 조직이다. 탄소 합유량은 0.85%이다.
⑤ 델타페라이트(Delta Ferrite)
  δ철에 탄소가 최대 0.10% 고용된 δ고용체인데, A_4점(1400℃) 이상에서만 존재하는 조직이다.

(6) 탄소강의 분류

① 공석강 : 0.85%C
② 아공석강 : 0.03~0.85%C
③ 과공석강 : 0.85~1.7%C

(7) 탄소강의 종류와 용도

① 저탄소강 (0.3%C 이하) : 가공성 위주, 열처리 불량, 단접양호
② 고탄소강 (0.3%C 이상) : 경도위주, 열처리 양호, 단접불량
③ 탄소공구강(탄소:STC, 합금:STS, 스프링강:SPS) : 고탄소강(0.6~1.5%C), 킬드강으로 제조
④ 주강(SC) : 수축률이 주철의 2배이다.
⑤ 기계 구조용 탄소강재(SM) : 저탄소강 (0.08~0.23%C), 일반기계 부품으로 사용한다.
⑥ 침탄강(표면경화강) : 표면에 C를 침투시켜 강인성 및 내마멸성을 증가시켰다.
⑦ 쾌삭강(Free cutting steel) : 강에 S, Pb, Ce, Zr을 첨가하여 절삭성을 향상시켰다.

(8) 탄소강의 성질

① 물리적 성질
  탄소 함유량의 증가에 따라 비중, 온도계수, 선팽창률, 열전도도는 감소한다. 그러나 비열, 전기저항은 증가한다.
② 기계적 성질
  표준상태에서 탄소가 많을수록 경도·인장강도는 증가한다. 공석조직에서 최대가 된다. 그러나 연신율과 충격값은 감소한다.
③ 화학적 성질
  강은 알칼리에 내부식성이나 산에는 그렇지 않다.

(9) 강재의 KS기호

강재의 KS기호

기 호	설 명	기 호	설 명
SM	기계 구조용 탄소강재	SWS	용접 구조용 압연강재
SBV	리벳용 압연강재	STC	탄소공구강
SKH	고속도 공구강재	STS	합금공구강
WMC	백심가단 주철	SPS	스프링강
DC	구상 흑연 주철	SS	일반구조용 압연강재
SNC	Ni-Cr강재	SK	자석강
GC	회주철	SF	단조품
SC	주강		

(10) 특수강

특수강(합금강)은 탄소강에 이종의 원소를 첨가하여 기계적 성질을 개선한 강을 말한다.

① 첨가원소
  ⓐ Ni : 강인성, 내식성, 내산성을 증가시킨다.
  ⓑ Mn : 내마멸성을 증가 시키고, S에 의거 발생하는 메짐을 방지한다.
  ⓒ Cr : 내식성과 내열성·내마멸성을 크게 한다.
  ⓓ W : 탄화물을 만들기 쉽게 하고 경도와 내마멸성을 크게 한다.
  ⓔ Mo : 내식성·뜨임 메짐을 방지한다. 또한 담금질 깊이를 크게 한다.
  ⓕ Si : 내식성·내열성을 증가시킨다.

② 구조용 특수강
  ⓐ 강인강
    Ni 강 (1.5~5% Ni첨가)
    Cr 강 (1~2% Cr첨가)
    Ni-Cr 강 (SNC) : 가장 많이 사용되는 구조용강이다
    Ni-Cr-Mo 강 : 가장 우수한 구조용강이다
    Mn-Cr 강 : Ni-Cr 강의 Ni대신 Mn을 넣은 강
    Cr-Mn-Si : 차축에 사용된다.
    Mn 강 : 내마멸성·경도가 커, 광산기계, 레일 교차점 등에 사용된다.
  ⓑ 표면 경화강
    침탄용강 : Ni, Cr, Mo 함유강
    질화용강 : Al, Cr, Mo 함유강
    스프링강 : 탄성한계, 항복점이 높은 Si-Mn 강이 사용된다.

③ 특수 공구강
  ⓐ 합금공구강(STS)

탄소 공구강에 Cr, W, Mo, Ni, V를 첨가한 강을 말한다.
- ⓑ 고속도강(SKH)
  절삭용 공구재료에 적합하다. 500~600℃ 고온에서도 경도가 저하되지 않고 내마멸성이 크다.
- ⓒ 스텔라이트(Stellite)
  주조한 상태로 연삭하여 사용하는 공구재료로 대표적인 것이 Co-Cr-W-C 합금이다. 주로 경질 합금이 대표적이다.

④ 특수용도 특수강
- ⓐ 불변강(Invariable steel)
  온도 변화에 따라 선팽창 계수나 탄성률 등의 특성이 변하지 않는 합금강을 말한다. 종류에는 인바(Invar), 엘린바(Elinvar), 코엘린바(Coelinbar), 플래티나이트(Platinite), 초불변강(Super Invar)이 있다.
- ⓑ 내열강
  내열성을 주는 원소는 Cr(고크롬강), Al(Al_2O_3), Si(SiO_2)이다. Si-Cr강은 내연기관 밸브 재료로 사용된다.
- ⓒ 스테인리스강(STS)
  강에 Cr, Ni등을 첨가하여 내식성을 갖게 하였다.
- ⓓ 쾌삭강
  가공재료의 피절삭성, 정밀 가공성 및 절삭 공구의 수명 등을 높이기 위하여 탄소강에 S, P, Pb 등을 첨가한 합금강을 말한다.
- ⓔ 베어링강 (Bearing steel)
  강도 경도 및 탄성한도가 높고, 피로한도가 크며, 내마멸성이 요구된다. 많이 사용되고 있는 베어링강의 표준 조성은 1.0% C, 1.5% Cr의 고탄소 크롬강이다.

(11) 주철(Cast Iron)

① 주철의 조직
바탕조직(펄라이트, 페라이트)과 흑연으로 구성되어 있다. 주철중에 탄소량은 유리탄소와 화합탄소로 존재하고, 파단면에 따라 회주철(회색), 백주철(흰색), 반주철로 분류한다.
- ⓐ 회주철(페라이트+펄라이트+흑연)
- ⓑ 백주철(시멘타이트+펄라이트)
- ⓒ 반주철(펄라이트+시멘타이트+흑연)

② 주철에 영향을 미치는 요소
C(영향이 크다), Mn(내열성, 강인성을 증가시킨다), Si(흑연화를 촉진시킨다), S(기공유발, 수축률을 증가시킨다), P(유동성 증가, 수축을 적게 한다)

③ 주철의 종류
- ⓐ 보통주철
  편상흑연, 페라이트, 약간의 펄라이트를 함유하는 조직이며 회주철이다. 인장강도는 10~20(kgf/mm^2) 정도이다.
- ⓑ 고급주철

편상흑연 주철중 인장강도가 25(kgf/mm^2) 이상인 주철을 말하며 펄라이트 주철이라고도 한다. 종류에는 란쯔, 에멜, 코살리, 파워스키, 미하나이트 주철이 있다.

ⓒ 합금주철

종류에는 고력합금 주철(Ni-Cr계 주철, 애시큘러주철), 내마멸성 주철(Ni-Cr계 주철, 침상주철), 내열주철(Ni-Cr-Si 주철, Ni-Cr-Cu 주철, 고크롬 주철), 내산주철(듀리론, 코로질론)이 있다.

ⓓ 특수주철

구상흑연주철, 칠드주철, 가단주철이 있다.

④ 주철의 성질

ⓐ 기계적 성질

경도는 C+Si 량이 많을수록 작아지며, 인장강도는 회주철은 10~45(kgf/mm^2) 범위이다. 연신율은 1% 이하, 압축강도는 인장강도의 3~4배 정도이며 내마멸성이 크다.

ⓑ 물리적 성질

Si와 C가 많을수록 비중은 작아지고 또 용융온도 역시 낮아진다. Si와 Ni양이 증가하면 고유저항은 커진다.

ⓒ 화학적 성질

알칼리에는 강하나 염산, 질산 등의 산에는 약하다. 물에 대한 내식성이 강하다.

주철의 성장(고온에서 장시간 유지 또는 가열 냉각을 반복할 시 주철의 부피가 팽창하여 변형, 균열이 발생하는 현상)이 발생하는데, 원인은 시멘타이트(Fe_3C)의 흑연화에 의한 팽창, A1변태에 따른 체적의 변화, 페라이트중의 Si의 산화에 의한 팽창, 불균일한 가열로 균일에 의한 팽창이다.

2. 비철금속

(1) 가공용 알루미늄 합금

가공용 Al합금은 압연, 단조, 압출, 인발 등의 소성가공법을 이용해 판, 봉, 관, 선 등으로 가공하는 재료이다.

① 두랄루민(Duralumin) : Cu, Mg, Mn의 Al합금으로 500~510℃에서 용체화 처리 후, 물에 담금질하여 상온에서 시효 경화시켜 강인성을 얻는다.

② 초두랄루민(Super Duralumin) : Cu, Mg, Mn의 Al합금으로 인장강도는 45(kgf/mm^2) 정도로 항공기구 구조나 리벳 등에 사용된다.

③ 초강두랄루민(Extra Super Duralumin) : 인장강도는 50(kgf/mm^2) 정도이며, 항공기 재료로 사용된다.

(2) 주조용 알루미늄 합금

① Al-Cu계 합금

주조성·절삭성이 좋으나 고온 메짐, 수축균열이 있다.

② Al-Si계 합금

실루민(Silumin)이 대표적이고, 주조성은 좋으나 절삭성이 나쁘다.
③ Al-Cu-Si계 합금
라우탈(Rautal)이 대표적이고, Si첨가로 주조성이 향상되고, Cu첨가로 절삭성이 향상된다.
④ Al-Mg계 합금
Mg 12%이하로 하이드로날륨(Hydronalium)이라고도 한다. 내식성, 강도, 연신율이 우수하나, 비중이 작고, 절삭성이 매우 좋다.
⑤ 다이캐스팅 Al합금
라우탈, 실루빈, 하이드로날륨 등이 적합하며, 자동차부품, 철도차량, 가정용기구 등에 사용된다.

(3) 마그네슘 합금

① Mg 합금의 성질
인장강도 15~35(kgf/cm^2)이며 절삭성이 좋다.
Al, Zn, Mn 등의 첨가로 내식성, 연신율을 개선한다.
② Mg 합금의 종류
ⓐ 주조용 Mg 합금
Mg-Al계 : Al 함유량이 4~6%일 때 가장 우수하고, 대표적인 합금에 다우메탈(dow metal)이 있다.
Mg-Zn계 : 이 합금에 지르코늄(Zr)을 넣으면 그 성능이 향상되는데, 항복 강도가 높고, 비강도가 금속재료 중 가장 높다.
Mg-Al-Zn계 : 대표적인 것이 일렉트론(Elecktron)이다. 일렉트론은 관, 봉, 피스톤 등에 사용된다.
ⓑ 가공용 Mg 합금
Mg-Mn계 : 합금에는 M1A 합금이 있으며, 값이 저렴하고 용접성, 내식성이 좋다.
Mg-Al-Zn계 : 합금에는 AZ31B, AZ61A 등이 있으며, 가공용으로 많이 사용된다.
Mg-Zn-Zr계 : 압출재료로 우수한 성질을 갖는다.

(4) 청동(Cu-Sn)

청동은 주조성이 좋고 부식에 잘 견디며, 내마모성도 좋다.
① 청동의 종류
포금(Gunmetal) : 8~12% Sn에 1~2% Zn 구리의 합금으로 주물에 사용된다.
유연성·내식성·내수압성이 좋다.
미술용 청동 : 2~8% Sn, 1~12% Zn, 1~3% Pb의 청동이 사용된다.
베어링 청동 : Sn 10~14%의 청동이 사용된다.
인청동 : 인(P)을 주석 청동의 용융 주조시에 탈산제로 사용한다. 합금중에 0.05~0.5% 정도의 인(P)을 잔류시키면 구리용융액의 유동성·합금의 강도·경도·탄성률이 좋아 진다. 스프링 인청동은 7~8% Sn, 0.05~0.15% P 정도의 합금이 이용된다.
규소청동 : 700~750℃에서 풀림하여 사용하는데, 고온·저온에서 내식성과 용접성이 좋다.

- 니켈청동 : 10~15% Ni을 함유한 구리-니켈 합금에 2~3% Al을 첨가한 합금이다.
- 베릴륨청동 : 2.5% 이하의 Be을 첨가한 구리합금이다. 구리합금 중에서 가장 높은 강도와 경도를 가진다.
- 코르슨합금 : 3~4% Ni을 첨가한 Cu-Ni 합금에 1% Si를 첨가한 합금이다. 통신선·스프링에 사용된다.
- 크롬청동 : 0.5~0.8% Cr을 함유한 Cu-Cr 합금이다. 전도성과 내열성이 좋아 용접봉, 전극 재료로 사용된다.

(5) 황동(Cu-Zn)

구리와 아연의 합금이다.

① 황동의 특징
 ⓐ 실용화 되는 것은 α와 $\alpha + \beta$ 조직이다.
 ⓑ α(7.3) 황동은 상온가공, $\alpha + \beta$(6.4) 황동은 고온가공 해야 한다.
 ⓒ 경년변화 : 상온 가공한 황동 스프링이 시간의 경과 후 스프링 특성을 잃는 현상
 ⓓ 탈아연 부식 : 해수에 침식되어 Zn이 용해 부식되는 현상
 ⓔ 자연균열 : 보관중에 잔류된 내부 응력으로 균열이 생기는 현상
 ⓕ 고온탈아연 : 고온에서 Zn이 증발하여 황동 표면에서 탈아연이 되는 현상.
 ⓖ 7.3황동은 1200℃, 6.4황동은 1100℃를 초과하면 아연이 비등해 용융시 주의해야 한다.
 ⓗ 연신율은 Zn이 30%일 때, 인장강도는 Zn이 40%일 때 최대값을 나타낸다.

② 황동의 종류
 ⓐ 톰백(Tombac) : 5~20% Zn 황동이다. 금박대용으로 사용하며, 10% Zn 황동이 톰백의 대표적이다.
 ⓑ 6.4황동 : 600~800℃에서 고온 가공한다. 조직은 $\alpha + \beta$이므로 상온에서 강도가 크나, 내식성이 적어 탈아연 부식을 일으키기 쉽지만, 강력하므로 기계부품으로 사용된다.
 ⓒ 7.3황동 : 관, 봉, 판 등을 만들어 많이 사용된다.
 ⓓ 납황동 : 쾌삭황동이라 한다. 황동에 납(Pb)을 1.5~3.0% 첨가하여 절삭성을 개선해 시계·나사 등에 사용된다.
 ⓔ 주석황동 : 황동에 1%정도 주석(Sn)을 첨가해 내식성을 증가시켰다. 종류에는 에드미럴티(Admiralty) 황동, 네이벌(Naval) 황동이 있다.
 ⓕ 철황동 : 6.4황동에 철(Fe)을 1% 정도 첨가하였다. 델타메탈(delta metal)이라하며 내식성 및 강도가 좋아 선박용, 광산용 기계 등에 사용된다.
 ⓖ 망간황동 : 황동에 약간의 망간을 첨가하였다. 강도와 경도를 증가시키고 연신율을 크게 한 것으로 강력황동이라 한다.
 ⓗ 니켈황동 : 황동에 니켈(Ni)을 10~20% 첨가하였다. 양은 또는 양백이라고도 하며 식기, 악기 등에 사용된다.

(6) 니켈-구리 합금

① 콘스탄탄 : 구리에 40~50% Ni을 첨가하였다. 열전쌍 재료, 표준 저항선으로 사용된다.
② 베네딕트 메탈 : 구리에 15% Ni을 첨가하였다. 탄환의 외피에 사용된다.
③ 모넬 메탈 : 구리에 60~70% Ni을 첨가하였다. 디젤기관 밸브, 화학기계 부품에 사용된다.

(7) Ni-Cr 합금

① 니크롬(Nichrome) : Ni, Cr, Fe의 합금이다. Ni-Cr선은 1100℃까지, Ni-Cr-Fe선은 1000℃ 이하에서 사용된다.
② 인코넬(Inconel) : Ni-Cr의 합금이다. 내열·내식성이 우수하며, 전열기 부품, 열전쌍 보호관, 진공관 필라멘트에 사용된다.
③ 알루멜-크로멜(Alumel-Chromel) :
 - 크로멜(chromel) : 89%Ni-9.8%Cr-1%Fe-0.2%Mn 합금
 - 알루멜(alumel) : 94%Ni-1%Si-2%Al-0.5%Fe-2.5%Mn 합금
※ 크로멜-알루멜은 열전대로서 약 1000℃ 이하에서 이용된다.

(8) Ni-Fe 합금

Ni은 상온에서 강자성체이고, Fe와 합금화하게 되면 자기적 특성이 향상되며 높은 투자율의 합금을 얻을 수 있다. 특히 78% Ni-Fe 합금은 퍼말로이(Permalloy)라 부르며, 자기재료로 많이 사용된다.

(9) 내식·내열 Ni합금

① Ni-Cr-Fe계 합금
 대표적 합금은 (72~76)%Ni-(14~17)%Cr-(6~10)%Fe계로 Inconel 600이라 부르는데, 고온 강도가 높을 뿐만 아니라 오스테나이트계 스테인리스강에 비해 내식성과 내산화성이 뛰어나기 때문에 화학공업용, 제트엔진, 터보차지블레이드 등에 이용되는 기본적인 Ni기 합금이다.
② Ni-Mo-Fe계 합금
 Ni에 Mo을 첨가하면 내열성이 상승함과 동시에 비등염산에 대한 내식성이 향상되고, Mo이 28% 이상이면 모든 농도의 비등(沸騰)염산에 견딘다. 이 합금이 하스텔로이(Hastelloy)이고 뛰어난 내식·내열재료이다.
 ⓐ Hastelloy A
  Ni-20%Mo-20%Fe 합금을 Hastelloy A라 하고, 70℃까지의 농염산(濃鹽酸)에 견디며 비교적 경제성이 높다.
 ⓑ Hastelloy B
  Ni-30%Mo-5%Fe 합금을 Hastelloy B라 하고, 모든 농도의 비등염산과 비산화성의 산과 염류에 견딘다.
③ Ni-Cu계 합금
 (50~75)%Ni-Cu합금은 모넬금속(monel metal)이라 부르고 내식성 특히 내해수성이 우수하다. 내열성도 좋기 때문에 해수 및 화학공업용 펌프나 각종 기계, 가열·냉각관, 증기판, 프로펠러에 이용된다.

(10) 아연합금

① 다이캐스팅용 합금

4%Al, 0.4%Mg, 1%Cu의 합금이 많이 사용된다. 특히 4%Al을 함유한 합금을 자마크 (Zamark) 합금이라 하며, 전기기기, 광학기기, 자동차부품에 사용된다.

② 가공용 합금

Zn-Cu합금, Zn-Cu-Mg합금, Zn-Cu-Ti합금 등이 사용된다.

(11) 납합금

순수한 납은 기계적 성질이 떨어져 소량의 비소(As), 칼슘(Ca), 안티몬(Sb) 등을 첨가한 합금이 사용된다. 활자합금, 땜납, 베어링합금 등에 사용된다.

(12) 주석 합금

① Sn-Pb계 : 땜납에 사용된다. 용제는 Zncl, 송진 등이다.
② Sn-Sb-Cu계 : 4~7%Sb, 1~3%Cu의 주석합금을 퓨터 또는 브리타니아 메탈(britania metal)이라 하고, 주로 장식용품에 사용된다.

(13) 저융점 합금

Sn보다 융점이 낮은 합금을 말한다. 퓨즈, 활자, 정밀모형에 사용되며, 합금의 종류는 Bi-Pb-Sn-Cd로 구분하고, 명칭은 우드메탈, 뉴턴합금, 로즈합금, 리포위쯔 합금이 있다.

3. 비금속재료

(1) 내열재료

① 서멧(Cermet) : 비중이 5.0 정도이다. 고온에서 안정되고, 강도가 높으며 열충격에 강하다.
② 세라믹코팅(Ceramic coating) : 고온에서 부식 및 침식 방지를 위해 내열 피복을 한다. 제트 엔진, 로켓엔진의 내열부품에 사용된다.

(2) 보온재

재질에 따라 유기질, 무기질, 금속질로 나눈다.

(3) 플라스틱

투명성, 내식성, 전기 절연성, 착색등이 우수하여 전기, 기계, 건축 부품에 많이 사용된다. 플라스틱은 합성수지를 주성분으로 한다. 플라스틱 온도범위는 50~200℃ 이내이다.

(4) 유리

유리는 비결정 구조를 갖는다. 용도에 따라 일반유리와 특수 유리로 나눈다.

(5) 윤활유

윤활유에는 액체 윤활유와 그리스 및 고체 윤활유가 있다. 윤활유는 윤활 작용, 밀봉작용, 열흡수 제저작용, 청정작용, 밀폐작용 등을 한다.

광물성 윤활유는 기계유, 모빌유, 스핀들유 등이 있으며, 또한 그리스(Grease)가 용해되어 흘러내리는 온도를 적점(Dropping Point)이라 한다.

(6) 절삭유

냉각, 윤활, 세척작용과 공구의 수명을 길게 하며, 다듬질면을 좋게 한다. 많이 사용하는 절삭유에는 알칼리성 수용액, 유화유, 동·식물유 등이 있다.

(7) 도료

도료는 내구력을 늘리고 아름답게 한다. 종류에는 일반도료와 특수도료가 있다.

4. 열처리 및 표면경화

(1) 일반 열처리

① 담금질(Quenching)
전체 조직을 고온에서 안정된 오스테나이트 상태로 한 후, 냉각액에 급냉시켜 재질을 경화 시킨다.
② 담금질 조직
　ⓐ 마텐자이트(Martensite) : 탄소가 고용된 철을 말한다. 종류에는 α마텐자이트와 β마텐자이트가 있다. 담금질 조직 중 가장 경도가 크다.
　ⓑ 트루스타이트(Troostite) : 마텐자이트보다 경도와 내식성은 작으나 인성은 크다. α철과 미세한 시멘타이트의 기계적 혼합물이다.
　ⓒ 소르바이트(Sorbite) : 트루스타이트보다 인성이 있다. 또 펄라이트 조직보다 단단하고 강인하다.
　ⓓ 오스테나이트(Austenite) : 비자성체이며 전기저항이 크다. 또 상온 가공을 하면 마텐자이트로 변한다.
　ⓔ 담금질 조직의 경도 비교 : 마텐자이트>트루스타이트>소르바이트>오스테나이트
③ 뜨임(Tempering)
담금질한 강의 내부 응력을 제거하고 인성을 개선하기 위해 A_1변태점 이하의 온도로 재가열한 후, 냉각시켜 열처리하는 방식이다.
　ⓐ 저온뜨임 : 약 100~200℃에서 뜨임 마텐자이트 조직을 얻는다.
　ⓑ 고온뜨임 : 구조용 탄소강을 500~600℃에서 뜨임하여 강인한 소르바이트 조직을 얻는다.
　ⓒ 등온뜨임 : 250℃ 이상의 온도로 가열하고, 일정 시간 유지 후 마텐자이트 조직을 베이나이트 조직으로 만들어 공냉하는 방식이다.
　ⓓ 뜨임 메짐성(Temper Brittleness) : 1차 뜨임 메짐성은 450~550℃, 2차 뜨임 메짐성은 550~650℃의 뜨임 온도 범위에서 일어난다. 1차 뜨임 메짐성은 냉각 속도와 무관하다. 그러나 2차 뜨임 메짐성은 서행시 발생한다. 메짐성을 예방하려면 냉각속도를 빠르게 또는 소량의 Mo를 첨가하면 된다.
④ 풀림(Annealing)
탄소강을 연화시키기 위해 적당한 온도까지 가열한 후, 그 온도를 유지한 다음 서냉하는 방

식이다. 목적은 금속 결정의 입자조절, 열처리 및 가공 등에 의거 경화된 재료의 연화, 주조·단조, 기계가공에서 생긴 내부 응력제거이다.

ⓐ 풀림의 종류
- 완전풀림
- 항온풀림
- 연화풀림
- 응력제거풀림
- 확산풀림
- 구상화풀림

출제예상문제

1. 순철(Pure iron)에는 몇 개의 동소체가 있는가?

　가. 1개　　　나. 2개　　　다. 3개　　　라. 4개

　해설 순철에는 α철, γ철, δ철의 동소체(Allotropy)가 있다.

2. 용광로에서 철광석을 용해하여 만들어진 철을 무엇이라고 하는가?

　가. 선철　　　나. 강철　　　다. 주철　　　라. 순철

3. 금속간 화합물로 흰색의 침상이나 망상 조직은 어느 것인가?

　가. Pearlite　　　나. Cementite　　　다. Austenite　　　라. Ferrite

　해설 시멘타이트는 금속간 화합물로 흰색의 침상이나 망상조직으로 경도가 매우 크다.

4. 다음 강의 기본 조직 중 경도가 제일 큰 조직은?

　가. 시멘타이트
　나. 소르바이트
　다. 퍼얼라이트
　라. 트르스타이트

5. Fe-C 상태도에서 온도가 가장 낮은 점은?

　가. 공정점
　나. 포정점
　다. 자기변태점
　라. 공석점

　해설 공정점 : 1147℃,
　　　　포정점 : 1400℃,
　　　　자기변태점 : 768℃,
　　　　공석점 : 723℃

[참고그림] Fe-C 2성분계 평형상태도

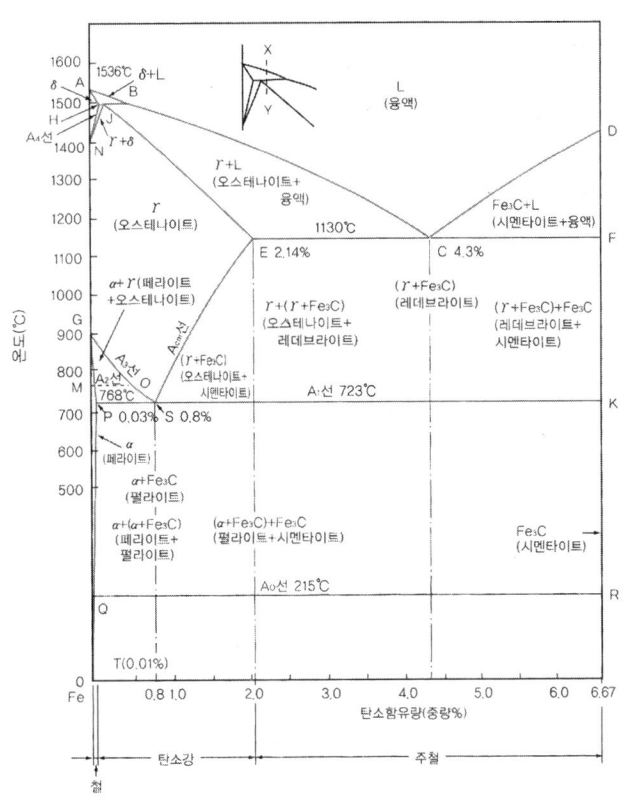

정답 1. 다　2. 가　3. 나　4. 가　5. 라

6. 탄소강의 물리적 성질 중 탄소 함유량이 많아지면 그 성질이 증가하는 것은 어느 것인가?

　　가. 비열　　　나. 용융온도　　　다. 선팽창계수　　　라. 비중

　　해설 탄소강에서 탄소 함유량이 증가하면 비열과 전기저항은 증가하나, 비중, 용융온도, 선팽창계수 등은 감소한다.

7. 탄소강에 인(P)이 주는 영향이 아닌 것은?

　　가. 충격치 감소　　나. 연신율 증가　　다. 강도·경도 증가　　라. 가공시 균열

8. 강이 청열취성을 일으키는 온도는?

　　가. 50~100℃　　나. 100~200℃　　다. 200~300℃　　라. 300~400℃

9. S(황)이 강에 미치는 영향으로 맞는 것은?

　　가. 청열취성　　나. 백점발생　　다. 적열취성　　라. 저온취성

10. 제강법 중 산성법과 염기성법으로 용융 선철을 장입하여 제강하는 방법은?

　　가. 평로　　나. 도가니로　　다. 용광로　　라. 전로

11. 적열(고온) 메짐을 발생 시키는 원소는?

　　가. S　　나. Si　　다. Mn　　라. P

12. P나 S를 첨가하여 절삭성을 향상시킨 특수강을 무엇이라 하는가?

　　가. 쾌삭강　　나. 내열강　　다. 내부식강　　라. 내마모강

　　해설 강의 절삭성을 향상시키기 위해 납, 황, 인, 망간 등을 첨가하여 쾌삭강을 만든다.

13. 특수강인 플래티 나이트 (Platinite)의 성질이 아닌 것은?

　　가. 백금과 같은 팽창계수를 갖는다.　　나. 열팽창률이 높다.
　　다. 유리와 거의 동등한 탄성률을 갖는다.　　라. 상온 부근에서 탄성률이 변하지 않는다.

　　해설 플래티나이트는 백금이나 유리의 팽창계수를 갖는데, 열팽창률은 높지 않다.

14. 고속도강의 표준성분은?

　　가. W18%, V14%, Cr3%　　　나. W18%, V1%, Cr4%
　　다. W14%, V1%, Cr8%　　　라. W14%, V18%, Cr1%

정답 6. 가　7. 나　8. 다　9. 다　10. 라　11. 가　12. 가　13. 나　14. 나

15. 침탄량을 증가시키는 원소는?

　가. Si　　　　나. W　　　　다. V　　　　라. Ni

　[해설] 침탄량을 증가시키는 원소는 Ni, Cr, Mo 등이다.

16. 주철에서 냉각속도가 늦고 Si량이 많으면 어떠한 주철이 만들어 지는가?

　가. 반주철　　　나. 합금주철　　　다. 백주철　　　라. 회주철

　[해설] 냉각 속도가 느리고 Si량이 많으면 회주철이 만들어지고, Mn이 많고, 냉각이 빠르면 백주철이 만들어진다.

17. 실용 주철의 탄소 함유량은 몇 % 인가?

　가. 1.7~2.5%　　나. 2.5~4.5%　　다. 4.5~6.5%　　라. 6.5~8.5%

　[해설] 실용 주철의 성분
　① C : 2.5~4.5%,　② Si : 0.5~1.3%,　③ Mn : 0.5~1.5%,　④ P : 0.05~1.0%,　⑤ S : 0.05~0.15%

18. 탈산을 충분히 하여 고급강재를 만드는 강은?

　가. 림드강　　　나. 세미림드강　　　다. 킬드강　　　라. 세미킬드강

　[해설] 킬드강은 노내에서 페로 실리콘(Fe-Si), 페로망간(Fe-Mn), 알루미늄(Al) 등의 강탈산제로 충분히 탈산한 강으로 기포나 편석은 없다.

19. 시계용 스프링을 만드는 재질은?

　가. 엘린바(Elinbar)　　　　　나. 인청동
　다. 애드미럴티(Admiralty)　　라. 미하나이트(Meehanite)

20. 강철 중 불변강으로 줄자, 표준자의 재료가 되는 것은?

　가. 엘린바(Elinbar)　　　　나. 인바(Invar)
　다. 스텔라이트(Stellite)　　라. 플래티나이트(Platinite)

21. 탄소강에 Cr(크롬)을 첨가하면 기계적 성질이 어떻게 되는가?

　가. 인성이 증가한다.　　　　나. 경도를 높여 내마모성이 증가된다.
　다. 연신률이 커진다.　　　　라. 담금질 효과가 잘 안 나타난다.

22. Fe-C 상태도에서 공정점과 탄소함유량이 얼마인가?

　가. 1130℃(4.3%C)　나. 1260℃(4.5%C)　다. 1320℃(4.8%C)　라. 1410℃(5.2%C)

정답　15. 라　16. 라　17. 나　18. 다　19. 가　20. 나　21. 나　22. 가

해설 공정온도선(ECF)은 1130℃, 공정점의 탄소 함유량은 4.3%이다. 또 포정온도선(HJB)은 1490℃, 탄소함유량은 J점이 0.18%이다.

23. 쾌삭강에 대한 설명으로 적합한 것은?

  가. 보통강에 S, Zn을 첨가한 강이다.   나. 보통강에 Pb, Mn을 첨가한 강이다.
  다. 보통강에 Pb, S를 첨가한 강이다.   라. 보통강에 Pb, Zn을 첨가한 강이다.

해설 가공재료의 정밀가공성, 절삭 공구의 수명, 피절삭성 등을 향상시키기 위하여 탄소강에 인(P), 황(S), 납(Pb)등을 첨가한 합금강이 쾌삭강이다.

24. 스텔라이트(Stellite)의 주성분은?

  가. W-V-C   나. W-C-Co-Cr   다. W-C-Mo-Cr   라. W-C-Co

25. 스테인리스강에서 합금의 주성분은?

  가. Ti   나. Cr   다. Co   라. Mo

해설 스테인리스강의 주성분은 Fe-Cr-Ni-C

26. Cu-Zn 합금에서 실용화 되고 있는 조직은?

  가. α 나. γ 다. β 라. δ

해설 Cu-Zn계에서는 α, γ, β, δ, ϵ, η 6상이 있다. 실용화 되고 있는 것은 α 및 $\alpha+\beta$ 조직이다.

27. Al-Cu-Si계 합금인 라우탈(Lautal)에서 표면이 고운 것을 요구시, 첨가량을 늘려야 하는 원소는 어느 것인가?

  가. Cu   나. Mg   다. Na   라. Si

28. 두랄루민(Duralumin)의 주성분은?

  가. Al-Cu-Mg   나. Al-Cu   다. Al-Cu-Si   라. Al-Mg-Zn

해설 Cu, Mg, Mn의 Al 합금으로 500~510℃에서 용체화 처리 후, 물에 담금질하여 상온에서 시효경화시켜 강인성을 얻는다.

29. 알루미늄의 표면에 인공적으로 얇은 산화 피막을 만들어 내식성을 갖게 한 것은?

  가. 두랄루민   나. 알마이트   다. 실루민   라. 하이드로날륨

30. 실루민의 개량처리에 사용되는 것은?

  가. Mg   나. Mo   다. Na   라. Ag

정답 23. 다 24. 나 25. 나 26. 가 27. 가 28. 가 29. 나 30. 다

31. 활자 합금의 주성분은?

  가. Zn-Sb-Sn   나. Pb-Sb-Sn   다. Fe-Pb-Sn   라. Cu-Zn-Sb

32. Ni합금 중 Ni에 크롬과 철을 함유한 합금으로 열전대용 재료로 사용되는 것은?

  가. 콘스탄탄   나. 인코넬   다. 크로멜   라. 알루멜

33. 온도 측정용 열전쌍에 사용되는 것은?

  가. 구리와 은이 합금된 것
  나. 구리와 알루미늄이 합금된 것
  다. 니켈과 은이 합금된 것
  라. 콘스탄탄과 철이 쌍을 만드는 것

34. Mg-Al계의 대표적인 합금명은?

  가. 실루민   나. 모넬메탈   다. 도우메탈   라. 라우탈

35. 배빗메탈이란?

  가. Sn을 기지로 한 화이트메탈
  나. Zn을 기지로 한 화이트메탈
  다. Cu를 기지로 한 화이트메탈
  라. Pb를 기지로 한 화이트메탈

36. 색깔이 아름다우며 장식품에 많이 사용되는 황동은?

  가. 포금   나. 톰백   다. 7.3황동   라. 문쯔메탈

  해설 구리에 아연을 5~20% 가한 황동을 톰백이라 한다.

37. 6.4황동은?

  가. 톰백(Tombac)
  나. 레드브라스(Red brass)
  다. 로브라스(Low brass)
  라. 문쯔메탈(Muntz metal)

38. 화이트 메탈(White metal)의 주성분은?

  가. Pb, Al, Sn   나. Sn, Sb, Cu   다. Zn, Sn, Cr   라. Zn, Sn, Cu

39. 구리에 납을 주입한 베어링 합금은?

  가. 콜슨(Corson)
  나. 켈밋(Kelmet)
  다. 네이벌황동(Neval brass)
  라. 암즈청동(Arms bronze)

정답 31. 나 32. 나 33. 라 34. 다 35. 가 36. 나 37. 라 38. 나 39. 나

40. 내식성, 내마멸성이 우수하고 탄성이 있어 스프링 재료에 사용되는 청동은?

　가. 규소청동　　　나. 인청동　　　다. 에드미럴티 청동　　　라. 알루미늄청동

41. 경질고무 즉 에보나이트에 대한 설명으로 맞는 것은?

　가. 생고무에 염산을 가한 것　　　나. 생고무에 유황 15% 이하를 가한 것
　다. 생고무에 황산을 가한 것　　　라. 생고무에 질산을 가한 것

42. 다음에서 도료의 종류에 속하지 않는 것은?

　가. 와니스　　　나. 고무　　　다. 바이스　　　라. 페인트

43. 콘크리트 표준 배합비로 맞는 것은?(단, 시멘트 : 모래 : 자갈이다.)

　가. 1:2:3　　　나. 1:2:4　　　다. 1:3:5　　　라. 1:3:3

44. 다음에서 비금속 재료가 아닌 것은 어느 것인가?

　가. 수지　　　나. 도료　　　다. 톰백　　　라. 고무

　[해설] 톰백은 비철금속으로 황동의 한 종류이다. 5~20% Zn 황동으로 강도는 낮으나, 전연성이 좋고 금색을 띠어 금박대용으로 사용된다.

45. 식기류 화장품류에 사용되는 것은?

　가. 요소수지　　　나. 셀룰로이즈　　　다. 페놀수지　　　라. 규소수지

46. 다음에서 뜨임 메짐성(Temper brittleness)에 관한 내용으로 맞지 않는 것은?

　가. 2차 뜨임 메짐성은 급냉시 발생한다.
　나. Ni-Cr강에서 잘 나타난다.
　다. 2차 뜨임 메짐성은 550~650℃의 범위에서 발생한다.
　라. 보통 뜨임 메짐성은 2차 뜨임 메짐성을 말한다.

　[해설] 2차 뜨임 메짐성은 서행시 발생한다.

47. 다음에서 담금질의 목적에 대한 설명으로 맞지 않는 것은?

　가. 필요한 깊이까지 경화될 것　　　나. 강의 성질을 손상 시키지 않을 것
　다. 충분한 경도를 얻을 수 있을 것　　　라. 강의 내부응력을 제거하고 인성을 개선한다.

　[해설] 담금질 : 전체 조직을 고온에서 안정된 오스테나이트 상태로 한 후, 냉각액에 급랭시켜 재질을 경화.
　　　　뜨임 : 담금질한 강의 내부 응력을 제거하고, 인성을 개선하기 위해 A_1변태점 이하의 온도로 재가열한 다음 다시 냉각시킴.

[정답] 40. 나　41. 가　42. 나　43. 나　44. 다　45. 가　46. 가　47. 라

48. 다음에서 강을 담금질하여 얻은 조직은?

　가. 페라이트　　　나. 마아텐자이트　　　다. 소르바이트　　　라. 퍼얼라이트

　[해설] 마아텐자이트는 강을 담금질하여 얻은 조직인데, 담금질 조직중 가장 경도가 크다.

49. 담금질 용액 중 냉각 효과가 가장 큰 것은 어느 것인가?

　가. 물　　　나. 비눗물　　　다. 염욕　　　라. 기름.

50. 담금질된 강을 뜨임 처리하는 목적으로 맞는 것은?

　가. 강도증가　　　나. 내식성증가　　　다. 인성증가　　　라. 취성증가

51. 강을 A_1점 이하의 온도에서 재가열하여 조직을 연화하는 작업을 무엇이라 하는가?

　가. 뜨임　　　나. 불림　　　다. 담금질　　　라. 풀림

52. 베이나이트 담금질이라 부르는 것은?

　가. 계단 담금질　　　나. 마르템퍼　　　다. 마르퀜칭　　　라. 오오스템퍼

　[해설] 오스템퍼링(Austempering) : Ar'~Ar'' 사이의 열욕(hot bath)에 담금질해 변태 완료시까지 항온 유지 후 공냉, 베이나이트 조직을 얻는다.

정답 48. 나　49. 다　50. 다　51. 라　52. 라

제2편 결합용 기계요소

1. 나사

(1) 나사의 종류

① 삼각 나사
체결용으로 많이 사용된다.
　ⓐ 미터나사 : 보통나사(일반체결용)와 가는나사(진동이 많은 곳에 사용)의 2종류가 있다.
　ⓑ 유니파이 나사 : 미국, 영국 캐나다가 협정하여 만든 나사이다. ABC 나사라고도 한다.
　ⓒ 관용 나사 : 파이프를 연결하는 데 사용된다.

삼각나사

② 사각나사
나사산 모양이 4각이며, 3각 나사에 비해 풀어지긴 쉬우나, 저항이 적은 이점이 있어 동력 전달용 잭(Jack), 선반의 피드(Feed), 나사 프레스 등에 사용된다.

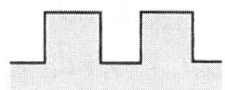

사각나사

③ 사다리꼴 나사
애크미(Acme) 나사라고도 한다. 사각나사보다 강력한 동력 전달용에 사용된다. 미터계열은 30°, 인치계열은 29°의 나사산의 각도를 갖고 있다. 공작기계의 이송나사에 사용된다.

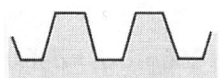

사다리꼴 나사

④ 톱니 나사
한쪽은 삼각나사의 형상, 반대쪽은 사각나사의 형상으로 되어 있다. 축선의 한 쪽에만 힘을 받는 곳(바이스, 프레스, 잭)에 사용된다. 나사각은 30°와 45°가 있다.

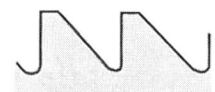

톱니 나사

⑤ 둥근 나사
너클나사라고도 한다. 먼지나 이물질이 들어가기 쉬운 전구·호스 연결부 등에 사용된다.

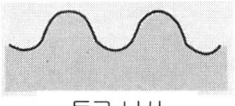

둥근 나사

⑥ 볼 나사
NC공작기계, 자동차용 스테어링 장치 등에 사용된다.

⑦ 셀러 나사

아메리카 나사라고도 한다. 산의 각도는 60°, 피치는 1인치에 대한 나사산 수로 나타낸다.
⑧ ISO 나사
국제 표준화 기구에 의거 제정된 나사이다.

(2) 볼트의 종류

① 보통볼트의 종류
ⓐ 관통 볼트(through bolt) : 조이려는 부분을 관통하여 볼트 지름보다 약간 큰 구멍을 뚫고, 여기에 머리 붙이 볼트를 끼워 넣은 후 너트로 결합하는 볼트이다.
ⓑ 탭 볼트(tap bolt) : 관통볼트를 사용하기 어려울 때 결합하려는 상대 쪽에 암나사를 내고, 머리붙이 볼트를 조여 부품을 결합하는 볼트이다.
ⓒ 스터드 볼트(stud bolt) : 양쪽 끝 모두 수나사로 되어있는 나사로서 관통하는 구멍을 뚫을 수 없는 경우에 사용한다.

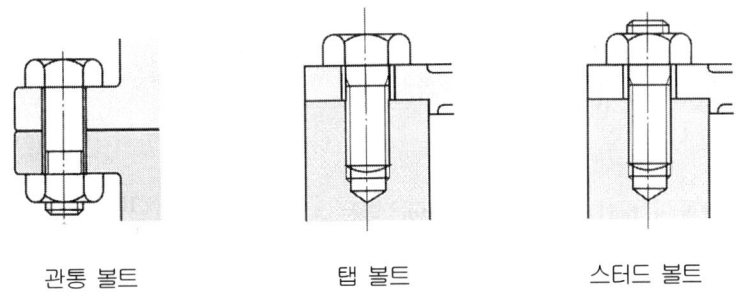

관통 볼트   탭 볼트   스터드 볼트

② 특수 볼트의 종류
ⓐ 아이 볼트(eye bolt) : 볼트의 머리부에 핀을 끼울 구멍이 있어 자주 탈착하는 뚜껑의 결합에 사용된다. 아이볼트중 고리볼트(lifting bolt)는 무거운 물체를 달아 올리기 위하여 훅(hook)을 걸수 있는 고리가 있는 볼트이다.
ⓑ 나비 볼트(wing bolt) : 볼트의 머리부를 나비 모양으로 만들어 스패너 없이 손으로 조이거나 풀 수 있어, 별도의 공구 없이 손으로 탈착이 가능하다.
ⓒ 간격유지 볼트 : 스테이 볼트(stay bolt)라고도 하며, 두 물체 사이의 거리를 일정하게 유지시키면서 결합하는 데 사용한다.

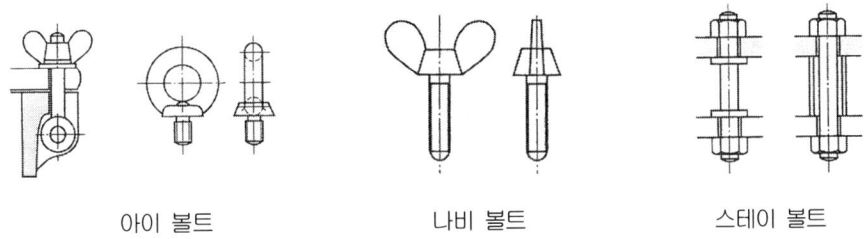

아이 볼트   나비 볼트   스테이 볼트

ⓓ 기초 볼트(foundation bolt) : 기계, 구조물 등을 콘크리트 기초에 고정시키기 위하여 사용하는 볼트이다.

ⓔ T 볼트(T-bolt) : 공작기계 테이블 또는 정반은 다른 물체를 용이하게 고정시킬 수 있도록 T자형 홈이 파져 있다. 볼트의 머리를 4각형으로 만들어 T자형 홈에 끼우면 너트를 조일 때 볼트 머리가 회전하지 않게 된다.

ⓕ 리머 볼트(reamer bolt) : 리머 구멍에 끼워 사용하는 구멍과 볼트의 축부가 절삭에 의해서 반듯한 형상의 치수로 완성 가공되어 있는 완성 볼트를 말한다.

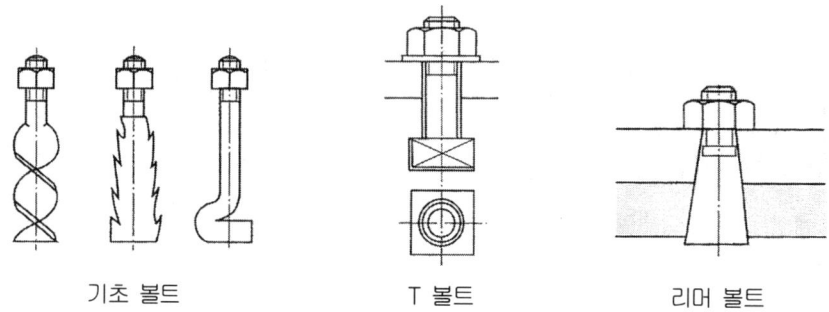

기초 볼트   T 볼트   리머 볼트

ⓖ 충격볼트(shock bolt) : 섕크 부분의 지름을 가늘게 해 늘어나기 쉽도록 한 볼트로서, 충격을 흡수할 수 있는 볼트이다.

ⓗ 전단 볼트(shear bolt) : 볼트에 걸리는 전단 하중에 견딜 수 있게 되어있다.

2. 키

키(Key)는 축에 기어, 풀리, 플라이휠, 커플링, 클러치 등의 회전체를 고정시켜서 회전운동을 전달시키는 결합용과 보스를 축에 고정하지 않고 축 방향으로 이동할 수 있게 한 것이 있다. 키의 재료는 전단력을 받으므로 축의 재질보다 약간 경도가 높은 4각 마봉강(SGD1~SGD4), 탄소강 단강품(SF540A), 기계 구조용 탄소강(SM20C~SM45C) 등을 주로 사용한다.

(1) 키의 종류

① 묻힘 키(sunk key)
축과 보스의 양쪽에 모두 키 홈을 파고, 여기에 묻힘키를 끼워 토크를 전달시키는 방식이다.

② 미끄럼 키(sliding key)
미끄럼 키는 페더 키(feather key)또는 안내 키라고도 하며, 축 방향으로 보스를 미끄럼 운동을 시킬 필요가 있을 때에 사용한다.

③ 반달 키(woodruff key)
축에 반달모양의 홈을 만들어 반달모양으로 가공된 키를 끼운다.

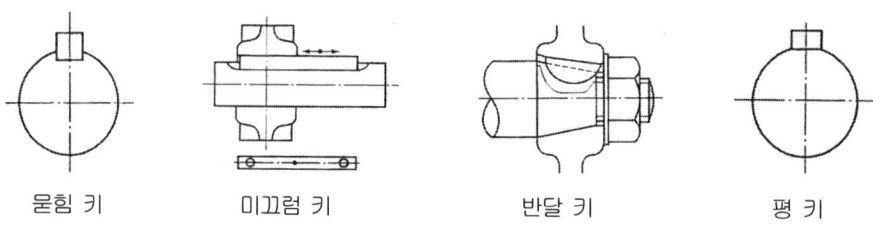

묻힘 키   미끄럼 키   반달 키   평 키

④ 평 키(flat key)

납작 키라고도 하며 키에는 기울기가 없다. 축 방향으로 이동할 수 없고, 안장키보다 약간 큰 토크 전달이 가능하다.

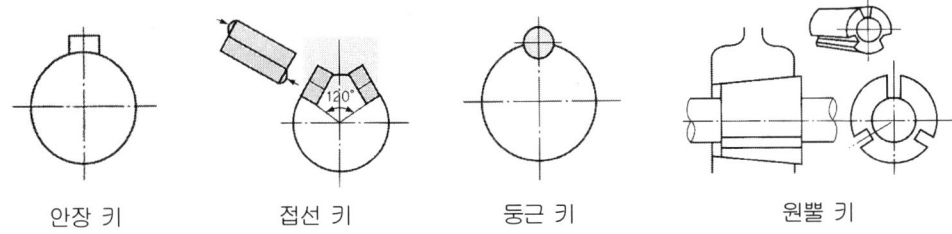

안장 키   접선 키   둥근 키   원뿔 키

⑤ 안장 키

새들 키(saddle key)라고도 하며 키에는 기울기가 없다. 축의 강도 저하가 없고, 축의 임의의 위치에 부착시켜 사용하는 이점이 있으나, 큰 토크를 전달할 때는 미끄러지기 쉬우므로 부적당하다.

⑥ 접선 키(tangential key)

축의 접선 방향으로 끼우는 키로서 1/100의 기울기를 가진 2개의 키를 한 쌍으로 하여 사용한다. 2개의 키를 한 홈에 때려 박으면 그 단면은 직사각형이 되어 성크 키보다 축의 강도를 덜 저하시키면서 큰 회전력을 전달할 수가 있다.

⑦ 둥근 키(round key)

축과 보스를 끼워 맞춤하고 아래 그림과 같이 축과 보스 사이에 구멍을 가공하여 원형 단면의 평행핀 또는 테이퍼핀으로 때려 박은 키이다.

⑧ 원뿔 키(cone key)

축과 보스와의 사이에 2~3곳을 축 방향으로 쪼갠 원뿔을 때려 박아 축과 보스를 헐거움 없이 고정할 수 있다.

⑨ 페터 키(Feather key)

회전력이 전달과 동시에 보스를 축 방향으로 이동시킬 필요가 있을 때 사용한다. 안내키라고도 한다.

(2) 키의 접선력

아래 그림과 같이 축이 보스 쪽에 키를 통하여 토크를 전달할 때, 키는 보스 쪽에 P로 접선력을 주게 된다. 이 때 토크 T와 접선력 P는 다음의 관계식을 갖는다.

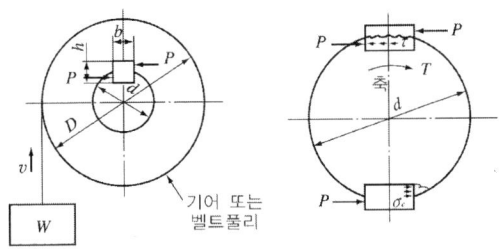

$$P = bl\tau = \frac{2T}{d} \quad \cdots\cdots\cdots\cdots ①$$

여기서, P : 축과 보스의 경계면에 작용하는 접선력(N)
T : 전달 토크(N·mm), b : 키의 너비(mm)
l : 키의 유효 길이(mm) ($l ≒ 1.5d$), τ : 키의 전단 응력(N/mm²), d : 축 지름(mm)

(3) 전달 토크

키의 전단력에 의한 토크와 축에 작용하는 토크는 같아야 하므로, 키와 축의 전달토크는 다음과 같이 계산한다.

식 ①에 의해서

$$T = P\frac{d}{2} = (bl\tau)\frac{d}{2} = \tau_a \cdot \frac{\pi d^3}{16}$$

여기서, τa : 축의 전단응력(N/mm²)

3. 코터 및 핀

① 코터 (cotter)

축방향으로 인장 혹은 압축이 작용하는 두 축을 연결하는데 사용된다. 테이퍼는 한쪽이 경사진 것을 많이 쓰며, 종종 분해하는 것에는 1/5~1/10, 반영구적 결합일 경우는 1/50~1/100의 테이퍼를 주지만 보통의 경우는 1/20이다.

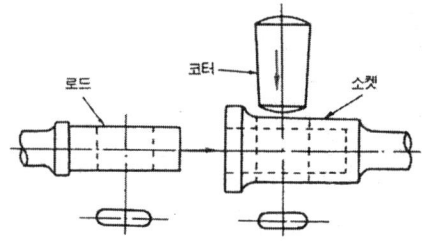

코터 이음

② 코터의 자립 조건 : 코터가 사용 중 자동적으로 풀어지지 않도록 되어있는 상태
  ⓐ 한쪽 기울기의 코터 : $\alpha < 2\rho$
  ⓑ 양쪽 기울기의 코터 : $\alpha \leq \rho$
    여기서, α : 경사각, ρ : 마찰각

③ 코터의 이음 강도

$$p = \frac{W}{bd} (\text{kg/cm}^2), \qquad p' = \frac{W}{b(D-d)} (\text{kg/cm}^2)$$

ⓐ 코터의 전단응력 $(\tau_1) = \frac{W}{2bh} (\text{kg/cm}^2)$

ⓑ 소켓의 인장응력 $(\sigma_1) = \dfrac{W}{\dfrac{\pi}{4}(D^2-d^2)-b(D-d)}$ (kg/cm^2)

ⓒ 코터의 나비 $(h) = \sqrt{\dfrac{3Wd}{2b\sigma_b}}$ (cm)

여기서, W : 인장하중(kg), b : 코터의 두께(cm), d : 소켓의 안지름(cm)
         D : 소켓의 바깥지름(cm), p : 코터와 로드의 접촉 압력(kg/cm^2)
         p' : 코터와 소켓의 접촉압력(kg/cm^2), σ_b : 굽힘응력(kg/cm^2)

④ 코터 이음의 구성
로드(rod), 소켓(socket), 코터(cotter) 등으로 구성되어 있다.

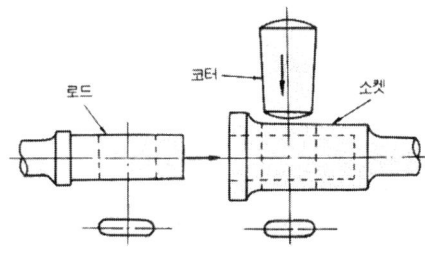

코터 이음

⑤ 핀
너트의 풀림방지나 핸들과 축의 고정에 사용된다.
ⓐ 핀의 종류
- 테이퍼 핀(Taper pin) : 원추 형상의 핀으로 $\dfrac{1}{50}$ 테이퍼로 되어있다. 호칭은 작은 쪽의 지름으로 표시하며 50mm이하의 사용된다.
- 평행핀(dowel pin) : 분해 조립을 하게 되는 부품의 맞춤면 관계 위치를 항상 일정하게 유지하도록 안내하는데 사용된다.
- 분할핀(split pin) : 두 갈래로 되어 있을시 너트의 풀림방지용으로 사용된다.
- 코터핀(cotter pin) : 두 부품 결합용의 핀이다.
- 스프링핀(spring pin) : 세로 방향으로 쪼개져 있어 구멍의 크기가 정확치 않을시, 해머로 두들겨 박을 수 있다.

4. 리벳과 용접

(1) 리벳의 이음 작업
철교·구조물·탱크와 같은 영구 결합에 많이 사용된다.

① 리벳 이음의 특징
   ⓐ 잔류 변형이 생기지 않으므로 취약 파괴가 일어나지 않는다.
   ⓑ 구조물 등에서 조립할 때에는 용접이음보다 쉽다.
   ⓒ 경합금과 같이 용접이 곤란한 재료에는 신뢰성이 있다.

(2) 리벳의 제조 방법에 의한 분류

① 열간 성형 리벳 : 재료의 변태점 이상의 온도에서 머리 부분을 성형한 리벳이다.

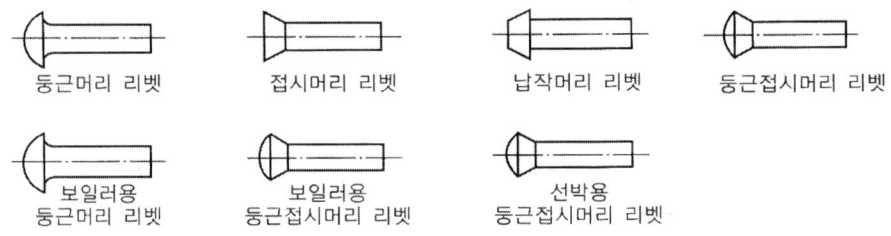

열간 성형 리벳

② 냉간 성형 리벳 : 냉간 가공에 의해 머리 부분을 성형한 리벳이다.

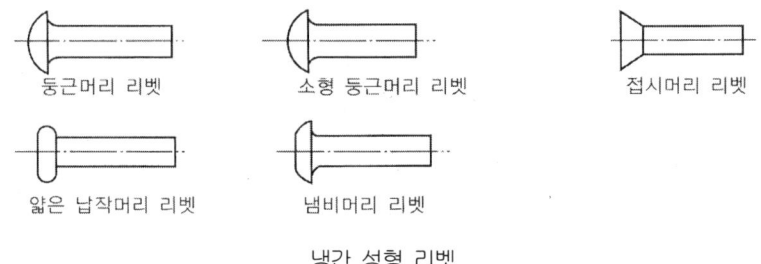

냉간 성형 리벳

(3) 리벳(Rivet)의 호칭

호칭은 리벳 종류, 지름 d × 길이 ℓ 재료로 표시한다.

(4) 리벳 이음의 종류

① 겹치기 이음(lap joint)
  결합할 두 판재를 직접 겹쳐 죄는 이음으로서, 힘의 전달이 동일 평면이 아닌 편심 하중으로 된다.

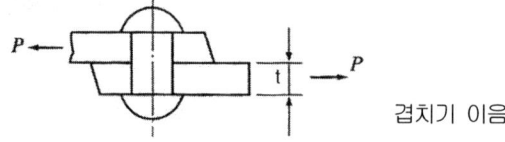

겹치기 이음

② 맞대기 이음(butt joint)
결합할 두 판재의 양 끝을 맞대어 덮개판을 한쪽 또는 양쪽에다 대고 리베팅하는 방법이다.

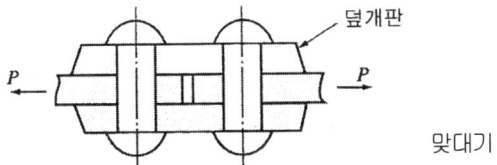

맞대기 이음

③ 평행 형 리벳이음과 지그재그 형 리벳이음
리벳이음이 2줄 이상일 때에는 평행형 리벳이음 또는 지그재그형 리벳이음으로 한다.

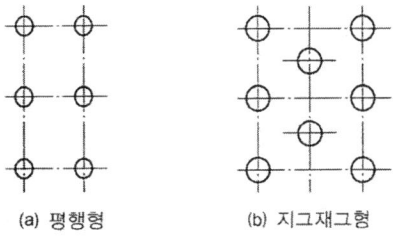

(a) 평행형   (b) 지그재그형

④ 전단면 이음
겹치기 이음이 나타나는 전단면의 수가 1개인 단수 전단면 리벳이음과 양쪽 덮개판 맞대기 이음에서 나타나는 전단면의 수가 2개인 복수 전단면 리벳이음이 있다.

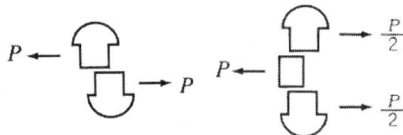

(5) 용접 이음의 종류

① 맞대기 용접 이음(butt weld joint)
모재를 일정한 간격(root)으로 놓고, 그 양 끝에 홈을 판 후 비드를 쌓아 접합 시키는 방법.

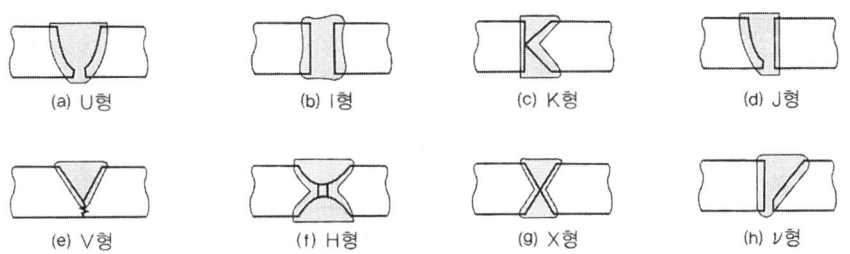

(a) U형   (b) I형   (c) K형   (d) J형

(e) V형   (f) H형   (g) X형   (h) ν형

맞대기 이음의 종류

② 겹치기 용접 이음(lap weld joint)

α각이 45°~30°의 범위를 벗어나지 않도록 하여 사용한다. 그리고 사용하는 모재의 두께가 다른 경우에는 얇은 쪽을 선택한다.

$h \leqq 12$에서는　$b \geqq (2h+10) \sim 4h$(mm)

$h \geqq 16$에서는　$b \geqq (2h+15) \sim 4h$(mm) 등으로 사용한다.

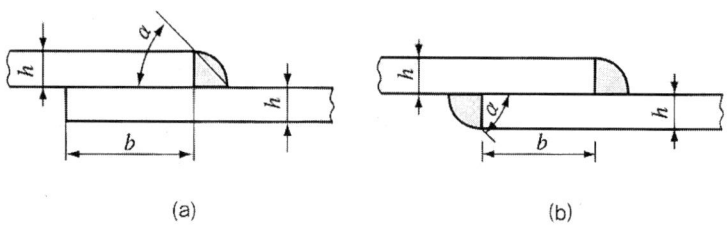

겹치기 이음의 종류

③ T형 용접 이음(T-shape weld joint)

2개의 모재를 수직방향으로 놓고, 용접하는 것으로 3가지의 형태가 있다.

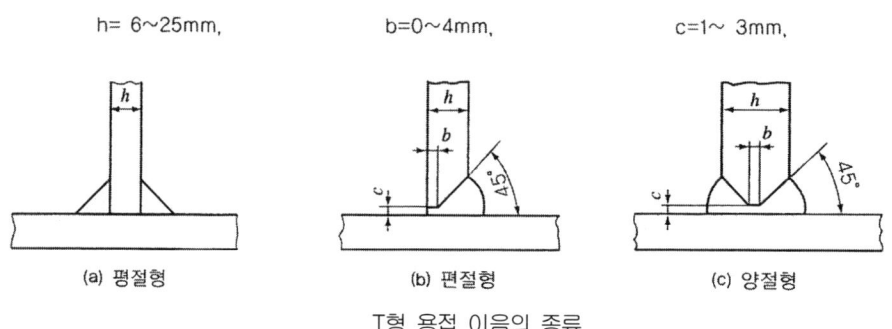

T형 용접 이음의 종류

④ 모서리 용접 이음(corner weld joint)

2개의 모재를 모서리와 모서리를 접합시키는 용접이음으로 4가지 형상이 있다.

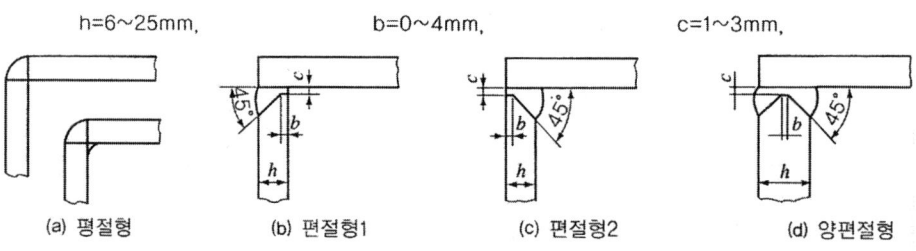

모서리 용접 이음의 종류

⑤ 가장자리 용접 이음(edge weld joint)

2개 이상의 모재를 가장자리끼리 서로 접합시키는 방법으로 4가지 형태가 있다.

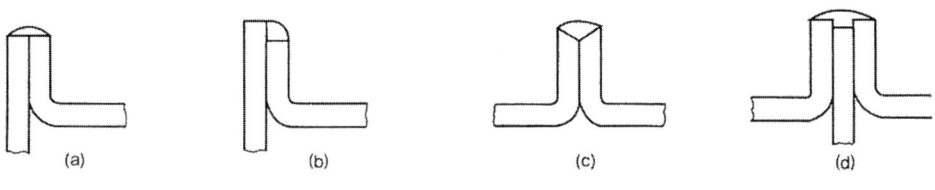

가장자리 용접 이음의 종류

출제예상문제

1. 나사의 호칭 지름은?

  가. 피치   나. 숫나사의 바깥지름   다. 유효지름   라. 암나사의 안지름

2. A, B, C 나사는?

  가. 유니파이나사   나. 미터나사   다. 애크미나사   라. 휘트워드나사

  해설 유니파이 나사는 미국, 영국, 캐나다가 협정하여 만든 나사로 ABC나사라고도 한다.

3. 관용 나사의 산의 각도는?

  가. 60°   나. 55°   다. 45°   라. 40°

  해설 사다리꼴 나사는 30°, 관용나사는 55°, 유니파이 나사는 60° 이다.

4. 삼각나사가 사용되는 곳은?

  가. 바이스   나. 프레스   다. 가스파이프 연결   라. 선반의 주축

5. 체결용 기계요소로 적당하지 않는 것은?

  가. 키   나. 핀   다. 리벳   라. 래칫

6. 나사에서 피치(Pitch)란?

  가. 나사산의 높이   나. 나사산의 넓이
  다. 나사가 1회전 하여 진행한 거리   라. 나사산과 그 인접한 나사산 사이의 간격

7. 좌우 나사가 있어서 막대나 로프 등을 조이는데 사용하는 너트는?

  가. 턴버클   나. T너트   다. 나비너트   라. 홈붙이 너트

8. 접선 키의 중심각은?

  가. 60°   나. 90°   다. 120°   라. 150°

9. 큰 하중이 걸리는데 사용되는 키는?

  가. 평키   나. 새들키   다. 둥근키   라. 묻힘키

정답 1. 나 2. 가 3. 나 4. 다 5. 라 6. 라 7. 가 8. 다 9. 라

10. 코터 이음에서 지브(jib)를 쓰는 이유로 맞는 것은?

　가. 로드의 균열방지　　나. 소켓의 균열방지　　다. 경하중용 이음　　라. 중하중용 이음

11. 분해할 수 없는 결합 요소는?

　가. 키　　나. 리벳　　다. 코터　　라. 볼트

12. 키 종류 중 가장 큰 토크를 전달할 수 있는 것은?

　가. 둥근키　　나. 반달키　　다. 접선키　　라. 세레이션

　해설 세레이션(serration) : 축에 작은 삼각형의 작은 이를 만들어 축과 보스를 고정시킨 것으로 같은 지름의 스플라인에 비해 많은 이가 있으므로 전동력이 크다. 주로 자동차의 핸들 고정용, 전동기나 발전기의 전기자 축 등에 이용된다.

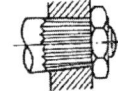

13. 열간 리벳과 냉간 리벳을 결정하는 온도를 무슨 온도라 하는가?

　가. 비점온도　　나. 재결정온도　　다. 빙점온도　　라. 용융온도

14. 미터 가는나사의 나사산의 각도는 얼마인가?

　가. 24°　　나. 29°　　다. 37°　　라. 60°

　해설 미터 가는나사는 60°, 유니파이 가는나사는 60°, 휘트어드 가는나사는 55°, 사다리꼴 나사(인치계열)는 29°

15. 동력전달용 나사가 아닌 것은?

　가. 삼각나사　　나. 사각나사　　다. 애크미나사　　라. 톱나사

16. 리벳구멍은 리벳지름보다 얼마나 커야 하는가?

　가. 0.3~0.5mm　　나. 0.8~1.0mm　　다. 1.0~1.5mm　　라. 지름의 $\frac{1}{2}$

17. 리벳 이음이 사용되지 않는 곳은?

　가. 구조물　　나. 송유관　　다. 보일러　　라. 철교

18. 회전중에 보스(boss)를 이동시킬 수 있는 키는 어느 것인가?

　가. 안장키(Saddle key)　　나. 패더키(Feather key)
　다. 평키(Flat key)　　라. 세레이션(Serration)

19. 다음에서 강도를 필요로 하는 리벳은?

　가. 구조용 리벳　　나. 용기용 리벳　　다. 저압용 리벳　　라. 보일러용 리벳

정답 10. 나　11. 나　12. 라　13. 나　14. 라　15. 가　16. 다　17. 나　18. 나　19. 가

20. 다음 중 용접 이음방식이 아닌 것은 어느 것인가?

　가. 맞대기 이음　　나. 필릿 이음　　다. 겹치기 이음　　라. T형 이음

　해설 용접 이음의 종류 : 맞대기 이음. 겹치기 이음, T형 이음, 모서리 이음, 가장자리 이음

21. 강판의 두께가 가장 두꺼운 것을 맞대기 용접 하는데 적합한 형의 용접은 어느 것인가?

　가. I형　　나. H형　　다. V형　　라. X형

　해설 H형 〉 X형 〉 V형 〉 I형

22. 테이퍼 핀의 호칭은 어느 위치의 지름으로 표시하는가?

　가. 작은 끝의 지름　　나. 중앙부의 지름
　다. 큰 끝쪽의 지름　　라. 큰 끝쪽에서 길이의 $\frac{1}{4}$인 지점의 지름

23. 스프링 핀의 설명 중 맞는 것은?

　가. 너트의 풀림 방지에 사용　　나. 위치 결정에 사용
　다. 구멍의 크기가 정확하지 않을 때 사용　　라. 관이 빠져 나오지 않게 할 때 사용

24. 키(key)의 호칭이 10×6×20인 때 키 홈의 깊이를 구하면?

　가. 1mm　　나. 2mm　　다. 3mm　　라. 4mm

　해설 키의 규격표시는 b×h× l (폭×높이×길이)로 한다. 또한 축에 묻히는 키 깊이 $t = \frac{h}{2}$로 한다.
　　　$\therefore t = \frac{h}{2} = \frac{6}{2} = 3\text{mm}$

25. 리벳팅시 열간 작업을 해야 할 경우 적합한 리벳지름으로 맞는 것은?

　가. 6mm이상　　나. 8mm이상　　다. 10mm이상　　라. 12mm이상

26. 코터를 분해하기 쉽게 할 경우 기울기가 적당한 것은?

　가. $\frac{1}{5} \sim \frac{1}{10}$　　나. $\frac{1}{8} \sim \frac{1}{10}$　　다. $\frac{1}{10} \sim \frac{1}{12}$　　라. $\frac{1}{13} \sim \frac{1}{15}$

27. 나사의 이완방지에 사용하는 것으로 맞지 않는 것은?

　가. 분할핀(Split Pin)　　나. 로크너트(Lock Nut)
　다. 캡너트(Cap Nut)　　라. 셋트스크류(Set Screw)

28. 한쪽 구배 코터에서 기울기 각을 α, 마찰각을 ρ라 할 때, 자립조건으로 맞는 것은?

　가. $\alpha \geq 2\rho$　　나. $\alpha \leq 2\rho$　　다. $2\alpha \geq \rho$　　라. $2\alpha \leq \rho$

정답 20. 나　21. 나　22. 가　23. 다　24. 다　25. 다　26. 가　27. 다　28. 나

해설 코터는 한쪽 또는 양쪽에 기울기가 있는 평평한 키의 일종인데, 2개의 축을 축방향으로 연결시키는 이음으로 분해할 필요가 있는 일시적인 결합요소이다. 자립 조건은 다음과 같다.
① 한쪽 구배인 경우 $\alpha \leq 2\rho$, ② 양쪽 구배인 경우 $\alpha \leq \rho$ 여기서 α : 경사각, ρ : 마찰각

29. 코터가 힘을 받는 상태에 대한 설명으로 적합한 것은?

가. 코터는 축 방향에 집어넣고 주로 전단력을 받는다.
나. 코터는 축 방향에 직각으로 집어넣고 주로 굽힘 모멘트를 받는다.
다. 코터는 축 방향에 직각으로 집어넣고 주로 토크를 받는다.
라. 코터는 축 방향으로 집어넣고 주로 굽힘 모멘트를 받는다.

30. 미터 보통나사에서 리드가 가장 큰 것은?

가. 피치 6mm의 1줄 나사   나. 피치 5mm의 1줄 나사
다. 피치 4mm의 2줄 나사   라. 피치 2mm의 3줄 나사

해설 리드(Lead)는 나사가 축을 중심으로 1회전시 축방향으로 이동한 거리를 말하며 리드와 피치는 다음과 같은 관계에 있다.
 L=np (여기서 L : 리드, n : 나사의 줄수, P : 피치)
그러므로 ㉮ L=np=1×6=6mm, ㉯ L=np=1×5=5mm, ㉰ L=np=2×4=8mm, ㉱ L=np=3×2=6mm

31. 나사에서 최대 효율을 나타내는 식은? (단, 마찰계수 μ=tanα이다.)

가. $\tan^2(45°-\alpha)$ 나. $\tan^2(45°+\frac{\alpha}{2})$ 다. $\tan^2(45°+\alpha)$ 라. $\tan^2(45°-\frac{\alpha}{2})$

32. 용접이음에서 실제 이음효율을 나타내는 식으로 맞는 것은?(단, K_1:형상계수, K_2:용접계수)

가. $K_1 \cdot K_2$ 나. $K_1 \cdot 2K_2$ 다. $\frac{K_1}{K_2}$ 라. $\frac{K_2}{K_1}$

33. 턴버클에서 3200kg의 하중이 작용시 볼트의 지름은?(단, 허용인장 응력은 10kg/mm^2)

가. 16.8mm   나. 21.6mm   다. 25.3mm   라. 28.2mm

해설 턴버클은 인장하중만 작용한다. $d=\sqrt{\frac{2W}{\sigma}}=\sqrt{\frac{2\times 3200}{10}}=25.3$mm

※ 볼트의 설계 : ・축 방향만 정하중을 받는 경우 : $d=\sqrt{\frac{2W}{\sigma}}$

・축 방향에 인장하중과 비틀림 하중을 동시에 받는 경우 : $d=\sqrt{\frac{8W}{3\sigma}}$

여기서 d : 볼트의 지름(mm), W : 하중작용(kg), σ : 허용 인장 응력(kg/mm^2)

34. 너클핀이 1000kg의 하중을 받을 시 핀의 지름을 구하면? (단, m=1.3, q=1kg/mm^2)

가. 22   나. 24   다. 26   라. 28

정답   **29.** 나   **30.** 다   **31.** 라   **32.** 가   **33.** 다   **34.** 라

해설 $d=\sqrt{\dfrac{W}{mq}}=\sqrt{\dfrac{1000}{1.3\times 1}}=28$mm

(너클핀의 설계)

· 핀의 지름 : $d=\sqrt{\dfrac{W}{mq}}$ · 전단강도 : $W_a=2\times\dfrac{\pi}{4}d^2\tau$ · 굽힘강도 : $W_b=0.52\dfrac{d^2\sigma}{m}$

여기서 W : 하중(kg),   d : 핀의 지름(mm), σ : 굽힘응력(kg/mm^2)

q : 핀의 투상면적에 있어서의 면압력(kg/mm^2), τ : 허용 전단응력(kg/mm^2)

35. 1000kg의 물체를 들어 올리는 나사잭의 지름을 구하면? (단, σ=6kg/mm^2 이다.)

가. 17mm   나. 19mm   다. 21mm   라. 24mm

해설 $d=\sqrt{\dfrac{8W}{3\sigma}}=\sqrt{\dfrac{8\times 1000}{3\times 6}}\fallingdotseq 21$mm

36. 볼트의 허용전단 응력이 7.8kg/mm^{2}이고, 볼트의 지름이 38mm이다. 이 볼트가 견딜 수 있는 힘(kg)은?

가. 3274   나. 4276   다. 5632   라. 6746

해설 $d=\sqrt{\dfrac{2W}{\sigma}}$에서 $W=\dfrac{\sigma d^2}{2}=\dfrac{7.8\times 38^2}{2}\fallingdotseq 5632$(kg)

37. 허용전단응력 2kg/mm^2, 길이 200mm인 성크키에 4,000kg 하중이 작용할 때, 키의 폭을 구하면?

가. 10mm   나. 15mm   다. 20mm   라. 25mm

해설 $b=\dfrac{W}{\tau\ell}=\dfrac{4000}{2\times 200}=10$mm,   ※성크키 : 축에 절삭한 키 홈에 키 높이의 반이 묻히는 키

38. 300[kN]까지 압축하중을 가할 수 있는 나사 프레스에 사용할 청동너트의 높이는 몇(mm)인가? 단, 나사부의 바깥지름 100(mm), 골 지름 80(mm), 피치는 1인치당 2산인 4각 나사이고 허용 접촉면의 압력은 10(N/mm^2)이다.

가. 120   나. 135   다. 145   라. 160

해설 $H=n\cdot P=\dfrac{W\cdot P}{\dfrac{\pi(d^2-d_1^2)}{4}q}$ 에서 $P=\dfrac{25.4}{2}$(mm)=12.7(mm), $d=100$(mm), $d_1=80$(mm), $q=10$(N/mm^2)

$\therefore H=\dfrac{300000\times 12.7}{\dfrac{\pi(100^2-80^2)}{4}\times 10}\fallingdotseq 135$(mm)

[참고] · 너트의 높이(H) : $H=np=\dfrac{Wp}{\pi d_0 hq}$

여기서 n : 나사산의 수, p : 피치(mm), d_0 : 유효지름, q : 허용 접촉면 압력(kg/mm^2)

$H=(0.8\sim 1.0)d$의 범위로 규정되어 있다.

· 나사산의 수(n) : $n=\dfrac{4W}{\pi d_0 hq}=\dfrac{4W}{\pi(d^2-d_1^2)q}$ d : 바깥지름(mm), d_1 : 골 지름(mm)

정답 35. 다 36. 다 37. 가 38. 나

제3편 축과 기계요소

1. 축(shaft)

축은 동력이나 운동을 전달하는 기계요소이다. 보통 2개 이상의 베어링으로 지지되어 있다.

(1) 축의 종류

① 작용 하중에 의한 분류
  ⓐ 차축(axle) : 주로 굽힘 모멘트를 받는 축이다. 철도 차량의 차축, 자동차의 앞바퀴축 등에 사용되고 있다.
  ⓑ 전동축(transmission shaft) : 동력을 전달시키는 회전축으로 일반 공장용 축이 이에 해당된다. 주로 비틀림과 굽힘 모멘트를 동시에 받는다. 전동축은 주축(원동기에서 직접 동력을 받는 축), 선축(주축에서 동력을 받아 각 공장에 분배하는 축), 중간축(선축에서 동력을 받아 각각의 기계에 동력을 전달하는 축)으로 나누어진다.
  ⓒ 스핀들(spindle) : 스핀들은 주로 비틀림 모멘트를 받으며 직접 일을 하는 회전축으로 치수가 정밀하고 변형량이 작으며, 길이가 짧아 선반, 밀링 머신 등 공작기계의 주축으로 사용한다.

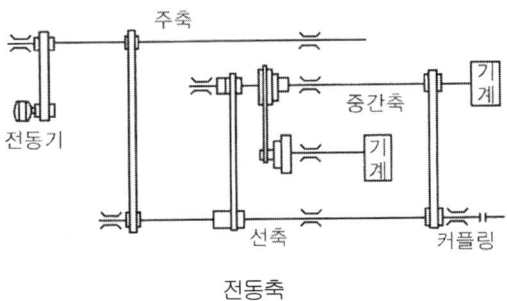

전동축

② 외부 형태에 의한 분류
  ⓐ 직선 축(straight shaft) : 직선축은 길이방향으로 일직선 형태의 축이며, 일반적인 동력전달용으로 사용한다.
  ⓑ 크랭크 축(crank shaft) : 크랭크 축은 왕복 운동기관 등에서 직선 운동과 회전 운동을 상호 변환시키는 축으로, 자동차 엔진에서 볼 수 있으며, 피스톤의 왕복 운동을 회전 운동의 형태로 바꾸어 출력시킨다.

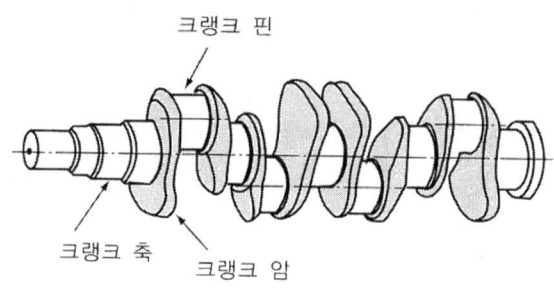

크랭크 축

ⓒ 유연 축(flexible shaft) : 유연축은 자유롭게 휠 수 있도록 강선을 2중, 3중으로 감은 나사 모양의 축이며, 공간상의 제한으로 일직선 형태의 축을 사용할 수 없을 때 이용한다.

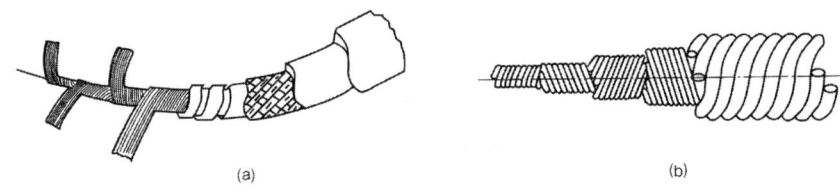

유연축

(2) 축의 재료

0.2~0.4%C의 탄소강이 주로 사용된다. 큰 하중 및 고속 회전축에는 니켈강, 니켈크롬강이 사용되고, 마모에 견디어야 곳에는 표면 경화강이 사용된다.

(3) 축의 강도

① 휨만이 작용하는 축
  ⓐ 둥근 축의 경우

$$M = \sigma_b Z \fallingdotseq \sigma_b \frac{\pi d^3}{32} \qquad d \fallingdotseq \sqrt[3]{\frac{10M}{\sigma_b}} \text{ (cm)}$$

여기서, d : 둥근축의 지름 M : 축에 작용하는 휨 모멘트(kg·cm)
d_1 : 중공축의 안지름(cm) d_2 : 중공축의 바깥지름(cm)
σ_b : 축에 생기는 휨 응력(kg/cm^2) Z : 축의 단면계수(cm^3)

ⓑ 중공축의 경우

$$d_2 = \sqrt[3]{\frac{10M}{\sigma_b(1-x^4)}} \text{ (cm)}, \qquad \text{또는 } d_1 = \sqrt[4]{d_2^4 - \frac{10Md_2}{\sigma_b}} \text{ (cm)}$$

$$\therefore x = \frac{d_1}{d_2}$$

② 비틀림이 작용하는 축
  ⓐ 둥근축의 경우

$$T = \tau Z_p = \tau \frac{\pi}{16} d^3 ≒ \tau \frac{1}{5} d^3$$

$$d ≒ \sqrt[3]{\frac{5T}{\tau}} \text{ (cm)}, \quad \text{또는 } d = 71.5 \sqrt[3]{\frac{HPS}{\tau n}} \text{ (cm)}$$

여기서, T : 축에 작용하는 토크(kg·cm) H : 전달 마력(HP)
       τ : 축에 생기는 전단응력(kg/cm²)
       n : 축의 매분 회전수(rpm) Z_p : 축의 극단면 계수(cm³)

  ⓑ 중공축의 경우

$$d_2 ≒ \sqrt[3]{\frac{5T}{\tau(1-x^4)}} \text{ (cm)}, \quad \text{또는 } d_2 = 71.5 \sqrt[3]{\frac{HPS}{\tau n(1-x^4)}} \text{ (cm)}$$

$$d_2 = 79.2 \sqrt[3]{\frac{H\,kW}{(1-x^4)\tau n}} \text{ (cm)}$$

여기서, $x = \dfrac{d_1}{d_2}$ 이다.

(4) 축 설계시 고려사항

① 강도(strength)
② 강성도(stiffness) : 충분한 강도 이외에 처짐이나 비틀림의 작용에 견딜 수 있는 능력을 말한다.
③ 진동(vibration)
④ 부식(corrosion)
⑤ 온도 : 고온의 열을 받은 축은 크리프와 열팽창을 고려해야 한다.
⑥ 열응력(thermal stress)
⑦ 변형(deflection)

2. 커플링(coupling)

(1) 커플링의 종류

1) 고정 커플링
  ① 원통 커플링
  두 축의 끝을 맞추고 중앙 부위에 보스를 끼워 키 또는 마찰력으로 전동하는 커플링으로 슬리브 커플링이라고도 한다.
    ⓐ 머프 커플링(muff coupling) : 주철제 원통 속에 두 축을 맞대어 끼워 키로 고정한 축 이음을 머프 커플링이라 한다. 주로 축 지름과 하중이 작은 경우에 쓰이며, 인장력이 작용하는 축 이음에는 부적합하다.

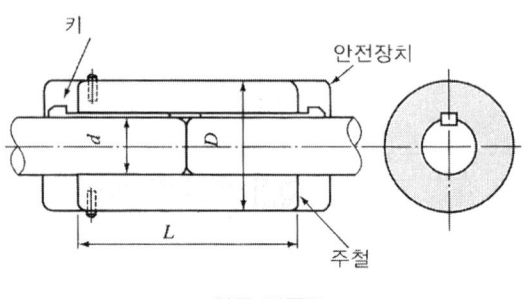

머프 커플링

ⓑ 반 겹치기 커플링(half lap coupling) : 주철제 원통 속에 전달축보다 약간 크게 한 축 단면에 기울기를 주어 중첩시킨 후 공통의 키로써 고정한 커플링이며, 축방향으로 인장력이 작용하는 기계의 축 이음에 사용된다.

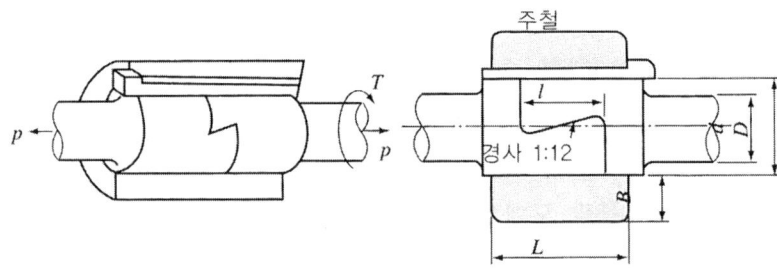

반 겹치기 커플링

ⓒ 마찰 원통 커플링(friction clip coupling) : 2개의 분할된 원통의 바깥을 원추형으로 만들어 여기에 두 축을 끼우고, 그 바깥쪽에 2개의 링을 끼워 고정한 것. 용도는 150mm 이하의 축과 진동이 작용하지 않는 축에 사용한다.

ⓓ 셀러 커플링(seller coupling) : 주철제 원통은 내면이 원추면으로 되어 있다. 여기에 두 축을 끼우고, 바깥면이 원추면으로 되어있는 원추 통을 양쪽에서 끼워 넣은 다음, 3개의 볼트로 죄어 축을 고정시키는 커플링이다. 이것은 연결할 두 축의 지름이 다소 달라도 두 축이 자연히 동일선 상에 있게 된다.

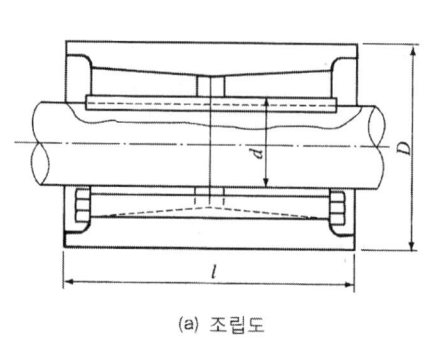

(a) 조립도

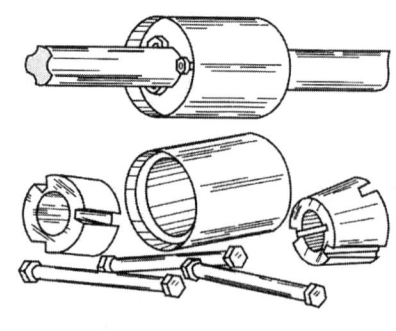

(b) 분해도

셀러 커플링

ⓔ 클램프 커플링(clamp coupling) : 두 축을 주철 또는 주강제 분할 원통에 넣고 볼트로 체결하는 이음으로 일명 분할 원통 커플링(split muff coupling)이라고도 한다. 볼트 수는 축 한쪽에 대하여 소형 축에서는 2개, 대형 축에서는 3~4개로 한다. 이 이음은 조립이 용이하고, 축의 최대 지름은 약 200(mm)이다.

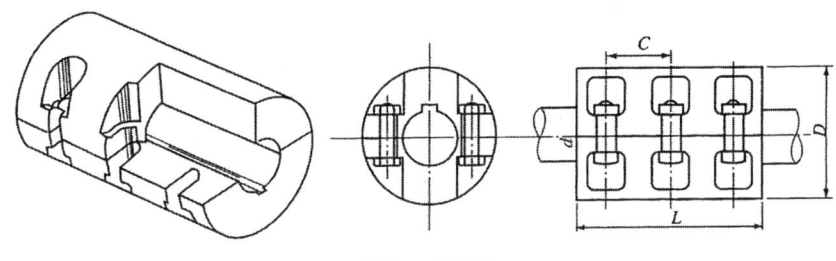

클램프 커플링

② 플랜지 커플링(flange coupling)
주철 또는 주강제의 플랜지를 축에 억지 끼워 맞춤을 하거나 키(key)로 결합시킨 후, 두 플랜지를 볼트로 체결한 것을 플랜지 커플링이라 한다. 이 커플링에서 플랜지의 중앙부는 요철을 만들어 두 축의 중심을 일치시킨다. 축지름이 크고 고속정밀 회전에 적합하다.

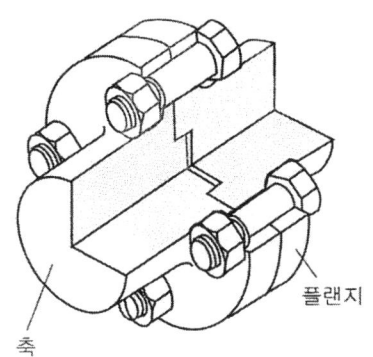

플랜지 커플링

2) 플렉시블 커플링(flexible coupling) : 두 축 사이에 완전 일치가 어려운 경우, 축의 신축, 탄성 변형등을 이용해 원활하게 움직일 수 있는 커플링이다. 내연 기관과 같이 전달 토크의 변동이 많은 경우에 사용된다.

3) 올덤 커플링(oldham's coupling) : 2개의 축이 평행하고 축선의 위치가 어긋나 있으나 각속도의 변화 없이 회전력을 전달시키려고 할 때 사용하는 커플링이다. 구조는 한 개의 원판 앞뒤에 서로 직각방향으로 키 모양의 돌기를 만들어, 이것을 그 돌기에 맞는 지름 방향의 홈이 파져 있는 양편의 플랜지 사이에 끼워 놓아, 한쪽의 축을 회전시키면 중앙의 원판이 홈에 따라서 미끄러지며 다른 쪽의 축에 회전을 전달시킨다.

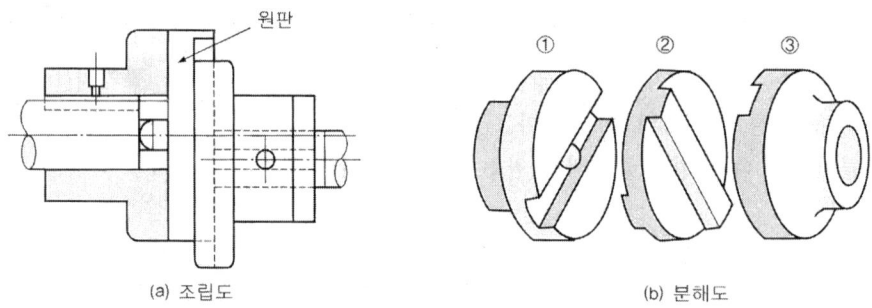

올덤 커플링

4) 유니버설 커플링(universal coupling) : 이것은 유니버설 조인트 또는 훅 조인트라고도 하며, 두 축이 같은 평면 내에 있으면서 그 중심선이 어느 각도로서 교차하고 있을 때 사용하는 축 이음으로, 아래 그림과 같이 원동축의 A축과 종동축의 B축 양끝은 두 갈래로 나누어져 있고, 여기에 십자형의 저널(journal)을 조인트로써 회전할 수 있도록 연결한 것이다. 자동차, 공작기계, 압연롤러, 전달기구 등에 사용된다.

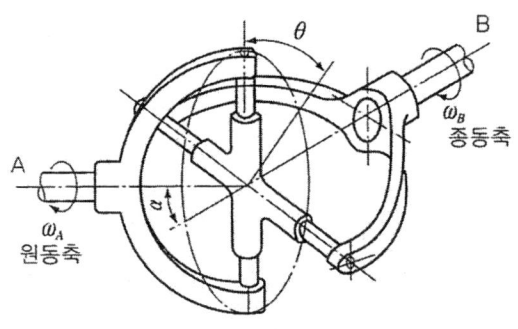

유니버설 커플링

(2) 커플링 설계시 유의사항

① 설치 및 분해·조립이 용이할 것.
② 진동으로 이완되지 않게 되어 있을 것.
③ 중량의 평형이 맞으며 소형이고 경량일 것.
④ 회전면에는 돌기부가 없을 것.
⑤ 중심이 정확히 맞도록 되어 있을 것.
⑥ 가능한 한 윤활을 필요 없도록 하고 가격은 저렴할 것.
⑦ 전동 토크의 특성에 맞는 형식으로 할 것.

3. 클러치(clutch)

운전 중 필요에 따라 축 이음을 차단시킬 수 있는 장치를 클러치라고 한다.

(1) 클러치의 종류

① 맞물림 클러치(claw clutch)

원동축과 종동축의 끝에 서로 물림이 가능한 형상의 턱을 만들어 서로 맞물려 동력을 전달하는 장치이다.

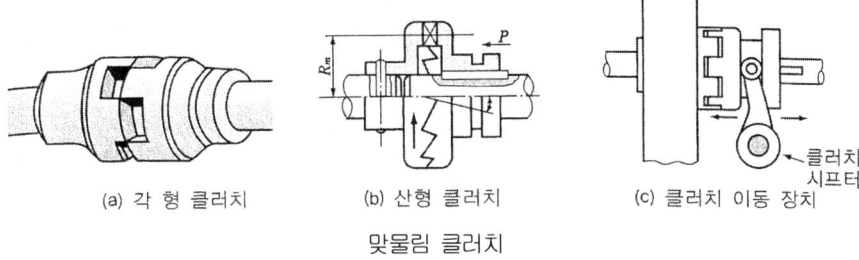

(a) 각 형 클러치   (b) 산형 클러치   (c) 클러치 이동 장치

맞물림 클러치

② 마찰 클러치(friction clutch)

원동축과 종동축에 붙어 있는 마찰면을 서로 밀어붙여 여기서 발생하는 마찰력에 의하여 동력을 전달한다. 이 클러치는 축 방향의 힘을 가감해 마찰면에 미끄럼을 일으켜 종동축의 회전 속도를 변화시키기도 한다. 종류에는 원판 클러치(disc clutch), 원추 클러치(cone clutch)가 있다.

(2) 기타 클러치

① 비 역전 클러치(over running clutch)

원동축에서 한 방향의 토크만 종동축에 전하고, 반대 방향의 토크는 전하지 않는 클러치를 비 역전 클러치 또는 일방향 클러치(one way clutch)라고 한다.

② 원심 클러치(centrifugal clutch)

이 클러치는 원동축이 어느 회전속도 이상으로 회전하면, 원심력이 스프링의 장력을 초과하여 블록이 종동축 드럼 내면에 접촉되어 마찰력으로 토크를 전달하게 된다.

③ 전자 클러치(electro magnetic clutch)

전자력을 이용 마찰력을 발생 시키는 클러치로서, 원격제어가 가능하다. 수치제어 서보(servo)제어 등에 이용된다.

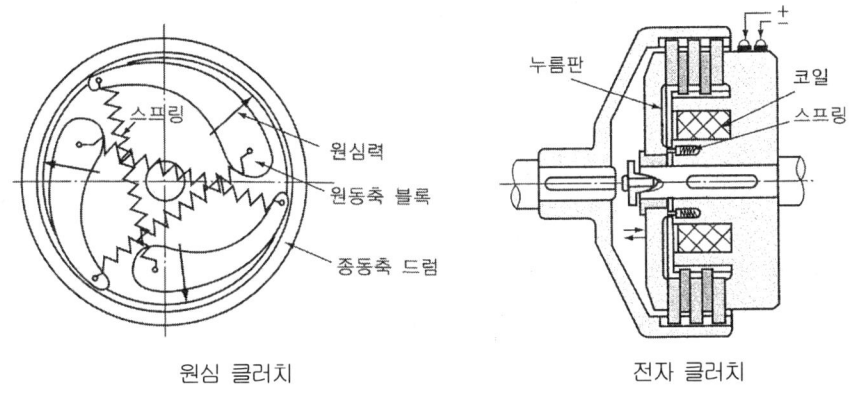

원심 클러치   전자 클러치

④ 유체 클러치(fluid clutch)

직선 방사상의 날개를 갖는 2개의 임펠러(펌프 및 터빈)를 마주보도록 대치시켜서 여기에 적당량의 기름을 채운 것으로 원동기를 펌프 축에, 터빈 축을 부하에 결합하여 동력을 전달한다. 용도는 자동차, 건설기계, 산업기계, 선박, 철도차륜 등의 동력전달에 사용된다.

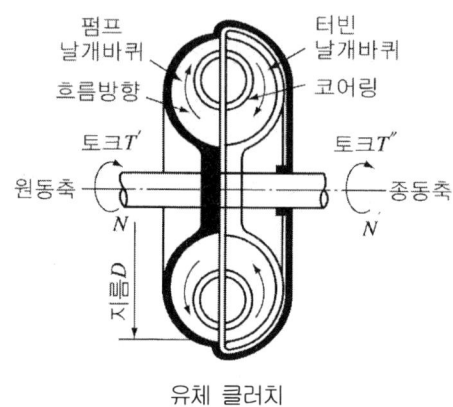

유체 클러치

4. 베어링(bearing)

(1) 축과 베어링의 접촉에 따른 베어링 분류

① 미끄럼 베어링(sliding bearing) : 저널과 베어링이 서로 미끄럼에 의해서 접촉한다.
② 구름 베어링(rolling bearing) : 볼(ball), 롤러(roller)에 의해서 구름 접촉하는 것이다.

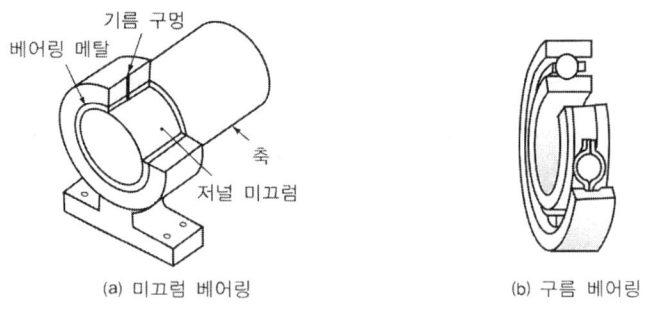

(a) 미끄럼 베어링   (b) 구름 베어링

축과 베어링의 접촉에 따른 베어링

(2) 작용하중의 방향에 따른 베어링 분류

① 레이디얼 베어링(radial bearing) : 레이디얼 하중, 즉 축선에 직각으로 작용하는 하중을 받쳐준다. 미끄럼 베어링에선 저널 베어링(journal bearing)이라고도 한다.
② 스러스트 베어링(thrust bearing) : 축선과 같은 방향으로 작용하는 하중을 받쳐준다.
③ 테이퍼 베어링(taper bearing) : 레이디얼 하중과 스러스트 하중이 동시에 작용하는 하중을 받쳐준다.

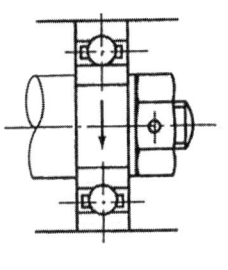
레이디얼 베어링

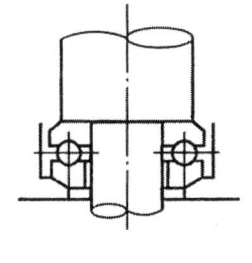
스러스트 베어링

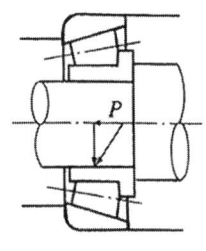
테이퍼 베어링

(3) 미끄럼 베어링과 구름 베어링의 비교

항목 \ 종류	미끄럼 베어링	구름 베어링
크기	지름이 작으나 폭이 크게 된다.	폭은 작으나 지름이 크게 된다.
구조	일반적으로 간단하다.	전동체가 있어서 복잡하다.
충격 흡수	유막에 의한 감쇠력이 우수하다.	감쇠력이 작아 충격 흡수력이 작다.
고속회전	저항은 일반적으로 크게 되나 고속회전에 유리하다.	윤활유가 비산하고, 전동체가 있어 고속회전에 불리하다.
저속회전	유막 구성력이 낮아 불리하다.	유막의 구성력이 불충분하더라도 유리하다.
소음	특별한 고속이외는 정숙하다.	일반적으로 소음이 크다.
하중	추력하중은 받기 힘들다.	추력하중을 용이하게 받는다.
기동 토크	유막형성이 늦은 경우 크다.	작다.
베어링 강성	정압 베어링에서는 축심의 변동 가능성이 있다.	축심의 변동은 적다.
규격화	자체 제작하는 경우가 많다.	표준형 양산품으로 호환성이 높다.

(4) 미끄럼 베어링의 종류

① 레이디얼 미끄럼 베어링
  ⓐ 단일체 베어링(solid bearing) : 경하중의 저속용에 사용되며, 베어링 하우징에 끼워 고정된 축을 지지하는데 사용한다.

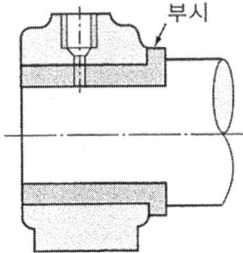
단일체 베어링

ⓑ 분할 베어링(split bearing) : 본체와 캡(cap)으로 분할 된 베어링으로 중하중의 고속용에 사용된다.
② 스러스트 미끄럼 베어링
ⓐ 피벗 베어링(pivot bearing) : 피벗 베어링은 절구 베어링이라고도 하며, 세워져 있는 축에 의하여 스러스트 하중을 받을 때 사용한다.
ⓑ 칼라 베어링(collar bearing) : 칼라 베어링은 수평으로 된 축이 스러스트 하중을 받을 때 사용하는 베어링으로 여러 단의 칼라가 배열되어 있어 베어링의 길이가 비교적 길어진다.

(5) 미끄럼 베어링 재료의 특성

① 금속재료
ⓐ 주철, 황동, 청동 : 내마멸성이 높고, 충격에 강하다. 고속 회전에서는 녹아 붙음을 일으키기 쉽다. 공작 기계의 메인(main) 베어링에 쓰이고, 단일체 베어링의 저·중속용에 주로 사용한다.
ⓑ 화이트 메탈(white metal) : 주석(Sn), 아연(Zn), 납(Pb), 안티몬(Sb)의 합금이며, 주석계 화이트 메탈은 주석을 주성분으로 구리, 안티몬을 함유한 합금으로 배빗 메탈(babbitt metal)이라고도 하며, 성능이 가장 우수하여 내연기관을 비롯한 각종 기계의 베어링으로 많이 사용하고 있다.
ⓒ 켈밋(kelmet) : 구리와 납의 합금이며, 피로 강도와 내열성이 높으므로 고속·중하중의 내연기관용 베어링으로 많이 사용한다.
ⓓ 카드뮴 합금 : 화이트 메탈에 비하여 피로 강도와 내열성이 높으므로 중하중(重荷重) 내연기관에 많이 사용된다.
ⓔ 알루미늄 합금 : 내마멸성이 높아 고속·중하중(重荷重)베어링에 주로 사용되나, 마찰에 의해 생기는 산화 피막 때문에 축이 손상되기 쉬운 단점이 있다.
ⓕ 오일리스 베어링(oilless bearing) : 금속 분말을 가압·소결하여 성형한 뒤 윤활유를 입자 사이의 공간에 스며들게 한 것으로 급유가 곤란한 베어링이나 급유를 하지 않는 베어링에 사용한다.
② 비금속 재료
베어링 재료를 사용하는 비금속 재료에는 흑연, 플라스틱, 고무 등이 있다.

(6) 구름 베어링(rolling bearing)의 종류

① 레이디얼 볼 베어링
ⓐ 깊은 홈 볼 베어링(deep groove ball bearing) : 구름 베어링 중에서 가장 많이 사용된다. 구조가 간단하고 정밀도가 높아서 고속회전용으로 가장 적합하다.
ⓑ 마그네토 볼 베어링(magneto ball bearing) : 외륜 궤도면의 한쪽 궤도 홈 턱을 제거하여 베어링 요소의 분리 조립을 쉽게 하도록 한 베어링이다. 고속, 소형정밀기기에 사용한다.
ⓒ 앵귤러 볼 베어링(angular contact ball bearing) : 볼과 내외륜과의 접촉점을 잇는 직선이 레이디얼 방향에 대해서 어느 각도를 이루고 있기 때문에 앵귤러 볼 베어링이라 하며, 이 각도를 접촉각이라 한다. 구조상 레이디얼 하중 외에 한 방향의 스러스터 하중을 받는 경우

에 적합하고, 접촉각이 클수록 스러스트 부하 능력이 증가한다.
ⓓ 자동 조심 볼 베어링(self-aligning ball bearing) : 외륜의 궤도면이 구면으로 되어 있어, 그 중심이 베어링 중심과 일치하고 있기 때문에 자동적으로 중심을 맞출 수 있다. 축이나 베어링 하우징의 공작이나 설치 시에 발생하는 축심의 어긋남을 조절할 수 있어 무리한 힘이 생기지 않는다.

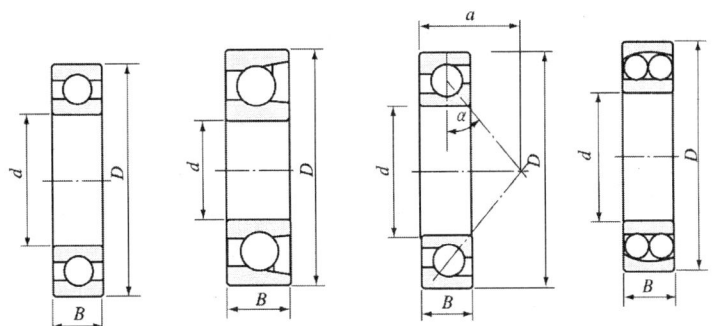

(a) 깊은 홈 볼 베어링 (b) 마그네토 볼 베어링 (c) 앵귤러 볼 베어링 (d) 자동 조심 볼 베어링

레이디얼 볼 베어링

② 레이디얼 롤러 베어링
ⓐ 원통 롤러 베어링(cylindrical roller bearing) : 전동체로서 원통 롤러를 사용하는 베어링이다. 중하중, 고속회전에 적합하다.
ⓑ 테이퍼 롤러 베어링(tapered roller bearing) : 전동체로 테이퍼 롤러를 사용한 베어링이다. 레이디얼 하중과 스러스트 하중의 합성 하중에 대한 부하능력이 크다.
ⓒ 자동조심 롤러 베어링(self-aligning roller bearing) : 표면이 구면으로 되어있는 롤러를 전동체로 사용한 것으로 자동조심 작용이 있어 축심의 어긋남을 자동적으로 조절한다. 중하중 및 충격 하중에 적합하다.
ⓓ 니들 롤러 베어링(needle roller bearing) : 지름 5mm이하의 바늘 모양의 롤러를 사용한 것으로서 리테이너는 없다. 좁은 장소나 충격하중이 있는 곳에 사용한다.

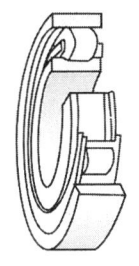 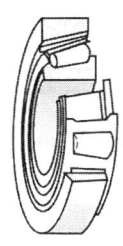 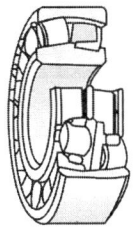 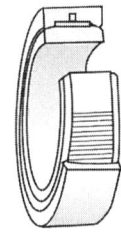

(a) 원통 롤러 베어링   (b) 테이퍼 롤러 베어링   (c) 자동조심 롤러 베어링   (d) 니들 롤러 베어링

레이디얼 롤러 베어링

출제예상문제

1. 축 설계시 고려 사항이 아닌 것은?

　가. 진동　　　　　나. 회전방향　　　　　다. 부식·마모　　　　　라. 응력의 집중

　해설 축 설계시 고려사항 : ①진동 ②강도 ③변형 ④열응력 ⑤부식 ⑥강성도

2. 축 지름이 크고 고속정밀 회전에 적합한 커플링은 어느 것인가?

　가. 올덤 커플링　　　나. 원통 커플링　　　다. 플랜지 커플링　　　라. 유니버설 커플링

　해설 플랜지 커플링(flange coupling) : 주철 또는 주강제의 플랜지를 축에 억지 끼워맞춤을 하거나 키(key)로 결합시킨 후, 두 플랜지를 볼트로 체결한 것을 플랜지 커플링이라 한다. 이 커플링에서 플랜지의 중앙부는 요철을 만들어 두 축의 중심을 일치시킨다. 축 지름이 크고 고속정밀 회전에 적합하다.

3. 차축에서 힘은?

　가. 압축만을 받는다.　　　　　　　　나. 주로 굽힘만을 받는다.
　다. 주로 비틀림만을 받는다.　　　　　라. 굽힘과 비틀림을 동시에 받는다.

　해설 차축은 굽힘을 받고, 스핀들은 비틀림을 받으며, 전동축은 비틀림과 굽힘을 동시에 받는다.

4. 다음에서 축에 사용하는 재료로 맞지 않는 것은?

　가. 구리 합금　　　나. 탄소강　　　다. Ni　　　라. Ni-Cr강

　해설 축의 재료로는 0.2~0.4%C의 탄소강이 사용되는데, 또 큰 하중 및 고속 회전축에는 니켈강, 니켈-크롬강이 사용된다.

5. 축의 치수를 결정 하는데, 관계가 없는 것은 어느 것인가?

　가. 축간거리　　　나. 축의 단면형상　　　다. 축의 재료　　　라. 축에 걸리는 하중

6. 스핀들(spindle)에 대하여 가장 잘 설명된 것은?

　가. 비틀림을 받는 짧은 축이고, 정밀하게 다듬질된 작업축이다.
　나. 굽힘을 받는 축이다.
　다. 굽힘과 비틀림을 동시에 받고, 정밀하게 다듬질된 작업축이다.
　라. 굽힘을 받아서 작업을 하는 전동축이다.

7. 축이 짧은 거리에서 베어링으로 받쳐져 있다. 이 경우 고려하여야 할 진동은?

　가. 자연진동　　　나. 비틀림진동　　　다. 세로진동　　　라. 가로진동

정답 1. 나　2. 다　3. 나　4. 가　5. 가　6. 가　7. 나

8. 올덤커플링은 어떤 경우에 사용하는가?

　가. 두 축이 대략 일직선상에 있을 때
　나. 두 축이 어느 각도를 이루고 있을 때
　다. 두 축이 일직선상에 있는 경우
　라. 두 축이 직각으로 교차하는 경우

9. 커플링 설계시 고려 사항 중 맞지 않는 것은?

　가. 전동 능력을 충분히 갖기 위하여 대형으로 설계할 것
　나. 윤활등은 가능하면 필요치 않도록 할 것
　다. 경량이고 가격이 저렴할 것
　라. 회전 균형이 완전할 것

10. 축의 전동에서 위험 속도를 방지 하려면 축의 사용 회전수를 그 축의 고유 진동수의 몇 %이내에 오지 않도록 하여야 하는가?

　가. 18%　　　나. 25%　　　다. 38%　　　라. 45%

11. 원판 클러치에서 큰 회전력을 전달하려 한다. 다음에서 관계없는 것은 어느 것인가?

　가. 마찰면의 중앙에서 접촉할 것
　나. 접촉압력을 크게 할 것
　다. 마찰면의 평균지름을 크게 할 것
　라. 마찰계수가 큰 것을 사용할 것

　해설 원판(마찰)클러치는 두 축의 양끝을 강하게 접촉시켜 마찰력에 의해 동력을 전달하는 클러치이다. 마찰면의 재료는 마찰계수가 크고, 내마멸성이 높고, 고열에서 견딜 수 있어야 한다. 큰 회전력을 전달하려면 접촉압력을 크게 또 마찰계수는 큰 것을 그리고 마찰면의 평균지름을 크게 해야 한다.

12. 축 이음의 위치는?

　가. 주축과 선축 중간에 둔다.
　나. 베어링 가까이 둔다.
　다. 선축과 중간축 중간에 둔다.
　라. 베어링 멀리 둔다.

13. 다음에서 구름(rolling)베어링에 대한 설명 중 맞지 않는 것은?

　가. 미끄럼 베어링보다 마찰손실이 적다.
　나. 미끄럼 베어링보다 윤활과 보수가 용이하다.
　다. 미끄럼 베어링보다 충격에 강하다.
　라. 미끄럼 베어링보다 소음이나 진동이 생기기 쉽다.

　해설 구름 베어링은 구름접촉을 하기 때문에 미끄럼 베어링에 비해 마찰이 작아서 마찰 손실이 적고, 기동저항과 발열도 작아 고속회전을 할 수 있다. 그러나 전동체와 궤도륜이 점접촉이나 선접촉을 하기 때문에 충격에 약하고, 소음이 생기기 쉬운 결점이 있다.

14. 미끄럼 베어링에서 비 마찰 작업량을 옳게 나타낸 것은 어느 것인가?

　가. 마찰계수×회전수
　나. 마찰계수×수압력
　다. 마찰계수×압력속도계수
　라. 압력속도계수×수압력

정답　8. 가　9. 가　10. 나　11. 가　12. 나　13. 다　14. 다

15. 롤링 베어링에서 기본 부하용량을 C, 베어링에 걸리는 하중을 P라고 할 때, 그 관계식으로 맞는 것은?

가. $C = \dfrac{수명계수}{속도계수} \times P$ 나. $C = \dfrac{속도계수}{수명계수} \times P$ 다. $C = \dfrac{수명계수}{속도계수 \times P}$ 라. $C = \dfrac{속도계수}{수명계수 \times P}$

16. 다음에서 가장 많이 이용되는 축 이음은?

가. 플랜지 커플링 나. 올덤 커플링 다. 플렉시블 커플링 라. 슬리브 커플링

해설 플랜지 커플링은 주철, 주강, 연강 등으로 만든 플랜지를 축의 끝에 끼워, 키로 고정하고 볼트로 죄어 결합한 커플링이다. 가장 많이 이용되는 축 이음이다.

17. 윤활유가 충분히 있어야 작동되는 클러치는?

가. 전자 클러치 나. 유체 클러치 다. 맞물림 클러치 라. 마찰 클러치

해설 유체 클러치는 원동축에 설치된 펌프 임펠러와 종동축에 고정된 터빈의 임펠러 사이에 유체의 중개로 에너지를 공급하고, 이것을 터빈에 흘려보내 터빈을 회전 시키는 클러치이다. 선박, 자동차 등의 동력전달에 많이 사용된다.

18. 1000rpm의 전동축을 지지하고 있는 미끄럼 베어링에서 축지름 6cm, 베어링의 길이 10cm, 베어링의 하중 6000kg이 작용시 베어링의 압력 (kg/mm²)은?

가. 0.5 나. 1.0 다. 1.5 라. 2.0

해설 $P = \dfrac{W}{d\ell} = \dfrac{6000}{60 \times 100} = 1 (kg/mm^2)$

※ 베어링의 압력 : $P = \dfrac{W}{d\ell}$ 여기서, W : 하중(kg), P : 베어링 압력(kg/mm²),
$d\ell$: 하중방향에 수직한 베어링면의 투영면적(지름×길이)

19. 볼베어링은 정밀도에 따라 4등급으로 나누는데, 정밀급에 속하는 것은?

가. 0급 나. 4급 다. 5급 라. 6급

해설 0급 : 보통급, 4급 : 초정밀급, 5급 : 정밀급, 6급 : 상급

20. 베어링의 하중이 750kg, 회전수가 3000rpm일때 기본 정격 하중이 8000kg인 볼 베어링의 수명 시간으로 맞는 것은?

가. 6320시간 나. 6740시간 다. 7240시간 라. 7680시간

해설 $L_h = 500 (\dfrac{C}{P})^3 \times \dfrac{33.3}{N} = 500 (\dfrac{8000}{750})^3 \times \dfrac{33.3}{3000} ≒ 6740(시간)$

21. 베어링 하중 600kg을 받고 회전하는 저널 베어링에서 마찰에 의거 소비되는 손실 동력을 구하면 몇 PS가 되는가? 단, 마찰계수는 0.1, 미끄럼 속도는 0.5m/s이다.

가. 0.2 나. 0.4 다. 0.6 라. 0.8

정답 15. 가 16. 가 17. 나 18. 나 19. 다 20. 나 21. 나

해설 $H = \dfrac{\mu pv}{75} = \dfrac{0.1 \times 600 \times 0.5}{75} = 0.4\text{PS}$

※ 마찰손실동력 : · $H_o = \dfrac{\mu PV}{75}$(PS),   · $H_o = \dfrac{\mu PV}{10^2}$(kW)

여기서 μ : 마찰계수,   P : 베어링 압력(kg/mm^2),   V : 미끄럼속도(m/s)

22. 베어링 하중 4000kg, 회전수 600rpm의 저널 베어링의 폭과 지름의 비가 2, 허용 베어링 압력 0.2 kg/mm^{2}일 때 지름(mm)을 구하면?

가. 60   나. 80   다. 100   라. 120

해설 $d = \sqrt{\dfrac{W}{2P}} = \sqrt{\dfrac{4000}{2 \times 0.2}} = 100\text{mm}$

23. 원통 커플링에서 원통이 축을 누르는 힘 300kg, 마찰계수 0.2, 축지름이 60mm 일 때 커플링이 전달할 수 있는 토오크는?

가. 2764kg · mm   나. 3746kg · mm   다. 4872kg · mm   라. 5652kg · mm

해설 $T = \dfrac{\mu \pi dW}{2} = \dfrac{0.2 \times 3.14 \times 60 \times 300}{2} = 5652$ kg · mm

24. 베어링메탈(bearing metal) 재료로서 사용되지 않는 것은 어느 것인가?

가. 청동   나. 화이트 메탈   다. 침탄강   라. 카드뮴합금

해설 베어링 메탈 재료로는 주철, 황동, 청동, 화이트메탈, 켈밋(kelmet), 카드뮴합금, 알루미늄 합금이 사용된다.

25. 볼 베어링에서 베어링 하중을 $\dfrac{1}{2}$배로 하면 수명은 몇 배로 되는가?

가. 2   나. 4   다. 6   라. 8

해설 $L = \left(\dfrac{C}{P}\right)^r$에서 $L = \left(\dfrac{C}{P}\right)^3$

$L' = \left(\dfrac{C}{\dfrac{P}{2}}\right)^3 = 8\left(\dfrac{C}{P}\right)^3 = 8(L)$

정답 22. 다 23. 라 24. 다 25. 라

제4편 전동용 기계요소

1. 마찰차

동력을 전달하는 데 있어서 2개의 바퀴를 직접 접촉시켜 서로 밀어 붙임으로써 그 사이에 생기는 마찰력을 이용하여 2축 사이의 동력을 전달하는 것을 마찰 전동(friction drive)이라 하고, 이 장치에 사용되는 바퀴를 마찰차라 한다.

(1) 마찰차의 종류

① 원통 마찰차(cylindrical friction wheel) : 원통 마찰차는 평행한 두 축 사이에 동력을 전달하며, 외접하는 경우와 내접하는 경우가 있다.

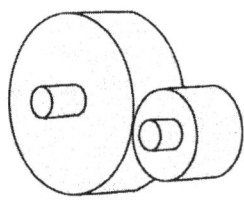
마찰차 전동

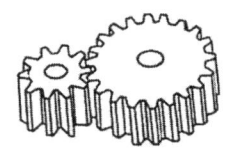
기어 전동

② 원뿔 마찰차 : 두 축이 서로 교차하며, 동력을 전달할 때 사용된다.
③ 홈 붙이 마찰차 : 마찰차에 홈을 붙인 것이며, 두 축이 평행하다.
④ 변속 마찰차 : 속도 변환을 위한 특별한 마찰차로서 원판마찰차, 원뿔마찰차, 구면마찰차 등이 있다.

(2) 마찰차의 적용범위

① 속도비가 중요하지 않은 경우
② 회전 속도가 커서 보통의 기어를 사용하지 못하는 경우
③ 전달 힘이 크지 않아도 되는 경우
④ 두축 사이를 단속할 필요가 있는 경우

(3) 원통 마찰차의 속도비

$$i = \frac{n_2}{n_1} = \frac{D_1}{D_2}$$

여기서 n_1 : 원동차의 회전수(mm), n_2 : 종동차의 회전수(mm)
D_1 : 원동차의 지름(mm), D_2 : 종동차의 지름(mm)

(4) 원통 마찰차의 원주속도

$$V = \frac{\pi D_1 N_1}{60 \times 10^3} = \frac{\pi D_2 N_2}{60 \times 10^3} \text{(m/s)}$$

(5) 원통 마찰차의 전달 동력

① $H = \dfrac{\mu F}{102} \cdot \nu$ (kw) ② $H = \dfrac{\mu F}{75} \cdot \nu$ (PS)

여기서 μ : 마찰계수, F : 마찰차를 누르는 힘(kg), ν : 원주속도(m/s)

(6) 원추 마찰차

① 속도비

$$i = \frac{n_2}{n_1} = \frac{\sin\alpha}{\sin\beta}$$

② 전달 마력

$$H = \frac{\mu F \nu}{75} = \frac{\mu Q_A \nu}{75\sin\alpha} = \frac{\mu Q_B \nu}{75\sin\alpha} \text{(PS)}$$

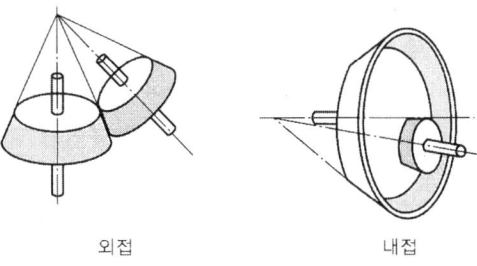

외접   내접

원추 마찰차

2. 기어(gear)

기어는 원통 마찰차나 원추 마찰차의 둘레에 이(teeth)를 같은 간격으로 만든 것이며, 구동 기어(driving gear)의 이가 회전함에 따라 종동 기어(driving gear)의 이 홈에 들어가 치(齒)면을 눌러 회전을 전하는 기계요소이다.

(1) 기어 전동의 특징

① 사용 범위가 넓다.
② 충격에 약하고 소음과 진동이 발생한다.
③ 큰 동력을 일정한 속도비로 전할 수 있다.
④ 전동 효율이 좋고 감속비가 크다.

(2) 기어의 종류

① 평행축 기어

두 축이 서로 평행할 때 사용한다.

- ⓐ 스퍼 기어(spur gear) : 직선 치형을 가지며 잇줄이 축에 평행하다. 제작이 용이하며 가장 많이 쓰인다.
- ⓑ 랙(rack) : 작은 스퍼기어와 맞물리고 잇줄이 축 방향과 일치한다. 곧은 막대에 같은 간격으로 동일한 형태의 이를 만든 것이다. 회전 운동을 직선운동으로 바꾸는데 사용한다.
- ⓒ 내접 기어(internal gear) : 스퍼 기어와 맞물리며 원통의 안쪽에 이가 만들어져 있다. 잇줄이 축에 대하여 평행하며, 맞물린 기어와 회전방향이 같다. 유성기어 장치 또는 기어 형 축이음에 사용한다.

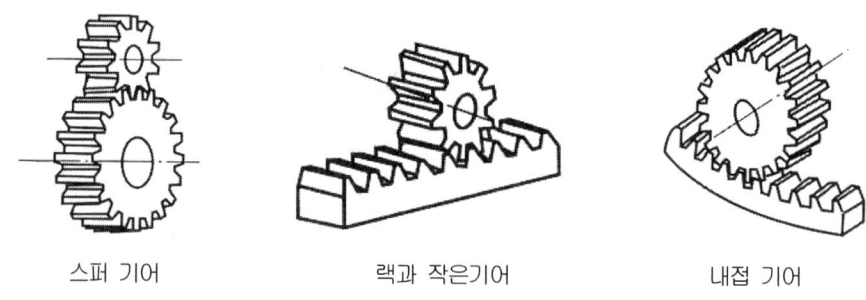

스퍼 기어   랙과 작은기어   내접 기어

- ⓓ 헬리컬 기어(helical gear) : 잇줄이 축 방향과 일치하지 않는 기어이다. 이의 물림이 좋아져 조용한 운전을 하나 축 방향 하중이 발생하는 단점이 있다.
- ⓔ 헬리컬 랙(helical rack) : 헬리컬 기어와 맞물리고 잇줄이 축 방향과 일치하지 않는다. 피치원의 반지름이 무한대인 헬리컬 기어로 생각할 수 있다.
- ⓕ 더블 헬리컬 기어(double helical gear) : 비틀림 각 방향이 서로 반대인 한 쌍의 헬리컬 기어를 조합한 것이다. 축방향의 힘이 발생하지 않는다.

헬리컬 기어   헬리컬 랙   더블 헬리컬 기어

② 교차축 기어

교차하는 두 축의 운동을 절달하기 위하여 원추형으로 만든 기어

- ⓐ 직선 베벨 기어(straight bevel gear) : 잇줄이 피치원뿔의 모직선과 일치하는 베벨 기어이다. 베벨기어 중 제작이 가장 간단하여 많이 쓰인다.

ⓑ 스파이럴 베벨 기어(spiral bevel gear) : 잇줄이 곡선이고 모직선에 대하여 비틀려 있는 기어이다. 제작이 어려우나 이의 물림이 좋고 조용하게 회전한다.
ⓒ 제롤 베벨 기어(zerol bevel gear) : 스파이럴 베벨 기어 중에서 이너비의 중앙에서 비틀림 각이 영(zero)인 베벨 기어이다.
ⓓ 마이터 기어(miter gear) : 두 축이 직각으로 만나며 맞물리는 두 기어의 잇수가 같은 베벨 기어이다.
ⓔ 크라운 기어(crown gear) : 피치면이 평면으로 된 베벨 기어이다.

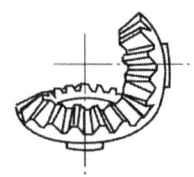
직선 베벨 기어
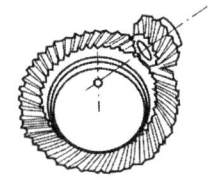
스파이럴 베벨 기어
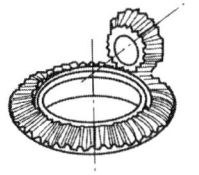
제롤 베벨 기어
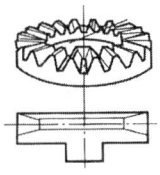
크라운 베벨 기어

③ 엇갈림 축 기어
두 축이 평행하지도 않고, 만나지도 않는 축 사이의 동력을 전달하는 기어를 말한다.
ⓐ 원통 웜 기어(cylindrical worm gear) : 두 축이 직각을 이루는 경우에 적용한다. 원통형 웜과 이에 맞물리는 웜휠을 총칭하는 말이다. 큰 감속을 얻을 수 있으나 효율이 낮은 단점이 있다.
ⓑ 장고형 웜 기어(hourglass worm gear) : 웜통 웜 기어를 개선한 것으로서 웜을 장고형으로 만들어 웜 휠과의 접촉면적을 크게 한 것이다.
ⓒ 나사 기어(screw gear) : 서로 교차하지도 않고 평행하지도 않는 두 축 사이의 운동을 전달하는 기어로서 헬리컬 기어의 이 모양을 갖는다.
ⓓ 하이포이드 기어(hypoid gear) : 서로 교차하지도 않고 평행하지도 않는 두 축 사이의 운동을 전달하는 스파이럴 베벨 기어로서 일반 스파이럴 베벨 기어에 비하여 피니언의 위치가 이동된다.

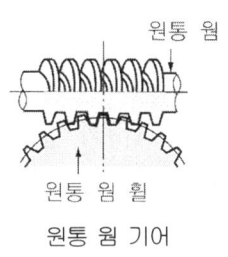
원통 웜 기어
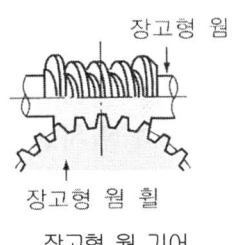
장고형 웜 기어
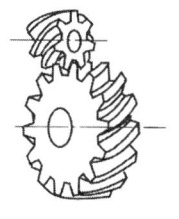
나사 기어
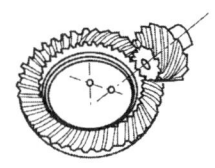
하이포이드 기어

(3) 사이클로이드(cycloid)치형의 곡선

① 접속점에서 미끄럼이 적고 마모가 적다.
② 소음이 적고 효율이 높다.

③ 속도비가 정확하다.
④ 중심 거리가 정확하지 않으면 물림이 좋지 않다.
⑤ 공작이 어렵고 호환성이 적다.

※ 사이클로이드 치형곡선

기준 원 위에 원판을 굴릴 때 원판상의 1점이 그리는 궤적으로, 외전 및 내전 사이클로이드 곡선으로 구분한다.

(4) 인벌루트(involute)

① 호환성이 있고 이 뿌리가 튼튼하다.
② 결점은 마멸이 크다.
③ 압력각이 일정하고 중심거리가 다소 어긋나도 속도비는 불변한다.
④ 맞물림이 원활하며 공작이 쉽다.

※ 인벌루트(involute) 치형곡선

실을 감아놓고 이것을 잡아당기면서 풀어 나갈 때 실의 한 점이 그리는 궤적이다.
일반 기계 공업의 모든 기어가 인벌루트 치형을 이용한 기어를 사용한다.

(5) 이의 크기 표시방법

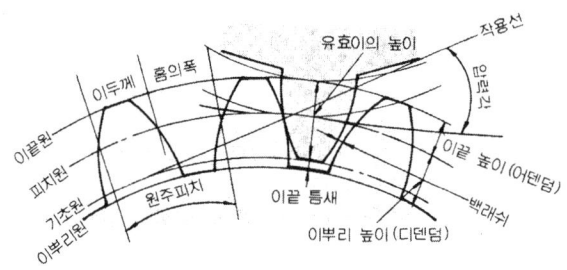

기어 각 부의 명칭

① 기어(gear) 각 부의 명칭
  ⓐ 피치원(pitch circle) : 피치면의 축에 수직한 단면상의 원
  ⓑ 원주 피치(circle pitch) : 피치원 주위에서 측정한 2개의 이웃에 대응하는 부분간의 거리
  ⓒ 이끝원(addendum circle) : 이 끝을 지나는 원
  ⓓ 이뿌리 원(dedendum circle) : 이 밑을 지나는 원
  ⓔ 이 폭 : 축 단면에서의 이의 길이
  ⓕ 이의 두께 : 피치상에서 잰 이의 두께
  ⓖ 총 이높이 : 이 끝 높이와 이 뿌리의 높이의 합(이의 총 높이)
  ⓗ 이끝 높이(addendum) : 피치원에서 이끝 원까지의 거리
  ⓘ 이뿌리 높이(dedendum) : 피치원에서 이 뿌리 원까지의 거리
② 이의 크기 표시방법
  ⓐ 모듈(Module : M)

$$M = \frac{\text{피치원의 지름}}{\text{잇수}} = \frac{D}{Z} \text{(mm)}$$

ⓑ 지름피치(Diametal Pitch : DP)

$$DP = \frac{\text{잇수}(Z)}{\text{피치원 지름}(D)} \text{(in)}$$

ⓒ 원주피치(Circular Pitch : P)

$$P = \frac{\text{피치원의 둘레}(\pi D)}{\text{잇수}} \text{(mm)}$$

ⓓ 모듈, 지름피치, 원주피치의 관계

$$P = \pi M, \quad DP = \frac{25.4}{M}$$

(6) 치형간섭 및 언더컷
① 치형의 간섭 : 서로 맞물린 두 개의 기어에서 한쪽의 이끝이 다른 쪽 이뿌리면(피니언)에 닿아서 회전할 수 없는 경우를 치형의 간섭이라 한다.
② 언더컷(under cut) : 이의 간섭이 일어났을 경우 이뿌리면을 상대편 기어의 이끝의 통로에 따라 깎아내는 것을 언더컷이라 한다.

※ 치형의 간섭 및 언더컷 현상 줄이는 방법
① 치형이 이끝면을 깎아낸다.
② 전체 이 높이를 낮춘다.
③ 치형을 전위시킨다.
④ 압력각을 20°또는 그 이상으로 크게 한다.
⑤ 공구 날끝을 둥글게 해 기어의 이뿌리면을 둥글게 한다.

(7) 스퍼기어(spur gear)
잇줄이 기어축에 평행한 기어로 많이 사용되고 있다.

(8) 전위기어(shifted gear)
래크 공구의 기준 피치선을 기어의 기준 피치원에서 바깥쪽 또는 안쪽으로 조금 어긋나게 전위시켜 절삭하는 기어를 전위 기어라 한다.

(9) 스퍼기어의 휨 강도

① $F = \dfrac{102P}{V} = \dfrac{75H}{V}$

$F = \sigma_b \cdot b \cdot m \cdot y$

$\sigma_b = \dfrac{F}{b \cdot m \cdot y}$

여기서 F : 기어를 돌리는 힘(kg), P : 전달 동력(kW), H : 전달 마력(PS, HP)
V : 피치원 위의 원주 속도(m/sec), σ_b : 휨 응력(kg/mm^2)
b : 이의 나비(mm), y : 치형계수, m : 모듈(mm)

② 잇면의 압력 강도

$$F = f_b \cdot K \cdot D_1 \cdot b \cdot \frac{2Z_2}{Z_1 + Z_2}$$

$$F = f_V \cdot K \cdot m \cdot b \cdot \frac{2Z_1 \cdot Z_2}{Z_1 + Z_2}$$

여기서 F : 전달력(kg), f_V : 속도 계수, K : 접촉면 응력 계수(kg/mm^2)
D_1 : 작은 기어의 피치원 지름(mm), m : 모듈(mm)
$Z_1 Z_2$: 작은 기어, 큰 기어의 잇수, b : 이의 나비(mm)

(10) 헬리컬 기어(helical gear)

바퀴 주위에 비틀린 이가 절삭되어 진동소리가 적으며, 큰 힘을 전달할 수 있지만, 축 방향으로 스러스트가 생기는 기어.

(11) 베벨 기어(bevel gear)

원뿔면에 이를 만든 것으로 이가 직선인 것을 베벨기어라고 한다.

(12) 웜 기어(worm gear)

웜과 웜 기어를 한 쌍으로 사용하며 큰 감속비를 얻을 수 있다. 원동차를 보통 웜으로 한다.

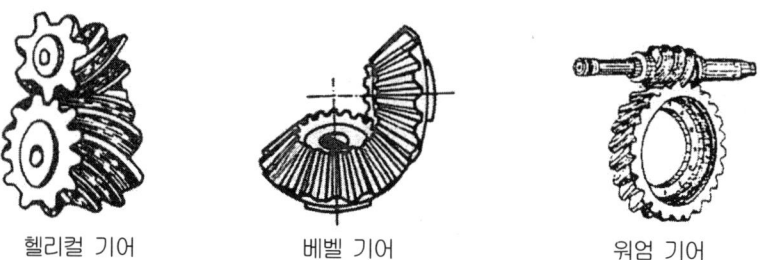

헬리컬 기어   베벨 기어   웜 기어

3. 벨트, V벨트

(1) 평 벨트

① 벨트의 재질 : 가죽벨트, 고무벨트, 섬유벨트, 강철벨트가 있다.
② 벨트 거는 방법
 ⓐ 두 축이 평행한 경우
  평행 걸기(open belting) : 동일 방향으로 회전한다.
  엇 걸기(corss belting) : 반대 방향으로 회전하며, 십자 걸기라고도 한다.

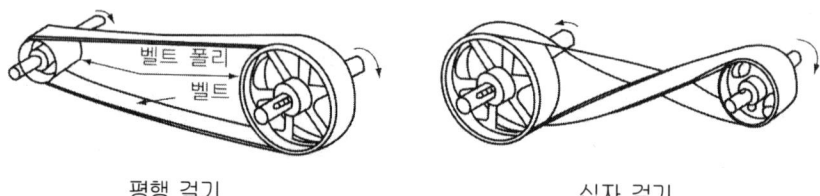

평행 걸기   십자 걸기

ⓑ 두 축이 수직인 경우
아래 그림과 같이 걸면 되는데, 역회전이 불가능하다. 역회전을 가능하게 하려면 안내 풀리를 사용해야 한다.

③ 속도비

$$i = \frac{N_2}{N_1} = \frac{D_1}{D_2}$$

N_1 : 원동차 회전수(rpm) N_2 : 종동차 회전수(rpm)
D_1 : 원동차의 지름(mm) D_2 : 종동차의 지름(mm)

※ 속도비는 벨트 풀리 지름에 반비례하며 1:6이하로 한다.

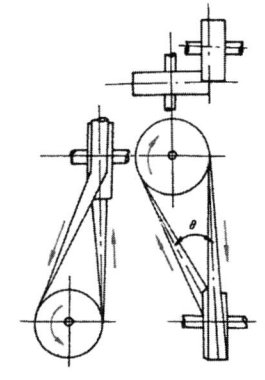

두 축이 수직인 때의 벨트 걸기

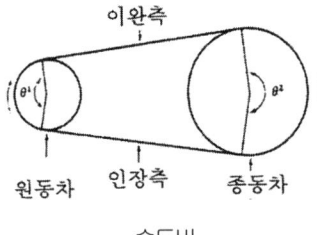

속도비

④ 벨트의 접촉 중심각
벨트의 미끄러짐을 적게 하려면 풀리와 벨트의 접촉각을 크게 하면 된다. 접촉각을 크게 하는 방법은 이완쪽이 원동차의 위가 되게 하거나 인장풀리를 사용하면 된다.

⑤ 벨트의 길이
ⓐ 오픈 벨트(가로 걸기)의 경우

$$L = 2C + \frac{\pi}{2}(D_1 + D_2) + \frac{(D_2 - D_1)^2}{4C}$$

ⓑ 크로스 벨트(엇 걸기)의 경우

$$L = 2C + \frac{\pi}{2}(D_1 + D_2) + \frac{(D_2 + D_1)^2}{4C}$$

L : 벨트의 길이(mm) C : 두 축 사이의 중심 거리(mm)
D_1 : 원동차의 지름(mm) D_2 : 종동차의 지름(mm)

⑥ 벨트의 전달동력
ⓐ 원심력을 무시할 때($\nu \leq 10[\text{m/s}]$)

$$H = \frac{T_e \nu}{1000} = \frac{T_t \nu}{1000} \cdot \frac{e^{\mu\theta} - 1}{e^{\mu\theta}} \text{ (kW)}$$

ⓑ 원심력을 고려할 때($\nu > 10[\text{m/s}]$)

$$H = \frac{T_e \nu}{1000} = \frac{\nu}{1000}(T_t - m\nu^2)\frac{e^{\mu\theta} - 1}{e^{\mu\theta}} \text{ (kW)}$$

⑦ 최대 전달 동력

$$H_{\max} = \frac{2}{3} \cdot \frac{T_t}{1000} \cdot \sqrt{\frac{T_t}{3m}} \cdot \frac{e^{\mu\theta}-1}{e^{\mu\theta}} \text{ (kW)}$$

(2) V벨트

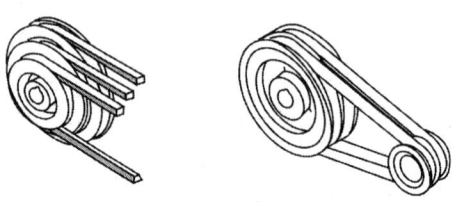

V벨트와 풀리

① 장점
  ⓐ 홈의 양면에 밀착되므로 마찰력이 평 벨트보다 크고, 미끄럼이 적어 비교적 작은 장력으로 큰 회전력을 전달할 수 있다.
  ⓑ 평 벨트와 같이 벗겨지는 일이 없다.
  ⓒ 이음매가 없어 운전이 정숙하고, 충격을 완화하는 작용을 한다.
  ⓓ 지름이 작은 풀리에도 사용할 수 있다.
  ⓔ 설치 면적이 좁으므로 사용이 편리하다.

4. 체인(chain)

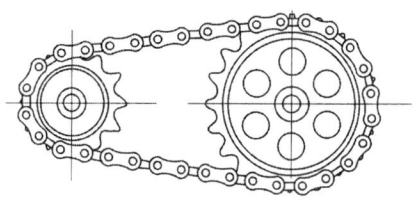

체인 전동

(1) 체인의 종류

① 롤러 체인(roller chain)
  일반적으로 널리 사용되는 동력전달용 체인으로 저속회전에서 고속회전까지 넓은범위에서 사용된다.
② 부시 체인(bush chain)
  롤러 체인에서 롤러를 없애고, 롤러와 부시를 일체화하여 구조를 간단하게 만든 것으로 경하중용으로 쓰인다.
③ 더블피치 롤러체인(double pitch roller chain)
  롤러 체인의 피치를 2배로 하여 부하가 적게 걸리는 반송용 체인으로 사용하고 있다.

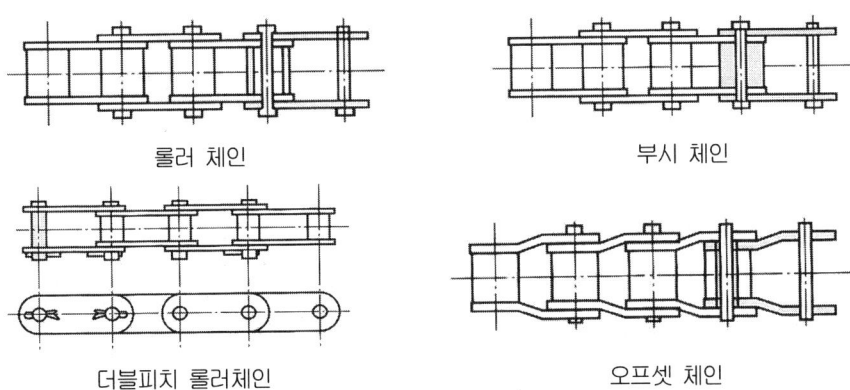

롤러 체인   부시 체인

더블피치 롤러체인   오프셋 체인

④ 오프셋 체인(offset chain)

링크 판이 오프셋 모양으로 구부러진 형태를 하고 있으며, 오프셋은 전동 중 충격을 흡수하므로 중하중·저속전동에 적합하다.

⑤ 핀틀 체인(pintle chain)

오프셋 링크에서 링크판과 부시를 일체화시킨 것이다. 오프셋 링크와 이음 핀으로 연결되어 있으며, 저속 중용량의 컨베이어, 엘리베이터용에 사용한다.

⑥ 사일런트 체인(silent chain)

링크가 스프로킷에 비스듬히 미끄러져 들어가 맞물려 있어 롤러 체인보다 소음이 적다. 주로 고속용으로 쓰이며, 가격이 비싸다.

⑦ 리프 체인(leaf chain)

몇 개의 링크판과 핀으로 구성된 것으로서 달아 내림용, 평형용, 운반전달용이 있으며 주로 저속용으로 사용하고 있다.

⑧ 블록 체인(block chain)

플레이트(plate)의 링크를 핀으로 연결한 체인으로 저속($v=4[m/s]$ 이하)에 주로 사용한다. 이 체인에 가격은 싸지만 마찰 부분이 많아서 저속, 경하중용에 적합하다. 수송용, 견인용으로 사용하고 있다.

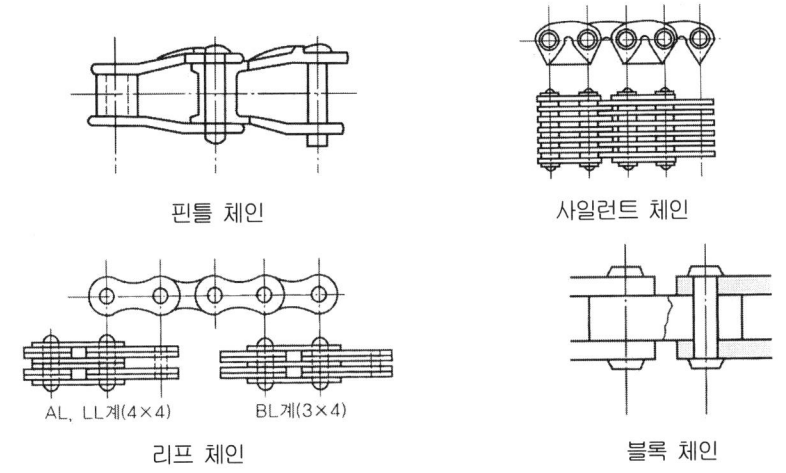

핀틀 체인   사일런트 체인

AL, LL계(4×4)   BL계(3×4)

리프 체인   블록 체인

(2) 사일런트 체인의 특성

① 잇수는 최소 17매 이상으로 한다.
② 링크의 경사면이 휠에 밀착하여 동력 전달이 조용하다.
③ 고속이나 조용한 전동이 필요한 경우에 사용된다.

(3) 스프로킷 휠(sprocket wheel)

재질은 강재나 고급 주철이다. 치형의 종류에는 S형(일반형), U형(특수형)이 있으며, 스프로킷의 잇수는 17개 이상 70개 정도가 적당하다. 축간거리는 롤러체인은 체인 피치의 40~50배 정도, 사일런트 체인은 체인 피치의 30~50배 정도 이다.

(4) 롤러 체인

롤러(roller), 링크(link), 핀(pin), 부시(bush) 등으로 구성되어 있다. 링크의 일정 간격 유지를 위해 부시를 넣었고, 부시 구멍에는 핀이 있어 부시가 회전시 휘어지고, 굽어지는 성질을 얻을 수 있다. 고속에서 소음이 나는 결점이 있다.

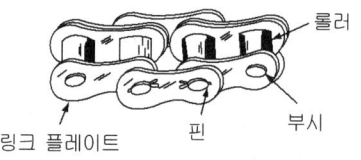

롤러 체인

출제예상문제

1. 마찰차의 응용범위가 아닌 것은?

　가. 전달할 힘이 클 때　　　　　　　　나. 속도비가 중요하지 않을 때
　다. 두 축 사이를 단속할 필요가 있을 때　라. 회전속도가 클 때

해설 마찰차의 응용범위
① 속도비가 중요하지 않은 경우
② 회전 속도가 커서 보통의 기어를 사용하지 못하는 경우
③ 전달 힘이 크지 않아도 되는 경우
④ 두축 사이를 단속할 필요가 있는 경우

2. 원통마찰차에서 두 마찰차의 각속도의 관계를 올바르게 나타낸 것은?

　가. 회전수는 지름과 각속도에 반비례한다.
　나. 회전수는 지름과 각속도에 비례한다.
　다. 회전수는 지름에 비례하고 각속도는 반비례한다.
　라. 회전수는 지름에 반비례하고 각속도는 비례한다.

해설 속도비 $i = \dfrac{N_B}{N_A} = \dfrac{D_A}{D_B} = \dfrac{\omega_B}{\omega_A} = \dfrac{r_A}{r_B}$

여기서, N_A : 원동차의 회전수(rpm)　　N_B : 종동차의 회전수(rpm)
　　　　D_A : 원동차의 지름(mm)　　　D_B : 종동차의 지름(mm)
　　　　ω_A : 원동차의 각속도(rad/s)　ω_B : 종동차의 각속도(rad/s)
　　　　r_A : 원동차의 반지름(mm)　　r_B : 종동차의 반지름(mm)

3. 10m/s의 속도로 회전하는 원통마찰차에 밀어주는 힘 90kg이 작용하고 마찰계수가 0.1일 때 전달동력은 얼마인가?

　가. 0.8PS　　　　나. 1.2PS　　　　다. 1.8PS　　　　라. 2.2PS

해설 $H = \dfrac{\mu P_V}{75} = \dfrac{0.1 \times 90 \times 10}{75} = 1.2$ PS

4. 원동차의 직경이 90mm, 종동차의 반지름이 140mm, 원동차의 회전수가 300rpm일 때, 종동차의 회전수는?

　가. 193rpm　　　나. 208rpm　　　다. 216rpm　　　라. 224rpm

해설 회전비 $i = \dfrac{N_B}{N_A} = \dfrac{D_A}{D_B}$ 에서 $N_B = \dfrac{D_A}{D_B} \times N_A = \dfrac{90}{140} \times 300 = 192.8$rpm

정답 1. 가　2. 라　3. 나　4. 가

5. 원추각 60°인 원추마찰차에 추력이 400kg 작용하면 전달동력은 몇 (PS)가 되겠는가? 단, 마찰차의 속도 4m/s, 마찰계수 0.2이다.

　　가. 6.8PS　　　　나. 8.5PS　　　　다. 10.6PS　　　　라. 12.4PS

해설 $H = \dfrac{\mu Q v}{75 \sin \alpha} = \dfrac{0.2 \times 400 \times 4}{75 \times \sin 30°} \fallingdotseq 8.5 PS$

[참고] 원추 마찰차(베벨마찰차)의 전달 마력 : $H = \dfrac{\mu W v}{75} = \dfrac{\mu Q_A}{75 \sin \alpha} = \dfrac{\mu Q_B \, v}{75 \sin \alpha}$ (PS)

6. 원동차의 지름 200mm, 종동차의 지름 400mm인 원통마찰차가 회전하고 있다. 서로 밀어 붙이는 힘이 300kg이라 할 때 최대 토오크를 구하라. 단, 마찰계수는 0.2이다.

　　가. 6000kg・mm　　나. 8000kg・mm　　다. 10,000kg・mm　　라. 12,000kg・mm

해설 $T = \mu W \cdot \dfrac{D_B}{2} = 0.2 \times 300 \times \dfrac{400}{2} = 12000 kg \cdot mm$

7. 평행한 두 축 사이에 회전을 전달하는 기어는?

　　가. 베벨기어　　　나. 웜 기어　　　다. 헬리컬 기어　　　라. 하이포이드 기어

해설

베벨기어
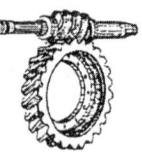
웜기어

헬리컬기어

하이포이드기어

8. 스퍼기어에서 기초원지름(D_g), 피치원지름(D), 법선피치(P_n), 잇수(Z), 압력각(α)라 할 때, 이들 관계식으로 옳은 것은?

　가. $Dg = D \cos \alpha = \dfrac{PnZ}{\pi}$　　나. $Dg = D \sin \alpha = \dfrac{PnZ}{\pi}$　　다. $Dg = D \sin \alpha = \dfrac{PnZ}{\pi}$　　라. $Dg = D \cos \alpha = \dfrac{\pi Z}{Pn}$

해설 스퍼기어(Spur Gear)
　① 피치원과 기초원 : $Dg = D \cos \alpha$, $D = mZ$
　　　Dg : 기초원 지름(mm),　D : 피치원 지름(mm)
　　　Pn : 법선피치(mm),　P : 원주피치(mm),　Z : 잇수
　② 원주피치와 법선피치 : $P = \dfrac{\pi D}{Z} = \pi m$, $Pn = \dfrac{\pi Dg}{Z} = \dfrac{\pi D \cos \alpha}{Z}$

9. 기초원 지름이 350mm와 650mm, 압력각이 30°인 두 개의 인벌류트 스퍼기어가 물리고 있을 때, 중심거리를 구하라.

　　가. 360mm　　　　나. 427　　　　다. 577　　　　라. 648

해설 $C = \dfrac{D_1 + D_2}{2} = \dfrac{Dg_1 + Dg_2}{2 \cos \alpha} = \dfrac{350 + 650}{2 \times \cos 30°} \fallingdotseq 577.4 mm$

정답　5. 나　6. 라　7. 다　8. 가　9. 다

10. 스퍼기어에서 이끝원 지름이 280mm, 잇수가 68일 때 모듈(Module)은 얼마인가?

가. 1   나. 2   다. 3   라. 4

해설 $m = \dfrac{D_O}{Z+2} = \dfrac{280}{68+2} = 4$

※ 스퍼기어(spur gear)의 바깥지름(이끝원 지름) : $D_O = D + 2a = m(Z+2)$

11. 보통 많이 사용하는 기어의 압력각으로 맞는 것은?

가. 12.5°, 22.5°   나. 12.5°, 20°   다. 14.5°, 22.5°   라. 14.5°, 20°

12. 속도비 1:5 피니언 잇수 20개, 모듈 5인 한 쌍의 스퍼기어에서 축간의 거리를 구하면?

가. 270mm   나. 280mm   다. 290mm   라. 300mm

해설 $i = \dfrac{N_2}{N_1} = \dfrac{Z_1}{Z_2}$ 에서 $Z_1 = \dfrac{N_2}{N_1} \times Z_2 = \dfrac{5}{1} \times 20 = 100$ $C = \dfrac{m(Z_1 + Z_2)}{2} = \dfrac{5(100+20)}{2} = 300\text{mm}$

13. 헬리컬기어의 치직각 모듈이 4이고, 정면 모듈이 5, 잇수가 40일 때 이끝원 지름을 구하면?

가. 176mm   나. 188mm   다. 196mm   라. 208mm

해설 $D_S = M_S Z_S = 5 \times 40 = 200\text{mm}$
$D_O = D_S + 2m_n = 200 + 2 \times 4 = 208\text{mm}$

[참고] 헬리컬기어 피치원 지름: $D_S = M_S Z_S = \dfrac{m_n}{\cos\beta} Z_S$ 헬리컬기어 바깥지름: $D_O = D_S + 2m_n = \dfrac{m_n Z_S}{\cos\beta} + 2m_n$

여기서 m_n : 치직각 모듈 β : 비틀림각 M_S : 정면모듈 Z_S : 잇수

14. 헬리컬기어의 상당스퍼기어의 잇수(Ze)를 나타낸 식으로 맞는 것은? 단, 헬리컬기어의 실제 잇수는 Zn, 비틀림 각은 β이다.

가. $Ze = \dfrac{Z}{\cos\beta}$ 나. $Ze = \dfrac{\cos^3\beta}{Z}$ 다. $Ze = \dfrac{Z}{\cos^3\beta}$ 라. $Ze = \dfrac{Z}{\cos^2\beta}$

15. 스퍼기어에서 언더컷을 일으키지 않는 이론적 최소잇수(Z_g)를 구하는 식으로 맞는 것은? 단, 모듈은 m, 압력각은 α, 이끝높이는 a이다.

가. $Zg = \dfrac{2}{\sin^2\alpha}$ 나. $Zg = \dfrac{\sin^2\alpha}{2}$ 다. $Zg = \dfrac{2a}{\cos^2\alpha}$ 라. $Zg = \dfrac{\cos^2\alpha}{2a}$

16. 모듈이 3, 잇수가 50개인 기어의 바깥지름(mm)은?

가. 128   나. 145   다. 156   라. 168

해설 $D_O = m(Z+2) = 3(50+2) = 156\text{mm}$

17. 베벨기어에서 속도비(i)를 옳게 나타낸 식은?

정답 10. 라   11. 라   12. 라   13. 라   14. 다   15. 가   16. 다

가. $i = \dfrac{D_1}{D_2} = \dfrac{Z_1}{Z_2} = \dfrac{\sin\alpha_1}{\sin\alpha_2}$ 나. $i = \dfrac{D_1}{D_2} = \dfrac{Z_1}{Z_2} = \dfrac{\sin\alpha_2}{\sin\alpha_1}$

다. $i = \dfrac{D_2}{D_1} = \dfrac{Z_1}{Z_2} = \dfrac{\sin\alpha_1}{\sin\alpha_2}$ 라. $i = \dfrac{D_2}{D_1} = \dfrac{Z_2}{Z_1} = \dfrac{\sin\alpha_2}{\sin\alpha_1}$

해설 $i = \dfrac{N_2}{N_1} = \dfrac{D_1}{D_2} = \dfrac{Z_1}{Z_2} = \dfrac{\sin\alpha_1}{\sin\alpha_2}$

18. 베벨기어에서 상당(등가) 잇수(Ze)를 나타낸 식으로 맞는 것은?

가. $Ze = \dfrac{\cos\alpha}{Z}$ 나. $Ze = \dfrac{\sin\alpha}{Z}$ 다. $Ze = \dfrac{Z}{\cos\alpha}$ 라. $Ze = \dfrac{Z}{\sin\alpha}$

19. 헬리컬기어에서 잇수가 50, 비틀림각이 30°, 치직각 모듈이 4일 때 피치원의 지름을 구하면?

가. 208mm   나. 231mm   다. 248mm   라. 258mm

해설 $D_S = \dfrac{m_n}{\cos\beta} Z_S = \dfrac{4 \times 50}{\cos 30°} \fallingdotseq 230.9\text{mm}$

※ 헬리컬기어의 피치원 지름 : $D_S = M_S Z_S = \dfrac{m_n}{\cos\beta} Z_S$

　　여기서, M_S : 정면 모듈,　Z_S : 잇수,　m_n : 치직각 모듈,　β : 비틀림 각

20. 헬리컬기어에서 잇수가 각각 40, 120이고 비틀림각이 30°, 치직각 모듈이 3일 때 중심거리를 구하면?

가. 238mm   나. 256mm   다. 266mm   라. 277mm

해설 $C = \dfrac{m_n(Z_1 + Z_2)}{2\cos\beta} = \dfrac{3(40+120)}{2\cos 30°} = 277\text{mm}$

21. 베벨기어에서 모듈 4, 잇수 30, 피치원추각 30°일 때, 원추거리를 구하면?

가. 80mm   나. 100mm   다. 120mm   라. 140mm

해설 $L = \dfrac{D}{2\sin\alpha} = \dfrac{mZ}{2\sin\alpha} = \dfrac{4 \times 30}{2 \times \sin 30°} = 120\text{mm}$

22. 헬리컬기어가 스퍼기어에 비해 우수한 점이 아닌 것은?

가. 운전이 정숙하고 소음진동이 적다.
다. 고속회전이 가능하다.
다. 작은 회전비가 얻어진다.
라. 물음길이가 길고 물림률이 커서 물림상태가 좋다.

해설 헬리컬기어의 장점
　　　① 운전이 정숙하고, 소음진동이 적다.　　② 고속, 대동력 전달에 사용된다.
　　　③ 물음 길이가 길고 물림률이 커서 물림상태가 좋다.　　④ 큰 회전비가 얻어지고 전동효율이 크다.

정답 17. 가 18. 다 19. 나 20. 라 21. 다 22. 다

23. 언더컷 방지법으로 맞지 않는 것은?

　가. 낮은 이로 만든다.　　　　　　　　나. 한계 잇수 이상으로 한다.
　다. 전위기어를 만든다.　　　　　　　　라. 압력각을 작게 한다.

　해설 압력각을 크게 해야 한다.

24. 스퍼기어에서 압력각을 증가시 나타나는 사항으로 맞지 않는 것은?

　가. 동시에 물리는 잇수가 감소한다.　　나. 하중이 증가한다.
　다. 언더컷을 발생하는 최소잇수가 감소한다.　라. 치면의 곡률반경이 작아진다.

　해설 치면의 곡률 반경은 커진다.

25. 웜기어의 특징이 아닌 것은 어느 것인가?

　가. 전동효율이 낮다.　　　　　　　　　나. 큰 감속비를 얻을 수 있다.
　다. 잇면의 미끄럼이 작다.　　　　　　　라. 조용한 운전을 할 수 있다.

　해설 웜 기어의 특징
　　① 치면에서의 미끄럼이 커서 전동 효율이 떨어진다. (약50~70%)
　　② 중심 거리에 오차가 있을 때는 마멸이 심하다.
　　③ 작은 용량으로 큰 감속비(1/10~1/100)를 얻을 수 있다.
　　④ 역전을 방지할 수 있고, 소음이 작아 정숙한 회전이 가능하다.
　　⑤ 인벌류트 원통 기어와 같이 교환성이 없고, 조정이 필요하다.
　　⑥ 웜 휠의 공작이 어려워 특수 공구가 필요하며, 연삭 가공이 어렵다.
　　⑦ 웜 휠의 정밀 측정이 곤란하며, 가격이 비싸다.
　　⑧ 웜과 웜 휠에 스러스트 하중이 생긴다.

26. 다음 기어중 큰 감속비를 얻는데 적합한 기어는?

　가. 웜기어　　　나. 하이포이드기어　　　다. 더블헬리컬 기어　　　라. 헬리컬기어

　해설 웜기어는 작은 용량으로 큰 감속비를 얻을 수 있다.

27. 다음 조건을 가지는 벨트전동장치에서 전달동력을 구하라. 단, 속도 5m/s, 긴장측장력 125kg, 이완측장력 50kg이다.

　가. 3PS　　　　　나. 4PS　　　　　다. 5PS　　　　　라. 6PS

　해설 $H = \dfrac{Pe \cdot v}{75} = \dfrac{(Tt - Ts) \cdot v}{75} = \dfrac{(125-50) \times 5}{75} = 5\text{PS}$

28. 평벨트 전동장치에 대한 설명으로 맞지 않는 것은?

　가. 풀리의 접촉각은 바로걸기보다 엇걸기가 크다.
　나. 바로걸기의 경우 축간거리가 짧고 속도비가 클수록 작은 풀리의 접촉각이 작아진다.
　다. 엇걸기의 경우 속도비에 관계없이 양쪽의 접촉각은 동일하다.
　라. 벨트에 작용하는 원심력은 전달동력을 증가시킨다.

정답　23. 라　24. 라　25. 다　26. 가　27. 다　28. 라

해설 전달동력 $H = \dfrac{Pe \cdot V}{75} = \dfrac{Tt \cdot V}{75} \cdot \dfrac{e^{\mu\theta}-1}{e^{\mu\theta}}$

여기서 Pe : 유효장력(kg), V : 속도(m/s), Tt : 긴장측장력, μ : 마찰계수, θ : 접촉각

29. 벨트전동장치에서 벨트의 속도 20m/s로 운전할 때 원심력에 의한 부가장력이 200kg이었다면 이 벨트의 길이 1cm에 대한 무게는 얼마인가?

　가. 7.6kg/m　　　나. 6.4kg/m　　　다. 4.9kg/m　　　라. 3.6kg/m

해설 원심력에 의한 부가장력 $= \dfrac{\omega V^2}{g}$ (kg)에서

$\dfrac{\omega V^2}{g} = 200$, $\dfrac{\omega \times 20^2}{9.8} = 200$, $\omega = \dfrac{200 \times 9.8}{20^2} = 4.9$kg/m

30. V벨트 전동장치의 우수한 점이 아닌 것은 어느 것인가?

　가. 고속운전이 가능하다.　　　　나. 정숙한 운전이 가능하다.
　다. 길이조정이 자유롭다.　　　　라. 큰 감속비를 얻을 수 있다.

해설 V벨트의 특징
　① 속도비를 크게 할 수 있다.
　② 미끄럼이 적고 효율은 90~95%정도이다.
　③ 운전이 정숙하고 고속 회전이 가능하다.
　④ 벨트가 벨트 풀리를 벗어나는 일이 없다.
　⑤ 이음매가 없으므로 전체가 균일한 강도를 갖는다.
　⑥ 장력이 적으므로 베어링에 걸리는 하중이 줄어든다.
　⑦ 두 축간의 중심 거리가 평벨트보다 짧다.

31. V벨트의 속도비는 보통 얼마인가?

　가. 1:7　　　　나. 1:5　　　　다. 1:3　　　　라. 1:2

32. 전동용 체인으로 가장 많이 사용되는 것은?

　가. 로울러 체인　　나. 링크 체인　　다. 블록 체인　　라. 디태쳐블 체인

해설 롤러 체인

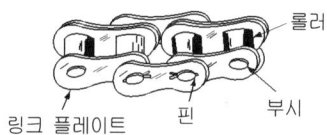

33. V벨트에서 풀리의 지름이 작을수록 행해야 하는 방법으로 맞는 것은?

　가. V홈의 깊이를 깊게 한다.　　　　나. V홈의 각도를 약간 크게 한다.
　다. V벨트가 큰 것을 사용한다.　　　라. V홈의 각도를 약간 작게 한다.

해설 V벨트에서 풀리의 지름이 작을수록 V홈의 각도를 약간 작게 한다.

정답 29. 다　30. 다　31. 가　32. 가　33. 라

34. 로울러 체인이 매분 900회전 할 때 평균속도를 구하여라. 단, 피치는 15.8mm, 잇수는 37이다.

　　가. 6.2m/s　　　　　나. 7.5m/s　　　　　다. 8.8m/s　　　　　라. 9.5m/s

해설 $V = \dfrac{P \cdot ZN}{60 \times 1000} = \dfrac{15.8 \times 37 \times 900}{60 \times 1000} = 8.8 \text{m/s}$

※ 로울러체인 :

① 속도비　$i = \dfrac{N_2}{N_1} = \dfrac{Z_1}{Z_2}$

② 속도　$V = \dfrac{PZN}{60 \times 1000}$ (m/s)

③ 최대속도　$V_{\max} = \dfrac{2Z}{\sqrt{P}}$ (m/s)

여기서, P : 체인장력(kg), Z : 잇수, P : 체인피치(mm), N : 회전수(rpm)

35. V벨트의 마찰계수 0.2, 홈의 각도가 40°일 때 유효마찰계수는 얼마인가?

　　가. 0.28　　　　　나. 0.38　　　　　다. 0.46　　　　　라. 0.52

해설 $\mu_o = \dfrac{\mu}{\sin\dfrac{a}{2} + \mu\cos\dfrac{a}{2}} = \dfrac{0.2}{\sin 20° + 0.2 \times \cos 20°} = 0.38$

정답　**34.** 다　**35.** 나

제5편 제어용 기계요소

1. 제동장치

(1) 브레이크(brake)의 종류

① 블록 브레이크(block brake)

회전하는 브레이크 드럼(drum)을 브레이크 블록의 누르게 한 것이다.

ⓐ 단식블록 브레이크

1개의 브레이크 블록의 회전하는 브레이크 드럼을 누르는 장치이다.

- 제동토크 $T = \dfrac{QD}{2} = \dfrac{\mu PD}{2}$

- 제동마력 $H = \dfrac{QV}{A} = \dfrac{\mu PV}{75}$ (PS)

- 브레이크 용량 $H = \dfrac{\mu PV}{A} = \mu qV (\text{kg/mm}^2 \cdot \text{m/s})$

여기서 Q : 마찰력(kg), P : 블록과 드럼 사이의 압력(kg),
D : 브레이크 드럼의 지름(mm), μ : 드럼과 블록의 마찰계수
q : 제동압력(kg/mm^2)

ⓑ 복식블록 브레이크

2개의 브레이크 블록의 회전하는 브레이크 드럼을 누르는 장치이다. 큰 하중이 걸리는 경우에 사용한다.

② 드럼 브레이크(drum brake)

내부 확장식 브레이크(internal expansion brake) 또는 내확 브레이크라고도 한다. 회전운동을 하는 드럼(drum)이 바깥쪽에 있고, 두 개의 브레이크 블록이 드럼의 안쪽에서 대칭으로 드럼에 접촉하여 제동한다. 드럼의 재질로 마찰계수가 크고 내마모성이 큰 주철을 주로 사용한다. 마찰력을 높이기 위하여 양측의 슈(shoe)에 라이닝(lining)을 붙인다. 슈를 바깥쪽으로 확장하여 밀어 붙이는 데 캠을 사용하거나 유압장치(유압실린더)를 사용한다. 주로 자동차 뒷바퀴의 제동에 사용한다.

③ 축압 브레이크

ⓐ 원판브레이크(disk brake)

- 캘리퍼형 원판 브레이크(caliper disk brake) : 아래 그림과 같이 회전 운동을 하는 드럼이 안쪽에 있고 바깥에서 양쪽 대칭으로 드럼을 밀어 붙여 마찰력이 발생하도록 한 장치이다. 자동차의 앞바퀴, 자전거의 바퀴 등의 제동에 쓰인다.

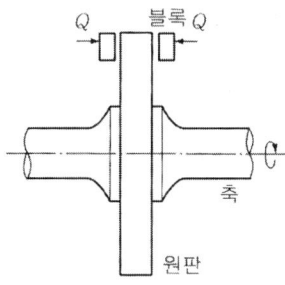

캘리퍼형 원판 브레이크

- 클러치형 원판 브레이크(clutch-type disc brake) : 축방향 하중에 의하여 발생하는 마찰력으로 제동하는 브레이크이다. 마찰면이 원판인 것이다.
ⓑ 원추 브레이크(cone brake) : 축방향 하중은 브레이크 접촉면에 수직한 하중을 발생시키고, 이 수직력으로 인하여 접촉면에 마찰력이 발생한다.

④ 밴드 브레이크(band brake)

레버를 사용하여 브레이크 드럼의 바깥에 감겨있는 밴드에 장력을 주면 밴드와 브레이크 드럼 사이에 마찰력이 발생한다. 이 마찰력에 의해 제동하는 것을 밴드 브레이크라 한다.

ⓐ 밴드 두께

$t = \dfrac{T_t}{\sigma}$ 여기서, T_t :긴장측 장력(kg), σ : 밴드의 허용응력(kg/mm²)

ⓑ 접촉면적

$A = \dfrac{D}{2}\theta b$ 여기서, θ : 접촉각, b : 밴드의 너비(mm)

⑤ 자동 하중 브레이크

윈치, 크레인 등으로 하물을 올릴 때는 제동 작용은 하지 않고 클러치 작용을 하며, 하물을 아래로 내릴 때는 하물 자중에 의한 제동 작용으로 하물의 속도를 조절하거나 정지시킨다. 종류에는 웜 브레이크(worm brake), 나사브레이크(screw brake), 원심 브레이크(centrifugal brake), 전자 브레이크(magnetic brake)가 있다.

2. 스프링

(1) 철강재 스프링 재료가 갖추어야 할 조건

① 가공하기 쉬운 재료이어야 한다.
② 높은 응력에 견딜 수 있고, 영구변형이 없어야 한다.

③ 피로강도와 파괴인성치가 높아야 한다.
④ 열처리가 쉬워야 한다.
⑤ 표면 상태가 양호해야 한다.
⑥ 부식에 강해야 한다.

(2) 스프링 모양에 따른 분류

① 코일 스프링의 종류

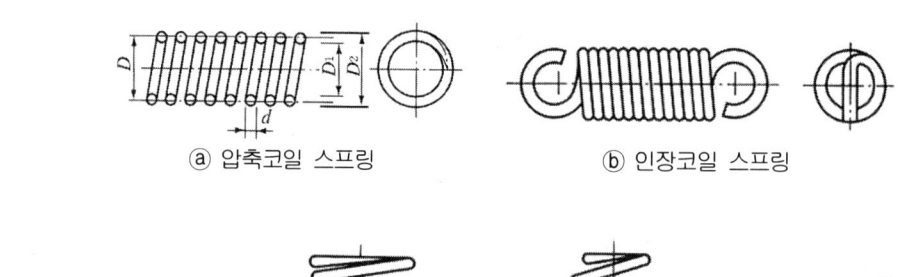

ⓐ 압축코일 스프링　　　　　　ⓑ 인장코일 스프링

 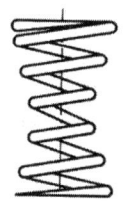 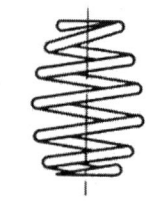 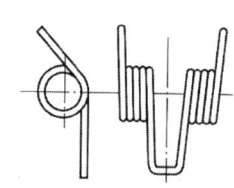

ⓒ 원추형 코일 스프링　ⓓ 장고형 코일 스프링　ⓔ 드럼형 코일 스프링　ⓕ 비틀림 코일 스프링

② 겹판 스프링(leaf spring)

판 스프링은 너비가 좁고 얇은 긴 보로서 하중을 지지한다. 여러 장 겹쳐서 사용하는 경우 겹판 스프링이라고 한다. 주로 자동차의 현가장치로 사용한다.

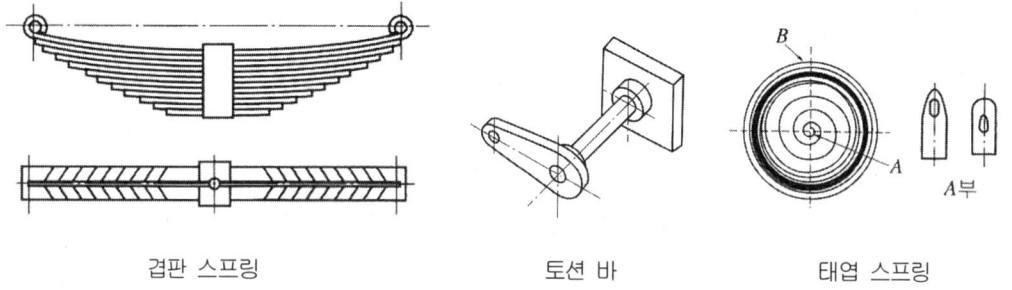

　　　겹판 스프링　　　　　　　토션 바　　　　　　　태엽 스프링

③ 토션 바(torsion bar)

원형봉에 비틀림 모멘트를 가하면 비틀림 변형이 생기는 원리를 이용한 스프링으로 토션 바라 한다.

④ 태엽 스프링(spiral spring)

시계의 태엽에서와 같이 변형 에너지를 저장하였다가 변형이 회복되면서 일을 한다.

⑤ 벌류트 스프링(volute spring)

태엽 스프링을 축방향으로 감아올려 사용하는 것으로 압축용으로 쓰인다. 용도는 오토바이 자체 완충용으로 쓰인다.

⑥ 접시 스프링(disk spring)

원판 스프링이라고도 한다. 중앙에 구멍이 있고 원추형 모양이다. 스프링을 병렬 또는 직렬로 조합하여 강성을 쉽게 조정할 수 있다. 프레스의 완충장치, 공작기계 등에 쓰인다.

⑦ 와이어 스프링(wire spring)

탄성이 강한 선형재료로 여러 가지 모양으로 만들어 탄성에 의한 복원력을 이용한 스프링이다.

⑧ 와셔 스프링(washer spring)

볼트의 머리와 중간재 사이 또는 너트와 중간재 사이에 사용하며 충격을 흡수하는 역할을 한다.

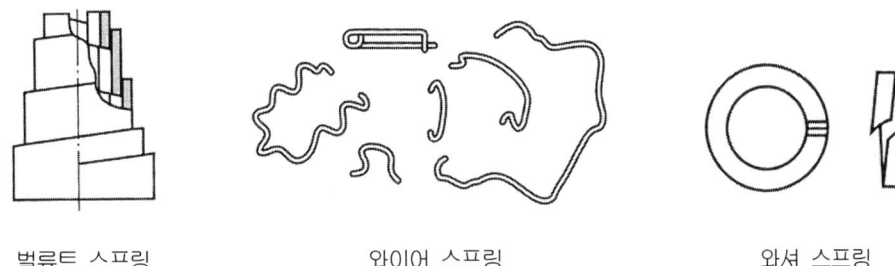

벌류트 스프링   와이어 스프링   와셔 스프링

(3) 코일 스프링 상수

$$k = \frac{W}{\delta}$$

여기서, W : 하중(kg), δ : 처짐(mm)

(4) 코일스프링의 처짐

$$\delta = \frac{8nD^3W}{Gd^4}$$

여기서, n : 유효권수, D : 코일의 평균지름(mm), W : 하중(kg), G : 횡탄성계수(kg/mm^2), d : 소선지름(mm)

출제예상문제

1. 브레이크의 능력을 나타내는 것이 아닌 것은?

　가. 브레이크 용량　　나. 브레이크 토크　　다. 브레이크 블록　　라. 브레이크 마력

2. 브레이크 블록과 브레이크 드럼 사이에 틈새 최대 값은?

　가. 2~3mm　　나. 4~5mm　　다. 5~8mm　　라. 8~10mm

3. 브레이크 용량을 나타낸 식은?

　가. $\dfrac{마찰계수}{동력 \times 압력}$　　나. $\dfrac{속도 \times 압력}{면적}$　　다. $\dfrac{마찰계수 \times 압력}{속도 \times 면적}$　　라. $\dfrac{마찰력 \times 속도}{면적}$

4. 자동차의 제동장치로 사용되는 브레이크는?

　가. 밴드 브레이크　　나. 확장식 브레이크　　다. 원심력 브레이크　　라. 나사식 브레이크

5. 냉각이 쉽고 큰 회전력의 제동이 가능한 브레이크는?

　가. 밴드 브레이크　　나. 복식 블록 브레이크　　다. 자동하중 브레이크　　라. 원판 브레이크

6. 스프링 상수에 대한 설명으로 맞는 것은?

　가. $\dfrac{변형}{하중}$　　나. $\dfrac{하중}{변형}$　　다. 하중 × 변형　　라. $\dfrac{하중 \times 변형}{스프링 길이}$

7. 코일 스프링에서 코일의 지름이 3배로 되었을 때 축 하중에 의한 처짐은 몇 배가 되는가?

　가. 6배　　나. 9배　　다. 18배　　라. 27배

해설　$\delta = \dfrac{8nD^3 W}{Gd^4}$

8. 진동이나 충격 에너지의 흡수나 감쇠를 목적으로 사용하는 것은?

　가. 완충스프링　　나. 인장스프링　　다. 가압스프링　　라. 동력스프링

9. 코일의 스프링 상수가 10kg/mm일 때, 100kg의 하중이 걸리면 변형량은 얼마(mm)인가?

　가. 6　　나. 8　　다. 10　　라. 12

정답　1. 다　2. 가　3. 라　4. 나　5. 라　6. 나　7. 라　8. 가　9. 다

해설 $k = \dfrac{W}{\delta}$ 에서 $\delta = \dfrac{W}{k} = \dfrac{100}{10} = 10\text{mm}$

10. 스프링에 작용하는 진동수가 스프링의 고유진동수와 같거나 공진하는 현상은?

　가. 서어징 현상　　　나. 피로 현상　　　다. 좌굴 현상　　　라. 완화 현상

11. 밴드브레이크의 긴장측 장력 800kg, 밴드브레이크의 두께 8mm, 허용응력을 10kg/mm^{2}라 하면 밴드의 폭은?

　가. 6　　　　　나. 8　　　　　다. 10　　　　　라. 12

해설 $\rho = \dfrac{T_t}{bt}$ 에서 $b = \dfrac{T_t}{\rho t} = \dfrac{800}{10 \times 8} = 10\text{mm}$

12. 브레이크 드럼의 지름이 500mm, 브레이크 드럼에 작용하는 힘이 200kg인 경우, 드럼에 작용하는 토오크는? 단, 마찰계수는 0.2이다.

　가. 2000kg·mm　　나. 4000kg·mm　　다. 6000kg·mm　　라. 10000kg·mm

해설 $T = \mu W \dfrac{D}{2} = 0.2 \times 200 \times \dfrac{500}{2} = 10000\text{kg} \cdot \text{mm}$

정답 10. 가　11. 다　12. 라

제6편 주조

1. 목형

(1) 목재의 건조법

① 자연 건조법
 ⓐ 야적법
 ⓑ 가옥적법 : 판재나 할재 건조시 이용한다.
② 인공 건조법
 ⓐ 중재법 : 스팀으로 건조
 ⓑ 침재법 : 수중에 담갔다가 건조
 ⓒ 자재법 : 용기에 넣고 쪄서 건조
 ⓓ 훈재법
 ⓔ 열풍건조법
 ⓕ 진공건조법
 ⓖ 전기건조법

(2) 목재의 방부법

① 침투법 : 목재에 염화아연, 유산동 수용액을 흡수시킨다.
② 자비법 : 방부재를 목재에 침투 시킨다.
③ 도포법 : 목재 표면에 페인트를 칠한다.
④ 충진법 : 목재에 구멍을 뚫어 방부제를 넣는다.

(3) 현도법

① 현도 : 목형 제작용 도면(제품 제작도면에는 완성치수만 표시됨)
② 현도에 추가되는 사항
 ⓐ 가공여유   ⓑ 주물두께에 대한 공차   ⓒ 분할면   ⓓ 덧붙이형

(4) 목형 제작의 유의사항

① 수축여유(shrinkage allowance) : 수축에 대한 보정량을 말한다.
② 가공여유(mechining allowance) : 수기가공, 기계가공을 필요로 할 때 덧붙이는 여유치수를 말한다.

③ 목형기울기(taper) : 주형에서 목형을 분리하기 쉽게 하기위하여 목형의 수직면에 기울기를 둔다.
④ 라운딩(rounding) : 목형의 모서리를 둥글게 한다.
⑤ 덧붙임(stop off) : 얇고 넓은 판상 목형은 변형하기 쉬워, 넓은 판면에 각제를 보충하거나, 주조시 두께가 다르면 응고시 냉각 속도가 달라, 응력에 대한 변형·균열을 발생하므로, 주형이나 목형에 덧붙이를 달아서 보강한다.
⑥ 코어프린트(core print) : 코어의 위치를 정하거나, 주형에 쇳물을 부었을 때 쇳물의 부력에 코어가 움직이지 않도록 하기 위해 사용한다.

(5) 목형의 종류

① 현형(solid pattern) : 제품과 동일한 목형
② 긁기형(strickle pattern) : 안내판에 따라 긁기판을 움직인다. 단면이 고르고 가늘고 긴 것에 적합하다.
③ 회전형(sweeping pattern) : 회전체, 풀리 등에 사용된다.
④ 부분형(section pattern) : 대형기어, 프로펠러 등에 사용된다.
⑤ 골격형(skeleton pattern) : 대형 파이프, 대형주물 등에 사용된다.
⑥ 코어형(core box) : 중공 주물에 사용된다.

(6) 목형재료에 의한 분류

① 목형   ② 석고형   ③ 금형   ④ 합수형   ⑤ 현물형   ⑥ 시멘트형

2. 주형

(1) 주물사의 건조 정조에 따른 분류

① 건조형 : 주형을 만든 다음 건조시킨 것
② 생형 : 제작한 그대로의 주형
③ 표면건조형 : 생형의 표면을 건조시킨 것

(2) 주물사의 종류

① 생형사 : 산 및 바다 모래에 규사·점토 등이 혼합된 것. 통기성, 성형성, 내화성 등이 좋다.
② 규사 : 석영이 주성분이다. 내열성이 강하다.
③ 하천 모래 : 장석, 운모, 석영이 혼합된 것이다.
④ 점토 : 주물사에 점결성을 주기위해 배합한다.

(3) 주물사의 구비조건

① 성형성이 좋아야 한다.
② 적당한 강도를 갖어야 한다.
③ 통기성(通氣性)이 좋아야 한다.
④ 내화성이 커야 한다.

⑤ 화학반응을 일으키지 않아야 한다.
⑥ 가격이 저렴하고 구입이 용이해야 한다.

(4) 모래 이외의 재료

① 볏짚, 톱밥 : 다공성을 증가시킨다.
② 당밀, 유지, 인조수지 : 모래의 강도, 통기성을 증가 시킨다.
③ 석탄, 코크스 : 다공성 및 성형성의 증진 또 주물 표면에 붙는것을 방지한다.

(5) 주물사의 보조재

① 표면사   ② 건조사   ③ 합성사   ④ 분할사   ⑤ 코어모래

(6) 주물사 시험

① 내열성 : 제에게르 추로 측정한다.
② 성형성 : 주물사의 입도, 점토량, 수분의 양에 의거 결정된다.
③ 통기성 : 모래의 형상, 입도, 점토량, 수분 등에 따라 정해진다.
④ 보온성 및 복용성 : 주물사는 열전도도가 낮아야 쇳물이 급냉하지 않는다. 또한 화학적, 물리적 변화가 적어 반복사용 할 수 있어야 한다.
⑤ 입도 : 주물사의 입자 크기를 입도라 하며 메시(mesh)로서 나타낸다.

(7) 주형의 종류

① 제작 방법에 의한 분류
 ⓐ 바닥 주형법 : 바닥 모래에 목형을 넣고 다져 만드는 방법
 ⓑ 혼성 주형법 : 모래 바닥과 주형 상자를 사용해 만드는 방법
 ⓒ 조립 주형법 : 주형도마를 사용해 만드는 방법
② 목형 종류에 의한 분류
 ⓐ 현형   ⓑ 회전형   ⓒ 골격형   ⓓ 긁기형   ⓔ 매치프래이트

(8) 주형제작시 주의사항

① 다지기   ② 공기뽑기   ③ 탕구계(쇳물받이, 탕구, 탕도, 주입구)
④ 피이더(덧쇳물)   ⑤ 라이저   ⑥ 가스뽑기   ⑦ 냉각쇠   ⑧ 코어받침

※ 탕구(sprue)는 원형 단면형으로 쇳물의 흐름을 매끄럽게 하며, 탕도(runner)는 쇳물이 주형안에 골고루 흘러 들어가게 한다. 또 라이저는 주형에 쇳물을 주입하면 가득 채워진 다음 넘쳐 올라오게 하여 가득찬 것을 관찰 하기 위해 주형의 높은 곳이나 탕구에서 떨어진 곳에 둔다.

3. 주조용 금속재료

(1) 주철(cast iron)

① 회주철 : 탄소가 주로 흑연의 형태로 함유되어 있다. 주철보일러의 본체, 화격자, 급탄구의 문 등에 사용된다.

② 백주철 : 조직내 시멘타이트 입자가 존재해 마모 특성이 우수하다.

(2) 특수 주철

① 고급주철 : 인장강도가 25~30kg/mm² 정도이다.
② 합금주철 : 주철의 강도, 내마멸성, 내열성 등을 증가시키기 위해 특수 원소를 첨가한 주철이다.
③ 칠드주철 : 주철을 급냉시켜 경도를 높이는 것을 칠(chill)이라 한다. 압연용 로울러, 기차 바퀴 등의 제작에 사용된다.
④ 가단주철 : 주철에 연성을 갖게 하기 위해 풀림 열처리를 한 것으로, 파이프 이음쇠, 자동차 및 철도 차량의 부품, 공작기계 등에 사용된다.
⑤ 구상 흑연 주철 : 노듈러 주철(nodular castiron)이라고도 한다. 피스톤, 실린더, 기어 등의 제작에 사용된다.

(3) 주철의 성분 및 원소의 영향

① 탄소   ② 규소   ③ 망간   ④ 인   ⑤ 황

(4) 주강

주철에 비해 강도는 높으나, 유동성이 나쁘고 수축률이 크다. 또 주물 표면이 거칠다.

(5) 동합금

① 청동 : 인청동, 알루미늄 청동, 포금베어링, 동상 등
② 황동 : 철황동, 실루민 황동, 6-4황동, 네이벌 황동 등

(6) 경합금

① Mg 합금 : 다우메탈, 엘렉트론 등
② Al합금 : 두랄루민, 실루민 합금, Y합금, No12 합금 등

4. 금속의 용해법

(1) 용해로

① 큐우폴라(cupola) : 보통 주물을 융해하며, 1시간당의 용해량으로 그 크기를 표시한다.
② 도가니로(crucible furnace) : 흑연제 도가니 속에 재료를 넣어 주위에 가스, 중유, 전기 등으로 간접적인 용해를 한다. 비철합금, 강, 유리 등의 용해에 사용된다.
③ 반사로(reverberatory furnace) : 천장의 열반사를 이용하여 가열하는 형식의 노. 금속의 제련합금, 유리의 융해에 사용된다.
④ 전기로(electric furnace) : 전기 에너지로 가열하는 노. 가열방식에 따라 저항로, 아크로, 유도로, 전자 빔로 등이 있다.
⑤ 전로(convertor) : 제강용 노의 일종이다.
⑥ 평로(open hearth furnace) : 제강용 반사로이다. 모양이 편평하게 생긴데서 붙여진 명칭이

다.

5. 주물의 결함

① 수축구멍 : 용융금속이 주형 내에서 응고 시 표면부터 수축 하는데, 최후의 응고부에는 수축에 의거 쇳물이 부족하여 공간이 생기는데 이를 말한다.
② 기공(blow hole) : 주형 내에 가스가 채워져 기공이 생긴다. 방지법은 ①통기성을 좋게 하여야 한다. ②주형의 수분을 제거하여야 한다. ③쇳물 아궁이를 크게 하여야 한다. ④쇳물의 주입온도를 필요 이상으로 높지 않게 하여야 한다.
③ 편석(segregation) : 용융 금속에 불순물이 있을 시 이 불순물이 집중되어 석출되는 등 결정들의 각부 배합이 달라지는 경우가 있는데, 이 현상을 말한다.
④ 균열 : 용융 금속이 응고 시 수축이 불균일한 경우, 응력이 발생하여 주물에 틈이 생기는 현상을 말한다.

6. 주물의 검사

① 육안 검사 ② 기계적 검사 ③ 비파괴 검사 ④ 금속현미경 검사 ⑤화학분석 검사

7. 특수 주조법

① 다이 캐스팅(die casting) : 용해된 금속을 고형에 고압으로 주입하는 방법을 말하며, 가능한 것으로는 아연, 구리, 알루미늄 등의 합금이다.
② 셀 모울드(shell moulding)법 : 주물의 표면이 아름답고 정밀도가 높다. 기계 가공을 하지 않고 사용 가능하다.
③ 원심 주조법(centrifugal casting) : 파이프, 피스톤링, 실린더, 라이너 등에 사용된다.
④ 인베스트 먼트법(investment casting) : 주물의 수치가 아주 정확하고, 표면이 깨끗하며, 복잡한 형상을 만들기 용이하다.
⑤ 이산화 탄소법 : 복잡한 형상의 코어 제작에 사용된다.
⑥ 진공 주조법 : 금속을 진공 중에서 용해하고 주조하는 방법이다.

출제예상문제

1. 주철의 탕구비로 맞는 것은?

　가. 1 : 1~0.75　　　나. 1 : 1~0.95　　　다. 1 : 1.3~1.5　　　라. 1 : 1.5~1.8

　해설 주철은 1 : 1~0.75 이고 주강은 1 : 1~1.50이다.

2. 목재의 수축 및 팽창이 가장 큰 방향은?

　가. 연륜 방향　　　나. 수간 방향　　　다. 섬유의 방향　　　라. 연륜과 직각방향

　해설 목재의 수축은 섬유방향이 가장 작고, 연륜방향이 가장 크다.

3. 다음에서 현형이 아닌 것은?

　가. 조립형　　　나. 분할형　　　다. 부분형　　　라. 단체형

　해설 현형은 제작할 제품과 동일한 형상으로 단체형, 분할형, 조립형이 있다.

4. 목재를 인공 건조시 수분의 함량으로 맞는 것은?

　가. 5% 이하　　　나. 10% 이하　　　다. 15% 이하　　　라. 20% 이하

5. 주물사의 입도(mesh)를 잘 설명한 것은 어느 것인가?

　가. 수분의 함량으로 표시　　　　　　나. 1cm 길이에서 체눈의 수
　다. 1인치 길이에서 체눈의 수　　　　라. 1cm^2 길이에서 체눈의 수

　해설 입도(mesh)는 1인치 길이에 있는 체의 구멍수를 말한다.

6. 주물사에 규사. 알루미나가 포함되면 끼치는 영향으로 맞는 것은?

　가. 소성증가　　　나. 내화성 증가　　　다. 성형성증가　　　라. 내구강도 증가

7. 규사성분이 많은 모래와 점토, 식물유 등을 혼합한 것은?

　가. 표면사　　　나. 건조사　　　다. 코어사　　　라. 생형사

　해설 코어용 주물사는 규산분이 많은 모래와 점토, 식물유 등을 혼합하여 사용한다.

8. 다음에서 주형을 건조하는 목적으로 옳지 않은 것은?

　가. 주형의 강도 증가　　　　　　나. 주형내의 수분제거
　다. 주형내의 가축성 증가　　　　라. 주형의 통기도 증가

정답 1. 가　2. 가　3. 다　4. 나　5. 다　6. 나　7. 다　8. 다

해설 주형을 건조하는 목적은 주형내의 가축성(오그라들거나 줄어드는 성질)증가 때문은 아니다.

9. 주철에 함유된 원소 중 흑연화를 촉진 시키는 것은 어느 것인가?

　가. 망간　　　　　　나. 황　　　　　　다. 인　　　　　　라. 규소

해설 규소는 탄소를 흑연화 시키며, 황은 기계적 강도를 저하시킨다. 그러나 망간은 흑연화를 방지한다.

10. 주철이 주물용 금속으로 많이 사용되는 이유는?

　가. 대량생산이 가능하기 때문이다.　　나. 유동성이 좋아 주조가 잘 되기 때문이다.
　다. 강도가 좋기 때문이다.　　　　　　라. 가격이 저렴하기 때문이다.

11. 주물에 생기는 기공(blow hole)중 가장 미세한 기공은?

　가. gas　　　　　나. pin　　　　　다. blow　　　　　라. porosity

해설 기공(blow hole) : 고체 재료 속에 기포가 들어가 생긴 중공의 구멍을 기공이라 한다. porosity(공극률)은 암석 전체 부피에 대한 공극의 비율로서 보통%로 나타내며, 미세일수록 큰 값을 갖는다.

12. 냉간 주물(chilled casting)에 대한 설명으로 맞는 것은?

　가. 주입 후 급냉으로 시멘타이트 된 주물
　나. 항온 열처리 해 베이나이트 된 주물
　다. 계단 열처리하여 마르덴 사이트로 된 주물
　라. 물에 급냉하여 담금질 한 주물

해설 용융된 주철을 급속히 냉각 시키면 탄소는 탄화철(시멘타이트)이 되어 경도가 높고 메짐(물체가 연성을 갖지 않고 파괴되는 성질)이 많은 백주철이 된다.

13. 1시간당 용해 능력을 톤(ton)으로 표시하는 것은?

　가. 평로　　　　　나. 전기로　　　　　다. 용광로　　　　　라. 용선로

해설 용선로(cupola) : 주철을 용해하는 대표적인 노. 용량은 1시간에 용해할 수 있는 선철의 톤(ton)수로 나타낸다. 그러나 용광로는 ton/1일, 전기로 및 평로는 ton/1회 로 나타낸다.

14. 이산화 탄소 주조법의 장점으로 맞지 않는 것은?

　가. 주탕후 모래제거가 좋다.　　　나. 변형이 없고 가스 발생이 적다.
　다. 치수 정밀도가 높다.　　　　　라. 강도 높은 주형을 얻을 수 있다.

15. 다음에서 주조용 금속을 용해시키는 용해로가 아닌 것은?

　가. 전로　　　　　나. 용선로　　　　　다. 전기로　　　　　라. 용광로

해설 용광로는 금속광석에서 맥석을 분리해 용융상태의 금속을 얻는 공정에 쓰이는 노를 말한다.

정답　9. 라　10. 나　11. 라　12. 가　13. 라　14. 가　15. 라

16. 선철(무쇠)을 제조하는 노는?

    가. 용광로   나. 전기로   다. 용선로   라. 평로

해설 선철은 철광석으로부터 바로 제조된 철을 말하는데, 철속에 탄소량이 1.7% 이상인 것으로, 고로(높은 온도의 로) 용광로에서 제철을 할 때 생긴다.

17. 다음에서 에루(heroult)식의 전기로는 어느 것인가?

    가. 저주파 유도로   나. 직접식 아크로   다. 고주파 유도로   라. 간접식 아크로

해설 아크로는 전극 상호간에 전호를 발생하게 하고, 그 열로 금속을 용해하는 노의 총칭이다. 직접 아크로의 대표적인 것이 에루(heroult)식이다.

18. 마우러(maurer)선도의 설명으로 옳은 것은?

    가. Si와 S의 관계를 나타낸 것이다.   나. Si와 P의 관계를 나타낸 것이다.
    다. Si와 Mn의 관계를 나타낸 것이다.   라. Si와 C의 관계를 나타낸 것이다.

해설 마우러(maurer)선도는 주철 조직에 영향을 미치는 Si와 C의 함유량 관계를 나타내었다.

정답 16. 가　17. 나　18. 라

제7편 소성가공

1. 소성가공

소성은 재료에 가한 힘을 크게 하면 변형을 일으키는데, 변형을 일으킨 힘을 제거하여도 본래의 상태로 복귀하지 않고 다소의 변형이 남는 성질을 말한다.

(1) 소성가공의 종류

① 단조(forging)가공 : 가열한 상태에서 재료를 단조기계나 해머로 성형하는 가공이다.
② 압연(rolling)가공 : 냉간 또는 열간으로 재료를 회전하는 두 개의 롤러 사이를 통과하게 해 제품을 가공한다.
③ 인발(drawing)가공 : 선재(線材)나 파이프 등을 만들 때, 다이(die)를 통해 뽑아 필요한 형상으로 하는 가공이다.
④ 압출(extruding)가공 : 고온으로 가열한 재료를 컨테이너에 넣고, 램에 강한 압력을 가하여 다이(die)형으로부터 압출(눌러서 밀어냄)해서 성형하는 가공이다.
⑤ 전조(roll forming) : 원주로 된 재료를 롤러 모양의 형으로 회전 시키면서, 가공하는 방법이다. 수사 및 기어가공에 많이 사용된다.
⑥ 판금(sheet metal working)가공 : 판재를 사용한다. 각종용기, 장식품 등을 만들 때 사용된다.

(2) 소성가공의 장점

① 보통주물 보다는 성형 치수가 정확하다.
② 다량 생산으로 균일한 제품을 얻을 수 있다.
③ 재료의 사용량을 경제적으로 할 수 있다.
④ 금속의 성질을 개량하여 강한 성질을 얻는다.

(3) 냉간가공 및 열간가공

① 냉간가공(cold working) : 재결정 온도 이하에서 작업하는 가공으로 특징은 다음과 같다.
  ⓐ 가공면이 아름답다.
  ⓑ 기계적 성질을 개선할 수 있다.
  ⓒ 제품의 치수를 정확하게 할 수 있다.
  ⓓ 가공 경화로 강도가 증가하고 연실율은 감소한다.
② 열간가공(hot working) : 재결정 온도 이상의 높은 온도에서 작업하는 가공으로 특징은 다

음과 같다.
　ⓐ 재질의 균일화가 이루어진다.
　ⓑ 작은 동력으로 큰 변형을 줄 수 있다.
　ⓒ 가공도가 커 거친 가공에 적합하다.
　ⓓ 가열작업이므로 산화되기 쉬워 정밀작업은 피해야 한다.

2. 단조
금속을 고온으로 가열해 타격 또는 압력을 가하여 원하는 모양으로 성형하는 것을 말한다.

(1) 단조의 종류
① 금형의 사용 유무에 따라
　ⓐ 자유단조(free forging)
　ⓑ 형단조(die forging)
② 가열 온도에 따라
　ⓐ 열간단조 : 해머단조, 압연단조, 프레스 단조
　ⓑ 냉간단조 : coining, swaging, cold heading

(2) 단조 기계의 용량
① 에어헤머 : 낙하 부분의 총 중량을 kg 또는 ton으로 표시한다.

$$W = W_r + W_h + W_c + W_b$$

여기서 W : 낙하중량, Wr : 램의 중량, Wh : 피스톤헤드 중량
　　　　Wc : 피스톤로드 중량, Wb : 상부단조의 중량

② 드롭해머

$$W = \frac{W_r + W + W_c}{0.75}$$

③ 유압프레스 용량 : 램에 연결된 피스톤에 작용하는 전체 압력을 ton으로 표시한다.

　ⓐ $Q = \frac{PA}{1000}$ 또는 $Q = \frac{A\sigma}{\eta}$

　　여기서 P : 단위면적에 작용하는 최고유압(kg/cm^2)
　　　　　A : 램의 유효전체 단면적(cm^2)
　　　　　σ : 단조재료의 변형저항(kg/cm^2)

　ⓑ $Q = \frac{A\sigma}{\eta}$

　　여기서 σ : 단조 재료의 변형저항(kg/cm^2)
　　　　　A : 단조물의 유효 단면적(mm^2)
　　　　　η : 프레스의 효율(0.7~0.8)

(3) 단조 작업
① 자유 단조 작업 : 가열된 소재를 엔빌 위에 놓고 수공구로 타격을 해, 부분적 가공을 하여

성형하는 것을 말하는데, 기본적인 작업에는 절단, 늘리기, 눌러붙이기, 굽히기, 단짓기, 구멍 뚫기가 있다.
② 형 단조작업 : 가열된 소재를 금형에 의거 성형하는 단조법이다.
ⓐ 장점
- 가격이 저렴하다.
- 다량생산에 적합하다.
- 제품의 정밀도가 높다.

3. 압연(rolling)

(1) 압연기의 종류

① 온도에 의한 분류
  ⓐ 열간 압연
  ⓑ 냉간 압연
② 제품에 의한 분류
  ⓐ 분괴압연 : 강괴의 주조조직을 파괴하여 균질하게 하고, 각종 강재를 만들기 위해 중간재료를 만드는 작업을 말한다.
  ⓑ 판재작업
  ⓒ 형강작업

(2) 압연의 원리

① 압하율 $= \dfrac{H_o - H}{H_o} \times 100(\%)$

여기서 H_o : 통과 전 두께(mm)
H : 통과 후 두께(mm)

② 압하량 $= H_o - H$

4. 인발(drawing)

선재(線材)나 가는 관을 만들기 위한 금속의 변형 가공법을 인발이라 한다.

(1) 인발가공의 종류

① 봉재 인발 : 인발기를 사용하여 다이(die)에서 재료를 인발, 소요형상의 봉재를 제작한다.
② 선재인발 : 지름 5mm 이하의 선재(線材)를 압연해 가공 한 것을, 다시 인발 가공한다.
③ 관재인발 : 다이나 심봉의 형상에 의거 원형 파이프, 각재 파이프 등을 제작한다.

(2) 단면 감소율

$G = \dfrac{A_o - A}{A_o} \times 100(\%)$

여기서 A_o : 인발전 단면적(cm^2), A : 인발 후 단면적(cm^2)

(3) 인발력

$$P = \frac{\pi}{4}(d^2 - d_o^2) \cdot q \text{ (kg)}$$

여기서 d : 인발 전 지름(mm)
  d_o : 인발 후 지름(mm)
  q : 단위 면적을 축소 시키는데 필요한 힘(kg/mm^2)

(4) 인발용 다이(drawing die)

① 도입부   ② 안내부   ③ 정형부   ④ 여유부

(5) 인발용 다이의 재질

① 칠드주철   ② 강철   ③ 초경질 합금   ④ 다이아몬드

5. 압출(extruding)

금속에 대한 소성가공법의 일종으로 금속 덩어리를 컨테이너에 넣고, 압력을 가하여 다이에서 압축 성형하는 것

(1) 압출가공의 종류

① 빌렛압출 : 열간 가공에 의거 단면이 같은 봉재제작, 비철금속에 사용된다.
② 직접압출 : 램의 진행 방향으로 소재가 압출된다.
 • 간접 압출 : 램의 방향과 반대방향으로 소재가 압출된다.
 • 충격 압출 : 상온가공으로 단시간에 압출완료 한다.

6. 제관법

(1) 용접관

강판 또는 띠강을 고온에서 잡아당겨 둥근 관모양으로 만든 후, 양쪽 가장자리를 접합 시키거나, 전기용접으로 접합한 관.
① 맞대기 단접관
② 겹치기 단접관
③ 전기저항 용접관

(2) 시임레스(seamless)관

이음매가 없는 관을 말한다.
① 천공법
 ⓐ 만네스만 압연 천공법(mannesmann piercing process)
 ⓑ 압출법(extrusion process)
 ⓒ 에르하르트법(ehrhardt process)

7. 프레스가공(press work)

(1) 종류

① 블랭킹(blanking) : 모재에 구멍이나 펀치 가공을 하여 구멍을 뚫는 가공,
② 펀칭(punching)
③ 전단(shearing)
④ 세이빙(saving)
⑤ 트리밍(trimming)
⑥ 노칭(notching)
⑦ 브로우칭(broactung)

(2) 프레스 가공기계

① 동력프레스
  ⓐ 기계프레스
   · 크랭크 프레스(crank press)
   · 너클 조인트 프레스(knuckle joint press)
   · 프레스 브레이크(press brake)
   · 프릭션 프레스(friction press)
  ⓑ 액압 프레스
   · 수압프레스
   · 유압프레스
② 인력프레스
  ⓐ 수동프레스
   · 핸드프레스(hand press)
   · 나사프레스(screw press)
   · 랙프레스(rack press)

(3) 전단가공

① 전단 가공력

$$P = \sigma A = \sigma t \ell$$

여기서 σ : 소재의 전단강도(kg/cm²)
t : 소재의 두께(mm)
ℓ : 전단 길이(mm)
P : 펀치에 작용하는 전단하중(kg)

② 전단에 소요되는 동력

$$H = \frac{PV}{75 \times 60\eta}$$

여기서 V : 전단속도(m/min)
η : 기계효율(0.5~0.7)

(4) 굽힘강도

① 판재의 길이

$$L = L_1 + L_2 + (R+d)\frac{\pi a}{180}$$

② V형 굽힘 펀치에 가해지는 굽힘력

$$P_o = 1.33\frac{bt^2}{L}\sigma \text{(kg)}$$

여기서 b : 판폭(mm), t : 판 두께(mm)
L : 다이홈너비(mm), σ : 판의 굽힘강도(kg/mm^2)

(5) 강의 열처리

① 열처리의 종류
ⓐ 항온 열처리 : 변태점 이상으로 가열한 강을 보통의 열처리와 같이 연속적으로 냉각하지 않고 염욕중에 담금질하여 그 온도로 일정한 시간동안 항온 유지 하였다가, 냉각하는 열처리를 말한다.
ⓑ 계단 열처리
　・담금질(quenching) : 급냉하여 중간 조직을 얻는다.
　・뜨임(tempering) : 담금질한 강의 인성을 증가 또는 경도를 감소 시키기위해, 변태점 이하의 적당한 온도로 가열한 후 냉각 시킨다.
　・풀림(annealing) : 금속재료를 적당한 온도로 가열 후 서서히 상온으로 냉각 시킨다.
　・불림(normalizing) : 결정 조직이 큰것 또는 변형이 있는 것을 정상상태로 만들기 위한 목적으로 열처리. 보통 강을 오스테나이트 범위까지 가열한 다음, 서서히 공기 속에서 방냉(放冷)함.
ⓒ 연속 냉각 열처리
ⓓ 표면 경화 열처리
② 강의 변태와 조직
ⓐ 철강의 변태
　・고용탄소 ⇋ 유리탄소
　・γ고용체 ⇋ α고용체
　・면심입방격자 ⇋ 체심입방격자
ⓑ 급냉조직
　・오스테나이트(austenite) : 탄소를 고용하고 있는 γ고용체를 말하는데, 담금질 강 조직의 일종이다.
　・마르텐사이트(martensite) : 탄소강을 담금질하는 경우에 나타나는 오스테나이트와 펄라이트의 중간조직으로, γ철에 과포화 상태에서 탄소를 용해 시킨 것 매우 단단한 공구에 적합하다.
　・트루스타이트(troostite) : 철강을 어느 정도 느린 냉각속도로 담금질 시 나타나는 세립상의 집합에서 보이는 금속조직이다.

- 소르바이트(sorbite) : 강에 나타나는 현미경 조직의 이름이다. 마르텐사이트와 퍼얼라이트의 중간 경도 및 강도를 갖는다.
ⓒ 서냉조직
- 페라이트(ferrite) : 900℃ 이하에서 안정한 체심입방결정의 철에 합금원소 또는 불순물이 녹아서 된 고용체이다.
- 퍼얼라이트(pearlite) : 강의 조직에서 페라이트와 시멘타이트가 층을 이루는 조직을 일컫는 말이다. 경도는 200, 인장강도는 66kg/mm^2 정도이다.
- 시멘타이트(cementite) : 철과 탄소가 결합한 탄화물로 고온의 강철속에 생긴다. 분포와 형상에 따라 강철의 강도가 다르고, 이것이 많을수록 내마모성이 뛰어나다.

출제예상문제

1. 컨테이너 속에 재료를 넣고 램으로 압력을 가해 가공시키는 방법으로 맞는 것은?

　가. 압출가공　　　나. 전조가공　　　다. 압연가공　　　라. 인발가공

2. 다음에서 소성가공이 아닌 것은 어느 것인가?

　가. 압연과 프레스가공　　　　　나. 인발과 압출
　다. 단조와 전조　　　　　　　　라. 브로우칭과 호우닝

　해설 소성가공의 종류에는 단조가공, 압연가공, 인발가공, 압출가공, 전조가공, 판금가공(프레스 가공, 전단가공, 굽힘 가공, 디프드로우잉 가공)이 있다.

3. 프레스 가공에서 전단작업이 아닌 것은 어느 것인가?

　가. shaving　　　나. bending　　　다. blanking　　　라. trimming

　해설 전단작업(가공)의 종류에는 블랭킹, 전단, 펀칭, 세이빙, 트리밍, 노칭, 브로우칭 등이 있다.

4. 소성가공의 목적으로 맞는 것은?

　가. 주물품을 용이하게 만들기 위하여　　　나. 균일한 제품의 다량생산
　다. 강도를 증가시키기 위하여　　　　　　라. 가단성과 취성을 좋게 하기 위하여

　해설 소성가공의 장점
　　① 보통 주물보다는 성형 치수가 정확하다.　② 다량 생산으로 균일한 제품을 얻을 수 있다.
　　③ 재료의 사용량을 경제적으로 할 수 있다.　④ 금속의 성질을 개량하여 강한 성질을 얻는다.

5. 냉간가공이 열간가공보다 좋은 점은 무엇인가?

　가. 연신율이 증가한다.　　　　　나. 유동성이 좋아진다.
　다. 가공경화하기 쉽다.　　　　　라. 가공면이 아름답고 정밀하다.

　해설 냉간가공의 장점 : ① 가공면이 아름답다. ②기계적 성질을 개선할 수 있다.
　　　　　　　　　　　③ 제품의 치수를 정확하게 할 수 있다. ④가공 경화로 강도가 증가하고 연실율은 감소한다.

6. 소성가공, 냉간가공, 열간가공의 구분은?

　가. 재결정온도　　　나. 변태점온도　　　다. 단조온도　　　라. 담금질온도

7. 용량 5ton인 단조 프레스로서 단조품의 유효 단면적이 600mm^{2}인 재료를 단조하려고 한다. 단조 재료의 변형저항을 구하면? 단, 효율은 90%이다.

　가. 5.5kg/mm^2　　　나. 6.5kg/mm^2　　　다. 7.5kg/mm^2　　　라. 8.5kg/mm^2

정답 1. 가　2. 라　3. 나　4. 나　5. 라　6. 가　7. 다

해설 $Q = \dfrac{A\sigma}{\eta}$ 에서 $\sigma = \dfrac{Q\eta}{A} = \dfrac{5000 \times 0.90}{600} = 7.5 (\text{kg/mm}^2)$

8. 압연가공에서 두께 35mm의 연강판을 25mm로 압연하였다. 압하율을 구하면?

    가. 18.2%   나. 22.4%   다. 25.8%   라. 28.6%

해설 압하율 $= \dfrac{H_o - H}{H_o} \times 100 = \dfrac{35 - 25}{35} \times 100 = 28.6\%$

9. 단조 종료 온도는 어떻게 정하는가?

    가. 청열취성 온도보다 조금 높게 한다.   나. 재결정 온도보다 조금 높게 한다.
    다. A1 변태점 보다 조금 높게 한다.   라. A3 변태점 보다 조금 높게 한다.

해설 단조 종료 온도는 재결정 온도보다 조금 높게 한다. 낮으면 가공경화가 되고, 너무 높으면 결정 입자가 성장하여 기계적 성질이 나빠진다.

10. 만네스만 제관법은 어느 방식의 제관법인가?

    가. 천공법(piercing process)   나. 오므리기법(cupping process)
    다. 용접관법   라. 단접관법

해설 만네스만 제관법은 이음매가 없는 제관법으로 천공법에 속한다.

11. 소재의 두께는 변화시키지 않고 상하형이 서로 대응하는 다이(die)사이에 넣어 성형하는 것은 어느 것인가?

    가. 엠보싱   나. 커얼링   다. 벌징   라. 코이닝

해설 엠보싱은 요철이 서로 반대로 되어있는 상하 한 쌍의 다이(die)로, 얇은 판금에 여러 가지 모양의 형상을 찍어내는 가공법이다. 문자, 보강리브, 판금에 문자 등을 부각할 때 사용한다.

12. 다음에서 베이나이트 담금질이라 불리우는 것은?

    가. 오스템퍼   나. 마르퀜칭   다. 계단담금질   라. 마르템퍼

해설 오스템퍼는 하부 베이나이트 담금질이라 부른다. 오스템퍼링 열처리한 것은 뜨임 작업이 필요 없으며, 인성이 풍부하고, 담금질 균열이나 변형이 적고, 연신성과 단면수축, 충격치 등이 향상된 재료를 얻게 된다.

13. 가공 경화된 재료를 연한 재질로 되돌리는 열처리로 맞는 것은?

    가. 불림   나. 풀림   다. 뜨임   라. 담금질

해설
- 불림 : 강을 오스테나이트 범위로 가열하고 서서히 공기 속에서 방랭하는 방법.
- 풀림 : 일정한 온도로 금속재료를 가열, 일정한 시간을 유지하게 한 다음, 천천히 냉각시켜 재료의 연화 및 연전성을 증가시키는 열처리 작업.
- 뜨임 : 강을 담금질하면 경도는 높아지지만 재질이 여리게 되므로 변태점 이하의 온도로 재 가열하여 경도는 낮추고 점성은 높이는 열처리.
- 담금질 : 고온에서 형상된 금속을 기름 또는 물에 담가 즉시 식히는 작업.

정답 **8.** 라 **9.** 나 **10.** 가 **11.** 가 **12.** 가 **13.** 나

14. 다음에서 스프링백(spring back)의 설명으로 맞는 것은?

가. 판재를 구부릴 때 하중을 제거하면 탄성에 의거 조금 처음 상태로 돌아오는 현상이다.
나. 판재를 구부렸을 때 구부린 현상이 활모양으로 되는 현상이다.
다. 스프링에서 장력의 크기를 표시한다.
라. 스프링의 탄성을 나타낸다.

해설 스프링 백(spring back)은 소성 재료의 굽힘 가공에서 재료를 굽힌 후 압력을 제거하면, 원상태로 되돌아가려는 탄력작용으로 굽힘의 양이 줄어드는 것을 말한다.

15. 900℃ 이상의 온도에서 강철 덩어리를 자동적으로 눌러 늘이는 빠른 속도의 압연기는?

가. 핫 스트립(hot strip) 나. 스트립밀(strip mill)
다. 마네스만 압연기 라. 냉간 압연기

16. 프레스가공에서 전단작업의 적당한 클리어런스량은?

가. 판 두께의 3~5% 나. 판 두께의 5~10% 다. 판 두께의 10~15% 라. 판 두께의 15~20%

17. 펀치 및 다이에 시어각(shear angle)을 두는 까닭은?

가. 다이에 펀치의 편심을 방지하기 위하여 나. 펀치나 다이를 보호하기 위하여
다. 전단면을 매끈하게 하기 위하여 라. 전단 하중을 줄이기 위하여

18. 다음에서 기계식 프레스가 아닌 것은?

가. 프릭션 프레스 나. 너클 프레스 다. 크랭크 프레스 라. 스크루우 프레스

해설 기계식 프레스의 종류
① 프릭션 프레스 ② 너클 프레스 ③ 크랭크 프레스 ④ 파워 프레스
⑤ 편칭 프레스 ⑥ 트랜스퍼 프레스 ⑦ 링크모션 프레스 ⑧ 수치제어 터릿펀치 프레스
⑨ 고속 프레스

19. 평형상태도의 작성에 가장 근본적인 관계가 있는 것은?

가. 냉각곡선 나. 액상선과 고상선 다. 변태온도 라. 공정조성

해설 평형 상태도는 물질이 여러 가지 조건(압력, 온도, 성분 등)하에서 안정되어 있을 때 물질의 상태를 나타내는 선도를 말한다. 냉각곡선은 평형상태도의 작성에 가장 근본적인 관계가 있다.

정답 14. 가 15. 가 16. 나 17. 라 18. 라 19. 가

제8편 용접

1. 총론

(1) 용접의 장단점

① 장점
  ⓐ 재료의 절약
  ⓑ 작업공수의 감소
  ⓒ 제품의 성능과 수명의 향상
② 단점
  ⓐ 재질의 변화
  ⓑ 응력의 집중 발생
  ⓒ 검사의 어려움

(2) 용접의 분류

① 기계적 이음방법 : 볼트 이음, 리벳이음과 같이 수시로 분해할 수 있는 것
② 야금적 이음방법
  융접 : 용접 중 부재에 기계적 압력이나 타격을 가하지 않고, 용융 상태에서 용접하는 방법
  압접 : 열을 가하고 압력을 주어 용접하는 것
  납접 : 모재는 녹지 않고 용가제만을 녹여서 붙이는 것

2. 아크용접

(1) 아크 용접기의 종류

① 교류 아크 용접기
  ⓐ 가동 철심형 : 현재 가장 많이 사용 되는데, 미세한 전류 조정이 가능하다.
  ⓑ 가동 코일형 : 1차 또는 2차 코일중 하나를 이동하여 누설 자속을 변화해 전류를 조정한다.
  ⓒ 탭 전환형 : 탭의 전환으로 전류를 조정하므로 미세전류 조정이 어렵다.
  ⓓ 가포화리액터형 : 원격제어가 되고 가변저항의 변화로 용접전류를 조정한다.
② 직류 아크 용접기
  ⓐ 발전형 : 3상 교류 전동기로 직류 발전기를 회전시켜 발전하는 것

ⓑ 정류형 : 교류를 정류하여 직류를 얻으나 발전형에 비해 완전한 직류를 얻지 못한다.
ⓒ 엔진 구동형 : 기름을 연료로 사용한다.

(2) 직류 및 교류 용접기의 특징

① 직류 용접기의 특징
  ⓐ 고가이다.
  ⓑ 유지·보수가 힘들다.
  ⓒ 소음이 있고 고장이 많다.
  ⓓ 무부하 전압이 작고 전기 충격의 위험이 작다.
  ⓔ 아크의 안정이 양호하다.
② 교류 용접기의 특징
  ⓐ 가격이 저렴하고, 취급이 용이하다.
  ⓑ 무부하 전압이 높아 전기 충격의 위험이 크다.
  ⓒ 아크가 불안정하나 피복제가 있어 아크가 안정된다.
  ⓓ 중량 용량이 작고, 고장이 적으며 아크의 쏠림 현상이 없다.

(3) 아크 용접봉

아크 용접에 사용하는 전극봉(텅스텐 전극봉, 탄소 전극봉)을 말한다.

① 피복 아크 용접봉
  ⓐ 피복제의 작용
   아크를 안정되게 한다.
   용융점이 낮은 가벼운 슬랙(Slag)을 만든다.
   전기절연 작용을 한다.
   용접 금속의 탈산 및 정련작용을 한다.
   용적(Globule)을 미세화하고, 융착 효율을 높인다.
   용접 금속에 적당한 합금 원소를 첨가한다.
   용융금속의 응고와 냉각 속도를 지연 시킨다.
  ⓑ 심선 : 전선은 $10mm^2$ 이상의 동선이 사용된다.

(4) 아크 용접부의 주요 결함

① 오우버랩(Overlap) : 용융금속이 모재와 용합되어 모재위에 겹쳐지는 상태이다. 용접 전류가 약하거나 운봉 속도가 느릴 때 그리고 모재에 대해 용접봉이 굵을 때 원인이 된다.
② 기공 : 융착 금속 속에 남아 있는 가스에 의한 구멍을 말한다. 용접전류의 과대 및 용접봉에 습기가 많을 때 그리고 가스 용접시의 과열과 모재에 불순물이 부착되어 있을 때 원인이 된다.

오우버랩

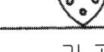
기 공

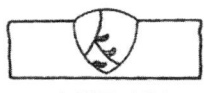
슬래그 섞임

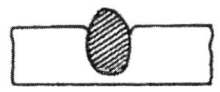
언더컷

③ 슬래그 섞임(Slag Inclusion) : 용착금속 안 또는 모재와의 융합부에 슬래그가 남는 것을 말한다. 피복제의 조성불량, 용접전류 속도의 부적당, 운봉(運棒)방법의 불량이 원인이다.

④ 언더컷(Undercut) : 용접선 끝에 생기는 작은 흠을 말한다. 용접전류의 과대, 운봉속도가 빠를 때 또는 용접봉이 가늘 때 원인이 된다.

(5) 운봉(運棒)법

종류에는 원형, 타원형, 삼각형, 부채꼴형, 직선형 등이 있다.

3. 가스용접

(1) 가연성가스

아세틸렌가스, 수소, 프로판가스 등을 사용한다.

(2) 아세틸렌(C_2H_2)

에틴이라고도 한다. 삼중결합으로 이루어진 탄소가 하나 이상 포함된 아세틸렌 계열 또는 알킨이라고 불리는 탄화수소 계열 중 가장 간단하고 잘 알려진 유기화합물이다. 무색의 가연성(可燃性) 기체로서, 금속을 용접하거나 자를 때 이용되는 산소아세틸렌 불꽃의 연료로, 많은 유기화학약품 및 플라스틱의 합성 원료로 널리 이용되고 있다.

(3) 산소

주기율표 16족에 속하는 비금속 원소이다. 무색, 무취, 무미의 기체로 지각에 가장 많이 존재하며, 가장 중요한 화합물은 물이다. 비중은 1.05로 공기보다 무겁다.

(4) 용해 아세틸렌

아세톤을 석면과 같은 다공질물질에 흡수시킨 후, 아세틸렌을 넣어 15℃, 15.5kgf/cm^2 이하의 압력아래서 용해시킨 것

(5) 아세틸렌가스 발생기

① 주수식 발생기
발생기 안에 있는 카바이트에 필요한 양의 물을 주수하여 가스를 발생시킨다.
(특징)
- 물의 소비량이 적다.
- 발생기의 설비면적이 적다.
- 지연가스가 발생되기 쉽다.
- 기능이 간단하고 능률이 비교적 좋다.
- 반응열에 의한 온도 상승이 일어난다.
- 불순가스(암모니아, 황화수소)가 발생된다.

② 투입식 발생기
많은 양의 물속에 카바이트를 소량씩 투입하여 비교적 많은 양의 아세틸렌 가스를 발생시키

며, 1kg에 대해 6~7ℓ의 물을 사용한다.
(특징)
- 수온 상승이 가장 적다.
- 물의 소비가 많다.
- 가스 발생량이 거의 변하지 않는다.
- 청정 작용으로 가스 순도가 높다.
③ 침지식 발생기
투입식과 주수식의 절충형으로 카바이트를 물에 침지시켜, 가스를 발생 시킨다.
(특징)
- 구조가 간단하고 설치도 쉽다.
- 열의 발생이 크다.
- 불순 가스가 많이 발생된다.
- 가스 발생량 조절이 용이하다.

(6) 토오치

가스 용접시 산소와 아세틸렌을 각각 용기에서 고무호스로 연결해, 두 가스를 혼합해 용접불꽃을 일으키는 기구이다.

(7) 불꽃의 종류

① 탄화불꽃(아세틸렌 과잉불꽃) : 이 불꽃은 아세틸렌의 양이 산소보다 많을 때 생기는 불꽃으로 알루미늄, 스테인리스강의 용접에 이용된다.
② 중성불꽃(표준불꽃) : 산소와 아세틸렌의 용적비가 1:1의 비율로 혼합될 때 얻어 지는데, 일반용접에 이용된다.
③ 산화불꽃(산소 과잉 불꽃) : 산소의 양이 아세틸렌의 양보다 많은 불꽃인데, 금속을 산화 시키는 성질이 있으므로, 구리, 황동 등의 용접에 이용된다.

(8) 금속의 용제

① 동합금 : 붕사
② 주철 : 붕사, 중탄산소다 + 탄산소다
③ 반경강 : 중탄산소다 + 탄산소다
④ 알루미늄 : 염화칼리, 염화리듐, 염화나트륨, 염산칼리, 불화칼리

4. 가스절단

(1) 가스절단의 원리

절단 화구에서 분출하는 고온의 화염으로 강재를 발화온도(약900도)까지 가열해, 그 부분을 고순도의 산소를 불어 강재를 연소시켜, 그 열로 강재를 용융시키는 동시에 연소생성물과 용융금속을 절단산소의 기계적 에너지(분출력)로 불어 날리는 것이다.

(2) 절단조건

① 재료 성분중 연소를 방해하는 원소가 적어야 한다.(순철, 연강, 주강)
② 금속의 산화 연소하는 온도가 그 금속의 용융 온도보다 낮아야 한다.
③ 연소해 생긴 산화물의 용융 온도가 그 금속의 용융온도보다 낮아야 하고 유동성이 있어야 한다.

(3) 금속의 절단

① 절단되지 않는 금속 : 황동, 청동, 납, 구리, 주석, 아연, 알루미늄 등
② 절단이 잘 되지 않는 금속 : 주철
③ 절단이 조금 곤란한 금속 : 고속도강, 합금강, 경강

출제예상문제

1. 아세틸렌은 물의 온도가 몇도 이상이면 위험한가?

　가. 40℃　　　나. 50℃　　　다. 60℃　　　라. 70℃

2. 다음에서 압접에 속하는 것은?

　가. 전기저항 용접　　나. 레이저 용접　　다. Tig 용접　　라. 원자수소 용접

　해설 압접의 종류에는 유도가열 용접, 초음파 용접, 전기저항 용접이 있다.

3. 금속아크 용접에서 아크를 지속 시키는데 필요한 전압은?

　가. 5~10V　　　나. 15~35V　　　다. 40~55V　　　라. 60~80V

4. 피복제의 역할 중 맞지 않는 것은?

　가. 산화물제거　　나. 아크의 제거　　다. 산화방지　　라. 아크의 안정

　해설 피복제는 아크를 안정되게 한다. 또한 용접금속의 탈산 및 정련작용을 하며, 모재 표면의 산화물을 제거하여 완전한 용접이 되게 한다.

5. 직류 아크 용접기의 장점으로 맞지 않는 것은?

　가. 자기 쏠림이 적다.　　나. 감전 위험이 적다.　　다. 극성 변화가 쉽다.　　라. 아크가 안정된다.

　해설 직류 아크 용접기는 구조가 복잡하여 고장이 일어나기 쉽고, 아크의 쏠림이 일어난다.

6. 아크의 길이가 길어지면 아크 전압은 어떻게 변하는가?

　가. 낮아진다.　　나. 높아진다.　　다. 변동 없다.　　라. 변동이 있다.

　해설 아크 전압은 아크 길이에 비례한다. 아크를 길게 하면 아크의 불안정, 용입 불량 등에 의해 재질의 변형, 기공이 생기고 용접결과가 나쁘다.

7. 가스용접에서 용제를 사용하는 이유로 맞는 것은?

　가. 용접 중 산화물 등의 유해물을 제거하기 위하여
　나. 침탄 및 질화를 위하여
　다. 용접봉의 용융 속도를 느리게 하기 위하여
　라. 모재의 용융 온도를 낮게 하기 위하여

정답 1. 다　2. 가　3. 나　4. 나　5. 가　6. 나　7. 가

8. 연강용 피복 아크 용접봉에서 피복제의 편심율로 맞는 것은?

　가. 3%이내　　　나. 5%이내　　　다. 8%이내　　　라. 10%이내

9. 용접변형을 방지하는 방법 중 맞지 않는 것은?

　가. 역변형법　　　나. 초음파법　　　다. 억제법　　　라. 냉각법

　해설 용접 변형의 방지 대책 : 용접시에는 국부 가열을 하므로 불균등한 온도 분포가 된다. 이것에 의해 응력이 발생, 용접부에 변형이 생기는데, 변형의 방지 방법에는 억제법(Control method), 냉각법(Cooling method), 역변형법(Predistortion), 국부긴장법(Local shrinking method), 교정법(Reforming method)이 있다.

10. 전극봉으로 금속봉을 사용하지 않는 것은 어느 것인가?

　가. Mig 용접　　　나. Tig 용접　　　다. 금속아크 용접　　　라. 서브머지드 용접

　해설 Tig 용접은 텅스텐 불활성 아크 용접 이라고도 한다. 이너트가스(헬륨이나 아르곤가스 등의 불활성 가스)로 아크를 덮듯이 하여, 산화 질화를 방지하는 용접방법으로 비철금속의 용접에 사용된다.

11. 다음에서 저항용접과 관계가 있는 것은 어느 것인가?

　가. 주울의 법칙　　　　　　　　　나. 암페어의 오른나사 법칙
　다. 플레밍의 왼손법칙　　　　　　라. 오옴의 법칙

　해설 주울의 법칙(Joule,s law) : 저항 R의 선에 전류 I를 흐르게 하면 도체내에 단위 시간에 소비되는 에너지 I^2R은 전부 열로 된다는 법칙 $H=0.24I^2Rt(cal)$

12. 용접기의 효율을 나타내는 식으로 맞는 것은?

　가. 소비전력÷전원입력×100　　　나. 전원입력÷소비전력×100
　다. 소비전력÷아크출력×100　　　라. 아크출력÷소비전력×100

　해설 용접기의 효율 : $\eta = \dfrac{\text{아크출력}(kw)}{\text{소비전력}(KVA)} \times 100(\%)$

13. 아크 용접 작업중 전격의 위험이 발생할 수 있는 것은?

　가. 용접부가 클 때　　　　　　　　나. 용접 열량이 클 때
　다. 전류의 세기가 클 때　　　　　　라. 어스의 접지 불량시

　해설 어스(earth)의 접지 불량 또는 습기가 있는 장소에서 용접시 전격의 위험이 크다.

14. 용접부에 생기는 잔류 응력을 없애는 방법으로 맞는 것은?

　가. 풀림을 한다.　　　나. 불림을 한다.　　　다. 뜨임을 한다.　　　라. 담금질을 한다.

　해설 용접부는 열로 인하여 변형이나 잔류응력이 생기는데, 이를 제거하기 위해 풀림을 한다.
　※ 풀림은 금속 재료를 적당한 온도로 가열한 다음 서서히 상온에서 냉각 시키는 조작을 말하며, 불림은 강을 표준상태로 만들기 위한 열처리로 강을 단련한 후, 오스테나이트 범위까지 가열한 후, 서서히 공기속에서

정답　8. 가　9. 나　10. 나　11. 가　12. 라　13. 라　14. 가

방냉(放冷)한다.
※ 오스테나이트(Austenite)는 합금 원소가 녹아 들어간 면심입방조직을 이루는 철강 및 합금강을 통틀어 이르는 말이다.
※ 뜨임은 강철을 담금질하면 경도는 커지나 메지(물체가 연성을 갖지 않고 파괴되는 성질)기 쉬우므로, 이를 적당한 온도를 재가열 했다가 공기 속에서 냉각, 조직을 연화 · 안정시켜 내부 응력을 없애는 조작이다.
※ 담금질은 급냉함으로써 금속이나 합금의 내부에서 일어나는 변화를 저지하여, 고온에서의 안정상태 또는 중간상태를 저온 온실에서 유지하는 조작을 말한다.

15. 용접기의 용량을 나타내는 것으로 옳지 않은 것은?

가. A   나. V   다. KVA   라. KW

16. 다음에서 아크 용접기의 사용 시 취급상 주의할 점으로 맞지 않는 것은?

가. 탭 전환은 반드시 아크를 발생 시키면서 한다.
나. 정격 이상의 높은 사용률로 사용하지 않아야 한다.
다. 습기나 수증기가 없는 장소에 보관 하여야 한다.
라. 먼지, 쇳가루 등을 용접기에서 제거 하여야 한다.

해설 탭 전환시 아크를 발생 시키면 접촉 부분에 소손이 생긴다.

17. 아크에서 어느 부분의 온도가 가장 높은가?

가. 심선   나. 아크 프레임   다. 아크스트림   라. 아크코어

해설 아크 프레임(Arc flame) : 아크 스트림(Arc stream)의 바깥 둘레에 불꽃으로 싸여있는 부분을 말한다.
아크 스트림(Arc stream) : 아크코어(Arc core) 주위를 둘러싼 비교적 담홍색을 띤 부분이다.
아크 코어(Arc core) : 아크코어의 길이가 아크 길이이다. 아크를 중심으로 용접봉과 도체가 녹으며 온도가 가장 높다.(3000~3500℃)

18. 다음에서 가스 용접봉의 지름으로 맞지 않는 것은?

가. 1.6mm   나. 2.0mm   다. 3.2mm   라. 4.5mm

해설 가스 용접봉은 1.0mm, 1.6mm, 2.0mm, 2.6mm, 3.2mm, 4.0mm, 5.0mm, 6.0mm, 8.0mm가 있다.

19. 용접이음의 안정성과 큰 관계가 있는 것은?

가. 노치취성   나. 탄성여효   다. 청열취성   라. 적열취성

해설 노치취성 : 노치(Notch)같은 응력 집중부에서 나타나는 재료의 취성(물체가 외력 받을 시 소성 변형을 거의 보이지 않고 파괴되는 성질) 파괴현상
탄성여효 : 하중 제거 후 시간 경과와 함께 잔류 변형이 감소해 일정한 값에 접근하는 현상.
청열취성 : 탄소강이 210~360℃의 온도 범위에서 신장이 작아지고 외력에 대해 취약해 져서 표면에 청색의 산화막이 생기는 성질을 갖는 것
적열취성 : 강(鋼) 속에 포함된 황화망간의 황의 함유량이 과잉이거나, 망간의 함유량이 불충분할 때 황화철이 되어 적열상태에서 강을 취약하게 하는 성질.

정답 15. 나   16. 가   17. 라   18. 라   19. 가

20. 연납의 성분으로 맞는 것은?

　　가. 주석-알루미늄　　나. 주석-연　　다. 주석-아연　　라. 주석-양은

21. 용접 지그(Jig)의 목적으로 맞지 않는 것은?

　　가. 공수 절감을 위해 사용　　　　　　나. 다층용접을 확실하게 하기 위해 사용
　　다. 용접 작업을 쉽게 하기위해 사용　　라. 변형방지를 위해 사용

제9편 절삭가공

1. 절삭가공의 구분

① 선삭(Turning) : 선반 작업에서 둥근 모양의 공작물을 회전 시키면서 그 표면을 공구로 깎아 만드는 것
② 평삭(Planing) : 셰이퍼, 평삭반 등으로 공작물의 표면을 평평하게 깎음.
③ 드릴링(Drilling) : 드릴로 공작물에 구멍을 뚫는 가공방법
④ 보오링(Boring) : 물체에 구멍을 뚫는 기계의 하나.
⑤ 밀링(Milling) : 회전축에 고정한 카터로 공작물을 절삭하는 공작기계
⑥ 연삭(Grinding) : 경도가 높은 광물의 입자나 분말 또는 숫돌로 물체의 표면을 갈아 반들반들하게 만드는 것

2. 절삭 현상

(1) 칩의 형태

① 유동형칩(Flow Type Chip) : 칩이 경사면 위를 연속적으로 원활하게 흘러 나가는 모양으로, 가장 이상적인 칩의 형태이다.
② 전단형칩(Shear Type Chip) : 유동형 절삭에 있어서 미끄럼면에 간격이 조금 크게 된 상태에서 발생하는 칩의 형태이다.
③ 열단형칩(Tear Type Chip) : 주철처럼 취성이 있는 재료를 절삭할 때에 생기는 칩
④ 균열형칩(Crack Type Chip) : 주철과 같은 취성재료를 저속 절삭할 때 나타난다. 순간적으로 균열(Crack)이 발생하는 불연속칩 때문에, 절삭저항(절삭력)이 크게 변동한다. 따라서 가공면은 홈을 깊게 파면서 거칠다.

(2) 구성인선(Built-up Edge)

절삭과정에서 칩의 일부가 가공 경화해서 공구 날 끝에 용착한 것
  ① 구성인선 방지방법
    ⓐ 절삭제를 사용할 것
    ⓑ 절삭 속도를 증대시킬 것
    ⓒ 공구 날끝을 예리하게 할 것

ⓓ 상면 경사각을 증대시킬 것
ⓔ 절삭 깊이를 줄일 것

3. 절삭저항

가공물을 절삭할 때, 절삭공구는 가공물로부터 큰 저항을 받게 되는데 이때 힘을 절삭저항이라 한다.

(1) 절삭저항은 서로 직각으로 된 세 개의 분력이다.

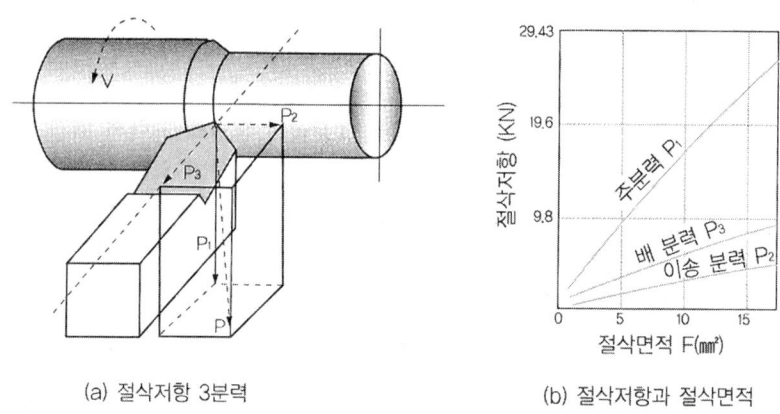

(a) 절삭저항 3분력　　　　　　(b) 절삭저항과 절삭면적

- 주 분력(vertical component of cutting force : P_1) : 절삭방향으로 평행한 분력
- 이송 분력(axial component of cutting force : P_2) : 이송방향으로 평행한 분력
- 배 분력(radial component of cutting force : P_3) : 절삭공구 축 방향으로 평행한 분력

(2) 분력의 크기

$$P_1 : P_2 : P_3 = 10 : (1\sim2) : (2\sim4)$$

경사각이 감소하거나 절삭면적이 증가하면 절삭저항은 커지고, 절삭속도가 증가하면 다소 일부 영역에서 다소 감소하는 경향이 있다.

4. 절삭 동력

(1) 정미 절삭 동력 (절삭에 소요된 동력)

$$N_C = \frac{P_1 V}{60 \times 75}(PS)$$

(2) 이송을 위한 동력

$$N_f = \frac{P_2 V}{60 \times 75}(PS)$$

여기서 P_1 : 주분력 (kg),　　P_2 : 이송분력 (kg)

5. 절삭속도

$$V = \frac{\pi dN}{1000} (m/min)$$

여기서 d : 가공물의 직경(mm)
N : 회전수 (rpm)

6. 공구수명

새로운 절삭공구로 가공물을 일정한 절삭조건으로 절삭을 시작하여 공구의 교환 또는 재연삭을 할 때까지의 실질적인 절삭시간의 합을 공구수명시간이라 하며, 단위는 분(min)으로 나타낸다.

(1) 절삭 속도와 공구수명

$$C = VT^n$$

여기서 T : 바이트의 수명(min), n : 공구와 공작물에 의한 상수
V : 절삭속도 (m/min), C : 공작물, 공구, 절삭 공구에 의한 상수

(2) 절삭 온도와 공구수명

$$C = \theta T^m$$

여기서 θ : 절삭온도, T : 재 절삭까지의 실제 절삭시간(min)
m : 지수($\frac{1}{10} \sim \frac{1}{25}$), C : 상수

(3) 공구수명 판정기준

① 가공면에 광택이 있는 색조 또는 반점이 생길 때
② 공구 인선의 마모가 일정량에 달했을 때
③ 절삭 저항의 주 분력에는 변화가 적어도 이송분력이나 배분력이 급격히 증가할 때
④ 완성 치수의 변화량이 일정량에 달했을 때

7. 절삭공구

(1) 절삭공구 재료의 구비요건

① 가격이 저렴하여야 한다.
② 내마모성이 커야한다.
③ 고온에서도 경도가 커야한다.
④ 강인성(충격에 대한 재료의 저항)이 커야한다.
⑤ 성형이 좋아야 한다.
⑥ 저 마찰성이 있어야 한다.

(2) 공구재료의 종류

① 탄소 공구강 : 탄소량이 0.6~1.5% 함유한 고품질의 탄소강이다. 저속이나 총형공구 등의 특

수한 경우에만 사용한다.
② 합금 공구강(alloy tool steel) : 경화능(硬化能)을 개선하기 위하여, 탄소량이 0.8~1.5% 정도를 함유한 탄소 공구강에 소량의 크롬(Cr), 텅스텐(W), 니켈(Ni), 바나듐(V) 등의 원소를 첨가한 강이다. 탄소 공구강보다는 절삭성이 우수하고, 내마멸성과 고온경도가 높다.
③ 고속도강(high speed steel) : 고속도강은 W, Cr, V, Co 등의 원소를 함유하는 합금강을 뜻하며, 담금질 및 뜨임을 하여 사용하면 600℃ 정도까지는 고온경도를 유지한다. 밀링커터, 드릴, 탭, 리머, 바이트, 엔드밀 등으로 사용되며 표준 고속도강과 특수 고속도강으로 구분한다.
④ 소결 초경합금(sintered hard metal) : 소결 초경합금은 W, Ti, Ta, Mo, Zr 등의 경질합금 탄화물 분말을 Co, Ni을 결합제로 하여, 1400℃ 이상의 고온으로 가열하면서 프레스로 소결 성형한 절삭공구이다. 현재는 WC-Co계, WC-TiC-Co계, WC-TaC-Co계가 주로 사용된다.
⑤ 주조 경질합금(cast alloyed hard metal) : 주조합금의 대표적인 것으로는 스텔라이트(stellite)가 있으며, 주성분은 W, Cr, Co, Fe 이며 주조합금이다. 스텔라이트는 상온에서 고속도강보다 경도가 낮으나 고온에서는 오히려, 경도가 높아지기 때문에 고속도강보다 고속절삭용으로 사용된다.
⑥ 세라믹(ceramic) : 산화알루미늄(Al_2O_3 : 순도 99.5% 이상) 분말을 주성분으로 마그네슘(Mg), 규소(Si) 등의 산화물과 소량의 다른 원소를 첨가하여 소결한 절삭공구이다. 고온에서 경도가 높고, 내마모성이 좋아 초경합금보다 빠른 절삭속도로 절삭이 가능하며, 백색, 분홍색, 회색, 흑색 등의 색이 있으며, 초경합금보다 매우 가볍다.
⑦ 서멧(cermet) : 서멧은 세라믹(ceramic)과 메탈(metal)의 복합어로 세라믹의 취성을 보완하기 위하여 개발된 내화물과 금속 복합체의 총칭이다. Al_2O_3 분말 약 70%에 TiC 또는 TiN 분말을 30% 정도 혼합하여 수소 분위기 속에서 소결하여 제작한다. 서멧은 고속절삭에서 저속절삭까지 사용범위가 넓고 크레이터 마모, 플랭크 마모 등이 적고 구성인선이 거의 발생하지 않아 공구수명이 길다.
⑧ 다이아몬드(diamond) : 다이아몬드는 현재 알려져 있는 절삭공구 중에서 가장 경도가 크고 내마모성이 크며, 절삭속도가 빠르고 절삭가공이 능률적인 우수한 공구재료이다. 다이아몬드로는 경질고무, 베크라이트(bakelite), Al, Al합금, 황동 등의 절삭에 대단히 능률이 좋다. 특히 초정밀 완성가공 및 연삭숫돌의 보정, 유리가공에도 사용된다.

8. 절삭유제

(1) 절삭 유제의 사용목적

① 공구의 인선을 냉각시켜 공구의 경도저하를 방지한다.
② 가공물을 냉각시켜, 절삭열에 의한 정밀도 저하를 방지한다.
③ 공구의 마모를 줄이고 윤활 및 세척작용으로 가공표면을 양호하게 한다.
④ 칩을 씻어주고 절삭부를 깨끗이 닦아 절삭작용을 쉽게 한다.

(2) 절삭유제의 요구사항

① 마찰계수가 작아야 한다.

② 표면장력이 작고, 칩의 생성부까지 침투가 잘 되어야 한다.
③ 유성이 커야한다.

(3) 절삭유제의 종류

① 수용성 절삭유(soluble oil) : 고속절삭 및 연삭 가공액으로 사용된다.
② 유화유(emulsion oil) : 광유에 비눗물을 첨가하여 유화한 것이다. 냉각작용이 크고, 윤활성도 있어 많이 사용된다.
③ 광유(mineral oil) : 윤활성은 좋으나 냉각성이 적어 경절삭에 많이 사용된다.
④ 지방질유(fatty oil) : 동물성 유로는 돈유(lard oil)가 가장 많이 사용되며 식물성유보다는 점성이 높아 저속절삭과 다듬질 가공에 사용된다.
⑤ 석유(petroleum oil) : 점성이 높아 고속절삭에 적합하다. Ni 강, 스테인리스 강, 단조강 등을 절삭하는데 적합하며, 나사절삭, 브로칭 가공(broaching), 깊은 구멍 뚫기, 자동선반 작업에 많이 사용된다.
⑥ 고체 윤활제 혼합액(suspension of solid lubricants) : 가공의 종류, 절삭 깊이, 이송, 절삭속도, 가공물의 재질 등에 따라 선택하여 사용한다.

9. 공작기계의 구동기구

(1) 운전방식

① 단독운전 방식
② 집단운전 방식

(2) 회전속도열

① 종류
  ⓐ 등차 급수 속도열
  ⓑ 등비 급수 속도열(많이 사용)
  ⓒ 대수급수 속도열
  ⓓ 복합등비 급수속도열

출제예상문제

1. 절삭 저항이 가장 작은 칩의 형태는?

가. 유동형   나. 균열형   다. 열단형   라. 전단형

해설 유동형 칩(flow type chip) : 칩(chip)이 경사면(top rake surface)위를 연속적으로 원활하게 흘러나가는 모양으로 연속 칩(continuous chip)이라고도 하며, 가장 이상적인 절삭저항이 가장 작은 칩의 형태이다.

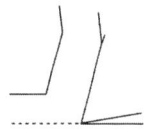
유동형 칩
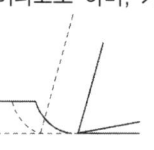
균열형 칩
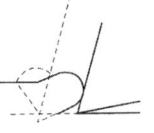
경작형(열단형) 칩
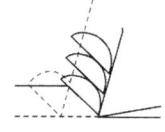
전단형 칩

2. 스텔라이트(stellite)의 주성분으로 맞는 것은?

가. Co-Mo-Cr   나. W-C-Cu   다. W-Co-Cr-C   라. Co-C-W-Cu

해설 주조합금의 대표적인 것이 스텔라이트인데, 주성분은 W, Co, Cr, C 이다.

3. 구성인선(built-up edge)이 발생하지 않는 금속은?

가. 알루미늄   나. 스테인리스   다. 연강   라. 주철

해설 구성인선의 발생 : 연강, 스테인레스강(stainless steel), 알루미늄(Al) 등의 연성 가공물을 절삭할 때, 절삭공구에 절삭력과 절삭열에 의한 고온(高溫), 고압(高壓)이 작용하여 절삭공구 인선에 대단히 경(硬)하고 미소(微小)한 입자가 압착 또는 융착되어 나타나는 현상이다. 구성인선으로 인하여 공구각을 변화시키고, 가공면의 표면 거칠기를 나쁘게 한다. 또, 공구의 떨림(chattering)현상으로 절삭공구 마모를 크게 하고 절삭에 나쁜 영향을 준다.

4. 절삭유제의 사용목적으로 맞지 않는 것은?

가. 공구와 칩의 친화력을 돕는다.   나. 칩 제거 작용을 하여 절삭 작업을 쉽게 한다.
다. 가공물의 표면에 방청작업을 한다.   라. 공작물과 공구의 냉각을 돕는다.

5. 다음에서 절삭 속도에 영향을 주지 않는 것은?

가. 가공물의 재질 및 지름   나. 절삭공구의 형상 및 재질
다. 절삭유제의 사용유무   라. 가공물의 온도

해설 절삭속도(cutting speed) : 절삭속도란 가공물과 절삭공구 사이에 발생하는 상대적인 속도이며, 단위 시간에 가공물이 인선(바이트는 날 끝)을 통과하는 거리(m)로 표시한다. 절삭속도는 가공물 재질 및 지름, 절삭공구의 재질 및 형상, 절삭유제의 사용 유무에 따라 영향을 받는다.

정답 1. 가 2. 다 3. 라 4. 가 5. 라

6. 테일러(Taylor)의 공구 수명식을 올바르게 나타낸 식은?

   가. $VT = C^n$ 나. $VT^n = C$ 다. $VT^{\frac{1}{n}}$ 라. $V^n T = C$

7. 다음에서 절삭조건으로 맞지 않는 것은?

   가. 절삭속도, 절삭깊이, 절삭치수
   나. 절삭깊이, 절삭면적, 이송속도
   다. 절삭동력, 이송속도, 절삭깊이
   라. 절삭속도, 절삭깊이, 이송속도

   해설 절삭조건(cutting condition) : ① 절삭속도, ② 절삭깊이, ③ 절삭면적, ④ 이송속도, ⑤ 절삭동력, ⑥ 기계효율

8. 다음의 절삭유중 불수용성 절삭유는?

   가. 솔루션형   나. 에멀전형   다. 극압유   라. 솔류블형

9. 다음 중 공구수명에 가장 영향을 주는 것은?

   가. 절삭속도   나. 공구각   다. 이송   라. 절삭깊이

   해설 $C = VT^n$
   여기서 T : 공구수명(min), n : 지수 상수
   V : 절삭속도 (m/min), C : 상수

10. 다음에서 절삭율을 나타내는 것은 어느 것인가?

   가. 절삭속도×면적
   나. 절삭속도×이송
   다. 절삭깊이×이송×매분회전수
   라. 절삭속도×절삭깊이×칩단면적

11. 구성인선 발생을 방지하는데 역행하는 것은?

   가. 칩 두께 증대
   나. 절삭속도 증대
   다. 상면 경사각 증대
   라. 날끝을 예리하게 한다.

   해설 구성인선의 방지대책 : 가공물의 표면 거칠기를 나쁘게 하고 공구의 수명을 단축시키며 진동 발생의 원인이 되는 구성인선의 방지대책은 다음과 같다.
   ① 절삭 깊이(depth of cut)를 적게 할 것
   ② 경사각(rake angle)을 크게 할 것
   ③ 절삭공구의 인선을 예리(銳利 : 날카롭게)하게 할 것
   ④ 윤활성이 좋은 절삭 유제를 사용할 것
   ⑤ 절삭속도를 크게 할 것

12. 보통의 작업에서 주로 사용되는 절삭의 경제속도는?

   가. V30   나. V60   다. V90   라. V120

정답 6. 나 7. 가 8. 다 9. 가 10. 가 11. 가 12. 나

제10편 공작기계

1. 선반

(1) 선반의 기본 작업

선반(lathe)은 주축(spindle) 끝단에 부착된 척(chuck)에 가공물(work piece)을 고정하여 회전시키고, 공구대(tool post)에 설치된 바이트(bite)로 절삭 깊이(depth of cut)와 이송(feed)을 주어 가공물을 주로 원통형으로 절삭하는 공작기계로서 가장 많이 이용되고 있다.

(2) 선반의 종류

① 보통 선반(engine lathe) : 가장 많이 사용된다.
② 탁상 선반(bench lathe) : 작업대 위에 설치, 소형이며 계기·시계 부품 가공에 적합하다.
③ 터릿 선반(turret lathe) : 보통 선반의 심압대 대신에 터릿으로 불리는 회전 공구대를 설치하여 가공하는데, 간단한 부품을 대량생산하는 선반이다.
④ 수직 선반(vertical lathe) : 공구의 길이방향 이송이 수직방향으로 되어 있고 대형이고 중량물을 깎는데 사용된다.
⑤ 정면 선반(face lathe) : 짧고 지름이 큰 일감을 절삭하는데 사용된다.
⑥ 공구 선반(tool room lathe) : 작은 공구게이지, 정밀기계 부품을 가공하는데 사용된다.
⑦ 차축 선반(axle lathe) : 철도 차량용 차축을 주로 가공하는 선반이며, 면판붙이 주축대 2개를 마주세운 구조이다.
⑧ 크랭크축 선반(crank shaft lathe) : 크랭크축의 베어링 저널 부분과 크랭크핀을 가공하는 선반이며, 베드 양쪽에 크랭크핀을 편심시켜 고정하는 주축대가 있다.
⑨ 수치제어 선반(numerical control lathe) : 가공에 필요한 절삭조건을 수치적인 부호로 변환시켜, 천공 테이프 또는 카드에 기록하고, 컴퓨터의 정보처리회로와 서보(servo)기구를 이용 정보화하여, 공구와 새들을 제어시켜 자동적으로 절삭가공이 이루어지도록 만든 선반이다.

(3) 선반 가공법의 종류

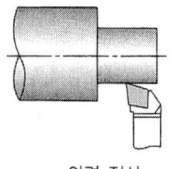
외경 절삭

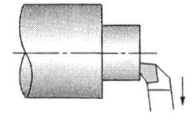
단면 절삭

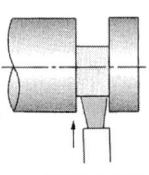
절단(홈) 작업

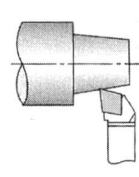
테이퍼 절삭

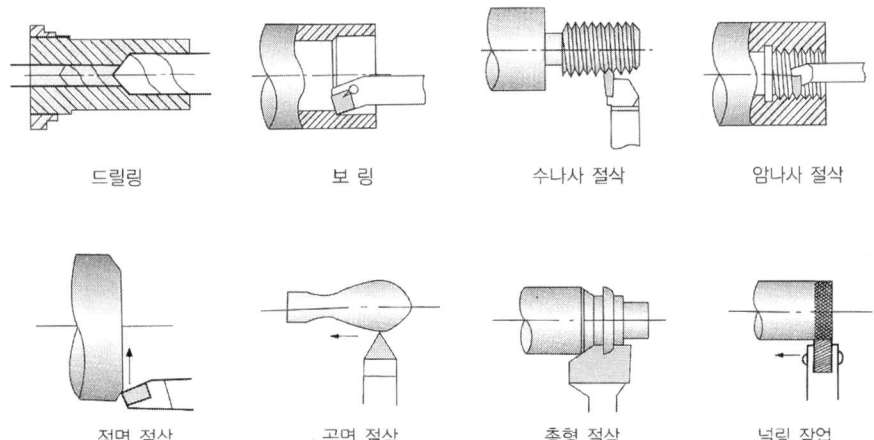

| 드릴링 | 보링 | 수나사 절삭 | 암나사 절삭 |

| 정면 절삭 | 곡면 절삭 | 총형 절삭 | 널링 작업 |

(4) 선반의 규격표시

① 베드상의 스윙이나 센터높이
② 라이브 센터와 데드센터간의 거리
③ 베드의 길이

(5) 선반의 구조

① 주축대
② 심압대
③ 베드
④ 왕복대
⑤ 척
⑥ 주축속도 변환레버
⑦ 이송속도 변환레버
⑧ 리드스크루
⑨ 에이프런
⑩ 공구대

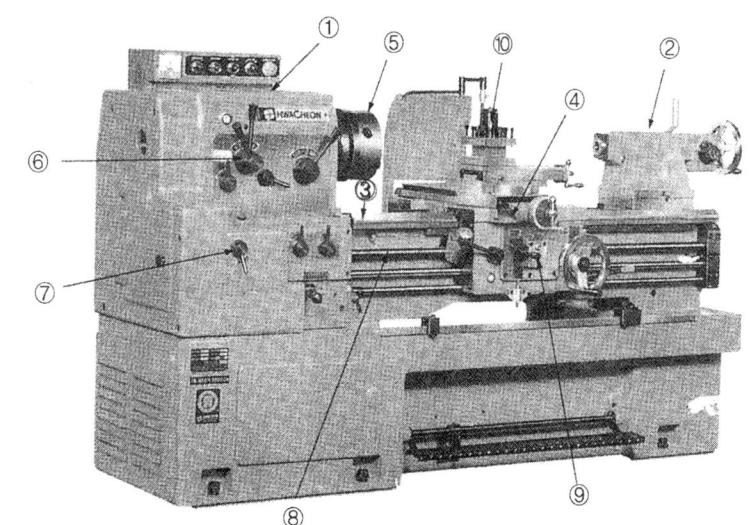

(6) 선반용 바이트

① 바이트 구조에 따른 분류
  ⓐ 단체 바이트(solid bite) : 바이트의 일선과 자루(sank)가 같은 재질로 구성된 바이트이다. 고속도강 바이트에 주로 사용된다.
  ⓑ 팁 바이트(welded bite) : 생크에서 날(인선) 부분에만 초경합금이나 용접이 가능한 바이트

용 재질을 용접하여 사용하는 바이트이다. 초경합금에서는 일정한 모양과 크기를 가진 바이트를 팁(tip)이라 하며 용접바이트를 팁 바이트라고도 한다.
ⓒ 클램프 바이트(clamped bite) : 팁(tip)을 용접하지 않고 기계적인 방법으로 클램핑(clamping)하여 사용하기 때문에 클램프 바이트라고 한다. 용접한 불가능한 세라믹 바이트도 클램핑(clamping)하여 사용한다.
② 용도에 따른 바이트의 종류

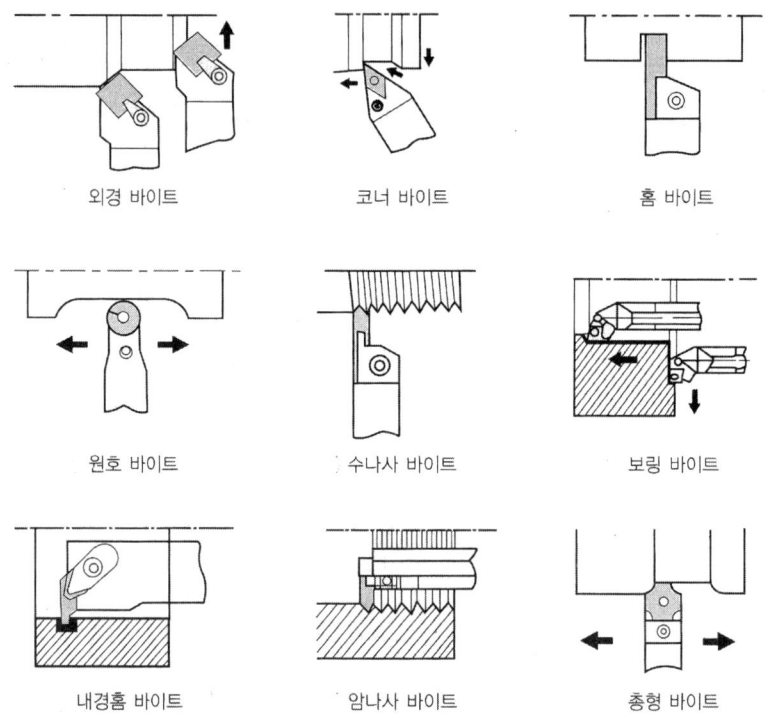

(7) 절삭 작업

① 테이퍼(taper) 절삭작업
ⓐ 복식 공구대를 경사시키는 방법
$$\tan\theta = \frac{D-d}{2\ell}(\tan\theta = \frac{X}{\ell},\ X = \frac{D-d}{2})$$

여기서 D : 테이퍼의 큰 지름(mm), d : 테이퍼의 작은 지름(mm)
ℓ : 테이퍼의 길이(mm)

ⓑ 심압대를 편위 시키는 방법
$$심압대의 편위량 \times \frac{(D-d)L}{2\ell}$$

여기서 L : 가공물의 전체길이, D : 테이퍼의 큰 지름
d : 테이퍼의 작은 지름, ℓ : 테이퍼의 길이

ⓒ 테이퍼(taper)절삭 장치를 이용하는 방법
ⓓ 가로이송 및 세로 이송을 이용하는 방법

2. 드릴링 머신(drilling machine)

(1) 드릴의 기본작업

① 구멍뚫기(drilling)
② 리밍(reaming)
③ 보링(boring)
④ 카운터보링(counter boring)
⑤ 카운터싱킹(counter sinking)
⑥ 스폿페이싱(spot facing)
⑦ 탭가공(tapping)

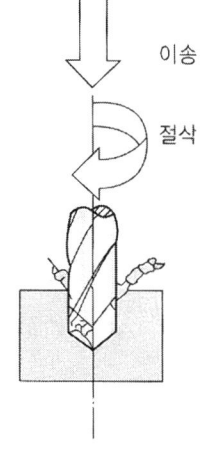

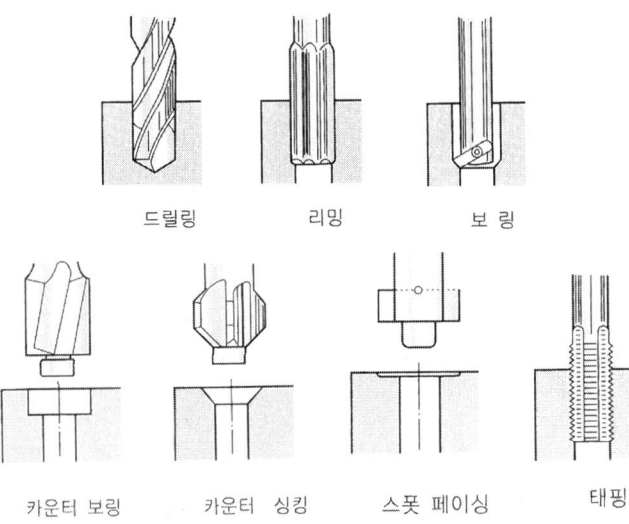

(2) 드릴머신의 종류

① 탁상 드릴링 머신(bench type drilling machine) : 드릴머신을 작업대 위에 설치해 사용하는 소형의 드릴링 머신으로서 소형부품 가공에 적합하다.
② 직접 드릴링 머신(up light drilling machine) : 탁상 드릴링 머신과 유사하나, 비교적 대형 가공물의 구멍 뚫기 가공에 사용된다.
③ 레이디얼 드릴링 머신(radial drilling machine) : 대형제품이나 무거운 제품에 구멍가공을 하기 위해서 가공물은 고정시키고, 드릴이 가공 위치로 이동할 수 있도록 제작된 드릴링 머신을 말한다.
④ 다축 드릴링 머신(multiple spindle drilling machine) : 1회에 여러 개의 구멍을 동시에 뚫게 되므로 대량 생산에 적합하다.

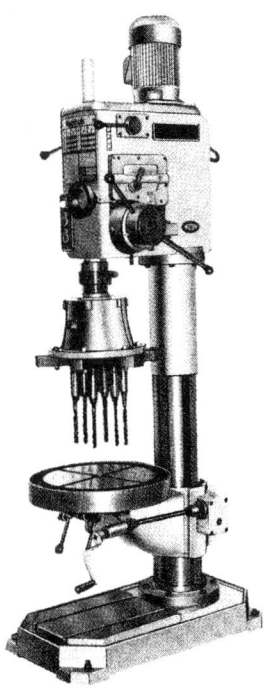

다축 드릴링 머신

⑤ 심공 드릴링 머신(deep hole drilling machine) : 아래 그림과 같이 총신(銃身)이나 긴 축, 커넥팅 로드(connecting rod) 등과 같이 깊은 구멍 가공에 적합한 드릴링머신이다.

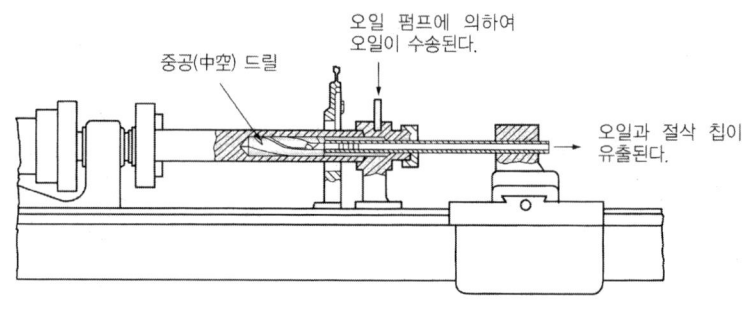

심공 드릴링 머신

(3) 드릴의 종류

① 재료에 의한 분류
  ⓐ 합금강 드릴   ⓑ 고속도강 드릴   ⓒ 팁 드릴
  ⓓ 초경합금 드릴   ⓔ 코팅 드릴

(4) 드릴의 형상

① 평 드릴   ② 트위스트 드릴   ③ 특수 드릴

평드릴   트위스트 드릴   특수 드릴

(5) 리이머(reamer)

① 기계 리이머   ② 셀 리이머   ③ 테이퍼 리이머
④ 조정 리이머   ⑤ 브리지 리이머   ⑥ 로오즈 리이머

(6) 탭(tap)

수기가공이나 조립 작업에서는 탭(tap)으로 암나사를 가공, 다이스(dies)로는 수나사 작업을 한다. 보통 탭과 다이스에 의한 작업은 지름이 25mm 정도까지 할 수 있다.

① 핸드탭   ② 기계탭   ③ 테이퍼탭   ④ 건탭

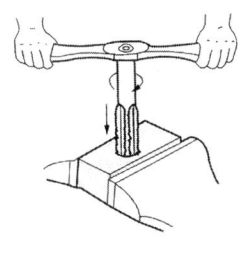
탭 작업

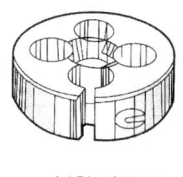
분할 다이스

(7) 드릴머신 작업

① 드릴의 절삭속도 $V = \dfrac{\pi DN}{1000}$ (m/min)

   여기서 D : 드릴의 지름, N : 회전수

② 절삭 저항과 절삭 동력

   회전 모멘트에 의한 마력 $H = \dfrac{TN}{716200}$ (PS)

3. 보오링머신

보링이란 드릴가공, 단조가공, 주조가공 등에 의하여 이미 뚫어져 있는 구멍을 좀 더 크게 확대하거나, 표면 거칠기가 높고, 정밀도 높은 제품으로 가공하는 것이다. 보링 머신은 가공물을 회전시키는데 복잡한 형상이나 대형인 가공물, 중량이 커서 편심으로 가공될 우려가 있는 제품의 가공에 적합하다.

(1) 보오링 머신의 종류

① 보통 보링 머신(general boring machine)
② 수직 보링 머신(vertical boring machine)
③ 정밀 보링 머신(fine boring machine)
④ 지그 보링 머신(jig boring machine)
⑤ 코어 보링 머신(core boring machine)

(2) 보오링 머신의 구조

① 베드   ② 주축헤드   ③ 직주   ④ 이송장치

(3) 보오링 공구

① 보오링 바이트 및 카터
② 보오링 바아
③ 보오링 헤드

4. 세이퍼(shaper)
구조가 간단하고, 사용이 편리한 평면을 가공하는 공작기계이다.

(1) 세이퍼의 종류
① 수평식 보통형 세이퍼(plain horizontal shaper) : 수평식 세이퍼는 램은 안내면을 따라 전후로 왕복운동하고, 테이블은 좌우로 이송하며 절삭한다.
② 트래버스 세이퍼(traverse shaper) : 대형의 가공물을 절삭하는데 적합한 세이퍼이다. 테이블에 가공물을 고정하고, 상하로 이송하며, 램이 왕복운동과 가로방향의 이송을 하면서 절삭한다.

(2) 램의 왕복운동 기구
① 래크(rack)와 피니언(pinion)에 의한 방법
② 유압기구에 의한 방법
③ 스크류(screw)와 너트(nut)에 의한 방법
④ 크랭크(crank)와 로커 암(rocker arm)에 의한 방법

(3) 세이퍼의 크기
① 테이블의 크기   ② 램의 최대 행정

(4) 세이퍼의 작업
① 왕복운동 평균속도(m/min)

$$V = \frac{2L}{t} = \frac{2V_o}{1 + \frac{V_o}{V_r}}$$

여기서, L : 램의 행정(strock) t : 1회 왕복에 요하는 시간(min)
V_o : 절삭속도(m/min) V_r : 귀환속도(m/min)

② 1회 왕복에 요하는 시간(min)

$$t = t_1 + t_2 = \frac{L}{V_o} + \frac{L}{V_r}$$

여기서, t_1 : 절삭행정 시간(min) t_2 : 귀환행정 시간(min)
V_o : 절삭속도(m/min) V_r : 귀환속도(m/min) L : 램의 행정(strock)

③ 절삭행정 시간 및 귀환 행정시간
ⓐ 절삭 행정 시간(min)

$$t_1 = \frac{L}{V_o}$$

ⓑ 귀환 행정 시간(min)

$$t_2 = \frac{L}{V_r}$$ 여기서, V_o : 절삭속도(m/min) V_r : 귀환속도(m/min) L : 램의 행정(strock)

④ 가공시간

$$T = \frac{W}{nf} (\min)$$

여기서, W : 절삭재의 폭(mm)
n : 1분간 램의 왕복회수(회/분)
f : 이송(mm/행정)

5. 플레이너(planer)

플레이너는 테이블의 수평 길이 방향 왕복운동과 공구는 테이블의 가로 방향으로 이송하며, 주로 평면을 가공하는 공작기계이다. 선반의 베드, 대형 정반 등의 대형물 가공에 적합하다.
플레이너의 크기는 테이블의 크기(길이×폭), 공구대의 이송거리, 테이블의 윗면에서 공구대사이의 최대 높이로 표시한다.

(1) 플레이너(planer)의 종류

① 쌍주식 플레이너

베드의 양쪽으로 기둥이 있는 형태이다. 절삭한 가공물의 크기에는 다소 제한을 받지만 강력절삭이 가능한 플레이너이다.

② 단주식 플레이너

베드의 한쪽에만 기둥이 있는 형태의 플레이너이다. 베드의 폭보다 더 큰 가공물을 절삭할 수 있다. 하지만 강력절삭을 할 때는 정밀도가 저하될 수 있으므로 유의하여야 한다.

③ 피트 플레이너

보통 플레이너보다 대형의 가공물을 절삭할 때 사용한다. 테이블은 고정되고 절삭공구가 이송하면서 절삭하는 형태의 플레이너이다.

(2) 플레이너(planer)의 구조

① 베드(bed)
② 테이블(table)
③ 직주(housing)
④ 횡주(cross rail)
⑤ 공구대(tool head)

(3) 가공 소요시간

$$T = \frac{2WL}{nfV_o} (\min)$$

여기서 W : 공작물의 폭(mm)
L : 램의 행정(strock)
n : 절삭 행정 시간의 효율
f : 이송량(mm)

6. 슬로터(slotter)

아래 그림에서 보는 것과 같이 직립 세이퍼라고도 하며, 공구는 상하 직선 왕복운동을 한다. 테이블은 수평면에서 직선운동과 회전운동을 하여 키 홈(key way), 스플라인(spline), 세레이션(serration) 등의 내경가공을 주로 하는 공작기계이다.

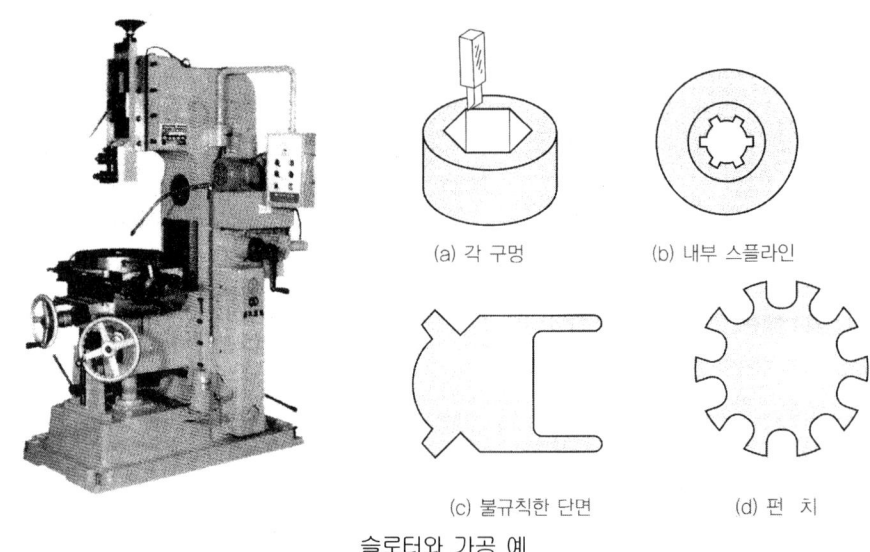

슬로터와 가공 예

7. 밀링머신(milling machine)

밀링 머신은 주축에 고정된 밀링커터(milling cutter)를 회전시키고, 테이블에 고정한 가공물에 절삭 깊이와 이송을 주어 가공물을 필요한 형상으로 절삭하는 공작기계이다. 밀링 머신은 주로 평면을 가공하는 공작기계이며, 홈 가공, 각도 가공, T홈 가공, 더브테일 가공, 총형 가공, 드릴의 홈 가공, 기어의 치형(tooth form)이나, 분할 가공, 키홈 가공, 나사 가공 등의 복잡한 가공을 할 수 있다.

밀링가공의 종류

(1) 밀링 머신의 종류

① 수평 밀링 머신(horizontal milling machine)
② 수직 밀링 머신(vertical milling machine)
  ⓐ 컬럼(column) : 컬럼은 밀링 머신의 몸체이며, 절삭저항에 잘 견디고, 진동이 적고, 충분한 강도를 갖는 구조로 설계되고, 하부(base)는 밀링의 안정성을 유지하기 위하여 충분히 넓은 면적으로 구성되어 있다.
  ⓑ 어댑터와 콜릿(adapter or collect) : 엔드밀(end mill)과 같이 자루의 크기 또는 테이퍼가 주축과 다를 경우 어탭터와 콜릿을 이용하여 고정할 때 사용한다.
③ 만능 밀링 머신(universal milling machine)
  새들 위에 선회대가 있어 수평면 내에서 일정한 각도로 테이블을 회전시켜 각도를 변환 시키는 것과 테이블을 상·하로 경사 시킬수 있는 것이 있다.
④ 생산형 밀링 머신(production milling machine)
  보통 밀링머신에 비해 대량생산을 하기 위한 목적으로, 보통 밀링 머신의 기능을 어느 정도 단순화 시킨 밀링머신이다.
⑤ 플레이너형 밀링 머신(planer type milling machine)
  대형이며 중량의 가공물을 가공하기 위한 밀링머신이다.

※ 특수 밀링 머신
  ・ 공구 밀링 머신(tool milling machine) : 복잡한 형상의 지그(jig), 게이지(gauge), 다이(die) 등을 가공하는 소형 밀링머신이다.
  ・ 나사 밀링 머신(thread milling machine) : 나사 절삭전용 밀링머신이다.
  ・ 모방 밀링 머신(copy milling machine) : 모방 장치를 이용하여 단조, 프레스, 주조형 금형 등의 복잡한 형상을 능률적으로 가공할 수 있다.

(2) 밀링머신의 부속장치

① 밀링바이스(milling vise) : 밀링 테이블면에 T볼트를 이용하여 고정하고, 소형 가공물을 고정하는데 사용한다.
② 분할대(indexing head) : 테이블 위에 설치하여 스핀들에 장치한 척에 일감을 물려 분할할 때 사용한다.
③ 회전 테이블(rotary table) : 가공물에 회전운동이 필요할 때 사용한다.

밀링바이스　　　　　　　　　　분할대　　　　회전 테이블

④ 슬로팅 장치(slotting attachment) : 수평 및 만능 밀링 머신의 기둥면에 설치하여 주축의 회전운동을 공구대의 왕복운동으로 변환시키는 장치이다.
⑤ 수직 축 장치(vertical milling attachment) : 수평 및 만능 밀링 머신에서도 수직 밀링 가공을 할 수 있도록 기둥면에 설치하고, 수평방향의 주축 회전을 기어를 거쳐 수직방향으로 전환시키는 장치이다.
⑥ 래크 절삭장치(rack cutting attachment) : 수평 또는 만능 밀링 m/c의 주축단에 장치하여 기어절삭을 하는 장치이다.

(3) 밀링머신의 공구

① 컬럼(기둥 : column) : 기계를 지지하는 몸체이다.
② 오버암(over arm) : 아버의 휨(굽힘)방지를 한다.
③ 주축(spindle) : 중공원으로 되어 있으며, 앞쪽은 내셔날 테이퍼로 되어있고, 아버에 커터를 끼워서 사용한다.
④ 니(knee) : 상하 이동을 하며 수동 및 자동이송장치가 내장되어 있다.
⑤ 새들(saddle) : 전후 이동을 한다.
⑥ 테이블(table) : 좌우 이동을 하며 테이블 윗면에 T홈이 파져 있으며 직접 또는 바이스에 의해 일감을 고정한다.

(4) 밀링커터의 절삭 방향

① 올려 깎기(상향절삭)
② 내려 깎기(하향절삭)

(5) 밀링작업

① 절삭 속도
$$V = \frac{\pi DN}{1000}$$

② 절삭량
$$Q = \frac{btf}{1000}$$

여기서 b : 절삭폭, t : 절삭깊이, f : 1분간의 피이드

③ 절삭동력
$$H = \frac{PV}{60 \times 75} \text{ (PS)}$$

여기서 P : 주 절삭분력

④ 이송(feed)
ⓐ 1분간의 피이드(mm) : $f = nf_r = f_z Zn$

여기서 n : 밀링 커터의 회전수(rpm), f_r : 매회전당 피이드(mm)
f_z : 1개의 날당 피이드(mm) Z : 커터날수

ⓑ 1개의 날당 피이드(mm) : $f_z = \dfrac{f_r}{Z} = \dfrac{f}{Zn}$

여기서 f : 1분간의 피이드(mm)

8. 연삭기

연삭은 단단하고 미세한 입자를 결합하여 제작한 연삭숫돌(grinding wheel)을 고속으로 회전시켜, 가공물의 원통면이나 평면을 극히 소량씩 가공하는 정밀 가공방법이며 연삭을 하는 기계를 연삭기(grinding machine)라 한다.

(1) 연삭기의 종류

① 원통 연삭기
   ⓐ 외경 연삭기
   ⓑ 내면 연삭기 : 내면 연삭 방식에는 보통형(가공물과 연삭숫돌에 회전 운동을 주어 연삭)과 유성형(가공물은 고정, 연삭숫돌이 회전 및 공전 운동을 동시에 진행하며 연삭)이 있다.

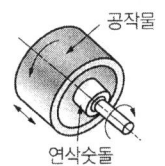

(a) 가공물 회전형　　　　(b) 가공물 고정형

내면 연삭 방식

   ⓒ 센터리스 연삭기
② 평면 연삭기
   ⓐ 수평 축 평면 연삭기　　　ⓑ 직립 축 평면 연삭기
③ 공구 연삭기
   ⓐ 드릴 연삭기　ⓑ 바이트 연삭기　ⓒ 초경공구 연삭기　ⓓ 만능공구 연삭기
④ 특수 연삭기
   ⓐ 나사 연삭기　ⓑ 성형 연삭기　ⓒ 캠 연삭기　ⓓ 기어 연삭기　ⓔ CNC 만능 연삭기

(2) 연삭기의 크기 표시

원통 연삭기의 크기는 테이블 위의 스윙, 양센터간의 최대거리 및 숫돌의 크기(바깥지름 두께)로 표시한다.

(3) 연삭 숫돌의 재료

① Al_2O_3(알루미나질)
   ⓐ A : 연갈색, 일반강재　　　ⓑ WA : 순백색, 합금강, 탄소강

② SiC계(탄화규소질)
　　ⓐ C : 암자색, 주철, 인장강도가 적은 재료　　ⓑ WC : 초록색, 초경, 굳고 여린재료

(4) 입도(grain size)

연삭 입자의 크기를 입도라 하며, 입도는 숫자로 나타낸다. 일반적으로 10~220까지는 체 눈의 번호로 나타내며, 체 눈의 번호를 메시(mesh)라 한다.

연삭조건에 따른 입도의 선정 방법

거친 입도의 연삭숫돌	고운 입도의 연삭숫돌
거친 연삭, 절삭 깊이와 이송량이 클 때 숫돌과 가공물의 접촉 면적이 클 때 연하고 연성이 있는 재료의 연삭	다듬질 연삭, 공구 연삭 숫돌과 가공물의 접촉 면적이 적을 때 경도가 크고 메진 가공물의 연삭

(5) 결합도(경도)

연삭숫돌의 경도는 접착제의 접착력을 의미한다. 즉 연삭 중에 연삭저항에 대하여 입자를 유지하는 힘이 크고 작음을 나타내는 것이다. 경도가 크다는 것은 동일한 연삭조건에서 연삭 중에 입자의 탈락이 적다는 것을 의미한다.

연삭숫돌 결합도에 따른 분류

결합도	E, F, G	H, I, H, K	L, M, N, O	P, Q, R, S	T, U, V, W, X, Y, Z
호칭	극연 (very soft)	연(soft)	중(medium)	경(hard)	극경(very hard)

결합도에 따른 경도의 선정 기준

결합도가 높은 숫돌(단단한 숫돌)	결합도가 낮은 숫돌(연합 숫돌)
연질 가공물의 연삭 숫돌 차의 원주 속도가 느릴 때 연삭 깊이가 작은 때 접촉 면적이 적을 때 가공면의 표면이 거칠 때	경도가 큰 가공물의 연삭 숫돌 차의 원주 속도가 빠를 때 연삭 깊이가 클 때 접촉면이 클 때 가공물의 표면이 치밀할 때

(6) 연삭 숫돌의 조직

연삭숫돌의 단위 체적당 연삭 입자 수, 즉 입자의 조밀 정도를 의미한다.
동일한 결합도의 연삭숫돌이라도 입자의 조밀 정도에 따라 거친 조직, 중간 조직, 치밀한 조직으로 나타낸다. 또한 연삭숫돌 전체 부피와 연삭입자 전체 부피의 비를 입자율이라 한다.

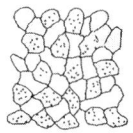 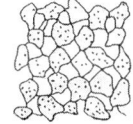 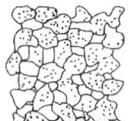

(a) 거친 조직   (b) 중간 조직   (c) 치밀 조직

연삭 숫돌의 조직

(7) 연삭숫돌의 표시법

연삭숫돌을 표시할 때, 연삭숫돌 구성요소에 기호를 부여하여, 일정한 순서로 표시하며 다음과 같은 순서로 한다.
  ① 숫돌 입자의 종류, 입도, 결합도, 조직, 결합제의 순서
  ② 모양 및 치수(외경 × 두께 × 안지름)
  ③ 원주 속도시험, 사용 원주 속도범위
  ④ 제조사명, 제조번호, 제조 연월일

[참고]　WA　　60　　K　　5　　V　　300 × 25 × 100
　　　　 |　　 |　　 |　　|　　 |　　 |　　 |　　 |
　　　　입자　입도　결합도　조직　결합체　외경　두께　구멍지름

(8) 숫돌의 연삭작용

① 눈탈락(날빠짐형) : 연삭 중에 입자의 예리한 날이 마모되면 연삭저항이 증가하여 연삭입자의 탈락이 커진다. 이렇게 되면 연삭 정밀도와 표면 거칠기가 불량하게 되는데 이러한 숫돌의 형태를 날빠짐형이라 한다.
② 무딤(glazing) : 연삭숫돌의 결합도가 필요 이상으로 높으면, 숫돌 입자가 마모되어 예리하지 못할 때 탈락하지 않고 둔화되는 현상을 무딤이라 한다.
③ 트루잉(truing) : 연삭하려는 부품의 형상으로 연삭숫돌을 성형하거나, 성형연삭으로 인하여 숫돌 형상이 변화된 것을 부품의 형상으로 바르게 고치는 가공을 투루잉이라 한다.
④ 눈메움(loading) : 결합도가 높은 숫돌에서 알루미늄이나 구리 같이 연한 금속을 연삭하게 되면 아래 그림과 같이 연삭숫돌 표면에 기공이 메워져서 칩을 처리하지 못하여, 연삭 성능이 떨어지는 현상을 눈 메움이라 한다.

눈메움

⑤ 드레싱(dressing) : 연삭숫돌에 눈 메움이나 무딤 현상이 발생하면 연삭성이 저하된다. 이때 숫돌 표면에 무디어진 입자나 기공을 메우고 있는 칩을 제거하여 본래의 형태로, 숫돌을 수정하는 방법을 드레싱이라 한다. 드레싱 할 때 사용하는 공구를 드레서(dresser)라 한다.

정밀 강철 드레서

(9) 정밀 입자 가공

① 호우닝(honing)

호우닝은 원통 내면의 정밀 다듬질의 일종이고 보링 또는 연삭기 등으로 내면 연삭한 것을 능률이 좋게 진원도, 진직도 및 표면 조도를 향상시키기 위한 것으로 막대모양의 가는 입자의 숫돌을 방사상으로 배치한 혼(hone)으로 다듬는 방법을 말한다. 혼(hone)은 회전 및 직선왕복운동을 한다.

② 슈퍼 피니싱(super finishing)

입도가 작고 연한 숫돌을 작은 압력으로 가공물의 표면에 가압하면서 가공물에 피드를 주고, 또 숫돌을 진동(진폭 : 1.5mm, 진동수 : 500사이클, 진폭 : 5mm, 진동수 : 100정도) 시키면서 가공물을 완성 가공하는 방법으로 변질층 표면깎기, 원통외면, 내면, 평면을 다듬질할 수 있다.

③ 래핑(lapping)

랩이라고 하는 공구와 다듬질할 일감 사이에 랩제를 넣고 일감을 누르며 상대 운동을 시킴으로써 매끈한 다듬질을 얻는 가공방법을 말한다.

9. 기어, 브로우칭 머신, 기계톱

(1) 기어절삭법

① 형판에 의한 법(templet system)

거칠게 가공된 기어소재와 치형이 똑같은 곡면을 가진 형판을 셰이퍼 테이블에 설치한다. 공구대와 이송 나사와의 연결을 끊고 추를 걸어 안내봉을 형판으로 지지하고, 테이블을 오른쪽으로 이송하면 안내봉과 바이트가 평행이동 하여 바이트는 소재에 치형을 절삭한다.

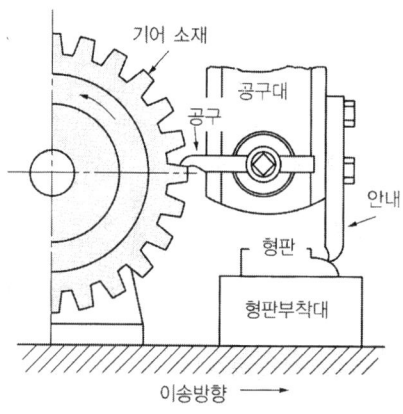

형판에 의한 치형

② 총형 공구에 의한 절삭법(formed tool system)

공구의 모양을 절삭하는 기어의 치형에 맞추어서 기어소재 원판을 같은 간격으로 분할 하면서 한 이씩 가공하여 기어를 제작하는 방법이다.

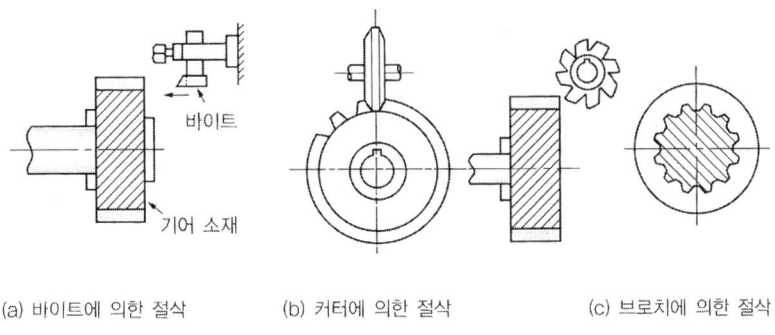

(a) 바이트에 의한 절삭   (b) 커터에 의한 절삭   (c) 브로치에 의한 절삭

총형 공구에 의한 기어 절삭

③ 창성에 의한 절삭법(generated system)

인벌류트 치형을 정확히 가공할 수 있는 방법이다. 구를 정확히 기어모양으로 가공하고 이 것과 맞물려 돌아가는 기어의 소재와 미끄럼 없이 구름 접촉에 의하여 운동을 전달할 때 이론적인 상대운동을 주면서, 공구에 축방향 황복운동을 시켜 래크 커터(rack cutter), 또는 회전 커터인 호브(hob)를 사용하는 방법이다.

10. 특수가공

(1) 방전 가공(electric discharge machining : EDM)

방전 가공은 전극에 의해 가공되는 방전 가공(EDM)과 와이어에 의하여 가공하는 와이어 컷 방전 가공으로 분류한다.

① 방전 가공의 특징 : 방전 가공은 절삭이나 연삭과는 일반적으로 다른 특징은 다음과 같다.
  ⓐ 가공물의 경도와 관계없이 가공이 가능하다.
  ⓑ 무인 가공이 가능하다.
  ⓒ 숙력을 요하지 않는다.
  ⓓ 전극의 형상대로 정밀하게 가공할 수 있다.
  ⓔ 전극 및 가공물에 큰 힘이 가해지지 않는다.
  ⓕ 전극은 구리나 흑연 등의 연한 재료를 사용하므로 가공이 쉽다.
  ⓖ 전극이 필요하다.
  ⓗ 가공 부분에 변질 층이 남는다.

방전 가공의 원리

(2) 화학연마

열에너지를 이용하여 가공물의 전면을 균일하게 용해하여, 두께를 얇게 하거나, 가공 표면의 오목 부분은 가공하지 않고 볼록 부분만을 신속하게 가공하여 평활한 표면으로 가공하는 방법이다. 화학 연마가 가능한 금속은 구리, 황동, 모넬메탈, 니켈, 알루미늄, 아연 등이다.

가공액은 황산, 질산, 인산, 염화 제2철 등을 사용한다.

(3) 전해 연마(electrolytic polishing : electrolytic grinding)

전기도금의 반대현상으로 가공물을 양극(+), 전기저항이 적은 구리, 아연을 음극(-)으로 연결하고, 전해액속에서 $1A/cm^2$ 정도의 전기를 통하면 전기에 의한 화학적인 작용으로 가공물의 표면이 용출되어 필요한 형상으로 가공하는 방법을 전해 연마라 한다. 전해액은 과염소산($HClO_4$), 황산(H_2SO_4), 인산(H_3PO_4), 질산(HNO_3) 등이 쓰인다. 점성을 높이기 위하여 젤라틴, 글리세린 등 유기물을 첨가하는 경우도 있다. 철 금속은 전해 연마가 어렵고, 구리와 구리 합금은 쉽게 가공된다.

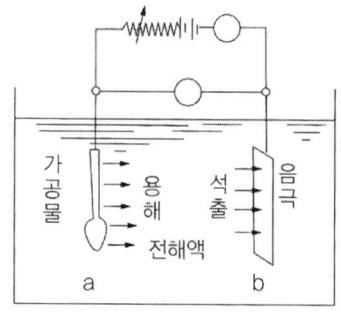

전해 연마의 원리

(4) 초음파 가공

초음파 가공은 초음파(超音波)를 이용한 전기적 에너지(energy)를 기계적인 에너지로 변환시켜, 금속, 비금속 등의 재료에 관계없이 정밀가공을 하는 방법이다.

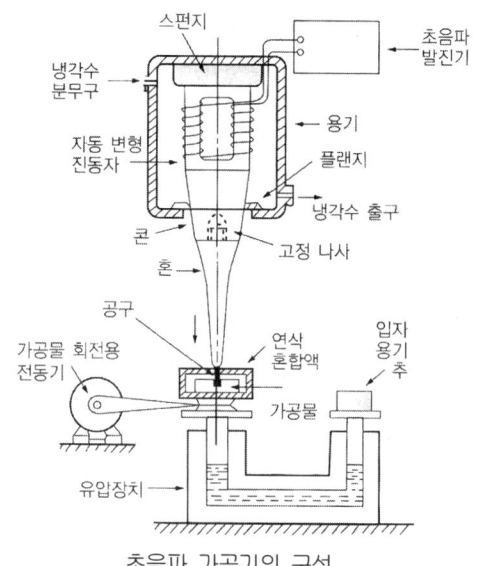

(5) 버니싱(burnishing)

1차로 가공된 가공물의 안지름보다 다소 큰 강철볼(ball)을 압입하여 통과시켜서 가공물의 표면을 소성변형(塑性變形)시켜 가공하는 방법이다.
1차 가공에서 발생한 가공 자국, 긁힘(scratch), 흔적, 패인 곳(pit) 등을 제거하여 표면 거칠기가 우수하고 정밀도가 높으며, 피로한도를 높이고, 기계적 성질의 증가, 부식저항도 증가한다.

초음파 가공기의 구성

(6) 롤러(roller)가공

선반이나 일반 공작기계에서 가공한 표면에는 절삭공구의 이송 자국, 뜯긴 자국 등이 나타나 있게 되는데 이러한 표면을 롤러를 이용하여 매끈하게 가공하는 방법을 롤러 가공이라 한다.

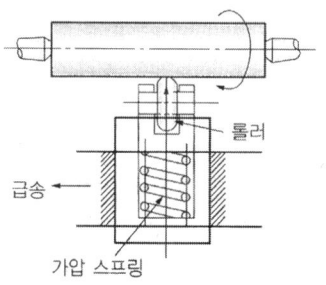

롤러 가공의 원리

(7) 숏 피닝(shot-peening)

샌드 브라스팅(sand blasting)의 모래, 그릿 블라스팅(grit blasting)의 그릿(grit) 대신에 숏(shot)을 압축공기나 원심력을 이용하여 가공물의 표면에 분사시켜, 가공물의 표면을 다듬질하고 동시에 피로강도 및 기계적인 성질을 개선하는 방법을 숏 피닝이라 한다.

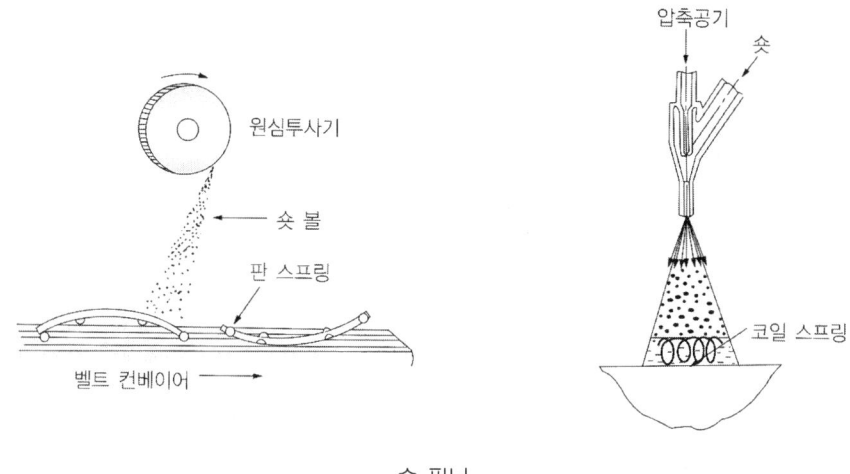

숏 피닝

(8) 배럴(barrel)가공

회전하는 통속에 가공물, 숫돌입자, 가공액, 콤파운드(compound)등을 함께 넣고 회전시켜 서로 부딪치며 가공되어 매끈한 가공면을 얻는 가공법을 배럴가공이라 한다.

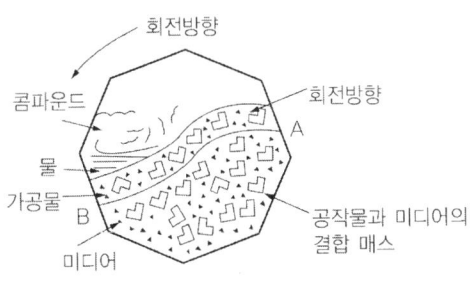

배럴 가공의 원리

출제예상문제

1. 선반으로의 가공이 불가능한 작업은 어느 것인가?

　가. 외경가공　　　나. 기어가공　　　다. 나사가공　　　라. 테이퍼가공

2. 지름이 크고 길이가 짧은 가공물을 깎는데 적합한 선반으로 맞는 것은?

　가. 정면선반　　　나. 탁상선반　　　다. 자동선반　　　라. 터릿선반

3. 세라믹 바이트의 주성분으로 적합한 것은?

　가. Mn　　　나. Cr　　　다. W　　　라. Al_2O_3

4. 터릿선반 및 자동선반에서 많이 사용하는 척은?

　가. 콜릿척　　　나. 단동척　　　다. 벨척　　　라. 마그네틱척

5. 가늘고 긴 공작물을 가공시 사용하는 선반의 부속품은?

　가. 방진구　　　나. 센터　　　다. 면판　　　라. 콜릿척

6. 스크루체이싱 다이얼의 사용 시기로 적합한 것은?

　가. 세이퍼에서 키홈 가공시　　　나. 선반에서 나사 가공시
　다. 보오링 머신에서 구멍 가공시　　　라. 밀링에서 기어 가공시

7. 하아프너트는 무엇에 사용하는가?

　가. 이송봉을 역전 시키는데　　　나. 이송봉을 작동 시키는데
　다. 크로스 슬라이드를 동작 시키는데　　　라. 리이드 스크루를 동작 시키는데

8. 선반에서 테이퍼 절삭 작업 중 맞지 않는 것은?

　가. 단동척에 앞을 깎는 방법　　　나. 심압대의 회전 센터를 편위 시키는 법
　다. 테이퍼 절삭 장치를 사용하는 방법　　　라. 복식 공구대를 경사 시키는 방법

9. 맨드렐을 사용하는 목적으로 맞는 것은?

　가. 구멍으로 인하여 직접 센터를 사용할 수 없으므로
　나. 구멍에 외면이 동심원이 되게 하기 위하여
　다. 척에 물리기가 복잡하므로
　라. 바퀴의 양측면을 동시에 절삭하기 위하여

정답　1. 나　2. 가　3. 라　4. 가　5. 가　6. 나　7. 라　8. 가　9. 나

10. 미터 나사의 리드 스크루로 인치나사를 깎을 때 반드시 필요한 치수의 치차는 어느 것인가?

가. 125　　　　나. 127　　　　다. 130　　　　라. 134

11. 선반에서 테이퍼를 절삭할 때 심압대의 이동량을 X, 테이퍼의 길이 ℓ, 공작물의 길이 L, 테이퍼 양쪽의 지름을 d, D라고 할 때, 심압대의 편위량을 구하는 공식은?

가. $X = \dfrac{(D-d)L}{2\ell}$　　나. $X = \dfrac{D-d}{2L}$　　다. $X = \dfrac{2\ell}{(D-d)L}$　　라. $X = \dfrac{(D-d)\ell}{2L}$

12. 절삭 가공 시 절삭 속도를 구하는 공식으로 맞는 것은?

가. $V = 1000\pi N$　　나. $V = \dfrac{\pi dN}{1000}$　　다. $V = 1000\pi dN$　　라. $V = \dfrac{\pi d}{1000}$

해설 절삭속도 $V = \dfrac{\pi dN}{1000}$

13. 선반작업에서 주분력 200kg, 이송분력 50kg, 배분력 40kg, 절삭속도 100m/min, 선반의 기계효율 90%일 때 선반의 소비동력은 얼마인가?

가. 6.5PS　　　나. 5.5PS　　　다. 4.9PS　　　라. 3.8PS

해설 $NC = \dfrac{P \cdot V}{75 \times 60 \times \eta} = \dfrac{200 \times 100}{75 \times 60 \times 0.9} = 4.9PS$

14. 센터의 선단각으로서 맞지 않는 것은?

가. 45°　　　나. 60°　　　다. 75°　　　라. 90°

15. 고속도 강재 드릴로 연강판에 구멍가공을 할 때 드릴의 선단각은?

가. 98°　　　나. 108°　　　다. 118°　　　라. 128°

16. 드릴머신으로 할 수 없는 작업은?

가. 키이홀　　나. 리이밍 가공　　다. 카운터 보링　　라. 카운터 싱킹

해설 ① 리밍(reaming) : 뚫어져 있는 구멍을 정밀도가 높고, 가공 표면의 표면 거칠기를 좋게 하기 위한 가공이다.
② 카운터 보링(counter boring) : 기계의 부품을 조립할 때, 볼트의 머리 부분이 돌출되면 곤란한 부분이 있다. 이러한 경우에 볼트 또는 너트의 머리 부분이 가공물 안으로 묻히도록 드릴과 동심원의 2단 구멍을 절삭하는 방법을 카운터 보링이라 한다.
③ 카운터 싱킹(counter sinking) : 카운터 보링과 같은 의미로 사용되며, 나사 머리의 모양이 접시모양일 때 테이퍼 원통형으로 절삭하는 가공을 카운터 싱킹이라 한다.

17. 지름10mm 드릴로 연강에 구멍을 뚫을 때 회전수를 200rpm으로 하면 절삭속도는?

가. 0.1m/s　　나. 1.0m/s　　다. 0.2m/s　　라. 0.3m/s

정답 10. 나　11. 가　12. 나　13. 다　14. 가　15. 다　16. 가　17. 가

해설 $V = \dfrac{\pi dn}{1000} = \dfrac{3.14 \times 10 \times 200}{1000} = 6.28 (\text{m/min}) \fallingdotseq 0.1 \text{m/s}$

18. 기계가공에서 박스 지그는 어떤 작업에 사용하는가?
  가. 지그 보오링에서   나. 드릴에서 많은 구멍을 뚫을 때
  다. 선반에서 구멍을 뚫을 때   라. 세이퍼에서 기어를 깎을 때

19. 구멍 내면을 가장 정밀하게 가공할 수 있는 것은?
  가. 호오닝 머신   나. 드릴 머신   다. 보오링 머신   라. 내면 연삭기

20. 다음에서 드릴의 수명식을 적합하게 나타낸 식은? 단, L : 드릴 1개로 가공할 수 있는 길이, S : 이송(mm/rev), n : 회전수(rpm), d : 드릴의 지름, V : 절삭속도(m/min)
  가. $T = \dfrac{L}{ns}$ 나. $T = \dfrac{\pi ds}{nL}$ 다. $T = \dfrac{ns}{L}$ 라. $T = \dfrac{1000Vs}{\pi dt}$

21. 드릴 프레스의 크기를 표시하는 방법으로 맞는 것은?
  가. 기계의 높이   나. 스윙과 스핀들의 지름
  다. 드릴프레스의 중량   라. 전동기의 출력

22. 드릴의 씨닝(thinning)에 대한 설명으로 맞는 것은?
  가. 드릴의 장시간 사용으로 웨이브가 얇아지는 것
  나. 취즐 에지를 짧게 하고 그 근방을 얇게 연삭하는 것
  다. 백테이퍼를 증가시키는 것
  라. 마진의 폭을 좁히는 것

23. 다음에서 정밀 측정 기구가 부착되어 있는 공작 기계는?
  가. 레이디얼 드릴링머신   나. 만능밀링머신
  다. 센터레스 그라이딩머신   라. 지그 보오링머신

24. 드릴에서 지름이 10mm이고 날끝 원추부의 높이가 3mm인 드릴을 사용하여 절삭속도 31.4m/min, 이송 0.2mm/rev의 조건으로 깊이 20mm의 구멍을 뚫을 때 소요되는 시간은?
  가. 0.12분   나. 0.24분   다. 0.36분   라. 0.48분

해설 $T = \dfrac{\pi d(L+h)}{1000Vs} = \dfrac{3.14 \times 10(3+20)}{1000 \times 31.4 \times 0.2} \fallingdotseq 0.12$분

25. 트위스트 드릴에서 드릴을 직선으로 전진시키는 안내 역할을 하는 것은?
  가. 나선홈   나. 마진   다. 백테이퍼   라. 취즐포인트

정답 **18.** 나 **19.** 가 **20.** 가 **21.** 나 **22.** 나 **23.** 라 **24.** 가 **25.** 나

26. 드릴에서 구멍을 똑바로 뚫을 때 사용하는 것은 어느 것인가?

　가. 안내 부쉬　　나. 복스지그　　다. 드릴검사 게이지　　라. 드릴 플레이트

27. 구멍의 키 홈(key way) 가공에 가장 알맞은 공작기계는 어느 것인가?

　가. 선반　　나. 형삭기　　다. 브로우칭 머신　　라. 평삭기

28. 구멍 내면을 가장 정밀하게 가공할 수 있는 것은 어느 것인가?

　가. 호오닝 머신　　나. 드릴 머신　　다. 보오링 머신　　라. 내면 연삭기

29. 황동의 재결정 풀림 온도는?

　가. 700~730℃　　나. 800~830℃　　다. 900~930℃　　라. 1,000~1,030℃

[해설] 황동의 재결정 풀림 온도는 700~730℃ 정도이다.

30. 세이퍼의 램(ram)의 운동방향으로 맞는 것은?

　가. 길이 방향　　　　　　　　나. 상하 및 전후 방향
　다. 길이 및 좌우 방향　　　　라. 전후좌우 및 상향방향

31. 슬로터에서 원주를 분할할 때 부속품으로 사용하는 것은?

　가. 인덱스헤드　　나. 로타리 척　　다. 서어큘러 테이블　　라. 만능척

32. 세이퍼에서 가장 많이 사용하는 고정구는?

　가. 평형대　　나. 누름판　　다. 시임　　라. 바이스

33. 세이퍼나 플레이너에서 클리퍼(clapper) 기구는 어느 부분에 있는가?

　가. 베드　　나. 공구대　　다. 크로스레일　　라. 록커암

34. $5\frac{1}{2}°$를 분할할 때 분할 크랭크의 회전수는?

　가. $\frac{11}{13}$　　나. $\frac{13}{14}$　　다. $\frac{11}{16}$　　라. $\frac{11}{18}$

[해설] $\alpha = \frac{360°}{40} = 9$　　∴ $\frac{5\frac{1}{2}}{9} = \frac{11}{18}$

정답 26. 가　27. 다　28. 가　29. 가　30. 가　31. 다　32. 나　33. 나　34. 라

35. 브로우치(broach)에 관한 설명으로 맞는 것은?
  가. 다수의 날을 가진 봉상의 공구이다.
  나. 단인공구의 일종이다.
  다. 회전공구의 일종이다.
  라. 나선날을 가진 공구이다.

36. 브로우치 작업은 다음에서 어느 경우에 가장 유효하게 이용되는가?
  가. 나선홈을 깎을 때
  나. 복잡한 형상의 구멍을 가공할 때
  다. 대칭형의 윤곽을 가공할 때
  라. 구멍을 확공할 때

37. 단식분할법에서 공작물의 소요분할수와 핸들 회전수와의 사이 관계로서 맞는 것은?
  가. 핸들 회전수=40÷소요회전수
  나. 핸들 회전수=60÷소요회전수
  다. 핸들 회전수=소요회전수÷40
  라. 핸들 회전수=소요회전수÷60

38. 초경공구를 연삭하는 숫돌의 입자는?
  가. 에머리
  나. 석영
  다. sic
  라. Al_2O_3

39. 외형 연삭기의 크기 표시 중 옳은 것은?
  가. 양 센터 최대거리와 스윙
  나. 양 센터 사이의 최대거리
  다. 스윙과 숫돌차의 크기
  라. 숫돌차의 크기

40. 숫돌차의 절삭속도가 가장 느린 연삭기는 어느 것인가?
  가. 외경 연삭기
  나. 내경 연삭기
  다. 평면 연삭기
  라. 센터리스 연삭기

41. 대형 공작물 연삭에 적합한 외경 연삭기는?
  가. 테이블 왕복형 연삭기
  나. 숫돌대 왕복형 연삭기
  다. 만능연삭기
  라. 센트리스 연삭기

42. 밀링머신의 크기를 나타내는 것중 옳지 않은 것은?
  가. 테이블 이동량(좌우×전후×상하)
  나. 테이블 최저위치부터 주축까지의 높이
  다. 호칭번호
  라. 테이블의 작업면(길이×폭)

43. WA 60 K 5 V에서 K는?
  가. 입도
  나. 결합도
  다. 결합제
  라. 입자의 종류

44. 세그멘트 숫돌은 다음의 어느 용도에 적합한가?
  가. 원통연삭용
  나. 중연삭용
  다. 평면연삭용
  라. 기어 연삭용

정답 35. 가 36. 나 37. 가 38. 다 39. 가 40. 나 41. 가 42. 나 43. 나 44. 나

45. 스파이크 아웃(spark out)이란?

가. 트레버스 연삭에서 연삭깊이를 과도하게 주었을 때 스파이크가 나는 현상
나. 플런지 컷 연삭에서 숫돌이 공작물과 처음 접촉할 때 튀는 스파이크 현상
다. 연삭깊이를 주지 않은 채 불꽃이 튀지 않을 때까지 몇 번 길이방향이송을 하는 것
라. 연삭숫돌에 이물질이 포함되었을 때 연삭작업 중 불꽃이 튀는 현상

46. 플런지 컷(plunge cut)연삭법으로 맞는 것은?

가. 수평식 평면연삭에서 숫돌축이 축방향의 이송을 행하는 방식
나. 공작물이 축방향의 이송을 행하는 원통연삭
다. 축방향이 이송을 행하지 않는 원통연삭
라. 숫돌축이 축방향의 이송을 주는 원통연삭

47. 다이어몬드, 루비, 사파이어 등 보석의 가공에 적합한 것은?

가. 방전가공   나. 화학연마   다. 쇼트피닝   라. 전해연마

48. 호빙 머신의 차동장치는 어떠한 경우에 사용 하는가?

가. 베벨기어 가공   나. 헬리컬기어 가공
다. 치형을 정밀하게 완성가공할 때   라. 웜기어 가공

49. 기어 세이퍼는 다음 어느 치형 절삭법을 행하는 공작 기계인가?

가. 호빙법에 의한 방법   나. 형삭법에 의한 방법
다. 형판에 의한 방법   라. 총형 공구에 의한 방법

50. 방전가공에서 가장 기본적인 회로는?

가. RC 회로   나. 트랜지스터 회로
다. 고전압법 회로   라. 임펄스 발전기 회로법

정답 45. 다 46. 다 47. 가 48. 나 49. 나 50. 가

제11편 측정

1. 측정기의 종류

(1) 길이의 측정

① 버니어 캘리퍼스 : 일감의 바깥지름, 안지름, 깊이 등을 측정한다.
② 하이트 게이지 : 높이를 측정한다.
③ 마이크로미터 : 정밀하게 길이를 측정한다.
④ 다이얼게이지 : 기어 장치로 미소한 변위를 확대하여 길이나 변위를 측정한다.
⑤ 블록게이지 : 길이 측정의 표준이 되는 게이지이다.
⑥ 한계게이지 : 구멍 또는 축의 최대 허용 치수의 측정 단면과 최소허용 치수의 측정 단면을 가진 게이지이다.

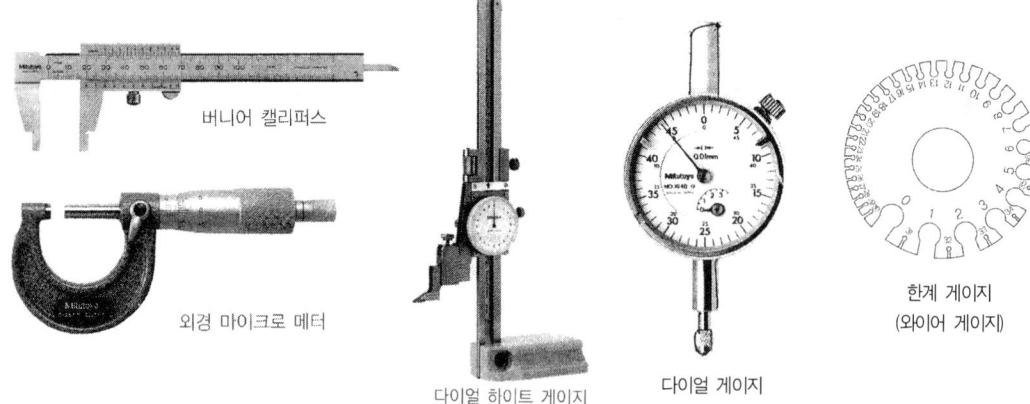

버니어 캘리퍼스
외경 마이크로 메터
다이얼 하이트 게이지
다이얼 게이지
한계 게이지
(와이어 게이지)

(2) 각도 측정

① 각도게이지
② 사인바
③ 테이퍼게이지
④ 만능각도기
⑤ 분할대
⑥ 컴비네이션베벨

(3) 평면측정

① 수준기
② 정반
③ 직각자
④ 서어피스게이지
⑤ 옵티컬플렛

2. 측정의 종류

(1) 직접측정
측정기로부터 직접 측정치를 읽을 수 있는 방법이다.

(2) 간접측정
나사 또는 기어 등과 같이 형태가 복잡한 것에 이용되며, 기하학적으로 측정값을 구하는 방법이다.

출제예상문제

1. 다음에서 비교측정기에 해당하는 것은 어느 것인가?

　가. 잡게이지　　　나. 한계게이지　　　다. 공기마이크로미터　　　라. 버니어 캘리퍼스

　해설 비교 측정이란 표준길이와 비교하여 측정하는 방법이다.
　측정기에는 블록게이지, 다이얼게이지, 핀게이지, 인디게이터, 공기 마이크로미터, 전기 마이크로미터등이 있다.

2. 사인바는 각도를 측정시 몇도를 초과하면 오차가 큰가?

　가. 30°　　　나. 45°　　　다. 60°　　　라. 90°

3. 오우버핀법이란 어느 것의 측정에 관계가 있는가?

　가. 수나사의 골지름　　　나. 기어의 이두께　　　다. 나사의 유효지름　　　다. 기어의 피치

4. 정밀측정을 위한 항온실 온도의 국제 표준은 통상 얼마를 기준으로 하는가?

　가. 14℃　　　나. 16℃　　　다. 18℃　　　라. 20℃

5. 공장에서 검사, 각도측정, 금긋기 작업 등에 많이 사용되는 간단한 각도 측정기는?

　가. 각도기　　　나. 각도게이지　　　다. 사인바　　　라. 광학적 분할대

6. 삼침법은 나사의 무엇을 측정하는가?

　가. 유효지름　　　나. 나사의 리드　　　다. 외경　　　라. 골지름

7. 수준기의 감도에 가장 큰 영향을 미치는 것은 어느 것인가?

　가. 기포관의 크기　　　　　　나. 부기포관의 크기
　다. 주 기포관의 곡률반경　　　라. 주기포관의 크기

정답　1. 다　2. 나　3. 나　4. 라　5. 가　6. 가　7. 다

제12편 유체기계

1. 유체 기계의 정의
물·공기 등의 각종 유체를 취급하는 기계의 총칭

2. 유체 기계의 분류

(1) 수력기계
① 펌프
  ⓐ 원심펌프 : 볼류우트 펌프, 디퓨우저 펌프
  ⓑ 축류펌프 : 프로펠러펌프
  ⓒ 왕복식펌프 : 피스톤펌프, 플런저펌프
  ⓓ 회전펌프 : 기어펌프, 베인펌프
  ⓔ 특수펌프 : 제트펌프, 기포펌프, 마찰펌프
② 수차
  ⓐ 충격수차 : 펠톤수차
  ⓑ 반동수차 : 프란시스수차, 카플란수차, 프로펠러수차

3. 터보형 펌프
깃(vane)을 가진 임펠러(impeller)의 회전에 의해 유입된 액체에 운동 에너지를 부여하고, 다시 와류실(spiral casing)등의 구조에 의해 압력 에너지를 변환 시키는 형식의 펌프로 원심펌프, 사류펌프, 축류펌프가 있다.
  ① 양정 : 펌프의 입구와 출구에서 송출액 1kg당 갖고 있는 에너지차를 수두로 나타낸다.
  ② 유량 : 펌프에서 단위 시간에 이송되는 액체의 체적을 말한다.
  ③ 원심펌프의 분류
    ⓐ 안내깃 유무에 따른 분류
      볼류트펌프(volute pump)
      디퓨저펌프(diffuser pump)
      와류실식펌프
    ⓑ 흡입에 따른 분류

단흡입 펌프
양흡입 펌프
ⓒ 단수에 따른 분류
다단펌프
단단펌프
④ 사류펌프 : 임펠러의 축방향으로 흘러 들어간 물이 축과 경사진 방향으로 입펠러로부터 이탈되도록 유출하는 형의 펌프. 원심펌프와 축류펌프의 중간모양이다.
⑤ 축류펌프 : 동체내에 프로펠러형의 날개 바퀴가 있고, 물이 축방향을 따라 흐르는 펌프. 송풍량이 많고 양정이 낮은 곳(10m이하)에 사용된다.
⑥ 펌프의 특성곡선 : 양정, 동력, 유량, 효율 등의 관계를 선도로 나타낸 것
⑦ 펌프의 케비테이션(cavitation) : 케비테이션이 발생되면 소음과 진동의 발생, 펌프의 성능저하, 깃의 괴식 및 부식이 이루어진다. 방지 대책은 펌프의 회전수를 적게 해야 하며, 양 흡입펌프로 하여야 하고, 펌프 설치위치를 낮추어야 한다. 또한 유효 흡입수두를 크게 하여야 하며, 흡입관 지름을 크게 하고, 밸브 곡관을 적게 하여야 한다.
⑧ 수격현상(water hammer) : 방지 대책은 관내 유속을 낮게 하고, 서지탱크를 설치해야 한다. 또한, 밸브를 송출구 가까이 설치하고 밸브를 적당히 조절해야 한다. 그리고 플라이 휠을 설치하여 관성력을 크게 해 펌프의 속도가 급변하는 것을 방지해야 한다.
⑨ 서어징(suging)현상 : 원인은 배관중에 수조 또는 공기실이 있을 때 그리고 배출량을 조절하는 밸브의 위치가 수조 또는 공기실 뒷부분에 있을 때이다. 또한 펌프의 양정 곡선이 우향상승 구배일 경우이다. 방지대책은 우향상승 특성을 가진 펌프에 바이패스가 되도록 하는 것이며, 운전점이 우향하강 특성 부분에 있도록 해야 한다.

4. 왕복펌프

용적의 변화를 일으켜 흡입밸브, 송출밸브에 의거 펌프 작용을 하는 용적용 펌프의 일종이다. 종류에는 플런저형, 버킷형, 피스톤형이 있다. 이 펌프는 정량성이 높으며, 토출측의 압력변동에 따른 토출량 변동이 적다.

(1) 왕복펌프의 유량 조정방법

① 행정(stroke)을 변형해 조절한다.
② 송출유량의 일부를 바이패스로 역류시킨다.
③ 분당 회전수를 변화시켜 조절한다.

5. 특수펌프

(1) 재생펌프

와류펌프, 마찰펌프, 웨스코펌프가 있다. 특징은 효율이 낮으며, 구조는 간단하여 보수는 쉽다. 고양정에 사용된다.

(2) 분류펌프(jet pump)

분출구에서 압력을 가진 물, 증기 등을 고속분출시켜 주위에 있는 유체를 끌어내 다른곳에 송입하는 펌프. 종류에는 분기펌프, 인젝터, 분사수펌프 등이 있다.

특징은 구조가 간단하고 고장이 없다. 또한 효율은 10~30%정도이다.

이 펌프는 다른 종류의 유체를 혼합하는데도 사용된다.

(3) 기포펌프(air lift pump)

양수 펌프의 하나로 물속에 세워놓은 파이프의 바닥에 공기의 기포를 불어넣어 물을 높은곳으로 끌어 올리는 장치

(4) 수격펌프(hydraulic pump)

작은 낙차로 흐르는 물을 간헐적으로 막아, 그 때 발생하는 수격압력을 이용하여 높은 곳으로 양수하는 펌프.

6. 수차

(1) 충격수차

펠톤수차가 대표적이며 고낙차에 저합하다.

(2) 반동수차

프란시스 수차, 카플란수차, 프로펠러 수차, 사류수차가 대표적이며, 물이 러너를 통과시 그 압력 또는 속도를 감소시키기 위해 수차에 에너지를 주어 이것을 회전 시키는 방식이다.

(3) 중력수차

물레방아가 대표적이다. 효율이 낮고 속도가 늦어 발전기에 적합하지 않다.

출제예상문제

1. 기포 펌프는 어느 형식의 펌프인가?

　가. 원심펌프　　나. 마찰펌프　　다. 특수펌프　　라. 사류펌프

　해설 특수형 펌프에는 분사펌프, 기포펌프, 수격펌프, 재생펌프가 있다.

2. 다음에서 회전 펌프에 해당 되지 않는 것은?

　가. 기어펌프　　나. 베인펌프　　다. 나사펌프　　라. 기포펌프

　해설 회전펌프에는 기어펌프, 베인펌프, 나사펌프가 있다.

3. 케비테이션(cavitation)의 피해와 가장 관계가 없는 것은?

　가. 부식의 발생　　　　　　나. 펌프효율의 저하
　다. 양정의 상승　　　　　　라. 소음 및 진동의 발생

　해설 케비테이션에 의거 깃의 괴식 및 부식, 펌프의 성능 저하, 소음과 진동의 발생이 일어난다.

4. 원심펌프에서 공동 현상 발생의 가장 큰 원인은?

　가. 깃이면의 압력강하　　　나. 송출관에서의 기포발생
　다. 송출액면의 압력강하　　라. 깃 표면의 압력강하

5. 터보기계에 해당되지 않는 것은 어느 것인가?

　가. 혼류형　　나. 축류형　　다. 반경류형　　라. 왕복동형

　해설 터보란 회전하는 날개의 동적인 작용에 의해 유체에 에너지를 공급 하거나 유체의 에너지를 추출하는 기계를 말하는데 왕복동형은 맞지 않다.

6. 원심 펌프에서 케비테이션의 방지 대책 맞지 않는 것은?

　가. 흡입관 도중에 밸브, 곡관 등을 적게 한다.　나. 단흡입인 경우 양흡입으로 한다.
　다. 펌프의 설치 위치를 낮춘다.　　　　　　　라. 펌프의 회전수를 증가시킨다.

　해설 펌프의 회전수는 적어야 한다.

7. 펌프의 성능곡선에서 체절양정 이란?

　가. 유량이 이론치일 때의 양정　　나. 유량이 최대일 때의 양정
　다. 유량이 평균치일 때의 양정　　라. 유량이 0일 때의 양정

정답　**1.** 다　**2.** 라　**3.** 다　**4.** 가　**5.** 라　**6.** 라　**7.** 라

8. 유량이 변함에 따라 양정의 변화가 가장 적은 펌프는 어느 것인가?

가. 사류 펌프   나. 터빈 펌프   다. 축류펌프   라. 볼류트 펌프

9. 다음에서 펌프 운전 중 수격작용을 방지 하려 하는데, 맞지 않는 것은?

가. 서지탱크(조압수조)를 관로에 설치한다.
나. 펌프흡입측에 후트밸트(foot valve)를 설치한다.
다. 회전체의 관성모멘트를 크게 한다.
라. 관로에서 일부 고압수를 방출한다.

10. 양정 20m, 송출량 2m³/min일 때 축동력 10PS를 필요로 하는 원심펌프의 효율을 구하면?

가. 0.64%   나. 0.76%   다. 0.89%   라. 0.94%

해설 $\eta = \dfrac{L_W}{L_S} = \dfrac{KQH}{75 \times L_S} = \dfrac{1000 \times (\frac{2}{60}) \times 20}{75 \times 10} = 0.89$

11. 다음에서 원심펌프의 장점으로 맞지 않는 것은?

가. 밸브가 많다.   나. 상대적 마찰부분 적다.
다. 유량 및 양정에 대한 적용범위가 넓다.   라. 원리가 간단하다.

해설 원심 펌프는 날개를 고속으로 회전시켜 얻은 원심력에 의거 물을 끌어 들이도록 하는 펌프이다. 이 펌프는 날개차와 원형 케이싱으로 되어있다.

12. 낮은, 수위에서 액체를 퍼 올릴 때 저변(foot valve)을 설치하는데 그 이유로 맞는 것은?

가. 고형물의 유입을 막기 위하여
나. 공동현상을 막기 위하여
다. 운전이 정지할 때 펌프에 물이 비는 것을 방지하려고
라. 서징을 막기 위하여

13. 원심펌프 운전시 주의 사항으로 맞지 않는 것은?

가. 시동시에는 케이싱내 물을 채운다.
나. 흡입관 및 축봉장치에서 공기의 침입이 있으면 안 된다.
다. 시동시에는 송출 밸브를 닫는다.
라. 흡입구의 위치는 수면에서 15cm이상 넣어서는 안 된다.

해설 흡입구는 관지름의 1.5배 정도 넣어야 된다.

14. 다음에서 랜턴링(lanternring)과 관계가 있는 것은?

정답 8. 나 9. 라 10. 다 11. 가 12. 다 13. 라

가. 윤활　　　　　나. 패킹박스의 냉각　　　다. 미캐니컬시일　　　라. water sealing

해설 랜턴링 : 펌프의 그랜드 패킹 중간에 끼우는 둥근 고리에 구멍이 뚫린 모양의 것으로서, 압력수(壓力水) 연결관으로부터 압력수를 빨아들여 축(軸) 주위 전체로부터 물을 뿜어 미끄럼면을 축축하게 적시어줌으로써 고체 접촉을 방지하고 아울러 냉각작용도 한다.

15. 축류펌프 회전차의 날개 깃은 보통 몇 개인가?

　　가. 2~6매　　　　나. 6~9매　　　　다. 10~13매　　　　라. 14~18매

16. 축류펌프에 대한 설명으로 맞지 않는 것은?

　　가. 체절상태의 운전이 용이하다.　　　　나. 유량이 큰 곳에 사용된다.
　　다. 농공용의 양수, 배수펌프에 사용된다.　　라. 양정이 낮은 경우에 사용된다.

해설 축류펌프는 체결상태의 운전이 용이하지 않다.

17. 화학공장에서 진공펌프로 이용되는 펌프는 어느 것인가?

　　가. 젯트펌프　　　나. 재생펌프　　　다. 수격펌프　　　라. 기포펌프

18. 왕복 펌프의 특징으로 맞지 않는 것은?

　　가. 체절운전을 할 수 없다.　　　　나. 송출유량 변동이 커 공기실을 설치한다.
　　다. 소유량, 고양정에 사용한다.　　　라. 물맞이가 필요하다.

해설 왕복펌프는 물맞이가 필요 없다.

정답 14. 라　15. 가　16. 가　17. 가　18. 라

제13편 유압기기

1. 유압펌프

(1) 유압펌프의 분류

① 기어펌프 : 2개의 기어를 맞물리게 하여 기어의 이와 이의 공간에 갇힌 유체를 기어의 회전에 의하여 케이싱 내면을 따라 보내게 되어 있는 펌프로, 점도가 높은 균질의 액체를 수송하는 데 적합하기 때문에 기름 펌프로서 가장 널리 사용되고 있다. 배출되는 유량은 기어의 회전수에 비례한다.

② 베인펌프 : 케이싱에 접하여 날개를 회전시켜 날개 사이로 흡입한 액체를 흡입측에서 토출측으로 밀어내는 형식의 펌프

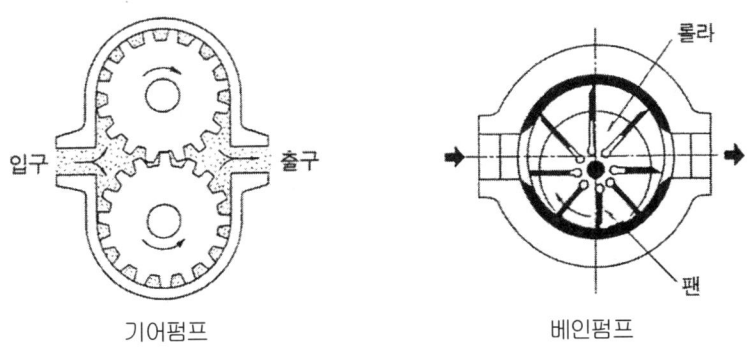

기어펌프   베인펌프

③ 플런저펌프 : 플런저가 실린더 속을 왕복운동 하면서, 실린더 속의 액을 배제한 양만큼 송액하는 왕복 펌프의 일종.

④ 나사펌프 : 회전축 주위에 나사홈을 깎고 이것에 끼워지는 원통내에서 축을 돌리는 펌프.

(2) 액츄에이터(actuator)

① 유압 실린더
② 유압 모터
  · 기어모터
  · 베인모터
  · 로터리 플런저 모터

(3) 유압제어 밸브

① 유량제어밸브
- 유량조정밸브
- 스로틀밸브

② 방향조정밸브
- 체크밸브
- 감속밸브
- 강압밸브
- 절환밸브
- 셔틀밸브

③ 압력제어밸브
- 시퀀스밸브
- 카운터 밸런스밸브
- 강압밸브
- 언로딩밸브
- 릴리프밸브

출제예상문제

1. 유압기기에서 액츄에이터의 동작 속도를 제어 하려면 어느 밸브로 해야 하는가?

　가. 유량제어 밸브　　　나. 방향제어 밸브　　　다. 압력제어 밸브　　　라. 속도제어 밸브

2. 유압기기에서 액츄에이터의 방향을 바꾸려면 어느 밸브를 동작시켜야 하는가?

　가. 압력제어 밸브　　　나. 방향제어 밸브　　　다. 유량제어 밸브　　　라. 지시제어 밸브

3. 유압 펌프의 크기를 표시하는 방법은?

　가. 토출압, 토출량, 전동기 출력　　　　　　　나. 토출량, 중량, 전동기 출력
　다. 토출압, 토출량, 토출 속도　　　　　　　　라. 중량, 진동량, 토출량

4. 캐비테이션이 일어나면 유압유는 어떤 상태로 되는가?

　가. 과냉 상태　　　나. 표준 상태　　　다. 과열 상태　　　라. 과포화 상태

　해설 캐비테이션 : 유동하고 있는 액체의 압력이 국부적으로 저하되어 포화 증기압 또는 공기 분리압에 달하여 증기를 발생시키거나 또는 용해 공기 등이 분리되어 기포를 일으키는 현상으로, 이것들이 흐르면서 터지게 되면 국부적으로 초고압이 생겨 소음 등을 발생시키는 경우가 많다.

5. 윤활유와 같은 점성 액체에 사용되는 펌프는?

　가. 베인펌프　　　나. 기어펌프　　　다. 사판식펌프　　　라. 플런저펌프

정답　1. 가　2. 가　3. 가　4. 라　5. 나

제14편 공압기기

1. 공기기계

(1) 에너지 이동 방향에 따른 분류

① 압축기
② 송풍기
③ 공기터빈

(2) 압력 정도에 따른 분류

① 저압 공작기계
② 고압 공작기계

(3) 구조 및 작용방법에 따른 분류

① 터보형
  · 축류식
  · 원심식
② 용적형
  · 나사 압축기
  · 왕복식 압축기
  · 루츠 송풍기

(4) 송풍기와 압축기의 구분

① 송풍기 : 팬은 압력상승이 $0 \sim 0.1 (kg/cm^2)$ 이하
② 압축기(compressor) : 압력상승이 $1 (kg/cm^2)$ 이상

출제예상문제

1. 압축기는 송출압력이 어느 정도 되는가?

　가. 1kg/cm² 이상　　나. 3kg/cm² 이상　　다. 5kg/cm² 이상　　라. 7kg/cm² 이상

2. 송풍기에서 송출압력과 송출유량의 주기적인 변동이 일어나서 숨을 쉬는 상태로 나타나는 현상을 무엇이라고 하는가?

　가. 서징현상　　나. 수격작용　　다. 캐비테이션　　라. 양력

3. 용기내의 압력을 낮은 상태로 유지하기 위하여 용기내의 기체를 대기중으로 배출시키는 펌프는?

　가. 진공펌프　　나. 체적펌프　　다. 원심펌프　　라. 배풍기

4. 풍량 변화에 대한 축동력의 변화가 가장 큰 팬(pan)은?

　가. 레디얼팬　　나. 다익팬　　다. 에어포일팬　　라. 터보팬

　해설 다익팬 > 레디얼팬 > 터보팬 > 에어포일팬

5. 원심 송풍기의 성능에 영향을 미치는 요소로 맞지 않는 것은?

　가. 전경사 깃이 회전차 출구에서 유속이 가장 크다.
　나. 깃의 설치각을 크게 하면 풍량이 크게 된다.
　다. 깃수가 증가하면 효율, 풍압, 풍량이 계속 증가한다.
　라. 효율은 깃의 설치각이 작을수록 높다.

　해설 깃수가 어느 이상 되면 상승하지 않는다.

정답 1. 가　2. 가　3. 가　4. 나　5. 다

제15편 재료역학

1. 하중

(1) 정하중
시간에 따라 변화하지 않고, 하중의 크기 및 방향이 일정한 하중

(2) 동하중
① 교번하중 : 하중의 크기와 방향이 시간에 따라 변화하는 하중
② 반복하중 : 같은 방향으로 반복해 작용하는 하중
③ 충격하중 : 순간적으로 격하게 작용하는 하중

(3) 하중을 거는 방법에 따른 분류
① 인장하중(tensile load) : 재료의 축 방향으로 늘어나게 하려는 하중
② 압축하중(compressive load) : 재료를 짓누르는 하중
③ 전단하중(shearing load) : 재료를 종방향으로 절단되도록 가위로 자르려는 것 같이 작용하는 하중
④ 휨하중(bending load) : 재료를 구부려 꺾으려는 하중
⑤ 비틀림하중(torsional load) : 재료를 비틀어 꺾으려는 하중

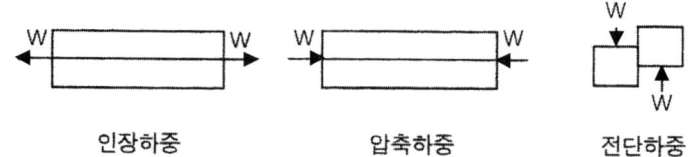

인장하중   압축하중   전단하중

2. 응력

(1) 수직응력
$$수직응력(\sigma) = (\frac{W}{A} kg/mm^2) \quad W : 하중(kg), \quad A : 단면적(mm^2)$$

(2) 전단응력
$$전단응력(\tau) = (\frac{W_s}{A} kg/mm^2) \quad W : 하중(kg), \quad A : 단면적(mm^2)$$

3. 변형률과 포아송비

(1) 변형률

① 가로변형율(ϵ)

$$\epsilon = \frac{d}{\delta} \qquad d : 처음의\ 가로방향의\ 길이, \quad \delta : 가로\ 방향의\ 늘어난\ 길이$$

② 세로변형율(ϵ')

$$\epsilon' = \frac{\lambda}{l} \qquad l : 원래의\ 길이, \quad \lambda : 변형된\ 길이$$

③ 체적 변형율(ϵ_v)

$$\epsilon_v = \frac{\Delta V}{V} \qquad \Delta V : 변형된\ 체적, \quad V : 원래의\ 체적$$

④ 전단 변형률(r)

$$r = \frac{\lambda_s}{l} = \tan\phi \fallingdotseq \phi \quad l : 원래의\ 가로방향의\ 길이 \quad \lambda_s : 늘어난\ 길이 \quad \phi : 전단각$$

⑤ 포아송의 비(poisson's ration)

재료는 탄성 한도이내에서 가로 변형률과 세로 변형률의 비가 항상 일정한 값을 갖는데, 이 비를 포아송의 비라고 하며, $\frac{1}{m}$로 나타낸다.

$$\frac{1}{m} = \frac{가로\ 변형률}{세로\ 변형률} = \frac{\epsilon'}{\epsilon}$$

4. 후크의 법칙과 탄성계수

(1) 탄성계수

탄성이란 변형된 물체가 외력을 없애면 본래의 형태로 원위치되는 성질을 말한다.

※ 후크(hook)의 법칙

"비례한도 이내에서 응력과 변형률은 비례한다."는 법칙이다.

$$\frac{응력}{변형률} = 비례상수 = 탄성계수$$

＊ 탄성지수 : 재료에 따라 일정한 값을 가진다.

5. 열응력

$$\sigma = E\epsilon = E a(t_2 - t_1)$$

t_2 : 가열후 온도, t_1 : 가열전 온도, σ : 열응력, α : 재료의 선팽창계수

출제예상문제

1. 지름 5cm인 단면에 3,500kg의 힘이 작용할 때, 발생하는 응력을 구하라.

　가. 168kg/cm² 　　　나. 178kg/cm² 　　　다. 186kg/cm² 　　　라. 196kg/cm²

해설 $\sigma = \dfrac{W}{A} = \dfrac{W}{\dfrac{\pi d^2}{4}} = \dfrac{3500}{\dfrac{3.14}{4} \times 5^2} = 178.25 \text{kg/cm}^2$

2. 전단탄성계수 $G = 0.84 \times 10^6 \text{kg/cm}^2$의 연강판에, 700kg/cm²의 전단응력이 발생하였다면 이때 전단변형율을 구하라.

　가. 0.000724 　　　나. 0.000833 　　　다. 0.000912 　　　라. 0.000987

해설 $r = \dfrac{\lambda_S}{G} = \dfrac{700}{0.84 \times 10^6} = 0.000833$

3. 500kg의 응력이 작용하고 있는 재료의 변형률이 0.2이다. 탄성 계수값은?

　가. 2000kg/cm² 　　　나. 2500kg/cm² 　　　다. 3000kg/cm² 　　　라. 3500kg/cm²

해설 $E = \dfrac{\sigma}{\epsilon} = \dfrac{500}{0.2} = 2500 (\text{kg/cm}^2)$

4. 지름이 20mm 길이가 40mm인 둥근 막대가 인장력에 의해 지름은 0.05mm 수축되고 길이는 3mm늘어났다. 푸아송의 비는?

　가. 0.333 　　　나. 0.462 　　　다. 0.536 　　　라. 0.687

해설 $\dfrac{1}{m} = \dfrac{\epsilon'}{\epsilon} = \dfrac{\dfrac{\delta}{D}}{\dfrac{\lambda}{l}} = \dfrac{l \cdot \delta}{D \cdot \lambda} = \dfrac{400 \times 0.05}{20 \times 3} = 0.333$

5. 길이 4m, 지름이 15mm인 환봉을 2mm늘어나게 할 때 필요한 인장력은?(탄성계수는 $2.1 \times 10^5 \text{kg/cm}^2$)

　가. 178.72kg 　　　나. 185.85kg 　　　다. 190.27kg 　　　라. 197.36kg

해설 $A = \dfrac{\pi}{4} d^2 = \dfrac{\pi}{4} \times 1.5^2 ≒ 1.77$

$E = \dfrac{W}{A\lambda}$ 에서 $W = \dfrac{A \cdot \lambda \cdot E}{l} = \dfrac{1.77 \times 0.2 \times 2.1 \times 10^5}{400} = 185.85 \text{kg}$

정답 1. 나　2. 나　3. 나　4. 가　5. 나

6. 연강의 인장강도가 4,500일 때 이것을 안전율 5로 사용하면 허용응력은 얼마인가?

  가. 900kg/cm²   나. 1100kg/cm²   다. 1300kg/cm²   라. 1500kg/cm²

  해설 안전율$(s) = \dfrac{극한강도(\sigma_u)}{허용응력(\sigma_a)}$에서 $\sigma_a = \dfrac{\sigma_u}{s} = \dfrac{4500}{5} = 900 \text{kg/cm}^2$

7. 수직하중(P), 길이(L), 단면적(A), 종탄성계수(E)라고 할 때, 변형량(λ)를 구하는 식으로 맞는 것은?

  가. $\lambda = \dfrac{AE}{P\ell}$ 나. $\lambda = \dfrac{P\ell}{AE}$ 다. $\lambda = \dfrac{A\ell}{PE}$ 라. $\lambda = \dfrac{E\ell}{AP}$

8. 안전율에 대한 설명으로 적합한 것은?

  가. 기준강도를 항복점으로 하여 허용응력으로 나눈 값이다.
  나. 재료의 탄성한도를 기준강도로 하여 사용응력과 비교한 값이다.
  다. 재료의 탄성한도와 허용응력으로 나눈 값이다.
  라. 극한강도를 허용응력으로 나눈 값이다.

9. 영계수에 대한 설명으로 맞는 것은?

  가. 변형율을 전단응력으로 나눈 값
  나. 수직응력을 변형율로 나눈 값이다.
  다. 변형율을 수직응력으로 나눈 값
  라. 전단응력을 전단변형율로 나눈 값

10. 포와송비를 적합하게 설명한 것은?

  가. 가로 변형율을 세로 변형율로 나눈 값이다.
  나. 포와송수에다 가로 변형율을 곱한 값이다.
  다. 세로 변형율과 가로 변형율을 곱한 값이다.
  라. 세로 변형율을 가로 변형율로 나눈 값이다.

정답 6. 가 7. 나 8. 라 9. 나 10. 가

제16편 보속의 굽힘과 응력

1. 보의 종류

(1) 정정보
① 외팔보 : 한끝은 고정되고 다른 끝이 자유인 보
② 단순보 : 양단지지보라고도 하며, 보의 양 끝을 받치고 있는 보
③ 내다지보 : 받침점의 바깥쪽에 하중이 걸리는 보

외팔보
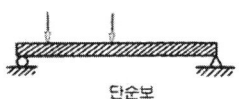
단순보
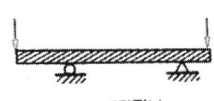
내다지보

(2) 부정정보
① 고정보 : 양 끝이 모두 고정되어 있는 보
② 연속보 : 3개 이상의 받침점을 가진 보
③ 고정지지보 : 한 끝을 고정하고 다른 한 끝을 받치고 있는 보

고정보
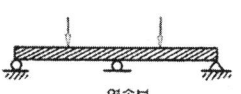
연속보

고정지지보

2. 굽힘 응력

① 단면 X에서 굽힘모멘트 M에 의한 보의 축선의 곡률반경 : $\dfrac{1}{K} = \dfrac{M}{EI}$

② 굽힘응력과 보의 축선의 곡률반경과의 관계 : $\sigma = E \cdot \epsilon = \dfrac{V}{K} E$

③ 굽힘모멘트와 굽힘응력 : $M = \sigma \cdot Z = \sigma \cdot \dfrac{1}{Y}$

3. 처짐

(1) 최대 처짐각 :
$\alpha_m = a \cdot \dfrac{W\ell^2}{EI}$

(2) 최대 처짐 :
$L_m = b \cdot \dfrac{W\ell^3}{EI}$

출제예상문제

1. I_p를 극단면 2차 모멘트, G를 가로 탄성계수, l을 축의 길이, T를 비틀림 모멘트라고 할 때, 비틀림각 θ를 구하는 식은?

가. $\theta = \dfrac{Gl}{TI_p}$　　나. $\theta = \dfrac{I_p l}{TG}$　　다. $\theta = \dfrac{GI_p}{Tl}$　　라. $\theta = \dfrac{Tl}{GI_p}$

2. 휨 모멘트 M, 비틀림 모멘트 T로 나타낼 때, 상당 휨 모멘트 M_e는 어떻게 나타내는가?

가. $M_e = \dfrac{1}{2}(M + \sqrt{M^2 + T^2})$　　나. $M_e = \sqrt{M^2 + T^2}$

다. $M_e = \dfrac{1}{2}(M + \sqrt{M + T})$　　라. $M_e = \sqrt{M + T}$

3. 정정보에 속하지 않는 보는?

가. 내다지보　　나. 외팔보　　다. 연속보　　라. 단순보

해설 정정보에는 내다지보, 외팔보, 단순보가 있다.

4. 다음 그림과 같은 하중을 받을 때 보의 양 지점에 있어서의 R_a, R_b는?

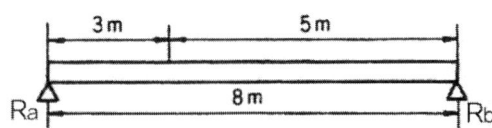

가. $R_a = 12,000$kg,　$R_b = 1,200$kg　　나. $R_a = 900$kg,　$R_b = 1,500$kg
다. $R_a = 1,400$kg,　$R_b = 1,000$kg　　라. $R_a = 1,500$kg,　$R_b = 900$kg

해설 $R_a = 2,400 \times \dfrac{5}{8} = 1,500$kg

$R_b = 2,400 \times \dfrac{3}{8} = 900$kg

5. 길이 ℓ인 회전축인 비틀림 모멘트를 받을 때 비틀림 각도로 맞는 것은?

가. $\dfrac{57.3 T\ell}{GI_p}$　　나. $\dfrac{584 T\ell}{GI_p}$　　다. $\dfrac{32 T\ell}{GI_p}$　　라. $\dfrac{T\ell}{GI_p}$

정답 1. 라　2. 가　3. 다　4. 라　5. 가

6. 곡률반경(ρ)에 대한 설명으로 적합한 것은?

　가. 하중에 비례한다.
　나. 굽힘모우먼트가 클수록 곡률반경이 작게 된다.
　다. 휘어진 보의 각부는 곡률반경이 모두 같다.
　라. 탄성계수에 반비례한다.

7. 보의 최대처짐에 대한 설명으로 맞지 않는 것은?

　가. 하중에 정비례한다.　　　　나. 길이의 제곱에 정비례한다.
　다. 탄성계수에 반비례한다.　　라. 단면2차 모멘트에 반비례한다.

　해설　$\dfrac{1}{\rho} = \dfrac{M}{EI}$ 에서 $\rho = \dfrac{EI}{M}$

8. 단면의 크기가 일정한 보의 설명 중 맞지 않는 것은?

　가. 모멘트가 0이면 곡률반경은 무한대이다.
　나. 모멘트와 곡률반경은 정비례한다.
　다. 모멘트가 클수록 곡률도 커진다.
　라. 모멘트가 작을수록 곡률반경이 커진다.

　해설　$\dfrac{1}{\rho} = \dfrac{M}{EI}$

정답　**6.** 나　**7.** 나　**8.** 나

Part 04 전기제어공학

제1편 직류회로
제2편 정전용량과 자기회로
제3편 교류회로
제4편 전기기기

제1편 직류회로

제1장 전압과 전류

1. 전압(electric voltage)

① 전기적인 압력(높이)의 차를 말한다. 단위는 Volt(V)를 사용한다.
어떤 도체에 $Q(C)$의 전기량이 이동하여 $W(J)$의 일을 했을 때, 전위차 $V(V)$는

$$V = \frac{W}{Q} (V)$$

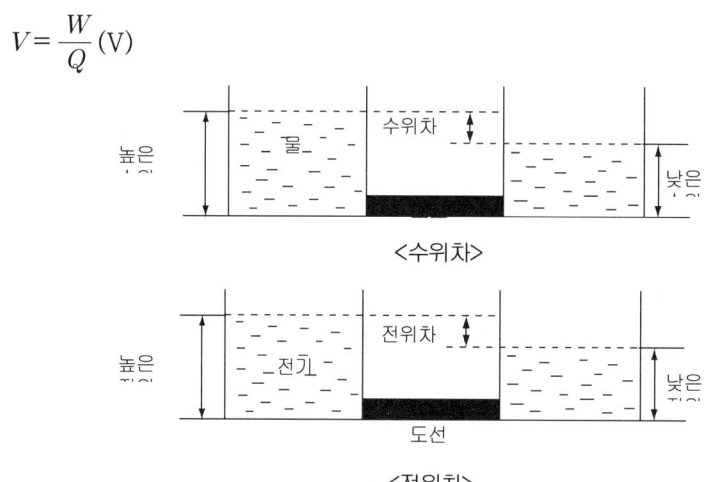

<수위차>

<전위차>

2. 전류(electric current)

① 전자의 흐름 또는 이동을 말한다.
② 단위는 암페어(Ampere[A])를 사용한다.

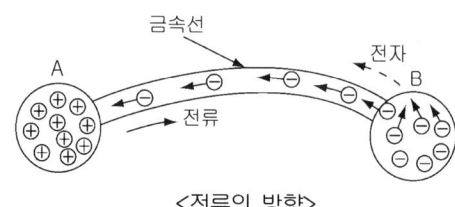

<전류의 방향>

어떤 도체를 $t(\sec)$ 동안에 $Q(C)$의 전기량이 이동하면 이때 흐르는 전류는

$$I = \frac{Q}{t} (A)$$

- 직류(Direct Current : DC)
    시간에 따라 세기와 방향이 일정한 전류

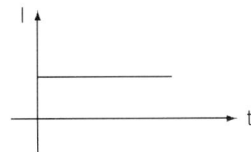

- 교류(Alternating Current : AC)
    시간에 따라 세기와 방향이 주기적으로 변화하는 전류

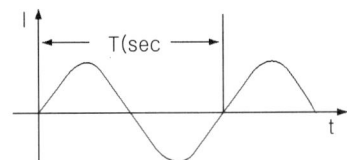

제2장 전기 저항

전류의 흐름을 방해하는 정도를 나타내는 상수를 말한다. 단위는 오옴(Ω)을 사용한다.

1. 오옴의 법칙(ohm's law)

도체에 흐르는 전류 $I(A)$는 전압 $V(V)$에 비례하고 저항 $R(\Omega)$에 반비례한다.

$$I = \frac{V}{R} (A), \quad V = IR(V), \quad R = \frac{V}{I} (\Omega)$$

2. 저항의 접속법

① 직렬 접속

$R_1, R_2, R_3, \ldots\ldots R_n$의 n개의 저항을 직렬로 접속했을 때 합성 저항 R은

$$R = R_1 + R_2 + R_3 + \ldots\ldots + R_n (\Omega)$$

② 병렬 접속

$$I = I_1 + I_2 = \frac{V}{R_1} + \frac{V}{R_2} = V(\frac{1}{R_1} + \frac{1}{R_2})(A)$$

합성저항을 R_o라 하면

$$R_o = \frac{V}{I} = \frac{V}{V(\frac{1}{R_1}+\frac{1}{R_2})} = \frac{1}{(\frac{1}{R_1}+\frac{1}{R_2})} = \frac{R_1 \cdot R_2}{R_1 + R_2} \, (\Omega)$$

※ 3개가 병렬일 때의 합성저항 R_o는

$$R_o = \frac{1}{\frac{1}{R_1}+\frac{1}{R_2}+\frac{1}{R_3}} = \frac{R_1 \cdot R_2 \cdot R_3}{R_1 R_2 + R_2 R_3 + R_3 R_1} \, (\Omega)$$

$$\therefore R_o = \frac{1}{\frac{1}{R_1}+\frac{1}{R_2}+\frac{1}{R_3}+ \cdots +\frac{1}{R_n}} \, (\Omega)$$

3. 저항의 온도계수

저항의 온도가 1℃ 올라갈 때 원래의 저항값에 대한 저항의 증가 비율을 저항의 온도계수라 한다.

① 0℃에서 표준연동의 저항온도 계수 α_0는 $\alpha_0 = \dfrac{1}{234.5}$

그러므로 t℃일 때 $\alpha_t = \dfrac{1}{234.5+t}$

② 온도변화에 의한 전기저항의 변화

$$R_T = R_t\{1+\alpha_t(T-t)\} \, (\Omega)$$

여기서, T : 상승 후의 온도(℃) t : 상승 전의 온도(℃) α_t : t(℃)에서의 온도계수
R_t : t(℃)에서의 도체의 저항 R_T : T(℃)에서의 도체의 저항

4. 고유저항(specific resistance)

전류의 흐름을 방해하는 물질의 고유한 성질을 말한다. 단위 $(\Omega \cdot m)$, $(\Omega \cdot cm)$, $(\Omega \cdot mm^2/m)$

$$R = \rho\frac{\ell}{A} \, (\Omega) \text{에서} \; \rho = \frac{R(\Omega) \cdot A(m^2)}{\ell(m)} = \frac{RA}{\ell} \, (\Omega \cdot m)$$

단, R : 저항$[\Omega]$, ρ : 고유저항$(\Omega \cdot m)$
A : 도체의 단면적(m^2) l : 도체의 길이(m)

※ 콘덕턴스(Conductance)

전류가 흐르기 쉬운 정도를 나타내는 상수를 말한다. 단위는 모오(mho [℧])를 사용한다.

$$G = \frac{1}{R} \, (\text{℧})$$

제3장 전력과 열량

1. 전력

전기가 단위시간인 1sec 동안에 하는 일의 양을 전력이라 한다.
전기가 $t(\sec)$ 동안에 $W(J)$의 일을 했다고 하면 전력 P는

$$P = \frac{W}{t} = \frac{VIt}{t} = VI(W)$$

$$P = VI = (IR)I = I^2R(W)$$

$$P = VI = V(\frac{V}{R}) = \frac{V^2}{R}(W)$$

2. 전력량

일정한 시간 동안 전기가 하는 일의 양을 말한다. 단위는 (J) 또는 (W·sec)로 표시하나 실용적으로는 (Wh), (kWh)를 사용한다.
전압 $V(V)$에서 전류 $I(A)$를 $t(\sec)$동안 흘렸을 때의 전력량 W는

$$W = VIt = I^2Rt = Pt(J)$$

3. 전류의 발열작용

저항 $R(\Omega)$에 $I(A)$의 전류가 $t(\sec)$ 동안 흐를 때, 이때의 발열량 H는

$$H = I^2Rt(J) = 0.24I^2Rt(cal)$$

※ 1J=0.24cal, 1kwh=860kcal

제4장 전류의 화학작용과 전지

1. 패러데이의 법칙(Faraday's law)

① 전기 분해에 의해서 석출되는 물질의 양은 전해액을 통과한 총전기량에 비례한다.
② 전기량이 일정할 때 석출되는 물질의 양은 화학당량(chemical equivalent)에 비례한다.

$$W = kQ = kIt(g)$$

여기서, k : 화학당량

2. 전지

① 직렬접속

기전력 E(V), 내부저항 r(Ω)인 전지 n개를 직렬접속하고 여기에 부하저항 R(Ω)를 연결했을 때, 부하에 흐르는 전류는

$$I = \frac{nE}{nr + R} \text{(A)}$$

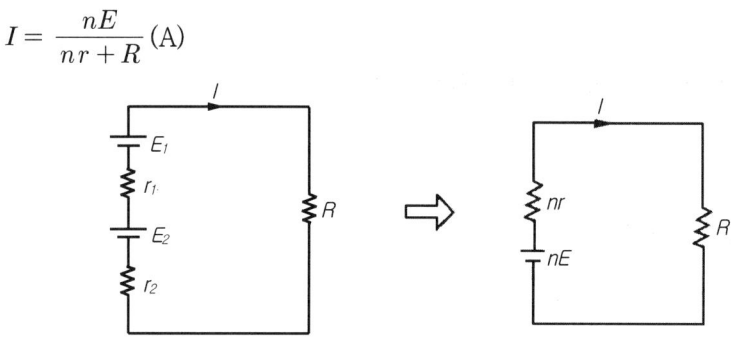

직렬 접속

② 병렬접속

기전력 E(V), 내부저항 r(Ω)인 전지 m개를 병렬접속하고 여기에 부하저항 R(Ω)를 연결했을 때, 부하에 흐르는 전류는

$$I = \frac{E}{\frac{r}{m} + R} \text{(A)}$$

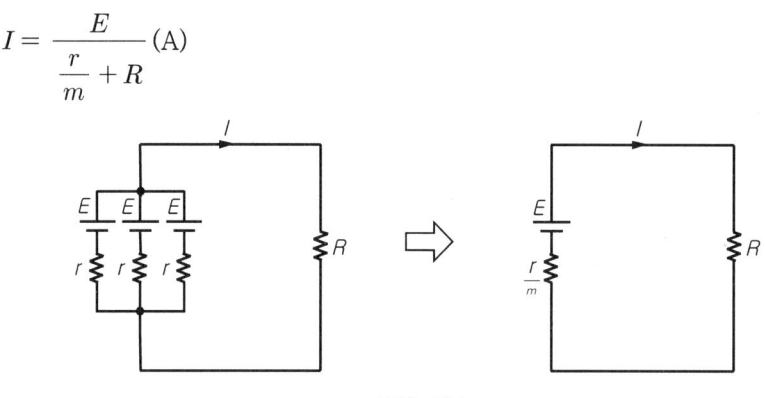

병렬 접속

③ 직병렬접속

같은 전지 n개를 직렬로 접속한 것을 m줄 만들어, 이 m줄을 병렬로 접속하면 이 때 부하에 흐르는 전류는

$$I = \frac{nE}{\frac{n}{m}r + R} \text{(A)}$$

제5장 키르히호프의 법칙(Kirchhoff's law)

① 제1법칙(전류 평형의 법칙)
회로망 중의 한 접속점에서 그 점에 들어오는 전류의 총합과 나가는 전류의 총합은 같다.

(예)

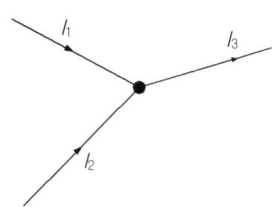

$I_1 + I_2 = I_3$
$I_1 + I_2 - I_3 = 0, \quad \Sigma I = 0$

② 제2법칙(전압 평형의 법칙)
회로망에서 임의의 한 폐회로 중의 기전력의 대수합과 전압 강하의 대수합은 같다.

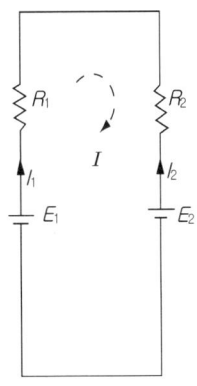

$E_1 - E_2 = I_1 R_1 - I_2 R_2$
$\Sigma E = \Sigma IR$

출제예상문제

1. 어느 도체의 단면을 1시간에 18000C의 전기량이 지났다면 전류의 크기(A)는 얼마인가?

   가. 3   나. 5   다. 8   라. 10

해설 $I = \dfrac{Q}{t} = \dfrac{18000}{1 \times 60 \times 60} = 5A$

2. 초산을 전기분해할 때 직류 전류를 10시간 흘렸더니 음극에 120.7g 부착되었다. 이때의 전류는 약 몇 A인가?(단, 은의 전기 화학당량은 $K=0.00118$ g/c 이다.)

   가. 1   나. 3   다. 5   라. 7

해설 $W=KQ=KIt$(g)에서 $120.7 = 0.00118 \times I \times 10 \times 60 \times 60$
      ∴ $I ≒ 3A$

3. 10Ω의 저항 10개를 직렬로 연결한 경우의 합성 저항은 병렬로 연결한 경우의 몇 배가 되는가?

   가. 60   나. 70   다. 90   라. 100

해설 10개의 직렬 합성 저항 $R_o = 10 \times 10 = 100\,\Omega$ 10개의 병렬 합성 저항 $R_s = \dfrac{10}{10} = 1\,\Omega$
      ∴ $\dfrac{R_o}{R_s} = \dfrac{100}{1} = 100$배

4. 120Ω의 저항 4개의 조합으로 얻어지는 가장 작은 합성저항(Ω)은?

   가. 30   나. 40   다. 50   라. 60

해설 $R_o = \dfrac{R}{N} = \dfrac{120}{4} = 30\,\Omega$

5. 내부저항이 0.25[Ω], 기전력이 1.5[V]인 건전지 5개를 직렬로 접속하고 여기에 외부 저항 11[Ω]을 연결하면 외부저항에 흐르는 전류[A]는?

   가. 0.6   나. 1.2   다. 1.7   라. 2.3

해설 $I = \dfrac{nE}{nr+R} = \dfrac{5 \times 1.5}{5 \times 0.25 + 11} ≒ 0.6(A)$

6. 저항이 20[Ω]인 전열기와 40[Ω]의 전기다리미 및 100[Ω]의 전구가 병렬로 접속되어 있다. 여기에 200[V]의 전압을 가하면 회로에 흐르는 전전류[A]는?

   가. 5   나. 8   다. 12   라. 17

정답 1. 나 2. 나 3. 라 4. 가 5. 가 6. 라

해설 $I = I_{20} + I_{40} + I_{200} = \frac{200}{20} + \frac{200}{40} + \frac{200}{100} = 17(A)$

7. 200[V], 500[W]의 다리미를 90[V]에 사용할 경우 소비전력은?

가. 101[W] 나. 125[W] 다. 138[W] 라. 147[W]

해설 다리미의 저항 $R = \frac{V^2}{P} = \frac{200^2}{500} = 80[\Omega]$, 그러므로 90(V)에 접속시 $P = \frac{90^2}{80} = \frac{8100}{80} ≒ 101(W)$

8. 납축전지의 전해액으로 사용되는 것은?

가. NaCl 나. H_2SO_4 다. KOH 라. HCl

해설 연(납) 축전지
① 화학 반응식 : $PbO_2 + 2H_2SO_4 + Pb \underset{충전}{\overset{방전}{\rightleftarrows}} PbSO_4 + 2H_2O + PbSO_4$
　　　　　　　　(+)　　(전해액)　(-)　　　(+)　　(물)　　(-)
② 전해액 : 묽은 황산($2H_2SO_4$)
③ 음극 : Pb
④ 양극 : PbO_2

9. 어떤 전압계의 측정범위를 10배로 하자면 배율기의 저항은 전압계 내부저항의 몇 배로 하면 되는가?

가. 7 나. 9 다. 11 라. 13

해설 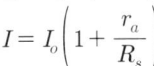 $R_m = (m-1)r_v = (10-1)r_v = 9r_v$
① 배율기(multiplier) : 전압의 측정범위를 넓히기 위하여 전압계에 직렬로 접속하는 저항
$V = V_o\left(1 + \frac{R_m}{r_a}\right)$

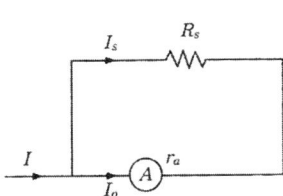

　V : 측정하고자 하는 전압
　V_o : 전압계의 눈금
　r_a : 전압계 내부 저항
　R_m : 배율기 저항
② 분류기(Shunt) : 전류의 측정범위를 넓히기 위하여 전류계에 병렬로 접속하는 저항
$I = I_o\left(1 + \frac{r_a}{R_s}\right)$
　R_s : 분류기 저항
　r_a : 전류계 내부저항
　I_o : 전류계의 눈금
　I : 측정하고자 하는 전류

10. 어떤 도선의 반지름을 2배로 하면 그 저항은 어떻게 되는가?

가. $\frac{1}{3}$배로 준다. 나. 3배로 는다. 다. $\frac{1}{4}$배로 준다. 라. 4배로 는다.

정답 7. 가 8. 나 9. 나 10. 다

해설 $R = \rho\dfrac{\ell}{A} = \rho\dfrac{\ell}{\pi r^2} = \rho\dfrac{\ell}{\pi(2r)^2} = \dfrac{1}{4}\rho\dfrac{\ell}{\pi r^2}(\Omega)$

11. 상온 부근에서 온도가 10[℃] 상승하면 구리선의 저항값은?

　가. 4[%] 증가　　　나. 4[%] 감소　　　다. 6[%] 증가　　　라. 6[%] 감소

해설 $R_T = R_t(1+\dfrac{1}{234.5}\times 10) = R_t(1+0.04)$

① 0℃에서 표준연동의 저항온도 계수 a_0는 $a_0 = \dfrac{1}{234.5}$　그러므로 t℃일 때　$a_t = \dfrac{1}{234.5+t}$

② 온도변화에 의한 전기저항의 변화
　　$R_T = R_t\{1+a_t(T-t)\}(\Omega)$
　　여기서　T : 상승후의 온도(℃),　t : 상승전의 온도(℃),　a_t : t(℃)에서의 온도계수
　　　　　R_t : t(℃)에서의 도체의 저항,　R_T : T(℃)에서의 도체의 저항

12. 어떤 형광등에 100[V]의 전압을 가하니 0.2[A]의 전류가 흘렀다. 이 형광등의 소비전력은 몇 (W)인가?

　가. 20　　　나. 30　　　다. 40　　　라. 50

해설 $P = VI = 100\times 0.2 = 20(W)$

13. 100[V]의 전압을 1[A]의 전류가 흐르는 전열기를 5시간 사용 했을 때의 소비전력량은 몇 [kWh]인가?

　가. 0.5　　　나. 1.0　　　다. 1.5　　　라. 2.0

해설 $W = Pt = VIt = 100\times 1\times 5 = 500(Wh) = 0.5kWh$

14. 100[V], 1[kW]의 전열기의 전열선을 반감하면 소비전력[kW]은?

　가. 4　　　나. 3　　　다. 2　　　라. 1

해설 $P = \dfrac{V^2}{P} = \dfrac{100^2}{1000} = 10(\Omega)$

전열선을 반감시 전열기의 저항은 5Ω　그러므로 $P = \dfrac{V^2}{R} = \dfrac{100^2}{5} = 2(kW)$

15. 다음에서 옳지 않은 것은 어느 것인가?

　가. 접촉면의 접촉저항은 큰 것이 좋다.
　나. 금속도체는 주로 + 온도계수를 갖는다.
　다. 전해액, 반도체는 - 온도계수를 갖는다.
　라. 절연체의 인가전압에 대한 누설전류의 비가 절연저항이다.

정답　11. 가　12. 가　13. 가　14. 다　15. 가

16. 전지를 직렬로 연결하면 어떻게 되는가?

　가. 출력 전압의 증가　　　　　　　　　나. 전류 용량의 증가
　다. 저항 용량의 증가　　　　　　　　　라. 소요되는 충전 전압의 감소

해설 병렬로 연결하면 전압은 불변, 용량은 축전지 갯수만큼의 배수가 된다. 그런데 직렬 연결시의 용량은 1개일 때와 같다.

17. 동일규격의 축전지 2개를 병렬로 접속하면?

　가. 전압과 용량이 같게 2배가 된다.　　　　나. 전압과 용량이 같이 1/2이 된다.
　다. 전압은 2배가 되고 용량은 변하지 않는다.　라. 전압은 변하지 않고 용량은 2배가 된다.

해설 직렬 연결시 : 용량은 불변, 전압만 갯수만큼 증가
　　　병렬 연결시 : 전압은 불변, 용량만 병렬 회로수만큼 증가

18. 100V, 5A의 전열기를 사용하여 $2l$ 의 물을 20℃에서 100℃로 올리는데 필요한 시간(s)은 얼마인가?

　가. 1.33×10^3　　나. 1.34×10^3　　다. 1.35×10^3　　라. 1.36×10^3

해설 $P = VI = 100 \times 5 = 500W$

$H = 0.24pt \, n = cm(T-t)$에서　$t = \dfrac{cm(T-t)}{0.24pn} = \dfrac{2 \times 1000(100-20)}{0.24 \times 500} ≒ 1.33 \times 10^3 (s)$

19. 0.3℧의 콘덕턴스를 가진 저항체에 6A의 전류를 흘리려면 몇 V의 전압을 가하면 되는가?

　가. 20　　　　나. 40　　　　다. 60　　　　라. 80

해설 $V = IR = I \cdot \dfrac{1}{G} = 6 \times \dfrac{1}{0.3} = 20V$

　　　※ $G = \dfrac{1}{R}(℧)$

20. 500Ω의 저항에 1A의 전류가 1분 동안 흐를 때에 발생하는 열량은 몇 cal인가?

　가. 2700　　　나. 5600
　다. 6200　　　라. 7200

해설 $H = 0.24 I^2 Rt$ (cal)에서　$H = 0.24 \times 1^2 \times 500 \times 1 \times 60 = 7200$ cal

정답　16. 가　17. 라　18. 가　19. 가　20. 라

제2편 정전용량과 자기회로

제1장 콘덴서와 정전용량

1. 콘덴서
전하를 축적하는 용량을 가지고 있는 장치를 말한다.

2. 정전용량
전원전압 V(V)에 의해 축전된 전하를 Q(C)이라 하면 전하 Q는 전원전압 V에 비례한다.

$$Q = CV(C), \ C = \frac{Q}{V} = \frac{\epsilon A}{d} \ (F)$$

여기서, 비례상수 C는 전극이 전하를 축적하는 능력의 정도를 나타내는 상수로서 정전용량이라 하며 단위는 F(farad)를 사용한다.

※ 정전용량의 역수를 엘라스턴스라 한다.

$$엘라스턴스 = \frac{1}{정전용량} = \frac{전위차}{전기량}$$

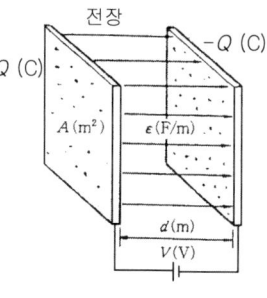

3. 콘덴서의 접속

① 직렬접속

$$C_{ab} = \frac{1}{\frac{1}{C_1} + \frac{1}{C_1} + \frac{1}{C_1}} (F)$$

② 병렬접속

$$C_{ab} = C_1 + C_2 + C_3 \ (F)$$

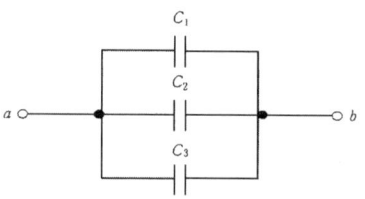

제2장 전 계

1. 전장(전계)

정전력이 미치는 영역을 말한다.

2. 쿨롱의 법칙(coulomb's law)

두 전하사이에 작용하는 정전력의 크기는 두 전하(전기량)의 곱에 비례하고 전하 사이에 거리의 제곱에 반비례한다.

$$F = \frac{1}{4\pi\epsilon_0\epsilon_s} \cdot \frac{Q_1 Q_2}{r^2} = 9 \times 10^9 \frac{Q_1 Q_2}{\epsilon_s r^2}$$

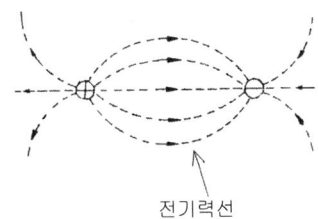

ϵ_0 : 진공의 유전율 $\left(\frac{10^7}{4\pi C^2} = 8.855 \times 10^{-12} [\text{F/m}] \right)$

※ C : 광속도 3×10^8 m/s

ϵ_s : 비유전율(진공 중에서 1, 공기 중에서 약 1)

$\epsilon = \epsilon_0 \epsilon_s$ (F/m)

3. 전기력선

전계의 상태를 나타내기 위한 가상의 선을 말한다.

전기력선

4. 전계의 세기

+Q(C)로부터 r(m) 떨어진 점의 전장의 세기 E(V/m)는

$$E = \frac{1}{4\pi\varepsilon} \cdot \frac{Q}{r^2} = \frac{1}{4\pi\varepsilon_0\varepsilon_s} \frac{Q}{r^2} = \frac{1}{4\pi\varepsilon_0} \frac{Q}{\varepsilon_s r^2}$$

$$= 9 \times 10^9 \frac{Q}{r^2} (V/m)$$

여기서, E : 전계의 세기(V/m), ϵ ($\epsilon_0 \epsilon_s$) : 유전율(F/m),
ϵ_0 : 진공의 유전율(F/m), ϵ_s : 비유전율

전장의 세기 E(V/m)인 장소에 Q(C)의 전하를 놓으면 전하에 작용하는 정전력 F(N)은

$$F = QE (N)$$

5. 가우스(gauss)의 정리

전체 전하량 Q(C)을 둘러싼 폐곡면을 통하고 밖으로 나가는 전기력선의 총수 N은 $\dfrac{Q}{\varepsilon}$ 개, 즉 $\dfrac{Q}{\varepsilon_0 \varepsilon_s}$ 개다.

6. 전속밀도

전하의 상태를 나타내기 위한 가상의 선을 전속이라 한다. 또 단위 면적당 지나는 전속을 전속밀도라 한다.

$$D = \frac{Q}{4\pi r^2} \text{(C/m}^2\text{)}, \ D = \varepsilon E = \varepsilon_0 \varepsilon_s E \text{(C/m}^2\text{)}$$

여기서 D : 전속밀도(C/m²)
A : 단면적(m²), Q : 전속(C), r : 거리(m), E : 전계의 세기(V/m)

7. 유전체의 에너지

① 정전에너지(electrostatic energy)

콘덴서에 충전할 때 발생되는 에너지를 정전에너지(electrostatic energy)라 한다. 콘덴서에 축적되는 정전에너지 W는

$$W = \frac{1}{2}QV = \frac{1}{2}CV^2 = \frac{Q^2}{2C} \text{ (J)}$$

여기서, Q : 축적된 전하(C), V : 가해진 전압(V), C : 정전용량(F)

또 단위체적 1m³당 축적되는 정전에너지 Wo는

$$W_o = \frac{1}{2}ED = \frac{1}{2}\varepsilon E^2 = \frac{D^2}{2\varepsilon} \text{ (J/m}^3\text{)}$$

여기서 Wo : 에너지 밀도, E : 전계의 세기(V/m), D : 전속밀도(C/m²)
ϵ : 유전율(F/m), ϵ_0 : 진공의 유전율(F/m), ϵ_s : 비유전율

제3장 자 기

1. 자기회로

(1) 자력선

① 자력선은 서로 교차하지 않는다.
② 자석의 N극에서 시작하여 S극에서 끝난다.
③ 자기장의 상태를 표시하는 선을 가상하여 자기장의 크기와 방향을 표시한다.
④ 자력선은 잡아당긴 고무줄과 같이 그 자신이 줄어들려고 하는 장력이 있으며 같은 방향으로 향하는 자력선은 서로 반발한다.

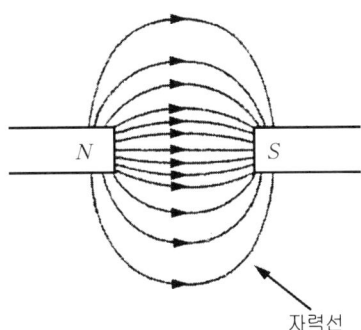

자력선

(2) 쿨롱의 법칙(Coulomb's law)

두 자극 사이에 작용하는 힘의 크기 F(N)은 두 자극의 세기 m_1, m_2(Wb)의 곱에 비례하고 두 자극 사이의 거리 r (m)의 제곱에 반비례한다.

$$F = \frac{1}{4\pi\mu} \frac{m_1 m_2}{r^2} = \frac{1}{4\pi\mu_0} \frac{m_1 m_2}{\mu_s r^2} = 6.33 \times 10^4 \times \frac{m_1 m_2}{\mu_s r^2} \text{ (N)}$$

여기서, μ : 투자율($\mu = \mu_0, \mu_s$(H/m))
μ_0 : 진공의 투자율($\mu_0 = 4\pi \times 10^{-7}$(H/m))
μ_s : 매질의 비투자율(진공 및 공기중에서 약 1)

(3) 자계의 세기

m_1(Wb)의 자극에서 r(m) 떨어진 점 P의 자계의 세기 H(AT/m)는

$$H = \frac{1}{4\pi\mu} \cdot \frac{m_1}{r^2} = 6.33 \times 10^4 \frac{m_1}{\mu_s r^2} \text{ (AT/m)}$$

또 자장의 세기가 H(AT/m)되는 자장 내에 m_2(Wb)의 자극이 있을 때 이것에 작용하는 힘 F는

$$F = m_2 H \text{ (N)}$$

(4) 자기 모멘트

자극의 세기 m(Wb), 자축의 길이가 ℓ(m)인 자석의 자기 모멘트 M은

$$M = m\ell [\text{Wb·m}]$$

평등 자장 중에서 자극의 세기 m(Wb), 길이 ℓ(m)인 막대자석을 놓았을 때, 막대자석이 받는 토크(회전력) T는

$$T = m\ell H \sin\theta = MH \sin\theta \text{(N·m)}$$

여기서 θ : 자축과 자장이 이루는 각

(5) 자기저항

투자율과 단면적에 반비례하고 자로의 길이에 비례한다.

$$R = \frac{l}{\mu A} = \frac{l}{\mu_0 \mu_s A} \text{ (AT/Wb)}$$

μ : 투자율 ($\mu = \mu_0 \mu_s$), A : 자기회로의 단면적(m^2), l : 자기회로의 길이(m)

(6) 자속밀도(magnetic flux density)

단위 면적을 통과하는 자속의 수. 단위는 (Wb/m^2) 또는 T(tesla)로 나타낸다.

$$B = \frac{\emptyset}{A} \text{ (Wb/m}^2\text{)}$$

$$B = \mu H = \mu_0 \mu_s H \text{ (Wb/m}^2\text{)}$$

2. 전류에 의한 자기현상

전류에 의하여 생기는 자장의 자력선 방향은 앙페르의 오른나사 법칙(Ampere's right handed screw rule)이나 오른손 엄지손가락의 법칙으로 알 수 있다.

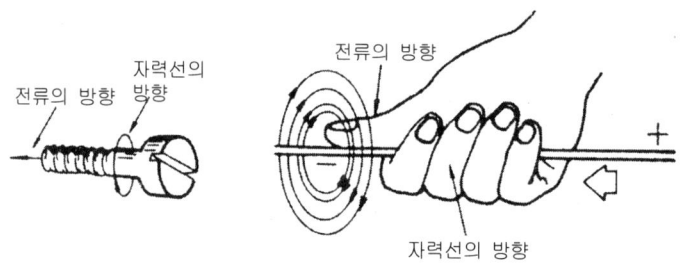

직선전류에 의한 자력선의 방향

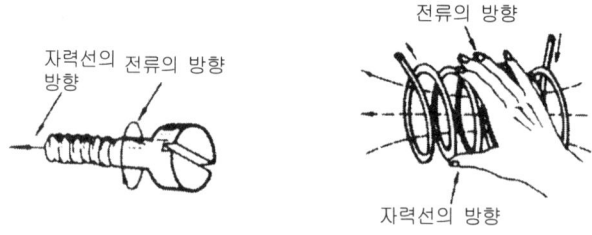

코일 전류에 의한 자력선의 방향

① 비오·사바르의 법칙

직선전류에 의한 자계의 세기를 나타내는 법칙이다.
다음 그림과 같이 도체에 I(A)의 전류를 흘릴 때, 도체의 미소부분 Δl 에서 r(m) 떨어진 점 P 의 Δl 에 의한 자장에 세기 ΔH(AT/m)는 다음 식으로 표시된다.

$$\Delta H = \frac{I\Delta \ell}{4\pi r^2}\sin\theta (\text{AT/m})$$

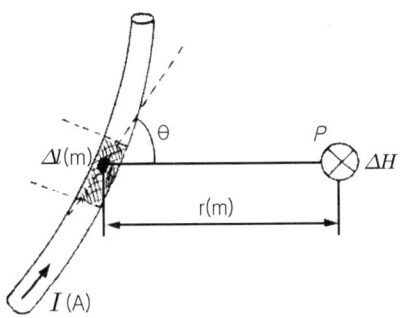

② 원형 코일 중심의 자장
Δl_1, Δl_2, Δl_3, ……Δl_n 의 미소부분에 흐르는 전류 I(A)에 의하여 r(m) 떨어진 점에 생기는 자장의 합이므로

$$H = \Delta H_1 + \Delta H_2 + \Delta H_3 + …… + \Delta H_n$$
$$= \frac{I}{4\pi r^2}(\Delta l_1 + \Delta l_2 + \Delta l_3 + …… + \Delta l_n)$$
$$= \frac{I}{4\pi r^2} \times 2\pi r = \frac{I}{2r}(\text{AT/m})$$

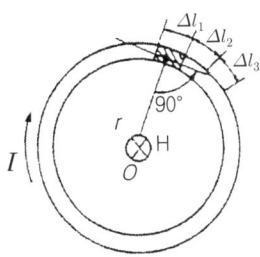

③ 앙페에르의 주회적분의 법칙
다음 그림과 같이 자장의 세기가 자로의 길이 l 의 여러 부분에서 다른 값일 때에는 자기회로의 미소부분 l_1, l_2, l_3에 따른 그 자장의 세기를 각각 H_1, H_2, H_3라고 하면 이들 각 부분마다 모두 $NI = Hl$ 이 성립되므로

$$NI = H_1 l_1 + H_2 l_2 + H_3 l_3 + ……$$
$$\therefore NI = \Sigma Hl$$

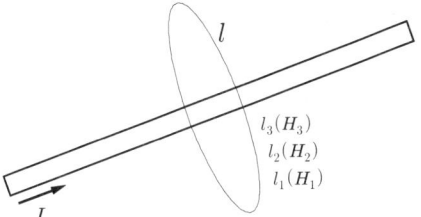

④ 무한히 긴 직선 전류에 의한 자장
그림과 같이 무한히 긴 직선 도선에 I(A)의 전류가 흐를 때 도선에서 r(m) 떨어진 점의 자장의 세기는 앙페르의 주회적분법칙에 의하여

$$H \times 2\pi r = I$$
$$\therefore H = \frac{I}{2\pi r} \text{ (AT/m)}$$

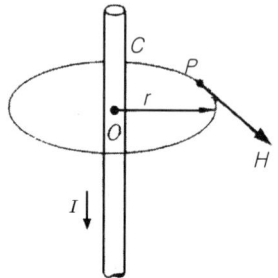

⑤ 환상 솔레노이드에 의한 자장
그림과 같이 환상 솔레노이드에 I(A)의 전류를 흘릴 때 환상 솔레노이드 내부의 자장의 세기는

$$H \times 2\pi r = NI$$
$$\therefore H = \frac{NI}{2\pi r} \text{ (AT/m)}$$

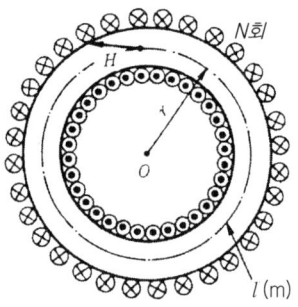

⑥ 무한장 솔레노이드 내부의 자장

$$H = N_0 I$$

N_O : 1m당의 감은 회수

3. 전자력과 전자유도

(1) 전자력

자기장내에 있는 도체에 전류를 흘리면 힘이 작용하는데 이 힘을 전자력이라 한다. 그런데 이 힘으로 인하여 도체는 회전한다. 그러므로 플레밍의 왼손법칙은 전자력의 방향을 결정하는 것으로 전동기의 회전원리가 된다.

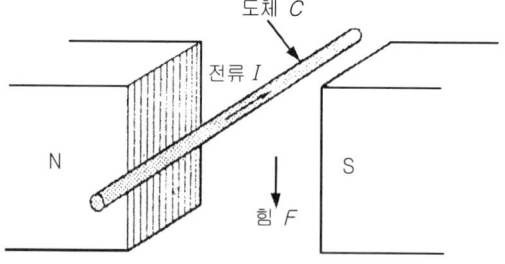

① 플레밍의 왼손법칙
　　중지 : 전류의 방향
　　검지 : 자장의 방향
　　엄지 : 힘의 방향
※ 전동기의 회전방향을 알고자 할 때 적용한다.

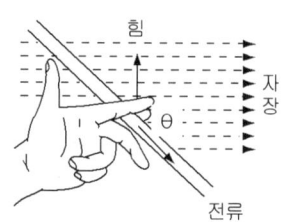

② 전자력의 크기

자속밀도 B(Wb/m²)의 평등자장속에 전류 I(A)가 흐르는 도체를 놓았을 때 도체가 받는 힘 F는

$$F = BIl\sin\theta \text{(N)}$$

여기서, B : 자속밀도(Wb/m²)
 I : 도체에 흐르는 전류(A)
 l : 자장 중에 놓여 있는 도체의 길이(m)
 θ : 자장과 도체가 이루는 각

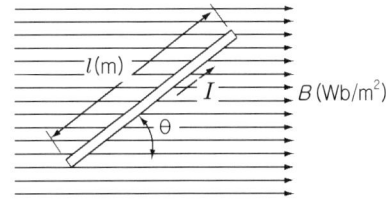

(2) 전자유도

코일을 관통하는 자속을 변화시킬 때 기전력이 발생하는 현상을 전자유도라 하고, 이 기전력을 유도기전력 또 흐르는 전류를 유도전류라 한다.

① 전자유도에 관한 패러데이의 법칙(Faraday's law)

유도기전력의 크기는 코일을 지나는 자속의 매초 변화량과 코일의 권수에 비례한다.

$$e = -N\frac{\Delta\phi}{\Delta t} \text{(V)}$$

여기서, Δt : 시간의 변화량, N : 코일권수, $\Delta\phi$: 자속의 변화량

② 기전력의 방향

ⓐ 렌쯔의 법칙(Lenz's law)

전자유도에 의하여 생긴 기전력의 방향은 그 유도전류가 만드는 자속이 항상 원래의 자속의 증가 또는 감소를 방해하는 방향이다.

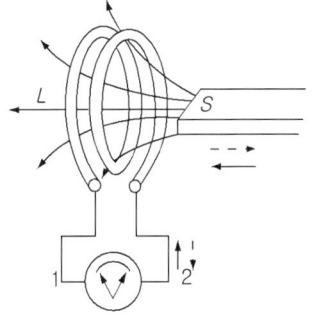

ⓑ 플레밍의 오른손 법칙(Fleming's right-hand rule)

· 엄지 : 도선의 운동 방향
· 집게 : 자장 방향
· 중지 : 유기 기전력의 방향

※ 발전기의 유기 기전력의 방향을 알고자 할 때 적용한다.

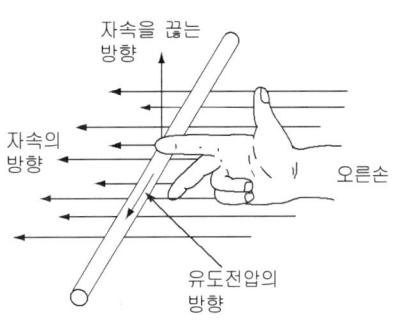

4. 도체운동에 의한 유기 기전력

그림과 같이 평등자장 내에서 도체가 자장과 θ의 각을 이루는 속도 v(m/s)로 이동할 때 유기기전력 e(V)는

$$e = Blv\sin\theta \text{ (V)}$$

여기서, B : 자속밀도(Wb/m^2), l : 도체의 길이(m)
v : 도체의 이동속도(m/s), θ : 자장과 도체의 각도

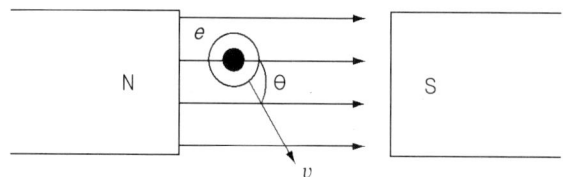

5. 인덕턴스

① 자체유도와 자체인덕턴스

ⓐ 자체(자기) 유도

어떤 코일에 흐르는 전류가 변화하면 코일과 쇄교하는 자속이 변화하므로 이 코일에 기전력이 유도된다. 이 현상을 자체유도라 하고, 이 기전력을 자체 유도기전력이라 한다.

ⓑ 자체 인덕턴스

감은 회수 N회의 코일에 ϕ(Wb)의 자속이 전부 쇄교하고 있으며 이 자속이 Δt(sec)동안에 $\Delta\phi$(Wb)가 증가한다면

$$e = -N\frac{\Delta\phi}{\Delta t} \text{ (V)가 된다.}$$

그런데 $\Delta\phi$(Wb) 자속의 변화는 ΔI(A) 전류의 변화에 비례하므로

$$e = -L\frac{\Delta I}{\Delta t} \text{ (V)}$$

따라서 $N\Delta\phi = L\Delta I$

즉, $L = \frac{N\phi}{I}$ (H)

※ 자체 인덕턴스(self inductance) : 코일의 크기와 모양에 따라 다른데 코일의 자체 유도능력 정도를 나타내는 비례상수이다. 단위는 H(henry)로 나타낸다.

6. 결합계수

권수 N_1인 1차 코일에 흐르는 전류 I_1에 의거 생기는 자속은, 누설 자속으로 인하여 N_2인 2차 코일에 전부 쇄교하지 못한다. 이와 같이 실제의 상호 인덕턴스가 낮게 되는 비율을 말한다.

∴ $0 < K \leq 1$

① 자기 인덕턴스와 상호 인덕턴스와의 관계

$$M = K\sqrt{L_1 L_2} \text{ (H)} \quad \text{(이상 결합시 } K=1)$$

여기서, M : 상호 인덕턴스
 K : 결합계수
 $L_1 L_2$: 자기 인덕턴스

② 자기적으로 결합한 자체 인덕턴스의 직렬 접속
ⓐ 가동 접속

$$L_{ab} = L_1 + L_2 + 2M \text{ (H)}$$

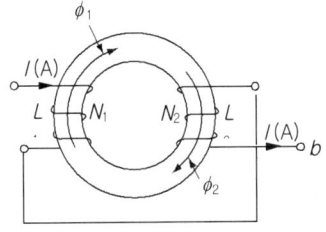
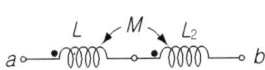

ⓑ 차동 접속

$$Lab = L_1 + L_2 - 2M \text{(H)}$$

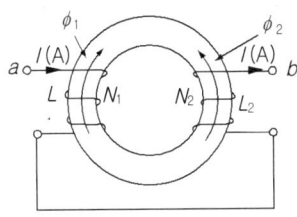

7. 코일에 저축되는 에너지

자체 인덕턴스 L(H)의 코일에 전류가 0에서 I(A)까지 증가될 때 코일에 저장되는 전자에너지 W(J)은

$$W = \frac{1}{2}LI^2 = \frac{1}{2}IN\phi (J)$$

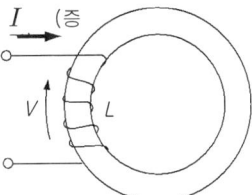

8. 단위 부피에 축적되는 에너지

$$W = \frac{1}{2}BH = \frac{1}{2}\mu H^2 = \frac{B^2}{2\mu}(J/m^3)$$

여기서, B : 자속밀도, H : 자장의 세기, W : 단위 부피당 저장되는 에너지

출제예상문제

1. Q(C)의 전하에서 나오는 전기력선의 총수는?

가. ϵQ 나. $\dfrac{\varepsilon}{Q}$ 다. $\dfrac{Q}{\varepsilon}$ 라. Q

해설 $N = \dfrac{Q}{\varepsilon} = \dfrac{Q}{\varepsilon_0 \varepsilon_s}$

2. 어떤 콘덴서에 전압 V=20V를 가할 때 전하 Q=800μC 축적되었다면 이때 축적되는 에너지를 구하면?

가. 0.8J   나. 0.15J   다. 0.008J   라. 0.016J

해설 $W = \dfrac{1}{2}VQ = \dfrac{1}{2} \times 20 \times 800 \times 10^{-6} = 0.008 J$

※ $1C = 10^6 \mu C$

3. 콘덴서를 그림과 같이 접속했을 때 C_x의 정전용량은? (단, C_1=2μF, C_2=3μF, ab간의 합성 정전용량은 C_0=3.4μF이다)

가. 1.8μF   나. 2.0μF
다. 2.2μF   라. 2.4μF

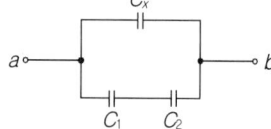

해설

$C_0 = \dfrac{C_1 \cdot C_2}{C_1 + C_2} = \dfrac{2 \times 3}{2+3} = \dfrac{6}{5} = 1.2 \mu F$

$C_{ab} = 1.2 + C_x$ 따라서 $3.4 = 1.2 + C_x$

∴ $C_x = 2.2 \mu F$

4. 그림에서 $C_1 = C_2 = C_3 = 2\mu F$, V=60V일 때 합성 정전용량(μF)은?

가. $\dfrac{3}{2}$ 나. $\dfrac{2}{3}$ 다. $\dfrac{3}{5}$ 라. $\dfrac{2}{7}$

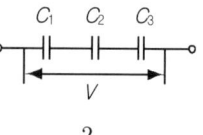

해설 $C_s = \dfrac{1}{\dfrac{1}{C_1} + \dfrac{1}{C_2} + \dfrac{1}{C_3}} = \dfrac{1}{\dfrac{1}{2} + \dfrac{1}{2} + \dfrac{1}{2}} = \dfrac{2}{3} \mu F$

정답 1. 다 2. 다 3. 다 4. 나

5. 평행 평판의 정전용량은 간격을 d, 평행판의 면적을 S라 하면 콘덴서의 정전 용량식은? (단, ε는 유전율이다.)

가. $C = \varepsilon S d$ 나. $C = \dfrac{d}{\varepsilon S}$ 다. $C = \dfrac{S}{\varepsilon d}$ 라. $C = \dfrac{\varepsilon S}{d}$

6. 100V/m의 전장에 어떤 전하를 놓으면 0.1N의 힘이 작용한다고 한다. 이때 전하의 양은 몇 C인가?

가. 10   나. 1   다. 0.1   라. 0.001

[해설] $F = QE(N)$에서 $Q = \dfrac{F}{E} = \dfrac{0.1}{100} = 0.001 C$

7. 1μF의 콘덴서에 100V의 전압을 가할 때 충전 전기량(C)는?

가. 10^{-4} 나. 10^{-5} 다. 10^{-6} 라. 10^{-7}

[해설] $Q = CV = 1 \times 10^{-6} \times 100 = 10^{-4} C$ ※ $1C = 10^6 \mu C$

8. 진공 중 30cm의 거리에 2μC와 5μC의 정전하가 있을 때 이에 작용하는 정전력은 몇 N인가?

가. 2   나. 0.2   다. 1   라. 0.1

[해설] $F = 9 \times 10^9 \dfrac{Q_1 Q_2}{r^2}$ (N)

$F = 9 \times 10^9 \dfrac{2 \times 10^{-6} \times 5 \times 10^{-6}}{(30 \times 10^{-2})^2} = 1$ (N)

9. 정전용량이 10μF인 콘덴서 2개를 병렬로 했을 때의 합성용량은 직렬로 했을 때의 합성용량의 몇 배인가?

가. $\dfrac{1}{2}$ 나. 1   다. 2   라. 4

[해설] 직렬 합성용량 $C_0 = \dfrac{C}{2} = \dfrac{10}{2} = 5\mu F$ 병렬 합성용량 $C_s = 2C = 2 \times 10 = 20 \mu F$

∴ $\dfrac{C_s}{C_0} = \dfrac{20}{5} = 4$배

10. 다음 회로에서 C_{ac} 사이의 합성 정전용량(F)은?

가. $C_3 + \dfrac{1}{\dfrac{1}{C_1} + \dfrac{1}{C_2}}$ 나. $C_2 + \dfrac{1}{\dfrac{1}{C_1} + \dfrac{1}{C_3}}$

다. $C_1 + \dfrac{1}{\dfrac{1}{C_1} + \dfrac{1}{C_3}}$ 라. $C_1 + C_2 + C_3$

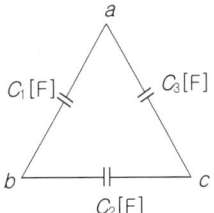

정답 5. 라   6. 라   7. 가   8. 다   9. 라   10. 가

해설

$$C_{ac} = C_3 + \frac{1}{\frac{1}{C_1}+\frac{1}{C_2}} = C_3 + \frac{C_1 \cdot C_2}{C_1 + C_2}$$

11. 100μF의 콘덴서에 1000V의 전압을 가하여 충전한 뒤 저항을 통하여 방전시키면 저항중의 발생 열량(cal)은?

가. 8 나. 10 다. 12 라. 15

해설 $W = \frac{1}{2}CV^2 = \frac{1}{2} \times 100 \times 10^{-6} \times 1000^2 = 50 \times 10^{-6} \times 10^6 = 50J$

따라서 $W = 0.24 \times 50 = 12$ cal

※ 1J = 0.24cal

12. 전기력선 밀도와 같은 것은?

가. 기전력 나. 유전속 밀도 다. 전하밀도 라. 전장의 세기

해설 전기력선 밀도는 전장의 세기를 나타낸다.

13. 다음 전기력선의 성질 중 맞지 않는 것은?

가. 양전하에서 나와 음전하에서 끝난다.
나. 전기력선의 접선 방향이 전장의 방향이다.
다. 전기력선에 수직한 단면적 1m^{2}당 전기력선의 수가 그곳의 전장의 세기와 같다.
라. 등전위면과 전기력선은 교차하지 않는다.

해설 전기력선은 도체의 표면에 수직으로 출입하며 전기력선은 서로 교차하지 않는다.

14. 공기 중 7×10^{-9}C의 전하에서 70cm 떨어진 점의 전위(V)는?

가. 60 나. 70 다. 90 라. 100

해설 $V = 9 \times 10^9 \frac{Q}{r} = 9 \times 10^9 \times \frac{7 \times 10^{-9}}{0.7} = 90V$

15. 4μF와 6μF의 콘덴서를 직렬로 접속하고 100V의 전압을 가했을 경우 6μF의 콘덴서에 걸리는 단자 전압(V)은?

가. 40 나. 50 다. 60 라. 70

해설 $V_2 = \frac{C_1}{C_1 + C_2} \times V = \frac{4}{4+6} \times 100 = 40V$

정답 11. 다 12. 라 13. 라 14. 다 15. 가

16. 10[μF]의 콘덴서를 2[kV]로 충전하면 저장되는 에너지[J]는?

　가. 20　　　　　나. 30　　　　　다. 40　　　　　라. 50

　해설　$W = \dfrac{1}{2}CV^2 = \dfrac{1}{2} \times 10 \times 10^{-6} \times 2000^2 = 20[J]$

17. 다음 중 품질이 우수한 콘덴서는?

　가. 전류에 대한 실효저항 감소　　　나. 전기량이 큰 콘덴서
　다. 역률이 큰 콘덴서　　　　　　　라. 전기량이 작은 콘덴서

　해설　$C = \dfrac{Q}{V}(F)$ 에서 Q가 큰 콘덴서가 품질이 좋다.

18. 전장 중에 단위 전하를 놓았을 때 그것에 작용하는 힘은 다음 어느 값과 같은가?

　가. 전장의 세기　　나. 전하　　다. 전위차　　라. 전위

19. 공기 중에 놓여있는 $2 \times 10^{-7}[C]$의 점 전하로부터 10cm 거리에 있는 점의 전장의 세기[V/m]는?

　가. 1.2×10^5　　나. 1.8×10^5　　다. 2.4×10^5　　라. 2.8×10^5

　해설　$E = 9 \times 10^9 \dfrac{Q}{r^2} = 9 \times 10^9 \times \dfrac{2 \times 10^{-7}}{0.1^2} = 1.8 \times 10^5 [V/m]$

20. C(F)의 콘덴서에 100V의 직류전압을 가하였더니 축적된 에너지가 100J이었다면 콘덴서는 몇 F인가?

　가. 0.01　　　나. 0.02　　　다. 0.03　　　라. 0.05

　해설　$W = \dfrac{1}{2}CV^2$(J)에서
　　　$C = \dfrac{2W}{V^2} = \dfrac{2 \times 100}{100^2} = 0.02(F)$

21. 가우스의 정리는 다음 무엇을 구하는데 사용하는가?

　가. 자장의 세기　　나. 유전율　　다. 전장의 세기　　라. 전위

22. 유전율이 ε, 전장의 세기가 E 일 때 유전체의 단위 부피에 축적되는 에너지는?

　가. $\dfrac{\varepsilon E^2}{2}$　　나. $\dfrac{\varepsilon^2 E}{2}$　　다. $\dfrac{E}{2\varepsilon}$　　라. $\dfrac{\varepsilon E}{2}$

　해설　$W = \dfrac{1}{2}DE = \dfrac{1}{2}\varepsilon E^2 = \dfrac{D^2}{2\varepsilon}$ (J/m³)

정답 16. 가　17. 나　18. 가　19. 나　20. 나　21. 다　22. 가

23. 자속밀도 1[Wb/m²]인 평등 자계 중에서 길이 50[cm]의 직선 도체가 자계에 수직 방향으로 속도 1[m/s]로 운동할 때의 최대 유기 기전력[V]은?

　가. 0.1　　　　　나. 0.5　　　　　다. 1　　　　　라. 10

해설 $e = B\ell v \sin\theta = 1 \times 0.5 \times 1 \times \sin 90° = 0.5[V]$

24. 공기중에서 두 자극 $m_1 = 4 \times 10^{-3}$(Wb), $m_2 = 6 \times 10^{-3}$(Wb), r=5(cm)이면 자극 m_1, m_2 사이에 작용하는 힘은 얼마인가?

　가. 224N　　　나. 308N　　　다. 552N　　　라. 608N

해설 $F = 6.33 \times 10^4 \dfrac{m_1 m_2}{r^2}$ (N)에서

$F = 6.33 \times 10^4 \dfrac{4 \times 10^{-3} \times 6 \times 10^{-3}}{(5 \times 10^{-2})^2} \fallingdotseq 608N$

25. 면적 3cm²의 면을 진공 중에서 수직으로 3.6×10^{-4} Wb의 자속이 지날 때 자속밀도 (Wb/m²)는 얼마인가?

　가. 0.83　　　나. 1.2　　　다. 5.6　　　라. 10.8

해설 $B = \dfrac{\varnothing}{A} = \dfrac{3.6 \times 10^{-4}}{3 \times 10^{-4}} = 1.2$(Wb/m²)

26. 비오-사바르의 법칙(Bio-savart's law)은 어떤 관계를 나타내는가?

　가. 전류와 자장의 세기　　　나. 기자력과 전속
　다. 전위와 자장의 세기　　　라. 기자력과 자장

해설 비오·사바르의 법칙 : 직선전류에 의한 자계의 세기를 나타내는 법칙이다. 그림과 같이 도체에 I(A)의 전류를 흘릴 때, 도체의 미소부분 Δl에서 r(m) 떨어진 점 P의 Δl에 의한 자장에 세기 ΔH(AT/m)는 다음 식으로 표시된다.

$\Delta H = \dfrac{I \Delta l}{4\pi r^2} \sin\theta$(AT/m)

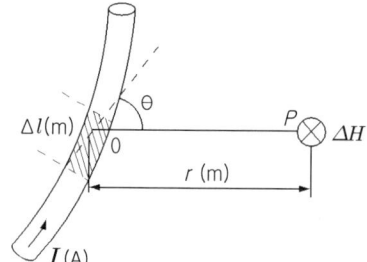

27. 전자유도현상에 의하여 생기는 유도기전력의 크기를 정의하는 법칙은?

　가. 랜쯔의 법칙　　　　　나. 패러데이의 법칙
　다. 앙페에르의 법칙　　　라. 플레밍의 왼손 법칙

정답 23. 나　24. 라　25. 나　26. 가　27. 나

해설 ① 렌쯔의 법칙 : 코일 중의 자속이 변화할 때는 코일내에 기전력이 발생하며, 그 방향은 기전력에 의한 전류가 만드는 자속이 원래 자속의 증감을 방해하는 방향이 된다.
② 패러데이의 법칙 : 전자유도에 의해 생긴 유기 기전력의 크기는 이 회로와 쇄교하는 자속수에 비례한다.
③ 앙페르의 오른나사 법칙 : 오른나사의 진행방향은 전류의 방향이 되고, 오른나사의 회전 방향은 자장의 방향이 된다.
④ 플레밍의 오른손법칙
 집게손가락 : 자속방향
 엄지손가락 : 도체의 운동방향
 가운데손가락 : 유기 기전력의 방향
 ※ 오른손 법칙은 발전기에, 왼손법칙은 전동에 적용된다.

28. 공기 중에서 m(Wb)의 자극으로부터 나오는 자력선의 총수는 얼마인가?

가. m 나. $\dfrac{\mu_o}{m}$ 다. $\mu_o m$ 라. $\dfrac{m}{\mu_o}$

해설 $N = H \times 4\pi r^2 = \dfrac{m}{4\pi\mu_o r^2} \times 4\pi r^2 = \dfrac{m}{\mu_o}$

29. 자속밀도 0.5Wb/m²인 자로의 공극이 갖는 단위 체적당의 에너지는 몇 [J/m³]인가?

가. 10^5 나. 2×10^5 다. 3×10^5 라. 4×10^5

해설 $W = \dfrac{BH}{2} = \dfrac{B^2}{2\mu_o} = \dfrac{0.5^2}{2 \times 4\pi \times 10^{-7}} ≒ 10^5 \,(J/m^3)$

30. 자장내에 어떤 철심을 넣으니 철 내부의 자장의 세기가 500AT/m이었다. 이때 철 내부의 자속 밀도가 3.14×10^{-1} (Wb/m²)라면 철의 비투자율은 얼마인가?

가. 약 300 나. 약 400 다. 약 500 라. 약 600

해설 $B = \mu H = \mu_0 \mu_s H$ (Wb/m²) 그러므로 $\mu_s = \dfrac{B}{\mu_0 H} = \dfrac{3.14 \times 10^{-1}}{4\pi \times 10^{-7} \times 500} ≒ 500$

31. 유기 기전력은 다음의 어느 것에 관계되는가?

가. 쇄교 자속수의 변화에 비례한다. 나. 시간에 비례한다.
다. 쇄교 자속수에 비례한다. 라. 쇄교 자속수의 2승에 반비례한다.

해설 $e = N \dfrac{\Delta \phi}{\Delta t}$ (V)

32. 자기 회로의 길이 ℓ (m), 단면적 A(m²), 진공의 투자율 μ_0(H/m), 비투자율 μ_s일 때 자기 저항(AT/Wb)은?

가. $\mu_0 \mu_s A / \ell$ 나. $\mu_0 \mu_s \ell / A$ 다. $\ell / \mu_0 \mu_s A$ 라. $A / \mu_0 \mu_s \ell$

정답 28. 라 29. 가 30. 다 31. 가 32. 다

해설 $R = \dfrac{\ell}{\mu A} = \dfrac{\ell}{\mu_0 \mu_s A}$ (AT/Wb)   ※ $\mu = \mu_0 \mu_s$ (H/m)

33. 무한장 직선도체에 5A의 전류가 흐르고 있을 때 생기는 자장의 세기가 10(AT/m)인 점은 도체로부터 약 몇 cm 떨어졌는가?

  가. 6   나. 7   다. 8   라. 9

해설 $H = \dfrac{I}{2\pi r}$ (AT/m) 그러므로 $r = \dfrac{I}{2\pi H} = \dfrac{5}{2 \times 3.14 \times 10} ≒ 8\text{cm}$

34. 권수 8,000회의 코일이 있다. 자기회로의 길이가 0.2m, 코일에 흐르는 전류가 10mA이면 자기회로 1m 마다의 기자력은 몇 AT/m인가?

  가. 200   나. 300   다. 400   라. 500

해설 $F = NI = 8000 \times 10 \times 10^{-3} = 80\text{AT}$

그러므로 1m 당의 기자력을 구하면 $H = \dfrac{NI}{l} = \dfrac{80}{0.2} = 400$ (AT/m)

35. 자력선은 다음과 같은 성질이 있다. 옳지 않은 것은 어느 것인가?

  가. N극에서 나와서 S극으로 끝난다.
  나. 자력선은 서로 교차한다.
  다. 자력선에 그은 접선은 그 접점에서의 자기장의 방향을 나타낸다.
  라. 한 점의 자력선의 밀도는 그 점의 자기장의 세기를 나타낸다.

해설 자력선은 서로 교차하지 않는다.

36. m(Wb)의 점 자극에서 r(m) 떨어진 점의 자기장의 세기는 공기 중에서 몇 [AT/m]인가?

  가. $\dfrac{m}{r^2} \times 10^4$ 나. $\dfrac{m}{4 \times r^2}$ 다. $6.33 \times 10^4 \times \dfrac{m}{r^2}$ 라. $\dfrac{m}{4\pi r}$

37. 감은 회수 30회의 코일과 쇄교하는 자속이 0.2sec 동안에 0.2Wb에서 0.15Wb로 변화하였을 때 기전력의 크기를 구하라.

  가. 11.5V   나. 9.5V   다. 7.5V   라. 4.2V

해설 $e = N\dfrac{\Delta\phi}{\Delta t} = 30 \times \dfrac{0.2 - 0.15}{0.2} = 7.5\text{V}$

38. 비투자율이 1,000인 철심의 자속밀도가 1Wb/m² 인 경우 이 철심에 축적되는 에너지는 몇 [J/m³]인가?

  가. 300   나. 400   다. 500   라. 700

정답 33. 다 34. 다 35. 나 36. 다 37. 다 38. 나

해설 $W = \dfrac{B^2}{2\mu} = \dfrac{B^2}{2\mu_0 \mu_s} = \dfrac{1^2}{2 \times 4\pi \times 10^{-7} \times 1000} ≒ 398.1 \ (J/m^3)$

39. 반지름이 0.5m, 전류 0.1A, 권수 10회일 때 코일 중심 자기장의 세기는 몇 [AT/m]인가?

　가. 5　　　　　나. 1　　　　　다. 0.5　　　　　라. 0.2

해설 $H = \dfrac{IN}{2r} = \dfrac{0.1 \times 10}{2 \times 0.5} = 1(AT/m)$

40. 0.25H와 0.23H의 자체 인덕턴스를 직렬로 접속할 때 합성 인덕턴스 [H]는?

　가. 0.96　　　　나. 0.82　　　　다. 0.71　　　　라. 0.62

해설 $L = L_1 + L_2 + 2M = L_1 + L_2 + 2\sqrt{L_1 \cdot L_2} = 0.25 + 0.23 + 2\sqrt{0.25 \times 0.23} ≒ 0.96H$
※ $M = K\sqrt{L_1 L_2}$ 여기서 최대가 되기 위해서는 $K=1$이다.

41. 자기 인덕턴스가 각각 50mH, 80mH이고 상호 인덕턴스가 60mH이며 누설자속이 없는 두 코일을 차동으로 접속하면 합성 인덕턴스는 몇 mH인가?

　가. 10　　　　　나. 30　　　　　다. 50　　　　　라. 70

해설 $L = L_1 + L_2 - 2M = 50 + 80 - 2 \times 60 = 10mH$

42. 자체 인덕턴스가 각각 100mH, 400mH인 두 코일이 있다. 두 코일 사이의 상호 인덕턴스가 70mH이면 결합계수는 얼마인가?

　가. 0.35　　　　나. 3.5　　　　다. 0.25　　　　라. 2.5

해설 $M = K\sqrt{L_1 L_2}$ 에서 $K = \dfrac{M}{\sqrt{L_1 L_2}} = \dfrac{70}{\sqrt{100 \times 400}} = 0.35$

43. 다음에서 발전기에 적용되는 법칙은?

　가. 플레밍의 오른손 법칙　　　　　나. 플레밍의 왼손 법칙
　다. 패러데이의 법칙　　　　　　　라. 암페어의 오른나사 법칙

해설 발전기 : 플레밍의 오른손 법칙 적용
　　　전동기 : 플레밍의 왼손 법칙 적용

44. 자극 세기 10Wb, 길이 20cm의 막대자석의 자기 모멘트는 얼마나 되겠는가?

　가. 1Wb·cm　　나. 10Wb·cm　　다. 2Wb·m　　라. 20Wb·m

해설 $M = ml = 10 \times 20 \times 10^{-2} = 2(Wb \cdot m)$

45. 어느 자극에 의하여 생긴 자장의 세기를 1/2로 하려면 자극으로부터의 거리를 몇 배로 하여야

정답 39. 나　40. 가　41. 가　42. 가　43. 가　44. 다

하는가?

가. $\sqrt{2}$ 배   나. $\frac{1}{2}$ 배   다. $\sqrt{3}$ 배   라. $\frac{1}{3}$ 배

해설 $H = 6.33 \times 10^4 \frac{m}{\mu r^2}$ (AT/m)

$H \propto \frac{1}{r^2}$ (AT/m) 즉 H를 $\frac{1}{2}$로 하면 r^2은 2배 다시 말해 $\sqrt{2}$배로 하면 된다.

46. 자체 인덕턴스 10mH의 코일에 전류 10A를 흘렸을 때 코일에 저축되는 에너지(J)는 얼마인가?

가. 0.1   나. 0.5   다. 0.8   라. 1.2

해설 $W = \frac{1}{2} LI^2 = \frac{1}{2} \times 10 \times 10^{-3} \times 10^2 = 0.5 J$

47. "전자유도에 의하여 생긴 기전력의 방향은 그 유도전류가 만드는 자속이 항상 원래 자속의 증가 또는 감소를 방해하는 방향이다." 라고 하는 법칙은 어느 것인가?

가. 패러데이의 법칙   나. 암페어의 법칙   다. 주울의 법칙   라. 렌쯔의 법칙

48. 공기 중에서 자속밀도 3Wb/m²의 평등 자장속에 길이 10cm의 직선 도선을 자장의 방향과 직각으로 놓고 여기에 4A의 전류를 흐르게 했을 때 도선에 받는 힘[N]은?

가. 1.2   나. 2.4   다. 3.6   라. 4.8

해설 $F = BIl\sin\theta$(N)에서
$F = 3 \times 4 \times 10 \times 10^{-2} \times \sin 90° = 3 \times 4 \times 10 \times 10^{-2} \times 1 = 1.2$(N)

49. L=40mH의 코일에 흐르는 전류가 0.2초 동안에 10A가 변화했다. 코일에 유도되는 기전력(V)은?

가. 5   나. 3   다. 2   라. 1

해설 $e = L \frac{\Delta I}{\Delta t}$ (V)에서

$e = 40 \times 10^{-3} \times \frac{10}{0.2} = 2V$

정답 45. 가 46. 나 47. 라 48. 가 49. 다

제3편 교류회로

제1장 교류회로의 기초

1. 정현파 교류

시간의 변화에 따라 크기와 방향이 주기적으로 변화하는 전압 및 전류를 사인파(정현파)교류라 한다.

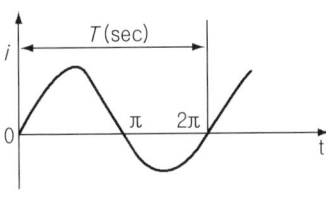

사인파 교류

위의 그림에서 0에서 2π까지의 1회의 변화를 1사이클(cycle)이라 한다.
① 주기(period) : 1사이클의 변화에 요하는 시간을 말한다.

$$T = \frac{1}{f} \text{ (s)}$$

② 주파수(frequency) : 1sec 동안에 반복하는 사이클(cycle)의 수
③ 각속도 : 1sec 동안의 각의 변화율을 말하는데 ω(rad/s)로 나타낸다. 1sec 동안에 1회전하면 각속도 $\omega = 2\pi$ (rad/s)가 된다. 그런데 t초 동안은 ωt만큼의 각이 변화를 한다.

즉, $\omega t = \theta$

1회전에 1주파수가 발생하므로 1초 동안 N회전하면 주파수 f(Hz)가 되므로

$$2\pi N = 2\pi f = \omega \text{ (rad/sec)}$$

$$\omega = 2\pi f = \frac{2\pi}{T} \text{ (rad/sec)}$$

$$f = \frac{\omega}{2\pi} \text{ (Hz)}, \ T = \frac{2\pi}{w} \text{ (sec)},$$

④ 위상차 : 주파수가 동일한 2개 이상의 교류 사이의 시간적인 차이를 위상차라 한다.

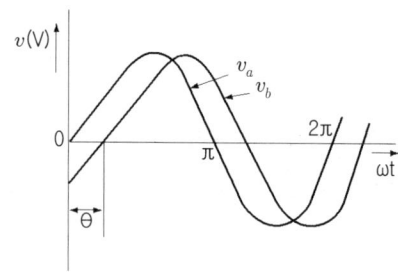

전압의 파형

$$v_a = V_m \sin\omega t \ (V)$$
$$v_b = V_m \sin(\omega t - \theta) \ (V)$$

2. 교류의 표시

① 순시값 : 교류의 임의의 시간에 있어서 전압 또는 전류의 값
$$e = V_m \sin\omega t \ (V)$$
$$i = I_m \sin\omega t \ (A)$$

② 최대값 : 순시값 중에서 가장 큰 값

③ 평균값 : 순시값의 반주기에 대한 평균한 값
$$V_{av} = \frac{2}{\pi} V_m \fallingdotseq 0.637 V_m \ (V)$$

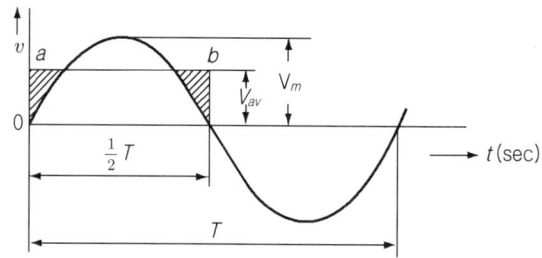

④ 실효값 : 교류의 크기를 그것과 같은 일을 하는 직류의 크기로 바꿔 놓은 값
$$V = \frac{1}{\sqrt{2}} V_m \fallingdotseq 0.707 V_m$$

제2장 교류 전류에 대한 R·L·C의 작용

1. 저항(R)만의 회로

저항 R(Ω)의 회로에 전압 $e = \sqrt{2} \, V\sin\omega t \,(V)$를 가하면
$$i = \frac{e}{R} = \frac{\sqrt{2} \, V\sin\omega t}{R} = \sqrt{2} \, I\sin\omega t \,(A)$$

$$I = \frac{V}{R}$$

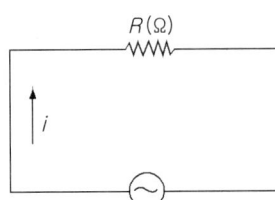

전압과 전류는 동상(in-phase)이다.

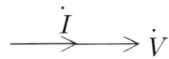

2. 인덕턴스(L)만의 회로

① $i = \sqrt{2}\,I\sin\left(\omega t - \dfrac{\pi}{2}\right)$(A)

② $X_L = \omega L = 2\pi f L$ (Ω)

③ $I = \dfrac{V}{X_L} = \dfrac{V}{\omega L}$ (A)

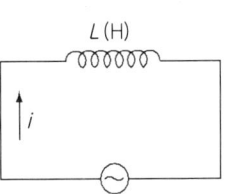

④ 전류가 전압보다 90°뒤진다.

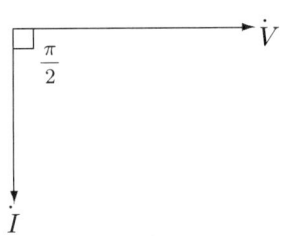

※ 유도리액턴스 : 인덕턴스의 유도작용에 의해 전류의 흐름을 방해하는 작용을 하는 성분

3. 정전용량(C)만의 회로

① $i = \sqrt{2}\,I\sin\left(\omega t + \dfrac{\pi}{2}\right)$(A)

② $X_c = \dfrac{1}{\omega c} = \dfrac{1}{2\pi f c}$ (Ω)

③ $I = \dfrac{V}{X_c} = \dfrac{V}{\dfrac{1}{\omega c}} = \omega c V$ (A)

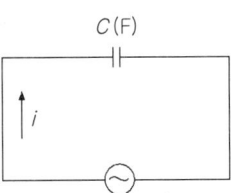

④ 전류가 전압보다 90°앞선다.

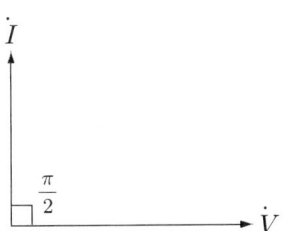

※ 용량 리액턴스 : 콘덴서의 충·방전 작용에 의해 전류의 흐름을 방해하는 작용을 하는 성분

제3장 R. L. C 직병렬회로

1. 직렬회로

① RL 직렬회로

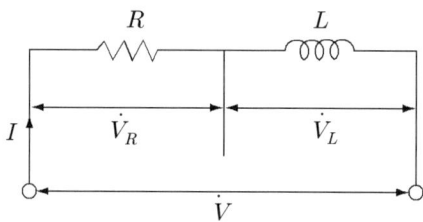

$\dot{V}_R = IR$
$\dot{V}_L = I\omega L$

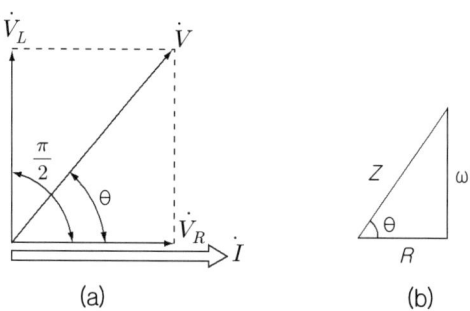

$\dot{V} = \dot{V}_R + \dot{V}_L$
$V = \sqrt{V_R{}^2 + V_L{}^2} = \sqrt{(IR)^2 + (I\omega L)^2} = I\sqrt{R^2 + (\omega L)^2}$
$Z = \sqrt{R^2 + X_L{}^2} = \sqrt{R^2 + (2\pi f L)^2} \; (\Omega)$
※ $X_L = \omega L \; (\Omega)$

임피던스 Z는 교류에서 전류가 흐를 때 전류의 흐름을 방해하는 R. L. C의 벡터적인 합을 말하는데, 직류회로에 있어서 전기 저항에 상당하다.

$\tan\theta = \dfrac{\dot{V}_L}{\dot{V}_R} = \dfrac{I\omega L}{IR} = \dfrac{\omega L}{R} = \dfrac{X_L}{R}$

$\therefore \theta = \tan^{-1}\dfrac{X_L}{R}$

$\cos\theta = \dfrac{R}{Z} = \dfrac{R}{\sqrt{R^2 + X_L{}^2}}$

② RC 직렬회로

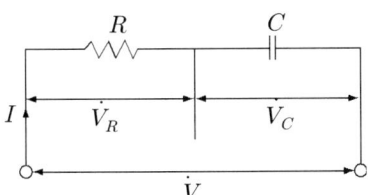

$\dot{V}_R = IR \,(\text{V})$

$\dot{V}_C = I \dfrac{1}{\omega C} \,(\text{V})$

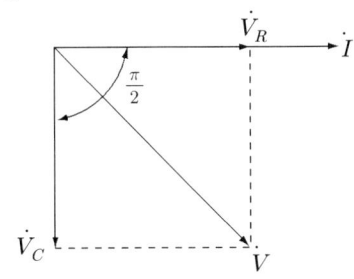

$\dot{V} = \dot{V}_R + \dot{V}_C$

$V = \sqrt{V_R^{\,2} + V_C^{\,2}} = \sqrt{(IR)^2 + \left(I\dfrac{1}{\omega C}\right)^2} = I\sqrt{R^2 + \left(\dfrac{1}{\omega C}\right)^2}$

$\quad = I\sqrt{R^2 + X_C^{\,2}} \,(\text{V})$

$Z = \sqrt{R^2 + X_C^{\,2}} = \sqrt{R^2 + \left(\dfrac{1}{\omega C}\right)^2} = \sqrt{R^2 + \left(\dfrac{1}{2\pi fC}\right)^2} \,(\Omega)$

$\theta = \tan^{-1}\dfrac{\dot{V}_C}{\dot{V}_R} = \tan^{-1}\dfrac{I \times \dfrac{1}{\omega C}}{IR} = \tan^{-1}\dfrac{1}{\omega CR} \,(\text{rad})$

$\cos\theta = \dfrac{R}{Z} = \dfrac{R}{\sqrt{R^2 + X_C^{\,2}}}$

※ $X_C = \dfrac{1}{\omega C} \,(\Omega)$

③ R. L. C 직렬회로

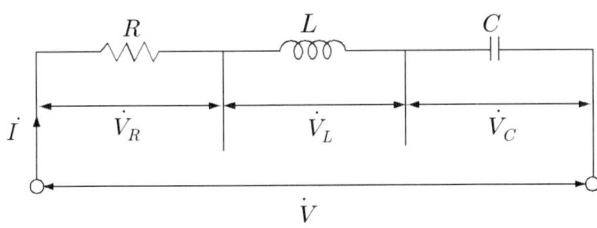

$\dot{V}_R = IR \, (\text{V}) \, \cdots\cdots I$ 와 동상

$\dot{V}_L = I\omega L \, (\text{V}) \, \cdots\cdots I$ 보다 $\frac{\pi}{2}$ (rad)만큼 앞선다.

$\dot{V}_C = I\frac{1}{\omega C} \, (\text{V}) \, \cdots\cdots I$ 보다 $\frac{\pi}{2}$ (rad)만큼 뒤진다.

$\dot{V} = \dot{V}_R + \dot{V}_L + \dot{V}_C$

$V = \sqrt{V_R^2 + (V_L - V_C)^2} = \sqrt{(RI)^2 + \left(\omega L I - \frac{1}{\omega C} I\right)^2}$

$= I\sqrt{R^2 + \left(\omega L - \frac{1}{\omega C}\right)^2}$ (V)

$I = \dfrac{V}{\sqrt{R^2 + \left(\omega L - \frac{1}{\omega C}\right)^2}}$ (A)

$Z = \dfrac{V}{I} = \sqrt{R^2 + \left(\omega L - \frac{1}{\omega C}\right)^2} = \sqrt{R^2 + X^2}$ (Ω)

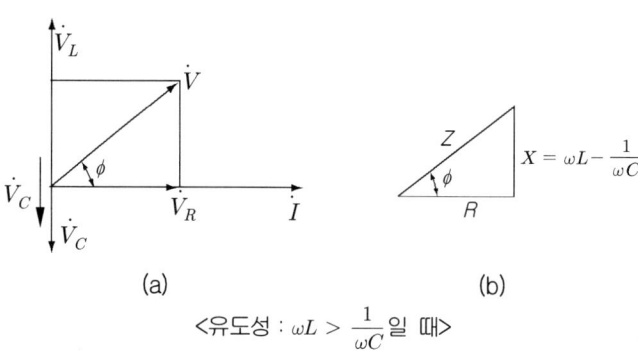

(a)   (b)

<유도성 : $\omega L > \dfrac{1}{\omega C}$ 일 때>

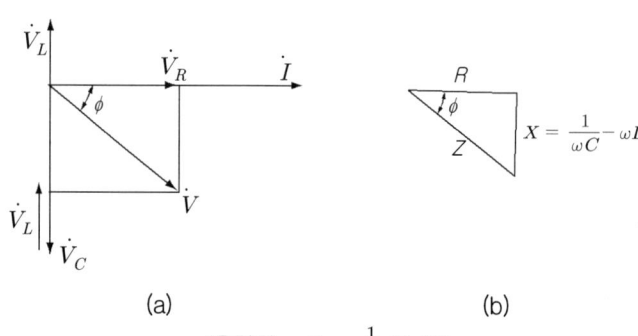

(a)   (b)

<용량성 : $\omega L < \dfrac{1}{\omega C}$ 일 때>

<참고>

$\omega L > \dfrac{1}{\omega C}$: 유도성 회로

$\omega L < \dfrac{1}{\omega C}$: 용량성 회로

$\omega L = \dfrac{1}{\omega C}$: 무유도성 회로(직렬공진 회로)

공진조건 $\omega L = \dfrac{1}{\omega C}$ 일 때 RLC 직렬회로에서 리액턴스분이 0이 된다. 즉

$$Z = \sqrt{R^2 + \left(\omega L - \dfrac{1}{\omega C}\right)^2} = R$$

그러므로 전류는 최대가 흐른다.

공진주파수 $f_o = \dfrac{1}{2\pi\sqrt{LC}}$ (Hz)

$\cos\theta = \dfrac{R}{Z} = \dfrac{R}{\sqrt{R^2 + (X_L - X_C)^2}}$

2. 교류전력

① 유효전력(소비전력, 평균전력)
$$P = VI\cos\theta \text{ (W)}$$

② 피상전력
$$P_a = VI = \sqrt{P^2 + P_r^2} = I^2 Z \text{ (VA)}$$

③ 무효전력
$$P_r = VI\sin\theta = I^2 X \text{(Var)}$$

④ 역률
$$\cos\theta = \dfrac{P}{P_a} = \dfrac{P}{VI} = \dfrac{R}{Z}$$

⑤ 무효율
$$\sin\theta = \dfrac{P_r}{P_a} = \dfrac{P_r}{VI} = \dfrac{X}{Z}$$

3. 복소전력

$I = I_1 + jI_2 \text{(A)}, \ V = V_1 + jV_2 \text{(V)}$ 이면

$P_a = V\overline{I} = (V_1 + jV_2)(I_1 - jI_2)$
$\quad = (V_1 I_1 + V_2 I_2) + j(V_2 I_1 - V_1 I_2)$
$\quad = P + jP_r (VA)$

제4장 3상 교류

1. 3상 교류

위상이 서로 다른 3개의 교류 기전력을 1조로 한 것

$$v_a = \sqrt{2}\, V_a \sin\omega t$$
$$v_b = \sqrt{2}\, V_b \sin\left(\omega t - \frac{2}{3}\pi\right)$$
$$v_c = \sqrt{2}\, V_c \sin\left(\omega t - \frac{4}{3}\pi\right)$$

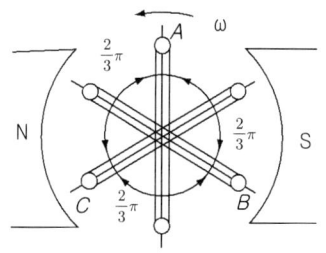 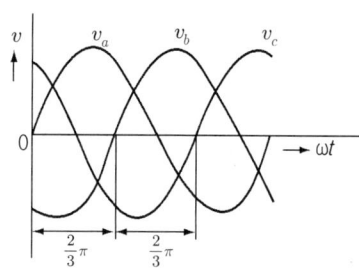

2. 대칭 3상 교류

기전력의 크기가 같고 서로 2π/3(rad) 위상차를 갖는 3상 교류

$$v_a = \sqrt{2}\, V \sin\omega t$$
$$v_b = \sqrt{2}\, V \sin\left(\omega t - \frac{2}{3}\pi\right)$$
$$v_c = \sqrt{2}\, V \sin\left(\omega t - \frac{4}{3}\pi\right)$$

※ 대칭 3상 기전력의 순시값의 합 및 벡터의 합은 0이다. 즉,

$$v_a + v_b + v_c = 0, \quad \dot{V}_a + \dot{V}_b + \dot{V}_c = 0$$

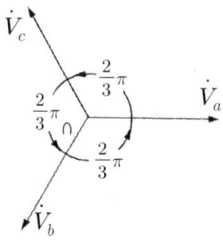

교류회로의 벡터 표시

3. 3상 교류의 결선법

① 평형 3상 회로

선간전압 $(V_l) = \sqrt{3} \times$ 상전압(V_s)

선전류 $(I_l) =$ 상전류(I_s)

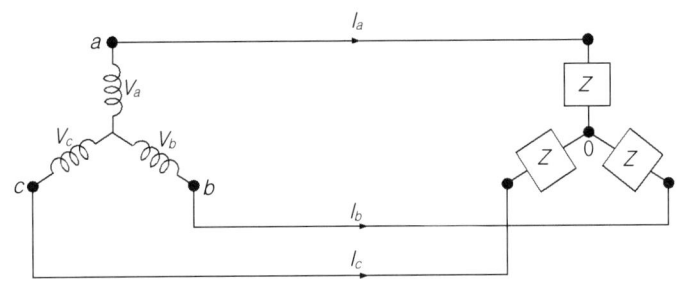

※ 선간전압은 상전압보다 $\frac{\pi}{6}$rad 앞선다.

② 평형 Δ-Δ결선

선간전압 $(V_l) =$ 상전압(V_s)

선전류 $(I_l) = \sqrt{3} \times$ 상전류(I_s)

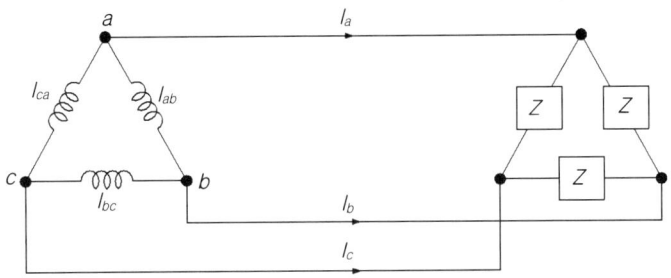

※ I_l 은 I_s 보다 $\frac{\pi}{6}$rad 뒤진다.

4. 3상전력

① 유효전력

$$P = \sqrt{3}\ V_l I_l \cos\theta = 3 V_s I_s \cos\theta \text{ (W)}$$

② 무효전력

$$P_r = \sqrt{3}\ V_l I_l \sin\theta = 3 V_s I_s \sin\theta = 3 I_s^2 X \text{(Var)}$$

③ 피상전력

$$P_a = \sqrt{3}\ V_l I_l = 3 V_s I_s \text{(VA)}$$

출제예상문제

1. 정현파의 주기가 0.02[sec]일 때 주파수는 몇 [Hz]인가?

　가. 50　　　　　나. 60　　　　　다. 70　　　　　라. 80

해설 $f = \dfrac{1}{T} = \dfrac{1}{0.02} = 50(Hz)$

2. 실효값이 200[V]인 정현파 교류의 최대값은 몇 [V]인가?

　가. 250　　　　나. 282　　　　다. 296　　　　라. 315

해설 $V = \dfrac{V_m}{\sqrt{2}}(V)$에서　$V_m = \sqrt{2}\,V = \sqrt{2} \times 200 = 282.8(V)$

3. $e_1 = E_m \sin(\omega t + 60°)$와 $e_2 = E_m \cos(\omega t - 90°)$와의 위상차는?

　가. 30°　　　　나. 60°　　　　다. 90°　　　　라. 150°

해설 $e_2 = E_m \cos(\omega t - 90°) = E_m \sin(\omega t - 90° + 90°) = E_m \sin\omega t$
　　　∴ $\theta_1 - \theta_2 = 60° - 0° = 60°$

4. $e = 141.4 \sin 100\pi t$(V)의 교류전압이 있다. 이 교류의 실효값을 구하면?

　가. 60V　　　　나. 70V　　　　다. 100V　　　　라. 141.4V

해설 $e = E_m \sin\omega t$(V) 여기서, E_m은 최대값을 나타낸다.
　　　따라서, $E = \dfrac{E_m}{\sqrt{2}} = \dfrac{141.4}{\sqrt{2}} = 100V$

5. 100mH의 인덕턴스에 100V의 전압(주파수 60Hz)을 가하면 전류(A)는?

　가. 5.85　　　　나. 4.67　　　　다. 3.65　　　　라. 2.65

해설 $I = \dfrac{V}{X_L} = \dfrac{V}{\omega L} = \dfrac{V}{2\pi f L} = \dfrac{100}{2\pi \times 60 \times 100 \times 10^{-3}} ≒ 2.65A$
　　　※ $1H = 10^3 mH$

6. 실효값이 E(V)인 정현파 교류의 평균값(V)은?

　가. $\dfrac{2}{2\sqrt{2}}E$　　　나. $\dfrac{2\sqrt{2}}{\pi}E$　　　다. $\dfrac{2}{\pi}E^2$　　　라. $\dfrac{\pi}{2}E^2$

정답 1. 가　2. 나　3. 나　4. 다　5. 라　6. 나

해설 평균값 = $\frac{2}{\pi}$ × 최대값, 최대값 = $\sqrt{2}$ × 실효값

따라서 평균값 = $\frac{2}{\pi} \times \sqrt{2} \times$ 실효값 = $\frac{2\sqrt{2}}{\pi} E$ (V)

7. 콘덴서만의 회로에서 전압, 전류의 위상 관계로 맞는 것은?

가. 전압이 전류보다 45° 앞선다. 나. 전압이 전류보다 90° 앞선다.
다. 전압이 전류보다 90° 뒤진다. 라. 동상이다.

해설 ① R만의 회로 : 전압과 전류는 동상(in-phase)이다.
② L만의 회로 : 전류가 전압보다 90° 뒤진다.
③ C만의 회로 : 전류가 전압보다 90° 앞선다.

8. 200[V]의 교류전원에 선풍기를 접속하고 전력과 전류를 측정하였더니 60[W], 0.5[A]이었다. 이 선풍기의 역률은 몇 [%]인가?

가. 20   나. 40   다. 60   라. 80

해설 $P = EI\cos\theta$ [W], $\cos\theta = \frac{P}{EI} = \frac{60}{200 \times 0.5} = 0.6$

9. 어떤 회로소자에 $e = 120\sin 377t$ [V]의 전압을 가했더니 $i = 15\sin 377t$ [A]의 전류가 흘렀다. 이 회로소자로 적합한 것은?

가. 순저항   나. TR   다. 유도 리액턴스   라. 용도 리액턴스

해설 전압과 전류의 위상차가 없다. 그러므로 동상이다. 따라서 순저항 회로이다.

10. 정격 220[V], 60[W] 백열전구에 교류 전압을 가할 때, 전압과 전류의 위상 관계로 맞는 것은?

가. 전류가 전압보다 90° 앞선다. 나. 전압이 전류보다 90° 앞선다.
다. 전압과 전류가 동상이다. 라. 전압이 전류보다 45° 뒤진다.

해설 필라멘트는 순수한 저항으로만 되어 있어, 전압과 전류가 동상이다.

11. R=100Ω, C=30μF의 직렬회로에 f=60Hz, V=100V의 교류 전압을 가할 때 C의 용량 리액턴스 Ω는?

가. 67.4   나. 77.5   다. 88.4   라. 95.4

해설 $X_c = \frac{1}{\omega C} = \frac{1}{2\pi f c}$

$= \frac{1}{2\pi \times 60 \times 30 \times 10^{-6}} \fallingdotseq 88.4 \Omega$

정답 7. 다 8. 다 9. 가 10. 다 11. 다

12. 저항 16Ω, 유도 리액턴스 20Ω, 용량 리액턴스 8Ω인 직렬회로에 10A의 전류가 흘렀다면 인가 전압은 몇 V인가?

가. 100　　　　나. 200　　　　다. 300　　　　라. 600

해설 $Z = \sqrt{R^2+(X_L-X_C)^2} = \sqrt{16^2+(20-8)^2} = 20\Omega$
$V = IZ = 10 \times 20 = 200V$

13. 저항 $R=5\Omega$, 자체 인덕턴스 L=30mH, 정전용량 C=100μF의 직렬회로에서 공진주파수 f_r는 몇 Hz인가?

가. 약 90　　　　나. 약 92　　　　다. 약 94　　　　라. 약 96

해설 $f_o = \dfrac{1}{2\pi\sqrt{LC}} = \dfrac{1}{2\pi\sqrt{30\times 10^{-3}\times 100\times 10^{-6}}} \fallingdotseq 92\mathrm{Hz}$

14. 저항 8[Ω]과 용량 리액턴스 6[Ω]이 직렬로 접속된 회로에 200[V]의 전압을 가했을 때 흐르는 전류는 몇 [A]인가?

가. 30　　　　나. 20　　　　다. 10　　　　라. 5

해설 $I = \dfrac{V}{Z} = \dfrac{V}{\sqrt{R^2+X_c^2}} = \dfrac{200}{\sqrt{8^2+6^2}} = 20[A]$

15. $R=15\Omega$인 RC 직렬회로에 60Hz, 100V의 전압을 가하니 4A의 전류가 흘렀다면 용량 리액턴스(Ω)는?

가. 12　　　　나. 15　　　　다. 18　　　　라. 20

해설 $I = \dfrac{V}{Z}(A)$에서 $Z = \dfrac{V}{I} = \dfrac{100}{4} = 25\Omega$
$Z = \sqrt{R^2+X_c^2}$에서 $X_c = \sqrt{Z^2-R^2} = \sqrt{25^2-15^2} = 20\Omega$

16. 저항 8[Ω]과 유도 리액턴스 6[Ω]이 직렬로 접속된 회로에 200[V]의 교류전압을 가하면 소비되는 전력[W]은 얼마인가?

가. 1500　　　　나. 1800　　　　다. 2600　　　　라. 3200

해설 $\cos\theta = \dfrac{R}{Z} = \dfrac{R}{\sqrt{R^2+X^2}} = \dfrac{8}{\sqrt{8^2+6^2}} = 0.8,\quad I = \dfrac{V}{Z} = \dfrac{200}{\sqrt{8^2+6^2}} = 20[A]$
$P = VI\cos\theta = 200\times 20\times 0.8 = 3,200[W]$

17. 어떤 전동기의 명판에 정격전압 200[V], 역율 80[%], 정격출력 6[HP], 단상 2선식으로 기록되어 있다. 이 전동기에 공급되는 정격전류[A]는 얼마인가?

가. 24　　　　나. 28　　　　다. 32　　　　라. 36

해설 $P = VI\cos\theta(W),\quad I = \dfrac{P}{V\cos\theta} = \dfrac{6\times 746}{200\times 0.8} \fallingdotseq 28(A)$

정답　12. 나　13. 나　14. 나　15. 라　16. 라　17. 나

18. 역률 80%의 부하의 유효전력이 80kW이면 무효전력 P_r은 몇 KVar인가?

가. 50 나. 60 다. 70 라. 80

해설 $P_r = VI\sin\theta = \dfrac{80}{0.8} \times 0.6 = 60$ KVar

※ $\sin\theta = \sqrt{1-\cos^2\theta} = \sqrt{1-0.8^2} = 0.6$

19. 어떤 부하의 피상전력이 10[kVA]이고, 무효전력이 6[kVar]일 때 유효전력은 몇 [kW]인가?

가. 7 나. 8 다. 9 라. 10

해설 $P_a = \sqrt{P^2+P_r^2}$, $P = \sqrt{P_a^2-P_r^2} = \sqrt{10^2-6^2} = 8(kW)$

20. 무효전력이 0이 되는 부하는?

가. 유도 리액턴스만의 부하 나. 저항만의 부하
다. 용량 리액턴스만의 부하 라. 저항과 용량 리액턴스의 합성 부하

21. 역율 80[%], 160[kW]의 단상부하에서 2시간중의 무효전력량[kVa]은 얼마인가?

가. 160 나. 200 다. 240 라. 280

해설 피상전력 : $P_a = \dfrac{P}{\cos\theta} = \dfrac{160}{0.8} = 200(kVA)$

무효전력 : $P_r = P_a\sin\theta = 200 \times 0.6 = 120(kVar)$

무효전력량 : $W_o = P_r \times t = 120 \times 2 = 240(kVar)$

22. 3상 유도전동기 회로에 전압 220[V], 전류30[A], 역율 0.6인 경우 이 3상회로의 전력은 약 몇 [kW]인가?

가. 5.4 나. 6.9 다. 7.2 라. 8.4

해설 $P = \sqrt{3}\,VI\cos\theta = \sqrt{3} \times 220 \times 30 \times 0.6 = 6958.7(W)$

23. 3상평형 부하의 역율이 0.85, 전류가 30[A]이고, 유효 전력은 10[kW]이다. 이 회로의 선간전압은 몇 [V]인가?

가. 176 나. 192 다. 208 라. 226

해설 $P = \sqrt{3}\,VI\cos\theta(W)$,

$V = \dfrac{P}{\sqrt{3}\,I\cos\theta} = \dfrac{10 \times 10^3}{\sqrt{3} \times 30 \times 0.85} = 226.4[V]$

정답 18. 나 19. 나 20. 나 21. 다 22. 나 23. 라

24. 평형 3상회로에서 임피던스가 Δ결선되어 있는 것을 Y결선으로 바꾸면 소비전력은 몇 배로 되는가?

가. 2배   나. $\frac{1}{2}$배   다. 3배   라. $\frac{1}{3}$배

25. 각 변의 저항값이 60Ω인 Δ결선의 회로를 등가 Y결선으로 변환하면 각 변의 저항값(Ω)은?

가. 40   나. 30   다. 20   라. 10

해설 $R_y = \frac{1}{3}R_\Delta$ 에서 $R_y = \frac{1}{3} \times 60 = 20\Omega$

26. 대칭 3상 교류의 순시값의 합은?

가. 0V   나. 30V   다. 60V   라. 80V

27. 평형 3상 Y결선에서 선간전압과 상전압의 위상차는 몇 rad 인가?

가. $\frac{\pi}{3}$ 나. $\frac{\pi}{2}$ 다. $\frac{2\pi}{3}$ 라. $\frac{\pi}{6}$

28. 평형 3상 대칭에서 한 상간의 위상각은?

가. $\frac{\pi}{6}$ 나. $\frac{\pi}{4}$ 다. $\frac{\pi}{2}$ 라. $\frac{2}{3}\pi$

29. 그림과 같은 회로에서 대칭 3상 교류 전압을 가했을 때 이 회로에 흐르는 선전류(A)는?

가. $\frac{10}{\sqrt{3}}$ 나. $7\sqrt{3}$
다. $10\sqrt{3}$ 라. $20\sqrt{3}$

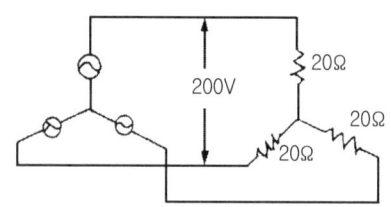

해설 $I_s = \frac{V_s}{Z} = \frac{\frac{200}{\sqrt{3}}}{20} = \frac{200}{20\sqrt{3}} = \frac{10}{\sqrt{3}}$(A)

Y결선에서는 I_ℓ 과 I_s는 같으므로 $\frac{10}{\sqrt{3}}$(A)가 답이다.

30. 도면과 같은 회로에서 R=60Ω, X_L=80Ω인 대칭 부하 회로에 선간 전압 100V인 대칭 3상 전압을 가하면 선전류 A는?

가. $\sqrt{3}$ 나. $2\sqrt{3}$
다. $3\sqrt{3}$ 라. $5\sqrt{3}$

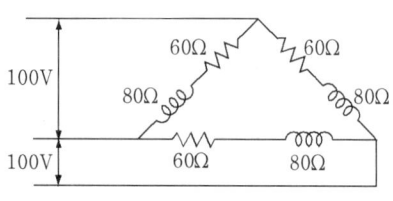

정답 24. 라 25. 다 26. 가 27. 라 28. 라 29. 가 30. 가

해설 $I_s = \dfrac{V_s}{Z} = \dfrac{V_s}{\sqrt{R^2+X_L^2}} = \dfrac{100}{\sqrt{60^2+80^2}} = 1(A)$

그러므로 $I_\ell = \sqrt{3}\,I_s = \sqrt{3}\times 1 = \sqrt{3}\,(A)$

※ [△결선시] : • V_ℓ (선간전압)= V_s(상전압), • I_ℓ (선전류)= $\sqrt{3}\,I_s$(상전류)

31. 2전력계법에서 지시값이 P_1=100W, P_2=200W일 때 역률은?

　가. 0.866　　　　　나. 0.707　　　　　다. 0.624　　　　　라. 0.527

해설 $\cos\theta = \dfrac{P_1+P_2}{2\sqrt{P_1^{\,2}+P_2^{\,2}-P_1P_2}} = \dfrac{100+200}{2\sqrt{100^2+200^2-100\times 200}} \fallingdotseq 0.866$

32. $R=3\Omega, X=4\Omega$의 병렬회로의 역률은?

　가. 0.4　　　　　나. 0.6　　　　　다. 0.8　　　　　라. 1.2

해설 $\cos\theta = \dfrac{X}{\sqrt{R^2+X^2}} = \dfrac{4}{\sqrt{3^2+4^2}} = 0.8$

33. 8Ω의 저항과 6Ω의 리액턴스가 직렬로 된 회로의 역률은?

　가. 0.4　　　　　나. 0.6　　　　　다. 0.8　　　　　라. 1.2

해설 $\cos\theta = \dfrac{R}{Z}$ 에서

$\cos\theta = \dfrac{R}{\sqrt{R^2+X^2}} = \dfrac{8}{\sqrt{8^2+6^2}} = 0.8$

정답 31. 가 32. 다 33. 다

제4편 전기기기

제1장 직류기

1. 직류 전동기의 동작 원리

그림 1과 같이 자장 중에 있는 코일에 정류자를 접속하고, 브러시로 직류 전압을 가해 주면 직류 전류가 흐르고, 코일은 플레밍의 왼손 법칙에 의거 시계 방향으로 회전한다. 전기자가 회전해도 정류자와 브러시의 작용에 의거 각 자극 밑에 있는 도체에는 항상 같은 방향으로 전류가 흐르므로, 전기자는 계속하여 같은 방향으로 회전한다.

그림 2와 같이 직류 발전기는 직류 전동기로 작용되는데, 이 때 자극과 단자의 극성 및 회전 방향이 같다고 하면, 발전기와 전동기는 전기자 전류의 방향만 반대가 된다.

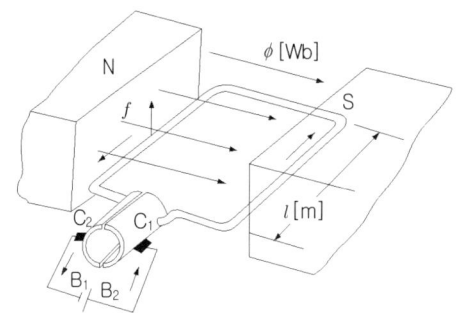

그림 1. 직류 전동기의 원리

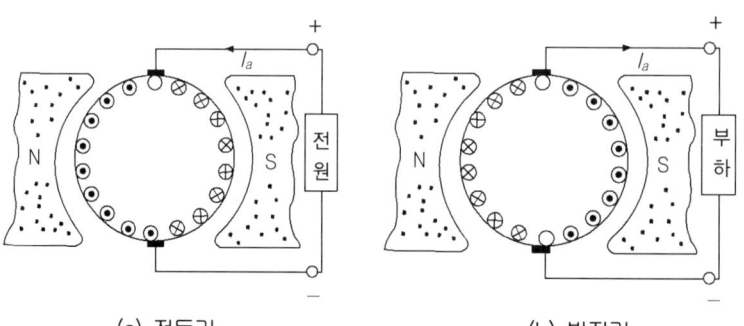

(a) 전동기　　　　　　　　(b) 발전기

그림 2. 직류 전동기와 발전기

2. 직류 전동기의 단자전압

$$V = E_0 + I_a R_a \text{ (V)}$$

여기서, V : 단자전압(V), E_0 : 역기전력(V), I_a : 전기자 전류(A), R_a : 전기자 저항(Ω)

3. 직류 전동기의 회전속도

$$N = K \frac{V - I_a R_a}{\phi} \text{ (rpm)}$$

여기서, 상수 $K = \frac{PZ}{60a}$, a : 전기자 병렬회로수, P : 극수, Z : 전기자 도체수

4. 직류 전동기의 토오크(회전력)

$$T = \frac{PZ}{2\pi a} I_a \phi \text{ [N·m]} = \frac{1}{9.8} \cdot \frac{PZ}{2\pi a} I_a \phi \text{ [kg·m]}$$

여기서, P : 자극수, ϕ : 1극당 자속, Z : 전기자 총 도체수,
a : 병렬회로수, I_a : 전기자 전류

5. 직류전동기의 출력

$$P_0 = EI_a = \frac{P}{a} Z\phi \frac{N}{60} I_a = 2\pi \frac{N}{60} \tau = 2\pi n \tau \text{ (W)}$$

여기서, n : 회전수(rps), N : 회전수(rpm), E : 공급전압(V),
I_a : 전기자 전류(A), Z : 전기자 총도체수, ϕ : 1극당 자속(Wb),
a : 병렬회로수, P : 자극수, τ : 토오크

6. 직류 전동기의 종류

직류 발전기는 직류 전동기로 사용할 수 있으므로 구조는 발전기와 똑같다.

① 타여자 전동기(seperately excited motor)

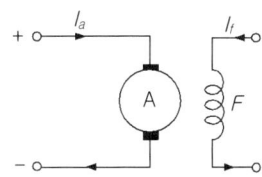

② 자여자 전동기(self excited motor)
  ⓐ 분권 전동기(shunt motor)

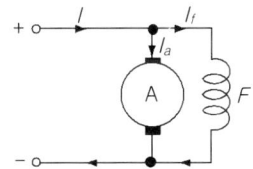

A : 전기자, F : 분권 또는 타여자 권선, F_s : 직권 권선,
I : 부하전류, I_a : 전기자 전류, I_f : 분권 또는 타여자 계자 전류

ⓑ 직권 전동기(series motor)

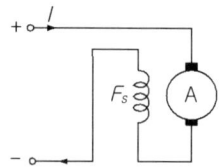

ⓒ 복권 전동기
- 가동복권 전동기(cumulative compound motor)

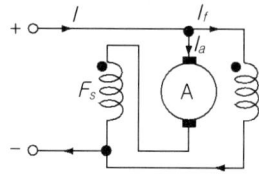

- 차동복권 전동기(differential compound motor)

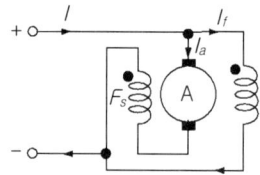

7. 직류 전동기의 특성

(1) 속도 특성

속도특성(speed characteristic curve)은 단자 전압 $V[\text{V}]$를 일정히 유지하고, 부하 전류와 회전수의 관계를 나타낸 것이다. 직류 전동기에서 정격 부하를 제거하면 속도가 증가하는데, 일반적으로 분권 전동기는 약 8[%], 가동 복권 전동기는 약 15~20[%] 증가한다.

① 타여자 전동기

타여자 전동기의 자속 $\varnothing[\text{Wb}]$는 거의 일정하므로 속도 $N[\text{rpm}]$은 $V - I_a R_a$에 비례한다. 여기서 전기자 회로의 저항 $R_a[\Omega]$의 값이 적기 때문에 $R_a I_a[\text{V}]$는 비교적 적은 값이 되고, 속도의 감소는 거의 없어 전동기는 일정한 속도 특성을 나타낸다.

② 분권 전동기

분권 전동기는 계자 전류를 일정하게 한 상태에서 부하가 증가하면 속도 N은 $R_a I_a[\text{V}]$의 증가에 따라 감소한다. 전동기의 속도 $N[\text{rpm}]$에 관한 식

$$N = K \frac{V - I_a R_a}{\phi} \text{(rpm)}$$

에서 계자전류를 일정하게 하였으므로 자속 $\varnothing$도 일정하다. 일반적으로, $I_a R_a[\text{V}]$는 단자 전압 $V[\text{V}]$에 비해 극히 작으므로 부하 전류 $I[A]$의 변화에 따른 속도의 변화가 거의 없게 되어, 다음 그림과 같이 정속도 특성을 나타낸다. 여기서 K는 비례상수이다.

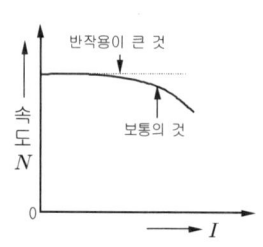

③ 직권 전동기

직권 전동기의 계자 회로는 계자 권선과 전기자 권선이 직렬로 접속되어 있기 때문에 계자 전류 I_f(A)와 전기자 전류 I_a(A)도 부하전류 I(A)와 모두 같은 전류이다. 전기자 의 속도 N에 관한 식은

$$N = K\frac{V-(R_a+R_s)I_a}{\phi} \text{ (rpm)}$$

이 되며, 위 식에서 계자자속 ϕ[Wb] 부하전류 I_a[A]에 비례하므로, 다음과 같이 다시 쓸 수 있다.

$$N = K_2\frac{V-(R_a+R_s)I_a}{I_a} \text{ (rpm)}$$

그런데 $(R_a+R_a)I_a$는 단자 전압 $V[V]$에 비례해 극히 적으므로 무시하면,

$$N = K_2\frac{V}{I_a} \text{ (rpm)}$$

이다. 여기서 $K_1 K_2$는 비례상수이며, 단자전압 $V[V]$가 일정하면, 회전수는 다음 그림과 같이 부하전류 I_a의 증가에 따라 급속하게 감소한다. 이처럼 직류 직권 전동기는 부하 I_a[A]가 증가함에 따라 현저하게 속도가 감소하고, 부하전류 I_a[A]가 감소하면 급격히 속도가 상승하는 가변 속도 전동기(variable speed motor)이다. 특히 무부하가 되면 대단히 속도가 높아져서 위험하게 된다. 따라서 직권 전동기는 무부하 운전이나 벨트를 연결한 운전은 절대로 안 된다.

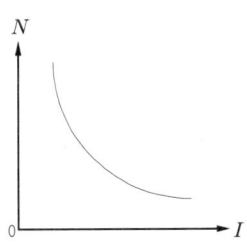

④ 복권 전동기

가동 복권 전동기는 직권 계자 권선과 분권 계자 권선이 만든 합성자속에 영향을 받으므로 부하전류 $I[A]$가 증가하면 속도는 합성 자속 ϕ[Wb]에 반비례하므로 다음 그림과 같이 속도가 크게 감소하며, 분권전동기와 직권 전동기의 중간 특성을 나타낸다.

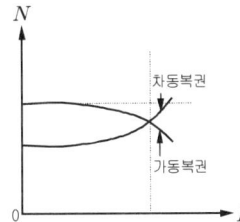

(2) 토크 특성

부하전류와 토크의 관계를 표시하는 곡선을 토크-부하 특성 곡선(torque-speed characteristic curve)이라 한다.

① 분권 전동기

분권 전동기의 토크식은 $T = K\phi I_a$[N·m]이다. 여기서 ϕ[Wb]는 일정하므로, T[N·m]와 전기자 전류 I_a[A] 사이에는 $T \propto KI_a$의 비례관계를 가지고, 토크 T는 전류의 증가에 따라 다음 그림과 같이 직선이 된다. 운전 중인 분권 전동기에서는 계자 전류가 0이 되면 자속 ϕ가 0이 되어, 속도가 매우 높아져 원심력에 의해 기계가 파손될 위험이 있으므로 계자회로가 단선되지 않도록 주의해야 한다.

② 직권 전동기

직권전동기의 토크는 계자 권선과 전기자 권선이 직렬로 접속되어 있으므로, 부하 전류 I, 전기자 전류 I_a, 계자전류 I_f는 모두 같아서 $I = I_a = I_f$가 되며, 자속 ϕ[Wb]는 전기자 전류 I_a[A]에 의해서 발생한다. 따라서 전동기의 토크 T에 관한 식은

$$T = K\phi I_a = K(K_1 K_2)I_a = K_2 I_a^2 = K_2 I^2 \text{ [N·m]}$$

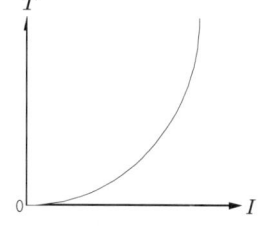

이 된다. 이 식에서 토크 T [N·m]는 부하 전류 I [A]의 자승에 비례하므로 부하 전류의 증가에 따라 다음 그림과 같이 포물선의 모양으로 급격히 증가한다. 직권 전동기는 기동할 때 매우 큰 토크를 발생하는 것이 특징이다.

③ 복권 전동기

복권 전동기에서 차동 전동기는 과부하의 경우에 속도 상승의 우려가 있고, 기동할 때에 차동적으로 작용하는 직권 계자 권선의 자속이 먼저 이루어지므로 기동 토크가 배우 작거나 경우에 따라서 반대로 회전할 위험이 있기 때문에 거의 사용되지 않는다. 따라서, 가동 복권 계자가 합해지기 때문에 부하 전류의 증가에 따라 회전 속도 N[rpm]은 감소 비율이 크고, 토크 T[N·m]은 증가 비율이 크게 된다.

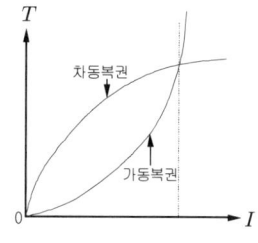

8. 직류 전동기의 용도

① 분권 전동기

계자 저항기로 쉽게 회전 속도를 조정할 수 있으므로, 공작 기계, 압연기 등에 쓰인다.

② 직권 전동기

직권 전동기의 기동 토크는 부하 전류 I[A]의 제곱에 비례하기 때문에 전동차나 크레인과 같이 부하 변동이 심하고, 기동토크가 큰 것을 요구하는 부하의 운전에 적합하다. 전기 철도에 사용하는 전동기는 모두 직권 전동기이다.

③ 복권전동기

ⓐ 가동 복권 전동기 : 속도 변동률이 분권 전동기보다 큰 반면에, 기동 토크도 크므로 크레인, 엘리베이터, 공작기계, 공기 압축기 등에 널리 이용된다.

ⓑ 차동 복권전동기 : 부하전류가 증가함에 따라 합성 자속이 감소하므로써 상승하고, 또한 부하 전류의 증가로 인하여 직권 계자 기자력 F[AT]이 분권 계자 기자력 F[AT]을 초과하면 자속의 방향이 반대가 되어 역회전하는 경우가 있어 거의 사용하지 않는다.

9. 직류 전동기의 속도제어

직류 전동기의 회전수 $N = K\dfrac{E}{\phi} = K\dfrac{V - I_a R_a}{\phi}$ [rpm]

그러므로 계자자속 ϕ(Wb), 단자전압 V(V), 전기자 회로 저항 R_a(Ω)를 바꾸면 된다.

(1) 속도 제어 방법의 종류

① 계자제어법

　계자전류를 조정하여 계자자속 ϕ를 변화해 속도를 제어하는 방법으로, 타여자 전동기와 분권 전동기 그리고 복권 전동기는 아래 그림과 같이 계자 저항기 R_f를 조정하면 된다.

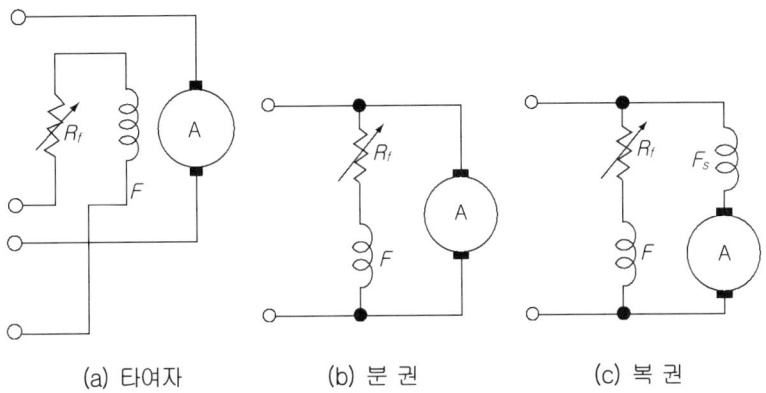

(a) 타여자　　　(b) 분권　　　(c) 복권

② 저항 제어법

　아래 그림과 같이 전기자 회로에 저항 R을 넣고, 이것을 가감해 속도를 제어하는 방식이다.

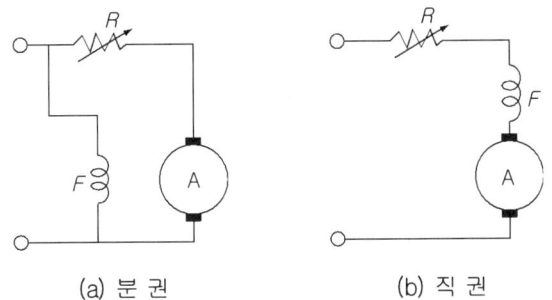

(a) 분권　　　(b) 직권

③ 전압 제어법

　전기자에 가해지는 단자 전압을 변화하여 속도를 조정하는 방법이다. 주로 타여자 전동기에 사용한다. 이에는 워드 레오나드 방식, 일그너 방식, 직·병렬 제어 방식이 있다.

10. 직류 전동기의 제동

① 발전 제동 : 운전 중인 전동기를 전원에서 분리해 단자에 적당한 저항을 연결하고 이것을 발전기로 동작하여 부하전류로 역회전력에 의거 제동하는 방법
② 회생 제동 : 전동기를 발전기로 동작시켜 그 유도 기전력을 전원 전압보다 크게 해, 전력을 전원에 되돌리면서 제동시키는 방법
③ 역전 제동 : 전동기를 전원에 접속한 상태에서, 전기자의 접속을 반대로 하고, 회전 방향과 반대 방향으로 토오크를 발생시켜 즉시 정지시키거나 역전시키는 방법

11. 직류기의 효율

① 실측 효율 = $\dfrac{출력}{입력} \times 100(\%)$

② 규약효율

ⓐ 발전기의 규약 효율 = $\dfrac{출력}{출력 + 손실} \times 100(\%)$

ⓑ 전동기의 규약 효율 = $\dfrac{입력 - 손실}{입력} \times 100(\%)$

12. 직류기의 전압 변동률과 속도 변동률

① 전압 변동률

$$\varepsilon = \dfrac{V_o - V_n}{V_n} \times 100(\%)$$

단, V_o : 무부하 전압(V), V_n : 정격 전압(V)

제2장 변압기

변압기는 높은 전압을 낮은 전압으로 하거나, 낮은 전압을 높은 전압으로 하고자 할 때 사용되는 정지기기이다.

1. 전자유도(electro-magnetic induction)

아래 그림과 같이 철심 양쪽에 코일을 감고, 1차 측에 교류 전압 V_1을 공급하면 무부하 전류 I_0가 흐르면서 자속이 발생하여, 철심 속을 지나 2차 코일과 쇄교하면서 2차 측에 전압 E_2를 유기한다. 이러한 현상을 전자유도라 하는데, 변압기는 이 현상을 이용한 것이다.

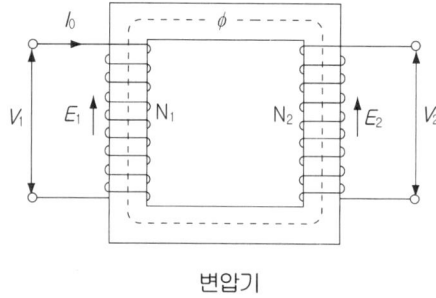

변압기

2. 권수비와 출력

① 변압비

$$a = \dfrac{E_1}{E_2} = \dfrac{N_1}{N_2}$$

② 변류비

$$\frac{1}{a} = \frac{I_1}{I_2} = \frac{N_2}{N_1}$$

3. 변압기와 냉각방식

① 변압기유의 구비조건
- 절연 내력이 클 것
- 비열이 커서 냉각 효과가 클 것
- 인화점이 높을 것
- 응고점이 낮을 것
- 절연 재료 및 금속에 접촉하여도 화학 작용을 일으키지 않을 것
- 고온에서 석출물이 생기거나, 산화하지 않을 것

② 냉각방식
ⓐ 건식 자냉식 : 변압기의 철심과 권선이 공기에 의해 자연히 냉각되도록 한 것. 20[kV] 이하 소용량의 변압기 또는 계기용 변압기에 주로 사용된다.
ⓑ 건식 풍냉식 : 건식 변압기에 송풍기를 달고 강제적으로 바람을 보내 냉각시키는 변압기이다. 500[kVA]이상의 경우에 사용하면 경제적이다.
ⓒ 유입 자냉식 : 변압기 외함 속에 절연유를 넣고, 그 속에 변압기 철심과 권선을 넣어 절연유를 냉각시키는 방식. 보수가 간단하여 가장 많이 사용한다.
ⓓ 유입 수냉식 : 변압기의 외함속 윗 부분에 냉각 사관(蛇管)을 설치하고 이것에 물을 통과시켜, 대류하는 기름을 냉각수 관에서 냉각시키는 방식이다.
ⓔ 송유 풍냉식 : 변압기 본체에서 가열된 절연유는 위쪽으로 외함 상부 입구의 냉각관으로 들어가고, 이때 냉각관의 외부에 붙인 송풍기의 송풍에 의해 관내의 뜨거운 기름은 냉각되어 하부의 본체로 송유되도록 해 냉각한다.
ⓕ 송유 수냉식 : 송유관이 여러 개 들어가 있는 냉각기 내를 뜨거운 기름이 빠져 나가도록 관을 만들고, 전동 펌프에 의해 기름이 변압기 본체간을 순환하도록 되어 있다. 냉각용 물은 별도로 설치한 전동 펌프에 의해 냉각기 내의 수냉관에 강제 송수가 되도록 한다.

③ 변압기의 열화
유입 변압기의 외함은 밀폐되어 있으나, 주변온도 또는 부하가 변화하면 내부의 오일 온도도 변화하고 부피도 변한다. 외함 내의 기압과 대기압 차가 있고, 공기가 출입하는 것을 호흡 작용이라 하는데 호흡 작용이 있으면 습기가 들어와 오일의 절연 내력이 떨어진다.
또한 가열된 오일과 접촉하면서 공기 중의 산소와 산화 작용을 일으켜 기름을 열화시킨다. 그러므로 열화 방지를 위하여 브리더(breather) 또는 콘서베이터(conservator)를 설치한다.

4. 유도 기전력(부하가 없는 이상 변압기)

$$E = 4.44 f N \phi_m = 4.44 N A B_m \text{ (V)}$$

여기서, f : 주파수(Hz), ϕ_m : 최대자속(Wb), N : 권수,
B_m : 최대자속밀도(Wb/m²), A : 철심 단면적(m²)

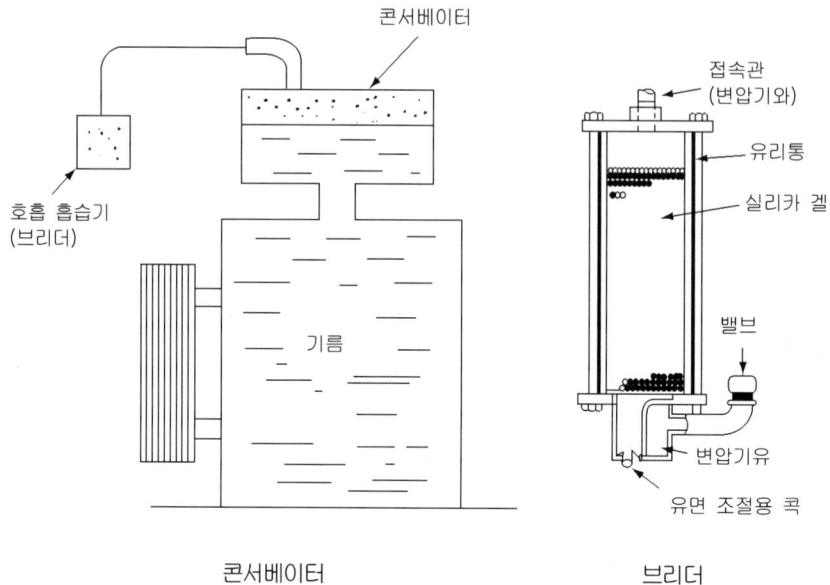

콘서베이터　　　　　　　　브리더

5. 변압기의 특성

① 전압 변동율

$$\varepsilon = \frac{V_{20} - V_{2n}}{V_{2n}} \times 100(\%) \fallingdotseq p\cos\theta + q\sin\theta(\%)$$

단, V_{20} : 무부하 2차 전압 $\left(\frac{V_1}{a}\right)$, V_{2n} : 정격 2차 전압

② 저항 강하(퍼센트 저항강하)

$$P = \frac{I_{2n}R_2}{V_{2n}} \times 100(\%)$$

단, V_{2n}, I_{2n} : 2차 정격 전압, 전류

③ 리액턴스 강하(퍼센트 리액턴스 강하)

$$q = \frac{I_{2n}X_2}{V_{2n}} \times 100(\%)$$

단, V_{2n}, I_{2n} : 2차 정격 전압, 전류

④ % 임피던스

$$\%Z = \frac{I_{2n}Z_2}{V_{2n}} \times 100(\%)$$

단, V_{2n}, I_{2n} : 2차 정격 전압, 전류

6. 변압기의 손실

변압기는 기계손은 없고 무부하손과 부하손만 있어 회전기에 비해 효율이 좋다.

(1) 무부하손(고정손)

ⓐ 히스테리시스손 : 철심의 히스테리시스 현상에 의해 생기는 손실

$$P_h = k_h f B_m^{1.6} \sim k_h f B_m^2 \text{ [W/kg]}$$

단, k_h : 철심의 재료에 따라 정해지는 상수
f : 주파수[Hz], B_m : 자속 밀도(Wb/m²)

ⓑ 와류손 : 와전류손은 자속의 변화 때문에 철심 단면에 유도되는 맴돌이 전류로 인하여 생기는 손실

$$P_e = k_e (t k_f f B_m)^2 \text{ [W/kg]}$$

단, k_e : 철심 재료에 따라 정해지는 상수
t : 철심의 두께[m], k_f : 유도 기전력의 파형률

(2) 부하손(가변손)

$$부하손 = (r_1 + r_2')I_1^2 + P_f ≒ (r_1 + r_2')I_1^2 \text{ [W]}$$

단, P_f : 표유 부하손(누설 자속에 관계되는 와류손)

※ 표유 부하손 : 권선에 부하 전류가 흐르면 누설 자속이 증가하여 권선, 철심 및 그 밖의 금속 부분을 통하여 그 곳에 생기는 와전류에 의하여 일어나는 손실을 표유 부하손이라고 한다.

7. 변압기의 효율

① 실측 효율

$$\eta = \frac{P_2}{P_1} \times 100 \, (\%)$$

단, P_1 : 입력, P_2 : 출력

② 규약 효율

$$\eta = \frac{출력(\text{kW})}{출력(\text{kW}) + 손실(\text{kW})} \times 100 \, (\%)$$

③ 전부하 효율

$$\eta = \frac{V_{2n} I_{2n} \cos\theta}{V_{2n} I_{2n} \cos\theta + P_i + P_c} \times 100 \, (\%)$$

단, P_i : 무부하손(철손), $P_c = r_{12} I_{2n}^2$
V_{2n}, I_{2n} : 정격 2차 전압 및 전류, $\cos\theta$: 부하 역률

8. 변압기의 결선

단상 변압기를 사용하여 3상 변압을 할 경우에는 각 변압기의 용량, 주파수, 정격전압, 권선 저항, 누설 리액턴스 및 여자 전류가 서로 같아야 한다.
단상 변압기 3대로 3상 변압하는 3상 결선 방식으로 $\Delta-\Delta$, $Y-Y$, $\Delta-Y$, $Y-\Delta$ 결선의 네 가지가 있다. 그리고 단상 변압기 그대로 3상 변압을 하는 $V-V$ 결선 방식이 있다.

① $\Delta-\Delta$ 결선

3개의 단상 변압기 1차와 2차 모두 Δ결선을 한 것. 전압이 비교적 낮고 전류가 큰 선로, 즉 배전용에 적합하다. 만일 1대가 고장이 나도 V결선으로 송전이 계속된다.

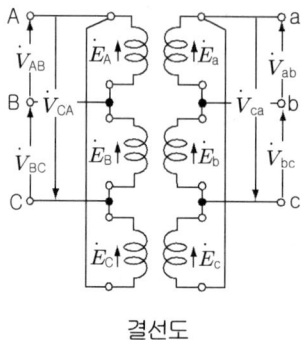

결선도

② $Y-Y$ 결선

변압기의 1차 쪽과 2차 쪽을 모두 Y결선으로 한 것. 2차 전압에 제3조파를 포함하여 근접 통신선에 유도장해를 주므로 일반적으로 쓰이지 않는다.

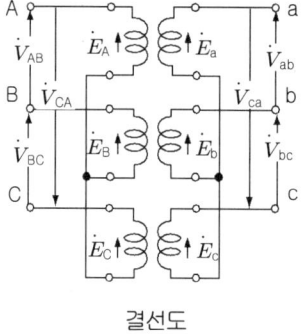

결선도

③ $\Delta-Y$ 결선

변압기의 1차 쪽은 Δ결선으로 접속하고, 2차 쪽은 Y결선으로 접속한 3상 결선 방식. 2차 측의 선간전압을 높게 할 수가 있으며, 또 그 중성점(Y 결선이 중성점)을 접지할 수 있으므로 송전선로의 송전측(발전소)에 쓰인다.

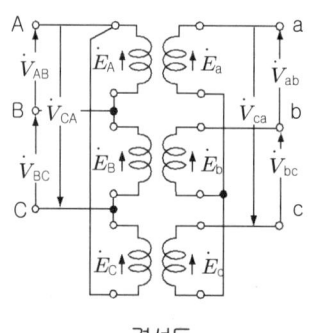

결선도

④ $Y-\Delta$ 결선

변압기의 1차 쪽은 Y결선으로 접속하고, 2차 쪽은 Δ결선으로 접속한 3상 결선 방식. 2차 측의 선간전압을 내릴 수가 있으며 또 1차 측의 중성점을 접지할 수 있으므로 송전 선로의 수전측(1차 변전소)에 쓰인다.

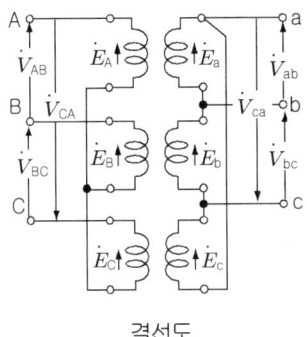

결선도

⑤ $V-V$ 결선

$\Delta-\Delta$ 결선 방식에 의해 3상 변압을 하는 경우, 1대의 변압기가 고장이 나면 제거하고, 남은 2대의 변압기를 이용해 전력을 변압하여, 3상 부하에 전력을 계속하여 공급할 수 있다. 주상변압기나 소공장, 자가용 변전소에 쓰이며 장래에 전력의 증가가 예상되는 경우 등에 쓰인다.

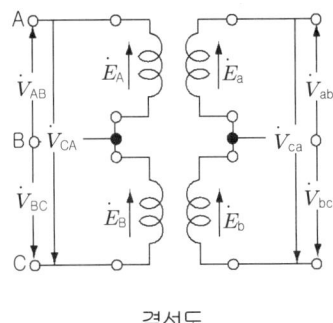

결선도

ⓐ 출력비

$$출력비 = \frac{V결선\ 출력}{\Delta결선의\ 출력} = \frac{\sqrt{3}\,EI}{3EI} = 0.577 = 57.7[\%]$$

ⓑ 변압기의 이용률

$$이용률 = \frac{V결선출력}{2대의\ 정격\ 용량의\ 합} = \frac{\sqrt{3}\,EI}{2EI} = 0.866 = 86.6[\%]$$

9. 변압기의 상변환

① 3상·2상간의 상변환

두 대의 단상 변압기를 사용하여 3상을 2상으로 변환하는 데에는 스콧(scott) 결선, 메이어(meyer) 결선, 우드브리지(wood bridge) 결선의 3가지 결선 방식이 있다.

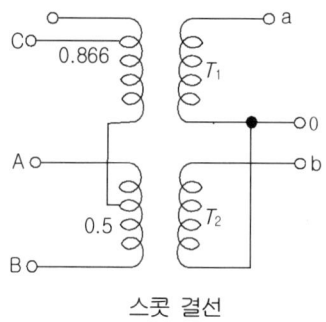

스콧 결선

② 3상·6상간의 상변환

3상에서 6상을 얻는 결선 방식은 환상(고리) 결선, 대각 결선, 2중 Y결선, 2중 Δ결선 등이 있다.

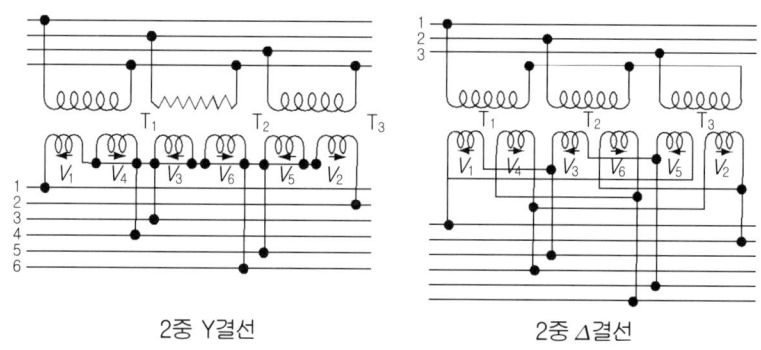

2중 Y결선 　　　　　　2중 Δ결선

③ 2상·3상간의 상변환

스콧결선이 있다.

10. 변압기의 병렬운전

① 단상 변압기의 병렬 운전조건
- 각 변압기의 극성이 같을 것
- 각 변압기의 권수비가 같고, 1차 및 2차의 정격 전압이 같을 것
- 각 변압기의 백분율 임피던스 전압(%임피던스 강하)의 비가 같을 것. 즉 각 변압기의 임피던스가 정격 용량에 반비례할 것.

② 3상 변압기의 병렬 운전조건

병렬 운전 가능	병렬 운전 불가능
Δ-Δ와 Δ-Δ	Δ-Δ와 Δ-Y
Y-Y와 Y-Y	Δ-Y와 Y-Y
Y-Δ와 Y-Δ	
Δ-Y와 Δ-Y	
Δ-Δ와 Y-Y	
Δ-Y와 Y-Δ	

제3장 유도기

1. 3상 유도 전동기의 구조

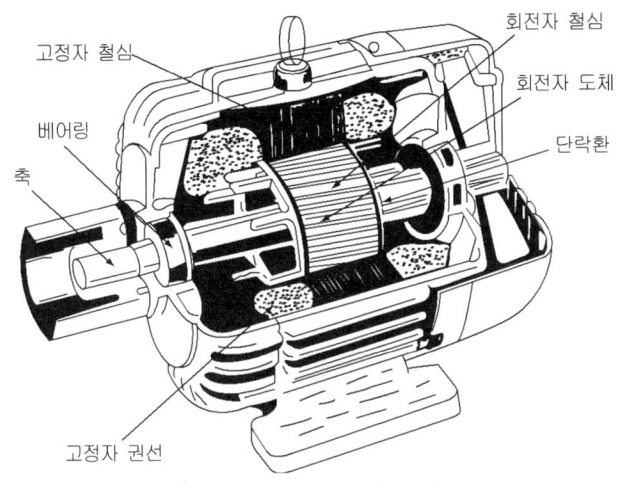

3상 농형 유도 전동기의 구조

(1) 고정자

① 고정자 틀(stator frame) : 내부에 고정자 철심을 부착하고 전동기 전체를 지탱한다.
② 고정자 철심(stator core) : 교번 자속이 통과하는 자기 회로이다. 그러므로 철손을 줄이기 위하여 둥근 모양으로 잘라낸 두께 0.35~0.5(mm)의 냉간 압연 규소 강판을 축방향으로 성층하여 만든다.

소형 및 중형 고정자용

③ 고정자 권선 : 고정자 홈에 넣을 고정자 권선은 소전류에는 둥근선, 대전류에는 평각선이 사용된다.
④ 권선법 : 3개의 권선은 아래 그림의 (a)와 같이 X, Y, Z를 한 점에서 접속하면 Y결선이 되고, (b)와 같이 접속하면 $\triangle$결선이 된다.

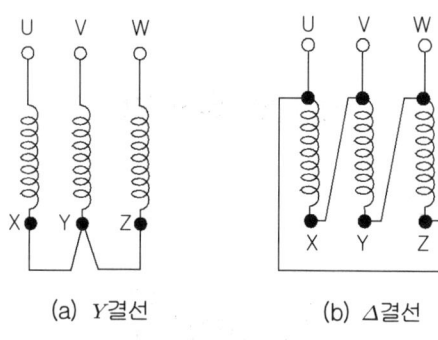

(a) Y결선　　　(b) Δ결선

고정자 권선의 결선

(2) 회전자

① 회전자 철심 : 규소 강판을 성층하여 만든다.

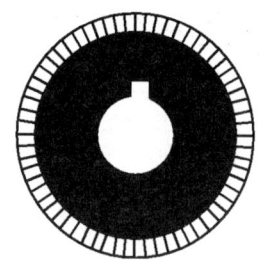

② 농형 회전자

농형 회전자는 철심의 홈이 원형 또는 사각형 모양의 반폐 홈이며, 이 속에 같은 형의 단면을 가진 구리 막대를 넣어서 양 끝을 구리로 만든 단락 고리에 붙여 접속한다. 농형 회전자는 회전자의 홈이 축방향에 평행하지 않고 조금씩 비뚤어져 있는 홈으로 소음 발생을 억제하는 효과가 있다.

농형 유도 전동기는 회전자의 구조가 간단하고 튼튼하며, 취급하기 쉽고, 운전 중일 때의 성능은 우수하나 기동할 때의 성능은 뒤떨어진다.

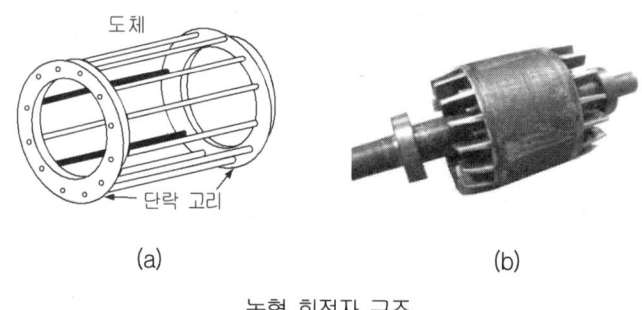

농형 회전자 구조

③ 권선형 회전자

권선형 회전자는 농형 회전자와는 달리 회전자 철심의 홈 속에 구리 도체를 넣어서 고정자 권선과 같이 3상 결선을 한 것이다.

권선형 유도 전동기는 회전자의 구조가 복잡하고 슬립 링과 브러시를 통하여 기동 저항기에 접속하기 때문에 구조가 복잡하고 운전이 어렵다.

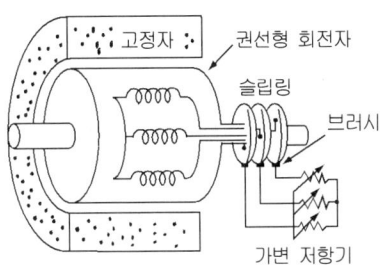

권선형 유도 전동기의 기동 회로

(3) 공극(air gap)

공극은 보통 0.3~2.5mm 정도로 하고 있다.

2. 3상 유도 전동기의 이론

유도 전동기에는 1차 권선에 흐르는 전류에 의거 생긴 회전 자속이 2차 권선과 쇄교하고, 전자유도 작용으로 2차 권선에 전압을 유도한다. 따라서 2차 전류가 흘러 2차 전류와 회전 자속 사이에 생기는 전자력에 의하여 토오크가 발생한다.

(1) 동기 속도

$$N_s = \frac{120f}{p} \text{ [r.p.m]}$$

단, p : 극수, f : 주파수[Hz]

(2) 슬 립

$$s = \frac{N_s - N}{N_s}$$

$$N = (1-s)N_s = (1-s)\frac{120f}{p}$$

단, N_s : 동기 속도, N : 회전자 회전 속도

3. 3상 회전자의 유도 기전력과 주파수

(1) 전동기가 정지시

① 1차 권선 1상에 유도되는 기전력

$$E_1 = 4.44 K_1 \phi f_1 N_1 \text{ (V)}$$

② 2차 권선 1상에 유도되는 기전력
$$E_2 = 4.44 K_2 \phi f_2 N_2 \, (\text{V})$$
③ 정지시의 슬립 : $S = 1$
④ 동기속도시 슬립 : $S = 0$

(2) 전동기가 회전시

① $N = N_S(1-S)$

　　단, N_S : 동기속도, N : 회전자 속도, S : 슬립

② 슬립에서의 2차 권선 회전자에 유도되는 기전력의 실효값 E_o [V]과 주파수 f_o는 다음과 같다.
$$f_o = s f_1 \, [\text{Hz}]$$
$$E_o = s E_2 \, [\text{V}]$$

　　단, sf_1 : 슬립 주파수(slip frequency), sE_2 : 슬립 s에서의 회전자 유도 기전력

4. 3상 유도 전동기의 특성

(1) 전력의 변환

유도 전동기에서 공급되는 1차 입력의 대부분은 2차 입력이 되고, 2차 입력의 일부는 주로 2차 저항손이 되어 없어지고, 나머지는 기계적인 출력으로 된다.

① 2차 저항손
$$P_{2C} = SP_2 \, (\text{W})$$

　　단, S : 슬립, P_2 : 2차 입력, P_{2C} : 2차 저항손

② 기계적 출력(회전자 출력)

　　기계적출력 = 2차입력 − 2차저항손

　　즉, $P_0 = P_2 - P_{2c} = P_2 - SP_2 = (1-S)P_2 = \dfrac{N}{N_s} P_2 \, (\text{W})$

　　단, N_s : 동기 속도, N : 회전자 속도, S : 슬립,
　　　　P_2 : 2차 입력, P_{2C} : 2차 저항손

③ 2차 효율(회전자 효율)
$$\eta = \dfrac{출력}{입력} \times 100 = \dfrac{입력 - 손실}{입력} \times 100 \, (\%)$$
$$\eta = \dfrac{P_0}{P_2} \times 100 = (1-S) \times 100 = \dfrac{N}{N_s} \times 100 \, (\%)$$

④ 동기 와트(2차 입력)
$$P_0 = \omega T = 2\pi \dfrac{N}{60} T \, (\text{W}) \text{에서}$$
$$T = \dfrac{60 P_0}{2\pi N} \, (\text{N·m}) \;\; 또 \;\; T = \dfrac{60 P_0}{2\pi N} \times \dfrac{1}{9.8} \, (\text{kg·m})$$

　　단, 회전각속도 : $\omega(\text{rad/s})$, T : 토오크, N : 회전수(rpm)

⑤ 슬립과 토오크와의 관계
  ⓐ 운전 중에 있는 유도 전동기의 토오크는 전압의 2승에 비례하고, 2차 임피던스의 제곱에 반비례한다.

  $$\tau = k \frac{m_2 V_1^2 \frac{r'_2}{s}}{\left(r_1 + \frac{r'_2}{s}\right)^2 + (x_1 + x'_2)^2}$$

  ⓑ 기동 토오크는 공급 전압의 2승에 비례한다.

(2) 농형 유도 전동기의 기동법

① 전전압 기동

직접 정격 전압을 전동기에 가해 기동시키는 방법. 기동 전류가 전부하 전류의 500~700(%) 정도가 된다. 5(kW) 이하의 전동기는 거의 이 방식을 채용한다.

② $Y-\Delta$ 기동

기동 전류를 줄이기 위해 사용된다. 10~15(kW)까지 이 방법으로 기동시킨다. 기동 전류는 정격 전류의 300(%) 이하이다.

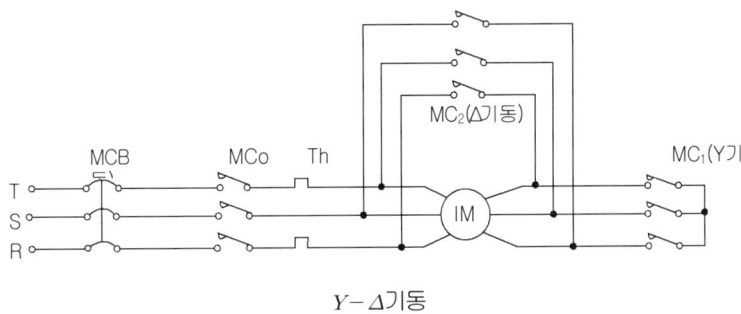

$Y-\Delta$ 기동

③ 기동 보상기법

15(kW) 이상의 전동기에 사용된다. 단권 변압기를 사용해 공급 전압을 낮추어 기동시키는 방법이다.

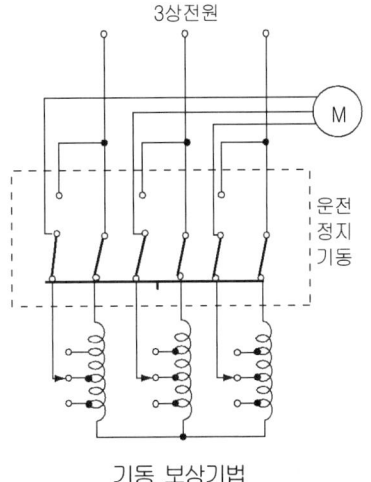

기동 보상기법

(3) 권선형 유도 전동기의 기동법

① 2차 기동법

2차 회로에 가변 저항기를 접속하고, 비례 추이의 원리에 의하여 큰 기동 토오크를 얻고, 기동 전류도 억제된다.

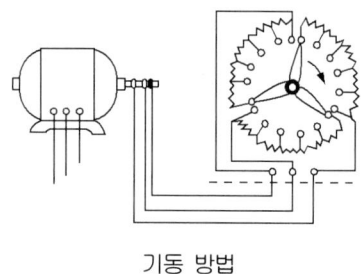

기동 방법

5. 3상 유도 전동기의 속도제어

$$N = (1-S)N_s \text{와 } N_s = \frac{120f}{p}$$

단, s:슬립, N_s:동기 속도, f:주파수, p:극수, N:회전자 회전속도

6. 3상 유도 전동기의 회전 방향을 바꾸는 방법

3개의 전원 단자 중 어느 2개를 바꾸어 접속하면 회전 방향이 반대로 된다.

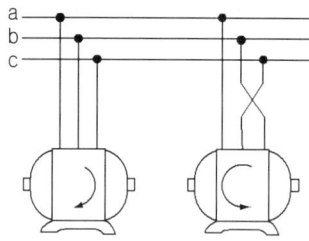

7. 3상 유도 전동기의 제동

① 발전 제동(dynamic braking)

전동기를 전원에서 떼어 내어 아래 그림과 같이 1차 쪽의 U와 V를 접속하고, 이것과 W 단자 사이에 직류를 흘려주어 여자하면, 1차 권선에서 만들어진 회전 자장 대신에 고정 자극이 생기므로, 전동기는 회전 전기자형 교류 발전기가 된다. 따라서 이것의 발생 전력을 2차 저항에서 소비시켜서 제동한다.

② 회생 제동(regenerative braking)

회생 제동(regenerative braking)은 유도 전동기를 동기 속도보다 큰 속도로 회전시켜 유도 발전기가 되게 함으로써, 발생 전력을 전원에 반환하면서 제동을 시키는 방법이다.

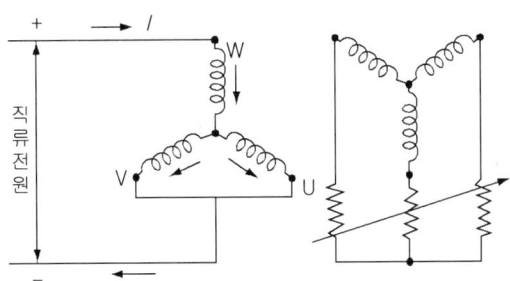

발전 제동의 결선

③ 역상 제동(plugging braking)

전동기가 회전하고 있을 때, 전원에 접속된 3선 중 2선을 바꾸어 주면 회전 자장의 방향이 반대로 되어, 회전자에 작용하는 토오크의 방향도 반대로 된다. 따라서 전동기는 제동된다.

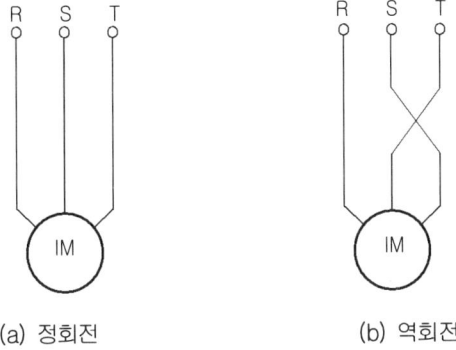

(a) 정회전   (b) 역회전

8. 단상 유도 전동기의 종류

(1) 분상 기동형(split-phase starting type)

① 회전자 속도가 동기 속도의 70~80(%) 정도가 되면, 원심력 개폐기가 동작하여 기동 권선을 자동적으로 끊는다.
② 전기 냉장고, 세탁기, 소형 공작기계, 펌프 등에 사용된다.

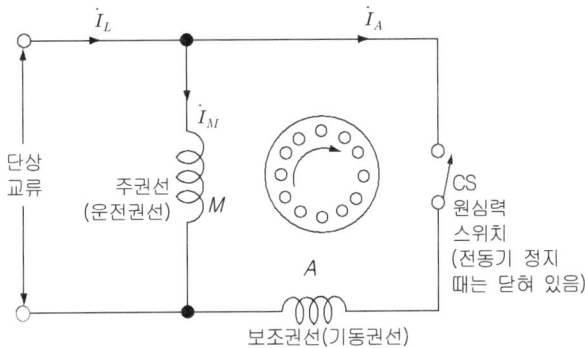

(2) 콘덴서 기동형(condenser starting type)

콘덴서 기동형 단상 유도 전동기는 다음 그림과 같이 분상 기동식 전동기의 기동 코일에 이것과 직렬로 기동용 콘덴서 C와 원심력 스위치 CS를 직렬로 연결한 기동 권선 A를 주권선 M과 병렬로 접속한 단상 유도 전동기이다. 용도는 200(W) 이상의 가정용 펌프, 송풍기, 소형의 공작기계에 사용된다.

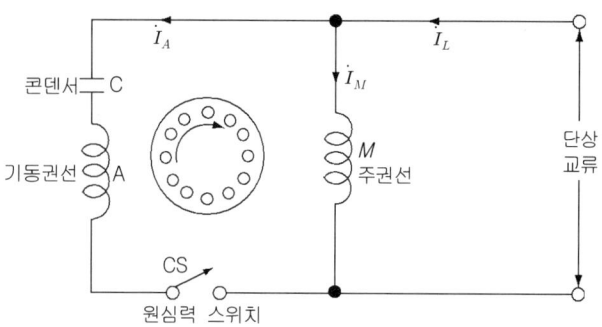

(3) 영구 콘덴서형 단상 유도 전동기

구조상으로는 콘덴서 기동형 단상 유도 전동기에서 원심력 스위치를 제거한 것이다. 원심력 스위치가 없기 때문에 구조가 간단해지고, 역률이 좋기 때문에 큰 기동 토오크를 요구하지 않고, 속도를 조정할 필요가 있는 선풍기나 세탁기 등에 널리 쓰이고 있다.

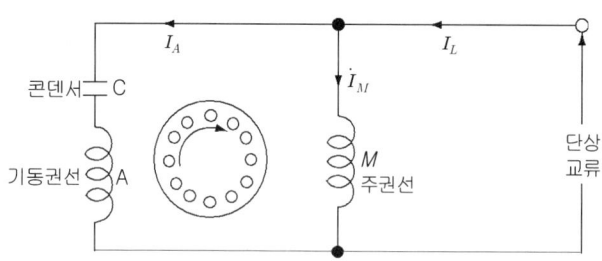

영구 콘덴서형 단상 유도 전동기

(4) 셰이딩 코일형(shaded-pole motor)

셰이딩 코일형 유도 전동기는 그림과 같이 회전자는 농형의 구조이고, 고정자는 주돌극(salient pole)과 주자극 옆에 조그마한 돌극으로 되어 있고, 이 돌극에 셰이딩 코일(shading coil)이 끼워져 있는 소형 유도 전동기이다. 셰이딩 코일(shading coil)은 굵은 구리선으로 두 번 정도 감아 단락시킨 코일의 형태를 말한다.

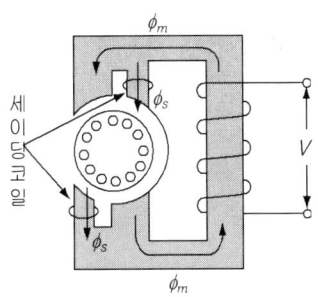

세이딩 코일형

(5) 반발 유도 전동기

반발 유도 전동기는 그림과 같이 2개의 권선이 있으며, 전기자권선은 정류자에 접속되어 반발기동 시에 주로 동작하고, 농형 권선은 운전시에 사용된다. 용도는 농사용 펌프 등에 사용한다.

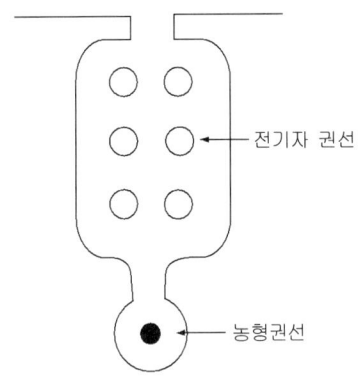

반발 유도 전동기의 슬롯

출제예상문제

1. 분권 직류 전동기를 기동할 때 계자 저항의 위치로 옳은 것은?

　가. 중간위치　　　나. 떼어 놓는다.　　　다. 최대위치　　　라. 최소위치

　해설 발전기에서는 기동할 때 계자 권선의 역기전력을 줄이기 위하여 계자 저항을 최대로 한다.

2. 직류 분권 전동기의 공급전압 극성을 반대로 하면 회전 방향은?

　가. 반대로 된다.　　　나. 불변이다.　　　다. 발전기로 된다.　　　라. 회전하지 않는다.

　해설 공급 전압 극성을 반대로 하면 자속 그리고 전기자 전류가 반대가 되어, 회전 방향은 불변이다.

3. 직류 복권 전동기를 분권 전동기로 사용하려면 어떻게 하여야 하는가?

　가. 부하 단자를 단락시킨다.　　　나. 분권 계자를 단락시킨다.
　다. 전기자를 단락시킨다.　　　　라. 직권 계자를 단락시킨다.

4. 직류 전동기의 브러시를 전기자 반작용의 결과에 따라 이동하는 방향으로 옳은 것은?

　가. 회전 방향과 동일　　　　　　나. 이동 없음
　다. 회전 방향과 반대로 90°회전　　라. 회전 방향과 반대

　해설 전기자 반작용의 결과로 편자작용이 생겨 브러시를 회전방향과 반대 방향으로 이동시켜야 한다.

5. 출력 5[kW], 회전 수 1800rpm으로 회전하는 전동기의 토오크는 몇 [N·m]인가?

　가. 29.29　　　나. 26.54　　　다. 20.12　　　라. 19.15

　해설 $P_0 = 2\pi \dfrac{N}{60} \tau$(W)에서　$\tau = \dfrac{60 P_0}{2\pi N} = \dfrac{60 \times 5 \times 10^3}{2 \times 3.14 \times 1800} \fallingdotseq 26.54$(N·m)

6. 출력 1(kW), 효율 90(%)인 기계 손실은?

　가. 80　　　나. 97　　　다. 111　　　라. 124

　해설 효율 = $\dfrac{\text{출력}}{\text{입력}} \times 100$에서

　　　입력 = $\dfrac{\text{출력}}{\text{효율}} \times 100 = \dfrac{1 \times 10^3}{90} \times 100 \fallingdotseq 1111$(W)

　　　손실 = 입력 - 출력 = 1111 - 1000 = 111(W)

정답 1. 다　2. 나　3. 라　4. 라　5. 나　6. 다

7. 직류 전동기의 회전 방향을 바꾸기 위해서 전기자 권선의 접속을 바꾼다면 보극권선 및 보상권선은 어떻게 하여야 하는가?

가. 보상권선의 접속만 바꾼다. 나. 보극권선의 접속만 바꾼다.
다. 두 권선 모두 바꿀 필요가 없다. 라. 두 권선 모두 바꾼다.

해설 전동기의 회전 방향을 바꾸려면, 계자 권선이나 전기자 권선 중 어느 한 쪽의 접속을 반대로 하면 되는데, 보통 전기자 권선의 접속을 바꾸어서 단자 전압의 방향을 반대로 한다. 특히 보극이나 보상권선이 있는 전동기에서는 전기자 권선의 접속을 바꿀 때 보극 및 보상권선은 바꾸어 주어야 한다.

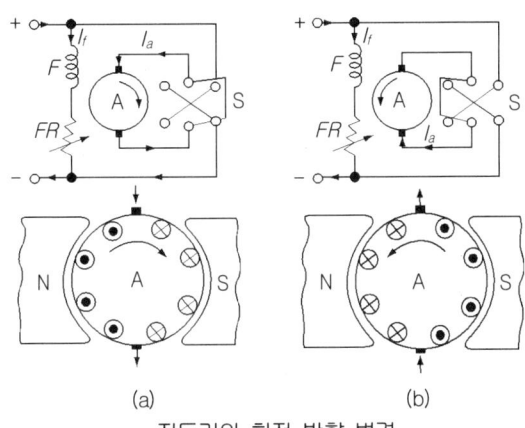

전동기의 회전 방향 변경

8. 다음 중 분권전동기의 속도제어법에 속하지 않는 것은?

가. 전력제어법 나. 전압제어법 다. 계자제어법 라. 저항제어법

해설
- 전압제어법 : 전기자에 가해지는 단자전압을 변화하여 속도를 조정한다.
- 계자제어법 : 계자 전류를 조정하여 계자자속 ϕ를 변화하여 속도를 조정한다.
- 저항제어법 : 전기자 회로에 저항 R을 넣고, 이것을 가감해 속도를 제어한다.

9. 부하변동에 비하여 속도변동이 가장 작은 직류 전동기는 다음 중 어느 것인가?

가. 직류 차동 복권 나. 직류 가동 복권 다. 직류 직권 라. 직류 차동 분권

해설
- 직류 차동 복권 : 차동복권 전동기는 직권 계자 기자력이 분권 계자 기자력을 상쇄하도록 접속되어 있으므로 부하 전류가 증가함에 따라 자속이 감소하여 속도를 상승시키는 작용을 하여 속도 저하를 보상해 준다. 그러나 과부하의 경우에는 속도가 상승하는 위험이 있고, 토크 특성도 좋지 않다.
- 직류 가동 복권 : 가동 복권 전동기에는 분권 계자 권선이 있기 때문에 부하를 걸지 않더라도 계자 자속이 존재하게 되어 직권 전동기와 같은 무구속 속도가 될 염려가 없다. 그리고 직권 계자 권선이 있어서 기동 토크도 상당히 크다.
- 직류 직권 : 이 전동기는 부하가 감소하면 갑자기 속도가 상승하고, 무부하가 되면 대단히 고속도가 되어서 위험하게 된다. 따라서 직권 전동기는 무부하 운전이나 벨트 운전을 절대로 해서는 안 된다.
- 직류 분권 : 직류 전동기의 속도 $N = K\dfrac{(V-I_a R_a)}{\phi}$ [rpm]에서 분권 전동기 단자 전압, 계자전류를 일정하게 유지하면 자속 ϕ는 거의 일정하며, 부하가 증가하면 속도는 내부 전압 강하 $I_a R_a$의 증가에 따라 감소한다. 따라서 부하 전류 $I = I_a + I_f$의 관계가 있는 것 외에 타여자 전동기와 같은 속도 특성을 갖는 정속도 전동기이다.

정답 7. 다 8. 가 9. 라

10. 직류 전동기의 회전수를 2배로 하자면 계자자속을 몇 배로 해야 하는가?

　가. $\frac{1}{4}$배　　　나. $\frac{1}{2}$배　　　다. 2배　　　라. 4배

　해설 $n = K\dfrac{(V - I_a R_a)}{\phi}(rpm)$

11. 부하 변동에 따른 단자 전압의 변동이 가장 작은 직류 발전기는?

　가. 가동 복권　　나. 차동 복권　　다. 직권　　라. 분권

　해설 가동복권 발전기에서는 단자전압을 부하의 증감에 관계없이 거의 일정하게 유지할 수 있다.

12. 발전기를 정격 전압 220[V]로 전부하 운전하다가 무부하로 운전하였더니 단자 전압이 250[V]가 되었다. 이 발전기의 전압 변동률[%]은?

　가. 10.2　　　나. 13.6　　　다. 17.4　　　라. 20.4

　해설 $\varepsilon = \dfrac{V_0 - V_n}{V_n} \times 100 = \dfrac{250 - 220}{220} \times 100 = 13.6(\%)$

13. 직류 분권 전동기의 회전방향을 반대로 하려면 다음 중 어느 방법을 사용하는가?

　가. 전원의 극성을 바꾼다.　　나. 계자권선의 접속을 바꾼다.
　다. 보극의 접속을 바꾼다.　　라. 브러시를 이동시킨다.

14. 직류 전동기의 회전 방향을 바꾸려고 한다. 가장 적합한 것은?

　가. 전기자의 접속을 바꾼다.　　나. 입력단자의 극성을 바꾼다.
　다. 브러시의 위치를 조정한다.　　라. 보극권선의 접속을 바꾼다.

　해설 전동기의 회전 방향을 바꾸려면, 계자 권선이나 전기자 권선 중, 어느 한 쪽의 접속을 반대로 하면 되는데, 보통 전기자 권선의 접속을 바꾸어서, 단자 전압의 방향을 반대로 한다. 특히 보극이나 보상권선이 있는 전동기에서는, 전기자 권선의 접속을 바꿀 때 보극과 보상권선의 접속도 바꾸어 준다.

15. 직류 전동기를 전원에 접속하고 전기자의 접속을 반대로 해 회전 방향과 반대 토오크를 발생시켜 급정지 또는 역회전시키는 방법은?

　가. 역전제동(플러깅)　　나. 발전 제동　　다. 회생 제동　　라. 마찰 제동

　해설 ① 발전 제동 : 운전중인 전동기를 전원에서 분리해 단자에 적당한 저항을 연결하고 이것을 발전기로 동작하여 부하 전류로 역회전력에 의거 제동하는 방법.
　② 회생 제동 : 전동기를 발전기로 동작시켜 그 유도 기전력을 전원 전압보다 크게 해, 전력을 전원에 되돌리면서 제동시키는 방법.
　③ 역전 제동 : 전동기를 전원에 접속한 상태에서, 전기자의 접속을 반대로 하고, 회전 방향과 반대방향으로 토오크를 발생시켜 즉시 정지시키거나 역전시키는 방법.

정답 10. 나　11. 가　12. 나　13. 나　14. 가　15. 가

16. 직류 분권 전동기의 속도를 저항 제어법으로 조정할 때의 설명으로 적합한 것은?

　가. 속도 조정범위가 넓다.
　나. 작은 부하에서 속도제어가 잘 된다.
　다. 부하에 의한 속도의 저하가 심하고 변동율이 크다.
　라. 효율이 좋다.

17. 전기기계에 있어서 철손을 줄이기 위한 방법으로 가장 적합한 것은?

　가. 규소 강판 사용　　나. 보상권선의 설치　　다. 보극 설치　　라. 성층 철심 사용

18. 워드 레오너드 방식에 의한 분권 전동기의 속도제어 설명으로 적합한 것은?

　가. 전기자에 가하는 전압을 조정한다.　　나. 계자를 가감한다.
　다. 전기자 회로에 저항을 접속한다.　　라. 전기자의 유효 도체수를 변화시킨다.

　해설　워드 레오너드 방식 : 전동기의 속도제어용 전용 발전기를 설치해 여자를 조정하고 출력전압을 조정하면 전기자에 인가되는 전압이 조정되어 속도가 조정된다. 워드 레오너드 방식은 전기자에 가해지는 단자 전압을 조정해 속도를 제어하는 방식이다.

19. 변압기의 정격 1차 전압에 대한 설명으로 맞는 것은?

　가. 무부하일 때의 1차 전압　　나. 정격 2차 전압에 권수비를 곱한 것
　다. 정격 2차 전압에 전압을 곱한 것　　라. 부하를 걸었을 때의 1차 전압

　해설　$a = \dfrac{V_1}{V_2}$ 에서　$V_1 = V_2 \times a(V)$

20. 변압기의 1차 및 2차의 전압, 권수, 전류를 각각 V_1, N_1, I_1 및 V_2, N_2, I_2라 할 때 다음에서 어느 식이 성립하는가?

　가. $\dfrac{V_2}{V_1} ≒ \dfrac{N_2}{N_1} ≒ \dfrac{I_1}{I_2}$　　나. $\dfrac{V_1}{V_2} ≒ \dfrac{N_1}{N_2} ≒ \dfrac{I_1}{I_2}$　　다. $\dfrac{V_1}{V_2} ≒ \dfrac{N_2}{N_1} ≒ \dfrac{I_1}{I_2}$　　라. $\dfrac{V_2}{V_1} ≒ \dfrac{N_1}{N_2} ≒ \dfrac{I_2}{I_1}$

　해설　$a = \dfrac{V_1}{V_2} = \dfrac{N_1}{N_2} = \dfrac{I_2}{I_1}$

21. 주상 고압 변압기의 2차측을 접지하는 목적으로 맞는 것은?

　가. 전압변동을 방지하기 위하여　　나. 절연을 양호하게 하기 위하여
　다. 고·저압선의 혼촉을 방지하기 위하여　　라. 전압강하를 방지하기 위하여

　해설　주상 변압기에서 고·저압선의 혼촉을 우려하여 2차측은 제2종 접지공사를 한다.

22. 변압기의 1차 권선수 80회, 2차 권선수 320회일 때 2차측의 전압이 80[V]이면 1차 전압[V]은 얼마인가?

　가. 10　　나. 20　　다. 50　　라. 100

정답　16. 가　17. 가　18. 가　19. 나　20. 가　21. 다　22. 나

해설 $V_1 = \dfrac{N_1}{N_2} \times V_2 = \dfrac{80}{320} \times 80 = 20(V)$

23. 변압기의 내부 고장 보호에 쓰이는 계전기는 어느 것인가?

　가. 접지 계전기　　나. 역상 계전기　　다. 차동 계전기　　라. 과전류 계전기

해설 변압기의 내부 고장 보호에 쓰이는 계전기는 브흐홀쯔 계전기와 차동 계전기이다.

24. △결선으로 3대의 변압기로 공급되는 전력에서, 고장으로 인하여 변압기 1대를 제거하고 V결선으로 바꾸어 전력을 공급하면 출력은 몇 [%]로 감소되는가?

　가. 48.6[%]　　나. 57.7[%]　　다. 62.4[%]　　라. 86.7[%]

해설 $\dfrac{V}{\triangle} = \dfrac{\sqrt{3}P}{3P} = 0.577$

25. 6600/220[V] 변압기의 1차에 30[A]의 전류가 흐를 때, 2차 전류는 몇 [A]인가?

　가. 460　　나. 620　　다. 790　　라. 900

해설 $I_2 = \dfrac{V_1}{V_2} \times I_1 = \dfrac{6600}{220} \times 30 = 900$

26. 변압기의 무부하손의 대부분을 차지하는 것은 무엇인가?

　가. 유전손　　나. 동손　　다. 철손　　라. 포유 부하손

해설 변압기 무부하손의 대부분은 철손이다.

27. 변압기의 부하가 증가할 때의 현상으로 옳지 않은 것은?

　가. 온도 상승　　나. 동손증가　　다. 철손 증가　　라. 여자전류 불변

해설 철손은 무부하손이므로 부하의 증감에 관계없이 항상 일정하다.

28. 변압기의 규약효율 η[%]은?

　가. $\dfrac{출력}{출력+손실}$　　나. $\dfrac{출력}{출력-손실}$　　다. $\dfrac{입력}{입력+손실}$　　라. $\dfrac{입력-손실}{입력}$

해설 실측효율 = $\dfrac{출력}{입력} \times 100(\%)$,　규약효율 = $\dfrac{출력}{출력+손실} \times 100(\%)$

29. 다음에서 변압기 기름의 구비 조건이 아닌 것은?

　가. 응고점이 높을 것　　나. 인화점이 높을 것
　다. 절연 내력이 클 것　　라. 점도가 작고 냉각 효과가 클 것

정답 23. 다　24. 나　25. 라　26. 다　27. 다　28. 가　29. 가

해설 절연유의 구비조건
① 절연 내력이 클 것 ② 점도가 낮을 것 ③ 인화점이 높을 것
④ 응고점이 낮을 것 ⑤ 변질하지 않을 것 ⑥ 다른 재질에 화학작용을 일으키지 않을 것

30. 변압기 콘서베이터의 사용 목적으로 옳은 것은?

가. 일정한 유압의 유지 　　　　　　　　 나. 과부하로 부터의 변압기 보호
다. 냉각 장치의 효과를 높임 　　　　　　라. 변압기유의 열화 방지

해설 변압기의 호흡작용으로 변압기 내부에 대기 중의 습기가 들어오고, 변압기유의 절연내력이 떨어진다. 공기 중의 산소와 산화 작용을 일으켜 기름을 열화시키고, 불용성 침전물이 생기게 된다. 이와 같은 기름의 열화방지를 위해서 변압기에는 브리더(breather)와 콘서베이터(conservator)를 설치한다.

31. 변압기를 $Y-\Delta$로 결선했을 때의 1차, 2차 전압 위상차는?

가. 30°　　　　나. 60°　　　　다. 90°　　　　라. 100°

해설 Y는 상전압, Δ는 선간 전압이므로 30° 이다.

32. 다음에서 3상 변압기의 병렬 운전을 할 수 없는 결선 방식은?

가. $\Delta-Y$와 $Y-Y$　　나. $\Delta-\Delta$와 $Y-Y$　　다. $Y-\Delta$와 $Y-\Delta$　　라. $\Delta-Y$와 $Y-\Delta$

해설

병렬 운전 가능	병렬 운전 불가능
$\Delta-\Delta$와 $\Delta-\Delta$	$\Delta-\Delta$와 $\Delta-Y$
$Y-Y$와 $Y-Y$	$\Delta-Y$와 $Y-Y$
$Y-\Delta$와 $Y-\Delta$	
$\Delta-Y$와 $\Delta-Y$	
$\Delta-\Delta$와 $Y-Y$	
$\Delta-Y$와 $Y-\Delta$	

33. 변압기를 V 결선으로 하여 3상 교류 전압을 변성하려면, 변압기 1대의 이용률은 몇 [%]인가?

가. 54.2　　　　나. 62.5　　　　다. 78.2　　　　라. 86.6

해설 이용률 = $\dfrac{\sqrt{3}P}{2P} = \dfrac{\sqrt{3}}{2} \fallingdotseq 0.866$

34. 퍼센트 저항강하 3(%), 리액턴스 강하 4(%)인 변압기의 최대 전압 변동률(%)은?(단, 역률은 80% 지상이다.)

가. 5　　　　나. 4　　　　다. 3　　　　라. 2

해설 $\varepsilon \fallingdotseq P\cos\theta + q\sin\theta = 3\times0.8+4\times0.6 \fallingdotseq 5(\%)$
　　∴ $\sin\theta = \sqrt{1-\cos^2\theta} = \sqrt{1-0.8^2} = 0.6$

35. 유도 전동기에서 슬립이 '0'이란 것에 대한 설명으로 적합한 것은?

정답　**30.** 라　**31.** 가　**32.** 가　**33.** 라　**34.** 가

가. 유도 전동기가 동기 속도로 회전한다.
나. 유도 전동기가 전부하 운전 상태이다.
다. 유도 전동기가 정지 상태이다.
라. 유도 제동기의 역할을 한다.

해설 유도전동기의 슬립 : ① 동기 속도 회전시 : 0
　　　　　　　　　　　② 정지시 : 1

36. 슬립 5[%]인 유도 전동기의 2차 효율은 얼마인가?

　　가. 90[%]　　　　나. 95[%]　　　　다. 97[%]　　　　라. 99[%]

해설 $\eta_2 = (1-s) \times 100 = (1-0.05) \times 100 = 95[\%]$

37. 3상 유도 전동기의 주파수 60[Hz], 극수 6극, 전부하시의 회전 수가 1140[rpm]이라 하면 슬립[%]은 얼마인가?

　　가. 3.0　　　　나. 4.0　　　　다. 5.0　　　　라. 6.0

해설 $N_s = \dfrac{120f}{p} = \dfrac{120 \times 60}{6} = 1200[rpm]$

그러므로 $s = \dfrac{N_s - N_r}{N_s} = \dfrac{1200 - 1140}{1200} = 0.05$

38. 4극 3상 유도 전동기가 60[Hz]의 전원에 접속되어 5[%]의 슬립으로 운전하고 있다. 이때 회전자 회전 속도[rpm]는?

　　가. 1820　　　　나. 1710　　　　다. 1680　　　　라. 1610

해설 $N = \dfrac{120f}{p}(1-s) = \dfrac{120 \times 60}{4}(1-0.05) = 1710[rpm]$

39. 3상 유도 전동기의 3선 중에서 1선의 퓨우즈가 끊어졌다. 이때 전원을 연결하면 어떤 현상이 일어나는가?

　　가. 기동이 잘 된다.　　　　　　나. 큰 전류가 흐른다.
　　다. 불규칙한 회전을 한다.　　　라. 전류가 안 흐른다.

해설 3상 유도 전동기 1선이 단선되었을 때 정지 후 전압을 가하면 전동기에 큰 전류가 흐르며, 기동은 하지 않는다.

40. 20[kW] 정도의 농형 유도 전동기의 기동에 가장 적당한 방법은?

　　가. 기동 보상기법　　나. Y-△ 기동법　　다. 전전압 기동법　　라. 리액터 기동법

정답 35. 가　36. 나　37. 다　38. 나　39. 나　40. 가

해설
- 기동 보상기법: 단권 변압기를 써서 공급 전압을 낮추어 기동시키는 방법이며, 15[kW] 이상의 전동기에 사용된다.
- Y-△ 기동법: 5kW 이상 15kW 이하는 보통 이 방식으로 기동 시킨다. 이것은 고정자 권선을 Y로 하여 상전압을 줄여 기동 전류를 줄이면서 기동한 후, 정격속도에 도달하면 △로 하여 전전압으로 운전하는 방식이다.

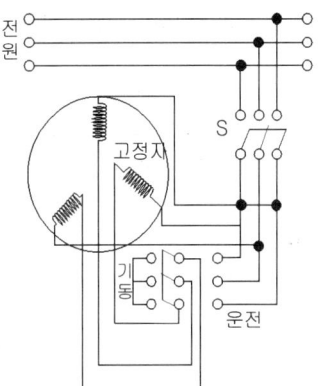

41. 60[Hz], 4극의 3상 유도 전동기의 슬립이 2.5[%]일 때 이 전동기의 회전수[r.p.m]는?

가. 1,800   나. 1,755   다. 1,625   라. 1,546

해설 $N_s = \dfrac{120f}{P} = \dfrac{120 \times 60}{4} = 1,800[rpm]$

$N = N_s(1-s) = 1,800(1-0.025) = 1,755[rpm]$

42. 3상 농형 유도 전동기의 기동법으로써 기동전류를 제한하는 방법은?

가. 회전수를 조정하는 방법   나. 전압을 조정하는 방법
다. 저항을 조정하는 방법   라. 주파수를 조정하는 방법

해설 3상 농형 유도 전동기의 기동전류를 제한하는 방법에는 Y-△기동, 리액터 기동, 기동 보상기법에 의한 기동이 있는데, 이들은 모두 전동기의 공급전압을 조정하는 방법을 이용한다.

43. Y-△ 기동기를 사용하면 유도 전동기의 기동 토오크는 전전압 기동시의 몇 배가 되는가?

가. $\dfrac{1}{2}$ 나. $\dfrac{1}{3}$ 다. $\dfrac{1}{\sqrt{2}}$ 라. $\dfrac{1}{\sqrt{3}}$

해설 1차가 Y결선이므로 각 상에 정격 전압의 $\dfrac{1}{\sqrt{3}}$배의 전압이 가해지며, 토오크는 전압의 2승에 비례한다.

∴ $\left(\dfrac{1}{\sqrt{3}}\right)^2 = \dfrac{1}{3}$배

44. 단상 유도 전동기의 특성이라고 볼 수 없는 것은?

가. 보통 1HP 이하가 많다.
나. 보통 기동 장치가 있다.
다. 비교적 효율이 좋다
라. 같은 용량의 3상 유도 전동기에 비해 기동전류가 작다.

해설 단상유도 전동기 : ① 보통 1HP 이하의 소출력용이다. ② 보통 기동장치가 있다.
③ 역률과 효율 그 밖의 성능은 동일한 정격의 3상 유도 전동기에 비해 대단히 나쁘다.
④ 중량이 무거우며 가격도 비싸다.

정답 41. 나 42. 나 43. 나 44. 다

45. 비례추이의 성질을 이용할 수 있는 전동기는 어느 것인가?

  가. 권선형 유도 전동기   나. 농형 유도 전동기   다. 동기 전동기   라. 복권 전동기

  해설 권선형 전동기의 회전자 측에 적당한 저항을 연결하면 비례추이 특성에 의해 최대 토오크를 발생하는 슬립이 비례추이한다. 따라서 적당한 값의 저항을 연결하면 기동시에 최대 토오크가 되도록 할 수 있다.

46. 극의 일부분에 홈을 파서 생긴 작은 극에 단락코일을 형성하고 있는 구리고리를 끼워 만든 단상 유도 전동기는?

  가. 셰이딩 코일형   나. 콘덴서 기동형   다. 분상 기동형   라. 영구 콘덴서형

47. 슬립이 가장 큰 상태는 3상 유도전동기에서 다음 어느 경우인가?

  가. 무부하시   나. 기동시   다. 전부하시   라. 최대 토오크를 낼 때

  해설 동기속도로 회전시 : 0,   정지시 : 1
  전부하시 : 소형은 5~10(%), 중형 및 대형은 2.5~5(%),   최대 토오크를 낼 때 : 15(%)
  ※ 슬립(s)=$\dfrac{N_s - N}{N_s} \times 100(\%)$ 단, N_s는 동기속도이고, N은 회전자 속도이다.

48. 정격입력이 7.5[kW]의 3상 유도 전동기가 전부하 운전에서 2차 저항손이 300[W]이다. 슬립은 몇 [%]인가?

  가. 4.0   나. 4.5   다. 5.0   라. 5.5

  해설 $P_{c2} = SP_2$ $S = \dfrac{0.3}{7.5} = 4.0$

49. 출력 1[kW], 효율 80[%]인 전동기의 손실[W]은?

  가. 300   나. 250   다. 200   라. 150

  해설 $\eta = \dfrac{출력}{출력 + 손실}$, 전동기의 손실을 Q라고 하면
  $0.8 = \dfrac{1}{1+Q}$, $0.8Q = 0.2$ ∴ $Q = 0.25$[kW]

50. 3상 유도 전동기의 회전 방향을 바꾸려면 다음 중 맞는 것은 어느 것인가?

  가. 기동 보상기 사용   나. 3상 전원의 2상 접속 변환
  다. 전원 주파수 변환   라. 전동기의 극수 변환

  해설 회전방향 변경 : 3개의 전원 단자 중 어느 2개를 바꾸어 접속하면 회전방향이 반대로 된다.

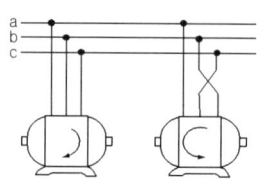

정답   45. 가   46. 가   47. 나   48. 가   49. 나   50. 나

51. 권선형 유도 전동기의 기동 방법으로 적당한 것은 어느 것인가?

　가. 전전압 기동법　　나. 리액터 기동법　　다. 기동 보상기법　　라. 2차 저항법

　해설　권선형은 회전자에 저항을 삽입하면 기동 전류는 제한되고, 기동 토오크는 증가되며, 역률은 개선되는 좋은 점이 있어서 대형 다상 유도 전동기는 권선형으로 만들어지고 있다.

52. 다음에서 가장 좋은 단상 유도 전동기는?

　가. 콘덴서형　　나. 반발형　　다. 분상형　　라. 세이딩 코일형

　해설　콘덴서 기동형 전동기 : 콘덴서 기동형은 적은 기동 전류로 큰 기동 토오크를 얻을 수 있는 좋은 특성이 있다. 또 콘덴서 기동 콘덴서 모터란 것이 있는데, 운전용 콘덴서를 주 권선과 병렬로 접속해서 기동시에는 두 콘덴서가 병렬로 접속되어 용량이 커져서 기동 특성이 더욱 좋아지고, 운전 중에는 주 권선의 역률을 개선하므로 운전 특성이 매우 좋다. 나쁜 것은 세이딩 코일형이다.

53. 세이딩 코일형 전동기의 특성이다. 해당 없는 것은 어느 것인가?

　가. 기동 토오크가 매우 작다.　　나. 회전 방향을 바꿀 수 없다.
　다. 효율이 좋다.　　라. 역률이 좋지 않다.

　해설　효율이 좋지 않다.

54. 권선형 3상 유도 전동기의 장점으로 맞지 않는 것은?

　가. 속도 조정이 가능하다.　　나. 비례 추이를 할 수 있다.
　다. 농형에 비하여 효율이 높다.　　라. 기동시 특성이 좋다.

　해설　농형은 권선형 유도 전동기에 비해 기동 특성은 떨어지나 운전 효율은 좋다. 또 취급도 간단하고 가격도 저렴하다.

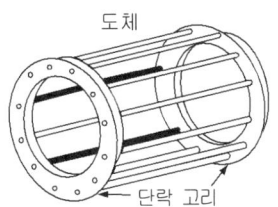 

(a) 회전자 도체와 단락 고리의 접속　　(b) 실제의 농형 회전자

55. 농형 회전자에 비뚤어진 홈을 쓰는 이유로 맞지 않는 것은?

　가. 기동특성 개선　　나. 파형 개선　　다. 소음 경감　　라. 미관상 좋다.

　해설　농형 회전자는 회전자의 홈이 축방향에 평행하지 않고 조금씩 비뚤어져 있는 홈으로 소음 발생을 억제하는 효과가 있다. 농형 유도 전동기는 회전자의 구조가 간단하고, 튼튼하며, 취급하기 쉽고, 운전 중일 때의 성능은 우수하나 기동할 때의 성능은 떨어진다.

정답　51. 라　52. 가　53. 다　54. 다　55. 라

56. 단권 변압기의 장점으로 맞지 않는 것은?

　가. 누설 자속이 작다. 　　　　　　　　 나. 권수비가 크다.
　다. 동손이 작다. 　　　　　　　　　　　 라. 전압 변동율이 작다.

　해설 단권 변압기는 코일의 일부가 1차와 2차 회로에 공용으로 되어 있는 변압기를 말한다.

57. 아크 용접기 또는 방전등에 사용되는 변압기는 어느 것인가?

　가. 누설 변압기　　 나. 단권 변압기　　 다. 전압조정 변압기　　 라. 계기용 변압기

　해설 일반 전력용 변압기는 누설 자속을 적게 함으로써 누설 리액턴스를 되도록 적게 하여 전압 변동이 없도록 하려고 하지만 네온관 점등용 변압기나 아크 용접용 변압기는 일정 전류를 유지시키기 위해 부하 전류 증가에 따른 전압 강하를 크게 하려고 리액턴스를 되도록 증가시킨다. 이런 일정 전류 특성을 가지도록 설계한 변압기를 누설 변압기(lerkage transformer)라 한다. 누설 변압기는 정전류 변압기라 할 수 있으며, 전류 특성이 (-)인 부하에 쓰이고, 전압 변동율이 크며 역율은 아주 나쁘다.

58. 일반적으로 승강기에 사용하는 전동기는 어느 것인가?

　가. 동기 전동기　　 나. 콘덴서 전동기　　 다. 단상유도 전동기　　 라. 3상유도 전동기

59. 유도 전동기의 속도를 변화시키는 방법이 아닌 것은?

　가. 극수 P를 변화시키는 방법　　　　　 나. 주파수 f를 변화시키는 방법
　다. 슬립 S를 변화시키는 방법　　　　　 라. 전압 E를 변화시키는 방법

　해설 유도 전동기의 속도 $N = N_s(1-s) = \dfrac{120f}{P}(1-s)$

60. 50[Hz]용 3상 유도 전동기를 60[Hz]의 전원을 사용 할 경우 그 회전수는 어떻게 변하는가?

　가. 회전수에 변화가 없다. 　　　　　　　 나. 20[%] 느리게 회전한다.
　다. 회전하지 않는다. 　　　　　　　　　　라. 20[%] 빠르게 회전한다.

　해설 $N_s = \dfrac{120f}{P}(rpm)$ 그러므로 주파수 증가분만큼 20(%) 빠르게 회전한다.

61. 유도 전동기의 역율을 개선하기 위하여 일반적으로 많이 쓰이는 방법은 어느 것인가?

　가. 조상기 사용　　 나. 고속도 운전　　 다. 콘덴서 사용　　 라. 저속도 운전

　해설 콘덴서를 전동기와 병렬 접속하여 전체적인 역율을 개선한다.

정답 56. 나　57. 가　58. 라　59. 라　60. 라　61. 다

제4장 정류기

1. 전력용 반도체 소자의 기호와 특성 및 용도

명칭	기호	특성	용도
다이오드 (정류소자)	A ─▷|─ k		교류를 직류로 변환에 사용
제너 다이오드	A ─▷|─ k		정전압에 사용
SCR (역저지 3단자 사이리스터)	A ─▷|─ k, G		직류 및 교류 제어용 소자
TRIAC (쌍방향 대칭형 스위치)	T_1 ── T_2, G		교류 제어용
SSS (양방향성 대칭형 스위치)	A ── k		교류 제어용
SUS (단방향성 3단자 스위치)	A ── k, G		타이머 및 트리거 회로 등에 사용
SBS (양방향성 3단자 스위치)	A_2 ── A_1, G		트리거 회로 및 과전압보호 회로 등에 사용
GTO (게이트 턴오프 스위치)	A ──▷|── k, G		직류 및 교류 제어용 소자
SCS (역저지 4단자 사이러스터)	A ──▷|── k, G_A, G_K		광에 의한 스위치 제어
DIAC (대칭형 3층 다이오드)	A ── k		트리거 펄스 발생 소자

2. 정류 회로

(1) 단상 정류회로

① 반파 정류
저항 R에 걸리는 직류 평균 전압
$$E_o = 0.45E(\text{V})$$

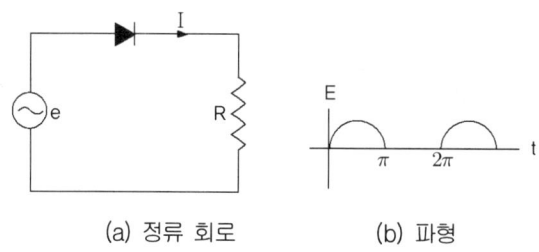

(a) 정류 회로   (b) 파형

② 전파 정류
저항 R에 걸리는 직류 평균 전압
$$E_o = 0.9E(\text{V})$$

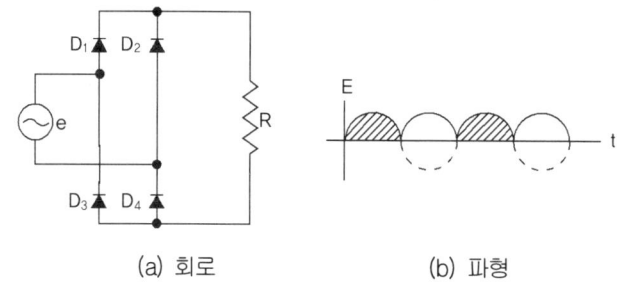

(a) 회로   (b) 파형

(2) 3상 정류 회로

① 반파정류
부하저항 R에 걸리는 직류 평균 전압
$$E_{do} = 1.17E(\text{V})$$

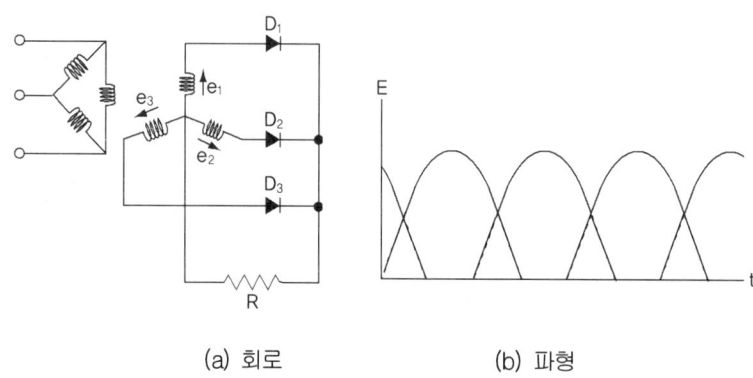

(a) 회로   (b) 파형

② 전파정류

부하저항 R에 걸리는 직류 평균 전압

$E_{do} = 1.35E(\text{V})$

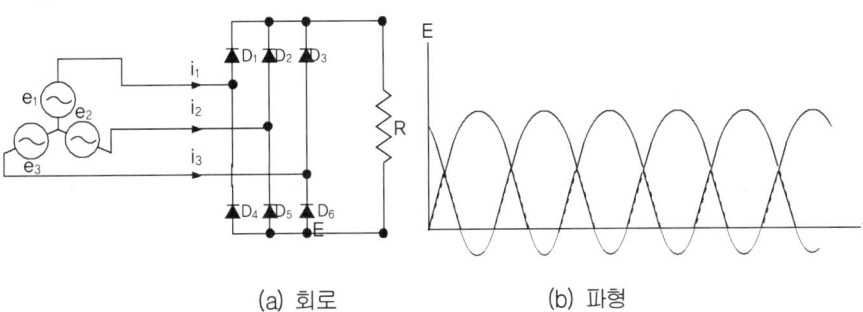

(a) 회로　　　(b) 파형

출 제 예 상 문 제

1. 다음 SCR 기호 중에서 옳은 것은?

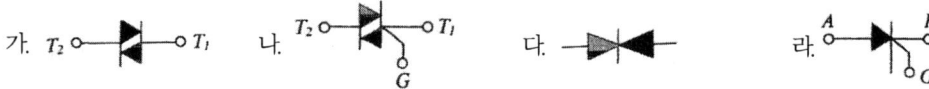

[해설] ㉮ DIAC ㉯ TRIAC ㉰ 바리스터 ㉱ SCR

2. 리플 전압이란?

가. 부하시의 전압
나. 무부하의 전압
다. 정류된 전압의 교류분
라. 정류된 직류전압

3. 다음 그림의 브리지 정류회로에서 잘못 접속된 다이오드는?

가. D_1 나. D_2
다. D_3 라. D_4

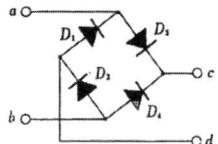

[해설]

4. 그림의 단상 반파 정류 회로에서 R에 흐르는 직류전류 [A]는? 단 V=100[V], R=10$\sqrt{2}$ [Ω]이다.

가. 2.28 나. 3.2
다. 4.5 라. 7.07

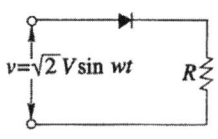

[해설] $I_d = \dfrac{E_d}{R} = \dfrac{0.45E}{R}$
$= \dfrac{0.45 \times 100}{10\sqrt{2}} = 3.18 ≒ 3.2[A]$

5. 다음 회로는 어떠한 회로인가?

가. 반파 배전압 정류회로 나. 브리지 정류회로
다. 전파 배전압 정류회로 라. 단상 전파 정류회로

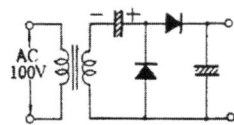

[정답] 1. 라 2. 다 3. 나 4. 나 5. 가

6. 그림의 회로에 대한 관계식 중 맞는 것은? 단, V_{C1}은 C_1의 단자전압, V_{C2}는 C_2의 단자전압이다.

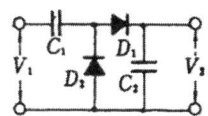

가. $V_{C1} = V_{C2}$ 나. $V_{C1} = 2V_{C2}$
다. $V_{C2} = 2V_{C1}$ 라. $V_{C2} = 3V_{C1}$

해설 입력 V_1이 가해질 때 처음 반주기 동안은 다이오드 D_2를 통하여 V_1의 최대값 V_{C1}이 C_1에 충전된다. 다음 반주기 동안에는 C_1의 충전 전압은 다이오드 D_1을 통하여 방전하며, 콘덴서 C_2는 입력 V_1의 최대와 C_1의 충전 전압을 합한 것이 충전된다. 그러므로 C_2 양단의 전압 $V_{C2} = 2V_{C1}$이 된다.

7. 다음 반도체 중 정전압 회로에 사용되는 것은 어느 것인가?

가. 서미스터 나. 트라이액 다. 제너다이오드 라. 실리콘제어 정류기

8. 교류전압의 실효값이 120V일 때 단상 반파정류에 의하여 발생하는 직류전압의 평균값은 얼마인가?

가. 52V 나. 54V 다. 61V 라. 63V

해설 $E_o = \dfrac{\sqrt{2}}{\pi} V = 0.45 V = 0.45 \times 120 = 54 (\text{V})$

9. 역내 전압이 높고, 온도 특성이 우수하며, 높은 전압, 큰 전류의 정류에 가장 적당한 정류기는?

가. 게르마늄 정류기 나. 셀렌 정류기 다. 산화구리 정류기 라. 실리콘 정류기

10. 고전압 대전류 정류기로서 가장 적당한 것은?

가. 접촉 변류기 나. 수은 정류기 다. 전동 발전기 라. 텅거 정류기

11. 반도체로 만든 PN접합은 무슨 작용을 하는가?

가. 증폭작용 나. 발진작용 다. 정류작용 라. 변조작용

12. 직류를 교류로 변환하는 장치는?

가. 역변환 장치 나. 정류기 다. 충전기 라. 순변환 장치

해설 교류를 직류로 변환시키는 장치를 정류기 또는 순변환 장치라 하고, 직류를 교류로 변환하는 장치를 인버터(inverter) 또는 역변환 장치라 한다.

정답 6. 다 7. 다 8. 나 9. 라 10. 나 11. 다 12. 가

제5장 전기계측

1. 전압·전류·저항의 측정

(1) 직류용 계기

① 가동 코일형 : 전자 작용을 이용함. 전압계, 전류계, 저항계 등으로 사용
② 가동 자침형 : 전자 작용을 이용함. 직류 검류계로 사용
③ 전해형 : 전기분해 작용을 이용함. 전량계로 사용

(2) 교류 전용 계기

① 가동 철편형 : 전자 작용을 이용함. 전압계, 전류계, 저항계 등으로 사용
② 유도형 : 자장과 맴돌이 전류와의 상호작용을 이용함. 전압계, 전류계, 전력계 등으로 사용
③ 진동형 : 공진이나 진동을 이용함. 주파수계, 회전계 등으로 사용

(3) 직류와 교류 양용

① 전류력계형 : 전류 사이 상호작용을 이용함. 전압계, 전류계, 전력계 등으로 사용
② 정전형 : 정전력을 이용함. 전압계, 저항계 등으로 사용
③ 열전형 : 열기전형을 이용함. 전압계, 전류계, 등으로 사용

(4) 계기용 변성기(MOF)

전기계기 또는 측정 장치와 함께 사용되는 전류 및 전압의 변성용 기기로서 CT와 PT를 총칭한다.

(5) 계기용 변류기(CT)

교류 전류의 측정범위 확대에 사용하는 변성기로서 2차 표준은 5(A)이다.

(6) 계기용 변압기 (PT)

교류 전압의 측정 범위 확대를 위한 변성기로서 2차 표준은 100(V)또는 110(V)이다.

2. 직류 및 전력량의 측정

(1) 직류 전력 측정

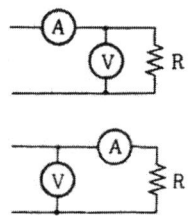

$$P = VI - \frac{V^2}{r_v} \text{(W)}$$

$$P = VI - r_a I^2 \text{(W)}$$

r_v : 전압계의 내부 저항(Ω), r_a : 전류계의 내부 저항(Ω)

(2) 교류 전력측정

① 단상 교류전력의 측정
- 3전압계법

$$P = \frac{1}{2R}(V_3^2 - V_1^2 - V_2^2)(\text{W})$$

- 3전류계법

$$P = \frac{R}{2}(I_3^2 - I_1^2 - I_2^2)(\text{W})$$

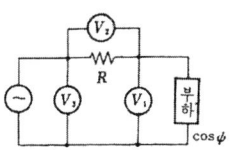
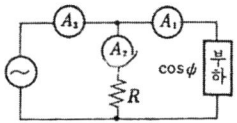

② 3상 교류 전력의 측정
- 2전력계법

$$P = W_1 + W_2$$
$$\quad = 3VI\cos\phi\,(\text{W})$$

- 3전력계법

$$P = W_1 + W_2 + W_3$$

3. 절연저항 측정

절연 저항계는 옥내 배선 또는 전기기기의 절연 저항을 측정할 때 사용하는 기구로, 흔히 메거(megger)라고도 하며 수동식과 자동식이 있다.

(1) 절연 저항계의 사용범위

절연저항계는 전동기에서 권선(코일)과 대지 사이의 절연저항을 측정한다. 변압기에서는 1차 코일과 2차 코일 사이, 코일과 대지 사이의 절연저항을 측정한다. 옥내 배선에서는 전선사이의 절연저항이나 전선과 대지 사이의 절연저항을 측정하는데 사용한다.

(2) 전로의 절연저항

전로의 사용전압의 구분	DC 시험전압	절연 저항값
SELV 및 PELV	250[V]	0.5[MΩ]
FELV, 500[V] 이하	500[V]	1[MΩ]
500[V] 초과	1,000[V]	1[MΩ]

(3) 메거 사용시 유의 사항

① 통전 중일 때(전기가 충전되어 있을 때) 절연저항 측정을 해서는 안 된다.
② 절연저항 측정시 차단기를 OFF시켜야 하며 전기·전자용품의 러그는 뽑아야 한다.

③ 절연저항 측정시 흑색은 어스(EARTH)에, 적색은 AC.V(LINE)에 연결한다. 절연저항 측정시 AC.V(LINE)에 연결한 리드선을 손으로 만지거나 인체에 접촉이 되어서는 안 된다.

출제예상문제

1. 단상 교류회로의 전력측정 방법이 아닌 것은?

  가. 전력계에 의한 방법 나. 3 전력계에 의한 방법
  다. 3 전압계에 의한 방법 라. 역률계에 의한 방법

2. 다음 중 직류용 계기가 아닌 것은?

  가. 가동 코일형 나. 가동 자침형 다. 전해형 라. 유도형

  해설 유도형 교류 전용 계기이다.

3. 계기용 변류기(CT)의 2차 표준 전류(A)는?

  가. 3 나. 5 다. 8 라. 10

4. 그림과 같이 전류계와 전압계를 사용하여 직류 전력을 측정하려고 한다. 이때 전압계의 손실전력 및 전류계의 손실 전류를 무시하지 않는다면 다음 중 어느 경우의 측정에 적합하겠는가?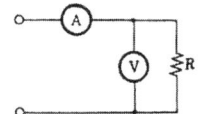

  가. 저전압 대전류 나. 고전압 대전류 다. 저전압 소전류 라. 고전압 소전류

  해설 $P = VI - \dfrac{V^2}{r_v}(W)$이다. 저전압 대전류의 측정에 적합하다.

5. 단상 교류 전력을 측정하려면 다음 어느 것이 적당한가?

  가. 저항계, 전류계, 주파수계 나. 역률계, 주파수계, 전류계
  다. 전압계, 전류계, 저항계 라. 전류계, 전압계, 역률계

6. 전압계와 전류계를 그림과 같이 접속하여 부하전력을 측정할 때 각각의 계기의 지시가 100[V], 2[A]였다. 부하전력은 얼마인가?(단, 전압계의 저항은 2000[Ω]이다.)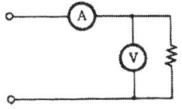

  가. 100[W] 나. 125[W] 다. 195[W] 라. 220[W]

  해설 $P = VI - \dfrac{V^2}{r_v} = 100 \times 2 - \dfrac{100^2}{2000} = 195[W]$

7. 그림과 같이 전압계 및 전류계를 연결 하였다. 부하전력은 얼마인가? 단, 전압계 전류계의 지시는 각각 100[V], 4[A]이고 전류계의 내부저항은 0.5[Ω]이다.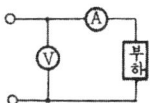

  가. 400[W] 나. 398[W] 다. 392[W] 라. 384[W]

정답 1. 라 2. 라 3. 나 4. 가 5. 라 6. 다 7. 다

해설 $P = VI - r_a I^2 = (100 \times 4) - (0.5 \times 4^2) = 392$[W]

8. 다음은 전력계, 전류계, 전압계를 사용하여 단상전력을 측정하는 회로이다. 전력을 구하는 옳은 식은?

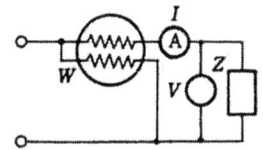

가. $P = I \cdot V \cos\theta$　　　나. $P = I \cdot V \sin\theta$
다. $P = I \cdot V \cos^2\theta$　　라. $P = I \cdot V \sin^2\theta$

9. 단상전력을 3전류계법에 의하여 측정할 때 각 전류계의 지시를 I_1, I_2, I_3라 하면 전력 P는 어떻게 표시하는가?

가. $P = \dfrac{R}{2}(I_3^2 - I_1^2 - I_2^2)$ (W)　　나. $P = \dfrac{R}{2}(I_1^2 - I_3^2 - I_2^2)$ (W)
다. $P = 2R(I_1^2 - I_2^2 - I_3^2)$ (W)　　라. $P = 2R(I_1^2 - I_3^2 - I_2^2)$ (W)

10. 단상전력을 3전압계법에 의하여 측정할 때 각 전압계의 지시를 V_1, V_2, V_3라 하면 전력 P는 어떻게 표시하는가?

가. $P = \dfrac{1}{R}(V_1^2 - V_3^2 - V_2^2)$ (W)　　나. $P = \dfrac{1}{2R}(V_1 - V_2 - V_3)^2$ (W)
다. $P = \dfrac{1}{2R}(V_3^2 - V_1^2 - V_2^2)$ (W)　　라. $P = V_1 I \cos\theta$ (W)

11. 3상 전력을 단상 전력계로 측정하고자 한다. 필요한 단상 전력계는 몇 개인가?

가. 1　　　　나. 2　　　　다. 3　　　　라. 4

해설 3상 전력을 측정하는 방법 : 단상 전력계 1대를 사용하는 1전력계법, 2대를 사용하는 2전력계법, 3대를 사용하는 3전력계법 또는 3상 전력계를 쓰는 방법이 있다.

12. 고저항이나 절연저항 측정에 많이 사용되는 계기는?

가. 메거　　　나. 맥스웰 브리지　　　다. 빈 브리지　　　라. 캠벨 브리지

13. 절연저항 측정기(megger)의 발생전압은?

가. 펄스전압　　나. 교류전압　　다. 직류전압　　라. 고주파 전압

14. 메거의 눈금은?

가. 평등눈금　　나. 불평등눈금　　다. 대각선눈금　　라. 대수눈금

정답 8. 가　9. 가　10. 다　11. 가　12. 가　13. 다　14. 라

제6장 제어의 기초

1. 제어의 개념
어떤 물리계(物理系)가 원하는 대로 동작하도록 물리계에 조작을 가하는 것을 제어라 한다.

2. 자동제어의 분류
① 제어량에 의한 분류
- 프로세스제어 : 온도, 유량, 압력, 농도, 습도, 비중 등을 제어량으로 하는 제어
- 서보기구 : 물체의 위치, 방위, 자세 등을 제어량으로 하는 제어
- 자동조정 : 속도, 회전력, 전압, 주파수, 역률 등을 제어량으로 하는 제어

② 목표값의 시간적 변화에 따른 분류
- 정치제어 : 목표값이 시간에 따라 변화하지 않는 일정한 경우의 제어
- 추치제어 : 목표값이 시간에 따라 변한다. 이 변화는 목표값에 제어량을 추종하도록 하는 제어
- 프로그램제어 : 열차, 산업로봇의 무인운전, 무조정사의 엘리베이터가 이에 해당된다.

3. 에너지에 의한 분류
① 자력제어
  보조 동력을 별도로 요하지 않고 조절기로부터의 제어신호의 에너지 자체를 이용하는 제어.
  예) 자동 감압 밸브
② 타력제어
  보조 동력을 별도로 이용하고 있는 제어.

4. 제어 동작에 의한 분류
① 연속제어
  제어동작이 연속적인 제어를 말한다. 동작신호와 조작량 사이의 관계로부터 P동작(비례동작), I동작(적분동작), D동작(미분동작) 그리고 이들이 조합된 PI동작, PD동작, PID동작이 있다.
② 불연속 제어
  조작량이 연속적이 아닌 제어동작을 말한다.
  예) 2위치 제어 (on-off Control), 샘플치제어(Sampled Data Control)

출제예상문제

1. 다음에서 궤환제어에 속하지 않는 것은 어느 것인가?

　가. 온도제어　　　나. 전압제어　　　다. 위치제어　　　라. 네온사인제어

　해설 네온사인제어는 시퀀스제어이다.

2. ON-OFF 제어와 같은 제어는?

　가. 궤환제어　　　나. 연속제어　　　다. 폐회로제어　　　라. 불연속제어

3. 잔류편차가 있는 제어계는?

　가. 비례제어계(P제어계)　　　　　　나. 비례적분미분제어계(PID제어계)
　다. 적분제어계(I제어계)　　　　　　라. 비례적분제어계(PI제어계)

4. 발전소에서 주파수의 제어를 하는 경우, 좋은 응답이라는 것은 어떤 응답을 말하는가?

　가. 최대 초과량이 작다.　　　　　　나. 외란의 영향을 빨리 없앤다.
　다. 속응성이 빠르다.(상승 시간이 적다.)　라. 정상편차가 작다.

5. 엘리베이터, 에스컬레이터 등의 제어는 어떤 제어인가?

　가. 궤환제어　　　나. 공정제어　　　다. 시퀀스제어　　　라. 정상편차가 작다.

　해설 시퀀스제어(Sequence Control) : 미리 정해진 순서에 따라 각 단계가 순차적으로 진행되는 제어를 말한다.

6. 온도, 유량, 압력, 액위면 등의 상태량을 제어량으로 하는 제어는?

　가. 추종 제어　　　나. 시퀀스 제어　　　다. 프로그램 제어　　　라. 프로세스 제어

　해설 프로세스 제어는 농도, 비중, 온도, 압력, 액면, 유량 등을 제어량으로 하는 제어이다.

7. PID동작은 어느 것인가?

　가. 사이클링을 제거할 수 있으나 오프셋이 생긴다.
　나. 오프셋은 제거되는데, 제어대상에 큰 부동작 시간이 있으면 응답이 늦어진다.
　다. 응답속도를 빨리 할 수는 있으나, 오프셋은 제거되지 않는다.
　라. 사이클링과 오프셋도 제거되고, 응답속도도 빠르며, 안정성도 좋다.

정답 1. 라　2. 라　3. 가　4. 다　5. 다　6. 라　7. 라

해설 비례제어(P)는 사이클링제거, 적분제어(I)는 offset 제어, 미분제어(D)는 응답을 빠르게 한다. 그러므로 제어 계통에서는 PID제어가 사용된다.

8. 2위치 동작(온·오프 동작)은 어느 것인가?

   가. 오프셋은 제거되는데, 부동작 시간이 있으면 응답이 늦어진다.
   나. 응답속도를 빨리 할 수 있으나, 오프셋은 제거되지 않는다.
   다. 가장 간단한 동작이고, 사이클링(Cycling)이 생긴다.
   라. 사이클링은 제거할 수 있으나, 오프셋(Off Set)이 생긴다.

해설 가 : PI동작   나 : PD동작   라 : P동작

9. 정상 특성과 응답 속응성을 동시에 개선시키려면, 다음 어느 제어를 사용해야 하는가?

   가. PID제어   나. PD제어   다. PI제어   라. P제어

10. 동작중 속응도와 정상 편차에서 최적 제어가 되는 것은?

   가. PID동작   나. PD동작   다. P동작   라. PI동작

정답 8. 다 9. 가 10. 가

제7장 제어계의 요소 및 구성

1. 제어계의 종류
① 수동제어
② 자동제어

2. 되먹임제어(Feedback Control)
출력신호를 입력신호로 되돌려서 제어량의 목표값과 비교하여 정확한 제어가 가능하도록 한 제어계

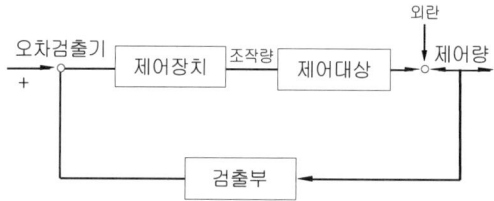

3. 시퀀스 제어 (Sequence Control)
미리 정해진 순서에 따라 제어의 각 단계가 순차적으로 진행되는 제어(예 : 무인 커피 판매기)

4. 제어계의 구성과 차동제어
① 되먹임 제어계의 구성
  ⓐ 검출부 : 제어량을 목표값과 비교하기 위하여 목표값과 같은 종류의 물리량으로 변환하여 검출하는 부분을 말한다.
  ⓑ 제어장치 : 제어를 하기위해 제어 대상에 부착되는 장치를 말한다.
  ⓒ 조작량 : 제어요소가 제어대상에 주는 양을 말한다.
  ⓓ 제어대상 : 제어의 대상으로 제어하려고 하는 기계의 전체 또는 그 일부분을 말한다.
  ⓔ 외란 : 제어량을 목표값으로부터 이탈시키려는 제어계의 외부로부터 오는 영향
  ⓕ 제어량 : 제어대상에 속하는 양으로, 제어대상을 제어하는 것을 목적으로 하는 물리적인 양

출제예상문제

1. 되먹임 제어에서 꼭 요구되는 장치로 맞는 것은?

   가. 응답속도를 빠르게 하는 장치   나. 안정도를 양호하게 하는 장치
   다. 구동을 돕는 장치   라. 입력, 출력을 비교하는 장치

2. 기준입력과 출력량을 비교하여 편차를 가려내는 장치는?

   가. 검출부   나. 비교부   다. 조작부   라. 조절부

3. 제어요소가 제어 대상에 주는 양은?

   가. 조작량   나. 동작신호   다. 기준입력   라. 제어량

4. 동작신호를 증폭하여 충분한 에너지를 가진 신호로 만들어진 것을 무엇이라 하는가?

   가. 조작량   나. 목표값   다. 외란   라. 제어량

5. 제어량을 발생시키는 장치로서 제어계에서 직접 제어를 받도록 하는 장치는?

   가. 작업명령   나. 제어명령   다. 조작명령   라. 제어대상

6. 설정부와 조절부를 합친 것을 무엇이라 하는가?

   가. 조절기   나. 외란   다. 제어요소   라. 비교부

7. 원유를 증류장치에 의하여 휘발유, 등유, 경유 등으로 분리시키는 장치의 제어는?

   가. 서보기구   나. 공정제어   다. 시퀀스제어   라. 개회로제어

정답   1. 라   2. 나   3. 가   4. 가   5. 라   6. 가   7. 나

제8장 블록선도

1. 블록선도의 개요

① 라플라스 변환

어떤 시간 함수 $f(t)$가 있을 때, 이 함수에 e^{-st}를 곱하고, 그것을 다시 0에서부터 ∞까지의 시간에 대하여 적분한 것을 함수 $f(t)$의 라플라스 변환식(Laplace transform)이라 하는데, $\mathcal{L}\{f(t)\}$ 또는 $F(s)$로 표시한다.

$$\mathcal{L}\{f(t)\} = F(s) = \int_0^\infty f(t)e^{-st}dt$$

함수명	$f(t)$	$F(s)$
단위 임펄스 함수	$\delta(t)$	1
단위 계단 함수	$u(t)=1$	$\dfrac{1}{s}$
단위 램프 함수	t	$\dfrac{1}{s^2}$
포물선 함수	t^2	$\dfrac{2}{s^3}$
지수 감쇠 함수	e^{-at}	$\dfrac{1}{s+a}$
지수 감쇠 램프 함수	te^{-at}	$\dfrac{1}{(s+a)^2}$
지수 감쇠 포물선 함수	t^2e^{-at}	$\dfrac{2}{(s+a)^3}$
정현파 함수	$\sin \omega t$	$\dfrac{\omega}{s^2+\omega^2}$
여현파 함수	$\cos \omega t$	$\dfrac{s}{s^2+\omega^2}$
지수 감쇠 정현파 함수	$e^{-at}\sin \omega t$	$\dfrac{\omega}{(s+a)^2+\omega^2}$
지수 감쇠 여현파 함수	$e^{-at}\cos \omega t$	$\dfrac{s+a}{(s+a)^2+\omega^2}$

② 블록선도
제어계에서 신호가 전달되는 모양을 표시하는 선도.

블록선도	전달함수
$R(S) \rightarrow \boxed{G_1} \rightarrow \boxed{G_2} \rightarrow C(S)$	$G = \dfrac{C(s)}{R(s)} = G_1 G_2$
$R(S) \xrightarrow{+} \boxed{G} \rightarrow C(S)$ (피드백 −)	$G = \dfrac{C(s)}{R(s)} = \dfrac{G}{1+G}$
$R(S) \rightarrow \boxed{G_1} \xrightarrow{+}{+} \rightarrow C(S)$, 피드백 G_2	$G = \dfrac{C(s)}{R(s)} = \dfrac{G_1}{1-G_2}$
$R(S) \xrightarrow{+}{-} \boxed{G_1} \rightarrow C(S)$, 피드백 G_2	$G = \dfrac{C(s)}{R(s)} = \dfrac{G_1}{1+G_1 G_2}$
$R(S) \xrightarrow{+}{+} \boxed{G_1} \boxed{G_2} \rightarrow C(S)$, 피드백 G_3	$G = \dfrac{C(s)}{R(s)} = \dfrac{G_1 G_2}{1-G_1 G_2 G_3}$
$R(S) \xrightarrow{+}{-} \boxed{G_1} \boxed{G_2} \rightarrow C(S)$, 피드백 $G_3 G_4$	$G = \dfrac{C(s)}{R(s)} = \dfrac{G_1 G_2}{1+G_1 G_2 G_3 G_4}$

※ 전달함수 : 모든 초기값을 0으로 했을 때 출력신호의 라플라스 변환과 입력 신호의 라플라스 변환의 비를 말한다.

2. 신호 흐름선도

이 방법은 복잡한 계통의 해석이 쉽고, 종합적인 전달함수의 산정이 쉽다. 이 신호 흐름선도의 마디는 신호(변수)를 나타내고, 가지는 전달 특성을 나타낸다.

① 블록 선도와 신호흐름 선도의 대응 관계

블록선도	신호-흐름선도
G_1 — b — G_2	G_1 — b — G_2
G_1, G_2 병렬 (+)	G_1 / G_2
G_1 피드백 G_2	G_1 / $-G_2$
1 피드백 G_2	1 / $-G_2$

출제예상문제

1. 함수 $f(t)$의 라플라스 변환은 어떤 식으로 정의 되는가?

  가. $\int_{-\infty}^{\infty} f(t)e^{-st}dt$ 나. $\int_{0}^{\infty} f(t)e^{st}dt$ 다. $\int_{0}^{\infty} f(t)e^{-st}dt$ 라. $\int_{-\infty}^{\infty} f(t)e^{st}dt$

  해설 $F(s) = \int_{0}^{\infty} f(t)e^{-st}dt$

2. 단위 계단 함수 $\mu(t)$의 라플라스 변환으로 맞는 것은?

  가. e^{-st} 나. $\dfrac{1}{s}e^{-st}$ 다. $\dfrac{1}{s}$ 라. $\dfrac{1}{e^{-st}}$

  해설 $\mathcal{L}[u(t)] = \int_{0}^{\infty} e^{-st}dt = \left[\dfrac{e^{-st}}{-s}\right]_{0}^{\infty} = \dfrac{1}{s}$

3. 단위 임펄스 함수 $\delta(t)$의 라플라스 변환은?

  가. $\dfrac{1}{s+a}$ 나. $\dfrac{1}{s}$ 다. 1   라. 0

4. $f(t) = t^2$의 라플라스 변환은?

  가. S   나. $\dfrac{2}{S}$ 다. $\dfrac{2}{s^2}$ 라. $\dfrac{2}{s^3}$

  해설 $\mathcal{L}[t^2] = \dfrac{2}{s^{2+1}} = \dfrac{2}{s^3}$ ※ $\mathcal{L}[t^n] = \dfrac{n!}{s^{n+1}}$

5. $f(t) = te^{-\alpha t}$일 때 라플라스 변환하면 $F(s)$의 값은?

  가. $\dfrac{1}{(s+\alpha)^2}$ 나. $\dfrac{1}{(s+\alpha)}$ 다. $\dfrac{2}{(s+\alpha)^2}$ 라. $\dfrac{1}{s(s+\alpha)}$

  해설 $\mathcal{L}[te^{-\alpha t}] = \dfrac{1}{(s+\alpha)^{1+1}} = \dfrac{1}{(s+\alpha)^2}$ ※ $\mathcal{L}[t^n e^{\pm \alpha t}] = \dfrac{n!}{(s+\alpha)^{n \pm 1}}$

6. $\sin \omega t$의 라플라스 변환은?

  가. $\dfrac{s}{s^2+\omega^2}$ 나. $\dfrac{s}{s^2-\omega^2}$ 다. $\dfrac{\omega}{s^2+\omega^2}$ 라. $\dfrac{\omega}{s^2-\omega^2}$

  해설 $\mathcal{L}[\sin\omega t] = \dfrac{\omega}{s^2+\omega^2}$

정답 1. 다   2. 다   3. 다   4. 라   5. 가   6. 다

7. $\cos \omega t$ 의 라플라스 변환은?

가. $\dfrac{\omega}{s^2+\omega^2}$ 나. $\dfrac{s}{s^2+\omega^2}$ 다. $\dfrac{\omega}{s^2-\omega^2}$ 라. $\dfrac{s}{s^2-\omega^2}$

해설 $\mathcal{L}[\cos \omega t] = \dfrac{s}{s^2+\omega^2}$

8. $f(t) = \sin t + 2\cos t$ 를 라플라스 변환하면?

가. $\dfrac{2s}{(s+a)^2}$ 나. $\dfrac{2s+1}{s^2+1}$ 다. $\dfrac{2s+1}{(s+1)^2}$ 라. $\dfrac{2s}{s^2+1}$

해설 $\mathcal{L}[f(t)] = \mathcal{L}[\sin t] + \mathcal{L}[2\cos t]$
$= \dfrac{1}{s^2+1} + 2 \cdot \dfrac{s}{s^2+1} = \dfrac{2s+1}{s^2+1}$

[참고] · $\mathcal{L}[\sin \omega t] = \dfrac{\omega}{s^2+\omega^2}$ · $\mathcal{L}[\cos \omega t] = \dfrac{s}{s^2+\omega^2}$

9. $e^{-2t}\cos 3t$ 의 라플라스 변환은?

가. $\dfrac{s}{(s+2)^2+3^2}$ 나. $\dfrac{s}{(s-2)^2+3^2}$ 다. $\dfrac{s-2}{(s-2)^2+3^2}$ 라. $\dfrac{s+2}{(s+2)^2+3^2}$

해설 $\mathcal{L}[e^{-2t}\cos 3t] = \dfrac{s+2}{(s+2)^2+3^2}$

※ $\mathcal{L}[e^{-at}\cos \omega t] = \dfrac{s+a}{(s+a)^2+\omega^2}$

10. $f(t) = \sin t \cos t$ 를 라플라스 변환하면?

가. $\dfrac{1}{s^2+2}$ 나. $\dfrac{1}{(s+2)^2}$ 다. $\dfrac{1}{(s+4)^2}$ 라. $\dfrac{1}{s^2+4}$

해설 $\sin 2t = \sin(t+t) = 2\sin t \cos t$ 이므로
$\sin t \cos t = \dfrac{1}{2}\sin 2t$
$F(s) = \mathcal{L}\left[\dfrac{1}{2}\sin 2t\right] = \dfrac{1}{2} \cdot \dfrac{2}{s^2+2^2} = \dfrac{1}{s^2+4}$

11. 그림의 두 전달 함수의 종합 전달함수를 구하면?

가. $G_1 \times G_2$ 나. $G_1 + G_2$

다. $\dfrac{1}{G_1} \times \dfrac{1}{G_2}$ 라. $\dfrac{1}{G_1} + \dfrac{1}{G_2}$

X ─→ G_1 ─→ G_2 ─→ Y

해설 $Y = (G_1 \cdot G_2)X$, $G(s) = \dfrac{Y}{X} = G_1 \cdot G_2$

정답 7. 나 8. 나 9. 라 10. 라 11. 가

12. 그림과 같은 피드백 제어계의 폐루프 전달 함수는?

가. $\dfrac{G(s)}{1+R(s)}$ 나. $\dfrac{G(s)}{1+G(s)}$

다. $\dfrac{R(s)C(s)}{1+G(s)}$ 라. $\dfrac{C(s)}{1+R(s)}$

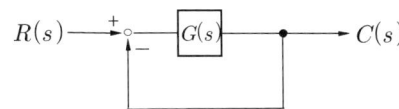

해설 $(R-C)G = C$, $RG - CG = C$, $RG = C(1+G)$

$\therefore \dfrac{C}{R} = \dfrac{G}{1+G}$

13. 그림과 같은 블록 선도의 등가 합성 전달 함수는?

가. $\dfrac{1}{1 \pm GH}$ 나. $\dfrac{1}{1 \pm H}$

다. $\dfrac{G}{1 \pm H}$ 라. $\dfrac{G}{1 \pm GH}$

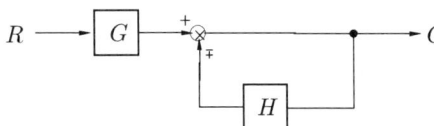

해설 $C = RG \pm CH$, $C(1 \pm H) = RG$

$\therefore \dfrac{C}{R} = \dfrac{G}{1 \pm H}$

14. 그림과 같은 피이드백 제어의 종합 전달 함수는?

가. $\dfrac{G_1 G_2}{1 + G_1 G_2 G_3}$ 나. $\dfrac{G_1 G_2}{1 - G_1 G_2 G_3}$

다. $\dfrac{G_1}{1 + G_1 G_2 G_3}$ 라. $\dfrac{G_1}{1 - G_1 G_2 G_3}$

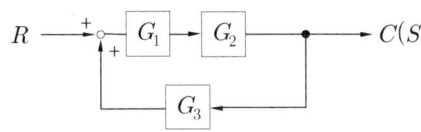

해설 $\dfrac{C}{R} = \dfrac{G_1 G_2}{1 - G_1 G_2 G_3}$

15. 그림의 블록 선도에서 C/R를 구하면?

가. $\dfrac{G_3 G_4}{1 + G_1 G_2 G_3 G_4}$

나. $\dfrac{G_1 G_2}{1 + G_1 G_2 + G_3 G_4}$

다. $\dfrac{G_1 + G_2}{1 + G_1 G_2 + G_3 G_4}$

라. $\dfrac{G_1 G_2}{1 + G_1 G_2 G_3 G_4}$

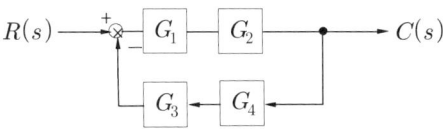

해설 $\dfrac{C}{R} = \dfrac{G_1 G_2}{1 + G_1 G_2 G_3 G_4}$

정답 12. 나 13. 다 14. 나 15. 라

16. 그림과 같은 블록 선도에서 C/R의 값은?

가. $1+G_2+G_1G_2$ 　나. $\dfrac{(1+G_1)G_2}{1-G_2}$

다. $1+G_1+G_1G_2$ 　라. $\dfrac{G_1+G_2}{1-G_2-G_1G_2}$

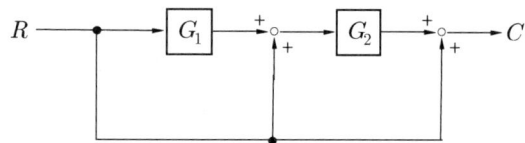

해설 $(RG_1+R)G_2+R=C,\quad R(G_1G_2+G_2+1)=C$

$\therefore\ G(s)=\dfrac{C}{R}=G_1G_2+G_2+1$

17. 그림과 같은 신호 흐름 선도에서 C(s)/R(s)의 값은?

가. $\dfrac{C(s)}{R(s)}=\dfrac{X_2}{1-X_1Y_1}$ 　나. $\dfrac{C(s)}{R(s)}=\dfrac{X_1+X_2}{1-X_1Y_1}$

다. $\dfrac{C(s)}{R(s)}=\dfrac{X_1}{1-X_1Y_1}$ 　라. $\dfrac{C(s)}{R(s)}=\dfrac{X_1X_2}{1-X_1Y_1}$

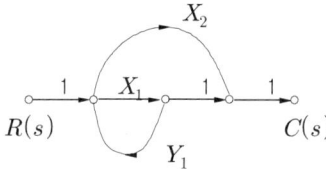

해설 $\dfrac{C(s)}{R(s)}=\dfrac{X_1+X_2}{1-X_1Y_1}$

※ 전향경로의 합 : X_1+X_2 , 피드백: X_1Y_1

18. 그림의 신호 흐름 선도에서 C/R는?

가. $\dfrac{ab}{1-b-abc}$ 　나. $\dfrac{ab}{1-ab+abc}$

다. $\dfrac{ab}{1+b-abc}$ 　라. $\dfrac{ab}{1-b+abc}$

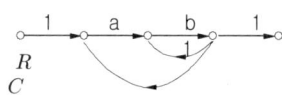

해설 $\{(R(s)+C(s)c)a+C(s)\}b=C(s)\quad R(s)\cdot ab=(1-abc-b)C(s)$

$\therefore\ \dfrac{C(s)}{R(s)}=\dfrac{ab}{1-b-abc}$

19. 다음 신호 흐름 선도에서 전달 함수 C/R를 구하면 얼마인가?

가. $\dfrac{abcde}{1-cg-bcdf}$ 　나. $\dfrac{abcde}{1+cg+cgf}$

다. $\dfrac{abcdg}{1-abcde}$ 　라. $\dfrac{abcde}{1-cg-cgf}$

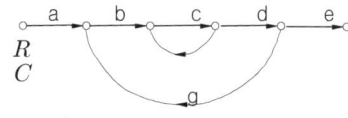

해설 $G_1=abcde,\ \Delta_1=1,\ L_{11}=cg,\ L_{21}=bcdf$

$\Delta=1-(L_{11}+L_{21})=1-cg-bcdf$

$\therefore\ G=\dfrac{C}{R}=\dfrac{G_1\Delta_1}{\Delta}=\dfrac{abcde}{1-cg-bcdf}$

정답 16. 가 17. 나 18. 가 19. 가

제9장 주파수 응답과 시간응답

1. 주파수 응답

(1) 주파수 응답의 정의

주파수를 변환시켜 그 응답을 조사하면 제어계의 동특성을 알 수 있는데, 이때 사인파 입력의 여러 주파수에 대한 응답을 주파수 응답이라 한다.

(2) 주파수 응답의 도시 방법

① 벡터 궤적

주파수 전달함수 $G(j\omega)$의 복소 벡터에 대해서는 벡터의 크기와 벡터의 편각으로 다음과 같이 표시한다.

벡터의 크기 $= |G(j\omega)|$
벡터의 편각 $= \angle G(j\omega)$

실수부를 횡축, 허수부를 종축으로 하는 복소평면에서 주파수 ω가 변화함에 따라, 주파수 전달함수 $G(j\omega)$의 벡터 선단이 그리는 곡선을 벡터 궤적이라 하며, 주파수 ω가 0에서 ∞로 변화할 때의 궤적은 다음과 같다.

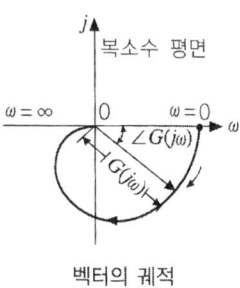

벡터의 궤적

ⓐ 비례요소

$G(s) = K$
$G(j\omega) = K$

단, $G(s)$: 비례요소의 전달함수, $G(j\omega)$: 주파수 전달함수

※ 실축상 K의 위치에 단 하나의 점으로 나타난다.

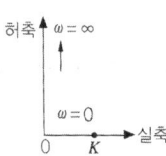

ⓑ 미분요소

$G(s) = S$
$G(j\omega) = j\omega$

단, $G(s)$: 미분요소의 전달함수, $G(j\omega)$: 주파수 전달함수

ⓒ 적분요소

$G(s) = \dfrac{1}{s}$

$G(j\omega) = \dfrac{1}{j\omega} = -j\dfrac{1}{\omega}$

단, $G(s)$: 적분요소의 전달함수, $G(j\omega)$: 주파수 전달함수

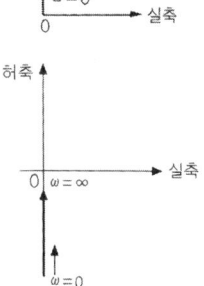

ⓓ 비례미분 요소

$$G(s) = 1 + TS$$
$$G(j\omega) = 1 + j\omega T$$

단, $G(s)$: 비례 미분 요소의 전달 함수
$G(j\omega)$: 주파수 전달함수

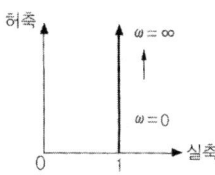

ⓔ 1차 지연요소

$$G(s) = \frac{1}{1 + TS}$$
$$G(j\omega) = \frac{1}{1 + j\omega T} = \frac{1}{\sqrt{1 + \omega^2 T^2}} - \tan^{-1}\omega T$$

(3) 나이퀴스트의 안정도 판별법

나이퀴스트 안정 판별법에 있어서 궤적의 (-1, 0)점이 외쪽으로 될 때, (-1, 0)점에 가까울수록 불안정에 접근하고, (-1, 0)의 점을 통과할 때가 안정 한계로서 이득 1, 위상 늦음 180°(정귀환의 의미)가 되며, 이 때 주파수 ω_0에서 지속 진동이 발생한다.

따라서 안정 한계에서 어느 정도 떨어져 있는가에 의해서 안정도를 표시할 수가 있다.

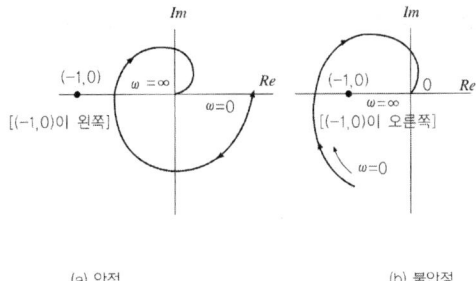

(a) 안정   (b) 불안정

나이퀴스트의 안정도 판별

(4) 이득여유와 위상여유

① 이득 여유(GM : gain margin) : 위상이 -180°가 되는 주파수에서의 이득이 1에 대해서 어느 정도 여유가 있는가를 나타내는 값이다.
② 위상 여유(PM : phase margin) : 이득이 1이 되는 주파수에서의 위상이 -180°에 대해서 어느 정도 여유가 있는지를 나타내는 값이다.

아래 그림은 벡터 궤적 및 보드선도 상에 이득 여유와 위상 여유를 나타낸 것이다.

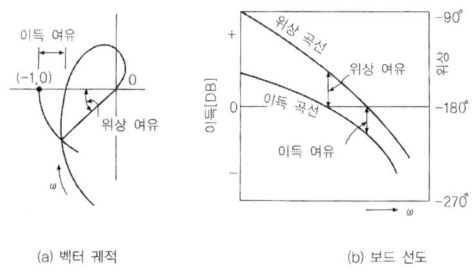

(a) 벡터 궤적   (b) 보드 선도

이득 여유와 위상 여유

출제예상문제

1. 주파수 응답에 필요한 입력은?

　가. 램프입력　　　　나. 정현파 입력　　　　다. 임펄스 입력　　　　라. 계단입력

2. 일반적으로 선형 제어계의 주파수 특성은?

　가. 대역 주파 여파기 특성　　　　나. 고주파 여파기 특성
　다. 중간 주파 여파기 특성　　　　라. 저주파 여파기 특성

　해설 선형 제어계는 저주파 필터 (여파기 특성) 특성을 갖는다.

3. $G(s)=\dfrac{1}{s}$에서 $\omega=10$(rad/sec)일 때 이득($d\beta$)을 구하면?

　가. -10　　　　나. -20　　　　다. -30　　　　라. -40

　해설 이득 $= 20 \log \left|\dfrac{1}{10}\right| = -20\ (d\beta)$

4. $G(j\omega) = j0.1\omega$에서 $\omega=0.01$(rad/s)일 때, 계의 이득($d\beta$)을 구하면?

　가. -20　　　　나. -40　　　　다. -60　　　　라. -80

　해설 $g = 20 \log |G(j\omega)|$
　　　　$= 20 \log |0.001j| = 20 \log \left|\dfrac{1}{1000}j\right| = -60\,(d\beta)$

5. $G(j\omega)=5j\omega$이고, $\omega=0.02$일 때 이득 ($d\beta$)을 구하면?

　가. -40　　　　나. -30　　　　다. -20　　　　라. -10

　해설 $g = 20 \log |G(j\omega)| = 20 \log |5j\omega|_{\omega=0.02}$
　　　　$= 20 \log |j5 \times 0.02| = 20 \log |j0.1| = 20 \log 10^{-1} = -20$

6. $G(s) = \dfrac{1}{1+10s}$인 1차 지연 요소의 $G(d\beta)$를 구하면? 단 $\omega=0.1$(rad/sec)이다.

　가. 약 -1　　　　나. 약 -2　　　　다. 약 -3　　　　라. 약 -4

　해설 $G(s) = 20 \log |G(j\omega)| = 20 \log \left|\dfrac{1}{1+j10 \times 0.1}\right| = 20 \log \dfrac{1}{\sqrt{2}} ≒ -3$

정답　1. 나　2. 라　3. 나　4. 다　5. 다　6. 다

7. 전달함수 $G(s) = \dfrac{20}{(s+1)(s+2)}$ 으로 표시되는 제어 계통에서 직류 이득을 구하면?

　가. 5　　　　　　　나. 10　　　　　　　다. 15　　　　　　　라. 20

해설 직류에서는 $j\omega=0$, s=0이므로
$G = \dfrac{20}{2} = 10$

8. 특성 방정식이 $s^3 + 2s^2 + 3s + 4 = 0$일 때 이 계통은?

　가. 알 수 없다.　　　나. 조건부 안정　　　다. 불안정하다.　　　라. 안정하다.

해설 루드의 표

$$\begin{array}{c|cc} S^3 & 1 & 3 \\ S^2 & 2 & 4 \\ S^1 & 1 & 0 \\ S^0 & 4 & \end{array}$$

∴ 제1열의 부호 변화가 없다. 그러므로 안정하다.

9. 특성 방정식이 $S^3+S^2+S=0$일 때 이 계통은?

　가. 임계 상태이다.　　나. 조건부 안정이다.　　다. 불안정하다.　　라. 안정하다.

해설 루드의 표

$$\begin{array}{c|cc} S^3 & 1 & 1 \\ S^2 & 1 & 0 \\ S^1 & 1 & 0 \\ S^0 & 0 & \end{array}$$

∴ 제1열의 부호는 변하지 않았다. 그러나 0이 있어 임계상태이다(한 행의 값이 모두 0이면 임계상태).

제10장 시퀀스 제어

1. 제어요소의 작동과 표현

(1) 시퀀스제어의 기본구성

① 시퀀스 제어

미리 정해진 순서에 따라 각 단계가 순차적으로 진행되는 제어(예 : 무인 커피판매기)

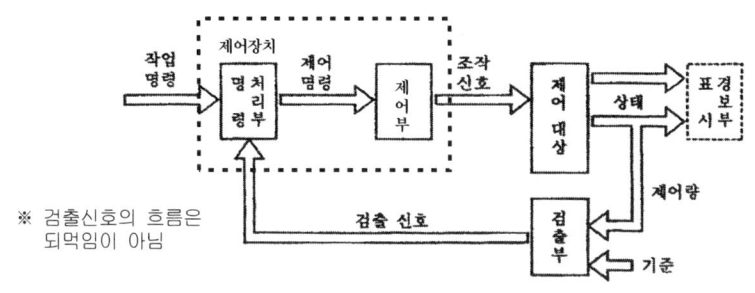

시퀀스 제어계의 기본 구성

- 작업명령 : 제어계의 외부에서 주어지는 명령신호이다.
- 명령처리부 : 작업명령을 검출신호 등을 이용하여 제어명령을 발생하는 부분이다.
- 제어명령 : 제어대상을 제어하기 위한 신호이다.
- 제어부 : 제어명령을 제어대상의 신호체계에 맞게 조정한다.
- 조작신호: 제어대상을 조작하는 신호이다.
- 제어대상 : 제어시키고자 하는 장치 혹은 기기를 말한다.
- 표시경보부 : 제어대상의 현재 상태를 나타내거나 경보신호를 발생시킨다.
- 검출부 : 제어량의 현재 상태를 나타내는 신호를 발생한다.
- 검출신호 : 검출부에서 명령처리부로 보내는 신호이다.

(2) 제어요소

① 조작 스위치의 종류

종류	기호			동작의 차이
	a접점	b접점	c접점	
복귀형				조작하고 있는 동안에만 접점이 개폐되고 손을 떼면 조작부분과 접점이 본래의 상태로 복귀
유지형				조작 후에 손을 떼어도 조작부분과 접점은 그대로 유지
잔류형				조작 후에 손을 떼면 접점은 그대로 유지되지만 조작부분은 본래의 상태로 복귀

② 검출 스위치의 종류

종 류	기 호		동작의 개요
	a접점	b접점	
리미트 스위치	LS	LS	물체의 움직이는 힘에 의하여 작동편(액츄에이터)이 눌러져서 접점이 개폐되며 물체에 직접 접촉하여 검출
광전 스위치	PHS	PHS	투광기와 수광기로 구성되어 투광기에서 쏜 빛을 수광기에서 감지하여 접점을 개폐하며 물체와 직접 접촉하지 않고 검출
근접 스위치	PXS	PXS	금속체나 자성체에서 발생되는 전계나 자계의 변화를 감지하여 접점을 개폐

③ 조작기기의 종류

종 류	기 호	동작의 개요
전동기(모터)	M	전기에너지를 기계적인 회전에너지로 변환하는 것으로 동력원으로서 가장 많이 사용된다.
솔레노이드	SOL	코일에 전류를 흘려서 전자석을 만들고 그 흡인력으로 가동편을 움직여서 끌어당기거나 밀어내는 등의 직선운동을 수행한다.
전자밸브	SV	전자석의 흡인력을 이용하여 밸브를 개폐시켜서 공기나 기름, 물 등의 유체의 제어를 시키는 것이며 일반적으로 실린더와 조합하여 사용한다.

④ 릴레이(Relay)

전자계전기라고도 한다. 코일에 전류를 흘리면 a접점은 닫히고 b접점은 열리며 코일의 전류를 끊으면 a접점은 열리고 b접점은 닫힌다.

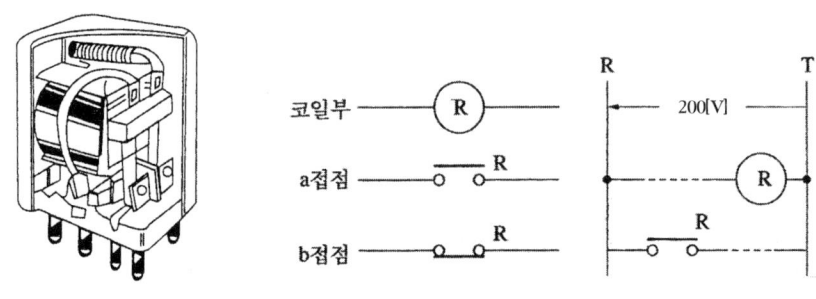

릴레이 외형   릴레이 기호 및 표시

⑤ MC(Electro Magnetic Contactor)
MC는 전자접촉기라고도 하며 주 회로의 개폐용으로서 큰 접점용량이나 내압을 가진 릴레이를 말한다.

코일부

구분	주접점	보조접점
a접점		
b접점		

MC외형

⑥ 과전류 보호장치
과전류 보호장치는 주 회로의 단락사고 등에 의한 과전류로부터 회로를 보호하는 장치로서 휴즈나 MCCB가 있다.

MCCB외형

⑦ 열동계전기(Thermal relay)
부하의 이상에 의한 정상전류의 증가를 검출하고 회로를 차단한다.

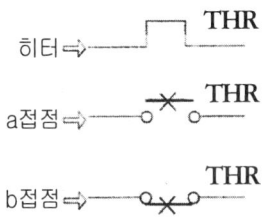

THR외형

⑧ 한시 계전기(timer)
　ⓐ 한시동작 순시복귀 타이머

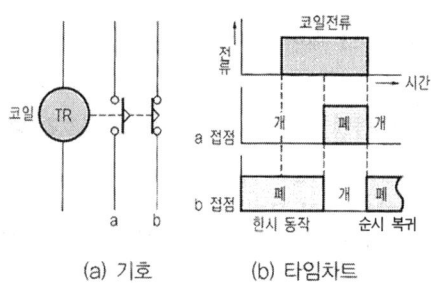

(a) 기호　　(b) 타임차트

(c) 타이머 외형

　ⓑ 순시동작 한시복귀 타이머

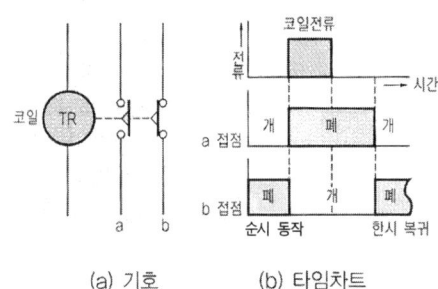

(a) 기호　　(b) 타임차트

2. 논리 회로

(1) 논리 회로

① AND회로

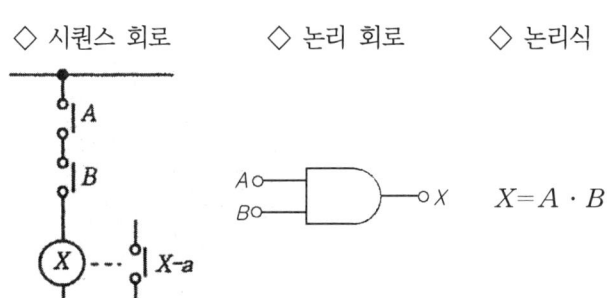

◇ 시퀀스 회로　　◇ 논리 회로　　◇ 논리식　　◇ 진리표

$X = A \cdot B$

입력		출력
A	B	X
0	0	0
0	1	0
1	0	0
1	1	1

② OR 회로

◇ 시퀀스 회로　　◇ 논리 회로　　◇ 논리식　　◇ 진리표

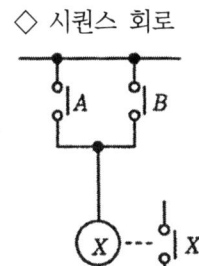

$X = A + B$

입력		출력
A	B	X
0	0	0
0	1	1
1	0	1
1	1	1

③ NOT 회로

◇ 시퀀스 회로　　◇ 논리 회로　　◇ 논리식　　◇ 진리표

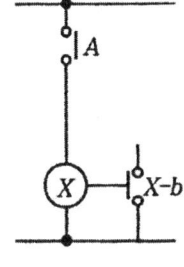

$A = \overline{X}$

입력	출력
A	X
0	1
1	0

④ NAND 회로

◇ 시퀀스 회로　　◇ 논리 회로　　◇ 논리식　　◇ 진리표

$X = \overline{A \cdot B}$

입력		출력
A	B	X
0	0	1
0	1	1
1	0	1
1	1	0

⑤ NOR 회로

◇ 시퀀스 회로　　◇ 논리 회로　　◇ 논리식　　◇ 진리표

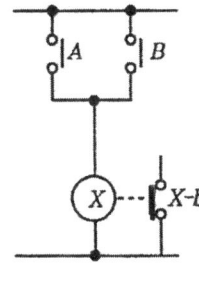

$X = \overline{A + B}$

입력		출력
A	B	X
0	0	1
0	1	0
1	0	0
1	1	0

(2) 불대수

① 불대수의 정리

$A+0=A \quad A \cdot 0=0$

$A+1=1 \quad A \cdot 1=A$

$A+A=A \quad A \cdot A=A$

$A+\bar{A}=1 \quad A \cdot \bar{A}=0$

$A+AB=A \quad A+\bar{A}B=A+B$

3. 유접점 회로 및 무접점 회로

(1) 자기유지 회로(기억회로)

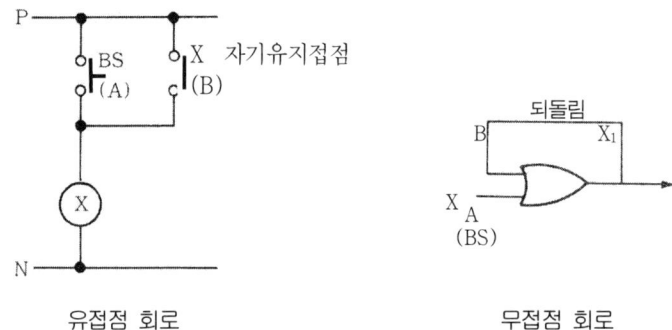

유접점 회로 　　　　　무접점 회로

(2) 우선회로
① 직렬 우선 회로

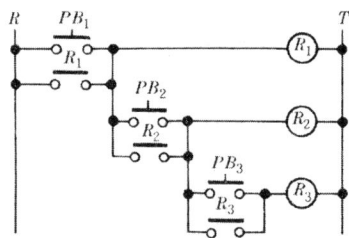

② 병렬 우선 회로

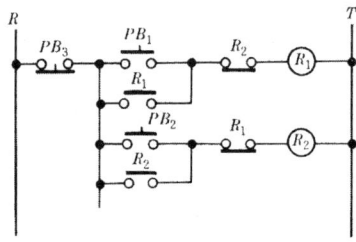

(3) 순차 작동 회로

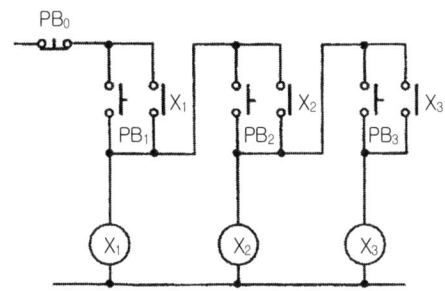

(4) 정역 회로

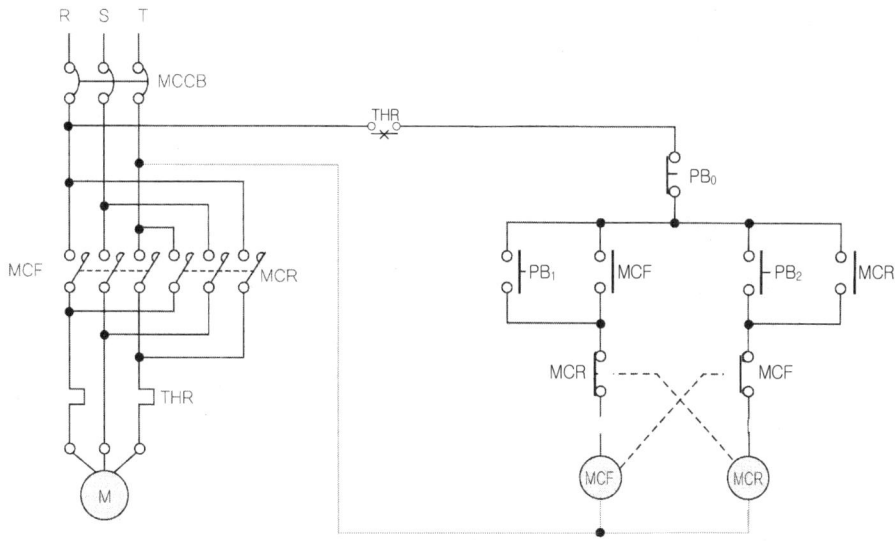

(5) 한시 회로(Timer회로)

① 반복 동작 회로

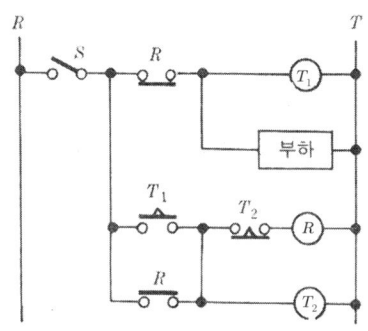

(6) 인터록 회로

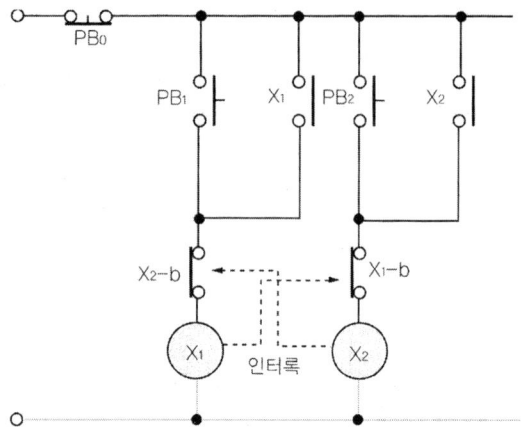

출제예상문제

1. 자동 판매기에 돈을 넣으면 일정량의 커피가 나오는데, 이것은 어느 제어에 속하는가?

　가. 시퀀스 제어　　　나. 프로세스 제어　　　다. 서보 제어　　　라. 비율 제어

해설 시퀀스 제어 : 미리 정해진 순서에 따라 각 단계가 순차적으로 진행되는 제어를 말한다.
　　　프로세스 제어 : 제어량이 온도, 압력, 유량등과 같은 공업량일 때의 제어
　　　서보 제어 : 물체의 위치, 방위, 자세등 기계적 변위를 제어량으로 한다.
　　　비율 제어 : 둘 이상의 제어량을 소정의 비율로 제어하는 것.

2. 백열 전등의 점등 스위치는 어떤 스위치인가?

　가. 복귀형 a접점 스위치　　　　　　나. 검출 스위치
　다. 복귀형 b접점 스위치　　　　　　라. 유지형 스위치

3. 다음 그림 중 복귀형 수동 스위치의 a접점은?

가. 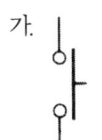　　　나. 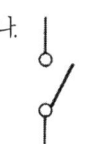　　　다. 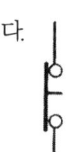　　　라.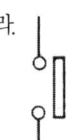

해설 ㉮ 복귀형 수동 스위치 a접점　　㉯ 유지형 수동 스위치
　　　㉰ 복귀형 수동 스위치 b접점　　㉱ 리밋 스위치 a접점

4. 시퀀스 제어에 있어서 기억과 판단 기구 및 검출기를 가진 제어 방식은?

　가. 순서 프로그램 제어　　　　　　나. 시한 제어
　다. 피드백 제어　　　　　　　　　라. 조건 제어

5. 시퀀스(Sequence) 제어에서 다음 중 옳지 않은 것은?

　가. 전체 계통에 연결된 스위치가 일시에 동작할 수도 있다.
　나. 시간 지연 요소도 사용된다.
　다. 조합논리회로(組合論理回路)도 사용된다.
　라. 기계적 계전기도 사용된다.

해설 시퀀스 제어는 미리 정해놓은 순서에 따라 각 단계가 순차적으로 진행되는 제어를 말한다.

정답 1. 가　2. 라　3. 가　4. 다　5. 가

6. 다음 중 일반적으로 센서라 할 수 있는 것은 어느 것인가?

　가. 온도 스위치　　나. 수동 스위치　　다. 푸시버튼 스위치　　라. 리미트 스위치

7. 다음 시퀀스 회로 중 X-a 접점을 옳게 설명한 것은?

　가. 자기유지 접점
　나. 한시회로 접점
　다. 인터록접점
　라. 정지우선 접점

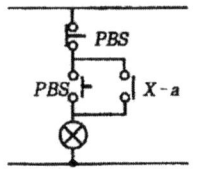

8. 다음 그림과 같은 논리 회로로 맞는 것은?

　가. OR 회로
　나. AND 회로
　다. NOT 회로
　라. NOR 회로

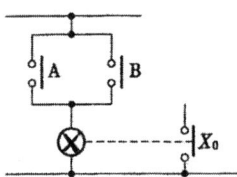

해설

◎ AND 회로　　　　◎ OR 회로　　　　◎ NOT 회로　　　　◎ NOR 회로

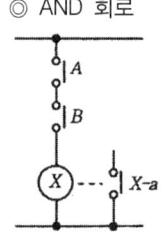 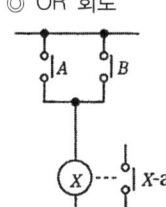 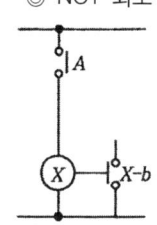 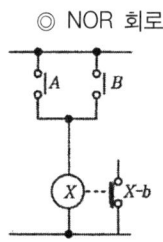

9. 다음 회로는 무엇을 나타낸 것인가?

　가. OR
　나. AND
　다. NAND
　라. Exclusive OR

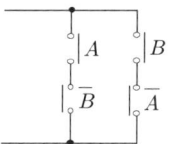

해설 $X = A\bar{B} + \bar{A}B = A \oplus B$ 이므로 Exclusive OR회로이다.

※ Exclusive OR회로 : 입력 신호 A, B중 어느 한쪽만이 1이면 출력 신호 X가 1이 된다.

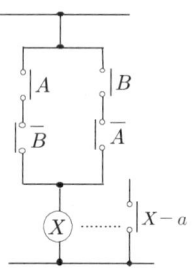

정답　6. 가　7. 가　8. 가　9. 라

10. 계전기 회로에서 일종의 기억회로라고 할 수 있는 것은?

가. OR 회로　　　나. NOT 회로　　　다. 자기유지 회로　　　라. AND 회로

해설 자기유지 회로

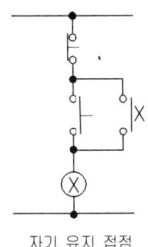
자기 유지 접점

11. 다음 논리식 중 맞지 않는 것은 어느 것인가?

가. A+A=A　　　나. A·A=A　　　다. A+Ā=1　　　라. A·Ā=1

해설 A+A=A　A·A=A　A+Ā=1　A·Ā=0
A+1=1　A·1=A　A·0=0　A+0=A

12. 그림과 같은 논리 회로에서 출력 f 의 값은?

가. (A+B)C　　　나. ĀBC
다. AB+B̄C　　　라. A

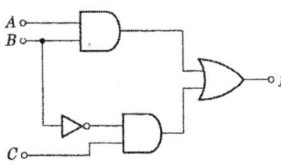

해설 f =AB+B̄C

13. 다음 논리 회로의 출력 X는?

가. ABC̄　　　나. A+B+C̄
다. (A+B)C̄　　　라. A·B+C̄

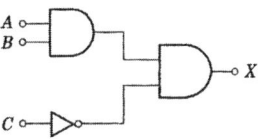

해설 X=ABC̄

14. 그림과 같은 접점 회로의 논리식은?

가. A　　　나. A+B
다. A·B　　　라. A·B+A

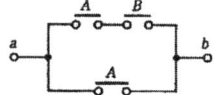

해설 A+A·B=A

15. 그림의 논리회로 출력 Y를 옳게 나타낸 것이 아닌 것은?

가. Y=A　　　나. Y=B
다. Y=A(B̄+B)　　　라. Y=AB̄+AB

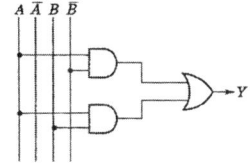

해설 Y=A·B̄+A·B=A(B̄+B)=A

정답 10. 다　11. 라　12. 다　13. 가　14. 가　15. 가

16. 다음 논리 회로의 출력으로 맞는 것은?

가. $Y=\overline{A}+\overline{B}$ 나. $Y=A\overline{B}+\overline{A}B$
다. $Y=\overline{A}\overline{B}+\overline{A}B$ 라. $Y=A\overline{B}+\overline{A}\overline{B}$

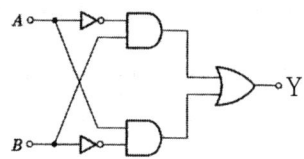

해설 Exclusive OR회로 : $A \oplus B = A\overline{B}+\overline{A}B$

17. 그림과 같은 회로의 출력Y는 어떻게 표현되는가?

가. $\overline{A}\overline{B}\overline{C}\overline{D}\overline{E}+F$ 나. $ABCDE+\overline{F}$
다. $\overline{A}+\overline{B}+\overline{C}+\overline{D}+\overline{E}+\overline{F}$ 라. $A+B+C+D+E+\overline{F}$

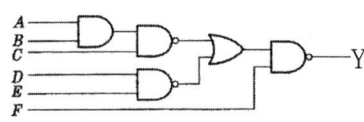

해설 $Y=\overline{(ABC+DE)F}=\overline{(ABC+DE)}+\overline{F}=ABCDE+\overline{F}$

18. 논리식 $Z=X+\overline{X}Y$를 간단히 한 식은?

가. X 나. $\overline{X}$ 다. $X+Y$ 라. $\overline{X}+Y$

해설 $Z=X+\overline{X}Y=(X+\overline{X})(X+Y)=X+Y$

19. 다음 불대수 계산에서 맞지 않는 것은?

가. $A+A=A$ 나. $A+A\overline{B}=1$ 다. $\overline{A\cdot B}=\overline{A}+\overline{B}$ 라. $\overline{A+B}=\overline{A}\cdot\overline{B}$

해설 $A+A\overline{B}=A(1+\overline{B})=A$

20. 식 $X=\overline{A}\overline{B}C+A\overline{B}\overline{C}+A\overline{B}C$를 간단히 하면?

가. $\overline{C}(A+B)$ 나. $\overline{B}(A+C)$ 다. $C(A+\overline{B})$ 라. $\overline{A}(B+C)$

해설 $X=\overline{A}\overline{B}C+A\overline{B}\overline{C}+A\overline{B}C=\overline{B}(\overline{A}C+A\overline{C}+AC)$
$=\overline{B}(\overline{A}C+A(\overline{C}+C))=\overline{B}(\overline{A}C+A)=\overline{B}(\overline{A}+A)(A+C)=\overline{B}(A+C)$

21. 다음 계전기 접점 회로의 논리식은?

가. $(x+\overline{y})\cdot(\overline{x}+y)\cdot(\overline{x}+\overline{y})$
나. $(x+\overline{y})\cdot(\overline{x}\cdot y)\cdot(\overline{x+y})$
다. $(x\cdot\overline{y})+(\overline{x}\cdot y)+(\overline{x}\cdot\overline{y})$
라. $(x\cdot\overline{y})+(\overline{x}\cdot y)+(\overline{x\cdot y})$

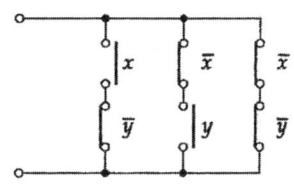

22. 다음 그림의 게이트 명칭은?

가. NAND gate   나. NOR gate
다. AND gate   라. OR gate

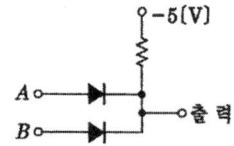

정답 16. 나 17. 나 18. 다 19. 나 20. 나 21. 다 22. 라

[해설] AB중 하나가 입력되면 출력이 나간다.

23. 다음 그림의 회로 명칭은?

가. NAND 회로   나. NOR 회로
다. AND 회로   라. OR 회로

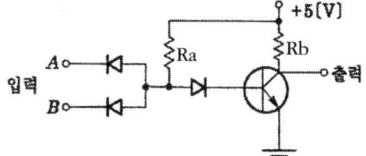

[해설]

① NAND 회로

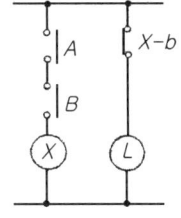 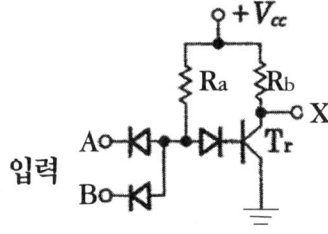

유접점 회로   무접점 회로

② NOR 회로

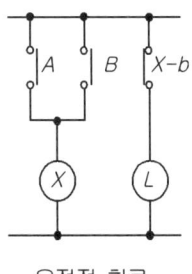 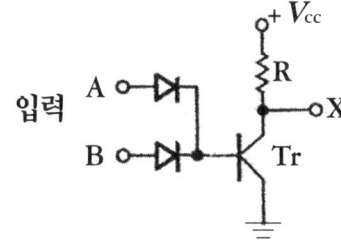

유접점 회로   무접점 회로

③ AND 회로

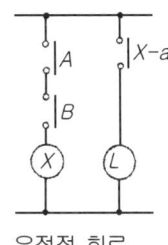 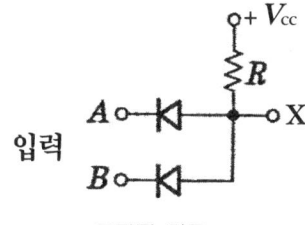

유접점 회로   무접점 회로

④ OR 회로

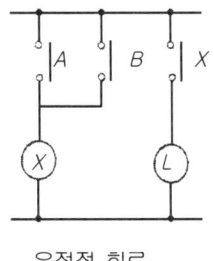

유접점 회로   무접점 회로

정답 **23.** 가

제11장 궤환제어

1. 궤환제어

출력의 일부를 입력 방향으로 피드백(Feedback)시켜 목표값과 비교되도록 폐루프를 형성하는 제어계

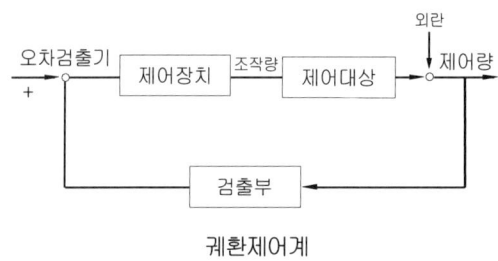

궤환제어계

(1) 궤환 제어(Feedback System)계의 용어해설

① 제어장치 : 제어를 하기 위해서 제어 대상에 부가하는 장치
② 조작량 : 제어요소가 제어 대상에 주는 양
③ 제어대상 : 제어의 대상으로 제어하려고 하는 기계의 일부분 또는 전체
④ 외란 : 제어량을 목표값으로부터 이탈시키려는 제어계의 외부로부터 오는 영향
⑤ 제어량 : 제어대상에 속하는 양으로, 제어대상을 제어하는 것을 목적으로 하는 물리적인 양
⑥ 검출부 : 주로 제어 대상으로부터 제어량을 검출하고 기준 입력신호와 비교시키는 부분

(2) 궤환 제어계(Feedback System)의 특징

① 정확성 증가
② 대역폭의 증가
③ 계의 특성 변화에 대한 입력 대 출력비의 감도 감소
④ 비선형성과 왜형에 대한 효과의 감소

2. 궤환제어의 방법

(1) 서보기구(Servo mechanism)

물체의 위치, 방위, 자세 등의 기계적 변위를 제어량으로 하여 목표값의 임의의 변화에 추종하도록 구성된 제어계
예) 비행기 및 선박의 방향 제어계, 미사일 발사대의 자동 위치 제어계, 추적용 레이더, 자동 평형 기록계 등

(2) 프로세스 제어(Process Control)

제어량이 온도, 유량, 압력, 액위, 농도, 밀도 등의 플랜트나 생산 공정 중의 상태량을 제어량으로 하는 제어
예) 석유공업, 화학공업 등

(3) 자동조정(Automatic Regulation)

전압, 전류, 주파수, 회전 속도, 힘 등 전기적, 기계적 양을 주로 제어하는 것
예) 정전압장치, 발전기의 과속조절기 제어 등

[참고]
① 정치제어 : 일정한 목표값을 유지하는 것을 목적으로 한다.
② 추종제어 : 미지의 임의 시간적 변화를 하는 목표값에 제어량을 추종시키는 것을 목적으로 한다. 예) 대공포의 포신
③ 비율제어 : 둘 이상의 제어량을 소정의 비율로 제어하는 것
   예) 보일러의 자동연소제어, 암모니아 합성 프로세스 제어 등

출제예상문제

1. 피드백 제어계에서 제어 요소에 대한 설명으로 맞는 것은?

가. 목표치에 비례하는 신호를 발생하는 요소이다.
나. 조작부와 검출부로 구성되어 있다.
다. 조절부와 검출부로 구성되어 있다.
라. 동작신호를 조작량으로 변환시키는 요소이다.

해설 제어요소 : 동작신호를 조작량으로 변환하는 요소이고, 조절부와 조작부로 이루어진다.

2. 제어계를 동작시키는 기준으로서 직접 제어계에 가해지는 신호는?

가. 피드백 신호   나. 동작 신호   다. 기준 입력 신호   라. 제어 편차 신호

해설 기준 입력요소(reference input element) : 목표값에 비례하는 기준 입력 신호를 발생하는 요소로서 설정부라고도 한다.

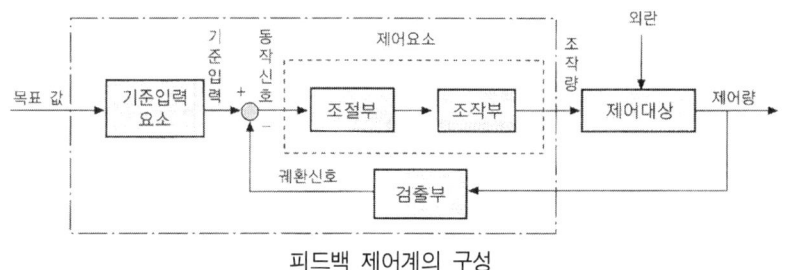

피드백 제어계의 구성

3. 자동 조정계가 속하는 제어계는?

가. 추치제어   나. 정치 제어   다. 프로그램 제어   라. 비율 제어

해설 ① 추치제어 : 정치제어의 반대로, 목표값이 시간에 따라 변화하는 것을 목표값에 제어량을 추종하도록 하는 제어
② 정치제어 : 목표값의 시간 변화에 의한 분류로써 목표값이 시간적으로 변화하지 않는 일정한 제어
예) 자동조정, 프로세스제어 등
③ 프로그램제어 : 목표값이 미리 정해진 시간적 변화를 하는 경우 제어량을 그것에 추종시키기 위한 제어 예) 열차·산업로보트의 무인운전 등
④ 비율제어 : 둘 이상의 제어량을 소정의 비율로 제어하는 것

4. 온도, 유량, 압력, 액위면 등의 상태량을 제어량으로 하는 제어는?

가. 추종 제어   나. 시퀀스 제어   다. 프로그램 제어   라. 프로세스 제어

해설 프로세스 제어(Process Control) : 온도, 유량, 압력, 레벨, 농도, 습도, 비중 등 공정제어의 제어량으로 하는 제어

정답 1. 라 2. 다 3. 나 4. 라

5. 서보 기구에서 직접 제어되는 제어량은 주로 어느 것인가?

　가. 수분, 화학 성분　　　　　　　　　　나. 압력, 유량, 액위, 온도
　다. 전압, 전류, 회전 속도, 회전력　　　　라. 위치, 각도

　해설　서보기구(Servo Mechanism) : 기계적 위치, 방향, 자세 등을 제어량으로 하는 추치 제어.
　　　　예) 선박이나 비행기의 자동조정, 로켓의 자세 제어, 공작기계의 제어

6. 열차의 무인 운전을 위한 제어는 어느 것에 속하는가?

　가. 비율 제어　　　나. 추종 제어　　　다. 정치 제어　　　라. 프로그램 제어

7. 엘리베이터의 자동제어는 다음 중 어느 것에 속하는가?

　가. 비율 제어　　　나. 프로그램 제어　　다. 정치 제어　　　라. 추종 제어

　해설　프로그램 제어 : 목표값이 미리 정해진 시간적 변화를 하는 경우 제어량을 그것에 추종시키기 위한 제어

8. 연료의 유량과 공기의 유량과의 사이의 비율을 연소에 적합한 것으로 유지하고자 하는 제어는?

　가. 비율 제어　　　나. 시퀀스 제어　　　다. 프로그램 제어　　라. 추종 제어

9. 레이더로 비행기의 위치를 알기 위하여 조정하는 경우 좋은 응답이라는 것은 어떤 응답을 말하는가?

　가. 최대 초과량이 작다.　　　　　　　나. 외란의 영향을 빨리 없앤다.
　다. 속응성이 빠르다.　　　　　　　　 라. 정상편차가 적다.

정답　5. 라　6. 라　7. 나　8. 가　9. 다

제12장 자동제어의 응용 및 제어기기

1. 자동제어의 응용

(1) 전동기의 속도제어

$$N = \frac{E - I_a R_a}{K\phi} \text{(rps)}$$

여기서, 단자전압 : E [V], 전기자 전류 : I_a [A], 전기자 저항 : R_a [Ω], 매극의 계자자속 : ϕ [wb], 속도 : N [rps]

① 정속도 제어

직류전동기(분권 전동기)의 계자 저항을 변화하여 계자 전류를 변환, ϕ를 변화시켜 속도를 제어하는 방법이 주로 사용되나, 계자를 약하게 하면 전기자 반작용이 커져 정류가 곤란, 전기자 전압을 제어하는 레오나드(Leonard) 방식이 많이 사용된다.

(2) 수치 제어

① 부호판을 사용하는 방식

공작기계의 물품 가공을 위한 프로그램 제어에 이용된다.

② 펄스를 사용하는 방식

테이프에 주어진 이동량에 대응하는 수의 펄스를 발생시켜 스텝모터(Step Motor)를 구동시킨다.

(3) 계산기 제어(Computer Control)

전자계산기를 사용한 자동제어를 말한다.

2. 제어기기

(1) 조절기용 기기

① 조절부

조절부는 검출부에서 측정된 제어량을 기준입력과 비교하여 그 차의 신호(동작신호)를 만들고 이것을 증폭하며, 또 P, PI, PD, PID동작 등의 조작량으로 변환하여 조작부에 보내는 부분이다.

조절기는 전기식이 우수하다. 그런데 조작기에 연결시에는 유압식 또는 공기식이 편리하다. 그러므로 공기식과 유압식을 조합하여 사용하는데, 실제의 공정에서는 2위치 동작(on off동작)과 PID동작이 사용되고 있다.

② 조절기의 종류 및 특징

종 류	유압식	전자식	공기식
증폭요소	안내 밸브, 분사관	TR, 전자관	노즐, 플래퍼
비례, 적분, 미분의 실효성	어렵다	쉽다	쉽다
크기	크다	작다	작다
장점	조작력이 크다	신호전송이 빠르다.	화재의 위험이 없다.
단점	오일이 누설되어 오염 및 화재의 위험이 있다.	불꽃에 의한 방폭에 유의해야 한다.	신호전송이 뒤진다.

(2) 조작용 기기

조작기기는 직접 제어대상에 작용하는 장치이고 응답이 빠르며 조작량이 큰 것이 요구된다.

조작기기의 종류

전기계	기계계
전자 밸브, 전동 밸브 직류 서보 모터, 펄스 모터	클러치, 다이어프램 밸브, 밸브 포지셔너, 유압식 조작기(안내 밸브, 조작실린더, 조작 피스톤, 분사관)

조작기기의 특성

종 류	유압식	공기식	전기식
적응성	관성이 적고, 대출력을 얻을 수 있다.	PID동작을 만들기 쉽다.	매우 넓고 특성의 변경이 용이하다.
안전성	인화성이 있다.	안전하다.	방폭형이 필요하다.
속응성	빠르다.	원거리는 불가능하다.	늦다.
부피 무게에 대한 출력	저속이고 출력이 크다.	출력이 크지 않다.	감속장치가 필요하고 출력이 작다.

(3) 검출기기

현재에는 IC회로의 발전으로 소형, 경량, 높은 신뢰도의 검출기가 많이 나오고 있다.

검출기기의 종류

제어 방법	검출기
자동조정용	속도 검출기, 전압 검출기
서보기구용	전위차계, 차동변압기, 싱크로
프로세스제어용	온도계, 유량계, 압력계, 액면계, 습도계, 가스분석계

출제예상문제

1. 자동제어기기 중 전기식 조작장치로서 맞지 않는 것은?

   가. 조작용 전동기   나. 전동 밸브
   다. 전자 밸브   라. 조작 실린더

   해설 조작용 전동기, 전동 밸브, 전자밸브는 전기식 조작 장치이다.

2. 다음 중 제어 동작 신호를 연산하여 제어량이 목표값에 신속하고 정확하게 일치하도록 조작부에 신호를 보내는 부분은?

   가. 기록기   나. 전송기
   다. 조절기   라. 지시기

3. 조절기 중 조작력이 가장 큰 것은?

   가. 공기식   나. 전기식
   다. 전자식   라. 유압식

4. 구조가 간단한 반면에, 정밀도가 필요하지 않을 때 쓰이는 조절기는?

   가. 2위치 동작 조절기   나. 비례 동작 조절기
   다. 비례 미분 동작 조절기   라. 비례 적분 동작 조절기

5. 조절기에서 나오는 조절 신호를 받아 제어 대상을 직접 제어하는 부분은?

   가. 조작부   나. 전송기
   다. 기록기   라. 지시부

6. 조절기 중 신호 전송이 빠르고 쉬운 방식은?

   가. 유압식   나. 전자식
   다. 공기식   라. 펌프식

7. 제어용 기기에서 전자식 조절기의 증폭요소는?

   가. 분사관   나. 안내 밸브
   다. 노즐   라. 트랜지스터

정답 1. 라 2. 다 3. 라 4. 가 5. 가 6. 나 7. 라

해설 조절기의 종류 및 특징

구 분	공기식	전자식	유압식
증폭요소	노즐, 플래퍼	전자관, 트랜지스터	안내 밸브, 분사관
비례적분미분 실현성	쉽다.	쉽다.	어렵다.
크기	작다.	작다.	크다.
장점	화재발생 우려가 적다.	신호 전송이 빠르다.	조작력이 크다.

8. 다음 중 공기식 조절기의 특징이 아닌 것은?

가. 신호의 전송에 시간 지연이 따른다. 나. 크기가 작다.
다. 증폭 요소가 노즐 플래퍼이다. 라. 불꽃에 대한 방폭에 유의할 필요가 있다.

해설 공기식 조절기는 화재발생 우려가 적다.

9. 제어 기기의 대표적인 것을 들면 검출기, 변환기, 증폭기, 조작기기를 들 수 있는데, 서보전동기(servomotor)는 어디에 속하는가?

가. 증폭기 나. 조작기기
다. 변환기 라. 검출기

10. 공기식 조작기기의 결점을 나타낸 것은?

가. 늦음은 작으나, 장거리용에는 부적당하다. 나. 일반적으로 값이 비싸다.
다. 감속장치가 필요하다. 라. 도관이 길면 늦음이 문제가 된다.

11. 공기식 조작기기의 장점을 나타낸 것은?

가. 다른 식의 것에 적응시키기 쉽다. 나. 신호를 먼 데까지 보낼 수 있다.
다. 선형의 특성에 가장 가깝다. 라. 간단하게 PID동작이 된다.

12. 전자식 조작 기기의 장점을 나타낸 것은?

가. 토크 관성비가 최대이고, 저속도에서 큰 토크를 얻을 수 있다.
나. 배관에서의 압력손실이 적다.
다. 간단하게 PID 동작이 된다.
라. 조절기와 조합할 때의 정확도가 높다.

정답 8. 라 9. 나 10. 라 11. 라 12. 가

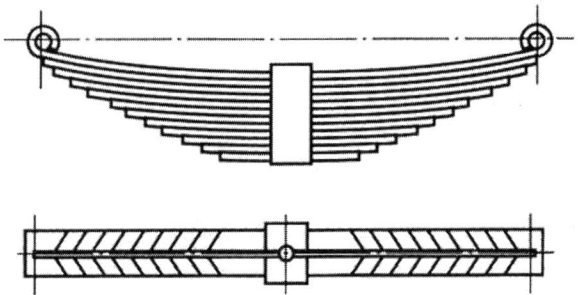

Part 05 CBT 대비 실전 기출문제 I

<2014년 - 2019년>

승강기 기사 기출문제 (2014. 3. 2)
승강기 기사 기출문제 (2017. 3. 5)
승강기 기사 기출문제 (2017. 5. 7)
승강기 기사 기출문제 (2017. 9. 23)
승강기 기사 기출문제 (2018. 3. 4)
승강기 기사 기출문제 (2018. 4. 28)
승강기 기사 기출문제 (2019. 3. 3)
승강기 기사 기출문제 (2019. 4. 27)
승강기 기사 기출문제 (2019. 9. 21)

승강기 산업기사 기출문제 (2016. 10. 1)
승강기 산업기사 기출문제 (2017. 5. 7)
승강기 산업기사 기출문제 (2018. 3. 4)
승강기 산업기사 기출문제 (2018. 9. 15)
승강기 산업기사 기출문제 (2019. 9. 21)

승강기 기사 기출문제
(2014. 3. 2)

(승강기 개론)

1. 전기식 엘리베이터의 승강장 문에 대한 설명으로 틀린 것은?

㉮ 승강장 문 및 문틀은 시간이 경과되어도 변형되지 않는 방법으로 설치되어야 한다.
㉯ 승강장 문이 잠긴 상태에서 5㎠ 면적의 원형이나 사각의 단면에 300N의 힘을 수직으로 가할 때 승강장 문의 기계적 강도는 영구적인 변형이 없어야 한다.
㉰ 승강장 문이 잠긴 상태에서 5㎠ 면적의 원형이나 사각의 단면에 300N의 힘을 수직으로 가할 때 승강장 문의 기계적 강도는 15㎜를 초과하는 탄성변형이 없어야 한다.
㉱ 승강장 문의 조립체는 4500N의 운동에너지로 충격을 가했을 때 승강장 문의 이탈없이 견뎌야 하고 승강장 문 유효 출입구 높이는 2m 이상이어야 한다.

2. 엘리베이터의 속도에 의한 분류에서 중속의 일반적인 범위는?

㉮ 45m/min 이하
㉯ 60m/min~105m/min
㉰ 120m/min~300m/min
㉱ 360m/min 이상

해설 • 저속 : 45m/min 이하 • 중속 : 60m/min~105m/min
• 고속 : 120m/min~300m/min • 초고속 : 360m/min 이상

3. 경사형 휠체어리프트 레일의 경사는 수평으로부터 몇 도[°] 이하인가?

㉮ 60° ㉯ 65° ㉰ 70° ㉱ 75°

4. 전기식 엘리베이터 기계실의 실온[°] 범위는?

㉮ 10~50 ㉯ 10~45 ㉰ 5~45 ㉱ 5~40

5. 엘리베이터용 전동기의 소요 동력을 결정하는 인자가 아닌 것은?

㉮ 정격하중 ㉯ 주로프 직경 ㉰ 정격속도 ㉱ 오버밸런스율

해설 $P_o = \dfrac{Lv(1-F/100)}{6120\eta}$ [kW]

여기서 L : 정격하중[kg], v : 정격속도[m/min],
F : 오버밸런스율[%], η : 종합효율

정답 1. ㉱ 2. ㉯ 3. ㉱ 4. ㉱ 5. ㉯

6. 승강기의 용도, 제어방식, 정격속도, 정격용량 또는 왕복운행거리를 변경한 경우나 승강기에 사고가 발생하여 수리한 경우에 실시하는 검사의 종류는 무엇인가?

㉮ 완성검사 ㉯ 수시검사 ㉰ 정기검사 ㉱ 정밀안전검사

7. 로프 마모 및 파손상태 검사의 합격기준으로 맞는 것은?

㉮ 소선의 파단이 균등하게 분포되어 있는 경우, 1구성 꼬임(스트랜드)의 1꼬임 피치내에서 파단수 3 이하
㉯ 소선의 파단이 균등하게 분포되어 있는 경우, 1구성 꼬임(스트랜드)의 1꼬임 피치내에서 파단수 2 이하
㉰ 소선에 녹이 심한 경우, 1구성 꼬임(스트랜드)의 1꼬임 피치내에서 파단수 3 이하
㉱ 파단소선의 단면적이 원래의 소선 단면적의 70% 이하로 되어 있는 경우, 1구성 꼬임(스트랜드)의 1꼬임 피치내에서 파단수 2 이하

8. 유압식 엘리베이터의 안전밸브는 회로의 압력이 상용압력의 몇 % 이상 높아지게 되면 바이패스 회로를 열어 더 이상의 압력상승을 방지하는가?

㉮ 75 ㉯ 100 ㉰ 125 ㉱ 150

[해설] 안전밸브(relief valve) : 회로의 압력이 상용압력의 125% 이상 높아지게 되면 바이패스 회로를 열어 기름을 탱크로 돌려보내 더 이상의 압력상승을 방지한다.

9. 엘리베이터 기계실에 설치해서는 안 되는 것은?

㉮ 권상기 ㉯ 제어반 ㉰ 과속조절기 ㉱ 급배수기기

[해설] 엘리베이터 기계실에는 승강기 운영에 필요한 설비만 하여야 한다.

10. 레일을 죄는 힘이 처음에는 약하게 작용하다가 하강함에 따라 점점 강해지다가 얼마 후 일정한 값에 도달하는 추락방지안전장치는?

㉮ 플렉시블 가이드 클램프(F.G.C)형 ㉯ 플렉시블 웨지 클램프(F.W.C)형
㉰ 즉시 작동형 ㉱ 슬랙로프 세이프티(Slack Rope Safety)형

[해설]
- F.G.C형 : 카를 정지시키는 데 있어서 레일을 죄는 힘이 동작에서 정지까지 일정하다.
- F.W.C형 : 카를 정지시키는데 있어서 레일을 죄는 힘이 처음에는 강해지다가 얼마 후 일정해진다.
- 슬랙로프 세이프티형 : 즉시 작동형으로 저속의 엘리베이터에서 로프에 걸리는 장력이 없어져 늘어짐이 생겼을 때, 바로 운전회로를 차단하고 추락방지안전장치를 작동시키는 것이다.

11. 교류귀환전압 제어방식이 교류2단 속도제어방식에 비하여 개선된 점이라고 볼 수 없는 것은?

㉮ 승차감 개선 ㉯ 착상오차 개선 ㉰ 제어장치 비용 감소 ㉱ 주행시간 단축

12. 엘리베이터의 적재하중 1150kg, 정격속도 105m/min, 오버밸런스율 40%, 총합효율이 75%일 때 권상전동기의 용량[kW]은?

정답 6. ㉯ 7. ㉱ 8. ㉰ 9. ㉱ 10. ㉯ 11. ㉰ 12. ㉱

㉮ 약 11[kW] ㉯ 약 12[kW] ㉰ 약 14[kW] ㉱ 약 16[kW]

해설 $P = \dfrac{Lv(1-F)}{6120\eta} = \dfrac{1150 \times 105(1-0.4)}{6120 \times 0.75} ≒ 15.78 ≒ 16[kW]$

13. 유입완충기의 반경(R)과 길이(L)의 비에 대한 관계식으로 옳은 것은?

㉮ L> 80R ㉯ L> 100R ㉰ L≦80R ㉱ L≦100R

14. 전기식 엘리베이터의 승강로 구조에 대한 설명으로 틀린 것은?

㉮ 승강로 내에 설치되는 돌출물은 안전상 지장이 없어야 한다.
㉯ 승강로는 구멍이 없는 벽으로 완전히 둘러싸인 구조이어야 한다.
㉰ 승강로는 적절하게 환기되어야 한다.
㉱ 점검문 및 비상문은 승강로 외부로 열리지 않아야 한다.

해설 점검문 및 비상문은 승강로 내부로 열리지 않아야 한다.

15. 정전이나 다른 원인으로 카가 층 중간에 정지된 경우 이 밸브를 열어 카를 안전하게 하강시킬 수 있는 밸브는?

㉮ 스톱밸브
㉯ 안전밸브
㉰ 체크밸브
㉱ 하강용 유량제어 밸브

16. 완충기의 행정은 정격속도의 115% 속도로 적용범위의 중량을 충돌시킨 경우 카 또는 균형추의 평균 감속도는 얼마 이하인가?

㉮ 0.8g ㉯ 1.0g ㉰ 1.5g ㉱ 2.5g

17. 균형추(Counter Weight)의 오버밸런스율을 적절하게 하여야 하는 이유로 가장 타당한 것은?

㉮ 승강기의 속도를 일정하게 하기 위하여
㉯ 승강기가 정지할 때 충격을 없애기 위하여
㉰ 승강기의 출발을 원활하게 하기 위하여
㉱ 트랙션비를 개선하여 와이어로프가 도르래에서 미끄러지지 않도록 하기 위하여

18. 전기식 엘리베이터에서 비상용에 대한 설명으로 틀린 것은?

㉮ 정전시에 60초 이내에 엘리베이터 운행에 필요한 전력용량을 자동으로 발생시키도록 한다.
㉯ 정전시에 보조 전원공급장치에 의하여 2시간 이상 운행시킬 수 있어야 한다.
㉰ 비상용 엘리베이터의 운행속도는 120m/min 이상이어야 한다.
㉱ 비상용 엘리베이터는 소방관이 조작하여 문이 닫힌 이후부터 60초 이내에 가장 먼 층에 도착하여야 한다.

해설 비상용 엘리베이터는 속도 60m/min 이상이어야 한다.

정답 13. ㉰ 14. ㉱ 15. ㉱ 16. ㉯ 17. ㉱ 18. ㉰

19. 에스컬레이터의 공칭속도가 30m/min일 경우에는 무부하 상태의 에스컬레이터 및 하강방향으로 움직일 때 전기적 정지장치가 작동된 시간부터 측정할 때의 정지거리의 허용범위는?

㉮ 0.2~1.0m ㉯ 0.3~1.1m ㉰ 0.4~1.5m ㉱ 0.5~1.8m

해설 • 30m/min : 0.2~1.0m • 39m/min : 0.3~1.3m • 45m/min : 0.4~1.5m

20. 3상 교류의 단속도 전동기에 전원을 공급하는 것으로 기동과 전속운동을 하고, 정지는 전원을 차단한 후 제동기가 작동하여 기계적으로 브레이크를 작동시키는 속도제어방식은?

㉮ 교류 귀환제어 ㉯ 교류2단 속도제어 ㉰ 교류1단 속도제어 ㉱ VVVF 제어

해설
- 교류1단 속도제어 : 3상 교류의 단속도 모터에 전원을 공급함으로써 기동과 전속 운전을 하고, 정지는 전원을 차단한 후, 제동기에 의해 기계적으로 브레이크를 거는 방식
- 교류2단 속도제어 : 기동과 주행은 고속권선으로 하고 감속과 착상은 저속권선으로 하는 방식
- 교류 귀환제어 : 카의 실속도와 지령속도를 비교하여 사이리스터의 점호각을 바꿔 유도 전동기의 속도를 제어하는 방식
- VVVF 제어 : 유도 전동기에 인가되는 전압과 주파수를 동시에 변환시켜 직류 전동기와 동등한 제어 성능을 얻을 수 있는 방식

(승강기 설계)

21. 엘리베이터 설비계획상의 요점으로서 적합하지 않은 것은?

㉮ 이용자의 대기시간이 허용치 이하가 되도록 고려할 것
㉯ 여러 대를 설치할 경우 가능한 건물의 외곽 여러 곳으로 분산시킬 것
㉰ 교통수요에 따라 시발층을 어느 하나의 층으로 할 것
㉱ 군관리운전을 할 경우에는 가능하면 서비스층을 최상층과 최하층을 일치시킬 것

해설 엘리베이터의 배치에서 분산하는 것보다 한군데 집결하는 것이 좋다. 그 이유는 승객의 대기시간 단축, 설비비용 저렴, 운전능률 향상 등이다.

22. 동기 기어레스 권상기를 설계하려고 한다. 주 도르래의 직경을 작게 설계할 경우에 대한 설명으로 틀린 것은?

㉮ 소형화가 가능하다. ㉯ 주 로프의 지름이 작아질 수 있다.
㉰ 회전수가 빨라진다. ㉱ 브레이크 제동토크가 커진다.

23. 700kg/cm²의 인장응력이 발생하고 있을 때 변형률을 측정하였더니 0.0003이었다. 이 재료의 종탄성계수는 몇 kg/cm²인가?

㉮ 2.1×10^4 ㉯ 2.3×10^4 ㉰ 2.1×10^6 ㉱ 2.3×10^6

해설 $E = \dfrac{\sigma}{\epsilon} = \dfrac{700}{0.0003} ≒ 2.3 \times 10^6 [kg/cm^2]$

정답 19. ㉮ 20. ㉰ 21. ㉯ 22. ㉱ 23. ㉱

24. 유압식 엘리베이터에 대하여 적절하지 않은 것은?

㉮ 현수로프의 3본 이상 안전율은 12 이상이어야 한다.
㉯ 기계실의 실온은 5℃에서 40℃ 사이를 유지하여야 한다.
㉰ 카 가이드레일의 길이는 $0.1 + 0.035v^2$ 이상 연장되어야 한다.
㉱ 유압식 엘리베이터의 가요성호스의 안전율은 6 이상으로 한다.

해설 가요성호스의 안전율은 8 이상이어야 한다.

25. 수평개폐식 승강장 문의 닫힘을 저지하는데 필요한 힘은 몇 N 이하이어야 하는가?

㉮ 100　　㉯ 150　　㉰ 200　　㉱ 300

26. 속도가 210m/min인 로프식(전기식) 엘리베이터를 설계할 때 경제성을 고려한 가장 적합한 속도제어방식은?

㉮ 가변전압가변주파수 제어방식　　㉯ 교류1단 속도제어방식
㉰ 교류2단 속도제어방식　　㉱ 정지레오나드 속도제어방식

27. 와이어로프의 구성에 의한 분류에 해당되지 않는 것은?

㉮ 실형　　㉯ 필러형　　㉰ 워링톤형　　㉱ 스트랜드형

해설 주 로프의 구성에 의한 분류에는 실형, 필러형, 워링톤형, 형명이 없는 것이 있다. 스트랜드는 로프의 구성에 있어서 다수의 소선을 꼰 것을 말한다.

28. 다음은 전기적 비상제어운전에 관한 설명이다. 틀린 것은?

㉮ 전기적 비상운전은 버튼의 순간적인 누름에 의해서도 작동되어야 한다.
㉯ 전기적 비상운전의 기능은 점검운전의 스위치조작에 의해 무효화되어야 한다.
㉰ 전기적 비상운전 스위치는 파이널리미트 스위치가 작동해도 유효하여야 한다.
㉱ 비상운전 제어시 카 속도는 0.63m/s 이하이어야 한다.

해설 비상운전은 터치버튼을 적용하지 않는다.

29. 전기식 엘리베이터 추락방지안전장치 작동에 대한 설명 중 틀린 것은?

㉮ 카의 추락방지안전장치는 정격속도가 60m/min 초과하는 경우는 즉시작동형이어야 한다.
㉯ 추락방지안전장치가 작동된 상태에서 카를 강제 상승시키면 자동복귀 되어야 한다.
㉰ 추락방지안전장치는 전기 또는 공압으로 작동되는 장치들에 의해 작동되지 않아야 한다.
㉱ 균형추 또는 평형추의 추락방지안전장치는 정격속도가 1m/s를 초과하는 경우 점차작동형이어야 한다.

해설 60m/min 초과시에는 점차작동형이어야 한다.

정답 24. ㉱　25. ㉯　26. ㉮　27. ㉱　28. ㉮　29. ㉮

30. 건물내 승강기를 배치할 때 분산배치하는 것보다 집중배치할 경우 발생할 수 있는 현상이 아닌 것은?

㉮ 운전능률 향상
㉯ 승객의 대기시간 단축
㉰ 설비 투자비용 절감
㉱ 승객의 망설임현상 발생

해설 집중배치시 장점 : ① 운전능률 향상 ② 승객의 대기시간 단축 ③ 설비 투자비용 절감

31. 승강로 및 부속설비에 관한 사항으로 옳은 것은?

㉮ 유압식 완충기의 행정은 정격속도의 115%로 충돌하는 경우에 평균 감속도가 1g 이하로 정지하도록 하기 위한 거리이다.
㉯ 카 지붕에서 가장 높은 부분과 승강로 천장의 가장 낮은 부분 사이의 수직거리는 $0.5+0.035v^2m$ 이상이어야 한다.
㉰ 가이드레일의 공칭하중은 공칭 5m짜리 가공전 레일 하나의 중량을 말한다.
㉱ 파이널리미트스위치의 작동 후에는 엘리베이터의 정상운행을 위해 자동으로 복귀되어야 한다.

32. 로프의 미끄러짐에 대한 다음 설명 중 틀린 것은?

㉮ 카측과 균형추측 로프에 걸리는 장력비가 클수록 미끄러지기 쉽다.
㉯ 카의 가속도와 감속도가 클수록 미끄러지기 쉽다.
㉰ 로프의 권부각이 클수록 미끄러지기 쉽다.
㉱ 로프와 도르래 사이의 마찰계수가 작을수록 미끄러지기 쉽다.

해설 로프의 권부각이 클수록 미끄러지지 않는다.

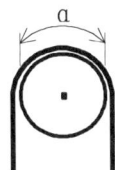

여기서 α : 권부각

33. 도르래 홈의 형상에 따른 마찰계수의 크기를 바르게 나타낸 것은?

㉮ U홈 〈 언더컷 홈 〈 V홈
㉯ 언더컷 홈 〈 U홈 〈 V홈
㉰ U홈 〈 V홈 〈 언더컷 홈
㉱ V홈 〈 언더컷 홈 〈 U홈

해설 마찰계수의 크기 : U홈 < 언더컷 홈 < V홈

34. 엘리베이터의 방범설비인 연락장치에 대한 설명으로 틀린 것은?

㉮ 연락장치는 정상전원으로만 작동하여도 된다.
㉯ 비상시 카 내부에서 외부의 관계자에게 연락이 가능해야 한다.
㉰ 비상요청시 카 외부에서 카 내부와 통화를 할 수 있어야 한다.
㉱ 카 내부, 기계실, 관리실 동시통화가 가능해야 한다.

정답 30. ㉱ 31. ㉮ 32. ㉰ 33. ㉮ 34. ㉮

해설 연락장치는 예비전원으로도 작동되어야 한다.

35. 엘리베이터의 일반 구조에 대한 설계기준으로 적합하지 못한 것은?

㉮ 침대용 승강기는 반드시 하나의 출입구만 설치할 수 있다.
㉯ 침대용은 두 개의 출입구를 설치할 수 있는 경우도 있다.
㉰ 화물전용의 경우 동시에 열리지 않으면 두 개의 출입구 설치도 가능하다.
㉱ 자동차용은 두 개의 출입구를 설치할 수 있는 경우도 있다.

해설 승객용, 자동차용, 침대용 등 모든 엘리베이터는 두 개의 출입구를 허용하지만 동시에 양쪽문이 열려서 통로로 사용되어서는 안 된다.

36. 다음 ( )안에 들어갈 내용으로 옳은 것은?

"점차작동형 추락방지안전장치에 대해 카에 정격하중을 싣고 자유낙하하는 경우 그 평균 감속도는 ( )과 ( ) 사이에 있어야 한다."

㉮ $0.1g_n$, $1g_n$ ㉯ $0.1g_n$, $2g_n$ ㉰ $0.2g_n$, $1g_n$ ㉱ $0.2g_n$, $2g_n$

37. 주 로프의 단말처리과정 나열순서로 옳은 것은?

① 로프 끝 절단 ② 로프 끝 분산 ③ 로프 끝 동여매기 ④ 소켓 안에 삽입
⑤ 바빗 채우고 가열 ⑥ 오일성분 제거

㉮ ①-②-③-④-⑤-⑥ ㉯ ②-③-④-①-⑤-⑥
㉰ ③-①-④-②-⑥-⑤ ㉱ ④-③-①-②-⑤-⑥

38. 모듈(module)이 4인 스퍼외접기어의 잇수가 각각 30, 60이라고 할 때 양축간의 중심거리는 얼마인가?

㉮ 90mm ㉯ 180mm ㉰ 270mm ㉱ 360mm

해설 중심거리 = $\dfrac{M(Z_1+Z_2)}{2} = \dfrac{4(30+60)}{2} = 180$ [mm]

39. 엘리베이터 제어반에 설치되지 않아도 되는 것은?

㉮ 접지단자 ㉯ 배선용차단기 ㉰ 전자접촉기 ㉱ 파이널리미트스위치

해설 파이널리미트스위치는 승강로에 설치(리미트스위치를 지난 적당한 위치)하여 리미트스위치가 작동하지 않을 경우 작동해 카를 정지시킨다.

정답 35. ㉮ 36. ㉰ 37. ㉰ 38. ㉯ 39. ㉱

40. 완충기에 대한 설명 중 틀린 것은?

㉮ 카나 균형추의 자유낙하를 정지시키기 위한 것이다.
㉯ 에너지 축적형과 에너지 분산형이 있다.
㉰ 평균 감속도는 1g(9.8m/sec^2) 이하이어야 한다.
㉱ 최대 감속도 2.5g를 초과하는 감속도가 1/25초를 넘지 않아야 한다.

해설 완충기는 카나 균형추의 자유낙하를 완충하기 위한 것은 아니다. 자유낙하의 경우에는 추락방지안전장치가 작동한다.

(일반기계공학)

41. 스프링 백(spring back)의 양을 결정하는 사항으로 옳지 않은 것은?

㉮ 경도와 탄성이 높은 재료일수록 크다.
㉯ 구부림 반지름이 같을 때 두께가 두꺼울수록 크다.
㉰ 같은 두께의 판재에서는 구부림 각도가 작을수록 크다.
㉱ 같은 두께의 판재에서는 반지름이 클수록 크다.

해설 스프링 백 : 소성(塑性) 재료의 굽힘가공에서 재료를 굽힌 다음 압력을 제거하면 원상으로 회복되려는 탄력 작용으로 굽힘량이 감소되는 현상을 말한다. 두께가 두꺼울수록 작다.

42. 강의 열처리에서 가공으로 생긴 섬유조직과 내부응력을 제거하며 연화시키기 위하여 오스테나이트 범위로 가열한 후 서냉하는 풀림의 방법은 무엇인가?

㉮ 저온풀림   ㉯ 고온풀림   ㉰ 완전풀림   ㉱ 구상화풀림

해설 완전풀림 : 강의 A$_{3-1}$ 변태점 이상 50℃ 정도 높은 온도로 가열하고 적당한 시간을 지속한 후 변태 구역을 극도로 서서히 냉각시켜 변태를 완결하고 내부 변형을 조정하는 조작. 풀림 지속 시간은 재료의 두께 1인치에 대하여 1시간이 적당하다고 한다. 또한 풀림의 냉각 방법은 노 속에서 냉각시키는 것이 보통이다.

43. 기계설계와 관련된 안전율에 대한 설명으로 옳지 않은 것은?

㉮ 항상 1보다 커야 한다.
㉯ 안전율이 너무 작으면 구조물의 재료가 낭비된다.
㉰ 기준강도(극한응력 등)를 허용응력으로 나눈 값이다.
㉱ 안전율을 결정할 때는 공학적으로 합리적인 판단을 요한다.

해설 안전율이 너무 크면 중량이 늘고 가격이 비싸지며 비경제적이다.

44. 보스에 홈을 판 후 키를 박아 마찰력을 이용하여 동력을 전달하는 키로서 큰 힘을 전달하는데 부적당한 것은?

㉮ 평키   ㉯ 반달키   ㉰ 안장키   ㉱ 둥근키

해설 안장키는 축은 절삭하지 않고 보스에만 홈을 판다. 마찰력으로 고정시키며 축의 임의의 부분에 설치

정답 40. ㉮   41. ㉯   42. ㉰   43. ㉯   44. ㉰

가능하다. 극 경하중용으로 키에 테이퍼($\frac{1}{100}$)가 있다.

45. 주철에 관한 설명으로 옳지 않은 것은?

㉮ 주철은 인장강도보다 압축강도가 크다.
㉯ 표면을 백선화한 주철을 칠드주철이라고 한다.
㉰ 합금주철을 열처리하여 단조한 주철을 가단주철이라고 한다.
㉱ 구상흑연주철을 노듈러 주철 또는 덕타일 주철이라고 한다.

46. 원추각 60°인 원추마찰차에 추력이 400kg 작용하면 전달동력은 몇 [ps]가 되겠는가? 단, 마찰차의 속도 8m/s, 마찰계수 0.2이다.

㉮ 15.4ps ㉯ 16.7ps ㉰ 18.5ps ㉱ 17.1ps

해설 $H = \dfrac{\mu Q v}{75\sin\alpha} = \dfrac{0.2 \times 400 \times 8}{75 \times \sin 30°} = 17.1\,[\text{ps}]$

47. 지름이 10cm인 축에 6MPa의 최대 전단응력이 발생했을 때 비틀림 모멘트는 약 몇 N·m인가?

㉮ 589 ㉯ 1178 ㉰ 1767 ㉱ 6280

해설 $\tau = 6 \times \dfrac{\pi}{16} 10^3 = 1177.5\,[\text{N}\cdot\text{m}]$

48. 원심펌프로 양수하고 있는 어떤 송출량에서 송출측 압력계의 압력이 0.25MPa, 흡입측 진공계는 320mmHg이었다. 흡입관과 송출관의 내경은 같고, 압력계와 진공계의 수직거리가 340mm일 때의 양정은 약 몇 m인가?

㉮ 30.2 ㉯ 39.5 ㉰ 59.2 ㉱ 79.0

해설 ① 토출측 압력 $P = 0.25\,\text{MPa} \times \dfrac{10.332\,\text{m}}{0.101325\,\text{MPa}} = 25.49\,\text{m}$

② 흡입측 압력 $P = 320\,\text{mmHg} \times \dfrac{10.332\,\text{m}}{760\,\text{mmHg}} = 4.35\,\text{m}$

③ 압력계와 진공계의 수직거리 $H = 340\,\text{mm} = 0.34\,\text{m}$

④ 전양정 $H = 25\,\text{m} + 4.35\,\text{m} + 0.34 + = 30.18\,\text{m} ≒ 30.2\,\text{m}$

49. 일반적으로 선반으로 가공할 수 없는 것은?

㉮ 나사 절삭 ㉯ 축 외경 절삭 ㉰ 기어 이 절삭 ㉱ 축 테이퍼 절삭

50. 연강재료에서 일반적으로 극한강도, 사용응력, 항복점, 탄성한도, 허용응력에 관한 크기 관계를 가장 적절히 표현한 것은?

㉮ 극한강도> 사용응력> 항복점
㉯ 항복점> 허용응력> 사용응력,
㉰ 사용응력> 항복점> 탄성한도
㉱ 극한강도> 사용응력> 허용응력

정답 45. ㉰ 46. ㉱ 47. ㉯ 48. ㉮ 49. ㉰ 50. ㉯

51. 해수에 대해서는 백금과 같이 내식성이 우수하고 특히 염산, 황산, 초산에 대한 저항이 크며 비중은 약 4.51로 가벼우나 비강도는 금속중에 가장 큰 금속은?

㉮ Al ㉯ Ni ㉰ Zn ㉱ Ti

52. 다음 중 축의 위험속도와 가장 관련이 깊은 것은?

㉮ 축의 고유진동수
㉯ 축에 작용하는 굽힘모멘트
㉰ 축에 작용하는 비틀림모멘트
㉱ 축에 동시에 작용하는 비틀림과 압축하중

53. 그림과 같이 축과 보스에 모두 키 홈을 가공하는 키의 명칭으로 가장 적합한 것은?

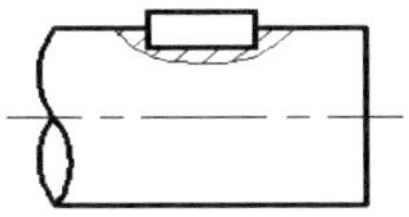

㉮ 안장 키 ㉯ 납작 키 ㉰ 반달 키 ㉱ 묻힘 키

54. I형 보의 관성모멘트 $250cm^4$, 단면의 높이 20cm, 굽힘모멘트가 250N·m일 때 최대굽힘응력은 몇 N/cm^2인가?

㉮ 250 ㉯ 500 ㉰ 1000 ㉱ 2000

해설 ① 최대굽힘응력 $\sigma_{max} = 굽힘모멘트 \times \dfrac{단면의 높이/2}{보의 관성모멘트}$

② 굽힘모멘트 $= 250 \text{ N·m} = 250 \times 10^2 \text{ N·cm}$

③ $\sigma_{max} = 250 \times 10^2 \text{ N·cm} \times \dfrac{20 \text{ cm}/2}{250 \text{ cm}^4} = 1000 N/cm^2$

55. 어느 한쪽 방향으로만 공기의 흐름이 이루어지며 반대쪽의 압력 흐름을 저지시키는 역할을 하는 밸브에 속하지 않는 것은?

㉮ 감압밸브(regulator)
㉯ 체크밸브(check valve)
㉰ 셔틀밸브(shuttle valve)
㉱ 속도조절밸브(speed control valve)

56. 직류 아크용접기에서 용접봉에 음(-)극을 연결하고 모재에 양(+)극을 연결한 경우의 극성으로 올바른 명칭은?

㉮ 정극성(DCSP) ㉯ 역극성(DCRP) ㉰ 음극성(FCSP) ㉱ 양극성(MCSP)

57. 다음 재료중 소성가공(塑性加工)이 가장 어려운 것은?

㉮ 주철 ㉯ 저탄소강 ㉰ 구리 ㉱ 알루미늄

정답 51. ㉱ 52. ㉮ 53. ㉱ 54. ㉰ 55. ㉮ 56. ㉮ 57. ㉮

58. 넓은 유로에서 단면이 좁은 곳으로 유입되는 유체가 압력의 저하로 인해 공기, 수증기 등의 가스가 물에서 분리되어 기포가 되면서 진동과 소음의 원인이 되는 현상은?

㉮ 분리현상　　㉯ 재생현상　　㉰ 수격현상　　㉱ 공동현상

59. 그림에서 마이크로미터 딤블의 눈금선과 눈금선의 간격이 0.01㎜일 때 'X'부분이 일치하였다면 측정값은 몇 ㎜인가?

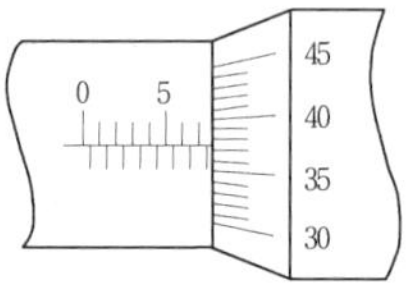

㉮ 7.37　　㉯ 7.87　　㉰ 17.37　　㉱ 17.87

해설　7.5㎜(슬리브 눈금)+0.37㎜(딤블)=7.87㎜

60. 주조품을 제조하기 위한 모형(pattern) 중 코어 모형을 사용해야 하는 주물로 적합한 것은?

㉮ 크기가 큰 주물
㉯ 크기가 작은 주물
㉰ 외형이 복잡한 주물
㉱ 내부에 구멍(hollow)이 있는 주물

(전기제어공학)

61. 측정하고자 하는 양을 표준량과 서로 평형을 이루도록 조절하여 측정량을 구하는 측정방식은?

㉮ 편위법　　㉯ 보상법　　㉰ 치환법　　㉱ 영위법

62. 다음 중 직류 전동기의 속도제어방식으로 맞는 것은?

㉮ 주파수 제어　　㉯ 극수 변환 제어　　㉰ 슬립 제어　　㉱ 계자 제어

해설　직류 전동기 속도제어의 종류 : ① 계자제어　② 저항제어　③ 전압제어

63. 사이클로 컨버터의 작용은?

㉮ 직류-교류 변환　　㉯ 직류-직류 변환　　㉰ 교류-직류 변환　　㉱ 교류-교류 변환

해설　• 컨버터 : 교류를 직류로 변환　• 인버터 : 직류를 교류로 변환

64. 200V의 전원에 접속하여 1㎾의 전력을 소비하는 부하를 100V의 전원에 접속하면 소비전력은 몇 [W]가 되겠는가?

㉮ 100　　㉯ 150　　㉰ 200　　㉱ 250

정답　58. ㉱　59. ㉯　60. ㉱　61. ㉱　62. ㉱　63. ㉱　64. ㉱

해설 $P=\dfrac{V^2}{R}$[W]에서 $R=\dfrac{V^2}{P}=\dfrac{200^2}{1000}=40[\Omega]$, $P=\dfrac{V^2}{R}=\dfrac{100^2}{40}=250$[W]

65. 5kVA, 3000/200V의 변압기가 단락시험을 통한 임피던스 전압이 100V, 동손이 100W라 할 때 퍼센트 저항강하는 몇 %인가?

㉮ 2   ㉯ 3   ㉰ 4   ㉱ 5

해설 $P=\dfrac{I_{in}r}{V_{in}}\times 100=\dfrac{I_{in}^2 r}{V_{in}I_{in}}\times 100=\dfrac{P_c}{kVA}\times 100=\dfrac{100}{5000}\times 100=2\%$

66. 그림의 신호흐름선도에서 $\dfrac{C}{R}$는?

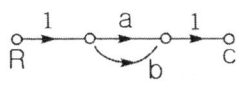

㉮ $\dfrac{1}{ab}$ ㉯ $\dfrac{1}{a}+\dfrac{1}{b}$ ㉰ ab ㉱ $a+b$

해설 $c=(a+b)R$ ∴ $\dfrac{c}{R}=a+b$

[참고] 블록 선도와 신호 흐름 선도의 대응관계

번호	구분	블록 선도	신호 흐름 선도
1	종속 접속 $c=(G_1 \cdot G_2)\cdot a$	$a \to \boxed{G_1} \xrightarrow{b} \boxed{G_2} \to c$	$a \circ \xrightarrow{G_1} \xrightarrow{b} \xrightarrow{G_2} \circ c$
2	병렬 접속 $d=(G_1 \pm G_2)a$	(G1, G2 병렬, 합산기로 d 출력)	$a \circ \xrightarrow{1} \overset{b}{\circ} \xrightarrow{G_1} \overset{c}{\circ} \xrightarrow{1} \circ d$ $\pm G_2$
3	피드백 접속 $d=\dfrac{G}{1+GH}\cdot a$	(G, H 피드백 구성)	$a \circ \xrightarrow{1} \overset{b}{\circ} \xrightarrow{G} \overset{c}{\circ} \xrightarrow{1} \circ d$ $\pm H$

67. 제어기의 설명 중 틀린 것은?

㉮ P제어기 : 잔류편차 발생   ㉯ I제어기 : 잔류편차 소멸
㉰ D제어기 : 오차예측 제어   ㉱ PD제어기 : 응답속도 지연

해설 PD제어기 : 응답속도 개선에 사용된다.

68. 원뿔주사를 이용한 방식으로서 비행기 등과 같이 움직이는 목표값의 위치를 알아보기 위한 서보용 제어기는?

㉮ 자동조타장치   ㉯ 추적레이더   ㉰ 공작기계의 제어   ㉱ 자동평형기록계

정답 65. ㉮ 66. ㉱ 67. ㉱ 68. ㉯

69. 다음 중 공정제어(프로세스 제어)에 속하지 않는 제어량은?

㉮ 온도　　　㉯ 압력　　　㉰ 유량　　　㉱ 방위

해설 프로세스 제어 : 제어량이 온도, 압력, 유량, 액면 등과 같은 일반 공업량일 때의 제어를 말한다.

70. 논리식 $L = \bar{x} \cdot \bar{y} \cdot z + \bar{x} \cdot y \cdot z + \bar{x} \cdot \bar{y} \cdot z$를 간단히 한 식은?

㉮ x　　　㉯ z　　　㉰ $x \cdot \bar{y}$　　　㉱ $\bar{x} \cdot z$

해설 $L = \bar{x}\bar{y}z + \bar{x}yz + \bar{x}\bar{y}z = \bar{x}z(\bar{y}+y) + \bar{x}\bar{y}z = \bar{x}z + \bar{x}\bar{y}z = \bar{x}z(1+\bar{y}) = \bar{x}z$

[참고] 부울대수의 정리
- $A+0=A$　　$A \cdot 0 = 0$　　$A+1=A$　　$A \cdot 1 = A$
- $A+A=A$　　$A \cdot A = A$　　$A+\bar{A}=1$　　$A \cdot \bar{A}=0$
- $A+B=B+A$　　$A \cdot B = B \cdot A$ (교환의 법칙)
- $A+(B+C)=(A+B)+C$　　$A \cdot (B \cdot C)=(A \cdot B) \cdot C$ (결합의 법칙)

71. 도체에 전하를 주었을 경우 틀린 것은?

㉮ 전하는 도체 외측의 표면에만 분포한다.
㉯ 전하는 도체 내부에만 존재한다.
㉰ 도체 표면의 곡률반경이 작은 곳에 전하가 많이 모인다.
㉱ 전기력선은 정(+)전하에서 시작하여 부(-)전하에서 끝난다.

해설 전하는 도체 외측 표면에만 분포한다.

72. 목표값에 따른 분류를 따라 열차를 무인운전하고자 할 때 사용하는 제어방식은?

㉮ 자력제어　　　㉯ 추종제어　　　㉰ 비율제어　　　㉱ 프로그램제어

해설 프로그램 제어는 목표값이 미리 정해진 시간적 변화를 하는 경우 제어량을 그것에 추종시키기 위한 제어이다(예: 열차 · 산업로봇의 무인 운전).

73. 불연속 제어에 속하는 것은?

㉮ 비율제어　　　㉯ 비례제어　　　㉰ 미분제어　　　㉱ ON-OFF 제어

해설 가변저항을 사용하는 연속제어 방법과 스위치를 사용하는 불연속 제어가 있다. ON, OFF 제어는 불연속 제어에 해당된다.

74. 절연의 종류에서 최고 허용온도가 낮은 것부터 높은 순서로 옳은 것은?

㉮ A종, Y종, E종, B종　　　㉯ Y종, A종, E종, B종
㉰ E종, Y종, B종, A종　　　㉱ B종, A종, E종, Y종

정답 69. ㉱　70. ㉱　71. ㉯　72. ㉱　73. ㉱　74. ㉯

해설 절연의 종류

종류	최고사용온도[℃]	종류	최고사용온도[℃]
Y종	90	F종	155
A종	105	H종	180
E종	120	C종	180 이상
B종	130		

75. '도선에서 두 점 사이의 전류의 세기는 그 두 점 사이의 전위차에 비례하고 전기저항에 반비례한다.' 이것은 무슨 법칙을 설명한 것인가?

㉮ 렌츠의 법칙　　㉯ 옴의 법칙　　㉰ 플레밍의 법칙　　㉱ 전압분배의 법칙

해설　① 렌츠의 법칙 : 전자유도에 의하여 생긴 기전력의 방향은 그 유도전류가 만드는 자속이 항상 원래의 자속의 증가 또는 감소를 방해하는 방향이다.
　② 옴의 법칙 : $I = \dfrac{V}{R}[A]$
　③ 플레밍의 오른손 법칙 : 발전기의 유기 기전력의 방향을 알고자 할 때 적용한다.
　　• 엄지 : 도선의 운동 방향
　　• 집게 : 자장 방향
　　• 중지 : 유기 기전력의 방향
　④ 전압분배의 법칙 : 저항이 직렬로 연결되어 있을 시에는 저항의 크고 작음에 따라 저항에 걸리는 전압이 각각 다르나, 병렬인 경우에는 저항의 크기에 관계없이 일정하게 걸린다.

76. 다음 전선 중 도전율이 가장 우수한 재질의 전선은?

㉮ 경동선　　㉯ 연동선　　㉰ 경알루미늄선　　㉱ 아연도금철선

해설　• 경동선 : %전도율 97　　• 연동선 : %전도율 100
　　• 알루미늄선 : %전도율 62.7　　• 아연도금철선 : %전도율 13

77. 온-오프(on-off) 동작의 설명으로 옳은 것은?

㉮ 간단한 단속적 제어동작이고 사이클링이 생긴다.
㉯ 사이클링은 제거할 수 있으나 오프셋이 생긴다.
㉰ 오프셋은 없앨 수 있으나 응답시간이 늦어질 수 있다.
㉱ 응답속도는 빠르나 오프셋이 생긴다.

78. 그림과 같은 논리회로는?

㉮ OR 회로
㉯ AND 회로
㉰ NOT 회로
㉱ NOR 회로

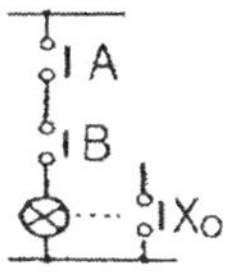

정답　75. ㉯　76. ㉯　77. ㉮　78. ㉯

해설 ① AND회로

◇ 시퀀스 회로 ◇ 논리 회로 ◇ 논리식 ◇ 진리표

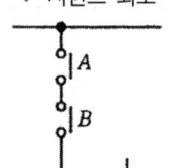

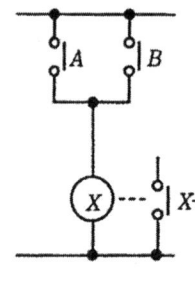 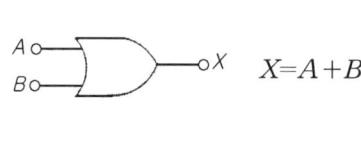

$X = A \cdot B$

입력		출력
A	B	X
0	0	0
0	1	0
1	0	0
1	1	1

② OR 회로

◇ 시퀀스 회로 ◇ 논리 회로 ◇ 논리식 ◇ 진리표

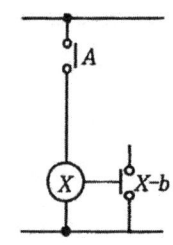 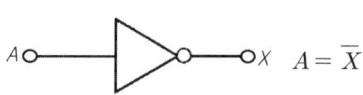

$X = A + B$

입력		출력
A	B	X
0	0	0
0	1	1
1	0	1
1	1	1

③ NOT 회로

◇ 시퀀스 회로 ◇ 논리 회로 ◇ 논리식 ◇ 진리표

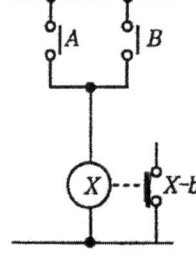

$A = \overline{X}$

입력	출력
A	X
0	1
1	0

④ NOR 회로

◇ 시퀀스 회로 ◇ 논리 회로 ◇ 논리식 ◇ 진리표

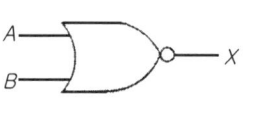

$X = \overline{A + B}$

입력		출력
A	B	X
0	0	1
0	1	0
1	0	0
1	1	0

79. $A = 6+j8$, $B = 20 \angle 60°$ 일 때 $A+B$를 직각좌표형식으로 표현하면?

㉮ $16+j18$ ㉯ $16+j25.32$ ㉰ $23.32+j18$ ㉱ $26+j28$

해설 $B = 20 \angle 60° = 20(\cos 60° + j\sin 60°) = 20(\dfrac{1}{2}+j\dfrac{\sqrt{3}}{2}) = 10+j10\sqrt{3}$

$A+B = 6+j8+10+j10\sqrt{3} = 16+j25.32$

80. 뒤진 역률 80%, 1000kW의 3상 부하가 있다. 이것에 콘덴서를 설치하여 역률을 95%로 개선하려고 한다. 필요한 콘덴서의 용량은 약 몇 [kVA]인가?

㉮ 422 ㉯ 633 ㉰ 844 ㉱ 1266

해설 $Q = P(\tan\theta_1 - \tan\theta_2) = P(\dfrac{\sin\theta_1}{\cos\theta_1} - \dfrac{\sin\theta_2}{\cos\theta_2}) = P(\dfrac{\sqrt{1-\cos^2\theta_1}}{\cos\theta_1} - \dfrac{\sqrt{1-\cos^2\theta_2}}{\cos\theta_2})$

$= 1000(\dfrac{\sqrt{1-0.8^2}}{0.8} - \dfrac{\sqrt{1-0.95^2}}{0.95}) ≒ 422 \text{[kVA]}$

※ $\sin^2\theta + \cos^2\theta = 1$, $\sin^2\theta = 1-\cos^2\theta$

$\sin\theta = \sqrt{1-\cos^2\theta}$

정답 79. ㉯ 80. ㉮

승강기 기사 기출문제
(2017. 3. 5)

(승강기 개론)

1. 비상용 엘리베이터는 소방관이 조작하여 엘리베이터 문이 닫힌 이후부터 몇 초 이내에 가장 먼 층에 도착하여야 하는가?

㉮ 30 ㉯ 60 ㉰ 90 ㉱ 120

2. 카 추락방지안전장치가 작동될 때 부하가 없거나 부하가 균일하게 분포된 카 바닥은 정상적인 위치에서 몇 %를 초과하여 기울어지지 않아야 하는가?

㉮ 1 ㉯ 3 ㉰ 5 ㉱ 6

3. 정격속도 60m/min인 스프링 완충기의 stroke(완충기의 압축된 거리)는 얼마 이상이어야 하는가?

㉮ 85mm ㉯ 102mm ㉰ 135mm ㉱ 148mm

해설 $L = 0.135v^2 = 0.135 \times 1^2 = 0.135m = 135mm$

[참고] 스프링 완충기의 행정 :
① 완충기의 가능한 총 행정은 정격속도의 115%에 상응하는 중력 정지거리의 2배($0.135v^2[m]$) 이상이어야 한다. 다만 행정은 65mm 이상이어야 한다.
② 완충기는 카 자중과 정격하중(또는 균형추의 무게)을 더한 값의 2.5배와 4배 사이의 정하중으로 ①에 규정된 행정이 적용되도록 설계되어야 한다.

4. 승강로 내부의 작업구역으로 접근할 경우 사용하는 문이 만족하여야 할 내용으로 틀린 것은?

㉮ 승강로 내부 방향으로 열리지 않아야 한다.
㉯ 폭은 0.6m 이상, 높이는 1.8m 이상이어야 한다.
㉰ 구멍이 없어야 하고 승강장 문과 동일한 기계적 강도이어야 한다.
㉱ 열쇠로 조작되는 잠금장치가 있어야 하며, 열쇠 없이는 다시 닫히고 잠길 수 없어야 한다.

해설 열쇠로 조작되는 잠금장치가 있어야 하며, 열쇠 없이 다시 닫히고 잠길 수 있어야 한다.

5. 균형추(counter weight)의 오버밸런스율을 적절하게 하여야 하는 이유로 가장 타당한 것은?

㉮ 승강기의 출발을 원활하게 하기 위하여
㉯ 승강기의 속도를 일정하게 하기 위하여
㉰ 승강기가 정지할 때 충격을 없애기 위하여
㉱ 트랙션 비를 개선하여 와이어로프가 도르래에서 미끄러지지 않도록 하기 위하여

정답 1. ㉯ 2. ㉰ 3. ㉰ 4. ㉱ 5. ㉱

해설 균형추의 오버밸런스율을 적절하게 하는 이유는, 트랙션 비를 개선하여 와이어로프가 도르래에서 미끄러지지 않도록 하기 위해서 이다.

6. 무빙워크의 공칭속도는 몇 m/s 이하이어야 하는가?

㉮ 0.15　　　㉯ 0.35　　　㉰ 0.55　　　㉱ 0.75

해설 무빙워크의 경사도는 12° 이하, 공칭속도는 45m/min(0.75m/s) 이하이어야 한다.

7. 과부하 감지장치는 과부하를 최소 65kg으로 계산하여 정격하중의 몇 %를 초과하기 전에 검출하여야 하는가?

㉮ 5　　　㉯ 10　　　㉰ 15　　　㉱ 20

해설 과부하는 최소 65kg으로 계산하여 정격하중의 10%를 초과하기 전에 검출되어야 한다.

8. 간접식 유압 엘리베이터에 대한 설명으로 틀린 것은?

㉮ 실린더의 점검이 쉽다.
㉯ 추락방지안전장치가 필요 없다.
㉰ 플런저의 길이가 직접식에 비하여 짧기 때문에 설치가 간단하다.
㉱ 오일의 압축성 때문에 부하에 따른 카 바닥의 빠짐이 크다.

해설 직접식 :
- 승강로 소요평면 치수가 작고 구조가 간단하다.
- 추락방지안전장치가 필요 없다.
- 부하에 의한 카 바닥의 빠짐이 작다.
- 실린더를 설치하기 위한 보호관을 지중에 설치하여야 한다.
- 실린더의 점검이 곤란하다.

간접식 :
- 실린더를 설치하기 위한 보호관이 필요하지 않다.
- 실린더의 점검이 용이하다.
- 승강로는 실린더를 수용할 부분만큼 더 커지게 된다.
- 추락방지안전장치가 필요하다.
- 로프의 늘어짐과 작동유의 압축성(의외로 크다) 때문에 부하에 의한 카 바닥의 빠짐이 비교적 크다.

9. 일종의 압력조정 밸브로 회로의 압력이 설정값에 도달하면 밸브를 열어 기름을 탱크로 돌려보냄으로써 압력이 과도하게 높아지는 것을 방지하는 것은?

㉮ 필터　　　　　　　　　　㉯ 안전밸브
㉰ 역저지 밸브　　　　　　㉱ 유량제어 밸브

해설
- 안전밸브(Relief Valve) : 일종의 압력조정 밸브로 회로의 압력이 상용압력의 125% 이상 높아지게 되면 바이패스(By-Pass) 회로를 열어, 오일을 탱크로 되돌려 보내, 더 이상의 압력상승을 방지한다.
- 역저지 밸브(Check Valve) : 한쪽 방향으로만 기름이 흐르도록 하는 밸브로서, 상승방향으로는 흐르

정답 6. ㉱　7. ㉯　8. ㉯　9. ㉯

지만 역방향으로는 흐르지 않는다. 이것은 정전이나 그 이외의 원인으로 펌프의 토출압력이 떨어져 실린더의 기름이 역류, 카가 자유낙하하는 것을 방지하는데, 전기식(로프식) 엘리베이터의 전자브레이크와 유사하다.

10. 교류 2단 속도 제어방식에서 크리프 시간이란 무엇인가?

㉮ 저속 주행시간 ㉯ 고속 주행시간 ㉰ 속도 변환시간 ㉱ 가속 및 감속시간

[해설] • 교류 2단 속도제어 : 2단 속도 모터(motor)를 사용하여 기동과 주행은 고속권선으로 행하고 감속시는 저속권선으로 감속하여 착상하는 방식이다. 이 방식은 교류 1단 속도제어에 비하여 착상이 우수한데, 주로 화물용(30m/min~60m/min)에 사용된다. 2단 속도 전동기의 속도비는 여러 가지 비율을 생각할 수 있지만 착상오차, 감속도, 감속시의 잭(감속도의 변화비율), 크리프 시간(저속으로 주행하는 시간) 등을 고려해 4:1이 가장 많이 사용되고 있다.

11. 덤 웨이터의 기계실에 설치될 수 있는 설비 및 장치로 틀린 것은?

㉮ 환기를 위한 덕트
㉯ 엘리베이터 또는 에스컬레이터 등 승강기의 구동기
㉰ 증기난방 및 고압 온수난방을 제외한 기계실의 공조기 또는 냉·난방을 위한 설비
㉱ 소방 관련법령에 따라 기계실 천장에 설치되는 화재감지기 본체, 비상용 스피커 및 제어장치

[해설] 기계실은 엘리베이터 이외의 목적으로 사용되지 않아야 한다. 또한 기계실에는 엘리베이터 이외 용도의 덕트, 케이블 또는 장치가 설치되지 않아야 한다. 다만, 다음과 같은 설비 및 장치는 설치될 수 있다.
• 덤웨이터 또는 에스컬레이터 등 승강기의 구동기
• 증기난방 및 고압 온수난방을 제외한 기계실의 공조기 또는 냉·난방을 위한 설비
• 환기를 위한 덕트
• 소방 관련 법령에 따라 기계실 천장에 설치되는 화재감지기 본체, 비상용 스피커 및 가스계 소화설비(제어장치는 제외)

12. 기계실의 조명에 관한 설명으로 옳지 않은 것은?

㉮ 조명 스위치는 기계실 제어반 가까운 곳에 설치한다.
㉯ 조명 기구는 승강기 형식 승인품을 사용하여야 한다.
㉰ 조도는 기기가 배치된 바닥면에서 200lx 이상이어야 한다.
㉱ 조명 전원은 엘리베이터 제어전원에서 분기하여 사용하여야 한다.

[해설] 조명전원은 엘리베이터 제어전원과 분리되어야 한다.

13. 에스컬레이터를 하강 방향으로 공칭속도 0.65m/s로 움직일 때 전기적 정지장치가 작동된 시간부터 측정할 경우 정지거리는 얼마를 만족하여야 하는가?

㉮ 0.1m에서 0.8m 사이 ㉯ 0.2m에서 1.0m 사이
㉰ 0.3m에서 1.3m 사이 ㉱ 0.4m에서 1.5m 사이

[해설] 무부하 상태의 에스컬레이터 및 하강 방향으로 움직일 때의 에스컬레이터의 정지거리

정답 10. ㉮ 11. ㉱ 12. ㉱ 13. ㉰

공칭속도 V	정지거리
0.50m/s	0.20m에서 1.00m 사이
0.65m/s	0.30m에서 1.30m 사이
0.75m/s	0.40m에서 1.50m 사이

14. 카 출입구의 하단에 설치하며 승강로와 카 바닥면의 간격을 일정치 이하로 유지함으로써 카가 층과 층의 중간에 정지시, 승객이 엘리베이터 밖으로 나오려고 할 때 추락을 방지하는 것은?

㉮ 연락장치　　㉯ 에이프런　　㉰ 위치 표시기　　㉱ 브레이스 로드

해설 카 문턱에는 승강장 유효 출입구 전폭에 걸쳐 에이프런이 설치되어야 한다. 수직면의 아랫부분은 수평면에 대해 60° 이상으로 아랫방향을 향하여 구부러져야 한다. 구부러진 곳의 수평면에 대한 투영길이는 20mm 이상이어야 한다.

15. 엘리베이터를 3~8대 병설할 때에 각 카를 불필요한 동작 없이 합리적으로 운행되도록 관리하는 조작 방식은?

㉮ 병용 방식　　　　　　　　㉯ 군 관리 방식
㉰ 군 승합 자동식　　　　　㉱ 하강 승합 전자동식

해설
- 군 관리 방식 : 엘리베이터가 3~8대 병설될 때, 각각의 카를 합리적으로 운행·관리하는 방식이다. 출퇴근시의 피크수요, 점심시간 등 특정층의 혼잡을 자동으로 판단하고, 교통 수요의 변화에 따라 카의 운전내용을 변화시켜서 적절히 배치한다. 이 방식은 전체 효율에 중점을 둔다.
- 군 승합 자동식 : 엘리베이터 2~3대가 병설되었을 때 주로 사용되는 방식. 1대의 승강장 부름에 1대의 카만 응답하여 필요 없는 운전을 줄인다.
- 하강 승합 자동식 : 2층 이상의 승강장에는 내림방향의 버튼 밖에 없다. 중간층에서 위 방향으로 올라갈 때에는 1층까지 내려와서 카 버튼으로 목적층을 등록시켜 올라가야 한다. 아파트 등에서 사생활 침해나 방범 목적으로 사용된다.

16. 가이드 레일에 있어서 패킹이란 무엇을 말하는가?

㉮ 가이드 레일에 강판을 말아서 성형한 것이다.
㉯ 대용량의 엘리베이터에 사용되는 가이드 레일들을 말한다.
㉰ 가이드 레일에 보강재를 부착하여 강도를 높이는 것이다.
㉱ 승강로 내의 반입과 관계없는 5mm 이상의 가이드 레일이다.

17. 소형과 저속의 엘리베이터의 경우 로프에 걸리는 장력이 없어져서 휘어짐이 생겼을 때 즉시 운전 회로를 차단하고 추락방지안전장치를 작동시키는 것은?

㉮ 슬랙로프 세이프티　　　　　㉯ 플렉시블 웨지 클램프
㉰ 플렉시블 가이드 클램프　　㉱ 점차 작동형 추락방지안전장치

해설
- 슬랙로프 세이프티 : 즉시 작동형 추락방지안전장치의 일종으로서 소형과 저속의 엘리베이터에서, 로프에 걸리는 장력이 없어져 늘어짐이 생겼을 때, 바로 운전회로를 차단하고 추락방지안전장치를 작동시키는 것으로 과속조절기를 설치할 필요가 없는 방식이다.

정답 14. ㉯ 15. ㉯ 16. ㉰ 17. ㉮

- 플렉시블 웨지 클램프(flexible wedge clamp) : 레일을 죄는 힘이 동작 초기에는 약하나 점점 강해진 후 일정하다.
- 플렉시블 가이드 클램프(flexible guide clamp) : 레일을 죄는 힘이 동작에서 정지까지 일정하다. 이 방식은 구조가 간단하고, 복구가 쉬워 널리 사용되고 있다.

18. 엘리베이터 고층화로 승강 높이가 높아져 카의 위치를 따라 로프 자중의 무게 불균형과 이동 케이블 자중의 무게 불균형이 커지는 것을 방지하기 위해 설치하는 것은?

㉮ 기계대   ㉯ 균형체인   ㉰ 에이프런   ㉱ 가이드 레일

해설 ① 균형체인의 사용목적
- 카의 위치변화에 따른 로프·이동 케이블 등의 무게 보상을 하기 위해 사용한다.
- 중저속 엘리베이터에 사용된다.

② 균형로프의 사용목적
- 카의 위치변화에 따른 주 로프(main rope) 무게에 의한 권상기(traction) 보상을 위해서 사용한다.
- 고속엘리베이터에 사용된다.

19. 엘리베이터에 사용되는 전동기의 슬립을 s라 하면 전동기 속도 N은 몇 rpm인가?(단 P는 극수, f는 주파수 Hz이다.)

㉮ $N = \dfrac{120P}{f} \times (1-s)$ ㉯ $N = \dfrac{120f}{P} \times (1-s)$

㉰ $N = \dfrac{60P}{f} \times (1-s)$ ㉱ $N = \dfrac{60f}{P} \times (1-s)$

해설 $N = N_s(1-s) = \dfrac{120f}{P}(1-s)$

20. 문 닫힘 안전장치에서 물리적인 접촉에 의해 작동되는 장치는?

㉮ 광전장치   ㉯ 초음파 장치   ㉰ 세이프티 슈   ㉱ 도어 인터록

해설
- 광전장치 : 투광(投光)기와 수광(受光)기로 구성되며, 도어의 양단에 설치해 광선(beam)이 차단될 때 도어의 닫힘은 중단되고 열린다.
- 초음파 장치 : 초음파로 승장 쪽에 접근하는 사람이나 물건(유모차, 휠체어 등)을 검출해, 도어의 닫힘을 중단시키고 열리게 한다.
- 세이프티 슈 : 문의 선단에 이물질 검출장치를 설치하여 사람이나 물질이 접촉되면 도어의 닫힘은 중단되고 열린다.
- 도어 인터록 : 이 장치는 카가 정지하지 않는 층의 도어는 특수한 열쇠를 사용하지 않으면 열리지 않도록 하는 도어록과 도어가 닫혀있지 않으면 운전이 불가능하도록 하는 도어 스위치로 구성된다. 도어 인터록 장치에서 중요한 것은 도어록 장치가 확실히 걸린 후 도어 스위치가 들어가고, 도어 스위치가 끊어진 후에 도어록이 열리는 구조로 하는 것이다.

(승강기 설계)

21. 종탄성 계수 E=7,000kg/mm², 직경 12mm인 로프를 6본 사용하는 엘리베이터의 적재하중이 1,150kg, 카 자중 1,700kg 일 때 권상로프의 늘어난 길이는 약 몇 mm인가? (단, 승강행정은 60m이다.)

정답 18. ㉯   19. ㉯   20. ㉰   21. ㉯

㉮ 30　　　　　㉯ 36　　　　　㉰ 41　　　　　㉱ 46

해설 $E = \dfrac{\sigma}{\varepsilon} = \dfrac{W\ell}{A\lambda}$ 에서

$\lambda = \dfrac{W\ell}{AE} = \dfrac{W\ell}{\pi r^2 \times 6본 \times E} = \dfrac{(1{,}150+1{,}700) \times 60 \times 10^3}{3.14 \times 6^2 \times 6 \times 7{,}000} ≒ 36\,\text{mm}$

22. 주어진 조건과 같은 엘리베이터의 무부하 및 전부하시의 트랙션비는 각각 약 얼마인가?

> (조건) 적재하중 : 3,000kg, 카 자중 : 2,000kg, 행정거리 : 90m,
> 적용로프 : 1m당 0.6kg의 로프 6본, 오버밸런스율 : 45%, 균형체인 : 90% 보상

㉮ 무부하시 : 1.47, 전부하시 : 1.58　　　㉯ 무부하시 : 1.52, 전부하시 : 1.47
㉰ 무부하시 : 1.58, 전부하시 : 1.60　　　㉱ 무부하시 : 1.60, 전부하시 : 1.46

해설 ① 무부하의 카가 최상층에서 하강할 때의 트랙션 비

$\dfrac{2{,}000 + (3{,}000 \times 0.45) + (0.6 \times 90 \times 6)}{2{,}000 + (0.6 \times 90 \times 6 \times 0.9)} = \dfrac{3{,}674}{2{,}291.6} ≒ 1.60$

② 전부하의 카가 최하층에서 상승할 때의 트랙션 비

$\dfrac{2{,}000 + 3{,}000 + (0.6 \times 90 \times 6)}{2{,}000 + (3{,}000 \times 0.45) + (0.6 \times 90 \times 6 \times 0.9)} = \dfrac{5{,}324}{3{,}641.6} ≒ 1.46$

23. 전기식 엘리베이터의 제어회로 및 안전회로의 경우 전도체와 전도체 사이 또는 전도체와 접지 사이의 직류 전압 평균값 및 교류 전압 실효값은 최대 몇 V 이하이어야 하는가?

㉮ 220　　　　　㉯ 250　　　　　㉰ 380　　　　　㉱ 450

24. 비상통화장치에 대한 설명으로 틀린 것은?

㉮ 비상통화장치는 정상 전원으로만 작동하여야 한다.
㉯ 구출활동 중에 지속적으로 통화할 수 있는 양방향 음성통신이어야 한다.
㉰ 승객이 외부의 도움을 요청하기 위하여 쉽게 식별 가능하고 접근이 가능하여야 한다.
㉱ 카 내와 외부의 소정의 장소를 연결하는 통화장치는 당해 시설물의 관리인력이 상주하는 장소에 이중으로 설치되어야 한다.

해설 승강기 안에 갇혔을 경우 인터폰(배터리 직류 전원 사용)으로 연락한 다음, 침착하게 구조를 기다려야 한다.

25. 소선의 표면에 아연 도금을 하여 녹이 쉽게 나지 않기 때문에 습기가 많은 장소에 적합한 와이어 로프는?

㉮ A종　　　　　㉯ B종　　　　　㉰ E종　　　　　㉱ G종

해설 • A종 : 1,620N/㎟ 급의 강도를 지닌 소선으로 구성한 로프로서, 파단강도가 높으므로 초고층용 엘리베이터 및 로프 본수를 적게하는 경우에 사용된다.

정답 22. ㉱　23. ㉯　24. ㉮　25. ㉱

- B종 : 강도·경도가 A종보다 높으나, 엘리베이터에는 거의 사용되지 않는다.
- G종 : 소선의 표면에 아연도금을 한 로프이다. 녹이 발생하기 어렵기 때문에 다습한 장소에 설치한다.
- E종 : 엘리베이터에서 사용조건을 고려해서 제조한 것으로, 주로 엘리베이터용으로 사용된다. 외층소선에 사용한 소선은 다른 일반 로프에 비해 탄소량을 적게 하고 경도를 낮게 하였다. 파단강도는 1,320N/㎟ 급이다.

26. 엘리베이터 설비능력의 질적 지표는 무엇인가?

㉮ 투자비용　　㉯ 속도와 대수　　㉰ 평균 운전 간격　　㉱ 단위시간 수송능력

해설 엘리베이터의 대수가 많으면 평균운전간격이 작아져 질적으로 서비스가 향상된다.

27. 에스컬레이터의 모터 용량을 산출하는 식으로 옳은 것은?(단, G : 적재하중, v : 속도, η : 총효율, B : 승객 승입률, sinθ : 에스컬레이터 경사도)

㉮ $P = \dfrac{6{,}120 \times B}{G \times \eta}$　　㉯ $P = \dfrac{6{,}120 \times \sin\theta}{G \times v}$　　㉰ $P = \dfrac{G v \sin\theta}{6{,}120 \times \eta} \times B$　　㉱ $P = \dfrac{G \eta \sin\theta}{6{,}120} \times B$

28. 엘리베이터용에 적용되는 레일의 치수를 결정하는 데 고려되어야 할 요소가 아닌 것은?

㉮ 레일용 브라켓의 크기
㉯ 지진이 발생할 때 건물의 수평진동
㉰ 카에 하중이 적재될 때 카에 걸리는 회전 모멘트
㉱ 추락방지안전장치가 작동될 때 레일에 걸리는 좌굴하중

해설 가이드 레일의 치수 결정 3요소
① 추락방지안전장치 작동시 레일이 좌굴하지 않는 지에 대한 점검
② 지진 발생시 카 또는 균형추가 레일을 어느 한도에서 벗어나는지에 대한 점검
③ 불균형한 큰 하중이 적재시 또는 그 하중을 오르고 내릴 때 레일이 지탱 가능한지에 대한 점검

29. 다음 중 응력에 대한 관계식으로 적절한 것은?

㉮ 탄성한도 〉 허용응력 ≥ 사용응력　　㉯ 탄성한도 〉 사용응력 ≥ 허용응력
㉰ 허용응력 〉 탄성한도 ≥ 사용응력　　㉱ 허용응력 〉 사용응력 ≥ 탄성한도

30. 추락방지안전장치 중 거리와 정지력에 관하여 그림과 같은 물리적인 특성을 갖는 것은?

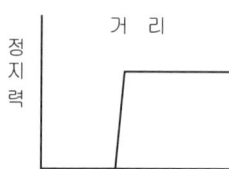

㉮ 슬랙로프 세이프티　　　　　　　　㉯ F.G.C형 추락방지안전장치
㉰ F.W.C 추락방지안전장치　　　　　㉱ 즉시 작동형 추락방지안전장치

정답 26. ㉯　27. ㉰　28. ㉮　29. ㉮　30. ㉯

해설
- 슬랙로프 세이프티 : 즉시작동형 추락방지안전장치의 일종으로서 소형과 저속의 엘리베이터에서 로프에 걸리는 장력이 없어져 늘어짐이 생겼을 때 바로 운전회로를 차단하고 추락방지안전장치를 작동시키는 것
- F.G.C(flexible guide clamp)형 : 레일을 죄는 힘이 동작에서 정지까지 일정하다. 이 방식은 구조가 간단하고 복구가 쉬워 많이 사용된다.
- F.W.C(flexible wedge clamp)형 : 레일을 죄는 힘이 동작 초기에는 약하나 점점 강해진 후 일정하다.
- 즉시 작동형 추락방지안전장치 : 카의 정격속도가 37.8m/min를 초과하지 않는 경우에는 즉시 작동형으로, 또 60m/min를 초과하지 않는 경우에는 완충효과가 있는 즉시 작동형으로 할 수 있다.

31. 엘리베이터용 전동기와 범용 전동기를 비교할 때 엘리베이터용 전동기에 요구되는 특성이 아닌 것은?

㉮ 기동토크가 클 것 ㉯ 기동전류가 적을 것
㉰ 회전부분의 관성 모멘트가 클 것 ㉱ 기동횟수가 많으므로 열적으로 견딜 것

해설 회전부분의 관성 모멘트는 작아야 한다.

32. 변압기의 전압 강하율(%)을 나타내는 식으로 옳은 것은?

㉮ $\dfrac{송전단전압-수전단전압}{수전단전압} \times 100$ ㉯ $\dfrac{수전단전압-송전단전압}{수전단전압} \times 100$

㉰ $\dfrac{송전단전압-수전단전압}{송전단전압} \times 100$ ㉱ $\dfrac{수전단전압-송전단전압}{송전단전압} \times 100$

33. 유입 완충기의 설계에 관하여 틀린 것은?

㉮ 카 측 최소 적용 중량은 카 자중으로 한다.
㉯ 균형추측 최대 적용 중량은 균형추 중량으로 한다.
㉰ 정격속도의 115% 속도로 충돌할 경우 평균 감속도 $1g_n$ 이하가 되도록 행정을 설계하여야 한다.
㉱ 종단층 강제 감속장치를 이용하는 경우 행정은 강제 감속된 속도의 115% 속도로 충돌하여 $1g_n$ 이하의 평균 감속도로 감속하여 정지하여야 한다.

해설 적용 중량 :
- 카 완충기 최대 적용 중량 : 카 자중+적재하중
- 카 완충기 최소 적용 중량 : 카 자중+65

34. 계자 권선의 저항이 0.1Ω이고 전기자 권선의 저항이 0.4Ω인 직류 직권 전동기가 있다. 이 전동기에 380V의 단자전압을 인가하였더니 20A의 전류가 흘렀다. 역기전력은 몇 (V)인가?

㉮ 368   ㉯ 370   ㉰ 372   ㉱ 375

해설 $V = E + I(R_a + R_s)[V]$ 에서
$E = V - I(R_a + R_s) = 380 - 20(0.4 + 0.1) = 370[V]$

정답 31. ㉰ 32. ㉮ 33. ㉮ 34. ㉯

35. 지름이 10mm인 축이 1,800rpm으로 회전하고 있을 때 축의 비틀림 응력을 400kg/cm²라고 하면 전달 마력은 몇 PS인가?

㉮ 0.97　　㉯ 1.97　　㉰ 2.97　　㉱ 3.97

해설 $T = \dfrac{\pi d^3 Ta}{16} = \dfrac{71,620H}{N}$ 에서

$H = \dfrac{3.14 \times 10^3 \times 400 \times 1800}{71,620 \times 16 \times 1,000} ≒ 1.97 \text{PS}$

36. 도어 클로저에 대한 설명으로 틀린 것은?

㉮ 고속 도어 장치에는 스프링 클로저 방식이 적합하다.
㉯ 웨이트 클로저 방식은 도어 닫힘이 끝날 때 힘이 약해진다.
㉰ 도어가 열린 상태에서의 규제가 제거되면 자동적으로 도어가 닫히는 방식이 일반적이다.
㉱ 웨이트 클로저 방식은 웨이트가 승강로 벽을 따라 내려뜨리는 것과 도어판넬 자체에 달리는 것 2종이 있다.

해설 스프링 식은 도어의 닫힘이 끝날 때 약해지나, 웨이트 식은 시종 같은 힘으로 도어를 닫히게 하는 힘이 작용한다.

37. 사무실 건물의 엘리베이터 교통수요 산출 및 수송능력을 산정하려 할 경우 고려해야 할 내용으로 틀린 것은?

㉮ 지하층 서비스를 반드시 고려하여야 한다.
㉯ 아침 출근시 상승 피크의 교통 시간을 조사한다.
㉰ 출근시 및 중식시의 수송능력 목표치를 정한다.
㉱ 거주인구 산출을 위해 층별 인구, 층별 유효면적 렌탈비 및 1인당 점유 면적을 확인한다.

해설 지하층 서비스는 반드시 고려사항이 아니다.

38. 재해시 관제 운전의 우선 순위로 옳은 것은?

㉮ 지진시 관제 → 화재시 관제 → 정전시 관제
㉯ 화재시 관제 → 지진시 관제 → 정전시 관제
㉰ 지진시 관제 → 정전시 관제 → 화재시 관제
㉱ 화재시 관제 → 정전시 관제 → 지진시 관제

39. 엘리베이터 소음 및 진동을 저감하기 위해 설계시 고려하여야 할 사항으로 틀린 것은?

㉮ 기계실은 콘크리트 구조로 한다.
㉯ 기계실의 출입문은 차음 구조로 한다.
㉰ 균형추를 거실 안전 벽체에 설치한다.
㉱ 기계실 바닥 로프 구멍은 최소화하고 방음 커버를 부착한다.

해설 균형추는 승강로에 설치되어야 한다. 승강로에는 가이드 레일, 브래킷, 균형추, 와이어로프 및 각종 스위치류와 카의 각 정지층에 출입구가 설치되어 있으며, 피트에는 완충기, 과속조절기 로프 인장 도르래, 안전스위치 등이 설치된다.

정답 35. ㉯　36. ㉯　37. ㉮　38. ㉮　39. ㉰

40. 기어 전동에 대한 특성으로 틀린 것은?

㉮ 축 압력이 크다.　　　　　　㉯ 회전비가 정확하다.
㉰ 큰 감속이 가능하다.　　　　㉱ 소음 진동이 발생한다.

해설 기어 전동의 특성
① 전동이 확실하다.　　② 큰 동력전달이 가능하다.
③ 축 압력이 작다.　　　④ 전동 효율이 높다.
⑤ 회전비가 정확하다.　⑥ 큰 감속이 가능하다.
⑦ 충격 흡수가 약하다.　⑧ 소음 진동이 발생한다.

(일반 기계 공학)

41. 유압 펌프의 실제 토출 압력이 500kgf/cm², 실제 펌프 토출량이 200cm³/s, 펌프의 전 효율이 0.9일 때 펌프축이 구동하는 데 필요한 동력은 약 몇 kW인가?

㉮ 10.9　　㉯ 14.8　　㉰ 21.8　　㉱ 29.6

해설 $P_o = \dfrac{PQ}{10,200\eta} = \dfrac{500 \times 200}{10,200 \times 0.9} ≒ 10.9[kW]$

42. 다음 중 프레스 가공에서 전단가공이 아닌 것은?

㉮ 블랭킹(blanking)　㉯ 펀칭(punching)　㉰ 트리밍(trimming)　㉱ 스웨이징(swaging)

43. 유압 작동유의 점도가 높을 때 나타나는 현상으로 틀린 것은?

㉮ 동력손실의 증대　　　　　　㉯ 내부 마찰의 증대와 온도상승
㉰ 펌프 효율 저하에 따른 온도 상승　㉱ 장치의 파이프 저항에 의한 압력 증대

44. 게이지 블록이나 마이크로미터 측정면의 평면도를 측정하는 데 가장 적합한 측정기는?

㉮ 공구 현미경　㉯ 옵티컬 플랫　㉰ 사인바　㉱ 정반

45. 다음 중 순도가 가장 높으나 취약하여 가공이 곤란한 동의 종류는?

㉮ 전기동　㉯ 정련동　㉰ 탈산동　㉱ 무산소동

46. 단순보의 정중앙에 집중하중이 작용할 때 이 보의 최대 처짐량에 대한 설명으로 틀린 것은?

㉮ 지지점 사이의 거리의 3제곱에 반비례한다.　㉯ 단면 2차 모멘트에 반비례한다.
㉰ 세로 단성계수에 반비례한다.　　　　　　　㉱ 집중하중 크기에 비례한다.

해설 $\delta_{max} = \beta \cdot \dfrac{w\ell^3}{EI}$

정답 40. ㉮　41. ㉮　42. ㉱　43. ㉰　44. ㉯　45. ㉮　46. ㉮

47. 리벳 구멍이 압축하중(P)에 의해 파괴될 때 압축응력 계산식은?(단, σ_c는 압축응력, t는 핀 두께, d는 리벳 지름)

㉮ $\sigma_c = \dfrac{P}{dt}$ ㉯ $\sigma_c = \dfrac{dt}{P}$ ㉰ $\sigma_c = \dfrac{P}{2dt}$ ㉱ $\sigma_c = \dfrac{2P}{dt}$

48. 주물에서 중공 부분이 필요할 때 사용하는 목형으로 가장 적합한 것은?

㉮ 현형   ㉯ 회전형   ㉰ 코어형   ㉱ 부분형

49. 원형 단면봉에 비틀림 모멘트(T)가 작용할 때 생기는 비틀림각(θ)에 대한 설명으로 옳은 것은?

㉮ 축 길이에 반비례한다.
㉯ 전단 탄성계수에 비례한다.
㉰ 비틀림 모멘트에 반비례한다.
㉱ 축 지름의 4제곱에 반비례한다.

50. 오스테나이트계 스테인리스강의 일반적인 특징으로 틀린 것은?

㉮ 자성체이다
㉯ 내식성이 우수하다
㉰ 내충격성이 우수하다
㉱ 염산, 황산 등에 약하다

51. 강재 표면에 Zn을 침투, 확산시키는 세라다이징법에 의해 개선되는 성질은?

㉮ 전탄성   ㉯ 내열성   ㉰ 내식성   ㉱ 내충격성

52. 센터리스 연삭기의 조정숫돌에 의하여 가공물이 회전과 이송을 할 때, 가공물의 이송속도(mm/min)는? (단, d는 조정숫돌의 지름(mm), n은 조정숫돌의 회전수(rpm), α는 경사각이다)

㉮ $\dfrac{\pi dn}{1,000}\sin\alpha$ ㉯ $\pi dn \sin\alpha$ ㉰ $\pi dn \tan\alpha$ ㉱ $\dfrac{\pi dn}{1,000}\tan\alpha$

53. 펌프에서 발생하는 캐비테이션(cavitation) 현상의 방지법이 아닌 것은?

㉮ 양쪽 흡입 펌프를 사용한다.
㉯ 2개 이상의 펌프를 사용한다.
㉰ 펌프의 회전수를 최대한 높인다.
㉱ 펌프의 설치 높이를 낮추어 흡입 행정을 짧게 한다.

54. 다음 그림과 같은 타원형 단면을 갖는 봉이 인장하중(P)을 받을 때, 작용하는 인장응력은 얼마인가?

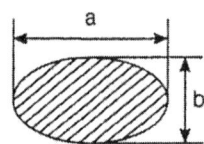

㉮ $\dfrac{\pi ab^2}{4P}$ ㉯ $\dfrac{4P}{\pi ab^2}$ ㉰ $\dfrac{\pi ab}{4P}$ ㉱ $\dfrac{4P}{\pi ab}$

55. 코일 스프링에서 스프링 상수(k)에 대한 설명으로 틀린 것은?

㉮ 스프링 소재 지름의 4승에 비례한다.
㉯ 스프링의 변형량에 비례한다.
㉰ 코일 평균지름의 3승에 반비례한다.
㉱ 스프링 소재의 전단 탄성계수에 비례한다.

56. 구름 베어링과 비교할 때 미끄럼 베어링의 특징으로 옳은 것은?

㉮ 호환성이 높은 편이다.
㉯ 구름 마찰이며, 기동 마찰이 작다.
㉰ 비교적 큰 하중을 받으며 충격 흡수 능력이 크다.
㉱ 표준형 양산품으로 제작하기보다는 자체 제작하는 경우가 많다.

57. 피복 아크 용접 결함의 종류에서 용입 불량의 원인으로 가장 거리가 먼 것은?

㉮ 마음 설계의 불량
㉯ 용접봉의 선택 불량
㉰ 전류가 너무 높을 때
㉱ 용접 속도가 너무 빠를 때

58. 나사면의 마찰계수 μ와 마찰각 P의 관계식은?

㉮ μ=sinP ㉯ μ=cosP ㉰ μ=tanP ㉱ μ=cotP

59. 비틀림각이 30도인 헬리컬 기어에서 잇수가 50개, 이 직각 모듈이 3일 때 피치원지름은 약 몇 mm인가?

㉮ 184.21 ㉯ 173.21 ㉰ 208.21 ㉱ 264.21

해설 $PCD = \dfrac{mz}{\cos\beta} = \dfrac{3 \times 50}{\cos 30°} = \dfrac{150}{\frac{\sqrt{3}}{2}} = \dfrac{300}{\sqrt{3}} = 173.2mm$

60. 재료의 최대응력과 항복응력 및 허용응력을 적용하여 안전율을 나타내는 식은?

㉮ $\dfrac{허용응력}{항복응력}$ ㉯ $\dfrac{항복응력}{허용응력}$ ㉰ $\dfrac{최대응력}{항복응력}$ ㉱ $\dfrac{항복응력}{최대응력}$

(전기제어 공학)

61. 논리식 $\overline{x} \cdot y + \overline{x} \cdot \overline{y}$ 를 정리하면?

㉮ $\overline{x}$ ㉯ $\overline{y}$ ㉰ 0 ㉱ x + y

정답 55. ㉯ 56. ㉱ 57. ㉰ 58. ㉰ 59. ㉯ 60. ㉯ 61. ㉮

해설 $\overline{x} \cdot y + \overline{x} \cdot \overline{y} = \overline{x}(y+\overline{y}) = \overline{x}$
※ $y+\overline{y}=1$, $y \cdot y = y$, $y+1=1$, $y \cdot 1 = y$, $y \cdot \overline{y} = 0$

62. 단면적 S(m²)를 통과하는 자속을 (ϕ)Wb라 하면 자속밀도 B(Wb/m²)를 나타낸 식으로 옳은 것은?

㉮ $B = S\phi$ ㉯ $B = \dfrac{\phi}{S}$ ㉰ $B = \dfrac{S}{\phi}$ ㉱ $B = \dfrac{\phi}{\mu S}$

해설 $B = \dfrac{\phi}{S}$ (Wb/m²)

63. 서보기구에서 주로 사용하는 제어량은?

㉮ 전류   ㉯ 전압   ㉰ 방향   ㉱ 속도

64. 내부저항 90Ω, 최대 지시값 100μA의 직류 전류계로 최대 지시값 1mA를 측정하기 위한 분류기 저항은 몇 Ω인가?

㉮ 9   ㉯ 10   ㉰ 90   ㉱ 100

해설 $I = I_0\left(1+\dfrac{r_s}{R_s}\right)$ 에서 $\dfrac{I}{I_0} = 1 + \dfrac{r_s}{R_s}$, $\dfrac{1 \times 10^{-3}}{100 \times 10^{-6}} = 1 + \dfrac{90}{R_s}$
∴ $R_s = 10\Omega$

65. A=6+j8, B=20∠60°일 때 A+B를 직각 좌표 형식으로 표현하면?

㉮ 16+j18   ㉯ 26+j28   ㉰ 16+j25.32   ㉱ 23.32+j18

해설 A=6+j8, B=20∠60°=10+j10$\sqrt{3}$ 이므로
A+B=(6+j8)+(10+j10$\sqrt{3}$)=16+j25.32
※ 20∠60°=20(cos60° + jsin60°)=10+j10$\sqrt{3}$

66. 평행한 두 도체에 같은 방향의 전류를 흘렸을 때 두 도체 사이에 작용하는 힘은?

㉮ 흡인력   ㉯ 반발력   ㉰ $\dfrac{I}{2\pi r}$의 힘   ㉱ 힘이 작용하지 않는다.

해설 힘의 방향은 전류가 같은 방향이면 흡인력, 다른 방향이면 반발력이 작용한다.

67. 빛의 양(조도)에 의해서 동작되는 CdS를 이용한 센서에 해당되는 것은?

㉮ 저항 변화형   ㉯ 용량 변화형   ㉰ 전압 변화형   ㉱ 인덕턴스 변화형

해설 CdS(cadmium sulfide) : 빛이 있으면 저항값이 낮아지고, 빛이 없어지면 저항값이 높아진다.

정답 62. ㉯ 63. ㉰ 64. ㉯ 65. ㉰ 66. ㉮ 67. ㉮

68. 어떤 저항에 전압 100V, 전류 50A를 5분간 흘렸을 때 발생하는 열량은 약 몇 kcal인가?

㉮ 90　　㉯ 180　　㉰ 360　　㉱ 720

해설 H = 0.24VIt = 0.24 × 100 × 50 × 5 × 60 = 360 kcal

69. 그림과 같은 펄스를 라플라스 변환하면 그 값은?

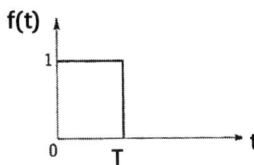

㉮ $\dfrac{1}{T}(\dfrac{1-e^{TS}}{S})$　　㉯ $\dfrac{1}{T}(\dfrac{1+e^{TS}}{S})$　　㉰ $\dfrac{1}{S}(1-e^{-TS})$　　㉱ $\dfrac{1}{S}(1+e^{TS})$

해설 $f(t) = M(t) - M(t-T)$
$= \dfrac{1}{S} - \dfrac{1}{S}e^{-TS}$
$= \dfrac{1}{S}(1-e^{-TS})$

70. 피드백 제어계의 제어장치에 속하지 않는 것은?

㉮ 설정부　　㉯ 조절부　　㉰ 검출부　　㉱ 제어대상

해설 제어장치는 제어를 하기 위하여 제어대상에 부착하는 장치를 말한다.

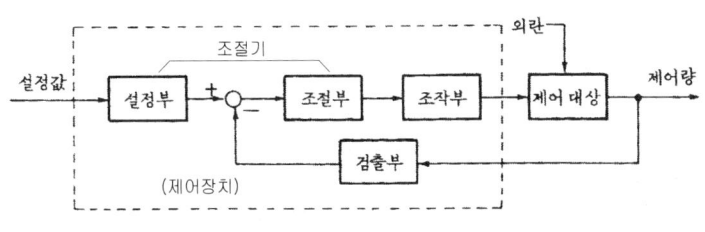

자동제어계 구성도

71. 정현파 전압 $V = 220\sqrt{2}\sin(\omega t + 30°)$V보다 위상이 90° 뒤지고, 최대값이 20A인 정현파 전류의 순시값은 몇 A인가?

㉮ $20\sin(wt-30°)$
㉯ $20\sin(wt-60°)$
㉰ $20\sqrt{2}\sin(wt+60°)$
㉱ $20\sqrt{2}\sin(wt-60°)$

해설 $\theta = 30° - 90° = -60°$
$i = 20\sin(wt-60°)$ [A]

정답 68. ㉰　69. ㉰　70. ㉱　71. ㉯

72. 100V용 전구 30W와 60W 두 개를 직렬로 연결하고 직류 100V 전원에 접속하였을 때, 두 전구의 상태로 옳은 것은?

㉮ 30W 전구가 더 밝다.
㉯ 60W 전구가 더 밝다.
㉰ 두 전구의 밝기가 모두 같다.
㉱ 두 전구가 모두 켜지지 않는다.

해설 30W 전구의 저항 $R_1 = \dfrac{V^2}{P} = \dfrac{100^2}{30} = \dfrac{1,000}{3} \fallingdotseq 333.3(\Omega)$

60W 전구의 저항 $R_2 = \dfrac{V^2}{P} = \dfrac{100^2}{60} = \dfrac{1,000}{6} \fallingdotseq 166.7(\Omega)$

$I = \dfrac{100}{333.3 + 166.7} = \dfrac{100}{500} = 0.2(A)$

30W 전구의 소비전력 $P_1 = I^2 R_1 = 0.2^2 \times 333.3 \fallingdotseq 13.3(W)$

60W 전구의 소비전력 $P_2 = I^2 R_2 = 0.2^2 \times 166.7 \fallingdotseq 6.7(W)$

$\therefore P_1 > P_2$

73. 유도전동기에 인가되는 전압과 주파수를 동시에 변환시켜 직류전동기와 동등한 제어 성능을 얻을 수 있는 제어방식은?

㉮ VVVF 방식
㉯ 교류 궤환 제어방식
㉰ 교류 1단 속도제어 방식
㉱ 교류 2단 속도제어 방식

해설
- VVVF 방식 : 유도전동기에 인가되는 전압과 주파수를 동시에 변환시켜 직류전동기와 동등한 제어 성능을 갖는다. 이 방식은 소비전력이 절감된다. 적용 엘리베이터의 속도는 고속 범위까지 가능하다
- 교류 궤환 제어방식 : 이 방식은 케이지의 실속도와 지령속도를 비교하여 사이리스터의 점호각을 바꿔, 유도전동기의 속도를 제어하는 방식이다. 이 방식은 속도 45m/min에서 105m/min 이하에 적용된다. 감속시는 모터에 직류를 흐르게 하여 제동 토크를 발생해 제동한다.
- 교류 1단 속도제어 방식 : 가장 간단한 제어방식인데 3상 유도 전동기에 전원을 투입함으로써 기동과 정속운전을 하고, 정지는 전원을 차단한 후, 제동기에 의해 기계적으로 브레이크를 거는 방식이다. 그런데 기계적인 브레이크로 감속하기 때문에 착상이 불량하다. 이 방식은 30m/min 이하의 저속용 엘리베이터에 적용된다.
- 교류 2단 속도제어 방식 : 기동과 주행은 고속권선으로 하고 감속과 착상은 저속권선으로 한다. 가령 정격속도 60m/min의 엘리베이터를 4:1의 속도비로 착상시키면 15m/min 속도의 교류 1단 속도제어와 같은 착상오차가 생긴다. 교류 2단 속도제어의 속도비는 착상오차 이외에, 감속도의 변화비율, 크리프 시간(저속주행시간), 전력회생 등을 감안, 4:1 방식을 많이 사용한다.

74. 비례적분미분 제어를 이용했을 때의 특징에 해당되지 않는 것은?

㉮ 정정 시간을 적게 한다.
㉯ 응답이 안정성이 작다.
㉰ 잔류 편차를 최소화 시킨다.
㉱ 응답의 오버슈트를 감소시킨다.

해설 정상상태 응답과 과도상태 응답을 모두 개선하려면 비례적분미분(PID) 제어를 해야 한다.

75. 조절계의 조절요소에서 비례미분 제어에 관한 기호는?

㉮ P   ㉯ PI   ㉰ PD   ㉱ PID

정답 72. ㉮ 73. ㉮ 74. ㉯ 75. ㉰

해설
- 비례(proportional) 제어 : P 제어
- 적분(integral) 제어 : I 제어
- 미분(derivative) 제어 : D 제어
- 비례미분 제어 : PD 제어
- 비례적분 제어 : PI 제어
- 비례적분미분 제어 : PID 제어

76. 그림과 같은 블록선도에서 $\dfrac{X_3}{X_1}$를 구하면?

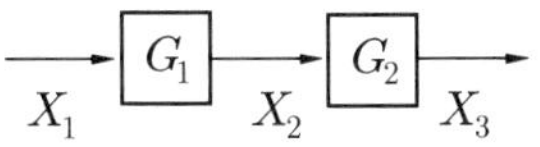

$$X_1 \rightarrow \boxed{G_1} \xrightarrow{X_2} \boxed{G_2} \rightarrow X_3$$

㉮ $G_1 + G_2$ ㉯ $G_1 - G_2$ ㉰ $G_1 \cdot G_2$ ㉱ $\dfrac{G_1}{G_2}$

해설

전달함수	블록선도
$G = \dfrac{C(s)}{R(s)} = G_1 G_2$	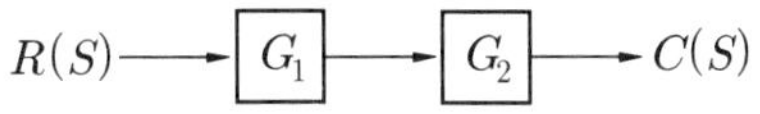 $R(S) \rightarrow \boxed{G_1} \rightarrow \boxed{G_2} \rightarrow C(S)$
$G = \dfrac{C(s)}{R(s)} = \dfrac{G}{1+G}$	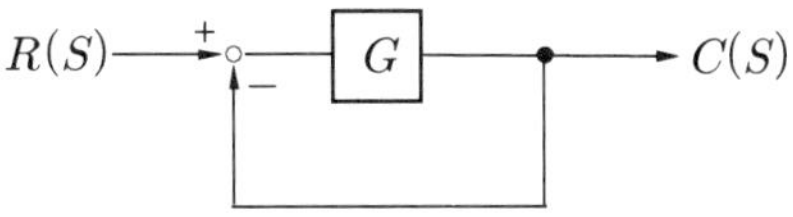 (부궤환 블록선도)
$G = \dfrac{C(s)}{R(s)} = \dfrac{G_1}{1+G_1 G_2}$	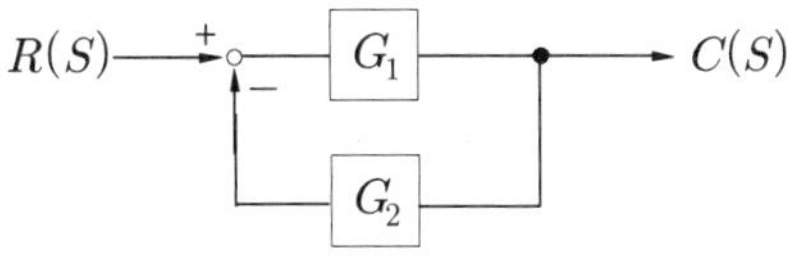 (부궤환 블록선도)
$G = \dfrac{C(s)}{R(s)} = \dfrac{G_1}{1-G_2}$	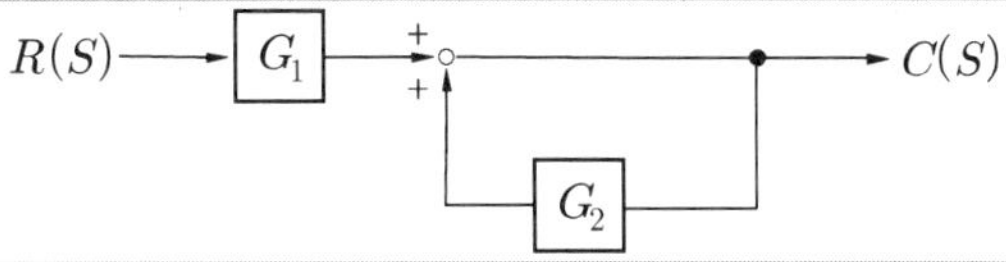 (정궤환 블록선도)
$G = \dfrac{C(s)}{R(s)} = \dfrac{G_1 G_2}{1-G_1 G_2 G_3}$	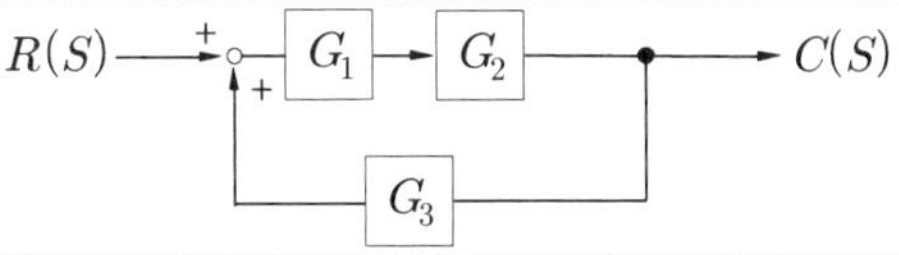 (정궤환 블록선도)

77. 보일러와 자동연소제어가 속하는 제어는?

㉮ 비율제어 ㉯ 추치제어 ㉰ 추종제어 ㉱ 정치제어

해설
- 비율제어 : 둘 이상의 제어량을 소정의 비율로 제어하는 것(예 : 보일러의 자동연소제어, 암모니아 합성 프로세스 제어)
- 추치제어 : 목표값이 시간에 따라 변하며, 이 변화하는 목표값에 제어량을 추종하도록 하는 제어
- 추종제어 : 미지의 시간적 변화를 하는 목표값에 제어량을 추종시키기 위한 제어(예 : 대공포의 포신)
- 정치제어 : 일정한 목표값을 유지하는 것으로 프로세스 제어, 자동조정이 이에 해당된다(예 : 연속식 압연기).

정답 76. ㉰ 77. ㉮

78. 탄성식 압력계에 해당되는 것은?

㉮ 경사관식   ㉯ 압전기식   ㉰ 환상 평형식   ㉱ 벨로우즈식

해설 탄성식 압력계
① 부르동관형   ② 벨로우즈형   ③ 멤브레인형   ④ 다이어프램형

79. 3상유도 전동기의 출력이 5kW, 전압 200V, 역률 80%, 효율이 90%일 때 유입되는 선전류는 약 몇 A인가?

㉮ 14   ㉯ 17   ㉰ 20   ㉱ 25

해설 $P = \sqrt{3}\,VI\cos\theta\eta(W)$에서 $I = \dfrac{P}{\sqrt{3}\,V\cos\theta\eta} = \dfrac{5 \times 10^3}{\sqrt{3} \times 200 \times 0.8 \times 0.9}$

$\fallingdotseq 20(A)$

80. 전원 전압을 일정하게 유지하기 위하여 사용되는 다이오드로 가장 옳은 것은?

㉮ 제너 다이오드   ㉯ 터널 다이오드   ㉰ 발광 다이오드   ㉱ 바랙터 다이오드

해설
- 제너 다이오드 : 주로 정전압 전원회로에 사용된다.
- 터널 다이오드 : 불순물 반도체에서 부성(負性)저항 특성이 나타나는 현상을 응용한 P-N 접합 다이오드. 발진과 증폭이 가능하고 동작 속도가 빨라져 마이크로파 대에서 사용이 가능하다.
- 발광 다이오드 : Ga, P, As를 재료로 하여 만들어진 반도체. 다이오드 특성을 가지고 있으며, 전류를 흐르게 하면 붉은색, 녹색, 노란색으로 빛을 발한다.
- 바랙터 다이오드 : 가변 용량의 다이오드를 말한다.

정답 78. ㉱   79. ㉰   80. ㉮

승강기 기사 기출문제
(2017. 5. 7)

(승강기개론)

1. 에스컬레이터의 특징으로 틀린 것은?

㉮ 기다리는 시간 없이 연속적으로 수송이 가능하다.
㉯ 백화점과 마트 등 설치 장소에 따라 구매의욕을 높일 수 있다.
㉰ 전동기 기동 시 대전류에 의한 부하 전류의 변화가 엘리베이터에 비하여 많아 전원설비 부담이 크다.
㉱ 건축상으로 점유 면적이 적고 기계실이 필요하지 않으며 건물에 걸리는 하중이 각 층에 분산 분담되어 있다.

해설 에스컬레이터는 기동시 대전류에 의한 부하 전류의 변화가 적어 전원 설비 부담이 적다.

2. 도어 머신의 요구 성능에 대한 설명으로 틀린 것은?

㉮ 가격이 저렴하여야 한다.
㉯ 작동이 원활하고 정숙하여야 한다.
㉰ 승강장에 설치하므로 대형이어야 한다.
㉱ 동작 횟수가 엘리베이터의 기동횟수의 2배가 되므로 보수가 용이하여야 한다.

해설 카 상부에 설치하므로 소형이어야 한다.

3. 트랙션 비(traction ratio)를 옳게 설명한 것은?

㉮ 트랙션 비는 1.0 이하의 수치가 된다.
㉯ 트랙션 비의 값이 낮아지면 로프의 수명이 길어진다.
㉰ 카 측과 균형추 측의 중량의 차이를 크게 하면 전동기 출력을 줄일 수 있다.
㉱ 카 측 로프에 걸린 중량과 균형추 측 로프에 걸린 중량의 합을 말한다.

해설 트랙션 비 :
① 트랙션 비는 1.0 이상의 수치가 된다.
② 트랙션 비의 값이 낮아지면 로프의 수명이 길어진다.
③ 카 측과 균형추 측의 중량의 차이를 크게 하면 전동기의 출력이 커진다.
④ 카 측 로프에 걸린 중량과 균형추 측 로프에 걸리는 중량의 비를 말한다.

4. 권동식 권상기의 경우 카가 최하층을 지나쳐 완충기에 충돌하면, 와이어로프가 늘어나 와이어로프 이탈과 전동기 과회전 등의 문제가 발생할 수 있으므로 이 와이어로프의 늘어남을 검출하여 동력을 차단하는 장치는?

㉮ 정지 스위치　　㉯ 역·결상 검출기　　㉰ 로프 이완 스위치　　㉱ 문 닫힘 안전장치

정답 1. ㉰　2. ㉰　3. ㉯　4. ㉰

5. 전동발전기(M-G세트)의 계자를 제어해서 엘리베이터를 제어하는 방식은?

㉮ VVVF 제어방식
㉯ 교류 궤환 제어방식
㉰ 정지 레오나드 방식
㉱ 워드 레오나드 방식

해설
- VVVF 제어 방식 : 인버터 제어라고도 불리는 VVVF 제어는 유도전동기에 인가되는 전압과 주파수를 동시에 변환시켜 직류전동기와 동등한 제어성능을 얻을 수 있는 방식이다. 또한 VVVF 제어는 고속 엘리베이터에도 유도전동기를 적용하여 보수가 용이하고 전력회생을 통해 전력소비를 줄일 수 있게 되었다. 또한 중·저속 엘리베이터에서는 승차감 및 성능이 크게 향상되었고, 저속 영역에서 손실을 줄여 소비전력을 반으로 줄였다.
- 교류 궤환 제어방식 : 교류 궤환 제어방식은 카의 실속도와 지령속도를 비교하여 사이리스터(thyristor)의 점호각(点弧角)을 바꿔 유도전동기의 속도를 제어하는 방식이다. 이 방식은 유도전동기의 1차측 각상에 사이리스터와 다이오드를 역병렬로 접속하여 토크를 변화시킨다. 또한 제동시에는 전동기에 직류를 흐르게 하여, 제동토크를 발생시킨다.
- 정지 레오나드 방식 : 정지 레오나드 방식은 사이리스터를 사용하여 교류를 직류로 변환해 모터에 공급하고, 사이리스터의 점호각을 바꿔 직류전압을 변환, 직류모터의 회전수를 제어하는 방식이다. 이 방식은 변환시의 손실이 워드 레오나드 방식에 비하여 작고, 또한 보수가 쉽다는 점 등의 장점이 있다.
- 워드 레오나드 방식 : 전기자에 직류전압을 공급하기 위하여 AC모터로 DC발전기를 회전시키는 M.G 를 엘리베이터 한 대당 1세트씩 설치한다. 그리고 M.G의 출력을 직접 직류모터 전기자에 공급하여 발전기의 계자전류를 강하게 하거나 약하게 하여, 발전기 발생 전압을 임의로 연속적으로 변화시켜 직류모터의 속도를 연속으로 광범위하게 조절한다.

6. 레일을 죄는 힘이 처음에는 약하게 작용하다가 하강함에 따라 점점 강해지다가 얼마 후 일정한 값에 도달하는 추락방지안전장치는?

㉮ 즉시 작동형
㉯ 플렉시블 웨지 클램프(F.W.C) 형
㉰ 플렉시블 가이드 클램프(F.G.C) 형
㉱ 슬랙 로프 세이프티(Slack Rope Safety) 형

해설
- 플렉시블 가이드 클램프(F.G.C) 형 : 레일을 죄는 힘이 동작에서 정지까지 일정하다. 이 방식은 구조가 간단하고, 복구가 쉬워 널리 사용되고 있다.
- 플렉시블 웨지 클램프(F.W.C) 형 : 레일을 죄는 힘이 동작 초기에는 약하나 점점 강해진 후 일정하다.
- 슬랙 로프 세이프티(Slack Rope Safety) : 순간식 추락방지안전장치의 일종으로 소형 저속 엘리베이터로서 주로 로프에 걸리는 장력이 없어져 휘어짐이 생겼을 때 센서가 감지하여 엘리베이터를 정지시킨다.

7. 전자-기계 브레이크는 자체적으로 카가 정격속도로 정격하중의 몇 %를 싣고 하강방향으로 운행될 때 구동기를 정지시킬 수 있어야 하는가?

㉮ 100 ㉯ 110 ㉰ 115 ㉱ 125

해설 제동기의 능력 : 전자-기계 브레이크는 125%의 부하로 전속 하강 중 케이지를 위험 없이 감속 정지시킬 수 있어야 한다.

8. 엘리베이터의 설치 형태 및 카 구조에 의한 분류에 적합하지 않는 것은?

㉮ 육교용 엘리베이터
㉯ 전망용 엘리베이터
㉰ 선박용 엘리베이터
㉱ 장애자용 엘리베이터

정답 5. ㉱ 6. ㉯ 7. ㉱ 8. ㉱

9. 비상용 엘리베이터의 예비전원은 몇 시간 이상 엘리베이터 운전이 가능하여야 하는가?

㉮ 30분　　㉯ 1시간　　㉰ 1시간 30분　　㉱ 2시간

해설 정전 후 60초 이내에 안정된 전압을 확립하여 모든 비상용 엘리베이터가 정격부하에서 2시간 연속 운행할 수 있어야 한다.

10. 2~3대의 엘리베이터를 병설하여 운행관리하며, 한 개의 승강장 버튼의 부름에 대하여 한 대의 카만 응답하여 불필요한 정지를 줄이고 일반적으로 부름이 없을 때에는 다음 부름에 대비하여 분산 대기하는 방식은?

㉮ 군 관리 방식　　㉯ 군 승합 자동식
㉰ 승합 전자동식　　㉱ 하강 승합 전자동식

해설
- 군 관리방식 : 엘리베이터가 3~8대 병설될 때, 각각의 카를 합리적으로 운행·관리하는 방식이다. 출퇴근시의 피크수요, 점심시간 등 특정층의 혼잡을 자동으로 판단하고, 교통수요의 변화에 따라 카의 운전 내용을 변화시켜 적절히 배치한다. 이 방식은 전체 효율에 중점을 둔다. 승강장 위치 표시기는 홀랜턴(hall lantern)이 사용된다.
- 군 승합 자동식 : 엘리베이터 2~3대가 병설되었을 때 주로 사용되는 방식. 1대의 승강장 부름에 1대의 카만 응답하여 필요 없는 운전을 줄인다.
- 승합 전자동식 : 승강장의 누름버튼이 상·하 2개가 있고 동시에 기억시킬 수 있다. 카 진행방향의 누름버튼과 승강장의 누름버튼에 응답하면서 오르고 내린다. 1대의 승용 엘리베이터는 이 방식을 채용하고 있다.
- 하강 승합 전자동식 : 2층 이상의 승강장에는 내림방향의 버튼 밖에 없다. 중간층에서 위 방향으로 올라갈 때에는 1층까지 내려와서 카 버튼으로 목적층을 등록시켜 올라가야 한다. 아파트 등에서 사생활 침해나 방범 목적으로 사용된다(예 : 홍콩, 유럽 등).

11. 미리 설정한 방향으로 설정치를 초과한 상태로 과도하게 유체 흐름이 증가하여 밸브를 통과하는 압력이 떨어지는 경우 자동으로 차단하도록 설계된 밸브는?

㉮ 체크 밸브　　㉯ 럽처 밸브　　㉰ 차단 밸브　　㉱ 릴리프 밸브

해설
- 역저지 밸브(check valve) : 한쪽 방향으로만 오일이 흐르도록 하는 밸브이다. 기능은 로프식 엘리베이터의 전자브레이크와 유사하다.
- 럽처 밸브(rupture valve) : 오일이 들어가는 곳에 설치하여 압력배관이 파손되었을 때 자동적으로 밸브를 닫아 카가 급격히 떨어지는 것을 방지하는 밸브이다.
- 안전 밸브(relief valve) : 일종의 압력조정 밸브인데 회로의 압력이 설정값에 도달하면 밸브를 열어 오일을 탱크로 돌려보냄으로써 압력이 과도하게 상승(상승압력의 125%에 설정)하는 것을 방지한다.

12. 엘리베이터용 주로프에 대한 설명으로 틀린 것은?

㉮ 구조적 신율이 커야 된다.　　㉯ 그리스 저장 능력이 뛰어나야 한다.
㉰ 강선 속의 탄소량을 적게 하여야 한다.　　㉱ 내구성 및 내부식성이 우수하여야 한다.

해설 로프는 신율(늘어남)이 작아야 한다.

13. 유압식 엘리베이터의 사용 장소로 틀린 것은?

정답 9. ㉱　10. ㉯　11. ㉯　12. ㉮　13. ㉰

㉮ 고층건물 중간층 간 교통으로 사용한다.
㉯ 일조권과 고도제한 규제가 있는 곳에 사용한다.
㉰ 소용량이며 승강 행정이 긴 승객용 엘리베이터에 주로 사용한다.
㉱ 지하나 옥상 주차장으로 자동차를 승강시키는 자동차용 엘리베이터로 사용한다.

해설 유압식 엘리베이터는 대용량이고 승강 행정이 짧은 화물용 엘리베이터에 사용된다.

14. 정상 조명전원이 차단될 경우 조명의 조도와 전원을 공급할 수 있는 자동 재충전 예비전원 공급장치의 동작시간으로 옳은 것은?

㉮ 1lx 이상, 30분
㉯ 1lx 이상, 60분
㉰ 2lx 이상, 30분
㉱ 5lx 이상, 60분

해설 예비전원 공급장치 : 정전시 자동으로 점등되어야 하며, 5lx 이상의 조도로 60분 동안 점등되어야 한다.

15. 가이드 레일의 규격을 결정하는 데 고려해야 할 요소로 가장 적당한 것은?

㉮ 엘리베이터의 속도
㉯ 엘리베이터의 종류
㉰ 완충기 충돌시 충격하중
㉱ 추락방지안전장치 작동시 좌굴하중

해설 레일을 결정하는 3가지 요소 :
① 안전장치가 작동했을 때 좌굴하지 않는 지에 대한 점검
② 지진 발생시 레일의 휘어짐이 한도를 넘거나, 레일의 응력이 탄성한계를 넘으면 카 또는 균형추가 레일에서 벗어나지 않는 지에 대한 점검
③ 불균형한 큰 하중을 적재시 또는 그 하중을 올리고 내릴 때 카에 큰 회전 모멘트가 걸리는데, 레일이 지탱할 수 있는지에 대한 점검

16. 기계실에 설치되는 콘센트는 몇 개 이상 설치되어야 하는가?

㉮ 1
㉯ 2
㉰ 3
㉱ 4

17. 점차 작동형 추락방지안전장치의 평균 감속도를 구하는 식으로 옳은 것은? (단, V는 충돌속도(m/s), T는 감속시간(s)이다)

㉮ $\beta = \dfrac{T}{9.8 \times V}$
㉯ $\beta = \dfrac{V}{9.8 \times T}$
㉰ $\beta = \dfrac{9.8 \times V}{T}$
㉱ $\beta = \dfrac{9.8 \times T}{V}$

18. 경사도 α가 30°를 초과하고 35° 이하인 에스컬레이터의 공칭 속도는 몇 (m/s) 이하이어야 하는가?

㉮ 0.5
㉯ 0.75
㉰ 1
㉱ 1.5

해설 정격속도는 경사도 30° 이하는 45m/min 이하이어야 한다. 그런데 경사도가 30°를 초과하고 35° 이하는 30m/min 이하이어야 한다.

정답 14. ㉱ 15. ㉱ 16. ㉮ 17. ㉯ 18. ㉮

19. 1:1 로핑에서 2:1 로핑 방법으로 전환하려고 한다. 2:1일 때의 로핑 장력은 1:1일 때와 비교하면 어떻게 되는가?

㉮ $\frac{1}{2}$로 감소된다.   ㉯ $\frac{1}{4}$로 감소된다.   ㉰ 2배로 증가한다.   ㉱ 4배로 증가한다.

해설 2:1 로핑 :
① 로프의 장력은 1:1 로핑의 $\frac{1}{2}$이 된다.
② 도르래가 권상하지 않으면 안 되는 언밸런스 부하도 1:1에 비하여 $\frac{1}{2}$이 된다.
③ 카 정격속도의 2배 속도로 로프가 움직이지 않으면 안 된다.
④ 1:1 로핑에 비하여 로프의 수명이 짧아지며, 이동 도르래에 의해 종합 효율이 저하된다.

20. 기계실 출입문은 보수관리 및 방재를 고려하여 잠금장치가 있는 금속재 문을 설치해야 하는데, 이 출입문의 최소규격은 얼마인가?

㉮ 폭 0.6m 이상, 높이 1.7m 이상   ㉯ 폭 0.7m 이상, 높이 1.8m 이상
㉰ 폭 0.8m 이상, 높이 1.9m 이상   ㉱ 폭 0.9m 이상, 높이 2.0m 이상

(승강기 설계)

21. 엘리베이터의 지진에 대한 대책 중 가장 우선적으로 고려하여야 할 사항은?

㉮ 관제운전 장치의 설치   ㉯ 가이드 레일에 대한 보강대책
㉰ 승강로 내의 돌출물에 대한 대책   ㉱ 주로프의 도르래로부터의 벗겨짐 방지대책

해설 승강기의 지진 감지장치 설치 및 관제운전 요건 의무화가 최근에 발의되었는데, 지진 감지장치는 지진으로 진동이 발생할 경우, 이를 감지해 자동으로 관제시스템을 작동시켜 운행 중인 승강기가 가장 가까운 층으로 이동해 문을 열도록 하는 설비이다.

22. 화물용 엘리베이터의 정격하중은 카의 면적 1m² 당 몇 kg인가?

㉮ 100   ㉯ 150   ㉰ 250   ㉱ 300

23. 전기식 엘리베이터에서 카틀 및 카바닥을 설계할 때 비상시 작용하는 하중으로 고려하지 않는 것은?

㉮ 적재중 하중   ㉯ 지진 시 하중
㉰ 완충기 동작 시 하중   ㉱ 추락방지안전장치 작동 시 하중

24. 유압식 엘리베이터의 압력 릴리프 밸브는 압력을 전 부하 압력의 몇 %까지 제한하도록 맞추어 조절되어야 하는가?

㉮ 125   ㉯ 130   ㉰ 135   ㉱ 140

정답 19. ㉮ 20. ㉯ 21. ㉮ 22. ㉰ 23. ㉮ 24. ㉱

해설 릴리프밸브 : 일종의 압력조정 밸브인데 회로의 압력이 설정값에 도달하면 밸브를 열어 오일을 탱크로 돌려보냄으로써 압력이 과도하게 상승(상승압력의 125%에 설정)하는 것을 방지한다. 그런데 압력을 전 부하 압력의 140%까지 제한하도록 맞추어 조절되어야 한다.

25. 정격속도 1m/s를 초과하여 운행 중인 엘리베이터 카문을 수동으로 개방하는 데 필요한 힘은 얼마 이상이어야 하는가? (단, 잠금해제 구간에서는 제외한다)

㉮ 30N ㉯ 50N ㉰ 150N ㉱ 300N

26. 엘리베이터 감시반에 관한 설명 중 가장 관계가 먼 것은?

㉮ 호기별 주행, 정지상태와 승강기의 이상 유·무를 표시하기도 한다.
㉯ 많은 대수의 엘리베이터, 에스컬레이터 등을 효율적으로 운전하기 위해 설치한다.
㉰ 보통 중앙관리실에 설치되어 있고, 엘리베이터 고장 시 승객의 안전과 신속한 구출에 큰 목적이 있다.
㉱ 여러 대의 승강기일 경우 감시반을 반드시 설치하여야 하며 카에 탑승한 사람의 불필요한 행동을 감시하고 방범활동을 하기도 한다.

해설 엘리베이터 감시반은 많은 대수의 승강기를 효율적으로 운전, 그리고 고장시 승객의 안전과 신속한 구출에 목적이 있다.

27. 유압식 엘리베이터에 있어서 유량제어밸브를 주회로에 삽입하여 유량을 직접 제어하는 회로는 어느 것인가?

㉮ 파일럿(Pilot) 회로 ㉯ 바이패스(Bypass) 회로
㉰ 미터 인(Meter in) 회로 ㉱ 블리드 오프(Bleed off) 회로

해설
• 미터 인(Meter in) 회로 : 유량 제어밸브를 주회로에 삽입하여 유량을 직접 제어하는 회로. 정확한 제어가 가능하지만 여분의 오일이 안전밸브를 통하여 탱크에 되돌려 보내지기 때문에 효율이 나쁘다.
• 블리드 오프(Bleed off) 회로 : 유량 제어밸브를 주회로에서 분기된 바이패스(Bypass) 회로에 삽입한 것. 효율이 높지만 정확한 속도제어가 곤란하다.

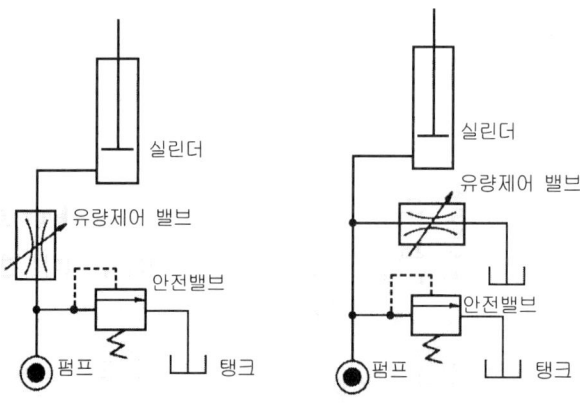

미터 인(Meter-In) 회로   블리드 오프(Bleed off) 회로

정답 25. ㉯ 26. ㉱ 27. ㉰

28. 카 자중 2,000kg, 적재하중 1,100kg인 승객용 엘리베이터의 지진에 의해 카측 가이드레일에 작용하는 하중(P_X)는 몇 kg인가? (단 P_X는 가이드 레일의 X방향 하중(kg), 저감률은 0.25, 수평 진도는 0.6, 상·하 가이드 슈의 하중비는 0.6이다)

㉮ 586 ㉯ 654 ㉰ 715 ㉱ 819

해설 카측 가이드 레일에 작용하는 하중
P_X =수평진도×상하 가이드슈의 하중비×등가하중
=0.6×0.6×2,275
=819kg
※ 등가하중 =카 하중+(저감률×적재하중)
=2,000+(0.25×1,100)
=2,275kg

29. 기계실의 조명 및 환기시설에 관한 설명으로 옳은 것은?

㉮ 전기조명은 구동기에 공급되는 전원과는 독립적이어야 한다.
㉯ 조도는 배치된 기기로부터 1m 거리에서 100lx 이상이어야 한다.
㉰ 실온은 원칙적으로 40℃ 초과를 유지할 수 있어야 한다.
㉱ 조명 스위치는 쉽게 조명을 점멸할 수 있도록 기계실 제어반 가까이에 설치한다.

해설 기계실의 조건 : ① 전기조명은 구동기에 공급되는 전원과는 독립적이어야 한다.
② 조도는 바닥면에서 200lx 이상이어야 한다.
③ 실온은 +5℃에서 +40℃ 사이에서 유지되어야 한다.
④ 기계실에는 1개 이상의 콘센트가 있어야 한다.

30. 그림과 같은 도르래 장치의 표시로 옳은 것은?

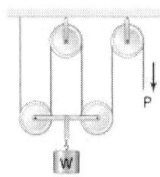

㉮ 2:1로핑, $P = \dfrac{W}{2}$ ㉯ 4:1로핑, $P = \dfrac{W}{4}$

㉰ 2:1로핑, $P = W$ ㉱ 4:1로핑, $P = \dfrac{W}{2}$

해설 ① 2:1로핑, $P = \dfrac{W}{2}$ ② 4:1로핑, $P = \dfrac{W}{4}$

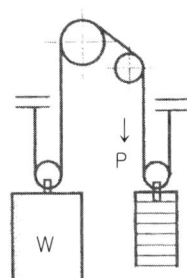 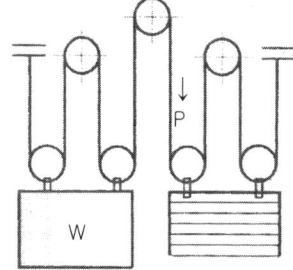

정답 28. ㉱ 29. ㉮ 30. ㉯

31. 엘리베이터의 수송능력은 일반적으로 몇 분간의 수송능력을 기준으로 하는가?

㉮ 5분 ㉯ 10분 ㉰ 30분 ㉱ 60분

해설 수송능력 : 일주시간(一周時間)과 그 때의 승객수로 계산하여 통상 5분간의 수송능력을 산출하는 것이다.

32. 가이드 레일 브래킷에 작용하는 앵커볼트의 인발하중을 옳게 나타낸 것은?

㉮ 앵커볼트의 인발하중 ≤ 앵커볼트의 인발응력

㉯ 앵커볼트의 인발하중 ≤ $\dfrac{앵커볼트의 인발응력}{2}$

㉰ 앵커볼트의 인발하중 ≤ $\dfrac{앵커볼트의 인발응력}{4}$

㉱ 앵커볼트의 인발하중 ≤ $\dfrac{앵커볼트의 인발응력}{6}$

33. 로프의 안전계수 12, 최대 사용응력 500kg/cm²인 엘리베이터에서 로프의 인장강도는 몇 kg/cm²인가?

㉮ 3,000 ㉯ 4,000 ㉰ 5,000 ㉱ 6,000

해설 S=12×500=6,000kg/cm²

34. 카 무게 2,000kg, 적재용량 1,500kg, 제어케이블 무게 50kg, 오버밸런스율 40%, 균형추틀 무게 200kg, 조정 웨이트 무게 25kg/개, 가감 웨이트 무게 50kg/개일 경우 가감 웨이트는 몇 개가 필요한가? (단, 조정 웨이트 수량은 1개이다)

㉮ 42 ㉯ 44 ㉰ 46 ㉱ 48

해설 균형추 무게=카 하중+LF=2,050+1,500×0.4=2,650kg
가감 웨이트=(2,650-25-200)÷50=48.5개

35. 동력 전원설비 용량을 산출하는 데 필요한 요소가 아닌 것은?

㉮ 전압강하 ㉯ 주위온도 ㉰ 감속전류 ㉱ 전압강하계수

해설 동력 전원설비 용량을 산출하는 데 필요한 요소
① 가속전류 ② 전압강하 ③ 주위온도 ④ 전압강하계수 ⑤ 부등율

36. 전동기 출력이 15kW, 전부하 회전수가 1,200rpm일 때, 전부하 토크는 약 몇 kg·m인가?

㉮ 12.2 ㉯ 12.5 ㉰ 13.2 ㉱ 13.5

해설 $\tau = 0.975\dfrac{P}{N} = 0.975\dfrac{15\times 10^3}{1,200} ≒ 12.2(kg\cdot m)$

37. 예상 정지수 9, 도어 개폐시간 3초, 승객 출입시간 32초, 주행시간 55초일 때 일주시간은 약 몇 초인가?

㉮ 114 ㉯ 120 ㉰ 125 ㉱ 155

해설 RTT=Σ(주행시간+도어 개폐시간+승객 출입시간+손실시간)
=55+3×9+32+3.5
≒ 117.5초
※ 손실시간 =0.1(도어 개폐시간+승객 출입시간)
=0.1(3+32)
=3.5초

38. 엘리베이터에서 카 틀의 구성요소가 아닌 것은?

㉮ 상부체대 ㉯ 하부체대 ㉰ 스프링 버퍼 ㉱ 브레이스 로드

해설 카 틀의 구조
① 상부 프레임 ② 종 프레임 ③ 하부 프레임 ④ 브레이스 로드

39. 길이 ℓ, 단면적 A인 균일 단면봉이 인장하중 W를 받아 λ만큼 늘어났을 때 상관관계를 옳게 나타낸 것은? (단 E는 세로 탄성계수이다)

㉮ $E = \dfrac{W\ell}{A\lambda}$ ㉯ $E = \dfrac{W\lambda}{A\ell}$

㉰ $E = \dfrac{A\lambda}{W\ell}$ ㉱ $E = \dfrac{A\ell}{W\lambda}$

해설 $E = \dfrac{응력(\sigma)}{변형률(\varepsilon)} = \dfrac{\frac{W}{A}}{\frac{\lambda}{\ell}} = \dfrac{W\ell}{A\lambda}(kg/cm^2)$

40. 제어반의 기기 중 전동기 등 사용기기의 단락으로 인한 과전류를 감지하여 사고의 확대를 방지하고 전원측의 배선 및 변압기 등의 소손을 방지하는 역할을 하는 기기는?

㉮ 전자 접촉기 ㉯ 배선용 차단기 ㉰ 리미트 스위치 ㉱ 제어용 계전기

(일반 기계 공학)

41. 주조할 때 금형에 접촉된 표면을 급냉시켜 표면은 백선화되어 단단한 층이 형성되고, 금속의 내부는 서냉되어 강인한 성질의 주철이 되는 것은?

㉮ 회주철 ㉯ 칠드 주철 ㉰ 가단 주철 ㉱ 구상 흑연 주철

정답 37. ㉯ 38. ㉰ 39. ㉮ 40. ㉯ 41. ㉯

42. 다음 그림에서 나타내는 유압 회로도의 명칭은?

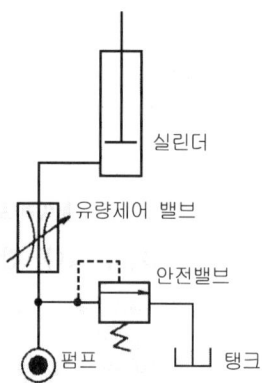

㉮ 시퀀스 회로　　㉯ 미터 인 회로　　㉰ 브레이크 회로　　㉱ 미터 아웃 회로

해설 미터 인 회로는 실린더로 들어가는 오일을 조절하는 회로를 말하며, 미터 아웃 회로는 실린더에서 나오는 오일을 조절하는 회로를 말한다.

43. 알루미늄에 Cu, Mg, Mn을 첨가한 합금으로 경량이면서 담금질 시효경과처리에 의해 강과 같은 높은 강도를 가진 것은?

㉮ 두랄루민　　㉯ 바이메탈　　㉰ 하이드로날륨　　㉱ 엘린바

44. 합성수지에 대한 일반적인 설명으로 틀린 것은?

㉮ 내화성 및 내열성이 좋지 않다.
㉯ 가공성이 좋고 성형이 간단하다.
㉰ 투명한 것이 있으며 착색이 자유롭다.
㉱ 비중 대비 강도 및 강성이 낮은 편이다.

45. 30,000N·mm의 비틀림 모멘트와 20,000N·mm의 굽힘 모멘트를 동시에 받는 축의 상당굽힘 모멘트는 약 몇 N·mm인가?

㉮ 8,027　　㉯ 14,028　　㉰ 28,027　　㉱ 56,054

해설 취성재료의 경우
$$Me = \frac{1}{2}(M + \sqrt{M^2 + T^2})$$
$$= \frac{1}{2}(20,000 + \sqrt{20,000^2 + 30,000^2})$$
$$≒ 28,027.8 (N \cdot mm)$$

46. 절삭가공 시 구성인선(built up edge)을 방지하기 위한 대책으로 틀린 것은?

㉮ 경사각(rake angle)을 작게 할 것
㉯ 절삭 깊이(cut of depth)를 작게 할 것
㉰ 절삭 속도(cutting speed)를 크게 할 것
㉱ 공구의 인선(cutting edge)을 예리하게 할 것

정답 42. ㉯　43. ㉮　44. ㉱　45. ㉰　46. ㉮

47. 합금 주철에 포함된 각 합금 원소의 설명으로 틀린 것은?

㉮ Ti은 강한 탈산제 역할을 한다.
㉯ Mo은 흑연화 촉진제 역할을 한다.
㉰ Cr은 흑연화를 방지하고, 탄화물을 안정시킨다.
㉱ Ni은 흑연화를 촉진하고, 두꺼운 주물 부분의 조직이 거칠어지는 것을 방지한다.

48. 그림과 같은 드럼에서 75N·m의 토크가 작용하고 있는 경우 레버 끝에서 200N의 힘을 가하여 제동하려면 이 드럼의 지름은 약 몇 mm 이어야 하는가? (단, 브레이크 블록과 드럼 사이의 마찰 계수(μ)는 0.2이고 그림에서 길이 단위는 mm이다)

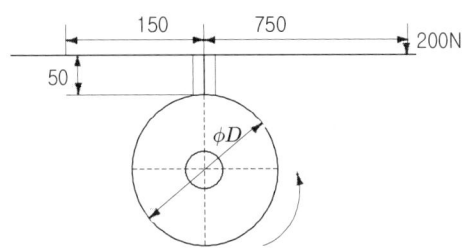

㉮ 475　　　㉯ 526　　　㉰ 584　　　㉱ 615

해설 $200 \times (750 + 150) = W \times 150 - \mu W \times 50$

$W = \dfrac{200 \times (750 + 150)}{150 - \mu \times 50} = \dfrac{200(750 + 150)}{150 - 0.2 \times 50} = 1,285.7 \text{N}$

$D = \dfrac{2T}{\mu W} = \dfrac{2 \times 75 \times 10^3}{0.2 \times 1,285.7} = 583.3 \text{mm}$

※ $T = 75 \text{N·m} = \mu W \dfrac{D}{2}$

49. 다음 중 육면체의 평행도나 원통의 진원도 측정에 가장 적합한 측정기는?

㉮ 각도 게이지　　㉯ 다이얼 게이지　　㉰ 하이트 게이지　　㉱ 버니어 캘리퍼스

50. 중실 축에 가해지는 토크가 T이고, 축지름이 d일 때 이 축에 발생하는 최대전단응력을 나타내는 식은?

㉮ $T_{max} = \dfrac{32T}{\pi d^3}$　　㉯ $T_{max} = \dfrac{16T}{\pi d^3}$　　㉰ $T_{max} = \dfrac{T}{\pi d^3}$　　㉱ $T_{max} = \dfrac{T}{16\pi d^3}$

51. 체인전동 장치의 일반적인 특징으로 틀린 것은?

㉮ 윤활이 필요하다.
㉯ 진동과 소음이 거의 없다.
㉰ 전동 효율이 95% 이상으로 좋다.
㉱ 미끄럼이 없는 일정한 속도비를 얻을 수 있다.

정답 47. ㉯　48. ㉰　49. ㉯　50. ㉯　51. ㉯

[해설] 체인 전동은 고속에서 진동과 소음이 생기기 쉽고 두 축이 평행한 경우에만 전동이 가능하다.

52. 동일 재료의 축 A, B의 길이는 동일하고 지름이 각각 d, 2d일 경우, 같은 각도만큼 비틀림 변형시키는 데 필요한 비틀림 모멘트 비 $\dfrac{T_A}{T_B}$의 값은?

㉮ $\dfrac{1}{2}$ ㉯ $\dfrac{1}{4}$ ㉰ $\dfrac{1}{8}$ ㉱ $\dfrac{1}{16}$

53. 그림과 같이 2개의 연강봉에 같은 인장하중을 받을 때, 각 봉의 탄성 변형에너지 비 $u_1 : u_2$는? (단, 그림에서 길이 단위는 mm이고, 왼쪽 봉의 탄성변형 에너지가 u_1, 오른쪽 봉의 탄성변형 에너지가 u_2이다)

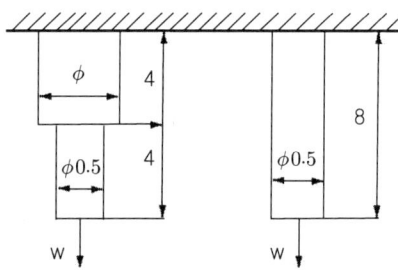

㉮ 3:8   ㉯ 5:8   ㉰ 8:3   ㉱ 8:5

54. 밀폐된 용기 안에서 유체에 작용하는 압력이 모든 방향으로 동일하게 작용되는 원리는?

㉮ 파스칼의 원리   ㉯ 베르누이의 원리   ㉰ 오리피스의 원리   ㉱ 보일-샤를의 원리

[해설]
- 파스칼의 원리 : 유체(기체나 액체) 역학에서 밀폐된 용기 내에 정지해 있는 유체의 어느 한 부분에서 생기는 압력의 변화가, 유체의 다른 부분과 용기의 벽면에 손실 없이 전달된다는 원리
- 베르누이의 원리 : 기체나 액체의 흐르는 속도가 증가하면 그 부분의 압력이 낮아지고, 유속이 감소하면 압력이 높아진다는 원리
- 보일의 법칙 : 일정량의 기체의 부피는 기체에 작용하는 압력에 반비례한다는 법칙
- 샤를의 법칙 : 일정량의 기체의 부피는 기체의 절대온도에 비례한다는 법칙

55. 유효지름 38mm, 피치 8mm, 접촉부 마찰계수가 0.1인 1줄 사각나사의 효율은 약 몇 %인가?

㉮ 21.4   ㉯ 27.7   ㉰ 39.8   ㉱ 44.2

[해설] $\eta = \dfrac{\tan\lambda}{\tan(\lambda+P)} = \dfrac{P(\pi d_2 - \mu P)}{\pi d_2 (P + \mu \pi d_2)}$ 에서

$\eta = \dfrac{P(\pi d_2 - \mu P)}{\pi d_2 (P + \mu \pi d_2)} = \dfrac{8(3.14 \times 38 - 0.1 \times 8)}{3.14 \times 38(8 + 0.1 \times 3.14 \times 38)} ≒ 39.9\%$

정답 52. ㉱ 53. ㉯ 54. ㉮ 55. ㉰

56. 다음 중 커넥팅 로드와 같이 형상이 복잡한 것을 소성 가공하는 방법으로 가장 적합한 것은?

㉮ 압연(rolling)
㉯ 인발(drawing)
㉰ 전조(roll forming)
㉱ 형 단조(die forging)

57. 다음 중 안전율을 가장 올바르게 나타낸 것은?

㉮ $\dfrac{기준강도}{허용응력}$ ㉯ $\dfrac{인장강도}{항복응력}$ ㉰ $\dfrac{허용강도}{인장응력}$ ㉱ $\dfrac{항복응력}{인장강도}$

58. 불활성 가스를 사용하는 용접법은?

㉮ 심 용접 ㉯ 마찰 용접 ㉰ TIG 용접 ㉱ 초음파 용접

59. 유압 펌프의 종류 중 용적형 펌프가 아닌 것은?

㉮ 기어 펌프 ㉯ 베인 펌프 ㉰ 축류 펌프 ㉱ 회전 피스톤 펌프

60. 다음 중 가장 큰 회전력을 전달시킬 수 있는 키는?

㉮ 납작 키(flat key) ㉯ 둥근 키(round key)
㉰ 안장 키(saddle key) ㉱ 접선 키(tangential key)

(전기제어 공학)

61. 그림과 같은 계전기 접점 회로의 논리식은?

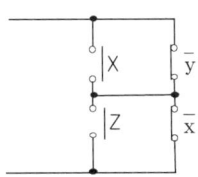

㉮ $xz + \overline{y}\,\overline{x}$ ㉯ $xy + z\overline{x}$ ㉰ $(x+\overline{y})(z+\overline{x})$ ㉱ $(x+z)(\overline{y}+\overline{x})$

해설 1) AND 회로

① 논리기호   ② 논리식   ③ 동작표   ④ 유접점 논리식

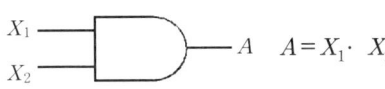 $A = X_1 \cdot X_2$

입력		출력
X_1	X_2	A
0	0	0
1	0	0
0	1	0
1	1	1

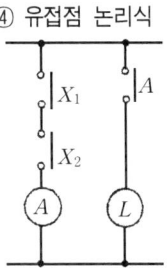

정답 56. ㉱ 57. ㉮ 58. ㉰ 59. ㉰ 60. ㉱ 61. ㉰

2) OR회로
① 논리기호　　② 논리식　　③ 동작표　　④ 유접점 논리식

$A = X_1 + X_2$

입력		출력
X_1	X_2	A
0	0	0
1	0	1
0	1	1
1	1	1

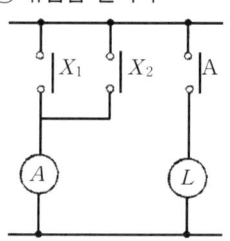

62. L=4H인 인덕턴스에 $i = -30e^{-3t}$ A의 전류가 흐를 때 인덕턴스에 발생하는 단자전압은 몇 V인가?

㉮ $90e^{-3t}$　　㉯ $120e^{-3t}$　　㉰ $180e^{-3t}$　　㉱ $360e^{-3t}$

[해설] $V_L = L \dfrac{di(t)}{dt} = 4 \times \dfrac{d}{dt}(-30e^{-3t}) = 360e^{-3t}$

63. 그림 (a)의 직렬로 연결된 저항회로에서 입력전압 V_1과 출력전압 V_0의 관계를 그림(b)의 신호흐름선도로 나타낼 때 A에 들어갈 전달함수는?

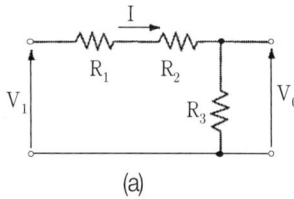
(a)

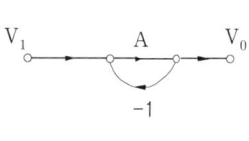
(b)

㉮ $\dfrac{R_3}{R_1+R_2}$　　㉯ $\dfrac{R_1}{R_2+R_3}$　　㉰ $\dfrac{R_2}{R_1+R_3}$　　㉱ $\dfrac{R_3}{R_1+R_2+R_3}$

[해설] $A = \dfrac{R_3}{R_1+R_2}$

64. 타력제어와 비교한 자력제어의 특징 중 틀린 것은?

㉮ 저비용　　㉯ 구조 간단　　㉰ 확실한 동작　　㉱ 빠른 조작 속도

[해설] 자력 제어는 저비용이 들며 구조가 간단하고, 동작이 확실하다.

65. 전압, 전류, 주파수 등의 양을 주로 제어하는 것으로 응답속도가 빨라야 하는 것이 특징이며, 정전압장치나 발전기 및 과속조절기의 제어 등에 활용하는 제어방법은?

㉮ 서보기구　　㉯ 비율 제어　　㉰ 자동 조정　　㉱ 프로세스 제어

정답 62. ㉱ 63. ㉮ 64. ㉱ 65. ㉰

해설
- 서보기구 : 물체의 위치, 방위, 자세 등의 기계적 변위를 제어량으로 하여 목표값의 임의의 변화에 추종하도록 구성된 제어계. 예) 비행기 및 선박의 방향 제어계, 미사일 발사대의 자동 위치 제어계, 추적용 레이더, 자동 평형 기록계 등
- 비율 제어 : 둘 이상의 제어량을 소정의 비율로 제어하는 것. 예) 보일러의 자동연소제어, 암모니아 합성 프로세스 제어 등
- 자동 조정 : 전압, 전류, 주파수, 회전속도, 힘 등 전기적, 기계적 양을 주로 제어하는 것. 예) 정전압 장치, 발전기의 과속조절기 제어 등
- 프로세스 제어 : 제어량이 온도, 유량, 압력, 액위, 농도, 밀도 등의 플랜트나 생산 공정 중의 상태량을 제어량으로 하는 제어. 예) 석유공업, 화학공업 등

66. 계측기 선정시 고려사항이 아닌 것은?

㉮ 신뢰도　　㉯ 정확도　　㉰ 미려도　　㉱ 신속도

67. 광전형 센서에 대한 설명으로 틀린 것은?

㉮ 전압 변화형 센서이다.
㉯ 포토 다이오드, 포토 TR 등이 있다.
㉰ 반도체의 PN 접합 기전력을 이용한다.
㉱ 초전 효과(pyroelectric effect)를 이용한다.

해설 광전형 센서는 빛을 이용하는 센서를 말한다.

68. 출력의 변동을 조정하는 동시에 목표값에 정확히 추종하도록 설계한 제어계는?

㉮ 타력제어　　㉯ 추치제어　　㉰ 안정제어　　㉱ 프로세서 제어

해설
- 추치제어 : 목표값이 시간에 따라 변하며 이 변화하는 목표값에 제어량을 추종하도록 하는 제어
- 프로세서 제어 : 제어량이 온도, 유량, 압력, 액위, 농도, 밀도 등의 플랜트나 생산공정 중의 상태량을 제어량으로 하는 제어. 예) 석유공업, 화학공업 등

69. 다음 (a), (b) 두 개의 블록선도가 등가가 되기 위한 K는?

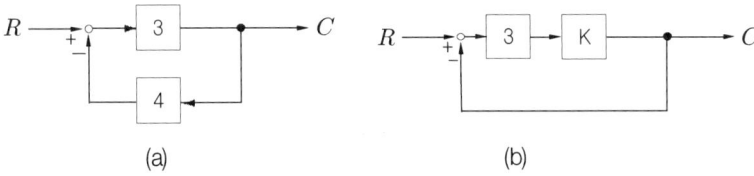

(a)　　　　　　　　(b)

㉮ 0　　㉯ 0.1　　㉰ 0.2　　㉱ 0.3

해설 (a) $G = \dfrac{3}{1+(3\times 4)}$ 　(b) $G = \dfrac{3\times K}{1+(3\times K)}$

$$\dfrac{3}{1+(3\times 4)} = \dfrac{3K}{1+3K}$$

∴ $K = 0.1$

정답 66. ㉰　67. ㉱　68. ㉯　69. ㉯

70. 콘덴서의 정전용량을 높이는 방법으로 틀린 것은?

㉮ 극판의 면적을 넓게 한다.
㉯ 극판 간의 간격을 작게 한다.
㉰ 극판 간의 절연파괴 전압을 작게 한다.
㉱ 극판 사이의 유전체를 비유전율이 큰 것으로 사용한다.

해설 $C = \dfrac{Q}{V} = \dfrac{\varepsilon A}{d}(F)$

여기서 Q : 전하(c), C : 정전용량(F), V : 전압(V),
A : 극판의 면적(m²), d : 극판의 간격(m), ε : 유전율(F/m)
※ $\varepsilon = \varepsilon_0 \cdot \varepsilon_s$ (ε_0 : 진공의 유전율, ε_s : 비유전율)

71. 공작 기계를 이용한 제품 가공을 위해 프로그램을 이용하는 제어와 가장 관계 깊은 것은?

㉮ 속도제어   ㉯ 수치제어   ㉰ 공정제어   ㉱ 최적제어

해설 수치제어 : 컴퓨터 등의 제어 장치를 이용해서 자동화 장치를 제어하는 기술을 의미한다.

72. 제어기기의 변환요소에서 온도를 전압으로 변환시키는 요소는?

㉮ 열전대   ㉯ 광전지   ㉰ 벨로우즈   ㉱ 가변 저항기

해설 열전대는 두 종류의 금속을 접속하고 접속부의 양단에 온도차가 생기면 열기전력이 발생하는 것을 이용하여 온도를 측정하는 소자를 말한다.

73. 도체를 늘려서 길이가 4배인 도선을 만들었다면 도체의 전기저항은 처음의 몇 배인가?

㉮ $\dfrac{1}{4}$ ㉯ $\dfrac{1}{16}$ ㉰ 4   ㉱ 16

해설 $R = \rho\dfrac{\ell}{A} = \rho\dfrac{4\ell}{\dfrac{A}{4}} = 16\rho\dfrac{\ell}{A}(\Omega)$

74. 단상 변압기 3대를 △결선하여 3상 전원을 공급하다가 1대의 고장으로 인하여 고장난 변압기를 제거하고 V결선으로 바꾸어 전력을 공급할 경우 출력은 당초 전력의 약 몇 %까지 가능하겠는가?

㉮ 46.7   ㉯ 57.7   ㉰ 66.7   ㉱ 86.7

해설 $\dfrac{P_V}{P_\triangle} = \dfrac{\sqrt{3}V_P I_P \cos\theta}{3V_P I_P \cos\theta} = \dfrac{\sqrt{3}}{3} = 0.577$

75. 무인 커피 판매기는 무슨 제어인가?

㉮ 서보기구   ㉯ 자동조정   ㉰ 시퀀스 제어   ㉱ 프로세스 제어

정답 70. ㉰   71. ㉯   72. ㉮   73. ㉱   74. ㉯   75. ㉰

해설
- 서보기구 : 물체의 위치, 방위, 자세 등의 기계적 변위를 제어량으로 하여 목표값의 임의의 변화에 추종하도록 구성된 제어계. 예) 비행기 및 선박의 방향 제어계, 미사일 발사대의 자동 위치 제어계, 추적용 레이더, 자동 평형 기록계 등
- 자동조정 : 전압, 전류, 주파수, 회전속도, 힘 등 전기적, 기계적 양을 주로 제어하는 것. 예) 정전압 장치, 발전기의 과속조절기 제어 등
- 시퀀스 제어 : 미리 정해진 순서에 따라 각 단계가 순차적으로 진행되는 제어. 예) 무인 커피 판매기, 교통신호기
- 프로세스 제어 : 제어량이 온도, 유량, 압력, 액위, 농도 밀도 등의 플랜트나 생산공정 중의 상태량을 제어량으로 하는 제어. 예) 석유공업, 화학공업 등

76. RLC가 서로 직렬로 연결되어 있는 회로에서 양단의 전압과 전류가 동상이 되는 조건은?

㉮ $\omega = LC$ ㉯ $\omega = L^2C$ ㉰ $\omega = \dfrac{1}{LC}$ ㉱ $\omega = \dfrac{1}{\sqrt{LC}}$

해설 RLC 직렬회로 :
$Z = \sqrt{R^2 + (\omega L - \dfrac{1}{\omega C})^2}$ 여기서 공진조건은 $\omega L - \dfrac{1}{\omega C} = 0$
그러므로 $\omega L = \dfrac{1}{\omega C}$, $\omega^2 = \dfrac{1}{LC}$, $\omega = \dfrac{1}{\sqrt{LC}}$

77. 3상 권선형 유도 전동기 2차측에 외부저항을 접속하여 2차 저항값을 증가시키면 나타나는 특성으로 옳은 것은?

㉮ 슬립 감소 ㉯ 속도 증가 ㉰ 기동토크 증가 ㉱ 최대토크 증가

해설 권선형 유도전동기의 2차측에 저항을 넣는 이유는 비례추이에 의해 기동시, 기동전류를 감소시키고 기동토크를 증가시키기 위해서이다.

78. 궤환 제어계에 속하지 않는 신호로서, 외부에서 제어량이 그 값에 맞도록 제어계에 주어지는 신호를 무엇이라 하는가?

㉮ 목표값 ㉯ 기준 입력 ㉰ 동작 신호 ㉱ 궤환 신호

해설 자동제어계 구성도

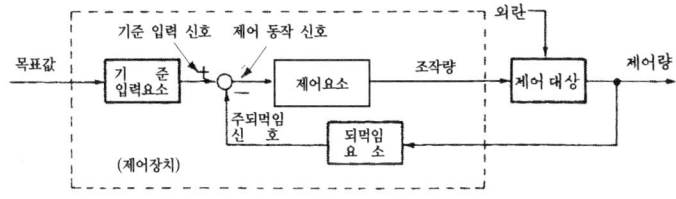

정답 76. ㉱ 77. ㉰ 78. ㉮

79. 논리식 중 동일한 값을 나타내지 않는 것은?

㉮ $X(X+Y)$
㉯ $XY+X\overline{Y}$
㉰ $X(\overline{X}+Y)$
㉱ $(X+Y)(X+\overline{Y})$

해설
① $X+XY=X$
② $XY+X\overline{Y}=X(Y+\overline{Y})=X$
③ $X(\overline{X}+Y)=X\overline{X}+XY$
④ $(X+Y)(X+\overline{Y})=XX+X\overline{Y}+XY+Y\overline{Y}$
$=X+X\overline{Y}+XY$
$=X(1+\overline{Y})+XY$
$=X+XY$
$=X$

※ $X+1=1$, $X\cdot X=X$, $X+\overline{X}=1$, $X\cdot\overline{X}=0$
$X+XY=X$, $X+\overline{X}Y=X+Y$

80. $\dfrac{3}{2}\pi$(rad) 단위를 각도(°) 단위로 표시하면 얼마인가?

㉮ $120°$ ㉯ $240°$ ㉰ $270°$ ㉱ $360°$

해설 $\dfrac{3}{2}\pi=\dfrac{3\times 180}{2}=270°$

정답 79. ㉰ 80. ㉰

승강기 기사 기출문제
(2017. 9. 23)

(승강기 개론)

1. 견인비(Traction ratio)의 선정 방법은?

㉮ 균형비 값은 커야 하고 무부하시와 전부하시의 값은 동일해야 한다.
㉯ 균형비 값은 적어야 하고 무부하시와 전부하시의 값은 고려하지 않는다.
㉰ 무부하시와 전부하시 값의 차를 크게 하고 그 값도 가능한 크게 한다.
㉱ 무부하시와 전부하시의 값이 가능한 한 같도록 하고 그 절대값이 적을수록 좋다.

해설 마찰비(traction ratio): 케이지측 로프에 매달리고 있는 중량과, 균형추측 로프에 매달리고 있는 중량의 비를 말한다. 무부하시와 전부하시의 값이 가능한 한 같도록 하고 그 절대값은 적을수록 좋다. 승강행정이 길어지면 트랙션비는 커지고 또 트랙션비가 1.35를 넘으면 로프가 시브에서 미끄러지기 쉽다.

2. 엘리베이터 주로프의 구비조건으로 틀린 것은?

㉮ 구조적 신율이 적어야 한다.
㉯ 내구성 및 내 부식성이 우수하여야 한다.
㉰ 로프 중심에 사용되는 심강의 경도가 높아야한다.
㉱ 강선 속의 탄소량을 크게 하여 유연성이 좋아야 한다.

해설 E종 로프는 엘리베이터에서 사용조건을 고려해서 제조한 것으로 주로 엘리베이터용으로 사용된다. 외층 소선에 사용한 소선은 다른 일반 로프에 비해 탄소량을 적게 하고, 경도를 낮게 한 것으로 파단강도는 $1,320N/mm^2$ 급이다.

3. 일종의 압력조절 밸브로서 회로의 압력이 설정값에 도달하면 밸브를 열어 오일을 탱크로 돌려보 냄으로써 압력이 과도하게 상승하는 것을 방지하는 밸브는?

㉮ 체크밸브   ㉯ 차단밸브   ㉰ 릴리프밸브   ㉱ 하강방향밸브

해설
- **체크밸브**: 한쪽 방향으로만 기름이 흐르도록 하는 밸브로서, 상승방향으로는 흐르지만 역방향으로는 흐르지 않는다. 이것은 정전이나 그 이외의 원인으로 펌프의 토출압력이 떨어져서 실린더의 기름이 역류하여 카가 자유낙하하는 것을 방지하는 역할을 하는 것으로, 전기식(로프식) 엘리베이터의 전자브레이크와 유사하다.
- **릴리프 밸브**: 안전밸브는 일종의 압력조정 밸브로 회로의 압력이 상용압력의 125% 이상 높아지게 되면 바이패스(By-Pass) 회로를 열어 기름을 탱크로 돌려보내어 더 이상의 압력상승을 방지한다.
- **하강용 유량제어밸브**: 하강 시 탱크로 되돌아오는 유량을 제어하는 밸브로서 이 하강용 밸브에는 수동하강밸브가 부착되어 있어 만일 정전이나 기타의 원인으로 카가 층 중간에 정지된 경우라도 이 밸브를 열어 카를 안전하게 하강시킬 수 있다.

4. 완충기(BUFFER)에 대한 설명으로 틀린 것은?(단, g_n은 중력가속도이다.)

정답 1. ㉱ 2. ㉱ 3. ㉰ 4. ㉮

㉮ 카의 정격속도가 1m/s 를 초과할 때에는 에너지 축적형 완충기를 사용한다.
㉯ 에너지 분산형 완충기는 평균감속도 $1g_n$ 이하로 카를 정지시켜야 한다.
㉰ 에너지 분산형 완충기는 $2.5g_n$ 를 초과하는 감속도가 0.04초를 넘지 않아야 한다.
㉱ 에너지 분산형 완충기는 정격속도의 115%로 카가 충돌하였을 때 카를 정지시켜야 한다.

해설 카의 정격속도가 1m/s를 초과하는 경우에는 에너지 분산형 완충기(유입 완충기)를 사용해야 한다. 에너지 분산형 완충기는 저속·고속 모두 사용 가능하다.

5. 상부에 기계실이 있는 전기식 엘리베이터에서 기계실 안에 있는 장치가 아닌 것은?

㉮ 권상기　　　　㉯ 과속조절기　　　　㉰ 제어반　　　　㉱ 급유기

6. 카 틀에 부착되는 경사봉은 하중전달면에서 중요한 것으로 카 바닥에 균등하게 분산된 하중의 얼마까지 카 틀의 기둥에 전달하는가?

㉮ 2/8　　　　㉯ 3/8　　　　㉰ 4/8　　　　㉱ 5/8

7. 지상면에서 탑승물까지의 높이가 2m 이상으로 고저차가 2m 미만의 궤조를 주행하고, 궤조의 구배는 완만하며 비교적 느린 속도로 주행하는 것은?

㉮ 로터　　　　㉯ 관람차　　　　㉰ 해적선　　　　㉱ 모노레일

해설
- **로터**: 객석부분이 가변축의 주위를 회전하는 것으로, 원주속도가 크고 객석부분에 작용하는 원심력이 크다.
- **관람차**: 객석부분이 수평축의 주위를 회전하는 것
- **해적선**: 객석부분이 수직평면내 원주선상의 중심보다 낮은 부분에서 회전운동의 일부를 반복하는 구조이다.
- **모노레일**: 지상면에서 탑승물까지의 높이가 2m 이상으로 고저차가 2m 미만의 궤조를 주행하는 것

8. 엘리베이터용 가이드 레일을 설치하는 목적이 아닌 것은?

㉮ 도르래의 회전을 카의 운동으로 전환
㉯ 추락방지안전장치 작동 시 수직하중을 유지
㉰ 카와 균형추의 승강로 평면내의 위치를 규제
㉱ 카의 자중이나 화물에 의한 카의 기울어짐을 방지

해설 **가이드 레일 설치 목적**: 카와 균형추를 승강로 수직면상으로 안내 및 기울어짐을 방지해준다. 또한 비상정지 장치가 작동시 수직하중을 유지해 준다.

9. 유압식엘리베이터에서 실린더와 체크밸브 또는 하강밸브 사이의 가요성 호스는 전 부하 압력 및 파열 압력과 관련하여 안전율이 얼마 이상이어야 하는가?

㉮ 5　　　　㉯ 6　　　　㉰ 7　　　　㉱ 8

해설 • 로프: 12 이상　• 체인: 10 이상　• 가요성 호스: 8 이상　• 고무호스: 10 이상

정답 5. ㉱　6. ㉯　7. ㉱　8. ㉮　9. ㉱

10. 엘리베이터의 정격속도를 증가시켰을 때 피트깊이를 단축하기 위하여 부착하는 장치는?

㉮ 정지스위치
㉯ 안전극한스위치
㉰ 록다운 추락방지안전장치
㉱ 종단층 강제감속장치

해설 • **종단층 강제 감속장치**: 완충기의 행정거리(stroke)는 카가 정격속도의 115%에서 1G 이하의 평균감속도로 정지하도록 되어야 하는데, 정격속도가 커지면 행정거리는 급격히 증가한다. 종단층 강제감속장치는 1G($9.8m/sec^2$)를 초과하지 않는 감속도를 제공하여야 하며, 이 때에 카 추락방지안전장치를 작동시키지 않아야 한다.
• **로크다운(lock down) 추락방지안전장치**: 고층에 사용되는 엘리베이터는 로프의 중량 불평형을 보상하기 위해 카(car) 하부에서 균형추 하부에 보상로프를 설치하는데 그 로프를 지지하는 시브를 견고하게 설치하고 레일에 오름 방향 추락방지안전장치를 취부하여 카(car)의 추락방지안전장치가 작동시, 로크다운(lock down) 추락방지안전장치를 동작시켜 균형추 로프 등이 관성으로 상승하는 것을 예방한다. 이 장치는 속도 210m/min 이상의 엘리베이터에 필요한 안전장치이다.

11. 엘리베이터의 배열에 관한 설명으로 틀린 것은?

㉮ 3대의 그룹에 있어서는 일렬로 나란하게 배치하는 것이 바람직하다.
㉯ 5대의 그룹에 있어서는 일렬로 나란하게 배치하는 것이 바람직하다.
㉰ 6대의 그룹에 있어서는 3대 3으로 된 배열이 이상적이다.
㉱ 8대의 그룹에 있어서는 4대 4로 된 배열이 이상적이다.

해설 4대 이하는 일렬로 나란하게 배치하는 것이 바람직하다.

12. 다음(보기)의 ㉠㉡의 내용으로 옳은 것은?

> [보기]
> 전기식엘리베이터에서 승객의 구출 및 구조를 위한 비상 구출문이 카 천장에 있는 경우, 비상 구출구의 크기는 (㉠)m×(㉡)m 이상이어야 한다.

㉮ ㉠ 0.20 ㉡ 0.4　　㉯ ㉠ 0.25 ㉡ 0.4　　㉰ ㉠ 0.30 ㉡ 0.5　　㉱ ㉠ 0.4 ㉡ 0.5

해설 **비상 구출문**:
① 승객의 구출 및 구조를 위한 비상 구출문이 카 천장에 있는 경우, 비상 구출구의 크기는 0.4m×0.5m 이상이어야 한다.
② 2대 이상의 엘리베이터가 동일 승강로에 설치되어 인접한 카에서 구출할 수 있도록 카 벽에 비상 구출문이 설치될 수 있다. 다만, 서로 다른 카 사이의 수평거리는 0.75m 이하이어야 한다. 이 비상 구출문의 크기는 폭 0.4m 이상, 높이 1.8m 이상이어야 한다.

13. 유압식엘리베이터에서 유압장치의 보수, 점검 또는 수리 등을 할 때 주로 사용하기 위하여 설치하는 밸브는?

㉮ 스톱밸브　　㉯ 체크밸브　　㉰ 안전밸브　　㉱ 제어밸브

해설 • **스톱 밸브(Stop Valve)**: 유압파워유닛와 실린더 사이의 압력배관에 설치되며, 이것을 닫으면 실린더의 기름이 파워유닛으로 역류하는 것을 방지하는 것이다. 이 장치는 유압장치의 보수, 점검 또는 수리 등을 할 때에 사용된다. 일명 게이트 밸브(Gate Valve)라고도 한다.

정답 10. ㉱　11. ㉯　12. ㉱　13. ㉮

- **체크 밸브(Check Valve)**: 한쪽 방향으로만 기름이 흐르도록 하는 밸브로서 상승방향으로는 흐르지만 역방향으로는 흐르지 않는다. 이것은 정전이나 그 이외의 원인으로 펌프의 토출압력이 떨어져서 실린더의 기름이 역류하여 카가 자유낙하하는 것을 방지하는 역할을 하는 것으로, 전기식(로프식) 엘리베이터의 전자브레이크와 유사하다.
- **안전 밸브(Relief Valve)**: 안전밸브는 일종의 압력조정 밸브로 회로의 압력이 상용압력의 125% 이상 높아지게 되면 바이패스(By-Pass) 회로를 열어 기름을 탱크로 돌려보내어 더 이상의 압력상승을 방지한다.

14. 전기식엘리베이터에서 기계실내 구동기의 회전부품 위로 몇 m 이상의 유효수직거리가 있어야 하는가?

㉮ 0.1　　　　㉯ 0.2　　　　㉰ 0.3　　　　㉱ 0.4

15. VVVF 제어방식의 특징이 아닌 것은?

㉮ 소비전력이 절감된다.
㉯ 전원설비의 용량이 감소된다.
㉰ 역률이 낮아 진상콘덴서를 설치해야 한다.
㉱ 승차감이 교류 2단 속도제어에 비해 향상된다.

해설 VVVF 제어방식: 인버터제어라고도 불리는 VVVF 제어는 유도전동기에 인가되는 전압과 주파수를 동시에 변환시켜 직류전동기와 동등한 제어성능을 얻을 수 있는 방식이다. VVVF제어는 고속 엘리베이터에도 유도전동기를 적용하여 보수가 용이하고 전력회생을 통해 전력소비를 줄일 수 있게 되었다. 또한 중·저속 엘리베이터에서는 승차감 및 성능이 크게 향상되었고, 저속영역에서 손실을 줄여 소비전력을 반으로 줄였다.

16. 카가 어떤 원인으로 최하층을 통과하여 피트에 도달하였을 때 카의 충격을 완화해주는 장치는?

㉮ 완충기　　㉯ 과속조절기　　㉰ 브레이크　　㉱ 추락방지안전장치

17. 교류 2단 속도제어에서 가장 많이 사용되고 있는 속도비는?

㉮ 2:1　　　　㉯ 3:1　　　　㉰ 4:1　　　　㉱ 6:1

해설 교류이단 속도제어: 교류일단 속도제어는 30m/min 이하의 엘리베이터에 주로 적용이 되었으나, 중속 엘리베이터에서는 착상오차가 커 적용이 곤란하다. 그러므로 기동과 주행은 고속권선으로 하고, 감속과 착상은 저속권선으로 하는 교류이단 속도제어가 중속엘리베이터에 적용되었다. 정격속도 60m/min의 엘리베이터를 4:1의 속도비로 착상시키면, 15m/min 속도의 교류일단 속도제어와 같은 착상오차가 생긴다. 교류이단 속도제어는 속도비를 착상오차 이외에 감속도의 변화비율, 크리프시간(저속주행시간), 전력회생 등을 감안, 4:1 방식을 많이 사용한다.

18. 유입완충기의 반경(R)과 길이(L)의 비에 대한 관계식으로 옳은 것은?

㉮ L > 80 R　　　　　　　　㉯ L ≤ 80 R
㉰ L > 100 R　　　　　　　 ㉱ L ≤ 100 R

해설 $\dfrac{L}{R} \leq 80$

정답 14. ㉰　15. ㉰　16. ㉮　17. ㉰　18. ㉯

19. 에스컬레이터의 디딤판의 크기에 대한 설명 중 옳은 것은?

㉮ 디딤판의 주행방향 길이는 0.30m 이상이고, 디딤판과 디딤판의 높이는 0.24m 이하이어야 한다.
㉯ 디딤판의 주행방향 길이는 0.30m 이상이고, 디딤판과 디딤판의 높이는 0.20m 이하이어야 한다.
㉰ 디딤판의 주행방향 길이는 0.38m 이상이고, 디딤판과 디딤판의 높이는 0.24m 이하이어야 한다.
㉱ 디딤판의 주행방향 길이는 0.24m 이상이고, 디딤판과 디딤판의 높이는 0.38m 이하이어야 한다.

20. 엘리베이터 카 내의 비상조명등에 대한 설명으로 틀린 것은?

㉮ 엘리베이터 카 바닥면의 조도가 1 lx 이상이어야 한다.
㉯ 정전 등으로 주전원이 차단되었을 때 카 내를 밝혀주는 것이 주목적이다.
㉰ 안전에 직접적인 관련은 없지만 갇힌 승객의 심리적 안정을 도모하는 중요한 장치이다.
㉱ 비상등의 유지시간은 갇혀 있는 사람의 구출시간을 고려해서 1시간 이상이어야 한다.

해설 비상등(emergency light): 정전 시에 램프 중심으로부터 1m 떨어진 수직면상에서 5 lx 이상의 밝기로 1시간 이상 유지할 수 있어야 한다.

(승강기 설계)

21. 파이널 리미트 스위치(final limit switch)의 설계에 대한 설명으로 틀린 것은?

㉮ 카가 완충기에 도달한 후에 작동하도록 설계한다.
㉯ 승강로 내부에 설치하고 카에 부착된 캠으로 동작시킨다.
㉰ 카 또는 균형추가 완전히 압축된 완충기 위에 얹히기까지 작용을 계속하도록 한다.
㉱ 카가 종단층을 통과한 뒤에는 전원이 권상 전동기로부터 자동적으로 차단되도록 한다.

해설 파이널 리미트 스위치:
- 기계적으로 조작되어야 하며, 작동 캠(Operating Cam)은 금속제로 만든 것이어야 한다.
- 스위치 접촉(Switch Contact)은 직접 기계적으로 열려야 한다.
- 카 상단 또는 승강로 내부에 장착한 파이널 리미트 스위치는 밀폐된 형식이어야 하고, 카의 수평운동이 그 장치의 작동에 영향을 끼치지 않게 견고히 설치되어야 한다.
- 파이널 리미트 스위치는 승강로 내부에 설치하고 카에 부착된 캠(cam)으로 조작시켜야 한다.
- 파이널 리미트 스위치는 카가 종단층을 통과한 뒤에는 전원이 엘리베이터 전동기 및 브레이크로부터 자동적으로 차단되어야 한다.
- 완충기에 충돌되기 전에 작동하여야 하며, 슬로다운 스위치에 의하여 정지되면 작용하지 않도록 설정되어야 한다.
- 파이널 리미트 스위치는 카 또는 균형추가 완전히 압축된 완충기 위에 얹히기까지 작동을 계속하여야 한다.

22. 수평개폐식 승강장문의 닫힘을 저지하는데 필요한 힘은 몇 N 이하이어야 하는가?

㉮ 100　　㉯ 150　　㉰ 200　　㉱ 300

23. 엘리베이터의 주행시간을 이루는 요소가 아닌 것은?

㉮ 가속시간　　㉯ 감속시간　　㉰ 전속주행시간　　㉱ 슬립시 정지시간

정답 19. ㉯　20. ㉮　21. ㉮　22. ㉯　23. ㉱

해설 주행시간 = 가속시간 + 감속시간 + 전속주행시간

24. 하중이 작용하는 방향에 의해 하중을 분류하였을 때 이에 해당되지 않는 것은?

㉮ 정하중   ㉯ 인장하중   ㉰ 압축하중   ㉱ 전단하중

해설 하중이 작용하는 방향에 따른 분류
① 인장하중 ② 압축하중 ③ 비틀림 하중 ④ 휨하중 ⑤ 전단하중

25. 변압기 용량을 산정할 때 교류 엘리베이터의 경우 전동기의 정격전류가 50A 이하인 경우 전류값은 정격전류의 몇 배로 계산하는가?

㉮ 1.1배   ㉯ 1.25배   ㉰ 1.5배   ㉱ 2배

해설

전동기의 정격전류	전선의 허용전류
전동기 전류 합계 50A 이하	1.25×전동기 전류의 합계
전동기 전류 합계 50A 초과	1.10×전동기 전류의 합계

26. 권상기 도르래와 로프의 미끄러짐 관계의 설명으로 옳은 것은?

㉮ 권부각이 작을수록 미끄러지기 어렵다.
㉯ 카의 가감속도가 클수록 미끄러지기 어렵다.
㉰ 로프와 도르래 사이의 마찰계수가 클수록 미끄러지기 어렵다.
㉱ 카측과 균형추측에 걸리는 중량비가 클수록 미끄러지기 어렵다.

해설 로프의 미끄러짐이 쉽게 발생하는 경우
① 로프의 권부각이 작을수록 미끄러지기 쉽다.
② 카의 가속도와 감속도가 클수록 미끄러지기 쉽다.
③ 카측과 균형추측의 로프에 걸리는 장력비가 클수록 미끄러지기 쉽다.
④ 로프와 도르래 간의 마찰계수가 작을수록 미끄러지기 쉽다.

27. 그림과 같은 로프식 엘리베이터의 로핑 방법으로 옳은 것은?

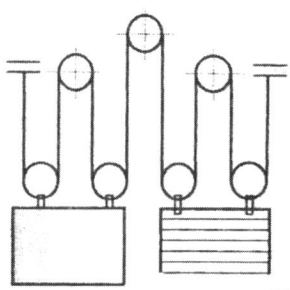

㉮ 1 : 1 로핑   ㉯ 2 : 1 로핑   ㉰ 3 : 1 로핑   ㉱ 4 : 1 로핑

정답 24. ㉮ 25. ㉯ 26. ㉰ 27. ㉱

해설 ① 1 : 1 로핑: 보통 승객용에 사용된다.
② 2 : 1 로핑
- 로프의 장력은 1:1 로핑의 1/2이 된다.
- 도르래가 권상하지 않으면 안 되는 언밸런스 부하도 1:1에 비하여 1/2이 된다.
- 카 정격속도 2배의 속도로 로프가 움직여야 한다.
- 1:1 로핑보다 로프의 수명이 짧고 이동 도르래에 의해 효율도 떨어진다.
③ 4 : 1 로핑
- 이동 도르래가 많을수록 효율은 저하된다.
- 로프의 길이가 길어지고 수명은 짧아진다.

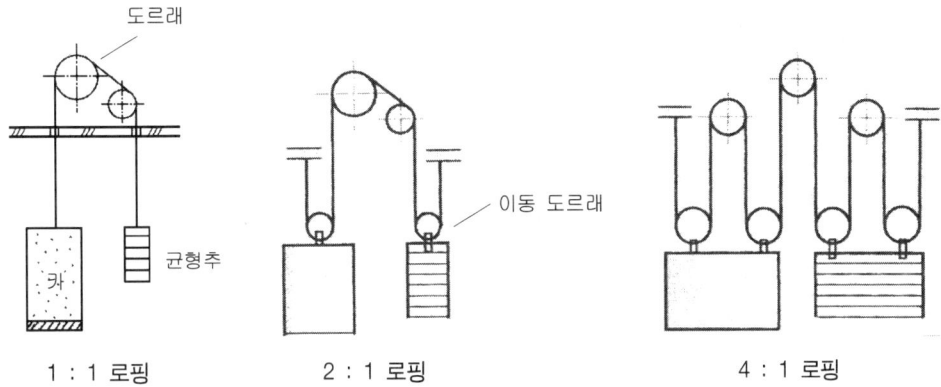

1 : 1 로핑   2 : 1 로핑   4 : 1 로핑

28. 유압식 엘리베이터에 사용되는 전동기의 출력은 22kw, 1행정당 전동기의 구동시간은 15초이고, 1시간당 왕복회수는 60일 때 유압기기의 발열량은 몇 kcal/h인가?

㉮ 3,780kcal/h ㉯ 4,730kcal/h ㉰ 5,780kcal/h ㉱ 6,730kcal/h

해설 $Q = \dfrac{860 \times P \times T \times N}{3,600} = \dfrac{860 \times 22 \times 15 \times 60}{3,600} = 4,730(\text{kcal/h})$

29. 웜기어 감속기의 특징이 아닌 것은?

㉮ 소음이 크다. ㉯ 부하용량이 크다.
㉰ 큰 감속비를 얻을 수 있다. ㉱ 진입각이 작으면 효율이 낮다.

해설 웜기어 감속기는 소음이 작아 정숙한 회전이 가능하다.

30. 와이어로프를 소선 강도에 따라서 파단하중이 작은 것부터 나열하고자 할 때 순서가 옳게 된 것은?

㉮ A종 - B종 - E종 - G종 ㉯ G종 - E종 - A종 - B종
㉰ B종 - A종 - G종 - E종 ㉱ E종 - G종 - A종 - B종

정답 28. ㉯ 29. ㉮ 30. ㉱

해설
- E종: 1320N/mm²
- G종: 1470N/mm²
- A종: 1620N/mm²
- B종: 1770N/mm²

31. 직접식 유압엘리베이터의 하부 프레임에 걸리는 최대굽힘모멘트가 24000kg·cm 일 때 프레임의 안전율은 약 얼마인가? (단, 프레임의 단면계수는 68cm³, 인장강도는 4100kg/cm² 이다.)

㉮ 5.9　　㉯ 6.4　　㉰ 10.4　　㉱ 11.6

해설 안전율(s)= $\dfrac{기준강도(f)}{허용응력(\sigma)} = \dfrac{4100}{353} ≒ 11.6$　　※허용응력= $\dfrac{모멘트}{단면계수} = \dfrac{24000}{68} ≒ 353(kg/cm^2)$

32. 엘리베이터 승강로 비상문의 크기는 어느 정도로 하여야 하는가?

㉮ 폭 : 0.45m 이상, 높이 : 1.2m 이상　　㉯ 폭 : 0.45m 이상, 높이 : 1.8m 이상
㉰ 폭 : 0.35m 이상, 높이 : 1.2m 이상　　㉱ 폭 : 0.5m 이상, 높이 : 1.8m 이상

해설 비상문은 폭 0.5m 이상, 높이 1.8m 이상이어야 한다.

33. 속도 30m/min, 경사각 30°, 적재하중 1500kg, 총효율 0.6, 승객 승입률 0.85인 에스컬레이터의 전동기 용량은 약 몇 kW인가?

㉮ 5.2　　㉯ 6.2　　㉰ 7.2　　㉱ 8.2

해설 P= $\dfrac{G \cdot v \cdot \sin\theta}{6120\eta} \times \beta = \dfrac{1500 \times 30 \times \frac{1}{2}}{6120 \times 0.6} \times 0.85 ≒ 5.2\text{kW}$

34. 전기식엘리베이터 승강장 도어의 잠금장치(도어록)의 물림은 몇 mm 이상 물려야 하는가?

㉮ 3　　㉯ 4　　㉰ 5　　㉱ 7

35. 60Hz, 4극 전동기의 슬립이 5%인 경우 전부하회전수는 몇 rpm인가?

㉮ 1710　　㉯ 1890　　㉰ 3420　　㉱ 3780

해설 N= $N_s(1-s) = \dfrac{120f}{p}(1-s) = \dfrac{120 \times 60}{4}(1-0.05) = 1710(\text{rpm})$

36. 비틀림을 이용한 막대 모양의 스프링으로 단위체적 중에 저축된 에너지가 크며, 차량의 현가장치 등에 이용되는 것은?

㉮ 토션 바　　㉯ 나선 스프링　　㉰ 겹판 스프링　　㉱ 볼류트 스프링

37. 카 자중이 1400kg, 균형추 중량이 1850kg 정격적재하중이 1000kg일 때 로프식(전기식) 엘리베이터의 오버밸런스율은 몇 %인가?

정답 31. ㉱　32. ㉱　33. ㉮　34. ㉱　35. ㉮　36. ㉮　37. ㉯

㉮ 32 ㉯ 45 ㉰ 61 ㉱ 72

해설 균형추 중량=카 자체중량 + 정격적재하중×오버밸런스율
1850 = 1400+1000×오버밸런스율
∴오버밸런스율 = 0.45

38. 감시반의 주된 기능으로 볼 수 없는 것은?

㉮ 분석기능   ㉯ 경보기능   ㉰ 제어기능   ㉱ 1차 소방운전 기능

39. 비상용승강기에 관한 설명으로 틀린 것은?

㉮ 운행속도는 1m/s 이상이어야 한다.
㉯ 10층 이상인 공동주택의 경우에는 승용승강기를 비상용승강기의 구조로 하여야 한다.
㉰ 비상용 엘리베이터는 소방운전 시 모든 승강장의 출입구마다 정지할 수 있어야 한다.
㉱ 정전 시에는 보조 전원공급장치에 의하여 엘리베이터를 1시간만 운행시킬 수 있어야 한다.

해설 보조 전원 공급장치: 정전 후 60초 이내에 안정된 전압을 확립하여 모든 비상용 엘리베이터가 정격부하에서 2시간 연속운행할 수 있어야 한다.

40. 에너지 분산형 완충기는 카에 정격하중을 싣고 정격속도의 몇 %의 속도로 자유 낙하하여 완충기에 충돌할 때, 평균 감속도는 $1g_n$ 이하이어야 하는가?

㉮ 100   ㉯ 105   ㉰ 110   ㉱ 115

(일반 기계 공학)

41. 휨만을 받는 속이 빈 차축의 내경(d_1)과 외경(d_2)은 각각 몇 mm인가? (단, M=7500N·mm, σ_b=15MPa, 내·외경비 x=0.5)

㉮ d_1=8.8, d_2=17.6
㉯ d_1=9.6, d_2=19.2
㉰ d_1=6.7, d_2=13.4
㉱ d_1=5.5, d_2=11.0

해설 $d_2=\sqrt[3]{\dfrac{10\cdot 2M}{(1-x^4)\sigma_b}}$ 에서 수치를 대입하여 풀면 d_2=17.6, $x=\dfrac{d_1}{d_2}$, $d_1=x\times d_2$ = 0.5×17.6 = 8.8

42. 다음 중 일반적인 충격시험의 종류인 것은?

㉮ 암슬러 시험기(Amsler tester)
㉯ 샤르피 시험기(Charpy tester)
㉰ 브리넬 시험기(Brinell tester)
㉱ 로크웰 시험기(Rockwell tester)

해설 충격시험기에는 샤르피(Charpy)형과 아이조드(Izod)형이 있는데, 이중 샤르피(Charpy)형이 많이 사용된다.

정답 38. ㉱ 39. ㉱ 40. ㉱ 41. ㉮ 42. ㉯

43. 기어펌프에서 한 쌍의 기어가 접촉하여 회전할 때의 이론적인 토출 유량식[m^3/min]은? (단, D_1=이끝원 지름(m), D_2=이뿌리원 지름(m), L=기어의 폭(m), N=분당 회전수(rpm)이다.)

㉮ $Q_r = \frac{\pi}{4} 2(D_1^2 - D_2^2)LN$ ㉯ $Q_r = \frac{\pi}{4}(D_1^2 - D_2^2)LN$

㉰ $Q_r = \frac{\pi}{4} 2(D_1^2 + D_2^2)LN$ ㉱ $Q_r = \frac{\pi}{4}(D_1^2 + D_2^2)LN$

44. 불활성가스 아크 용접의 특징으로 틀린 것은?

㉮ 전자세 용접이 불가능하다.
㉯ 스패터가 적고, 열집중성이 좋아 능률적이다.
㉰ 직류 전류를 이용하면 모재의 용입이나 비드폭의 조절이 가능하다.
㉱ 피복제나 용제가 불필요하고 철금속이나 비철금속까지 용접이 가능하다.

해설 불활성가스 아크 용접은 전자세 용접이 용이하고 고능률이다.

45. 굽힘모멘트 M, 비틀림 모멘트 T로 나타낼 때, 상당 굽힘 모멘트(M_e)는 어떻게 나타내는가?

㉮ $M_e = \frac{1}{2}(\sqrt{M^2 + T^2})$ ㉯ $M_e = \frac{1}{2}(M^2 + \sqrt{M^2 + T^2})$

㉰ $M_e = \frac{1}{2}(T^2 + \sqrt{M + T^2})$ ㉱ $M_e = \frac{1}{2}(M + \sqrt{M^2 + T^2})$

46. 굽힘모멘트를 받고 있는 직사각형 단면에서 최대 전단응력(τ_{max})과 평균 전단응력(τ_{mean})의 관계는?

㉮ $\tau_{max} = \tau_{mean}$ ㉯ $\tau_{max} = 1.2\tau_{mean}$ ㉰ $\tau_{max} = 1.5\tau_{mean}$ ㉱ $\tau_{max} = 2\tau_{mean}$

47. 마이크로미터의 측정 및 보관 시 유의사항에 관한 설명으로 옳지 않은 것은?

㉮ 피측정물의 형상, 치수, 요구 정도 등에 대해 알맞은 측정기를 선택해서 사용해야 한다.
㉯ 피측정물 및 마이크로미터의 각 부위를 깨끗이 닦은 후 측정을 하도록 한다.
㉰ 측정력은 0점 조정을 할 때와 피측정물을 측정할 때에도 동일하게 해야 한다.
㉱ 마이크로미터의 주요 부위를 잘 닦은 후 앤빌면과 스핀들면을 접촉시켜서 보관한다.

해설 앤빌면과 스핀들면을 조금 떨어뜨려 놓아야 한다.

48. 국제단위계(SI)의 기본 단위가 틀린 것은?

㉮ 시간 - 초(s)   ㉯ 온도 - 섭씨(℃)   ㉰ 전류 - 암페어(A)   ㉱ 광도 - 칸델라(cd)

해설 SI단위는 7개의 기본단위(길이m, 무게kg, 시간s, 전류A, 온도T, 물질량mol, 광도cd, 2개의 보조단위 라디안rad, 스테라디안sr)와 이들로부터 유도되는 조합단위 19개를 요소로 하는 일관성이 있는 단위의 집단을 말한다.

정답 43. ㉯ 44. ㉮ 45. ㉱ 46. ㉰ 47. ㉱ 48. ㉯

※ **절대온도(T)**: 기호는 K(켈빈)으로 표시한다. 열역학 제2법칙에 따라 정해진 온도로, 이론상 생각할 수 있는 최저온도를 기준으로 하여 온도단위를 갖는 온도를 말한다. 절대온도는 물의 어는점을 273.15K, 끓는점을 373.15K로 한다.

49. 다음 중 유압 액추에이터의 종류로 가장 거리가 먼 것은?

㉮ 실린더　　㉯ 소음기　　㉰ 기어 모터　　㉱ 리니어 모터

해설 유압 액추에이터는 유압을 기계적 힘으로 전환하는 장치를 말한다. 종류에는 실린더, 기어 모터, 리니어 모터 등이 있다.

50. 진동이 많이 일어나는 기계에서 나사부품이 풀리지 않게 하는 방법이 아닌 것은?

㉮ 안장 키를 이용하는 방법　　㉯ 분할 핀을 이용하는 방법
㉰ 로크 너트를 이용하는 방법　　㉱ 멈춤 나사를 이용하는 방법

해설 안장 키는 축에는 홈을 파지 않고 보스에 키 홈을 파서 사용한다. 보스에만 키 홈을 만들어 고정하므로 마찰에 의해 회전력을 전달한다. 그러므로 작은 힘을 전달하는 곳에 사용된다.

51. 길이 100mm인 축 끝 저널이 300rpm을 회전할 때 최대 베어링 하중은 약 몇 N인가? (단, 발열계수 $pv = 0.2 \ N/mm^2 \cdot m/s$이다.)

㉮ 636.9　　㉯ 955.4　　㉰ 1273.2　　㉱ 15923.6

해설 $pv = \dfrac{W}{dl} \cdot \dfrac{\pi dN}{60000}$ 에서 $W = \dfrac{pv \times dl \times 60000}{\pi dN} = \dfrac{pv \times l \times 60000}{\pi N} = \dfrac{0.2 \times 100 \times 60000}{3.14 \times 300} \fallingdotseq 1273.9(N)$

52. 두 축이 서로 평행하지도 교차되지도 않는 기어는?

㉮ 스퍼 기어　　㉯ 베벨 기어　　㉰ 헬리컬 기어　　㉱ 하이포이드 기어

해설 어긋난 축기어: ① 하이포이드 기어　② 나사기어　③ 헬리컬 크라운 기어　④ (원통)웜 기어

53. 관속을 흐르는 액체의 유속을 갑자기 변화시켰을 때 심한 압력변화를 일으키는 현상은?

㉮ 공동현상　　㉯ 맥동현상　　㉰ 수격현상　　㉱ 충격현상

54. 다음 중 마찰계수가 극히 작아서 효율이 높으며, 백래시를 작게 할 수 있어서 NC 공작기계의 이송나사 등 정밀한 운동이 요구되는 곳에 주로 사용하는 나사는?

㉮ 볼 나사　　㉯ 둥근 나사　　㉰ 삼각 나사　　㉱ 톱니 나사

해설
- **볼 나사(ball thread)**: 수나사와 암나사의 홈에 강구(steel ball)가 들어 있어서 일반 나사보다 매우 마찰계수가 적고 운동 전달이 가볍기 때문에 NC 공작기계(수치제어 공작기계)나 자동차용 스티어링 장치에 쓰인다.
- **둥근 나사(round thread)**: 너클나사라고도 하며, 나사산과 골이 다 같이 둥글기 때문에 먼지, 모래가 끼기 쉬운 전구, 호스 연결부 등에 쓰인다.

정답 49. ㉯　50. ㉮　51. ㉰　52. ㉱　53. ㉰　54. ㉮

- **삼각 나사(triangular thread)**: 체결용으로 가장 많이 쓰이는 나사이며, 미터 나사가 있고 유니파이 나사는 미국, 영국, 캐나다의 세 나라 협정에 의하여 만들었기 때문에 ABC나사라고도 한다.
- **톱니 나사(buttress thread)**: 축선의 한쪽에만 힘을 받는 곳에 사용(잭, 프레스, 바이스)되며, 힘을 받는 면은 축에 직각이고, 받지 않는 면은 30°의 각도로 경사져 있다.

55. 판재를 사용하여 탄피, 주전자 등을 제작할 때 사용되는 인발은?

㉮ 관재 인발 ㉯ 선재 인발 ㉰ 딥 드로잉 ㉱ 롤러 다이법

해설 인발이란 선재나 가는 관을 만들기 위한 금속의 변형가공법을 말한다. 정해진 굵기의 소선재를 다이(die)라는 틀을 통해 다른 쪽으로 끌어내어, 다이에 뚫려있는 구멍 모양의 단면형상의 선재로 뽑는 작업이다. 드로잉 재료로서 가장 일반적인 것은 강선과 구리선이다. 인발가공은 소재의 종류에 따라 봉재인발, 관재인발, 선재인발, 딥 드로잉으로 나뉜다. 그중 관재인발은 관의 내경을 일정하게 하기 위해 심봉(mandrel)을 사용하는 경우에 사용되며, 딥 드로잉(deep drawing)은 판재를 사용해 각종 소총탄환, 탄피, 주전자, 들통 등의 제작시 사용된다.

56. 나사 머리모양이 접시모양일 때 볼트의 머리 부분이 가공물 안으로 묻히도록 테이퍼 원통형으로 절삭하는 가공은?

㉮ 리밍 ㉯ 태핑 ㉰ 드릴링 ㉱ 카운터 싱킹

해설
- **리밍(reaming)**: 구멍을 크게 하는 작업
- **태핑(tapping)**: 구멍에 나사탭으로 나사를 만드는 작업
- **드릴링(drilling)**: 드릴로 리벳 구멍 등을 뚫는 것
- **카운터 싱킹(countersinking)**: 접시형 구멍을 가공하는 것. 앞 공정에서 뚫어 놓은 구멍 주위를 경사지게 가공하여 접시모양으로 만드는 것

57. 연강 등의 재료에서 고온이 되면 하중이 일정하여도 변형률이 조금씩 증가하는 현상은?

㉮ 크리프 ㉯ 열 응력 ㉰ 피로 한도 ㉱ 탄성 응력

해설
- **크리프(creep)**: 물체가 힘을 받을 때 이것에 의해 변형이 시간과 함께 진행되는 현상을 말한다. 이 현상은 온도와 응력이 높을수록 현저하다.
- **열 응력**: 물체의 열 팽창, 열 수축이 억제된 상태에서 온도변화가 일어나거나, 불균일하게 온도가 분포하여 물체 내부에 생기는 변형력을 말한다.
- **피로한도**: 어떤 재료가 외력을 반복적으로 받아도 부서지지 않고 견디는, 응력 변동의 최대 범위를 말한다.
- **탄성응력**: 탄성한도 내에서의 원형을 지키려는 힘을 말한다.

58. 스프링의 처짐량(δ)를 구하는 식은?(단, 코일스프링의 감긴 수=n, 전단탄성률=G, 스프링 하중=W, 소선의 지름=d, 코일 직경=D)

㉮ $\delta = \dfrac{32nWD^3}{Gd^3}$ ㉯ $\delta = \dfrac{8nWD^2}{Gd^3}$ ㉰ $\delta = \dfrac{32nWD^3}{Gd^4}$ ㉱ $\delta = \dfrac{8nWD^3}{Gd^4}$

59. 주조품 제조 시 주물의 형상이 대형으로 구조가 간단하고 점토로 채워서 만들며 정밀한 주형제작이 곤란한 원형은?

정답 55. ㉰ 56. ㉱ 57. ㉮ 58. ㉱ 59. ㉰

㉮ 잔형 ㉯ 회전형 ㉰ 골격형 ㉱ 매치 플레이트형

60. 양은(german silver)이라 부르는 비철 금속은?

㉮ Cu-Ni계 합금 ㉯ Cu-Zn계 합금 ㉰ Cu-Sn-Ni계 합금 ㉱ Cu-Ni-Zn계 합금

해설 양은은 구리에 니켈과 아연을 섞어 만든다.

(전기제어 공학)

61. 다음 그림과 같은 코일저항이 r인 전압계를 이용하여 측정할 수 있는 전압이 v인데, 그림의 스위치 S를 닫으면, 그 측정범위가 바뀌게 된다. 4배의 정확도로 전압을 측정할 때 r_m 값은 얼마인가?

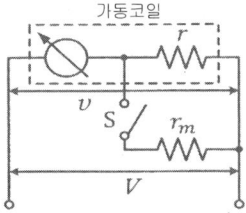

㉮ 3r ㉯ 2r ㉰ r ㉱ $\frac{r}{3}$

해설 $r_m = r(m-1) = r(4-1) = 3r$ … 직렬연결시 $r_m = \frac{r}{3}$ … 병렬연결시

62. 미리 정해진 프로그램에 따라 제어량을 변화시키는 것을 목적으로 하는 제어는?

㉮ 정치제어 ㉯ 추종제어 ㉰ 비례제어 ㉱ 프로그램제어

해설 • **정치제어**: 목표값이 시간에 따라 변화하지 않는 일정한 경우의 제어를 말한다.
• **추종제어**: 미지의 시간적 변화를 하는 목표값에 제어량을 추종시키기 위한 회로(예: 대공포의 포신)
• **비례제어**: 비례동작을 가하여 하는 방식의 제어
• **프로그램제어**: 목표값이 미리 정해진 시간적 변화를 하는 경우 제어량을 그것에 추종시키기 위한 제어(예: 열차, 산업로봇의 무인운전)

63. 오버슈트를 감소시키고, 정정 시간을 적게 하는 효과가 있으며 잔류편차를 제거하는 작용을 하는 제어방식은?

㉮ P 제어 ㉯ PI 제어 ㉰ PD 제어 ㉱ PID 제어

해설 **PID 제어**: P(proportional〈비례〉), I(Integral〈적분〉), D(differential〈미분〉)를 조합으로 제어하는 방식인데, 잔류편차를 없애고 신속히 목표값에 추종하는 특성이 있다.

64. 서보기구 제어에 사용되는 검출기기가 아닌 것은?

정답 60. ㉱ 61. ㉱ 62. ㉱ 63. ㉱ 64. ㉰

㉮ 싱크로   ㉯ 전위차계   ㉰ 전압검출기   ㉱ 차동변압기

해설 **서보기구**: 사람의 손과 발이 해당하는 부분이다. 물체의 위치, 방위, 자세 등을 제어량으로 하는 자동제어계의 총칭을 말한다.

65. 조절부와 조작부로 이루어진 곳으로 동작신호를 조작량으로 변환하는 것은?

㉮ 출력부   ㉯ 비교부   ㉰ 제어대상   ㉱ 제어요소

해설 제어요소는 동작신호를 조작량으로 변환하는 요소이며, 조절부와 조작부로 되어있다.

66. 제어오차의 변화속도에 비례하여 조작량을 조절하는 제어동작은?

㉮ 비례제어동작   ㉯ 미분제어동작   ㉰ 적분제어동작   ㉱ 비례 적분 미분제어동작

해설
- **비례(P)제어**: 편차에 비례하여 응답한다.
- **미분(D)제어**: 편차의 변화속도에 비례하여 응답한다.
- **적분(I)제어**: 편차의 크기와 지속시간에 비례하여 응답한다.
- **비례적분(PID)제어**: P제어는 목표값과 현재값의 차이에 비례하여 제어하는 것을 말하며, PI제어는 P제어에서 보인 잔류편차를 줄이기 위한 방식이고, PID제어는 PI제어에서 보완하지 못한 빠른 응답속도를 얻기위한 방식이다.

67. 그림과 같은 신호흐름선도에서 전달함수 $\dfrac{C}{R}$의 값은?

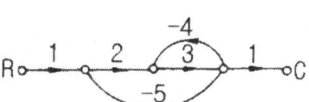

㉮ $-\dfrac{6}{41}$ ㉯ $\dfrac{6}{41}$ ㉰ $-\dfrac{6}{43}$ ㉱ $\dfrac{6}{43}$

해설 $G = \dfrac{C}{R} = \dfrac{\sum G(1-loop)}{1-(\sum L_1 + \sum L_2)} = \dfrac{1 \times 2 \times 3 \times 1}{1-(-4 \times 3)+(2 \times 3 \times <-5>)} = \dfrac{6}{1-(-12)-30} = \dfrac{6}{43}$

68. 공정제어(프로세스 제어)에 속하지 않는 제어량은?

㉮ 온도   ㉯ 압력   ㉰ 유량   ㉱ 방위

해설 **프로세스 제어**: 제어량이 온도, 압력, 유량, 액면 등과 같은 일반 공업량일 때의 제어

69. RLC회로의 조합 중 다음과 같은 조건을 만족시키지 못하는 것은?

[조건]
어떤 회로에 흐르는 전류가 20A이고, 위상이 60도이며, 앞선 전류가 흐를 수 있는 조건

㉮ RL병렬   ㉯ RC병렬   ㉰ RLC병렬   ㉱ RLC직렬

정답 65. ㉱ 66. ㉯ 67. ㉱ 68. ㉱ 69. ㉮

해설 • RL병렬: 전류가 전압보다 위상 θ만큼 뒤진다.
• RC병렬: 전류가 전압보다 위상 θ만큼 앞선다.

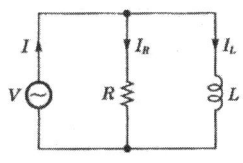 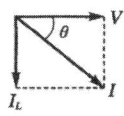 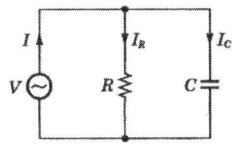 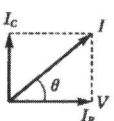

(a) RL병렬회로　　　(b) 벡터그림　　　(a) RC병렬회로　　　(b) 벡터그림
　　RL병렬회로와 벡터그림　　　　　　　RC병렬회로와 벡터그림

① RLC병렬:
• $x_L > x_C$ 인 경우: 전류가 전압보다 위상 θ만큼 앞선다.
• $x_L < x_C$ 인 경우: 전류가 전압보다 위상 θ만큼 뒤진다.

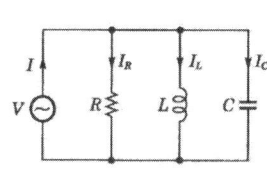 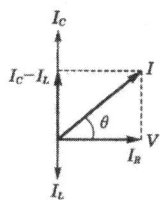

(a) RLC병렬회로　　　(b) $X_L > X_C$인 경우 벡터그림
　　　　RLC병렬회로와 벡터그림

② RLC직렬:
• $x_L > x_C$ 인 경우: 전류가 전압보다 위상 θ만큼 뒤진다.
• $x_L < x_C$ 인 경우: 전류가 전압보다 위상 θ만큼 앞선다.

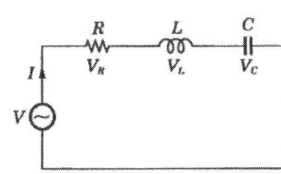 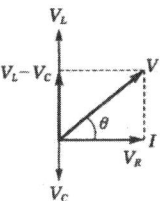

(a) RLC직렬회로　　　(b) $X_L > X_C$인 경우 벡터그림
　　　　RLC직렬회로와 벡터그림

70. 특성 방정식이 $s^3+2s^2+3s+4=0$일 때 이 계통의 설명으로 옳은 것은?

㉮ 안정하다.　　㉯ 불안정하다.　　㉰ 알 수 없다.　　㉱ 조건부 안정하다.

해설 특성 방정식의 안정조건
① 모든 차수의 계수가 존재할 것　　예) $s^3+s^2+s+4=0$
② 모든 차수부의 계수부가 일치할 것　예) $s^3+s^2+s+4=0$　※ 모두 "+"이어야 한다.
③ 루스표 제1열 원소의 부호가 변화하지 않을 것　※ 모두 "+"이어야 한다.

정답 70. ㉮

71. $X_C = 3\Omega$, $X_L = 3\Omega$, $R = 5\Omega$ 이고 R-L-C 직렬이다. 합성 임피던스는 몇 Ω인가?

㉮ 3　　㉯ 5　　㉰ 5.67　　㉱ 6.56

해설 $Z = \sqrt{R^2 + (X_L - X_C)^2} = \sqrt{5^2 + (3-3)^2} = 5\Omega$

72. 3상 유도전동기의 속도제어방법으로 사용되는 것이 아닌 것은?

㉮ 슬립의 변화에 의한 방법　　㉯ 용량의 변화에 의한 방법
㉰ 극수의 변화에 의한 방법　　㉱ 주파수의 변화에 의한 방법

해설 유도전동기의 속도제어: $N = N_s(1-s) = \dfrac{120f}{p}(1-s)$ rpm
① **농형 전동기**: 극수변환법, 주파수제어법, 전압제어법
② **권선형 전동기**: 2차 저항 제어법(슬립제어), 2차 여자 제어법(슬립제어)

73. 목표값이 다른 양과 일정한 비율 관계를 가지고 변화하는 경우 사용하는 제어 방법은?

㉮ 추종제어　　㉯ 비율제어　　㉰ 정치제어　　㉱ 프로그램제어

해설
• **추종제어**: 미지의 시간적 변화를 하는 목표값에 제어량을 추종시키기 위한 제어(예: 대공포의 포신)
• **비율제어**: 목표치가 있는 다른 양과 일정의 비율관계를 가지고 변화시키는 것을 목적으로 하는 수치제어
• **정치제어**: 목표치가 시간에 따르지 않고 일정치가 되는 제어
• **프로그램제어**: 목표값이 미리 정해진 시간적 변화를 하는 경우 제어량을 그것에 추종시키기 위한 제어 (예: 열차·산업로보트의 무인운전)

74. 주상변압기의 최대효율이 $\dfrac{5}{6}$ 부하시인 변압기의 전부하시 철손과 동손의 비 $\dfrac{P_c}{P_i}$ 는?

㉮ 0.69　　㉯ 0.83　　㉰ 1.28　　㉱ 1.44

해설 $\dfrac{5}{6}$ 부하시의 동손 P_i 전부하 동손 P_c 라면
$P_i = P_c$ 또 $P_i = (\dfrac{5}{6})^2 P_c$ ∴ $P_c = (\dfrac{6}{5})^2 P_i$ 그러므로 $\dfrac{P_c}{P_i} = (\dfrac{6}{5})^2 = \dfrac{36}{25} ≒ 1.44$

75. 그림에서 스위치 S의 개폐에 관계없이 전전류 I가 항상 30A라면 저항 r_3와 r_4의 값은 몇 Ω인가?

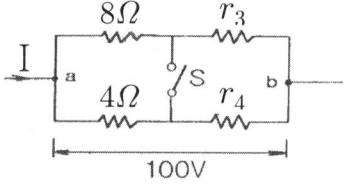

㉮ $r_3 = 1$, $r_4 = 3$　　㉯ $r_3 = 2$, $r_4 = 1$
㉰ $r_3 = 3$, $r_4 = 2$　　㉱ $r_3 = 4$, $r_4 = 4$

정답 71. ㉯　72. ㉯　73. ㉯　74. ㉱　75. ㉯

[해설] $I = \dfrac{V}{R}$ (A)에 의해 전류는 저항에 반비례하여 흐른다. 그러므로 8Ω으로는 10A가, 4Ω으로는 20A가 흐른다. 그런데 8Ω + r_3에는 100V가 걸리며, 4Ω + r_4에도 100V가 걸린다.

따라서 $r_3 = \dfrac{V}{I} = \dfrac{20}{10} = 2Ω$, $r_4 = \dfrac{20}{20} = 1Ω$

76. 변압기에 대한 다음의 관계식 중 틀린 것은?

㉮ 규약효율 = $\dfrac{출력}{출력 + 손실} \times 100\%$

㉯ 부하손 = 저항손 + 표유부하손

㉰ 전일효율 = $\dfrac{1일 중의 변압기 입력}{1일 중의 변압기 출력} \times 100\%$

㉱ 전압변동률 = $\dfrac{2차\ 무부하전압 - 2차\ 정격전압}{2차\ 정격전압} \times 100\%$

[해설] 전일효율 = $\dfrac{24시간의\ 출력\ 전력량}{24시간의\ 입력\ 전력량} \times 100\%$

77. 전자력과 전자유도 등 자기회로에 대한 설명 중 틀린 것은?

㉮ 자력선은 N극으로부터 S극으로 향하는 것이 자력선 성질의 원칙이며 자력선 방향은 오른 나사법칙에 의한다.
㉯ 단위 시간에 대한 자속의 변화량이 기전력을 나타내는 것을 전자유도법칙이라 하며 페러데이법칙이 이에 속한다.
㉰ 어떤 코일에 흐르는 전류가 변화하면 코일과 쇄교하는 자속이 변화하므로 이 코일에 기전력이 유도되는 것을 자기유도라 한다.
㉱ 자계 안에 놓여 있는 도선에 전류가 흐를 때 도선이 받는 힘의 방향은 플레밍의 오른손 법칙에 의거해서 동작되게 된다.

[해설] 자계 안에 놓여 있는 도선에 전류가 흐를 때 도선이 받는 힘의 방향은 플레밍의 왼손 법칙에 의거하여 동작한다. [참고] • 엄지: 전자력(힘) • 검지: 자기장 • 중지: 전류

78. 그림과 같은 전자릴레이회로는 어떤 게이트 회로인가?

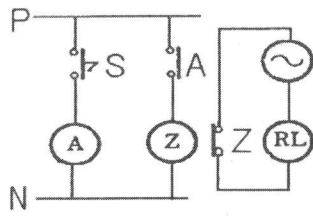

㉮ OR
㉯ AND
㉰ NOR
㉱ NOT

[해설] ① OR 회로

정답 76. ㉰ 77. ㉱ 78. ㉱

| 시퀀스 회로 | 논리 회로 | 논리식 | 진리표 |

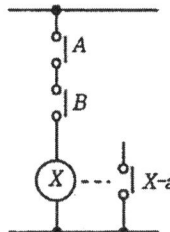

$X = A + B$

입력		출력
A	B	X
0	0	0
0	1	1
1	0	1
1	1	1

② AND회로

 시퀀스 회로   논리 회로   논리식   진리표

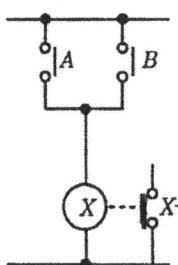

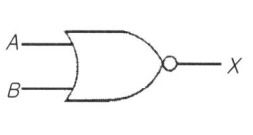

$X = A \cdot B$

입력		출력
A	B	X
0	0	0
0	1	0
1	0	0
1	1	1

③ NOR 회로

 시퀀스 회로   논리 회로   논리식   진리표

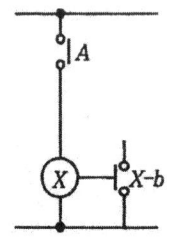

$X = \overline{A + B}$

입력		출력
A	B	X
0	0	1
0	1	0
1	0	0
1	1	0

④ NOT 회로

 시퀀스 회로   논리 회로   논리식   진리표

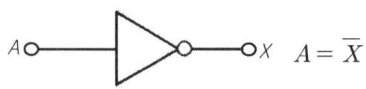

$A = \overline{X}$

입력	출력
A	X
0	1
1	0

79. 전기식 조작기기에 해당하지 않는 것은?

㉮ 전자밸브 ㉯ 펄스전동기 ㉰ 서보전동기 ㉱ 다이어프램 밸브

해설 다이어프램 밸브: 밸브 내에 둑(유체가 흐르지 못하게 하는 부분)과 고무제 다이어프램이 상접하는 구조의 밸브로, 2부분이 밀착하면 유체는 흐르지 않는다.

80. 그림과 같이 500kΩ의 가변저항기에 병렬로 저항 R을 접속하여 합성저항을 100kΩ으로 만들려고 한다. 저항 R을 몇 kΩ으로 하면 되는가?

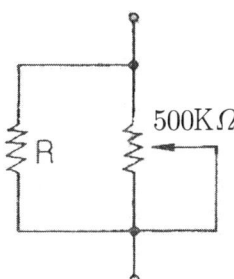

㉮ 100 ㉯ 125 ㉰ 200 ㉱ 250

해설 합성저항 $R_0 = \dfrac{R \cdot 500}{R+500}$ 에서 $100 = \dfrac{500R}{R+500}$,

∴ R = 125kΩ

정답 79. ㉱ 80. ㉯

승강기 기사 기출문제
(2018. 3. 4)

(승강기 개론)

1. 스트랜드의 꼬는 방향과 로프의 꼬는 방향이 반대이고, 소선과 외부의 접촉면이 짧아 마모에 의한 영향을 어느 정도 많지만, 꼬임이 잘 풀리지 않으므로 일반적으로 많이 사용 되는 로프꼬임 방식은?

㉮ 보통 Z꼬임　　㉯ 보통 S꼬임　　㉰ 랭그 Z꼬임　　㉱ 랭그 S꼬임

해설 로프의 꼬임방법에는 보통꼬임과 랭그꼬임이 있다. 보통꼬임은 스트랜드(소선을 꼰 밧줄가닥)의 꼬는 방향과 소선의 꼬는 방향이 반대인 것이고, 랭그꼬임은 동일한 것이다. 보통꼬임은 소선과 외부의 접촉면이 짧고 마모에 의한 영향은 어느 정도 많지만 꼬임이 잘 풀리지 않으므로 일반적으로 사용된다. 랭그꼬임은 그 반대의 성질이 있다. 꼬임 방향에 Z꼬임과 S꼬임이 있지만 일반적으로 Z꼬임을 사용한다.

2. 비상용 엘리베이터는 정전시 최대 몇 초 이내에 운행에 필요한 전력용량을 보조 전원공급장치에 의해 자동으로 발생시켜야 하며 또한 최소 몇 시간 이상 운행할 수 있어야 하는가?

㉮ 40초, 1시간　　㉯ 40초, 2시간　　㉰ 60초, 1시간　　㉱ 60초, 2시간

해설 보조전원 공급장치: 정전 후 60초 이내에 안정된 전압을 확립하며 모든 비상용 엘리베이터가 정격부하에서 2시간 연속운행할 수 있어야 한다.

3. 즉시 작동식 추락방지안전장치가 작동할 때 정지력과 거리에 대한 그래프로 옳은 것은?

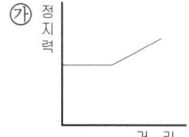 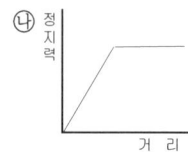 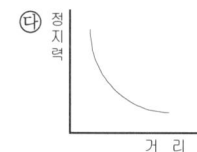 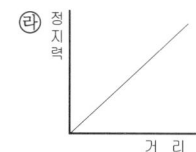

4. 승강기의 조작방식 중 일반적으로 가장 많이 사용하는 방식은?

㉮ 카스위치식　　㉯ 단식자동방식　　㉰ 승합전자동식　　㉱ 하강승합전자동식

해설 ① **카스위치식**: 기동 및 정지가 운전원의 조작에 의해 이루어진다.
② **단식자동방식**: 가장 먼저 눌러진 호출에만 응답하고, 운행 중 다른 호출에는 응하지 않는다. 자동차용 및 화물용에 적합하다.
③ **승합전자동식**: 승강장의 누름버튼은 상하 2개가 있고 동시에 기억시킬 수 있다. 카 진행방향의 누름버튼과 승강장의 누름버튼에 응답하면서 오르고 내린다. 1대의 승용 엘리베이터는 이 방식을 채용하고 있다.
④ **하강승합전자동식**: 2층 이상의 승강장에는 내림방향의 버튼밖에 없다. 중간층에서 위 방향으로 올라갈 때에는 1층까지 내려와서 카 버튼으로 목적층을 등록시켜 올라가야 한다. 아파트 등에서 사생활 침해나 방범 목적으로 사용된다.

정답 1. ㉮　2. ㉱　3. ㉰　4. ㉰

5. 에스컬레이터의 스커트가, 스텝 및 팔레트 또는 벨트 측면에 위치한 곳에서 수평틈새는 각 측면에서 최대 몇 mm 이하이어야 하는가?

㉮ 3   ㉯ 4   ㉰ 5   ㉱ 6

해설 에스컬레이터 또는 무빙 워크의 스커트가 스텝 및 팔레트 또는 벨트 측면에 위치한 곳에서 수평 틈새는 각 측면에서 4mm 이하이어야 하고, 정확이 반대되는 두 지점의 양 측면에서 측정된 틈새의 합은 7mm 이하이어야 한다.

6. 소방운전 제어에 대한 설명으로 틀린 것은?

㉮ 카 문닫힘 안전장치는 무효화 되어야한다.
㉯ 소방수가 임의의 층에서 직접 소방운전 상태로 들어갈 수 있다.
㉰ 2개 이상의 카 운행 층이 동시에 등록되는 것은 가능하지 않아야 한다.
㉱ 엘리베이터 카를 등록된 층으로 운행시키고 등록된 층에 문이 닫힌 상태로 정지시켜야 한다.

해설 소방운전 스위치는 소방관이 접근할 수 있는 지정된 로비에 위치되어야 한다.

7. 카가 완전히 압축된 완충기 위에 있을 때 피트에는 최소 얼마 이상의 장방형 블록을 수용할 수 있어야 하는가?

㉮ 0.5m×0.6m×0.8m
㉯ 0.5m×0.6m×1.0m
㉰ 0.4m×0.5m×0.8m
㉱ 0.4m×0.5m×1.0m

해설 카가 완전히 압축된 위에 있을 때
① 피트에는 0.5m×0.6m×1.0m이상의 장방형 블록을 수용할 수 있는 충분한 공간이 있어야한다.
② 피트 바닥과 카의 가장 낮은 부품 사이의 수직거리는 0.5m 이상이어야 한다.
③ 피트에 고정된 가장 높은 부품과 카의 가장 낮은 부품의 사이의 수직거리는 0.3m 이상이어야 한다.

8. 카측 로프가 매달고 있는 중량과 균형추측의 로프가 매달고 있는 중량의 비는?

㉮ 균형비   ㉯ 부하율   ㉰ 트랙션비   ㉱ 밸러스율

해설 트랙션비는 카측 로프에 매달리는 중량과 균형추측 로프에 매달리는 중량의 비를 말한다.

9. 유압 파워유니트와 유압잭의 압력배관 중간에 설치하여 보수점검 또는 수리를 할 때 유압잭에서 불필요하게 작동유가 흘러나오는 것을 방지하는 것은?

㉮ 체크밸브   ㉯ 스톱밸브   ㉰ 사일런서   ㉱ 하강용 유량제어밸브

해설
• 역저지(check)밸브: 한쪽 방향으로만 오일이 흐르도록 하는 밸브이다. 기능은 로프식 엘리베이터의 전자 브레이크와 유사하다.
• 스톱(stop)밸브: 유압파워 유니트에서 실린더로 통하는 배관 도중에 설치되는 수동조작밸브이다. 이 밸브를 닫으면 실린더의 오일이 파워유니트로 역류하는 것을 방지한다. 이 밸브는 유압장치의 보수, 점검, 수리 시에 사용되는데 게이트 밸브(gate valve)라고도 한다.
• 사일런서(silencer): 유압 엘리베이터의 소음과 진동을 흡수하기 위한 장치이다. 자동차의 머플러에 해당된다.

정답 5. ㉯   6. ㉯   7. ㉯   8. ㉰   9. ㉯

- **하강용 유량 제어밸브**: 하강 시 탱크로 되돌아오는 유량을 제어하는 밸브, 수동식 하강밸브를 열어주면 카 자체의 하중으로 카가 서서히 내려와 승객을 안전하게 구출할 수 있다.

10. 엘리베이터용으로 일반 와이어로프에 비해 소선의 탄소량이 적고, 경도가 낮으며 파단강도가 $135\text{kgf}/\text{mm}^2$인 와이어로프의 종은?

㉮ E종 ㉯ A종 ㉰ B종 ㉱ G종

[해설] • E종 : $135\text{kg}/\text{mm}^2$ 또는 $1320N/\text{mm}^2$ • A종 : $165\text{kg}/\text{mm}^2$ 또는 $1620N/\text{mm}^2$
 • B종 : $181\text{kg}/\text{mm}^2$ 또는 $1770N/\text{mm}^2$ • G종 : $150\text{kg}/\text{mm}^2$ 또는 $1470N/\text{mm}^2$

11. 에스컬레이터의 경사도는 일반적인 경우 최대 몇 도 이하로 하여야 하는가?

㉮ 20 ㉯ 30 ㉰ 40 ㉱ 50

[해설] 에스컬레이터의 경사도는 30°를 초과하지 않아야 한다. 다만 높이가 6m 이하이고 공칭속도가 30m/min 이하인 경우에는 경사도를 35°까지 증가시킬 수 있다.

12. 록다운 추락방지안전장치를 설치해야 하는 엘리베이터의 속도 기준으로서의 옳은 것은?

㉮ 정격속도 105m/min 이상   ㉯ 정격속도 180m/min 이상
㉰ 정격속도 210m/min 이상   ㉱ 정격속도 240m/min 이상

[해설] **록다운 추락방지안전장치**: 고층건물의 경우는 와이어로프 자중에 의한 불평형하중을 보상하기 위하여, 카하부에서 균형추하부까지 균형로프 또는 체인을 거는데, 로프를 적용하는 경우 피트에서 지지하는 도르래는 바닥에 견고히 고정되어야 하며, 록 다운장치를 부착하여 카의 추락방지안전장치가 작동 시, 이 장치에 의해 균형추, 와이어로프 등이 관성에 의해 튀어오르지 못하도록 하여야한다. 이 장치는 순간 정지식이어야 하며, 속도는 210m/min 이상의 엘리베이터에는 반드시 설치되어야 한다.

13. 카 바닥의 전·후·좌·우의 수평을 유지시키는 데 사용되는 부품은?

㉮ 카틀 ㉯ 상부체대 ㉰ 하부체대 ㉱ 경사지지 봉(Brace Rod)

14. 카 무게가 800kg이고, 적재하중이 600kg인 승객용 엘리베이터 오버밸런스율을 45%로 할 경우, 균형추의 무게는 몇 kg이 되는가?

㉮ 960 ㉯ 1070 ㉰ 1130 ㉱ 1400

[해설] 균형추의 무게 = 카의 자체 하중 + (정격 적재량 × 오버밸런스율)
        = 800 + (600 × 0.45)
        = 1070kg

15. 도어시스템 중 모터의 회전을 감속하고, 암이나 로프 등을 구동하여 도어를 개폐하는 장치는?

㉮ 도어 머신 ㉯ 도어 클로저 ㉰ 도어 인터록 ㉱ 도어 보호장치

정답 10. ㉮ 11. ㉯ 12. ㉰ 13. ㉱ 14. ㉯ 15. ㉮

해설
- **도어 머신**: 도어시스템 중 모터의 회전을 감속하고, 암이나 로프 등을 구동하여 도어를 개폐하는 장치
- **도어 클로저**: 승장 도어가 열려있을시 자동으로 닫히게 되는 장치
- **도어 인터록(door interlock)**: 이 장치는 도어록(door lock)과 도어 스위치(door switch)로 구성되어 있으며, 닫힘동작시는 도어록이 먼저 걸린 상태에서 도어 스위치가 들어가고, 열림동작시는 도어 스위치가 끊어진 후에 도어록이 열리는 구조로 되어 있다.

16. 로프가 느슨해지면 로프의 장력을 검출하여 동력을 끊어주는 안전장치는?

㉮ 정지스위치 ㉯ 리미트스위치
㉰ 록다운 비상스위치 ㉱ 권동식 로프이완 스위치

해설
① **리미트스위치**: 카(car)가 충돌하는 것을 방지할 목적으로 종단층(최상층 또는 최하층)의 감속정지할 수 있는 거리에 설치한다.

리미트 스위치

② **록다운 추락방지안전장치**: 고층에 사용되는 엘리베이터는 로프의 중량 불평형을 보상하기 위해 카(car)하부에서 균형추 하부에 보상로프를 설치하는데 그 로프를 지지하는 시브를 견고하게 설치하고 레일에 오름 방향 추락방지안전장치를 취부하여 카(car)의 추락방지안전장치가 작동시, 로크다운(lock down) 추락방지안전장치를 동작시켜 균형추 로프 등이 관성으로 상승하는 것을 예방한다.
③ **권동식 로프 이완 스위치**: 로프가 느슨해지면 로프의 장력을 검출하여 동력을 끊어주는 안정장치이다.

17. 케이지의 실속도와 지령속도를 비교하여 사이리스터의 점호각을 바꿔 유도전동기의 속도를 제어하는 방식은?

㉮ 교류 궤환제어 ㉯ 정지 레오나드 방식
㉰ 교류 일단 속도제어 ㉱ 교류 이단 속도제어

해설
① **교류 궤환제어**: 이 방식은 케이지의 실속도와 지령속도를 비교하여 사이리스터의 점호각을 바꿔, 유도전동기의 속도를 제어하는 방식이다. 이 방식은 속도 45m/min에서 105m/min 이하에 적용된다. 감속시는 모터에 직류를 흐르게 하여 제동 토크를 발생해 제동한다.

② **정지 레오나드 방식**: 사이리스터를 사용하여 교류를 직류로 변환하여 전동기에 공급하고, 사이리스터의 점호각을 제어하여 직류 전압을 가변시켜, 전동기의 속도를 제어하는 방식이다. 이 방식은 워드 레오나드 방식에 비하여 손실이 적고, 유지보수가 용이하다.

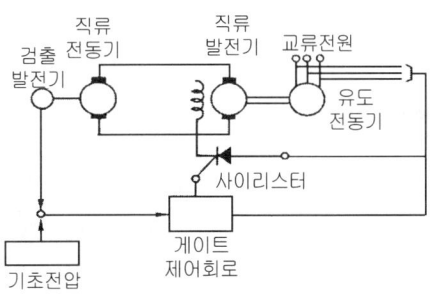

정지 레오나드 방식

정답 16. ㉱ 17. ㉮

③ **교류 일단 속도제어**: 가장 간단한 제어방식인데 3상유도 전동기에 전원을 투입하여 기동과 정속운전을 하고, 정지는 전원을 차단한 후, 제동기에 의해 기계적으로 브레이크를 거는 방식이다. 그런데 기계적인 브레이크로 감속하기 때문에 착상이 불량하다.

④ **교류 이단 속도제어**: 2단 속도 모터(motor)를 사용하며 기동과 주행은 고속권선으로 행하고 감속시는 저속권선으로 감속하여 착상하는 방식이다. 이 방식은 교류 1단 속도제어에 비하여 착상이 우수한데, 주로 화물용(30m/min~60m/min)에 사용된다. 2단 속도 전동기의 속도비는 여러 가지 비율을 생각할 수 있지만 착상오차, 감속도, 감속시의 잭(감속도의 변화비율), 크리프(cleep) 시간(저속으로 주행하는 시간) 등을 고려해 4:1이 가장 많이 사용되고 있다.

18. 90m/min인 권상 구동식 엘리베이터에서 균형추가 완전히 압축된 완충기 위에 있을 때 카 가이드레일 길이는 최소 몇 m 이상 연장되어야 하는가?

㉮ 0.135　　㉯ 0.179　　㉰ 1.135　　㉱ 1.175

해설 균형추가 완전히 압축된 완충기 위에 있을때에는 카 가이드레일의 길이는 $0.1+0.035v^2$(m) 이상 연장되어야 한다.
= $0.1+0.035 \times 1.5^2 = 0.179$(m)

[참고] ① 90m/min = 1.5m/s

② $0.035v^2$는 정격속도의 115%에 상응하는 중력 정지거리의 1/2를 나타낸다.

$$1/2 \times \frac{(1.15v)^2}{2g_n} = 0.0337v^2 (약\ 0.035v^2)$$

③ 카가 완전히 압축된 완충기 위에 있을 때에는 카 가이드레일의 길이는 $0.1+0.035v^2$(m) 이상 연장되어야 한다.

19. 카의 정격속도가 60m/min인 스프링 완충기의 최소행정(mm)은?

㉮ 100　　㉯ 125　　㉰ 135　　㉱ 150

해설 $L = 0.135v^2 = 0.135 \times 1^2 = 135\text{mm}$

[참고] ① 에너지 축적형(스프링) 완충기: (선형 특성을 갖는 완충기). 완충기의 가능한 총 행정은 정격속도의 115%에 상응하는 중력 정지거리의 2배($0.135v^2[m]$) 이상이어야 한다. 다만, 행정은 65mm 이상이어야 한다.

② 에너지 분산형(유입형) 완충기: 완충기의 가능한 총 행정은 정격속도 115%에 상응하는 중력 정지거리 ($0.0674v^2[m]$) 이상이어야 한다.

20. 유압식엘리베이터에 사용되는 체크밸브의 역할은?

㉮ 기름을 하강방향으로만 흐르게 한다.
㉯ 기름에 이물질이 있는지를 체크하여 동작한다.
㉰ 실린더와 기름이 파워유니트로 역류하는 것을 방지한다.
㉱ 기름을 한쪽 방향으로만 흐르게 하고 정전이나 그 이외의 원인으로 토출 압력이 떨어져서 실린더 내의 오일이 역류하여 급강하하는 것을 방지한다.

해설 체크밸브(check valve): 한쪽 방향으로만 기름이 흐르도록 하는 밸브로서 상승방향으로는 흐르지만 역방향으로는 흐르지 않는다. 이것은 정전이나 그 이외의 원인으로 펌프의 토출압력이 떨어져서 실린더의 기름이 역류하여 카가 자유낙하하는 것을 방지하는 역할을 하는 것으로, 전기식(로프식) 엘리베이터의 전자브레이크와 유사하다.

정답 18. ㉯　19. ㉰　20. ㉱

(승강기 설계)

21. 엘리베이터의 배치계획 시 고층용과 저층용이 마주보는 2뱅크로 배치되어 있는 엘리베이터의 경우 대면거리는 최소 몇 m 이상인가?

㉮ 3　　　㉯ 4　　　㉰ 5　　　㉱ 6

해설 2뱅크의 경우 각 뱅크의 간격을 충분히 잡는다.

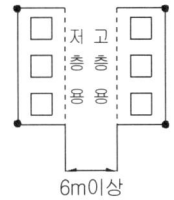

6m이상

22. 전기식 엘리베이터 검사기준에서 추락방지안전장치가 없는 균형추 또는 평형추의 T형 가이드레일에 대해 계산된 최대하중 휨은 얼마인가?

㉮ 양방향으로 5mm　　　㉯ 한방향으로 5mm
㉰ 양방향으로 10mm　　㉱ 한방향으로 10mm

해설
• 추락방지안전장치가 작동하는 카, 균형추 또는 평형추가 가이드레일: 양방향으로 5mm
• 추락방지안전장치가 없는 균형추 또는 평형추의 가이드레일; 양방향으로 10mm

23. 카 추락방지안전장치가 작동될 때, 부하가 없거나 부하가 균일하게 분포된 카의 바닥은 정상적인 위치에서 최대 몇 %를 초과하여 기울어지지 않아야 하는가?

㉮ 3　　　㉯ 4　　　㉰ 5　　　㉱ 6

해설 카 바닥의 기울기: 카 추락방지안전장치가 작동될 때, 부하가 없거나 부하가 균일하게 분포된 카의 바닥은 정상적인 위치에서 5%를 초과하여 기울어지지 않아야 한다.

24. 가이드레일의 설계에 관하여 틀린 것은?

㉮ 레일 브래킷의 간격은 레일의 치수를 고려하여 결정한다.
㉯ 지게차로 불균형한 큰 하중을 적재하는 경우에는 레일 설계시 고려하여야 한다.
㉰ 즉시 작동형 추락방지안전장치가 점차작동형 추락방지안전장치보다 좌굴을 일으키기 쉽다.
㉱ 8% 미만의 연신율을 갖는 재료는 취약성이 너무 높은 것으로 사용되지 않아야 한다.

해설 레일 브래킷의 간격은 일정 범위로 사용되지 않아야 한다.

25. 전기식 엘리베이터에 사용하는 파이널 리미트스위치에 대한 설명으로 틀린 것은?

㉮ 파이널 리미트스위치는 완충기에 충돌하기 전에 작동되어야 한다.
㉯ 파이널 리미트스위치의 작동은 완충기가 압축되어 있는 동안 유지되어야 한다.

정답 21. ㉱　22. ㉰　23. ㉰　24. ㉮　25. ㉰

㉰ 파이널 스위치와 일반 종단정치장치는 연동하여 작동되어야 한다.
㉱ 파이널 리미트스위치의 작동후에는 엘리베이터의 정상운전을 위해 자동으로 복귀되지 않아야 한다.

해설 파이널 리미트 스위치와 일반 종단정치장치는 연동하여 작동되지 않아야 한다. 또한 리미트 스위치의 접속은 직접 기계적으로 열려야 한다.

26. 비상용 엘리베이터에 사용되는 감시반의 제어기능으로 반드시 설치해야 하는 기능은?
㉮ 강제 정지 기능   ㉯ 비상 호출 기능
㉰ 원격 표시 기능   ㉱ 자동 복귀 기능

27. 방범설비의 경보장치에 대한 설명이 틀린 것은?
㉮ 도어를 열고 닫을 때 경보음이 울린다.
㉯ 버튼의 부착장소는 카내에 1개 설치한다.
㉰ 경보기의 부착장소는 1층 로비에 설치할 수 있다.
㉱ 작동은 버튼조작에 의해 소리가 나기 시작하고 관리실에서의 차단조작에 의해 정지한다.

해설 방범설비의 경보장치는 도어를 열 때 경보음이 울린다.

28. 화물용 승강기의 바닥면적이 $8m^2$인 경우, 최소 정격하중(kg)은?
㉮ 500   ㉯ 1000   ㉰ 1500   ㉱ 2000

해설 정격하중 = $250 \times 8 = 2000$(kg)

[참고]

	카의 종류	적재하중(kg)
승용 및 인화공용	바닥면적이 1.5m² 이하인 것	바닥면적의 1m²당 370으로 계산한 값
	바닥면적이 1.5m²를 초과하고 3m²이하인 것	바닥면적 중 1.5m²를 초과한 면적에 대해서 1m²당 500으로 계산한 값에 550을 더한 값
	바닥면적이 3m²를 초과한 것	바닥면적 중 3m²를 초과한 면적에 대해서 1m²당 600으로 계산한 값에 1,300을 더한 값
화물용		바닥면적의 1m²당 250(자동차 운반용에 대해서는 150)으로 계산한 값

29. 비상용 엘리베이터에 관한 설명으로 틀린 것은?
㉮ 운행속도는 60m/min 이상이어야 한다.
㉯ 유압엘리베이터도 비상용으로 사용할 수 있다.
㉰ 승강장 위치표시기는 전층에 설치한다.
㉱ 전기적 비상운전은 버튼의 순간적인 누름에 의해서도 작동되어야 한다.

해설 비상용 승강기는 높이 31m를 넘는 건축물에 설치한다. 또한 운행속도는 60m/min 이상 되어야 한다. 그러나 유압엘리베이터는 높이에는 제한(보통 8층 이하)이 없으나, 속도는 60m/min 이하에 적용된다.

30. 엘리베이터용 전동기가 갖추어야 할 조건이 아닌 것은?

정답 26. ㉯ 27. ㉮ 28. ㉱ 29. ㉯ 30. ㉰

㉮ 기동토크가 클 것   ㉯ 기동전류가 작을 것
㉰ 회전부분의 관성모멘트가 클 것   ㉱ 온도 상승에 대해 견딜 것

해설 엘리베이터용 전동기의 구비조건
① 기동토크가 클 것   ② 기동전류가 작을 것
③ 온도상승에 충분히 견딜 것   ④ 소음이 적을 것
⑤ 빈번한 운전에 대해서 열적으로 견딜 것   ⑥ 회전부분에 관성모멘트가 적을 것

31. 기계실의 기계대가 콘크리트인 것은 안전율이 얼마 이상인가?

㉮ 4   ㉯ 5
㉰ 6   ㉱ 7

해설

구 분		안 전 율
기 계 대	강재의 것	4
	콘크리트의 것	7

32. 모듈(MODULE) 4인 스퍼 외접기어의 잇수가 각각 20, 40인 경우, 양축간의 중심거리는 얼마(mm)인가?

㉮ 100   ㉯ 120
㉰ 140   ㉱ 160

해설 중심거리(L) = $\dfrac{M(Z_1 + Z_2)}{2} = \dfrac{4(20+40)}{2} = 120$

33. ※ 2021년 1월 1일 법 개정으로 무효함

34. 전기식 엘리베이터의 점차 작동형 추락방지안전장치에서 정격하중의 카가 자유낙하할 때 작동하는 평균감속도는 얼마이어야 하는가?

㉮ 0.1gn ~ 1gn   ㉯ 0.1gn ~ 1.25gn
㉰ 0.2gn ~ 1gn   ㉱ 0.2gn ~ 1.25gn

해설 점차 작동형 추락방지안전장치의 경우 정격하중의 카가 자유 낙하할 때 작동하는 평균 감속도는 0.2gn과 1gn 사이에 있어야 한다.

35. 700kg/cm^2의 인장응력이 발생하고 있을 때 변형률을 측정하였더니 0.0003 이었다. 이 재료의 종탄성계수는 약 몇 kg/cm^2 인가?

㉮ 2.1×10^4 ㉯ 2.3×10^4
㉰ 2.1×10^5 ㉱ 2.3×10^5

정답 31. ㉱   32. ㉯   34. ㉰   35. ㉱

해설 $E = \dfrac{\sigma}{\varepsilon} = \dfrac{700}{0.0003} = 2.3 \times 10^5 (\text{kg/m}^2)$

36. 즉시 작동형 추락방지안전장치의 성능시험시 흡수할 수 있는 총 에너지를 구하는 식을 옳게 나타낸 것은?(단, K 추락방지안전장치의 흡수에너지 (N.m), $(P+Q)_1$: 추락방지안전장치의 허용 총중량 (kg), h : 낙하거리 (m), g_n : 중력가속도 (9.8m/s^2))

㉮ $K = (P+Q)_1 \times g_n \times h$ 　　㉯ $K = \dfrac{(P+Q)_1}{4} \times g_n \times h$

㉰ $2K = (P+Q)_1 \times g_n \times h$ 　　㉱ $2K = (P+Q)_1^2 \times g_n \times h$

해설 $2K = (P+Q)_1 \times g_n \times h$
[참고] K : 추락방지안전장치 블록 1개에 의해 흡수된 에너지 (J)
　　　P : 빈 카 및 카에 의해 지지되는 부품 즉 이동 케이블의 부품, 균형로프 및 균형체인 등의 중량 (kg)
　　　Q : 정격하중 (kg)
　　　$(P+Q)_1$: 허용 가능한 중량 (kg)
　　　h : 자유낙하 거리 (m)

37. 엘리베이터의 하강속도가 점점 증가하여 200m/min로 되는 순간에 점차작동형 추락방지안전장치가 작동하여 0.5초 후에 카가 정지하였다면 평균감속도는 몇 g_n 인가?

㉮ 0.35　　㉯ 0.68　　㉰ 0.70　　㉱ 1.0

해설 200(m/min)=3.3(m/s), 0.5초 후에 카가 정지하였다면 그때의 평균 감속도는 $\dfrac{3.3}{9.8 \times 0.5} = 0.68$

※ 평균 감속도는 $0.2 \sim 1.0 g_n$ 범위이어야 한다.
※ 점차 작동형 추락방지안전장치는 정격속도 1(m/s)초과 (정격속도의 1.15배에서 1.5배 이하)시 작동된다.
※ 평균 감속도
　평균 감속도(β)는 동작 개시속도(V)와 감속시간(T)으로부터 다음과 같이 얻을 수 있다.
　$\beta = \dfrac{V}{9.8 \times T}$
　여기에서, β: 평균 감속도(g)
　　　　　　V: 충돌속도(m/sec)
　　　　　　T: 감속시간(sec)

38. 정격속도 60m/min, 적재하중 700kg, 오버밸런스율 40%, 전체효율 0.9인 엘리베이터의 용량은?

㉮ 약 4.6kw　　㉯ 약 5.2kw　　㉰ 약 6.1kw　　㉱ 약 7.1kw

해설 $P = \dfrac{MVS}{6120 \times \eta} = \dfrac{700 \times 60 \times (1-0.4)}{6120 \times 0.9} \doteqdot 4.6 \text{kw}$

39. 기어에서 두 축이 서로 교차하여 회전하는 기어의 종류는?

㉮ 평 기어　　㉯ 베벨 기어　　㉰ 헬리컬 기어　　㉱ 더블 헬리컬 기어

정답　36. ㉰　37. ㉯　38. ㉮　39. ㉯

해설 두 축이 서로 교차하여 회전하는 기어의 종류
① 직선 베벨 기어 ② 스파이럴 베벨 기어 ③ 제롤 베벨 기어
④ 마이터 기어 ⑤ 크라운 기어

40. 전기식 엘리베이터의 검사기준에서 기계실의 실온은 얼마로 유지되어야 하는가?

㉮ 0℃ 이상 ㉯ 0℃ ~ +40℃ ㉰ +5℃ ~ +40℃ ㉱ +5℃ ~ +60℃

(일반 기계 공학)

41. 일반적인 줄 작업 시 줄의 사용 순서로 옳은 것은?

㉮ 유목 → 세목 → 황목 → 중목
㉯ 유목 → 황목 → 중목 → 세목
㉰ 황목 → 중목 → 세목 → 유목
㉱ 황목 → 중목 → 유목 → 세목

42. 축방향 인장하중을 받는 균일 단면봉에서 최대 수직응력이 60MPa일 때 최대 전단응력은 몇 MPa인가?

㉮ 60 ㉯ 40 ㉰ 30 ㉱ 20

해설 $\tau_m = \dfrac{60}{2} = 30 \text{MPa}$

43. 재료에 압력을 가해 다이에 통과시켜 다이구멍과 같은 모양의 긴 제품을 제작하는 가공법은?

㉮ 단조 ㉯ 전조 ㉰ 압연 ㉱ 압출

해설
- **단조**: 가열한 금속재료에 프레스나 해머 등으로 힘을 가하여 소성변형을 하게 해서 바라는 형상으로 성형하는 것
- **전조**: 전조(轉造)다이스라고 하는 담금질 경화한 공구의 표면에 나사산이나 스플라인 치형(齒形)에 따른 형태를 파놓고, 소재에 강한 힘으로 밀어 붙이면서 회전시켜 표층부분에 소성 변형을 일으켜 형(形)을 만드는 방법
- **압연**: 회전하는 롤러 사이에 재료를 끼워 넣고, 소성 변형으로 잡아 늘리는 것
- **압출**: 좁은 구멍 등으로 눌러서 밀어 내는 것

44. 안장키(saddle key)에 대한 설명으로 옳은 것은?

㉮ 임의의 축 위치에 키를 설치할 수 없다.
㉯ 중심각이 120℃인 위치에 2개의 키를 설치한다.
㉰ 원형단면의 테이퍼핀 또는 평행핀을 사용한다.
㉱ 마찰력만으로 회전력을 전달시키므로 큰 토크의 전달에는 곤란하다.

해설 안장키(saddle key):
- 축은 절삭치 않고 보스에만 홈을 판다
- 마찰력으로 고정시키며, 축의 임의의 부분에 설치 가능하다.

정답 40. ㉰ 41. ㉰ 42. ㉰ 43. ㉱ 44. ㉱

• 마찰력으로만 회전력을 전달시키므로, 큰 토크의 전달에는 곤란하다.

45. 축에 직각인 하중을 지지하는 베어링은?

㉮ 피벗 베어링 ㉯ 칼라 베어링 ㉰ 레이디얼 베어링 ㉱ 스러스트 베어링

해설
- **피벗 베어링**: 둥근 첨단을 지지하기 위해 만든 원뿔형의 오목함을 가진 베어링
- **칼라 스러스트 베어링**(collar thrust bearing): 칼라형의 스러스트 베어링. 축에 설치한 1개 또는 여러 개의 스러스트 칼라에 의해 스러스트를 지지하고 있는 베어링
- **레이디얼 베어링**: 하중을 축의 중심에 대하여 직각으로 받는다.
- **스러스트 베어링**: 축의 방향으로 하중을 받는다.

46. 외경이 내경의 1.5배인 중공축이 종실축과 같은 비틀림 모멘트를 전달하고 있을 때 단면적 $\left(\dfrac{\text{중공축의 면적}}{\text{종실축의 면적}}\right)$ 비는 약 얼마인가?

㉮ 0.76 ㉯ 0.70 ㉰ 0.64 ㉱ 0.58

47. 다음 중 압력 제어 밸브가 아닌 것은?

㉮ 체크밸브 ㉯ 릴리프밸브 ㉰ 시퀀스밸브 ㉱ 압력조절밸브

해설 체크밸브는 유체를 한 방향으로만 흐르게 한다.

48. 납땜에 관한 설명으로 틀린 것은?

㉮ 사용하는 용가재의 종류에 따라 크게 연납과 경납으로 구분된다.
㉯ 융점이 600℃ 이상인 용가재를 사용하여 납땜하는 것을 연납땜이라 한다.
㉰ 납땜의 성패는 용접 모재인 고체와 땜납인 액체가 어느 정도의 친화력을 갖고 서로 접촉될 수 있느냐에 달려있다.
㉱ 금속을 접합하려고 할 때 접합할 모재는 용융시키지 않고 모재보다 용융점이 낮은 용가재를 사용하려 접합하는 방법이다.

해설 연납땜은 Sn와 Pb의 합금을 이용하며, 강도가 약하기 때문에 기계적 강도가 필요 없고, 기밀을 요구하는 곳에 사용된다. 연납땜은 가열온도가 450(℃) 이하이다.

49. 다음 그림과 같은 단식 블록브레이크에서 레버 끝에 힘 F=50kg을 가할 때에 제동 토크 τ를 구하면? (단, 마찰계수 $\mu = 0.2$이다).

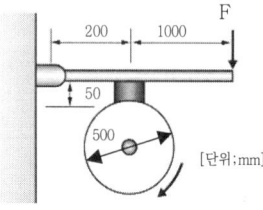
[단위;mm]

정답 45. ㉰ 46. ㉰ 47. ㉮ 48. ㉯ 49. ㉮

㉮ $\tau = 14.285$ kg · mm ㉯ $\tau = 15.285$ kg · mm
㉰ $\tau = 15.285$ kg · mm ㉱ $\tau = 14.285$ kg · mm

해설 제동력 f (우회전)= $\dfrac{F \cdot \mu \cdot a}{(b+\mu c)} = \dfrac{50 \times 0.2 \times (200+1000)}{(200+0.2 \times 20)} = 57.14$ (kg)

제동토크 $\tau = \dfrac{f \cdot D}{2} = \dfrac{57.14 \times 500}{2} = 14.285$ (kg)

50. 리벳이음에서 강판의 효율을 나타내는 식으로 옳은 것은?

㉮ $\dfrac{p-d}{p}$ ㉯ $\dfrac{d-p}{p}$ ㉰ $\dfrac{d-p}{d}$ ㉱ $\dfrac{p-d}{d}$

51. 그림과 같은 외팔보에서 폭×높이 = $b \times h$일 때, 최대굽힘응력(O_{max})을 구하는 식은?

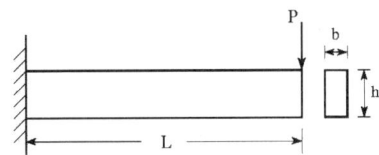

㉮ $\dfrac{6Pl}{bh^2}$ ㉯ $\dfrac{12Pl}{bh^2}$ ㉰ $\dfrac{6Pl}{b^2h^2}$ ㉱ $\dfrac{12Pl}{b^2h^2}$

52. 다음 중 회전 운동을 직선 운동으로 바꾸는 기어로 가장 적절한 것은?

㉮ 스크류 기어(screw gear) ㉯ 내접 기어(internal gear)
㉰ 하이포이드 기어(hypoid gear) ㉱ 래크와 기어(rack & gear)

해설 ① 두 축이 서로 평행한 경우
- 스퍼기어(spur gear: 평기어)
- 헬리컬기어(helical gear)
- 인터널기어(internal gear: 내접기어)
- 래크(rack)
- 더블 헬리컬 기어(double helical gear)

② 두 축이 만나지 않고, 평행하지도 않은 경우
- 하이포이드기어(hyfoid gear)
- 스크류기어(screw gear : 나사기어)
- 웜기어(worm gear)

53. 철과 비교한 알루미늄의 특성으로 틀린 것은?

㉮ 용융점이 낮다. ㉯ 열전도율이 높다.
㉰ 전기 전도성이 좋다. ㉱ 비중이 4.5로 철의 약 1/2이다.

해설 알루미늄의 비중은 2.7이고, 철의 비중은 7.85이다.

54. 실린더의 피스톤 로드에 인장하중이 걸리면 실린더는 끌리는 영향을 받게 되는데, 이러한 영향을 방지하기 위하여 인장하중이 가해지는 쪽에 설치된 밸브는?

정답 50. ㉮ 51. ㉮ 52. ㉱ 53. ㉱ 54. ㉱

㉮ 리듀싱 밸브 ㉯ 시퀀스 밸브
㉰ 언로드 밸브 ㉱ 카운터 밸런스 밸브

해설 • **카운터 밸런스 밸브**: 작동기에 부하가 되는 중량물의 자유낙하를 방지하기 위한 배압을 주는 압력제어 밸브이다. 보통 상승 행정을 위해서 체크밸브 속에 둔다.

55. 지름 10mm의 원형단면 축에 길이 방향으로 785N의 인장 하중이 걸릴 때 하중방향에 수직인 단면에 생기는 응력은 약 몇 N/mm^2인가?

㉮ 7.85   ㉯ 10   ㉰ 78.5   ㉱ 100

해설 $\sigma = \dfrac{W}{A} = \dfrac{W}{\pi r^2} = \dfrac{785}{3.14 \times 5^2} = 10(N/mm^2)$

56. 다음 중 주물제품에서 균열(Crack)의 원인으로 가장 거리가 먼 것은?

㉮ 주물을 급랭시킬 때 ㉯ 탕구가 매우 작을 때
㉰ 살 두께의 차이가 너무 클 때 ㉱ 모서리가 직각으로 되어 있을 때

해설 탕구는 주조 작업에서 용해된 금속을 주형에 부어 넣는 입구를 말한다. 균열과는 거리가 있다.

57. 다음 중 유동하고 있는 액체의 압력이 국부적으로 저하되어, 증기나 함유기체를 포함하는 기포가 발생하는 현상은?

㉮ 공동현상 ㉯ 분리현상
㉰ 재생현상 ㉱ 수격현상

해설 **공동현상**: 유체의 속도 변화에 의한 압력 변화에 의해 유체 내에 공동이 생기는 현상. 공동현상은 빠른 속도로 액체가 운동할 때 액체의 압력이 증기압 이하로 낮아져서 액체 내에 증기 기포가 발생하는 현상이다.

58. 내충격성과 성형성이 우수할 뿐만 아니라 색조와 표면광택 등의 외관 마무리성이 좋고 도장이 용이하기 때문에 자동차 외장 및 내장부품에 많이 사용되는 고분자 재료는?

㉮ NR   ㉯ BC   ㉰ ABS   ㉱ SBR

해설 ABS(Acrylonitrile-butadiene-styrene): 내충격성과 성형성이 우수할 뿐만 아니라 색조와 표면광택 등의 외관 마무리성이 좋고 도장이 용이하기 때문에, 자동차 외장 및 내장부품에 많이 사용되는 고분자 재료이다.

59. 탄소강이 아공석강 영역(C<0.77%)에서 탄소 함유량이 증가함에 따라 변화되는 기계적 성질로 옳은 것은?

㉮ 경도와 충격치는 감소한다. ㉯ 경도와 충격치는 증가한다.
㉰ 경도는 증가하고, 충격치는 감소한다. ㉱ 경도는 감소하고, 충격치는 증가한다.

해설 탄소강은 탄소가 0.02%~1.7%까지의 강철을 말한다. 아공석강에서의 인장강도, 경도 및 항복점 등은 탄소량에 따라 증가된다.

정답 55. ㉯ 56. ㉯ 57. ㉮ 58. ㉰ 59. ㉰

60. 드릴에서 지름이 10mm이고 날끝 원추부의 높이가 3mm인 드릴을 사용하여 절삭속도 31.4m/min, 이송 0.2mm/rev의 조건으로 깊이 20mm의 구멍을 뚫을 때 소요되는 시간은?

㉮ 0.12분   ㉯ 0.24분   ㉰ 0.36분   ㉱ 0.48분

[해설] $T = \dfrac{\pi d(L+h)}{1000 V_s} = \dfrac{3.14 \times 10(3+20)}{1000 \times 31.4 \times 0.2} \fallingdotseq 0.12분$

(전기제어 공학)

61. 피드백제어계에서 제어장치가 제어대상에 가하는 제어신호로 제어장치의 출력인 동시에 제어대상의 입력인 신호는?

㉮ 목표값   ㉯ 조작량   ㉰ 제어량   ㉱ 동작신호

[해설]
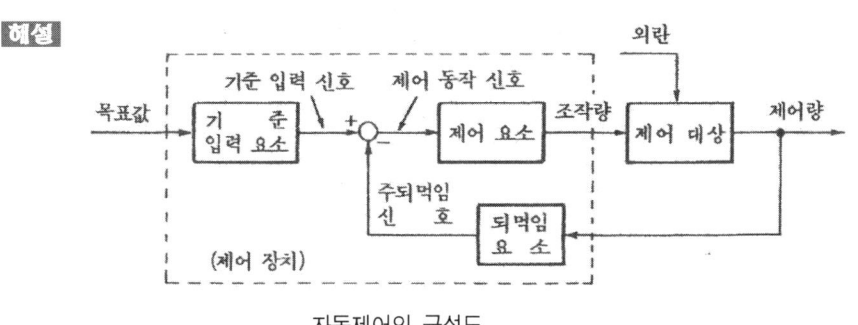

자동제어의 구성도

62. 예비전원으로 사용되는 축전지의 내부저항을 측정할 때 가장 적합한 브리지는?

㉮ 캠벨 브리지   ㉯ 맥스웰 브리지   ㉰ 휘트스톤 브리지   ㉱ 콜라우시 브리지

[해설] 콜라우시 브리지 : 교류에서 권지의 내부저항 측정 시 사용된다. 직류에서는 표준저항을 비교하는 정밀 브리지이다.

63. 서보 드라이브에서 펄스로 지령하는 제어운전은?

㉮ 위치제어운전   ㉯ 속도제어운전   ㉰ 토크제어운전   ㉱ 변위제어운전

64. 피드백제어의 장점으로 틀린 것은?

㉮ 목표값에 정확히 도달할 수 있다.   ㉯ 제어계의 특성을 향상시킬 수 있다.
㉰ 외부 조건의 변화에 대한 영향을 줄일 수 있다.   ㉱ 제어기 부품들이 성능이 나쁘면 큰 영향을 받는다.

[해설] 피드백 제어기는 외란에 대한 시스템 오차가 개루프 시스템보다 작으며, 안정도가 좋다.

65. 그림과 같은 계통의 전달 함수는?

정답 60. ㉮ 61. ㉯ 62. ㉱ 63. ㉮ 64. ㉱ 65. ㉰

㉮ $\dfrac{G_1G_2}{1+G_2G_3}$ ㉯ $\dfrac{G_1G_2}{1+G_1+G_2G_3}$

㉰ $\dfrac{G_1G_2}{1+G_2+G_1G_2G_3}$ ㉱ $\dfrac{G_1G_2}{1+G_1G_2+G_2G_3}$

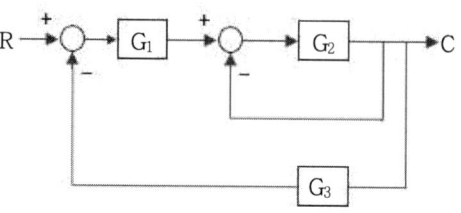

해설

블록선도	전달함수
$R(S) \xrightarrow{+}\circ\to G \to C(S)$ (부궤환)	$G = \dfrac{C(s)}{R(s)} = \dfrac{G}{1+G}$
$R(S) \to G_1 \to \circ^{+}_{+} \to C(S)$, G_2 정궤환	$G = \dfrac{C(s)}{R(s)} = \dfrac{G_1}{1-G_2}$
$R(S) \xrightarrow{+}\circ\to G_1 \to C(S)$, G_2 부궤환	$G = \dfrac{C(s)}{R(s)} = \dfrac{G_1}{1+G_1G_2}$

66. 평행판 간격을 처음의 2배로 증가시킬 경우 정전용량 값은?

㉮ 1/2배로 된다.   ㉯ 2배로 된다.   ㉰ 1/4배로 된다.   ㉱ 4배로 된다.

해설 $C = \dfrac{\varepsilon A}{d} = (F)$

67. 전달함수 $G(s) = \dfrac{s+b}{s+a}$를 갖는 회로가 진상 보상회로의 특성을 갖기 위한 조건으로 옳은 것은?

㉮ a > b   ㉯ a < b   ㉰ a > 1   ㉱ b > 1

해설 ① 진상보상회로(출력 빠르게) : $G(s) = \dfrac{s+b}{s+a}$ 에서 $a > b$

② 지상보상회로(출력 느리게) : $G(s) = \dfrac{1+sT_1}{1+sT_2}$ 에서 $T_1 < T_2$

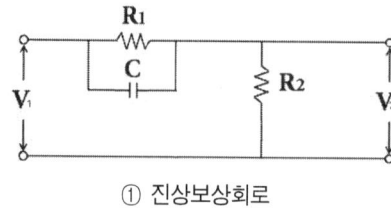

① 진상보상회로

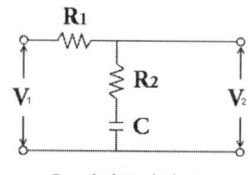

② 지상보상회로

정답 66. ㉮ 67. ㉮

68. 토크가 증가하면 속도가 낮아져 대체적으로 일정한 출력이 발생하는 것을 이용해서 전차, 기중기 등에 주로 사용하는 직류전동기는?

㉮ 직권전동기　　㉯ 분권전동기　　㉰ 가동 복권전동기　　㉱ 차동 복권전동기

해설 • 직권전동기 : $\tau = \dfrac{1}{N^2}$　여기서　τ : 토크, N : 속도

69. 2개의 교류 전압 $e_1 = 141\sin(120\pi t - 30°)$과 $e_2 = 150\cos(120\pi t - 30°)$의 위상차를 시간으로 표시하면 몇 초인가?

㉮ $\dfrac{1}{60}$　　㉯ $\dfrac{1}{120}$　　㉰ $\dfrac{1}{240}$　　㉱ $\dfrac{1}{360}$

해설 $e_2 = 150\sin(120\pi t - 30° + 90°)$

∴ e_1과 e_2의 위상차 $\theta = \dfrac{\pi}{2}$

$\theta = wt$에서 $t = \dfrac{\theta}{w} = \dfrac{\pi}{2} \times \dfrac{1}{120\pi} = \dfrac{1}{240}$ [sec]

70. 회로에서 A와 B간의 합성저항은 약 몇 Ω인가? (단, 각 저항의 단위는 모두 Ω이다.)

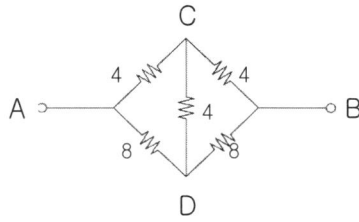

㉮ 2.66　　㉯ 3.2　　㉰ 5.33　　㉱ 6.4

해설 비례변끼리 곱하면 $4 \times 8 = 4 \times 8$ 그러므로 값이 동일하여 회로도를 그리면

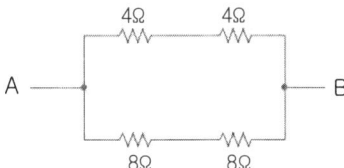

$R_{ab} = \dfrac{16 \times 8}{16 + 8} = \dfrac{128}{24} \fallingdotseq 5.33\,\Omega$

71. 평행하게 왕복되는 두 도선에 흐르는 전류간의 전자력은? (단, 두 도선간의 거리는 $r(m)$라 한다.)

㉮ r에 비례하며 흡인력이다.　　㉯ r^2에 비례하며 흡인력이다.
㉰ $\dfrac{1}{r}$에 비례하며 반발력이다.　　㉱ $\dfrac{1}{r^2}$에 비례하며 반발력이다.

해설 두 도선에 흐르는 전류의 방향이 같으면 흡인력이, 반대이면 반발력이 작용한다.

정답 68. ㉮　69. ㉰　70. ㉰　71. ㉰

$$F = \frac{2I_1 I_2}{r} \times 10^{-7}(N/m)$$

72. 기계장치, 프로세스 및 시스템 등에서 제어되는 전체 또는 부분으로서 제어량을 발생시키는 장치는?

㉮ 제어장치   ㉯ 제어대상   ㉰ 조작장치   ㉱ 검출장치

해설
- **제어장치**: 제어를 하기 위하여 제어대상에 부착시켜 놓은 장치
- **제어대상**: 제어량을 발생시키는 부분으로 이것은 장치 전체일 수도 있고, 일부분일 수도 있다.
- **조작부**: 조절부로부터 받은 신호를 조작량으로 바꾸어 제어대상에 보내 주는 부분
- **검출부**: 제어량을 검출하고 기준 입력신호와 비교시키는 부분

73. 101101에 대한 2의 보수(補數)는?

㉮ 101110   ㉯ 010010   ㉰ 010001   ㉱ 010011

해설 2의 보수는 1의 보수를 구해서 맨 하위 비트에 1을 더한다. 그리고 1의 보수는 0→1, 1→0으로 변환한다.

$$101101_2$$
$$\downarrow \leftarrow 1의\ 보수$$
$$\underline{010010}$$
$$+\quad 1$$
$$\overline{010011} \leftarrow 2의\ 보수$$

74. 제어량을 원하는 상태로 하기 위한 입력신호는?

㉮ 제어명령   ㉯ 작업명령   ㉰ 명령처리   ㉱ 신호처리

75. 그림과 같은 재전기 접점회로의 논리식은?

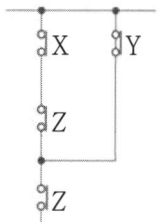

㉮ $XZ + Y$
㉯ $(X+Y)Z$
㉰ $(X+Y)Y$
㉱ $X+Y+Z$

해설 $(XZ+Y) \cdot Z = XZZ + YZ$
$= XZ + YZ$
$= (X+Y)Z$

76. 물 20 L를 15℃에서 60℃로 가열하려고 한다. 이 때 필요한 열량은 몇 kcal인가? (단, 가열시 손실은 없는 것으로 한다.)

정답 72. ㉯   73. ㉱   74. ㉮   75. ㉯   76. ㉰

㉮ 700　　㉯ 800　　㉰ 900　　㉱ 1000

해설 H=cm(T−t)=1×20×10³(60−15)=900(kcal)

77. 제어하려는 물리량을 무엇이라 하는가?

㉮ 제어　　㉯ 제어량　　㉰ 물길량　　㉱ 제어대상

78. 내부저항 r인 전류계의 측정범위를 n배로 확대하려면 전류계에 접속하는 분류기 저항(Ω)의 값은?

㉮ nr　　㉯ r/n　　㉰ (n-1)r　　㉱ r/(n-1)

해설 $I = I_o(1+\frac{r}{R_s})[A]$ 에서

$\frac{I}{I_o}=1+\frac{r}{R_s}$ 그러므로 $n=1+\frac{r}{R_s}, n-1=\frac{r}{R_s}$

∴ $R_s = \frac{r}{n-1}$

79. 목표값이 미리 정해진 시간적 변화를 하는 경우 제어량을 변화시키는 제어는?

㉮ 정치 제어　㉯ 추종 제어　㉰ 비율 제어　㉱ 프로그램 제어

해설
- **정치 제어**: 목표값이 시간에 따라 변화하지 않는 일정한 경우의 제어(예: 프로세스 제어, 자동조정)
- **추종 제어**: 미지의 시간적 변화를 하는 목표값에 제어량을 추종시키기 위한 제어(예: 대공포의 포신)
- **비율 제어**: 둘 이상의 제어량을 소정의 비율로 제어 하는 것(예: 보일러의 자동연소제어, 암모니아 합성프로세스 제어)
- **프로그램 제어**: 목표값이 미리 정해진 시간적 변화를 하는 경우, 제어량을 그것에 추종시키기 위한 제어(예: 열차, 산업 로봇의 무인운전)

80. 전동기에 일정 부하를 걸어 운전 시 전동기 온도 변화로 옳은 것은?

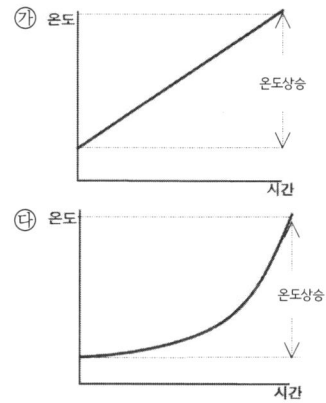

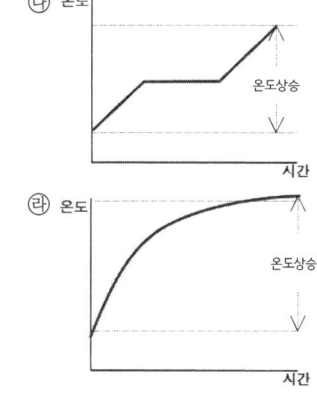

승강기 기사 기출문제
(2018. 4. 28)

(승강기 개론)

1. 엘리베이터의 메인 브레이크에 대한 설명 중 틀린 것은?

㉮ 브레이크 라이닝은 불연성이어야 한다.
㉯ 브레이크에 공급되는 전류는 2개 이상의 독립적인 전기장치에 의해 차단되어야 한다.
㉰ 카의 정격속도로 정격하중의 125%를 싣고 하강방향으로 운행될 때 구동기를 정지할 수 있어야 한다.
㉱ 브레이크 코일에 전류가 공급되면 제동력이 발생한다.

해설 브레이크가 동작을 안 할 때는 브레이크 코일이 여자(勵磁)된 상태이고, 브레이크가 동작된 상태는 브레이크 코일이 소자(消磁)되어 스프링에 의해 라이닝이 전동기를 누르는 상태이다.

2. 그림과 같은 유압회로의 설명이 아닌 것은?

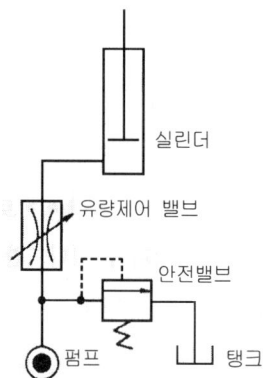

㉮ 효율이 비교적 좋다.
㉯ 정확한 제어가 가능하다.
㉰ 미터인(METER-IN)회로이다.
㉱ 펌프와 실린더 사이에 유량제어밸브를 삽입하여 직접 제어하는 방식이다.

해설 미터인(meter-in)회로는 효율이 나쁘다. 이유는 여분의 오일이 안전밸브를 통해 탱크로 되돌려지기 때문이다.

3. 유압엘리베이터에 대한 설명으로 틀린 것은?

㉮ 건물의 높이와 속도에 한계가 있다.
㉯ 초고속 엘리베이터에 주로 사용된다.
㉰ 하강 시에는 펌프를 구동시키지 않고 밸브만 제어하여 하강시킨다.
㉱ 모터로 유압펌프를 구동시켜 압력을 가진 오일이 플런저를 밀어 올려 카를 상승시킨다.

정답 1. ㉱ 2. ㉮ 3. ㉯

해설 유압 엘리베이터는 오일의 압력을 이용해 실린더를 밀어 오르내리는 저속의 엘리베이터이다. 비교적 저렴한 비용으로 큰 힘을 낼 수 있기 때문에, 화물용이나 자동차 등에 사용된다.

4. 사이리스터를 이용한 직류제어방식은?

㉮ 워드 레오나드 방식
㉯ 정지 레오나드 방식
㉰ 교류 2단 속도제어방식
㉱ 가변전압가변주파수 제어방식

해설 ① **워드 레오나드 방식**: 직류 발전기의 출력단을 직접 직류 전동기 전기자에 연결시키고, 발전기의 계자 전류를 조정하여 발전전압을 엘리베이터 속도에 대응하여 연속적으로 공급시키는 방식이다. 유지보수가 어려우나, 교류 2단 속도에 비하여 승차감이 좋고 착상시간도 짧다.
② **정지 레오나드 방식**: 사이리스터를 사용하여 교류를 직류로 변환하여 전동기에 공급하고, 사이리스터의 점호각을 제어하여 직류 전압을 가변시켜, 전동기의 속도를 제어하는 방식이다. 이 방식은 워드 레오나드 방식에 비하여 손실이 적고, 유지 보수가 용이하다. 고속 엘리베이터에 적용된다.
③ **교류 2단 속도제어방식**: 2단 속도 모터(motor)를 사용하여 기동과 주행은 고속권선으로 행하고 감속시는 저속권선으로 감속하여 착상하는 방식이다. 이 방식은 교류 1단 속도제어에 비하여 착상이 우수한데, 주로 화물용(30m/min~60m/min)에 사용된다. 2단 속도 전동기의 속도비는 여러 가지 비율을 생각할 수 있지만 착상오차, 감속도, 감속시의 잭(감속도의 변화율), 크리프(cleep) 시간(저속으로 주행하는 시간) 등을 고려해 4:1이 가장 많이 사용되고 있다.
④ **가변전압 가변주파수 제어방식**: 유도 전동기에 인가되는 전압과 주파수를 동시에 변환시켜 직류 전동기와 동등한 제어성능을 갖는다. 이 방식은 소비전력이 절감된다. 적용 엘리베이터의 속도는 고속범위까지 가능하다.

5. 엘리베이터의 과속조절기 로프는 어디에 고정시켜야 하는가?

㉮ 주로프(Main Rope)
㉯ 카 프레임(Car Frame)
㉰ 카의 상단 빔(Car Top Beam)
㉱ 추락방지안전장치 암(Safety Device Arm)

6. 직접식 유압엘리베이터에 대한 설명 중 틀린 것은?

㉮ 부하에 의한 카 바닥의 빠짐이 적다.
㉯ 실린더를 설치하기 위한 보호관을 지중에 설치하여야 한다.
㉰ 승강로 소요평면 치수가 작고 구조가 간단하다.
㉱ 추락방지안전장치가 필요하다.

해설 ① 직접식 엘리베이터
 - 추락방지안전장치가 없어도 된다.
 - 실린더(cylinder)를 설치하기 위한 보호관을 땅에 묻어야하기 때문에 설치가 어렵다.
 - 해당 승강로 평면이 작아도 되고 구조가 간단하다.
 - 부하에 대한 케이지 응력이 작아진다.
② 간접식 엘리베이터
 - 추락방지안전장치가 필요하다.
 - 로프의 이완(늘어남)과 기름의 압축성 때문에 부하로 인한 바닥 침하가 있다.
 - 실린더(cylinder) 보호관이 필요 없다.
 - 실린더(cylinder) 점검이 용이하다.

정답 4. ㉯ 5. ㉱ 6. ㉱

7. 기어드(Geared)형 권상기에서 엘리베이터의 속도를 결정하는 요소가 아닌 것은?

㉮ 시브의 직경　　㉯ 로프의 직경　　㉰ 기어의 감속비　　㉱ 권상모터의 회전수

해설 엘리베이터의 속도:
$$V = \frac{\pi \cdot D \cdot N}{1000} \cdot i\,(m/mm)$$
여기서, D: 권상기 도르래의 지름(mm)
　　　　N: 전동기의 회전수(r.p.m)
　　　　i: 감속기의 감속비

8. 승강장 출입구 바닥 앞부분과 카 바닥 앞부분과의 틈새 너비가 35mm 이하이어야 한다. 이 기준을 적용하지 않은 엘리베이터의 종류는?

㉮ 전망용　　㉯ 병원용　　㉰ 비상용　　㉱ 장애인용

해설 승강장 출입구 바닥 앞부분과 카 바닥 앞부분과의 틈새 너비는 장애인용의 경우 30mm 이하이어야 한다.

9. 로핑 방법 중 로프에 걸리는 장력이 가장 적은 것은?

㉮ 1:1　　㉯ 2:1　　㉰ 3:1　　㉱ 4:1

해설 로핑 방식이 클수록 장력은 작으나, 로프의 길이가 길어지고 수명이 짧아지며 효율 역시 저하된다.

10. 다음 (　) 안에 들어갈 내용으로 옳은 것은?

> 전자기계 브레이크는 자체적으로 카가 정격하중의 (　)%를 싣고 하강방향으로 운행될 때 구동기를 정지시킬 수 있어야 한다.

㉮ 165　　㉯ 145　　㉰ 135　　㉱ 125

11. VVVF 제어방식의 설명으로 틀린 것은?

㉮ 교류에서 직류로 변경되는 컨버터는 주로 사이리스터에 사용한다.
㉯ 직류에서 교류로 변경되는 인버터에는 주로 트랜지스터 또는 IGBT가 사용된다.
㉰ 발생하는 회생전력은 모두 저항을 통하여 열로 소비된다.
㉱ 유도전동기에 인가되는 전압과 주파수를 동시에 변환하는 방식이다.

해설 가변전압 가변주파수(VVVF: Variable Voltage Variable Frequency) 제어: 인버터제어라고도 불리는 VVVF 제어는 유도전동기에 인가되는 전압과 주파수를 동시에 변환시켜 직류전동기와 동등한 제어성능을 얻을 수 있는 방식이다. 또한 VVVF제어는 고속엘리베이터에도 유도전동기를 적용하여 보수가 용이하고 전력회생을 통해 전력소비를 줄일 수 있게 되었다. 또한 중·저속 엘리베이터에서는 승차감 및 성능이 크게 향상되었고, 저속영역에서 손실을 줄여 소비전력을 반으로 줄였다. 3상의 교류는 컨버터부에서 직류전원으로 변환하고 다시 인버터부에서 가변전압 가변주파수의 3상교류로 변화하여 전동기에 공급된다. 교류에서 직류로 변경되는 컨버터(Converter)에는 사이리스터(Thyristor)가 사용되고, 직류에서 교류로 변경하는 인버터(Inverter)에는 트랜지스터(Transistor)가 주로 사용된다.

정답 7. ㉯　8. ㉱　9. ㉱　10. ㉱　11. ㉰

12. 도어머신에 대한 설명 중 틀린 것은?

㉮ 작동이 원활하고 소음이 없어야 한다.
㉯ 작동회수는 엘리베이터 기동회수의 2배 정도이므로 보수가 쉬워야 한다.
㉰ 감속장치는 기어에 의한 방식 이외에 벨트나 체인에 의한 방식도 사용되고 있다.
㉱ 보수를 용이하게 하기 위해 DC모터를 사용한다.

해설 도어머신 모터는 DC도 사용하고, AC도 사용 하는데, AC를 사용할 때는 사이리스터에 의해 조절한다.

13. 엘리베이터용 트랙션 권상기에 대한 설명 중 틀린 것은?

㉮ 헬리컬기어드 권상기는 웜기어에 비해 효율이 높다.
㉯ 웜기어 권상기는 소음이 작다.
㉰ 로프의 권부각이 크면 미끄러지기 쉽다.
㉱ 주로프에 사용되는 도르래의 피치지름은 로프 지름의 40배 이상으로 한다.

해설 로프의 권부각이 크면 미끄러지기 어렵다.

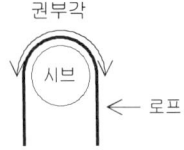

14. 다음 승강기방식 중 유압식이 아닌 것은?

㉮ 스크류식 ㉯ 팬터그래프식 ㉰ 간접식 ㉱ 직접식

해설 유압식 엘리베이터의 종류
① 직접식 ② 간접식 ③ 팬터그래프식

15. 에스컬레이터 적재하중을 산출하는데 필요한 사항이 아닌 것은?

㉮ 층고
㉯ 반력점간거리
㉰ 디딤판(스텝)의 폭
㉱ 디딤판(스텝)의 수평 투영 단면적

해설 적재하중: $G = 270\sqrt{3}\,W \cdot H\,(N)$
여기서 W: 디딤판 폭(m), H: 층고(m)

16. 기계실의 구조에 대한 설명으로 틀린 것은?

㉮ 기계실은 건축물의 타부분으로부터 출입문으로 격리되어야 한다.
㉯ 기계실의 위치는 항상 승강로의 최상부 쪽에 설치되어야만 한다.
㉰ 기계실의 작업구역 유효높이는 2.1m 이상이어야 한다.
㉱ 기계실의 기둥, 벽, 천장은 기기의 보수 및 수리를 위하여 기기와 일정 거리 이상을 두도록 한다.

정답 12. ㉱ 13. ㉰ 14. ㉮ 15. ㉯ 16. ㉯

해설 기계실의 위치
① 정상부(over head manchine room)
② 상부 측면부(side machine room)
③ 하부 측면부(basement machine room)

17. 록다운 추락방지안전장치에 대한 설명 중 틀린 것은?

㉮ 210m/min 이상에 적용된다.
㉯ 순간정지식 추락방지안전장치이다.
㉰ 록다운 추락방지안전장치의 동작을 감지하는 스위치가 있어야 한다.
㉱ 이 장치를 설치하면 균형추측의 직하부의 피트바닥을 두껍게 하지 않아도 된다.

해설 록다운 추락방지안전장치를 설치한다고 균형추측 직하부의 피트바닥을 얇게 하지는 않는다.

18. 권상기에서 구동 도르래(sheave)의 유효지름은 주로프 지름의 몇 배 이상이어야 하는가?

㉮ 10   ㉯ 20   ㉰ 30   ㉱ 40

19. 엘리베이터에 사용되는 인터폰에 대한 설명으로 틀린 것은?

㉮ 전원은 충전용 배터리를 사용한다.
㉯ 카의 조작반과 기계실이나 관리실 간에 설치한다.
㉰ 비상 시 방재센터, 기계실 및 관리실에서 안내방송으로 사용된다.
㉱ 관리실 등에서 인터폰을 받지 않으면 외부로 자동 통화연결 되어야 한다.

해설 인터폰은 탑승자가 어떤 이유로 카 안에 갇혀 있을 때, 구출 요청을 하기 위한 외부와의 통화장치이다.

20. 승강기의 카와 균형추를 로프로 감는 방법 중 더블랩을 사용하는 승강기는?

㉮ 저속 화물용 엘리베이터
㉯ 중속 승객용 엘리베이터
㉰ 고속 승객용 엘리베이터
㉱ 저속 승객용 엘리베이터

해설 • 싱글랩: 중속 이하의 엘리베이터에 채용 • 더블랩: 고속 엘리베이터에 채용

(승강기 설계)

21. 1대의 승강기 조작방식에서 자동운전방식이 아닌 것은?

㉮ 단식 자동식   ㉯ 군 관리방식   ㉰ 승합전자동식   ㉱ 하향승합자동방식

해설 ① 단식 자동식(single automatic type): 가장 먼저 눌러진 호출에만 응답하고, 운행 중 다른 호출에는 응하지 않는다. 자동차용 및 화물용에 적합하다.
② 군 관리방식: 엘리베이터가 3~8대 병설될 때, 각각의 카를 합리적으로 운행·관리하는 방식이다. 출퇴근시의 피크수요 점심시간 등 특정층의 혼잡을 자동으로 판단하고, 교통 수요의 변화에 따라 카의 운전 내용을 변화시켜서 적절히 배치한다. 이 방식은 전체 효율에 중점을 둔다. 승강장 위치 표시기는 홀랜턴(hall lantern)이 사용된다.

정답 17. ㉱ 18. ㉱ 19. ㉰ 20. ㉰ 21. ㉯

③ **승합전자동식(乘合全自動式)**: 승강장의 누름버튼을 상·하 2개가 있고 동시에 기억시킬 수 있다. 카 진행방향의 누름버튼과 승강장의 누름버튼에 응답하면서 오르고 내린다. 1대의 승용 엘리베이터는 이 방식을 채용하고 있다.

④ **하강 승합 자동식(down collective automatic type)**: 2층 이상의 승강장에는 내림방향의 버튼밖에 없다. 중간층에서 위 방향으로 올라갈 때에는 1층까지 내려와서 카 버튼으로 목적층을 등록시켜 올라가야 한다. 아파트 등에서 사생활 침해나 방범 목적으로 사용된다.

22. 비상용엘리베이터에 대한 요건이 아닌 것은?

㉮ 비상용엘리베이터는 모든 승강장문 전면에 방화구획된 로비를 포함한 승강로 내에 설치되어야 한다.
㉯ 비상용엘리베이터의 보조 전원공급장치는 방화구획 장소에 설치하여야 한다.
㉰ 비상용엘리베이터는 소방운전 시 모든 승강장 출입구마다 정지하여야 한다.
㉱ 비상용엘리베이터의 운행속도는 1m/s 이상이어야 한다.

해설 **비상용 엘리베이터**: 비상용엘리베이터는 건축물 전 층을 운행하여야 하는데, 소방운전 시 필요 승강장마다 정지하여야 한다. 또한 운행속도는 60m/min 이상이어야 하며, 카 지붕에는 0.5m×0.7m 이상의 비상구출문이 설치되어야 한다.

23. 엘리베이터 로프의 안전율(S)을 산출하는 식으로 옳은 것은? (단, K: 초핑계수. N: 로프 본 수. P: 로프 1본당 와이어로프의 절단하중(kg), W: 적재하중(kg), Wc: 카 자중(kg), Wr: 로프 자중(kg)이다.)

㉮ 안전율(S) = $\dfrac{W+N+P}{Wc+Wr}$ ㉯ 안전율(S) = $\dfrac{K\cdot N\cdot P}{W+Wc+Wr}$

㉰ 안전율(S) = $\dfrac{N\cdot P}{W\cdot Wc\cdot Wr}$ ㉱ 안전율(S) = $\dfrac{N+P}{K(W+Wc+Wr)}$

24. 전기식 엘리베이터에서 피트 바닥은 전 부하 상태의 카가 완충기에 작용하였을 때 완충기 지지대 아래에 부과되는 정하중의 몇 배를 지지할 수 있어야 하는가?

㉮ 1~2   ㉯ 2~3   ㉰ 2.1~3.1   ㉱ 2.5~4

해설 **카와 완충기의 충돌을 고려한 강도**: 피트 바닥은 전 부하 상태의 카가 완충기에 작용하였을 때 완충기 지지대 아래에 부과되는 정하중의 4배를 지지할 수 있어야 한다.
 $4\cdot gn\cdot(P+Q)$
 여기서 P: 카 자중 및 이동케이블, 균형 로프/체인 등 카에 의해 지지되는 부품의 중량(kg)
  Q: 정격하중(kg)
  gn: 중력가속도(9.81m/s^2)

25. 전동기의 효율에 관한 식으로 옳은 것은?

㉮ $\dfrac{입력-손실}{입력}\times100\%$ ㉯ $\dfrac{손실-입력}{입력}\times100\%$

㉰ $\dfrac{입력-손실}{손실}\times100\%$ ㉱ $\dfrac{손실-입력}{손실}\times100\%$

해설 • 전동기의 효율 = $\dfrac{입력-손실}{입력}\times100\%$ • 발전기의 효율 = $\dfrac{출력}{출력+손실}\times100\%$

정답 22. ㉰ 23. ㉯ 24. ㉱ 25. ㉮

26. 동기 기어리스 권상기를 설계하려고 한다. 주 도르래의 직경을 작게 설계한 경우에 대한 설명으로 틀린 것은?

㉮ 소형화가 가능하다.
㉯ 회전수가 빨라진다.
㉰ 브레이크 제동 토크가 커진다.
㉱ 주로프의 지름이 작아질 수 있다.

27. 도어클로저의 방식 중 레버시스템과 코일스프링 및 도어체크를 조합한 방식은?

㉮ 레버 클로저 방식
㉯ 와이어 클로저 방식
㉰ 웨이트 클로저 방식
㉱ 스프링 클로저 방식

28. 유입식 완충기를 설계할 때 고려하여야 할 사항으로 옳은 것은?

㉮ 재료의 안전율은 5cm 당 20% 이상의 신율을 갖는 재료에서는 2 이상이어야 한다.
㉯ 플런저를 완전히 압축한 상태에서 완전 복구할 때까지 소요하는 시간은 30초 이내이어야 한다.
㉰ 카의 정격하중을 싣고 정격속도의 115%의 속도로 자유낙하 하여 카가 완충기에 충돌할 때의 평균 감속도는 1gn 이하이어야 한다.
㉱ 강도는 최대적용중량의 85% 중량으로 추락방지안전장치의 동작속도로 충격시킬 경우 완충기에 이상이 없어야 하며, 플런저는 완전복귀 해야 한다.

해설 유입식 완충기
① 재료의 안전율은 5cm 당 20% 이상의 신율을 갖는 재료에서는 3 이상이어야 한다.
② 플런저를 완전히 압축한 상태에서 완전 복구할 때까지 소요하는 시간은 90초 이내이어야 한다.
③ 카의 정격하중을 싣고 정격속도의 115%의 속도로 자유낙하 하여 카가 완충기에 충돌할 때의 평균 감속도는 1gn 이하이어야 한다.
④ 2.5gn를 초과하는 감속도는 0.04초보다 길지 않아야 한다.
⑤ 작동 후에는 영구적인 변형이 없어야 한다.

29. 카틀 높이가 3.4m, 꼭대기틈새가 1.4m, 기계실높이가 2.0m, 출입구높이가 2.1m인 승객용 엘리베이터 오버헤드(OH)는 몇 m인가?

㉮ 5.4   ㉯ 5.5   ㉰ 4.8   ㉱ 3.4

해설 $h = 3.4m + 1.4m = 4.8m$

30. 후크의 법칙과 관련하여 관계식 $E = \sigma/\varepsilon$ 에 대한 설명으로 틀린 것은?

㉮ σ는 응력이다.
㉯ ε는 변형률이다.
㉰ E는 횡탄성계수이다.
㉱ σ는 하중을 단면적으로 나눈 것이다.

해설 후크의 법칙은 탄성이 있는 물체가 외력에 의해 늘어나거나 줄어드는 등 변형시, 자신의 원래 모습으로 돌아오려고 저항하는 복원력의 크기와 변형 정도의 관계를 나타내는 물리법칙을 말한다.

$$E = \frac{\sigma}{\varepsilon}$$

여기서 E: 종 탄성계수, σ: 응력, ε: 변형률

정답 26. ㉰ 27. ㉱ 28. ㉰ 29. ㉰ 30. ㉰

31. 트랙션비(Traction ratio)에 대한 설명으로 틀린 것은?

㉮ 트랙션비의 값이 낮아질수록 트랙선 능력은 좋아진다.
㉯ 트랙션비의 값이 커질수록 전동기의 출력은 낮아질 수 있다.
㉰ 카측 로프가 매달고 있는 중량과 균형추측 로프가 매달고 있는 중량의 비를 말한다.
㉱ 트랙션비의 계산 시는 적재하중, 카 자중, 로프 중량, 오버밸런스율 등을 고려하여야 한다.

해설 트랙션비의 값이 낮아야 로프와 도르래 사이의 트랙션능력(마찰력)은 작아도 되므로, 로프의 손상이 적은 구조의 홈을 적용할 수 있어 로프의 수명이 길어진다.

32. 전기식 엘리베이터에서 주로프에 관한 설명으로 틀린 것은?

㉮ 직경은 항상 공칭지름이 12mm 이상이어야 한다.
㉯ 카 1대에 대하여 2본(권동식의 경우도 2본) 이상이어야 한다.
㉰ 주로프의 안전율이 3본 이상은 12 이상이어야 한다.
㉱ 끝부분은 1본마다 로프소켓에 바빗트 채움을 하거나 체결식 로프소켓을 사용하여 고정하여야 한다.

해설 주로프의 직경은 8mm 이상 되어야 한다.

33. 공동주택(아파트)의 평균 운전간격은 몇 초(sec)가 적합한가?

㉮ 60~90   ㉯ 45~60   ㉰ 35~45   ㉱ 15~30

해설 공동주택(아파트의)의 평균 운전간격은 60~90초가 적합하고, 호텔은 40초 이하가 적합하다.

34. 베어링 메탈 재료의 구비조건으로 틀린 것은?

㉮ 열전도가 잘 되어야 한다.
㉯ 축과의 마찰계수가 작아야 한다.
㉰ 축보다 단단한 강도를 가져야 한다.
㉱ 제작이 용이하고 내부식성이 있어야 한다.

해설 베어링 메탈의 재료는 마모에 견딜 수 있을 정도로 단단하여야 하나, 축을 손상하지 않도록 축의 재료보다는 물러야 한다.

35. P10-co-150 지상 15층 규모 사무실 건물에 엘리베이터의 전예상정지수는?

㉮ 5.3   ㉯ 5.8   ㉰ 6.3   ㉱ 6.8

해설 편도급행: $n\{1-(\frac{n-1}{n})^r\}=13\{1-(\frac{13-1}{13})^8\} ≒ 6.3$

※ 승용은 엘리베이터 정원의 80%를 탑승율로 한다. 그러므로 10명×0.8 = 8명

36. 승객용 엘리베이터의 카측에 사용할 수 있는 가이드 레일의 최소 크기는?

㉮ 1K   ㉯ 3K   ㉰ 5K   ㉱ 8K

해설 가이드 레일의 규격
① 레일 호칭은 마무리 가공 전 소재의 1m당 중량으로 한다.

정답 31. ㉯ 32. ㉮ 33. ㉮ 34. ㉰ 35. ㉰ 36. ㉱

② 보통 T형 레일을 사용하는데 공칭은 8K, 13K, 18K, 24K이나 대용량 엘리베이터에서는 27K, 50K 등도 사용된다.
③ 레일의 표준길이는 5m이다.

37. 그림은 승강기 권상 시브의 언더컷 홈 모양이다. 홈의 깍인 면 a의 값을 구하는 식으로 옳은 것은?

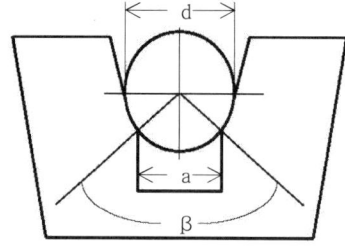

㉮ $2a = d \times \sin\beta$
㉯ $2a = 3d \times \sin\frac{\beta}{2}$
㉰ $\frac{a}{2} = \frac{d}{2} \times \sin\frac{\beta}{2}$
㉱ $\frac{a}{2} = \frac{d}{2} \times \sin\beta$

38. 비상용엘리베이터의 설계 시 고려해야할 사항으로 틀린 것은?

㉮ 전선관, 박스 등은 물이 잠기지 않는 구조로 한다.
㉯ 카 위의 각 전기장치에는 방적 커버, 물빼기 구멍 등을 설치한다.
㉰ 승강장에서 카를 부르는 장치는 반드시 피난층에만 설치하여야 한다.
㉱ 동일한 승강로 내에 다른 엘리베이터가 있다면 전체적인 공용 승강로는 비상용엘리베이터의 내화규정을 만족하여야 한다.

해설 비상용엘리베이터의 설계 시 승강장에서 카를 부르는 장치는 어떤 층에서든지 가능해야 한다.

39. 일반적으로 사용하는 가이드 레일의 허용응력으로 가장 적합한 것은?

㉮ 1200kg/cm^2 ㉯ 2400kg/cm^2 ㉰ 3600kg/cm^2 ㉱ 4800kg/cm^2

40. 에너지 분산형 완충기는 카에 정격하중을 싣고 정격속도의 115%의 속도로 자유낙하 하여 완충기에 충돌할 때 평균 감속도는 몇 gn 이하이어야 하는가?

㉮ 1 ㉯ 2 ㉰ 3 ㉱ 4

(일반 기계공학)

41. 원형축이 비틀림을 받고 있을 때 최대전단응력($\tau_{\max}$)과 축의 지름(d)과의 관계는?

㉮ $\tau_{\max} \propto d^2$ ㉯ $\tau_{\max} \propto d^3$ ㉰ $\tau_{\max} \propto \frac{1}{d^2}$ ㉱ $\tau_{\max} \propto \frac{1}{d^3}$

해설 $\tau_m = \frac{16T}{\pi d^3}$ 여기서 τ : 비틀림 모멘트

정답 37. ㉰ 38. ㉰ 39. ㉯ 40. ㉮ 41. ㉱

42. 표면경화법에서 질화법의 특징으로 틀린 것은?

㉮ 경화층은 얇지만 경도가 높다.
㉯ 마모 및 부식에 대한 저항이 작다.
㉰ 담금질할 필요가 없고 변형이 작다.
㉱ 600℃이하에서는 경도 감소 및 산화가 일어나지 않는다.

해설 질화법: 강철에 질소를 화합시켜 표면을 단단하게 만드는 방법. 이 방법을 하면 마모저항 및 경도가 크나 취성이 있다.

43. 용적형 펌프 중 정 토출량 및 가변 토출량으로서 공작기계, 프레스기계 등의 산업기계장치 또는 차량용에 널리 쓰이는 유압펌프는?

㉮ 베인 펌프 ㉯ 원심 펌프 ㉰ 축류 펌프 ㉱ 혼유형 펌프

해설 베인 펌프: 회전자(로터)내에 방사상으로 설치된 홈에 삽입된 날개(베인)가 캠 링에 내접하여 회전하는 것에 의해 2매의 날개 사이에 가두어 넣은 유체의 흡입측에서 배출측에 밀어내는 형식의 펌프이고, 정용량형과 가변용량형이 있다. 정용량형은 일반적으로 반경 방향의 압력에 의해 힘을 평형시켜 축받이 하중을 줄이는 구조의 압력평형형이다. 가변용량형은 부하 압력에 따라 작동에 필요한 만큼의 유량을 배출하기 때문에 회로의 효율이 높고, 공작 기계 등에 많이 사용되고 있다.

44. 물체를 달아 올리기 위해 훅(hook) 등을 걸 수 있는 볼트는?

㉮ T홈 볼트 ㉯ 나비 볼트 ㉰ 기초 볼트 ㉱ 아이 볼트

해설
- T홈 볼트: 공작기계 등의 T홈에 머리를 끼워서 이동하고, 임의의 위치에 부착하여 부품이나 부속품을 조이는 데 사용한다.
- 나비 볼트: 기계기구의 조정용, 기계의 커버, 외장의 부착에 사용된다.
- 기초 볼트: 건축을 할 때나 기계 등을 설치할 때 콘크리트 바닥에 묻어, 기둥·기계 등을 고착시키는 볼트이다.
- 아이 볼트: 주로 물품을 달아 올릴 때 사용되는 눈구멍을 붙인 볼트를 말한다.

45. 프레스 가공에서 드로잉한 제품의 플랜지를 소정의 형상이나 치수로 절단하는 가공법은?

㉮ 펀칭 ㉯ 블랭킹 ㉰ 트리밍 ㉱ 셰이빙

해설
- 블랭킹(blanking): 펀치 등을 이용하여 여러 형태로 판금 가공을 하는 일
- 트리밍(trimming): 성형이 끝난 성형품의 불필요한 부분을 잘라내는 것
- 셰이빙(shaving): 타발 가공을 행한 제품의 절단구는 매끈한 평면이 아니고, 전단면 외에 파단면이나 처짐, 반전이 있어 전단가공 특유의 형상을 하고 있다. 그래서 그 절단구를 평활하게 하기 위해 펀치와 다이스 사이의 틈새가 거의 없는 상태의 펀치를 사용, 절단구의 가장자리 부분을 깎아내어 깨끗하게 마무리하는 가공을 말한다.

46. 다음 중 스프링의 일반적인 용도로 가장 거리가 먼 것은?

㉮ 하중 및 힘의 측정에 사용한다.
㉯ 진동 또는 충격에너지를 흡수한다.
㉰ 운동에너지를 열에너지로 소비한다.
㉱ 에너지를 저축하여 놓고 이것을 동력원으로 이용한다.

정답 42. ㉯ 43. ㉮ 44. ㉱ 45. ㉰ 46. ㉰

47. 다음 중 버니어 캘리퍼스로 측정할 수 없는 것은?

㉮ 구멍의 내경　　㉯ 구멍의 깊이　　㉰ 축의 편심량　　㉱ 공작물의 두께

해설 버니어 캘리퍼스는 물체의 외경, 내경, 깊이 등을 측정할 수 있다.

48. 원동차의 지름 125[mm], 종동차의 지름이 375[mm]인 원동 마찰차가 회전하고 있다. 마찰차의 마찰계수가 0.2이고 서로 밀어 붙이는 힘은 2[kN]이라고 할 때 최대 토크는 몇(N·m)인가?

㉮ 50　　㉯ 65　　㉰ 75　　㉱ 85

해설 $Q = \mu P = 0.2 \times 2000 = 400[N]$

$T = \dfrac{QD}{2} = \dfrac{400 \times 0.375}{2} = 75[N \cdot m]$

49. 다음 중 유압 및 공기압 용어에서 의미하는 표준상태는?

㉮ 온도 0℃, 절대압 1.332kPa, 상대습도 50%인 공기상태
㉯ 온도 0℃, 절대압 101.3kPa, 상대습도 65%인 공기상태
㉰ 온도 10℃, 절대압 1.332kPa, 상대습도 50%인 공기상태
㉱ 온도 20℃, 절대압 101.3kPa, 상대습도 65%인 공기상태

50. 다음 중 감마(γ)철에 탄소가 최대 2.11% 고용된 γ고용체로 면심입방격자의 결정구조를 가지고 있는 것은?

㉮ 펄라이트　　㉯ 오스테나이트　　㉰ 마텐자이트　　㉱ 시멘타이트

해설 오스테나이트: 강 또는 주철 현미경조직의 한 가지로, 탄소를 고용(固溶)하고 있는 γ철, 즉 γ고용체를 말한다. 결정구조는 면심입방정(面心立方晶)으로, A1변태점(723℃) 이상 가열한 때에 얻을 수 있다. 강을 담금질하기 위해서는 A1변태점(723℃) 이상 가열하고, 오스테나이트 조직으로 하는 것이 제1조건이다. 오스테나이트를 냉각할 때, 냉각속도의 차이에 따라서 마르텐사이트, 베이나이트(bainite), 펄라이트(pearlite) 조직으로 변태한다.

51. 그림과 같이 균일 분포하중(q_0)을 받고 왼쪽 끝은 고정, 오른쪽 끝은 단순 지지되어 있는 보의 A점에서의 반력은?

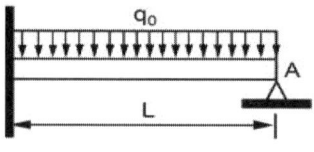

㉮ $\dfrac{1}{8}q_0 L$　　㉯ $\dfrac{1}{4}q_0 L$　　㉰ $\dfrac{3}{8}q_0 L$　　㉱ $\dfrac{1}{2}q_0 L$

52. 관용 나사에서 유체의 누설을 막기 위해 지정하는 테이퍼 값은?

㉮ 1/40　　㉯ 1/25　　㉰ 1/26　　㉱ 1/10

정답 47. ㉰　48. ㉰　49. ㉱　50. ㉯　51. ㉰　52. ㉰

53. 다음 유압회로의 명칭으로 옳은 것은?

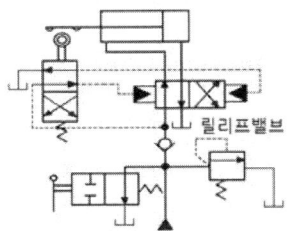

㉮ 로크 회로
㉯ 브레이크 회로
㉰ 파일럿 조작회로
㉱ 정토크 구동 회로

해설 파일럿(pilot) 조작회로: 유압 펌프에 보내는 오일의 양을 직접 제어하는 방식

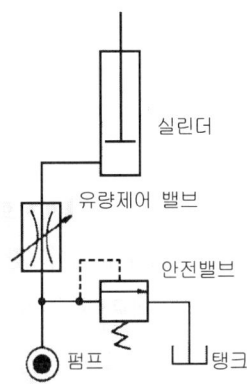

54. 한 쌍의 홈 마찰차의 중심 거리가 500mm, 원동차와 종동차의 회전수가 각각 300rpm, 200rpm일 때 홈 마찰차의 지름 D_1, D_2를 구하면?

㉮ $D_1 = 200(mm), D_2 = 300(mm)$
㉯ $D_1 = 300(mm), D_2 = 400(mm)$
㉰ $D_1 = 400(mm), D_2 = 500(mm)$
㉱ $D_1 = 400(mm), D_2 = 600(mm)$

해설 $i = \dfrac{n_2}{n_1} = \dfrac{200}{300} = \dfrac{D_1}{D_2}$ 이므로 $D_1 = \dfrac{2}{3}D_2$

$D_1 + D_2 = \dfrac{2}{3}D_2 + D_2 = 2C = 2 \times 500 = 1000, \dfrac{5}{3}D_2 = 1000$

∴ $D_2 = 600(mm), D_1 = 400(mm)$

55. 봉이 인장하중을 받을 때, 탄성한도 영역 내에서 종 변형률에 대한 횡 변형률의 비는?

㉮ 탄성한도   ㉯ 포와송 비   ㉰ 횡탄성 계수   ㉱ 체적탄성 계수

해설 포와송 비: 봉이 인장하중을 받을 때, 탄성한도 영역 내에서 종 변형률에 대한 횡 변형률의 비를 말한다.

56. 취성재료에서 단순인장 또는 단순압축 하중에 대한 항복강도, 또는 인장강도나 압축강도에 도달하였을 때 재료의 파손이 일어난다는 이론은?

정답 53. ㉰ 54. ㉱ 55. ㉯ 56. ㉮

㉮ 최대주응력설　　㉯ 최대전단응력설　　㉰ 최대주변형률설　　㉱ 변형률 에너지설

해설 **최대 주 응력설**: 최대 인장응력의 크기가 인장 항복강도(한 방향의 단순인장 시험에서 항복이 시작되는 응력)보다 클 경우 또는 최대 압축응력의 크기가 압축 항복강도(한 방향의 단순 압축시험에서 항복이 시작되는 응력)보다 클 경우 재료의 파손이 일어난다는 이론

57. 주조품을 제조하기 위한 모형(pattern) 중 코어 모형을 사용해야 하는 주물로 적합한 것은?

㉮ 골격형 주물　　㉯ 크기가 큰 주물　　㉰ 외형이 복잡한 주물　　㉱ 내부에 구멍이 있는 주물

58. 연삭숫돌을 구성하는 3요소가 아닌 것은?

㉮ 조직　　㉯ 입자　　㉰ 기공　　㉱ 결합체

해설 연삭숫돌 구성 3요소: ① 입자　② 가공　③ 결합체

59. 산화알루미늄(Al_2O_3) 분말을 마그네슘, 규소 등의 산화물과 소량의 다른 원소를 첨가하여 소결한 절삭공구로 충격에는 약하나 고속절삭에서 우수한 성능을 나타내는 것은?

㉮ 세라믹 공구　　㉯ 고속도강 공구　　㉰ 초경합금 공구　　㉱ 다이아몬드 공구

해설 • **세라믹 공구**: 산화알루미늄을 주 성분으로 하는 세라믹스로 만들어진 공구
- **고속도강 공구**: 텅스텐 18%, 크로뮴 4%, 바나듐 1%를 사용하여 만든 공구를 말한다. 고속도강은 금속 재료를 빠른 속도로 절삭하는 공구에 사용되는 특수강이다.
- **초경합금 공구**: 금속탄화물을 미분말로 하여 그것에 소량의 금속을 결합체로써 첨가시켜, 고온에서 소결 합한 합금의 공구를 말한다.
- **다이아몬드 공구**: 천연 다이아몬드나 인조 다이아몬드를 사용하는 공구를 말한다.

60. 산화철 분말과 알루미늄 분말을 혼합하여 연소시킬 때 발생하는 열에 의해 접합하는 용접은?

㉮ 테르밋 용접　　㉯ 탄산가스 아크용접
㉰ 원자수소 아크용접　　㉱ 불활성가스 금속 아크용접

해설 **테르밋 용접**: 철재(鐵材)의 접합에 테르밋 반응을 이용하는 것을 말한다. 산화철과 알루미늄 분말을 배합해서 점화하면, 알루미늄에 의해 산화철이 환원되어 생긴 철이, 반응 때 발생된 약 2,800℃의 고온에 의해 녹는다. 이것을 접합하려는 부분에 부어 용접한다.

(전기제어 공학)

61. 다음과 같은 회로에서 a, b 양 단자 간의 합성저항은?(단, 그림에서의 저항의 단위는 [Ω]이다.)

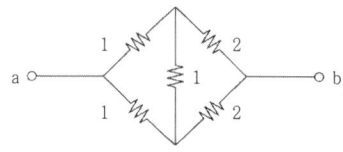

㉮ 1.0[Ω]　　㉯ 1.5[Ω]　　㉰ 2.0[Ω]　　㉱ 2.5[Ω]

정답 57. ㉱　58. ㉮　59. ㉮　60. ㉮　61. ㉯

해설 브리지 회로이다. 비례변끼리 곱해보니 값이 같다. 그러므로 회로를 다시 그리면

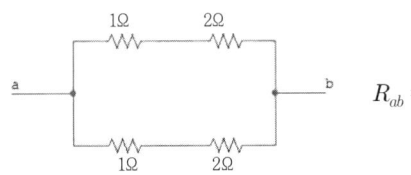

$$R_{ab} = \frac{3 \cdot 3}{3+3} = \frac{9}{6} = \frac{3}{2} = 1.5[\Omega]$$

62. 다음 중 절연저항을 측정하는 데 사용되는 계측기는?

㉮ 메거　　㉯ 저항계　　㉰ 켈빈브리지　　㉱ 휘스톤브리지

63. 다음의 논리식을 간단히 한 것은?

$$X = A\overline{B}\overline{C} + \overline{A}\overline{B}C + A\overline{B}C$$

㉮ $\overline{B}(A+C)$　　㉯ $C(A+\overline{B})$　　㉰ $\overline{C}(A+B)$　　㉱ $\overline{A}(B+C)$

해설 $X = A\overline{B}\overline{C} + \overline{A}\overline{B}C + A\overline{B}C = A\overline{B}\overline{C} + \overline{B}C(\overline{A}+A)$
　　　$= \overline{B}(C + A\overline{C})$
　　　$= \overline{B}(A+C)$
　　※ $C + AC = C,\ C + \overline{C}A = C + A$

64. 직류기에서 전압정류의 역할을 하는 것은?

㉮ 보극　　㉯ 보상권선　　㉰ 탄소브러시　　㉱ 리액턴스 코일

해설 정류곡선

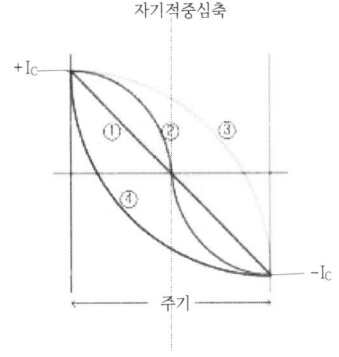

① 직선정류: 양호한 정류
② 정현정류: 양호한 정류
③ 부족정류: 브러시 후반부에서 불꽃이 일어난다(보극을 이용해 양호한 정류가 되게 한다=전압정류).
④ 과정류: 브러시 전단부에서 불꽃이 일어난다.

65. PLC프로그래밍에서 여러 개의 입력 신호 중 하나 또는 그 이상의 신호가 ON되었을 때 출력이 나오는 회로는?

㉮ OR회로　　㉯ AND회로　　㉰ NOT회로　　㉱ 자기유지회로

정답 62. ㉮　63. ㉮　64. ㉮　65. ㉮

해설 ① OR 회로

◇ 시퀀스 회로   ◇ 논리 회로   ◇ 논리식   ◇ 진리표

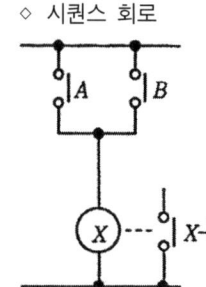

$X = A + B$

입력		출력
A	B	X
0	0	0
0	1	1
1	0	1
1	1	1

② AND회로

◇ 시퀀스 회로   ◇ 논리 회로   ◇ 논리식   ◇ 진리표

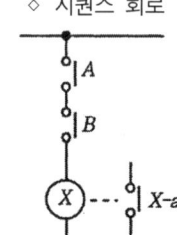

$X = A \cdot B$

입력		출력
A	B	X
0	0	0
0	1	0
1	0	0
1	1	1

66. 다음 중 무인 엘리베이터의 자동제어로 가장 적합한 것은?

㉮ 추종 제어   ㉯ 정치 제어   ㉰ 프로그램 제어   ㉱ 프로세스 제어

해설 • **추종제어**: 목표값이 시간에 따라 변하며, 이 변화는 목표값에 제어량을 추종하도록 하는 제어로 서보기구가 이에 해당된다. (예) 대공포의 포신
• **정치제어**: 목표값이 시간에 따라 변화하지 않는 일정한 경우의 제어를 말한다. (예) 프로세서 제어, 자동조정
• **프로그램 제어**: 목표값이 미리 정해진 시간적 변화를 하는 경우 제어량을 그것에 추종시키기 위한 제어 (예) 열차, 산업로봇의 무인운전
• **프로세스 제어**: 온도, 압력, 유량 등과 같은 일반 공업량일 때의 제어

67. 단상변압기 2대를 사용하여 3상 전압을 얻고자 하는 결선방법은?

㉮ Y결선   ㉯ V결선   ㉰ △결선   ㉱ Y-△결선

68. 그림과 같이 철심에 두 개의 코일 C_1, C_2를 감고 코일 C_1에 흐르는 전류 I에 $\triangle I$ 만큼의 변화를 주었다. 이 때 일어나는 현상에 관한 설명으로 옳지 않은 것은?

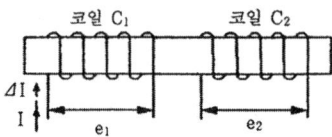

정답 66. ㉰ 67. ㉯ 68. ㉱

㉮ 코일 C_2에서 발생하는 기전력 e_2는 렌츠의 법칙에 의하여 설명이 가능하다.
㉯ 코일 C_1에서 발생하는 기전력 e_1은 자속의 시간 미분값과 코일의 감은 횟수의 곱에 비례한다.
㉰ 전류의 변화는 자속의 변화를 일으키며, 자속의 변화는 코일 C_1에 기전력 e_1을 발생시킨다.
㉱ 코일 C_2에서 발생하는 기전력 e_2와 전류 I의 시간 미분값의 관계를 설명해 주는 것이 자기인덕턴스이다.

해설 상호인덕턴스는 1차 측의 전류변화에 의한 2차 측에 나타나는 전압의 크기 정도를 나타내는 비례상수를 말한다.
$$e_2 = -M\frac{dI_1}{dt}(V)$$

69. 100[V], 40[W]의 전구에 0.4[A]의 전류가 흐른다면 이 전구의 저항은?

㉮ 100[Ω]　　㉯ 150[Ω]　　㉰ 200[Ω]　　㉱ 250[Ω]

해설 $R = \dfrac{V^2}{P} = \dfrac{100^2}{40} = 250[\Omega]$

70. 개루프 전달함수 $G(s) = \dfrac{1}{s^2+2s+3}$인 단위 궤환계에서 단위계단입력을 가하였을 때의 오프셋(off set)은?

㉮ 0　　㉯ 0.25　　㉰ 0.5　　㉱ 0.75

해설 $e_o = \underset{s \to 0}{\text{Lim}} s\dfrac{1}{1+G(s)}R(s)$에서 $R(s) = \dfrac{1}{s}$이므로

$e_o = \underset{s \to 0}{\text{Lim}}\dfrac{s}{1+G(s)} \cdot \dfrac{1}{s}$

$= \underset{s \to 0}{\text{Lim}}\dfrac{1}{1+G(s)} = \underset{s \to 0}{\text{Lim}}\dfrac{1}{1+\dfrac{1}{s^2+2s+3}}$

$= \underset{s \to 0}{\text{Lim}}\dfrac{s^2+2s+3}{(s^2+2s+3)+1}$

$= 0.75$

※ 단위계단 입력: 계단처럼 1이란 신호가 계속 입력됨 $u(t) = 1\left(\dfrac{1}{s}\right)$

71. 오차 발생시간과 오차의 크기로 둘러싸인 면적에 비례하여 동작하는 것은?

㉮ P 동작　　㉯ I 동작　　㉰ D 동작　　㉱ PD 동작

해설
- P제어(비례제어): 입력에 비례하여 출력(오차, 정확도 불필요)이 나간다.
- I제어(적분제어): 출력이 입력의 적분 형태로 나타난다. 정확도를 필요로 하는 제어이다(예: 반도체 공장의 반도체생산).
- D제어(미분제어): 출력이 입력의 미분형태로 나타난다. 정확도는 불필요하다(예: 음료수 공장의 음료수 생산).
- PD제어: 비례제어와 미분제어의 합을 하는 제어이다.

72. 온도 보상용으로 사용되는 소자는?

㉮ 서미스터　　㉯ 바리스터　　㉰ 제너다이오드　　㉱ 버랙터다이오드

정답 69. ㉱　70. ㉱　71. ㉯　72. ㉮

해설
- **서미스터**: 온도 보상용으로 사용된다.
- **바리스터**: 서지 전압에 대한 회로 보호용으로 사용된다.
- **제너다이오드**: 정전압 전원회로에 사용된다.
- **바랙터 다이오드**: 역 바이어스 걸면 공핍증이 생겨 용량이 발생하는 가변용량 다이오드이다.

73. 저항 8[Ω]과 유도리액턴스 6[Ω]이 직렬접속된 회로의 역률은?

㉮ 0.6   ㉯ 0.8   ㉰ 0.9   ㉱ 1

해설 $\cos\theta = \dfrac{R}{Z} = \dfrac{R}{\sqrt{R^2 + X_L^2}} = \dfrac{8}{\sqrt{8^2 + 6^2}} = 0.8$

74. 전동기 2차 측에 기동저항기를 접속하고 비례 추이를 이용하여 기동하는 전동기는?

㉮ 단상 유도전동기   ㉯ 2상 유도전동기   ㉰ 권선형 유도전동기   ㉱ 2중 농형 유도전동기

해설 권선형 유도 전동기는 2차 저항과 슬립비를 같게 하면 항상 일정한 회전력과 회전자 전류가 흐르는데 이와 같은 관계(비례 추이)를 이용한 전동기이다.

75. 온 오프(on-off) 동작에 관한 설명으로 옳은 것은?

㉮ 응답속도는 빠르나 오프셋이 생긴다.
㉯ 사이클링은 제거할 수 있으나 오프셋이 생긴다.
㉰ 간단한 단속적 제어동작이고 사이클링이 생긴다.
㉱ 오프셋은 없앨 수 있으나 응답시간이 늦어질 수 있다.

해설 온 오프(on-off) 동작을 하면 간단한 단속적 동작이 되고 사이클링이 생긴다.

76. 물체의 위치, 방위, 자세 등의 기계적 변위를 제어량으로 하여 목표값의 임의의 변화에 항상 추종되도록 구성된 제어장치는?

㉮ 서보기구   ㉯ 자동조정   ㉰ 정치제어   ㉱ 프로세스 제어

해설
- **서보기구**: 물체의 위치, 방위, 자세 등 기계적 변위를 제어량으로 한다.
- **자동조정**: 속도, 회전력, 전압, 주파수, 역률 등을 제어량으로 하는 제어
- **정치제어**: 목표값이 시간에 따라 변화하지 않는 일정한 경우의 제어
- **프로세스 제어**: 온도, 압력, 유량 등과 같은 일반 공업량일 때의 제어

77. 검출용 스위치에 속하지 않는 것은?

㉮ 광전스위치   ㉯ 액면스위치   ㉰ 리미트스위치   ㉱ 누름버튼스위치

해설 누름버튼 스위치는 전동기를 기동 시 기동버튼으로 주로 사용된다.

78. 공작기계의 물품 가공을 위하여 주로 펄스를 이용한 프로그램 제어를 하는 것은?

㉮ 수치 제어   ㉯ 속도 제어   ㉰ PLC 제어   ㉱ 계산기 제어

정답 73. ㉯ 74. ㉰ 75. ㉰ 76. ㉮ 77. ㉱ 78. ㉮

해설 수치제어는 머리글을 따서 NC라고 약칭되고 있다. 수치제어란 공작기계를 대상으로 하여 생각하면 공작물에 대한 공구의 위치를 그에 대응하는 수치정보를 지령하는 제어를 말한다.

79. 그림과 같은 제어에 해당하는 것은?

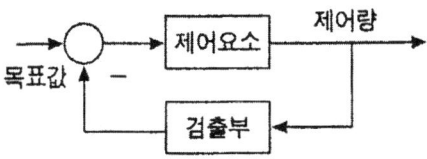

㉮ 개방 제어   ㉯ 시퀀스 제어   ㉰ 개루프 제어   ㉱ 폐루프 제어

해설 **폐루프 제어**(feed back control): 폐회로를 형성하여 출력신호를 입력신호로 되돌아오도록 하는 것을 되먹임이라 하며, 되먹임에 의한 목표값에 따라 자동적으로 제어하는 것을 말한다. 되먹임 제어계에는 반드시 입력과 출력을 비교하는 장치가 있다.

80. 다음과 같은 회로에서 i_2가 0이 되기 위한 C의 값은?(단, L은 합성인덕턴스, M은 상호인덕턴스이다.)

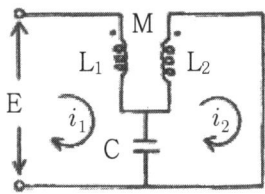

㉮ $\dfrac{1}{wL}$ ㉯ $\dfrac{1}{w^2L}$ ㉰ $\dfrac{1}{wM}$ ㉱ $\dfrac{1}{w^2M}$

해설 그림과 같은 캠벨(campbell) 브리지 회로에서 i_2가 0이 되기 위한 조건을 평형조건이라 하며 이 경우 C의 값은

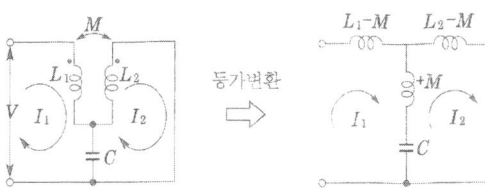

2차 회로의 전압 방정식은

$$(jwL_2 - jwM)i_2 + (jwM - j\dfrac{1}{wC})(i_2 - i_1) = 0$$

$$(j\dfrac{1}{wC} - jwM)i_1 + (jwL_2 - j\dfrac{1}{wC})i_2 = 0$$

$i_2 = 0$가 되려면 i_2의 계수가 0이어야 하므로

$$j\dfrac{1}{wC} - jwM = 0 \quad \therefore \quad C = \dfrac{1}{w^2M}$$

승강기 기사 기출문제
(2019. 3. 3)

(승강기 개론)

1. 한쪽 방향으로만 기름이 흐르도록 하는 밸브로 상승 방향으로만 흐르고 역방향으로는 흐르지 않게 하는 밸브는?

㉮ 체크밸브 ㉯ 스톱밸브 ㉰ 안전밸브 ㉱ 럽처밸브

해설 ① 체크밸브(check valve):
ⓐ 한쪽 방향으로 오일이 흐르도록 하는 밸브로서, 상승방향으로는 흐르나 역방향으로는 흐르지 않는다.
ⓑ 기능은 전기식 엘리베이터의 전자 브레이크와 유사하다.
② 스톱밸브(stop valve): 유압파워 유니트에서 실린더로 통하는 배관 도중에 설치되는 수동조작밸브이다. 이 밸브를 닫으면 실린더의 오일이 파워유니트로 역류하는 것을 방지한다. 이 밸브는 유알장치의 보수, 점검, 수리시에 사용되는데 게이트 벨브(gate valve)라고도 한다.
③ 안전밸브(Relief valve):
ⓐ 일종의 압력조정 밸브인데, 회로의 압력이 상용압력의 125% 이상 높아지게 되면 바이패스 회로를 열어 오일을 탱크로 돌려보냄으로써 압력이 과도하게 상승하는 것을 방지한다.
ⓑ 압력은 전부하 압력의 140%까지 제한하도록 맞추어 조절되어야 한다.
④ 럽처밸브(Rupture valve): 오일이 실린더로 들어가는 곳에 설치되어 만일 압력배관이 파손되었을 때 자동적으로 밸브를 닫아 카가 급격히 떨어지는 것을 방지하는 밸브로 한번 동작되면 인위적으로 재조작하기 전에는 닫힌 상태로 유지된다.

2. 카틀이 레일에서 벗어나지 않도록 하는 것은?

㉮ 과속조절기 ㉯ 제동기 ㉰ 균형로프 ㉱ 가이드 슈

해설 가이드 슈(guide shoe): 카틀이 레일에서 벗어나지 않도록 카의 앞쪽 좌우 그리고 뒤쪽 좌우를 고정시켜 주는 장치이다.

3. 선형 특성을 갖는 에너지 축적형 완충기 설계 시 최소행정으로 옳은 것은?

㉮ 완충기의 행정은 정격속도의 115%에 상응하는 중력정지거리의 2배 이상으로서 최소 65mm 이상이어야 한다.
㉯ 완충기의 행정은 정격속도의 125%에 상응하는 중력정지거리의 2배 이상으로서 최소 65mm 이상이어야 한다.
㉰ 완충기의 행정은 정격속도의 125%에 상응하는 중력정지거리의 4배 이상으로서 최소 65mm 이상이어야 한다.
㉱ 완충기의 행정은 정격속도의 125%에 상응하는 중력정지거리의 4배 이상으로서 최소 85mm 이상이어야 한다.

해설 에너지 축적형 완충기(스프링 완충기): 선형 특성을 갖는 완충기

정답 1. ㉮ 2. ㉱ 3. ㉮

① 완충기의 가능한 총 행정은 정격속도의 115%에 상응하는 중력 정지거리의 2배($0.135v^2[m]$) 이상이어야 한다. 다만 행정은 65mm 이상이어야 한다.
② 완충기는 카 자중과 정격하중(또는 균형추의 무게)을 더한 값의 2.5배와 4배 사이의 정하중으로 ①에 규정된 행정이 적용되도록 설계되어야 한다.

4. 기계실 바닥에 몇 cm를 초과하는 단차가 있을 경우에는 보호난간이 있는 계단 또는 발판이 있어야 하는가?

㉮ 10   ㉯ 30   ㉰ 50   ㉱ 100

해설 기계실 바닥에 0.5m를 초과하는 단차가 있을 경우에는 보호난간이 있는 계단 또는 발판이 있어야 한다.

5. 엘리베이터의 속도에 영향을 미치지 않는 것은?

㉮ 로핑   ㉯ 트러스   ㉰ 감속기   ㉱ 전동기

해설 트러스

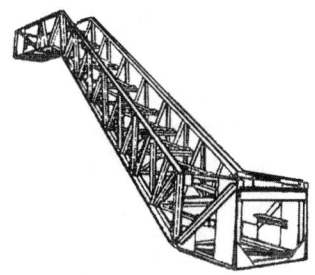

6. 카가 2대 또는 3대가 병설되었을 때 사용되는 조작방식으로 1개의 승강장 부름에 대하여 1대의 카가 응답하며, 일반적으로 부름이 없을 때에는 다음의 부름에 대비하여 분산대기 하는 복수 엘리베이터의 조작방식은?

㉮ 군관리 방식   ㉯ 단식 자동식   ㉰ 승합 전자동식   ㉱ 군 승합 전자동식

해설 ① 군 승합 전자동식: 엘리베이터 2~3대가 병설 되었을 때 주로 사용되는 방식, 1대의 승강장 부름에 1대의 카만 응답하여 필요 없는 운전을 줄인다.
② 군관리 방식: 엘리베이터가 3~8대 병설될 때, 각각의 카를 합리적으로 운행·관리하는 방식이다. 출퇴근 시의 피크수요 점심시간 등 특정층의 혼잡을 자동으로 판단하고, 교통 수요의 변화에 따라 카의 운전 내용을 변화시켜 적절히 배치한다. 이 방식은 전체 효율에 중점을 둔다. 승강장 위치 표시기는 홀랜턴(hall lantern)이 사용된다.

7. 기계실 내부 조명의 조도는 일반적으로 바닥에서 몇 lx 이상으로 하는가?

㉮ 60   ㉯ 100   ㉰ 150   ㉱ 200

해설 기계실 바닥 면에서 200lx 이상을 비출 수 있는 영구적으로 설치된 전기 조명이 있어야 한다.

정답 4. ㉰   5. ㉯   6. ㉱   7. ㉱

8. 과속조절기 도르래의 회전을 베벨기어를 이용해 수직축의 회전으로 변환하고, 이 축의 상부에서부터 링크 기구에 의해 매달린 구형의 진자에 작용하는 원심력으로 작동하는 과속조절기로, 구조가 복잡하지만 검출 정밀도가 높으므로 고속 엘리베이터에 많이 이용되는 과속조절기는?

㉮ 디스크형 과속조절기 ㉯ 스프링형 과속조절기
㉰ 플라이볼형 과속조절기 ㉱ 롤 세이프티형 과속조절기

해설

- 디스크형 과속조절기:
  과속조절기 시브의 속도가 빠르면 원심력에 의거 웨이트가 벌어지는데, 이때 과속스위치가 작동해 전원이 차단된다. 따라서 브레이크가 걸린다. 디스크 과속조절기는 저·중속 엘리베이터에 사용된다.

- 플라이볼 과속조절기:
  시브의 회전을 종축으로 변환시켜 그 원심력(속도가 빠르면)으로 플라이볼이 작동해 전원스위치와 추락방지안전장치를 작동시킨다. 플라이볼 과속조절기는 고속용 엘리베이터에 사용된다.

- 롤 세이프티형 과속조절기:
  펜들럼(pendulum)형식 과속조절기로 불리기도 한다. 과속조절기에 회전축을 갖는 이중 암 레버가 설치되어 있어, 레버의 한쪽은 롤러가 설치되어 있고, 다른 한쪽은 폴(pawl)구조로 되어있다. 이 과속조절기는 크기가 작고 구조가 간단하며 저속에서 사용된다.

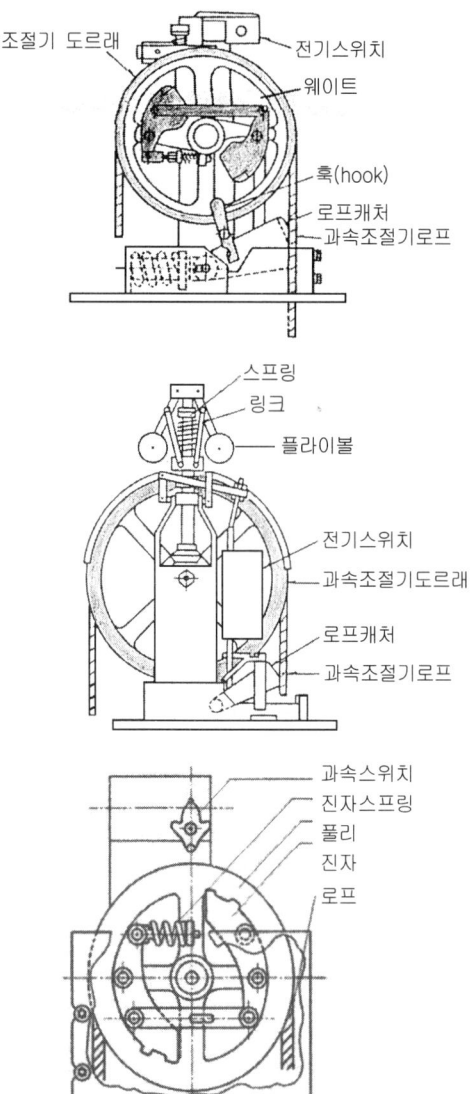

9. 승강로 외부의 작업구역에서 승강로 내부의 구동기 공간에 출입하는 문에 요구되는 사항으로 틀린 것은?

정답 8. ㉰ 9. ㉱

㉮ 승강로 내부 방향으로 열리지 않아야 한다.
㉯ 승강로 추락을 막을 수 있도록 가능한 작아야 한다.
㉰ 구멍이 없어야 하고 승강장 문과 동일한 기계적 강도이어야 한다.
㉱ 잠겼으면 승강로 내부에서 열쇠를 사용하지 않고는 열 수 없어야 한다.

해설 승강로 외부의 작업구역에서 승강로 내부의 구동기 공간에 출입은 다음과 같아야 한다.
① 문을 통해 요구된 작업을 수행할 수 있는 충분한 크기를 가져야 한다.
② 승강로 추락을 막을 수 있도록 가능한 작아야 한다.
③ 승강로 내부 방향으로 열리지 않아야 한다.
④ 열쇠로 조작되는 잠금장치가 있어야 하며 열쇠 없이 다시 닫히고 잠길 수 있어야 한다.
⑤ 잠겨있더라도 승강로 내부에서 열쇠를 사용하지 않고 열릴 수 있어야 한다.
⑥ 구멍이 없어야 하고 승강장문과 동일한 기계적 강도이어야 한다.

10. 유압식 엘리베이터에서 일반적으로 사용되는 펌프로 압력맥동, 진동, 소음이 작은 밸브는?

㉮ 기어펌프　　㉯ 베인펌프　　㉰ 원심식 펌프　　㉱ 스크류 펌프

해설 펌프는 일반적으로 원심식, 가변 토출량식, 강제 송유식 등이 있는데, 현재 주로 사용되는 유압엘리베이터의 펌프는 강제 송유식이다. 강제송유식에는 기어펌프, 베인펌프 및 스크류 펌프 등이 있으며, 대부분 스크류펌프를 사용한다.

11. 엘리베이터의 가이드 레일을 설치할 때 레일 브라켓(Rail Bracket)의 간격을 작게 하면 동일한 하중에 대하여 응력도 및 휨도는 어떻게 되겠는가?

㉮ 응력도와 휨도가 모두 커진다.　　㉯ 응력도와 휨도가 모두 작아진다.
㉰ 응력도는 커지고 휨도는 작아진다.　　㉱ 응력도는 작아지고 휨도는 커진다.

해설 레일 브라켓 간격을 작게 하면 동일한 하중에 대하여 응력도 및 휨도는 작아진다.

12. 전기식 엘리베이터의 제동기에서 전자-기계 브레이크 조건으로 틀린 것은?

㉮ 브레이크 라이닝은 반드시 불연성일 필요는 없다.
㉯ 솔레노이드 플런저는 기계적인 부품으로 간주되지만 솔레노이드 코일은 그렇지 않다.
㉰ 드럼 등의 제동 작용에 관여하는 브레이크의 모든 기계적 부품은 2세트로 설치되어야 한다.
㉱ 카가 정격속도로 정격하중의 125%를 싣고 하강방향으로 운행될 때 구동기를 정지시킬 수 있어야 한다.

해설 브레이크슈 또는 패드 압력은 압축 스프링 또는 추에 의해 발휘되어야 한다. 또한 밴드 브레이크는 사용되지 않아야 하며, 브레이크 라이닝은 불연성이어야 한다.

13. 전기식 엘리베이터에 관한 내용이다. (　)에 알맞은 내용으로 옳은 것은?

> 전기식 엘리베이터에서 경첩이 있는 승강장문과 접히는 카 문의 조합인 경우, 닫힌 문 사이의 어떤 틈새에도 직경 (　)m의 구가 통과되지 않아야 한다.

㉮ 0.1　　㉯ 0.15　　㉰ 0.2　　㉱ 0.25

정답 10. ㉱　11. ㉯　12. ㉮　13. ㉯

14. 완성검사 시 승객용 엘리베이터의 카 문턱과 승강장문 문턱 사이의 수평거리는 몇 mm 이하인가?

㉮ 35　　㉯ 40　　㉰ 45　　㉱ 50

해설 ① 카 문턱과 승강장 문턱 사이의 수평거리는 35mm 이하이어야 한다.
② 카 문과 닫힌 승강장 문 사이의 수평거리 또는 문이 정상 작동하는 동안 문 사이의 접근거리는 0.12m 이하이어야 한다.

15. 제어반의 주요 기기에 해당하지 않는 것은?

㉮ 변류기　　㉯ 엔코더　　㉰ 배선용 차단기　　㉱ 비상용 전원장치

해설 엔코더(encoder): 부호기라고도 한다. 입력신호에서 부호화한 출력신호를 생성하는 전자회로를 말한다. 입력선은 부수단자 중의 1단자가 선택되고, 출력선은 부호에 대응해서 복수단자가 있다.

16. 비상용 엘리베이터의 동작 설명 중 틀린 것은?

㉮ 운행 속도는 0.8m/s 이상이어야 한다.
㉯ 소방관이 조작하여 엘리베이터 문이 닫힌 이후부터 60초 이내에 가장 먼 층에 도착하여야 한다.
㉰ 정전 시에는 보조 전원공급장치에 의해 엘리베이터를 2시간 이상 운행시킬 수 있어야 한다.
㉱ 소방운전 시 모든 승강장의 출입구마다 정지할 수 있어야 한다.

해설 비상용 엘리베이터의 운행 속도는 1(m/s) 이상이어야 한다.

17. 벨트식 무빙워크의 경우, 경사부에서 수평부로 전환되는 천이구간의 곡률반경은 몇 m 이상이어야 하는가?

㉮ 0.2　　㉯ 0.4　　㉰ 0.6　　㉱ 0.8

18. 카의 어떤 이상 원인으로 감속되지 못하고 최상·최하층을 지나칠 경우 이를 검출하여 강제적으로 감속, 정지시키는 장치로서 리미트 스위치 전에 설치하는 것은?

㉮ 파킹스위치　　㉯ 피트 정지 스위치
㉰ 슬로다운 스위치　　㉱ 권동식 로프이완 스위치

해설 슬로다운 스위치(Slow Down Switch): 카가 어떤 이상 원인으로 감속되지 못하고 최상·최하층을 지나칠 경우 이를 검출하여 강제적으로 감속, 정지시키는 장치로서 리미트 스위치(Limit Switch)전에 설치한다.

19. 전기식 엘리베이터에서 속도에 영향을 미치지 않는 것은?

㉮ 전동기의 용량　　㉯ 전동기의 회전수
㉰ 권상 도르래의 직경　　㉱ 감속기 기어의 감속비

해설 기어식 권상기를 적용한 엘리베이터의 정격속도
$$V = \frac{\pi \cdot D \cdot N}{1000} \cdot i \, (m/\min)$$

정답 14. ㉮　15. ㉯　16. ㉮　17. ㉯　18. ㉰　19. ㉮

여기서, D : 권상기 도르래의 지름(mm)
N : 전동기의 회전수(r.p.m)
i : 감속기의 감속비

20. 도어가 닫히는 도중, 도어 사이에 이물질 또는 사람의 신체 일부가 끼었을 때, 도어가 다시 열리게 하는 장치가 아닌 것은?

㉮ 세이프티 슈(Safety Shoe) ㉯ 세이프티 레이(Safety Ray)
㉰ 세이프티 디바이스(Safety Device) ㉱ 초음파 도어센스(Ultrasonic Door Sensor)

해설 도어의 보호장치
① 세이프티 슈(Safety Shoe): 문의 선단에 이물질 검출장치를 설치하여 사람이나 물질이 접촉되면 도어의 닫힘은 중단되고 열린다.
② 광전 장치(Safety Ray): 투광(投光)기와 수광(受光)기로 구성되며, 도어의 양단에 설치해 광선(beam)이 차단될 때 도어의 닫힘은 중단되고 열린다. 라이트 레이(light ray)라고도 한다.
③ 초음파 장치(ultrasonic door sensor): 초음파로 승장쪽에 접근하는 사람이나 물건을 검출해, (유모차, 휠체어 등) 도어의 닫힘을 중단시키고 열리게 한다.

(승강기 설계)

21. 변압기 용량을 산정할 때 전부하 상승 전류에 대해서는 부등률을 얼마로 계산하여야 하는가?

㉮ 0.85 ㉯ 0.9 ㉰ 0.95 ㉱ 1

해설 부등률은 항상 1보다 크다. 부등률이 크다는 것은 변압기를 동시에 사용하지 않는다는 의미이다.

22. 사무용 빌딩에 가변전압 가변주파수방식의 승객용 승강기를 설치한 후 하중시험을 할 때, 그 성능기준으로 틀린 것은?

㉮ 정격하중의 125% 하중을 싣고 하강할 때 구동기를 정지시킬 수 있어야 한다.
㉯ 정격하중의 50%를 싣고 하강하는 카의 속도는 정격속도의 92% 이상 105% 이하이어야 한다.
㉰ 정격하중의 110% 하중에서 속도는 설계도면 및 시방서에 기재된 속도의 110% 이하이어야 한다.
㉱ 정격하중의 50% 하중에서 정격속도로 상승 하강할 때의 전류차이가 정격하중의 균형량(오버밸런스율)에 따른 설계치의 범위 이내이어야 한다.

해설 하중시험
① 하중을 싣지 않은 경우
② 정격하중의 100% 하중을 실은 경우
③ 정격하중의 110% 하중을 실은 경우
상기에 대한 정격전압, 정격주파수에서 아래의 규정에 적합하여야 한다.

적재하중	정격하중의 0% 및 110%	정격하중의 100%
속도	정격속도의 125%이하	정격속도의 90%이상 105%이하
전류	전동기 전격전류치의 120%이하	전동기 정격전류치의 110%이하

정답 20. ㉱ 21. ㉱ 22. ㉰

23. 엘리베이터용 가이드 레일에 관한 사항으로 틀린 것은?

㉮ 엘리베이터의 정격용량과 관계가 있다.
㉯ 대형 화물용 엘리베이터의 경우 하중을 적재할 때 발생되는 카의 회전 모멘트는 무시한다.
㉰ 추락방지안전장치가 작동한 후에도 가이드 레일에는 좌굴이 없어야 한다.
㉱ 레일 브라켓의 간격을 작게 하면 동일한 하중에 대하여 응력과 휨은 작아진다.

해설 가이드 레일은 불균형한 큰 하중을 적재시 또는 그 하중을 올리고 내릴 때 카에 걸리는 큰 회전 모멘트에서 좌굴하지 않아야 한다.

24. 장애인용 엘리베이터의 승강장 문턱과 카의 문턱사이의 틈새는 몇 mm 이하인가?

㉮ 30 ㉯ 35 ㉰ 40 ㉱ 45

해설 카 문턱과 승강장 문턱 사이의 수평거리는 35mm(장애인용은 30mm이하) 이하이어야 한다.

25. 정격속도 1.5m/s 인 엘리베이터의 점차작동형 추락방지안전장치가 작동할 경우 평균 감속도는 약 몇 g_n인가? (단, 감속시간은 0.3초, 과속조절기 캣치의 작동속도는 정격 속도의 1.4배로 한다.)

㉮ 0.803 ㉯ 0.714 ㉰ 0.612 ㉱ 0.510

해설 $\beta = \dfrac{V}{9.8 \times T} = \dfrac{1.4 \times 1.5}{9.8 \times 0.3} \fallingdotseq 0.714(g_n)$

26. 압축 코일 스프링에서 작용하중을 W, 유효권수를 N, 평균 지름을 D, 소선의 지름을 d라고 하였을 때 스프링 지수를 나타내는 식은?

㉮ $\dfrac{D}{N}$ ㉯ $\dfrac{W}{N}$ ㉰ $\dfrac{D}{d}$ ㉱ $\dfrac{WD}{d}$

해설 $C = \dfrac{D}{d} = \dfrac{R}{r}$
여기서 d : 소선의 지름   D : 스프링 전체의 평균지름
     r : 소선의 반지름 R : 스프링 전체의 반지름

27. 점차작동형 추락방지안전장치로 플렉시블 웨지 클램프형이 많이 사용되는 이유가 아닌 것은?

㉮ 구조가 간단하다.   ㉯ 작동 후 복구가 용이하다.
㉰ 작동되는 힘이 일정하다. ㉱ 공간을 작게 차지한다.

해설 ① F·W·C(flexible wedge clamp)형: 레일을 죄는 힘이 동작 초기에는 약하나 점점 강해진 후 일정하다.
② F·G·C(flexible guide clamp)형: 레일을 죄는 힘이 동작에서 정지까지 일정하다. 이 방식은 구조가 간단하고, 복구가 쉬워 널리 사용되고 있다.

28. 속도가 60m/min인 엘리베이터를 설계하고자 할 때 제어방식으로는 다음 중 어떤 방식이 가장 적절한가?

정답 23. ㉯ 24. ㉮ 25. ㉯ 26. ㉰ 27. ㉰ 28. ㉱

㉮ 워드레오나드 방식 ㉯ 교류일단속도제어 방식
㉰ 정지레오나드제어 방식 ㉱ 가변전압 가변주파수 방식

해설 가변전압 가변주파수(VVVF: Variable Voltage Variable Frequency) 제어: 인버터제어라고도 불리는 VVVF 제어는 유도전동기에 인가되는 전압과 주파수를 동시에 변환시켜 직류전동기와 동등한 제어성능을 얻을 수 있는 방식이다. 또한 VVVF제어는 고속엘리베이터에도 유도전동기를 적용하여 보수가 용이하고, 전력회생을 통해 전력소비를 줄일 수 있게 되어있어 전 속도범위에 적용이 가능하다.

29. 출력이 15kW, 전부하 회전수가 1410rpm인 전동기의 전부하 토크는 약 몇 kg·m인가?

㉮ 10.37   ㉯ 12.12   ㉰ 15.32   ㉱ 18.54

해설 $\tau = 0.975 \dfrac{P}{N} = 0.975 \dfrac{15 \times 10^3}{1410} ≒ 10.37(kg \cdot m)$

30. 기어리스 권상기를 적용한 1:1 로핑 방식의 전기식 엘리베이터에서 도르래 직경이 400mm 이고 전동기의 분당회전수는 84rpm일 경우에 엘리베이터의 정격속도(m/min)는?

㉮ 60m/min   ㉯ 90m/min   ㉰ 105m/min   ㉱ 120m/min

해설 $V = \dfrac{\pi DN}{1000} \times i = \dfrac{3.14 \times 400 \times 84}{1000} \times \dfrac{1}{1} ≒ 105.5(m/\min)$

31. 종탄성계수 $E = 7000 kg/m^2$, 적용로프 $\phi 12 \times 6$본, 주행거리 $H = 40m$이고 적재하중이 1150kg, 카 자중이 1080kg인 로프의 연신율(늘어나는 길이)은 약 몇 mm인가?

㉮ 9.7   ㉯ 18.8   ㉰ 19.4   ㉱ 37.6

해설 $\delta = \dfrac{P\ell}{AE} = \dfrac{4 \times 2230 \times 40 \times 1000}{\pi \times 12^2 \times 6 \times 7000 \times 1000^{-2}} ≒ 18.79(mm)$

[참고] $\ell = 40 \times 1000mm$, $E = 7000 \times 1000^{-2} kg/mm^2$

$A = \dfrac{\pi d^2}{4} \times 6 = \dfrac{\pi \times 12^2}{4} \times 6 mm^2$

32. 가변전압 가변주파수 제어방식의 PWM에 관한 설명으로 틀린 것은?

㉮ 펄스 폭 변조라는 의미이다.   ㉯ 입력측의 교류전압을 변화시킨다.
㉰ 전동기의 효율이 좋다.   ㉱ 전동기의 토크 특성이 좋아 경제적이다.

해설 PWM(Pulse Width Modulation): 펄스 폭 변조를 뜻한다. VVVF 제어 방식에서는 전동기 효율이 좋고, 전동기 토크 특성이 좋아 경제적이다.

33. 엘리베이터를 설치할 때 승강로의 크기를 결정하려고 한다. 이 때 고려하지 않아도 되는 사항은?

㉮ 엘리베이터 인승   ㉯ 가이드레일 길이
㉰ 엘리베이터 대수   ㉱ 엘리베이터 출입문의 크기

정답 29. ㉮   30. ㉰   31. ㉯   32. ㉯   33. ㉯

해설 승강로의 크기는 엘리베이터의 인승, 엘리베이터의 대수, 엘리베이터의 출입문 크기, 엘리베이터의 속도에 의해 결정된다.

34. 엘리베이터 교통량 계산의 필수 데이터가 아닌 것은?

㉮ 빌딩의 용도 및 성질 ㉯ 층별 용도
㉰ 층고 ㉱ 엘리베이터 대수

해설 교통량 계산에 필요한 기초자료: ① 빌딩의 용도 및 성질 ② 층별 용도 ③ 층고 ④ 출발층

35. 유압 완충기의 설계조건으로 틀린 것은?

㉮ 최대 적용중량은 카 자중과 적재하중 합의 100%로 한다.
㉯ 행정 계산 시 정격속도의 115%로 충돌했을 경우의 속도로 한다.
㉰ 카가 충돌하였을 경우 $1g_n$ 이상의 감속도가 유지되어야 한다.
㉱ $2.5g_n$ 초과하는 감속도는 0.04초 보다 길지 않아야 한다.

해설 카에 정격하중을 싣고 정격속도의 115%의 속도로 자유 낙하하여 완충기에 충돌 할 때, 평균 감속도는 $1g_n$ 이하이어야 한다.

36. 권상기의 도르래 직경은 주로프 직경의 몇 배 이상이어야 하는가?

㉮ 20배 ㉯ 30배 ㉰ 35배 ㉱ 40배

37. 전동기의 용량을 계산하는 계산식은? (단, L: 적재하중, V: 속도, B: 밸런스율, η: 효율이다.)

㉮ $P = \dfrac{LV(1-B)}{6120\eta}$ ㉯ $P = \dfrac{\eta V(1-B)}{6120L}$ ㉰ $P = \dfrac{L\eta(1-B)}{6120V}$ ㉱ $P = \dfrac{LV(1-\eta)}{6120B}$

38. 전기식 엘리베이터(기계실 있는 엘리베이터)의 기계실 위치로 가장 적당한 곳은?

㉮ 승강로의 바로 위 ㉯ 승강로 위쪽의 옆방향
㉰ 승강로의 바로 아래 ㉱ 승강로 아래쪽의 옆방향

해설 기계실 위치로는 정상부(승강로 바로 위)타입, 상부측면부(승강로 위쪽 옆방향)타입, 하부측면부(승강로 아래쪽 옆 방향)타입이 있다. 그중에서 승강로 바로 위 타입이 적절하다.

39. 전기식 엘리베이터에서 기계대의 안전율 최소값으로 적당한 것은?

㉮ 강재의 것 : 3, 콘크리트의 것 : 5 ㉯ 강재의 것 : 3, 콘크리트의 것 : 6
㉰ 강재의 것 : 4, 콘크리트의 것 : 7 ㉱ 강재의 것 : 4, 콘크리트의 것 : 8

해설 기계대: ① 강재의 것: 4 이상 ② 콘크리트의 것: 7 이상

정답 34. ㉱ 35. ㉰ 36. ㉱ 37. ㉮ 38. ㉮ 39. ㉰

40. 카측 적용중량이 3,500kg, 과속조절기 캣치의 작동속도 48m/min인 즉시작동형 추락방지안전장치가 작동하여 0.04m 미끄러짐이 발생했을 때 추락방지안전장치의 정지력과 이때의 최대감속도를 구하시오.

㉮ 10,214kg, 1.13G ㉯ 11,214kg, 1.63G
㉰ 11,714kg, 2.13G ㉱ 12,714kg, 2.63G

해설 $E = W(\frac{V^2}{2g} + s) = \frac{1}{2} F_m \cdot S = 3,500(\frac{(48/60)^2}{2 \times 9.8} + 0.04) = \frac{1}{2} \cdot F_m \times 0.04$

$F_m = \frac{3,500(0.072653061) \times 2}{0.04} = 12714.29(kg)$

$a = \frac{F_m - W}{W} G = \frac{12,714 - 3,500}{3,500} G = 2.63257 G$

(일반 기계 공학)

41. 기어, 클러치, 캠 등과 같이 내마모성과 더불어 인성을 필요로 하는 부품의 경우는 강의 표면 경화법으로 처리한다. 강의 표면 경화법에 해당하지 않는 것은?

㉮ 질화법 ㉯ 템퍼링 ㉰ 고체침탄법 ㉱ 고주파경화법

해설 열처리 방법 (철강)
① 화학적 표면 경화법: 강 표면의 화학성분을 변화시켜 경화한다(예: 침탄법, 질화법, 침탄질화법, 금속침투법).
② 물리적 표면 경화법: 강 표면의 화학성분을 변화시키지 않고 담금질만으로 경화한다(예: 화염경화법, 고주파담금질, 쇼트피닝, 하드페이싱).
※ 템퍼링(tempering): 뜨임 이라고도 한다. 보통 철강에서 담금질에 의해 얻어진 조직을 안정한 조직에 근접시킴과 동시에 잔류응력을 제거하고, 소요의 성질 및 상태를 얻기 위해 A_1변태점 이하의 온도로 가열하여 냉각하는 처리를 말한다.

42. 보일러와 같이 기밀을 필요로 할 때 리베팅 작업이 끝난 뒤에 리벳머리의 주위와 강판의 가장자리를 75°~85°가량 정(chisel)과 같은 공구로 때리는 작업은?

㉮ 굽힘작업 ㉯ 전단작업 ㉰ 코킹작업 ㉱ 펀칭작업

해설 코킹(caulking)작업: 강판의 가장자리를 75° ~ 85° 경사지게 정으로 때리는 작업을 말한다. 리벳의 머리나 금속판의 이음새를 두들겨서 틈을 메우는 작업이다.

43. 철사를 여러 번 구부렸다 폈다를 반복했을 때 철사가 끊어지는 현상은?

㉮ 시효경화 ㉯ 표면경화 ㉰ 가공경화 ㉱ 화염강화

해설 ① 시효경화: 금속재료를 일정한 시간 적당한 온도 하에 놓아두면 단단해지는 현상
② 표면경화: 중심부는 비교적 무르게 남아 있게하고, 단지 외부 표면의 강도를 증가시키는 열처리나 기계적 수단으로 야금 하는 것
③ 가공경화: 외부에서 금속재료에 힘을 가했을 때 굳기가 강해지는 현상을 말한다. 예를 들면, 순수한 구리로 이루어진 가느다란 구리선의 한 부분을 잡고 위 아래로 여러 번 꺾었을 때, 처음에는 잘 구부러지다

정답 40. ㉱ 41. ㉯ 42. ㉰ 43. ㉰

가 나중에는 구리선이 끊어지게 되는데, 이유는 가공경화로 인하여 구리선의 굳기가 단단해지면서 힘을 견디지 못하고 끊어지게 된다.
④ 화염강화: 필요한 부분에다 일정한 빠르기로 산소 아세틸렌 따위의 불꽃을 대어 강철의 표면을 부분적으로 담금질하는 방법

44. 축(shaft)의 종류 중 전동축의 특수한 형태로 축의 지름에 비하여 길이가 짧은 축을 의미하는 것으로 형상과 치수가 정밀하고 변형량이 극히 작아야 하는 것은?

㉮ 차축　　　　　㉯ 스핀들　　　　　㉰ 유연축　　　　　㉱ 크랭크축

해설 스핀들(spindle): 선반·드릴링 머신 등의 공작기계의 기계 부품의 하나로서, 축단(軸端)이 공작물 또는 절삭 공구의 장착에 사용되는 회전축. 주축(主軸)이라고도 한다. 형상과 치수가 정밀하고 변형량이 적어야 한다.

45. 평벨트 풀리의 종류는 림의 폭 중앙이 볼록한 C형과 림의 폭 중앙이 편평한 F형이 있다. 여기서 C형 림의 폭 중앙에 크라운 붙임(crowning)을 두는 이유로 가장 적절한 것은?

㉮ 벨트의 손상을 방지하기 위하여　　　㉯ 벨트의 끊어짐을 방지하기 위하여
㉰ 벨트가 벗겨지는 것을 방지하기 위하여　㉱ 주조할 때 편리하도록 목형 물매를 두기 위하여

46. 그림과 같은 원에서 접선 x′-x″축에 대한 원의 관성 모멘트($I_{x'}$)는?

㉮ $\dfrac{\pi d^4}{32}$　　　㉯ $\dfrac{5\pi d^4}{32}$

㉰ $\dfrac{\pi d^4}{64}$　　　㉱ $\dfrac{5\pi d^4}{64}$

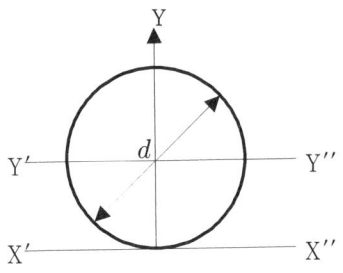

해설 $I_p = \left[\dfrac{\pi d^2}{64} + \dfrac{d^2}{4} \times \dfrac{\pi d^2}{4}\right] = \dfrac{5\pi d^4}{64}$

47. 탄소강에 관한 일반적인 설명으로 옳지 않은 것은?

㉮ 용융온도는 탄소함유량에 따라 다르다.
㉯ 탄소강은 다른 재료에 비하여 대량 생산이 가능하다.
㉰ 탄소함유량이 많을수록 인장강도는 커지나 연성은 낮다.
㉱ 탄소함유량이 적은 것은 열간가공과 냉간가공이 어렵다.

해설 탄소함유량이 0.15% 이하의 저 탄소강은 주로 냉간가공을 하여 강도를 높인다.

48. 하중이 5kN 작용하였을 때, 처짐이 200mm인 코일 스프링에서 소선의 지름이 20mm일 때, 이 스프링의 유효 감김수는? (단, 스프링지수(c)=10, 전단탄성계수(G)는 $8 \times 10^4 N/mm^2$, 왈의 수정계수(K)는 1.2이다.)

정답　44. ㉯　45. ㉰　46. ㉱　47. ㉱　48. ㉯

㉮ 6
㉯ 8
㉰ 10
㉱ 12

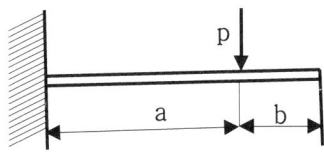

해설 스프링지수 $c=\dfrac{D}{d}$에서 $D=cd=10\times20=200mm$

$\delta=\dfrac{8nD^3P}{Gd^4}$에서 $n=\dfrac{\delta Gd^4}{8PD^3}=\dfrac{200\times8\times10^4\times20^4}{8\times5000\times200^3}=8$

49. 그림과 같은 외팔보의 임의의 거리 C되는 점에 집중하중 P가 작용 시 최대 처짐량은?

㉮ $\dfrac{PC^2}{3EI}(3L-C)$ ㉯ $\dfrac{PC^2}{6EI}(3L-C)$

㉰ $\dfrac{PC^2}{3EI}(L-\dfrac{C}{3})$ ㉱ $\dfrac{PC^2}{6EI}(L-3C)$

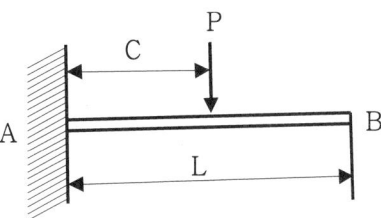

해설 $\delta=\dfrac{PC^2}{2EI}(L-\dfrac{C}{3})=\dfrac{PC^2}{6EI}(3L-C)$

50. 피복 아크 용접봉에서 피복제의 역할이 아닌 것은?

㉮ 아크의 세기를 크게 한다.
㉯ 용정금속의 탈산 및 정련 작용을 한다.
㉰ 용융점이 낮은 가벼운 슬래그를 만든다.
㉱ 용접 금속에 적당한 합금 원소를 첨가한다.

해설 피복제의 역할
① 중성 또는 환원성 분위기를 만들어 질화나 산화를 방지하고 용융금속을 보호한다.
② 아크를 안정시킨다.
③ 용접을 미세화하여 용착효율을 높인다.
④ 용착금속의 탈산, 정련 작용을 한다.
⑤ 용착금속에 합금 원소를 첨가한다.
⑥ 용융점이 낮고 적당한 점성의 가벼운 슬래그를 생성한다.
⑦ 용착 금속의 응고와 냉각속도를 느리게 한다.
⑧ 어려운 자세의 용접작용을 쉽게 한다.
⑨ 비드 파형을 곱게 하며 슬래그 제거도 쉽게 된다.
⑩ 절연 작용을 한다.

51. 그림과 같은 원통 용기의 하부 구멍 A의 단면적이 $0.05m^2$이고 이를 통해서 물이 유출할 때 유량은 약 몇 m^3/s인가? (단, 유량계수는 C=0.6, 높이는 H=2m 로 일정하다.)

㉮ 0.19
㉯ 0.38
㉰ 1.87
㉱ 3.74

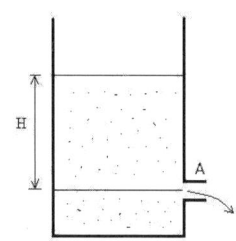

[해설] 유량 $Q = AV = 0.05 \times 3.76 ≒ 0.19(m^3/s)$
※ $V = \sqrt{2gh} = \sqrt{2 \times 9.8 \times 2} ≒ 6.27(m/s)$에서 유량계수를 곱하면 약 3.76(m/s)

52. 일반적인 알루미늄의 성질로 틀린 것은?

㉮ 전기 및 열의 양도체이다. ㉯ 알루미늄의 결정구조는 면심입방격자이다.
㉰ 비중이 2.7로 작고, 용융점이 600℃ 정도이다. ㉱ 표면의 산화막이 형성되지 않아 부식이 쉽게 된다.

[해설] 알루미늄은 그 표면에 생기는 산화피막의 보호작용 때문에 내식성이 좋다.

53. 단면적 $1cm^2$, 길이 4m인 강선에 2kN의 인장하중을 작용시키면 신장량은 약 몇 cm인가? (단, 연강의 탄성계수는 $2 \times 10^6 N/cm^2$이다.)

㉮ 6 ㉯ 4 ㉰ 0.6 ㉱ 0.4

[해설] $\lambda = \dfrac{w\ell}{AE} = \dfrac{2000 \times 4 \times 10^2}{1 \times 2 \times 10^6} = 0.4 cm$

54. 길이 ℓ의 환봉을 압축하였더니 30cm로 되었다. 이 때 변형률을 0.006 이라고 하면 원래의 길이는 약 몇 cm 인가?

㉮ 30.09 ㉯ 30.18 ㉰ 30.27 ㉱ 30.36

[해설] $L = \epsilon\ell = 0.006 \times 30 = 0.18 cm$ $L = 30 + 0.18 = 30.18 cm$

55. 유체기계에서 유압 제어밸브의 종류가 아닌 것은?

㉮ 압력제어밸브 ㉯ 유량제어밸브 ㉰ 유속제어밸브 ㉱ 방향제어밸브

[해설] 유압제어 밸브의 종류: ① 압력제어밸브 ② 유량제어밸브 ③ 방향제어밸브

56. 대량의 제품 치수가 허용공차 내에 있는지 여부를 검사하는 게이지로 통과측과 정지측으로 구성되어 있는 것은?

㉮ 옵티미터 ㉯ 다이얼 게이지 ㉰ 한계 게이지 ㉱ 블록 게이지

[해설] ① 옵티미터: 측정자의 미소한 움직임을 광학적으로 확대하는 장치

정답 52. ㉱ 53. ㉱ 54. ㉯ 55. ㉰ 56. ㉰

② 다이얼 게이지: 측정자의 직선 또는 원호운동을 기계적으로 확대하여 그 움직임을 원형 눈금판에 표시하는 측정기
③ 한계 게이지: 가공 부품의 실제로 마무리된 치수가, 2개의 허용 한계치수의 사이에 있는가의 여부를 검사하는데 사용하는 게이지
④ 블록 게이지: 길이의 공업적 기준으로써 사용되고 있는 평행 평면의 각도기

57. 다음 키의 종류 중 일반적으로 가장 큰 토크를 전달할 수 있는 키는?

㉮ 묻힘 키   ㉯ 납작 키   ㉰ 접선 키   ㉱ 스플라인

해설 스플라인은 축으로부터 직접 여러 줄의 키(key)를 절삭하여 축과 보스(boss)가 슬립 운동을 할 수 있도록 한 것을 말한다. 큰 동력 전달용으로 사용된다.

58. 펌프의 분류를 크게 터보식과 용적식으로 분류할 때 다음 중 용적식 펌프에 속하는 것은?

㉮ 베인 펌프   ㉯ 축류 펌프   ㉰ 터빈 펌프   ㉱ 벌류트 펌프

해설 용적식 펌프: 펌프가 회전할 때마다 정해진 용적의 유체를 출구로 밀어내는 펌프를 말한다. 종류에는 고정용량형에 기어식, 스크루식, 베인식, 피스톤식, 가변용량형에 베인식, 피스톤식이 있다.

59. 절삭가공에 이용되는 성질로 적합한 것은?

㉮ 용접성   ㉯ 연삭성   ㉰ 용해성   ㉱ 통기성

해설 연삭성은 갈고 깎고 하기 위한(연삭하기 위한) 성질을 말한다. 절삭가공은 금속 재료를 바이트, 프레이즈 따위에 공구를 사용하여 자르고 깎아 손질하는 일을 말한다. 그러므로 절삭가공에 이용되는 성질로 적합한 것은 연삭성이라 할 수 있다.

60. 왁스, 파라핀 등으로 만든 주형재를 사용하여 치수가 정밀하고 면이 깨끗한 복잡한 주물을 얻을 수 있는 주조법은?

㉮ 셀몰드법   ㉯ 다이캐스팅법   ㉰ 이산화탄소법   ㉱ 인베스트먼트법

해설 ① 셀몰드법: 금형으로 제작된 셀 형을 원형으로 가열 경화시킨 후 떠서, 주형으로 사용한다(예: 재봉틀, 자동차, 계측기).
② 다이캐스팅법: 이 방법은 정밀 주조법의 일종으로, 고압으로 주입하여 만드는 방법이다. 고속 대량생산이 가능하고 정밀도가 높으며 표면이 아름답다(예: 광학기계, 타자기, 계산기).
③ 이산화탄소법: 주로 코어 제작에 사용된다. 탄산가스를 주형내에 불어 넣는 방법으로 정밀도가 높고 변형이 없다.
④ 인베스트먼트법: 정밀 주조법으로 양초, 파라핀, 왁스 등으로 모형을 만들어 내화성 재료로 피복 후 속이 빈 주형을 사용하는 방법이다. 표면이 깨끗하고 치수 정밀도가 높다. 그러므로 복잡한 모양의 주물에 적합하다.

(전기제어 공학)

61. 온도를 전압으로 변환시키는 것은?

정답 57. ㉱ 58. ㉮ 59. ㉯ 60. ㉱ 61. ㉯

㉮ 광전관　　　　㉯ 열전대　　　　㉰ 포토다이오드　　　　㉱ 광전다이오드

해설 열전대는 2종의 금속을 접속하고 접속부의 양 단에 온도차가 생기면 열기전력이 발생하는(제백효과) 것을 이용하여 온도를 측정하는 소자를 말한다.

62. 세라믹 콘덴서 소자의 표면에 103^K라고 적혀있을 때 이 콘덴서의 용량은 몇 μF 인가?

㉮ 0.01　　　　㉯ 0.1　　　　㉰ 103　　　　㉱ 10^3

해설 세라믹 콘덴서: 타이타늄산 바륨과 같은 세라믹을 유전체로 사용한 콘덴서
$103^K = 0.01 \mu F$이다.
[참고]　• $101 = 103 PF$　　• $102 = 1000 PF (0.001 \mu F)$
　　　　• $103 = 0.01 \mu F$　　• $104 = 0.1 \mu F$
　　　　• $223 = 0.022 \mu F$　• $333 = 0.033 \mu F$
　　　※ J: 5%이내, K: 10%이내, M: 20%이내

63. 목표값을 직접 사용하기 곤란할 때, 주 되먹임 요소와 비교하여 사용하는 것은?

㉮ 제어요소　　　　㉯ 비교장치　　　　㉰ 되먹임요소　　　　㉱ 기준입력요소

해설 ① 제어요소: 동작신호를 조작량으로 변환하는 요소이며, 조절부와 조작부로 되어있다.
② 되먹임요소: 제어량을 주되먹임량으로 변환하는 요소로서, 이 부분을 검출부 라고도 한다.
③ 기준입력요소: 목표값을 기준 입력신호로 변환하는 요소이며, 설정부 라고도 한다.
[참고] 자동제어 구성도

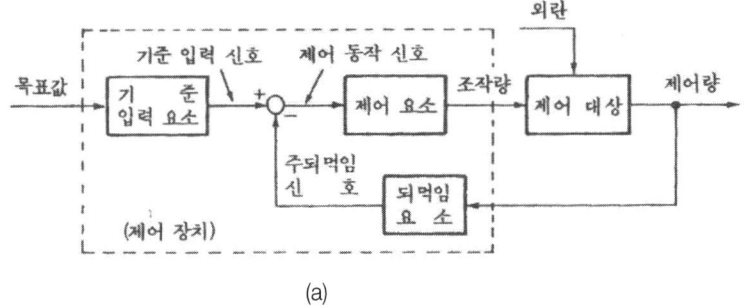

(a)

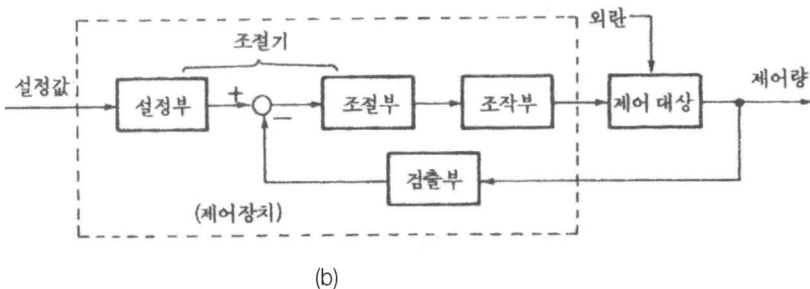

(b)

정답 62. ㉮　63. ㉱

64. 4000Ω의 저항기 양단에 100V의 전압을 인가할 경우 흐르는 전류의 크기(mA)는?

㉮ 4　　㉯ 15　　㉰ 25　　㉱ 40

해설 $I = \dfrac{V}{R} = \dfrac{100}{4000} = 0.025(A) = 25(mA)$　　※ $1A = 1000mA$

65. 다음 설명에 알맞은 전기 관련 법칙은?

도선에서 두 점 사이 전류의 크기는 그 두 점 사이의 전위차에 비례하고, 전기저항에 반비례한다.

㉮ 옴의 법칙　　㉯ 렌츠의 법칙　　㉰ 플레밍의 법칙　　㉱ 전압분배 법칙

해설 ① 옴의 법칙: $I = \dfrac{V}{R}(A)$

② 렌츠의 법칙: "유기 기전력의 방향은 자속의 변화를 방해하려는 방향으로 발생한다" 라는 법칙
③ 플레밍의 왼손법칙: 전동기의 회전방향을 알고자 할 때 적용한다.

- 중지: 전류의 방향
- 검지: 자장의 방향
- 엄지: 힘의 방향

④ 전압분배의 법칙

$V_1 = \dfrac{R_1}{R_1 + R_2} \times V$

$V_2 = \dfrac{R_2}{R_1 + R_2} \times V$

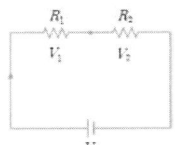

66. 최대눈금 $100mA$, 내부저항 1.5Ω인 전류계에 0.3Ω의 분류기를 접속하여 전류를 측정할 때 전류계의 지시가 $50mA$라면 실제 전류는 몇 mA인가?

㉮ 200　　㉯ 300　　㉰ 400　　㉱ 600

해설

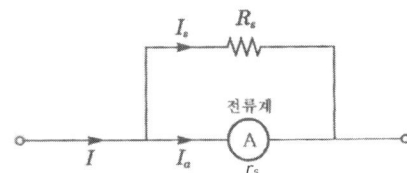

여기서, I : 측정전류　　I_a : 전류계 전류
　　　　r_s : 전류계 내부저항　　R_s : 분류기 저항

$I_a = \dfrac{R_s}{R_s + r_s} \times I$ 에서 $I = \dfrac{I_a(R_s + r_s)}{R_s} = \dfrac{50(0.3 + 1.5)}{0.3} = 300(mA)$

정답 64. ㉰　65. ㉮　66. ㉯

67. 병렬 운전 시 균압모선을 설치해야 되는 직류발전기로만 구성된 것은?

㉮ 직권발전기, 분권발전기
㉯ 분권발전기, 복권발전기
㉰ 직권발전기, 복권발전기
㉱ 분권발전기, 동기발전기

[해설] 보통의 발전기는 부하가 증가하면 단자 전압이 떨어지나, 반대로 올라가는 발전기(직권, 과복권)가 있다. 이들을 병렬 운전할 때는 상호 균압모선을 연결해야만 안정운전을 할 수 있다.

68. 특성방정식이 $s^3 + 2s^2 + Ks + 5 = 0$인 제어계가 안정하기 위한 K 값은?

㉮ $K > 0$
㉯ $K < 0$
㉰ $K > \dfrac{5}{2}$
㉱ $K < \dfrac{5}{2}$

[해설] 라우스의 표:

$$\begin{array}{c|cc} S^3 & 1 & K \\ S^2 & 2 & 5 \\ S^1 & \dfrac{2K-5}{2} & 0 \\ S^0 & 5 & \end{array}$$

제1열의 부호 변화가 없으려면
$2K - 5 > 0$
∴ $K > \dfrac{5}{2}$

69. 서보기구의 특징에 관한 설명으로 틀린 것은?

㉮ 원격제어의 경우가 많다.
㉯ 제어량이 기계적 변위이다.
㉰ 추치제어에 해당하는 제어장치가 많다.
㉱ 신호는 아날로그에 비해 디지털인 경우가 많다.

[해설] 서보기구는 일정대상의 위치나 자세 등에 관한 기계적인 변위를 미리 설정한 목표값에 이르도록 자동적으로 제어하는 장치를 말한다. 신호는 펄스(Pulse: 일정치 이상의 전압을 가진 순간적인 전류)의 형태로 내려진다.

70. SCR에 관한 설명으로 틀린 것은?

㉮ PNPN 소자이다.
㉯ 스위칭 소자이다.
㉰ 양방향성 사이리스터이다.
㉱ 직류나 교류의 전력제어용으로 사용된다.

[해설] SCR은 3단자 단방향 사이리스터이다.

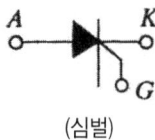

(심벌)

정답 67. ㉰ 68. ㉰ 69. ㉱ 70. ㉰

71. 적분시간이 3분, 비례감도가 5인 PI조절계의 전달함수는?

㉮ $\dfrac{1+2s}{3s}$ ㉯ $\dfrac{1+5s}{2s}$ ㉰ $\dfrac{15s+5}{3s}$ ㉱ $\dfrac{1+0.4s}{2s}$

해설 PI동작(비례 적분 제어)이므로

$$x_o(t) = K_p[x_i(t) + \dfrac{1}{T_1}\int x_i(t)dt] \qquad X_o(s) = K_p(1 + \dfrac{1}{T_i s})X_i(s)$$

$$\therefore \; G(s) = \dfrac{X_o(s)}{X_i(s)} = K_p(1 + \dfrac{1}{T_i S}) = 5(1 + \dfrac{1}{3S}) = \dfrac{15s+5}{3s}$$

72. 공기 중 자계의 세기가 $100 A/m$의 점에 놓아둔 자극에 작용하는 힘은 $8 \times 10^{-3} N$ 이다. 이 자극의 세기는 몇 Wb인가?

㉮ 8×10 ㉯ 8×10^5 ㉰ 8×10^{-1} ㉱ 8×10^{-5}

해설 $F = mH(N)$에서 $m = \dfrac{F}{H} = \dfrac{8 \times 10^{-3}}{100} = 8 \times 10^{-5}(Wb)$

73. PLC(Programmable Logic Controller)의 출력부에 설치하는 것이 아닌 것은?

㉮ 전자개폐기   ㉯ 열동계전기   ㉰ 시그널램프   ㉱ 솔레노이드밸브

해설 PLC 출력부에는 기계장치인 경우 전자개폐기, 전자 밸브, 전자 브레이크, 전자 클러치 등이 부착되며, 표시 경보인 경우 시그널램프, 부저 등이 부착된다.

74. 정상 편차를 개선하고 응답속도를 빠르게 하며 오버슈트를 감소시키는 동작은?

㉮ K ㉯ $K(1+sT)$ ㉰ $K(1+\dfrac{1}{sT})$ ㉱ $K(1+sT+\dfrac{1}{sT})$

해설 PID제어: ① P제어: 응답속도를 빠르게 한다.
② I제어: 정상상태 오차를 줄인다.   ③ D제어: 오버슈트를 억제한다.

※ • 비례요소 전달함수 $G(s) = k$ • 미분요소 전달함수 $G(s) = ks$ • 적분요소 전달함수 $G(s) = \dfrac{k}{s}$

(k: 비례감도 또는 이득정수)

75. 다음은 직류전동기의 토크특성을 나타내는 그래프이다. (A), (B), (C), (D)에 알맞은 것은?

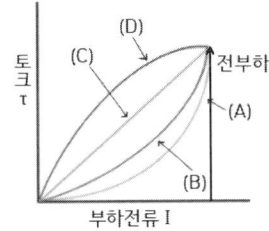

정답 71. ㉰ 72. ㉱ 73. ㉯ 74. ㉱ 75. ㉮

㉮ (A): 직권전동기, (B): 가동복권전동기, (C): 분권전동기, (D): 차동복권전동기
㉯ (A): 분권전동기, (B): 직권전동기, (C): 가동복권전동기, (D): 차동복권전동기
㉰ (A): 직권전동기, (B): 분권전동기, (C): 가동복권전동기, (D): 차동복권전동기
㉱ (A): 분권전동기, (B): 가동복권전동기, (C): 직권전동기, (D): 차동복권전동기

해설

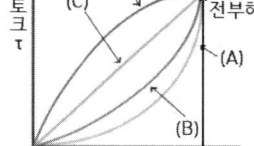

① (A): 직권전동기 ② (B): 가동복권전동기
③ (C): 분권전동기 ④ (D): 차동복권전동기

76. 그림과 같은 신호흐름 선도에서 전달함수 $\dfrac{C(s)}{R(s)}$ 는?

㉮ $-\dfrac{8}{9}$ ㉯ $\dfrac{4}{5}$

㉰ 180 ㉱ 10

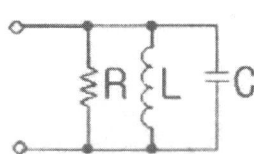

해설 전체 이득 $G = \dfrac{C(s)}{R(s)} = \dfrac{1 \times 2 \times 3 \times 4}{1-\{(2 \times 5)+(3 \times 6)\}} = \dfrac{24}{-27} = -\dfrac{8}{9}$

77. 정현파 교류의 실효값(V)과 최대값(V_m)의 관계식으로 옳은 것은?

㉮ $V = \sqrt{2}\, V_m$ ㉯ $V = \dfrac{1}{\sqrt{2}} V_m$ ㉰ $V = \sqrt{3}\, V_m$ ㉱ $V = \dfrac{1}{\sqrt{3}} V_m$

해설 $V = \dfrac{1}{\sqrt{2}} V_m (V)$

78. 그림과 같은 RLC 병렬공진회로에 관한 설명으로 틀린 것은?

㉮ 공진조건은 $\omega C = \dfrac{1}{\omega L}$ 이다. ㉯ 공진시 공진전류는 최소가 된다.
㉰ R이 작을수록 선택도 Q가 높다. ㉱ 공진시 입력 어드미턴스는 매우 작아진다.

해설 RLC 병렬공진회로
① 공진조건은 $\omega C = \dfrac{1}{\omega L}$
② 공진시 공진전류는 최소, 임피던스는 최대이다.

③ 공진시 입력 어드미턴스는 매우 작아진다. ④ 선택도 $Q = R\sqrt{\dfrac{C}{L}}$

79. 피드백 제어계에서 목표치를 기준입력신호로 바꾸는 역할을 하는 요소는?

㉮ 비교부　　㉯ 조절부　　㉰ 조작부　　㉱ 설정부

해설 자동제어계 구성도

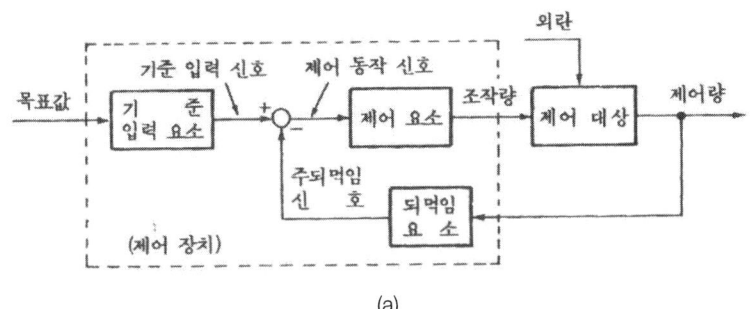

(a)

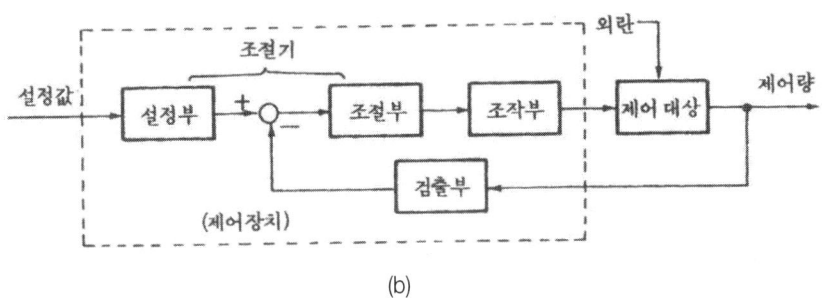

(b)

80. 비례적분제어 동작의 특징으로 옳은 것은?

㉮ 간헐현상이 있다.　　㉯ 잔류편차가 많이 생긴다.
㉰ 응답의 안정성이 낮은 편이다.　　㉱ 응답의 진동시간이 매우 길다.

해설 PI제어:
① 장점 : P제어기와 I제어기의 단점을 서로 보완해 줌으로써 전달함수에 시스템의 유형을 높여주고, 정상상태 오차를 줄여주면서 과도응답으로 발생한 시스템의 느린 반응을 빠르게 할 수 있다.
② 단점 : Gain계수조정이 잘못되면 시스템이 불안해지고 반응이 느려진다. Overshoot가 증가하고 T_s가 증가한다. 이러한 단점을 보완하기 위해서는 D제어기를 사용함으로써 해결된다.

정답 79. ㉱　80. ㉮

승강기 기사 기출문제
(2019. 4. 27)

(승강기 개론)

1. 교류 2단 속도 제어방식에서 크리프 시간이란 무엇인가?

㉮ 저속 주행 시간　　㉯ 고속 주행 시간　　㉰ 속도 변환 시간　　㉱ 가속 및 감속 시간

해설 교류 2단 속도제어: 2단 속도 모터(motor)를 사용하여 기동과 주행은 고속권선으로 행하고 감속시는 저속권선으로 감속하여 착상하는 방식이다. 이 방식은 교류 1단 속도제어에 비하여 착상이 우수한데, 주로 화물용(30m/min~60m/min)에 주로 사용된다.
2단 속도 전동기의 속도비는 여러 가지 비율을 생각할 수 있지만 착상오차, 감속도, 감속시의 잭(감속도의 변화비율), 크리프 시간(저속으로 주행하는 시간) 등을 고려해 4:1이 가장 많이 사용되고 있다.

2. 유압엘리베이터의 유압회로 내에서 오일 필터가 설치되는 곳은?

㉮ 펌프의 흡입측에 설치된다.　　㉯ 펌프의 토출측에 설치된다.
㉰ 펌프의 흡입측과 토출측 모두에 설치된다.　　㉱ 완전 밀폐형이기 때문에 설치할 필요가 없다.

해설 필터(filter): 실린더에 쇳가루나 모래 등의 이물질이 들어가면 실린더가 손상되어 유압이 새는 등의 고장이 발생하여 기기의 수명이 단축되기 때문에 이들 이물질을 제거하기 위하여 설치된다. 일반적으로 펌프의 흡입축에 부착되는 것을 스트레이너라 하고, 배관 중간에 부착되는 것을 라인필터라 한다.

3. 전기식 엘리베이터에 비하여 유압식 엘리베이터의 특징으로 적합하지 않은 것은?

㉮ 기계실의 위치가 자유롭다.　　㉯ 전동기의 소요 동력이 작다.
㉰ 승강로 상부 틈새가 작아도 된다.　　㉱ 건물 꼭대기 부분에 하중이 걸리지 않는다.

해설 유압엘리베이터는 균형추를 사용하지 않기 때문에 전동기의 소요 동력이 크다.

4. 엘리베이터의 정격속도가 매 분당 180m이고, 제동소요 시간이 0.3초인 경우의 제동거리는 몇 m인가?

㉮ 0.25　　㉯ 0.45　　㉰ 0.65　　㉱ 0.85

해설 $t = \dfrac{120d}{V}(s)$ 에서 $d = \dfrac{tV}{120} = \dfrac{0.3 \times 180}{120} = 0.45(m)$

5. 엘리베이터용 전동기의 소요동력을 결정하는 인자가 아닌 것은?

㉮ 정격하중　　㉯ 정격속도　　㉰ 주로프 직경　　㉱ 오버밸런스율

해설 엘리베이터용 전동기의 소요동력

정답　1. ㉮　2. ㉮　3. ㉯　4. ㉯　5. ㉰

$$P = \frac{LV(1-F/100)}{6120\eta}(kW)$$

여기서, L : 정격하중(kg)
　　　　V : 정격속도(m/min)
　　　　F : 오버밸런스율(%)
　　　　η : 종합효율

6. 엘리베이터에 관련된 안전율 기준으로 해당 안전율 기준에 미달되는 것은?

㉮ 과속조절기 로프는 8 이상이다.
㉯ 유압식엘리베이터의 가요성 호스는 8 이상이다.
㉰ 덤웨이터(소형화물용 엘리베이터)의 체인 4 이상이다.
㉱ 보상 수단(로프, 체인, 벨트 및 그 단말부)은 안전율 5 이상이다.

해설 덤웨이터 현수로프 또는 체인의 안전율은 8 이상이어야 한다.

7. 에스컬레이터 제동기의 설치상태는 견고하고 양호하여야 한다. 적재하중을 작용시키지 않고 스텝이 하강할 때 정격속도가 0.5m/s인 경우 정지거리는 몇 m 이상이어야 하는가?

㉮ 0.1~0.9　　㉯ 0.2~1.0　　㉰ 0.3~1.1　　㉱ 0.4~1.2

해설

공칭속도 V	정지거리
0.50m/s	0.20m에서 1.00m 사이
0.65m/s	0.30m에서 1.30m 사이
0.75m/s	0.40m에서 1.50m 사이

8. 기계실의 조명에 관한 설명으로 옳은 것은?

㉮ 조명스위치는 기계실 제어반 가까운 곳에 설치한다.
㉯ 조명기구는 승강기 형식승인품을 사용하여야 한다.
㉰ 조도는 기기가 배치된 바닥면에서 200lx 이상이어야 한다.
㉱ 조명전원은 엘리베이터 제어전원에서 분기하여 사용하여야 한다.

해설 기계실 조명
① 바닥면에서 200lx 이상을 비출 수 있는 영구적으로 설치된 전기 조명이 있어야 한다.
② 조명 스위치는 쉽게 조명을 점멸할 수 있도록 기계실 출입문 가까이에 적절한 높이로 설치되어야 한다.
③ 조명전원은 엘리베이터 전원과 연결하여 사용해야 한다.

9. 카의 고장으로 카가 정격속도의 115%를 초과하지 않고 최하층을 통과하여 피트로 떨어졌을 때 충격을 완화시켜 주기 위하여 설치하는 안전장치는?

㉮ 완충기　　　　　　　　㉯ 브레이크
㉰ 과속조절기　　　　　　㉱ 추락방지안전장치

정답 6. ㉰　7. ㉯　8. ㉰　9. ㉮

10. 유압식 엘리베이터를 구동시키고 정지시키는 구동기의 구성 부품으로 틀린 것은?

㉮ 스프로킷 ㉯ 제어밸브 ㉰ 펌프 조립체 ㉱ 펌프 전동기

해설 스프로킷은 쇠사슬을 끼우는 톱니를 말한다. 에스컬레이터에서 사용되고 있다.

11. 단일 승강로에 두 대의 엘리베이터를 이용하면서 각각 독립적으로 운행되는 고효율 엘리베이터는?

㉮ 트윈 엘리베이터 ㉯ 전망용 엘리베이터
㉰ 더블데크 엘리베이터 ㉱ 조닝방식 엘리베이터

해설 트윈 엘리베이터는 하나의 승강로 내에 두 대의 엘리베이터가 독립적으로 운행되어 효율적인 승객운송을 위한 신기술 엘리베이터이다.

12. 기계실의 구조에 대한 설명으로 틀린 것은?

㉮ 다른 부분과 내화구조로 구획한다.
㉯ 다른 부분과 방화구조로 구획한다.
㉰ 내장의 마감은 방청도료를 칠하여야 한다.
㉱ 벽면이 외기에 직접 접하는 경우에는 불연재료로 구획할 수 있다.

해설 기계실은 당해 건축물의 다른 부분과 내화구조 또는 방화구조로 구획하고 기계실의 내장은 준불연재료 이상으로 마감되어야 한다. 다만, 기계실 벽면이 외기에 직접 접하는 등 건축물 구조상 내화구조 또는 방화구조로 구획할 필요가 없는 경우에는 불연재료를 사용하여 구획할 수 있다.

13. 전기식 엘리베이터에서 로프와 도르래 사이의 마찰력 등 미끄러짐에 영향을 미치는 요소가 아닌 것은?

㉮ 로프가 감기는 각도 ㉯ 권상기 기어의 감속비
㉰ 케이지의 가속도와 감속도 ㉱ 케이지축과 균형추쪽의 로프에 걸리는 중량비

해설 로프와 도르래 사이의 마찰력 등 미끄러짐에 영향을 미치는 요소
① 와이어로프의 권부각이 작으면 미끄러지기 쉽다.
② 와이어로프와 도르래의 마찰개수는 홈의 형상 선정에 따라 좌우된다.
③ 카 측과 균형추 측의 장력비(중량의 비)
④ 카의 가속도, 감속도

14. 여러 층으로 배치되어 있는 고정된 주차구획에 아래·위로 이동할 수 있는 운반기로 자동차를 자동으로 운반이동하여 주차하도록 설계한 주차장치는?

㉮ 다단식 ㉯ 승강기식 ㉰ 수직 순환식 ㉱ 다층 순환식

해설 • 다단식: 주차실을 3단 이상으로 한 방식이다.
• 승강기식: 여러 층으로 배치되어 있는 고정된 주차구획에 상하로 이동 가능한 운반기를 이용, 자동차를 운반하여 주차시키는 장치이다.

정답 10. ㉮ 11. ㉮ 12. ㉰ 13. ㉯ 14. ㉯

- 수직 순환식: 주차구획에 자동차를 넣고, 그 주차구획을 수직으로 순환 이동하여 자동차를 주차 시킨다.
- 다층 순환식: 다수의 운반기를 1열, 2층 또는 그 이상으로 배열, 임의의 두 층간의 양 쪽에서 운반기를 올리고 내려 순환이동 시키는 방식이다.

15. 엘리베이터에서 브레이크 시스템이 작동하여야 할 경우가 아닌 것은?

㉮ 주동력 전원공급이 차단되는 경우
㉯ 제어회로에 전원공급이 차단되는 경우
㉰ 카 출발 후 과부하감지장치가 작동했을 경우
㉱ 과속조절기의 과속검출 스위치가 작동했을 경우

해설 과부하 감지장치: 케이지내에 정원을 초과하여 승차를 하였다든가, 정격하중 이상의 물건을 적재하면 케이지 바닥 밑에 설치한 풋 스위치(foot switch)가 작동하여 경보 부저가 울리고 동시에 경보등이 점등되고 전동기 전원을 차단시켜 엘리베이터 동작을 금지시킨다. 보통 적재하중의 105~110%로 설정한다.

16. 완충기에 대한 설명으로 틀린 것은?

㉮ 에너지 분산형 완충기는 작동 후에는 영구적인 변형이 없어야 한다.
㉯ 에너지 분산형 완충기는 엘리베이터 정격속도와 상관없이 사용될 수 있다.
㉰ 에너지 축적형 완충기는 유체의 수위가 쉽게 확인될 수 있는 구조이어야 한다.
㉱ 정격속도 60m/min 이하의 것은 운동에너지가 작아서 선형 또는 비선형 특성을 갖는 에너지 축적형 완충기가 주로 사용된다.

해설 에너지 축적형 완충기는 스프링 완충기를 말한다.

17. 비상용 엘리베이터의 소방 운전 시 무효화되는 장치가 아닌 것은?

㉮ 문닫힘안전장치   ㉯ 과속조절기
㉰ 파이널 리미트 스위치   ㉱ 추락방지안전장치

해설 비상용 엘리베이터가 문이 열린 상태로 소방관 접근 지정 층에 정지하고 있는 후에는 비상용 엘리베이터는 카 조작반에서만 운전되어야 한다.

18. 군 관리 조작방식의 경우 승강장에서 여러 대의 카 위치표시를 볼 수 없으므로 응답하는 카의 도착을 알리는 장치는?

㉮ 조작반   ㉯ 홀 랜턴   ㉰ 카 위치 표시기   ㉱ 승장 위치 표시기

19. 엘리베이터의 도어인터록 스위치의 역할에 대한 설명으로 옳은 것은?

㉮ 자기층에 카가 없을 때는 잠금이 풀려도 운행된다.
㉯ 카가 운행 중에는 잠금이 풀려도 정지층까지는 운행된다.
㉰ 카가 운행되지 않을 때는 승장문이 손으로 열리도록 한다.
㉱ 승장문의 안전장치로서 잠금이 풀리면 카가 작동하지 않는다.

정답 15. ㉰ 16. ㉰ 17. ㉯㉰㉱ 18. ㉯ 19. ㉱

해설 도어 인터록(Door Interlock): 이 장치는 카가 정지하지 않는 층의 도어는 특수한 열쇠를 사용하지 않으면 열리지 않도록 하는 도어록과 도어가 닫혀 있지 않으면 운전이 불가능하도록 하는 도어 스위치로 구성된다. 도어 인터록 장치에서 중요한 것은 도어록 장치가 확실히 걸린 후 도어 스위치가 들어가고, 도어 스위치가 끊어진 후에 도어록이 열리는 구조로 하는 것이다.

20. 권동식 권상기에 비하여 트랙션 권상기의 장점이라고 볼 수 없는 것은?

㉮ 소요 동력이 작다.
㉯ 승강 행정에 제한이 없다.
㉰ 기계실의 소요 면적이 작다.
㉱ 권과(지나치게 감기는 현상)를 일으키지 않는다.

해설 트랙션 권상기의 장점: ① 소요 동력이 작다.
② 행정거리의 제한이 없다. ③ 지나치게 감기는 현상이 일어나지 않는다.

(승강기 설계)

21. 1:1 로핑인 엘리베이터의 적재하중이 550kg, 카 자중이 700kg, 단면적이 $13.3cm^2$, 단면계수가 $224.6cm^3$인 SS-400을 사용할 때 상부체대의 응력은 약 몇 kg/cm^2인가? (단, 상부체대의 전 길이는 160cm이다.)

㉮ 222.6 ㉯ 259.8 ㉰ 342.4 ㉱ 476.1

해설 최대굽힘 모멘트(M) = $\dfrac{(적재하중+카\ 자중) \times 상부체대길이}{4}$

= $\dfrac{(700+550) \times 160}{4}$

= 50,000(kg·cm)

응력(σ) = $\dfrac{최대굽힘\ 모멘트}{단면계수} = \dfrac{5000}{224.6} ≒ 222.6(kg/cm^2)$

22. 직류전동기의 일반적인 제어법이 아닌 것은?

㉮ 저항제어법 ㉯ 전압제어법 ㉰ 계자제어법 ㉱ 주파수제어법

해설 직류전동기 속도
$N = K \cdot \dfrac{V - I_a R_a}{\phi} (rpm)$ 이므로 제어법에는 저항제어법, 전압제어법, 계자제어법이 있다.

23. 최대굽힘모멘트 200000kg·cm, H 250×250×14×9(단면계수 $867cm^3$)인 기계대의 안전율은 약 얼마인가? (단, 재질은 SS-400, 기준강도 $4100kg/cm^2$이다.)

㉮ 14 ㉯ 18 ㉰ 22 ㉱ 24

해설 안전율(s) = $\dfrac{기준강도(f)}{허용응력(\sigma)}$ 그런데 $\sigma = \dfrac{M}{Z} = \dfrac{200000}{867} ≒ 230.7(kg/cm^2)$

∴ $s = \dfrac{4100}{230.7} ≒ 18$

정답 20. ㉰ 21. ㉮ 22. ㉱ 23. ㉯

24. 재료의 단순 인장에서 푸아송 비는 어떻게 나타내는가?

㉮ $\dfrac{\text{세로변형률}}{\text{가로변형률}}$ ㉯ $\dfrac{\text{부피변형률}}{\text{가로변형률}}$ ㉰ $\dfrac{\text{가로변형률}}{\text{세로변형률}}$ ㉱ $\dfrac{\text{부피변형률}}{\text{세로변형률}}$

25. 승객이 출입하거나 하역하는 동안 착상 정확도가 ±20mm를 초과할 경우에는 몇 mm 이내로 보정되어야 하는가?

㉮ ±5   ㉯ ±7   ㉰ ±10   ㉱ ±20

26. 전기식 엘리베이터의 기계실 치수에 대한 조건으로 적합한 것은?

㉮ 작업구역의 유효 높이는 4m 이상이어야 한다.
㉯ 작업구역 간 이동통로의 유효 폭은 0.3m 이상이어야 한다.
㉰ 보호되지 않은 회전부품 위로 0.3m 이상의 유효 수직거리가 있어야 한다.
㉱ 기계실 바닥에 0.3m를 초과하는 단차가 있는 경우, 고정된 사다리 또는 보호난간이 있는 계단이나 발판이 있어야 한다.

해설 ① 기계실 작업구역에서 유효높이는 2.1m 이상이어야 한다.
② 작업구역 간 이동통로의 유효 폭은 0.5m 이상이어야 한다.
③ 구동기의 회전부품 위로 0.3m 이상의 유효 수직거리가 있어야 한다.
④ 기계실 바닥에 0.5m를 초과하는 단차가 있을 경우에는 보호난간이 있는 계단 또는 발판이 있어야 한다.

27. 에스컬레이터의 모터 용량을 산출하는 식으로 옳은 것은? (단, G: 적재하중, V: 속도, η: 총효율, β: 승객승입율, $\sin\theta$: 에스컬레이터의 경사도)

㉮ $P = \dfrac{6120 \times \beta}{G \times \eta}$ ㉯ $P = \dfrac{6120 \times \sin\theta}{G \times V}$

㉰ $P = \dfrac{G \times V \times \sin\theta}{6120\eta} \times \beta$ ㉱ $P = \dfrac{G \times \eta \times \sin\theta}{6120} \times \beta$

해설 모터출력 $P = \dfrac{G \times V \times \sin\theta}{6120\eta} \times \beta$ (kW)

28. 엘리베이터의 교통량 계산 시 손실시간의 계산과 관련이 없는 것은?

㉮ 승객수   ㉯ 주행거리   ㉰ 승객 출입시간   ㉱ 도어 개폐시간

해설 손실시간은 도어 개폐시간에다 승객 출입시간을 더한 후 10%를 손실 시간으로 한다.

29. 감시반의 기능으로 볼 수 없는 것은?

㉮ 경보기능   ㉯ 제어기능   ㉰ 통신기능   ㉱ 승객감시기능

해설 감시반 기능의 종류: • 경보기능 • 제어기능 • 통신기능

정답 24. ㉰ 25. ㉰ 26. ㉱ 27. ㉰ 28. ㉯ 29. ㉱

30. 스트랜드의 외층소선을 내층소선보다 굵게 하여 구성한 로프로 내마모성이 커 엘리베이터 주로프에 가장 많이 사용하는 종류는?

㉮ 실형
㉯ 필러형
㉰ 워링턴형
㉱ 나프레스형

해설 로프의 종류
① 실형: 스트랜드의 외층소선을 내층소선보다 큰 소선으로 구성한 로프로서 내마모성이 우수하다. 엘리베이터의 주로프에는 실형 8꼬임이 많이 사용되고 있다.
② 필러형: 스트랜드의 내층·외층소선을 같은 직경의 소선으로 구성하고, 내외층 소선 간의 틈새를 최대한 좁게 하기 위하여 가능 소선을 넣은 로프로서 실형에 비해 유연성이 조금 높아 굴곡 특성이 좋다. 고층용 엘리베이터 등에 사용되고 있다.

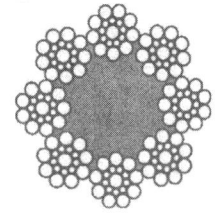
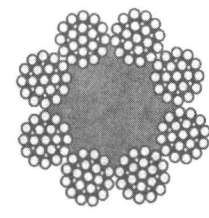

(실형 19개선 8꼬임)　　(필러형 25개선 8꼬임)

31. 카 추락방지안전장치가 작동될 때 무부하 상태의 카 바닥 또는 정격하중이 균일하게 분포된 부하 상태의 카 바닥은 정상적인 위치에서 몇 %를 초과하여 기울어지지 않아야 하는가?

㉮ 1　　㉯ 3　　㉰ 5　　㉱ 7

해설 카 추락방지안전장치가 작동될 때, 부하가 없거나 부하가 균일하게 분포된 카의 바닥은 정상적인 위치에서 5%를 초과하여 기울어지지 않아야 한다.

32. ※ 2021년 1월 1일 법 개정으로 무효함

33. 오피스빌딩의 경우 엘리베이터의 교통수요를 산출할 때 출근시간 승객 수의 가정으로 가장 합당한 것은?

㉮ 상승방향은 정원의 60%, 하강방향은 없음
㉯ 상승방향은 정원의 80%, 하강방향은 없음
㉰ 상승방향은 정원의 60%, 하강방향은 20%
㉱ 상승방향은 정원의 80%, 하강방향은 20%

해설 출근시의 승객수는 오름방향을 카 정원의 80% 정도로 하고, 내림 방향의 승객은 없는 것으로 한다.

34. 유도전동기의 슬립 s의 범위로 옳은 것은?

㉮ $s > 1$　　㉯ $s < 0$　　㉰ $s > 0$　　㉱ $0 \leq s < 1$

정답 30. ㉮　31. ㉰　33. ㉯　34. ㉱

해설 • 정지상태: s=1 • 동기 속도로 운전: s=0 • 정격 부하 운전: 0 < s < 1

35. 카 자중이 1050kg, 적재하중이 1000kg인 승객용 엘리베이터의 브레이스로드가 65°로 4개가 설치되어 있을 경우 브레이스로드 1개당 작용하는 장력(kg)은 약 얼마인가?

㉮ 566 ㉯ 610 ㉰ 1192 ㉱ 1220

해설 전체하중(P) = 카 자중 + 적재하중 = 1050+1000=2050(kg)
그런데 4로 나누어야 한다. 이유는 브레이스로드 1개당 작용하는 힘이기 때문이다.
따라서 최대굽힘모멘트 $M = \dfrac{P}{4} = \dfrac{2050}{4} ≒ 512.5$

∴ 브레이스로드 장력(τ)= $\dfrac{512.5}{\sin 65°} ≒ 565.5(kg)$

36. 엘리베이터용 가이드(주행안내) 레일의 적용 시 고려해야할 관계가 적은 것은?

㉮ 엘리베이터의 정격속도
㉯ 지진 발생 시 건물의 수평 진동
㉰ 추락방지안전장치의 작동 시 걸리는 하중
㉱ 불균형한 하중의 적재 시 발생되는 회전 모멘트

해설 엘리베이터용 가이드 레일의 적용 시 고려해야 할 사항
① 지진 발생 시 건물의 수평 진동
② 추락방지안전장치의 작동 시 걸리는 하중
③ 불균형한 하중의 적재 시 발생되는 회전 모멘트

37. 두 축이 평행한 기어에 해당하지 않는 것은?

㉮ 스퍼기어 ㉯ 베벨기어
㉰ 내접기어 ㉱ 헬리컬기어

해설 두 축이 평행한 기어: ① 스퍼기어 ② 랙 ③ 내접기어 ④ 헬리컬기어 ⑤ 헬리컬 랙 ⑥ 더블 헬리컬기어

38. 카의 자중이 3000kg, 정격 적재하중이 1000kg 인 엘리베이터의 오버밸런스율이 45%일 때 균형추의 중량은 몇 kg인가?

㉮ 3400 ㉯ 3450 ㉰ 3500 ㉱ 3550

해설 균형추의 중량 = 카 자체하중+(L · F)
= 3000+(1000×0.45)
= 3450(kg)

39. 카 바닥 및 카틀 부재의 허용 가능한 상부체대의 최대 처짐량은 전장(span)에 대하여 얼마 이하이어야 하는가?

㉮ $\dfrac{1}{900}$ ㉯ $\dfrac{1}{920}$ ㉰ $\dfrac{1}{960}$ ㉱ $\dfrac{1}{1000}$

정답 35. ㉮ 36. ㉮ 37. ㉯ 38. ㉯ 39. ㉰

40. 승강로에 대한 설명으로 틀린 것은?

㉠ 승강로에는 1대의 엘리베이터 카만 있을 수 있다.
㉡ 승강로 내에 설치되는 돌출물은 안전상 지장이 없어야 한다.
㉢ 승강로는 누수가 없고 청결상태가 유지되는 구조이어야 한다.
㉣ 유압식 엘리베이터의 잭은 카와 동일한 승강로 내에 있어야 하며, 지면 또는 다른 장소로 연장될 수 있다.

해설 승강로에는 1대의 엘리베이터 카만 있는 것은 아니다. 트윈 엘리베이터는 하나의 승강로 내에 두 대의 엘리베이터가 독립적으로 운행되어 효율적인 승객 운송을 위한 신기술 엘리베이터이다.

(일반 기계 공학)

41. 3중 나사에서 리드(lead) L과 피치(pitch) p의 관계로 옳은 것은?

㉠ p=L　　㉡ L=1.5p　　㉢ p=3L　　㉣ L=3p

42. 동일 축 상에 2개 이상의 펌프 작용 요소를 가지고, 각각 독립된 펌프 작용을 하는 형식의 펌프는?

㉠ 다련 펌프　　㉡ 다단 펌프　　㉢ 피스톤 펌프　　㉣ 베인 펌프

해설 다련 펌프: 1대의 펌프에서 여러 액체의 비율 주입과 같은 액체 여러 라인의 동시 주입이 가능하다. 최대 6련까지 제작이 가능하다. 설치 공간의 축소 및 배선·배관 등 설치비용의 저감을 실현한다.

43. 리밍(reaming)에 관한 설명으로 옳은 것은?

㉠ 구멍을 뚫는 기본적인 작업
㉡ 구멍에 암나사를 가공하는 작업
㉢ 구멍 주위를 평면으로 가공하는 작업
㉣ 뚫린 구멍을 정확한 크기와 매끈한 면으로 다듬질하는 작업

44. 연강의 응력-변형률선도에서 응력이 최고값인 응력은?

㉠ 비례한도　　　　　　㉡ 인장한도
㉢ 탄성한도　　　　　　㉣ 항복한도

해설 극한강도(인장강도)는 재료가 견딜 수 있는 최대응력을 말한다.

45. 1.5m/s의 원주속도로 회전하는 전동축을 지지하는 저널 베어링에서 베어링 하중은 2000N, 마찰계수가 0.04일 때 마찰에 의한 손실 동력은 약 몇 kW인가?

㉠ 0.12　　㉡ 0.24　　㉢ 0.48　　㉣ 0.72

해설 L=μWV=0.04×2×1.5=0.12kW

정답 40. ㉠　41. ㉣　42. ㉠　43. ㉣　44. ㉡　45. ㉠

46. 경화된 강 중의 잔류오스테나이트를 마텐자이트로 변태시켜 시효변형을 방지하기 위한 목적으로 하는 열처리로서 치수의 정확성을 요하는 게이지나 베어링 등을 만들 때 주로 행하는 것은?

㉮ 오스템퍼링 ㉯ 마템퍼링
㉰ 심랭처리 ㉱ 노멀라이징

해설
- 오스템퍼링: 철강을 오스테나이트화한 뒤 베이나이트 변태역의 온도로 유지한 염욕 등에 급랭하고 이 온도에서 베이나이트 변태를 완료시킨 뒤에 공랭하는 처리를 말한다. 열욕의 온도는 300~400℃가 일반적이다. 이 처리의 특징은 통상의 담금질에 비해 담금 균열이나 변형의 위험이 적다. 풀림이 불필요하다. 동일 경도로 담금질 풀림한 것에 비해 교축이나 충격값이 높다.
- 마템퍼링: 철강의 담금질 때에 갈라짐이나 비틀어짐의 발생을 방지하기 위해 고온의 가열온도에서 일단 Ms점 부근 온도의 열욕에 급랭하며, 물품의 내외 온도가 거의 균일하게 된 후에 끌어내어 공랭하는 처리로, 마퀜칭(marquenching)이라고도 한다. 담금질재의 내외에서 마르텐사이트 변태가 거의 동시에 더구나 서서히 진행하는 것이 중요한 점이고, 부품의 살두께에 부동이 있는 경우에 특히 유효한 방법이다. 통상의 담금질보다도 냉각속도가 작아지므로, 물품의 크기에 따라 적용이 제한된다.
- 심랭처리: 주로 철강 재료의 특성 향상을 위해 실시되는 열처리 방법. 강철을 열처리한 직후, 섭씨 0도 이하의 온도에서 냉각하는 방법을 말한다. 경도와 내마모성 등이 향상되고, 시간이 지남에 따라 형태가 변하는 것을 막을 수 있다.
- 노멀라이징: 금속의 열처리 방법 가운데 하나. 금속을 가열한 후 공기중에서 서서히 식히는 것을 말한다. 결정이 너무 크거나 변형이 있을 때 이를 정상적인 상태로 만들기 위한 가공 방법이다.

47. 용접부의 검사법 중 시편 타단의 결함에서 반사되어 오는 반응을 시간적 연관성이 있는 오실로스코프에 받아 기록하는 방법은?

㉮ 침투 탐상검사 ㉯ 자분 검사
㉰ 초음파 검사 ㉱ 방사선 투과검사

해설
① 침투 탐상검사: 검사하고자 하는 대상물의 표면에 침투력이 강한 적색 또는 형광성 침투액을 칠하여, 표면의 개구 결함부 위에 충분히 침투시킨 다음 표면의 침투액을 닦아 내고, 백색 분말의 현상액으로 결함 내부에 스며든 침투액을 표면으로 빨아내고, 그것을 직접 또는 자외선 등으로 비추어 관찰함으로써 결함이 있는 장소와 크기를 알아내는 방법을 말한다.
② 자분 탐상 검사: 자분 탐상 검사는 시험체를 자화 시켰을 때 표면 또는 표면 부위에 자속을 막는 결함이 존재할 경우 그곳에서부터 자장이 누설되며 결함의 양측에 자극이 형성되어 고함 부분이 작은 자석이 있는 것과 같은 효과를 띠게 되어 공간에 자장을 형성한다. 그 공간에 자분을 뿌리면 자분 가루들이 자화되어 자극을 갖고 결함 부위에 달라붙게 된다. 자분이 밀집 되어있는 모양을 보고 시험체의 결손 부위와 크기를 측정한다.
③ 초음파 검사: 초음파를 생체내에 보내어 그 반사파를 영상화 함으로써 이상 유무를 조사하는 검사.
④ 방사선 투과검사: 엑스선, 베타선, 감마선, 중성자선 따위의 투과 강도를 재서 물체의 두께를 측정하거나 내부의 결함을 검사하는 시험 방법

48. 압력 제어 밸브에서 어느 최소 유량에서 어느 최대 유량까지의 사이에 증대하는 압력은?

㉮ 파괴 압력 ㉯ 절대 압력 ㉰ 흡입 압력 ㉱ 오버라이드 압력

49. 두 힘 10N과 30N이 직교하고 있다. 합성한 힘의 크기는 약 몇 N인가?

㉮ 31.6 ㉯ 38.7 ㉰ 40.0 ㉱ 44.7

정답 46. ㉯ 47. ㉰ 48. ㉱ 49. ㉮

해설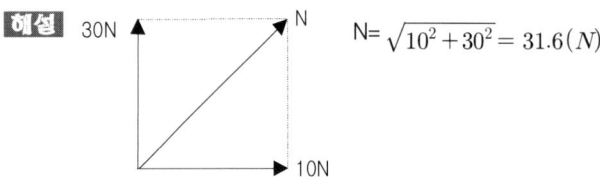

50. 단동 왕복펌프의 피스톤 지름이 20cm, 행정 30cm 피스톤의 매분 왕복횟수가 80, 체적효율 92%일 때 펌프의 양수량은 약 몇 $m^3/\min$ 인가?

㉮ 0.35　　㉯ 0.69　　㉰ 0.82　　㉱ 1.42

해설 $Q = \dfrac{\pi D^2}{4} \ell n \eta = \dfrac{\pi \times 0.2^2}{4} \times 0.3 \times 80 \times 0.92 = 0.694 \, m^3/\min$

51. 드릴 가공을 할 때, 가공물과 접촉에 의한 마찰을 줄이기 위하여 절삭날 면에 주는 각은?

㉮ 나선각(helix angle)　　㉯ 선단각(point angle)
㉰ 웨브 각(web angle)　　㉱ 날 여유각(lip clearance angle)

해설 ① 나선각: 원통에 감은 나선 코일과 원통의 수평면이 이루는 각
② 선단각: 드릴의 축에 평행인 면에 날을 평행으로 하여 투영했을 때의 각
③ 웨브 각: 드릴 끝의 홈과 홈 사이의 두께로 자루 쪽으로 갈수록 커진다.
④ 날 여유각: 절삭날이 장해를 받지 않고 재료를 절삭 하도록 절삭날에 주어진 여유각으로 10~15° 정도이다.

52. 소성가공 중에서 주전자, 물통, 배럴 등의 주름 형상을 만드는 데 적합한 가공은?

㉮ 벌징(bulging)　　㉯ 비딩(beading)　　㉰ 헤밍(hemming)　　㉱ 컬링(curling)

해설 • 벌징 가공: 금형 내에 삽입된 원통형 용기 또는 관에 높은 압력을 가하여, 용기 또는 관의 일부를 팽창시켜 성형하는 방법으로 입구가 작고 몸통이 큰 용기의 제작에 사용된다.
• 비딩: 판금 성형 가공의 일종으로 편편한 판금 또는 성형된 판금에 줄 모양의 돌기를 넣는 가공법으로 평판에 오픈 비딩을 연속적으로 넣으면 파형 성형이 된다.
• 헤밍(도어): 도어 외판의 내측에 도어 내판을 넣고, 외판 플랜지 끝을 180도 꺾어 구부려서 클램프 한 것. 스팟 용접 없이 외판과 내판을 연결하는 방법이다. 스팟 용접을 하면 외판으로 용접자국이 생겨서 경면 완성에 수고를 하게 된다. 도어 헤밍 방식은 용접자국 완성이 필요 없다.
• 컬링 가공: 판재 또는 용기의 윗부분에 원형 단면의 테두리를 말아 넣는 가공을 말한다.

53. 하중을 한 방향으로만 받는 부품에 이용되는 나사로 압착기, 바이스(vise) 등의 이송 나사에 사용되는 것은?

㉮ 둥근나사　　㉯ 사각나사　　㉰ 삼각나사　　㉱ 톱니나사

해설 • 둥근나사: 나사산의 단면이 원호 모양으로 되어있는 형태의 나사로서 모난 곳이 없으므로 먼지나 가루 단위가 나사부에 끼이기 쉬운 곳에 사용된다. 또 전구의 마구리쇠와 같이 박판에 프레스 가공을 가하여 나사를 찍어내는 데 적합하다.

정답　50. ㉯　51. ㉱　52. ㉮　53. ㉱

- 사각나사: 나사산의 단면이 정사각형으로 되어 있는 나사. 주로 프레스와 같이 힘을 필요로 하는 부분의 동력 전달에 쓰인다.
- 삼각나사: 나사산의 단면이 세모꼴로 되어 있는 보통의 나사. 다른 특수한 나사와 구별할 때 사용하는 호칭이다. 기계의 부품이나 그 밖의 물건을 조이는데 많이 쓰인다.
- 톱니나사: 나사산이 톱니 모양으로 된 나사로 각 나사와 접시형 나사의 장점을 고루 갖춘 나사로서 한쪽 방향으로 작용하는 힘에 잘 견디므로 바이스나 잭(jack) 등에 사용된다.

54. Ti의 특성에 대한 설명으로 틀린 것은?

㉮ 비중이 4.5이다.
㉯ Mg과 Al보다 무겁고 철보다 가볍다.
㉰ 전기 및 열의 전도성은 Fe보다 크다.
㉱ 내식성이 우수하다.

해설 티타늄은 강철보다 무르다. 중량은 강철의 절반 이하 정도로 상당히 가볍다. 또한 열·전기 전도도가 낮다.

55. 정밀한 금형에 용융금속을 고압, 고속으로 주입하여 주물을 얻는 방법으로 주물표면이 미려하고 정도가 높은 주조법은?

㉮ 셸몰드법
㉯ 원심주조법
㉰ 다이캐스팅법
㉱ 인베스트먼트 주조법

해설
- 셸몰드법: 모형판에 모형을 붙여서 이것을 가열하여 이 위에 미리 건조한 합성수지 분말을 혼합한 주물사를 일정시간 덮어 두고, 모형판과 모형에 접한 일정한 두께의 모래만을 열에 의하여 반용융한 합성 수지로 결합시켜 잔부의 모래를 제거, 모형과 함께 된 셸몰드를 일정한 온도에서 일정한 시간 가열하여 경화시켜 모형에서 셸몰드를 분리하고, 이 주형을 조합(조립)하여 용금을 주입하는 방법.
- 원심 주조법: 회전하는 주형에 용융 금속을 주입하여 원심력을 이용하여 주조하는 방법.
- 다이캐스팅법: 금형에 압력으로써 고속으로 합금을 주조하는 방법. 특징은 복잡한 형상의 주물이 가능하고, 얇은 주물의 생산이 가능하며, 다량 생산 시, 단가가 싸고 생산 속도가 빠르다. 주물의 표면이 좋으며 나사, 용접 등 조립비가 절약된다.
- 인베스트먼트 주조법: 보통의 사형 주물에서의 모형에 해당하는 것을 가용, 가용성의 재료로 만들고, 이것에 미상의 주형재료로 덮어씌운 다음, 후에 속의 모형을 용융시켜 제거한 다음 융금을 주조하는 방법이다. 형상이 복잡하거나 용접이 곤란한 내열강, 초합금 자석강에 이용된다.

56. 잇수 40, 피치원 지름 100mm인 표준 스퍼기어의 원주피치는 약 몇 mm인가?

㉮ 3.93
㉯ 7.85
㉰ 15.70
㉱ 23.55

해설 $cp = \dfrac{\text{피치원주}}{\text{잇수}} = \dfrac{\pi D}{Z} = \dfrac{3.14 \times 100}{40} = 7.85(mm)$

57. 제동장치에서 단식 블록 브레이크의 제동력에 대한 설명 중 옳은 것은?

㉮ 제동 토크에 반비례한다.
㉯ 마찰 계수에 반비례한다.
㉰ 브레이크 드럼의 지름에 비례한다.
㉱ 브레이크 드럼과 블록사이의 수직력에 비례한다.

해설 단식 블록 브레이크:
- 브레이크의 드럼에 하나의 브레이크 블록으로 구성된다.
- 큰 제동력을 얻기 어렵다.
- 블록과 드럼 사이의 마찰로 제동하는 브레이크로 수직력에 비례한다.

정답 54. ㉰ 55. ㉰ 56. ㉯ 57. ㉱

58. 다음 중 비중이 가장 낮은 경금속인 것은?

㉮ Ag ㉯ Al ㉰ Cu ㉱ Pb

해설 • Ag: $10.49(g/cm^3)$ • Al: $2.689(g/cm^3)$ • Cu: $8.9(g/cm^3)$ • Pb: $11.34(g/cm^3)$

59. 길이가 50cm인 외팔보에 그림과 같이 $\omega = 4$ N/cm인 균일분포하중이 작용할 때 최대 굽힘 모멘트의 값은 몇 N·cm인가?

㉮ 5000
㉯ 4000
㉰ 2500
㉱ 2000

해설 $M = \omega \cdot \dfrac{l}{2} = 4 \times 50 \times \dfrac{50}{2} = 5000 N \cdot cm$

60. 비틀림을 받는 원형 단면 봉에서 발생하는 비틀림 각에 대한 설명 중 옳은 것은?

㉮ 봉의 길이에 반비례한다. ㉯ 극단면 2차 모멘트에 반비례한다.
㉰ 전단 탄성계수에 비례한다. ㉱ 비틀림 모멘트에 반비례한다.

해설 $\theta = \dfrac{\tau \ell}{GI_p}$ 여기서 τ : 토크
   G : 상수
   I_p : 극 관성 모멘트
   ℓ : 길이

(전기제어 공학)

61. 도체가 대전된 경우 도체의 성질과 전하 분포에 관한 설명으로 틀린 것은?

㉮ 도체 내부의 전계는 ∞ 이다. ㉯ 전하는 도체 표면에만 존재한다.
㉰ 도체는 등전위이고 표면은 등전위면이다. ㉱ 도체 표면상의 전계는 면에 대하여 수직이다.

해설 도체 내부의 전계는 0이다.

62. 그림과 같은 피드백 회로의 종합 전달함수는?

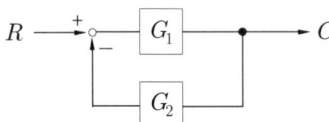

정답 58. ㉯ 59. ㉮ 60. ㉯ 61. ㉮ 62. ㉰

㉮ $\dfrac{1}{G_1}+\dfrac{1}{G_2}$ ㉯ $\dfrac{G_1}{1-G_1G_2}$ ㉰ $\dfrac{G_1}{1+G_1G_2}$ ㉱ $\dfrac{G_1G_2}{1-G_1G_2}$

해설

블록선도	전달함수
$R \to G_1 \to G_2 \to C$	$G=\dfrac{C}{R}=G_1G_2$
$R \xrightarrow{+} \ominus \to G \to C$ (피드백)	$G=\dfrac{C}{R}=\dfrac{G}{1+G}$
$R \to G_1 \to \oplus \to C$, G_2 피드백(+)	$G=\dfrac{C}{R}=\dfrac{G_1}{1-G_2}$
$R \xrightarrow{+} \ominus \to G_1 \to C$, G_2 피드백	$G=\dfrac{C}{R}=\dfrac{G_1}{1+G_1G_2}$
$R \xrightarrow{+} \oplus \to G_1 \to G_2 \to C$, G_3 피드백	$G=\dfrac{C}{R}=\dfrac{G_1G_2}{1-G_1G_2G_3}$

63. 유도전동기에서 슬립이 '0'이란 의미와 같은 것은?

㉮ 유도제동기의 역할을 한다.   ㉯ 유도전동기가 정지상태이다.
㉰ 유도전동기가 전부하 운전상태이다.   ㉱ 유도전동기가 동기속도로 회전한다.

해설 • 정지상태: N=0 ∴ s=1 • 동기 속도로 운전: $N=N_s$ ∴ s=0 • 정격 부하운전: 0〈s〈1

64. $G(j\omega)=e^{-j\omega 0.4}$ 일 때 $\omega=2.5$에서의 위상각은 약 몇 도인가?

㉮ -28.6   ㉯ -42.9   ㉰ -57.3   ㉱ -71.5

해설 $G(j\omega)=e^{-j\times 2.5\times 0.4}=e^{-j}=1\angle -1$
∴ -1은 라디안으로 -1, 각도로는 -57.3°
[참고] • π라디안=180° • 2π라디안=360°

65. 여러 가지 전해액을 이용한 전기분해에서 동일량의 전기로 석출되는 물질의 양은 각각의 화학당량에 비례한다고 하는 법칙은?

정답 63. ㉱ 64. ㉰ 65. ㉱

㉮ 줄의 법칙　　㉯ 렌츠의 법칙　　㉰ 쿨롱의 법칙　　㉱ 페러데이의 법칙

해설 페러데이의 법칙(Faraday's law): 전기 분해에 의해서 석출되는 물질의 양은 전해액을 통과한 총전기량에 비례한다. 전기량이 일정할 때 석출되는 물질의 양은 화학당량(chemical equivalent)에 비례한다.
$$W = kQ = kIt(g)$$
여기서, k : 화학당량

66. 제어대상의 상태를 자동적으로 제어하며, 목표값이 제어 공정과 기타의 제한 조건에 순응하면서 가능한 가장 짧은 시간에 요구되는 최종상태까지 가도록 설계하는 제어는?

㉮ 디지털제어　　㉯ 적응제어　　㉰ 최적제어　　㉱ 정치제어

해설
- 디지털제어: 제어기로서 디지털 컴퓨터를 쓰는 제어. 아날로그제어에 비하여 복잡한 제어 알고리즘을 쉽게 설정할 수 있다는 것, 알고리즘의 수정이나 변경이 용이하다는 것, 데이터의 처리와 기록이 용이하다는 것 등의 이점이 있다. 그러나 반면 계산 속도가 느리고 표본화 주파수를 결정하는 지침을 얻기가 어렵다.
- 적응제어: 환경 변화에 따라서 제어계의 특성, 구조를 적극적으로 변경해 나가는 방식
- 최적제어: 제어 대상의 상태를 자동적으로 어느 소요의 최적 상태를 하려고 하는 제어
- 정치제어: 목표값이 일정하여 변화하지 않는 자동제어

67. 제어계의 과도응답특성을 해석하기 위해 사용하는 단위계단입력은?

㉮ $\delta(t)$　　㉯ u(t)　　㉰ -3tu(t)　　㉱ $\sin(120\pi t)$

해설
- 단위 계단입력: 단위 계단 함수(u(t)=1) 즉 계단처럼 1이란 신호가 계속 나가는 것을 말한다.

68. 제어계의 분류에서 엘리베이터에 적용되는 제어 방법은?

㉮ 정치제어　　㉯ 추종제어　　㉰ 비율제어　　㉱ 프로그램제어

해설
- 정치제어: 목표값이 시간적으로 변화하지 않는 일정한 제어(예: 연속식 압연기)
- 추종제어: 미지의 시간적 변화를 하는 목표값에 제어량을 추종시키기 위한 제어(예: 대공포의 포신)
- 비율제어: 둘 이상의 제어량을 소정의 비율로 제어하는 것(예: 보일러의 자동 연소 제어, 암모니아 합성 프로세스 제어)
- 프로그램제어: 목표값이 미리 정해진 시간적 변화를 하는 경우 제어량을 그것에 추종시키기 위한 제어(예: 열차, 산업 로봇의 무인 운전)

69. PI 동작의 전달함수는? (단, K_p는 비례감도이고, T_1는 적분시간이다.)

㉮ K_p　　㉯ $K_p s T_1$　　㉰ $K_p(1+sT_1)$　　㉱ $K_p(1+\frac{1}{sT_1})$

해설
- 비례요소 전달함수 $G(s)=K_p$ · 미분요소 전달함수 $G(s)=K_p s$ · 적분요소 전달함수 $G(s)=\frac{K_p}{s}$

그러므로 PI동작의 전달함수는 $K_p(1+\frac{1}{sT_1})$이다

정답 66. ㉰　67. ㉯　68. ㉱　69. ㉱

70. 단위 피드백 제어계통에서 입력과 출력이 같다면 전향전달함수 G(s)의 값은?

㉮ 0 ㉯ 0.707 ㉰ 1 ㉱ ∞

해설 전향 전달함수는 피드백 요소가 없다.

71. PLC(Programmable Logic Controller)에서, CPU부의 구성과 거리가 먼 것은?

㉮ 연산부 ㉯ 전원부 ㉰ 데이터 메모리부 ㉱ 프로그램 메모리부

해설 CPU부의 구성은 연산부, 메모리부, 외부장치, 인터페이스부로 구성된다.

72. 200V, 1kW 전열기에서 전열선의 길이를 1/2로 할 경우 소비전력은 몇 kW인가?

㉮ 1 ㉯ 2 ㉰ 3 ㉱ 4

해설 $R = \dfrac{V^2}{P} = \dfrac{200^2}{1000} = 40(\Omega)$

$P' = \dfrac{V^2}{R} = \dfrac{200^2}{40 \times \dfrac{1}{2}} = \dfrac{40000}{20} = 2000(W) = 2(kW)$

73. 다음과 같은 회로에 전압계 3대와 저항 10Ω을 설치하여 V_1=80V, V_2=20V, V_3=100V의 실효치 전압을 계측하였다. 이 때, 순저항 부하에서 소모하는 유효전력은 몇 W인가?

㉮ 160
㉯ 320
㉰ 460
㉱ 640

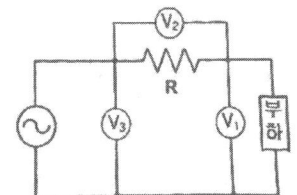

해설 $P = \dfrac{1}{2R}(V_3^2 - V_1^2 - V_2^2) = \dfrac{1}{2 \times 10}(100^2 - 80^2 - 20^2) = 160(W)$

74. 어떤 교류전압의 실효값이 100V일 때 최대값은 약 몇 V가 되는가?

㉮ 100 ㉯ 141 ㉰ 173 ㉱ 200

해설 실효전압(V) = $\dfrac{\text{최대전압}(V_m)}{\sqrt{2}}(V)$에서 $V_m = \sqrt{2}\,V = \sqrt{2} \times 100 = 141.4(V)$

75. 추종제어에 속하지 않는 제어량은?

㉮ 위치 ㉯ 방위 ㉰ 자세 ㉱ 유량

정답 70. ㉱ 71. ㉯ 72. ㉯ 73. ㉮ 74. ㉯ 75. ㉱

해설 추종제어: 미지의 시간적 변화를 하는 목표값에 제어량을 추종시키기 위한 제어로 서보 기구가 이에 해당된다.
 ※ 서보기구: 물체의 위치, 방위, 자세 등 기계적 변위를 제어량으로 한다.

76. 90Ω의 저항 3개가 △ 결선으로 되어 있을 때, 상당(단상) 해석을 위한 등가 Y결선에 대한 각 상의 저항 크기는 몇 Ω인가?

 ㉮ 10 ㉯ 30 ㉰ 90 ㉱ 120

해설 $R_\triangle = 3R_y$에서 $R_y = \dfrac{R_\triangle}{3} = \dfrac{90}{3} = 30(\Omega)$

77. 제어장치가 제어대상에 가하는 제어신호로 제어장치의 출력인 동시에 제어대상의 입력인 신호는?

 ㉮ 조작량 ㉯ 제어량 ㉰ 목표값 ㉱ 동작신호

해설 되먹임 제어계의 구성:

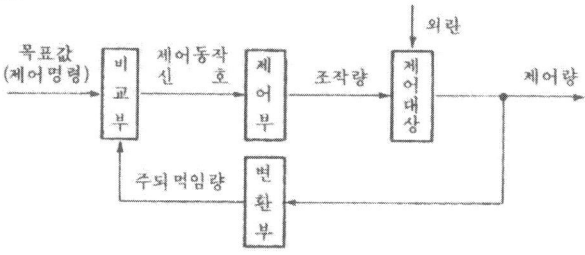

78. 과도 응답의 소멸되는 정도를 나타내는 감쇠비(decay ratio)로 옳은 것은?

 ㉮ $\dfrac{제2오버슈트}{최대오버슈트}$ ㉯ $\dfrac{제4오버슈트}{최대오버슈트}$ ㉰ $\dfrac{최대오버슈트}{제2오버슈트}$ ㉱ $\dfrac{최대오버슈트}{제4오버슈트}$

해설 감쇠비(decay ratio): 과도 응답의 소멸되는 정도를 나타내는 양으로서 최대오버슈트와의 비로 정의한다.
 감쇠비 = $\dfrac{제2오버슈트}{최대오버슈트}$

79. 다음 설명은 어떤 자성체를 표현한 것인가?

> N극을 가까이 하면 N극으로, S극을 가까이하면 S극으로 자화되는 물질로 구리, 금, 은 등이 있다.

 ㉮ 강자성체 ㉯ 상자성체 ㉰ 반자성체 ㉱ 초강자성체

해설 • 강자성체: 자석의 N극에 S극이, S극에 N극이 강하게 자화되는 물질(예: 철, 코발트, 니켈, 망간)
 • 상자성체: 자석의 N극에 S극이, S극에 N극이 자화되는 물질(예: 알루미늄, 백금)
 • 반자성체: 자석의 N극에 N극이, S극에 S극이 자화되는 물질(예: 금, 은, 구리, 아연, 탄소)

80. 정격주파수 60Hz의 농형 유도전동기를 50Hz의 정격전압에서 사용할 때, 감소하는 것은?

㉮ 토크　　　　㉯ 온도　　　　㉰ 역률　　　　㉱ 여자전류

해설 주파수가 떨어지면 속도가 하강($N_s = \dfrac{120f}{P}[rpm]$)하고, 출력이 감소하여 유효, 전류는 감소한다. 따라서 역률이 낮아진다.

정답　80. ㉰

승강기 기사 기출문제
(2019. 9. 21)

(승강기 개론)

1. 카 내의 적재하중이 초과되었음을 알려 주는 과부하감지장치는 정격적재하중의 몇 %를 초과하기 전에 작동해야 하는가?

㉮ 80   ㉯ 90   ㉰ 100   ㉱ 110

해설 과부하 감지장치(Overload Switch): 카 바닥 하부 또는 와이어로프 단말에 설치하여 카 내부의 승차인원 또는 적재하중을 감지, 정격하중 초과 시 경보음을 울려 카 내에 적재하중이 초과되었음을 알려 주는 동시에 출입구 도어의 닫힘을 저지하여 카를 출발시키지 않도록 한다. 정격하중의 105%~110%의 범위에 설정한다.

2. 균형체인의 설치 목적은?

㉮ 카의 자체 균형을 유지하기 위해서
㉯ 균형추 로프의 장력을 일정하게 하기 위해서
㉰ 카의 자체 하중과 적재하중을 보상하기 위해서
㉱ 카와 균형추 상호 간의 위치 변화에 따른 무게를 보상하기 위해서

3. 화재 등 재난 발생 시 거주자의 피난활동에 적합하게 제조·설치된 엘리베이터로서 평상시에는 승객용으로 사용하는 엘리베이터는?

㉮ 승객용 엘리베이터   ㉯ 화물용 엘리베이터
㉰ 피난용 엘리베이터   ㉱ 소방구조용 엘리베이터

4. 전동발전기를 이용한 직류 엘리베이터에서 가장 많이 사용하는 속도제어방법은?

㉮ 전원전압을 제어하는 방법   ㉯ 전동기의 계자전압을 제어하는 방법
㉰ 발전기의 계자전류를 제어하는 방법   ㉱ 발전기의 계자와 회전자의 전압을 제어하는 방법

해설 직류모터는 계자전류가 일정하면 전기자에 주어지는 전압에 비례하여 회전수가 변화하는 특성이 있다. 전기자에 직류전압을 공급하기 위하여 AC모터로 DC발전기를 회전시키는 M.G를 엘리베이터 한 대당 1세트씩 설치한다. 그리고 M.G의 출력을 직접 직류모터 전기자에 공급하고, 발전기의 계자전류를 강하게 하거나 약하게 하여 발전기 발생전압을 임의로 연속적으로 변화시켜 직류모터의 속도를 연속으로 광범위하게 컨트롤한다.

5. 에스컬레이터의 스텝에 대한 설명으로 옳은 것은?

㉮ 스텝을 지지하는 롤러는 두 개이다.
㉯ 밟는 면은 평면이어야 하며, 홈이 있어서는 안 된다.

정답 1. ㉱ 2. ㉱ 3. ㉰ 4. ㉰ 5. ㉱

㉰ 스텝의 앞에만 주의색을 칠하거나, 주의색의 플라스틱을 끼워야 한다.
㉴ 스텝은 알루미늄의 다이캐스트 또는 스테인리스 강판을 접어 구부린 것도 있다.

6. 엘리베이터 기계실의 작업구역마다 몇 개 이상의 콘센트를 적절한 위치에 설치하여야 하는가?

㉮ 1   ㉯ 2   ㉰ 3   ㉴ 4

7. 엘리베이터용 주로프에 대한 설명으로 틀린 것은?

㉮ 구조적 신율이 커야 한다.
㉯ 그리스 저장 능력이 뛰어나야 한다.
㉰ 강선 속의 탄소량을 적게 하여야 한다.
㉴ 내구성 및 내부식성이 우수하여야 한다.

해설 로프의 신율이 증가하면 로프 지름의 감소와 함께 소선파단 등의 손상이 발생한다.

8. 유체의 흐름을 한 방향으로만 흐르게 하고 역류를 방지하는 데 사용되는 밸브는?

㉮ 체크밸브   ㉯ 감압밸브   ㉰ 글로브밸브   ㉴ 슬루스밸브

해설 역저지(check) 밸브: 한 쪽 방향으로만 오일이 흐르도록 하는 밸브이다. 기능은 로프식 엘리베이터의 전자 브레이크와 유사하다.

9. 엘리베이터 제동기(Brake)의 전자-기계 브레이크에 대한 설명으로 틀린 것은?

㉮ 브레이크 라이닝은 불연성이어야 한다.
㉯ 밴드 브레이크가 같이 사용되어야 한다.
㉰ 브레이크슈 또는 패드 압력은 압축 스프링 또는 추에 의해 발휘되어야 한다.
㉴ 자체적으로 카가 정격속도로 정격하중의 125%를 싣고 하강방향으로 운행될 때 구동기를 정지시킬 수 있어야 한다.

해설 밴드 브레이크: 회전체의 제동을 위해 그 회전 원통의 외주에 밴드(띠) 모양의 가요체를 두고 회전체를 조이는 구조로써 그 조임력에 의해 그 회전 원통의 외주면과 그 밴드와의 접촉 마찰력을 이용하는 브레이크를 말하는데, 엘리베이터의 제동기(Brake)는 전자력을 이용하여 여자(勵磁)시 모터를 잡지 않고, 소자(消磁)시 모터를 잡는 구조이다.

10. 동력전원이 어떤 원인으로 상이 바뀌거나 결상이 되는 경우 이를 감지하여 전동기의 전원을 차단하는 장치는?

㉮ 과속감지장치   ㉯ 역결상검출장치   ㉰ 과부하감지장치   ㉴ 과전류감지장치

해설 역결상 검출장치: 동력전원이 어떤 원인으로 상이 바뀌거나 결상이 되는 경우 이를 감지하여 전동기의 전원을 차단하고 브레이크를 작동시키는 장치이다.

11. 아래와 같은 건물 높이에 설치된 엘리베이터의 지진 감지기 설정값 중 고(高) 설정값으로 옳은 것은?

건축물 높이	특저 설정값	저 설정값	고 설정값
58m	80gal 또는 P파 감지	120gal	(　　)

정답 6. ㉮ 7. ㉮ 8. ㉮ 9. ㉯ 10. ㉯ 11. ㉴

㉮ 120gal ㉯ 130gal ㉰ 140gal ㉱ 150gal

12. 에너지 축적형 완충기와 에너지 분산형 완충기의 용도에 대한 설명으로 옳은 것은?

㉮ 에너지 축적형 완충기는 소형에, 에너지 분산형 완충기는 대형에 주로 사용한다.
㉯ 에너지 축적형 완충기는 전기식에, 에너지 분산형 완충기는 유압식에 주로 사용한다.
㉰ 에너지 축적형 완충기는 화물용에, 에너지 분산형 완충기는 승객용에 주로 사용한다.
㉱ 에너지 축적형 완충기는 저속용으로, 에너지 분산형 완충기는 고속용으로 주로 사용한다.

해설 에너지 축적형 완충기(스프링 완충기)는 60m/min이하에, 에너지 분산형 완충기(유입형 완충기)는 저속·고속 모든 경우에 사용 가능하다.

13. 승강기 도어 머신(Door Machine)의 감속장치로 주로 사용하는 방식이 아닌 것은?

㉮ 벨트(Belt) 사용방식
㉯ 체인(Chain) 사용방식
㉰ 웜(Worm) 사용방식
㉱ 유성기어(Planetary Gear) 감속기 방식

해설 유성기어는 고정되어 있는 링 기어를 중심으로 3개의 유성기어가 선 기어에 의하여 회전하는 기어이다. 이런 형식의 기어는 안정적인 토크 밸런스와 감속비를 갖는다. 스텝모터에 활용된다.

14. 엘리베이터 주로프에 가장 일반적으로 사용되는 와이어로프는?

㉮ 8xS(19), E종, 보통 Z꼬임
㉯ 8xS(19), E종, 보통 S꼬임
㉰ 8xW(19), E종, 보통 Z꼬임
㉱ 8xW(19), E종, 보통 S꼬임

해설 실형 19개선 8꼬임

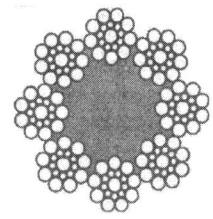

15. 에스컬레이터 및 무빙워크의 경사도에 따른 공칭속도에 대한 설명으로 틀린 것은?

㉮ 경사도가 12° 초과인 무빙워크의 공칭속도는 0.5m/s 이하이어야 한다.
㉯ 경사도가 12° 이하인 무빙워크의 공칭속도는 0.75m/s 이하이어야 한다.
㉰ 경사도가 30° 이하인 에스컬레이터의 공칭속도는 0.75m/s 이하이어야 한다.
㉱ 경사도가 30°를 초과하고 35°이하인 에스컬레이터의 공칭속도는 0.5m/s 이하이어야 한다.

해설 에스컬레이터의 경사도가 30° 이하는 공칭속도가 0.75m/s 이하이어야 한다. 또한 무빙워크의 경사도는 12° 이하이어야 하며, 공칭속도는 0.75m/s 이하이어야 한다.

16. 비상정지장치(추락방지안전장치)에 대한 설명으로 틀린 것은?

㉮ 상승방향으로만 작동해야 한다.
㉯ 정격속도의 1.15배 이상에서 작동해야 한다.
㉰ 과속조절기가 작동한 후에 작동해야 한다.
㉱ 과속조절기 로프를 기계적으로 잡아서 작동시킬 수 있다.

해설 추락방지안전장치는 하강방향으로 운전 시 작동한다.

17. 균형(보상)로프와 주로프와의 단위중량 관계로 옳은 것은?

㉮ 주로프의 단위중량과는 관계가 없다. ㉯ 주로프와 같은 것이 가장 이상적이다.
㉰ 주로프 보다 큰 것이 가장 이상적이다. ㉱ 주로프 보다 작은 것이 가장 이상적이다.

18. 무빙워크의 안전장치가 아닌 것은?

㉮ 비상정지스위치   ㉯ 스커트가드 스위치
㉰ 스텝체인 안전스위치   ㉱ 핸드레일 인입구 안전장치

해설 스커트가드 스위치는 에스컬레이터에서 스텝과 스커트가드판 사이에 이물질이 끼어 일정한 압력이 가해지면 에스컬레이터를 정지시킨다.

19. 유량제어밸브방식의 유압식 승강기에서 일반적으로 착상속도는 정격속도의 몇 %정도인가?

㉮ 1~5   ㉯ 10~20   ㉰ 30~40   ㉱ 50~60

20. 소방구조용 승강기에 대한 설명으로 틀린 것은?

㉮ 피트 바닥 위로 1m이내에 위치한 전기장치는 IP67 이상의 등급으로 보호되어야 한다.
㉯ 콘센트의 위치는 허용 가능한 피트 내부의 최대 누수 수준 위로 0.5m 미만이어야 한다.
㉰ 소방구조용 엘리베이터는 소방운전 시 모든 승강장의 출입구마다 정지할 수 있어야 한다.
㉱ 소방구조용 엘리베이터의 주 전원공급과 보조 전원공급의 전선은 방화구획이 되어야 하고 서로 구분되어야 하며, 다른 전원공급장치와도 구분되어야 한다.

해설 비상용 엘리베이터 콘센트의 위치는 허용 가능한 피트 내부의 최대 누수 수준위로 0.5m 이상이어야 한다.

(승강기 설계)

21. 엘리베이터 감시반의 기능에 해당하지 않는 것은?

㉮ 제어기능   ㉯ 경보기능   ㉰ 통신기능   ㉱ 구출기능

22. 적재하중 1150kg, 카 자중 2200kg, 상부체대의 스팬길이가 1800mm인 것을 2개 사용하고 있다. 상부체대 1개의 단면계수가 $153 cm^3$이고 파단강도가 $4100 kg/cm^2$라고 하면 상부체대의 안전율은 약 얼마인가?

정답 17. ㉯ 18. ㉯ 19. ㉯ 20. ㉯ 21. ㉱ 22. ㉯

㉮ 7.8　　　㉯ 8.3　　　㉰ 9.2　　　㉱ 9.8

해설 총하중 P= 2200+1150= 3350kg

굽힘 모멘트 $M = \dfrac{PL}{4} = \dfrac{3350 \times 180}{4} = 150750 kg \cdot cm$

허용응력 $\sigma = \dfrac{M}{Z} = \dfrac{150750}{153 \times 2} = 492.65 kg/cm^2$

안전율 $s = \dfrac{파단강도}{허용응력} = \dfrac{4100}{492.65} ≒ 8.32$

23. 교차되는 두 축 간에 운동을 전달하는 원추형의 기어에 해당되는 것은?

㉮ 베벨 기어　　㉯ 내접 기어　　㉰ 스퍼 기어　　㉱ 헬리컬 기어

해설 두 축이 서로 교차되는 기어의 종류:
① 스퍼(직선)베벨기어: 원추형의 기어로 이 끝이 직선
② 헬리컬 베벨기어: 이 물림이 원활하게 하기 위해 잇줄이 직선이면서 경사진 기어
③ 스파이럴 베벨기어: 이 끝이 나선형으로 된 원추형의 기어
④ 제롤 베벨기어: 스파이럴 베벨기어 중에서 이 나비의 중앙에서 비틀림각이 0인 기어
⑤ 크라운 베벨기어: 기어의 피치면이 평면을 이루는 기어를 말하고 스퍼기어에서 래크에 해당된다.

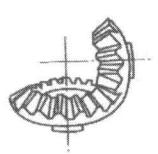　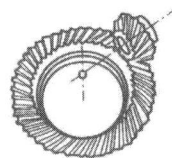　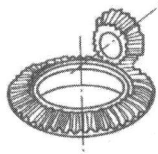　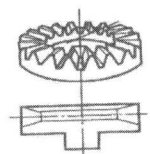

　직선 베벨기어　　스파이럴 베벨기어　　제롤 베벨기어　　크라운 베벨기어

24. 과속조절기 로프 인장 풀리의 피치 직경과 과속조절기 로프의 공칭 지름의 비는 얼마 이상이어야 하는가?

㉮ 5　　　㉯ 10　　　㉰ 25　　　㉱ 30

25. 카의 자중이 1020kg, 적재하중이 900kg, 정격속도가 60m/min인 전기식 엘리베이터의 피트 바닥강도는 약 몇 N 이상이어야 하는가?

㉮ 65341　　　㉯ 75341　　　㉰ 85243　　　㉱ 97953

해설 $S = 4g_n(P+Q) = 4 \times 9.81(1020+1920) ≒ 75341(N)$

[참고] 카와 완충기의 충돌을 고려한 강도: 피트 바닥은 전 부하 상태의 카가 완충기에 작용하였을 때 완충기 지지대 아래에 부과되는 정하중의 4배를 지지할 수 있어야 한다.

$\quad 4g_n(P+Q)$

여기서, P : 카 자중 및 이동케이블, 균형 로프/체인 등 카에 의해 지지되는 부품의 중량(kg)
　　　　Q : 정격하중(kg)
　　　　g_n : 중력가속도($9.81 m/s^2$)

정답 23. ㉮　24. ㉱　25. ㉯

26. 다음 중 응력에 대한 관계식으로 적절한 것은?

㉮ 탄성한도>허용응력≥사용응력
㉯ 탄성한도>사용응력≥허용응력
㉰ 허용응력>탄성한도≥사용응력
㉱ 허용응력>사용응력≥탄성한도

27. 기계대의 강도 계산에 필요한 하중에서 환산 동하중으로 계산되지 않는 것은?

㉮ 카 자중   ㉯ 로프 자중   ㉰ 균형추 자중   ㉱ 권상기 자중

해설 기계대의 강도계산 : 기계대는 보통 2~3본을 설치하지만, 하중이 작용하는 형태는 권상기 종류, 형태 및 배치 등에 따라 다르게 되므로 기계대에 사용하는 재료(빔)의 최대굽힘모멘트가 발생하는 부분에서 응력을 계산하여 안전율을 구하며, 기계대에 가해지는 하중은 다음 값 이상이어야 한다.

$$P = P_1 + 2P_2$$

여기서, P : 기계대에 가해지는 하중(kg)
P_1 : 권상기, 기타 기계대에 고정 부착된 모든 장치의 중량(kg)
P_2 : 주로프의 중량 및 주로프에 작용하는 하중(kg)

28. 카의 문 개폐만이 운전자의 레버나 누름버튼 조작에 의하여 이루어지고, 진행방향의 결정이나 정지층의 결정은 미리 등록된 카 내 행선층 버튼 또는 승강장 버튼에 의해 이루어지는 조작방식은?

㉮ 신호방식   ㉯ 단식자동식   ㉰ 군 관리방식   ㉱ 승합 전자동식

해설 ① 신호(signal)방식 : 카의 문 개폐만이 운전자의 레버나 누름 버튼의 조작에 의해 이루어지고, 진행방향의 결정이나 정지층의 결정은 미리 눌려져 있는 카 내 행선층 버튼 또는 승강버튼에 의해 이루어진다. 백화점 등에서 운전자가 있을 때 사용된다.
② 단식 자동식(single automatic type) : 가장 먼저 눌러진 호출에만 응답하고, 운행 중 다른 호출에는 응하지 않는다. 자동차용 및 화물용에 적합하다.
③ 군관리 방식 : 엘리베이터가 3~8대 병설될 때, 각각의 카를 합리적으로 운행·관리하는 방식이다. 출퇴근시의 피크수요 점심시간 등 특정층의 혼잡을 자동으로 판단하고, 교통 수요의 변화에 따라 카의 운전 내용을 변화시켜서 적절히 배치한다. 이 방식은 전체 효율에 중점을 둔다. 승강장 위치 표시기는 홀랜턴(hall lantern)이 사용된다.
④ 군승합 전자동식 : 엘리베이터 2~3대가 병설 되었을 때 주로 사용되는 방식, 1대의 승강장 부름에 1대의 카만 응답하여 필요 없는 운전을 줄인다.

29. 엘리베이터용 전동기의 구비조건이 아닌 것은?

㉮ 소음이 적을 것
㉯ 기동토크가 클 것
㉰ 기동전류가 작을 것
㉱ 회전부분의 관성모멘트가 클 것

해설 엘리베이터용 전동기의 구비조건
① 운전상태가 정숙·저진동 일 것
② 기동토크가 클 것
③ 기동전류가 작을 것
④ 많은 기동 빈도에 의한 발열에 견딜 것
⑤ 카의 정격속도에 적절한 회전속도와 출력일 것
⑥ 부하에 따른 역구동을 고려하여 회전력은 +100%~-70%정도일 것

정답 26. ㉮ 27. ㉱ 28. ㉮ 29. ㉱

30. 가이드(주행안내) 레일의 역할이 아닌 것은?

㉮ 카와 균형추를 승강로 내의 위치로 규제한다.
㉯ 카의 자중이나 화물에 의한 카의 기울어짐을 방지한다.
㉰ 승강로의 기계적 강도 보강과 수평방향의 이탈을 방지한다.
㉱ 추락방지안전장치가 작동했을 때 수직하중을 유지한다.

해설 승강로의 기계적 강도 보강과 수직 방향의 이탈을 방지한다.

31. 승강장 도어의 로크 및 스위치의 설계 조건으로 틀린 것은?

㉮ 승강장 도어는 카가 없는 층에서는 닫혀있어야 한다.
㉯ 승강장 도어의 인터록장치는 도어 스위치를 닫은 후에 로크가 확실히 걸려야 한다.
㉰ 승강장 도어의 인터록장치는 도어 스위치가 확실히 열린 후에 로크가 벗겨져야 한다.
㉱ 승강장 도어가 완전히 닫혀 있지 않은 경우에는 엘리베이터가 움직이지 않아야 한다.

해설 도어 인터록: 이 장치는 카가 정지하지 않는 층의 도어는 특수한 열쇠를 사용하지 않으면 열리지 않도록 하는 도어록과 도어가 닫혀 있지 않으면 운전이 불가능하도록 하는 도어 스위치로 구성된다. 도어 인터록 장치에서 중요한 것은 도어록 장치가 확실히 걸린 후 도어 스위치가 들어가고, 도어 스위치가 끊어진 후에 도어록이 열리는 구조로 하는 것이다.

32. 자동차용 엘리베이터의 경우 카의 유효면적은 $1m^2$당 몇 kg으로 계산한 값 이상이어야 하는가?

㉮ 100   ㉯ 150   ㉰ 250   ㉱ 300

해설 화물용 엘리베이터의 정격하중은 카의 면적 $1m^2$당 250kg으로 계산한 값 이상으로 하고 자동차용 엘리베이터의 정격하중은 카의 면적 $1m^2$당 150kg으로 계산한 값 이상으로 한다.

33. 에스컬레이터의 배열 및 배치에 관한 사항으로 틀린 것은?

㉮ 승객의 보행거리가 가능한 한 짧게 되도록 한다.
㉯ 각 층 승강장은 자연스러운 연속적 흐름이 되도록 한다.
㉰ 건물 출입구 가까이에 엘리베이터와 인접하여 설치하는 것이 좋다.
㉱ 백화점의 경우 승강·하강 시 매장에서 잘 보이는 곳에 설치한다.

해설 에스컬레이터의 배열 및 배치: 승객의 출입동선, 이용자의 성향 등을 고려하여 배열을 해야 하며, 대체로 카 간의 보행거리를 최소화하도록 배열하여야 한다. 배열이 적정치 않으면 각 정지층에서 승객의 이동에 따른 대기시간의 증가로 효율이 떨어진다. 그리고 매장의 홍보에도 염두를 두어야 한다.

34. 그림과 같이 C지점에 P_x의 하중이 작용할 때 최대 굽힘 모멘트 M은?

㉮ $M = \dfrac{P_x \ell}{\ell_a \ell_b}$ ㉯ $M = \dfrac{\ell_a \ell_b}{P_x \ell}$

㉰ $M = \dfrac{P_x \ell_a \ell_b}{\ell}$ ㉱ $M = \dfrac{\ell}{P_x \ell_a \ell_b}$

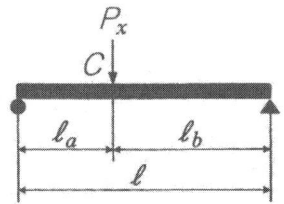

정답 30. ㉰ 31. ㉯ 32. ㉯ 33. ㉰ 34. ㉰

35. 유압식 엘리베이터에 있어서 유량제어 밸브를 주회로에 삽입하여 유량을 직접 제어하는 회로는?

㉮ 파일럿(Pilot)회로
㉯ 바이패스(Bypass)회로
㉰ 미터 인(Meter in)회로
㉱ 블리드 오프(Bleed off)회로

해설

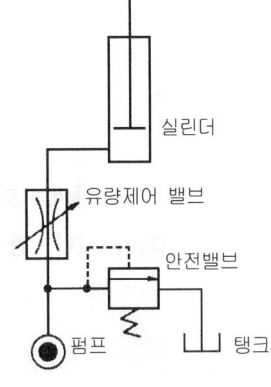
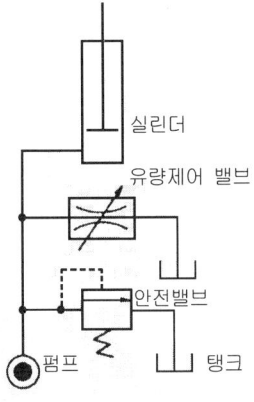

미터인 회로　　　　블리드 오프회로

36. 초고층 빌딩의 서비스층 분할에 관한 설명으로 틀린 것은?

㉮ 일주시간은 짧아지고 수송능력은 증대한다.
㉯ 급행구간이 만들어져 고속성능을 충분히 살릴 수 있다.
㉰ 건물의 인구분포에 큰 변동이 있을 때 간단하게 분할점을 바꿀 수 있다.
㉱ 스카이 피난안전구역의 로비공간을 설정하고 서비스 존을 구분하는 것을 검토한다.

해설 건물의 인구분포에 큰 변동이 있더라도 간단하게 분할점을 바꿔서는 안 된다.

37. 승강로에 대한 설명으로 틀린 것은?

㉮ 승강로에는 1대 이상의 엘리베이터 카가 있을 수 있다.
㉯ 승강로는 누수가 없고 청결상태가 유지되는 구조이어야 한다.
㉰ 승강로 내에 설치되는 돌출물은 안전상 지장이 없어야 한다.
㉱ 엘리베이터의 균형추 또는 평형추는 카와 다른 승강로에 있어야 한다.

해설 엘리베이터의 균형추 또는 평형추는 카와 같은 승강로에 있어야 한다.

38. 엘리베이터의 기계실 출입문 크기에 대한 기준으로 적합한 것은?

㉮ 높이 0.5m 이상, 폭 0.5m 이상
㉯ 높이 1.4m 이상, 폭 0.5m 이상
㉰ 높이 1.8m 이상, 폭 0.5m 이상
㉱ 높이 1.8m 이상, 폭 0.7m 이상

해설 엘리베이터의 기계실 설치기준
① 실온은 +5℃~+40℃이어야 한다.
② 내장은 준불연재료 이상으로 마감되어야 한다.

정답 35. ㉰　36. ㉰　37. ㉱　38. ㉱

③ 작업구역에서 유효 높이는 2m 이상이어야 한다.
④ 작업구역으로 접근하는 통로의 폭은 0.5m 이상이어야 한다.
⑤ 구동기의 회전부품 위로 0.3m 이상의 유효 수직거리가 있어야 한다.
⑥ 출입문은 폭 0.7m 이상 높이 1.8m 이상의 금속제 문이어야 하고, 외부로 완전히 열리는 구조이어야 한다.
⑦ 출입문은 열쇠로 조작되는 잠금장치가 있어야 하며 기계실 내부에서 열쇠를 사용하지 않고 열릴 수 있어야 한다.
⑧ 1개 이상의 콘센트가 있어야 한다.
⑨ 바닥면에는 200lx 이상을 비출 수 있는 전기조명이 있어야 한다.

39. 13인승 60m/min의 엘리베이터에 11kW의 전동기를 사용하고 있다. 13인을 싣고 1층에서 출발할 때 전동기의 회전수가 1500rpm으로 측정되었다면 전동기의 전부하토크는 약 몇 kg·m인가?

㉮ 6.2　　㉯ 6.9　　㉰ 7.2　　㉱ 7.9

해설 $\tau = 9.55 \frac{P}{N} = 9.55 \times \frac{11 \times 10^3}{1500} = 70(N \cdot m)$

그런데 $1(kg \cdot m) = 9.8(N \cdot m)$ 이므로

$\tau = \frac{70}{9.8} ≒ 7.14(kg \cdot m)$

40. 도어머신에 요구되는 조건이 아닌 것은?

㉮ 소형 경량일 것　　㉯ 보수가 용이할 것
㉰ 가격이 저렴할 것　　㉱ 직류 모터를 사용할 것

해설 도어(door) 구동용 전동기는 직류 전동기 또는 인버터를 이용한 교류 전동기가 사용된다.

(일반 기계 공학)

41. 합금 재료인 양은에 대한 설명으로 틀린 것은?

㉮ 내열성, 내식성이 우수하다.　　㉯ 양백 또는 백동이라 한다.
㉰ 동, 알루미늄, 니켈의 3원 합금이다.　　㉱ 주로 전류조정용 저항체에 사용된다.

해설 양은은 동과 니켈, 아연을 조합한 합금으로 은백색의 장식품 및 정밀 기계용으로 사용된다.

42. 축에는 가공을 하지 않고 보스에만 키홈(구배1/100)을 만들어 끼워 마찰에 의해 회전력을 전달하기 때문에 큰 힘의 전달에는 부적합한 키는?

㉮ 안장(saddle)키　　㉯ 평(flat)키　　㉰ 원뿔(cone)키　　㉱ 미끄럼(sliding)키

해설 ① 안장키: 축에는 홈을 파지 않고 보스에 키 홈을 파서 사용한다.
② 평키: 키가 접촉하는 부분의 면을 평평하게 가공한 것
③ 원뿔키: 갈라진 원뿔모양의 키를 축과 보스 사이에 끼워서 사용한다.

정답 39. ㉰　40. ㉱　41. ㉰　42. ㉮

④ 미끄럼 키: 보스가 축에 고정되어 있지 않고, 보스가 축 방향으로 미끄러질 수 있게 하는 구조로 된 테이퍼가 없는 키

43. 다음 중 열가소성 수지에 해당하는 것은?

㉮ 요소 수지　　㉯ 멜라민 수지　　㉰ 실리콘 수지　　㉱ 염화비닐 수지

해설 열가소성 수지: 열을 가하면 녹고, 온도를 낮추면 고체 상태로 되돌아가는 플라스틱, PVC(염화비닐수지)가 이에 해당된다. (예) 폴리에틸렌, 폴리스티롤, 폴리아미드, 폴리비닐 등

44. 유동하고 있는 액체의 압력이 국부적으로 저하되어 증기나 함유기체를 포함하는 기포가 발생하는 현상은?

㉮ 수격현상　　㉯ 서징현상　　㉰ 공동현상　　㉱ 초킹현상

해설 ① 수격현상: 노즐 측 압력이 내려가면 노즐의 니들 밸브 및 펌프의 토출 밸브가 닫혀 기름의 운동이 급히 정지하므로 진동이 발생하는 현상
② 서징현상: 터보형 펌프, 송풍기, 압축기가 어떤 관로를 연결하여 운전하면 적은 유량에서 압력, 유량, 회전수, 소요 동력 등이 주기적으로 변동하여 일종의 자려 진동을 일으키는 현상
③ 공동현상: 펌프, 수차, 유압 기기 등의 속에서, 압력이 국부적으로 액의 포화 증기압 이하로 저하하고, 액이 소기포가 되는 현상
④ 초킹현상: 도막의 표면이 분말상으로 벗겨지는 현상

45. 0.01mm까지 측정할 수 있는 마이크로미터에서 나사의 피치와 딤블의 눈금에 대한 설명으로 옳은 것은?

㉮ 피치는 0.25mm이고, 딤블은 50등분이 되어있다.　㉯ 피치는 0.5mm이고, 딤블은 100등분이 되어있다.
㉰ 피치는 0.5mm이고, 딤블은 50등분이 되어있다.　㉱ 피치는 1mm이고, 딤블은 50등분이 되어있다.

해설 마이크로미터

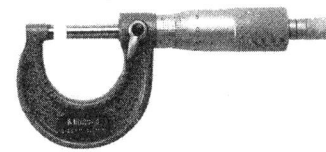

46. 스프링 상수(spring constant)를 정의하는 식으로 옳은 것은?

㉮ $\dfrac{작용하중}{변위량}$　　㉯ $\dfrac{코일의 평균지름}{자유높이}$　　㉰ $\dfrac{소선의 지름}{자유높이}$　　㉱ $\dfrac{코일의 평균지름}{소선의 지름}$

해설 F=kx　단, F:스프링에 가해지는 힘
　　　　　　x: 스프링의 변화량
　　　　　　k:비례상수

47. 셸 몰드법(Shell mold process)의 설명으로 틀린 것은?

정답 43. ㉱　44. ㉰　45. ㉰　46. ㉮　47. ㉰

㉮ 미숙련공도 작업이 가능하다. ㉯ 작업공정을 자동화하기 쉽다.
㉰ 보통 소량생산 방식에 사용된다. ㉱ 짧은 시간 내에 정도가 높은 주물을 만들 수 있다.

해설 셀 몰드법은 주형을 조개껍질 형상으로 만든다고 해서 셀 몰드라고 한다. 보통 셀 몰드법의 목형은 나무로 만드는 것이 아니라, 금속으로 만들어 금형을 예열하고 그 위에 열경화성 레진 샌드를 덮어주면 금형 형상대로 모래가 굳게 된다. 그리고 금형을 제거해도 모래가 굳었기 때문에 형상이 유지된다. 그렇게 형틀을 만들어 쇳물을 부어 주조를 하는 방법이다. 대량 생산 방식에 사용된다.

48. 나사가 축 방향 인장하중 W만을 받을 때 나사의 바깥지름 d를 구하는 식으로 옳은 것은? (단, 나사의 골지름(d_1)과 바깥지름(d)과의 관계는 $d_1 = 0.8d$, 허용인장응력은 σ_a이다.)

㉮ $d = \sqrt{\dfrac{2\sigma_a}{3W}}$ ㉯ $d = \sqrt{\dfrac{2W}{\sigma_a}}$ ㉰ $d = \sqrt{\dfrac{W}{2\sigma_a}}$ ㉱ $d = \sqrt{\dfrac{\sigma_a}{2W}}$

49. 니켈이 합금강에 함유되었을 때 영향을 설명한 것으로 틀린 것은?

㉮ 강도와 인성을 높인다. ㉯ 첨가량이 많으면 내열성이 향상된다.
㉰ 크롬과의 고합금강은 내열·내식성을 향상시킨다. ㉱ 미량으로도 소입경화성을 현저하게 높인다.

50. 두 축이 30° 미만의 각도로 교차하는 상태에서의 축 이음으로 가장 적합한 것은?

㉮ 올덤 커플링   ㉯ 셀러 커플링   ㉰ 플랜지 커플링   ㉱ 유니버설 커플링

해설 ① 올덤 커플링: 두 축이 평행하고 약간 떨어져 있으며 각 속도비 변화 없이 회전력을 전달한다.
② 셀러 커플링: 외통과 내통의 결합으로 구성되는 축 이음(커플링), 결합이 용이하고, 커플링 중심은 체결에 의하여 저절로 축심과 일치한다. 외통에 테이퍼가 붙어 있고, 볼트로 내통을 축 방향으로 체결하여 양쪽 축을 고정시킨다.
③ 플랜지 커플링: 플랜지를 볼트로 체결하여 두 축을 일체가 되게 연결하는 전동축용 이음 방식이다.
④ 유니버설 커플링: 2축이 어떤 각도(보통 30° 이하)로 교차하고 있을 때 사용되는 이음으로 운전중 각도가 변하여도 무방한 것이 특징이며 상하 좌우 마음대로 굴절이 가능하다.

51. 풀리의 지름이 각각 D_2=900mm, D_1=300mm이고, 중심거리 C=1000mm일 때, 평행걸기의 경우 평 벨트의 길이는 약 몇 mm인가?

㉮ 1717   ㉯ 2400   ㉰ 3245   ㉱ 3974

해설 $L = 2c + \dfrac{\pi(D_1+D_2)}{2} + \dfrac{(D_2-D_1)^2}{4c}$
$= 2 \times 1000 + \dfrac{3.14(300+900)}{2} + \dfrac{(900-300)^2}{4 \times 1000}$
$= 3974mm$

52. 비틀림 모멘트 P을 받는 중실축의 원형 단면에서 발생하는 전단응력이 τ일 때 이 중실축의 지름 D를 구하는 식으로 옳은 것은?

정답 48. ㉯ 49. ㉱ 50. ㉱ 51. ㉱ 52. ㉮

㉮ $D=(\frac{16P}{\pi\tau})^{\frac{1}{3}}$ ㉯ $D=(\frac{8P}{\pi\tau})^{\frac{1}{3}}$ ㉰ $D=(\frac{16P}{\pi\tau})^{\frac{1}{2}}$ ㉱ $D=(\frac{8P}{\pi\tau})^{\frac{1}{2}}$

53. 고속 절삭가공의 특징으로 틀린 것은?

㉮ 절삭능률의 향상   ㉯ 표면거칠기가 향상   ㉰ 공구수명이 길어짐   ㉱ 가공 변질층이 증가

해설 고속 절삭가공을 하면 면이 매끈하게 된다.

54. 기둥 형상의 구조물에서 처짐량이 가장 많은 것은? (단, 단면의 형상과 길이 및 재질은 서로 같다.)

㉮ 일단고정 타단자유   ㉯ 양단 회전   ㉰ 일단고정 타단회전   ㉱ 양단 고정

55. 프레스 가공 중 전단가공에 포함되지 않는 것은?

㉮ 블랭킹(blanking)   ㉯ 펀칭(punching)   ㉰ 트리밍(trimming)   ㉱ 스웨이징(swaging)

해설 ① 블랭킹: 펀치 따위를 이용하여 여러 형태로 판금가공을 하는 일
② 펀칭: 철판 등에 구멍을 뚫는 것
③ 트리밍: 전단력을 이용하여 금속재료의 가공부분 불필요한 것을 제거하는 것
④ 스웨이징: 단조 작업의 일종으로 재료를 길이 방향으로 압축하여 그 일부 또는 전체의 단면을 크게 하는 장치

56. 하중의 크기와 방향이 주기적으로 변화하는 하중은?

㉮ 교번하중   ㉯ 반복하중   ㉰ 이동하중   ㉱ 충격하중

해설 교번하중: 부재가 하중을 받을 때 힘의 크기와 방향이 변화하면서 인장력과 압축력이 교대로 가해지는 형태의 하중

57. 일반적으로 연강재를 구조물에 사용할 경우 안전율을 가장 크게 고려해야 하는 하중은?

㉮ 전단하중   ㉯ 충격하중   ㉰ 교번하중   ㉱ 반복하중

해설 연강재는 연한 재질의 강을 말한다. 일반적인 철판이 이에 해당된다. 연강재를 구조물에 사용할 때는 충격하중을 고려해야 한다.

58. 유압·공기압 도면 기호에서 나타내는 기호 요소 중 파선의 용도로 틀린 것은?

㉮ 필터   ㉯ 전기신호선   ㉰ 드레인 관   ㉱ 파일럿 조작관로

해설 파선(- - -)용도: ① 필터 ② 드레인 관 ③ 파일럿 조작관로 ④ 밸브의 과도위치

59. 전양정 3m, 유량 $10 m^3/min$인 축류펌프의 효율이 80%일 때 이 펌프의 축동력(kW)은? (단, 물의 비중량은 $1000 kgf/m^3$이다.)

㉮ 4.90　　　　㉯ 6.13　　　　㉰ 7.66　　　　㉱ 8.33

해설 $P = \dfrac{rQH}{102\eta} = \dfrac{1000 \times \frac{10}{60} \times 3}{102 \times 0.8} ≒ 6.13(kW)$

60. 그림과 같이 용접이음을 하였을 때 굽힘응력의 계산식으로 가장 적합한 것은? (단, L은 용접길이, t는 용접치수(용접판 두께), ℓ은 용접부에서 하중 작용선까지 거리, W는 작용하중이다.)

㉮ $\dfrac{6W\ell}{tL^2}$　　㉯ $\dfrac{12W\ell}{tL^2}$

㉰ $\dfrac{6W\ell}{t^2L}$　　㉱ $\dfrac{12W\ell}{t^2L}$

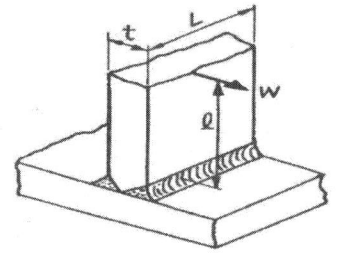

〈전기제어 공학〉

61. 정상상태에서 목표 값과 현재 제어량의 차이를 잔류편차(offset)라 한다. 다음 중 잔류편차가 있는 제어 동작은?

㉮ 비례 동작(P 동작)　　　　㉯ 적분 동작(I 동작)
㉰ 비례 적분 동작(PI 동작)　　㉱ 비례 적분 미분 동작(PID 동작)

해설
- 비례 제어: 입력에 비례해서 출력이 되는 제어. 오차가 생기든, 속도가 느리든 문제되지 않는다(예: 커피 자판기 등).
- 미분 제어: 출력이 입력의 미분된 것과 같은 형태로 나타내는 제어. 음료수 공장의 대량생산에 있어 정확도는 불필요하나 오차가 커지는 것을 방지한다.
- 적분 제어: 출력이 입력값의 적분 형태로 나타나는 제어. 반도체 공장에 있어 많은 생산보다, 불량률 없이 정확도를 높인다.

62. 그림과 같은 유접점 시퀀스회로의 논리식은?

㉮ $X \cdot Y$
㉯ $\overline{X} \cdot \overline{Y} + X \cdot Y$
㉰ $X + Y$
㉱ $(\overline{X} + \overline{Y})(X + Y)$

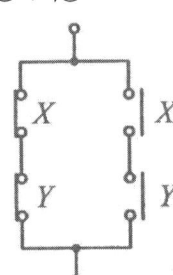

해설 ① AND회로

◇시퀀스 회로   ◇논리 회로   ◇논리식   ◇진리표

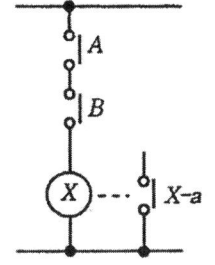

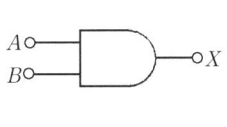

$X = A \cdot B$

입력신호값		출력신호값
A	B	X
0	0	0
1	0	0
0	1	0
1	1	1

② OR회로

◇시퀀스 회로   ◇논리 회로   ◇논리식   ◇진리표

$X = A + B$

입력신호값		출력신호값
A	B	X
0	0	0
1	0	1
0	1	1
1	1	1

63. 3상 유도전동기의 일정한 최대토크를 얻기 위하여 인버터를 사용하여 속도제어를 하고자 할 때 공급전압과 주파수의 관계로 옳은 것은?

㉮ 주파수와 무관하게 공급전압이 항상 일정하여야 한다.
㉯ 공급전압과 주파수는 반비례되어야 한다.
㉰ 공급전압과 주파수는 비례되어야 한다.
㉱ 주파수는 공급전압의 제곱에 반비례하여야 한다.

해설 전동기 속도는 공급 주파수에 비례하므로 슬립을 일정하게 하면 회전자 속도는 주파수에 비례한다. 이 방법은 공극자속을 거의 일정하게 유지하기 위해 공급 전압을 주파수에 비례해서 변환시켜야 한다.
또 가변 주파수를 공급하기 위해 주파수 변환기(frequency changer)를 사용해야 한다. 이때 전동기 출력은 거의 주파수에 비례하고, 주파수가 높을수록 효율은 좋아진다. 현재는 주파수 변환기 대신에 반도체 인버터 개발로 PC(programmable controller)를 조합하여 원하는 속도 제어를 자유로이 할 수 있게 되었다.

64. 유효전력이 80W, 무효전력이 60var인 회로의 역률(%)은?

㉮ 60   ㉯ 80   ㉰ 90   ㉱ 100

해설 $P_a = \sqrt{P^2 + P_r^2} = \sqrt{80^2 + 60^2} = 100(VA)$ $\cos\theta = \dfrac{P}{P_a} = \dfrac{80}{100} = 0.8 = 80\%$

65. △결선된 3상 평형회로에서 부하 1상의 임피던스가 40+j30(Ω)이고 선간전압이 200V일 때 선 전류의 크기는 몇 A인가?

정답 63. ㉰   64. ㉯   65. ㉯

㉮ 4   ㉯ $4\sqrt{3}$ ㉰ 5   ㉱ $5\sqrt{3}$

해설 △결선일 때는 V_ℓ(선간전압) $= V_P$(상전압), I_ℓ(선전류) $= \sqrt{3}\,I_P$(상전류)이므로
$I_P = \dfrac{V}{Z} = \dfrac{200}{40+j30} = \dfrac{200}{\sqrt{40^2+30^2}} = \dfrac{200}{50} = 4(A)$
∴ $I_\ell = 4\sqrt{3}\,(A)$

66. 그림과 같은 회로에서 스위치를 2분 동안 닫은 후 개방하였을 때, A지점을 통과한 모든 전하량을 측정하였더니 240C이었다. 이때 저항에서 발생한 열량은 약 몇 cal인가?

㉮ 80.2
㉯ 160.4
㉰ 240.5
㉱ 460.8

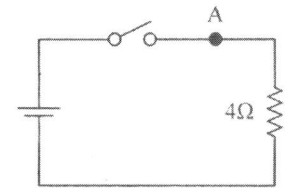

해설 $H = 0.24 I^2 Rt = 0.24 \times 2^2 \times 4 \times 2 \times 60 = 460.8\,(cal)$
※ $I = \dfrac{Q}{t} = \dfrac{240}{2 \times 60} = 2(A)$

67. 다음 중 직류전동기의 속도 제어방식은?

㉮ 주파수 제어   ㉯ 극수 변환 제어   ㉰ 슬립 제어   ㉱ 계자 제어

해설 $N = K\dfrac{V - I_a R_a}{\phi}[rpm]$ 이므로
직류 전동기의 속도제어 방식에는 전압제어, 계자제어, 저항제어가 있다.

68. 그림과 같은 페루프 제어시스템에서 (a)부분에 해당하는 것은?

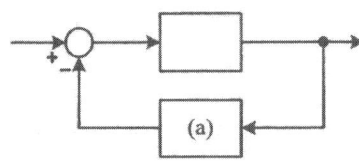

㉮ 조절부   ㉯ 조작부   ㉰ 검출부   ㉱ 비교부

해설 궤환제어계

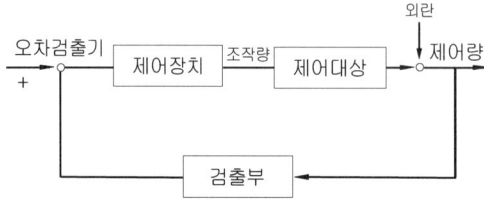

정답 66. ㉱ 67. ㉱ 68. ㉰

69. 그림과 같은 블록선도로 표시되는 제어시스템의 전체 전달함수는?

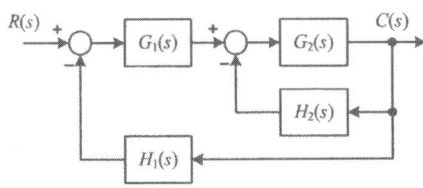

㉮ $\dfrac{G_1(s)(1+G_2(s)H_2(s))}{1+G_1(s)G_2(s)+G_2(s)H_2(s)}$

㉯ $\dfrac{G_1(s)G_2(s)}{1+G_2(s)H_2(s)+G_1(s)G_2(s)H_1(s)}$

㉰ $\dfrac{G_1(s)}{1+G_2(s)H_2(s)+G_1(s)G_2(s)H_1(s)}$

㉱ $\dfrac{G_1(s)G_2(s)}{1+G_2(s)H_2(s)+G_1(s)H_1(s)}$

해설

블록선도	전달함수
$R(S) \to G_1 \to G_2 \to C(S)$	$G = \dfrac{C(s)}{R(s)} = G_1 G_2$
$R(S) \to (+/-) \to G \to C(S)$ (단위 피드백)	$G = \dfrac{C(s)}{R(s)} = \dfrac{G}{1+G}$
$R(S) \to G_1 \to (+/+) \to C(S)$, 피드백 G_2	$G = \dfrac{C(s)}{R(s)} = \dfrac{G_1}{1-G_2}$
$R(S) \to (+/-) \to G_1 \to C(S)$, 피드백 G_2	$G = \dfrac{C(s)}{R(s)} = \dfrac{G_1}{1+G_1G_2}$
$R(S) \to (+/+) \to G_1 \to G_2 \to C(S)$, 피드백 G_3	$G = \dfrac{C(s)}{R(s)} = \dfrac{G_1 G_2}{1-G_1 G_2 G_3}$

70. 폐루프 제어시스템의 구성에서 제어대상의 출력을 무엇이라 하는가?

㉮ 조작량   ㉯ 목표값   ㉰ 제어량   ㉱ 동작신호

해설 궤환제어계

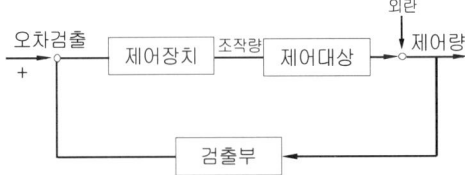

정답 69. ㉯   70. ㉰

71. 논리식 $\overline{x}\cdot y+\overline{x}\cdot \overline{y}$ 를 간단히 표현한 것은?

㉮ $\overline{x}$ ㉯ $\overline{y}$ ㉰ 0   ㉱ x+y

[해설] $\overline{x}\cdot y+\overline{x}\cdot \overline{y}=\overline{x}(y+\overline{y})=\overline{x}$
※ $y+\overline{y}=1$

72. 제어요소가 제어대상에 주는 것은?

㉮ 기준 압력   ㉯ 동작신호   ㉰ 제어량   ㉱ 조작량

[해설] 궤환제어계

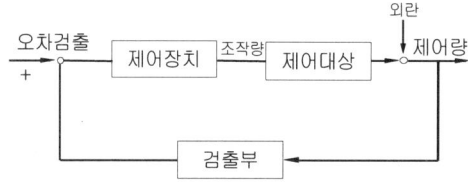

73. 정전용량이 같은 커패시터가 10개 있다. 이것을 병렬로 접속한 합성 정전용량은 직렬로 접속한 합성 정전용량에 비교하면 몇 배가 되는가?

㉮ 1   ㉯ 10   ㉰ 100   ㉱ 1000

[해설] • 직렬 접속 시: $C_s=\dfrac{C}{10}$ • 병렬 접속 시: $C_P=10C$

∴ 100배

74. 다음 중 그림의 논리회로와 등가인 것은?

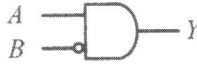

㉮ (NOR형)   ㉯ (OR with bubble)
㉰ (NOR형)   ㉱ (OR with bubble)

[해설]

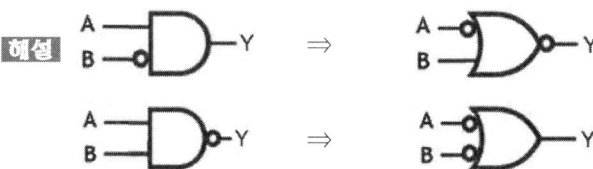

정답 71. ㉮ 72. ㉱ 73. ㉰ 74. ㉮

75. 그림의 회로에서 전달함수 $\dfrac{V_2(s)}{V_1(s)}$는?

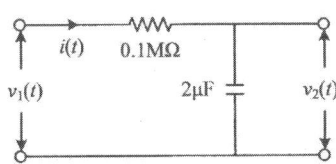

㉮ $\dfrac{s+1}{0.2s+1}$ ㉯ $\dfrac{0.2s}{0.2s+1}$ ㉰ $\dfrac{1}{0.2s+1}$ ㉱ $\dfrac{s}{0.2s+1}$

【해설】 $G(s)=\dfrac{V_2(s)}{V_1(s)}=\dfrac{1}{0.1\times 10^6 \times 2\times 10^{-6}\times s+1}=\dfrac{1}{0.2s+1}$

[참고]

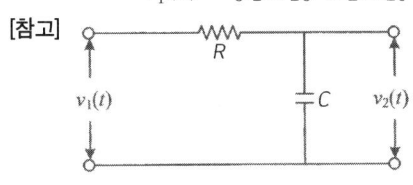

$G(s)=\dfrac{V_2(s)}{V_1(s)}=\dfrac{\dfrac{1}{cs}}{R+\dfrac{1}{cs}}=\dfrac{1}{R\cdot cs+1}$

76. 10kW의 3상 유도전동기에 선간전압 200V의 전원이 연결되어 뒤진 역률 80%로 운전되고 있다면 선전류(A)는? (단, 유도전동기의 효율은 무시한다.)

㉮ 30A ㉯ 36A ㉰ 42A ㉱ 45A

【해설】 $I=\dfrac{P_0}{\sqrt{3}\,V\cos\phi}=\dfrac{10\times 10^3}{\sqrt{3}\times 200\times 0.8}\fallingdotseq 36(A)$

77. R=100Ω, L=20mH, C=47μF인 RLC 직렬회로에 순시전압 $v(t)=141.4\sin 377t(V)$를 인가하면, 회로의 임피던스 허수부인 리액턴스의 크기는 약 몇 Ω인가?

㉮ 48.9 ㉯ 63.9 ㉰ 87.6 ㉱ 111.3

【해설】 $X_L=2\pi fL=377\times 20\times 10^{-3}=7.54(\Omega)=j7.54$

$X_C=\dfrac{1}{2\pi fC}=\dfrac{1}{377\times 47\times 10^{-6}}=56.4(\Omega)=-j56.4$

∴ $X=j7.54-j56.4 \fallingdotseq j48.9$

78. 전류계의 측정범위를 넓히는데 사용하는 것은?

㉮ 배율기 ㉯ 역률계 ㉰ 분류기 ㉱ 용량분압기

해설 배율기: 전압계의 측정 범위를 넓히기 위해 전압계와 직렬로 저항을 접속한 일종의 저항기
분류기: 전류계의 측정 범위를 넓히기 위해 전류계와 병렬로 저항을 접속한 일종의 저항기

79. 전기력선의 기본성질에 대한 설명으로 틀린 것은?

㉮ 전기력선의 방향은 전계의 방향과 일치한다.
㉯ 전기력선은 전위가 높은 점에서 낮은 점으로 향한다.
㉰ 두 개의 전기력선은 전하가 없는 곳에서 교차한다.
㉱ 전기력선의 밀도는 전계의 세기와 같다.

해설 전기력선의 성질:
① 정(+)전하에서 시작하여 부(-)전하에서 끝난다.
② 전기력선의 접선 방향은 그 접점에서의 전계의 방향과 일치한다.
③ 단위 전하에서는 $1/\epsilon_0$개의 전기력선이 출입한다.
④ 전기력선은 도체 표면(동전위면)에서 수직으로 출입한다.
⑤ 전하가 없는 곳에서는 전기력선의 발생, 소멸이 없고 연속적이다.
⑥ 그 자신만으로 폐곡선이 되지 않는다.
⑦ 전기력선은 서로 교차하지 않는다.

80. 200V의 정격전압에서 1kW의 전력을 소비하는 저항에 90%의 정격전압을 가한다면 소비전력은 몇 W인가?

㉮ 640　　　㉯ 810　　　㉰ 900　　　㉱ 990

해설 $R = \dfrac{V^2}{P} = \dfrac{200^2}{1000} = 40(\Omega)$

$P = \dfrac{V^2}{R} = \dfrac{(0.9V)^2}{R} = \dfrac{(0.9 \times 200)^2}{40} = 810(W)$

정답 79. ㉰　80. ㉯

승강기 산업기사 기출문제
(2016. 10. 1)

(승강기 개론)

1. 카의 비상구출문에 대한 설명으로 틀린 것은?

㉮ 카 벽에 설치된 비상구출문은 카 내부 방향으로 열리지 않아야 한다.
㉯ 비상구출 운전 시, 카 내 승객의 구출은 항상 카 밖에서 이루어져야 한다.
㉰ 카 벽에 설치된 비상구출문은 열쇠 등을 사용하지 않고 카 외부에서 간단한 조작으로 열 수 있어야 한다.
㉱ 카 천장에서 설치된 비상구출문은 열쇠 등을 사용하지 않고 카 외부에서 간단한 조작으로 열 수 있어야 한다.

해설 카 벽에 설치된 비상구출문은 카 내부 방향으로 열려야 한다. 그러나 카 천장의 비상구출문은 외부로 열려야 한다.
[참고] • 카 천장 : 0.4m×0.5m 이상   • 카 벽 : 0.4m×1.8m 이상

2. 와이어로프의 꼬임의 종류에 해당되는 것은?

㉮ 랭 Z 꼬임   ㉯ 랭 W 꼬임   ㉰ 보통 X 꼬임   ㉱ 보통 Y 꼬임

해설 와이어로프의 꼬임 종류 ① 보통 Z 꼬임 ② 보통 S 꼬임 ③ 랭 Z 꼬임 ④ 랭 S 꼬임

3. 사이리스터를 이용하여 교류를 직류로 바꾸고 점호각을 제어하여 모터의 회전수를 바꾸는 제어방식은?

㉮ 교류귀환제어   ㉯ 교류 2단 속도제어
㉰ 정지 레오나드(Static-Leonard) 방식   ㉱ 워드 레오나드(Ward-Leonard) 방식

해설 ① 교류귀환제어: 이 방식은 케이지의 실속도와 지령속도를 비교하여 사이리스터의 점호각을 바꿔, 유도전동기의 속도를 제어하는 방식이다.
② 교류 2단 속도제어: 2단 속도 모터(motor)를 사용하여 기동과 주행은 고속권선으로 행하고, 감속시는 저속권선으로 감속하여 착상하는 방식이다.
③ 정지 레오나드 방식: 사이리스터를 사용하여 교류를 직류로 변환하여 전동기에 공급하고, 사이리스터의 점호각을 제어하여 직류 전압을 가변시켜, 전동기의 속도를 제어하는 방식이다.
④ 워드 레오나드 방식: 직류 발전기의 출력단을 직접 직류 전동기 전기자에 연결시키고, 발전기의 계자 전류를 조정하여 발전전압을 엘리베이터 속도에 대응하여 연속적으로 공급시키는 방식이다.

4. 가이드 레일에 관한 설명으로 틀린 것은?

㉮ 레일의 표준길이는 5m이다.
㉯ 레일의 호칭은 단위길이당 중량으로 표시할 수 있다.
㉰ 레일은 승강로 평면 내에서 카와 균형추의 위치를 규제한다.
㉱ 추락방지안전장치가 있는 균형추의 가이드 레일은 성형된 금속판으로 만들 수 있다.

정답 1. ㉮ 2. ㉮ 3. ㉰ 4. ㉱

[해설] 추락방지안전장치가 없는 균형추 또는 평형추의 가이드 레일은 성형된 금속판으로 만들 수 있다. 그러나 부식에 보호되어야 한다.

5. 피트 아래를 사무실이나 통로 등 사람이 출입하는 장소로 이용하는 경우에 균형추 측에 설치하는 장치는?

㉮ 완충기 ㉯ 2중 슬라브 ㉰ 과속스위치 ㉱ 추락방지안전장치

6. 저속 엘리베이터에 해당되는 속도 기준은 몇 m/min 이하인가?

㉮ 20 ㉯ 30 ㉰ 45 ㉱ 60

[해설] ① 저속 엘리베이터: 45m/min 이하 ② 중속 엘리베이터: 60~105m/min
③ 고속 엘리베이터: 120~300m/min ④ 초고속 엘리베이터: 360m/min 이상

7. 승강기용 전동기에 관한 설명으로 틀린 것은?

㉮ 회전속도 오차는 ±20% 범위 내에 있어야 한다.
㉯ 기동 토크가 일반 전동기보다 일반적으로 커야 한다.
㉰ 기동 빈도가 높아서 일반 전동기보다 발열량이 많다.
㉱ 역구동이 고려된 충분한 제동력을 가지고 있어야 한다.

[해설] 회전속도 오차는 +5 ~ -10%의 범위 내에 있어야 한다.

8. 유압 엘리베이터의 종류에 속하지 않는 것은?

㉮ 직접식 ㉯ 간접식 ㉰ 팬터그래프식 ㉱ 랙과 피니언식

[해설] 유압 엘리베이터의 종류: ① 직접식 ② 간접식 ③ 팬터그래프식

9. 문 닫힘 안전장치가 아닌 것은?

㉮ 광전 장치 ㉯ 세이프티 슈 ㉰ 초음파 장치 ㉱ 역 결상 검출 장치

[해설] 도어의 보호장치
① 세이프티 슈(Safety shoe): 문의 선단에 이물질 검출장치를 설치하여 사람이나 물질이 접촉되면 도어의 닫힘은 중단되고 열린다.
② 광전 장치: 투광(投光)기와 수광(受光)기로 구성되며, 도어의 양단에 설치해 광선(beam)이 차단될 때 도어의 닫힘은 중단되고 열린다. 라이트 레이(light ray)라고도 한다.
③ 초음파 장치: 초음파로 승장쪽에 접근하는 사람이나 물건(유모차, 휠체어 등)을 검출해, 도어의 닫힘을 중단시키고 열리게 한다.

10. 다음 (　)의 내용으로 옳은 것은?

> 장애인용 엘리베이터의 호출버튼·조작반·통화장치 등 승강기의 안팎에 설치되는 모든 스위치의 높이는 바닥면으로부터 (ⓐ)m 이상 (ⓑ)m 이하로 설치하여야 한다.

정답 5. ㉱ 6. ㉰ 7. ㉮ 8. ㉱ 9. ㉱ 10. ㉯

㉮ ⓐ : 0.7, ⓑ : 1.2   ㉯ ⓐ : 0.8, ⓑ : 1.2
㉰ ⓐ : 0.9, ⓑ : 1.5   ㉱ ⓐ : 1.0, ⓑ : 1.5

11. 블리드 오프 유압회로에서 카가 하강 시에 유압잭에서 기름탱크로 되돌아가는 작동유의 유량을 제어하는 밸브는?

㉮ 체크 밸브   ㉯ 릴리프 밸브   ㉰ 하강 유량 제어 밸브   ㉱ 상승 유량 제어 밸브

해설 ① 체크 밸브: 한쪽 방향으로만 오일이 흐르도록 하는 밸브이다. 기능은 로프식 엘리베이터의 전자 브레이크와 유사하다.
② 릴리프 밸브: 안전밸브는 일종의 압력조정 밸브로 회로의 압력이 상용압력의 125% 이상 높아지게 되면 바이패스(By-Pass) 회로를 열어 기름을 탱크로 돌려보내어 더 이상의 압력상승을 방지한다.
③ 하강 유량 제어 밸브: 하강 시 탱크로 되돌아오는 유량을 제어하는 밸브. 수동식 하강 밸브를 열어주면 카 자체의 하중으로 카가 서서히 내려와 승객을 안전하게 구출할 수 있다.
④ 상승 유량 제어 밸브: 펌프에서 토출된 작동유의 대부분이 실린더로 향하지만, 일부는 상승용 전자밸브에 의해 조정되는 유량제어밸브를 통하여 탱크로 되돌려진다. 즉, 탱크로 되돌려지는 유량을 제어하여 램(RAM, 구: 플런저)의 상승속도를 간접적으로 처리하는 밸브이다.

12. 다음 ( )의 내용으로 옳은 것은?

> 출입문은 폭 (ⓐ)m 이상, 높이 (ⓑ)m 이상의 금속제 문이어야 하며 기계실 외부로 완전히 열리는 구조이어야 한다. 기계실 내부로는 열리지 않아야 한다.

㉮ ⓐ : 0.6, ⓑ : 1.7   ㉯ ⓐ : 0.6, ⓑ : 1.8   ㉰ ⓐ : 0.7, ⓑ : 1.7   ㉱ ⓐ : 0.7, ⓑ : 1.8

13. 자동차용 엘리베이터의 정격하중은 카의 면적 $1m^2$당 몇 kg으로 계산한 값 이상인가?

㉮ 100   ㉯ 150   ㉰ 200   ㉱ 250

해설 ① 자동차용 엘리베이터의 정격하중 : 카의 면적 $1m^2$당 150kg
② 화물용 엘리베이터의 정격하중 : 카의 면적 $1m^2$당 250kg

14. 승객용 엘리베이터가 아닌 것은?

㉮ 전망용 엘리베이터   ㉯ 비상용 엘리베이터
㉰ 피난용 엘리베이터   ㉱ 자동차용 엘리베이터

15. 권상기의 트랙션 능력에 영향을 가장 적게 미치는 것은?

㉮ 제동기 용량   ㉯ 주 로프의 권부각
㉰ 카의 가속도, 감속도   ㉱ 주 로프와 도르래의 마찰계수

해설 로프의 미끄러짐이 쉽게 발생하는 경우
① 로프의 권부각이 작을수록 미끄러지기 쉽다.

정답 11. ㉰   12. ㉱   13. ㉯   14. ㉱   15. ㉮

② 카의 가속도와 감속도가 클수록 미끄러지기 쉽다.
③ 카 측과 균형추 측의 로프에 걸리는 장력비가 클수록 미끄러지기 쉽다.
④ 로프와 도르래 간의 마찰계수가 작을수록 미끄러지기 쉽다.

16. 카 추락방지안전장치의 작동을 위한 과속조절기는 정격속도의 최소 몇 % 이상의 속도에서 동작되어야 하는가?

㉮ 115   ㉯ 110   ㉰ 105   ㉱ 100

해설 과속조절기의 동작: 카와 같은 속도로 움직이는 과속조절기 로프에 의해 회전되어 항상 카의 속도를 감지하여 그 속도를 검출하는 장치이다. 카 추락방지안전장치의 작동을 위한 과속조절기는 정격속도의 115% 이상 시이다.

17. 승강장 도어가 닫혀있지 않으면 엘리베이터 운전이 불가능 하도록 하는 것은?

㉮ 도어 록   ㉯ 도어 슈   ㉰ 도어 행거   ㉱ 도어 스위치

해설 ① 도어 록: 카가 정지하고 있지 않는 층계의 승강장 문은 전용 열쇠를 사용하지 않으면 열리지 않도록 하는 장치
② 도어 스위치: 문이 닫혀있지 않으면 운전이 불가능하도록 하는 장치

18. 유희시설 중 회전운동을 하는 유희시설이 아닌 것은?

㉮ 바이킹   ㉯ 비행탑   ㉰ 관람차   ㉱ 모노레일

해설 모노레일은 지상면에서 탑승물 까지의 높이가 2m 이상으로, 고저차가 2m 미만 궤도를 주행하는 것을 말한다.

19. 승강기의 교류 이단 제어 순서로 가장 옳은 것은?

㉮ 고속 출발 → 고속운전 → 정지
㉯ 저속 출발 → 고속운전 → 정지
㉰ 고속 출발 → 고속운전 → 저속 전환 → 정지
㉱ 저속 출발 → 고속운전 → 저속 전환 → 정지

20. 다음 (   )의 내용으로 옳은 것은?

> 승강기 문이 닫혀 있을 때 문짝 사이의 틈새 또는 문짝과 문설주, 안방 또는 문턱 사이의 틈새는 (   )mm 이하로 가능한 작아야 한다.

㉮ 5   ㉯ 6   ㉰ 7   ㉱ 8

(승강기 설계)

21. 권상능력 또는 승강시키는 전동기의 힘을 충분히 확보하기 위해 현수로프의 무게를 보상하는 수단이 사용될 경우 적용되는 사항으로 정격속도가 몇 m/s를 초과하는 경우에는 추가로 튀어오름방지장치가 설치되어야 하는가?

정답 16. ㉮   17. ㉱   18. ㉱   19. ㉰   20. ㉯   21. ㉮

㉮ 3.5　　　　㉯ 4　　　　㉰ 4.5　　　　㉱ 5

22. 그림과 같이 전동기를 △결선으로 하기 위한 방법을 옳게 설명한 것은?

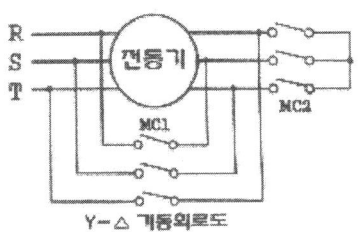

㉮ MC₁소자, MC₂소자　㉯ MC₁소자, MC₂여자　㉰ MC₁여자, MC₂소자　㉱ MC₁여자, MC₂여자

해설 MC₂가 단락되면 전동기는 Y결선으로 운전되며, MC₂가 열리고 MC₁이 단락되면 전동기는 △결선으로 운전된다. (MC₁여자, MC₂소자 시 △결선으로 운전)

23. 인장강도가 $4100 kg/cm^2$이고 안전율이 5.2인 연강의 허용응력은 약 몇 kg/cm^2인가?

㉮ 152　　　　㉯ 15.2　　　　㉰ 788　　　　㉱ 78.8

해설 안전율 = $\dfrac{극한강도}{허용응력}$에서 허용응력 = $\dfrac{극한강도}{안전율} = \dfrac{4100}{5.2} ≒ 788$

24. 엘리베이터 교통량 계산 시 필요한 요소가 아닌 것은?

㉮ 엘리베이터의 대수　　　　㉯ 엘리베이터의 정격용량
㉰ 엘리베이터의 제어방식　　㉱ 엘리베이터의 정격속도

해설 교통량의 계산에 필요한 기초자료
① 필수 데이터
· 빌딩의 용도 및 성질 · 층별 용도 · 층고 · 출발층
② 필요에 따라 제시를 요하는 데이터
· 엘리베이터 대수 · 정격속도 및 정격용량 · 서비스층 구분 · 뱅크 구분

25. 엘리베이터의 가이드 레일을 설치할 때 레일 브래킷의 간격을 좁게 하면 동일한 하중에 대하여 응력 및 휨은 어떻게 되는가?

㉮ 응력과 휨 모두가 커진다.　　㉯ 응력과 휨 모두 작아진다.
㉰ 응력은 작아지고 휨은 커진다.　㉱ 응력은 커지고 휨은 작아진다.

해설 레일 브래킷의 간격을 좁게 하면 동일한 하중에 대하여 응력 및 휨은 모두 작아진다.

26. 엘리베이터의 기본시방의 내용으로 적합한 것은?

㉮ 정격하중과 운전방식 ㉯ 전동기용량과 정격속도
㉰ 정격속도와 정격하중 ㉱ 운전방식과 전동기용량

해설 엘리베이터는 정격속도와 정격용량에 따라 권상기와 전동기용량, 카의 크기, 기계실과 승강로의 크기, 구동방식 등이 정해진다.

27. 다음 중 V 벨트의 특징으로 옳은 것은?

㉮ 수명이 짧다. ㉯ 미끄럼이 크다.
㉰ 운전 소음이 크다. ㉱ 전동 회전비가 크다.

해설 V 벨트의 특징
① 미끄럼이 적고 전동 회전비가 크다. ② 수명이 비교적 길다.
③ 운전이 조용하고 진동, 충격의 흡수효과가 있다. ④ 축간 거리가 짧은 데에 사용한다.

28. 에스컬레이터의 배치를 계획할 때 고려 사항으로 가장 적합하지 않은 것은?

㉮ 백화점에서는 가장 눈에 띄기 쉬운 위치에 배치한다.
㉯ 건물의 전 수송설비를 중앙으로 모으는 방법도 사용된다.
㉰ 일반적으로 출입구 가까운 곳에 엘리베이터와 같이 배치하는 것이 좋다.
㉱ 각 층의 에스컬레이터 승강구의 관계유치는 연속된 움직임으로 승강할 수 있는 것이 바람직하다.

해설 에스컬레이터의 배치 계획: 에스컬레이터 배치 계획 시 백화점에서는 눈에 띄기 쉬운 위치에 배치해야 하며, 가능한 건물 중앙에 위치하여야 한다. 또한 각 층의 에스컬레이터 승강구의 관계유치는 연속된 움직임으로 승강할 수 있는 것이 바람직하다.

29. 압력 릴리프 밸브는 압력을 전 부하 압력의 몇 %까지 제한하도록 맞추어 조절되어야 하는가?

㉮ 100 ㉯ 115 ㉰ 125 ㉱ 140

해설 안전밸브(relief valve): 일종의 압력조정 밸브인데 회로의 압력이 설정값에 도달하면 밸브를 열어 오일을 탱크로 돌려보냄으로써 압력이 과도하게 상승(상승압력의 125%에 설정)하는 것을 방지한다. 그런데 압력은 전 부하 압력의 140%까지 제한하도록 맞추어 조절되어야 한다.

30. 승강기 완성검사 시 각각의 전기가 통하는 전도체와 접지 사이를 측정하였을 때 공칭회로 전압이 500V 이하이고 시험전압(직류)이 500V인 경우 절연저항 값은 몇 $M\Omega$ 이상인가?

㉮ 0.1 ㉯ 0.25 ㉰ 0.5 ㉱ 1.0

해설

공칭 회로전압	시험전압/직류(V)	절연저항(MΩ)
SELV 및 PELV	250	0.5 이상
FELV, 500V 이하	500	1.0 이상
500V 초과	1,000	1.0 이상

※ SELV: 안전초저압, PELV: 보호초저압, FELV: 기능초저압

정답 27. ㉱ 28. ㉰ 29. ㉱ 30. ㉱

- ELV : 2차 전압이 AC 50V, DC 120V 이하
- SELV : 비접지 회로
- PELV : 접지회로로 1차와 2차가 전기적으로 절연된 회로
- FELV : 1차와 2차가 전기적으로 절연되지 않은 회로

31. 최대 굽힘 모멘트가 900kg·cm이고, 단면계수가 4.5cm³인 재료의 최대 굽힘 응력(kg/cm²)은?

㉮ 10   ㉯ 20   ㉰ 100   ㉱ 200

해설 최대 굽힘 응력 = $\dfrac{900}{4.5} = 200(kg/cm^2)$

32. 카 자중 $1200kg$, 정격하중 $1000kg$인 엘리베이터의 오버밸런스율을 40%로 취하면 균형추의 중량은 몇 kg인가?

㉮ 1480   ㉯ 1600   ㉰ 1720   ㉱ 1800

해설 균형추의 중량 = $1200 + (1000 \times 0.4) = 1600(kg)$

33. 기어식 권상기를 적용한 엘리베이터의 정격속도와 관련 없는 것은?

㉮ 전동기의 극수   ㉯ 감속기의 감속비
㉰ 전동기의 전원전압   ㉱ 권상기 도르래의 지름

해설 $V = \dfrac{\pi DN}{1000} \times i (m/\min)$ 여기서 D : 권상기 도르래의 지름(mm)
N : 전동기의 회전수(rpm)
i : 감속기의 감속비

34. 로프식 엘리베이터의 카 자중이 1200kg, 적재 하중이 1000kg, 행정거리가 50m, 1m당 로프의 무게가 0.6kg, 로프 가닥수가 5, 오버밸런스율이 0.45라면 빈 카가 최상층에 있을 때 트랙션비는 약 얼마인가?

㉮ 1.09   ㉯ 1.17   ㉰ 1.42   ㉱ 1.50

해설 $T = \dfrac{균형추 중량}{카측 중량} = \dfrac{1200 + (1000 \times 0.45) + (0.6 \times 50 \times 5)}{1200} = 1.50$

35. 비상용 엘리베이터는 정전 시 몇 초 이내에 엘리베이터 운행에 필요한 전력용량을 자동적으로 발생시켜야 하는가?

㉮ 30   ㉯ 60   ㉰ 90   ㉱ 120

해설 비상용 엘리베이터 정전 시 보조전원 공급장치
① 60초 이내에 엘리베이터 운행에 필요한 전력용량을 자동으로 발생시키도록 하되 수동으로 전원을 작동시킬 수 있어야 한다.
② 2시간 이상 운행시킬 수 있어야 한다.

정답 31. ㉱ 32. ㉯ 33. ㉰ 34. ㉱ 35. ㉯

36. 가이드 레일 규격이 아닌 것은?

㉮ 8K ㉯ 10K ㉰ 13K ㉱ 18K

해설 가이드 레일의 규격에는 8K, 13K, 18K, 24K, 30K 등이 있다.

37. 다음 중 승강기용 권상기의 주요 구성품이 아닌 것은?

㉮ 전동기 ㉯ 감속기 ㉰ 제동기 ㉱ 과속 스위치

해설 과속 조절기(스위치): 카와 같은 속도로 움직이는 과속조절기 로프에 의해 회전되어 항상 카의 속도를 감지하여 그 속도를 검출하는 장치이다. 카 추락방지안전장치의 작동을 위한 과속조절기는 정격속도의 115% 이상 시 작동된다.

38. 에스컬레이터의 경사도가 30°, 적재하중이 2120kg, 속도가 30m/min인 경우 모터의 용량은 약 몇 kW인가? (단, 에스컬레이터 총효율은 0.6, 승객 승입율은 0.85이다.)

㉮ 8.4 ㉯ 7.4 ㉰ 6.4 ㉱ 5.4

해설 $P = \dfrac{GV\sin\theta}{6120\eta} \times \beta = \dfrac{2120 \times 30 \times \sin30}{6120 \times 0.6} \times 0.85 ≒ 7.36$

39. 엘리베이터에 필요 없는 안전장치는?

㉮ 인터록 장치 ㉯ 과속조절기 장치 ㉰ 추락방지안전장치 ㉱ 핸드레일 안전장치

해설 핸드레일은 에스컬레이터의 안전장치이다. 핸드레일 안전장치는 핸드레일이 늘어나는 것을 검출하여, 일정치 이상이 되면 운행을 정지시킨다.

40. 엘리베이터에 있어서 대책을 요하는 재해의 종류로 볼 수 없는 것은?

㉮ 고장 ㉯ 지진 ㉰ 화재 ㉱ 정전

(일반 기계 공학)

41. 유압회로에서 유압 모터, 유압 실린더 등의 작동순서를 순차적으로 제어하고자 할 때 사용하는 밸브는?

㉮ 체크 밸브 ㉯ 릴리프 밸브 ㉰ 시퀀스 밸브 ㉱ 감압 밸브

해설 시퀀스 밸브는 2개 이상의 분기 회로 사이에 설치하고 회로 안의 작동순서를 제어하는 밸브이다.

42. 다음 중 기계 구조물을 콘크리트 바닥 등에 고정시키기 위해 사용되는 특수 볼트는?

㉮ 아이 볼트 ㉯ 스테이 볼트 ㉰ 기초 볼트 ㉱ 나비 볼트

정답 36. ㉯ 37. ㉱ 38. ㉯ 39. ㉱ 40. ㉮ 41. ㉰ 42. ㉰

해설 ① 아이 볼트: 머리 부분이 원형의 고리 모양으로 된 볼트
② 스테이 볼트: 양 단에 나사를 낸 볼트. 널에 박고 양단을 골라 널 간격을 일정하게 고정할 수 있다.
③ 기초 볼트: 아래쪽을 콘크리트 속에 묻고 위쪽은 위로 내어 그곳을 세트로 기계를 단단히 죄어 바닥에 고정시키도록 되어 있다. 콘크리트에 묻힌 부분은 빠져나오지 않도록 만든 특수한 모양으로 되어 있으며, 모양에 따라 팽볼트(fang bolt), 앵커볼트(anchor bolt), 아이볼트(eye bolt) 등으로 분류된다.
④ 나비 볼트: 머리 부분이 나비형을 한 볼트로 손잡이 나사의 일종이다. 기계 기구의 조정용, 기계의 커버 등에 사용된다.

43. 제어 밸브 중 방향 제어 밸브의 종류가 아닌 것은?

㉮ 디셀러레이션 밸브　㉯ 체크 밸브　㉰ 셔틀 밸브　㉱ 언로딩 밸브

해설 ① 디셀러레이션 밸브: 캠 조작으로 간단히 유량의 증감 및 밸브내의 유로를 개폐한다. 기계의 테이블 이송 등에 필요한 가감속이나 정지를 액추에이터에서 처리하도록 하고 싶을 때 사용된다.
② 체크 밸브: 오일을 한 쪽 방향으로만 흐르게 한다.
③ 셔틀 밸브: 두 개의 공급 포트와 하나의 출력 포트를 가진 밸브로써, 출력 포트가 고압을 공급하는 포트에 반드시 접속되고 저압측의 포트를 닫도록 동작한다.

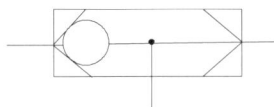

④ 언로딩 밸브: 무부하 밸브라고도 한다. 언로딩 밸브가 작동하면 유압라인에 잠시 부하가 제거되는 것이다.

44. 다음이 설명하는 용접법은?

피복 아크용접으로 용접이 곤란한 재료에 사용되는 용접법으로서 아르곤(Ar), 헬륨(He)과 같은 불활성가스의 분위기 속에서 용접부를 대기 중의 산소와 질소의 침입을 차단하면서 텅스텐 봉과 모재 사이에 아크를 발생시켜서 용접을 한다.

㉮ 스터드 용접　㉯ 서브머지드 아크 용접　㉰ TIG 용접　㉱ 테르밋 용접

해설 ① 스터드 용접: 원봉이나 볼트를 모재에 심기 위한 용접. 심으려 하는 물건과 모재와의 사이에 아크를 발생시키고 적당하게 용융한 뒤에 용융지속에 압착 용접한다.
② 서브머지드 아크 용접: 용접 그룹 위에 미리 모래 모양의 플럭스를 쌓아올린 속에 용접 와이어를 박아 넣어, 자동적 또는 연속적으로 아크 용접을 하는 방법.
③ TIG 용접: 헬륨, 아르곤 등의 불활성 가스 분위기 속에서 실시하는 용접. 텅스텐 또는 텅스텐 합금을 전극으로 하여 실시한다.
④ 테르밋 용접: 테르밋 반응을 이용한 용접. 산화철과 알루미늄 분말을 배합해서 점화하면 알루미늄에 의해 산화철이 환원되어 생긴 철이 반응 때 발생된 약 2800℃의 고온에 의해 녹는다. 이것을 접합하려는 부분에 부어 용접을 한다.

45. 비틀림만을 받은 축에서 다른 조건은 같게 하고 축 지름을 2배로 늘리면 허용 토크는 몇 배 증가하는가?

㉮ 2　㉯ 4　㉰ 8　㉱ 16

정답 43. ㉱　44. ㉰　45. ㉰

해설 $T = a\dfrac{\pi D^3}{16}$ 에서 $T \propto D^3$ 따라서 $T \propto 2^3$

46. 다음 중 알루미늄 합금이 아닌 것은?

㉮ 실루민　　㉯ 라우탈　　㉰ 하이드로날륨　　㉱ 콘스탄탄

해설 ① 실루민: 주조용 알루미늄 경합금의 일종
② 라우탈: 알루미늄이 4~6%의 구리와 1~2%의 규소, 소량의 망간을 넣어서 만든 주물용 합금
③ 하이드로날륨: Al-Mg계・내식성이 있다.
④ 콘스탄탄: 온도에 따른 변화가 거의 없는 높은 전기저항을 지닌 구리와 니켈의 합금

47. 지름 75mm의 엔드 밀 커터가 매분 60 회전하며 절삭할 때 절삭 속도는 약 몇 m/min인가?

㉮ 14　　㉯ 20　　㉰ 26　　㉱ 32

해설 $V = \dfrac{\pi \times 75 \times 60}{1000} = 14.137 (\text{m/min})$

48. 철강재료 중 순철의 특징에 관한 설명으로 옳지 않은 것은?

㉮ 단접성, 용접성은 좋지 않으나 유동성과 열처리성은 좋은 편이다.
㉯ 상온에서 전연성이 풍부하고, 항복점, 인장강도 등이 낮다.
㉰ 상온에서 강자성체이다.
㉱ 기계구조용 재료로는 잘 사용되지 않고 전기재료로 많이 이용된다.

해설 순철의 특징: ① 단접성, 용접성이 양호하다.　② 유동성, 열처리성이 풍부하다.
③ 전・연성이 풍부하여 판 철판으로 사용된다.　④ 탄소량이 낮아 기계 재료는 부적당하다.
⑤ 항장력이 낮고 투자율이 높다

49. 다음 중 공기마이크로미터로 측정할 수 있는 항목으로 거리가 먼 것은?

㉮ 안지름　　㉯ 테이퍼　　㉰ 진직도　　㉱ 표면거칠기

해설 공기마이크로미터는 공기를 이용하여 아주 작은 치수를 재는 계기를 말하는데, 틈 사이로 지나는 공기의 양이나 압력으로 치수를 잰다.

50. 다음 스프링 중 에너지를 축적하여 그 에너지를 이용하는 스프링은?

㉮ 시계의 태엽 스프링　　㉯ 승강기의 완충 스프링
㉰ 자동차의 현가 스프링　　㉱ 철도차량의 겹판 스프링

51. 강의 표면경화법으로 침탄법과 비교한 질화법의 특징 설명으로 틀린 것은?

㉮ 질화법 적용 후에 열처리가 필요 없다.　㉯ 경화층이 얇으나 경도는 침탄한 것보다 크다.
㉰ 질화법은 마모 및 부식에 대한 저항이 적다.　㉱ 질화법은 변형이 적으나 경화시간이 많이 걸린다.

정답　46. ㉱　47. ㉮　48. ㉮　49. ㉱　50. ㉮　51. ㉰

해설 ① 침탄법: 저탄소강(0.2%이하 탄소)을 침탄제 속에 넣고 가열하여 그 표면에 탄소를 침입, 고용시켜 표면만 강화하는 열처리 방법. 침탄제의 상태에 따라 고체(목탄, 코크스 사용) 침탄법, 가스 침탄법 등이 있다.
② 질화법: 철강의 표면을 암모니아 가스와 같이 질소를 함유하고 있는 물질로 장시간 500~550℃로 가열하여 표면에 질화층을 만들어 경화시키는 열처리 방법. 질화 처리 후 담금질은 필요 없다. 질화법 시 특징은 경화층이 얇고 경화는 침탄법보다 크다. 그리고 내마모성, 내식성이 크다.

52. 다음 중 유압 작동유의 구비조건으로 거리가 먼 것은?

㉮ 비압축성이어야 한다. ㉯ 점도지수가 작아야 한다.
㉰ 화학적으로 안정적이어야 한다. ㉱ 열을 잘 방출할 수 있어야 한다.

해설 유압 작동유의 조건:
① 온도 변화에 대하여 점도 변화가 적을 것 ② 장시간 사용시에도 물리적·화학적으로 안정할 것
③ 적당한 점도를 가질 것 ④ 내부식성을 가질 것
⑤ 비압축성이고 유동성이 양호할 것

53. 목형용 목재의 구비조건으로 옳지 않은 것은?

㉮ 가공이 쉽고 표면이 매끄러울 것 ㉯ 재질이 균일할 것
㉰ 수분과 수지의 함유량이 높을 것 ㉱ 합리적인 가격일 것

해설 목형용 목재 구비조건: ① 결함이 없고 재질이 균일할 것
② 변형이 적고, 내구력이 커서 가공이 용이할 것 ③ 가격이 저렴할 것

54. 사각형 단면의 단순 보 폭이 b = 25cm, 높이는 h = 30cm일 경우 단면계수(Z)는?

㉮ 3750cm³
㉯ 7500cm³
㉰ 1875cm³
㉱ 937.5cm³

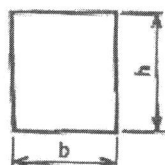

해설 $Z = \dfrac{bh^2}{6} = \dfrac{25 \times 30^2}{6} = 3750 \text{cm}^3$

55. 다음 중 회전운동을 직선운동으로 바꿀 때 사용되는 기어는?

㉮ 헬리컬 기어 ㉯ 베벨 기어 ㉰ 랙크와 피니언 ㉱ 스퍼 기어

해설 ① 헬리컬 기어: 이의 물림이 좋아져 조용한 운전을 하나 축방향 하중이 발생하는 단점이 있다.
② 베벨 기어: 교차하는 두 축의 운동을 전달하기 위하여 원추형으로 만든 기어
③ 랙(rack): 작은 스퍼 기어와 맞물리고 잇줄이 축 방향과 일치한다. 회전운동을 직선운동으로 바꾸는 데 사용한다.
④ 스퍼 기어: 직선 치형을 가지며 잇줄이 축에 평행하다. 제작이 용이하여 많이 사용된다.

정답 52. ㉯ 53. ㉰ 54. ㉮ 55. ㉰

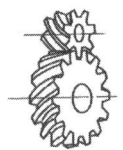 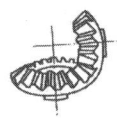  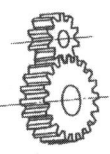

헬리컬 기어   직선 베벨 기어   랙과 작은 기어   스퍼 기어

56. 철도레일의 기온이 5℃에서 35℃까지 상승할 때 발생되는 열응력은 약 얼마인가? (단, 레일재료 선팽창 계수는 0.000011/℃이고, 세로탄성계수는 $2.1 \times 10^6 \text{N/cm}^2$이다.)

㉮ 793N/cm²   ㉯ 693N/cm²   ㉰ 593N/cm²   ㉱ 493N/cm²

해설 $\sigma = E \times \Delta T$
$= 2.1 \times 10^6 \times 0.000011(35-5)$
$= 693 \text{N/cm}^2$

57. 가로 a, 세로 b인 직사각형의 단면을 갖는 봉이 하중 P를 받아 인장되었다. 이 봉에 작용한 인장응력을 구하는 식은?

㉮ $(a \cdot b^2)/P$ ㉯ $P/(a \cdot b^2)$ ㉰ $(a \cdot b)/P$ ㉱ $P/(a \cdot b)$

58. 한쪽 또는 양쪽에 기울기를 갖는 평판 모양의 쐐기로서 인장력이나 압축력을 받는 2개의 축을 연결하는 기계요소를 무엇이라 하는가?

㉮ 소켓   ㉯ 너클 핀   ㉰ 코터   ㉱ 커플링

해설
- 너클 핀: 한쪽의 축단이 두 개로 분리되어 있고, 그 사이에 다른 축단을 끼워 핀으로 접합하는 축이음
- 코터: 두께가 일정하고 테이퍼 또는 구배가 있는 쐐기를 말한다. 축과 축의 결합 등, 압축과 인장력에 대해 헐거움 없이 부품을 결합하는 데 사용된다.

59. 기본부하용량이 18000N인 볼 베어링이 베어링 하중을 2000N을 받고 150rpm으로 회전할 때 이 베어링의 수명은 약 몇 시간인가?

㉮ 62000   ㉯ 71000   ㉰ 76000   ㉱ 81000

해설 $L_n = 500 \left(\frac{18000}{2000}\right)^3 \times \frac{33.3}{150} = 80919 (\text{시간})$

60. 소성가공을 할 때 열간가공과 냉간가공을 구분하는 온도가 가장 밀접한 것은?

㉮ 임계 온도   ㉯ 재결정 온도   ㉰ 용융 온도   ㉱ 동소 변태 온도

해설
- 임계 온도: 어떤 물질의 기체상과 액체상이 같아져 더 이상 분리된 상으로 존재할 수 없는 상태(임계점)의 온도
- 재결정 온도: 소성 변형된 금속이 가열되면서 재결정화가 되기 시작할 때의 온도

정답 56. ㉯   57. ㉱   58. ㉰   59. ㉱   60. ㉯

- 용융 온도: 고체가 열에 의해 액체로 되는 온도
- 동소 변태 온도: 온도를 상승 또는 하강시켰을 경우 한 상(相)에서 다른 상으로 전이하는 것을 변태라 하고, 변태가 일어나는 온도를 변태점이라고 한다. 변태는 공간격자의 변화이므로 물리적·기계적·화학적 성질의 변화를 가져온다. 특히 동일 원소에서의 변태를 동소 변태라 한다.

(전기제어 공학)

61. 직류전동기의 회전 방향을 바꾸려면 어떻게 하는가?

㉮ 입력단자의 극성을 바꾼다. ㉯ 보극권선의 접속을 바꾼다.
㉰ 브러시의 위치를 조정한다. ㉱ 전기자권선의 접속을 바꾼다.

해설 $\tau = k\phi I_a (N \cdot m)$ 공식에 의해 ϕ 또는 I_a 가 '$-$'이면 토크는 역방향이 된다.

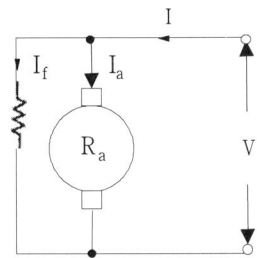

62. 변압기는 어떤 원리를 이용한 것인가?

㉮ 정전 유도 작용 ㉯ 전자 유도 작용
㉰ 전류의 발열 작용 ㉱ 전극의 화학 작용

해설 변압기는 전자 유도 작용을 이용한 것이다. 전자 유도 작용이란 코일에 자속변화에 의해 기전력이 유기되는 것을 말한다.

63. 그림의 회로는 다이오드와 저항을 사용하여 무접점 논리 시퀀스 회로를 구성한 것이다. 이 회로는 어떤 논리소자의 역할을 하는가?

㉮ OR
㉯ AND
㉰ NOT
㉱ EX-OR

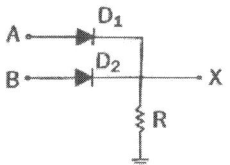

해설 입력 A, B 중 어느 하나에 입력이 되면, 출력 X가 나오므로 OR 회로이다.

64. 기전력 2V, 용량 10Ah인 축전지 9개를 직렬로 연결하여 사용할 때의 용량은 몇 Ah인가?

㉮ 10 ㉯ 90 ㉰ 100 ㉱ 180

정답 61. ㉱ 62. ㉯ 63. ㉮ 64. ㉮

[해설] 축전지를 직렬로 연결하면 기전력은 증가하나, 용량은 같다. 병렬로 연결해야 용량이 증가한다.

65. 특성방정식 $s^2+2s+2=0$을 갖는 2차계에서의 감쇠율 δ(damping ratio)는?

㉮ $\sqrt{2}$ ㉯ $1/\sqrt{2}$ ㉰ $1/2$ ㉱ 2

[해설] 2차 지연요소 방정식은 $s^2+2\delta\omega_n s+\omega_n^2$이다. 여기서 ω_n은 자연 주파수(고유 주파수)를 말한다. 2차계에서의 감쇠율을 구해야 하므로 $s^2+2s+2=0$에 의해 $2=2\delta\omega_n$ 또 $2=\omega_n^2$ ($\sqrt{2}=\omega_n$)
따라서 $2=2\delta\times\sqrt{2}$, $\delta=\dfrac{2}{2\sqrt{2}}=\dfrac{1}{\sqrt{2}}$

66. 그림과 같은 유접점회로를 논리식으로 표현하면?

㉮ $\overline{X\cdot Y}$
㉯ $\overline{X+Y}$
㉰ $\overline{X}\cdot\overline{Y}$
㉱ $X+\overline{X}\cdot Y$

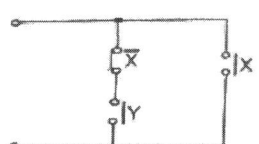

[해설] $\overline{X}Y+X$ ($\overline{X}Y$는 직렬 그리고 이것과 X는 병렬이다)

67. R-L-C 병렬회로가 병렬공진 되었을 때 합성 임피던스의 크기와 합성 전류의 크기는?

㉮ 임피던스와 전류 모두 최대가 된다.
㉯ 임피던스와 전류 모두 최소가 된다.
㉰ 임피던스는 최대, 전류는 최소가 된다.
㉱ 임피던스는 최소, 전류는 최대가 된다.

[해설] ① R-L-C 직렬회로 : 임피던스는 최소, 전류는 최대
② R-L-C 병렬회로 : 임피던스는 최대, 전류는 최소

68. PLC(Programmable Logic Controller)를 설치할 때 틀린 방법은?

㉮ 배선공사 시 동력선과 신호케이블은 평행시키지 않도록 한다.
㉯ 접지공사는 제1종 접지공사로 하고 다른 기기와 공용접지가 바람직하다.
㉰ 잡음(Noise)대책의 일환으로 제어반의 배선은 실드케이블을 사용한다.
㉱ 설치장소의 환경을 충분히 파악하여 온도, 습도, 진동, 충격 등에 주의하여야 한다.

[해설] PLC설치시 접지는 3종 접지공사를 하되, 다른 기기와 공용접지로 하지 않는다.

69. 정전용량 C(F)의 콘덴서를 △결선에서 3상 전압V(V)를 가했을 때의 충전용량은 몇 VA인가? (단, 전원의 주파수는 f(Hz)이다.)

㉮ $2\pi fCV^2$ ㉯ $6\pi fCV^2$ ㉰ $9\pi fCV^2$ ㉱ $18\pi fCV^2$

[해설] $Q_\triangle=3\times2\pi fCV^2=6\pi fCV^2$(VA)

정답 65. ㉯ 66. ㉱ 67. ㉰ 68. ㉯ 69. ㉯

70. 그림에서 RC회로의 전달함수 $G(j\omega)$는?

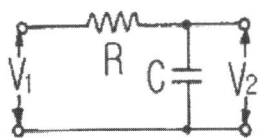

㉮ $j\omega CR$ ㉯ $1/j\omega CR$ ㉰ $1+j\omega CR$ ㉱ $1/(1+j\omega CR)$

해설 $G(s) = \dfrac{\dfrac{1}{C_s}}{R+\dfrac{1}{C_s}} = \dfrac{\dfrac{1}{C_s}}{R+\dfrac{1}{C_s}} \times \dfrac{C_s}{C_s} = \dfrac{1}{RC_s+1} = \dfrac{1}{j\omega CR+1}$

71. 제어요소는 무엇으로 구성되는가?

㉮ 피드백 동작부   ㉯ 입력부와 조절부   ㉰ 출력부와 검출부   ㉱ 조작부와 조절부

해설

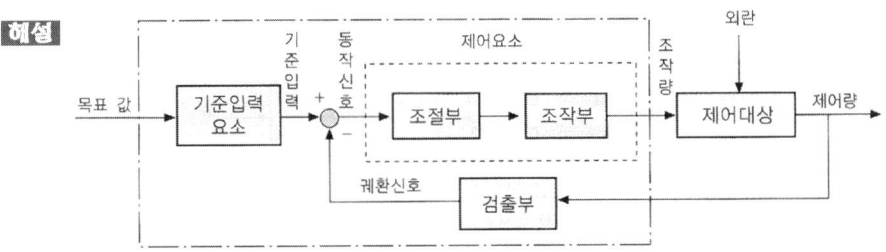

72. 그림과 같은 회로에서 전류 i를 나타낸 식은?

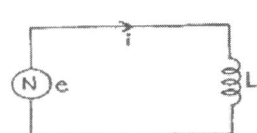

㉮ $i = L\dfrac{de}{dt}$ ㉯ $i = \dfrac{1}{L}\cdot\dfrac{de}{dt}$

㉰ $i = L\int e\,dt$ ㉱ $i = \dfrac{1}{L}\int e\,dt$

73. 그림과 같은 직류회로에서 전압계와 전류계를 접속하여 부하전력을 측정할 때 각각의 계기가 50V, 2A를 지시하였다. 전류계의 내부저항이 0.5Ω이라면 부하전력은 몇 W인가?

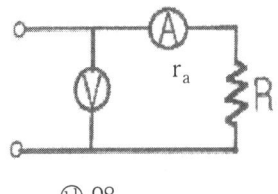

㉮ 90   ㉯ 98   ㉰ 100   ㉱ 102

정답 70. ㉱ 71. ㉱ 72. ㉱ 73. ㉯

해설 $P = VI - r_a I^2 = (50 \times 2) - (0.5 \times 2^2) = 98(W)$

74. 그림과 같은 제어에 해당하는 것은?

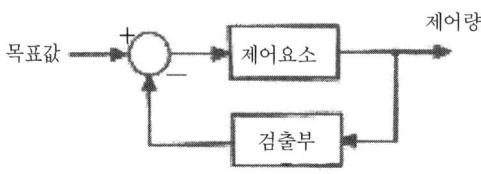

㉮ 개방 제어　　㉯ 개루프 제어　　㉰ 시퀀스 제어　　㉱ 폐루프 제어

해설 검출부가 있어 폐루프 제어이다.

75. 다음 중 서보기구에 속하는 제어량은?

㉮ 전압　　㉯ 위치　　㉰ 압력　　㉱ 회전속도

해설 서보기구: 물체의 위치, 방위, 자세 등 기계적 변위를 제어량으로 한다.

76. 스트레인 게이지(strain gauge)의 센서는 무엇의 변화량을 측정하는 것인가?

㉮ 저항　　㉯ 정전용량　　㉰ 인덕턴스　　㉱ 마이크로파

해설 스트레인 게이지는 금속 저항 소자의 저항치 변화에 따라 피측정물의 표면 변형을 측정한다.

77. 그림과 같은 병렬공진회로에서 전류 I가 전압 E 보다 앞서는 관계로 옳은 것은?

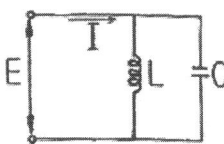

㉮ $f < \dfrac{1}{2\pi\sqrt{LC}}$ 　　㉯ $f > \dfrac{1}{2\pi\sqrt{LC}}$

㉰ $f = \dfrac{1}{2\pi\sqrt{LC}}$ 　　㉱ $f = \dfrac{1}{\sqrt{2\pi LC}}$

78. 열차의 무인운전이나 열처리로의 온도제어는?

㉮ 정치 제어　　㉯ 추종 제어　　㉰ 비율 제어　　㉱ 프로그램 제어

해설 ① 프로그램 제어: 목표값이 미리 정해진 시간적 변화를 하는 경우 제어량을 그것에 추종시키기 위한 제어 (예) 열차, 산업로봇의 무인운전
② 정치 제어: 목표값이 시간에 따라 변화하지 않는 일정한 경우의 제어 (예) 프로세스 제어, 자동조정

정답 74. ㉱　75. ㉯　76. ㉮　77. ㉯　78. ㉱

③ 추종 제어: 미지의 시간적 변화를 하는 목표값에 제어량을 추종시키기 위한 제어 (예) 대공포의 포신
④ 비율 제어: 둘 이상의 제어량을 소정의 비율로 제어하는 것 (예) 보일러의 자동연소제어, 암모니아 합성 프로세스 제어

79. 출력기구에 속하지 않은 것은?

㉮ 표시 램프　　㉯ 전자 개폐기　　㉰ 리밋 스위치　　㉱ 솔레노이드

해설 리밋 스위치는 접점 이동으로 회로 변경을 시키는 일을 한다.

80. 유도전동기의 회전자가 슬립 S로 회전하고 있을 때 고정자 및 회전자의 실효 권수비를 α라 하면, 고정자 기전력 E_1과 회전자 기전력 E_2와의 비는 어떻게 표현되는가?

㉮ $α/S$　　㉯ $Sα$　　㉰ $α/(1-S)$　　㉱ $(1-S)α$

해설 $\dfrac{E_1}{E_{2s}} = \dfrac{K_{w1}N_1}{SK_{w2}N_2} = \dfrac{α}{S}$　여기서 S: 슬립　K_{w1}: 1차권선계수　K_{w2}: 2차권선계수
　　　　　　　　　　　　　　　　　N_1: 1차권수　N_2: 2차권수

정답 79. ㉰　80. ㉮

승강기 산업기사 기출문제
(2017. 5. 7)

(승강기 개론)

1. 승강기의 최대 정원은 1인당 하중을 몇 kg으로 계산한 값인가?

㉮ 55   ㉯ 60   ㉰ 65   ㉱ 75

2. 카 바닥의 구성요소로 틀린 것은?

㉮ 에이프런   ㉯ 안전난간대   ㉰ 하중검출장치   ㉱ 플로어베이스

해설 안전난간대는 카 바닥의 구성요소가 아니다.

3. 승강장 도어가 레일 끝을 이탈(overrun)하는 것을 방지하기 위해 설치하는 것은?

㉮ 스톱퍼   ㉯ 로킹장치   ㉰ 행거레일   ㉱ 행거롤러

4. 전기식 엘리베이터의 로프구동방식에서 트랙션 능력에 영향을 미치는 인자가 아닌 것은?

㉮ 권부각   ㉯ 로프본수
㉰ 자연대수의 밑수   ㉱ 도르래의 홈과 와이어로프간의 마찰계수

해설 $r = e^{\mu\theta}$ 여기서 r: 트랙션 능력 e: 자연대수의 밑수 μ: 마찰계수 θ: 권부각

5. 에스컬레이터의 안전장치가 아닌 것은?

㉮ 피트정지 스위치   ㉯ 구동체인 안전장치
㉰ 스텝체인 안전장치   ㉱ 스커트가드 안전장치

해설
- 피트정지 스위치: 보수점검 및 검사를 위하여 피트 내부로 들어가기 전 이 스위치를 '정지' 위치로 함으로써 작업 중 카가 움직이는 것을 방지하여야 한다. 수동으로 조작되고 스위치가 작동되면 엘리베이터 전동기 및 브레이크에 전력이 차단되어야 한다.
- 구동체인 안전장치: 체인이 늘어나거나 절단될 경우 즉시 에스컬레이터를 안전하게 정지시켜 사고를 예방하는 장치이다.
- 스텝체인 안전장치: 계단 체인이 파단되거나 과도하게 늘어날 때 즉시 작동하여 에스컬레이터를 정지시킨다.
- 스커트가드 안전장치: 체인이 늘어나거나 절단될 경우 즉시 에스컬레이터를 안전하게 정지시켜 사고를 예방하는 장치이다.

6. 균형추 추락방지안전장치에 대한 과속조절기의 작동속도는 카 추락방지안전장치에 대한 작동속도보다 더 높아야하나 그 속도는 몇 %를 넘게 초과하지 않아야 하는가?

정답 1. ㉱   2. ㉯   3. ㉮   4. ㉯   5. ㉮   6. ㉮

㉮ 10　　　　　㉯ 15　　　　　㉰ 20　　　　　㉱ 25

7. 승객용 엘리베이터의 주로프가 3본인 경우 로프의 안전율은 얼마 이상이어야 하는가?

㉮ 6　　　　　㉯ 8　　　　　㉰ 10　　　　　㉱ 12

해설 • 2본 이상: 16 이상　• 3본 이상: 12 이상　• 체인: 10 이상

8. 엘리베이터용 가이드 레일의 역할이 아닌 것은?

㉮ 카나 균형추의 승강로내 위치를 규제한다.　㉯ 추락방지안전장치 작동 시 수직하중을 유지해준다.
㉰ 카의 자중에 의한 카의 기울어짐을 방지해준다.　㉱ 승강로의 기계적 강도를 보강해 주는 역할을 한다.

해설 가이드 레일의 설치 목적: 카와 균형추를 승강로 수직면상으로 안내 및 기울어짐을 방지해준다. 또한 추락방지안전장치가 작동 시 수직하중을 유지해준다.

9. 교류 2단 속도제어 시 승강기(AC-2Elevator)의 저속과 고속측의 속도비는?

㉮ 2:1　　　　㉯ 3:1　　　　㉰ 4:1　　　　㉱ 6:1

해설 교류 2단 속도제어: 기동과 주행은 고속권선으로 하고, 감속과 착상은 저속권선으로 한다. 착상 속도비는 4:1로 한다. 속도비는 착상오차, 감속도의 변화비율, 크리프시간(저속 주행 시간), 전력회생 등을 감안한다.

10. 엘리베이터를 기계실 위치에 따라 분류한 것이 아닌 것은?

㉮ 하부형 엘리베이터　　　　㉯ 측부형 엘리베이터
㉰ 경사형 엘리베이터　　　　㉱ 정상부형 엘리베이터

해설 기계실 위치에 따른 분류: ① 승강로 상부 측면(Side machine type)
② 승강로 하부 측면(Basement type)　③ 정상부(Overhead machine type)

11. 엘리베이터용 전동기의 출력용량 산정과 관계없는 것은?

㉮ 회전수　　　㉯ 종합효율　　　㉰ 정격속도　　　㉱ 정격하중

해설 $P = \dfrac{MV(1-S)}{6120\eta}(\text{kw})$　여기서 η: 종합효율 M: 정격하중(kg)
　　　　　　　　　　　　　　　　S: 오버밸런율(%) V: 정격속도($m/\min$)

12. 비선형 특성을 갖는 에너지 축적형 완충기에 대한 사항으로 틀린 것은?

㉮ 카의 복귀속도는 1m/s 이하이어야 한다.
㉯ 작동 후에는 영구적인 변형이 없어야 한다.
㉰ 2.5g_n를 초과하는 감속도는 0.05초 보다 길지 않아야 한다.
㉱ 카에 정격하중을 싣고 정격속도의 115%의 속도로 자유낙하하여 카 완충기에 충돌할 때의 평균 감속도는 1g_n 이하이어야 한다.

정답 7. ㉱　8. ㉱　9. ㉰　10. ㉰　11. ㉮　12. ㉰

[해설] 2.5g_n를 초과하는 감속도는 0.04초 보다 길지 않아야 한다.

13. 압력 릴리프 밸브는 압력을 전부하 압력의 몇 %까지 제한하도록 맞추어 조절되어야 하는가?

㉮ 110　　　㉯ 125　　　㉰ 130　　　㉱ 140

[해설] 안전밸브(relief valve): 일종의 압력조정 밸브인데 회로의 압력이 설정값에 도달하면 밸브를 열어 오일을 탱크로 돌려보냄으로써 압력이 과도하게 상승(상승압력의 125%에 설정)하는 것을 방지한다. 릴리프 밸브는 압력을 전 부하 압력의 140%까지 제한하도록 맞추어 조절하여야 한다.

14. 에스컬레이터 제동기(브레이크) 시스템의 설명으로 틀린 것은?

㉮ 브레이크 시스템의 적용에서 의도적인 지연은 없어야 한다.
㉯ 에스컬레이터의 출발 후에는 브레이크 시스템의 개방을 감시하는 장치가 설치되어야 한다.
㉰ 정지거리가 최대값의 25%를 초과하면, 고장 안전장치의 재설정후에만 재기동이 가능하여야 한다.
㉱ 에스컬레이터는 균일한 감속 및 정지상태(제동 운전)를 지속할 수 있는 브레이크 시스템이 있어야 한다.

[해설] 정지거리가 최대값의 20%를 초과하면 고장 안전장치의 재설정후에만 재기동이 가능하여야 한다.

15. 유압식 엘리베이터에서 파워유니트는 무엇인가?

㉮ 승강로에 설치한 카와 직렬 연결된 이동기둥이다.
㉯ 대용량 유압식 엘리베이터에 사용하는 안전장치이다.
㉰ 펌프 및 탱크, 밸브류를 한데 묶은 것으로 기계실에 설치한다.
㉱ 실린더를 넣고 빼는 장치로서 카의 중앙하부피트 내에 묻는다.

16. 카 추락방지안전장치가 작동될 때, 부하가 없거나 부하가 균일하게 분포된 카의 바닥은 정상적인 위치에서 몇 %를 초과하여 기울어지지 않아야 하는가?

㉮ 3　　　㉯ 5　　　㉰ 7　　　㉱ 10

17. 승강로의 카 출입구에 대한 설명으로 옳은 것은?

㉮ 침대용은 2개의 출입구 문이 동시에 열려도 된다.
㉯ 화물용은 하나의 층에 하나의 출입구만을 설치하여야 한다.
㉰ 승객용은 하나의 층에 2개의 출입구를 설치하고, 2개의 문은 동시에 열리는 구조이어야 한다.
㉱ 자동차용은 하나의 층에 2개의 출입구를 설치할 수 있으나 2개의 문이 동시에 열려 통로롤 사용되어서는 아니 된다.

[해설]
• 침대용은 2개의 출입구 문이 동시에 열려서는 안 된다.
• 화물용은 하나의 층에 2개의 출입구를 설치할 수 있으나 동시에 열려서는 안 된다.
• 승객용은 하나의 층에 2개의 출입구를 설치할 수 있으나 문이 동시에 열려서는 안 된다.
• 자동차용은 하나의 층에 2개의 출입구를 설치할 수 있으나, 2개의 문이 동시에 열려 통로로 사용되어서는 안 된다.

정답 13. ㉱　14. ㉰　15. ㉰　16. ㉯　17. ㉱

18. 승강로에는 모든 문이 닫혀있을 때 카 지붕 및 피트 바닥 위로 1m 위치에서 조도 몇 lx이상의 영구적으로 설치된 전기조명이 있어야 하는가?

㉮ 10　　　㉯ 50　　　㉰ 100　　　㉱ 200

19. 와이어로프의 구조에서 심강은 천연섬유인 마닐라 삼, 합성 섬유를 꼬아 만드는 것으로 이 심강의 주요 기능으로 옳은 것은?

㉮ 로프의 경도를 낮게 해 준다.
㉯ 로프의 파단강도를 높여 준다.
㉰ 로프의 굴곡시에 유연성을 부여한다.
㉱ 소선은 방청과 굴곡시의 윤활 활동을 한다.

20. 카와 승강로 벽의 일부를 유리로 하여 밖을 내다볼 수 있게 한 엘리베이터는?

㉮ 경사 엘리베이터
㉯ 전망용 엘리베이터
㉰ 더블테크 엘리베이터
㉱ 로터리식 엘리베이터

(승강기 설계)

21. 동력전원 인 3Φ440V 경우 제어반에 필요한 접지공사의 접지저항 값은 몇 Ω이하이어야 하는가?

㉮ 10　　　㉯ 100　　　㉰ 200　　　㉱ 300

해설 1. 접지공사의 종류 ① 제1종 접지공사: $10(\Omega)$이하　② 제2종 접지공사: $\frac{150}{1선지락전류}(\Omega)$이하
③ 제3종 접지공사: $100(\Omega)$이하　④ 특별 제3종 접지공사: 10Ω이하
2. 기계기구의 외함 접지 ① 400V 미만: 제3종 접지공사　② 400V 이상의 저압: 특별 제3종 접지공사

22. 트랙션식 권상기 도르래와 로프의 미끄러짐 관계의 설명으로 옳은 것은?

㉮ 권부각이 클수록 미끄러지기 어렵다.
㉯ 카의 가속도와 감속도가 클수록 미끄러지기 어렵다.
㉰ 로프와 도르래 사이의 마찰계수가 클수록 미끄러지기 쉽다.
㉱ 카 측과 균형추 측에 걸리는 중량비가 클수록 미끄러지기 어렵다.

해설 ① 권부각이 클수록 미끄러지기 어렵다. ② 카의 가속도와 감속도가 클수록 미끄러지기 쉽다.
③ 로프와 도르래 사이의 마찰계수가 클수록 미끄러지기 쉽다. ④ 카 측과 균형추 측에 걸리는 중량비가 클수록 미끄러지기 쉽다.

23. 균형추에도 추락방지안전장치를 설치해야 하는 경우는?

㉮ 균형추의 무게가 2000kg를 초과하는 경우
㉯ 승강로의 피트 하부를 통로로 사용하는 경우
㉰ 균형추 측에 유입완충기의 설치가 불가능한 경우
㉱ 엘리베이터의 정격속도가 300m/min를 초과하는 초고속 엘리베이터

정답 18. ㉯　19. ㉱　20. ㉯　21. ㉮　22. ㉮　23. ㉯

해설 균형추에도 추락방지안전장치를 설치해야 하는 경우는 승강로의 피트 하부를 통로로 사용하는 경우나, 사무실로 사용하는 경우이다.

24. 승강장 문에 대한 설명으로 틀린 것은? (단, 수직 개폐식 승강장 문은 제외한다.)

㉮ 승강장 문이 닫혀있을 때 문짝사이의 틈새는 6mm 이하로 가능한 한 작아야 한다.
㉯ 승강장 문이 닫혀있을 때 문짝과 문설주 사이의 틈새는 6mm 이하로 가능한 한 작아야 한다.
㉰ 승강장 문이 닫혀있을 때 문짝과 문턱 사이의 틈새가 마모될 경우에는 15mm까지 허용될 수 있다.
㉱ 승강장 문이 닫혀있을 때 문짝 사이의 틈새는 움푹 들어간 부분이 있다면 그 부분의 안쪽을 측정한다.

해설 승강장 문이 닫혀있을 때 문짝과 문턱 사이의 틈새가 마모될 경우에는 10mm까지 허용될 수 있다.

25. 동력전원설비 설계기준에서 가속전류의 정의로 옳은 것은?

㉮ 카가 전부하 상태에서 상승방향으로 가속 시 배전선에 흐르는 최대 선전류
㉯ 카가 무부하 상태에서 상승방향으로 가속 시 배전선에 흐르는 최대 선전류
㉰ 카가 전부하 상태에서 하강방향으로 가속 시 배전선에 흐르는 최대 선전류
㉱ 카가 무부하 상태에서 하강방향으로 가속 시 배전선에 흐르는 최대 선전류

26. 가이드 레일용 부재의 계산에서 응력 $\sigma(\mathrm{kg/cm^2})$ 와 휨 $\delta_B(\mathrm{cm})$의 허용범위로 옳은 것은?

㉮ $\delta_B \geq 0.5$ ㉯ $\delta_B \leq 0.5$ ㉰ $\sigma \geq$ 허용응력   ㉱ $\sigma \leq \dfrac{허용응력}{10}$

해설 • $\delta_B \leq 0.5(\mathrm{cm})$ • $\sigma \leq$ 허용응력$(\mathrm{kg/cm^2})$

27. 여러 대의 엘리베이터가 운행될 경우 부등률을 고려하게 되는데, 비상용 엘리베이터의 부등률은 몇 %로 하는가?

㉮ 50   ㉯ 70   ㉰ 100   ㉱ 150

해설 동일 건물내 비상용의 경우 부등률은 100%로 본다.

28. 피치원 직경 D=450mm, 잇수 Z=90인 기어의 모듈은 얼마인가?

㉮ m=2   ㉯ m=3   ㉰ m=4   ㉱ m=5

해설 모듈= $\dfrac{피치원직경}{잇수} = \dfrac{450}{90} = 5$

29. 지진에 대한 기본적인 고려사항으로 틀린 것은?

㉮ 지진 시에 필요한 관제 운전 장치를 설치하는 것이 바람직하다.
㉯ 전원계통의 사고 등 외부요인에 의한 사항은 지진에 대한 고려사항이 아니다.
㉰ 구조부분에 필요한 강도가 확보되어 위험한 변형이 생기지 않도록 하여야 한다.
㉱ 지진 시에 로프나 전원케이블 등이 진동 혹은 흔들림에 의하여 승강로 내의 돌출물에 걸리는 것을 방지하여야 한다.

정답 24. ㉰   25. ㉮   26. ㉯   27. ㉰   28. ㉱   29. ㉯

해설 전원계통의 사고 등 외부요인에 의한 사항은 지진에 대한 고려사항이다.

30. 다음과 같은 [조건]에서 균형추의 무게는 몇 kg으로 하여야 하는가?

[조건] 카의 자중: 1500kg 적재하중: 1000kg 오버밸런스율: 50%

㉮ 1000 ㉯ 1500 ㉰ 2000 ㉱ 2500

해설 균형추의 무게 = 카의 자중 + (적재하중 × 오버밸런스율)
= 1500 + (1000 × 0.5)
= 2000(kg)

31. 길이가 10m인 단순 지지보의 4m 지점에 600kg의 집중하중이 작용할 때 반력 중 큰 것은 몇 kg인가?

㉮ 480 ㉯ 360 ㉰ 240 ㉱ 120

해설

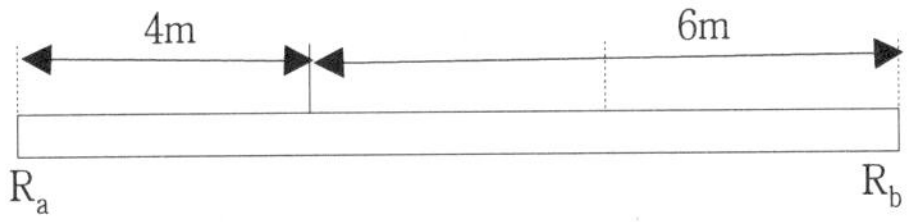

$R_a = \dfrac{600 \times 6}{10} = 360\text{kg}$ $R_b = \dfrac{600 \times 4}{10} = 240\text{kg}$

32. 건물에 승강기 설치를 할 경우 절차로 옳은 것은?

㉮ 층별 교통 수요산출 → 교통량 계산 → 수송능력 목표치 설정 → 배치 계획의 결정
㉯ 수송능력 목표치 설정 → 층별 교통 수요산출 → 교통량 계산 → 배치 계획의 결정
㉰ 배치 계획의 결정 → 수송능력 목표치 설정 → 층별 교통 수요산출 → 교통량 계산
㉱ 층별 교통 수요산출 → 수송능력 목표치 설정 → 교통량 계산 → 배치 계획의 결정

33. 에스컬레이터의 디딤판이 들려지는 상태에서의 운행이탈을 감지하는 스텝 주행 안전스위치의 설치장소로 가장 적절한 것은?

㉮ 상부의 우측에만 설치 ㉯ 하부의 좌측에만 설치
㉰ 상하부의 좌측에만 설치 ㉱ 상하부의 좌우측 모두 설치

34. 다음은 승강기의 안정장치들을 설명한 것이다. 승객용 승강기에 꼭 필요한 안전장치들을 모두 선택한 것은?

정답 30. ㉰ 31. ㉯ 32. ㉱ 33. ㉱ 34. ㉱

ⓐ 승강기의 속도가 비정상적으로 빨라지는 경우에는 동력을 자동적으로 끊는 장치
ⓑ 동력이 차단된 경우에는 전동기의 회전을 막는 장치
ⓒ 적재하중을 초과하면 경보음이 울리고 출입문 닫힘을 자동적으로 막는 장치
ⓓ 비상시에 승강기 안에서 외부로 연락할 수 있는 장치

㉮ Ⓐ, Ⓓ　　㉯ Ⓐ, Ⓑ, Ⓒ　　㉰ Ⓑ, Ⓒ, Ⓓ　　㉱ Ⓐ, Ⓑ, Ⓒ, Ⓓ

35. 에스컬레이터의 배열방식에 대한 특징으로 옳은 것은?

㉮ 단열 겹침형 : 설치면적이 크다.
㉯ 교차 승계형 : 승강구에서의 혼잡이 크다.
㉰ 복열 승계형 : 오르내림 교통의 분할이 어렵다.
㉱ 단열 승계형 : 바닥에서 바닥에의 교통이 연속적이다.

해설 ① 단열 겹침형: 설치면적이 적으며, 쇼핑객의 시야를 트이게 한다. 그러나 바닥과 바닥간의 교통은 연속적이지 못하다.
② 교차 승계형: 오르내림의 교통이 떨어져 있어 승강구에서 혼잡이 적으며, 오르내림이 모두 바닥에서 바닥으로 연속적으로 운반한다. 단점으로는 쇼핑객의 시야가 적으며, 에스컬레이터의 위치표시를 하기 어렵다.
③ 복열 승계형: 전매장이 보이며, 에스컬레이터의 위치도 보인다. 또한 오르고 내림의 교통을 분할할 수도 있으며, 오름 내림방향 모두 바닥에서 바닥으로 연속적으로 운반한다.
④ 단열 승계형: 상층으로 고객을 유도하기 용이하며, 바닥에서는 교통이 연속적이다. 그러나 바닥면적의 점유면적이 크다.

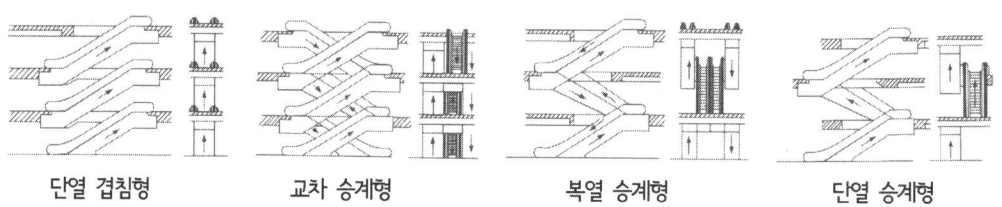

단열 겹침형　　교차 승계형　　복열 승계형　　단열 승계형

36. 원형코일 스프링의 설계에 이용되는 식 중 비틀림응력을 구하는 식은 $\tau_0 = \dfrac{8DP}{\pi d^3}$이다. 이때 P에 해당되는 것은? (단, d는 재료의 지름, D는 코일의 평균지름이다.)

㉮ 스프링 지수　　　　　　　　㉯ 스프링에 걸리는 하중
㉰ 스프링에 저축된 에너지　　　㉱ 스프링의 운동부분의 중량

37. (　　)의 내용으로 옳은 것은?

기계실에는 바닥면에서 (　　)lx 이상을 비출 수 있는 영구적으로 설치된 전기 조명이 있어야 한다.

㉮ 50　　㉯ 75　　㉰ 100　　㉱ 200

해설 기계실에는 바닥면에서 200lux 이상 비출 수 있는 영구적으로 설치된 전기조명이 있어야 하며, 카 바닥에는 100lux 이상 비출 수 있는 영구적으로 설치된 전기조명이 있어야 한다.

38. 기계부품에 외력이 작용했을 때 부품의 내부에 발생하는 저항력을 무엇이라 하는가?

㉮ 응력　　㉯ 하중　　㉰ 변형률　　㉱ 탄성계수

해설 응력은 외력이 작용시 내부에 생기는 저항력으로 단위는 kg/mm^2이다.

39. 카, 균형추 또는 평형추를 운반하기 위해 로프에 연결된 철 구조물을 의미하는 용어로 옳은 것은?

㉮ 슬링　　㉯ 에이프런　　㉰ 균형체인　　㉱ 이동케이블

40. 엘리베이터용 전동기가 일반 범용전동기에 비해 갖추어야 할 조건으로 틀린 것은?

㉮ 기동토크가 클 것　　㉯ 기동전류가 작을 것
㉰ 회전부분에 관성모멘트가 클 것　　㉱ 온도상승에 대해 열적으로 견딜 것

해설 엘리베이터 전동기는 역구동하는 경우가 많으므로 충분한 제동력을 가져야 하며, 회전 부분의 관성모멘트는 작아야 한다.

(일반 기계 공학)

41. 금형가공법 중 재료를 펀칭하고 남은 것이 제품이 되는 가공은?

㉮ 전단　　㉯ 셰이빙　　㉰ 트리밍　　㉱ 블랭킹

해설
- 전단: 물체를 절단
- 셰이빙: 타발 가공을 한 제품의 절단구는 깨끗한 평면이 아니고 전단면 외에 파단면이나 처짐, 반전이 있어 절단가공 특유의 형태이다. 그러므로 그 절단구를 평활하게 하기 위해 펀치와 다이스 틈새가 거의 없는 상태의 펀치를 사용해서 절단구의 가장자리 부분을 조금 깎아내서 깨끗하게 마무리하는 가공이다.
- 트리밍: 성형이 끝난 성형품의 불필요한 부분을 잘라내는 것
- 블랭킹: 펀치 등을 이용하여 여러 형태로 판금 가공을 하는 것

42. 40℃에서 연강봉 양쪽 끝을 고정한 후, 연강봉의 온도가 0℃가 되었을 때 연강봉에 발생하는 열응력은 약 몇 N/cm^2인가? (단, 연강봉의 선팽창계수는 $a = 11.3 \times 10^{-6}/℃$, 탄성계수는 $E = 2.1 \times 10^6 N/cm^2$이다.)

㉮ 215　　㉯ 252　　㉰ 804　　㉱ 949

해설 $\sigma = E \times \Delta T = 2.1 \times 10^6 \times 11.3 \times 10^{-6}(40-0) = 949.2(N/cm^2)$

43. 외팔보의 자유단에 집중하중 W가 작용할 때, 작용하는 하중의 전단력선도는?

정답 38. ㉮　39. ㉮　40. ㉰　41. ㉱　42. ㉱　43. ㉮

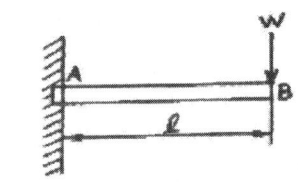

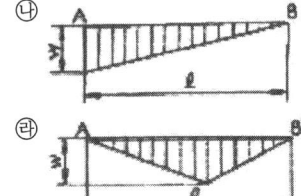
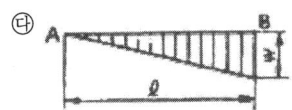

44. 2500rpm으로 회전하면서 25kW를 전달하는 전동축의 비틀림 모멘트는 약 몇 N·m인가?

㉮ 7.5   ㉯ 9.6   ㉰ 70.2   ㉱ 95.5

해설 $T = \dfrac{L}{\omega} = \dfrac{600 \times 25 \times 1000}{2\pi \times 2500} = 95.49(\text{N·m})$

45. 재료의 성질을 나타내는 세로탄성계수(E)의 단위는?

㉮ N   ㉯ N/m^2 ㉰ N·m   ㉱ N/m

해설 세로탄성계수 단위 : $N/m^2, kg/cm^2$ 등

46. 50kN의 물체를 4개의 아이볼트로 들어 올릴 때 볼트의 최소 골지름은 약 몇 mm인가? (단, 볼트 재료의 허용인장응력은 62MPa이다.)

㉮ 10.02   ㉯ 12.02   ㉰ 14.02   ㉱ 16.02

해설 $\sigma = \dfrac{4W}{\pi d^2}$ 에서 $d = \sqrt{\dfrac{4W}{\pi\sigma}} = \sqrt{\dfrac{4 \times 12.5 \times 10^3}{\pi \times 62}} = 16.02\text{mm}$

※ $W = \dfrac{50}{4} = 12.5(\text{kN})$

47. 선반에서 베드(bed)의 구비요건이 아닌 것은?

㉮ 마모성이 클 것   ㉯ 직진도가 높을 것
㉰ 가공정밀도가 높을 것   ㉱ 강성 및 반진성이 있을 것

해설 베드는 마모성이 작아야 한다.

48. 표준 스퍼 기어에서 이의 크기를 결정하는 기준 항목이 아닌 것은?

㉮ 모듈   ㉯ 지름 피치   ㉰ 원주 피치   ㉱ 피치원 지름

정답 44. ㉱   45. ㉯   46. ㉱   47. ㉮   48. ㉱

[해설] 스퍼 기어에서 이의 크기를 결정하는 기준에는 모듈, 지름 피치, 원주 피치가 있다.

49. 펌프의 송출압력이 $90N/cm^2$, 송출량이 $60L/min$인 유압펌프의 펌프동력은 약 몇 W인가?

㉮ 700   ㉯ 800   ㉰ 900   ㉱ 1000

[해설] $W = PQ = 90 \times 10^4 \times \dfrac{60 \times 10^{-3}}{60} = 900W$

50. 측정기 내의 기포를 이용하여 측정면의 미소한 경사를 측정하는 것은?

㉮ 수준기   ㉯ 사인바   ㉰ 컴비네이션 세트   ㉱ 오토 콜리메이터

[해설] ① 수준기: 수평면을 만들기 위한 기구이다. 알코올 또는 이와 비슷한 액체와 기포가 들어있는 작은 유리관으로 되어있다. 이 관은 밀폐되어 있으며 평평한 아랫면을 가진 목재나 금속제의 틀에 수평으로 고정되어 있다. 유리관은 안쪽이 조금 구부러져 있고, 수평조절은 기포의 움직임으로 알 수 있다. 기포가 유리관의 중앙에 있을 때 수준기는 수평면에 있게 된다.
② 사인바: 각도의 측정에 삼각법을 이용하는 측정구
③ 콤비네이션 세트: 연결 세트
④ 오토 콜리메이터: 각도를 초 단위로 정밀하게 측정하는 기구이다.

51. 일반적으로 나사면에 증기, 기름 등의 이물질이 들어가는 것을 방지하는 너트는?

㉮ 캡 너트   ㉯ 육각 너트   ㉰ 와셔붙이 너트   ㉱ 스프링판 너트

[해설] ① 캡 너트: 숫나사의 선단이 나타나지 않도록 한쪽면을 모자상으로 한 너트
② 육각 너트: 머리모양이 육각형의 너트를 말한다.
③ 와셔붙이 너트: 특수 너트의 일종으로 너트 바닥면에 와셔가 붙은 것
④ 스프링판 너트: 주로 판재를 가공하여 제조하며 모재의 두께가 얇아 나사산을 만들기 어려운 제품을 체결할 목적으로 사용된다.

52. 패킹재료의 구비조건이 아닌 것은?

㉮ 내열성이 높아야 한다.   ㉯ 부식성이 높아야 한다.
㉰ 내구성이 높아야 한다.   ㉱ 유연성이 높아야 한다.

[해설] 패킹은 파이프 등의 접속부 누설을 막기 위해 사용되는데, 부식성이 없어야 한다.

53. 배관 및 밸브에서 급격한 서지압력을 방지하기 위해 설치하는 것은?

㉮ 디퓨저   ㉯ 엑셀레이터   ㉰ 액추에이터   ㉱ 어큐뮬레이터

[해설] ① 디퓨저: 유체의 속도를 감소시키고, 그 운동에너지의 일부를 정압으로 변화시키는 것을 목적으로 한 단면적이 서서히 확대된 유로
② 엑셀레이터: 자동차의 기구 일종
③ 액추에이터: 각종 제어시스템으로 작동에너지를 기계적인 변위나 응력으로 변환하는 역할의 요소 부품. 유압 액추에이터에는 브레이크나 스티어링 등으로 사용된다. 사용되는 유압 실린더식(직선 운동용) 외에 유압

정답 49. ㉰   50. ㉮   51. ㉮   52. ㉯   53. ㉱

모터식(회전 운동용)도 있다.
④ 어큐뮬레이터: 여러 부수적인 역할을 하는 고압 유체가 있는 저장용기. 유체의 범퍼 역할(압력충격이나 진동방지)을 한다.

54. Ni-Cu계 합금 중 내식성 및 내열성이 우수하므로 화학기계, 광산기계, 증기 터빈의 날개 등에 주로 이용되는 합금은?

㉮ 켈밋 ㉯ 포금 ㉰ 모넬 메탈 ㉱ 델타 메탈

해설 ① 켈밋: 구리에 30% 전후의 납을 더하고, 미량의 주석, 니켈을 첨가하여 만든 합금
② 포금: 기계용 청동의 속칭. 구리 90%, 주석 10%의 합금
③ 모넬 메탈: 니켈 65~70%, 동 26~30% 이외의 소량의 철 망간을 함유한 니켈과 구리의 합금으로 내열성, 내식성이 우수하여 터빈 날개나 화학공업용 밸브의 용기로 사용된다.
④ 델타 메탈: 6-4 황동에 Fe 1~2%를 함유한 것으로 결정 입자가 미세하여 강도와 경도가 증대되고 대기, 해수에 대해 내식성이 크다.

55. 강을 담금질 과정에서 급냉시켰을 때 나타나는 침상조직으로 담금질 조직 중 가장 경도가 큰 조직은?

㉮ 펄라이트 ㉯ 소르바이트 ㉰ 트루스타이트 ㉱ 마텐자이트

해설 ① 펄라이트: 강 또는 주철의 공석(共析)조직의 일종. 시멘타이트와 페라이트가 층상으로 된 공석조직을 말한다.
② 소르바이트: 페라이트와 시멘타이트의 혼합 조직을 말한다. 마텐자이트 조직을 약 600℃로 뜨임 처리하면 입사 모양 시멘타이트가 성장하고, 이것은 400배 이상의 금속 현미경으로 알아볼 수 있다. 또 오스테나이트를 연속 냉각하여 생기는 미세 펄라이트도 소르바이트라 한다.
③ 트루스타이트: 강철을 느린 냉각 속도로 담금질하였을 때 만들어지는 금속조직. 매우 단단하여 날붙이로 이용된다.
④ 마텐자이트: 강철을 담금질할 때 생기는 가는 바늘 모양의 단단한 조직. 강철의 조직 중에서 가장 단단한 조직이다. 바이트·드릴·끌·다이스 등 다른 금속재료를 자르거나 깎는 공구의 재료로 사용되는 강철은 대부분 이 조직이 되도록 열처리된다.

56. 다이캐스팅을 이용한 제품 생산의 설명으로 틀린 것은?

㉮ 단면이 얇은 주물의 주조가 가능하다.
㉯ 균일한 제품의 연속 주조가 불가능하다.
㉰ 마그네슘, 알루미늄 합금의 대량 생산용으로 적합하다.
㉱ 정밀도가 좋아서 제품의 표면이 양호하고 후가공이 적다.

해설 다이캐스팅: 다이 주조라고도 하는데 필요한 주조형상에 완전히 일치하도록 정확하게 기계 가공된 강제의 금형에, 용융금속을 주입하여 금형과 똑같은 주물을 얻는 정밀 주조법이다. 치수가 정확하므로 다듬질할 필요가 거의 없는 장점 외에 기계적 성질이 우수하여 대량생산이 가능하다. 제품으로는 자동차부품이 많고 전기기기, 광학기기, 차량, 방직기, 건축, 계측기 등의 부품이 있다.

57. 축 이음에서 두 축 중심이 약간 어긋나 있거나 축 중심선을 맞추기 곤란할 때 이를 보완하기 위하여 사용하는 축이음은?

㉮ 머프 커플링 ㉯ 셀러 커플링 ㉰ 플렉시블 커플링 ㉱ 마찰 원통 커플링

정답 54. ㉰ 55. ㉱ 56. ㉯ 57. ㉰

해설 ① 머프 커플링: 간단한 축 이음의 일종으로 축과 결합에 압입키를 사용하여 슬리브로 2축을 결합한다.
② 셀러 커플링: 외통과 내통의 결합으로 구성되는 축 이음(커플링). 결합이 용이하고, 커플링 중심은 체결에 의하여 저절로 축심과 일치한다. 외통에 테이퍼가 붙어 있고, 볼트로 내통을 축 방향으로 체결하여 양쪽 축을 고정시킨다.
③ 플렉시블 커플링: 편심, 편각이 어느 정도 허용되는 축 이음이다.
④ 마찰 원통 커플링: 바깥 둘레를 원추형으로 다듬질 한 주철제 분할 원통으로 두 축의 연결보를 엎어 씌우고 이것을 연강제의 원통링을 양 끝에 박아 결합한다. 분할 원통은 중앙에서 양끝으로 $\frac{1}{20} \sim \frac{1}{30}$ 테이퍼를 붙인다. 큰 토크 전달에는 부적당하지만 설치 및 분해가 용이하고, 축의 임의 위치에 고정 가능하므로 긴 전동축의 연결에 편리하다.

58. 스폿(spot)용접에 대한 설명으로 옳은 것은?

㉮ 가압력이 필요 없다.
㉯ 가스용접의 일종이다.
㉰ 알루미늄 용접이 불가능하다.
㉱ 로봇을 이용한 자동화가 용이하다.

해설 스폿 용접: 점 용접이라고도 한다. 겹친 모재를 양쪽에서 봉상의 전극으로 물고, 통전과 가압의 조작을 조합해서 모재 접촉면에 용융 응고한 부분을 만들어서 접합하는 용접. 열 전도가 양호한 알루미늄 합금에는 수만 암페어의 대전류가 필요하며 소전류를 장시간 통하여도 저항열이 산일하여 용접의 목적이 달성될 수가 없다. 로봇을 이용한 자동화가 용이하다.

59. 브레이크 드럼에 500N·m의 토크가 작용하고 있을 때, 축을 정지시키는데 필요한 접선방향 제동력은 몇 N인가? (단, 브레이크 드럼의 지름은 500mm이다.)

㉮ 3000　　㉯ 2500　　㉰ 2000　　㉱ 1500

해설 $\tau = 5\frac{D}{2}$ 에서 $D = \frac{2\tau}{5} = \frac{2 \times 500}{0.5} = 2000(\text{N})$

60. 유압펌프의 용적효율이 70%, 압력효율이 80%, 기계효율이 90%일 때 전체 효율은 약 몇 %인가?

㉮ 50　　㉯ 60　　㉰ 70　　㉱ 80

해설 $\eta = 0.7 \times 0.8 \times 0.9 ≒ 0.504 = 50.4\%$

(전기제어 공학)

61. 그림(a)의 병렬로 연결된 저항회로에서 전류 I와 I_1의 관계를 그림(b)의 블록선도로 나타낼 때 A에 들어갈 전달함수는?

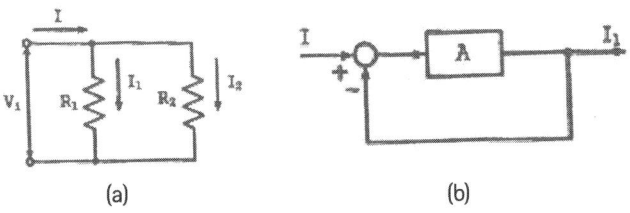

(a)　　　　　　　(b)

정답 58. ㉱　59. ㉰　60. ㉮　61. ㉯

㉮ R_1/R_2 ㉯ R_2/R_1 ㉰ $1/R_1R_2$ ㉱ $1/R_1+R_2$

해설 I_1은 R_1에 비례, R_2에 반비례한다.
$$I_1 \propto \frac{R_2}{R_1}$$

62. $L = \bar{x}\cdot y\cdot \bar{z} + \bar{x}\cdot y\cdot z + x\cdot \bar{y}\cdot z + x\cdot y\cdot z$을 간단히 한 식으로 옳은 것은?

㉮ $\bar{x}\cdot y + x\cdot z$
㉯ $x\cdot y + \bar{x}\cdot z$
㉰ $x\cdot \bar{y} + \bar{x}\cdot \bar{z}$
㉱ $\bar{x}\cdot \bar{y} + x\cdot \bar{z}$

해설 $L = \bar{x}y\bar{z} + \bar{x}yz + x\bar{y}z + xyz$
$= \bar{x}y(\bar{z}+z) + xz(\bar{y}+y)$
$= \bar{x}y + xz$

63. 유도전동기의 속도제어에 사용할 수 없는 전력 변환기는?

㉮ 인버터   ㉯ 정류기   ㉰ 위상제어기   ㉱ 사이클로 컨버터

해설 ① 인버터 : 직류를 교류로 변환하는 장치
② 정류기 : 직류를 교류로 또 교류를 직류로 변환하는 장치
③ 위상제어기 : 위상을 제어하는 장치
④ 사이클로 컨버터 : 어떤 주파수의 교류를 직류로 변환하지 않고 다른 주파수의 교류로 변환하는 직접 주파수 변환장치

64. 전력(electric power)에 관한 설명으로 옳은 것은?

㉮ 전력은 전류의 제곱에 저항을 곱한 값이다.
㉯ 전력은 전압의 제곱에 저항을 곱한 값이다.
㉰ 전력은 전압의 제곱에 비례하고 전류에 반비례한다.
㉱ 전력은 전류의 제곱에 비례하고 전압의 제곱에 반비례한다.

해설 $P = VI = I^2R = \dfrac{V^2}{R}(W)$

65. 제어요소의 출력인 동시에 제어대상의 입력으로 제어요소가 제어대상에게 인가하는 제어신호는?

㉮ 외란   ㉯ 제어량   ㉰ 조작량   ㉱ 궤환신호

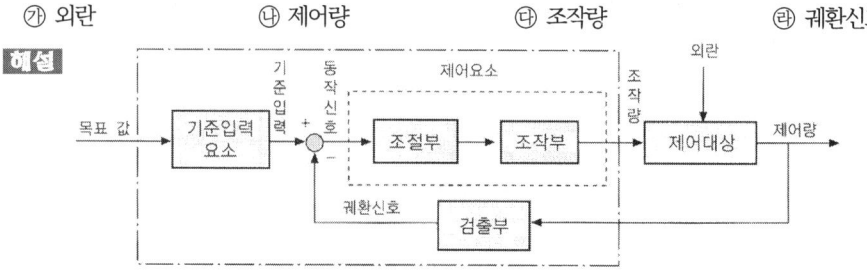

정답 62. ㉮ 63. ㉯ 64. ㉮ 65. ㉰

66. 그림과 같은 블록선도가 의미하는 요소는?

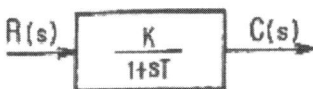

㉮ 비례 요소　　㉯ 미분 요소　　㉰ 1차 지연 요소　　㉱ 2차 지연 요소

해설 • 비례 요소: K　• 미분 요소: KS　• 적분 요소: $\dfrac{K}{S}$

• 1차 지연 요소: $\dfrac{K}{1+TS}$ 여기서 T: 시정수

• 2차 지연 요소: $\dfrac{\omega^2}{s^2+2\zeta\omega_n s+\omega_n^2}$ 여기서 ζ: 제동비, ω_n: 고유 각주파수

67. 자동제어계의 구성 중 기준입력과 궤환신호와의 차를 계산해서 제어 시스템에 필요한 신호를 만들어 내는 부분은?

㉮ 조절부　　㉯ 조작부　　㉰ 검출부　　㉱ 목표설정부

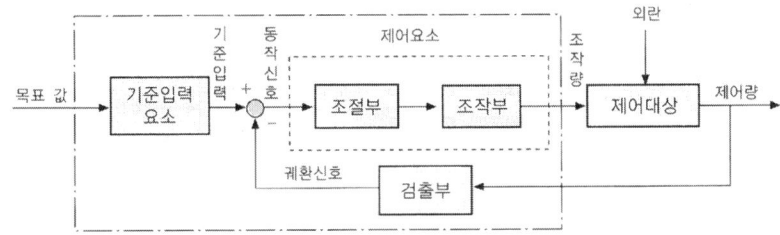

68. 다음과 같이 저항이 연결된 회로의 전압 V_1과 V_2의 전압이 일치할 때, 회로의 합성저항은 약 몇 Ω 인가?

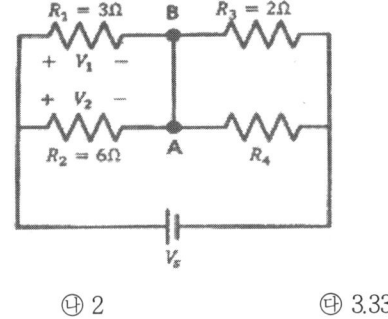

㉮ 0.3　　㉯ 2　　㉰ 3.33　　㉱ 4

해설 $R_1=3\Omega$, $R_2=6\Omega$에 대하여 전류는 2:1로 된다. 그러므로 $R_3=2\Omega$에 대하여 $R_4=4\Omega$이 된다. 따라서 합성저항은

정답 66. ㉰　67. ㉮　68. ㉰

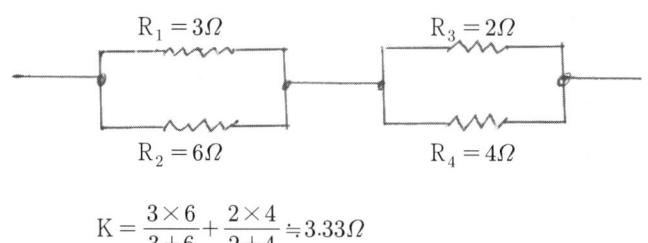

$$K = \frac{3 \times 6}{3+6} + \frac{2 \times 4}{2+4} ≒ 3.33\Omega$$

69. 전달함수 $G(s) = \dfrac{10}{3+2s}$ 을 갖는 계에 $\omega = 2$ red/sec인 정현파를 줄 때 이득은 약 몇 dB인가?

㉮ 2 ㉯ 3 ㉰ 4 ㉱ 6

해설 주파수 전달함수 $G(j\omega) = \dfrac{10}{3+j2\omega}$ 이므로 $G(j\omega) = \dfrac{10}{3+j2\times 2} = \dfrac{10}{3+j4} = \dfrac{10}{5} = 2$

따라서 이득 $g = 20\log |G(j\omega)| = 20\log 2 = 6\text{dB}$

70. 조절부와 조작부로 구성되어 있는 피드백 제어의 구성요소를 무엇이라 하는가?

㉮ 입력부 ㉯ 제어장치 ㉰ 제어요소 ㉱ 제어대상

해설

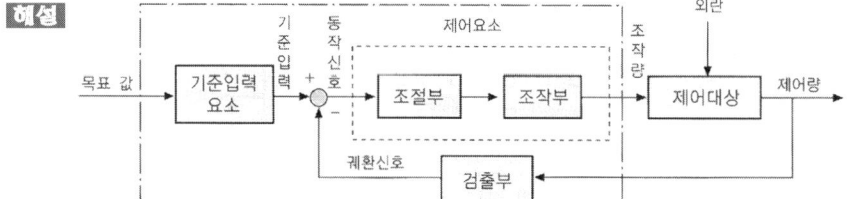

71. 출력의 일부를 입력으로 되돌림으로써 출력과 기준 입력과의 오차를 줄여나가도록 제어하는 제어 방법은?

㉮ 피드백제어 ㉯ 시퀀스제어 ㉰ 리세트제어 ㉱ 프로그램제어

72. 다음 중 압력을 감지하는 데 가장 널리 사용되는 것은?

㉮ 전위차계 ㉯ 마이크로폰 ㉰ 스트레인 게이지 ㉱ 회전자기 부호기

해설 스트레인 게이지: 왜곡을 측정하는 측정기로 저항 스트레인 게이지는 이 중의 하나로서, 니켈 합금의 어떤 것은 작은 왜곡을 줄 때 저항이 현저하게 변하는 것을 이용한 것이다. 용도는 하중 또는 압력시험에서 제품에 부착하여 변형률을 측정한다. 하중이나 압력을 제거한 후에 변형률을 측정하여 잔류 변형률을 측정할 수도 있다.

73. 3상 유도전동기의 회전방향을 바꾸려고 할 때 옳은 방법은?

정답 69. ㉱ 70. ㉰ 71. ㉮ 72. ㉰ 73. ㉱

㉮ 기동보상기를 사용한다. ㉯ 전원 주파수를 변환한다.
㉰ 전동기의 극수를 변환한다. ㉱ 전원 3선 중 2선의 접속을 바꾼다.

74. 다음은 자기에 관한 법칙들을 나열하였다. 다른 3개와 공통점이 없는 것은?

㉮ 렌츠의 법칙 ㉯ 페러데이의 법칙
㉰ 자기의 쿨롱법칙 ㉱ 플레밍의 오른손법칙

해설 ① 렌쯔의 법칙(Lenz's law) : 전자유도에 의하여 생긴 기전력의 방향은 그 유도전류가 만드는 자속이 항상 원래의 자속의 증가 또는 감소를 방해하는 방향이다.
② 전자유도에 관한 패러데이의 법칙(Faraday's law) : 유도기전력의 크기는 코일을 지나는 자속의 매초 변화량과 코일의 권수에 비례한다.
$$e = -N\frac{\Delta\phi}{\Delta t}(\text{V})$$ 여기서 Δt : 시간의 변화량, N : 코일권수, $\Delta\phi$: 자속의 변화량
③ 쿨롱의 법칙(coulomb's law) : 두 자극 사이에 작용하는 힘의 크기 F(N)은 두 자극의 세기 $m_1, m_2(\text{Wb})$의 곱에 비례하고 두 자극 사이의 거리 r(m)의 제곱에 반비례한다.
$$F = \frac{1}{4\pi\mu}\frac{m_1 m_2}{r^2} = \frac{1}{4\pi\mu_0}\frac{m_1 m_2}{\mu_s r^2} = 6.33\times 10^4 \times \frac{m_1 m_2}{\mu_s r^2}(\text{N})$$
여기서, μ : 투자율($\mu = \mu_0, \mu_S(\text{H/M})$)
μ_0 : 진공의 투자율($\mu_0 = 4\pi\times 10^{-7}(\text{H/m})$)
μ_S : 매질의 비투자율(진공 및 공기 중에서 약 1)

④ 플레밍의 오른손법칙(Fleming's right-hand rule)
· 엄지: 도선의 운동 방향
· 집게: 자장 방향
· 중지: 유기 기전력의 방향
※ 발전기의 유기 기전력 방향을 알고자 할 때 적용한다.

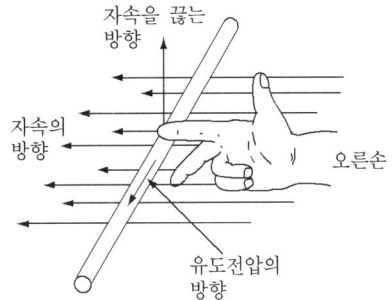

75. 그림은 전동기 속도제어의 한 방법이다. 전동기가 최대 출력을 낼 때 사이리스터의 점호각은 몇 rad이 되는가?

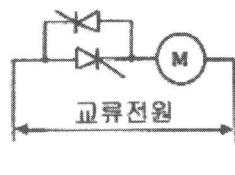

㉮ 0 ㉯ $\pi/6$ ㉰ $\pi/2$ ㉱ π

76. 그림과 같이 접지저항을 측정하였을 때 R_1의 접지저항(Ω)을 계산하는 식은? (단, $R_{12} = R_1 + R_2$, $R_{23} = R_2 + R_3$, $R_{31} = R_3 + R_1$이다.)

정답 74. ㉰ 75. ㉮ 76. ㉱

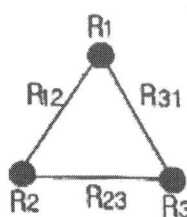

㉮ $R_1 = \frac{1}{2}(R_{12} + R_{31} + R_{23})$

㉯ $R_1 = \frac{1}{2}(R_{31} + R_{23} - R_{12})$

㉰ $R_1 = \frac{1}{2}(R_{12} - R_{31} + R_{23})$

㉱ $R_1 = \frac{1}{2}(R_{12} + R_{31} - R_{23})$

77. $e = 141\sin\left(377t - \frac{\pi}{6}\right)V$ 인 전압의 주파수는 약 몇 Hz인가?

㉮ 50　　㉯ 60　　㉰ 100　　㉱ 377

해설 $w = 377$, $2\pi f = 377$, $f = \frac{377}{2\pi} = 60\text{Hz}$

78. 서보기구용 검출기가 아닌 것은?

㉮ 유량계　　㉯ 싱크로　　㉰ 전위차계　　㉱ 차동변압기

79. 다음의 정류회로 중 리플전압이 가장 작은 회로는? (단, 저항부하를 사용하였을 경우이다.)

㉮ 3상 반파 정류회로　　㉯ 3상 전파 정류회로
㉰ 단상 반파 정류회로　　㉱ 단상 전파 정류회로

해설 리플 전압 관계: 단상 반파 정류회로 〉 단상 전파 정류회로 〉 3상 반파 정류회로 〉 3상 전파 정류회로

80. 위치, 각도 등의 기계적 변위를 제어량으로 해서 목표값의 임의의 변화에 추종하도록 구성된 제어계는?

㉮ 자동조정　　㉯ 서보기구　　㉰ 정치제어　　㉱ 프로그램제어

해설 ① 자동조정: 전압, 전류, 주파수, 회전속도, 힘 등 전기적, 기계적 양을 주로 제어하는 것. 예) 정전압장치, 발전기의 과속조절기 제어 등
② 서보기구: 물체의 위치, 방위, 자세 등의 기계적 변위를 제어량으로 하여 목표값의 임의의 변화에 추종하도록 구성된 제어계. 예) 비행기 및 선박의 방향 제어계, 미사일 발사대의 자동 위치 제어계, 추적용 레이더, 자동 평형 기록계 등
③ 정치제어: 일정한 목표값을 유지하는 것. 예) 프로세스 제어, 자동조정
④ 프로그램제어: 목표값이 미리 정해진 시간적 변화를 하는 경우 제어량을 그것에 추종시키기 위한 제어. 예) 열차·산업 로봇의 무인운전

정답 77. ㉯　78. ㉮　79. ㉯　80. ㉯

승강기 산업기사 기출문제
(2018. 3. 4)

(승강기 개론)

1. 속도 210m/min 이상의 엘리베이터에서 반드시 설치되어야 하는 안전장치로 카의 추락방지안전장치가 작동 시 이 장치에 의해 균형추, 와이어로프 등이 관성에 의해 튀어 오르지 못하도록 하는 장치는?

㉮ 록 다운 정지장치 ㉯ 종단층 강제 감속장치
㉰ 도어 안전장치 ㉱ 슬로다운 스위치

2. 엘리베이터를 속도에 따라 분류할 때 일반적으로 초고속 엘리베이터의 속도 영역은?

㉮ 180m/min 이상 ㉯ 240m/min 이상 ㉰ 270m/min 이상 ㉱ 360m/min 이상

해설 ① 저속: 45m/min 이하 ② 중속: 60~105m/min
③ 고속: 120m/min ④ 초고속: 360m/min 이상

3. 완충기의 최소행정에 가장 크게 영향을 미치는 것은?

㉮ 기계실 높이 ㉯ 정격하중 ㉰ 정격속도 ㉱ 행정거리

해설 ① 스프링 완충기(spring buffer): 정격속도 60m/min 이하의 엘리베이터에 사용되며, 행정(stroke: 압축 전과 압축 후 사이의 거리)은 정격속도 115%에 상응하는 중력정지거리의 2배($0.135V^2$) 이상이어야 한다. 단, 행정은 65mm 이상이어야 한다.
② 유입 완충기: 모든 경우의 속도에 사용하며, 행정(stroke)은 정격속도의 115%에 상응하는 중력정지거리 ($0.067V^2$[m]) 이상이어야 한다.

4. 속도가 60m/min인 엘리베이터의 추락방지안전장치가 작동하는 속도는 몇 [m/min] 이하이어야 하는가?

㉮ 56 ㉯ 69 ㉰ 96 ㉱ 108

해설 $V = 60 \times 1.15 = 69 m/\min$
※ 카 추락방지안전장치의 작동을 위한 과속조절기는 정격속도의 115% 이상시 작동되어야 한다.

5. 유압식 승강기의 종류에 속하지 않는 것은?

㉮ 직접식 ㉯ 간접식 ㉰ 팬터그래프식 ㉱ 스크류식

해설 유압식 승강기의 종류: ① 직접식 ② 간접식 ③ 팬터그래프식

6. 와이어로프의 구조에서 심강은 마닐라삼 등 천연섬유나 합성섬유를 꼬아 만드는 것으로 이 심강의 주요 기능으로 알맞은 것은?

정답 1. ㉮ 2. ㉱ 3. ㉰ 4. ㉯ 5. ㉱ 6. ㉯

㉮ 로프의 파단강도를 높여 준다.
㉯ 소선의 방청과 굴곡시의 윤활 활동을 한다.
㉰ 로프 굴곡시에 유연성을 부여한다.
㉱ 로프의 경도를 낮게 해 준다.

7. 승강기의 주요 안전장치 중 과부하 감지장치의 용도가 아닌 것은?

㉮ 엘리베이터의 전기적 제어용
㉯ 군관리 제어용
㉰ 과 하중 경보용
㉱ 정전시 구출 운전용

8. 유압식 엘리베이터에서 유압장치의 보수, 점검, 수리 등을 할 때 주로 사용하는 장치는?

㉮ 스톱밸브　　㉯ 블리드오프　　㉰ 라인필터　　㉱ 스트레이너

해설 스톱(stop)밸브: 유압파워 유니트에서 실린더로 통하는 배관 도중에 설치되는 수동조작밸브이다. 이 밸브를 닫으면 실린더의 오일이 파워유니트로 역류하는 것을 방지한다. 이 밸브는 유압장치의 보수, 점검, 수리시에 사용되는데 게이트 밸브(gate valve)라고도 한다.

9. 교류 2단 속도제어 방식에서 크리프 시간이란 무엇인가?

㉮ 저속 주행시간
㉯ 고속 주행시간
㉰ 속도 변환시간
㉱ 가속 및 감속시간

해설 교류 2단 속도제어: 2단 속도 모터(motor)를 사용하여 기동과 주행은 고속권선으로 행하고 감속시는 저속권선으로 감속하여 착상하는 방식이다. 이 방식은 교류 1단 속도제어에 비하여 착상이 우수한데, 주로 화물용(30m/min~60m/min)에 사용된다. 2단 속도 전동기의 속도비는 여러 가지 비율을 생각할 수 있지만 착상오차, 감속도, 감속시의 책(감속도의 변화율), 크리프(cleep) 시간(저속으로 주행하는 시간) 등을 고려해 4:1이 가장 많이 사용되고 있다.

10. 에스컬레이터가 하강방향으로 역회전되는 것을 방지하기 위한 안전장치는?

㉮ 구동체인 안전장치
㉯ 스텝체인 안전장치
㉰ 핸드레일 안전장치
㉱ 비상정지 스위치

해설 구동체인 안전장치(driving chain safety device): 체인이 늘어나거나 절단될 경우 즉시 에스컬레이터를 안전하게 정지시켜 사고를 예방하는 장치이다.

11. 승객용 엘리베이터에 있어서 카 바닥(Platform)과 카 틀(Car Frame)의 안전율은 얼마 이상으로 하여야 하는가?

㉮ 7.5　　㉯ 8.0　　㉰ 8.5　　㉱ 10

해설 승용 승강기(인화공용 승강기 포함)의 카는 안전율이 7.5 이상, 승용 승강기 이외의 승강기 카는 안전율이 6.0 이상이어야 한다.

12. 카 추락방지안전장치가 작동될 때 부하가 없거나 부하가 균일하게 분포된 카의 바닥은 정상적인 위치에서 몇 %를 초과하여 기울어지지 않아야 하는가?

㉮ 5　　㉯ 10　　㉰ 15　　㉱ 20

정답 7. ㉱　8. ㉮　9. ㉮　10. ㉮　11. ㉮　12. ㉮

13. 유압식 엘리베이터의 작동유 온도의 허용 범위는 몇 도(℃)인가?

㉮ -10 ~ 40   ㉯ 0 ~ 50   ㉰ 5 ~ 60   ㉱ 10 ~ 70

14. 장애인용 엘리베이터의 승장장 바닥과 승강기 바닥의 틈은 몇 cm이하인가?

㉮ 2.0   ㉯ 2.5   ㉰ 3.0   ㉱ 3.5

15. 로프식 엘리베이터에서 카 천장에 설치된 비상구출구의 작은쪽 변의 길이가 몇[m] 이상이어야 하는가?

㉮ 0.4   ㉯ 0.5   ㉰ 0.6   ㉱ 0.7

해설 비상구 출구의 크기는 0.4×0.5m 이상이어야 한다.

16. 승강장 도어가 레일 끝을 이탈(over run)하는 것을 방지하기 위해 설치하는 것은?

㉮ 보호판   ㉯ 행거레일   ㉰ 스톱퍼   ㉱ 행거롤러

17. 유도전동기에 인가되는 전압과 주파수를 동시에 변환시켜 직류전동기와 동등한 제어 성능을 얻을 수 있는 방식은?

㉮ 인버터 제어   ㉯ 교류 일반 속도제어
㉰ 교류 귀환 전압제어   ㉱ 워드 레오나드 제어

18. 트랙션 방식 엘리베이터의 주 로프 가닥수는 몇 가닥 이상인가?

㉮ 1가닥   ㉯ 2가닥   ㉰ 3가닥   ㉱ 4가닥

19. 정격속도 60m/min, 적재하중 700kg, 오버밸런스율 40%, 전체효율 0.9인 엘리베이터의 용량은?

㉮ 약 4.6kw   ㉯ 약 5.2kw   ㉰ 약 6.1kw   ㉱ 약 7.1kw

해설 $P = \dfrac{MVS}{6120 \times \eta} = \dfrac{700 \times 60 \times (1-0.4)}{6120 \times 0.9} ≒ 4.6 \text{kw}$

20. 다음은 승강기 로프에 관한 설명이다. 옳지 않은 것은?

㉮ 2본 이상의 와이어 로프를 사용해야 한다.
㉯ 로프의 3본 이상은 안전율이 12이상이다.
㉰ 권상기 시브의 회전력을 카에 전달하는 중요한 부품이다.
㉱ 공칭직경이 40mm 이상이어야 한다.

해설 공칭직경은 8mm 이상이어야 한다.

정답 13. ㉰   14. ㉰   15. ㉮   16. ㉰   17. ㉮   18. ㉯   19. ㉮   20. ㉱

(승강기 설계)

21. 전기식 엘리베이터에서 권상로프의 지름이 12mm인 것을 4본 사용할 경우 권상도르래의 최소지름은 몇 mm인가?

㉮ 400 ㉯ 480 ㉰ 560 ㉱ 640

해설 D=12mm×40배=480mm
※ 시브 직경은 주로프 직경의 40배 이상 되어야 한다.

22. 유압엘리베이터의 릴리프밸브에 대한 설명 중 옳은 것은?

㉮ 일정한 유량을 흐르게 해주는 밸브이다.
㉯ 압력조정밸브의 일종으로 유압회로 내의 압력이 이상 상승하는 것을 방지하는 밸브이다.
㉰ 한쪽 방향으로만 흐름을 허용하는 밸브이다.
㉱ 어느 쪽이든 흐름을 막아주는 밸브이다.

해설 안전밸브(relief valve): 일종의 압력조정 밸브인데 회로의 압력이 설정값에 도달하면 밸브를 열어 오일을 탱크로 돌려보냄으로써 압력이 과도하게 상승(상용압력의 125%에 설정)하는 것을 방지한다.

23. 기계실의 조도는 기기가 배치된 바닥면에서 몇[Lux] 이상이어야 하는가?

㉮ 30 ㉯ 50 ㉰ 100 ㉱ 200

24. 에스컬레이터의 디딤판이 들려지는 상태에서의 운행이탈을 감지하는 스텝주행 안전 스위치의 설치장소로 가장 적절한 것은?

㉮ 상부의 우측에만 설치   ㉯ 상하부의 좌우측 모두 설치
㉰ 하부의 좌측에만 설치   ㉱ 상하부의 좌측에만 설치

25. 동기속도가 1500rpm, 전부하 회전수가 1410rpm인 전동기의 슬립(%)은?

㉮ 5 ㉯ 6 ㉰ 10 ㉱ 12

해설 $S = \dfrac{N_s - N}{N_s} \times 100 = \dfrac{1500 - 1410}{1500} \times 100 = 6\%$

26. 가이드 레일의 강도 계산시 고려되지 않는 것은?

㉮ 가이드 레일의 단면 계수   ㉯ 가이드 레일 단면의 조도
㉰ 레일 브래킷의 설치 간격   ㉱ 카의 총 중량

27. 교류엘리베이터 변압기 설계기준으로서 가속전류에 대한 전압강하율(%)은?

㉮ 22 ㉯ 15 ㉰ 10 ㉱ 6

정답 21. ㉯ 22. ㉯ 23. ㉱ 24. ㉯ 25. ㉯ 26. ㉯ 27. ㉱

28. 엘리베이터 카 틀 및 카 바닥의 설계에 관하여 틀린 것은?

㉮ 카 바닥과 카 틀의 구조부재의 경사진 플랜지에 사용되는 너트는 스프링 와셔에 얹혀야 한다.
㉯ 현수도르래가 복수인 경우 도르래사이의 로프로 인하여 발생되는 압축력을 고려하여야 한다.
㉰ 카 틀의 부재와 카 바닥사이의 연결부위는 리벳이나 볼트로 체결 또는 용접을 한다.
㉱ 인장, 비틀림, 휨을 받는 부품에는 주철은 사용하지 않아야 한다.

29. 엘리베이터 설비계획 상 주요 고려 사항이 아닌 것은?

㉮ 교통량 계산결과 그 빌딩의 교통수요에 적합한 충분한 대수일 것
㉯ 이용자의 대기시간이 건물용도에 적합한 허용치 이하가 되도록 고려할 것
㉰ 초고층 빌딩의 경우 서비스 층의 분할보다는 엘리베이터의 속도를 우선 고려할 것
㉱ 여러 대의 승강기를 설치할 경우 가능한 건물 가운데로 배치할 것

[해설] 설비 계획상의 요건
① 교통량을 계산하여 그 빌딩의 수요에 적합하여야 한다.
② 여러 대를 설치 시 건물 중심으로 배치한다.
③ 이용자의 대기 시간이 정확하도록 한다.
④ 군관리 운전시 서비스층은 최상층과 최하층을 일치시킨다.
⑤ 초고층 빌딩의 경우 서비스층의 분할을 고려한다.
⑥ 교통 수요에 따라 시발층을 어느 하나의 층으로 한다.

30. 가이드레일의 허용응력은 원칙적으로 얼마인가?

㉮ 2200kg/cm^2 ㉯ 2300kg/cm^2 ㉰ 2400kg/cm^2 ㉱ 2500kg/cm^2

31. 가이드레일의 규격을 결정하는 데 관계가 없는 것은?

㉮ 정격속도
㉯ 불균형한 큰 하중이 적재되었을 때 회전모멘트
㉰ 추락방지안전장치가 작동했을 때 좌굴하중
㉱ 지진 발생시 건물의 수평진동력

[해설] 정격속도는 가이드레일의 규격을 결정하는 데 관계가 없다.

32. 승용 승강기의 카 바닥 끝단과 승강로 벽과의 수평거리는 몇 mm 이하이어야 하는가?

㉮ 100mm 이하 ㉯ 125mm 이하 ㉰ 150mm 이하 ㉱ 165mm 이하

33. 다음의 각층 정지운전에 관한 설명 중 맞지 않는 것은?

㉮ 방범을 목적으로 주택 등에서 실시한다.
㉯ 각층이 정지 스위치를 기동(ON)시키면 각층을 정지하면서 목적층까지 운행한다.
㉰ 주로 야간에 실시한다.
㉱ 엘리베이터의 수명을 길게 하기 위하여 실시한다.

[해설] 엘리베이터의 수명을 길게 하기 위함은 아니다.

정답 28. ㉮ 29. ㉰ 30. ㉰ 31. ㉮ 32. ㉰ 33. ㉱

34. 자동도어에 이물질이 끼거나 도어 측면에 충돌 시 보호하는 장치로 맞지 않는 것은?

㉮ 광전장치　　㉯ 도어 클로저　　㉰ 초음파장치　　㉱ 세이프티 슈

해설 도어 클로저(door closer): 승장 도어가 열려 있을시 자동으로 닫히게 하는 장치

35. 다음 각 부재에 작용하는 하중의 종류를 연결한 것 중 옳은 것은?

㉮ 상부체대 - 굽힘력
㉯ 하부체대 - 전단력
㉰ 카바닥 - 비틀림
㉱ 카주 - 비틀림

해설 • 상부체대－굽힘력　• 하부체대－굽힘력　• 카바닥－굽힘력　• 카주－굽힘력·장력

36. 엘리베이터 기계실에 설치하지 않아도 되는 것은?

㉮ 시건장치　　㉯ 조명설비　　㉰ 환기장치　　㉱ 방음설비

37. 한 건물에 정격속도 30m/min인 에스컬레이터 1200형 1대, 800형 2대가 설치되어 있다. 시간당 총 수송능력은?

㉮ 15000명/시간　　㉯ 21000명/시간　　㉰ 24000명/시간　　㉱ 30000명/시간

해설 800형은 6000명/시간, 1200형은 9000명/시간 이므로
6000명×2대+9000명×1대=21000명/시간

38. 시브의 지름을 주로프 지름의 40배 이상으로 하는데, 그 이유는 무엇인가?

㉮ 시브의 수명을 짧게 하기 위하여
㉯ 로프의 수명을 길게 하기 위하여
㉰ 시브의 홈에서 로프의 탈선을 방지하기 위하여
㉱ 시브와 로프의 슬립 방지를 위하여

39. 다음에서 과속조절기의 종류가 아닌 것은?

㉮ 디스크 형　　㉯ 플라이 볼 형　　㉰ 롤 세이프티 형　　㉱ 세이프티 디바이스 형

해설 과속조절기에는 디스크 형, 플라이 볼 형, 롤 세이프티 형이 있다. 세이프 디바이스 형은 추락방지안전장치이다.

40. 비상용 엘리베이터의 구조를 설명한 것 중 틀린 것은?

㉮ 기계실은 전용승강로 이외의 부분과 방화구획이 되어 있어야 한다.
㉯ 카 내에는 중앙관리실 또는 경비실 등과 항상 연락할 수 있는 통화장치를 설치하여야 한다.
㉰ 엘리베이터의 운행속도는 90m/min 이상으로 하여야 한다.
㉱ 카는 반드시 모든 승강장의 출입구마다 정지할 수 있어야 한다.

해설 엘리베이터의 운행속도는 60m/min이상으로 하여야 한다.

정답 34. ㉯　35. ㉮　36. ㉱　37. ㉯　38. ㉯　39. ㉱　40. ㉰

(일반 기계공학)

41. 다이얼 게이지로 측정하는 것이 가장 적합한 것은?

㉮ 캠 축의 휨　　㉯ 나사의 피치　　㉰ 피스톤의 외경　　㉱ 피스톤과 실린더의 간극

해설 다이얼 게이지는 기어 장치로 미소한 변위를 확대하여 정밀 측정하는 계기다.

42. 다음 중 선반의 4대 주요 구성 부분에 속하지 않은 것은?

㉮ 심압대　　㉯ 주축대　　㉰ 바이트　　㉱ 왕복대

해설 선반의 주요 구성 요소는 베드, 주축대, 왕복대, 이송장치이다.

43. 표준 스퍼 기어에서 기어의 잇수가 25개, 피치원의 지름이 75mm일 때 모듈은 얼마인가?

㉮ 3　　㉯ 4　　㉰ 5　　㉱ 6

해설 $m = \dfrac{D}{Z} = \dfrac{75}{25} = 3$

44. 구리의 일반적인 성질에 관한 설명으로 옳지 않은 것은?

㉮ 전기 및 전도도가 높다.
㉯ 용융점 이외는 변태점이 없다.
㉰ 연하고 전연성이 커서 가공하기 어렵다.
㉱ 철강재료에 비하여 내식성이 커서 공기 중에서는 거의 부식되지 않는다.

해설 구리는 전기전도도와 열전도도가 크다.

45. 주로 굽힘 작용을 받으면서 회전력은 거의 전달하지 않는 축으로 가장 적당한 것은?

㉮ 차축　　㉯ 프로펠러 샤프트　　㉰ 기어축　　㉱ 공작기계의 주축

46. 드릴링 머신의 안전에 관한 설명으로 옳지 않은 것은?

㉮ 장갑을 끼고 작업하지 않는다.
㉯ 얇은 가공물은 손으로 잡고 드릴링 한다.
㉰ 구멍 뚫기가 끝날 무렵은 이송을 천천히 한다.
㉱ 얇은 판의 구멍 뚫기에는 보조 나무판을 사용하는 것이 좋다.

47. 암나사를 수기가공으로 작업을 할 때 사용되는 공구는?

㉮ 탭(tap)　　㉯ 리머(reamer)　　㉰ 다이스(dies)　　㉱ 스크레이퍼(scraper)

48. 길이 1m의 연강봉에 인장하중이 작용했을 때 봉이 0.5mm만큼 늘어났다면 인장변화율은 얼마인가?

정답 41. ㉮　42. ㉰　43. ㉮　44. ㉰　45. ㉮　46. ㉯　47. ㉮　48. ㉰

㉮ 0.05　　㉯ 0.005　　㉰ 0.0005　　㉱ 0.00005

해설　변형율$(\epsilon) = \dfrac{변형된길이(\lambda)}{처음길이(\ell)} = \dfrac{0.5}{1000} = 0.0005$

49. 다음 공작기계 중 척, 센터, 면판, 돌리개, 심봉, 방진구 등의 부속장치를 사용하는 것은?

㉮ 선반　　㉯ 플레이터　　㉰ 보링머신　　㉱ 밀링머신

50. 속이 빈 모양의 목형(木型)을 주형 내부에서 지지할 수 있도록 목형에 덧붙여 만든 돌출부를 무엇이라고 하는가?

㉮ 라운딩(rounding)　　㉯ 코어 프린트(core print)
㉰ 목형 기울기(draft taper)　　㉱ 보정 여유(compensation allowance)

51. 지름 8mm, 길이 500mm의 연강봉에 1,300kg의 하중이 걸렸을 때, 재료는 얼마나 늘어나는가? (단, 탄성계수=$2.1 \times 10^6 kg/cm^2$)

㉮ 0.58　　㉯ 0.058　　㉰ 0.62　　㉱ 0.062

해설　$\lambda = \dfrac{Wl}{AE} = \dfrac{1300 \times 50}{\dfrac{3.14}{4} \times 0.8^2 \times 2.1 \times 10^6} = 0.06160 cm$

52. 알루미늄 분말, 산화철 분말과 점화제의 혼합반응으로 열을 발생시켜 용접하는 방법은?

㉮ 테르밋 용접　　㉯ 일렉트로 슬래그 용접
㉰ 피복 아크 용접　　㉱ 불활성 가스 아크 용접

53. 펌프의 종류 중 회전 펌프의 일종인 것은?

㉮ 차동 펌프　　㉯ 단동 펌프　　㉰ 복동 펌프　　㉱ 기어 펌프

54. 와셔(washer)를 사용하는 일반적인 경우가 아닌 것은?

㉮ 내압력이 낮은 고무면의 경우
㉯ 너트에 맞지 않는 볼트일 경우
㉰ 볼트 구멍이 볼트의 호칭용 규격보다 클 경우
㉱ 너트와 볼트의 머리 접촉이 경사지거나 접촉면이 고르지 않은 경우

55. 분사펌프(jet pump)에 관한 설명으로 옳은 것은?

㉮ 일반펌프에 비하여 효율이 높다.　　㉯ 부식성 유체 등에는 사용할 수 없다.
㉰ 액체 분류로 유체를 수송할 수 없다.　　㉱ 구조에 있어서의 동적부분이 없고 간단하다.

해설　분사펌프는 연료 분사에 쓰이는 펌프로서 동적부분이 없고 간단하다.

정답　49. ㉮　50. ㉯　51. ㉱　52. ㉮　53. ㉱　54. ㉯　55. ㉱

56. 운전 중 또는 정지 중에 축이음에 의한 회전력 전달을 자유롭게 단속할 수 있는 축 이음은 어떤 것인가?

㉮ 유니버셜 조인트   ㉯ 브레이크   ㉰ 클러치   ㉱ 스핀들

57. 각도측정기로 사용되는 사인바는 일정 각도 이상을 측정하면 오차가 커지는데, 따라서 일반적으로 몇도 이하에서 사용하는 것이 좋은가?

㉮ 30°   ㉯ 45°   ㉰ 60°   ㉱ 75°

58. 엘리베이터(elevator)의 로프와 같이 하중의 크기와 방향이 일정하게 되풀이 작용하는 하중은?

㉮ 집중하중   ㉯ 분포하중   ㉰ 반복하중   ㉱ 충격하중

해설
- **집중하중**: 하중이 재료의 한 점에 집중하여 작용하는 하중
- **분포하중**: 물체의 전체면 또는 어느 부분에 넓게 적용하는 하중
- **반복하중**: 같은 방향으로 반복해 작용하는 하중
- **충격하중**: 순간적으로 격하게 작용하는 하중

59. 아크 용접에서 언더 컷(under cut)은 다음 조건에서 가장 많이 나타나는가?

㉮ 고전압, 고용접속도
㉯ 전류부족, 저 용접속도
㉰ 고 용접속도, 전류과대
㉱ 저 용접속도, 전류과대

해설 언더컷은 용접끝단에 생기는 작은 홈을 말한다. 언더컷은 고용접 속도, 전류 과대시 발생한다.

60. 소성가공법에서 열간 가공의 특징이 아닌 것은?

㉮ 가공면이 아름답고 정밀한 형상의 가공면을 얻는다.
㉯ 재결정온도 이상으로 가열하므로 가공이 쉽다.
㉰ 거친 가공이 적합하다.
㉱ 표면이 가열되어 있어 산화로 인해 정밀 가공이 어렵다.

해설 가공면이 아름답고 정밀한 형상의 가공면을 얻는 것은 냉간가공이다.

(전기제어 공학)

61. R-L직렬회로에 100V의 교류전압을 가했을 때 저항에 걸리는 전압이 80V이었다면 인덕턴스에 유기되는 접압은 몇 V인가?

㉮ 20   ㉯ 40   ㉰ 60   ㉱ 80

해설 $V = \sqrt{V_R^2 + V_L^2}\ (V)$에서
$V^2 = V_R^2 + V_L^2,\ V_L^2 = V^2 - V_R^2,\ V_L = \sqrt{V^2 - V_R^2} = \sqrt{100^2 - 80^2} = 60(V)$

정답 56. ㉰   57. ㉯   58. ㉰   59. ㉰   60. ㉮   61. ㉰

62. 단상 전파전류로 직류전압 48V를 얻으려면 변압기 2차권선의 상전압 E는 약 몇 V인가?(단, 부하는 무유도저항이고, 정류회로 및 변압기에서의 전압강하는 무시한다)

㉮ 43　　　㉯ 53　　　㉰ 58　　　㉱ 65

해설 $E_d = 0.90E(V)$ 에서 $E = \dfrac{E_d}{0.90} = \dfrac{48}{0.90} \fallingdotseq 53(V)$

[참고] • 단상 전파 정류회로　$E_d = 0.90E(V)$　　• 단상 반파 정류회로　$E_d = 0.45E(V)$

63. 어떤 제어계의 임펄스 응답이 $\sin wt$일 때의 계의 전달함수는?

㉮ $\dfrac{w}{s+w}$　　㉯ $\dfrac{s}{s+w^2}$　　㉰ $\dfrac{w}{s^2+w^2}$　　㉱ $\dfrac{s}{s^2+w^2}$

해설 • $\sin wt : \dfrac{w}{s^2+w^2}$　• $\cos wt : \dfrac{s}{s^2+w^2}$

64. $2[\Omega]$의 저항 10개를 직렬로 연결한 경우, 병렬로 연결한 경우의 합성저항의 크기는 몇 배인가?

㉮ 150　　　㉯ 100　　　㉰ 50　　　㉱ 10

해설 • 직렬연결 $R_0 = nR = 10 \times 2 = 20[\Omega]$　• 병렬연결 $R_p = \dfrac{R}{n} = \dfrac{2}{10} = 0.2[\Omega]$

∴ $\dfrac{직렬연결}{병렬연결} = \dfrac{20}{0.2} = 100$배

65. 피드백 제어시스템의 피드백 효과로 옳지 않은 것은?

㉮ 대역폭 증가　　　　　　㉯ 정확도 개선
㉰ 시스템 간소화 및 비용 감소　㉱ 외부 조건의 변화에 대한 영향 감소

66. 피드백 제어에서 반드시 필요한 장치는?

㉮ 안정도를 좋게 하는 장치　　㉯ 대역폭을 감소시키는 장치
㉰ 응답속도를 빠르게 하는 장치　㉱ 입력과 출력을 비교하는 장치

67. 주파수 응답에 필요한 입력은?

㉮ 계단 입력　㉯ 램프 입력　㉰ 임펄스 입력　㉱ 정현파 입력

68. RLC 병렬회로에서 용량성 회로가 되기 위한 조건은?

㉮ $X_L = X_c$　㉯ $X_L > X_c$　㉰ $X_L < X_c$　㉱ $X_L + X_c = 0$

해설 ① RLC가 직렬회로일 때
• $X_L > X_c$: 유도성 회로　• $X_L < X_c$: 용량성 회로　• $X_L = X_c$: 공진 회로
② RLC가 병렬회로일 때
• $X_L > X_c$: 용량성 회로　• $X_L < X_c$: 유도성 회로　• $X_L = X_c$: 공진 회로

정답 62. ㉯　63. ㉰　64. ㉯　65. ㉰　66. ㉱　67. ㉱　68. ㉯

69. 운전자가 배치되어 있지 않는 엘리베이터의 자동제어는?

㉮ 추종제어　　㉯ 프로그램제어　　㉰ 정치제어　　㉱ 프로세스제어

해설
- **추종제어**: 미지의 시간적 변화를 하는 목표값이 제어량을 추종시키기 위한 제어(예: 대공포의 포신)
- **프로그램 제어**: 목표값이 미리 정해진 시간적 변화를 하는 경우 제어량을 그것에 추종시키기 위한 제어 (예: 열차·산업로보트의 무인운전)
- **정치제어**: 일정한 목표값을 유지하는 것(예: 연속식 압연기)
- **프로세스 제어**: 제어량이 온도, 압력, 유량, 액면 등과 같은 일반 공업량일 때의 제어(예: 화학공업)

70. 다음 ( )에 들어갈 내용으로 알맞은 것은?

> "같은 전지 n개를 병렬로 접속하면 기전력은 (①)배, 전류용량은 (②)배, 내부저항은 (③)배이다."

㉮ ① : 1, ② : 1, ③ : 1　　　㉯ ① : 1, ② : n, ③ : n

㉰ ① : 1, ② : n, ③ : $\dfrac{1}{n}$　　　㉱ ① : n, ② : n, ③ : $\dfrac{1}{n}$

71. 그림과 같은 논리회로에서 출력 Y는?

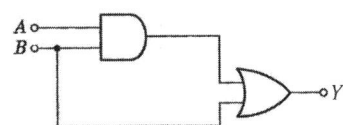

㉮ $Y = AB + A$　　㉯ $Y = AB + B$　　㉰ $Y = AB$　　㉱ $Y = A + B$

해설 ① AND회로

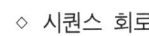

◇ 시퀀스 회로　　◇ 논리 회로　　◇ 논리식　　◇ 진리표

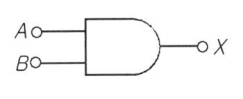

$X = A \cdot B$

입력		출력
A	B	X
0	0	0
0	1	0
1	0	0
1	1	1

② OR 회로

◇ 시퀀스 회로　　◇ 논리 회로　　◇ 논리식　　◇ 진리표

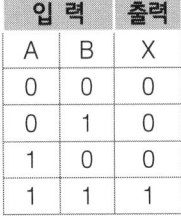

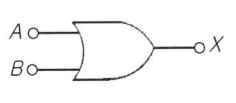

$X = A + B$

입력		출력
A	B	X
0	0	0
0	1	1
1	0	1
1	1	1

정답 69. ㉯　70. ㉰　71. ㉯

72. 논리식 $\overline{x+y}$ 와 같은 식은?

㉮ $\overline{x} \cdot \overline{y}$　㉯ $x + \overline{y}$　㉰ $\overline{x \cdot y}$　㉱ $\overline{x} + y$

해설 • $\overline{(x+y)} = \overline{x} \cdot \overline{y}$　• $\overline{(x \cdot y)} = \overline{x} + \overline{y}$

73. 그림과 같은 신호 흐름 선도에서 전달 함수 $\dfrac{C(s)}{R(s)}$는?

㉮ $-\dfrac{8}{9}$　㉯ $\dfrac{4}{5}$

㉰ $-\dfrac{105}{77}$　㉱ $-\dfrac{105}{78}$

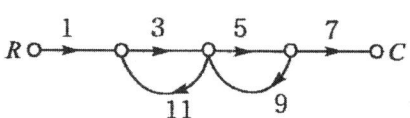

해설 $G_1 = 1 \cdot 3 \cdot 5 \cdot 7 = 105$, $\Delta_1 = 1$, $L_{11} = 3 \cdot 11 = 33$, $L_{21} = 5 \cdot 9 = 45$
$\Delta = 1 - (L_{11} + L_{21}) = 1 - (33 + 45) = -77$
$\therefore G = \dfrac{C}{R} = \dfrac{G_1 \Delta_1}{\Delta} = \dfrac{105}{-77} = -\dfrac{105}{77}$

74. 그림과 같은 피드백 제어계의 폐루프 전달 함수는?

㉮ $\dfrac{G(s)}{1+R(s)}$　㉯ $\dfrac{G(s)}{1+G(s)}$

㉰ $\dfrac{R(s)C(s)}{1+G(s)}$　㉱ $\dfrac{C(s)}{1+R(s)}$

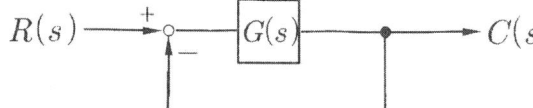

해설

블록선도	전달함수
$R(S) \to G_1 \to G_2 \to C(S)$	$G = \dfrac{C(s)}{R(s)} = G_1 G_2$
$R(S) \to +/- \to G \to C(S)$ (피드백)	$G = \dfrac{C(s)}{R(s)} = \dfrac{G}{1+G}$
$R(S) \to G_1 \to +/+ \to C(S)$, G_2 피드백	$G = \dfrac{C(s)}{R(s)} = \dfrac{G_1}{1-G_2}$
$R(S) \to +/- \to G_1 \to C(S)$, G_2 피드백	$G = \dfrac{C(s)}{R(s)} = \dfrac{G_1}{1+G_1 G_2}$

정답 72. ㉮　73. ㉰　74. ㉯

75. 저항 8[Ω]과 용량 리액턴스 6[Ω]이 직렬로 접속된 회로에 200[V]의 전압을 가했을 때 흐르는 전류는 몇 [A]인가?

㉮ 30 ㉯ 20 ㉰ 10 ㉱ 5

해설 $I = \dfrac{V}{Z} = \dfrac{V}{\sqrt{R^2 + X_c^2}} = \dfrac{200}{\sqrt{8^2 + 6^2}} = 20[A]$

76. 감은 회수 30회의 코일과 쇄교하는 자속이 0.2sec 동안에 0.2Wb에서 0.15Wb로 변화하였을 때 기전력의 크기를 구하라.

㉮ 11.5V ㉯ 9.5V ㉰ 7.5V ㉱ 4.2V

해설 $e = N\dfrac{\Delta \phi}{\Delta t} = 30 \times \dfrac{0.2 - 0.15}{0.2} = 7.5\,V$

77. 다음에서 발전기에 적용되는 법칙은?

㉮ 플레밍의 오른손 법칙 ㉯ 플레밍의 왼손 법칙
㉰ 패러데이의 법칙 ㉱ 암페어의 오른나사 법칙

해설 • 발전기: 플레밍의 오른손 법칙 적용   • 전동기: 플레밍의 왼손 법칙 적용

78. 제어 결과로 사이클링과 옵셋을 발생시키는 동작은?

㉮ ON-OFF동작 ㉯ P동작 ㉰ I동작 ㉱ PI동작

79. 피드백 제어계의 구성요소 중 제어동작 신호를 받아 조작량으로 바꾸는 역할을 하는 것은?

㉮ 설정부 ㉯ 비교부 ㉰ 조작부 ㉱ 검출부

80. 다음 회로에서 합성 정전용량(μF)은?

㉮ 1.1 ㉯ 2.0
㉰ 2.4 ㉱ 3.0

해설 $C = \dfrac{3 \cdot 6}{3+6} = \dfrac{18}{9} = 2\mu F$

[참고] ① 직렬 접속시 합성 정전용량: 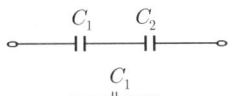 $C_{ab} = \dfrac{C_1 \cdot C_2}{C_1 + C_2}$

② 병렬 접속시 합성 정전용량: 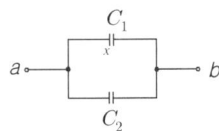 $C_{ab} = C_1 + C_2$

정답 75. ㉯ 76. ㉰ 77. ㉮ 78. ㉮ 79. ㉰ 80. ㉯

승강기 산업기사 기출문제 (2018. 9. 15)

(승강기 개론)

1. 슬랙로프 추락방지안전장치에 대한 설명으로 옳은 것은?

㉮ 점진식 추락방지안전장치의 일종이다.
㉯ 대용량 엘리베이터에 주로 사용된다.
㉰ 과속조절기 동작과 연계되어 작동한다.
㉱ 저속 엘리베이터에 주로 사용된다.

해설 슬랙로프 추락방지안전장치: 로프 장력이 없어져 늘어질 때 바로 운전회로를 차단하고 추락방지안전장치를 작동시키는 방식이다. 과속조절기를 설치할 필요가 없는 방식으로 소형 엘리베이터 그리고 저속 엘리베이터에 사용된다.

2. 다음 설명 중 틀린 것은?

㉮ 엘리베이터는 수직 교통수단이다.
㉯ 에스컬레이터란 오티스회사의 등록상표이었다.
㉰ 팬터그래프식은 유압식 엘리베이터로 볼 수 없다.
㉱ 엘리베이터의 발달과정은 기원전 236년 아르키메데스의 드럼식 권상기계가 최초라 할 수 있다.

해설 유압 엘리베이터의 종류: ① 직접식 ② 간접식 ③ 팬터그래프식

3. 유입 완충기의 적용중량을 올바르게 나타낸 것은?

㉮ 최소 적용중량 = 카자중
㉯ 최대 적용중량 = 카자중 + 적재하중
㉰ 최소 적용중량 = 카자중 + 85
㉱ 최대 적용중량 = 카자중 + 적재하중 + 65

해설 ① 카 완충기 최대 적용중량 = 카 자중 + 적재하중 ② 카 완충기 최소 적용중량 = 카 자중 + 65

4. 유압식 엘리베이터에서 체인은 최소 몇 가닥 이상이어야 하는가?

㉮ 1   ㉯ 2   ㉰ 3   ㉱ 4

5. 로프식 엘리베이터의 트랙션 능력을 산정할 때 고려할 요소가 아닌 것은?

㉮ 와이어로프의 권부각
㉯ 카의 가속도 및 감속도
㉰ 레일의 진직도
㉱ 카 측과 균형추 측의 장력비

해설 레일의 진직도는 트랙션 능력 산정시 고려요소 사항이 아니다.

6. 속도에 의한 분류 중 옳지 않은 것은?

정답 1. ㉱ 2. ㉰ 3. ㉯ 4. ㉯ 5. ㉰ 6. ㉱

㉮ 360m/min – 초고속 ㉯ 240m/min – 고속
㉰ 105m/min – 중속   ㉱ 60m/min – 저속

해설 • 저속: 45m/min 이하 • 중속: 60~105m/min
• 고속: 120~300m/min • 초고속: 360m/min 이상

7. 정전 시에 카 내 예비조명장치가 필요 없는 엘리베이터의 종류에 속하는 것은?

㉮ 승객용 엘리베이터   ㉯ 비상용 엘리베이터
㉰ 전망용 엘리베이터   ㉱ 자동차용 엘리베이터

해설 자동차용 엘리베이터는 정전 시 카 내 예비조명 장치가 필요 없다.

8. 그림과 같은 속도제어 회로도에서 ①, ②, ③에 해당되는 것은?

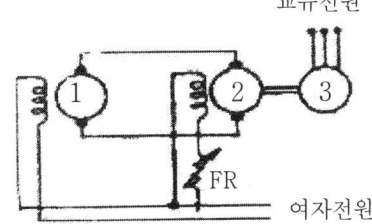

㉮ ① 검출발전기, ② 직류전동기, ③ 유도전동기   ㉯ ① 검출발전기, ② 직류발전기, ③ 유도전동기
㉰ ① 직류발전기, ② 유도발전기, ③ 유도전동기   ㉱ ① 직류전동기, ② 직류발전기, ③ 유도전동기

해설 워드 레오나드 방식: 직류발전기의 출력단을 직접 직류전동기 전기자에 연결시키고, 발전기의 계자 전류를 조정하여 발전전압을 엘리베이터 속도에 대응하여 연속적으로 공급시키는 방식

9. 유압식 승강기의 종류에 속하지 않는 것은?

㉮ 직접식   ㉯ 간접식   ㉰ 팬터그래프식   ㉱ 스크류식

해설 유압식 승강기의 종류: ① 직접식 ② 간접식 ③ 팬터그래프식

10. 정격속도가 240m/min인 엘리베이터의 과속조절기 과속스위치의 작동속도(m/min)는 얼마 이상인가?

㉮ 250   ㉯ 262   ㉰ 276   ㉱ 285

해설 $V = 240 \times 1.15 = 276 \text{m/min}$

11. 다음 중 로프식 일반승객용 엘리베이터의 주로프로 가장 많이 사용 되고 있는 와이어로프는?

㉮ 8×S(19), E종, 보통 Z꼬임   ㉯ 8×F(19), E종, 보통 S꼬임
㉰ 8×WS(25), E종, 보통 S꼬임   ㉱ 8×ES(25), E종, 보통 Z꼬임

정답 7. ㉱ 8. ㉱ 9. ㉱ 10. ㉰ 11. ㉮

[해설] 로프식 일반 승객용 엘리베이터의 주로프로 사용되는 와이어로프는 보통 Z꼬임으로 실형 19개선 8꼬임 8×S(19)을 사용한다. 와이어로프의 구성에 따른 분류에는 실형, 필러형, 워링톤형이 있다.

12. 유압식 엘리베이터에서 고무호스의 안전률은 얼마인가?

㉮ 4 이상   ㉯ 6 이상   ㉰ 8 이상   ㉱ 10 이상

[해설] • 가요성 호스: 8 이상   • 고무호스: 10 이상

13. 전망용 엘리베이터의 카에 사용할 수 있는 유리가 아닌 것은?

㉮ 망유리   ㉯ 강화유리   ㉰ 접합유리   ㉱ 복층유리

[해설] 전망용 엘리베이터의 카에는 복층유리(2장의 접합유리 사이에 공기층을 둔 유리)를 사용하지 않는다.

14. 급제동시나 지진, 기타의 진동에 의해 주로프가 벗겨질 우려가 있는 경우에는 도르래에 로프 이탈방지장치 등을 설치하여야 한다. 다음 중 설치하지 않아도 되는 도르래는?

㉮ 주 도르래   ㉯ 로프텐션 도르래
㉰ 기계실 고정도르래   ㉱ 카 상부 고정도르래

15. 카가 충돌하는 것을 방지하기 위하여 최상, 최하층의 감속 정지할 수 있는 거리에 설치하는 안전장치는?

㉮ 콘트롤스위치   ㉯ 인터록스위치
㉰ 벨스위치   ㉱ 리미트스위치

[해설] 리미트 스위치: 엘리베이터가 운행 시 최상·최하층을 지나치지 않도록 하는 장치로서, 카를 감속제어하여 정지시킬 수 있도록 한다.

16. 스텝폭이 1200mm인 에스컬레이터의 층고가 5100mm인 경우 적재하중은 약 몇 kg인가?

㉮ 2200   ㉯ 2440   ㉰ 2750   ㉱ 2860

[해설] $G = 270\sqrt{3}\,WH = 270\sqrt{3} \times 1.2 \times 5.1 = 2860\,(kg)$

17. 엘리베이터의 카 속도가 정격속도보다 빠를 때 제일 먼저 작동되는 안전장치는?

㉮ 과속조절기 로프   ㉯ 리미트 스위치
㉰ 과속조절기 로프캐치   ㉱ 과속조절기 과속스위치

[해설] 과속조절기는 카와 같은 속도로 움직이는 과속조절기 로프에 의해 회전되어 항상 카의 속도를 감지하여 그 속도를 검출하는 장치이다. 카 추락방지안전장치의 작동을 위한 과속조절기는 정격속도의 115% 이상 시 작동된다.

18. 도르래의 마모량을 줄이기 위한 방법이 아닌 것은?

[정답] 12. ㉱   13. ㉱   14. ㉰   15. ㉱   16. ㉱   17. ㉱   18. ㉯

㉮ 슬립거리를 줄인다.
㉯ 접촉압력을 줄이고 경도를 낮춘다.
㉰ 재질을 구상흑연주철을 사용할 수 있도록 한다.
㉱ 동일 시브에 동일한 제조로트를 사용하고 한 개의 로프가 불량시 다른 로프도 교체하여야 한다.

해설 도르래의 마모량을 줄이기 위해 접촉 압력을 줄이면 도르래에서 로프가 미끄러지기 쉽다. 또는 경도를 낮추면 안 된다. 접촉 압력은 적당해야 하는데, 주도 언더컷 홈(U홈< 언더컷 홈< V홈)을 사용한다.

19. 수행보행기의 경사도는 몇 도[°] 이하이어야 하는가?

㉮ 5   ㉯ 10   ㉰ 12   ㉱ 15

해설 무빙워크(Moving Walk)는 경사도가 12° 이하이어야 하며 정격속도는 0.75(m/s) 이하이어야 한다.

20. 아래의 주차장치 중 평균 입출고시간이 가장 빠른 것은?

㉮ 평면왕복식   ㉯ 수직순환식   ㉰ 승강기식   ㉱ 다단방식

해설
- 평면 왕복식: 각 층에 평면으로 배치되어 있는 고정된 주차구획에 운반기에 의하여 자동차를 운반 이동하여 주차하도록 설계한 주차장치
- 수직 순환식: 주차구획에 자동차를 들어가도록 한 후, 그 주차구획을 수직으로 순환 이동하여 자동차를 주차하도록 설계한 주차장치
- 승강기식: 여러 층으로 배치되어 있는 고정된 주차구획에 상하로 이동할 수 있는 운반기에 의해 자동차를 운반 이동하여 주차하도록 설계한 주차장치
- 다단방식: 주차실을 3단 이상으로 한 방식

(승강기 설계)

21. 다음 내용에서 ( ) 안에 기준으로 옳은 것은?

> 카의 의도되지 않은 움직임이 감지되는 경우 승강장으로부터 (ⓐ)이하, 승강장문 문턱과 카 에이프런의 가장 낮은 부분 사이의 수직거리는 (ⓑ)이하의 거리에서 카를 정지시켜야 한다.

㉮ ⓐ : 1.2m, ⓑ : 180mm   ㉯ ⓐ : 1.2m, ⓑ : 200mm
㉰ ⓐ : 1.4m, ⓑ : 180mm   ㉱ ⓐ : 1.4m, ⓑ : 200mm

22. 조명전원 인입선 굵기 계산식으로 옳은 것은? (단, A: 전원의 굵기(mm^2), R: 전선계수, L: 전선로의 길이(m), I_L: 한 대당 조명용 회로 전 전류(A), E: 조명용 전원전압(V), e: 허용 전압강하율(%), K: 전압강하계수, N: 전원을 공용하는 병렬설치 대수(대) 이다.)

㉮ $A \geq \dfrac{R \times L \times I_L}{1000 \times E \times e} \times N \times K$

㉯ $A \geq \dfrac{2R \times L \times I_L}{1000 \times E \times e} \times N \times K$

㉰ $A \geq \dfrac{R \times L \times I_L}{1000 \times E \times e \times R} \times N \times K$

㉱ $A \geq \dfrac{L \times I_L}{1000 \times E \times e \times R} \times N \times K$

정답 19. ㉰   20. ㉰   21. ㉯   22. ㉮

23. 파이널 리미트 스위치에 대한 설명으로 틀린 것은?

㉮ 파이널 리미트 스위치와 일반종단정지장치는 동시에 작동되어야 한다.
㉯ 파이널 리미트 스위치는 카(또는 균형추)가 완충기에 충돌하기 전에 작동되어야 한다.
㉰ 파이널 리미트 스위치의 작동 후에는 엘리베이터의 정상운행을 위해 자동으로 복귀되지 않아야 한다.
㉱ 파이널 리미트 스위치는 우발적인 작동의 위험 없이 가능한 최상층 및 최하층에 근접하여 작동하도록 설치되어야 한다.

해설 종단정지장치는 파이널 리미트 스위치 전에 설치한다. 종단층에 접근하는 속도가 규정속도를 초과시는 바로 브레이크를 작동시켜 카를 정지시킨다. 이때 2단 이상의 감속제어가 되어야 한다.

24. 베어링 메탈 재료의 구비조건이 아닌 것은?

㉮ 열전도가 잘 되어야 한다.
㉯ 축과의 마찰계수가 작아야 한다.
㉰ 축보다 단단한 강도를 가져야 한다.
㉱ 제작이 용이하고 내부식성이 있어야 한다.

해설 베어링 메탈 재료의 구비 조건: 축을 손상하지 않도록 축의 재료보다는 물러야 한다.

25. 균형추용 레일의 내진 설계 시 고려하여야 할 사항으로 적합하지 않은 것은?

㉮ 중간 빔을 설치한다. ㉯ 레일 브래킷의 간격을 줄인다.
㉰ 균형추에 중간 스톱퍼를 설치한다. ㉱ 균형추 쪽에 타이브래킷을 설치한다.

26. 직류 엘리베이터에서 가속전류에 대한 변압기의 허용 전압강하율은 최대 몇 % 이하이어야 하는가?

㉮ 2 ㉯ 4 ㉰ 6 ㉱ 8

27. 기계실의 구조에 대한 설명 중 틀린 것은?

㉮ 기계실의 실온은 +5℃에서 +40℃ 사이에서 유지되어야 한다.
㉯ 기계실은 당해 건축물의 다른 부분과 내화구조로 구획하고 기계실은 내장은 준불연재료 이상으로 마감되어야 한다.
㉰ 조명스위치는 쉽게 조명을 점멸할 수 있도록 기계실 출입문 가까이에 적절한 높이로 설치되어야 한다.
㉱ 출입문은 폭 0.6m 이상, 높이 2m 이상의 금속제 문이어야 하며 기계실 내부로 완전히 열리는 구조이어야 한다.

해설 기계실 출입문은 폭 0.7m 이상, 높이 1.8m 이상의 금속제 문이어야 하며, 기계실 외부로 완전히 열리는 구조이어야 한다.

28. 엘리베이터에 사용하는 완충기(Buffer)의 설치위치로 가장 적절한 것은?

㉮ 균형추의 주행로 하부 끝에만 설치한다. ㉯ 카 하부와 균형추의 주행로 하부 끝에 설치한다.
㉰ 카 하부와 균형추의 주행로 상부 끝에 설치한다. ㉱ 기계실 하부와 카 하부에 설치한다.

정답 23. ㉮ 24. ㉰ 25. ㉮ 26. ㉯ 27. ㉱ 28. ㉯

해설 완충기는 카 하부 끝과 주행로 하부 끝에 설치한다.

29. 와이어로프의 구조와 관계가 없는 것은?

㉮ 소선 ㉯ 심강 ㉰ 스트랜드 ㉱ 스트레이너

해설 와이어로프의 구조

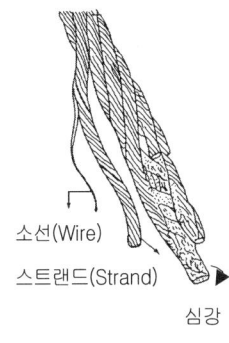

30. 가이드레일의 치수 결정에 관계가 가장 적은 것은?

㉮ 지진 ㉯ 가이드 슈 ㉰ 추락방지안전장치 ㉱ 하중의 적재방법

31. 엘리베이터 카틀 및 카 바닥의 설계에 관한 설명으로 틀린 것은?

㉮ 인장, 비틀림, 휨을 받는 부품에는 주철은 사용하지 않아야 한다.
㉯ 카틀의 부재와 카 바닥 사이의 연결부위는 리벳이나 볼트로 체결 또는 용접을 한다.
㉰ 카 바닥과 카틀의 구조부재의 경사진 플랜지에 사용되는 너트는 스프링 와셔에 얹혀야 한다.
㉱ 현수도르래가 복수인 경우 도르래 사이의 로프로 인하여 발생되는 압축력을 고려하여야 한다.

해설 카 바닥과 카틀의 구조부재 사이의 연결부위는 리벳이나 볼트로 체결 또는 용접을 한다.

32. 카 상부체대나, 균형추에 주로 사용하는 주로프 끝부분의 로프 단말처리 방식이 아닌 것은?

㉮ 로프 1가닥 마다 카 상부체대나, 균형추에 로프를 용접하는 방식
㉯ 로프 1가닥 마다 끝부분의 로프소켓에 바빗채움을 하는 방식
㉰ 로프 1가닥 마다 끝부분의 체결식 로프소켓에 체결하는 방식
㉱ 권동식이나 덤웨이터 등에 1가닥 마다 끝부분을 클램프로 고정하는 방식

해설 로프 1가닥 마다 카 상부체대나, 균형추에 로프를 로프소켓에 바빗채움 하여 체결한다.

33. 공급주파수가 60Hz이고 극수가 6극인 동기전동기의 회전수는 몇 rpm 인가?

㉮ 1200 ㉯ 1800 ㉰ 2400 ㉱ 3600

해설 $N_s = \dfrac{120f}{P} = \dfrac{120 \times 60}{6} = 1200 \text{(rpm)}$

정답 29. ㉱ 30. ㉯ 31. ㉰ 32. ㉮ 33. ㉮

34. 엘리베이터의 안전접점에 대한 설명으로 틀린 것은?

㉮ 회로차단장치의 확실한 분리에 의해 작동되어야 한다.
㉯ 전도체 재질이 마모되어도 접점의 단락이 발생되지 않아야 한다.
㉰ 피트 바닥 위로 1m 이내에 위치한 전기장치는 IP65로 보호되어야 한다.
㉱ 다수의 브레이크 접점의 경우 접점이 분리된 후 접점 사이의 거리는 2mm 이상이어야 한다.

해설 피트 바닥 위로 1m이내에 위치한 전기장치는 IP67로 보호되어야 한다.
※ IP는 국제전기기술위원회 방수, 방진을 말한다.

35. 그림과 같은 브레이크에서 브레이크 막대에 작용하는 힘 F는? (단, P : 브레이크 드럼과 브레이크 블록 사이의 압력(kg), μ : 브레이크 드럼과 브레이크 블록 사이의 마찰계수이다.)

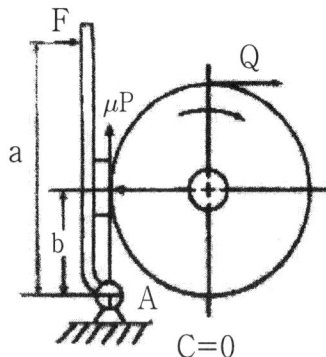

㉮ $F = \mu P \dfrac{b}{a}$

㉯ $F = \mu P \dfrac{a}{b}$

㉰ $F = P \dfrac{b}{a}$

㉱ $F = P \dfrac{a}{b}$

36. 유압식 엘리베이터에 있어서 작동유의 압력맥동을 흡수하여 진동·소음을 감소시키기 위하여 사용되는 것은?

㉮ 필터 ㉯ 스톱밸브 ㉰ 사이렌서 ㉱ 역류 제지밸브

해설 사이렌서: 자동차의 머플러와 같이 작동유의 압력맥동을 흡수하여 진동·소음을 감소시키는 역할을 한다.

37. 5분간 수송능력 280명, 5분간 전 교통 수요가 2800명일 경우 필요한 엘리베이터의 대수는?

㉮ 5 ㉯ 10 ㉰ 15 ㉱ 20

해설 $N = \dfrac{5분간\ 전\ 교통\ 수요}{1대당 5분간\ 수송능력} = \dfrac{2800}{280} = 10$대

38. 일반적인 승객용 엘리베이터의 카에 대한 설명으로 틀린 것은?

㉮ 카 출입구의 유효 높이는 2m 이상이어야 한다.
㉯ 카 내부의 유효 높이는 2.5m 이상이어야 한다.
㉰ 카의 벽, 바닥 및 지붕은 불연재료로 만들거나 씌워야한다.
㉱ 카의 벽, 바닥 및 지붕은 충분한 기계적 강도를 가져야 한다.

정답 34. ㉰ 35. ㉰ 36. ㉰ 37. ㉯ 38. ㉯

[해설] 카 내부의 유효 높이는 2.0m 이상이어야 한다.

39. 그림은 전동기제어회로의 일부이다. A, B, C 스위치 동작으로 옳은 것은? (단, A, B, C는 스위치, X는 전동기를 운전하는 계전기이다.)

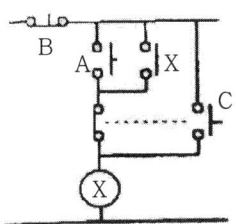

㉮ A: 전동기 기동(운전), B: 전동기 정지, C: 전동기 촌동운전
㉯ A: 전동기 기동(운전), B: 전동기 촌동운전, C: 전동기 정지
㉰ A: 전동기 촌동운전, B: 전동기 기동(운전), C: 전동기 정지
㉱ A: 전동기 촌동운전, B: 전동기 정지, C: 전동기 기동(운전)

[해설] A버튼은 누르면 ⓧ가 여자되어 전동기는 운전된다. 그때 B를 누르면 전동기는 정지된다. C버튼을 누를 때만 ⓧ가 여자되어 전동기가 운전된다.

40. 승객수 r=15, 출발층에서 출발한 엘리베이터가 서비스를 끝내고 다시 출발층으로 되돌아 오는 시간(RTT)=25초일 때 이 엘리베이터의 5분간 수송능력은?

㉮ 220명 ㉯ 180명 ㉰ 150명 ㉱ 120명

[해설] 1대당 5분간 수송능력 $= \dfrac{5 \times 60 \times r}{RTT} = \dfrac{5 \times 60 \times 15}{25} = 180$명

(일반 기계 공학)

41. 점도를 나타내는 단위를 푸아즈(P)라 하는데 1푸아즈에 대한 설명으로 옳은 것은?

㉮ 유막두께 1cm, 판의 면적 $1cm^2$, 판의 속도 1cm/s로 움직이는 데 필요한 힘이 1다인(dyne) 경우
㉯ 유막두께 1cm, 판의 면적 $1cm^2$, 판의 속도 1cm/s로 움직이는 데 필요한 힘이 1000다인(dyne) 경우
㉰ 유막두께 10cm, 판의 면적 $10cm^2$, 판의 속도 10cm/s로 움직이는 데 필요한 힘이 10다인(dyne) 경우
㉱ 유막두께 10cm, 판의 면적 $10cm^2$, 판의 속도 10cm/s로 움직이는 데 필요한 힘이 1000다인(dyne) 경우

42. 유압회로에서 유체의 속도가 압력손실에 미치는 영향은?

㉮ 속도에 세제곱에 비례하여 압력손실도 증가한다. ㉯ 속도의 제곱에 비례하여 압력손실도 증가한다.
㉰ 속도의 제곱에 비례하여 압력손실도 감소한다.   ㉱ 속도에 비례하여 압력손실도 감소한다.

[해설] $h = \lambda \dfrac{\ell}{d} \dfrac{v^2}{2g}$

43. 너트의 풀림을 방지하는 방법이 아닌 것은?

㉮ 2중 너트 ㉯ 스프링 와셔 ㉰ 분할 핀 ㉱ 캡 너트

정답 39. ㉮ 40. ㉯ 41. ㉮ 42. ㉯ 43. ㉱

해설 캡 너트는 한쪽이 모자 형태로 막혀있어 누설을 방지할 수 있는 너트이다.

44. 용해된 금속을 금형에 고압으로 주입하여 주물을 만드는 주조법은?

㉮ 칠드주조법   ㉯ 셸몰드법   ㉰ 다이캐스팅법   ㉱ 원심주조법

해설
- 칠드주조법: 사형(砂型)과 금속형을 사용하며, 내마모성이 큰 주물을 제작시 사용된다.
- 셸몰드법: 규소 모래와 열 경화성 수지를 이용한다.
- 다이캐스팅법: 금형에 고압으로 주입시켜 소형 및 정밀한 주물 제작시 사용된다.
- 원심주조법: 주형을 300~3000rpm으로 고속 회전시켜 원심력에 의해 코어없이 중공주물 제작시 사용된다.

45. 길이 L(m)인 단순보의 중앙에 집중하중 P(N)가 작용할 때 최대 굽힘 모멘트는?

㉮ PL/2   ㉯ PL/4   ㉰ PL/6   ㉱ PL/8

46. 2개의 금속편 끝을 각각 융용점 근처까지 가열한 후 양 끝을 접촉시키고 축 방향으로 압력을 가하여 접합시키면 용접은?

㉮ 단조   ㉯ 압출   ㉰ 압연   ㉱ 압접

해설
- 단조: 금속을 두들기거나 가압하는 기계적 방법
- 압출: 좁은 구멍으로 눌러서 밀어나는 것을 말한다.
- 압연: 회전하는 롤러 사이에 재료를 끼워 넣고, 소성 변형으로 잡아 늘리는 것
- 압접: 접합부에 압력을 가하여 붙이는 접합. 고온 압접과 상온 압접이 있다.

47. 주조용 마그네슘 합금으로 희토류원소를 첨가하여 고온강도의 저하를 감소시킨 것은?

㉮ Mg - Al - Mn계   ㉯ Mg - Zn - Zr계
㉰ 다이캐스트 합금   ㉱ Mg - Zr - REM계

48. 그림과 같은 스프링장치에서 스프링 상수가 k_1=10N/cm, k_2=20N/cm일 때, 무게 W에 의하여 위쪽 스프링의 길이는 2cm 늘어나고, 아래쪽 스프링은 2cm 압축되었다면 추의 무게(W)는 약 몇 N인가?

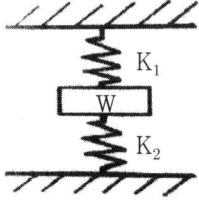

㉮ 13.3
㉯ 33.3
㉰ 40
㉱ 60

해설 $K = k_1 + k_2 = 10 + 20 = 30(10N/cm)$ $W = \delta K = 2 \times 30 = 60(N)$

49. 그림에서 강판의 두께는 10mm, 펀치의 직경은 20mm이고 펀치가 누르는 힘을 10kN이라 할 때 강판에 발생하는 전단응력은 약 몇 N/mm²인가?

㉮ 15.9　　㉯ 24.9　　㉰ 7.9　　㉱ 31.9

해설 $\tau = \dfrac{W}{\pi Dt} = \dfrac{10 \times 10^3}{3.14 \times 20 \times 10} = 15.915 (N/mm^2)$

50. 강을 담금질 할 때 담금질액 중 물은 몇 ℃ 이상이 되면 냉각효과가 크게 변하는가?

㉮ 10℃　　㉯ 40℃　　㉰ 70℃　　㉱ 100℃

51. 유성형 내면연삭기에 대한 설명으로 옳지 않은 것은?

㉮ 가공 중 안지름 측정이 곤란하다.
㉯ 사용되는 숫돌의 바깥지름은 구멍의 지름보다 작아야 한다.
㉰ 외면 연삭보다 숫돌의 마모가 적다.
㉱ 숫돌의 외경이 작아 숫돌의 회전수를 높게 해야 절삭속도를 높일 수 있다.

해설 내면연삭기는 외경 연삭에 비하여 숫돌의 마모가 많다.

52. 핸드 탭으로 나사가공을 할 경우 최종으로 사용하는 탭은?

㉮ 1번 탭　　㉯ 2번 탭　　㉰ 3번 탭　　㉱ 4번 탭

해설 핸드탭은 주로 손작업으로 암나사를 세우는데 사용하는 탭을 말한다. 최종으로 사용하는 탭은 3번 탭이다.

53. 아크 용접 시 용접전류가 아주 낮을 때 생기는 결함이 아닌 것은?

㉮ 언더컷　　㉯ 오버랩　　㉰ 용입 부족　　㉱ 슬래그 섞임

해설
- 언더컷: 용접 변 끝을 따라 모재가 많이 녹아 오목해 지거나 용착 금속이 채워지지 않은 상태를 말한다.
- 오버랩: 용융 금속이 넘쳐서 표면이 융합되지 않은 상태로 덮여있는 현상을 말한다.
- 용입 부족: 용입부의 용입이 불충분한 상태를 말한다.
- 슬래그 섞임: 용착 금속 안 또는 모재와의 융합부에 슬래그가 섞이는 경우를 말한다.

54. 양단을 완전히 고정한 0℃의 구리봉 온도를 50℃로 높였을 때 봉의 내부에 생기는 압축응력은 약 몇 N/mm²인가? (단, 구리 봉의 세로 탄성계수는 9100N/mm², 선 팽창계수는 0.000016/℃이다.)

㉮ 10.23　　㉯ 8.58　　㉰ 7.28　　㉱ 6.28

해설 $\sigma = E \times \Delta T$
　　　　$= 9100 \times 0.000016(50-0)$
　　　　$= 7.28(N/mm^2)$

정답 49. ㉮　50. ㉯　51. ㉰　52. ㉰　53. ㉮　54. ㉰

55. 유압펌프의 입구와 출구에서 진공계 또는 압력계의 지침이 크게 흔들리고 송출량이 급변하는 현상은?

㉮ 수격현상 ㉯ 서징현상 ㉰ 언로더회로 ㉱ 캐비테이션

해설
- 수격현상: 노즐측 압력이 내려가면 노즐의 니들 밸브 및 펌프의 토출밸브가 닫혀 기름의 운동이 급히 정지하므로 진동이 발생하는 현상
- 서징현상: 펌프나 송풍기를 관로 또는 유로에 연결해 운전할 때 압력, 유량, 회전수 등이 주기적으로 변동하는 현상이다.
- 언로더회로: 유압펌프 유량이 필요하지 않게 되었을 때 오일을 저압으로 탱크에 귀환하는 회로
- 캐비테이션: 액체가 가속되어 정압이 어느 한계의 압력보다 내려가면 캐비티(기포)가 보통 기포액에서 발생하고 다음으로 감속되어 정압이 올라가면 기포는 붕괴한다. 이 현상을 캐비테이션이라 한다.

56. 나사의 끝을 침탄 처리한 작은 나사로서, 주로 얇은 판의 연결에 사용하며, 암나사를 만들지 않고 드릴 구멍에 끼워 암나사를 내면서 조여지는 나사는?

㉮ 볼 나사(ball screw) ㉯ 세트 스크류(set screw)
㉰ 태핑 나사(tapping screw) ㉱ 작은 나사(machine screw)

해설
① 볼 나사(ball screw): 수나사와 암나사 사이에 강철로 된 구를 넣어 마찰을 줄인 나사
② 세트 스크류(set screw): 나사의 선단을 이용하여 기계부품 간의 움직임을 고정시키는 나사
③ 태핑 나사(tapping screw): 나사 자신으로 나사 내기를 할 수 있는 나사. 나사의 끝을 침탄 처리한 작은 나사라고도 하는데, 주로 얇은 판의 연결에 사용하며, 암나사를 만들지 않고 드릴 구멍에 끼워 암나사를 내면서 조여지는 나사이다.
④ 작은 나사(machine screw): 지름 9mm 이하의 머리붙이 작은 나사를 말한다.

57. 유압기계에서 작동유에 관한 설명으로 틀린 것은?

㉮ 압축성이 클 것 ㉯ 물과 섞이지 말 것
㉰ 부식을 방지할 것 ㉱ 윤활성이 좋을 것

해설 유압 작동유는 비압축성 유체이어야 한다.

58. 고속도강의 대표적인 재료는 18-4-1형이라고 불리는 것인데, 이 재료의 표준 조성으로 옳은 것은?

㉮ W(18%) - Cr(4%) - V(1%) ㉯ W(18%) - V(%) - Co(%)
㉰ W(18%) - Cr(4%) - Mo(1%) ㉱ Mo(18%) - Cr(4%) - V(1%)

해설 고속 절삭의 공구로 사용되는 절삭 공구의 대표적 조성은 W(18%), Cr(4%), V(1%) 이다. 그런데 성능을 향상시키기 위해 코발트를 첨가한 것도 있다.

59. 기어에 관한 설명으로 옳지 않은 것은?

㉮ 헬리컬기어는 이가 나선으로 된 원통기어
㉯ 래크기어는 반지름이 무한대인 원통기어의 일부분
㉰ 스퍼기어는 교차되는 2축 간에 운동을 전달하는 원뿔형의 기어
㉱ 내접기어는 스퍼 기어와 맞물리며 원통의 안쪽에 이가 만들어져 있는 기어

정답 55. ㉯ 56. ㉰ 57. ㉮ 58. ㉮ 59. ㉰

[해설] 스퍼 기어(spur gear): 평 기어를 말한다. 톱니근이 축과 평행한 직선인 원통기어 인데, 평행한 2축 간의 회전전달에 이용된다.

60. 비틀림을 받는 원형 축에서 축이 지름을 d, 비틀림 모멘트를 T라고 할 때 최대전단응력 τ를 구하는 식은?

㉮ $\tau = \dfrac{8T}{\pi d^3}$ ㉯ $\tau = \dfrac{16T}{\pi d^3}$ ㉰ $\tau = \dfrac{32T}{\pi d^3}$ ㉱ $\tau = \dfrac{64T}{\pi d^3}$

〈전기제어 공학〉

61. 물체의 위치, 방위, 자세 등의 기계적 변위를 제어량으로 해서 목표값의 임의의 변화에 추종하도록 구성된 제어계는?

㉮ 공정 제어 ㉯ 정치 제어 ㉰ 프로그램 제어 ㉱ 추종 제어

[해설] ① 공정제어: 파이프, 펌프, 밸브 등을 포함하고 있는 기계관 계통의 유체온도를 상승·유지시키기 위해 전기관 가열 계통을 사용하는 제어
② 정치제어: 목표값의 시간 변화에 의한 분류로써 목표값이 시간적으로 변화하지 않는 일정한 제어 (예) 자동조정, 프로세스 제어 등
③ 프로그램 제어: 목표값이 미리 정해진 시간적 변화를 하는 경우 제어량을 그것에 추종시키기 위한 제어 (예) 열차·산업 로봇의 무인운전 등
④ 추종제어: 미지의 임의 시간적 변화를 하는 목표값에 제어량을 추종시키는 것을 목적으로 한 제어로 서보기구가 이에 해당된다.
※ 서보기구: 물체의 위치, 방위, 자세 등 기계적 변위를 제어량으로 한다.

62. 다음 그림과 같은 제어계가 안정하기 위한 K의 범위는?

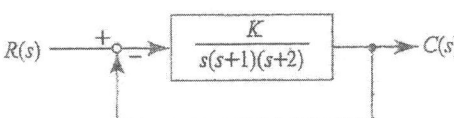

㉮ 0 < K < 6 ㉯ 1 < K < 5
㉰ -1 < K < 6 ㉱ -1 < K < 5

[해설] 폐루프의 특성 방정식을 개루프의 전달함수로 하면
$S(S+1)(S+2) + K = S^3 + 3S^2 + 2S + K = 0$
Routh - Hurwitz 판별식을 이용하여

$$\begin{array}{c|cc} S^3 & 1 & 2 \\ S^2 & 3 & K \\ S^1 & \dfrac{6-K}{3} & 0 \\ S^0 & K & \end{array}$$

정답 60. ㉯ 61. ㉱ 62. ㉮

1열 부호의 변화가 없어야 안정하므로 6-K > 0, 6 > K, K > 0
∴ 0 < K < 6

63. 자동 제어계의 출력 신호를 무엇이라 하는가?

㉮ 제어량 ㉯ 조작량 ㉰ 동작신호 ㉱ 제어 편차

64. $G(s) = \dfrac{2(s+3)}{(s^2+s-6)}$ 의 특성 방정식 근은?

㉮ -3 ㉯ 2, -3 ㉰ -2, 3 ㉱ 3

해설 전달함수의 분모 = 0인 방정식을 특성 방정식이라 한다.
$s^2 + s - 6 = 0$에서 $(s-2)(s+3) = 0$
∴ s = 2, -3

65. 다음 중 압력을 변위로 변환시키는 장치로 옳은 것은?

㉮ 다이어프램 ㉯ 노즐플래퍼 ㉰ 차동변압기 ㉱ 전자석

해설 다이어프램은 압력 작용에 의해서 변위를 일으키는 막을 말한다. 소방설비에서 감지기가 작동 시 다이어프램이 화재 열에 의한 공기의 압력으로 접점을 이동시켜 자동화재 탐지설비를 작동시킨다.

66. 유도전동기의 원선도 작성에 필요한 기본량이 아닌 것은?

㉮ 무부하 시험 ㉯ 저항 측정 ㉰ 회전수 측정 ㉱ 구속 시험

해설 유도전동기 원선도 작성에 필요한 것
① 무부하 시험(여자전류, 철손) ② 저항 측정(1차 동손) ③ 구속 시험(2차 동손)

67. '회로망에서 임의의 접속점에 유입하는 전류와 유출하는 전류의 총합은 0이다'라는 법칙은 무엇인가?

㉮ 쿨롱의 법칙 ㉯ 렌쯔의 법칙 ㉰ 키르히호프의 법칙 ㉱ 패러데이 법칙

해설 ① 쿨롱의 법칙: 두 자극 사이에 작용하는 힘의 크기 F(N)은 두 자극의 세기 m_1, m_2(Wb)의 곱에 비례하고 두 자극 사이의 거리 r(m)의 제곱에 반비례한다.

$$F = \dfrac{1}{4\pi\mu}\dfrac{m_1 m_2}{r^2} = \dfrac{1}{4\pi\mu_0}\dfrac{m_1 m_2}{\mu_s r^2} = 6.33 \times 10^4 \times \dfrac{m_1 m_2}{\mu_s r^2}(N)$$

② 렌쯔의 법칙: 전자유도에 의하여 생긴 기전력의 방향은 그 유도전류가 만드는 자속이 항상 원래의 자속의 증가 또는 감소를 방해하는 방향이다.
③ 키르히호프의 제1법칙: 회로망 중의 한 접속점에서 그 점에 들어오는 전류의 총합과 나가는 전류의 총합은 같다.
④ 전자유도에 관한 패러데이 법칙: 유도기전력의 크기는 코일을 지나는 자속의 매초 변화량과 코일의 권수에 비례한다.

정답 63. ㉮ 64. ㉯ 65. ㉮ 66. ㉰ 67. ㉰

68. 진공 중에서 크기가 $10^{-3}[C]$인 두 전하가 10[m]거리에 있을 때 그 전하 사이에 작용하는 힘은 몇 [N]인가?

㉮ 90 ㉯ 18 ㉰ 9 ㉱ 1.8

해설 $F = 9 \times 10^9 \dfrac{Q_1 Q_2}{\epsilon_s r^2} = 9 \times 10^9 \dfrac{10^{-3} \times 10^{-3}}{10^2} = 90(N)$

69. 220V, 1kW의 전열기에서 전열선의 길이를 2배로 늘리면 소비전력은 늘리기 전의 전력에 비해 몇 배로 변화하는가?

㉮ 0.25 ㉯ 0.5 ㉰ 1.25 ㉱ 1.5

해설 $P = \dfrac{V^2}{R}(W)$에서 $P \propto \dfrac{1}{R}$

길이를 2배로 늘리면 저항은 $2R$. ∴ $P \propto \dfrac{1}{2R} = 0.5R$

70. r(t)=2, $G_1 = 100$, $H_1 = 0.01$일 때 c(t)를 구하면?

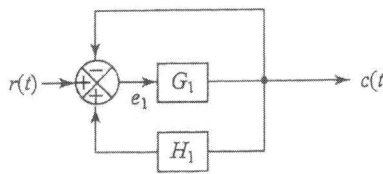

㉮ 2 ㉯ 5 ㉰ 9 ㉱ 10

해설 $c(t) = \dfrac{G_1 r(t)}{1 + G_1 - G_1 H_1} = \dfrac{100 \times 2}{1 + 100 - (100 \times 0.01)} = 2$

71. 페루프 제어계의 장점이 아닌 것은?

㉮ 생산품질이 좋아지고, 균일한 제품을 얻을 수 있다.
㉯ 수동제어에 비해 인건비를 줄일 수 있다.
㉰ 제어장치의 운전, 수리에 편하다.
㉱ 생산속도를 높일 수 있다.

해설 페루프 제어계는 제어장치의 운전이 복잡하고 수리하기가 불편하다.

72. 디지털 제어시스템에서 다루는 기본적인 입력이산신호의 종류가 아닌 것은?

㉮ 단위 스텝신호 ㉯ 단위 교번신호
㉰ 단위 램프신호 ㉱ 단위 비례적분신호

해설 이산 신호의 종류: ① 단위 교번신호 ② 단위 계단신호 ③ 단위 램프신호 ④ 이산 정현신호 ⑤ 이산 지수신호 등

정답 68. ㉮ 69. ㉯ 70. ㉮ 71. ㉰ 72. ㉱

73. 피드백제어로서 서보기구에 해당하는 것은?

㉮ 석유화학공장
㉯ 발전기 정전압장치
㉰ 전철표 자동판매기
㉱ 선박의 자동조타

해설 서보기구: 물체의 위치, 방위, 자세 등의 기계적 변위를 제어량으로 하여 목표값의 임의의 변화에 추종하도록 구성된 제어계. 예) 비행기 및 선박의 방향 제어계, 미사일 발사대의 자동 위치 제어계, 추적용 레이더, 자동 평형 기록계 등

74. 그림과 같은 회로에서 $R = 4[\Omega], X_L = 8[\Omega], X_c = 5[\Omega]$의 RLC직렬회로에 20V의 교류를 가할 때 용량성 리액턴스 X_c에 걸리는 전압[V]은?

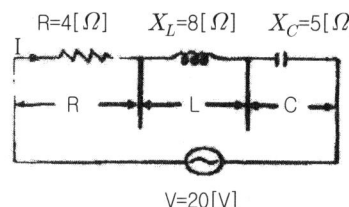

㉮ 67
㉯ 32
㉰ 20
㉱ 16

해설 $Z = \sqrt{R^2 + (X_L - X_C)^2} = \sqrt{4^2 + (8-5)^2} = \sqrt{4^2 + 3^2} = 5(\Omega)$

$I = \dfrac{V}{Z} = \dfrac{20}{5} = 4(A)$

$V_c = IX_c = 4 \times 5 = 20(V)$

75. 제어동작에 대한 설명 중 틀린 것은?

㉮ ON-OFF동작: 제어량이 설정값과 어긋나면 조작부를 전폐 또는 전개하는 것
㉯ 비례동작: 검출값 편차의 크기에 비례하여 조작부를 제어하는 것
㉰ 적분동작: 적분값의 크기에 비례하여 조작부를 제어하는 것
㉱ 미분동작: 미분값의 크기에 반비례해 조작부를 제어하는 것

해설 미분동작은 제어장치의 출력이 입력(편차신호)의 변화속도(시간미분값)에 비례하는 제어동작을 말한다.

76. 주파수 60Hz의 유도전동기가 있다 전부하에서의 회전수가 매분 1164회 이면 극수는? (단 슬립 S는 3%이다)

㉮ 6극
㉯ 8극
㉰ 10극
㉱ 12극

해설 $N = N_s(1-S) = \dfrac{120f}{P}(1-S)$ [rpm]에서 $P = \dfrac{120f}{N}(1-S) = \dfrac{120 \times 60}{1164}(1-0.03) = 6$극

77. 역률 80[%]의 부하의 유효 전력이 40[kW]이면, 무효 전력은 몇 [kVar]인가?

정답 73. ㉱ 74. ㉰ 75. ㉱ 76. ㉮ 77. ㉱

㉮ 100   ㉯ 60   ㉰ 40   ㉱ 30

해설 $P = VI\cos\theta(W)$에서 $VI = \dfrac{P}{\cos\theta} = \dfrac{40}{0.80} = 50(kVA)$
$P_r = VI\sin\theta = 50 \times 0.6 = 30(kVar)$

78. 제어기기 중 전기식 조작기기에 대한 설명으로 옳지 않은 것은?

㉮ PID 동작이 간단히 실현된다.   ㉯ 감속장치가 필요하고 출력은 작다.
㉰ 장거리 전송이 가능하고 늦음이 적다.   ㉱ 많은 종류의 제어에 적용되어 용도가 넓다.

해설 PID 동작은 복잡한 과정으로 실현된다.

79. 종류가 다른 금속으로 폐회로를 만들어 두 접속점에 온도를 다르게 하면 전류가 흐르게 되는 것은?

㉮ 펠티어 효과   ㉯ 평형현상   ㉰ 제벡효과   ㉱ 자화현상

해설 ① 펠티어 효과: 두 종류의 금속이 접속점에 전류를 흘리면 열의 흡수 또는 발생현상이 생기는 것
② 제벡효과: 두 종류 금속의 접속점에 온도의 차이를 주면 열기전력이 발생하여 전류가 흐른다.
③ 자화현상: 커다란 자석에다 쇠못을 붙여두면 얼마 지나지 않아 그 못도 자석처럼 쇳덩어리를 끌어 당기는 힘이 생기게 되는 현상

80. 3상 4선식 불평형부하의 경우, 단상전력계로 전력을 측정하고자 할 때 몇 대의 단상전력계가 필요한가?

㉮ 2   ㉯ 3   ㉰ 4   ㉱ 5

해설 3상 불평형 부하인 경우에는 단상전력계 3개가 필요하다.

정답 78. ㉮   79. ㉰   80. ㉯

승강기 산업기사 기출문제
(2019. 9. 21)

(승강기 개론)

1. 유압식 엘리베이터 펌프의 흡입 측에 부착되어 이물질을 제거하는 작용을 하는 것은?

㉮ 미터인 ㉯ 사일렌서 ㉰ 스트레이트 ㉱ 스트레이너

해설
- 사일런서: 작동유의 압력 맥동을 흡수하여 진동 및 소음을 경감시킨다. 자동차의 머플러와 같은 역할을 한다.
- 스트레이너: 실린더의 이물질을 제거하기 위해 펌프의 흡입축에 부착된다.

2. 엘리베이터의 제동기에 대한 설명으로 틀린 것은?

㉮ 마찰계수가 안정적이어야 한다.
㉯ 기어식 권상기에서는 축에 직접 고정시켜야 한다.
㉰ 브레이크 라이닝은 가연재료로 높은 동작빈도에 견딜 수 있어야 한다.
㉱ 브레이크 시스템은 마찰 형식의 전자-기계 브레이크로 구성하여야 한다.

해설 브레이크 라이닝은 불연성이어야 한다. 또한 밴드 브레이크는 사용하지 않아야 한다.

3. 권동식 권상기의 특성이 아닌 것은?

㉮ 소요동력이 크다.
㉯ 높은 양정에는 사용하기 어렵다.
㉰ 로프와 도르래 사이의 마찰력을 이용한다.
㉱ 너무 감거나 또는 지나치게 풀 때 위험하다.

해설 권동식 권상기는 로프를 통에다 감았다 풀었다 하며 카를 올리고 내린다.

4. 도어머신에 요구되는 성능이 아닌 것은?

㉮ 속도제어가 직류방식일 것
㉯ 동작이 원활하고 정숙할 것
㉰ 보수가 용이하고 가격이 저렴할 것
㉱ 카 위에 설치하기 위하여 소형 경량일 것

해설 도어머신에서 전동기는 상황에 따라 DC 또는 AC 전동기를 사용한다.

5. 엘리베이터의 조작방식에 대한 설명으로 틀린 것은?

㉮ 하강 승합 전자동식은 2층 이상의 층에서는 승강장의 호출버튼이 하나밖에 없다.
㉯ 카 스위치방식은 카의 기동을 모두 운전자의 의지에 따라 카 스위치의 조작에 의해서만 이루어진다.
㉰ 단식 자동식은 하나의 요구 버튼에 대한 운전이 완전히 종료될 때까지는 다른 요구를 전혀 받지 않는 방식이다.
㉱ 승합 전자동식은 전층의 승강장에 상승용 및 하강용 버튼이 반드시 설치되어 있어서 상승과 하강을 선택하여 누를 수 있다.

정답 1. ㉱ 2. ㉰ 3. ㉰ 4. ㉮ 5. ㉱

해설 승합 전자동식은 전 층의 승강장에 상승용 및 하강용 버튼을 반드시 설치하도록 되어 있지는 않다.

6. 다음은 에너지 축적형 완충기에 대한 내용이다. 다음 ( )에 들어갈 내용으로 옳은 것은?

선형 특성을 갖는 완충기의 가능한 총 행정은 정격속도의 (㉠)%에 상응하는 중력 정지 거리의 2배[$0.135v^2(m)$] 이상이어야 한다. 다만, 행정은 (㉡)mm 이상이어야 한다.

㉮ ㉠ 115, ㉡ 60   ㉯ ㉠ 115, ㉡ 65
㉰ ㉠ 110, ㉡ 65   ㉱ ㉠ 110, ㉡ 60

7. 균형추에도 비상정지장치(추락방지안전장치)를 설치하여야 하는 경우는?

㉮ 속도가 300m/min 이상의 고속 엘리베이터일 때
㉯ 적재하중이 4000kg 이상의 무기어식 엘리베이터일 때
㉰ 승강로 하부의 피트 밑에 창고나 사무실이 있을 때
㉱ 균형추 하부의 완충기 설치를 생략해야 할 구조일 때

해설 승강로 하부의 피트 밑에 창고나 사무실이 있는 경우에는 균형추에도 추락방지안전장치를 설치하여야 한다.

8. 다음 ( )의 ㉠, ㉡에 들어갈 내용으로 옳은 것은?

권상 도르래 · 풀리 또는 드럼의 피치직경과 로프(벨트)의 공칭 직경 사이의 비율은 로프(벨트)의 가닥수와 관계없이 (㉠) 이상이어야 한다. 다만, 주택용 엘리베이터의 경우 (㉡) 이상이어야 한다.

㉮ ㉠ 20, ㉡ 30   ㉯ ㉠ 30, ㉡ 30
㉰ ㉠ 40, ㉡ 30   ㉱ ㉠ 50, ㉡ 40

9. 뉴얼의 끝 지점 및 모든 지점의 자유공간을 포함한 에스컬레이터의 스텝 또는 무빙워크의 팔레트나 벨트 위의 틈새 높이는 몇 m 이상이어야 하는가?

㉮ 2.0   ㉯ 2.1   ㉰ 2.2   ㉱ 2.3

10. 에이프런의 수직 부분 높이는 몇 m 이상이어야 하는가? (단, 주택용 엘리베이터의 경우는 제외한다.)

㉮ 0.6   ㉯ 0.65   ㉰ 0.7   ㉱ 0.75

해설 카 문턱에는 승강장 유효 출입구 전 폭에 걸쳐 에이프런이 설치되어야 하는데, 수직면의 아랫부분은 수평면에 대해 60° 이상 아랫방향으로 향하여 구부러져야 한다. 또한 수직 부분의 높이는 0.75m 이상이어야 한다.

11. 카의 실제속도와 지령속도를 비교하여 사이리스터의 점호각을 바꿔 유도전동기의 속도를 제어하는 방식은?

정답 6. ㉯ 7. ㉰ 8. ㉰ 9. ㉱ 10. ㉱ 11. ㉮

㉮ 교류 궤환제어
㉯ 교류 2단 제어
㉰ 워드 레오나드 방식
㉱ 정지 레오나드 방식

해설
- 교류 궤환제어: 카의 실속도와 지령속도를 비교하여 사이리스터의 점호각을 바꿔 유도전동기의 속도를 제어한다.
- 교류 2단 제어: 기동과 주행은 고속권선으로 하고, 감속과 착상은 저속권선으로 한다. 그리고 4:1 속도비로 착상시킨다.
- 워드 레오나드 방식: 전기자에 직류전압을 공급하기 위하여 AC모터로 DC발전기를 회전시키는 M·G(모터·발전기)를 엘리베이터 한 대당 1세트씩 설치한다. 그리고 M·G의 출력을 직접 DC모터 전기자에 공급하고 발전기의 계자 전류를 강하게 또는 약하게 하여 발전기의 발생 전압을 임의로 변화시켜 DC모터의 속도를 제어한다.
- 정지 레오나드 방식: 사이리스터를 사용하여 AC를 DC로 변환하여 전동기에 공급하고, 사이리스터의 점호각을 바꿔 직류전압을 변환, DC전동기의 회전수를 제어한다.

12. 엘리베이터가 미리 정해진 속도를 초과하여 하강하는 경우, 조속기(과속조절기) 로프를 붙잡아 비상정지장치(추락방지안전장치)를 작동시키는 장치는?

㉮ 완충기 ㉯ 엔코더
㉰ 리미트 ㉱ 조속기(과속조절기)

13. 엘리베이터의 과부하감지장치에 대한 설명으로 틀린 것은?

㉮ 작동하면 부저가 울린다.
㉯ 과부하가 제거되면 작동이 멈추게 된다.
㉰ 주행 중에도 작동하여 카를 멈추게 한다.
㉱ 정격적재하중보다 많이 적재하면 작동한다.

해설 과부하 감지 장치는 적재하중 초과 시 경보음을 울려 카 내에 적재하중이 초과되었음을 알려주는 동시에, 출입구 도어의 닫힘을 저지하여 카가 출발되지 않도록 한다. 정격하중의 105~110%의 범위로 설정한다.

14. 에스컬레이터 및 무빙워크 출입구 근처의 주요표지판에 포함하지 않아도 되는 문구는?

㉮ 손잡이를 꼭 잡으세요
㉯ 안전선 안에 서주세요
㉰ 신발은 신은 상태에서만 타세요
㉱ 어린이나 노약자는 보호자와 함께 이용하세요

15. 정전 시에는 보조 전원공급장치에 의하여 엘리베이터를 몇 시간 이상 운행시킬 수 있어야 하는가?

㉮ 1시간 ㉯ 2시간 ㉰ 3시간 ㉱ 4시간

해설 60초 이내에 엘리베이터 운행에 필요한 전력용량을 자동으로 발생시켜야 하며, 2시간 이상 운행시킬 수 있어야 한다.

16. 유압식 엘리베이터에서 펌프의 토출압력이 떨어져서 실린더의 기름이 역류하여 카가 자유낙하하는 것을 방지하는 역할을 하는 밸브는?

㉮ 안전밸브 ㉯ 체크밸브 ㉰ 럽처밸브 ㉱ 스톱밸브

해설 ① 안전밸브(relief valve): 일종의 압력조정 밸브인데 회로의 압력이 설정값에 도달하면 밸브를 열어 오일을 탱크로 돌려보냄으로써 압력이 과도하게 상승(상승압력의 125%에 설정)하는 것을 방지한다.

정답 12. ㉱ 13. ㉰ 14. ㉰ 15. ㉯ 16. ㉯

② 역저지(check)밸브: 한 쪽 방향으로만 오일이 흐르도록 하는 밸브이다. 기능은 로프식 엘리베이터의 전자 브레이크와 유사하다.
③ 럽쳐 밸브(Rapture Valve): 오일이 실린더로 들어가는 곳에 설치하여 압력배관이 파손되었을 때 자동적으로 밸브를 닫아 카가 급격히 떨어지는 것을 방지하는 밸브이다.
④ 스톱(stop)밸브: 유압파워 유니트에서 실린더로 통하는 배관 도중에 설치되는 수동조작밸브이다. 이 밸브를 닫으면 실린더의 오일이 파워유니트로 역류하는 것을 방지한다. 이 밸브는 유압장치의 보수, 점검, 수리시에 사용되는데 게이트 밸브(gate valve)라고도 한다.

17. 승강로가 갖추어야 할 조건이 아닌 것은?

㉮ 특수목적의 가스배관을 통과할 수 있다.
㉯ 벽면은 불연재로 마감 처리되어야 한다.
㉰ 승강로에는 1대 이상의 엘리베이터 카가 있을 수 있다.
㉱ 엘리베이터의 균형추 또는 평형추는 카와 동일한 승강로에 있어야 한다.

해설 승강로에는 엘리베이터 운영에 필요한 설비만 할 수 있다

18. 카 천장에 비상구출문이 설치된 경우, 유효개구부의 크기는 얼마 이상이어야 하는가?

㉮ 0.2m × 0.3m
㉯ 0.3m × 0.4m
㉰ 0.4m × 0.5m
㉱ 0.5m × 0.6m

해설
• 카 천장 비상구출문: 0.4m × 0.5m 이상이어야 하며 외부로 열려야 한다.
• 카 벽의 비상구출문: 0.4m × 1.8m 이상이어야 하며 내부로 열려야 한다.

19. 화재 등 재난 발생 시 거주자의 피난 활동에 적합하게 제조·설치된 엘리베이터로서 평상시에는 승객용으로 사용하는 엘리베이터는?

㉮ 전망용 엘리베이터
㉯ 피난용 엘리베이터
㉰ 소방구조용 엘리베이터
㉱ 승객화물용 엘리베이터

20. 에스컬레이터의 특징으로 틀린 것은?

㉮ 하중이 건축물의 각 층에 분담되어 있다.
㉯ 기다림 없이 연속적으로 승객 수송이 가능하다.
㉰ 일반적으로 엘리베이터에 비해 수송능력이 7~10배이다.
㉱ 사용 전력량이 많지만 전동기의 구동 횟수는 엘리베이터에 비해 극히 적다.

해설 에스컬레이터는 엘리베이터보다 사용 전력량이 적으나, 구동 횟수는 많다.

(승강기 설계)

21. 트랙션식 권상기 도르래와 로프의 미끄러짐 관계에 대한 설명으로 옳은 것은?

정답 17. ㉮ 18. ㉰ 19. ㉯ 20. ㉱ 21. ㉮

㉮ 권부각이 클수록 미끄러지기 어렵다.
㉯ 카의 가속도와 감속도가 클수록 미끄러지기 어렵다.
㉰ 로프와 도르래 사이의 마찰계수가 클수록 미끄러지기 쉽다.
㉱ 카 측과 균형추 측에 걸리는 중량비가 클수록 미끄러지기 어렵다.

해설 도르래와 미끄러짐 관계
① 권부각이 클수록 미끄러지기 어렵다.
② 카의 가속도와 감속도가 클수록 미끄러지기 쉽다.
③ 로프와 도르래 사이의 마찰계수가 클수록 미끄러지기 어렵다.
④ 카 측과 균형추 측에 걸리는 중량비가 클수록 미끄러지기 쉽다.

22. 전동기와 발전기에 있어서 고조파에 의한 문제로 맞지 않는 것은?

㉮ 기기의 과열   ㉯ 효율의 저하   ㉰ 기기의 수명연장   ㉱ 토크저하

23. 파이널 리미트 스위치(Final Limit Switch)에 대한 설명으로 틀린 것은?

㉮ 기계적으로 조작되어야 하며, 작동 캠(cam)은 금속으로 만든 것이어야 한다.
㉯ 승강로 내부에 장착한 파이널 리미트 스위치는 밀폐된 형식으로 되어야 한다.
㉰ 카의 수평운동이 파이널 리미트 스위치의 작동에 영향을 끼치지 않도록 설치하여야 한다.
㉱ 스위치 접점은 직접 기계적으로 열려야 하며, 접점을 열기 위하여 스프링이나 중력 또는 그 복합에 의존하는 장치를 사용하여야 한다.

해설 파이널 리미트 스위치 접점은 직접 기계적으로 열려야 한다. 그런데 작동 캠은 금속제로 만든 것이어야 하며, 카에 부착된 캠으로 조작시켜야 한다.

24. 로프와 도르래 홈과의 면압 관계식으로 옳은 것은? (단, Pa는 면압, P는 로프에 걸리는 하중, D는 주 도르래의 지름, d는 로프의 공칭지름이다.)

㉮ $Pa = \dfrac{2P}{Dd}$ ㉯ $Pa = \dfrac{P}{2Dd}$ ㉰ $Pa = \dfrac{2Dd}{P}$ ㉱ $Pa = \dfrac{Dd}{2P}$

25. 주 로프(Main Rope)가 $\phi 16$일 때 권상 도르래의 직경은? (단, 주택용 엘리베이터의 경우는 제외한다.)

㉮ $\phi 400$ ㉯ $\phi 480$ ㉰ $\phi 520$ ㉱ $\phi 640$

해설 $D = \phi 16 \times 40배 = \phi 640$

26. 엘리베이터 가이드(주행안내) 레일의 강도를 계산할 때 고려하지 않아도 되는 사항은?

㉮ 레일의 단면계수   ㉯ 레일의 단면조도
㉰ 카나 균형추의 총 중량   ㉱ 레일 브래킷의 설치 간격

정답 22. ㉰ 23. ㉱ 24. ㉮ 25. ㉱ 26. ㉯

27. 카 레일용 브래킷에 대한 설명으로 틀린 것은?

㉮ 구조 및 형태는 레일을 지지하기에 견고하여야 한다.
㉯ 벽면으로부터 높이 1000mm 이하로 설치하여야 한다.
㉰ 사다리형 브래킷의 경사부 각도는 15~30도로 제작한다.
㉱ 콘크리트에 대해서는 앵커볼트로 견고히 부착하여야 한다.

해설 카 레일용 브래킷: 벽면 또는 빔에 레일의 중심이 일치하도록 2.5m 간격으로 설치한다.

28. 하중이 작용하는 시간에 따른 분류 중 동하중에 해당되지 않는 것은?

㉮ 반복하중　　㉯ 교번하중　　㉰ 충격하중　　㉱ 집중하중

해설 동하중의 종류: ① 반복하중　② 교번하중　③ 충격하중

29. 상부체대와 카 바닥 틀의 처짐은 전 길이의 얼마 이하이어야 하는가?

㉮ 1/48　　㉯ 1/96　　㉰ 1/480　　㉱ 1/960

30. 비상정지장치(추락방지안전장치) 종류 중 F.G.C형 비상정지장치(추락방지안전장치)에 관한 설명으로 틀린 것은?

㉮ 동작이 되면 복귀가 어렵다.
㉯ 구조가 간단하고 공간을 적게 차지한다.
㉰ 점차 작동형 비상정지장치(추락방지안전장치)의 일종이다.
㉱ 레일을 죄는 힘은 동작 시부터 정지 시까지 일정하다.

해설
- F.G.C형: 레일을 죄는 힘은 동작 시부터 정지 시까지 일정하다. 구조가 간단하고 공간을 차지하지도 않으며, 복구가 용이하다.
- F.W.C형: 처음에는 약하게, 그리고 하강함에 따라 강해지다가 일정한 값으로 된다.

31. 승강로 내부 작업구역의 유효 높이는 몇 m 이상이어야 하는가?

㉮ 1.8　　㉯ 2.1　　㉰ 2.5　　㉱ 3.5

해설 승강로 내부 작업구역의 유효 높이는 2.1m 이상이어야 하며, 작업 구역간 이동 통로의 유효 높이는 1.8m 이상이어야 한다.

32. 건축물 용도별 엘리베이터와 승객 집중시간에 대한 연결로 틀린 것은?

㉮ 호텔 – 새벽시간　　㉯ 사무용 - 출근 시 사용
㉰ 백화점 - 일요일 정오 전후　　㉱ 병원 - 면회시간 시작 직후

해설 호텔은 집중시간이 저녁이다.

33. 엘리베이터 전력 간선 산출시 고려되는 전류의 산출식과 관계없는 것은?

정답 27. ㉯　28. ㉱　29. ㉱　30. ㉮　31. ㉯　32. ㉮　33. ㉮

㉮ 전압강하계수
㉯ 엘리베이터 대수
㉰ 제어용 부하의 정격전류
㉱ 정격전류(전부하 상승 시 전류)

해설 엘리베이터 전력 간선 산출시 고려되는 것은 전류이다. 그러므로 엘리베이터의 대수, 제어용 부하의 정격전류, 정격전류(전부하 상승 시 전류)가 고려사항이다.

34. 동력전원설비 설계기준에서 가속전류의 정의로 옳은 것은?

㉮ 카가 전부하 상태에서 상승방향으로 가속 시 배전선에 흐르는 최대 전류
㉯ 카가 무부하 상태에서 상승방향으로 가속 시 배전선에 흐르는 최대 전류
㉰ 카가 전부하 상태에서 하강방향으로 가속 시 배전선에 흐르는 최대 전류
㉱ 카가 무부하 상태에서 하강방향으로 가속 시 배전선에 흐르는 최대 전류

35. 대기시간 20초, 승객출입시간 30초, 도어개폐시간 27초, 주행시간 55초, 손실시간 8초일 때 일주시간(RTT)은?

㉮ 112초   ㉯ 120초   ㉰ 240초   ㉱ 280초

해설 RTT = 주행시간+도어개폐시간+승객출입시간+손실시간
= 55+27+30+8
= 120초

36. 권상 도르래의 지름이 720mm이고, 감속비가 45:1, 전동기 회전수가 1800rpm, 1:1로핑인 경우의 엘리베이터의 속도는 약 몇 m/min인가?

㉮ 30   ㉯ 60   ㉰ 90   ㉱ 105

해설 $V = \dfrac{\pi DN}{1000} \times i = \dfrac{3.14 \times 720 \times 1800}{1000} \times \dfrac{1}{45} \fallingdotseq 90\text{m/min}$

37. 그림은 유압엘리베이터의 블리드오프 회로의 하강운전 시 속도, 유량 및 동작곡선도이다. 그림에 대한 설명으로 틀린 것은?

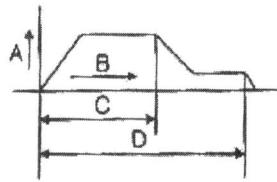

㉮ A : 속도
㉯ B : 시간
㉰ C : 전동기 회전
㉱ D : 전자밸브 여자

해설 A: 속도, B: 시간, C: 전자밸브 여자, D: 전자밸브 여자
(동작사항)
B의 시간일 때 C와 D의 전자밸브가 여자시 밸브가 열려, 엘리베이터는 전속력으로 하강한다. 그런데 C가 소자되어 밸브가 닫히고 D만 열려져 있으면 속도는 줄어지다가 D가 소자되면 하강은 멈춘다.

정답 34. ㉮ 35. ㉯ 36. ㉰ 37. ㉰

38. 승강장도어 인터록(Door interlock)에 대한 설명으로 옳은 것은?

㉮ 카 도어의 열림을 방지하는 안전장치이다.
㉯ 도어 스위치의 접점이 떨어진 후에 도어록이 열리는 구조이어야 한다.
㉰ 신속한 승객 구출물을 위해 일반 공구를 사용하여 열 수 있어야 한다.
㉱ 도어록이 확실히 걸리면, 스위치의 접점이 떨어져도 카는 움직여야 한다.

해설 도어 인터록은 도어록과 도어 스위치로 되어있다. 동작은 도어록이 확실히 걸린 후 도어 스위치가 들어가고 또 도어 스위치가 끊어진 후 도어록이 열리는 구조이어야 한다.

39. 반복하중을 받고 있는 인장강도 75kg/mm^2의 연강봉이 있다. 허용응력을 25kg/mm^2로 할 때 안전율은 얼마인가?

㉮ 3   ㉯ 4   ㉰ 5   ㉱ 6

해설 안전율 = $\dfrac{\text{인장강도}}{\text{허용응력}} = \dfrac{75}{25} = 3$

40. 다음과 같은 전동기의 내열등급 중 가장 높은 온도까지 견딜 수 있는 것은?

㉮ A종   ㉯ E종   ㉰ H종   ㉱ F종

해설 • Y종: 90℃ • A종: 105℃ • E종: 120℃ • B종: 130℃ • F종: 155℃
• H종: 180℃ • C종: 180℃ 이상

(일반 기계 공학)

41. 압력 제어 밸브의 종류로 틀린 것은?

㉮ 체크 밸브   ㉯ 릴리프 밸브   ㉰ 리듀싱 밸브   ㉱ 카운터 밸런스 밸브

해설 체크 밸브: 한 쪽 방향으로만 오일이 흐르게 하는 밸브이다. 상승 방향으로는 흐르나 역방향으로는 흐르지 않는다. 이것은 정전이 된 경우 펌프의 토출압력이 떨어져서 실린더의 오일이 역류하여 카가 자유낙하 하는 것을 방지한다.

42. 지름이 50mm인 원형 단면봉의 길이가 1m이다. 이 봉이 2개의 강체에 20℃에서 고정하였다 온도가 30℃가 되었을 때, 이 봉에 발생하는 압축응력은?(단, 봉의 열팽창계수는 $12 \times 10^{-6}/℃$, 세로탄성계수는 E = 207GPa이다.)

㉮ 12.42MPa   ㉯ 24.84MPa   ㉰ 12.42kPa   ㉱ 24.84kPa

해설 $\sigma = E \times \Delta T = 207 \times 10^3 \times 12 \times 10^{-6}(30-20)$
$= 24.84(\text{MPa})$

43. 관 끝을 나팔 모양으로 벌리는 가공으로 보통 90° 각도로 작게 가공하는 것은?

㉮ 플레어링   ㉯ 플랜징   ㉰ 롤러 성형   ㉱ 비딩 가공

정답 38. ㉯   39. ㉮   40. ㉰   41. ㉮   42. ㉯   43. ㉮

해설 • 플레어링: 관 끝을 나팔 모양으로 벌리는 가공
• 플랜징: 커다란 경판 제조의 경우 미리 원판을 접시붙임 가공하여 약간 접시모양으로 구부려서 다시 플랜지 부분을 구부리는 것
• 롤러 성형: 롤러 형태가 별 모양인 표토 진압기
• 비딩 가공: 소재의 강성을 증가시키는 가공

44. 플라스틱 수지로, 수축이 적고 우수한 전기적 특성 및 강한 물리적 성질을 가지고 있어 관재제작, 용기성형, 페인트, 접착제 등에 널리 사용되는 열가화성 수지는?

㉮ 염화비닐 수지　　㉯ 스틸렌 수지　　㉰ 아크릴 수지　　㉱ 에폭시 수지

해설 • 염화비닐 수지: 염화 비닐이 단독 중합에 의해 얻어지는 고분자 화합물
• 스틸렌 수지: 플라스틱 중 표준이 되는 수지로 경질이며 광택이 좋고 무색 투명하다. 전기절연성이 좋고 착색이 쉬우며 아름다운 색조가 가능하다. 단점은 내충격성이 약하다.
• 아크릴 수지: 아크릴산이나 메타 아크릴산과 그것들의 유도체 중합체로 되는 합성수지의 총칭
• 에폭시 수지: 열경화성 수지로서 에폭시기를 2개 이상 갖고 있는 것을 경화시킨 것으로 기계적 성질이 우수하며 성형품 외에 적층품, 도료 등에도 사용된다.

45. 코일스프링의 소선지름(d)을 스프링의 처짐량식에서 구하고자 할 때, 다음 중 반드시 필요한 요소가 아닌 것은?

㉮ 하중(P)　　　　　　　　　㉯ 스프링의 길이(L)
㉰ 소선의 전단탄성계수(G)　　㉱ 코일스프링 전체의 평균지름(D)

해설 $\sigma = \dfrac{8nWD^3}{Gd^4}$ 여기서 G: 재료의 가로 탄성 계수, d: 소선 지름, n: 유효 권수, W: 하중, D: 평균 지름

46. 그림과 같이 길이 1m의 사각단면인 외팔보에 최대처짐을 0.2cm로 제한하고자 한다. 이 보에 작용하는 집중하중 P는 약 몇 kN이어야 하는가? (단, 재료의 세로탄성계수는 $2 \times 10^5 \text{N/mm}^2$이다.)

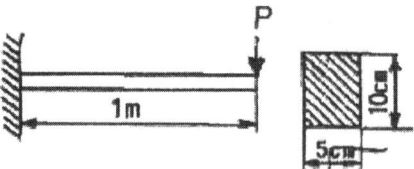

㉮ 3　　㉯ 5　　㉰ 7　　㉱ 9

해설 $\delta = \dfrac{P\ell^3}{3EI} = \dfrac{12P\ell^3}{3Ebh^3}$ 에서

$P = \dfrac{\delta 3Ebh^3}{12\ell^3} = \dfrac{2 \times 3 \times 2 \times 10^5 \times 50 \times 100^3}{12 \times 1000^3} = 5000\text{N} = 5\text{kN}$

47. 두 축이 평행하고, 두 축의 중심선이 약간 어긋났을 경우에 각속도의 변화 없이 토크를 전달시키려고 할 때 사용하는 축이음은?

정답　44. ㉱　45. ㉯　46. ㉯　47. ㉯

㉮ 머프 커플링　　　　　　　　　㉯ 올덤 커플링
㉰ 플랜지 커플링　　　　　　　　㉱ 클램프 커플링

해설
- 머프 커플링: 간단한 축이음의 일종으로 축과의 결합에 압입키를 사용하여 슬리브로 2축을 결합한다.
- 올덤 커플링: 플랙시블 커플링의 한 종류로 축이 평행일 때 사용할 수 있고, 축의 각이 틀어져 있을 때는 유니버설 커플링을 사용해야 한다.
- 플랜지 커플링: 플랜지를 볼트로 체결하여 두 축을 일체가 되게 연결하는 전동축용 이음 방식이다.
- 클램프 커플링: 축 양단을 단단히 죄어 고정시키는데 사용하는 이음쇠

48. 리벳이음의 효율에 대한 설명으로 틀린 것은?

㉮ 리벳이음의 효율에는 판의 효율과 리벳 효율이 있다.
㉯ 리벳이음의 설계에서 리벳의 효율은 판의 효율보다 2배 크게 한다.
㉰ 판 효율은 구멍이 없는 판에 대한 구멍이 있는 판의 인장강도 비로 나타낸다.
㉱ 리벳 효율은 구멍이 없는 판의 인장강도에 대한 리벳의 전단강도 비를 말한다.

해설 설계를 할 때는 항상 취약한 부분을 기준으로 설계해야 안전하다. 리벳 효율이 작고 강판의 효율이 크면 최대 하중을 가했을 때 리벳이 먼저 끊어진다. 반대로 강판의 효율이 작고 리벳의 효율이 크면 강판이 먼저 끊어진다. 리벳 효율과 판재 효율은 같도록 설계해야 한다.

49. 연삭숫돌의 결함에서 숫돌 입자의 표면이나 기공이 칩칩이 메워져서 칩을 처리하지 못하여 연삭성이 나빠지는 현상은?

㉮ 눈메움　　　　㉯ 트루잉　　　　㉰ 드레싱　　　　㉱ 무딤

해설
- 눈메움(로딩) 현상: 기공이나 입자 사이에 연삭가공에 의해 발생한 칩이 끼는 현상을 말하는데, 연삭 입자표면이 무디어지므로 연삭능률이 저하되게 된다.
- 트루잉: 연삭하려는 부품의 형상으로 연삭숫돌을 성형, 또는 연삭으로 인해 숫돌형상이 무디어지거나 변화된 것을 바르게 고치는 가공
- 드레싱: 흠집난 부분을 덮어 원자재를 보호하는 것
- 무딤: 칼이나 송곳 등의 끝이나 날이 날카롭지 못함

50. 두랄루민(duralumin)의 전체 성분에서 원소 함유량이 가장 많은 것은?

㉮ Fe　　　　㉯ Mg　　　　㉰ Zn　　　　㉱ Al

해설 두랄루민은 강하고 단단하며 가벼운 알루미늄을 말한다. 두랄루민은 알루미늄 95%, 구리 4%, 마그네슘 0.5%, 망가니즈 0.5% 이다.

51. 두 축이 평행하지도 교차하지 않는 경우 사용하는 기어는?

㉮ 베벨기어　　　　㉯ 스퍼기어　　　　㉰ 헬리컬기어　　　　㉱ 하이포이드기어

해설 두 축이 평행하지도 않고 만나지도 않는 축 사이의 동력을 전달하는 기어:
① 원통 웜 기어 ② 장고형 웜 기어 ③ 나사 기어 ④ 하이포이드 기어
[참고] 두 축이 서로 평행할 때 사용하는 기어
① 스퍼기어 ② 랙 (rack) ③ 내접 기어 ④ 헬리컬 기어 ⑤ 헬리컬 랙 ⑥ 더블 헬리컬 기어

정답 48. ㉯　49. ㉮　50. ㉱　51. ㉱

52. 다음 중 강인성을 증가시켜 내열, 내식, 내마모성이 풍부하기 때문에 주로 기어, 핀, 축류에 사용되는 기계구조용 합금강은?

㉮ SS 490　　　㉯ SM 45C　　　㉰ SM 400A　　　㉱ SNC 415

53. 단면적이 25cm^2인 원형기둥에 10kN의 압축하중을 받을 때 기둥 내부에 생기는 압축응력은 몇 MPa인가?

㉮ 0.4　　　㉯ 4　　　㉰ 40　　　㉱ 400

해설 $\sigma = \dfrac{P}{A} = \dfrac{10 \times 10^{-3}}{25 \times 10^{-4}} = 4(\text{MPa})$

54. 축과 보스 사이에 2~3곳을 축 방향으로 쪼갠 원뿔을 때려박아 축과 보스를 헐거움 없이 고정할 수 있는 키는?

㉮ 평 키　　　㉯ 접선 키　　　㉰ 원뿔 키　　　㉱ 반달 키

해설
- 평 키: 보스에는 키 홈을 파지만, 축에는 홈을 파지 않고 카 폭만큼 평면으로 마무리한 구배키. 비교적 경하중의 경우 사용된다.
- 접선 키: 키 홈을 축의 접선 방향으로 내어 서로 반대 방향의 구배를 가진 2개의 키를 짝지은 것. 강력한 체결법의 하나이다.
- 원뿔 키: 보스의 내면에 설치한 원뿔면과 축 표면과의 사이에서 축과 보스와의 교착에 사용하는 키
- 반달 키: 축과 기어·풀리 등을 고정하는 기계 부품으로 자동차, 공작기계, 모터 등에 사용된다.

55. 일명 미끄럼 키라고도 하며 회전 토크를 전달함과 동시에 보스가 축 방향으로 이동할 수 있는 키는?

㉮ 평 키　　　㉯ 새들 키　　　㉰ 페더 키　　　㉱ 반달 키

해설
- 평 키: 보스에는 키 홈을 파지만, 축에는 홈을 파지 않고 카 폭만큼 평면으로 마무리한 구배키. 비교적 경하중의 경우 사용된다.
- 새들 키: 축에는 가공하지 않고 보스에만 키 홈을 파서 사용한 경사 키. 박은 마찰력으로 회전을 전달하므로 가벼운 하중에 사용한다.
- 페더 키: 축과 같이 회전하면서 축선 방향으로 미끄럼 운동을 하는 키
- 반달 키: 반 원판형의 키를 말한다. 키는 축과 기어·풀리 등을 고정하는 기계 부품으로 자동차, 공작기계, 모터 등에 많이 사용된다.

56. 진양정이 30m이고, 급수량이 $1.2\text{m}^3/\text{min}$인 펌프를 설계할 때, 펌프의 효율을 0.75로 하면 펌프의 축 동력은 약 몇 kW인가?

㉮ 5.7　　　㉯ 7.8　　　㉰ 8.7　　　㉱ 10.5

해설 $P_0 = \dfrac{PQ}{\eta} = \dfrac{rHQ}{\eta} = \dfrac{9.8 \times 30 \times 1.2}{0.75 \times 60} = 7.84\text{kW}$

57. 유압기기에 사용되는 유압 작동유의 구비조건으로 옳은 것은?

정답 52. ㉱　53. ㉯　54. ㉰　55. ㉰　56. ㉯　57. ㉰

㉮ 열팽창 계수가 클 것 ㉯ 압축률(압축성)이 높을 것
㉰ 증기압이 낮고 비점이 높을 것 ㉱ 열전달율이 낮고 비열이 작을 것

해설 유압 작동유의 구비조건
① 비압축성 유체이어야 한다.
② 녹이나 부식이 발생하지 않아야 한다.
③ 열전달율이 높아 열을 잘 방출시키는 성질(방열성)이 좋아야 한다.
④ 오랜 시간 사용해도 물리적으로, 화학적으로 안정해야 한다.
⑤ 인화점과 발화점이 높아 비인화성 물질이어야 한다.
⑥ 주위 환경 변화에 따른 점도 변화가 적은 유체여야 한다.
⑦ 윤활성과 유도성이 좋아야 한다.
⑧ 소포성(유체내 기포가 발생 시 기포를 제거)이 좋아야 한다.
⑨ 증기압과 비중, 열팽창계수가 작고, 비등점과 비열은 커야 한다.
⑩ 체적 탄성계수는 커야 한다.
⑪ 공동현상에 대한 저항이 커야 한다.

58. 마이크로미터의 측정면이나 블록 게이지의 측정면과 같이 비교적 작고, 정밀도가 높은 측정물의 평면도 검사에 사용하는 측정기로 가장 적합한 것은?

㉮ 옵티컬 플랫 ㉯ 윤곽 투영기
㉰ 오토 콜리메이터 ㉱ 컴비네이션 세트

해설
• 옵티컬 플랫: 수정(水晶) 또는 광학 유리로서 만들어진 정확한 평행 평면 정반으로 평행도를 측정하는 측정구
• 윤곽 투영기: 나사·게이지·기계부품 등의 피검물을 광학적으로 정확한 배율로 확대하고 투영하여 스크린에서 그 형상이나 치수, 각도 등을 측정하는 장치
• 오토 콜리메이터: 거울 등의 평면 법선 방향을 광학적으로 구하는 방법인 오토 콜리메이션을 이용하여 미소각의 차이, 변화 또는 진동 등을 측정하는 광학기계
• 컴비네이션 세트: 연결기구 세트를 말한다.

59. 다음 중 아크 용접에서 언더 컷(under cut)의 발생 원인으로 가장 적합한 것은?

㉮ 전류 부족, 용접 속도 빠름 ㉯ 전류 부족, 용접 속도 느림
㉰ 전류 과대, 용접 속도 빠름 ㉱ 전류 과대, 용접 속도 느림

해설 언더 컷이란 용접 끝단에 생기는 작은 홈을 말한다. 원인은 아크 길이가 길 때, 운봉 속도가 너무 빠를 때 생기는데, 전류를 적절히 조정하고, 아크 길이를 짧게 유지하며, 너무 빨리 운봉하지 않아야 한다.

60. 주조형 목형(원형)을 실물치수보다 크게 만드는 가장 중요한 이유는?

㉮ 코어를 넣기 때문이다. ㉯ 잔형을 덧붙임하기 때문이다.
㉰ 주형의 치수가 크기 때문이다. ㉱ 수축여유와 가공여유를 고려하기 때문이다.

(전기제어 공학)

61. 변압기 정격 1차 전압의 의미로 옳은 것은?

정답 58. ㉮ 59. ㉰ 60. ㉱ 61. ㉮

㉮ 정격 2차 전압에 권수비를 곱한 것이다.
㉯ 1/2부하를 걸었을 때의 1차 전압이다.
㉰ 무부하일 때의 1차 전압이다.
㉱ 정격 2차 전압에 효율을 곱한 것이다.

해설 $a = \dfrac{V_1}{V_2}$ 에서 $V_1 = aV_2(V)$

62. 100V, 60Hz의 교류전압을 어느 커패시터에 가하니 2A의 전류가 흘렀다. 이 커패시터의 정전용량은 약 몇 μF 인가?

㉮ 26.5   ㉯ 36   ㉰ 53   ㉱ 63.6

해설 $I = \dfrac{V}{X_c}[A]$ 에서 $I = 2\pi fCV[A]$

$\therefore C = \dfrac{I}{2\pi fV} = \dfrac{2}{2 \times 3.14 \times 60 \times 100} = 0.000053(F) = 53\mu F$

※ $1F = 10^6 \mu F$

63. 다음의 정류회로 중 리플전압이 가장 적은 회로는? (단, 저항부하를 사용한 경우이다.)

㉮ 3상 반파 정류회로
㉯ 3상 전파 정류회로
㉰ 단상 반파 정류회로
㉱ 단상 전파 정류회로

해설 리플전압의 크기 : 단상반파정류회로 > 단상전파정류회로 > 3상반파정류회로 > 3상전파정류회로

64. 개루프(open loop) 제어시스템을 폐루프(closed loop) 제어시스템으로 변경하면 루프 이득은 어떻게 되는가?

㉮ 불변이다.
㉯ 증가한다.
㉰ 감소한다.
㉱ 증가하다가 감소한다.

65. 그림과 같은 회로의 합성 임피던스는?

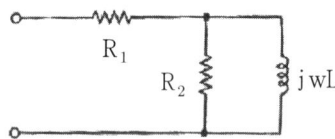

㉮ $\dfrac{R_1 + R_2 jwL}{R_2 + jwL}$

㉯ $R_1 + R_2 \dfrac{jwL}{R_2 + jwL}$

㉰ $jwL + \dfrac{R_1 + R_2}{R_1 R_2}$

㉱ $R_1 + R_2 + jwL$

해설 R_2와 jwL은 병렬이다. 또한 이것과 R_1과는 직렬이다. 그러므로

$Z = R_1 + \dfrac{R_2 \times jwL}{R_2 + jwL}(\Omega)$

정답 62. ㉰ 63. ㉯ 64. ㉯ 65. ㉯

66. 그림과 같은 유접점 시퀀스회로의 논리식은?

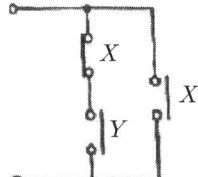

㉮ $(y - \overline{x})x$
㉯ $(\overline{x} + y)x$
㉰ $x - y\overline{x}$
㉱ $\overline{x}y + x$

해설 $\overline{x}$와 y는 직렬이며 이것과 x는 병렬이므로 $\overline{x}y + x$

67. 자동제어를 분류할 때 제어량에 의한 분류가 아닌 것은?

㉮ 정치제어 ㉯ 서보기구 ㉰ 프로세스제어 ㉱ 자동조정

해설 1. 제어량에 의한 분류
① 프로세스제어: 온도, 유량, 압력, 농도, 습도, 비중 등을 제어량으로 하는 제어
② 서보기구: 물체의 위치, 방위, 자세 등을 제어량으로 하는 제어
③ 자동조정: 속도, 회전력, 전압, 주파수, 역률 등을 제어량으로 하는 제어
2. 목표값의 시간적 변화에 따른 분류
① 정치제어: 목표값이 시간에 따라 변화하지 않는 일정한 경우의 제어(예: 프로세스제어, 자동조정)
② 추종제어: 미지의 시간적 변화를 하는 목표값에 제어량을 추종시키기 위한 제어(예: 서보기구)
③ 비율제어: 둘 이상의 제어량을 소정의 비율로 제어하는 것(예: 보일러의 자동연소제어)
④ 프로그램 제어: 목표값이 미리 정해진 시간적 변화를 하는 경우 제어량을 그것에 추종시키기 위한 제어
 (예: 열차 · 산업 로봇의 무인운전)

68. 전달함수의 특성에 관한 내용으로 틀린 것은?

㉮ 전달함수는 선형제어계에서만 정의된다.
㉯ 전달함수를 구할 때 제어계의 초기 값을 "1"로 한다.
㉰ 전달함수는 제어계의 입력과는 관계없다.
㉱ 단위임펄스 함수에 대한 출력이 임펄스 응답일 때 전달함수는 임펄스응답의 라플라스변환으로 정의된다.

해설 전달함수를 구할 때 제어계의 초기 값은 '0'으로 한다.

69. 인가전압을 변화시켜 전동기의 회전수를 800rpm으로 하고자 한다. 이 경우 회전수는 다음 중 어느 것에 해당되는가?

㉮ 동작신호 ㉯ 기준값 ㉰ 조작량 ㉱ 제어량

해설 800rpm은 출력이므로 제어량에 해당된다.

70. 그림과 같은 블록선도가 의미하는 요소는?

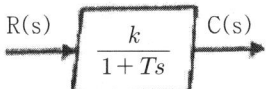

㉮ 비례 요소 ㉯ 미분 요소
㉰ 1차 지연 요소 ㉱ 2차 지연 요소

정답 66. ㉱ 67. ㉮ 68. ㉯ 69. ㉱ 70. ㉰

해설 • 비례요소: K • 미분요소: KS • 적분요소: $\frac{K}{S}$

• 1차 지연 요소: $\frac{K}{1+TS}$ 여기서 T : 시정수

• 2차 지연 요소: $\frac{\omega_n^2}{s^2+2\zeta\omega_n s+\omega_n^2}$ 여기서 ζ : 제동비, ω_n : 고유 각주파수

71. 그림과 같은 피드백 제어계의 전달함수는?

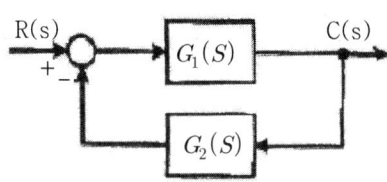

㉮ $\frac{1}{G_1(s)}+\frac{1}{G_2(s)}$ ㉯ $\frac{G_1(s)}{1-G_1(s)G_2(s)}$

㉰ $\frac{G_1(s)}{1+G_1(s)G_2(s)}$ ㉱ $\frac{G_1(s)G_2(s)}{1+G_1(s)G_2(s)}$

블록선도	전달함수
$R(S) \to G_1 \to G_2 \to C(S)$	$G=\frac{C(s)}{R(s)}=G_1 G_2$
$R(S) \to +/- \to G \to C(S)$ (피드백)	$G=\frac{C(s)}{R(s)}=\frac{G}{1+G}$
$R(S) \to G_1 \to +/+ \to C(S)$, G_2 피드백	$G=\frac{C(s)}{R(s)}=\frac{G_1}{1-G_2}$
$R(S) \to +/- \to G_1 \to C(S)$, G_2 피드백	$G=\frac{C(s)}{R(s)}=\frac{G_1}{1+G_1 G_2}$

72. 열차의 무인운전이나 열처리로의 온도제어는?

㉮ 정치제어 ㉯ 추종제어 ㉰ 비율 제어 ㉱ 프로그램 제어

정답 71. ㉰ 72. ㉱

해설 ① 정치제어: 일정한 목표값을 유지하는 것을 목적으로 한다(예: 자동조정, 프로세스 제어).
② 추종제어: 미지의 임의 시간적 변화를 목표값에 제어량을 추종시키는 것을 목적으로 한다(예: 대공포의 포신).
③ 비율제어: 둘 이상의 제어량을 소정의 비율로 제어하는 것(예: 보일러의 자동연소제어, 암모니아 합성 프로세스 제어 등)
④ 프로그램 제어: 목표값이 미리 정해진 시간적 변화를 하는 경우 제어량을 그것에 추종시키기 위한 제어(예: 열차 · 산업 로봇의 무인운전 등)

73. 자기인덕턴스가 L_1, L_2, 상호인덕턴스가 M인 결합회로의 결합계수가 1이라면 그 관계식은 어떻게 되는가?

㉮ $L_1L_2 = M$　　㉯ $\sqrt{L_1L_2} = M$　　㉰ $\sqrt{L_1L_2} > M$　　㉱ $L_1L_2 > M$

해설 $M = K\sqrt{L_1L_2}$ (H)에서 K는 1이므로 $M = \sqrt{L_1L_2}$ (H)

74. 그림의 시퀀스회로에서 전자계전기(relay) R의 a접점(normal open)의 역할은? (단, A와 B는 푸시버튼 스위치이다.)

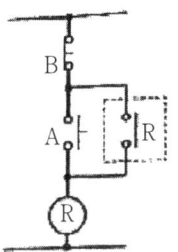

㉮ 인터록
㉯ 자기유지
㉰ 지연논리
㉱ NAND논리

해설 자기유지 회로: 기동용 버튼을 눌러 계전기(relay)가 여자되어 그것의 a접점이 기동용 버튼과 병렬로 된 회로

75. 평형 3상 Y결선의 상전압의 크기가 V_p(V)일 때 선간전압(V_ℓ)의 크기는 몇 V인가?

㉮ $3V_p$　　㉯ $\sqrt{3}\,V_p$　　㉰ $V_p/\sqrt{3}$　　㉱ $V_p/3$

해설 ① Y결선: $V_\ell = \sqrt{3}\,V_p$, $I_\ell = I_p$ 여기서 V_ℓ: 선간전압, V_p: 상전압, I_ℓ: 선전류, I_p: 상전류
② △결선: $V_\ell = V_p$, $I_\ell = \sqrt{3}\,I_p$

76. 그림의 (a)의 병렬로 연결된 저항회로에서 전류 I와 I_1의 관계를 그림 (b)의 블록선도로 나타낼 때 G(s)에 들어갈 전달함수는?

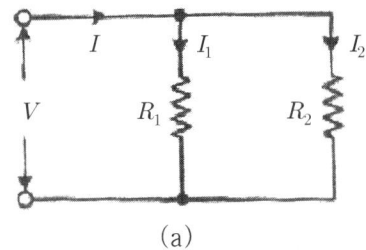
(a)

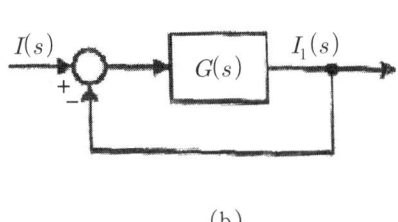
(b)

정답 73. ㉯　74. ㉯　75. ㉯　76. ㉯

㉮ R_1/R_2　　　㉯ R_2/R_1　　　㉰ $1/R_1R_2$　　　㉱ $1/R_1+R_2$

해설 I_1전류는 R_1에 반비례, R_2에 비례한다.
$$I_1 \propto \frac{R_2}{R_1}$$

77. $G(j\omega) = j0.1\omega$ 시스템에서 $\omega = 0.01$ rad/sec일 때 이 시스템의 이득은 몇 dB인가?

㉮ -100　　　㉯ -80　　　㉰ -60　　　㉱ -40

해설 $g = 20\log|G(j\omega)| = 20\log|0.001j| = 20\log|\frac{1}{1000}j| = 20\log|10^{-3}j| = $ -60dB

78. 그림과 같은 논리회로의 논리식은?

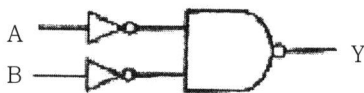

㉮ $\overline{A}+\overline{B}$　　　㉯ $A+B$　　　㉰ $\overline{A}+B$　　　㉱ AB

해설 $Y = \overline{\overline{A}\,\overline{B}} = \overline{\overline{A}}+\overline{\overline{B}} = A+B$

79. 무효전력을 나타내는 단위는?

㉮ VA　　　㉯ W　　　㉰ Var　　　㉱ Wh

해설 • VA: 파상전력 • W: 유효전력 • Var: 무효전력

80. 2Ω의 저항 10개가 있다. 이 저항들을 직렬로 연결한 합성저항은 병렬로 연결한 합성저항의 몇 배인가?

㉮ 150　　　㉯ 100　　　㉰ 50　　　㉱ 10

해설 ① 직렬 접속시: $r_s = nr = 10 \times 2 = 20(\Omega)$
② 병렬 접속시: $r_p = \frac{r}{n} = \frac{2}{10} = 0.2$
∴ 직렬접속 했을 때의 저항이, 병렬접속 했을 때의 저항보다 100배 더 크다.

정답 77. ㉰　78. ㉯　79. ㉰　80. ㉯

Part 06 CBT 대비 실전 기출문제 II

\<2020년\>

승강기 기사 기출문제 (2020. 6. 7)
승강기 기사 기출문제 (2020. 9. 26)
승강기 산업기사 기출문제 (2020. 6. 6)
승강기 산업기사 기출문제 (2020. 8. 22)

\<2021년\>

승강기 기사 기출문제 (2021. 3. 7)
승강기 기사 기출문제 (2021. 5. 15)
승강기 기사 기출문제 (2021. 9. 12)

\<2022년\>

승강기 기사 기출문제 (2022. 3. 5)
승강기 기사 기출문제 (2022. 4. 24)

승강기 기사 기출문제
(2020. 6. 7)

(승강기 개론)

1. 엘리베이터의 신호장치 중 홀 랜턴(hall lantern)이란?

㉮ 엘리베이터가 고장중임을 나타내는 표시등
㉯ 엘리베이터가 정상운행중임을 나타내는 표시등
㉰ 엘리베이터의 현재 위치의 층을 나타내는 표시등
㉱ 엘리베이터의 올라감과 내려감을 나타내는 방향등

해설 홀 랜턴(hall lantern): 군관리 방식에서 상승과 하강을 나타내는 커다란 방향등으로 그 엘리베이터가 정지 예정인 승강장에 점등과 차임(chime)을 동시에 울려 승객에게 알린다.

2. 엘리베이터용 주행안내(가이드) 레일을 선정할 때 고려해야 할 요소로 관계가 가장 적은 것은?

㉮ 관성력　　㉯ 좌굴하중　　㉰ 수평진동력　　㉱ 회전모멘트

해설 가이드 레일 선정 시 고려해야 할 요소
① 안전장치가 작동했을 때 좌굴하지 않는 지에 대한 점검
② 지진 발생 시 레일의 휘어짐이 한도를 넘거나, 레일의 응력이 탄성한계를 넘으면 카 또는 균형추가 레일에서 벗어나지 않는지에 대한 점검
③ 불균형한 큰 하중을 적재 시 또는 그 하중을 올리고 내릴 때 카에 큰 회전 모멘트가 걸리는데, 레일이 지탱할 수 있는지에 대한 점검

3. 전기식 엘리베이터의 트랙션 능력에 대한 설명으로 틀린 것은?

㉮ 가속도가 클수록 미끄러지기 쉽다.
㉯ 와이어로프의 권부각이 클수록 미끄러지기 쉽다.
㉰ 와이어로프와 도르래의 마찰계수가 작을수록 미끄러지기 쉽다.
㉱ 카측과 균형추측의 장력비가 트랙션 능력에 근접할수록 미끄러지기 쉽다.

해설 와이어로프의 권부각이 클수록 미끄러지지 않는다.

4. 주차장법령에 따른 기계식주차장치 안에서 자동차를 입·출고 하는 사람이 출입하는 통로의 크기로 맞는 것은?

㉮ 너비 : 30cm 이상, 높이 : 1.6m 이상　　㉯ 너비 : 50cm 이상, 높이 : 1.8m 이상
㉰ 너비 : 60cm 이상, 높이 : 2m 이상　　㉱ 너비 : 80cm 이상, 높이 : 2m 이상

해설 기계식 주차장치 출입구의 크기
① 중형: 출입구의 크기가 너비 2.3m이상, 높이 1.6m이상 (단, 사람이 통행할 경우 1.8m이상)일 것
② 대형: 출입구의 크기가 너비 2.4m이상, 높이 1.9m이상

정답 1. ㉱　2. ㉮　3. ㉯　4. ㉯

※ 보행자 통로의 크기는 너비 0.5m이상, 높이 1.8m이상이어야 한다.

5. 사람이 출입할 수 없도록 정격하중이 300kg이하이고, 정격속도가 1m/s이하인 엘리베이터는?

㉮ 화물용 엘리베이터　　　　　　　　㉯ 자동차용 엘리베이터
㉰ 주택용(소형) 엘리베이터　　　　　㉱ 소형화물용 엘리베이터(덤웨이터)

해설 덤웨이터는 사람이 아닌 물건을 운반하기 위한 간이 화물용 승강기인데, 승강장의 문(출입구)의 위치에 따라 테이블 타입(Table type)과 플로어 타입(Floor type)으로 분류된다.
규격은 정격하중이 300kg 이하이고, 바닥면적은 1m²이하, 그리고 정격속도는 1m/s 이하 이어야 한다.

6. 에스컬레이터에서 난간의 끝부분으로 콤 교차선부터 손잡이 곡선 반환부까지의 난간구역을 무엇이라 하는가?

㉮ 뉴얼　　　　㉯ 스커트　　　　㉰ 하부 내측데크　　　　㉱ 스커트 디플렉터

해설
• 뉴얼(Newel)은 에스컬레이터 또는 무빙워크에서 난간이 승강구에서 반원의 형상으로 돌출하여 핸드레일이 뒤집히는 부분을 말한다.
• 스커트 가드(skirt guard)는 에스컬레이터나 수평보행기의 내측판 하부에 있으며 발판의 측면과 작은 틈새를 보호하는 패널을 말한다.
• 스커트 디플렉터(skirt deflector)는 에스컬레이터의 스텝(step)과 측면벽에 신체의 일부나 신발 등이 끼이지 않도록 한다.

7. 과속조절기(조속기)에 대한 설명으로 틀린 것은?

㉮ 과속검출 스위치는 카가 미리 정해진 속도를 초과하여 하강하는 경우에만 동작된다.
㉯ 과속조절기(조속기)에는 추락방지안전장치(비상정지장치)의 작동과 일치하는 회전방향이 표시되어야 한다.
㉰ 캡티브 롤러 형을 제외한 즉시 작동형 추락방지안전장치(비상정지장치)의 경우 0.8m/s 미만의 속도에서 작동해야 한다.
㉱ 추락방지안전장치(비상정지장치)의 작동을 위한 과속조절기(조속기)는 정격속도의 115% 이상의 속도에서 작동되어야 한다.

해설 과속조절기(조속기): 카와 같은 속도로 움직이는 과속조절기 로프에 의해 회전되어 항상 카의 속도를 감지하여 그 속도를 검출하는 장치이다. 카 추락방지안전장치의 작동을 위한 과속조절기는 정격속도의 115% 이상의 속도 그리고 다음과 같은 속도 미만에서 작동되어야 한다.
① 고정된 롤러 형식을 제외한 즉시 작동형 추락방지안전장치: 48m/min
② 고정된 롤러 형식의 추락방지안전장치: 60m/min
③ 완충효과가 있는 즉시 작동형 추락방지안전장치 및 정격속도가 60m/min 이하의 엘리베이터에 사용되는 점차 작동형 추락방지안전장치: 90m/min
④ 정격속도가 60m/min를 초과하는 엘리베이터에 사용되는 점차 작동형 추락방지안전장치: $1.25V + 0.25/V$ m/s

8. 엘리베이터의 조작방식 중 다음과 같은 방식은?

> 먼저 눌러진 호출 단추에 의하여 운전되고 그 운전이 완료될 때까지는 다른 부름에는 일체 응하지 않으며, 화물용에 많이 사용되는 방식

정답 5. ㉱　6. ㉮　7. ㉮　8. ㉮

㉮ 단식자동식   ㉯ 승합전자동식   ㉰ 군승합자동식   ㉱ 하강승합전자동식

해설 ① 단식 자동식(single automatic type): 가장 먼저 눌러진 호출에만 응답하고, 운행 중 다른 호출에는 응하지 않는다. 자동차용 및 화물용에 적합하다.
② 승합 전자동식: 승강장의 누름버튼은 상·하 2개가 있고 동시에 기억시킬 수 있다. 카 진행방향의 누름버튼과 승강장의 누름버튼에 응답하면서 오르고 내린다. 1대의 승용 엘리베이터는 이 방식을 채용하고 있다.
③ 군승합 전자동식: 엘리베이터 2~3대가 병설 되었을 때 주로 사용되는 방식. 1대의 승강장 부름에 1대의 카만 응답하여 필요 없는 운전을 줄인다.
④ 하강 승합 자동식(down collective automatic type): 2층 이상의 승강장에는 내림방향의 버튼밖에 없다. 중간층에서 위 방향으로 올라갈 때에는 1층까지 내려와서 카 버튼으로 목적층을 등록시켜 올라가야 한다. 아파트 등에서 사생활 침해나 방범 목적으로 사용된다. (예: 홍콩, 유럽 등)

9. 과속조절기(조속기) 도르래의 회전을 베벨기어에 의해 수직축의 회전으로 변환하고, 이 축의 상부에서부터 링크 기구에 의해 매달린 구형의 진자에 작용하는 원심력으로 추락방지안전장치(비상정지장치)를 작동시키는 과속조절기는?

㉮ 디스크 형   ㉯ 스프링 형   ㉰ 플라이 볼형   ㉱ 롤 세이프티 형

해설 ① 디스크(Disk) 형: 엘리베이터가 설정된 속도에 달하면 원심력에 의해 진자가 움직이고 가속 스위치를 작동시켜서 정지시킨다. 방식에는 추형 캐치에 의해 로프를 붙잡아 추락방지안전장치를 작동시키는 추형 방식과 도르래 홈과 로프의 마찰력으로 슈(shoe)를 동작시켜 로프를 잡는 슈형 방식이 있다.
② 플라이볼(Fly Ball) 형: 과속조절기 시브의 회전을 베벨기어에 의해 수직축의 회전으로 변환하고 이 축의 상부에서부터 링크(link) 기구에 의해 매달린 구형의 진자에 작용하는 원심력으로 작동하는 과속조절기이다. 고속 엘리베이터에 많이 이용된다.
③ 롤 세이프티(Roll Safety) 형: 엘리베이터가 과속 시 과속 스위치가 이를 검출하여 동력 전원 회로를 차단하고 전자 브레이크를 작동시켜서, 과속조절기 시브의 회전을 정지시켜, 과속조절기 시브홈과 로프 사이의 마찰력으로 비상정지 시키는 과속조절기이다.

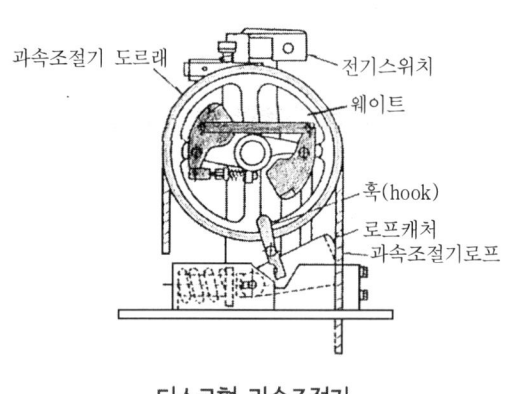

디스크형 과속조절기   플라이볼 과속조절기

10. 주행안내(가이드) 레일 중 T형 레일의 규격으로 틀린 것은?

㉮ 8K   ㉯ 15K   ㉰ 24K   ㉱ 30K

해설 T형 레일의 규격:

정답 9. ㉰ 10. ㉯

① 레일 호칭은 마무리 가공 전 소재의 1m당 중량으로 한다.
② 보통 T형 레일을 사용하는데 공칭은 8K, 13K, 18K, 24K이나, 대용량 엘리베이터에서는 37K, 50K 등도 사용된다.
③ 레일의 표준길이는 5m이다.

11. 엘리베이터에서 카의 안전한 운행을 좌우하는 구동기 또는 제어시스템의 어떤 하나의 결함으로 인해 승강장문이 잠기지 않고 카문이 닫히지 않은 상태로 카가 승강장으로부터 벗어나는 개문출발을 방지하거나 카를 정지시킬 수 있는 장치는?

㉮ 상승과속방지장치
㉯ 개문출발방지장치
㉰ 과속조절기(조속기)
㉱ 추락방지안전장치(비상정지장치)

해설 개문출발 방지장치는 카의 안전한 운행을 좌우하는 권상기 또는 제어시스템의 고장 시(승강장 문이 열린 상태, 카문이 열린 상태) 카가 승강장에서 벗어나는 움직임을 정지시킬 수 있는 수단이다.

12. 에스컬레이터 안전기준에 따라 공칭속도가 0.5m/s, 디딤판(스텝) 폭이 0.6m인 에스컬레이터에 대한 시간당 수송능력은?

㉮ 3000 명/h   ㉯ 3600 명/h   ㉰ 4400 명/h   ㉱ 4800 명/h

해설

스텝/팔레트 폭[m]	공칭 속도 v[m/s]		
	0.5	0.65	0.75
0.6	3,600명/h	4,400명/h	4,900명/h
0.8	4,800명/h	5,900명/h	6,600명/h
1	6,000명/h	7,300명/h	8,200명/h

13. 승강기 안전관리법에 따른 용도별 승강기의 세부종류 중 사람의 운송과 화물 운반을 겸용하기에 적합하게 제조·설치된 엘리베이터는?

㉮ 화물용 엘리베이터
㉯ 승객용 엘리베이터
㉰ 자동차용 엘리베이터
㉱ 승객화물용 엘리베이터

14. 종단층 강제감속장치에 대한 설명으로 틀린 것은?

㉮ 2단 이하의 감속제어가 되어야 한다.
㉯ 1G ($9.8m/s^2$)를 초과하지 않는 감속도를 제공하여야 한다.
㉰ 카 추락방지안전장치(비상정지장치)를 작동시키지 않아야 한다.
㉱ 종단층 강제감속장치는 카 상단, 승강로 내부 또는 기계실 내부에 위치하여야 한다.

해설 종단층 강제감속장치는 2단 이상의 감속제어가 되어야 한다.

15. 유압식 엘리베이터의 파워유니트에서 유압잭에 이르는 압력배관의 도중에 설치한 수동밸브로 보수 점검 및 수리의 용도로 사용하는 것은?

정답 11. ㉯ 12. ㉯ 13. ㉱ 14. ㉮ 15. ㉯

㉮ 사일런서 ㉯ 스톱밸브 ㉰ 스트레이너 ㉱ 상승용 유량제어밸브

해설 ① 사일런서: 자동차의 머플러와 같이 작동유의 압력맥동을 흡수하여 진동·소음을 감소시키는 역할을 한다.
② 스톱밸브: 유압파워유니트와 실린더 사이의 압력배관에 설치되며, 이것을 닫으면 실린더의 기름이 파워유니트로 역류하는 것을 방지하는 것이다. 이 장치는 유압장치의 보수, 점검 또는 수리 등을 할 때에 사용된다.
③ 스트레이너: 펌프 흡입측의 고형물을 제거하는 장치를 말한다.
④ 상승용 유량제어 밸브: 펌프에서 토출된 작동유의 대부분이 실린더로 향하지만, 일부는 상승용 전자밸브에 의해 조정되는 유량제어밸브를 통하여 탱크로 되돌려진다. 즉, 탱크로 되돌려지는 유량을 제어하여 램(RAM, 구: 플런저)의 상승속도를 간접적으로 처리하는 밸브이다.

16. 승강장문, 카문의 접점과 문 잠금장치의 유지관리를 위해 제어반 또는 비상운전 및 작동시험을 위한 장치에는 어떤 장치가 제공되어야 하는가?

㉮ 음향신호장치 ㉯ 종단정지장치
㉰ 바이패스장치 ㉱ 비상전원공급장치

17. 엘리베이터 기계실에 설치되면 안 되는 것은?

㉮ 권상기 ㉯ 제어반
㉰ 과속조절기(조속기) ㉱ 추락방지안전장치(비상정지장치)

해설 추락방지안전장치는 카 또는 균형추가 정격속도 이상의 과속도로 하강할 때 강제적인 힘으로 가이드레일을 정지시키는 안전장치이다. 종류에는 즉시 작동형과 점차 작동형이 있다. 즉시 작동형 동작은 가이드레일을 감싸고 있는 블록과 레일 사이에 롤러(roller)를 물려서 카를 정지시키는 구조이다. 또한 점차 작동형은 카가 정지할 때까지 가이드레일을 죄는 형태이다.

18. 시브(Sheave)의 홈 형상 중 언더 컷 형상을 사용하는 주된 이유는?

㉮ U홈보다 시브의 마모가 적기 때문에
㉯ U홈보다 로프의 수명이 늘어나기 때문에
㉰ U홈과 V홈의 장점을 가지며 트렉션 능력이 크기 때문에
㉱ U홈보다 마찰계수가 작아 접촉면의 면압을 낮추기 때문에

해설 언더컷 홈: U홈과 V홈의 중간적 특성을 갖는 홈형으로 가장 일반적으로 사용되고 있다.

V홈   언더컷 홈   U홈

19. 에너지 분산형 완충기는 카에 정격하중을 싣고 정격속도의 115%의 속도로 자유낙하하여 완충기에 충돌할 때, 평균 감속도(g_n)는 얼마 이하이어야 하는가?

정답 16. ㉱ 17. ㉱ 18. ㉰ 19. ㉰

㉮ 0.1　　　㉯ 0.5　　　㉰ 1　　　㉱ 2

해설 에너지 분산형 완충기(유입식 완충기)
① 완충기의 가능한 총 행정은 정격속도 115%에 상응하는 중력 정지거리 $0.067v^2$[m] 이상이어야 한다.
② 에너지 분산형 완충기는 다음 사항을 만족하여야 한다.
- 카에 정격하중을 싣고 정격속도의 115%의 속도로 자유 낙하하여 카 완충기에 충돌할 때의 평균 감속도는 $1g_n$ 이하이어야 한다.
- $2.5g_n$를 초과하는 감속도는 0.04초보다 길지 않아야 한다.
- 작동 후에는 영구적인 변형이 없어야 한다.

20. 엘리베이터에 사용되는 헬리컬기어의 특징으로 틀린 것은?

㉮ 웜기어보다 효율이 높다.
㉯ 웜기어보다 역구동이 쉽다.
㉰ 웜기어에 비하여 소음이 적다.
㉱ 일반적으로 웜기어보다 고속 기종에 사용된다.

해설 헬리컬기어: 톱니 줄기가 비스듬히 경사져 있어서 헬리컬이라 한다. 이 기어는 큰 힘을 전달할 수 있고 원활하게 회전하나 스퍼기어나 웜기어보다 소음이 크다.

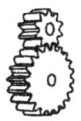  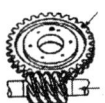
스퍼기어　　헬리컬기어　　웜기어

(승강기 설계)

21. 정지 레오나드 제어방식과 관련이 없는 것은?

㉮ 전동발전기　　㉯ 사이리스터　　㉰ 직류리액터　　㉱ 속도발전기

해설 정지 레오나드 제어방식: 정지 레오나드 방식은 사이리스터를 사용하여 교류를 직류로 변환하여 모터에 공급하고, 사이리스터의 점호각을 바꿈으로서 직류전압을 바꿔 직류모터의 회전수를 제어하는 방식이다. 이 방식은 변환 시의 손실이 워드 레오나드 방식에 비하여 작고, 또한 보수가 쉽다는 점 등의 장점이 있다.

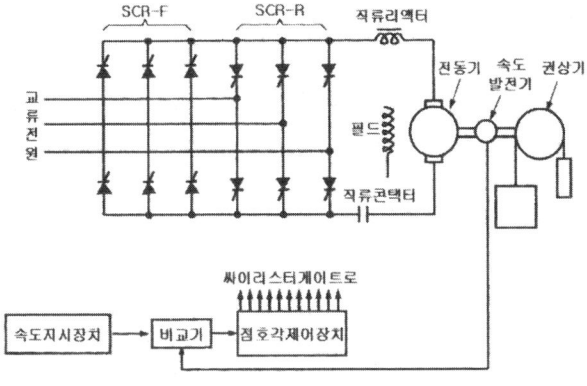

정지 레오나드 방식 회로도

정답 20. ㉰　21. ㉮

22. 지름이 10cm인 연강봉에 $10^4 kgf$의 인장력이 작용할 때 재료에 생기는 인장응력은 약 몇 kgf/cm^2인가?

㉮ 127.32 ㉯ 137.32 ㉰ 147.32 ㉱ 157.32

해설 응력 = $\dfrac{하중}{단면적} = \dfrac{P}{\pi r^2} = \dfrac{10^4}{3.14 \times 5^2} ≒ 127.38(kgf/cm^2)$

23. 과속조절기(조속기) 로프 인장 풀리의 피치 직경과 과속조절기 로프의 공칭 지름의 비는 얼마 이상이어야 하는가?

㉮ 20 ㉯ 30 ㉰ 36 ㉱ 40

24. 권상기 기계대(machine beam)가 콘크리트로 되어있을 때 안전율은 얼마가 가장 적합한가?

㉮ 7 ㉯ 9 ㉰ 12 ㉱ 15

25. 로프의 안전계수가 12, 허용응력이 $500 kgf/cm^2$인 엘리베이터에서 로프의 인장강도는 몇 kgf/cm^2인가?

㉮ 3000 ㉯ 4000 ㉰ 5000 ㉱ 6000

해설 인장강도 = 안전계수 × 허용응력 = $12 \times 500 = 6000 kgf/cm^2$

26. 두 개의 기어가 맞물렸을 때 두 톱니 사이의 틈을 무엇이라 하는가?

㉮ 피치 ㉯ 백래시 ㉰ 어덴덤 ㉱ 이끝의 틈

27. 다음 중 전동기의 내열등급이 가장 높은 기호는?

㉮ A ㉯ B ㉰ E ㉱ H

해설 각종 절연의 허용 최고 온도: ① Y종: 90℃ ② A종: 105℃ ③ E종: 120℃ ④ B종: 130℃
⑤ F종: 155℃ ⑥ H종: 180℃ ⑦ C종: 180℃ 초과

28. 카 자중 1000kg, 정격 적재하중 800kg, 오버밸런스율이 50%인 균형추의 무게는 몇 kg인가?

㉮ 1300 ㉯ 1400 ㉰ 1500 ㉱ 1600

해설 균형추중량 = 카 자중 + 정격하중 × 오버밸런스율 = $1000 + (800 \times 0.5) = 1400 kg$

29. 미끄럼 베어링에 비교한 구름 베어링의 특징이 아닌 것은?

㉮ 진동소음이 비교적 많다. ㉯ 비교적 내충격성이 약하다.
㉰ 축경에 대한 바깥지름이 크고 폭이 좁다. ㉱ 윤활이 어렵고 누설방지를 위한 노력이 필요하다.

정답 22. ㉮ 23. ㉯ 24. ㉮ 25. ㉱ 26. ㉯ 27. ㉱ 28. ㉯ 29. ㉱

해설 구름 베어링의 특징
① 미끄럼 베어링보다 소음과 진동이 생기기 쉽다.
② 미끄럼 베어링보다 마찰 손실이 적다.
③ 미끄럼 베어링보다 윤활과 보수가 용이하다.
④ 미끄럼 베어링보다 내충격성이 약하다.
⑤ 미끄럼 베어링보다 축경에 대한 바깥지름이 크고 폭이 좁다.

30. 엘리베이터의 일주시간(RTT)을 계산하는 식은?

㉮ Σ(주행시간+도어개폐시간+승객출입시간+손실시간)
㉯ Σ(주행시간+도어개폐시간+승객출입시간+대기시간)
㉰ Σ(주행시간+수리시간+승객출입시간+출발시간)
㉱ Σ(주행시간+대기시간+도어개폐시간+출발시간)

31. 카문의 문턱과 승강장문의 문턱 사이의 수평거리는 몇 mm 이하이어야 하는가?

㉮ 10   ㉯ 20   ㉰ 25   ㉱ 35

32. 카바닥과 카틀의 부재와 이에 작용하는 하중의 연결이 틀린 것은?

㉮ 볼트 – 장력   ㉯ 카바닥 – 장력   ㉰ 추돌판 – 굽힘력   ㉱ 카주 – 굽힘력, 장력

해설 카바닥은 하중을 받는다.

33. 전기식 엘리베이터 카측 주행안내(가이드) 레일에 작용하는 하중이 $1000 kgf$이고, 브라켓 간격이 $200 cm$, 영률이 $210 \times 10^4 kgf/cm^2$, 레일단면 2차 모멘트가 $180 cm^4$일 때, 주행안내 레일의 휨량은 약 몇 cm인가?

㉮ 1.22   ㉯ 0.12   ㉰ 0.18   ㉱ 0.24

해설 카측 가이드 레일 계산: $L = \dfrac{11}{960} \times \dfrac{\ell^3 P_x}{EI_x} = \dfrac{11 \times 200^3 \times 1000}{960 \times 2.1 \times 10^6 \times 180} \fallingdotseq 0.24 cm$

34. 엘리베이터의 방범설비가 아닌 것은?

㉮ 방범창   ㉯ 완충기   ㉰ 경보장치   ㉱ 연락장치

해설 완충기는 카가 어떤 원인으로 최하층을 통과하여 피트로 떨어졌을 때 충격을 완화하는 장치이다. 그러나 이 완충기는 카나 균형추의 자유낙하를 완충하기 위한 것은 아니다(자유낙하 시는 추락방지안전장치가 작동한다).

35. 다음 중 엘리베이터에 적용되는 레일의 치수를 결정하는데 고려할 요소로 가장 적절하지 않은 것은?

㉮ 레일용 브라켓의 중량

정답 30. ㉮ 31. ㉱ 32. ㉯ 33. ㉱ 34. ㉯ 35. ㉮

㉯ 지진이 발생할 때 건물의 수평진동
㉰ 카에 하중이 적재될 때 카에 걸리는 회전모멘트
㉱ 추락방지안전장치(비상정지장치)가 작동될 때 레일에 걸리는 좌굴하중

해설 레일의 치수를 결정하는데 고려할 요소:
① 안전장치가 작동했을 때 좌굴하지 않는 지에 대한 점검
② 지진 발생 시 레일의 휘어짐이 한도를 넘거나, 레일의 응력이 탄성한계를 넘으면 카 또는 균형추가 레일에서 벗어나지 않는지에 대한 점검
③ 불균형한 큰 하중을 적재 시 또는 그 하중을 내릴 때 카에 큰 회전 모멘트가 걸리는데, 레일이 지탱할 수 있는지에 대한 점검

36. 주행안내(가이드) 레일에 대한 설명으로 틀린 것은?

㉮ 주행안내 레일이 느슨해질 수 있는 부속품의 풀림은 방지되어야 한다.
㉯ 주행안내 레일은 압연강으로 만들어지거나 마찰면이 기계 가공되어야 한다.
㉰ 카, 균형추 또는 평형추는 2개 이상의 견고한 금속제 주행안내 레일에 의해 각각 안내되어야 한다.
㉱ 추락방지안전장치(비상정지장치)가 없는 균형추의 주행안내 레일은 부식을 고려하지 않고 금속판을 성형하여 만들 수 있다.

해설 추락방지안전장치가 없는 균형추 또는 평형추의 가이드 레일은 성형된 금속판으로 만들 수 있는데, 부식에 보호되어야 한다.

37. 경사각이 30°, 속도가 $30m/min$, 디딤판(스텝)폭이 0.8m이며, 충고가 9m인 에스컬레이터의 적재하중은 약 몇 kg인가?

㉮ 1080   ㉯ 1870   ㉰ 2749   ㉱ 3367

해설 $G = 270\sqrt{3}\,WH = 270\sqrt{3} \times 0.8 \times 9 ≒ 3367kg$

38. 엘리베이터에서 카틀의 구성요소가 아닌 것은?

㉮ 카주   ㉯ 상부체대   ㉰ 스프링 버퍼   ㉱ 브레이스 로드

해설 카틀의 구조

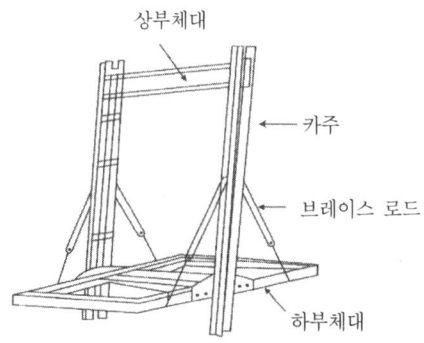

정답 36. ㉱ 37. ㉱ 38. ㉰

39. 과속조절기(조속기)의 종류가 아닌 것은?

㉮ 디스크형 ㉯ 마찰정지형 ㉰ 플라이 볼형 ㉱ 세이프티 디바이스형

해설 과속조절기의 종류:
① 디스크형: 진자의 원심력을 이용하여 작동한다.
② 플라이 볼형: 진자의 원심력을 이용하여 작동한다.
③ 롤 세이프티형: 롤러의 마찰력을 이용하여 작동한다.

40. 다음 중 재해 시 관제운전의 우선순위가 가장 높은 것은?

㉮ 화재 시 관제 ㉯ 지진 시 관제 ㉰ 정전 시 관제 ㉱ 태풍 시 관제

(일반 기계 공학)

41. 이론 토출량이 $22 \times 10^3 cm^3/min$인 펌프에서 실체 토출량이 $20 \times 10^3 cm^3/min$로 나타날 때 펌프의 체적효율은 약 몇 %인가?

㉮ 91 ㉯ 84 ㉰ 79 ㉱ 72

해설 체적효율 $= \dfrac{\text{실체토출량}}{\text{이론토출량}} = \dfrac{20 \times 10^3}{22 \times 10^3} ≒ 91\%$

42. 나사에 대한 설명으로 틀린 것은?

㉮ 미터나사의 피치는 mm단위이다.
㉯ 체결용 나사에는 주로 삼각나사가 사용된다.
㉰ 운동용 나사는 사각나사, 사다리꼴 나사 등이 사용된다.
㉱ 사다리꼴 나사에서 미터계는 29°, 인치계는 30°의 나사산 각을 갖는다.

해설 사다리꼴 나사: 나사산의 단면이 사다리꼴인 나사로 미터계(나사산 각도 30°)와 휘트워드(나사산 각도 29°)가 있다.

43. 압축 코일스프링에서 흡수되는 에너지를 크게 하기 위한 방법으로 틀린 것은?

㉮ 스프링 권수를 늘린다.
㉯ 소선의 지름을 크게 한다.
㉰ 스프링 지수를 크게 한다.
㉱ 전단탄성계수가 작은 소재를 사용한다.

해설 코일 스프링에서 흡수되는 에너지를 크게 하는 방법
① 전단응력을 크게 한다.
② 스프링 지수를 크게 한다.
③ 스프링 권수를 많이 한다.
④ 전단탄성계수가 작은 소재를 사용한다.

44. 주조품 제조시 주물의 형상이 대형으로 구조가 간단하고 점토로 채워서 만들며 정밀한 주형 제작이 곤란한 원형은?

정답 39. ㉱ 40. ㉯ 41. ㉮ 42. ㉱ 43. ㉯ 44. ㉰

㉮ 잔형　　　　㉯ 회전형　　　　㉰ 골격형　　　　㉱ 매치 플레이트형

해설 ① 잔형: 주형을 제작시 주형에서 뽑기 곤란한 목형 부분만 별도로 만들어 두었다가 이것을 조립하여 주형을 제작할 때 목형을 먼저 뽑고 잔형은 주형 속에 남겨 두었다가 다시 뽑는 것이다.
② 회전형: 판형에서 도가니나 종과 같은 중심선을 통하는 모든 단면이 대칭인 주물을 만들기 위하여 조형할 때 사용하는 원형.
③ 골격형: 주물이 크고, 모양이 단순하면서 제작 개수가 적을 때 목재로 뼈대를 만든 원형.
④ 매치 플레이트형: 정반형에 쓰이는 정반의 양쪽면에 분할형을 반쪽씩 고정시킨 것.

45. 그림과 같이 직경 10cm인 원형 단면을 갖는 외팔보에서 굽힘하중 P_1만 작용할 때의 굽힘응력은 인장하중 P_2만 작용할 때의 응력이 약 몇 배가 되는가? (단, $P_1 = P_2 = 10kN$이다.)

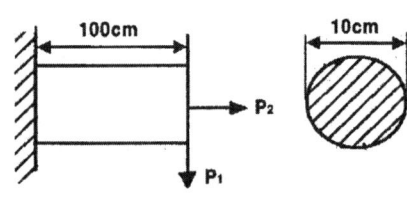

㉮ 54　　　　㉯ 64　　　　㉰ 74　　　　㉱ 80

해설 $\sigma_1 = \dfrac{M}{Z} = \dfrac{32 \times P_1 \times 100}{\pi d^3} = \dfrac{32 \times P_1 \times 100}{\pi \times 10^3} = \dfrac{3.2 P_1}{\pi}$

$\sigma_2 = \dfrac{4P_2}{\pi d^2} = \dfrac{4P_1}{\pi \times 10^2}$

∴ $\dfrac{\sigma_1}{\sigma_2} = \dfrac{3.2}{0.04} = 80$

46. 다음 금속재료 중 시효경화 현상이 발생하는 합금은?

㉮ 슈퍼 인바　　　　㉯ 니켈-크롬　　　　㉰ 알루미늄-구리　　　　㉱ 니켈-청동

해설 시효경화: 합금의 과포화 고용체가 시간의 경과에 의하여 나타내는 경화현상. 시효경화를 일으키기 쉬운 재료는 황동, 두랄루민, 강철 등이다. 두랄루민(Al-Cu-Mg-Mn)은 시효경화하면 기계적 성질이 향상된다.

47. 다음 중 체결용 기계요소가 아닌 것은?

㉮ 리벳　　　　㉯ 래칫　　　　㉰ 키　　　　㉱ 핀

해설 체결용 기계요소의 종류: ① 나사 ② 볼트 ③ 너트 ④ 키 ⑤ 핀 ⑥ 리벳

48. 밀링작업에서 분할대를 사용한 분할법이 아닌 것은?

㉮ 단식 분할　　　　㉯ 복식 분할　　　　㉰ 직접 분할　　　　㉱ 차동 분할

해설 분할 방법의 종류
① 직접 분할법: 직접 분할대를 사용해서 분할하는 방법. 분할핀에는 24구멍이 있어 24의 인자인 2, 3, 4, 6,

정답 45. ㉱　46. ㉰　47. ㉯　48. ㉯

8, 12, 24의 7종 분할만 가능하다.
② 단식 분할법: 직접 분할로 분할할 수 없는 수를 분할한다.
③ 차동 분할법: 단식 분할법으로 분할되지 않는 수를 모두 분할할 수 있는 방법이다. 만능 분할대에 부속되는 변환기어는 모두 12개이다.

49. 원형 파이프 유동에서 난류로 판단할 수 있는 기준 레이놀즈 수(Re)는?

㉮ $Re > 600$ ㉯ $Re > 2100$ ㉰ $Re > 3000$ ㉱ $Re > 4000$

해설 레이놀즈 수는 관성에 의한 힘과 점성에 의한 힘의 비를 말하는데, 유동이 층류인지, 난류인지를 예측하는 데 사용된다. 원형관에서 난류구간은 $Re > 4000$, 비원형관에서 $Re > 2000$, 평판에서 $Re > 5 \times 10^6$이다.
※ 층류: 점성력이 지배적인 유동이다. 레이놀즈수가 낮고, 평탄하면서 일정한 유동이다.
※ 난류: 관성력이 지배적인 유동이다. 레이놀즈수가 높고, 와류가 생긴다.

50. 금속재료를 고온에서 장시간 외력을 가하면 시간의 흐름에 따라 변형이 증가하게 되는데 이러한 현상은?

㉮ 열응력   ㉯ 피로한도   ㉰ 탄성에너지   ㉱ 크리프

해설 크리프는 물체가 힘을 받을 때 그것에 의해 변형이 시간과 함께 진행되는 현상을 말한다.

51. 다음 설명에 해당하는 재료는?

> 알루미나를 1600℃ 이상에서 소결 성형시켜 제조하며 내열성이 높고, 고온 경도 및 내마멸성은 크나 비자성, 비전도체이며 충격에는 매우 취약하다.

㉮ 세라믹   ㉯ 다이아몬드   ㉰ 유리섬유강화수지   ㉱ 탄소섬유강화수지

52. 웜 기어(worm gear)의 장점으로 틀린 것은?

㉮ 소음과 진동이 적다.   ㉯ 역전을 방지할 수 있다.
㉰ 큰 감속비를 얻을 수 있다.   ㉱ 추력하중이 발생하지 않고 효율이 좋다.

해설 웜기어는 효율이 헬리컬기어보다 낮다. 또한 소음 역시 작다.

53. 평평한 금속판재를 펀치로 다이 공동부에 밀어 넣어 원통형이나 각통형 제품을 만드는 가공은?

㉮ 엠보싱   ㉯ 벌징   ㉰ 드로잉   ㉱ 트리밍

해설 ① 엠보싱: 판재에 요철을 만드는 가공법이다.
② 벌징: 금형내에 삽입된 원통형 용기 또는 관에 높은 압력을 가하여 용기 또는 관의 일부를 팽창시켜 성형하는 방법
③ 드로잉: 평평한 블랭크(판금)로부터 바닥이 붙은 이음매가 없는 용기 모양의 것을 성형하는 공작법
④ 트리밍: 성형이 끝난 성형품의 제품으로서의 불필요한 부분을 잘라내는 것

정답 49. ㉱   50. ㉱   51. ㉮   52. ㉱   53. ㉰

54. 국제단위계(SI)의 기본 단위가 아닌 것은?

㉮ 시간 – 초(s)　　㉯ 온도 – 섭씨(℃)　　㉰ 전류 – 암페어(A)　　㉱ 광도 – 칸델라(cd)

해설 온도는 캘빈(K)이다.

55. 다음 보기에서 설명하는 축 이음으로 가장 적합한 것은?

> 1. 두 축이 만나는 각이 수시로 변화하는 경우에 사용한다.
> 2. 회전하면서 그 축의 중심선의 위치가 달라지는 부분의 동력을 전달할 때 사용한다.
> 3. 공작기계, 자동차 등의 축 이음에 사용한다.

㉮ 유니버설 조인트　　㉯ 슬리브 커플링　　㉰ 올덤 커플링　　㉱ 플렉시블 조인트

해설 ① 슬리브 커플링: 합금철로 만든 통속에 양 축의 끝을 끼우고 키를 사용하여 회전축을 연결하는 슬리브 축이음
② 올덤 커플링: 평행한 두 축 사이의 거리가 약간 떨어져 있을 경우에 사용되는 것으로 기구적으로는 이중 슬라이더 회전기구를 구성하는 링크기구
③ 플렉시블 조인트: 연결하는 두 축의 중심이 일치하기 어려울 때 또는 경년변화로 중심이 맞지 않게 될 우려가 있을 때 고무, 가죽 등의 탄성체를 사용하여 양 축을 연결하는 이음 방식이다.

56. 내경과 외경이 거의 같은 중공 원형단면의 축을 얇은 벽의 관이라 한다. 이때 비틀림 모멘트를 T, 평균 중심선의 반지름 r, 벽의 두께 t, 관의 길이를 ℓ 이라 할 때, 비틀림 각을 표현한 식이 아닌 것은? (단, 평균 중심선에 둘러쌓인 면적$(A) = \pi r^2$, 평균 중심선의 길이$(S) = 2\pi r$, 극관성 모멘트 $= I_P$, 전단탄성계수 $= G$, 전단응력 $= \tau$ 이다.)

㉮ $\dfrac{T\ell}{GI_P}$　　㉯ $\dfrac{T\ell}{2\pi r^3 tG}$　　㉰ $\dfrac{T\ell}{ArtG}$　　㉱ $\dfrac{\tau S\ell}{2AG}$

57. 피복아크용접에서 직류 정극성을 이용하여 용접하였을 때 특징으로 옳은 것은?

㉮ 비드 폭이 좁다.　　㉯ 모재의 용입이 얕다.
㉰ 용접봉의 녹음이 빠르다.　　㉱ 박판, 주철, 비철금속의 용접에 주로 쓰인다.

해설 피복아크 용접은 피복제를 칠한 용접봉과 피용접물 사이에 발생한 아크의 열로 용접하는 방법을 말한다. 직류 정극성 전극연결은 모재가 +극, 용접봉 -극으로 한다. 특성은 모재의 용량이 깊고, 용접봉의 용융이 느리다. 또 비드폭이 좁으며 일반적으로 널리 사용된다.

58. 액추에이터의 유입압력이 $50 kgf/cm^2$, 액추에이터의 유출압력(유압펌프로 흡입되는 압력)이 $5 kgf/cm^2$ 이고, 유량은 $15 cm^3/s$, 효율이 0.9일 때 펌프의 소요동력은 약 몇 kW인가?

㉮ 0.074　　㉯ 0.1　　㉰ 0.15　　㉱ 0.2

해설 $P = \dfrac{\Delta P Q}{102 \eta} = \dfrac{(50-5) \times 10^4 \times 15 \times 10^{-6}}{102 \times 0.9} = 0.0735(kW)$

59. 원형재료의 외경에 수나사를 가공하는 공구는?

㉮ 탭　　㉯ 다이스　　㉰ 리머　　㉱ 바이스

해설
- 탭: 암나사를 만드는 공구
- 다이스: 손 작업으로 원봉이나 관 등의 외주에 수나사를 내는 절삭공구이다.
- 리머: 금속관을 자른 후 자른 부분의 날카로운 부분을 다듬는 공구이다.
- 바이스: 2개의 나란한 조(jaw)로 공작물을 고정시키는 기구

60. 일반적으로 재료의 안전율을 구하는 식은?

㉮ $\dfrac{탄성강도}{충격강도}$　　㉯ $\dfrac{탄성강도}{인장강도}$　　㉰ $\dfrac{인장강도}{허용응력}$　　㉱ $\dfrac{허용응력}{인장강도}$

(전기제어 공학)

61. 피드백 제어의 특징에 대한 설명으로 틀린 것은?

㉮ 외란에 대한 영향을 줄일 수 있다.
㉯ 목표값과 출력을 비교한다.
㉰ 조절부와 조작부로 구성된 제어요소를 가지고 있다.
㉱ 입력과 출력의 비를 나타내는 전체 이득이 증가한다.

해설 피드백 제어계는 시스템의 특성 변화에 대한 입력대 출력비의 감도가 감소된다.

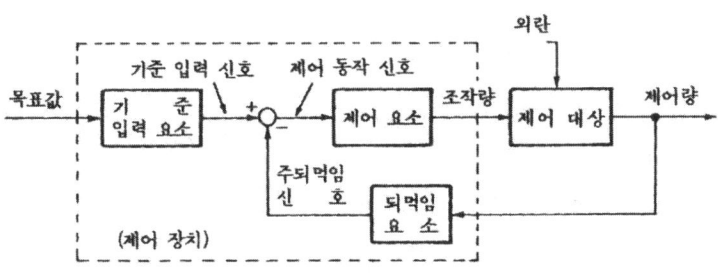

피드백 제어 시스템

62. 목표값 이외의 외부 입력으로 제어량을 변화시키며 인위적으로 제어할 수 없는 요소는?

㉮ 제어동작신호　　㉯ 조작량　　㉰ 외란　　㉱ 오차

해설 ① 제어 동작신호: 기준 입력신호와 주되먹임 신호와의 차로서, 제어동작을 시키는 주된 신호이며, 이것을 동작신호라고도 한다.
② 조작량: 제어량을 조정하기 위하여 제어대상에 주어지는 양이다.
③ 외란: 제어량의 변화를 일으킬 수 있는 신호 중에서 기준 입력신호 이외의 것을 말한다.

정답 59. ㉯　60. ㉰　61. ㉱　62. ㉰

63. 입력 신호가 모두 '1'일 때만 출력이 생성되는 논리회로는?

㉮ AND 회로   ㉯ OR 회로   ㉰ NOR 회로   ㉱ NOT 회로

해설 ① AND회로

◇ 시퀀스 회로   ◇ 논리 회로   ◇ 논리식   ◇ 진리표

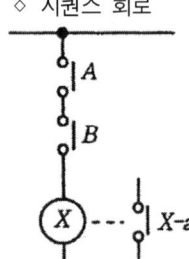

$X = A \cdot B$

입 력		출력
A	B	X
0	0	0
0	1	0
1	0	0
1	1	1

② OR 회로

◇ 시퀀스 회로   ◇ 논리 회로   ◇ 논리식   ◇ 진리표

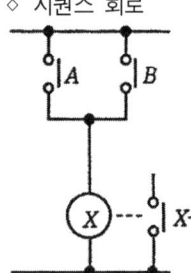

$X = A + B$

입 력		출력
A	B	X
0	0	0
0	1	1
1	0	1
1	1	1

③ NOT 회로

◇ 시퀀스 회로   ◇ 논리 회로   ◇ 논리식   ◇ 진리표

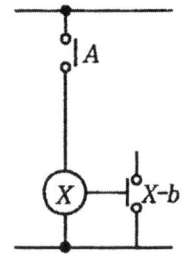
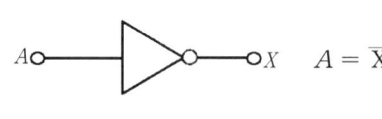

$A = \overline{X}$

입력	출력
A	X
0	1
1	0

④ NOR 회로

◇ 시퀀스 회로   ◇ 논리 회로   ◇ 논리식   ◇ 진리표

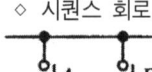
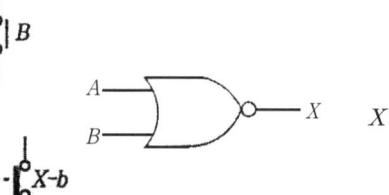

$X = \overline{A + B}$

입 력		출력
A	B	X
0	0	1
0	1	0
1	0	0
1	1	0

정답 63. ㉮

64. 변압기의 효율이 가장 좋을 때의 조건은?

㉮ 철손 = $\frac{2}{3}$ × 동손
㉯ 철손 = 2 × 동손
㉰ 철손 = $\frac{1}{2}$ × 동손
㉱ 철손 = 동손

해설 규약효율 $\eta = \frac{출력}{출력+손실(철손+동손)} \times 100$

65. 역률 0.85, 선전류 50A, 유효전력 28kW인 평형 3상 △부하의 전압(V)은 약 얼마인가?

㉮ 300 ㉯ 380 ㉰ 476 ㉱ 660

해설 $P = \sqrt{3}\,VI\cos\theta\,(W)$에서

$V = \frac{P}{\sqrt{3}\,I\cos\theta} = \frac{28 \times 10^3}{\sqrt{3} \times 50 \times 0.85} ≒ 380(V)$

66. 물체의 위치, 방향, 및 자세 등의 기계적 변위를 제어량으로 해서 목표값의 임의의 변화에 추종하도록 구성된 제어계는?

㉮ 프로그램제어 ㉯ 프로세스제어 ㉰ 서보 기구 ㉱ 자동 조정

해설 ① 프로그램제어: 목표값이 미리 정해진 시간적 변화를 하는 경우 제어량을 그것에 추종시키기 위한 제어. 무인열차, 산업로봇의 무인운전
② 프로세스제어: 온도, 압력, 유량 등과 같은 일반 공업량일 때의 제어
③ 서보 기구: 물체의 위치, 방위, 자세 등 기계적 변위를 제어량으로 한다.
④ 자동 조정: 속도, 회전력, 전압, 주파수, 역률 등을 제어량으로 하는 제어

67. 다음 중 간략화한 논리식이 다른 것은?

㉮ $(A+B) \cdot (A+\overline{B})$
㉯ $A \cdot (A+B)$
㉰ $A+(\overline{A} \cdot B)$
㉱ $(A \cdot B)+(A \cdot \overline{B})$

해설 ① $(A+B) \cdot (A+\overline{B})$: $AA+A\overline{B}+AB+B\overline{B} = A+A(B+\overline{B}) = A$
※ $AA = A$, $B\overline{B} = 0$, $A+A = A$, $B+\overline{B} = 1$
② $A \cdot (A+B)$: $AA+AB = A+AB = A(1+B) = A$
※ $AA = A$, $1+B = 1$
③ $A+(\overline{A} \cdot B) = A+B$
④ $(A \cdot B)+(A \cdot \overline{B})$: $AB+A\overline{B} = A(B+\overline{B}) = A$
※ $B+\overline{B} = 1$

68. 논리식 $L = \overline{x} \cdot \overline{y} + \overline{x} \cdot y$ 를 간단히 한 식은?

㉮ $L = x$ ㉯ $L = \overline{x}$ ㉰ $L = y$ ㉱ $L = \overline{y}$

해설 $L = \bar{x} \cdot \bar{y} + \bar{x} \cdot y = \bar{x}(\bar{y}+y) = \bar{x}$
※ $\bar{y}+y = 1$

69. $R=10\Omega$, $L=10mH$에 가변콘덴서 C를 직렬로 구성시킨 회로에 교류주파수 1000Hz를 가하여 직렬공진을 시켰다면 가변콘덴서는 약 몇 μF인가?

㉮ 2.533   ㉯ 12.675   ㉰ 25.35   ㉱ 126.75

해설 $f_0 = \dfrac{1}{2\pi\sqrt{LC}}$ $1000 = \dfrac{1}{2\pi\sqrt{10\times 10^{-3}C}}$
∴ $C = 2.533\mu F$

70. 스위치 S의 개폐에 관계없이 전류 I가 항상 30A라면 R_3와 R_4는 각각 몇 Ω인가?

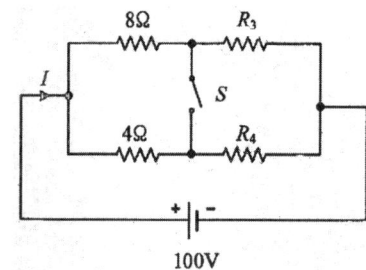

㉮ $R_3 = 1$, $R_4 = 3$ ㉯ $R_3 = 2$, $R_4 = 1$
㉰ $R_3 = 3$, $R_4 = 2$ ㉱ $R_3 = 4$, $R_4 = 4$

해설 8Ω과 4Ω이 병렬일 때 전류는 1:2로 흐른다. 그러므로 R_3가 2Ω이면 R_4는 1Ω이 된다.

71. 맥동률이 가장 큰 정류회로는?

㉮ 3상 전파   ㉯ 3상 반파   ㉰ 단상 전파   ㉱ 단상 반파

해설 맥동률이 가장 큰 정류회로는 단상반파이며 맥동률이 가장 작은 정류회로는 3상전파이다.

72. 다음 신호흐름선도에서 $\dfrac{C(s)}{R(s)}$는?

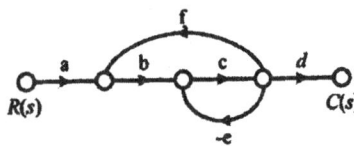

㉮ $\dfrac{abcd}{1+ce+bcf}$ ㉯ $\dfrac{abcd}{1-ce+bcf}$ ㉰ $\dfrac{abcd}{1+ce-bcf}$ ㉱ $\dfrac{abcd}{1-ce-bcf}$

정답 69. ㉮   70. ㉯   71. ㉱   72. ㉰

해설 $G'(s) = \dfrac{C(s)}{R(s)} = \dfrac{abcd}{1-(-ce+bcf)} = \dfrac{abcd}{1+ce-bcf}$

73. 다음 회로와 같이 외전압계법을 통해 측정한 전력(W)은? (단, R_i : 전류계의 내부저항, R_e : 전압계의 내부저항이다.)

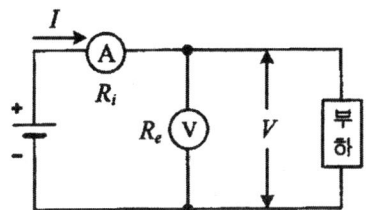

㉮ $P = VI - \dfrac{V^2}{R_e}$
㉯ $P = VI - \dfrac{V^2}{R_i}$
㉰ $P = VI - 2R_e I$
㉱ $P = VI - 2R_i I$

74. 다음 블록선도의 전달함수는?

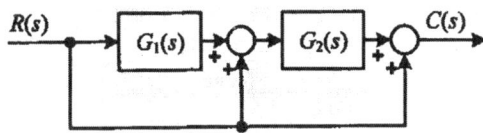

㉮ $G_1(s)G_2(s) + G_2(s) + 1$
㉯ $G_1(s)G_2(s) + 1$
㉰ $G_1(s)G_2(s) + G_2$
㉱ $G_1(s)G_2(s) + G_1 + 1$

해설 $G(s) = \dfrac{C(s)}{R(s)} = G_1 G_2 + G_2 + 1$

75. 코일에 흐르고 있는 전류가 5배로 되면 축적되는 에너지는 몇 배가 되는가?

㉮ 10   ㉯ 15   ㉰ 20   ㉱ 25

해설 $W = \dfrac{1}{2}LI^2(J)$에서 $W \propto I^2 = (5I)^2 = 25I^2$

76. 탄성식 압력계에 해당되는 것은?

㉮ 경사관식   ㉯ 압전기식   ㉰ 환상평형식   ㉱ 벨로즈식

해설 탄성식 압력계의 종류: ① 부르동관 ② 멤브레인형 ③ 벨로즈형 ④ 다이어프램

77. 2전력계법으로 3상 전력을 측정할 때 전력계의 지시가 $W_1 = 200W$, $W_2 = 200W$이다. 부하 전력(W)은?

㉮ 200　　　㉯ 400　　　㉰ $200\sqrt{3}$　　　㉱ $400\sqrt{3}$

해설 $W = W_1 + W_2 = 200 + 200 = 400\,W$

78. 단자전압 V_{ab}는 몇 V인가?

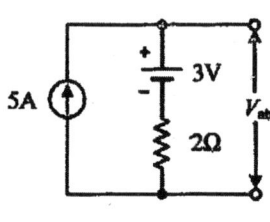

㉮ 3　　　㉯ 7　　　㉰ 10　　　㉱ 13

해설 전압원을 단락하면 ($IR = 5 \times 2$) 10V가 걸린다. 전류원을 개방하면 3V가 걸린다.
그러므로 $V_{ab} = 10 + 3 = 13\,V$

79. 아래 R-L-C 직렬회로의 합성 임피던스(Ω)는?

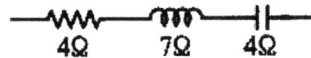

㉮ 1　　　㉯ 5　　　㉰ 7　　　㉱ 15

해설 $Z = \sqrt{R^2 + (wL - \dfrac{1}{wc})^2} = \sqrt{4^2 + (7-4)^2} = 5(\Omega)$

80. 전자석의 흡인력은 자속밀도 $B(Wb/m^2)$와 어떤 관계에 있는가?

㉮ B에 비례　　　㉯ $B^{1.5}$에 비례
㉰ B^2에 비례　　　㉱ B^3에 비례

해설 $F = \dfrac{B^2}{2\mu_0} \times A\,(N)$

정답 78. ㉱　79. ㉯　80. ㉰

승강기 기사 기출문제
(2020. 9. 26)

(승강기 개론)

1. 엘리베이터의 매다는 장치와 매다는 장치 끝부분 사이의 연결은 매다는 장치의 최소 파단하중의 최소 몇 % 이상을 견딜 수 있어야 하는가?

㉮ 70　　　　㉯ 80　　　　㉰ 90　　　　㉱ 100

2. 에스컬레이터의 과속역행방지장치의 종류가 아닌 것은?

㉮ 폴 래칫 휠 방식　㉯ 디스크 웨지 방식　㉰ 디스크 브레이크 방식　㉱ 다이나믹 브레이크 방식

해설 다이나믹 브레이크 방식은 마찰 브레이크 이외의 방법으로 제동력을 얻는 브레이크(예: 엔진 브레이크)

3. 호출버튼·조작반·통화장치 등 승강기의 안팎에 설치되는 모든 스위치의 높이 기준은? (단, 스위치 수가 많아 기준 높이 이내로 설치되는 것이 곤란한 경우는 제외한다.)

㉮ 바닥면으로부터 0.8m 이상 1.2m 이하
㉯ 바닥면으로부터 0.9m 이상 1.3m 이하
㉰ 바닥면으로부터 1.0m 이상 1.4m 이하
㉱ 바닥면으로부터 1.2m 이상 1.5m 이하

해설 호출버튼, 조작반, 통화장치 등 승강기의 안팎에 설치되는 모든 스위치의 높이는(장애인용 포함) 바닥면으로부터 0.8m 이상 1.2m 이하이어야 한다.

4. 유압식 승강기에서 미터인 회로를 사용하는 유압회로의 특징으로 맞는 것은?

㉮ 유량을 간접적으로 제어하므로 정확한 제어가 어렵다.
㉯ 유량제어밸브를 주회로에서 분기된 바이패스회로에 삽입한 것으로 효율이 높다.
㉰ 릴리프밸브로 유량을 방출하지 않으므로 설정압력까지 오르지 않고 부하에 의해 압력이 결정된다.
㉱ 카를 기동할 때 유량 조정이 어렵고, 기동 쇼크가 발생하기 쉬우며, 상승 운전 시의 효율이 좋지 않다.

해설

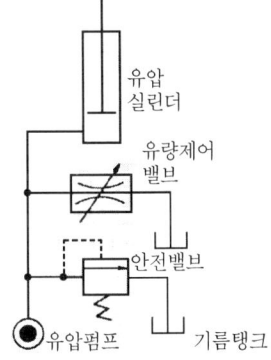

미터인 회로: 이 회로는 비교적 정확한 속도제어가 가능한 반면, 펌프로부터 정량으로 토출된 유량 범위 내에서 카의 속도를 내는 데 필요한 유량 이외의 작동유는 안전밸브를 통해서 탱크로 되돌려 보낸다. 따라서, 부하에 필요한 압력 이상의 압력을 펌프에서 발생시켜야 하므로 효율이 비교적 나쁘다.

미터인 회로

정답 1. ㉯　2. ㉱　3. ㉮　4. ㉱

5. 엘리베이터를 동력매체별로 구분한 것이 아닌 것은?

㉮ 로프식 엘리베이터　　㉯ 유압식 엘리베이터　　㉰ 스크루식 엘리베이터　　㉱ 더블데크 엘리베이터

해설 더블데크 엘리베이터는 2층의 카를 가진 엘리베이터이다. 이 엘리베이터는 카 구조별 분류에 해당된다.

6. 엘리베이터 승강로에 모든 출입문이 닫혔을 때 밝히기 위한, 승강로 전 구간에 걸쳐 영구적으로 설치되는 전기조명의 조도 기준으로 틀린 것은?

㉮ 카 지붕과 피트를 제외한 장소: 20lx
㉯ 카 지붕에서 수직 위로 1m 떨어진 곳: 50lx
㉰ 사람이 서 있을 수 있는 공간의 바닥에서 수직 위로 1m 떨어진 곳: 50lx
㉱ 작업구역 및 작업구역 간 이동 공간의 바닥에서 수직 위로 1m 떨어진 곳: 80lx

해설 작업구역 및 작업구역 간 이동 공간의 바닥에서 수직 위로 1m 떨어진 곳에서 50lx 이상이어야 한다.

7. 직접식 유압 엘리베이터의 특징이 아닌 것은?

㉮ 부하에 의한 카 바닥의 빠짐이 작다.
㉯ 추락방지안전장치(비상정지장치)가 필요하지 않다.
㉰ 일반적으로 실린더의 점검이 간접식에 비해 쉽다.
㉱ 실린더를 설치하기 위한 보호관을 지중에 설치하여야 한다.

해설 직접식은 실린더를 설치하기 위한 보호관을 땅에 묻어야 하므로 설치하기 어렵다. 또한 실린더 점검이 간접식보다 어렵다.

8. 과속 또는 매다는 장치가 파단할 경우 카나 균형추의 자유낙하를 방지하는 장치는?

㉮ 완충기　　　　　　　　　　　　㉯ 브레이크
㉰ 차단밸브　　　　　　　　　　　㉱ 추락방지안전장치(비상정지장치)

9. 엘리베이터의 카에는 자동으로 재충전되는 비상전원공급장치에 의해 5lx 이상의 조도로 얼마동안 전원이 공급되는 비상등이 있어야 하는가?

㉮ 30분　　　　㉯ 40분　　　　㉰ 50분　　　　㉱ 60분

10. 주택용 엘리베이터에 대한 기준 중 ( )안에 들어갈 내용으로 맞는 것은?

> 카의 유효 면적은 1.4㎡ 이하이어야 하고, 다음과 같이 계산되어야 한다.
> 1) 유효 면적이 1.1㎡ 이하인 것: 1㎡ 당 (㉠)kg으로 계산한 수치, 최소 159kg
> 2) 유효 면적이 1.1㎡ 초과인 것: 1㎡ 당 (㉡)kg으로 계산한 수치

㉮ ㉠ 179, ㉡ 305　　　　　　　㉯ ㉠ 195, ㉡ 295
㉰ ㉠ 179, ㉡ 300　　　　　　　㉱ ㉠ 195, ㉡ 305

정답　5. ㉱　6. ㉱　7. ㉰　8. ㉱　9. ㉱　10. ㉱

11. 에스컬레이터의 안전장치가 아닌 것은?

㉮ 오일 완충기   ㉯ 스커트 가드   ㉰ 핸드레일 안전장치   ㉱ 인레트(Inlet) 스위치

해설 오일 완충기는 카가 어떤 원인으로 최하층을 통과하여 피트로 떨어질 때 충격을 완화하는 장치로, 저속·고속 모두 사용 가능하다.

12. 균형추의 총중량은 빈 카의 자중에 그 엘리베이터의 사용용도에 따라 적재하중의 35~55%의 중량을 더한 값으로 한다. 이때 적재하중의 몇 %를 더할 것인가를 나타내는 것은?

㉮ 마찰률   ㉯ 트랙션 비율   ㉰ 균형추 비율   ㉱ 오버 밸런스율

13. 엘리베이터의 자동 동력 작동식 문에 대한 기준 중 ( )안에 들어갈 내용으로 알맞은 것은?

> 문이 닫히는 중에 사람이 출입구를 통과하는 경우 자동으로 문이 열리는 장치(멀티빔 등)는 카 문 문턱 위로 최소 (㉠)mm와 최대 (㉡)mm 사이의 전 구간에 걸쳐 감지할 수 있어야 한다.

㉮ ㉠ 25, ㉡ 1400   ㉯ ㉠ 30, ㉡ 1500
㉰ ㉠ 25, ㉡ 1600   ㉱ ㉠ 30, ㉡ 1600

14. 에스컬레이터 또는 무빙워크의 스커트가 디딤판(스텝) 측면에 위치한 경우 수평 틈새는 각 측면에서 최대 몇 mm 이하이어야 하는가?

㉮ 3   ㉯ 4   ㉰ 5   ㉱ 6

해설 스텝 또는 팔레트의 가이드 시스템에서 스텝 또는 팔레트의 측면 변위는 각각 4mm 이하이어야 하고, 양쪽 측면에서 측정된 틈새의 합은 7mm 이하이어야 한다.

15. 주차장법령상 주차구획이 3층 이상으로 배치되어 있고 출입구가 있는 층의 모든 주차구획을 주차장치 출입구로 사용할 수 있는 구조로서 그 주차구획을 아래·위 또는 수평으로 이동하여 자동차를 주차하는 주차장치는?

㉮ 2단식 주차장치   ㉯ 다단식 주차장치
㉰ 수평이동식 주차장치   ㉱ 수직순환식 주차장치

해설 ① 2단식 주차장치: 주차실을 2단으로 하여 면적을 2배로 이용하는 것을 목적으로 한 방식
② 다단식 주차장치: 주차실을 3단 이상으로 한 방식
③ 수평 이동식 주차장치: 주차구획에 자동차를 들어가게 한 후, 그 주차구획을 수평으로 순환 이동하여 주차하는 방식
④ 수직 순환식 주차방식: 주차구획에 자동차를 들어가게 한 후, 그 주차구획을 수직으로 순환이동하여 주차하는 방식

16. 일반적으로 교류이단 속도제어에서 가장 많이 사용되는 이단속도 전동기의 속도비는?

정답 11. ㉮ 12. ㉱ 13. ㉰ 14. ㉯ 15. ㉯ 16. ㉰

㉮ 8 : 1　　㉯ 6 : 1　　㉰ 4 : 1　　㉱ 2 : 1

해설 교류이단 속도제어는 기동과 주행은 고속권선으로 하고, 감속과 착상은 저속권선으로 한다. 착상은 착상오차, 감속도의 변화비율, 크리프시간(저속주행시간), 전력회생 등을 감안한 4:1이 가장 많이 사용된다.

17. 엘리베이터용 전동기의 구비 조건이 아닌 것은?

㉮ 소음이 적을 것　　㉯ 기동토크가 클 것　　㉰ 기동전류가 적을 것　　㉱ 회전속도가 느릴 것

해설 전동기의 구비조건
① 소음이 적을 것
② 기동토크가 클 것
③ 기동 전류가 적을 것
④ 회전부분의 관성모멘트가 적을 것

18. 엘리베이터 카의 상승과속방지장치에 대한 설명으로 틀린 것은?

㉮ 이 장치가 작동되면 기준에 적합한 전기안전장치가 작동되어야 한다.
㉯ 이 장치는 빈 카의 감속도가 정지단계 동안 $1g_n$를 초과하는 것을 허용하지 않아야 한다.
㉰ 이 장치는 두 지점에서만 정적으로 지지되는 권상도르래와 동일한 축에 작동되지 않아야 한다.
㉱ 이 장치를 작동하기 위해 외부 에너지가 필요할 경우, 에너지가 없으면 엘리베이터는 정지되어야 하고 정지 상태가 유지되어야 한다.

해설 카의 상승과속방지장치 다음 중 어느 하나에 작동되어야 한다.
• 카　• 균형추　• 로프시스템(현수 또는 보상)　• 권상도르래　• 두 지점에서만 정적으로 지지되는 권상도르래와 동일한 축

19. 기어드(Geared)형 권상기에서 엘리베이터의 속도를 결정하는 요소가 아닌 것은?

㉮ 시브의 직경　　㉯ 로프의 직경　　㉰ 기어의 감속비　　㉱ 권상모터의 회전수

해설 $V = \dfrac{\pi DN}{1000} \times \alpha$　여기서 D: 권상기 시브의 지름(mm)　N: 전동기 회전수(rpm)　α: 감속기의 감속비

20. 승강로 벽은 0.3m×0.3m 면적의 원형이나 사각의 단면에 몇 N의 힘을 균등하게 분산하여 벽의 어느 지점에 가할 때 1mm를 초과하는 영구적인 변형이 없어야 하고 15mm를 초과하는 탄성변형이 없어야 하는가?

㉮ 500　　㉯ 1000　　㉰ 1500　　㉱ 2000

(승강기 설계)

21. 동력전원설비 용량의 계산에서 여러 대의 엘리베이터가 설치되어 있는 경우에 적용하는 부등률을 1로 하여야 하는 엘리베이터는?

㉮ 침대용 엘리베이터
㉯ 전망용 엘리베이터
㉰ 화물용 엘리베이터
㉱ 소방구조용(비상용) 엘리베이터

정답 17. ㉱　18. ㉰　19. ㉯　20. ㉯　21. ㉱

22. 승객용 엘리베이터에서 카문 문턱과 승강장문의 사이의 수평거리 기준은?

㉮ 25mm 이하 ㉯ 30mm 이하 ㉰ 35mm 이하 ㉱ 40mm 이하

해설 승객용 엘리베이터에서 카문 문턱과 승강장 문의 문턱 사이의 수평거리는 35mm 이하(장애인용은 30mm 이하)이어야 한다.

23. 엘리베이터에서 정격하중을 적재한 카 또는 균형추/평형추가 자유낙하할 때 점차 작동형 추락방지안전방지(비상정지장치)의 평균감속도 기준은?

㉮ $0.1g_n \sim 1g_n$
㉯ $0.1g_n \sim 1.25g_n$
㉰ $0.2g_n \sim 1g_n$
㉱ $0.2g_n \sim 1.25g_n$

24. 유압 엘리베이터의 실린더와 체크밸브 또는 하강밸브 사이의 가요성 호스는 전 부하 압력 및 파열 압력과 관련하여 안전율이 최소 얼마 이상이어야 하는가?

㉮ 6 ㉯ 8 ㉰ 10 ㉱ 12

25. 승객용 엘리베이터의 적재하중이 1000kgf, 카전자중이 2200kgf, 길이가 180cm, 사용재료가 ㄷ180×75×7, 단면계수가 306㎤일 경우 하부체대의 최대굽힘 모멘트(kgf·cm)는? (단, 브레이스 로드가 분담하는 하중은 무시한다.)

㉮ 72000 ㉯ 75000 ㉰ 77000 ㉱ 80000

해설 하부체대 최대 굽힘 모멘트
$$= \frac{W_T \times L}{8} = \frac{(P+Q) \times L}{8}$$
$$= \frac{(2200+1000) \times 180}{8}$$
$$= 72000(kg \cdot cm)$$

26. 엘리베이터 안전기준상 소방구조용(비상용) 엘리베이터의 기본요건에 적합한 것은?

㉮ 정격하중이 1000kgf 이상이어야 한다.
㉯ 카의 운행속도는 0.5m/s 이상이어야 한다.
㉰ 카는 건물의 전 층에 대해 운행이 가능해야 한다.
㉱ 카의 폭이 1100mm, 깊이가 2100mm 이상이어야 한다.

해설 소방용(비상용) 엘리베이터:
① 정격하중은 630kg 이상이어야 한다.
② 카의 운행속도는 1m/s 이상이어야 한다.
③ 카는 건물의 전층에 대해 운행이 가능해야 한다.
④ 카의 폭은 1100mm이상, 깊이 1400mm 이상이어야 한다.

27. 에너지 축적형 완충기의 설계 기준 중 ( )안에 알맞은 내용은?

정답 22. ㉰ 23. ㉯ 24. ㉯ 25. ㉮ 26. ㉰ 27. ㉰

선형 특성을 갖는 완충기는 카 자중과 정격하중을 더한 값(또는 균형추의 무게)의 (㉠)배와 (㉡)배 사이의 정하중으로 관련 기준에 규정된 행정이 적용되도록 설계되어야 한다.

㉮ ㉠ 2.0, ㉡ 4   ㉯ ㉠ 2.0, ㉡ 5   ㉰ ㉠ 2.5, ㉡ 4   ㉱ ㉠ 2.5, ㉡ 5

해설 선형 특성을 갖는 에너지 축적형 완충기:
① 완충기의 가능한 총 행정은 정격속도의 115%에 상응하는 중력 정지거리의 2배($0.135v^2$ [m]) 이상이어야 한다. 다만, 행정은 65mm 이상이어야 한다.
② 완충기는 카 자중과 정격하중(또는 균형추의 무게)을 더한 값의 2.5배와 4배 사이의 정하중으로 ①에 규정된 행정이 적용되도록 설계되어야 한다.

28. 유압 엘리베이터에서 로프 또는 체인이 동기화 수단으로 사용될 경우의 기준에 대한 설명으로 틀린 것은?

㉮ 체인의 안전율은 8 이상이어야 한다.
㉯ 로프의 안전율은 12 이상이어야 한다.
㉰ 2개 이상의 독립된 로프 또는 체인이 있어야 한다.
㉱ 최대 힘은 전 부하 압력에서 발생하는 힘, 로프 또는 체인의 수를 고려하여 계산되어야 한다.

해설 체인의 안전율은 10 이상이어야 한다.

29. 지진대책에 따른 엘리베이터의 구조에 대한 설명으로 틀린 것은?

㉮ 지진이나 기타 진동에 의해 주로프가 도르래에서 이탈하지 않아야 한다.
㉯ 엘리베이터의 균형추가 지진이나 기타 진동에 의하여 가이드 레일로부터 이탈하지 않아야 한다.
㉰ 승강로내에는 지진 시에 로프, 전선 등의 기능에 악영향이 발생하지 않도록 모든 돌출물을 설치하여서는 안된다.
㉱ 엘리베이터의 전동기, 제어반 및 권상기는 카마다 설치하고, 또한 지진이나 기타 진동에 의해 전도 또는 이동하지 않아야 한다.

해설 승강로 내에는 레일 브라켓과 기타 구조상 승강로내에 설치하여야 할 것을 제외하고는 돌출물을 설치하여서는 안된다. 부득이 돌출물을 설치할 경우에는 지진시에 로프, 전선 등에 간섭이 되지 않도록 조치하여야 한다.

30. 사이리스터의 점호각을 바꿈으로써 승강기 속도를 제어하는 시스템은?(문제 오류로 가답안 발표시 3번으로 발표되었지만 확정답안 발표시 1, 3번이 정답처리 되었습니다. 여기서는 가답안인 3번을 누르시면 정답처리 됩니다.)

㉮ 교류 귀환 제어방식
㉯ 워드 레오나드 방식
㉰ 정지 레오나드 방식
㉱ 교류 2단 속도 제어방식

해설 ① 교류 귀환 제어방식: 이 방식은 케이지의 실속도와 지령속도를 비교하여 사이리스터의 점호각을 바꿔, 유도전동기의 속도를 제어하는 방식이다.
② 워드 레오나드 방식: 직류 발전기의 출력단을 직접 직류 전동기 전기자에 연결시키고, 발전기의 계자 전류를 조정하여 발전전압을 엘리베이터 속도에 대응하여 연속적으로 공급시키는 방식이다.

정답 28. ㉮ 29. ㉰ 30. ㉰

③ 정지 레오나드 방식: 사이리스터를 사용하여 교류를 직류로 변환하여 전동기에 공급하고, 사이리스터의 점호각을 제어하여 직류 전압을 가변시켜, 전동기의 속도를 제어하는 방식이다.
④ 교류 2단 속도 제어방식: 2단 속도 모터(motor)를 사용하여 기동과 주행은 고속권선으로 행하고 감속시는 저속권선으로 감속하여 착상하는 방식이다.

31. 엘리베이터의 일주시간을 계산할 때 고려사항이 아닌 것은?

㉮ 주행시간 ㉯ 도어개폐시간 ㉰ 승객출입시간 ㉱ 기준층 복귀시간

해설 일주시간(RTT)= Σ(주행시간+도어 개폐시간+승객 출입시간+손실시간)

32. 다음 그림과 같은 도르래에 매달려 있는 하중 W를 올리는 힘 P로 나타낸 것은?

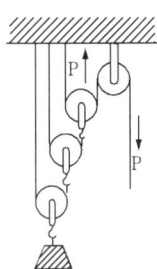

㉮ W=2P
㉯ W=3P
㉰ W=4P
㉱ W=8P

해설 고정 도르래 1개, 이동 도르래 3개이다. $W = P \times 2^3$

33. 다음 중 추락방지안전장치(비상정지장치)의 성능 시험과 관계가 가장 적은 사항은?

㉮ 적용중량 ㉯ 작동속도
㉰ 평균감속도 ㉱ 주행안내(가이드) 레일의 규격

34. 기어감속비 49:2, 도르래 지름 540mm, 전동기입력 주파수 60Hz, 극수 4, 전동기의 회전 수 슬립이 4% 일 때 엘리베이터의 정격속도는 약 몇 m/min인가?

㉮ 90 ㉯ 105 ㉰ 120 ㉱ 150

해설 $N = N_s(1-s) = \dfrac{120f}{P}(1-s) = \dfrac{120 \times 60}{4}(1-0.04) = 1728(rpm)$

$V = \dfrac{\pi DN}{1000} \times \alpha = \dfrac{3.14 \times 540 \times 1728}{1000} \times \dfrac{2}{49} ≒ 120(m/min)$

35. 엘리베이터 승강로 점검문의 크기 기준은?

㉮ 높이 0.6m 이하, 폭 0.6m 이하 ㉯ 높이 0.6m 이하, 폭 0.5m 이하
㉰ 높이 0.5m 이하, 폭 0.6m 이하 ㉱ 높이 0.5m 이하, 폭 0.5m 이하

해설 • 승강로 점검문: 높이 0.5m 이하, 폭 0.5m 이상

정답 31. ㉱ 32. ㉱ 33. ㉱ 34. ㉰ 35. ㉱

- 승강로 비상문: 높이 1.8m 이하, 폭 0.5m 이상
- 피트 출입문: 높이 1.8m 이하, 폭 0.7m 이상
- 승강로 출입문: 높이 1.8m 이하, 폭 0.7m 이상
- 기계실 출입문: 높이 1.8m 이하, 폭 0.7m 이상

36. 추락방지안전장치(비상정지장치)가 없는 균형추 또는 평형추의 T형 주행안내 레일에 대해 계산된 최대 허용 휨은?

㉮ 한 방향으로 3mm ㉯ 양방향으로 5mm
㉰ 한 방향으로 10mm ㉱ 양방향으로 10mm

37. 교통수요 산출을 위해 이용자 인원을 산정할 때 하향방향승객을 고려하지 않는 경우는?

㉮ 병원 ㉯ 아파트 ㉰ 사무실 ㉱ 백화점

해설 오피스(사무실) 빌딩의 출근시의 승객수는 오름방향(내림방향의 승객은 없는 것으로 한다)을 카 정원의 80% 정도로 한다.

38. 정격속도 60m/min, 정격하중 1150kgf, 오버밸런스율 45%, 전체효율이 0.6인 승강기용 전동기의 용량은 약 몇 kW인가?

㉮ 5.5 ㉯ 7.5 ㉰ 10.3 ㉱ 13.3

해설 $P = \dfrac{MV(1-A)}{6120\eta} = \dfrac{1150 \times 60(1-0.45)}{6120 \times 0.6} ≒ 10.3 kW$

39. 수직 개폐식 문의 현수에 대한 기준으로 틀린 것은?

㉮ 현수 로프 · 체인 및 벨트의 안전율은 8이상으로 설계되어야 한다.
㉯ 현수 로프 풀리의 피치 직경은 로프 직경의 35배 이상이어야 한다.
㉰ 수직 개폐식 승강장문 및 카문의 문짝은 2개의 독립된 현수 부품에 의해 고정되어야 한다.
㉱ 현수 로프/체인은 풀리 홈 또는 스프로킷에서 이탈되지 않도록 보호되어야 한다.

해설 현수 로프 풀리의 피치 직경은 로프 직경의 25배 이상이어야 한다.

40. 엘리베이터 브레이크의 능력에 대한 설명으로 틀린 것은?

㉮ 제동력을 너무 작게 하면 제동 시 회전부분에 큰 응력을 발생시킨다.
㉯ 브레이크는 카나 균형추 등 엘리베이터의 전 장치의 관성을 제지할 필요가 없다.
㉰ 정지 후 부하에 의한 언밸런스로 역구동되어 움직이는 일이 없도록 유지되어야 한다.
㉱ 화물용 엘리베이터는 정격의 120% 부하로 전속 하강 중 위험없이 감속·정지할 수 있어야 한다.

해설 제동력을 너무 크게 하면 제동시 회전 부분에 큰 응력을 발생시킨다.

(일반 기계 공학)

정답 36. ㉱ 37. ㉰ 38. ㉰ 39. ㉯ 40. ㉮

41. 측정하고자 하는 축을 V블록 위에 올려놓은 뒤 다이얼 게이지를 설치하고 회전하였더니 눈금값이 1mm라면 이 축의 진원도(mm)는?

㉮ 2 ㉯ 1 ㉰ 0.5 ㉱ 0.25

42. 주축의 회전운동을 직선 왕복운동으로 바꾸는 데 사용하는 밀링 머신의 부속장치는?

㉮ 분할대 ㉯ 슬로팅 장치 ㉰ 래크 절삭 장치 ㉱ 로터리 밀링 헤드 장치

해설 ① 분할대: 밀링머신 테이블 상에 설치되어 있는데, 가공물 각도 분할하는 데 사용된다.
② 슬로팅 장치: 수평·만능 밀링머신의 기둥면에 설치하는데, 주축의 회전운동을 직선 왕복 운동으로 바꾸는 데 사용하는 밀링머신 부속장치이다.
③ 래크 절삭 장치: 컬럼면에 고정되고, 각종 피치의 랙을 가공할 수 있도록 한다.
④ 로터리 밀링 헤드 장치: 칼럼에 고정하고 주축의 오프셋(offset)을 가능하게 한다.

43. 지름 2.5cm의 연강봉 양단을 강성벽에 고정한 후 30℃에서 0℃까지 냉각되었을 경우 연강봉에 생기는 압축응력(kPa)은? (단, 연강의 선팽창계수는 0.000012, 세로탄성계수는 210MPa이다.)

㉮ 37.1 ㉯ 75.6 ㉰ 371 ㉱ 756

해설 d = 2.5cm, T_1 = 30℃, T_2 = 0℃
α = 0.000012, E = 210MPa
σ = Eα△T= 210×0.000012×(30-0)
= 0.0756MPa= 75.6kPa

44. 정밀주조법 중 셀 몰드법의 특징이 아닌 것은?

㉮ 치수 정밀도가 높다.
㉯ 합성수지의 가격이 저가이다.
㉰ 제작이 용이하며 대량생산에 적합하다.
㉱ 모래가 적게 들고 주물의 뒤처리가 간단하다.

해설 셀몰드법: 열경화성 합성수지를 배합한 규사, 레진샌드(resin sand)를 주형재로서 사용하고 이것을 가열하여 조개 껍데기 모양으로 경화시켜 주형을 만든다. 셀몰드법은 제작이 용이하여 대량생산에 적합하다. 또한 제작 소요 시간이 단축되고 결과물의 표면이 아름다우며, 정밀도가 높다.

45. KS규격에 의한 구름 베어링의 호칭번호 6200ZZ에서 "ZZ"의 의미로 옳은 것은?

㉮ 한쪽 실붙이 ㉯ 링 홈붙이 ㉰ 양쪽 실드붙이 ㉱ 멈춤 링붙이

해설 • UU: 양쪽 실붙이 • U: 한쪽 실붙이 • ZZ: 양쪽 실드붙이 • Z: 한쪽 실드붙이

46. 일반적인 구리의 특성으로 틀린 것은?

㉮ 전기 및 열의 전도성이 우수하다.
㉯ 아름다운 광택과 귀금속적 성질이 우수하다.
㉰ Zn, Sn, Ni, Ag 등과 쉽게 합금을 만들 수 있다.
㉱ 기계적 강도가 높아 공작기계의 주축으로 사용된다.

해설 구리는 전기 및 열을 잘 전달하여 전선이나 난방용 배관으로 이용되며, 건축재, 금속합금 재료, 장신구, 주방기구 등으로 사용된다. 구리는 무르며 전성과 연성이 있다.

47. 유량이나 입구 측의 유압과는 관계없이 미리 설정한 2차측 압력을 일정하게 유지하는 것은?

㉮ 체크 밸브   ㉯ 리듀싱 밸브   ㉰ 시퀀스 밸브   ㉱ 릴리프 밸브

해설 • 체크 밸브: 유체가 한 방향으로 흘러 다른 방향의 흐름을 저지하는 밸브
• 리듀싱 밸브: 감압 밸브를 말하는데 유체의 압력이 사용 목적보다 높을 때 이것을 감압하고 또 압력을 일정하게 유지하는 밸브
• 시퀀스 밸브: 2개 이상의 분기회로 사이에 설치하고 회로 안의 작동순서를 제어하는 밸브
• 릴리프 밸브: 압력이 설정값을 넘었을 때 자동으로 작동하는 밸브. 탱크 또는 회로의 최고 압력을 한정해서 안전을 꾀하기 위함이다.

48. 일반적인 유량측정 기기에 해당하는 것은?

㉮ 피토 정압관   ㉯ 피토관   ㉰ 시차 액주계   ㉱ 벤투리미터

해설 • 피토 정압관: 전압을 측정하는 피토관과 정압을 측정하는 정압관을 조합하여 일체로 한 유속 측정기
• 피토관: 유체 흐름에 있어서 전체 압력과 정압 사이의 차이를 측정하여 유속을 구하는 장치
• 시차 액주계: 유속 및 두 지점의 압력을 측정하는 장치
• 벤투리미터: 관수로 내의 유량을 측정하기 위한 장치

49. 송출량이 많고 저양정인 경우 적합하며 회전차의 날개가 선박의 스크루 프로펠러와 유사한 형상의 펌프는?

㉮ 터빈 펌프   ㉯ 기어 펌프   ㉰ 축류 펌프   ㉱ 왕복 펌프

해설 • 터빈 펌프: 많은 날개가 달린 바퀴를 고속으로 회전시켜, 그 원심력으로 물을 끌어올리는 펌프
• 기어 펌프: 2개의 기어를 맞물리게 하며 기어의 이와 이의 공간에 갇힌 유체를 기어의 회전에 의하여 케이싱 내면을 따라 보내게 되어 있는 펌프
• 축류 펌프: 동체내에 프로펠러형의 날개 바퀴가 있고 물이 축방향을 따라 흐르는 펌프
• 왕복 펌프: 실린더 안의 피스톤이나 플런저가 왕복 하면서 액체를 빨아 들였다가 내보내는 장치

50. 그림과 같은 블록 브레이크에서 드럼 축의 레버를 누르는 힘(F)을 우회전할 때는 F_1, 좌회전할 때는 F_2라고 하면 F_1/F_2의 값은? (단, 중작용선이며 모두 동일한 제동력을 발생시키는 것으로 가정한다.)

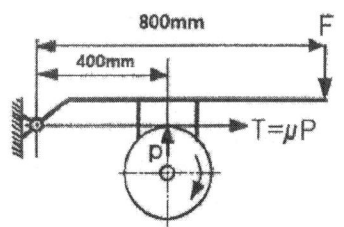

㉮ 0.25
㉯ 0.5
㉰ 1
㉱ 4

정답 47. ㉯ 48. ㉱ 49. ㉰ 50. ㉰

해설 F_1 우회전, F_2 좌회전. $F_1 \times 800 = P \times 400$, $F_1 = \dfrac{P \times 400}{800}$. 중작용이므로 $F_1 = F_2$

51. 그림과 같은 외팔보의 끝단에 집중하중 P가 작용할 때 최소 처짐이 발생하는 단면은? (단, 보의 길이와 재질은 같다.)

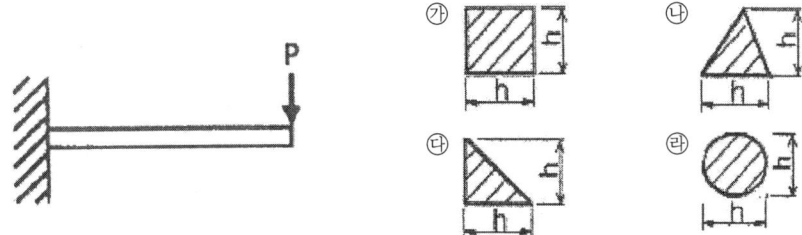

52. 비틀림 모멘트를 받아 전단응력이 발생되는 원형 단면 축에 대한 설명으로 틀린 것은?

㉮ 전단응력은 지름의 세제곱에 반비례한다.
㉯ 전단응력은 비틀림 모멘트와 반비례한다.
㉰ 전단응력은 구할 때 극단면계수도 이용한다.
㉱ 중실 원형축의 지름을 2배로 증가시키면 비틀림 모멘트는 8배가 된다.

해설 전단응력과 비틀림 모멘트는 비례한다. $\tau = \dfrac{T}{Z_P}$ 여기서 전단응력: τ, 비틀림 모멘트: T

53. 용접 이음의 장점이 아닌 것은?

㉮ 자재가 절약된다.
㉯ 공정수가 증가된다.
㉰ 이음효율이 향상된다.
㉱ 기밀 유지성능이 좋다.

해설 용접 이음의 장점
① 재료를 절약할 수 있다.　② 공정수를 줄일 수 있다.
③ 이음 효율을 100%까지 올릴 수 있다.　④ 기밀성 및 수밀성이 좋다.
⑤ 사용하는 판재의 두께에 대한 제한이 없다.　⑥ 볼트, 리벳 등이 필요없이 능률적으로 제작할 수 있다.
⑦ 균일하고 견고한 재질이 얻어지고 보수가 쉽다.

54. 프레스 가공이나 주조 가공 등으로 생산된 제품의 불필요한 테두리나 핀 등을 잘라내거나 따내어 제품을 깨끗이 정형하는 작업은?

㉮ 펀칭　㉯ 블랭킹　㉰ 세이빙　㉱ 트리밍

해설 • 펀칭: 단조작업에서 강괴 또는 강편에 펀치로 쳐서 구멍을 뚫는 것
• 블랭킹: 펀치 등을 이용하여 여러 형태로 판금 가공하는 것
• 세이빙: 프레스 가공에 의한 제품의 절단면은 전단면, 파단면 등으로 이루어 졌으며 약간의 경사를 갖고 있다. 그러므로 전단면을 다듬질(매끈하게) 하는 것을 말한다.
• 트리밍: 성형이 끝난 성형품의 불필요한 부분을 잘라내는 것

정답 51. ㉮　52. ㉯　53. ㉯　54. ㉱

55. 지름 20mm, 인장강도 42MPa 의 둥근 봉이 지탱할 수 있는 허용범위 내 최대하중(N)은 약 얼마인가? (단, 안전율은 7이다.)

㉮ 1884 ㉯ 2235 ㉰ 3524 ㉱ 4845

해설 $\dfrac{\sigma}{s} = \dfrac{4P}{\pi d^2}$에서 $P = \dfrac{\sigma \pi d^2}{4s} = \dfrac{42 \times \pi \times 20^2}{4 \times 7} = 1884.96(N)$

※ $\sigma = 42MPa = 42N/mm^2$

56. 주로 나무나 가죽, 베크라이트 등 비금속이나 연한 금속의 거친 가공에 가장 적합한 줄(file)은?

㉮ 귀목(rasp cut) ㉯ 단목(single cut) ㉰ 복목(double cut) ㉱ 파목(curved cut)

해설
- 귀목: 거친줄 눈날. 연한 재료나, 가죽, 목재의 황삭 가공용으로 사용된다.
- 단목: 홑줄 눈날. 알루미늄, 주석, 납 등 연하고 점착성이 있는 금속 가공에 사용된다.
- 복목: 겹줄 눈날. 철의 다듬질 용으로 사용한다.
- 파목: 파형줄 눈날. 플라스틱, 알루미늄, 납 등의 가공에 사용한다.

57. 키(key)의 설계에서 강도상 주로 고려해야 하는 것은?

㉮ 키의 굽힘응력과 전단응력 ㉯ 키의 전단응력과 인장응력
㉰ 키의 인장응력과 압축응력 ㉱ 키의 전단응력과 압축응력

해설 키(key): 핸들, 벨트 풀리나 기어 등의 회전체를 축과 고정하여 회전력을 전달할 때 쓰이는 기계 요소이다. 회전을 전달하여 전달력을 받기 때문에 재질은 축보다 약간 강한 재료를 사용한다. 키의 설계시 강도상 주로 고려하는 것은 키의 전단응력과 압축응력이다.

58. 평벨트 전동장치와 비교한 V-벨트 전동장치의 특징으로 옳은 것은?

㉮ 두 축의 회전방향이 다른 경우에 적합하다. ㉯ 평벨트 전동에 비해 전동 효율이 나쁘다.
㉰ 축간거리가 짧고 큰 속도비에 적합하다. ㉱ 5m/s 이하의 저속으로만 운전이 가능하다.

해설 V-벨트 전동장치:
① 홈의 양면에 밀착되므로 마찰력이 평 벨트보다 크고, 미끄럼이 적어 비교적 작은 장력으로 큰 회전력을 전달할 수 있다.
② 평 벨트와 같이 벗겨지는 일이 없다. ③ 이음매가 없어 운전이 정숙하고, 충격을 완화하는 작용을 한다.
④ 지름이 작은 풀리에도 사용할 수 있다. ⑤ 설치 면적이 좁으므로 사용이 편리하다.

59. 구상 흑연 주철에 관한 설명으로 틀린 것은?

㉮ 단조가 가능한 주철이다. ㉯ 차량용 부품이나 내마모용으로 사용한다.
㉰ 노듈러 또는 덕타일 주철이라고도 한다. ㉱ 인장강도가 50~70 kgf/mm² 정도인 것도 있다.

해설 구상 흑연 주철: 보통의 주철 조직에 나타나는 납작한 모양의 흑연을 본래의 둥근 모양으로 변화시켜 더욱 단단하게 만든 주철. 용탕에 Mg, Ca, Ce 등을 첨가해서 흑연을 구상으로 정출시킨 주철이다. 우수한 주조성과 강인한 기계적 성질을 갖는다. 용도는 주철관, 롤, 기계부품 등으로 사용된다.

정답 55. ㉮ 56. ㉮ 57. ㉱ 58. ㉰ 59. ㉮

60. 동력 전달용 나사가 아닌 것은?

㉮ 관용 나사 ㉯ 사각 나사 ㉰ 둥근 나사 ㉱ 톱니 나사

해설
- 관용 나사: 가스관, 수도관 등 관 종류의 접속에 사용하는 나사
- 사각 나사: 동력 전달용 나사로 나사산의 단면이 사각으로 되어있어 마찰 저항이 적으므로 힘을 필요로 하는 잭, 나사프레스, 선반등의 이송나사에 사용된다.
- 둥근 나사: 먼지나 가루 따위가 나사부에 끼이기 쉬운 곳에 사용된다.
- 톱니 나사: 축 방향의 힘이 한쪽 방향으로만 작용하는 경우에 사용한다.

(전기제어 공학)

61. 코일에 단상 200V의 전압을 가하면 10A의 전류가 흐르고 1.6kW의 전력을 소비된다. 이 코일과 병렬로 콘덴서를 접속하여 회로의 합성역률을 100%로 하기위한 용량 리액턴스(Ω)는 약 얼마인가?

㉮ 11.1 ㉯ 22.2 ㉰ 33.3 ㉱ 44.4

해설 $P_a = VI = 200 \times 10 = 2000(VA)$, $P_r = \sqrt{P_a^2 - P^2} = \sqrt{2^2 - 1.6^2} = 1.2(kVar)$

역률이 100%가 되기 위해서는 1.2(kVA)의 콘덴서가 필요하므로

$\theta_c = 2\pi fcV^2 = \dfrac{V^2}{X_c} = 1.2 \times 10^3$, $X_c = \dfrac{200^2}{1.2 \times 10^3} = 33.3(\Omega)$

62. 영구자석의 재료로 요구되는 사항은?

㉮ 전류자기 및 보자력이 큰 것
㉯ 잔류자기가 크고 보자력이 작은 것
㉰ 잔류자기는 작고 보자력이 큰 것
㉱ 잔류자기 및 보자력이 작은 것

해설 영구자석의 재료는 잔류자기 및 보자력이 커야한다.

63. 시퀀스 제어에 관한 설명으로 틀린 것은?

㉮ 조합논리회로가 사용된다.
㉯ 시간지연요소가 사용된다.
㉰ 제어용 계전기가 사용된다.
㉱ 폐회로 제어계로 사용된다.

해설 시퀀스 제어는 개회로 제어계이다. 시퀀스 제어는 미리 정해진 순서에 따라 제어의 각 단계를 차례를 따라 진행하는 제어이다(예: 교통 신호등).

64. 피드백 제어에 관한 설명으로 틀린 것은?

㉮ 정확성이 증가한다.
㉯ 대역폭이 증가한다.
㉰ 입력과 출력의 비를 나타내는 전체이득이 증가한다.
㉱ 개루프 제어에 비해 구조가 비교적 복잡하고 설치비가 많이 든다.

정답 60. ㉮ 61. ㉰ 62. ㉮ 63. ㉱ 64. ㉰

[해설] 피드백 제어는 입력과 출력의 비를 나타내는 전체 이득이 감소한다.

65. 다음 중 전류계에 대한 설명으로 틀린 것은?

㉮ 전류계의 내부저항이 전압계의 내부저항보다 작다.
㉯ 전류계를 회로에 병렬접속하면 계기가 손상될 수 있다.
㉰ 직류용 계기에는 (+), (−)의 단자가 구별되어 있다.
㉱ 전류계의 측정 범위를 확장하기 위해 직렬로 접속한 저항을 분류기라고 한다.

[해설] 전류계의 측정 범위를 확장하기 위해 병렬로 접속한 저항기를 분류기라고 한다. 또 전압계의 측정 범위를 확장하기 위해 직렬로 접속한 저항기를 배율기라고 한다.

66. 100V에서 500W를 소비하는 저항이 있다. 이 저항에 100V의 전원을 200V로 바꾸어 접속하면 소비되는 전력(W)은?

㉮ 250   ㉯ 500   ㉰ 1000   ㉱ 2000

[해설] $R = \dfrac{V^2}{P} = \dfrac{100^2}{500} = 20(\Omega)$
$P = \dfrac{V^2}{R} = \dfrac{200^2}{20} = 2000(W)$

67. 전압을 V, 전류를 I, 저항을 R, 그리고 도체의 비저항을 ρ라 할 때 옴의 법칙을 나타낸 식은?

㉮ $V = \dfrac{R}{I}$ ㉯ $V = \dfrac{I}{R}$ ㉰ $V = IR$ ㉱ $V = IR\rho$

[해설] 옴의 법칙: $I = \dfrac{V}{R}(A)$

68. 절연의 종류를 최고 허용온도가 낮은 것부터 높은 순서로 나열한 것은?

㉮ A종 < Y종 < E종 < B종   ㉯ Y종 < A종 < E종 < B종
㉰ E종 < Y종 < B종 < A종   ㉱ B종 < A종 < E종 < Y종

[해설]
- Y종: 90℃   • A종: 105℃   • E종: 120℃   • B종: 130℃
- F종: 155℃   • H종: 180℃   • C종: 180℃ 초과

69. 어떤 코일에 흐르는 전류가 0.01초 사이에 20A에서 10A로 변할 때 20V의 기전력이 발생한다고 하면 자기 인덕턴스(mH)는?

㉮ 10   ㉯ 20   ㉰ 30   ㉱ 50

[해설] $e = L\dfrac{\Delta I}{\Delta t}(V)$에서 $L = \dfrac{e \times \Delta t}{\Delta I} = \dfrac{20 \times 0.01}{10} = 0.02H = 20mH$
※ $1H = 10^3 mH$

정답 65. ㉱   66. ㉱   67. ㉰   68. ㉯   69. ㉯

70. 아래 접점회로의 논리식으로 옳은 것은?

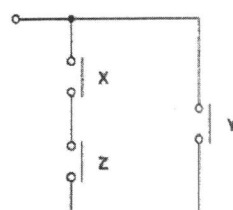

㉮ X・Y・Z
㉯ (X+Y)・Z
㉰ (X・Z)+Y
㉱ X+Y+Z

해설 X와 Z는 직렬(AND회로) 이므로 곱한다. 그리고 Y와는 병렬(OR회로) 이므로 더한다.
∴ (X・Z)+Y

71. 평형 3상 전원에서 각 상간 전압의 위상차(rad)는?

㉮ π/2   ㉯ π/3   ㉰ π/6   ㉱ 2π/3

해설 3상 교류는 위상이 서로 다른 3개의 교류 기전력을 1조로 한 것을 말하며, 대칭 3상 교류는 기전력의 크기가 각각 같고, 서로 2π/3(rad)의 위상차를 갖는 3상 교류를 말한다.

72. 두 대 이상의 변압기를 병렬 운전하고자 할 때 이상적인 조건으로 틀린 것은?

㉮ 각 변압기의 극성이 같을 것
㉯ 각 변압기의 손실비가 같을 것
㉰ 정격용량에 비례해서 전류를 분담할 것
㉱ 변압기 상호간 순환전류가 흐르지 않을 것

해설 변압기의 병렬운전: ① 극성이 일치할 것(불일치시 순환전류 흐른다)
② 권수비 및 1,2차 정격 전압이 같을 것
③ 각 변압기의 저항과 리액턴스비가 일치할 것
④ 부하 분담시 용량에는 비례하고 % 임피던스 강하에는 반비례할 것
⑤ 각 변위 (1,2차 유도 전압간 위상차)가 같을 것

73. 다음 회로도를 보고 진리표를 채우고자 한다. 빈칸에 알맞은 값은?

A	B	X_1	X_2	X_3
1	1	1	0	(ⓐ)
1	0	0	1	(ⓑ)
0	1	0	0	(ⓒ)
0	0	0	0	(ⓓ)

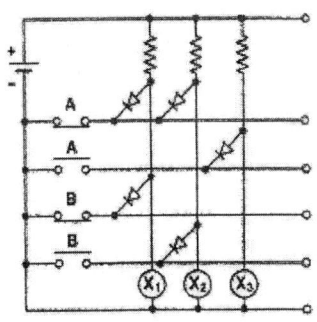

㉮ ⓐ 1, ⓑ 1, ⓒ 0, ⓓ 0
㉯ ⓐ 0, ⓑ 0, ⓒ 1, ⓓ 1
㉰ ⓐ 0, ⓑ 1, ⓒ 0, ⓓ 1
㉱ ⓐ 1, ⓑ 0, ⓒ 1, ⓓ 0

정답 70. ㉰   71. ㉱   72. ㉯   73. ㉯

해설 A와 B가 b접점 일 때와 a접점 일 때, 다이오드로 전류가 흐르는가, 아니면 ⊗ ⊗ ⊗ 로 흐르는가를 확인하면 된다.

74. 다음 회로에서 E=100V, R=4Ω, X_L=5Ω, X_C=2Ω 일 때 이 회로에 흐르는 전류(A)는?

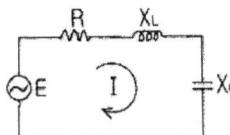

㉮ 10
㉯ 15
㉰ 20
㉱ 25

해설 $Z=\sqrt{4^2+(5-2)^2}=5(\Omega)$ $I=\dfrac{V}{Z}=\dfrac{100}{5}=20(A)$

75. 다음 블록선도의 전달함수 C(s)/R(s)는?

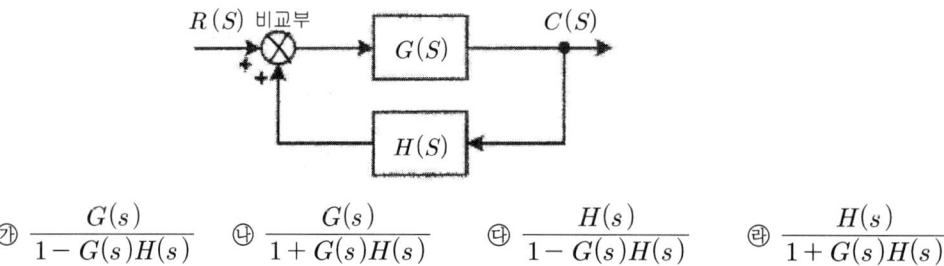

㉮ $\dfrac{G(s)}{1-G(s)H(s)}$ ㉯ $\dfrac{G(s)}{1+G(s)H(s)}$ ㉰ $\dfrac{H(s)}{1-G(s)H(s)}$ ㉱ $\dfrac{H(s)}{1+G(s)H(s)}$

해설

블록선도	전달함수
$R(S) \to + \to G_1 \to C(S)$, G_2 피드백	$G=\dfrac{C(s)}{R(s)}=\dfrac{G_1}{1+G_1G_2}$
$R(S) \to + \to G_1 \to G_2 \to C(S)$, G_3 피드백	$G=\dfrac{C(s)}{R(s)}=\dfrac{G_1G_2}{1-G_1G_2G_3}$

76. 다음의 신호흐름선도에서 전달함수 C(s)/R(s)는?

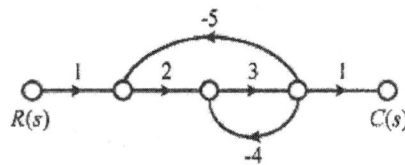

정답   74. ㉰   75. ㉮   76. ㉱

㉮ $-\dfrac{6}{41}$ ㉯ $\dfrac{6}{41}$ ㉰ $-\dfrac{6}{43}$ ㉱ $\dfrac{6}{43}$

해설 $G(s) = \dfrac{2 \times 3}{1 - (-12 - 30)} = \dfrac{6}{43}$

77. 전동기를 전원에 접속한 상태에서 중력부하를 하강시킬 때 속도가 빨라지는 경우 전동기의 유기 기전력이 전원전압보다 높아져서 발전기로 동작하고 발생전력을 전원으로 되돌려 줌과 동시에 속도를 감속하는 제동법은?

㉮ 회생제동   ㉯ 역전제동   ㉰ 발전제동   ㉱ 유도제동

해설
- 회생제동: 유도 전동기를 동기 속도보다 큰 속도로 회전시켜 유도 발전기가 되게 함으로써, 발생전력을 전원에 반환하면서 제동을 시키는 방법
- 역전제동: 전동기가 회전하고 있을 때 전원에 접속된 3선 중에서 2선을 빨리 바꾸어 접속하면, 회전 자장의 방향이 반대로 되어 회전자에 작용하는 토크의 방향이 반대가 되므로 전동기는 즉시 정지한다.
- 발전제동: 전동기 운전중 전원을 끊어 발전기로 운전시켜 그때 생긴 전기로 전동기를 정지시키는 방법이다.

78. 전기 기기 및 전로의 누전여부를 알아보기 위해 사용되는 계측기는?

㉮ 메거   ㉯ 전압계   ㉰ 전류계   ㉱ 검전기

해설 절연저항은 메거로 측정한다.

79. 입력에 대한 출력의 오차가 발생하는 제어시스템에서 오차가 변화하는 속도에 비례하여 조작량을 가변하는 제어방식은?

㉮ 미분제어   ㉯ 정치제어   ㉰ on-off제어   ㉱ 시퀀스제어

해설
- 미분제어: 오차가 증가하는 것을 방지한다.
- 정치제어: 일정한 목표값을 유지하는 것을 목적으로 한다.
- on-off제어: 전원을 on-off하여 시행하는 제어
- 시퀀스제어: 미리 정해진 순서에 따라 각 단계가 순차적으로 진행하는 제어

80. 기계적 제어의 요소로서 변위를 공기압으로 변환하는 요소는?

㉮ 벨로즈   ㉯ 트랜지스터   ㉰ 다이아프램   ㉱ 노즐 플래퍼

해설 변위를 공기압으로 변환하는 요소: ① 노즐 플래퍼 ② 유압 분사관 ③ 스프링

정답 77. ㉮   78. ㉮   79. ㉮   80. ㉱

승강기 산업기사 기출문제
(2020. 6. 6)

(승강기 개론)

1. 에너지 분산형 완충기에 대한 설명으로 틀린 것은?

㉮ 작동 후에는 영구적인 변형이 없어야 한다.
㉯ $2.5g_n$를 초과하는 감속도는 0.04초보다 길지 않아야 한다.
㉰ 완충기 작동 후 완충기가 정상 위치에 복귀되기 전에 엘리베이터가 정상적으로 운행될 수 있어야 한다.
㉱ 카에 정격하중을 싣고 정격속도의 115%의 속도로 자유 낙하하여 완충기에 충돌할 때, 평균 감속도는 $1g_n$ 이하이어야 한다.

해설 완충기가 작동이 되면 완충기가 정상 위치에 복귀된 후, 엘리베이터가 정상적으로 운행되어야 한다.

2. 다음 중 카 바닥의 구성요소가 아닌 것은?

㉮ 에이프런   ㉯ 안전난간대   ㉰ 하중검출장치   ㉱ 플로어베이스

해설 카 바닥은 하중검출장치, 플로어베이스, 에이프런 등으로 구성되며 안전난간대는 아니다.

3. 다음 그림과 같은 로핑 방법은?

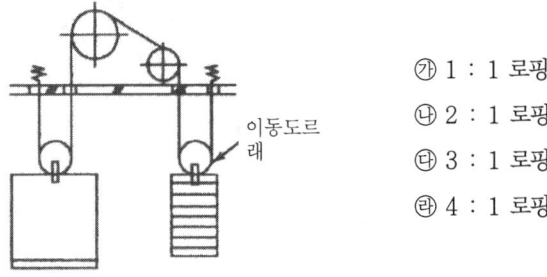

㉮ 1 : 1 로핑
㉯ 2 : 1 로핑
㉰ 3 : 1 로핑
㉱ 4 : 1 로핑

4. 에스컬레이터의 브레이크 시스템에 대한 설명으로 틀린 것은?

㉮ 균일한 감속에 따른 안정감이 있어야 한다.
㉯ 전압 공급이 중단되었을 때 자동으로 작동해야 한다.
㉰ 브레이크 시스템의 적용에는 의도적 지연이 없어야 한다.
㉱ 제어시스템이 에스컬레이터를 정지시키기 위해 즉시 차단 시퀀스를 시작하면, 이는 의도적 지연으로 간주된다.

해설 브레이크 시스템의 적용에는 의도적 지연이 없어야 한다.

정답 1. ㉰ 2. ㉯ 3. ㉯ 4. ㉱

5. 에너지 분산형 완충기가 스프링식 또는 중력복귀식일 경우, 최대 몇 초 이내에 완전히 복귀되어야 하는가?

㉮ 30   ㉯ 60   ㉰ 90   ㉱ 120

6. 승강로에 대한 설명으로 틀린 것은?

㉮ 승강로에는 1대 이상의 엘리베이터 카가 있을 수 있다.
㉯ 승강로 내에 설치되는 돌출물은 안전상 지장이 없어야 한다.
㉰ 승강로는 누수가 없고 청결상태가 유지되는 구조이어야 한다.
㉱ 유압식 엘리베이터의 잭은 카와 별도의 승강로 내에 있어야 한다.

해설 유압식 엘리베이터의 잭은 카와 동일 승강로 내에 있어야 한다.

7. 균형체인 또는 균형로프의 역할로 적절하지 않은 것은?

㉮ 승차감을 개선하기 위해 설치한다.
㉯ 착상오차를 개선하기 위해 설치한다.
㉰ 고층용 엘리베이터에서 소음을 개선하기 위해 설치한다.
㉱ 카와 균형추 상호간의 위치변화에 따른 와이어로프 무게를 보상하기 위한 것이다.

해설 균형체인과 균형로프의 사용은 카와 균형추의 균형을 유지하기 위해 사용한다.

8. 블리드 오프 유압회로에서 카가 하강시에 유압잭에서 오일 탱크로 되돌아가는 작동유의 유량을 제어하는 밸브는?

㉮ 감압 밸브   ㉯ 체크 밸브   ㉰ 릴리프 밸브   ㉱ 하강 유량 제어 밸브

해설 ① 역저지(check) 밸브 : 한쪽 방향으로만 오일이 흐르도록 하는 밸브이다. 기능은 로프식 엘리베이터의 전자 브레이크와 유사하다.
② 안전밸브(relief valve) : 일종의 압력조정 밸브인데 회로의 압력이 설정값에 도달하면 밸브를 열어 오일을 탱크로 돌려보냄으로써 압력이 과도하게 상승(상승 압력의 125%에 설정)하는 것을 방지한다.
③ 하강용 유량 제어 밸브 : 하강시 탱크로 되돌아오는 유량을 제어하는 밸브. 수동식 하강밸브를 열어주면 카 자체의 하중으로 카가 서서히 내려와 승객을 안전하게 구출할 수 있다.

9. 카의 추락방지안전장치(비상정지장치)가 작동할 때 균형추나 와이어로프 등이 관성에 의해 튀어 오르는 것을 방지하기 위하여 설치하는 장치는?

㉮ 과전류 차단기   ㉯ 과부하 방지장치
㉰ 개문출발 방지장치   ㉱ 튀어오름 방지장치(록다운 추락방지안전장치)

해설 카의 추락방지안전장치가 작동시 균형추나 와이어로프 등이 관성에 의해 튀어 오르는 것을 방지하기 위해, 록다운 추락방지안전장치를 설치해야 하는데, 속도 210m/min 이상 시 반드시 설치해야 한다.

10. 엘리베이터를 카의 조작방식에 따라 분류할 때 반자동식에 해당하지 않는 것은?

정답 5. ㉱ 6. ㉱ 7. ㉰ 8. ㉱ 9. ㉱ 10. ㉮

㉮ 직접식　　㉯ 신호 방식　　㉰ 카 스위치 방식　　㉱ 카드 조작 방식

해설 반자동식: ① 카 스위치(car switch) 방식: 기동 및 정지가 운전원의 조작에 의해 이루어진다.
② 신호(signal) 방식: 엘리베이터 도어의 개폐는 운전자의 조작에 의해서 이루어지고, 기타 기동은 카내의 버튼 또는 승강장의 버튼에 의해 이루어진다.
③ 카드 조작 방식: 카드 인식 후 호출버튼이 동작하는 방식이다.

11. 가변전압 가변주파수 제어방식에서 직류를 교류로 바꾸어 주는 장치는?

㉮ 인버터　　㉯ 리액터　　㉰ 컨덕터　　㉱ 컨버터

해설 • 인버터: 직류를 교류로 변환　• 컨버터: 교류를 직류로 변환

12. 카 추락방지안전장치(비상정지장치)가 작동될 때, 무부하 상태의 카 바닥 또는 정격하중이 균일하게 분포된 부하 상태의 카 바닥은 정상적인 위치에서 몇 %를 초과하여 기울어지지 않아야 하는가?

㉮ 3　　㉯ 5　　㉰ 7　　㉱ 10

13. 카에는 자동으로 재충전되는 비상전원공급장치에 의해 몇 lx 이상의 조도로 몇 시간 동안 전원이 공급되는 비상등이 있어야 하는가?

㉮ 2 lx, 1시간　　　　㉯ 2 lx, 2시간
㉰ 5 lx, 1시간　　　　㉱ 5 lx, 2시간

해설 카의 비상등은 비상전원공급장치에 의해 5(lx)이상, 1시간 동안 전원 공급이 가능해야 한다.

14. 무빙워크의 경사도는 몇 도 이하이어야 하는가?

㉮ 8°　　㉯ 10°　　㉰ 12°　　㉱ 15°

15. 엘리베이터가 최종단층을 통과하였을 때 구동기를 신속하게 정지시키며, 운행을 불가능하게 하는 안전장치는?

㉮ 피트 정지 스위치　　　　㉯ 파이널 리미트 스위치
㉰ 종단층 강제 감속 장치　　㉱ 추락방지안전장치(비상정지장치)

해설 파이널 리미트 스위치: 리미트 스위치가 작동되지 않을 경우에 대비하여 리미트 스위치를 지난 적당한 위치에, 카가 현저히 지나치는 것을 방지하는 파이널 리미트 스위치(Final Limit Switch)를 설치해야 한다.

16. 엘리베이터 과속조절기(조속기) 로프의 최소 파단 하중은 권상 형식 과속조절기의 마찰계수 μ_{max} 0.2를 고려하여 과속조절기가 작동될 때 로프에 발생하는 인장력에 몇 이상의 안전율을 가져야 하는가?

㉮ 2　　㉯ 4　　㉰ 6　　㉱ 8

17. 다음 중 엘리베이터의 주행안내(가이드)레일에 대한 설명으로 적절하지 않은 것은?

정답 11. ㉮　12. ㉯　13. ㉰　14. ㉰　15. ㉯　16. ㉱　17. ㉱

㉮ 카의 기울어짐을 방지하는 장치이다.
㉯ 엘리베이터의 안전한 운행을 보장하기 위해 부과되는 하중 및 힘에 견뎌야 한다.
㉰ 건물 구조의 움직임이 주행안내 레일 연결에 주는 영향이 최소화되도록 해야 한다.
㉱ 추락방지안전장치(비상정지장치)의 제동력은 주행안내 레일의 특정 부분에 집중되어야 한다.

18. 소방구조용(비상용) 엘리베이터에 대한 설명으로 맞는 것은?

㉮ 소방운전 시 모든 승강장의 출입구마다 정지할 수 있어야 한다.
㉯ 승강로 및 기계실 조명은 어떠한 경우에도 수동으로만 점등되어야 한다.
㉰ 승강장문이 여러 개일 경우 방화 구획된 로비가 하나 이상의 승강장문 전면에 위치해야 한다.
㉱ 소방관 접근 지정층에서 소방관이 조작하여 엘리베이터 문이 닫힌 이후부터 90초 이내에 가장 먼 층에 도착되어야 한다.

해설 비상용 엘리베이터
① 소방 운전 시 모든 승강장의 출입구마다 정지할 수 있어야 한다.
② 승강로 및 기계실 조명은 자동으로 점등 되어야 하나 수동으로도 점등 가능해야 한다.
③ 정전 시 보조전원 공급장치에 의해 자동으로 전력을 발생시키되, 수동으로 전원을 작동시킬 수 있어야 하며 2시간 이상 운행 가능해야 한다.
④ 소방관이 조작하여 엘리베이터 문이 닫힌 이후부터 60초 이내에 가장 먼 층에 도착하여야 한다.

19. 일반적으로 엘리베이터에 사용하는 주로프의 파단강도는 약 몇 kgf/mm^2 정도인가?

㉮ 70~80 ㉯ 85~95 ㉰ 100~125 ㉱ 135~165

해설 ① E종: 엘리베이터용. 파단강도 135(kgf/mm^2)
② A종: 초고층 엘리베이터용. 파단강도 165(kgf/mm^2)
③ G종: 소선표면에 아연 도금한 로프로 다습한 장소에 사용. 파단강도 150(kgf/mm^2)

20. 유압식 엘리베이터에 적용되는 유량제한기(유량제한장치)의 기준으로 틀린 것은?

㉮ 실린더에 압축 이음으로 연결되어야 한다.
㉯ 실린더의 구성 부품으로 일체형이어야 한다.
㉰ 직접 및 견고하게 플랜지에 설치되어야 한다.
㉱ 실린더 근처에 짧고 단단한 배관으로 용접되고 플랜지 또는 나사 체결되어야 한다.

해설 유량제한기는 실린더에 직접 나사로 체결하여 연결되어야 한다.

(승강기 설계)

21. 엘리베이터의 지진에 대한 대책으로 가장 적절하지 않은 것은?

㉮ 지진이나 기타 진동에 의해 주로프가 도르래에서 이탈하지 않도록 해야 한다.
㉯ 지진 시 엘리베이터를 건물의 최상층에 정지시키는 관제운전장치를 설치하는 것이 바람직하다.
㉰ 지진 하중에 대한 구조부분에 필요한 강도가 확보되어 위험한 변형이 생기지 않아야 한다.
㉱ 승강로 내에는 레일 브라켓 등 구조상 승강로 내에 설치하여야 할 것을 제외하고 돌출물을 설치하지 말아야 한다.

정답 18. ㉮ 19. ㉱ 20. ㉮ 21. ㉯

[해설] 관제 운전장치는 운행 중인 승강기를 가장 가까운 층으로 이동시켜 문을 열도록 하는 설비이다.

22. 균형추 또는 평형추에 추락방지안전장치(비상정지장치)를 설치해야 하는 경우로 맞는 것은?

㉮ 균형추의 무게가 2000kg을 초과하는 경우
㉯ 균형추측에 유입완충기의 설치가 불가능한 경우
㉰ 승강로의 피트 하부를 상시 출입 통로로 사용하는 경우
㉱ 엘리베이터의 정격속도가 300m/min를 초과하는 초고속 엘리베이터

[해설] 승강로 피트 하부가 사무실이나 통로로 사용되는 경우에는 균형추 또는 평형추에도 추락방지안전장치를 설치해야 한다.

23. 기계실 작업공간의 바닥 면은 몇 lx 이상을 밝히는 영구적으로 설치된 전기조명이 있어야 하는가?

㉮ 5 ㉯ 50 ㉰ 100 ㉱ 200

24. 엘리베이터 안전장치 중 리미트 스위치의 형식이 아닌 것은?

㉮ 기계적 조작식 ㉯ 광학적 조작식 ㉰ 자기적 조작식 ㉱ 턴버클 조작식

[해설] 리미트 스위치의 형식: ① 기계적 조작식 ② 광학적 조작식 ③ 자기적 조작식

25. 권상기에 대한 설명으로 옳은 것은?

㉮ 권상기 도르래와 로프의 권부각이 클수록 미끄러지기 쉽다.
㉯ 권상기 도르래의 지름은 로프 지름의 20배 이상으로 하여야 한다.
㉰ 도르래의 로프 홈은 U홈을 사용하는 것이 마찰계수가 커서 유리하다.
㉱ 도르래의 로프 홈은 U홈과 V홈의 중간 특성을 가지며 트랙션 능력이 큰 언더컷 홈을 주로 사용한다.

[해설] ① 권상기 도르래와 로프의 권부각이 클수록 미끄러지지 않는다.
② 권상기 도르래의 지름은 로프 지름의 40배 이상으로 하여야 한다.
③ 도르래의 로프 홈은 언더컷 홈을 사용하는 것이 마찰계수가 커서 유리하다.
④ 도르래의 로프 홈은 U홈과 V홈의 중간 특성을 가지며 트랙션 능력이 큰 언더컷 홈을 주로 사용한다.

26. 엘리베이터용 전동기의 구비요건으로 적절하지 않은 것은?

㉮ 기동전류가 클 것
㉯ 기동토크가 클 것
㉰ 회전부의 관성모멘트가 적을 것
㉱ 빈번한 운전에 대한 열적 특성이 양호할 것

[해설] 기동전류는 작아야 한다.

27. 로프식 권상기의 허용응력이 $4kN/cm^2$이고, 재료의 인장강도가 $40kN/cm^2$일 때 안전율은 약 얼마인가?

㉮ 5 ㉯ 10 ㉰ 13.8 ㉱ 16.7

정답 22. ㉰ 23. ㉱ 24. ㉱ 25. ㉱ 26. ㉮ 27. ㉯

해설 안전율 = 인장강도/허용응력 = 40/4 = 10

28. $b \times h = 6 \times 7(m)$의 삼각형 도심을 통과하는 축에 대한 단면 2차 모멘트는 약 몇 m^4인가?

㉮ 24.5　　　㉯ 47.17　　　㉰ 49　　　㉱ 57.17

해설 $M = \dfrac{bh^3}{36} = \dfrac{6 \times 7^3}{36} ≒ 57.17(m^4)$

29. 사이리스터를 사용하여 교류를 직류로 변환한 후 전동기에 공급하고, 사이리스터의 점호각을 변경하여 직류전압을 바꿔 회전수를 조절하는 제어방식은?

㉮ 교류 귀환 제어방식　　　㉯ 워드 레오나드 제어방식
㉰ 정지 레오나드 제어방식　㉱ 가변전압 가변주파수 제어방식

해설 ① 교류 귀환 제어방식: 이 방식은 케이지의 실속도와 지령속도를 비교하여 사이리스터의 점호각을 바꿔, 유도전동기의 속도를 제어하는 방식이다.
② 워드 레오나드 제어방식: 직류 발전기의 출력단을 직접 직류 전동기 전기자에 연결시키고, 발전기의 계자 전류를 조정하여 발전전압을 엘리베이터 속도에 대응하여 연속적으로 공급시키는 방식이다.
③ 정지 레오나드 방식: 사이리스터를 사용하여 교류를 직류로 변환하여 전동기에 공급하고, 사이리스터의 점호각을 제어하여 직류 전압을 가변시켜, 전동기의 속도를 제어하는 방식이다.
④ 가변 전압 가변 주파수 제어방식: 유도 전동기에 인가되는 전압과 주파수를 동시에 변환시켜 직류 전동기와 동등한 제어성능을 갖는다.

30. 에스컬레이터의 배열방식과 그 특징에 대한 설명으로 틀린 것은?

㉮ 복렬형은 설치면적이 증가한다.
㉯ 복렬병렬형은 승강장을 찾기가 혼란스럽다.
㉰ 교차형은 승강·하강 모두 연속적으로 갈아탈 수 있다.
㉱ 단열중복형은 매층마다 특정 장소로 유도할 수 있다.

해설 에스컬레이터 배열 방식
① 단열승계형: 바닥에서 바닥으로 연속적으로 탈 수 있다.(바닥면적을 넓게 요한다)
② 단열 겹침형: 바닥과 바닥 간 연속적이지 못하다.(오르거나 내려가는 곳으로 이동해 타야 한다)
③ 복열승계형: 오름·내림 방향 모두 바닥에서 바닥으로 연속적이다. 현재 사용되고 있는 방식이다.(옆사람은 올라가고, 본인은 내려간다)
④ 복렬병렬형: 오름·내림 입구가 옆에 있다.
⑤ 교차형: 오르고 내림 방향이 X자 형태이다.

31. 교통량 계산 시 출근시간의 수송능력 목표치(집중률)가 가장 큰 건물은? (단, 역사(지하철역 등)와 가까운 경우는 제외한다.)

㉮ 공공건물　　㉯ 전용건물　　㉰ 임대건물　　㉱ 준 전용건물

해설 출근 시간의 수송능력 목표치(집중률)가 가장 큰 건물은 전용건물(같은 일을 하는 건물)이다.

정답　28. ㉱　29. ㉰　30. ㉯　31. ㉯

32. 코일스프링에서 스프링 지수는 C, 스프링의 평균지름을 D, 소선의 지름을 d, C에 대한 응력수정계수를 K라 할 때 관계식으로 맞는 것은?

㉮ $C = \dfrac{D}{d}$ ㉯ $C = \dfrac{K}{D}$ ㉰ $C = \dfrac{dD}{K}$ ㉱ $C = \dfrac{Kd}{D}$

33. 재료의 탄성한도, 허용응력, 사용응력 사이의 관계로 적절한 것은?

㉮ 탄성한도 > 허용응력 ≥ 사용응력
㉯ 탄성한도 > 사용응력 ≥ 허용응력
㉰ 탄성한도 ≥ 사용응력 > 허용응력
㉱ 허용응력 ≥ 탄성한도 > 사용응력

해설 탄성한도 > 허용응력 ≥ 사용응력

34. 도어 인터록에 대한 설명으로 틀린 것은?

㉮ 도어록과 도어스위치로 구성되어 있다.
㉯ 승강장 도어의 열림을 방지하는 장치이다.
㉰ 도어 정비를 위하여 도어록은 일반 공구를 사용하여 쉽게 풀리고 잠길 수 있어야 한다.
㉱ 카가 정지하지 않는 층의 도어는 전용열쇠를 사용하지 않으면 열리지 않도록 해야 한다.

해설 도어 인터록: 이 장치는 카가 정지하지 않는 층의 도어는 특수한 열쇠를 사용하지 않으면 열리지 않도록 하는 도어록과 도어가 닫혀 있지 않으면 운전이 불가능하도록 하는 도어 스위치로 구성된다. 도어 인터록 장치에서 중요한 것은 도어록 장치가 확실히 걸린 후 도어 스위치가 들어가고, 도어 스위치가 끊어진 후에 도어록이 열리는 구조로 하는 것이다. 도어록은 일반 공구에 의해서 열리고 닫혀서는 절대로 안 된다.

35. 정격속도 150m/min 엘리베이터가 종단층의 강제감속장치에 의해 감속한 속도가 105m/min일 때, 완충기의 필요 최소행정은 약 몇 mm인가? (단, 중력가속도는 $9.8 m/s^2$으로 한다.)

㉮ 100   ㉯ 152   ㉰ 205   ㉱ 270

해설 $L = 0.067v^2 = 0.067 \times 1.75^2 = 205 \text{mm}$

36. 소방구조용(비상용) 엘리베이터는 정전 시 몇 초 이내에 운행에 필요한 전력용량을 자동적으로 발생시킬 수 있어야 하는가?

㉮ 30   ㉯ 60   ㉰ 90   ㉱ 120

해설 소방구조용(비상용) 엘리베이터는 정전 시 60초 이내에 엘리베이터 운행에 필요한 전력용량을 자동으로 발생 시킬 수 있어야 한다.

37. 엘리베이터 카의 자중이 1500kg, 적재하중이 1000kg, 오버밸런스율이 50%일 때, 균형추의 무게는 몇 kg인가?

㉮ 1000   ㉯ 1500   ㉰ 2000   ㉱ 2500

해설 균형추무게=카자중+(적재하중×오버밸런스율)=1500+(1000×0.5)=2000kg

정답 32. ㉮   33. ㉮   34. ㉰   35. ㉰   36. ㉯   37. ㉰

38. 다음 내열등급의 문자 표시 중 E종보다 내열등급이 낮은 것은?

㉮ A종　　㉯ B종　　㉰ F종　　㉱ H종

해설 • Y종: 최고 허용온도 90℃　• A종: 최고 허용온도 105℃
• E종: 최고 허용온도 120℃　• B종: 최고 허용온도 130℃　• F종: 최고 허용온도 155℃
• H종: 최고 허용온도 180℃　• C종: 최고 허용온도 180℃ 초과

39. 승강장문에 대한 설명으로 틀린 것은? (단, 수직 개폐식 승강장문은 제외한다.)

㉮ 승강장문이 닫혀 있을 때 문짝 간 틈새는 6mm 이하로 가능한 작아야 한다.
㉯ 승강장문이 닫혀 있을 때 문짝과 문틀(측면)사이의 틈새는 6mm 이하로 가능한 작아야 한다.
㉰ 승강장문이 닫혀 있을 때 문짝과 문턱사이의 틈새가 마모될 경우에는 15mm까지 허용될 수 있다.
㉱ 승강장문이 닫혀 있을 때 문짝 간 틈새는 움푹 들어간 부분이 있다면 그 부분의 안쪽을 측정한다.

해설 승강장문이 닫혀 있을 때 문짝 사이의 틈새 또는 문짝과 문설주, 인방 또는 문턱 사이의 틈새는 6mm 이하(마모 시 10mm까지)로 가능한 작아야 한다.

40. 주행안내(가이드) 레일의 선정기준으로 틀린 것은?

㉮ 지진발생 시 수직하중에 대한 탄성한계를 넘지 않도록 한다.
㉯ 승객용 엘리베이터는 카의 편중 적재하중에 따른 회전모멘트를 고려할 필요가 없다.
㉰ 추락방지안전장치(비상정지장치) 작동 시에는 주행안내(가이드) 레일에 걸리는 좌굴하중을 고려한다.
㉱ 균형추에 추락방지안전장치(비상정지장치)가 있는 경우에는 균형추에 3K 또는 5K의 주행안내 레일은 사용할 수 없다.

해설 레일을 결정하는 3가지 요소는 다음과 같다.
① 안전장치가 작동했을 때 좌굴하지 않는 지에 대한 점검
② 지진 발생 시 레일의 휘어짐이 한도를 넘거나, 레일의 응력이 탄성한계를 넘으면 카 또는 균형추가 레일에서 벗어나지 않는지에 대한 점검
③ 불균형한 큰 하중을 적재 시 또는 그 하중을 올리고 내릴 때 카에 큰 회전 모멘트가 걸리는데, 레일이 지탱할 수 있는지에 대한 점검

(일반 기계 공학)

41. 비틀림 모멘트(T)와 굽힘 모멘트(M)를 동시에 받는 재료의 상당 비틀림 모멘트(T_e)를 나타내는 식은?

㉮ $M\sqrt{1+(\frac{T}{M})^2}$　　㉯ $T\sqrt{1+(\frac{T}{M})^2}$

㉰ $\sqrt{M^2+2T^2}$　　㉱ $\frac{1}{2}(M+\sqrt{M^2+T^2})$

42. 다음 중 지름 10mm인 원형 단면에서 가장 큰 값은?

정답 38. ㉮　39. ㉰　40. ㉯　41. ㉮　42. ㉯

㉮ 단면적　　　㉯ 극관성 모멘트　　　㉰ 단면계수　　　㉱ 단면 2차 모멘트

해설 ① 단면적: πr^2　② 극관성 모멘트: $\dfrac{\pi r^4}{2}$　③ 단면계수: $\dfrac{\pi r^3}{32}$　④ 단면 2차 모멘트: $\dfrac{\pi r^4}{64}$

43. 양끝을 고정한 연강봉이 온도 20℃에서 가열되어 40℃가 되었다면 재료 내부에 발생하는 열응력은 몇 N/cm^2인가? (단, 세로탄성계수는 $2100000\,N/cm^2$, 선팽창계수는 0.000012/℃ 이다.)

㉮ 50.4　　　㉯ 504　　　㉰ 544　　　㉱ 5444

해설 $\sigma = E \times \triangle T = 2100000 \times 0.000012(40-20) = 504(N/cm^2)$

44. 한쪽 또는 양쪽에 기울기를 갖는 평판 모양의 쐐기로서 인장력이나 압축력을 받는 2개의 축을 연결하는데 주로 사용되는 결합용 기계요소는?

㉮ 키　　　㉯ 핀　　　㉰ 코터　　　㉱ 나사

해설
- 키: 축에 핸들, 벨트 풀리, 기어, 플라이휠 등의 회전체를 고정하는데 사용되며, 축 재료보다 단단한 재료를 사용한다.
- 핀: 키의 대용으로 사용되며 핸들을 축에 고정 시나 부품을 설치, 분해, 조립하는 경우에 사용된다.
- 코터: 축 방향에 인장 또는 압축이 작용하는 두 축을 연결하는 것으로 두 축을 분해할 필요가 있는 곳에 사용된다.

45. 다음 중 변형률(strain)의 종류가 아닌 것은?

㉮ 세로 변형률　　　㉯ 가로 변형률　　　㉰ 전단 변형률　　　㉱ 비틀림 변형률

해설 변형률의 종류: ① 가로 변형률　② 세로 변형률　③ 전단 변형률　④ 체적 변형률

46. 피복아크 용접봉에서 피복제 역할이 아닌 것은?

㉮ 용융 금속을 보호한다.　　　㉯ 아크를 안정되게 한다.
㉰ 아크의 세기를 조절한다.　　　㉱ 용착금속에 필요한 합금원소를 첨가한다.

해설 피복제의 작용
① 아크 발생을 용이하게 하고 아크를 안정시킨다.　② 용융 금속의 탈산 정련 작용을 한다.
③ 용융 금속의 응고와 냉각 속도를 느리게 한다.　④ 용융점이 낮은 적당한 점성의 슬래그(slag)를 만든다.
⑤ 용융 금속의 유동성을 좋게 한다.　⑥ 슬래그 박리성을 좋게 하고 파형이 고운 비드를 만든다.

47. Fe-C 평형상태도에서 공정점의 탄소함유량은 몇 %인가?

㉮ 0.86　　　㉯ 1.7　　　㉰ 4.3　　　㉱ 6.67

해설 공정점이란 서로 다른 2가지의 물질을 용해할 경우 그 농도가 진할수록 동결온도가 점점 낮아지는데, 어느 일정한 한계의 농도에서 더 이상 동결온도가 낮아지지 않는 최저의 온도가 공정점이다. Fe-C 평형상태도에서 공정점의 탄소함유량은 4.3%이다.

정답 43. ㉯　44. ㉰　45. ㉱　46. ㉰　47. ㉰

48. 작동유의 점도와 관계없이 유량을 조정할 수 있는 밸브는?

㉮ 셔틀 밸브　　㉯ 체크 밸브　　㉰ 교축 밸브　　㉱ 릴리프 밸브

해설 교축 밸브는 유량이 흐르는 길을 가변시킬 수 있는 밸브를 말한다.

49. 두랄루민의 주요 성분원소로 옳은 것은?

㉮ 알루미늄 - 구리 - 니켈 - 철
㉯ 알루미늄 - 니켈 - 규소 - 망간
㉰ 알루미늄 - 마그네슘 - 아연 - 주석
㉱ 알루미늄 - 구리 - 마그네슘 - 망간

해설 두랄루민의 성분요소: ① 구리 ② 망간 ③ 마그네슘 ④ 실리콘 ⑤ 철 ⑥ 알루미늄
※ 합금의 알루미늄 함량은 93%의 표준 함량으로 제한된다.

50. 너트의 종류 중 한쪽 끝부분이 관통되지 않아 나사면을 따라 증기나 기름 등의 누출을 방지하기 위해 주로 사용되는 너트는?

㉮ 캡 너트　　㉯ 나비 너트　　㉰ 홈붙이 너트　　㉱ 원형 너트

해설
- 캡 너트: 한쪽 면을 막아 볼트가 관통하지 않는 모양으로 된 너트
- 나비 너트: 손잡이가 달린 너트
- 홈붙이 너트: 너트에 풀림을 억제하기 위해 너트 머리 부분에 홈을 파고 홈을 붙인 너트
- 원형 너트: 축상에 씰이나, 패킹, 베어링을 고정 시 육각너트의 사용 공간을 확보하기 어려운 경우에 주로 사용된다.

51. 측정치의 통계적 용어에 관한 설명으로 옳은 것은?

㉮ 치우침(bias) - 참값과 모평균과의 차이
㉯ 오차(error) - 측정치와 시료평균과의 차이
㉰ 편차(deviation) - 측정치와 참값과의 차이
㉱ 잔차(residual) - 측정치와 모평균과의 차이

해설
- 치우침: 참값과 모평균과의 차이
- 오차: 실제 계산한 값과 이론적으로 계산한 정확한 값과의 차
- 편차: 각 변량의 값에서 평균값을 뺀 것
- 잔차: 낱낱의 측정값에서 측정값 전체의 평균값을 뺀 차

52. 내경 600mm의 파이프를 통하여 물이 3m/s의 속도로 흐를 때 유량은 약 몇 m^3/s인가?

㉮ 0.85　　㉯ 1.7　　㉰ 3.4　　㉱ 6.8

해설 $Q = AV = \dfrac{\pi D^2}{4} \times V = \dfrac{3.14 \times 0.6^2}{4} \times 3 \fallingdotseq 0.85 (m^3/s)$

53. 축열식 반사로를 사용하여 선철을 용해, 정련하는 제강법은?

㉮ 평로　　㉯ 전기로　　㉰ 전로　　㉱ 도가니로

해설 ① 평로: 평로 제강법은 축열식 반사로를 이용하여 장입물을 용해 정련하는 방법으로 선철과 고철의 혼합물을 용해하여 탄소 및 기타 불순물을 연소시킨다.

정답 48. ㉰　49. ㉱　50. ㉮　51. ㉮　52. ㉮　53. ㉮

② 전기로: 전기를 열원으로 사용하여 탄소 전극의 아크열과 유도 전류에서 발생되는 열을 이용하여 금속을 용해한다.
③ 전로: 제강법은 원료 용선 중에 공기 또는 산소를 넣어 그곳에 함유된 불순물을 짧은 시간에 신속하게 산화시켜 강재나 가스로 제거하는 동시에 이때 발생하는 산화열을 이용하여 외부로부터 열을 공급받지 않고 정련하는 방법
④ 도가니로: 제강법은 도가니 속에 비철금속 합금 등을 넣고 전기, 가스, 중유, 코크스 등에 의해 가열 용해한다.

54. 테이퍼 구멍을 가진 다이에 재료를 잡아 당겨서 가공제품이 다이 구멍의 최소단면 형상 치수를 갖게 하는 가공법은?

㉮ 전조 가공　　㉯ 절단 가공　　㉰ 인발 가공　　㉱ 프레스 가공

해설 ① 전조 가공: 소재 또는 공구 혹은 그 양쪽을 회전해서 압착하여 공구 형태에 따른 형상을 소재로 각인하는 가공법
② 인발 가공: 금속의 봉이나 선 또는 관을 다이스를 통해 잡아 당겨 다이스의 구멍형상과 같은 단면의 봉이나 선, 관재를 만드는 방법
③ 프레스 가공: 금속 재료를 프레스로 절단하거나 성형하는 작업

55. 다음 중 차동 분할 장치를 갖고 있는 밀링머신 부속품은?

㉮ 분할대　　㉯ 회전 테이블　　㉰ 슬로팅 장치　　㉱ 밀링 바이스

해설 밀링머신 부속품: ① 밀링 커터 고정구　② 슬로팅 장치　③ 밀링 바이스　④ 회전 테이블　⑤ 분할대
⑥ 수직 밀링 장치　⑦ 래크 절삭 장치　⑧ 만능 밀링 장치

56. 속도가 4m/s로 전동하고 있는 밸트의 인장측 장력이 1250N, 이완측 장력이 515N일 때, 전달 동력(kW)은 약 얼마인가?

㉮ 2.94　　㉯ 28.82　　㉰ 34.61　　㉱ 69.22

해설 $H = \dfrac{T_e V}{1000}$ 에서　$T_e = 1250 - 515 = 735(N)$

$H = \dfrac{735 \times 4}{1000} = 2.94(kW)$

57. 미끄럼 베어링과 비교한 구름 베어링의 특징이 아닌 것은?

㉮ 기동 토크가 작다.　　㉯ 충격 흡수력이 우수하다.
㉰ 폭은 작으나 지름이 크게 된다.　　㉱ 표준형 양산품으로 호환성이 높다.

해설 1. 구름 베어링 특징
① 양 방향의 하중을 1개의 베어링으로 받을 수 있다.　② 바깥지름이 크고 폭이 작다.
③ 마찰저항이 작다.　④ 내충격성이 약하다.
⑤ 전동체 및 궤도면의 정밀도에 따라 소음의 영향을 받는다.　⑥ 윤활 장치가 필요 없다.
⑦ 수명이 한정적이다.　⑧ 호환성이 좋다.
2. 미끄럼 베어링 특징
① 스러스트, 레이디얼 하중을 1개의 미끄럼 베어링으로 받을 수 없다.　② 바깥지름은 작고 폭이 크다.

정답　54. ㉰　55. ㉮　56. ㉮　57. ㉯

③ 마찰 저항이 크다. ④ 내충격성이 강하다.
⑤ 유막 구성이 좋고 소음이 작다. ⑥ 윤활 장치가 필요하다.
⑦ 마멸에 좌우되며 완전 유체 마찰이면 반영구적이다. ⑧ 호환성이 없고 주문 생산이다.

58. 스프링 백 현상과 가장 관련 있는 작업은?

㉮ 용접   ㉯ 절삭   ㉰ 열처리   ㉱ 프레스

해설 스프링 백(spring back) 현상: 물체가 변형에 저항하려는 물체 내부의 복원력에 의하여 발생된다. 스프링 백의 크기는 굽힘 가공 시 굽힘 각도로부터 벌어지게 되는 각도량으로 측정되며 물체의 복원력에 비례한다. 동일한 재질의 물체는 스프링 백의 크기가 물체의 모양, 형태에 따라 달라진다.

59. 무기재료의 특징으로 틀린 것은?

㉮ 취성파괴의 특성을 가진다.
㉯ 전기 절연체이며 열전도율이 낮다.
㉰ 일반적으로 밀도와 선팽창계수가 크다.
㉱ 강도와 경도가 크고 내열성과 내식성이 높다.

해설 무기재료는 금속, 요업, 전자 기타재료로 분류할 수 있다. 일반적으로 비중, 강도가 크고 내열성·내식성이 크다.

60. 압력 제어 밸브의 종류가 아닌 것은?

㉮ 시퀀스 밸브   ㉯ 감압 밸브   ㉰ 릴리프 밸브   ㉱ 스풀 밸브

해설 압력제어 밸브의 종류: ① 시퀀스 밸브 ② 감압 밸브 ③ 릴리프 밸브 ④ 카운터 밸런스 밸브 ⑤ 언로드 밸브 등

(전기제어 공학)

61. 대칭 3상 Y부하에서 부하전류가 20A이고, 각 상의 임피던스가 $Z = 3 + j4\,(\Omega)$일 때 이 부하의 선간전압(V)은 약 얼마인가?

㉮ 141   ㉯ 173   ㉰ 220   ㉱ 282

해설 Y결선에서는 V_ℓ(선간전압)은 $\sqrt{3}\,V_P$(상전압)이고, I_ℓ(선전류)은 I_P(상전류)이다.
$V_P = IZ = 20 \times 5 = 100\,V$ ※ $Z = 3 + j4 = \sqrt{3^2 + 4^2} = 5\,(\Omega)$
∴ $V_\ell = \sqrt{3} \times V_P = \sqrt{3} \times 100 = 173.2\,(V)$

62. 기계적 변위를 제어량으로 해서 목표값의 임의의 변화에 추종하도록 구성되어 있는 것은?

㉮ 자동조정   ㉯ 서보기구   ㉰ 정치제어   ㉱ 프로세스 제어

해설 ① 자동조정: 전압, 전류, 주파수, 회전속도 등을 제어량으로 한다.
② 서보기구: 물체의 위치, 방위, 자세 등 기계적 변위를 제어량으로 한다.
③ 정치제어: 일정한 목표값을 유지하는 것으로 프로세스 제어, 자동조정이 여기에 해당된다.
④ 프로세스 제어: 온도, 압력, 유량 등을 제어량으로 한다.

정답 58. ㉱ 59. ㉰ 60. ㉱ 61. ㉯ 62. ㉯

63. 다음 회로에서 합성 정전용량(μF)은?

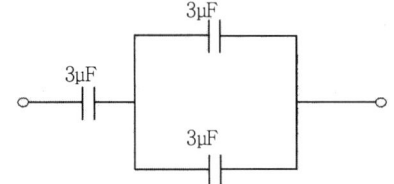

㉮ 1.1
㉯ 2.0
㉰ 2.4
㉱ 3.0

해설 $C = \dfrac{3 \times (3+3)}{3+(3+3)} = \dfrac{18}{9} = 2\mu F$

64. 다음 중 기동 토크가 가장 큰 단상 유도전동기는?

㉮ 분상 기동형 ㉯ 반발 기동형 ㉰ 세이딩 코일형 ㉱ 콘덴서 기동형

해설 기동 토크의 크기 순위: 반발 기동형 〉 콘덴서 기동형 〉 분상 기동형 〉 세이딩 코일형

65. 인디셜 응답이 지수 함수적으로 증가하다가 결국 일정 값으로 되는 계는 무슨 요소인가?

㉮ 미분요소 ㉯ 적분요소 ㉰ 1차 지연요소 ㉱ 2차 자연요소

해설 인디셜 응답은 단위계단 입력(1이란 신호가 계단처럼 들어온다)이 가해졌을 때의 응답을 말하며, 그래프로 그린 그림은 1차 지연요소이다.

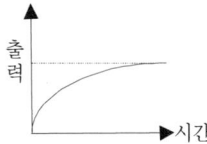

66. 계전기를 이용한 시퀀스 제어에 관한 사항으로 옳지 않은 것은?

㉮ 인터록 회로 구성이 가능하다.
㉯ 자기 유지 회로 구성이 가능하다.
㉰ 순차적으로 연산하는 직렬처리 방식이다.
㉱ 제어결과에 따라 조작이 자동적으로 이행된다.

해설 시퀀스 제어는 미리 정해진 순서에 따라서 제어의 각 단계를 순차적으로 진행해 나가는 제어 회로이다.

67. 직류 전동기의 속도 제어 방법 중 광범위한 속도제어가 가능하며 정토크 가변 속도의 용도에 적합한 방법은?

㉮ 계자제어 ㉯ 직렬 저항제어 ㉰ 병렬 저항제어 ㉱ 전압제어

해설 직류 전동기의 속도제어 방법: ① 전압제어 ② 계자제어 ③ 저항제어
※ 전압제어는 단자전압을 조정하는 방법으로 정토크 제어라고도 하며 종류에는 워드 레오나드 방식, 정지 레오나드 방식, 일그너 방식, 초퍼 방식이 있다.

68. 목표값이 미리 정해진 변화량에 따라 제어량을 변화시키는 제어는?

정답 63. ㉯ 64. ㉯ 65. ㉰ 66. ㉰ 67. ㉱ 68. ㉱

㉮ 정치제어   ㉯ 추종제어   ㉰ 비율제어   ㉱ 프로그램 제어

해설
- 정치제어: 일정한 목표값을 유지한다. 프로세스 제어, 자동 조정이 이에 해당된다.
- 추종제어: 미지의 시간적 변화를 하는 목표값에 제어량을 추종시키기 위한 제어로, 대공포의 포신이 이에 해당된다.
- 비율제어: 둘 이상의 제어량을 소정의 비율로 제어하는 것으로 보일러의 자동 연소제어, 암모니아 합성 프로세스 제어가 이에 해당된다.
- 프로그램 제어: 목표값이 미리 정해진 시간적 변화를 하는 경우 제어량을 그것에 추종하기 위한 제어로, 무인열차, 무인 산업 로봇이 이에 해당된다.

69. 어떤 회로에 220V의 교류 전압을 인가했더니 4.4A의 전류가 흐르고, 전압과 전류와의 위상차는 60°가 되었다. 이 회로의 저항성분(Ω)은?

㉮ 10   ㉯ 25   ㉰ 50   ㉱ 75

해설

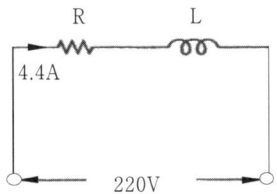

$Z = \sqrt{R^2 + X_L^2}$, $\dfrac{V}{I} = \sqrt{R^2 + X_L^2}$, $\dfrac{220}{4.4} = \sqrt{R^2 + X_L^2}$

$50 = \sqrt{R^2 + X_L^2}$ 에서

X_L을 구하면

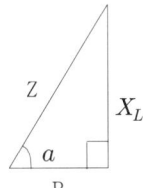

$\sin\theta = \dfrac{X_L}{Z}$, $X_L = Z\sin\theta$
$= 50\sin 60°$
$= 50 \times \dfrac{\sqrt{3}}{2}$
$= 25\sqrt{3}\,(\Omega)$

$50 = \sqrt{R^2 + (25\sqrt{3})^2}$ 에서 ∴ $R = 25\,(\Omega)$

70. 제어량을 어떤 일정한 목표값으로 유지하는 것을 목적으로 하는 제어는?

㉮ 추종제어   ㉯ 비율제어   ㉰ 정치제어   ㉱ 프로그램 제어

71. 그림과 같은 단위계단 함수를 옳게 나타낸 것은?

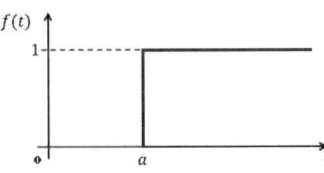

㉮ u(t)   ㉯ u(t-a)
㉰ u(a-t)   ㉱ u(-a-t)

정답 69. ㉯   70. ㉰   71. ㉯

해설 u(t)=1인데 그래프를 그리면

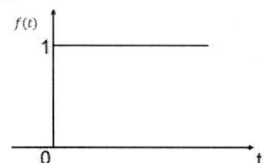

72. 단일 궤환 제어계의 개루프 전달함수가 $G(s) = \dfrac{2}{s+1}$ 일 때, 입력 $r(t) = 5\mu(t)$에 대한 정상 상태오차 e_{ss}는?

㉮ $\dfrac{1}{3}$ ㉯ $\dfrac{2}{3}$ ㉰ $\dfrac{4}{3}$ ㉱ $\dfrac{5}{3}$

해설 위치 편차 상수 $k_p = \lim\limits_{s \to 0} G(s)$ 이므로

$k_p = \lim\limits_{s \to 0} \dfrac{2}{s+1} = 2$

그런데 계단 입력이므로 $r(t) = 5\mu(t) = 5$

$R(s) = \dfrac{5}{s}, R = 5$

∴ 정상상태오차 $e_{ss} = \dfrac{R}{1+k_p} = \dfrac{5}{1+2} = \dfrac{5}{3}$

73. 서보 전동기는 다음 중 어디에 속하는가?

㉮ 검출기   ㉯ 증폭기   ㉰ 변환기   ㉱ 조작기기

해설 서보 전동기는 신호에 의해 지시된 대로 작동하는 전동기를 통틀어 말한다.

74. 회전중인 3상 유도전동기의 슬립이 1이 되면 전동기 속도는 어떻게 되는가?

㉮ 불변이다   ㉯ 정지한다   ㉰ 무부하 상태가 된다   ㉱ 동기속도와 같게 된다

해설 • s=1 : 정지 • s=0 : 동기속도 • 0 〈 s 〈 1 : 부하시

75. 그림과 같은 블록선도와 등가인 것은?

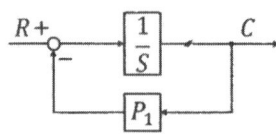

㉮ R ─▶ $\boxed{\dfrac{S}{P_1}}$ ─▶ C   ㉯ R ─▶ $\boxed{S + P_1}$ ─▶ C

정답 72. ㉱   73. ㉱   74. ㉯   75. ㉰

㉰ R → [$\frac{1}{S+P_1}$] → C   ㉱ R → [$\frac{P_1}{S}$] → C

해설 $G(s) = \frac{C}{R} = \frac{\frac{1}{S}}{1+\frac{P_1}{S}} = \frac{1}{S+P_1}$

76. 회로시험기(Multi Meter)로 직접 측정할 수 없는 것은?

㉮ 저항　　㉯ 교류전압　　㉰ 직류전압　　㉱ 교류전력

77. 도체의 전기저항에 대한 설명으로 틀린 것은?

㉮ 같은 길이, 단면적에서도 온도가 상승하면 저항이 증가한다.
㉯ 단면적에 반비례하고 길이에 비례한다.
㉰ 고유 저항은 백금보다 구리가 크다.
㉱ 도체 반지름의 제곱에 반비례한다.

해설 • $R = \rho\frac{\ell}{A} = \rho\frac{\ell}{\pi r^2}(\Omega)$　　• 백금 고유저항 : $10.6(\mu\Omega \cdot m)$
• 순동 고유저항 : $1.7241(\mu\Omega \cdot m)$　• 경동 고유저항 : $1.7774(\mu\Omega \cdot m)$

78. 전동기 정역회로를 구성할 때 기기의 보호와 조작자의 안전을 위하여 필수적으로 구성되어야 하는 회로는?

㉮ 인터록회로　　　　　　　　　　㉯ 플립플롭회로
㉰ 정지우선 자기유지회로　　　　　㉱ 기동우선 자기유지회로

해설 • 인터록회로

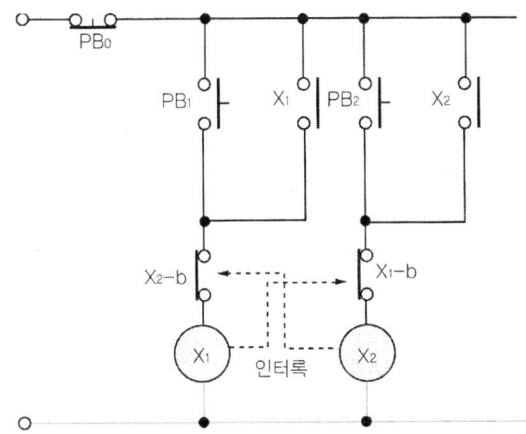

정답　76. ㉱　77. ㉰　78. ㉮

79. R-L-C 직렬 회로에 t=0에서 교류전압 $v = E_m \sin(wt+\theta)[v]$를 가할 때 이 회로의 응답유형은? (단, $R^2 - 4\dfrac{L}{C} > 0$이다.)

㉮ 완전진동　　㉯ 비진동　　㉰ 임계진동　　㉱ 감쇠진동

해설 • 진동: $R^2 < 4\dfrac{L}{C}$　• 비진동: $R^2 > 4\dfrac{L}{C}$　• 임계진동: $R^2 = 4\dfrac{L}{C}$

80. 그림과 같은 회로에서 해당되는 그래프의 식으로 옳은 것은?

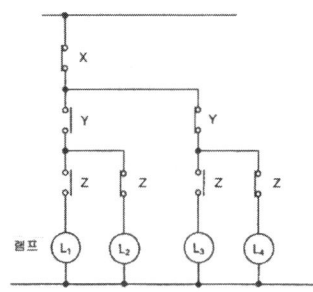

㉮ $L_1 = \overline{X} \cdot Y \cdot Z$　　　　　　㉯ $L_2 = \overline{X} \cdot Y \cdot Z$
㉰ $L_3 = \overline{X} \cdot Y \cdot Z$　　　　　　㉱ $L_4 = \overline{X} \cdot Y \cdot Z$

해설 ① $L_1 = \overline{X} \cdot Y \cdot Z$　② $L_2 = \overline{X} \cdot Y \cdot \overline{Z}$
　　③ $L_3 = \overline{X} \cdot \overline{Y} \cdot Z$　④ $L_4 = \overline{X} \cdot \overline{Y} \cdot \overline{Z}$

정답 79. ㉯　80. ㉮

승강기 산업기사 기출문제
(2020. 8. 22)

(승강기 개론)

1. 승객용 승강기의 문 닫힘 안전장치 중 개폐 시 문에 끼는 것을 방지하는 장치는?

㉮ 도어 행거   ㉯ 도어 클로저   ㉰ 세이프티 슈   ㉱ 리미트 스위치

해설 ① 도어 행거: 도어가 레일에서 벗어나는 것을 막기 위한 방법이 마련되어야 하는데, 레일 끝에서 이탈하지 않도록 하는 장치이다.
② 도어 클로저: 승강 도어가 열려 있을 때 자동으로 닫히게 한다.
③ 세이프티 슈: 문의 선단에 이물질 검출장치를 설치하여 사람이나 물질이 접촉되면 도어의 닫힘은 중단되고 열린다.
④ 리미트 스위치: 카가 충돌하는 것을 방지할 목적으로 종단층(최상층 또는 최하층)의 감속·정지할 수 있는 거리에 설치한다.

2. 엘리베이터용 전동기의 용량을 결정하는 주된 요인이 아닌 것은?

㉮ 행정거리   ㉯ 정격하중   ㉰ 정격속도   ㉱ 종합효율

해설 $P = \dfrac{MvS}{6120\eta} = \dfrac{Mv(1-A)}{6120\eta}(kW)$

여기서 M: 정격적재량(kg), V: 정격속도(m/min), η: 종합효율, A: 오버밸런스율, S: 균형하중율

3. 유압 완충기의 구조가 아닌 것은?

㉮ 플런저   ㉯ 도르래   ㉰ 실린더   ㉱ 오리피스 봉

4. 엘리베이터 고장으로 종단층을 통과하였을 때 전동기 및 브레이크에 공급되는 회로의 확실한 기계적 분리를 통해 정지시키는 장치는?

㉮ 록다운스위치   ㉯ 강제감속 스위치
㉰ 과속조절기(조속기)   ㉱ 파이널 리미트 스위치

해설 파이널 리미트 스위치(final limit switch): 리미트 스위치가 동작하지 않을 경우에 대비, 종단계(최상층 또는 최하층)를 현저하기 지나치지 않도록 하기 위해 설치한다.

5. 엘리베이터의 기계실 위치에 따른 분류에 해당하지 않는 것은?

㉮ 상부형 엘리베이터   ㉯ 하부형 엘리베이터
㉰ 권동형 엘리베이터   ㉱ 측부형 엘리베이터

정답 1. ㉰ 2. ㉮ 3. ㉯ 4. ㉱ 5. ㉰

해설 기계실의 종류: ① 상부형: 승강로 상부에 기계실 위치
② 하부형: 승강로 하부에 기계실 위치 ③ 측부형: 승강로 측부에 기계실 위치

6. 에스컬레이터의 배치에 있어 승하강 모두 연속적으로 승계가 되며 상승과 하강이 서로 상면의 반대측에 나누어져 있어 승강구에서의 혼잡이 적은 배치 방법은?

㉮ 교차형　　　㉯ 복렬형　　　㉰ 병렬형　　　㉱ 단열중복형

해설 ① 단열 승계형: 상층으로 고객을 유도하기 용이하며, 바닥에서는 교통이 연속적이다. 그러나 바닥면적의 점유면적이 크다.
② 단열 겹침형: 설치면적이 적으며 쇼핑객의 시야를 트이게 한다. 그러나 바닥과 바닥간 교통이 연속적이지 못하다.
③ 복열 승계형: 전매장이 보이며, 에스컬레이터의 위치도 보인다. 또한 오르고 내림의 교통을 분할 할 수도 있으며, 오름 내림방향 모두 바닥에서 바닥으로 연속적으로 운반한다.
④ 교차 승계형: 오름 내림의 교통이 떨어져 있어 승강구에서 혼잡이 적으며, 오름 내림이 모두 바닥에서 바닥으로 연속적으로 운반한다. 단점으로는 쇼핑객의 시야가 적으며, 에스컬레이터의 위치 표시를 하기 어렵다.

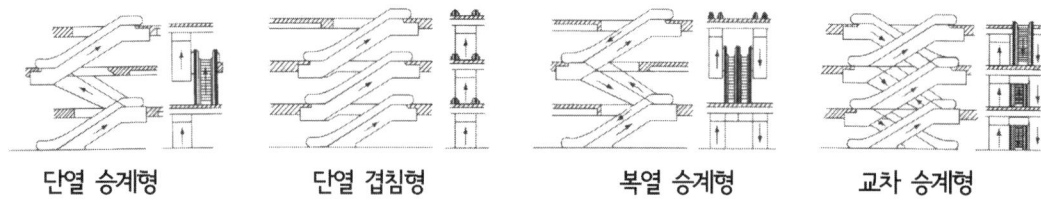

단열 승계형　　　단열 겹침형　　　복열 승계형　　　교차 승계형

7. 피트 아래를 사무실이나 통로 등 사람이 출입하는 장소로 이용하는 경우에 균형추측에 설치하는 장치는?

㉮ 완충기　　　　　　　　㉯ 2중 슬라브
㉰ 과속스위치　　　　　　㉱ 추락방지 안전장치(비장정지장치)

해설 추락방지 안전장치: 엘리베이터의 속도가 규정속도 이상으로 하강하는 경우에 대비하여 추락방지 안전장치를 설치한다. 이 장치는 로프식 엘리베이터 또는 간접적 유압 엘리베이터에서는 카측에 설치해야 한다. 그런데 승강로 피트 하부가 사무실이나 통로로 사용되어, 사람이 출입하는 곳이면 균형추에도 설치해야 한다.

8. 소형화물용 엘리베이터의 특징으로 틀린 것은?

㉮ 사람의 탑승을 금지한다.
㉯ 덤웨이터(dumbwaiter)라고도 한다.
㉰ 음식물이나 서적 등 소형 화물의 운반에 적합하게 제조되었다.
㉱ 바닥면적이 0.5 제곱미터 이하이고, 높이가 0.6미터 이하인 것이다.

해설 소형 화물용 엘리베이터: 바닥면적 $1m^2$이하, 높이 1.2m이하, 정격하중 300kg이하이다.
(바닥면적 $0.5m^2$이하, 높이 0.6m이하는 제외한다.)

9. 다음 유압회로에 대한 설명으로 틀린 것은?

정답　6. ㉮　7. ㉱　8. ㉱　9. ㉰

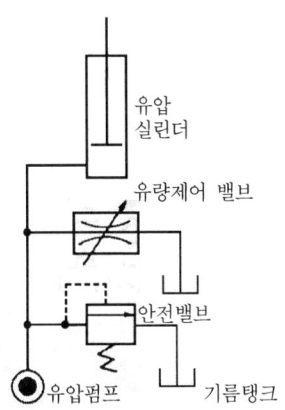

㉮ 효율이 높다.
㉯ 블리드 오프 회로이다.
㉰ 정확한 속도제어가 가능하다.
㉱ 유량제어밸브를 주회로에서 분기된 바이패스회로에 삽입한 회로이다.

해설 ① 블리드 오프 방식: 효율이 높지만 정확한 속도제어가 곤란하다.
② 미터인(meter-in)회로: 정확한 제어가 가능하지만 효율이 나쁘다.

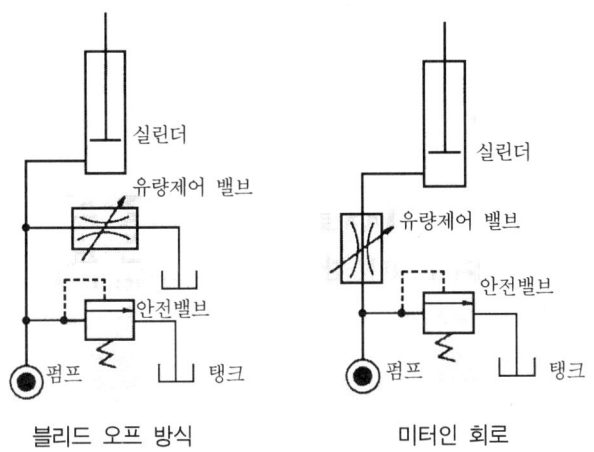

블리드 오프 방식　　　　　미터인 회로

10. 다음 엘리베이터 조명에 대한 설명 중 괄호 안에 들어갈 수치는?

카에는 자동으로 재충전되는 비상전원공급장치에 의해 (　　)lx 이상의 조도로 1시간 동안 전원이 공급되는 비상등이 있어야 한다.

㉮ 0.5　　　　㉯ 1　　　　㉰ 3　　　　㉱ 5

11. 비상통화장치에 대한 설명으로 틀린 것은?

㉮ 항상 사용자가 다시 비상통화를 재발신 할 수 있어야 한다.
㉯ 비상통화시스템은 승객이 사용하려 할 때 항시 작동해야 한다.
㉰ 비상통화장치는 비상통화를 입력된 수신장치로 발신해야 한다.
㉱ 승강기 사용자의 안전을 위해 외부 연결망을 적어도 한달에 한 번 실행해야 한다.

정답 10. ㉱　11. ㉱

해설 비상통화시스템은 승객이 사용하려 할 때 항시 작동해야 한다. 그러므로 수시로 점검을 해야 한다.

12. 장애인용 엘리베이터의 경우 승강장바닥과 승강기바닥의 틈은 몇 m 이하이어야 하는가?

㉮ 0.01   ㉯ 0.02   ㉰ 0.03   ㉱ 0.04

해설 승강장 바닥과 승강기 바닥틈은 35mm(장애인용은 30mm 이하)이하이어야 한다.

13. 전기식 엘리베이터의 구성요소가 아닌 것은?

㉮ 균형추   ㉯ 권상기   ㉰ 파워 유니트   ㉱ 과속조절기(과속기) 로프

해설 파워 유니트: 펌프, 권동기, 탱크, 밸브 등으로 구성된다. 이 기구는 유압 엘리베이터에서 사용된다.

14. 유압식 엘리베이터에서 유압회로의 압력이 설정값 이상으로 되면 밸브를 열어 오일을 탱크로 돌려보내어 압력이 과도하게 상승하는 것을 방지하는 밸브는?

㉮ 스톱 밸브   ㉯ 체크 밸브   ㉰ 릴리프 밸브   ㉱ 유량제어 밸브

해설 ① 스톱(stop) 밸브: 유압파워 유니트에서 실린더로 통하는 배관 도중에 설치되는 수동조작밸브이다. 이 밸브를 닫으면 실린더의 오일이 탱크로 역류하는 것을 방지한다. 이 밸브는 유압장치의 보수, 점검, 수리시에 사용되는데 게이트 밸브(gate valve)라고도 한다.
② 역저지(check valve) 밸브: 한쪽 방향으로만 오일이 흐르도록 하는 밸브이다. 기능은 로프식 엘리베이터의 전자 브레이크와 유사하다.
③ 안전밸브(relief valve): 일종의 압력조정 밸브인데 회로의 압력이 설정값에 도달하면 밸브를 열어 오일을 탱크로 돌려보냄으로써 압력이 과도하게 상승(상승압력의 125%에 설정)하는 것을 방지한다. 상승 시 전 부하 압력이 140%가 넘지 않아야 한다.

15. 소방구조용(비상용) 엘리베이터의 구조에 대한 설명으로 틀린 것은?

㉮ 기계실은 내화구조로 보호되어야 한다.
㉯ 소방운전 시 모든 승강장의 출입구마다 정지할 수 있어야 한다.
㉰ 2개의 카 출입문이 있는 경우, 소방운전 시 어떠한 경우라도 2개의 출입문은 동시에 개폐될 수 있어야 한다.
㉱ 동일 승강로 내에 다른 엘리베이터가 있다면 전체적인 공용 승강로는 소방구조용 엘리베이터의 내화 규정을 만족해야 한다.

해설 2단계의 소방운전 시 카 조작반에서 운전되어야 한다. 그런데 2개의 출입문이 있는 경우 반드시 동시에 2개의 출입문이 개폐되어야 하는 것은 아니다.

16. 층고가 6m를 초과하는 경우 에스컬레이터의 경사도는 몇 도를 초과하지 않아야 하는가?

㉮ 30°   ㉯ 35°   ㉰ 40°   ㉱ 45°

해설 에스컬레이터는 30°를 초과하지 않아야 하나, 총 높이가 6m 이하이고, 공칭속도가 0.5m/s 이하는 35°까지 허용된다.

17. 가공이 쉽고 초기 마찰력이 우수하며 쐐기작용에 의해 마찰력은 크지만 면압이 높고 권상로프와 접하는 부분의 각도가 작게 되어 트랙션 비의 값이 작아지게 되는 단점을 갖는 로프의 홈 형상은?

㉮ U홈
㉯ V홈
㉰ M홈
㉱ 언더컷 홈

해설 ① U홈: U홈은 로프와의 면압이 작으므로 로프의 수명은 길어지지만, 마찰계수가 가장 작아지기 때문에 도르래에 감기는 와이어로프의 권부각을 크게 할 수 있는 더블랩방식의 권상기에 많이 사용되고 있다.
② V홈: V홈은 쐐기작용에 의하여 마찰계수가 커서 면압이 높고 와이어로프가 손상되기 쉽고, 홈이 마모되면 와이어로프와 접하는 부분의 각도 α가 작게 되어, 트랙션 능력의 값이 작아지게 되는 결점이 있다. 주로 덤웨이터나 소형 엘리베이터의 일부 등에 사용되고 있다.
③ 언더컷 홈: U홈과 V홈의 중간적 특성을 갖는 홈형으로 현재 일반적으로 사용되고 있다.

18. 카의 실속도와 지령속도를 비교하여 사이리스터의 점호각을 바꿔 유도전동기의 속도를 제어하는 방식은?

㉮ 교류 귀환 제어
㉯ 교류 1단 속도제어
㉰ 교류 2단 속도제어
㉱ 가변전압 가변주파수제어

해설 ① 교류 귀환 제어: 이 방식은 케이지의 실속도와 지령속도를 비교하여 사이리스터의 점호각을 바꿔, 유도전동기의 속도를 제어하는 방식이다.
② 교류 1단 속도제어: 가장 간단한 제어방식인데 3상유도 전동기에 전원을 투입하여 기동과 정속운전을 하고, 정지는 전원을 차단한 후, 제동기에 의해 기계적으로 브레이크를 거는 방식이다.
③ 교류 2단 속도제어: 2단 속도 모터(motor)를 사용하여 기동과 주행은 고속권선으로 행하고 감속 시는 저속권선으로 감속하여 착상하는 방식이다. 2단 속도 전동기의 속도 비는 여러 가지 비율을 생각할 수 있지만 착상오차, 감속도, 감속시의 잭(감속도의 변화비율), 크리프(cleep)시간(저속으로 주행하는 시간)등을 고려해 4:1이 가장 많이 사용되고 있다.
④ V.V.V.F(Variable Voltage Variable Frequency: 가변전압 가변주파수)제어: 유도 전동기에 인가되는 전압과 주파수를 동시에 변환시켜 직류 전동기와 동등한 제어성능을 갖는다. 이 방식은 소비전력이 절감된다. 적용 엘리베이터의 속도는 고속범위까지 가능하다.

19. 비선형 특성을 갖는 에너지 축적형 완충기가 카의 질량과 정격하중 또는 균형추의 질량으로 정격속도의 115%의 속도로 완충기에 충돌할 때에 대한 설명으로 틀린 것은?

㉮ 카의 복귀속도는 1m/s 이하이어야 한다.
㉯ 작동 후에는 영구적인 변형이 없어야 한다.
㉰ 최대 피크 감속도는 $6g_n$ 이하이어야 한다.
㉱ $2.5g_n$ 초과하는 감속도는 0.4초 보다 길지 않아야 한다.

해설 $2.5g_n$ 초과하는 감속도는 0.04초보다 길지 않아야 한다.

20. 다음 중 와이어로프의 구조에서 심강의 주요 기능으로 가장 적절한 것은?

㉮ 로프의 경도를 낮춘다.
㉯ 로프의 파단강도를 높인다.
㉰ 로프 굴곡 시 유연성을 극대화 한다.
㉱ 소선의 방청과 굴곡 시 윤활을 돕는다.

정답 17. ㉯ 18. ㉮ 19. ㉱ 20. ㉱

(승강기 설계)

21. 4극 3상, 정격전압이 220V, 주파수가 60Hz인 유도전동기가 슬립 5%로 회전하여 출력 10kW를 낸다면, 이때 토크는 약 몇 N•m인가?

㉮ 50 ㉯ 56 ㉰ 88 ㉱ 93

해설 $N = N_s(1-s)[rpm]$에서

$$N = \frac{120f}{p} = \frac{120 \times 60}{4}(1-0.05) = 1710[rpm]$$

$$\therefore \tau = 9.55\frac{P}{N} = 9.55\frac{10 \times 10^3}{1710} ≒ 55.8(N \cdot m)$$

22. 다음 매다는 장치(현수)에 대한 기준 중 괄호 안에 알맞은 수치는?

> 매다는 장치의 구분 중 로프의 경우 공칭직경이 8mm 이상이어야 한다. 다만, 구동기가 승강로에 위치하고, 정격속도가 (   )m/s 이하인 경우로서 행정안전부 장관이 안전성을 확인한 경우에 한정하여 공칭직경 6mm의 로프가 허용된다.

㉮ 0.75 ㉯ 1 ㉰ 1.5 ㉱ 1.75

23. 도어에 이물질이 끼었을 때 이것을 감지하는 문닫힘 안전장치의 종류가 아닌 것은?

㉮ 광전장치 ㉯ 세이프티 슈 ㉰ 도어 클로저 ㉱ 초음파장치

해설 ① 광전장치: 투광(投光)기와 수광(受光)기로 구성되며, 도어의 양단에 설치해 광선(beam)이 차단될 때 도어의 닫힘은 중단되고 열린다. 라이트 레이(light ray)라고도 한다.
② 세이프티 슈(safety shoe): 문의 선단에 이물질 검출장치를 설치하여 사람이나 물질이 접촉되면 도어의 닫힘은 중단되고 열린다.
③ 도어 클로저(door closer): 승장 도어가 열려있을 시 자동으로 닫히게 하는 장치. 스프링 방식과 중력방식이 있다.
④ 초음파 장치: 초음파로 승장쪽에 접근하는 사람이나 물건(유모차, 휠체어 등)을 검출해, 도어의 닫힘을 중단시키고 열리게 한다.

24. 주행안내(가이드) 레일의 규격 표시에 공칭하중은 몇 m를 기준으로 하는가?

㉮ 0.1 ㉯ 1 ㉰ 5 ㉱ 10

해설 ① 레일 호칭은 마무리 가공전 소재의 1m당 중량으로 한다.
② 보통 T형 레일을 사용하는데 공칭은 8K, 13K, 18K, 24K, 30K, 37K, 50K 등도 사용된다.
③ 레일의 표준길이는 5m이다.

25. 동력전원 설비용량을 산정하는 데 필요한 요소가 아닌 것은?

정답 21. ㉯ 22. ㉱ 23. ㉰ 24. ㉯ 25. ㉮

㉮ 정격전류 ㉯ 전압강하 ㉰ 가속전류 ㉱ 부등률

해설 동력전원 설비용량을 산정하는 데 필요한 요소
① 전압강하 ② 가속전류 ③ 부등률 ④ 주위온도 ⑤ 전압강하계수

26. 다음 그림과 같이 보에 하중이 작용할 때 A지점의 반력 R_A는?

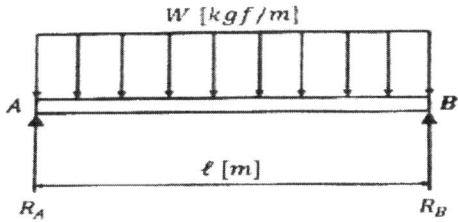

㉮ $W\ell$ ㉯ $\dfrac{W\ell}{2}$ ㉰ $\dfrac{W\ell}{4}$ ㉱ $\dfrac{W\ell}{8}$

해설 균일분포하중 이므로 $R_A = \dfrac{W\ell}{2}, R_B = \dfrac{W\ell}{2}$

27. 엘리베이터용 T형 주행안내(가이드) 레일의 표준길이는 약 몇 m인가?

㉮ 3 ㉯ 5 ㉰ 7 ㉱ 10

28. 카 내부에 있는 사람에 의한 카문의 개방을 제한하기 위하여 카가 운행 중일 때, 카문을 개방하기 위해 필요한 힘은 최소 몇 N이상이어야 하는가?

㉮ 30 ㉯ 50 ㉰ 75 ㉱ 100

해설 ① 엘리베이터가 어떤 이유로 승강장 근처에서 정지한 경우 도어개폐 전원은 차단되고 문을 개방하는 데 필요한 힘은 300N을 초과하지 않아야 한다.
② 운행 중인 엘리베이터 카 문의 개방은 50N이상의 힘이 요구되어야 한다.

29. 추락방지안전장치(비상정지장치)가 작동하는 카, 균형추 또는 평형추의 주행안내(가이드) 레일의 경우 주행안내 레일 및 고정(브래킷, 분리 빔)에 대해 계산된 최대 허용 휨은 몇 mm인가?

㉮ 5 ㉯ 7 ㉰ 9 ㉱ 10

30. 카의 추락방지안전장치(비상정지장치)는 점차 작동형이 사용되어야 하지만 정격속도가 최대 몇 m/s 이하인 경우에는 즉시 작동형이 사용될 수 있는가?

㉮ 0.43 ㉯ 0.53 ㉰ 0.63 ㉱ 0.73

해설 추락방지안전장치의 동작: 속도 60m/min 초과는 점진식 작동형, 60m/min를 초과하지 않을 시는 완충 효과 있는 즉시 작동형, 그리고 37.8m/min(0.63m/s)를 초과하지 않을 경우는 즉시 작동형 이어야 한다.

정답 26. ㉯ 27. ㉯ 28. ㉯ 29. ㉮ 30. ㉰

31. 권상기의 관련된 설명중 틀린 것은?

㉮ 헬리켈 기어식이 웜 기어식보다 효율이 더 좋다.
㉯ 일반적으로 권상 도르래의 지름은 주로프 지름의 40배 이상을 적용한다.
㉰ 권동식은 균형추를 사용하지 않기 때문에 로프식보다 권상도력이 더 크다.
㉱ 권상 도르래에 로프가 감기는 각도가 클수록 승강기가 미끄러지기 쉽다.

해설 권상 도르래에 로프가 감기는 각도가 클수록 승강기가 미끄러지기 어렵다.

32. 카에는 카 조작반 및 카 벽에서 100mm 이상 떨어진 카 바닥 위로 1m 이내에 모든 지점에 몇 lx 이상으로 비추는 전기조명장치가 영구적으로 설치되어야 하는가?

㉮ 80   ㉯ 90   ㉰ 100   ㉱ 110

해설 카에는 카 바닥 및 조작장치를 100lx 이상의 조도로 비출 수 있는 영구적인 전기 조명이 설치되어야 한다.

33. 다음과 같은 조건일 때 에스컬레이터 전동기의 용량은 약 몇 kW 인가?

- 속도: 30m/min   - 총효율: 0.6   - 경사각: 30°
- 승객승입율: 0.84   - 적재하중: 1400kgf

㉮ 2.4   ㉯ 4.8   ㉰ 9.6   ㉱ 14.4

해설 $P = \dfrac{GV\sin\theta}{6120\eta} \times \beta = \dfrac{1400 \times 30 \times \sin 30°}{6120 \times 0.6} \times 0.84 = 4.8(kW)$

34. 재료의 탄성한도, 허용응력에 대한 설명으로 틀린 것은?

㉮ 탄성한도를 넘지 않는 응력이라도 긴 시간에 걸쳐 되풀이 되면 피로가 생겨 위험하다.
㉯ 외력에 의해 재료의 내부에 탄성한도를 넘는 응력이 생기면 영구변형이 생긴다.
㉰ 재료의 탄성한도가 허용응력의 몇 배인가를 나타내는 수치를 안전계수라 한다.
㉱ 안전상 허용할 수 있는 최대의 응력을 허용응력이라 한다.

해설 안전계수(안전율)= $\dfrac{\text{재료의 극한강도}}{\text{허용응력}} = \dfrac{\text{기준강도}}{\text{허용응력}}$

35. 매다는 장치(현수)의 구분에 따른 최소 안전율 기준수치의 연결이 틀린 것은?

㉮ 3가닥 이상의 로프(벨트)에 의해서 구동되는 권상 구동 엘리베이터의 경우: 12
㉯ 3가닥 이상의 6mm 이상 8mm 미만의 로프에 의해 구동되는 권상 구동 엘리베이터의 경우: 16
㉰ 2가닥 이상의 로프(벨트)에 의해 구동되는 권상 구동 엘리베이터의 경우: 16
㉱ 로프가 있는 그럼 구동 및 유압식 엘리베이터의 경우: 10

해설 로프가 있는 드럼 구동 및 유압식 엘리베이터의 경우: 12

정답 31. ㉱   32. ㉰   33. ㉯   34. ㉰   35. ㉱

36. 피뢰침의 경우 접지 저항값은?

㉮ 10Ω이하　　㉯ 20Ω이하　　㉰ 100Ω이하　　㉱ 300Ω이하

37. 카자중이 1500kgf, 적재하중이 750kgf, 승강행정이 30m, 0.5kgf/m의 로프가 4본이 사용된 엘리베이터에서 균형추의 오버밸런스율이 38%라면, 최상층에서 빈 카로 하강 시 트랙션비는?

㉮ 1.13　　㉯ 1.18　　㉰ 1.23　　㉱ 1.28

해설 트랙션비 = $\dfrac{카 하중 + (적재하중 \times 오버밸런스율) + 로프하중}{카 하중}$

= $\dfrac{1500 + (750 \times 0.38) + (0.5 \times 4 \times 30)}{1500}$

= $\dfrac{1845}{1500}$ = 1.23

38. 엘리베이터의 점검위치에 있는 점검운전 스위치가 동시에 만족해야 하는 작동조건에 대한 설명으로 틀린 것은?

㉮ 정상 운전 제어를 무효화 한다.
㉯ 전기적 비상운전을 무효화 한다.
㉰ 착상 및 재-착상이 불가능해야 한다.
㉱ 카 속도는 0.75m/s 이하이어야 한다.

해설 카 속도는 0.63m/s 이하이어야 한다.

39. 엘리베이터의 T형 레일의 규격이 8K, 길이가 5m인 경우, 레일의 중량은 약 몇 kg인가?

㉮ 30　　㉯ 35　　㉰ 40　　㉱ 50

해설 레일의 중량 = $8k \times 5m$ = 40kg

40. 엘리베이터의 피트 출입수단에 대한 기준 중 괄호 안에 알맞은 내용은?

가. 피트 깊이가 (㉠)m를 초과하는 경우: 피트 출입문
나. 피트 깊이가 (㉡)m 이하인 경우: 피트 출입문 또는 승강장문에서 쉽게 접근할 수 있는 승강로 내부의 사다리

㉮ ㉠ 1.5, ㉡ 2.5　　㉰ ㉠ 2.5, ㉡ 1.5
㉯ ㉠ 2.0, ㉡ 2.0　　㉱ ㉠ 2.5, ㉡ 2.5

(일반 기계 공학)

41. 재료단면에 대한 단면2차모멘트를 I, 단면1차모멘트를 Q, 전단력을 F, 폭을 B라 할 때 임의의 위치에서의 수평전단응력을 구하는 식은?

정답 36. ㉮　37. ㉰　38. ㉱　39. ㉰　40. ㉱　41. ㉰

㉮ $\tau = \dfrac{Q}{B \times I}$ ㉯ $\tau = \dfrac{F}{B \times I}$ ㉰ $\tau = \dfrac{F \times Q}{B \times I}$ ㉱ $\tau = \dfrac{B \times F}{Q \times I}$

42. 주철의 특징으로 틀린 것은?

㉮ 주조성이 양호하다.　　　　　㉯ 기계가공이 어렵다.
㉰ 내마멸성이 우수하다.　　　　㉱ 압축강도가 크다.

해설 1. 주철의 장점: ① 용융점이 낮다. ② 마찰저항이 우수하다. ③ 압축강도가 크고 절삭성이 우수하다.
2. 주철의 단점: ① 인장강도, 휨강도, 충격값, 연신율이 작다. ② 소성가공이 어렵다.

43. 줄(file) 작업에서 줄눈의 크기에 의한 분류가 아닌 것은?

㉮ 중목　　　　㉯ 단목　　　　㉰ 세목　　　　㉱ 황목

해설 줄눈의 크기: ① 황목(거친눈 줄) ② 중목(중간눈 줄) ③ 세목(가는눈 줄)

44. 전양정이 30m이고, 급수량이 $1.2\text{m}^3/\text{min}$ 인 펌프를 설계할 때 펌프의 효율을 0.75로 하면 펌프의 축동력은 약 몇 kW인가?

㉮ 5.7　　　　㉯ 7.8　　　　㉰ 8.7　　　　㉱ 10.5

해설 축동력 $= \dfrac{9.8QH}{\eta} = \dfrac{9.8 \times 1.2 \times \dfrac{1}{60s} \times 30}{0.75} = 7.8kW$

45. 식물 탄닌-태닝 처리한 가죽에 대한 설명으로 틀린 것은?

㉮ 부드러운 가죽을 얻을 수 있다.　　　㉯ 단단하고 쉽게 펴지지 않는다.
㉰ 색상은 주로 다갈색이다.　　　　　　㉱ 공업용으로 많이 이용된다.

해설 식물 탄닌-태닝 처리한 가죽은 크롬 가죽에 비해 조금 더 단단하고 뻣뻣하게 느껴질 수 있다. 두껍고 견고해서 벨트, 목걸이, 신발 등에 사용된다. 색상이 주로 다갈색이다.

46. 금속은 소성가공에서 열간가공과 냉간가공을 구분하는 기준은?

㉮ 변태 온도　　㉯ 재결정 온도　　㉰ 불림 온도　　㉱ 담금질 온도

해설 소성가공: 재료의 가소성을 이용한 가공법을 말하는데, 열간가공과 냉간가공이 있다. 냉간가공은 재결정 온도 이하의 온도에서 하는 가공을 말하며, 열간가공은 고온가공, 재결정온도 이상의 온도에서 하는 가공을 말한다. 소성가공이란 성형작업을 의미하는데, 재료에 물리적인 힘을 가해 소성변형을 발생시켜 재료를 원하는 형상으로 만드는 작업을 말한다.

47. 재료가 반복하중을 받는 경우 안전율을 구하는 식은?

㉮ 허용응력/크리프한도　　　　㉯ 피로한도/허용응력
㉰ 허용응력/최대응력　　　　　㉱ 최대응력/허용응력

정답 42. ㉱ 43. ㉮ 44. ㉯ 45. ㉮ 46. ㉯ 47. ㉯

48. 체결용 기계요소인 코터의 전단응력을 구하는 식은? (단, W: 인장하중(kgf), b: 코터의 너비(mm), h: 코터의 높이(mm), d: 코터의 직경(mm)이다.)

㉠ $\dfrac{3W}{2bh}$ ㉡ $\dfrac{W}{2bh}$ ㉢ $\dfrac{3W}{2bd}$ ㉣ $\dfrac{W}{2bd}$

49. 어느 위치에서나 유입 질량과 유출 질량이 같으므로 일정한 관내에 축적된 질량은 유속에 관계없이 일정하다는 원리는?

㉠ 연속의 원리 ㉡ 파스칼의 원리 ㉢ 베르누이의 원리 ㉣ 아르키메데스의 원리

해설 ① 연속의 원리: 어느 위치에서나 유입질량과 유출질량이 같으므로 일정한 관내에 축적된 질량은 유속에 관계없이 일정하다.
② 파스칼의 원리: 유체(기체, 액체)역학에서 밀폐된 용기내에 정지해 있는 유체의 어느 한 부분에서 생기는 압력의 변화가, 유체의 다른 부분과 용기의 벽면에 손실없이 전달된다.
③ 베르누이의 원리: 수로의 각 단면에 있어서의 속도수두, 위치수두, 압력수두는 일정하다.
④ 아르키메데스의 원리: 유체 속에 잠겨있는 물체에는 물체의 부피와 같은 부피의 유체 무게만큼의 부력이 작용한다.

50. 피복아크 용접에서 용입 불량의 원인으로 틀린 것은?

㉠ 용접 속도가 느릴 때 ㉡ 용전 전류가 약할 때
㉢ 용접봉 선택이 불량할 때 ㉣ 이음 설계에 결함이 있을 때

해설 피복아크 용접 결함 원인 중 용입 부족 원인:
① 용접 속도가 빠를 때 ② 이음매 설계의 결함 ③ 용접 전류가 낮을 때 ④ 용접봉 선택불량

51. 주물형상이 크고 소량의 주조품을 요구할 때 사용하며 중요부분의 골격만을 만드는 목형은?

㉠ 코어형 ㉡ 부분형 ㉢ 매치 플레이트형 ㉣ 골격형

해설 ① 코어형: 속이 빈중공 주물 제작 시 사용한다.
② 부분형: 주형이 대형이거나 대칭인 경우에 사용한다(예: 대형기어, 프로펠러, 톱니바퀴 등).
③ 매치 플레이트형: 소형제품을 대량 생산할 때 사용한다(예: 아령).
④ 골격형: 주조품의 수량이 적고 큰 곡관을 제작할 때 사용한다.

52. 외부로부터 힘을 받지 않아도 물체가 진동을 일으키는 것은?

㉠ 고유진동 ㉡ 공진 ㉢ 좌굴 ㉣ 극관성 모멘트

53. 양단지지 겹판 스프링에서 처짐을 구하는 식은? (단, W:하중, n:판수, h:판 두께, b:판의 폭, E:세로탄성계수, l:스팬 이다.)

㉠ $\dfrac{3Wl}{2nbh^2}$ ㉡ $\dfrac{3Wl^3}{2nbh^3E}$ ㉢ $\dfrac{3Wl^3}{Snbh^3E}$ ㉣ $\dfrac{3Wl}{Snbh^2E}$

정답 48. ㉡ 49. ㉠ 50. ㉠ 51. ㉣ 52. ㉠ 53. ㉢

54. 비중 약 2.7에 가볍고 전연성이 우수하며 전기 및 열의 양도체로 내식성이 우수한 것은?

㉮ 구리 ㉯ 망간 ㉰ 니켈 ㉱ 알루미늄

해설 알루미늄은 은백색의 가볍고 부드러운 금속원소이다. 가공하기 쉽고, 가벼우며 내식성이 있다. 녹는점은 660℃이며 비중은 2.7이다.
[참고] • 망간비중: 7.20 • 구리비중: 8.92 • 니켈비중: 8.90

55. 펌프의 송출압력이 $90N/cm^2$, 송출량이 60L/min인 유압펌프의 펌프동력은 약 몇 W인가?

㉮ 700 ㉯ 800 ㉰ 900 ㉱ 1,000

해설 $P = \dfrac{P_d Q}{612} = \dfrac{90 \times \dfrac{1}{9.8} \times 60}{612} = 900W$

56. 축 방향의 압축력이나 인장력을 받을 때 사용하거나 2개의 축을 연결하는 것은?

㉮ 키(key) ㉯ 코터(cotter) ㉰ 핀(pin) ㉱ 리벳(rivet)

해설 ① 키: 축에 기어, 풀리, 플라이휠, 커플링, 클러치 등의 회전체를 고정시켜서 회전운동을 전달시키는 결합용과 보스를 축에 고정하지 않고 축 방향으로 이동할 수 있게 한 것
② 코터: 축과 축 등을 결합 시키는데 사용되는 쐐기. 축의 길이방향에 직각으로 끼워서 축을 결합시킨다.
③ 핀: 2개 이상의 부품을 결합 시키는데 주로 사용한다. 나사 및 너트의 이완방지, 핸들을 축에 고정하거나 힘이 적게 걸리는 부품을 설치 시, 분해 조립할 부품의 위치를 결정하는 데에 많이 사용한다.
④ 리벳: 리벳은 강판 또는 형강 등을 영구적으로 결합하는데 사용하는 기계요소로서 구조가 비교적 간단하고 잔류변형이 없기 때문에 응용 범위가 넓다. 기밀을 요하는 압력용기, 보일러 등에 사용되기도 하며, 철제 구조물, 경합금 구조물(항공기의 기체) 또는 교량 등에 사용하고 있다.

57. 마찰차의 종류가 아닌 것은?

㉮ 원통 마찰차 ㉯ 에반스식 마찰차 ㉰ 트리플식 마찰차 ㉱ 원뿔 마찰차

해설 마찰차의 종류
① 원통 마찰차 ② 원추 마찰차 ③ 홈 마찰차
④ 무단 변속 마찰차: 원판, 원추=원뿔, 구면 등을 이용하며 무단 변속을 시키는 마찰차이다.
⑤ 에반스식 마찰차: 2개의 원주차 사이에 원판차 대신에 가죽 또는 강철제 링을 사용하여 링이 접촉하는 부분에 대한 지름의 변화로 속도비가 변화한다. 이와 같이 링의 위치를 변화시켜서 변속하는 것

58. 유압펌프의 용적효율이 70%, 압력효율이 80%, 기계효율이 90%일 때 전체 효율은 약 몇 %인가?

㉮ 50 ㉯ 60 ㉰ 70 ㉱ 80

해설 전체 효율 $= (0.7 \times 0.8 \times 0.9) \times 100 = 50.4\%$

59. 다음 중 축의 강도를 가장 약화시키는 키(key)는?

㉮ 성크 키 ㉯ 새들 키 ㉰ 플랫 키 ㉱ 원뿔 키

정답 54. ㉱ 55. ㉰ 56. ㉯ 57. ㉰ 58. ㉮ 59. ㉮

해설 ① 성크 키(묻힘 키): 단면모양은 정사각형과 직사각형이 있고, 정사각형은 축 지름이 작은 경우에 사용되고, 직사각형은 축 지름이 큰 경우에 사용된다. 성크 키의 회전력 전달은 키의 양 측면이 되므로 키를 키 홈에 박을 때는 양 측면이 꽉 끼워지도록 하여야 한다.
② 새들 키: 축에는 키 홈을 가공하지 않고 보스에만 1/100정도의 기울기를 주어 홈을 파고 이 홈속에 키를 박는다. 키의 접촉면을 축에 놓여지는 부분과의 마찰력만으로 회전력을 전달시키므로 큰 동력을 전달시키는 키로서 부적합하다.
③ 플랫 키(평키): 축을 키의 나비 만큼 평평하게 깎고, 보스에는 1/100정도의 기울기로 키 홈을 가공하여 축과 보스사이에 키를 끼운다. 축 방향으로 이동이 불가하며 인장키보다 조금 큰 동력전달이 가능하다.
④ 원뿔 키(원추 키): 축과 보스와의 사이에 축 방향으로 쪼갠 원뿔을 끼워 축과 보스를 헐거움 없이 고정할 수 있고, 축과 보스의 편심이 적다.

60. 비틀림 모멘트 T(kgf·cm), 회전수 N(rpm), 전달마력 H(kW)일 때 비틀림 모멘트를 구하는 식은?

㉮ $T = 974 \times \dfrac{H}{N}$ ㉯ $T = 716.2 \times \dfrac{H}{N}$

㉰ $T = 716200 \times \dfrac{H}{N}$ ㉱ $T = 97400 \times \dfrac{H}{N}$

(전기제어 공학)

61. 다음 회로에서 합성 정전용량(F)의 값은?

㉮ $C_0 = C_1 + C_2$ ㉯ $C_0 = C_1 - C_2$

㉰ $C_0 = \dfrac{C_1 + C_2}{C_1 C_2}$ ㉱ $C_0 = \dfrac{C_1 C_2}{C_1 + C_2}$

62. 맥동 주파수가 가장 많고 맥동률이 가장 적은 정류방식은?

㉮ 단상 반파정류   ㉯ 단상 브리지 정류회로
㉰ 3상 반파정류   ㉱ 3상 전파정류

해설 맥동 주파수가 가장 많고 맥동률이 가장 적은 정류 방식순서:
3상 전파정류 〉 3상 반파정류 〉 단상 전파전류 〉 단상 반파정류

63. 목표값이 미리 정해진 시간적 변화를 하는 경우 제어량을 그것에 추종시키기 위한 제어는?

㉮ 프로그램제어   ㉯ 정치제어   ㉰ 추종제어   ㉱ 비율제어

해설 ① 프로그램 제어: 목표값이 미리 정해진 시간적 변화를 하는 경우 제어량을 그것에 추종시키기 위한 제어(예: 무인열차, 산업 로보트의 무인운전)

정답 60. ㉱ 61. ㉱ 62. ㉱ 63. ㉮

② 정치제어: 목표값의 시간 변화에 의한 분류로써 목표값이 시간적으로 변화하지 않는 일정한 제어(예: 자동 제어, 프로세스 제어 등)
③ 추종제어: 미지의 시간적 변화를 하는 목표값에 제어량을 추종시키기 위한 제어(예: 대공포의 포신)
④ 비율제어: 둘 이상의 제어량을 소정의 비율로 제어(예: 보일러의 자동 연소제어, 암모니아 합성 프로세스 제어 등)

64. 피드백 제어의 특성에 관한 설명으로 틀린 것은?

㉮ 정확성이 증가한다.
㉯ 대역폭이 증가한다.
㉰ 계의 특성변화에 대한 입력 대 출력비의 감도가 증가한다.
㉱ 구조가 비교적 복잡하고 오픈루프에 비해 설치비가 많이 든다.

해설 계의 특성변화에 대한 입력 대 출력비의 감도가 감소한다.

65. 블록선도에서 요소의 신호전달 특성을 무엇이라 하는가?

㉮ 가합요소 ㉯ 전달요소 ㉰ 동작요소 ㉱ 인출요소

해설 블록선도에서 요소의 신호전달 특성을 전달요소라 한다.
[참고] 피드백 제어계의 구성

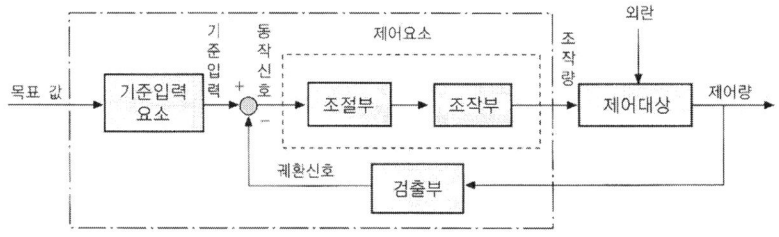

66. 다음 블록선도에서 전달함수 C(s)/R(s)는?

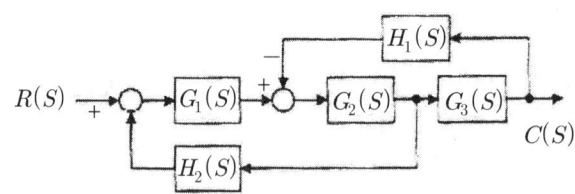

㉮ $\dfrac{G_1(s)G_2(s)G_3(s)}{1+G_2(s)G_3(s)H_1(s)-G_1(s)G_2(s)H_2(s)}$
㉯ $\dfrac{G_1(s)G_2(s)G_3(s)}{1+G_2(s)G_3(s)H_1(s)+G_1(s)G_2(s)H_2(s)}$
㉰ $\dfrac{G_1(s)G_2(s)G_3(s)H_1(s)}{1+G_2(s)G_3(s)H_1(s)+G_1(s)G_2(s)H_2(s)}$
㉱ $\dfrac{G_1(s)G_2(s)G_3(s)}{1+G_2(s)G_3(s)H_2(s)+G_1(s)G_2(s)H_1(s)}$

정답 64. ㉰ 65. ㉯ 66. ㉯

해설	블록선도	전달함수
	$R(S) \to +\!\!\!\bigcirc \to G \to C(S)$ (피드백)	$G = \dfrac{C(s)}{R(s)} = \dfrac{G}{1+G}$
	$R(S) \to G_1 \to +\!\!\!\bigcirc \to C(S)$, G_2 피드백(+)	$G = \dfrac{C(s)}{R(s)} = \dfrac{G_1}{1-G_2}$
	$R(S) \to +\!\!\!\bigcirc \to G_1 \to C(S)$, G_2 피드백	$G = \dfrac{C(s)}{R(s)} = \dfrac{G_1}{1+G_1 G_2}$

67. 주파수 60Hz의 정현파 교류에서 위상차 $\pi/6(rad)$은 약 몇 초의 시간 차인가?

㉮ 1×10^{-3} ㉯ 1.4×10^{-3} ㉰ 2×10^{-3} ㉱ 2.4×10^{-3}

해설 $\theta = wt$, $t = \dfrac{\theta}{w} = \dfrac{\theta}{2\pi f} = \dfrac{\dfrac{\pi}{6}}{2 \times 3.14 \times 60} ≒ 1.4 \times 10^{-3}$(초)

68. R-L-C 직렬회로에서 소비전력이 최대가 되는 조건은?

㉮ $\omega L - \dfrac{1}{\omega C} = 1$ ㉯ $\omega L + \dfrac{1}{\omega C} = 0$ ㉰ $\omega L + \dfrac{1}{\omega C} = 1$ ㉱ $\omega L - \dfrac{1}{\omega C} = 0$

해설 RLC 직렬회로의 임피던스 $Z = \sqrt{R^2 + (\omega L - \dfrac{1}{\omega C})^2}(\Omega)$인데, $\omega L - \dfrac{1}{\omega C} = 0$일 때 회로에 흐르는 전류가 최대(공진조건)가 된다.

69. 유도전동기의 고정손에 해당하지 않는 것은?

㉮ 1차권선의 저항손 ㉯ 철손 ㉰ 베어링 마찰손 ㉱ 풍손

해설 유도전동기의 고정손은 철손과 기계손이다.
※ 철손 = 히스테리 시스손 + 와류손 ※ 기계손 = 베어링의 마찰손 + 풍손

70. 시스템의 전달함수가 $T(s) = \dfrac{1250}{s^2 + 50s + 1250}$으로 표현되는 2차 제어시스템의 고유 주파수는 약 몇 rad/sec 인가?

㉮ 35.36 ㉯ 28.87 ㉰ 25.62 ㉱ 20.83

해설 특성 방정식은 폐 루프 전달함수 분모를 0으로 놓고 얻어지는 관계식을 말한다.

정답 67. ㉯ 68. ㉱ 69. ㉮ 70. ㉮

$s^2 + 50s + 1250 = 0$

① 고유주파수: $\omega_n^2 = 1250$, $\omega_n = \sqrt{1250} = 35.36 \, (rad/s)$

② 제동비(감쇠율): $2\delta\omega_n = 50$, $\delta = \dfrac{50}{2\omega_n} = \dfrac{50}{2 \times 35.36} \fallingdotseq 0.707$

71. 접지 도체 P_1, P_2, P_3의 각 접지저항이 R_1, R_2, R_3이다. R_1의 접지저항(Ω)을 계산하는 식은?(단, $R_{12} = R_1 + R_2$, $R_{23} = R_2 + R_3$, $R_{31} = R_3 + R_1$이다.)

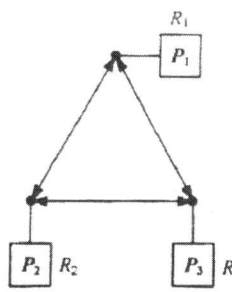

㉮ $R_1 = \dfrac{1}{2}(R_{12} + R_{31} + R_{23})$

㉯ $R_1 = \dfrac{1}{2}(R_{31} + R_{23} - R_{12})$

㉰ $R_1 = \dfrac{1}{2}(R_{12} - R_{31} + R_{23})$

㉱ $R_1 = \dfrac{1}{2}(R_{12} + R_{31} - R_{23})$

72. 그림의 신호흐름선도에서 C(s)/R(s)의 값은?

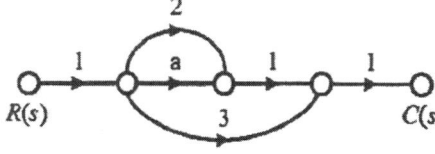

㉮ a+2 ㉯ a+3
㉰ a+5 ㉱ a+6

해설 $G(s) = \dfrac{C(s)}{R(s)} = a + 2 + 3 = a + 5$

73. 권선형 3상 유도전동기서 2차 저항을 변화시켜 속도를 제어하는 경우, 최대 토크는 어떻게 되는가?

㉮ 최대 토크가 생기는 점의 슬립에 비례한다.   ㉯ 최대 토크가 생기는 점의 슬립에 반비례한다.
㉰ 2차 저항에만 비례한다.   ㉱ 항상 일정하다.

해설 권선형 유도 전동기는 비례 추이를 이용해서 속도조정을 한다. 비례 추이는 전압이 일정 시 2차 저항을 증가시키면 슬립은 비례하여 증가하며, 기동토크도 커진다. 그러나 기동전류와 속도는 떨어진다. 여기서 최대 토크는 항상 일정하다.

74. 계전기 접점의 아크를 소거할 목적으로 사용되는 소자는?

㉮ 바리스터(Varistor)   ㉯ 바렉터 다이오드
㉰ 터널다이오드   ㉱ 서미스터

정답 71. ㉱ 72. ㉰ 73. ㉱ 74. ㉮

해설 바리스터는 주로 서지 전압에 대한 회로 보호용으로 사용되며, 서미스터는 온도 보상용으로 사용된다. 그리고 바렉터 다이오드는 역 바이어스 전압의 크기에 따라 공핍층의 고유 정전용량 C변화가 되므로 가변 용량 다이오드라고 하며, 터널 다이오드는 불순물을 크게 도핑 시켜 불순물 농도가 증가되면 역 바이어스에서도 ON이 되어 큰 전류가 흐른다.

75. 동작 틈새가 가장 많은 조절계는?

㉮ 비례 동작 ㉯ 2위치 동작
㉰ 비례 미분 동작 ㉱ 비례 적분 동작

해설 2위치 동작은 연속동작(ON, OFF제어)이 아니다.

76. 다음 그림은 무엇을 나타낸 논리연산 회로인가?

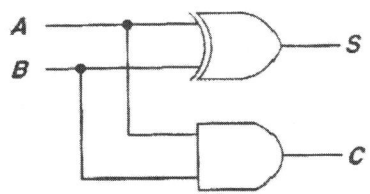

㉮ HALF-ADDER회로 ㉯ FULL-ADDER회로
㉰ NAND회로 ㉱ EXCLUSIVE OR회로

해설 1. 반 가산기(HA: Half-Adder)
① 한 자리의 2진수 2개를 덧셈하는 회로로서 자리 올림수(C: Carry)와 합(S: Sum)이 발생하는 회로이다.
※ 반 만 가산한다 라는 뜻이며 자리올림 하지 않는다.

② 진리표

입력		출력	
A	B	S	C
0	0	0	0
0	1	1	0
1	0	1	0
1	1	0	1

$C = A \cdot B$
$S = A\overline{B} + \overline{A}B = A \oplus B$

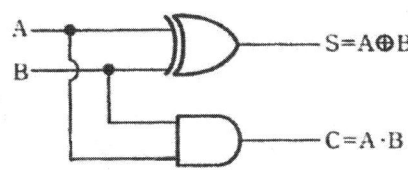

※ S는 EXCLUSIVE OR이고 C는 AND이다.

정답 75. ㉯ 76. ㉮

[EXCLUSIVE OR 유접점 회로]

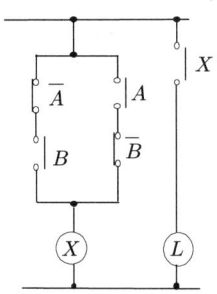

77. 목표치가 정해져 있으며, 입·출력을 비교하여 신호전달 경로가 반드시 폐 루프를 이루고 있는 제어는?

㉮ 조건제어   ㉯ 시퀀스제어   ㉰ 피드백제어   ㉱ 프로그램제어

78. 오픈 루프 전달함수가 $G(s) = \dfrac{1}{s(s^2+5s+6)}$ 인 단위 궤환계에서 단위계단입력을 가하였을 때 잔류편차는?

㉮ 5/6   ㉯ 6/5   ㉰ ∞   ㉱ 0

해설 잔류편차 $e_{ss} = \lim\limits_{s \to 0} \dfrac{1}{1+G(s)} = \lim\limits_{s \to 0} \dfrac{1}{1+\dfrac{1}{s(s^2+2s+6)}}$

$= \lim\limits_{s \to 0} \dfrac{s(s^2+2s+6)}{s(s^2+2s+6)+1} = 0$

[참고]
① 오픈 루프 전달함수는 개루프 전달함수를 말한다.
② 단위 계단 입력은 계단처럼 1이란 신호가 계속 나간다 라는 의미이다.
③ 단위 궤환계는 제어량(출력)에서 피드백 화살표만 비교부로 되어있다.
④ $e_{ss} = \lim\limits_{s \to 0} \dfrac{s}{1+G(s)} R(s)$ 에서 $R(s) = \dfrac{1}{s}$ 이므로(1을 라플라스 변환)

∴ $e_{ss} = \lim\limits_{s \to 0} \dfrac{s}{1+G(s)} \times \dfrac{1}{s} = \lim\limits_{s \to 0} \dfrac{1}{1+G(s)}$

⑤ e_{ss} 는 정상편차, e_{ssp} 는 잔류편차(offset)를 말한다.

79. 어떤 회로에 10A의 전류를 흘리기 위해서 300W의 전력이 필요하다면, 이 회로의 저항(Ω)은 얼마인가?

㉮ 3   ㉯ 10   ㉰ 15   ㉱ 30

해설 $P = I^2 R(W)$ 에서 $R = \dfrac{P}{I^2} = \dfrac{300}{10^2} = 3\Omega$

정답 77. ㉰ 78. ㉱ 79. ㉮

80. 그림과 같은 유접점 회로의 논리식과 논리회로 명칭으로 옳은 것은?

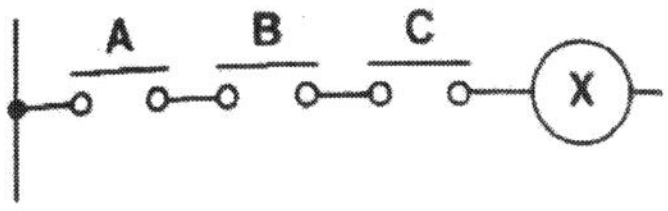

㉮ X = A + B + C, OR회로
㉯ X = A · B · C, AND회로
㉰ $X = \overline{A \cdot B \cdot C}$, NOT회로
㉱ $X = \overline{A + B + C}$, NOR회로

해설 유접점 ABC가 직렬이므로 AND회로이다.

정답 80. ㉯

승강기 기사 기출문제
(2021. 3. 7)

(승강기 개론)

1. 소형, 저속의 엘리베이터에서 로프에 걸리는 장력이 없어져 휘어짐이 생겼을 때 즉시 운전회로를 차단하고 추락방지안전장치를 작동시키는 것으로 과속조절기를 대체할 수 있는 장치는?

㉮ 슬랙 로프 세이프티
㉯ 플렉시블 웨지 클램프
㉰ 플렉시블 가이드 클램프
㉱ 점차 작동형 추락방지안전장치

해설 ① 슬랙로프 세이프티(Slake Rope Safety): 즉시작동형 비상정지장치의 일종으로서 소형과 저속의 엘리베이터에서 로프에 걸리는 장력이 없어져 늘어짐이 생겼을 때 바로 운전회로를 차단하고 비상정지장치를 작동시키는 것
② 플렉시블 웨지 클램프(Flexible Wedge Clamp: FWC): 레일을 죄는 힘이 동작 초기에는 약하나 점점 강해진 후 일정하다.
③ 플렉시블 가이드 클램프(Flexible Guide Clamp: FGC): 레일을 죄는 힘이 동작에서 정지까지 일정하다.

2. 권상기 주 도르래의 로프홈으로 언더컷형을 사용하는 이유로 가장 적절한 것은?

㉮ 마모를 줄이기 위하여
㉯ 로프의 직경을 줄이기 위하여
㉰ 트랙션 능력을 키우기 위하여
㉱ 제조 시 가공을 용이하게 하기 위하여

해설 권상기 주 도르래의 로프홈으로 언더컷 홈을 사용하는 이유는 트랙션 능력을 키우기 위해서 이다. 마찰계수의 크기는 V홈 〉 언더컷홈 〉 U홈이다.

3. 기계적(마찰) 형식이며, 속도가 공칭속도의 1.4배의 값을 초과하기 전 또는 디딤판이 현재 운행 방향에서 바뀔 때에 작동해야 하는 장치는?

㉮ 손잡이 ㉯ 과속조절기 ㉰ 보조 브레이크 ㉱ 구동 체인 안전장치

4. 에스컬레이터의 특징으로 틀린 것은?

㉮ 기다리는 시간 없이 연속적으로 수송이 가능하다.
㉯ 백화점과 마트 등 설치 장소에 따라 구매의욕을 높일 수 있다.
㉰ 전동기 기동 시 대전류에 의한 부하전류의 변화가 엘리베이터에 비하여 많아 전원설비 부담이 크다.
㉱ 건축 상으로 점유 면적이 적고 기계실이 필요하지 않으며, 건물에 걸리는 하중이 각 층에 분산되어 있다.

해설 엘리베이터는 출발할 때 전력소비(에스컬레이터보다 크다)가 가장 크다.

정답 1. ㉮ 2. ㉰ 3. ㉰ 4. ㉰

5. 엘리베이터 안전기준상 승강로 출입문의 크기 기준으로 맞는 것은?

㉮ 높이 1.5m 이상, 폭 0.5m 이상
㉯ 높이 1.5m 이상, 폭 0.7m 이상
㉰ 높이 1.8m 이상, 폭 0.5m 이상
㉱ 높이 1.8m 이상, 폭 0.7m 이상

해설 • 승강로 출입문: 폭 0.7m 이상, 높이 1.8m 이상
• 피트 출입문: 폭 0.7m 이상, 높이 1.8m 이상 • 기계실 출입문: 폭 0.7m 이상, 높이 1.8m 이상

6. 다음 중 카의 상승과속방지장치가 작동될 수 있는 장치가 아닌 것은?

㉮ 카 ㉯ 균형추 ㉰ 완충기 ㉱ 권상도르래

해설 완충기는 카가 어떤 원인으로 최하층을 통과하여 피트로 떨어질 때 충격을 완화시키기 위해 설치한다.

7. 엘리베이터에서 카 또는 승강장 출입구 문턱부터 아래로 평탄하게 내려진 수직부분의 앞 보호판을 나타내는 용어는?

㉮ 슬링 ㉯ 피트 ㉰ 스프로킷 ㉱ 에이프런

해설 에이프런(Apron)
① 카 문턱에는 승강장 유효 출입구 전폭에 걸쳐 에이프런이 설치되어야 한다.
② 수직면의 아랫부분은 수평면에 대해 60° 이상으로 아랫방향을 향하여 구부러져야 한다.
③ 수직 부분의 높이는 0.75m 이상이어야 한다.

8. 파이널 리미트 스위치에 대한 설명으로 틀린 것은?

㉮ 유압식 엘리베이터의 경우, 주행로의 최상부에서만 작동하도록 설치되어야 한다.
㉯ 권상 및 포지티브 구동식 엘리베이터의 경우, 주행로의 최상부 및 최하부에서 작동하도록 설치되어야 한다.
㉰ 파이널 리미트 스위치는 우발적인 작동의 위험 없이 가능한 최상층 및 최하층에 근접하여 작동하도록 설치되어야 한다.
㉱ 파이널 리미트 스위치는 램이 완충장치에 접촉되는 순간 일시적으로 작동되었다가 복구되어야 한다.

해설 파이널 리미트 스위치는 카 또는 균형추가 완전히 압축된 완충기 위에 얹히기 까지 작동을 계속하여야 한다.

9. 기계실 작업구역의 유효 높이는 최소 몇 m 이상이어야 하는가?

㉮ 1.6 ㉯ 1.8 ㉰ 2.1 ㉱ 2.5

10. 직접식에 비교한 간접식 유압 엘리베이터의 특징으로 맞는 것은?

㉮ 부하에 의한 카 바닥의 빠짐이 작다.
㉯ 실린더 보호관이 필요없다.
㉰ 일반적으로 실린더의 점검이 곤란하다.
㉱ 승강로 소요평면 치수가 작고 구조가 간단하다.

정답 5. ㉱ 6. ㉰ 7. ㉱ 8. ㉱ 9. ㉰ 10. ㉯

해설 간접식 유압 엘리베이터:
① 추락방지안전장치가 필요하다.
② 로프의 이완(늘어남)과 기름의 압축성 때문에 부하로 인한 바닥 침하가 있다.
③ 실린더(Cylinder) 보호관이 필요없다.
④ 실린더(Cylinder) 점검이 용이하다.

11. 권동식 권상기의 단점이 아닌 것은?

㉮ 고양정 적용이 곤란하다.
㉯ 큰 권상도력이 필요하다.
㉰ 지나치게 감기거나 풀릴 위험이 있다.
㉱ 감속기의 오일을 정기적으로 교환해야 하므로 환경오염물이 배출된다.

해설 권동식은 통에다 로프를 감았다(상승), 풀었다(하강) 하여 카를 운전시키는 방식이다.

12. 트랙션비(Traction Ratio)에 대한 설명으로 맞는 것은?

㉮ 카측 로프에 걸린 중량과 균형추측 로프에 걸린 중량의 합을 말한다.
㉯ 무부하와 전부하 상태 모두 측정하여 트랙션비는 1.0 이하이어야 한다.
㉰ 카측과 균형추측의 중량 차이를 크게 할수록 로프의 수명이 길어진다.
㉱ 일반적으로 트랙션비가 작으면 전동기의 출력을 작게 할 수 있다.

해설 트랙션비:
① 카측 로프에 걸린 중량과 균형추측 로프에 걸린 중량의 비를 말한다.
② 무부하와 전부하 상태 모두 측정하여 트랙션 능력 ≧1 이어야 한다.
③ 카측과 균형추측의 중량 차이를 같게 할수록 로프의 수명이 길어진다.
④ 일반적으로 트랙션비가 작으면 전동기의 출력을 작게 할 수 있다.

13. 수방구조용 엘리베이터의 운행속도는 최소 몇 m/s 이상이어야 하는가?

㉮ 0.5   ㉯ 1   ㉰ 2   ㉱ 5

14. 소방구조용 엘리베이터의 경우 정전시에는 보조 전원공급장치에 의하여 최대 몇 초 이내에 엘리베이터 운행에 필요한 전력용량을 자동으로 발생시키도록 해야 하는가?

㉮ 60   ㉯ 120   ㉰ 240   ㉱ 360

해설 60초 이내에 엘리베이터 운행에 필요한 전력 용량을 자동으로 발생하되, 2시간 이상 운행 시킬 수 있어야 한다.

15. 전압과 주파수를 동시에 제어하는 속도제어방식은?

㉮ VVVF 제어   ㉯ 교류 1단 속도 제어   ㉰ 교류 귀환 전압 제어   ㉱ 정지 레오나드 제어

정답 11. ㉱   12. ㉱   13. ㉯   14. ㉮   15. ㉮

해설 ① VVF 제어: 유도전동기에 인가되는 전압과 주파수를 동시에 변환시켜 제어하는 방식이다.
② 교류 1단 제어: 유도전동기에 전원 투입 후 기동과 정속운전을 하고, 정지는 전원 차단 후 제동기로 브레이크를 거는 방식이다.
③ 교류 귀환 전압 제어: 카의 실속도와 지령 속도를 비교하여 사이리스터의 점호각을 바꿔 속도를 제어한다.
④ 정지레오나드 제어: 사이리스터를 사용하여 교류를 직류로 변환 전동기에 공급하는 방식인데, 교류 변환시 사이리스터 점호각을 제어해 직류 전압을 가변, 전동기 속도를 제어한다.

16. 승객이 출입하는 동안에 승객의 도어 끼임을 방지하기 위한 감지장치가 아닌 것은?

㉮ 광전 장치 ㉯ 세이프티 슈 ㉰ 초음파 장치 ㉱ 도어 스위치

해설 도어의 보호장치:
① 세이프티 슈(Safety Shoe): 문의 선단에 이물질 검출장치를 설치하여 사람이나 물질이 접촉되면 도어의 닫힘은 중단되고 열린다.
② 광전장치: 투광기와 수광기로 구성되며, 도어의 양단에 설치해 광선(Beam)이 차단될 때 도어의 닫힘은 중단되고 열린다.
③ 초음파 장치: 초음파로 승장쪽에 접근하는 사람이나 물건(유모차, 휠체어 등)을 검출해, 도어의 닫힘을 중단시키고 열리게 한다.
※ 도어 스위치: 문이 닫혀 있지 않으면 운전이 불가능 하도록 하는 장치

17. 1 : 1 로핑과 비교한 2 : 1 로핑의 로프 장력은?

㉮ 1/2로 감소한다. ㉯ 1/4로 감소한다. ㉰ 2배 증가한다. ㉱ 4배 증가한다.

해설 2 : 1 로핑:
① 로프의 장력이 1 : 1 로핑의 1/2이 된다.
② 도르래가 권상하지 않으면 안되는 언밸런스 부하도 1 : 1 에 비하여 1/2이 된다.
③ 카 정격 속도의 2배의 속도로 로프가 움직여야 한다.
④ 1 : 1 로핑에 비하여 로프의 수명이 짧아진다.

18. 유압식 엘리베이터에서 램(실린더) 또는 플런저의 직상부에 카를 설치하는 방식은?

㉮ 직접식 ㉯ 간접식 ㉰ 기어식 ㉱ 팬퍼프래프식

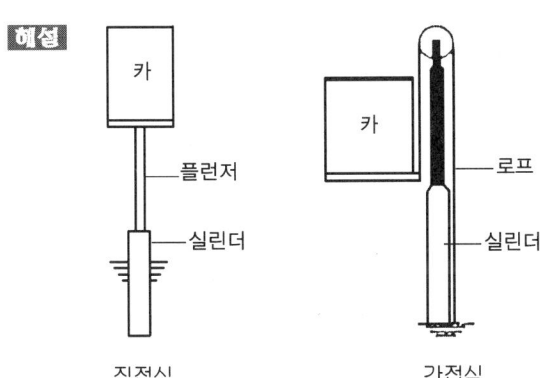

정답 16. ㉱ 17. ㉮ 18. ㉮

19. 주택용 엘리베이터에 대한 설명으로 틀린 것은?

㉮ 승강행정이 12m 이하이다.　　㉯ 화물용 엘리베이터를 포함한다.
㉰ 정격속도가 0.25m/s 이하이다.　㉱ 단독주택에 설치되는 엘리베이터에 적용한다.

해설 화물용 엘리베이터는 조작원과 화물의 짐 싣기, 짐 내리기에 필요한 작업원만이 탈 수 있다. 화물용 엘리베이터는 주택용과 구분된다.

20. 엘리베이터용 과속조절기의 종류가 아닌 것은?

㉮ 디스크 형　　㉯ 플라이휠 형　　㉰ 플라이볼 형　　㉱ 마찰정지 형

해설 과속조절기(조속기)의 종류: ① 디스크 형　② 플라이볼 형　③ 롤 세이프티 형(마찰정지 형)

(승강기 설계)

21. 소방구조용 엘리베이터의 안전기준 중 괄호 안에 들어갈 수치는?

> 소방운전 시 건축물에서 요구되는 2시간 이상 동안 소방 접근 지정층을 제외한 승강장의 전기/전자장치는 0°C에서 (　)°C까지의 주위 온도 범위에서 정상적으로 작동될 수 있도록 설계한다.

㉮ 45　　㉯ 55　　㉰ 65　　㉱ 100

22. 엘리베이터 보호난간의 안전기준에 대한 설명으로 틀린 것은?

㉮ 보호난간은 손잡이와 보호난간의 1/2 높이에 있는 중간봉으로 구성되어야 한다.
㉯ 보호난간은 카 지붕의 가장자리로부터 0.15m 이내에 위치되어야 한다.
㉰ 보호난간의 손잡이 바깥쪽 가장자리와 승강로의 부품(균형추 또는 평형추, 스위치, 레일, 브래킷 등) 사이의 수평거리는 0.1m 이상이어야 한다.
㉱ 보호난간 상부의 어느 지점마다 수직으로 1000N의 힘을 수평으로 가할 때, 30mm를 초과하는 탄성 변형 없이 견딜 수 있어야 한다.

해설 보호난간 상부의 어느 지점마다 수직으로 1000N의 힘을 수평으로 가할 때 50mm를 초과하는 탄성 변형 없이 견딜 수 있어야 한다.

23. 소방구조용 엘리베이터에 대한 우선호출(1단계) 시 보장되어야 하는 사항에 대한 설명으로 틀린 것은?

㉮ 문 열림 버튼 및 비상통화 버튼은 작동이 가능한 상태이어야 한다.
㉯ 승강로 및 기계류 공간의 조명은 소방운전스위치가 조작되면 자동으로 점등되어야 한다.
㉰ 그룹운전에서 소방구조용 엘리베이터는 다른 모든 엘리베이터와 독립적으로 기능되어야 한다.
㉱ 모든 승강장 호출 및 카 내의 등록버튼이 작동해야 하고, 미리 등록된 호출에 따라 먼저 작동되어야 한다.

정답 19. ㉯　20. ㉯　21. ㉰　22. ㉱　23. ㉱

해설 ① 1단계: 모든 조건이 해제되고 호출이 우선이며 수동·자동으로 시작이 가능하다.
② 2단계: 카 조작반에서만 운전이 가능하다.

24. 다음과 같은 조건에서 유압식 엘리베이터의 실린더 내벽의 안전율은 약 얼마인가?

- 재료의 파괴강도(f) : 3800kgf/㎠
- 상용압력(Pw) : 50kgf/㎠
- 실린더 내경(d_e) : 20cm
- 실린더 두께(t_e) : 0.65cm

㉮ 3.3　　　㉯ 4.9　　　㉰ 6.5　　　㉱ 7.9

해설 실린더 벽의 두께가 내경의 10% 미만이므로 발로우 공식을 적용한다.

상용압력 = $\dfrac{2 \times \text{재료파괴강도} \times \text{실린더 벽 두께}}{\text{실린더 내경} \times \text{안전율}}$ 에서

안전율 = $\dfrac{2 \times \text{재료파괴강도} \times \text{실린더 벽 두께}}{\text{상용압력} \times \text{실린더 내경}}$

= $\dfrac{2 \times 3800 \times 0.65}{50 \times 20}$

≒ 4.94

25. 엘리베이터 승강로에서 연속되는 상·하 승강장문의 문턱간 거리가 11m를 초과한 경우에 필요한 비상문의 규격은?

㉮ 높이 1.8m 이상, 폭 0.5m 이상　　㉯ 높이 1.8m 이상, 폭 0.6m 이상
㉰ 높이 1.7m 이상, 폭 0.5m 이상　　㉱ 높이 1.7m 이상, 폭 0.6m 이상

해설 • 승강로 비상문: 높이 1.8m 이상, 폭 0.5m 이상 • 승강로 점검문 : 높이 0.5m 이하, 폭 0.5m 이하

26. 엘리베이터에 사용되는 와이어로프 중 소선의 표면에 아연도금을 실시한 로프로 다습한 환경에 설치되는 것은?

㉮ E종　　　㉯ G종　　　㉰ A종　　　㉱ B종

해설 • E종: 엘리베이터용. 파괴강도는 1320N/㎟(135kgf/㎟)
• A종: 초고층용 및 로프 본수를 적게 하는 경우 사용. 파괴강도는 1620N/㎟(165kgf/㎟)
• B종: 엘리베이터에서는 사용하지 않는다. 파괴강도는 1770N/㎟(180kgf/㎟)
• G종: 소선의 표면에 아연도금을 하여 녹이 나지않아 습기가 많은 장소에 적합하다. 파괴강도는 1470N/㎟(150kgf/㎟)

27. 베어링 메탈 재료의 구비조건으로 적절하지 않은 것은?

㉮ 내식성이 좋아야 한다.　　　㉯ 열전도도가 좋아야 한다.
㉰ 축의 재료보다 단단해야 한다.　　　㉱ 축과의 마찰계수가 작아야 한다.

[해설] 베어링 메탈 재료는 축의 재료보다 연하면서 압축강도가 커야 한다.

28. 정격속도 105m/min, 감속시간이 0.4초 일 때 점차 작동형 추락방지 안전장치의 평균 감속도는? (단, 추락방지 안전장치는 하강방향의 속도가 정격속도의 1.4배에서 캣치가 작동하고, 중력가속도는 9.8m/s²으로 한다.)

㉮ $0.176g_n$ ㉯ $0.446g_n$ ㉰ $0.625g_n$ ㉱ $2.679g_n$

[해설] $\beta = \dfrac{V}{9.8 \times t} = \dfrac{1.75 \times 1.4}{9.8 \times 0.4} = 0.625g_n$ ※ $105m/\min = 1.75m/s$

29. 주로프의 단말처리과정 순서를 바르게 나열한 것은?

| ㄱ. 로프 끝 절단 | ㄴ. 로프 끝 분산 | ㄷ. 로프 끝 동여매기 |
| ㄹ. 소켓 안에 삽입 | ㅁ. 바빗 채우고 가열 | ㅂ. 오일 성분 제거 |

㉮ ㄷ → ㄱ → ㄴ → ㅂ → ㅁ → ㄹ
㉯ ㄷ → ㄱ → ㄹ → ㄴ → ㅂ → ㅁ
㉰ ㄷ → ㄹ → ㄱ → ㅂ → ㄴ → ㅁ
㉱ ㄷ → ㅂ → ㅁ → ㄴ → ㄱ → ㄹ

30. 동기 기어리스 권상기를 설계할 때 주도르래의 직경을 작게 설계할 경우에 대한 설명으로 틀린 것은?

㉮ 소형화가 가능하다.   ㉯ 회전속도가 빨라진다.
㉰ 브레이크 제동 토크가 커진다.   ㉱ 주로프의 지름이 작아질 수 있다.

[해설] 도르래의 직경이 작아지면 감속기, 도르래축 등 도르래와 관련된 부품의 크기도 작아지고 강도도 작아진다. 따라서 권상기의 크기도 작아진다. 그러므로 브레이크 제동 토크도 작아진다.

31. 다음 중 승강기 배치에 대한 설명으로 가장 적절하지 않은 것은?

㉮ 2대의 그룹에 대해서는 서로 마주보게 배치하는 것이 가장 적합하다.
㉯ 3대의 그룹에 대해서는 일렬로 3대를 배치하는 것이 가장 적합하다.
㉰ 1뱅크 4~8대 대면 배치의 대면 거리는 3.5~4.5m가 가장 적합하다.
㉱ 승강기로부터 가장 먼 사무실이나 객실까지 보행거리는 약 60m를 초과하지 않아야 하고, 선호하는 최대 거리는 약 45m 정도이다.

[해설] 4대 이하는 직선 배치를 하는 것이 적합하다.

32. 다음 중 교통수요를 예측하기 위한 빌딩규모의 구분으로 가장 적절하지 않은 것은?

㉮ 호텔인 경우 침실수   ㉯ 백화점인 경우 매장면적
㉰ 공동주택인 경우 전용면적   ㉱ 오피스빌딩인 경우 사무실 유효면적

정답 28. ㉰ 29. ㉯ 30. ㉰ 31. ㉮ 32. ㉰

해설 공동주택인 경우에는 거주인구로 교통수요를 예측한다.

33. 에스컬레이터 설계 시 안전기준에 대한 설명으로 틀린 것은? (단, 설치검사를 기준으로 설계한다.)

㉮ 승강장에 근접하여 설치한 방화셔터가 완전히 닫힌 후에 에스컬레이터의 운전이 정지 하도록 한다.
㉯ 손잡이는 정상운행 중 운행방향의 반대편에서 450N의 힘으로 당겨도 정지되지 않아야 한다.
㉰ 콤의 끝은 둥글게 하고 콤과 디딤판 사이에 끼이는 위험을 최소로 하는 형상이어야 한다.
㉱ 승강 중 플레이트 및 플레이트는 눈·비 등에 젖었을 때 미끄러지지 않게 안전한 발판으로 설계되어야 한다.

해설 승강장에 근접하여 설치한 방화셔터는 완전히 닫히기 전 에스컬레이터 운전이 정지되어야 한다.

34. 무빙워크의 공칭속도가 0.75m/s인 경우 정지거리 기준은?

㉮ 0.30m부터 1.50m까지
㉯ 0.40m부터 1.50m까지
㉰ 0.40m부터 1.70m까지
㉱ 0.50m부터 1.50m까지

해설 무빙워크의 정지거리:

공칭속도V	정지거리
0.50m/s	0.20m에서 1.00m사이
0.65m/s	0.30m에서 1.30m사이
0.75m/s	0.40m에서 1.50m사이
0.90m/s	0.55m에서 1.70m사이

35. 권상기 도르래와 로프의 미끄러짐 관계에 대한 설명으로 옳은 것은?

㉮ 권부각이 작을수록 미끄러지기 어렵다.
㉯ 카의 가감속도가 클수록 미끄러지기 어렵다.
㉰ 카측과 균형추측에 걸리는 중량비가 클수록 미끄러지기 어렵다.
㉱ 로프와 도르래 사이의 마찰계수가 클수록 미끄러지기 어렵다.

해설 도르래와 로프의 미끄러짐 관계
① 권부각이 작을수록 미끄러지기 쉽다.
② 카의 가감속도가 클수록 미끄러지기 쉽다.
③ 카측과 균형추측에 걸리는 중량비가 클수록 미끄러지기 쉽다.
④ 로프와 도르래 사이의 마찰계수가 클수록 미끄러지기 어렵다.

36. 엘리베이터 카가 제어시스템에 의해 지정된 층에 도착하고 문이 완전히 열린 위치에 있을 때, 카 문턱과 승강장 문턱 사이의 수직거리인 착상 정확도는 몇 mm이내이어야 하는가?

㉮ ±5 ㉯ ±10 ㉰ ±15 ㉱ ±20

37. 비선형 특성을 갖는 에너지 축적형 완충기가 카의 질량과 정격하중, 또는 균형추의 질량으로 정격속도의 115%의 속도로 완충기에 충돌할 때에 만족해야 하는 기준으로 틀린 것은?

정답 33. ㉮ 34. ㉯ 35. ㉱ 36. ㉯ 37. ㉱

㉮ $2.5g_n$를 초과하는 감속도는 0.04초 보다 길지 않아야 한다.
㉯ 카 또는 균형추의 복귀속도는 1m/s이하이어야 한다.
㉰ 작동 후에는 영구적인 변형이 없어야 한다.
㉱ 최대 피크 감속도는 $7.5g_n$ 이하이어야 한다.

해설 카에 정격하중을 싣고 정격속도의 115%의 속도로 자유 낙하하여 카 완충기에 충돌할 때의 평균 감속도는 $1g_n$ 이하이어야 한다.

38. 유도전동기의 인버터 제어방식에서 10KHz의 캐리어 주파수(Carrier Frequency)를 발생하여 운전 시 전동기 소음을 줄일 수 있는 인버터 전력용 스위칭 소자는?

㉮ SCR ㉯ IGBT ㉰ 다이오드 ㉱ 평활콘덴서

해설 IGBT는 자기 소호형이며, 대전력 고속스위칭이 가능한 반도체이다. 또한 최고 효율 주파수는 120KHz이다.

39. 엘리베이터를 신호방식에 따라 분류할 때 먼저 눌러져 있는 버튼의 호출에 응답하고, 그 운전이 완료될 때까지 다른 호출을 일체 받지 않는 방식은?

㉮ 군관리 방식 ㉯ 승합 전자동식 ㉰ 단식 자동 방식 ㉱ 내리는 승합 전자동식

해설
- 군관리 방식: 엘리베이터가 3~8대 병설될 때, 각각의 카를 합리적으로 운행•관리하는 방식이다. 출퇴근시의 피크수요 점심시간 등 특정층의 혼잡을 자동으로 판단하고, 교통 수요의 변화에 따라 카의 운전 내용을 변화시켜서 적절히 배치한다. 이 방식은 전체 효율에 중점을 둔다. 승강장 위치 표시기는 홀랜턴(Hall Lantern)이 사용된다.
- 승합 전자동식: 승강장의 누름버튼을 상•하 2개가 있고 동시에 기억시킬 수 있다. 카 진행방향의 누름버튼과 승강장의 누름버튼에 응답하면서 오르고 내린다. 1대의 승용 엘리베이터는 이 방식을 채용하고 있다.
- 단식 자동 방식: 가장 먼저 눌러진 호출에만 응답하고, 운행 중 다른 호출에는 응하지 않는다. 자동차용 및 화물용에 적합하다.
- 하강 승합 자동식: 2층 이상의 승강장에는 내림방향의 버튼밖에 없다. 중간층에서 위 방향으로 올라갈 때에는 1층까지 내려와서 카 버튼으로 목적층을 등록시켜 올라가야 한다.

40. 적재하중이 1000kgf, 빈카의 자중이 900kgf, 속도가 90m/min인 승강기를 오버밸런스를 40%로 설정할 경우 균형추의 무게는 몇 kgf인가?

㉮ 1300 ㉯ 1600 ㉰ 1800 ㉱ 1900

해설 균형추의 무게 = 카하중 + (정격 적재량 × 오버 밸런스율)
= 900 + (1000 × 0.4)
= 1300(kgf)

(일반 기계 공학)

41. 금속재료를 압축하여 눌렀을 때 넓게 퍼지는 성질은?

㉮ 인성 ㉯ 연성 ㉰ 취성 ㉱ 전성

정답 38. ㉯ 39. ㉰ 40. ㉮ 41. ㉱

해설 ① 인성: 보석 재료의 파괴에 대한 저항도를 말한다.
② 연성: 탄성한계보다 큰 당김 변형력을 줄 때 깨지지 않고 길이 방향으로 늘어나는 물질의 성질을 말한다.
③ 취성: 물질에 변형을 주었을 때 변형이 매우 작은데도 파괴되는 경우 그 물질은 깨지기 쉽다고 하고 그 정도를 취성이라고 한다.

42. 축 추력 방지방법으로 옳은 것은?

㉮ 수직 공을 설치 ㉯ 평형 원판을 설치
㉰ 전면에 방사상 리브(Lib)를 설치 ㉱ 다단 펌프의 회전차를 서로 같은 방향으로 설치

해설 축 추력은 전면측벽과 후면측벽에 작용하는 정압에 차가 생기므로 축 방향으로 작용하는 힘을 말한다. 방지법으로는 스러스트 베어링 사용, 웨어링 링 사용, 후면측벽 방사상의 리브설치(회전차 후면에 이면깃 사용), 밸런스 홀(밸런스 디스크)사용 등이 있다.

43. 지름 22mm인 구리선을 인발하여 20mm가 되었다. 구리의 단면을 축소시키는데 필요한 응력을 303kgf/cm²라고 할 때 이 인발에 필요한 인발력(kgf)은 약 얼마인가?

㉮ 100 ㉯ 200 ㉰ 300 ㉱ 952

해설 $d_0 = 22mm$, $d = 20mm$, $\sigma = 303 kg/cm^2$

$$P\frac{\pi(d_0^2 - d^2)}{4} = \sigma\frac{\pi d^2}{4}$$

압력 $P = \sigma \frac{d^2}{d_0^2 - d^2} = 303 \frac{2^2}{2.2^2 - 2^2} = 1443 kgf/cm^2$

인발력 $F = \sigma \frac{\pi d^2}{4} = 303 \frac{\pi 2^2}{4} = 951.9 kgf$

44. 다이얼 게이지의 보관 및 취급 시 주의사항으로 틀린 것은?

㉮ 교정주기에 따라 교정 성적서를 발행한다. ㉯ 측정 시 충격이 가지 않도록 한다.
㉰ 스핀들에 주유하여 보관한다. ㉱ 측정자를 잘 선택해야 한다.

해설 다이얼 게이지는 측정하려고 하는 부분에 측정자를 접촉하여 스핀들의 미소한 움직임을 기어장치로 확대하여 눈금판 위에 지시되는 치수를 읽는 지시 측정기이다. 디지털식 절삭유, 수분의 영향으로 고장이 발생하기 쉽다.

45. 보스에 홈을 판 후 키를 박아 마찰력을 이용하여 동력을 전달하는 키로서 큰 힘을 전달하는데 부적당한 것은?

㉮ 평 키 ㉯ 반달 키 ㉰ 안장 키 ㉱ 둥근 키

해설 ① 평 키: 축에 키 폭만큼 편평하게 깎은 자리를 만들고 보스에 홈을 만들어 사용하는 키
② 반달 키: 반원판형의 키. 축 옆의 키 홈 가공은 간단하지만 키 홈이 깊게 되는 것으로 그다지 큰 힘이 걸리지 않는 테이퍼 축에 핸들 등을 설치하는데 사용된다.
③ 둥근 키: 단면이 원형으로 된 작은 키로서 작은 장치, 경하중에 사용된다.

정답 42. ㉯ 43. ㉱ 44. ㉰ 45. ㉰

46. TIG용접에 대한 설명으로 틀린 것은?

㉮ GTAW라고도 부른다.   ㉯ 전자세의 용접이 가능하다.
㉰ 피복제 및 플럭스가 필요하다.   ㉱ 용가재와 아크발생이 되는 전극을 별도로 사용한다.

해설 TIG용접: 가스 텅스텐 아크 용접으로, 이너트 가스(아르곤이나 헬륨같은 불활성 가스)를 이용한 아크 용접법이다. 일반적으로 비철금속의 용접에 사용된다. 용착부는 아름다운 금속면을 얻을 수 있다. 텅스텐을 전극으로 하여 용가봉을 옆쪽에서 공급하여 용착시켜 전극은 소모되지 않는다.

※ 피복아크용접(전기용접): 피복제를 칠한 용접봉과 피용접물 사이에 발생한 아크의 열을 이용하여 용접하는 방식이다.

47. 황동을 냉간 가공하여 재결정온도 이하의 낮은 온도로 풀림하면 가공 상태보다 오히려 경화되는 현상은?

㉮ 석출 경화   ㉯ 변형 경화   ㉰ 저온풀림경화   ㉱ 자연풀림경화

해설 ① 석출 경화: 하나의 고체 속에 다른 고체가 별개의 상(相)으로 되어 나올 때 그 모재가 단단해지는 현상을 말한다.
② 변형 경화: 재결정 온도보다 낮은 온도에서 소정가공을 할 때에 항복점을 넘는 변형이 가해지면 소재의 경도와 강도가 증가하여 항복점이 상승하는 현상.

48. 유체기계에서 물속에 용해되어 있던 공기가 기포로 되어 펌프와 수차 등의 날개에 손상을 일으키는 현상은?

㉮ 난류 현상   ㉯ 공동 현상   ㉰ 맥동 현상   ㉱ 수격 현상

해설 공동 현상이란 펌프, 수차, 유압기기 등의 속에서 압력이 국부적으로 액의 포화 증기압 이하로 저하하고 액이 소기포가 되는 현상을 말한다. 공동 현상이 발생하면 침식 및 부식이 일어나고, 진동 및 소음이 발생하며 펌프 효율이 저하한다.

49. 원형 단면축의 비틀림 모멘트를 구할 때 관계없는 것은?

㉮ 수직응력   ㉯ 전단응력   ㉰ 극단면계수   ㉱ 축 직경

해설 반경 r에서의 전단응력 $\tau = \dfrac{Tr}{I_P}$
$= \dfrac{T}{Z_P}$

여기서 T: 비틀림 모멘트 I_P: 중심에 대한 단면의 극관성 모멘트 Z_P: 극단면 계수

50. 보(Beam)의 처짐 곡선 미분방정식을 나타낸 것은?(단, M: 보의 굽힘응력, V: 보의 전단응력, EI: 굽힘강성계수 이다.)

㉮ $\dfrac{d^2y}{dx^2} = \pm \dfrac{EI}{M}$ ㉯ $\dfrac{d^2y}{dx^2} = \pm \dfrac{M}{EI}$ ㉰ $\dfrac{d^2y}{dx^2} = \pm \dfrac{EI}{V}$ ㉱ $\dfrac{d^2y}{dx^2} = \pm \dfrac{V}{EI}$

정답 46. ㉰ 47. ㉰ 48. ㉯ 49. ㉮ 50. ㉯

51. 너트의 풀림을 방지하는 방법으로 틀린 것은?

㉮ 스프링 와셔를 사용 ㉯ 로크너트를 사용
㉰ 자동 쥠 너트를 사용 ㉱ 캡 너트를 사용

해설 캡 너트는 한 쪽이 모자 형태로 막혀있어 누설을 방지할 수 있는 너트를 말한다.

52. 접촉면의 안지름 60mm, 바깥지름 100mm의 단판 클러치를 1kW, 1450m으로 전동할 때 클러치를 미는 힘(N)은? 클러치 접촉면 마찰계수는 0.2이다.

㉮ 823 ㉯ 411 ㉰ 82 ㉱ 41

해설 $Kw(Ps) = \dfrac{T \times N}{9545}$ 에서 $T = \dfrac{1kW \times 9545}{1450} = 6.58(Nm)$

$T = F(반지름힘) \times R(반지름) \times \mu$ 에서 $F = \dfrac{T}{R \times \mu} = \dfrac{6.58}{\left(\dfrac{0.06 + 0.1}{4}\right) \times 0.2} ≒ 823 Nm$

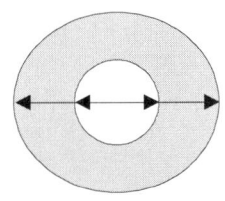

※ 안지름: 0.06m, 바깥지름: 0.1m

클러치 구조

※ 평균지름 = $\left(\dfrac{0.06 + 0.1}{2}\right)$ ※ 반지름 = $\dfrac{지름}{2}$ 이므로 반지름 = $\left(\dfrac{0.06 + 0.1}{2}\right) \times \dfrac{1}{2}$

53. 금속을 용융 또는 반용융하여 금속주형 속에 고압으로 주입하는 특수주조법은?

㉮ 다이캐스팅 ㉯ 원심주조법 ㉰ 칠드주조법 ㉱ 셀주조법

해설 ① 다이캐스팅: 구리, 알루미늄, 주석, 납 같은 것을 녹여서 강철로 만든 거푸집에 눌러 넣은 정밀 주조 방법을 말한다.
② 원심주조법: 용융 금속을 주입 응고 시킬 때 주형을 고속으로 회전하여 발생하는 원심력을 이용하는 주조법을 말한다.
③ 칠드주조법: 주철이 급랭하면 표면이 단단한 탄화철이 되어 칠드층(백주철) 내부는 서서히 냉각되어 연한 주물(회주철)로 되는데 이를 말한다.
④ 셀주조법: 규소 모래와 합성수지를 배합한 분말을 가열된 금형에 뿌려서 주형을 만들고 여기에 쇳물을 부어 주물을 만드는 방법이다.

54. 연삭숫돌 결합도에 대한 설명으로 틀린 것은?

㉮ 결합도 기호는 알파벳 대문자로 표시한다.
㉯ 결합도가 약하면 눈 메움(loading)현상이 발생하기 쉽다.
㉰ 결합도는 입자를 결합하고 있는 결합체의 결합상태 강약의 정도를 표시한다.
㉱ 가공물의 재질이 연질일수록 결합도가 높은 숫돌을 사용하는 것이 좋다.

정답 51. ㉱ 52. ㉮ 53. ㉮ 54. ㉯

해설 연삭숫돌(연마석, 숫돌차, 지석)의 결합도란 연마재(숫돌립, 지립)의 경도나 결합체의 강도를 의미하는 것이 아니고 숫돌의 표면을 보아서는 알 수 없는 숫돌 전체의 종합적인 강도를 나타내는 것이다. 입자 서로간을 결합하고 있는 결합력의 정도를 나타낸다. 이 결합도는 결합제의 종류나 양을 가감해서 조절할 수 있다. 동일한 결합제를 사용하여 연삭숫돌을 만들 경우 동일 응적중에 결합제 양이 많아지면 많아질수록 기공이 적어지면서 단단한 숫돌이 만들어지며, 결합제의 양이 적어지면 적어질수록 기공이 커지면서 연한 숫돌이 만들어진다. 결합도는 연한 것부터 단단한 정도를 26종류로 구분하여 A~Z의 기호로 표시한다.

55. 고온에 장시간 정하중을 받는 재료의 허용응력을 구하기 위한 기준강도로 가장 적합한 것은?

㉮ 극한 강도 ㉯ 크리프 한도 ㉰ 피로 한도 ㉱ 최대 전단응력

해설
- 극한 강도: 구조 부재의 지지 능력의 한계까지 이르게 되는 상태의 한도
- 크리프 한도: 재료의 크리프 강도를 규정하는 대표적인 양. 일정 온도하에서의 어느 장시간 후의 크리프속도가 어느 규정한 값을 넘지 않는 응력중에서 최대의 것
- 피로 한도: 하중 반복횟수와 관계없이 구조물이 견딜 수 있는 응력 범위가 일정한 값을 갖는 응력범위를 말한다.

56. 브레이크 라이닝의 구비조건으로 틀린 것은?

㉮ 내마멸성이 클 것 ㉯ 내열성이 클 것 ㉰ 마찰계수 변화가 클 것 ㉱ 기계적 강성이 클 것

해설 브레이크 라이닝은 온도나 물 등에 의한 마찰계수 변화가 적어야 한다.

57. 치수가 동일한 강봉과 동봉에 동일한 인장력을 가하여 생기는 신장률 $\varepsilon_s : \varepsilon_c$ 가 8 : 17 이라고 하면, 이 때 탄성계수(Es/Ec)의 비는?

㉮ 5/6 ㉯ 6/5 ㉰ 8/17 ㉱ 17/8

해설 $\sigma_s = \sigma_c$,

$E_s \varepsilon_s = E_c \varepsilon_c$ 에서 $\dfrac{E_s}{E_c} = \dfrac{\varepsilon_c}{\varepsilon_s} = \dfrac{17}{8}$

58. 굽힘모멘트 45000N·mm만 받는 연강재 축의 지름(mm)은 약 얼마인가? (단, 이 때 발생한 굽힘응력은 5N/㎟ 이다.)

㉮ 35.8 ㉯ 45.1 ㉰ 56.8 ㉱ 60.1

해설 $\sigma = \dfrac{M}{Z} = \dfrac{32M}{\pi d^3}$, $d = \sqrt[3]{\dfrac{32M}{\pi \sigma}} = \sqrt[3]{\dfrac{32 \times 45000}{\pi \times 5}} = 45.09 mm$

59. 금속에 외력이 가해질 때, 결정격자가 불완전하거나 결함이 있어 이동이 발생하는 현상은?

㉮ 트윈 ㉯ 변태 ㉰ 응력 ㉱ 전위

해설
- 트윈: 실체와 닮은 복제품을 말한다.
- 변태: 상태가 변화함을 말한다.
- 응력: 막대의 단면에 작용하는 단위 면적당 힘을 말한다.

정답 55. ㉯ 56. ㉰ 57. ㉱ 58. ㉯ 59. ㉱

60. 용기 내의 압력을 대기압력 이하의 저압으로 유지하기 위해 대기압력 쪽으로 기체를 배출하는 것은?

㉮ 진공펌프 ㉯ 압축기 ㉰ 송풍기 ㉱ 제습기

(전기제어 공학)

61. 비전해콘덴서의 누설전류 유무를 알아보는 데 사용될 수 있는 것은?

㉮ 역률계 ㉯ 전압계 ㉰ 분류기 ㉱ 자속계

해설 비전해 콘덴서는 용량이 작아 극성이 없다. 콘덴서는 건전지처럼 전기를 저장하는 역할을 하는 전자소자이다. 콘덴서는 전류를 안정적으로 흐를 수 있게 해준다. 콘덴서는 정격전압이 있다. 그리고 정격 전압을 걸었을 때 유전체를 통하여 조금의 누설전류가 흐른다.

62. 입력이 011 $_{(2)}$ 일 때, 출력이 3V인 컴퓨터 제어의 D/A 변환기에서 입력을 101 $_{(2)}$ 로 하였을 때 출력은 몇 V인가? (단, 3bit 디지털 입력이 011 $_{(2)}$ 은 off, on, on을 뜻하고 입력과 출력은 비례한다.)

㉮ 3 ㉯ 4 ㉰ 5 ㉱ 6

해설 (십진법 → 이진법)

역으로 1 0 0 1 0 1 표현한다

2^5 2^4 2^3 2^2 2^1 2^0

- $2^0 \times 1 = 1$
- $2^1 \times 0 = 0$
- $2^2 \times 1 = 4$
- $2^3 \times 0 = 0$
- $2^4 \times 0 = 0$
- $2^5 \times 1 = 32$

∴ 1 + 0 + 4 + 32 = 37

※ 0 1 1 $_{(2)}$
2^2 2^1 2^0
0 2 1
∴ 0 + 2 + 1 = 3

※ 1 0 1 $_{(2)}$
2^2 2^1 2^0
4 0 1
∴ 4 + 0 + 1 = 5

정답 60. ㉮ 61. ㉯ 62. ㉰

63. 단상 교류전력을 측정하는 방법이 아닌 것은?

㉮ 3전압계법 ㉯ 3전류계법
㉰ 단상전력계법 ㉱ 2전력계법

해설 2전력계법에 의해서 3상전력을 측정한다.

64. 잔류편차와 사이클링이 없고, 간헐현상이 나타나는 것이 특징인 동작은?

㉮ I 동작 ㉯ D 동작 ㉰ P 동작 ㉱ PI 동작

해설
- 미분제어(D제어): 오차가 증가하는 것 방지
- 비례제어(P제어): 잔류편차 발생
- 적분제어(I제어): 잔류편차 발생 방지
- 비례적분제어(PI): 잔류편차 제거되나 제어결과가 진동적이 될 수 있음

65. 전위의 분포가 $V=15x+4y^2$으로 주어질 때 점(x=3, y=4)에서 전계의 세기(V/m)는?

㉮ $-15i + 32j$ ㉯ $-15i - 32j$
㉰ $15i + 32j$ ㉱ $15i - 32j$

해설 전계는 전위의 크기가 감소하는 방향으로 진행한다.

$$E=-\,grad\,V=-\nabla V=-\left(\frac{\partial y}{\partial x}i+\frac{\partial y}{\partial y}j+\frac{\partial y}{\partial z}K\right)$$
$$=-\frac{\partial}{\partial x}(15x+4y^2)i-\frac{\partial}{\partial y}(15x+4y^2)j$$
$$=-15i-8yj$$
$$=-15i-(8\times 4)j$$
$$=-15i-32j$$

66. 다음 논리식 중 틀린 것은?

㉮ $\overline{A\cdot B}=\overline{A}+\overline{B}$ ㉯ $\overline{A+B}=\overline{A}\cdot\overline{B}$
㉰ $A+A=A$ ㉱ $A+\overline{A}\cdot B=A+\overline{B}$

해설 $A+\overline{A}\cdot B=A+B$

※ $A+AB=A$

67. 피상전력이 Pa(KVA)이고 무효전력이 Pr(kvar)인 경우 유효전력 P(kW)를 나타낸 것은?

㉮ $P=\sqrt{Pa-Pr}$ ㉯ $P=\sqrt{Pa^2-Pr^2}$
㉰ $P=\sqrt{Pa+Pr}$ ㉱ $P=\sqrt{Pa^2+Pr^2}$

68. PLC(Programmable Logic Controller)에 대한 설명 중 틀린 것은?

정답 63. ㉱ 64. ㉱ 65. ㉯ 66. ㉱ 67. ㉯ 68. ㉮

㉮ 시퀀스제어 방식과는 함께 사용할 수 없다.
㉯ 무접점 제어방식이다.
㉰ 산술연산, 비교연산을 처리할 수 있다.
㉱ 계전기, 타이머, 카운터의 기능까지 쉽게 프로그램 할 수 있다.

해설 PLC는 시퀀스 제어와 같이 사용 가능하다.

69. 교류를 직류로 변환하는 전기기기가 아닌 것은?

㉮ 수은정류기 ㉯ 단극발전기 ㉰ 회전변류기 ㉱ 컨버터

해설 단극 발전기는 전기자 단자가 모두 같은 극성을 띠는 직류 발전기를 말한다. 권선내에 생기는 전압이 항상 같은 극성을 갖는 직류 발전기이다.

70. 목표치가 시간에 관계없이 일정한 경우로 정전압 장치, 일정 속도제어 등에 해당하는 제어는?

㉮ 정치제어 ㉯ 비율제어 ㉰ 추종제어 ㉱ 프로그램제어

해설 ① 정치제어: 일정한 목표값을 유지하는 것을 목적으로 한다.
② 비율제어: 둘 이상의 제어량을 소정의 비율로 제어하는 것. 예) 보일러의 자동연소제어, 암모니아 합성 프로세스 제어 등
③ 추종제어: 미지의 시간적 변화를 하는 목표값에 제어량을 추종하기 위한 제어. 예) 대공포의 포신
④ 프로그램 제어: 목표값이 미리 정해진 시간적 변화를 하는 경우 제어량을 그것에 추종시키기 위한 제어 예) 열차, 산업로보트의 무인운전 등

71. 제어계의 구성도에서 개루프 제어계에는 없고 폐루프 제어계에만 있는 제어 구성요소는?

㉮ 검출부 ㉯ 조작량 ㉰ 목표값 ㉱ 제어대상

해설 폐루프 제어계 구성도

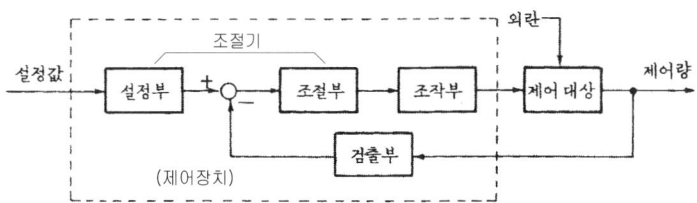

72. 3상 교류에서 a, b, c상에 대한 전압을 기호법으로 표시하면 Ea=E∠0°, Eb=E∠-120°, Ec=E∠120°로 표시된다. 여기서 $a = -\frac{1}{2} - j\frac{\sqrt{3}}{2}$ 라는 페이저 연산자를 이용하면 Ec는 어떻게 표시되는가?

㉮ Ec= E ㉯ Ec= a²E ㉰ Ec= aE ㉱ Ec= $(\frac{1}{a})E$

정답 69. ㉯ 70. ㉮ 71. ㉮ 72. ㉰

해설

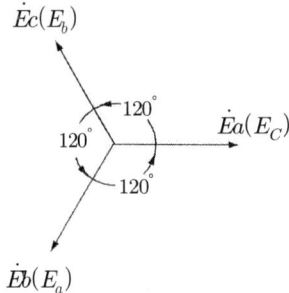

$\dot{E}a = E\angle 0 = E(\cos 0 + j\sin 0) = E$

$\dot{E}b = E\angle -\dfrac{2\pi}{3} = E(\cos(-\dfrac{2\pi}{3}) + j\sin(-\dfrac{2\pi}{3})) = E(-\dfrac{1}{2} - j\dfrac{\sqrt{3}}{2})$

$\dot{E}c = E\angle -\dfrac{4\pi}{3} = E(\cos(-\dfrac{4\pi}{3}) + j\sin(-\dfrac{4\pi}{3})) = E(-\dfrac{1}{2} + j\dfrac{\sqrt{3}}{2})$

73. 그림과 같은 블록선도에서 G(s)는? (단, $G_1(s)$= 5, $G_2(s)$= 2, H(s)=0.1)

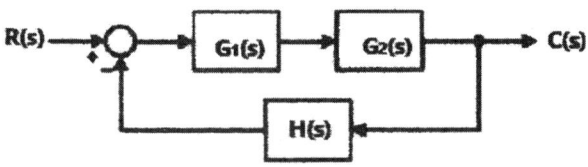

㉮ 0   ㉯ 1   ㉰ 5   ㉱ ∞

해설 $G(s) = \dfrac{C(s)}{R(s)} = \dfrac{G_1(s) \cdot G_2(s)}{1 + G_1(s) \cdot G_2(s) \cdot H(s)} = \dfrac{5 \times 2}{1 + (5 \times 2 \times 0.1)} = 5$

74. 상호인덕턴스 150mH인 a, b 두 개의 코일이 있다. b의 코일에 전류를 균일한 변화율로 1/50초 동안에 10A 변화시키면 a코일에 유기되는 기전력(V)의 크기는?

㉮ 75   ㉯ 100   ㉰ 150   ㉱ 200

해설 $e = M\dfrac{dI}{dt} = 150 \times 10^{-3} \dfrac{10}{1/50} = 75(V)$

75. 어떤 전지에 연결된 외부회로의 저항은 4Ω이고, 전류는 5A가 흐른다. 외부회로에 4Ω 대신 8Ω의 저항을 접속하였을 때 전류가 3A로 떨어졌다면, 이 전지의 기전력(V)은?

㉮ 10   ㉯ 20   ㉰ 30   ㉱ 40

해설 $E_1 = 5(4+r) \cdots ①$ $E_2 = 3(8+r) \cdots ②$ $E = 20+5r = 24+3r$ ∴ r=2(Ω)
①식에 대입 E=5(4+2)=30V

정답 73. ㉰   74. ㉮   75. ㉰

76. 그림과 같은 유접점 논리회로를 간단히 하면?

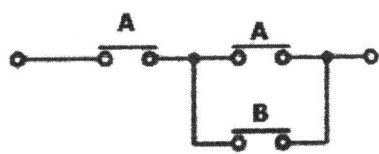

㉮ ─A─   ㉯ ─A─
㉰ ─B─   ㉱ ─B─

해설 $A(A+B) = AA + AB = A + AB = A$

77. 발열체의 구비조건으로 틀린 것은?

㉮ 내열성이 클 것   ㉯ 용융온도가 높을 것
㉰ 산화온도가 낮을 것   ㉱ 고온에서 기계적 강도가 클 것

해설 발열체는 산화온도가 높아야 한다.

78. R= 4Ω, X_L= 9Ω, X_c= 6Ω인 직렬접속회로의 어드미턴스(℧)는?

㉮ 4 + j8   ㉯ 0.16 − j0.12   ㉰ 4 − j8   ㉱ 0.16 + j0.12

해설 $Z = 4 + j(9-6) = 4 + j3$

$$Y = \frac{1}{Z} = \frac{1}{4+j3} = \frac{4-j3}{(4+j3)(4-j3)} = \frac{4-j3}{16+9} = 0.16 - j0.12$$

79. 스위치를 닫거나 열기만 하는 제어동작은?

㉮ 비례동작   ㉯ 미분동작   ㉰ 적분동작   ㉱ 2위치동작

해설 스위치를 On/Off하는 제어동작은 2위치동작이다.

80. $G(s) = \dfrac{10}{s(s-1)(s-2)}$ 의 최종값은?

㉮ 0   ㉯ 1   ㉰ 5   ㉱ 10

해설 $\lim_{s \to 0} sG(s) = \lim_{s \to 0} s \dfrac{10}{s(s-1)(s-2)} = 5$

정답 76. ㉯ 77. ㉰ 78. ㉯ 79. ㉱ 80. ㉰

승강기 기사 기출문제
(2021. 5. 15)

(승강기 개론)

1. 매다는 장치 중 체인에 의해 구동되는 엘리베이터의 경우 그 장치의 안전율이 최소 얼마 이상이어야 하는가?

㉮ 7   ㉯ 8   ㉰ 9   ㉱ 10

해설 안전율: • 체인인 경우: 10 이상   • 2본 이상의 로프: 16 이상   • 3본 이상의 로프: 12 이상

2. 로프 마모 및 파손상태 검사의 합격기준으로 옳은 것은?

㉮ 소선에 녹이 심한 경우: 1구성 꼬임(스트랜드)의 1꼬임 피치 내에서 파단수 3 이하이어야 한다.
㉯ 소선의 파단이 균등하게 분포되어 있는 경우: 1구성 꼬임(스트랜드)의 1꼬임 피치 내에서 파단수 5이하이어야 한다.
㉰ 소선의 파단이 1개소 또는 특정의 꼬임에 집중되어 있는 경우: 소선의 파단총수가 1꼬임 피치 내에서 6꼬임 와이어로프이면 15이하이어야 한다.
㉱ 파단 소선의 단면적이 원래의 소선 단면적의 70% 이하로 되어 있는 경우: 1구성 꼬임(스트랜드)의 1꼬임 피치 내에서 파단수 2이하이어야 한다.

해설 로프의 마모 및 파손상태에 대한 기준

마모 및 파손상태	기준
소선의 파단이 균등하게 분포되어 있는 경우	1구성 꼬임(스트랜드)의 1꼬임 피치 내에서 파단수 4 이하
파단 소선의 단면적이 원래의 소선 단면적의 70% 이하로 되어 있는 경우 또는 녹이 심한 경우	1구성 꼬임(스트랜드)의 1꼬임 피치 내에서 파단수 2 이하
소선의 파단이 1개소 또는 특정 꼬임에 집중되어 있는 경우	소선의 파단 총수가 1꼬임 피치 내에서 6꼬임 와이어로프이면 12 이하, 8꼬임 와이어로프이면 16 이하
마모부분의 와이어로프의 지름	마모되지 않은 부분의 와이어로프 지름의 90% 이상

3. 엘리베이터 안전기준상 과속조절기의 일반사항 및 로프 구비조건에 대한 설명으로 틀린 것은?

㉮ 과속조절기 로프의 최소 파단하중은 10이상의 안전율을 확보해야 한다.
㉯ 과속조절기에는 추락방지안전장치의 작동과 일치하는 회전방향이 표시되어야 한다.
㉰ 과속조절기 로프 인장 풀리의 피치 직경과 과속조절기 로프의 공칭 지름의 비는 30이상이어야 한다.
㉱ 과속조절기가 작동될 때, 과속조절기에 의해 발생되는 과속조절기 로프의 인장력은 추락방지안전장치가 작동하는 데 필요한 힘의 2배 또는 300N 중 큰 값 이상이어야 한다.

정답 1. ㉱   2. ㉱   3. ㉮

해설 과속조절기(조속기)로프의 공칭 지름은 6mm 이상이어야 하며, 안전율은 8이상이어야 한다.

4. 에스컬레이터의 경사도는 일반적으로 몇°를 초과하지 않아야 하는가? (단, 층고가 6m 초과인 경우로 한정한다.)

㉮ 20°   ㉯ 30°   ㉰ 40°   ㉱ 50°

해설 ① 에스컬레이터의 경사도 a는 30°를 초과하지 않아야 한다.
② 높이가 6m 이하이고 공칭속도가 0.5m/s이하인 경우에는, 경사도를 35°까지 증가시킬 수 있다.

5. 소방구조용 엘리베이터는 일반적으로 소방관 접근 지정층에서 소방관이 조작하여 엘리베이터 문이 닫힌 이후부터 최대 몇 초 이내에 가장 먼 층에 도착되어야 하는가? (단, 승강행정이 200m 이상 운행될 경우에는 제외한다.)

㉮ 10   ㉯ 20   ㉰ 30   ㉱ 60

6. 일반적으로 기계실이 있는 엘리베이터에서 기계실에 설치되는 부품은?

㉮ 완충기   ㉯ 균형추   ㉰ 과속조절기   ㉱ 리밋 스위치

해설 과속조절기(조속기)는 기계실에 설치하는데, 과속조절기 로프에 의해 회전되고, 언제나 카의 속도를 검출한다.

7. 권상 도르래 · 풀리 또는 드럼의 피치직경과 로프의 공칭 직경 사이의 비율은 로프의 가닥수와 관계없이 최소 몇 이상이어야 하는가?(단, 주택용 엘리베이터는 제외한다.)

㉮ 10   ㉯ 20   ㉰ 30   ㉱ 40

해설 권상 도르래 · 풀리 또는 드럼의 피치직경과 로프(벨트)의 공칭 직경 사이의 비율은 로프(벨트)의 가닥수와 관계없이 40 이상이어야 한다. 다만, 주택용 엘리베이터의 경우 30 이상이어야 한다.

8. 즉시 작동형 추락방지안전장치가 작동할 때 정지력과 거리에 대한 그래프로 옳은 것은?

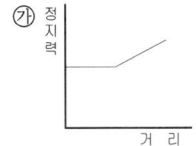 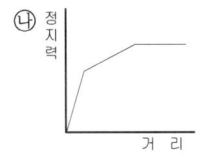 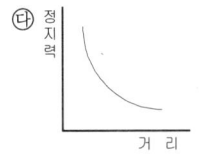 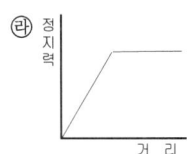

해설 즉시 작동형 추락방지안전장치 작동은 정지력과 거리에 반비례한다.

9. 다음 중 주택용 엘리베이터의 정원을 일반적으로 산출하는 식으로 옳은 것은?

㉮ 정원(인) = $\dfrac{\text{정격하중}(kg)}{70}$ ㉯ 정원(인) = $\dfrac{\text{정격하중}(kg)}{75}$

정답 4. ㉯ 5. ㉱ 6. ㉰ 7. ㉱ 8. ㉰ 9. ㉯

㉰ 정원(인) = $\dfrac{정격하중(kg)}{80}$ ㉱ 정원(인) = $\dfrac{정격하중(kg)}{85}$

10. 와이어로프를 소선강도에 따라 분류했을 때 다음 설명 중 옳은 것은?

㉮ E종은 1470N/mm²급 강도의 소선으로 구성된 로프이다.
㉯ B종은 강도와 경도가 A종보다 낮아서 정격하중이 작은 엘리베이터에 주로 사용된다.
㉰ G종은 소선의 표면에 도금한 것으로 습기가 많은 장소에 사용하기에 적합하다.
㉱ A종은 다른 종류와 비교하여 탄소량을 적게 하고 경도를 낮춘 것으로 소선강도가 1320N/mm²급이다.

해설
- E종: 엘리베이터용으로 사용. 파단강도는 1320(N/mm²)
- A종: 초고층용 및 로프의 본수를 적게 하는 경우에 사용. 파단강도는 1620(N/mm²)
- G종: 소선의 표면에 아연도금을 한 것으로, 습기가 많은 장소에 적합. 파단강도는 1470(N/mm²)
- B종: 강도와 경도가 높아 사용하지 않는다. 파단강도는 1770(N/mm²)

11. 미리 설정한 방향으로 설정치를 초과한 상태로 과도하게 유체 흐름이 증가하여 밸브를 통과하는 압력이 떨어지는 경우 자동으로 차단하도록 설계된 밸브는?

㉮ 체크 밸브   ㉯ 럽처 밸브   ㉰ 차단 밸브   ㉱ 릴리프 밸브

해설
- 체크 밸브: 한쪽 방향으로만 오일이 흐르도록 하는 밸브로서 상승방향으로는 흐르지만 역방향으로는 흐르지 않는다. 이것은 정전이나 그 이외의 원인으로 펌프의 토출압력이 떨어져서 실린더의 기름이 역류하여 카가 자유낙하하는 것을 방지하는 역할을 하는 것으로, 전기식(로프식) 엘리베이터의 전자브레이크와 유사하다.
- 럽처 밸브: 오일이 실린더로 들어가는 곳에 설치되어 만일 압력배관이 파손되었을 때 자동적으로 밸브를 닫아 카가 급격히 떨어지는 것을 방지하는 밸브로 한번 동작되면 인위적으로 재조작하기 전에는 닫힌 상태로 유지된다.
- 릴리프 밸브: 안전밸브는 일종의 압력조정 밸브로 회로의 압력이 상용압력의 125% 이상 높아지게 되면 바이패스(By-Pass) 회로를 열어 오일을 탱크로 돌려보냄으로써 더 이상의 압력상승을 방지한다.

12. 엘리베이터의 수평 개폐식 문 중 자동 동력 작동식 문에 대한 안전 기준으로 틀린 것은?

㉮ 문이 닫히는 것을 막는 데 필요한 힘은 문이 닫히기 시작하는 1/3구간을 제외하고 150N을 초과하지 않아야 한다.
㉯ 접이식 문이 열리는 것을 막는데 필요한 힘은 150N을 초과하지 않아야 한다.
㉰ 승강장 문 또는 카 문과 문이 견고하게 연결된 기계적인 부품들의 운동에너지는 평균 닫힘 속도로 계산되거나 측정했을 때 100J 이하이어야 한다.
㉱ 접이식 카 문이 닫힐 때 문틀 홈 안으로 들어가는 경우, 접힌 문의 외측 모서리와 문틀 홈 사이의 거리는 15mm 이상이어야 한다.

해설 승강장 문 및 문에 견고하게 연결된 기계부품의 운동에너지는 평균 닫힘 속도에서 계산되거나 측정되어 10J 이하이어야 한다.

13. 승강기의 안전검사 중 정기검사의 경우 기본적으로 검사 주기는 몇 년 이내여야 하는가?

㉮ 1년   ㉯ 2년   ㉰ 3년   ㉱ 4년

정답 10. ㉰   11. ㉯   12. ㉰   13. ㉰

14. 일반적으로 무빙워크의 경사도는 최대 몇 도 이하이어야 하는가?

㉮ 9° ㉯ 12° ㉰ 15° ㉱ 25°

해설 무빙워크의 경사도는 12° 이하이어야 하며, 핸드레일 정격속도는 45m/min(0.75m/s) 이하이어야 한다.

15. 엘리베이터의 브레이크 시스템에 대한 설명으로 틀린 것은? (단, g_n은 중력가속도이다.)

㉮ 브레이크로 감속하는 카의 감속도는 일반적으로 $1.0g_n$ 이상으로 설정한다.
㉯ 주동력 전원공급, 제어회로에 전원공급이 차단될 경우 브레이크 시스템이 자동으로 작동해야 한다.
㉰ 브레이크 작동과 관련된 부품은 권상도르래, 드럼 또는 스프로킷에 직접적이고 확실한 장치에 의해 연결되어야 한다.
㉱ 전자-기계 브레이크는 자체적으로 카가 정격속도로 정격하중의 125%를 싣고 하강방향으로 운행될 때 구동기를 정지시킬 수 있어야 한다.

해설 브레이크는 감속하는 카의 감속도는 일반적으로 $1.0g_n$ 이하로 설정한다.

16. 비선형 특성을 갖는 에너지 축적형 완충기에서 규정된 시험 방법에 따라 완충기에 충돌할 때 만족해야 하는 기준으로 틀린 것은? (단, g_n은 중력가속도를 나타낸다.)

㉮ 최대 피크 감속도는 $8g_n$ 이하이어야 한다.
㉯ 작동 후에는 영구적인 변형이 없어야 한다.
㉰ $2.5g_n$를 초과하는 감속도는 0.04초 보다 길지 않아야 한다.
㉱ 카 또는 균형추의 복귀속도는 1m/s 이하이어야 한다.

해설 비선형 특성을 갖는 에너지 축적형 완충기는 감속도가 $1g_n$ 이하이어야 하며, 최대 피크 감속도는 $6g_n$ 이하이어야 한다.

17. 다음 괄호 안의 내용으로 옳은 것은?

> 승강로는 엘리베이터 전용으로 사용되어야 한다. 엘리베이터와 관계없는 배관, 전선 또는 그 밖에 다른 용도의 설비는 승강로에 설치되어서는 안된다. 다만 엘리베이터의 안전한 운행에 지장을 주지 않는다면 소방 관련 법령에 따라 기계실 천장에 설치되는 화재감지기 본체, (   ) 및 가스계 소화설비는 설치될 수 있다.

㉮ 비상용 스피커 ㉯ 비상용 소화기 ㉰ 비상용 전화기 ㉱ 비상용 경보기

18. 주행안내 레일의 규격을 결정하기 위하여 고려사항으로 거리가 가장 먼 것은?

㉮ 지진 발생 시 전달되는 수평 진동력
㉯ 추락방지안전장치의 작동에 따른 좌굴 하중
㉰ 불균형한 큰 하중 적재에 따른 회전 모멘트
㉱ 카의 급강하시 작동하는 완충기의 행정거리

해설 가이드 레일을 결정하는 3요소

정답 14. ㉯ 15. ㉮ 16. ㉮ 17. ㉮ 18. ㉱

① 안전장치가 작동했을 때 좌굴하지 않는지에 대한 점검
② 지진 발생 시 레일의 휘어짐이 한도를 넘거나, 레일의 응력이 탄성한계를 넘으면 카 또는 균형추가 레일에서 벗어나지 않는지에 대한 점검
③ 불균형한 큰 하중을 적재 시 또는 그 하중을 올리고 내릴 때 카에 큰 회전 모멘트가 걸리는 데, 레일이 지탱할 수 있는지에 대한 점검

19. 기계식 주차장치에서 여러층으로 배치되어 있는 고정된 주차구획에 아래·위 및 옆으로 이동할 수 있는 운반기에 의하여 자동차를 자동으로 운반이동하여 주차하도록 설계한 주차장치 형식은?

㉮ 2단 순환식 　　㉯ 평면 왕복식 　　㉰ 수직 순환식 　　㉱ 승강기 슬라이드식

해설 ① 2단식 주차장치: 주차 구획이 2단으로 배치되어 있고 출입구가 있는 층의 모든 부분을 주차장치 출입구로 사용할 수 있는 구조의 주차장치
② 평면 왕복식 주차장치: 평면으로 배치되어 있는 고정된 주차 구획에 운반기가 왕복 이동하여 주차하도록 한 주차장치
③ 수직 순환식 주차장치: 수직으로 배열된 다수의 운반기가 순환 이동하는 주차장치.
④ 승강기 슬라이드식 주차장치: 승강기식 주차장치와 같은 형식이다. 운반기가 승강 및 수평이동을 동시에 할 수 있는 구조로 되어있다.

20. 유압식 엘리베이터에 사용되는 체크밸브의 역할은?

㉮ 오일이 역류하는 것을 방지한다. 　　㉯ 오일에 있는 이물질을 걸러낸다.
㉰ 오일을 오직 하강방향으로만 흐르도록 한다. 　　㉱ 오일의 최대압력을 일정 압력 이하로 관리한다.

해설 역저지 밸브(check valve): 한쪽 방향으로만 오일이 흐르도록 하는 밸브이다. 기능은 로프식 엘리베이터의 전자브레이크와 유사하다.

(승강기 설계)

21. 엘리베이터의 자동 동력 작동식 문에서 문이 닫히는 중에 사람이 출입구를 통과하는 경우 자동으로 문이 열리는 장치가 있어야한다. 이 장치의 요건에 관한 설명으로 옳지 않은 것은?

㉮ 이 장치는 문이 닫히는 마지막 20mm 구간에서는 무효화 될 수 있다.
㉯ 이 장치는 카문 문턱 위로 최소 25mm, 최대 1600mm 사이의 전 구간에서 감지될 수 있어야한다.
㉰ 이 장치는 물체가 계속 감지되는 한 무효화 되어서는 안된다.
㉱ 이 장치가 고장난 경우 엘리베이터를 운행하려면, 문이 닫힐 때마다 음향신호장치가 작동되어야 하고, 문의 운동에너지는 4J 이하이어야 한다.

해설 이 장치는 문이 닫히는 마지막 20mm 구간에서는 무효화 될 수 있다.

22. 승강장 문 및 카 문이 닫혀 있을 때 문짝 간 틈새나 문짝과 문틀(측면) 또는 문턱 사이의 틈새는 최대 몇 mm 이하이어야 하는가? (단, 수직개폐식 승강장 문과 관련 부품이 마모된 경우 및 유리로 만든 문은 제외한다.)

㉮ 6 　　㉯ 8 　　㉰ 10 　　㉱ 12

정답 19. ㉱ 20. ㉮ 21. ㉰ 22. ㉮

해설 승강장 문이 닫혀 있을 때 문짝 사이의 틈새 또는 문짝 문설주, 인방 또는 문턱 사이의 틈새는 6mm 이하로 가능한 작아야 한다. 단, 마모시에는 10mm까지 가능하다.

23. 직접식 유압엘리베이터의 하부 프레임에 걸리는 최대굽힘 모멘트가 2400N·m일 때 프레임의 안전율은 약 얼마인가? (단, 프레임의 단면계수는 68cm³, 허용굽힘응력은 410MPa이다.)

㉮ 4.9 ㉯ 6.8
㉰ 9.4 ㉱ 11.6

해설 허용응력(상부와 하부 겸용) $\sigma = \dfrac{최대굽힘모멘트}{단면계수} = \dfrac{2400}{68} = 35.29$

안전율(상부와 하부 겸용) $s = \dfrac{허용굽힘응력(파단강도)}{허용응력(최대굽힘응력)} = \dfrac{410}{35.29} ≒ 11.6$

24. 엘리베이터 파이널 리미트 스위치의 설치 및 작동 기준에 대한 설명으로 틀린 것은?

㉮ 유압식 엘리베이터의 경우, 주행로의 최상부에서만 작동하도록 설치되어야 한다.
㉯ 권상 및 포지티브 구동식 엘리베이터의 경우, 주행로의 최상부 및 최하부에서 작동하도록 설치되어야 한다.
㉰ 파이널 리미트 스위치와 일반 종단정지장치는 서로 연결되어 종속적으로 작동되어야 한다.
㉱ 파이널 리미트 스위치의 작동은 완충기가 압축되어 있거나, 램이 완충장치에 접촉되어 있는 동안 지속적으로 유지되어야 한다.

해설 파이널 리미트 스위치는 일반 종단정치장치는 서로 연결되어 종속적으로 작동되지 않아야 한다. 또한 승강로 내부에 설치하고 카에 부착된 캠(cam)으로 조작시켜야 한다.

25. 엘리베이터 주행안내 레일의 기준에 대한 설명으로 틀린 것은?

㉮ 주행안내 레일은 압연강으로 만들어지거나 마찰면이 기계 가공되어야 한다.
㉯ 카, 균형추 또는 평형추는 2개 이상의 견고한 금속제 주행안내 레일에 의해 각각 안내되어야 한다.
㉰ 추락방지안전장치가 없는 균형추 또는 평형추의 주행안내 레일은 금속판을 성형하여 만들어서는 안 된다.
㉱ 주행안내 레일의 브래킷 및 건축물에 고정하는 것은 정상적인 건축물의 침하 또는 콘크리트의 수축으로 인한 영향을 자동으로 또는 단순 조정에 의해 보상할 수 있어야 한다.

해설 소용량 엘리베이터의 균형추 레일에서 비상정지장치가 없는 것이나, 간접식 유압엘리베이터의 램(RAM, 구 플런저)을 안내하는 레일에는 강판을 성형한 레일이 사용되고 있다.

26. 전동기의 특성을 나타내는 항목 중 GD²에 대한 설명으로 옳은 것은?

㉮ 주어진 전압의 파형이 전류보다 앞서는 정도를 나타내는 것이다.
㉯ 일정한 토크로 전동기를 기동시켰을 때 빨리 기동하는가 또는 늦게 기동하는가의 정도를 나타내는 것이다.
㉰ 전동기의 출력이 회전수에 비례하여 변화하는 정도를 나타내는 것이다.
㉱ 교류에 있어서 전압과 전류 파장의 격차 정도를 나타내는 것이다.

27. 가변전압 가변주파수 제어방식의 PWM에 관한 설명으로 틀린 것은?

정답 23. ㉱ 24. ㉰ 25. ㉰ 26. ㉯ 27. ㉯

㉮ 펄스 폭 변조라는 의미이다.
㉯ 입력측의 교류전압을 변화시킨다.
㉰ 전동기의 효율이 좋다.
㉱ 전동기의 토크 특성이 좋아 경제적이다.

해설 PWM은 입력측의 교류전압을 변화시키는 것이 아니라, 인버터 제어회로의 신호를 받아 펄스 폭 변조를 한다.

28. 유압 엘리베이터 기계실의 조건이 다음과 같을 때 수냉식 열교환기의 환기량은 약 몇 m³/h인가?

- 전동기 출력: 11kw
- 기계실 온도 40℃
- 1행정당 전동기 구동시간 25s
- 외기온도 32℃
- 1시간당 왕복회수: 50회
- 공기비열: 1.21kJ(m²·℃) 또는 0.29kcal/(m²·℃)

㉮ 1260　㉯ 1320　㉰ 1360　㉱ 1420

해설 유압기기 발열량 $Q = 860 \times P \times T \times \dfrac{N}{3600} = \dfrac{860 \times 11 \times 25 \times 50}{3600} ≒ 3285 [kcal/h]$

필요환기량 $G = \dfrac{Q}{C_s(t_2 - t_1)} = \dfrac{3285}{0.29(40-32)} ≒ 1416 [m3/h]$

29. 일주시간(RTT)이 120초이고, 승객수가 12명일 경우 엘리베이터의 5분간 수송능력은 약 몇 명인가?

㉮ 30명　㉯ 24명　㉰ 20명　㉱ 12명

해설 5분간 수송능력 $= \dfrac{5 \times 60 \times r}{RTT} = \dfrac{5 \times 60 \times 12}{120} = 30$명

※ 승객수 r = 정원×80%
※ 일주시간 RTT = Σ(주행시간+도어개폐시간+승객출입시간+손실시간)
※ 손실시간 = (도어개폐시간+승객출입시간)×10%

30. 다음 중 기어의 이(teeth) 줄이 나선인 원통형 기어로서 기어의 두 축이 서로 평행한 기어는?

㉮ 스퍼 기어　㉯ 웜 기어　㉰ 베벨 기어　㉱ 헬리컬 기어

해설 두 축이 서로 평행한 기어: ① 헬리컬 기어 ② 평 기어 ③ 랙과 피니언

31. 포지티브 구동 엘리베이터의 로프 감김에 대한 설명으로 틀린 것은?

㉮ 로프는 드럼에 두 겹으로만 감겨야 된다.
㉯ 드럼은 나선형으로 홈이 있어야 하고, 그 홈은 사용되는 로프에 적합해야 한다.
㉰ 홈에 대한 로프의 편향각(후미각)은 4°를 초과하지 않아야 한다.
㉱ 카가 완전히 압축된 완충기 위에 정지하고 있을 때, 드럼의 홈에는 한바퀴 반의 로프가 남아 있어야 한다.

해설 로프는 드럼에 한 겹으로만 감겨야 한다.

32. 건물 내에 승강기를 분산배치하지 않고, 집중배치할 경우 발생할 수 있는 현상이 아닌 것은?

정답 28. ㉱　29. ㉮　30. ㉱　31. ㉮　32. ㉱

㉮ 운전능률 향상　　㉯ 설비 투자비용 절감　　㉰ 승객의 대기시간 단축　　㉱ 승객의 망설임현상 발생

33. 에스컬레이터의 공칭속도가 0.5m/s인 경우 무부하 하강시 에스컬레이터 정지거리의 범위로 옳은 것은?

㉮ 0.10m부터 1.00m까지　　　　　㉯ 0.10m부터 1.50m까지
㉰ 0.20m부터 1.00m까지　　　　　㉱ 0.20m부터 1.50m까지

해설 하강시 정지거리

공칭속도 V	정지거리
30m/min(0.50m/s)	0.20m에서 1.00m사이
39m/min(0.65m/s)	0.30m에서 1.30m사이
45m/min(0.75m/s)	0.40m에서 1.50m사이

34. 엘리베이터의 매다는 장치(현수)에 관한 기준으로 틀린 것은?

㉮ 로프 또는 체인 등의 가닥수는 2가닥 이상이어야 한다.
㉯ 공칭 직경이 8mm 이상이고, 3가닥 이상의 로프에 의해 구동되는 권상 구동 엘리베이터의 경우 안전율이 12 이상이어야 한다.
㉰ 3가닥 이상의 6mm 이상 8mm 미만의 로프에 의해 구동되는 권상 구동 엘리베이터의 경우 안전율이 14 이상이어야 한다.
㉱ 매다는 장치 끝부분은 자체 조임 쐐기 형 소켓, 압착링 매듭법, 주물 단말처리에 의한 카, 균형추/평형추 또는 구멍에 꿰어 맨 매다는 장치 마감 부분의 지지대에 고정되어야 한다.

해설 3가닥 이상의 6mm 이상 8mm 미만의 로프에의해 구동되는 권상 구동 엘리베이터의 경우 안전율이 16 이상이어야 한다.

35. 승강기용 3상 유도전동기의 역률 산출 공식은?

㉮ 역률 $= \dfrac{\text{전압}(V) \times \text{입력}(kW) \times 10^3}{\sqrt{3} \times \text{전류}(A)} \times 100\%$

㉯ 역률 $= \dfrac{\text{입력}(kW) \times 10^3}{\sqrt{3} \times \text{전류}(A) \times \text{전압}(V)} \times 100\%$

㉰ 역률 $= \dfrac{\sqrt{3} \times \text{입력}(kW) \times 10^3}{\text{전압}(V) \times \text{전류}(A)} \times 100\%$

㉱ 역률 $= \dfrac{\text{전압}(V) \times \text{전류}(A)}{\sqrt{3}} \times 100\%$

해설 $P = \sqrt{3}\,VI\cos\theta(w)$에서　$\cos\theta = \dfrac{P}{\sqrt{3}\,VI}$

36. 일반적으로 구름 베어링에 비교한 미끄럼 베어링의 장점은?

정답 33. ㉰　34. ㉰　35. ㉯　36. ㉱

㉮ 윤활유가 적게 필요하다. ㉯ 초기작동시 마찰이 작다.
㉰ 표준화, 규격화가 되어 있어 호환성이 좋다. ㉱ 진동이 있는 기계류에 사용시 효과가 좋다.

해설 미끄럼 베어링
① 구조가 간단하며, 값이 싸고 유지보수가 용이하다. ② 진동, 소음이 작다.
③ 베어링에 충격 하중이 걸리는 경우에 사용한다. ④ 기동시 마찰저항이 크다.
⑤ 진동이 있는 기계류에 사용시 효과가 좋다. ⑥ 표준화, 규격화가 되어 있어 호환성이 좋다.

37. 일반적으로 엘리베이터 권상 도르래의 지름을 주로프 지름의 40배 이상으로 규정하는 이유로 가장 적절한 것은?

㉮ 로프의 이탈을 방지하기 위하여 ㉯ 로프의 수명을 연장하기 위하여
㉰ 도르래의 수명을 연장하기 위하여 ㉱ 도르래와 로프의 미끄러짐을 방지하기 위하여

38. 엘리베이터용 전동기와 범용 전동기를 비교할 때 엘리베이터용 전동기에 요구되는 특성이 아닌 것은?

㉮ 기동 토크가 클 것 ㉯ 기동전류가 작을 것
㉰ 회전 부분의 관성모멘트가 클 것 ㉱ 기동횟수가 많으므로 열적으로 견딜 것

해설 회전 부분의 관성 모멘트는 작아야 한다.

39. 권상 도르래의 로프 홈에서 재질과 권부각이 동일할 경우 트랙션 능력의 크기 순서를 올바르게 나타낸 것은?

㉮ U홈 < 언더컷홈 < V홈 ㉯ 언더컷홈 < U홈 < V홈
㉰ V홈 < U홈 < 언더컷홈 ㉱ U홈 < V홈 < 언더컷홈

40. 수평 개폐식 중 중앙 개폐식 문에서 선행 문짝을 열리는 방향으로 가장 취약한 지점에 장비를 사용하지 않고 손으로 150N의 힘을 가할 때, 문의 틈새는 최대 몇 mm를 초과해서는 안되는가?

㉮ 30 ㉯ 35 ㉰ 40 ㉱ 45

해설 수평 개폐식 및 접이식 문의 선행 문짝을 열리는 방향에서 가장 취약한 지점에 장비를 사용하지 않고 손으로 약 150N의 힘을 가했을 때, 일반사항에서 규정된 틈새는 6mm를 초과할 수 있으나 다음에서 규정한 수치는 초과할 수 없다.
① 측면 개폐식 문: 30mm ② 중앙 개폐식 문: 45mm

(일반 기계 공학)

41. 다음 중 각도 측정기는?

㉮ 사인바 ㉯ 마이크로미터 ㉰ 하이트게이지 ㉱ 버니어캘리퍼스

정답 37. ㉯ 38. ㉰ 39. ㉮ 40. ㉱ 41. ㉮

42. 축 설계에 있어서 고려할 사항이 아닌 것은?

㉮ 강도 ㉯ 응력집중 ㉰ 열응력 ㉱ 전기 전도성

43. 전위기어에 대한 설명으로 틀린 것은?

㉮ 이의 강도를 개선한다.
㉯ 이의 언더컷을 막는다.
㉰ 중심거리를 조절할 수 있다.
㉱ 기준 래크의 기준 피치선이 기어의 기준 피치원에 접하는 기어이다.

[해설] 전위기어: ① 이의 강도 개선 ② 이의 언더컷 방지 ③ 중심거리 조절 가능

44. 펌프나 관로에서 숨을 쉬는 것과 비슷한 진동과 소음이 발생하는 현상으로 송출압력과 유량사이에 주기적인 변화가 발생하는 것은?

㉮ 서징 ㉯ 채터링
㉰ 베이퍼 록 ㉱ 케비테이션

[해설]
- 채터링: 엔진이 고속으로 회전 시, 접점의 개폐 속도가 빨라 닫힐 때의 충격으로 불규칙한 진동이 발생되는 현상
- 베이퍼 록: 가솔린 기관의 연료계통이 고온으로 되면 연료가 증발하여 가스 상으로 되어 연료계통을 막아버리게 되며, 따라서 연료를 보내지 못하게 되고 기관은 정지한다. 이와같은 액체의 증발에 의해 생기는 현상을 말한다.
- 케비테이션: 액체가 가속되어 정압이 어느 한계의 압력보다 내려가면 케비티(기포)가 통상 기포 액에서 발생하고 감속되어 정압이 올라가면 기포는 붕괴한다. 이 현상을 케비테이션 이라 한다.

45. 왕복 펌프의 과잉 배수(송출) 체적비에 대한 설명으로 옳은 것은?

㉮ 배수고선의 산수가 많으면 많을수록 과잉 배수 체적비의 값은 크다.
㉯ 과잉 배수 체적비가 크다는 것은 유량의 맥동이 작다는 것을 의미한다.
㉰ 평균 배수량을 넘어서 배수되는 양과 행정용적과의 곱으로 정의한다.
㉱ 배수량 변동의 정도를 나타내는 척도이다.

46. 합금원소 중 구리(Cu)가 탄소강의 성질에 미치는 영향으로 틀린 것은?

㉮ 내식성을 향상시킨다. ㉯ A_1 변태점을 저하시킨다.
㉰ 결정입자를 조대화시킨다. ㉱ 인장강도, 경도, 탄성한도 등을 증가시킨다.

[해설] 구리가 탄소강에 미치는 영향: ① A_1 변태점을 저하시키며 강도·경도·탄성한도를 증가시킨다. ② 내식성을 향상시킨다. ③ 융점이 낮아 다량 함유하면 강재 압연 시 균열의 원인이 된다.

47. 주물에 사용되는 주물사의 구비조건으로 틀린 것은?

정답 42. ㉱ 43. ㉱ 44. ㉮ 45. ㉱ 46. ㉰ 47. ㉰

㉮ 내화성이 클 것 ㉯ 통기성이 좋을 것
㉰ 열전도성이 높을 것 ㉱ 주물표면에서 이탈이 용이할 것

해설 주물사 구비조건: ① 화학적 변화가 없고 내화성이 커야 한다.
② 성형성과 통기성이 좋아야한다. ③ 주탕 시 탕압에 견딜 수 있는 강도와 경도를 가져야한다.
④ 주물 표면에서 이탈이 쉽게 되어야한다. ⑤ 반복사용이 가능해야하며 염가이어야 한다.

48. 새들 키라고도 하며, 축에 키 홈 가공을 하지않고 보스에만 키 홈을 가공한 것은?

㉮ 묻힘 키 ㉯ 반달 키 ㉰ 안장 키 ㉱ 접선 키

해설 ① 묻힘 키(싱크 키): 축과 보스의 양쪽에 모두 키 홈을 파고, 여기에 묻힘 키를 끼워 토크를 전달시킨다. 가장 널리 사용된다.
② 반달 키: 축에 반달모양의 홈을 만들어 반달 모양으로 가공된 키를 끼운다.
③ 안장 키: 새들 키 라고도 하며 키에는 기울기가 없다. 축에는 키 홈을 가공하지 않고 보스에만 기울기 $\frac{1}{100}$ 의 테이퍼진 키 홈을 만들어서 때려 박는다.
④ 접선 키: 축의 접선 방향으로 끼우는 키로서 $\frac{1}{100}$ 의 기울기를 가진 2개의 키를 한 쌍으로 하여 사용한다.

49. 인장강도가 200N/m²인 연강봉을 안전하게 사용하기 위한 최대허용응력(Pa)은? (단, 봉의 안전율은 4로 한다.)

㉮ 20 ㉯ 50 ㉰ 100 ㉱ 200

해설 안전율 = $\frac{인장강도}{허용응력}$ 에서 허용응력 = $\frac{인장강도}{안전율} = \frac{200}{4} = 50(Pa)$ ※ 1(Pa)=1(N/m²)

50. 길이 4m인 단순보의 중앙에 1000N의 집중하중이 작용할 때, 최대 굽힘 모멘트(N·m)는?

㉮ 250 ㉯ 500 ㉰ 750 ㉱ 1000

해설 최대 굽힘 모멘트 $M = \frac{P \times a \times b}{L} = \frac{1000 \times 2 \times 2}{4} = 1000(N·m)$

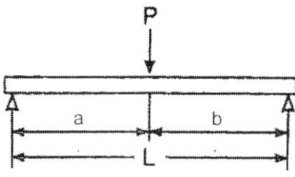

51. 연강봉의 단면적이 $40mm^2$, 온도변화가 20℃일 때, 20kN의 힘이 필요하다면, 선팽창계수는 약 얼마인가? (단, 재료의 세로탄성계수는 210GPa이다.)

㉮ 0.83×10^{-5} ㉯ 1.19×10^{-4} ㉰ 1.51×10^{-5} ㉱ 1.9×10^{-4}

정답 48. ㉰ 49. ㉯ 50. ㉱ 51. ㉯

해설 선팽창계수 $E = \dfrac{20 \times 10^3}{40 \times 210 \times 10^3 \times 20} = 1.19 \times 10^{-4}$

52. 나사의 종류 중 정밀기계 이송나사에 사용되는 것은?

㉮ 4각 나사　㉯ 볼나사　㉰ 너클 나사　㉱ 미터가는 나사

해설
- 4각 나사: 마찰이 적고 나사의 효율이 높다. 동력전달을 위해 사용되는 경우가 많고 판금가공용 프레스나 자동차 정비용 잭이 대표적이다.
- 볼나사: 수 나사와 암 나사 사이에 강철로 된 구를 넣어 마찰을 줄인 나사, 정밀기계 이송 나사에 사용된다.
- 너클 나사: 모난 곳이 없으므로 먼지나 가루 따위가 나사부에 끼이기 쉬운곳에 사용된다.
- 미터가는 나사: 나사 지름에 비해 피치가 작아 자립성이 우수하여 나사 풀림 방지용으로 사용된다.

53. 드릴로 뚫은 구멍의 내면을 매끈하고 정밀하게 가공하는 것은?

㉮ 줄 가공　㉯ 탭 가공　㉰ 리머 가공　㉱ 다이스 가공

54. 중심축에서 동일한 비틀림 모멘트를 작용시킬 때 지름이 2d에서 저장되는 탄성에너지가 E_2, 지름이 d에서 저장되는 탄성에너지가 E_1일 때, E_1과 E_2의 관계로 옳은 것은?(단, 지름 외의 조건은 동일하다.)

㉮ $E_2 = \dfrac{1}{2}E_1$　㉯ $E_2 = \dfrac{1}{4}E_1$　㉰ $E_2 = \dfrac{1}{8}E_1$　㉱ $E_2 = \dfrac{1}{16}E_1$

해설 탄성에너지 $u = \dfrac{T^2 \ell}{2GI_P}$, 원 단면 2차모멘트는 $\dfrac{\pi d^4}{64}$ 이므로

d^4에 반비례하므로 $E_1 = u$, $E_2 = \dfrac{1}{16}u$ ∴ $E_2 = \dfrac{1}{16}E_1$

55. 서브머지드 아크 용접에 대한 설명으로 옳은 것은?

㉮ 아크가 보이지 않는 상태에서 용접이 진행
㉯ 불활성가스 대신에 탄산가스를 이용한 용극식 방식
㉰ 텅스텐, 몰리브덴과 같은 대기에서 반응하기 쉬운 금속도 용접 가능
㉱ 아크열에 의한 순간적인 국부 가열이므로 용접응력이 대단히 작음

해설 서브머지드 아크 용접은 아크가 용제내에서 발생되어 보이지 않기 때문에 잠호 용접이라고도 하며 링컨 용접, 유니온멜트 용접 등이 있다.

56. 6·4 황동에 Sn을 1%정도 첨가한 합금으로 선박 기계용, 스프링용, 용접용 재료 등에 많이 사용되는 특수 황동은?

㉮ 쾌삭 황동　㉯ 네이벌 황동
㉰ 고강도 황동　㉱ 알루미늄 황동

정답 52. ㉯　53. ㉰　54. ㉱　55. ㉮　56. ㉯

해설 • 쾌삭 황동: 쾌삭성을 지닌 황동에 0.5~3.0%를 첨가한 것으로서 시계의 톱니바퀴 등에 사용된다.
• 네이벌 황동: 6 · 4 주석 함유 황동으로 Cu 62%, Zn 37%, Sn 1% 인장강도 35~45kgf/mm^2, 연신율 50~30%, Sn을 함유함으로써 내식성과 강도가 증가되어 기어 플랜지, 볼트, 축 등에 사용된다.
• 고강도 황동: 강도가 높고 열간 단조성, 기계적 성질, 내식성이 우수하여 주로 자동차 및 선박용으로 사용된다.
• 알루미늄 황동: 황동에 4% 정도의 알루미늄을 섞은 합금. 배의 부속품이나 용수철을 만드는 데 사용된다.

57. 두 축이 평행하고, 축의 중심선이 약간 어긋났을 때 각속도의 변화 없이 토크를 전달하는데 사용하는 축 이음은?

㉮ 올덤 커플링 ㉯ 머프 커플링 ㉰ 유니버설 조인트 ㉱ 플렉시블 커플링

해설 • 머프 커플링: 주철재의 원통속에 두 축을 맞추어 맞추고 키로 고정한 구조
• 플렉시블 커플링: 직선상에 있는 두 축의 연결에 사용하나 두 축 사이에 약간의 상호 이동을 허용하는 경우에 사용된다. 단, 두 축이 정확하게 일직선이 아닌 경우이다.
• 유니버설 조인트: 관계 위치가 끊임없이 변화하는 두 개의 동력전달 축을 연결한 커플링이다.

58. 코일 스프링의 처짐량에 관한 설명으로 옳은 것은?

㉮ 코일 스프링 권수에 반비례한다.
㉯ 코일 스프링의 전단탄성계수에 반비례한다.
㉰ 코일 스프링에 작용하는 하중의 제곱에 비례한다.
㉱ 코일 스프링 소선 지름의 제곱에 비례한다.

해설 처짐량 $= \dfrac{8ND^3P}{Gd^4}$ 여기서 N: 권수, D: 코일 평균지름, G: 전단탄성계수, P: 하중, d: 소선지름

59. 비절삭 가공에 해당하는 것은?

㉮ 주조 ㉯ 호닝 ㉰ 밀링 ㉱ 보링

해설 주조는 액체 상태의 재료를 형틀에 부어 넣어 굳혀 모양을 만드는 방법을 말한다.

60. 유압 펌프 중 용적형 펌프가 아닌 것은?

㉮ 기어 펌프 ㉯ 베인 펌프 ㉰ 터빈 펌프 ㉱ 피스톤 펌프

해설 용적형 펌프는 기계내의 용적을 변화시킴으로써 액체에 에너지를 주는 펌프를 말한다. 운전 중 토출량의 변동이 있으나 고압이 발생되며 효율이 양호하다. 압력이 달라져도 토출량은 변하지 않는다. 종류에는 왕복식과 회전식이 있으며, 회전식에는 기어식, 나사식, 베인식, 재생식이 있다. 그리고 왕복식에는 피스톤식, 플런저식, 다이어프램식이 있다.

(전기제어 공학)

61. 다음 블록선도를 등가 합성 전달함수로 나타낸 것은?

정답 57. ㉮ 58. ㉯ 59. ㉮ 60. ㉰ 61. ㉯

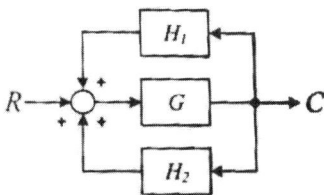

㉮ $\dfrac{G}{1-H_1-H_2}$ ㉯ $\dfrac{G}{1-H_1G-H_2G}$

㉰ $\dfrac{G-1}{1-H_1G-H_2G}$ ㉱ $\dfrac{H_1G+H_2G}{1-G}$

해설	블록선도	전달함수
	$R(S) \to + \to G_1 \to C(S)$, G_2 feedback	$G = \dfrac{C(s)}{R(s)} = \dfrac{G_1}{1+G_1G_2}$
	$R(S) \to + \to G_1 \to G_2 \to C(S)$, G_3 feedback	$G = \dfrac{C(s)}{R(s)} = \dfrac{G_1G_2}{1-G_1G_2G_3}$

62. $R_1 = 100\Omega$, $R_2 = 1000\Omega$, $R_3 = 800\Omega$일 때 전류계의 지시가 0이 되었다. 이때 저항 R_4는 몇 Ω인가?

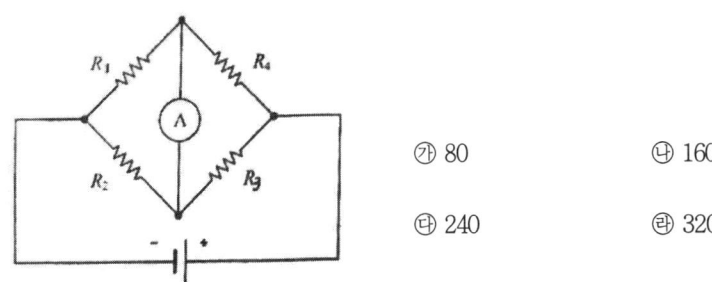

㉮ 80 ㉯ 160 ㉰ 240 ㉱ 320

해설 $R_1R_3 = R_2R_4$에서 $100 \times 800 = 1000\chi$, $\chi = \dfrac{80000}{1000} = 80(\Omega)$

63. 저항에 전류가 흐르면 줄열이 발생하는데 저항에 흐르는 전류 I와 전력 P의 관계는?

㉮ $I \propto P$ ㉯ $I \propto P^{0.5}$ ㉰ $I \propto P^{1.5}$ ㉱ $I \propto P^2$

해설 $P = I^2R(W)$에서 $I^2 = \dfrac{P}{R}$, $I = \sqrt{\dfrac{P}{R}} = \dfrac{\sqrt{P}}{\sqrt{R}} = \dfrac{P^{\frac{1}{2}}}{\sqrt{R}}$

64. 입력신호 중 어느 하나가 "1"일 때 출력이 "0"이 되는 회로는?

정답 62. ㉮ 63. ㉯ 64. ㉱

㉮ AND 회로　　㉯ OR 회로　　㉰ NOT 회로　　㉱ NOR 회로

해설 ① AND회로

◇ 시퀀스 회로　　◇ 논리 회로　　◇ 논리식　　◇ 진리표

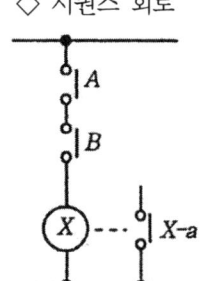

$X = A \cdot B$

입력		출력
A	B	X
0	0	0
0	1	0
1	0	0
1	1	1

② OR 회로

◇ 시퀀스 회로　　◇ 논리 회로　　◇ 논리식　　◇ 진리표

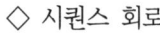
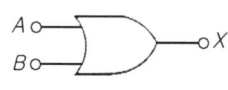

$X = A + B$

입력		출력
A	B	X
0	0	0
0	1	1
1	0	1
1	1	1

③ NOT 회로

◇ 시퀀스 회로　　◇ 논리 회로　　◇ 논리식　　◇ 진리표

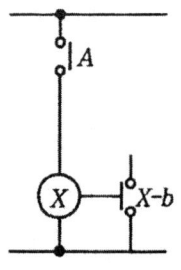
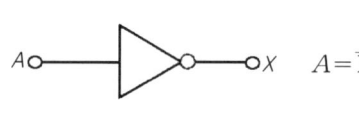

$A = \overline{X}$

입력	출력
A	X
0	1
1	0

정답

④ NOR 회로

◇ 시퀀스 회로   ◇ 논리 회로   ◇ 논리식   ◇ 진리표

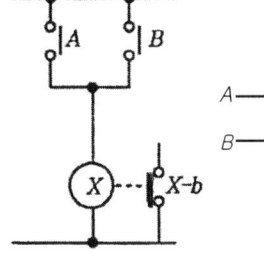
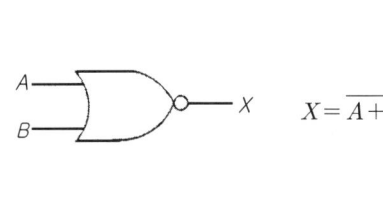

$X = \overline{A+B}$

입력		출력
A	B	X
0	0	1
0	1	0
1	0	0
1	1	0

65. 전류계와 전압계는 내부저항이 존재한다. 이 내부저항은 전압 또는 전류를 측정하고자 하는 부하의 저항에 비하여 어떤 특성을 가져야하는가?

㉮ 내부저항이 전류계는 가능한 커야 하며, 전압계는 가능한 작아야 한다.
㉯ 내부저항이 전류계는 가능한 커야 하며, 전압계도 가능한 커야 한다.
㉰ 내부저항이 전류계는 가능한 작아야 하며, 전압계는 가능한 커야 한다.
㉱ 내부저항이 전류계는 가능한 작아야 하며, 전압계는 가능한 작아야 한다.

해설 배율기 저항은 전압계에 직렬로 연결해야 하며, 전압계 내부저항보다 큰 저항을 연결한다. 분류기는 전류계에 병렬로 저항을 연결해야 하며, 전류계 내부저항보다 작은 것을 연결한다.

66. 지상 역률 80%, 1000kW의 3상 부하가 있다. 이것에 콘덴서를 설치하여 역률을 95%로 개선하려고 한다. 필요한 콘덴서의 용량(kvar)은 약 얼마인가?

㉮ 421.3   ㉯ 633.3   ㉰ 844.3   ㉱ 1266.3

해설
$Q_c = P(\tan\theta_1 - \tan\theta_2)$
$= P(\dfrac{\sin\theta_1}{\cos\theta_1} - \dfrac{\sin\theta_2}{\cos\theta_2})$
$= P(\dfrac{\sqrt{1-\cos\theta_1^2}}{\cos\theta_1} - \dfrac{\sqrt{1-\cos\theta_2^2}}{\cos\theta_2})$
$= 1000(\dfrac{\sqrt{1-0.8^2}}{0.8} - \dfrac{\sqrt{1-0.95^2}}{0.95})$
$\fallingdotseq 421.3(kvar)$

67. 전동기의 회전방향을 알기 위한 법칙은?

㉮ 렌쯔의 법칙   ㉯ 암페어의 법칙
㉰ 플레밍의 왼손 법칙   ㉱ 플레밍의 오른손 법칙

해설 ① 렌쯔의 법칙: 전자유도에 의하여 생긴 기전력의 방향은 그 유도전류가 만드는 자속이 항상 원래의 자속의 증가 또는 감소를 방해하는 방향이다.

정답 65. ㉰ 66. ㉮ 67. ㉰

② 암페어(앙페르)의 오른 나사 법칙

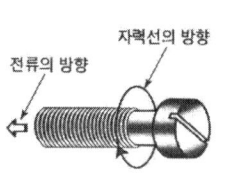

직선 전류에 의한 자력선의 방향

(a) 오른나사의 법칙　　(b) 오른손 엄지손가락의 법칙

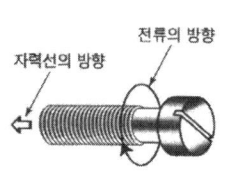

코일 전류에 의한 자력선의 방향

(a) 오른나사의 법칙　　(b) 오른손 엄지손가락의 법칙

③ 플레밍의 왼손 법칙: • 중지: 전류의 방향　• 검지: 자장의 방향　• 엄지: 힘의 방향
※ 전동기의 회전방향을 알고자 할 때 적용한다.
④ 플레밍의 오른손 법칙: • 엄지: 도선의 운동 방향　• 집게: 자장 방향　• 중지: 유기 기전력의 방향
※ 발전기의 유기 기전력의 방향을 알고자 할 때 적용한다.

68. 100V용 전구 30W와 60W 두 개를 직렬로 연결하고 직류 100V 전원에 접속하였을 때 두 전구의 상태로 옳은 것은?

㉮ 30W 전구가 더 밝다.　　　　　　㉯ 60W 전구가 더 밝다.
㉰ 두 전구의 밝기가 모두 같다.　　　㉱ 두 전구가 모두 켜지지 않는다.

해설 • 100V 30W: $R = \dfrac{V^2}{P} = \dfrac{100^2}{30} = \dfrac{1000}{3}(\Omega)$

• 100V 60W: $R = \dfrac{V^2}{P} = \dfrac{100^2}{60} = \dfrac{1000}{6}(\Omega)$

∴ $P = I^2 R \propto R$이므로 30W가 60W보다 더 밝다.

69. 다음 조건을 만족시키지 못하는 회로는?

> 어떤 회로에 흐르는 전류가 20A이고, 위상이 60도이며,
> 앞선 전류가 흐를 수 있는 조건

정답 68. ㉮ 69. ㉮

㉮ RL병렬　　　㉯ RC병렬　　　㉰ RLC병렬　　　㉱ RLC직렬

해설 ① 저항(R)만의 회로, 전압과 전류는 동상이다. ② 인덕턴스(L)만의 회로, 전류가 전압보다 90° 뒤진다. ③ 정전용량(C)만의 회로, 전류가 전압보다 90° 앞선다.

70. 콘덴서의 전위차와 축적되는 에너지와의 관계식을 그림으로 나타내면 어떤 그림이 되는가?

㉮ 직선　　　㉯ 타원　　　㉰ 쌍곡선　　　㉱ 포물선

해설 콘덴서의 전위차와 축적되는 에너지와의 관계식을 그림으로 나타내면 포물선이다. $W = \dfrac{1}{2}CV^2(J)$

71. 제어량에 따른 분류 중 프로세스 제어에 속하지 않는 것은?

㉮ 압력　　　㉯ 유량　　　㉰ 온도　　　㉱ 속도

해설 프로세스 제어: 온도, 유량, 압력, 액위, 농도 등의 플랜트나 생산공정 등의 상태량을 제어량으로 하는 제어

72. 열전대에 대한 설명이 아닌 것은?

㉮ 열전대를 구성하는 소선은 열기전력이 커야한다.　㉯ 철, 콘스탄탄 등의 금속을 이용한다.
㉰ 제벡효과를 이용한다.　　　　　　　　　　　　　㉱ 열팽창 계수에 따른 변형 또는 내부 응력을 이용한다.

해설 열전대는 제벡효과를 이용하여 넓은 범위의 온도를 측정하기 위해 두 종류의 금속으로 만든 장치이다. 금속 A, B를 접합하고 양 접점에 온도를 달리 해주면 온도차에 비례하여 열기전력이 생긴다.

73. 피드백제어에서 제어요소에 대한 설명 중 옳은 것은?

㉮ 조작부와 검출부로 구성되어 있다.
㉯ 동작신호를 조작량으로 변화시키는 요소이다.
㉰ 제어를 받는 출력량으로 제어대상에 속하는 요소이다.
㉱ 제어량을 주궤환 신호로 변화시키는 요소이다.

해설 피드백제어계의 구성

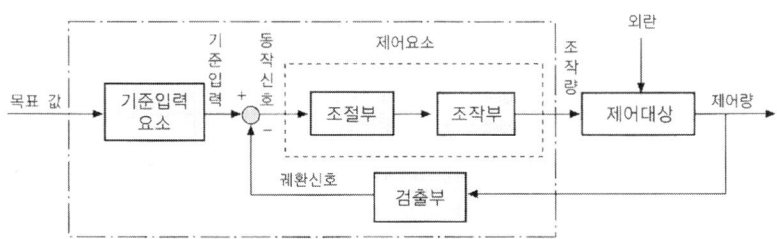

74. 워드 레오나드 속도 제어 방식이 속하는 제어 방법은?

정답 70. ㉱　71. ㉱　72. ㉱　73. ㉯　74. ㉰

㉮ 저항제어   ㉯ 계자제어   ㉰ 전압제어   ㉱ 직병렬제어

[해설] ① 엘리베이터 직류전압 제어: • 워드 레오나드 방식 • 정지 레오나드 방식
② 엘리베이터 교류전압 제어: • 교류 1단 제어방식 • 교류 2단 제어방식 • 교류 귀환 제어방식 • VVVF 제어방식

75. 3상 유도전동기의 주파수가 60Hz, 극수가 6극, 전부하 시 회전수가 1160rpm이라면 슬립은 약 얼마인가?

㉮ 0.03   ㉯ 0.24   ㉰ 0.45   ㉱ 0.57

[해설] $N_s = \dfrac{120f}{P} = \dfrac{120 \times 60}{6} = 1200(rpm)$ $S = \dfrac{N_s - N}{N_s} = \dfrac{1200 - 1160}{1200} = 0.03$

76. 다음 논리기호의 논리식은?

㉮ $X = A + B$ ㉯ $X = \overline{AB}$
㉰ $X = AB$ ㉱ $X = \overline{A + B}$

[해설]
①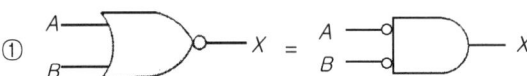
②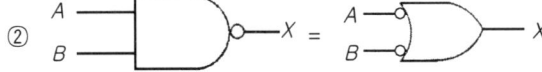

77. $x_2 = ax_1 + cx_3 + bx_4$의 신호흐름 선도는?

㉮ 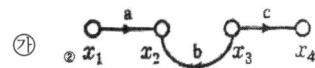   ㉯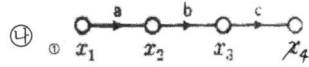

㉰ 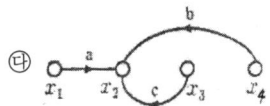   ㉱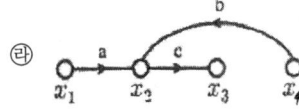

78. 입력신호 x(t)와 출력신호 y(t)의 관계가 $u(t) = K\dfrac{dx(t)}{dt}$로 표현되는 것은 어떤 요소인가?

㉮ 비례요소   ㉯ 미분요소
㉰ 적분요소   ㉱ 지연요소

정답 75. ㉮ 76. ㉱ 77. ㉰ 78. ㉯

79. 다음 논리회로의 출력은?

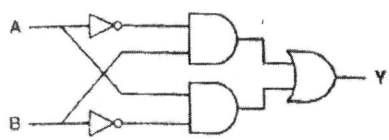

㉮ $Y = A\overline{B} + \overline{A}B$
㉯ $Y = \overline{A}B + \overline{A}\,\overline{B}$
㉰ $Y = \overline{A}\,\overline{B} + A\overline{B}$
㉱ $Y = \overline{A} + \overline{B}$

해설 exclusive OR (XOR) 회로:

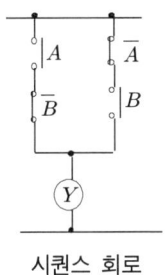

시퀀스 회로

80. R, L, C가 서로 직렬로 연결되어 있는 회로에서 양단의 전압과 전류의 위상이 동상이 되는 조건은?

㉮ $\omega = LC$
㉯ $\omega = L^2C$
㉰ $\omega = \dfrac{1}{LC}$
㉱ $\omega = \dfrac{1}{\sqrt{LC}}$

해설 $Z = \sqrt{R^2 + (wL - \dfrac{1}{wC})^2}\,(\Omega)$에서 공진조건은 $wL - \dfrac{1}{wC} = 0$ 이다.

$wL = \dfrac{1}{wC}$ 즉 $w^2LC = 1$ 에서 $w^2 = \dfrac{1}{LC}$, $w^2 = \dfrac{1}{\sqrt{LC}}$

정답 79. ㉮ 80. ㉱

승강기 기사 기출문제
(2021. 9. 12)

(승강기 개론)

1. 카의 위치에 따라 발생하는 이동케이블과 로프의 무게 불균형을 보상하기 위하여 설치하는 것은?

㉮ 균형추 ㉯ 균형 체인 ㉰ 제어 케이블 ㉱ 균형 클로저

2. 로프식 엘리베이터의 권상 도르래와 와이어 로프의 미끄러짐 관계를 설명한 것 중 잘못된 것은?

㉮ 로프의 감기는 각도(권부각)가 작을수록 미끄러지기가 쉽다.
㉯ 카의 가속도 및 감속도가 클수록 미끄러지기가 쉽다.
㉰ 카측과 균형추측의 로프에 걸리는 장력비가 작을수록 미끄러지기가 쉽다.
㉱ 로프와 권상 도르래의 마찰계수가 작을수록 미끄러지기가 쉽다.

해설 카측과 균형추측의 로프에 걸리는 장력비가 클수록 미끄러지기 쉽다.

3. 에스컬레이터의 디딤판(스텝)의 크기에 대한 설명 중 옳은 것은?

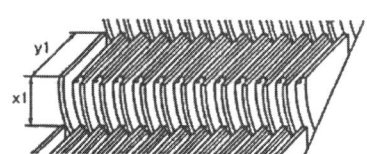

㉮ 디딤판(스텝)의 깊이(y1)는 0.28m 이상이고, 디딤판(스텝)의 높이(x1)는 0.18m 이하이어야 한다.
㉯ 디딤판(스텝)의 깊이(y1)는 0.36m 이상이고, 디딤판(스텝)의 높이(x1)는 0.22m 이하이어야 한다.
㉰ 디딤판(스텝)의 깊이(y1)는 0.38m 이상이고, 디딤판(스텝)의 높이(x1)는 0.24m 이하이어야 한다.
㉱ 디딤판(스텝)의 깊이(y1)는 0.42m 이상이고, 디딤판(스텝)의 높이(x1)는 0.28m 이하이어야 한다.

4. 균형추(Counter Weight)의 오버밸런스율을 적절하게 하여야 하는 이유로 가장 타당한 것은

㉮ 승강기의 출발을 원활하게 하기 위하여
㉯ 승강기의 속도를 일정하게 하기 위하여
㉰ 승강기가 정지할 때 충격을 없애기 위하여
㉱ 트랙션비를 개선하여 와이어로프가 도르래에서 미끄러지지 않도록 하기 위하여

5. 에스컬레이터를 하강방향으로 공칭속도 0.65m/s로 움직일 때 전기적 정지장치가 작동된 시간부터 측정할 경우 정지거리는 얼마를 만족하여야 하는가?

정답 1. ㉯ 2. ㉰ 3. ㉰ 4. ㉱ 5. ㉰

㉮ 0.1m에서 0.8m 사이 ㉯ 0.2m에서 1.0m 사이
㉰ 0.3m에서 1.3m 사이 ㉱ 0.4m에서 1.5m 사이

해설

공칭속도 V	정지거리
0.50m/s	0.20m에서 1.00m 사이
0.65m/s	0.30m에서 1.30m 사이
0.75m/s	0.40m에서 1.50m 사이

6. 승강기 안전관리법령에 따라 엘리베이터에서 정전 시에 작동되는 비상등의 조도와 점등시간에 관한 기준으로 옳은 것은?

㉮ 10lx 이상의 조도로 30분 이상 점등되어야 한다. ㉯ 10lx 이상의 조도로 1시간 이상 점등되어야 한다.
㉰ 5lx 이상의 조도로 30분 이상 점등되어야 한다. ㉱ 5xl 이상의 조도로 1시간 이상 점등되어야 한다.

7. 유압식 엘리베이터 중 간접식과 비교하여 직접식의 일반적인 특징에 속하는 것은?

㉮ 실린더의 점검이 용이하다. ㉯ 부하에 의한 카 바닥의 빠짐이 비교적 크다.
㉰ 실린더를 설치할 보호관이 불필요하다. ㉱ 승강로의 평면 치수를 작게 할 수 있다.

해설 직접식: ① 승강로 소요평면 치수가 작고 구조가 간단하다.
② 비상정지장치가 불필요하다. ③ 부하에 의한 카 바닥의 빠짐이 작다.
④ 실린더 점검이 곤란하다. ⑤ 실린더를 설치하기 위한 보호관을 지중에 설치해야 한다.

8. 튀어오름 방지장치(제동 또는 록다운 장치)를 설치해야 하는 엘리베이터는 정격 속도가 몇 m/s를 초과할 경우인가?

㉮ 3.0 ㉯ 3.5 ㉰ 4.0 ㉱ 4.5

해설 튀어오름 방지장치(록다운 장치)는 정격 속도 3.5m/s 초과시 설치하여야 한다.

9. 완충기에 대한 설명으로 틀린 것은?

㉮ 에너지 분산형 완충기는 작동 후에는 영구적인 변형이 없어야 한다.
㉯ 에너지 분산형 완충기는 엘리베이터 정격속도와 상관없이 사용될 수 있다.
㉰ 에너지 축적형 완충기는 유체의 수위가 쉽게 확인될 수 있는 구조이어야 한다.
㉱ 정격속도 60m/min 이하의 엘리베이터는 운동에너지가 작아서 선형 또는 비선형 특성을 갖는 에너지 축적형 완충기를 사용하기에 적합하다.

해설 에너지 축적형 완충기는 스프링 완충기를 말한다. 그러므로 유체와는 무관하다.

10. 로프 꼬임에 대한 설명으로 옳은 것은?

㉮ 스트랜드의 꼬는 방향과 로프의 꼬는 방향을 반대로 한 것을 랭 꼬임이라 한다.
㉯ 스트랜드의 꼬는 방향과 로프의 꼬는 방향이 동일한 것이 보통 꼬임이다.
㉰ 랭 꼬임은 보통 꼬임에 비하여 킹크(kink)를 잘 발생하지 않는다.
㉱ 보통 꼬임은 랭 꼬임에 비하여 국부적인 마모가 발생하여 수명이 다소 짧다.

정답 6. ㉱ 7. ㉱ 8. ㉯ 9. ㉰ 10. ㉱

해설 보통 꼬임은 소선과 외부의 접촉면이 짧고 마모에 의한 영향을 어느 정도 받지만 꼬임이 잘 풀리지 않는다.

11. 자동차용이나 대형 화물용 엘리베이터에서 카 실을 완전히 열 필요가 있어서 사용되는 개폐방식은?

㉮ 상승 개폐 (UP)   ㉯ 중앙 개폐 (CO)
㉰ 측면 개폐 (SO)   ㉱ 여닫이 방식 (SWING DOOR)

해설 ① 상승 개폐(UP): 자동차용, 대형 화물용 ② 중앙 개폐(CO): 승객용
③ 측면 개폐(SO): 승객용 ④ 여닫이 방식(SWING DOOR): 앞뒤로 운전(한쪽은 지지)

12. 권동식 권상기에 비하여 트랙션 권상기의 장점이라고 볼 수 없는 것은?

㉮ 소요 동력이 작다.   ㉯ 승강 행정에 제한이 비교적 작다.
㉰ 미끄러짐이나 마모가 잘 발생하지 않는다.   ㉱ 권과(지나치게 감기는 현상)를 일으키지 않는다.

해설 도르래에 걸리는 카측의 전 중량과 균형추 측의 전 중량은 다르다. 그러므로 와이어로프가 도르래에 들어가서 나오기까지 도르래와 와이어로프의 사이에는 매우 작기는 하나, 미끄러짐이 있고 상호간에 마모가 생긴다.

13. 엘리베이터의 군 관리 방식에 대한 설명으로 옳지 않은 것은?

㉮ 위치표시기를 설치하지 않고, 대신에 홀랜턴으로 하기도 한다.
㉯ 엘리베이터가 3~8대가 병설될 때 개개의 카를 합리적으로 운행·관리하는 방식이다.
㉰ 개개의 부름에 대하여 가장 가까이 있는 카가 응답한다.
㉱ 특정 층의 혼잡 등을 자동적으로 판단하여 서비스 층을 분할할 수 있다.

해설 군 관리방식(Supervisory Control): 엘리베이터를 3~8대 병설할 때 각 카를 불필요한 동작 없이 합리적으로 운행·관리하는 조작 방식이다. 출·퇴근 시의 피크수요 등 특정 층의 혼잡 등을 자동적으로 판단하고 서비스 층을 분할하거나 집중력으로 카를 배치하여 효율적으로 운전한다.

14. 유압회로의 부품에 대한 설명으로 틀린 것은?

㉮ 체크밸브(check valve): 오일이 실린더로 들어가는 곳에 설치되어 파이프나 호스가 파손되었을 경우 카가 추락하는 것을 방지하는 밸브.
㉯ 사이렌서(silencer): 펌프나 제어밸브에서 발생한 진동과 소음을 흡수하기 위한 장치.
㉰ 릴리프 밸브(relief valve): 압력 조정밸브로서 유압회로내의 압력이 이상 상승하는 것을 방지하는 밸브.
㉱ 스트레이너(strainer): 유압유 내의 이물질을 걸러내는 장치.

해설 체크밸브는 오일이 한쪽 방향으로만 흐르도록 하는 밸브로서, 상승방향으로 흐르지만 역방향으로는 흐르지 않는다.

15. 구조가 간단하나 착상오차가 크므로 대략 정격속도 30m/min 이하의 엘리베이터에 적용하는 속도제어방식은?

정답 11. ㉮ 12. ㉰ 13. ㉰ 14. ㉮ 15. ㉮

㉮ 교류 1단 속도제어　　　　　　　　㉯ 교류 2단 속도제어
㉰ 교류 귀환 제어　　　　　　　　　　㉱ 가변전압 가변주파수 제어

해설 ① 교류 1단 속도제어: 30m/min 이하의 저속용 엘리베이터 적용
② 교류 2단 속도제어: 60m/min까지 적용 가능하다.
③ 교류 귀환 제어: 45m/min에서 105m/min까지 적용
④ VVVF 제어: 광범위한 속도제어 방식이다.

16. 엘리베이터가 과속된 경우, 과속스위치가 이를 검출하여 동력 전원 회로를 차단하고, 전자 브레이크를 작동시켜서 과속조절기 도르래의 회전을 정지시켜 과속조절기 도르래 홈과 로프 사이의 마찰력으로 비상 정지시키는 과속조절기의 종류는?

㉮ 마찰정지형 과속조절기　　　　　　㉯ 디스크형 과속조절기
㉰ 플라이 볼형 과속조절기　　　　　　㉱ 유압식 과속조절기

해설 ① 디스크형 과속조절기: 속도가 빠르면 원심력에 의해 웨이트가 벌어지는데 이때 과속스위치가 작동해 전원을 차단하여 브레이크를 작동시킨다.
② 플라이 볼 과속조절기: 속도가 빠르면 베벨기어에 의해 시브의 회전을 종축으로 변환시켜 플라이 볼이 작동해, 전원스위치를 작동시키고 또 비상정지장치를 작동시킨다.

17. 엘리베이터의 정격속도가 매 분당 180m이고, 제동소요 시간이 0.3초인 경우의 제동거리는 몇 m인가? (단, 엘리베이터 속도는 정격속도에서 선형적으로 감소한다.)

㉮ 0.25　　　　㉯ 0.45　　　　㉰ 0.65　　　　㉱ 0.85

해설 $t = \dfrac{120 \cdot s}{V}$ (sec)에서 $s = \dfrac{tV}{120} = \dfrac{0.3 \times 180}{120} = 0.45 m$

18. 카 내부에 있는 사람에 의한 카 문의 개방을 제한하기 위해 엘리베이터 카가 운행 중일 때 카 문의 개방은 최소 몇 N 이상의 힘이 요구되어야 하는가?

㉮ 40　　　　㉯ 50　　　　㉰ 60　　　　㉱ 70

해설 ① 운행 중인 경우: 50N 이상의 힘이 필요
② 운행 중 정지된 경우: 잠금 해제 구간에서만 개방이 가능하되 300N을 초과하지 않을 것

19. 소방구조용 엘리베이터의 일반적인 요구조건에 관한 설명으로 옳지 않은 것은?

㉮ 운행속도는 0.8m/s 이상이어야 한다.
㉯ 소방관이 조작하여 엘리베이터 문이 닫힌 이후부터 60초 이내에 가장 먼 층에 도착하여야 한다.
㉰ 정전시에는 보조전원 공급장치에 의해 엘리베이터를 2시간 이상 운행시킬 수 있어야 한다.
㉱ 소방운전 시 모든 승강장의 출입구마다 정지할 수 있어야 한다.

해설 소방구조용 엘리베이터의 운행속도는 1.0(m/s) 이상이어야 한다.

20. 단일 승강로에 두 대의 엘리베이터를 이용하면서 각각 독립적으로 운행되는 고효율 엘리베이터는?

정답 16. ㉮ 17. ㉯ 18. ㉯ 19. ㉮ 20. ㉮

㉮ 트윈 엘리베이터 ㉯ 전망용 엘리베이터
㉰ 더블데크 엘리베이터 ㉱ 조닝방식 엘리베이터

해설 트윈 엘리베이터는 하나의 승강로에 두 대의 엘리베이터 카가 독립적으로 운행하는 방식의 엘리베이터이다.

(승강기 설계)

21. 엘리베이터에서 피트 바닥은 전 부하 상태의 카가 완충기에 작용하였을 때 완충기 지지대 아래에 부과되는 정하중의 최소 몇 배를 지지할 수 있어야 하는가?

㉮ 4배 ㉯ 5배 ㉰ 8배 ㉱ 10배

22. 엘리베이터의 수평 개폐식 문 중 자동 동력 작동식 문이 닫힐 경우 그 운동에너지는 몇 J이하여야 하는가?(단, 승강기의 각종 안전장치는 이상 없이 정상 작동하는 경우로 한정한다.)

㉮ 5J ㉯ 6J ㉰ 8J ㉱ 10J

해설 승강장 문 및 문에 견고하게 연결된 기계부품의 운동에너지는 평균 닫힘 속도에서 계산되거나 측정되어 10J이하이어야 한다.

23. 권동식(드럼식) 권상기의 단점이 아닌 것은?

㉮ 권상하중 대비하여 소요동력이 크다. ㉯ 높은 행정에 적용하기 곤란하다.
㉰ 설치 면적을 과대하게 점유한다. ㉱ 지나치게 감기거나 풀릴 위험이 있다.

해설 권동식(드럼식) 권상기는 저속·저양정 소용량의 엘리베이터나 홈 엘리베이터에 주로 사용되며 설치 면적은 적다.

24. 층고가 3.5m인 지상 10층 건물에 엘리베이터 1대가 설치되어 있다. 엘리베이터의 정격속도는 90m/min일 때 1층에서 10층까지 주행하는데 걸리는 주행시간은 약 몇 초인가? (단, 1층에서 10층 주행 시 예상 정지수는 5회, 정격속도에 따른 가속시간은 2.2초이고, 도어개폐시간, 승객출입시간, 그 외 각종 손실시간은 제외한다.)

㉮ 28 ㉯ 30 ㉰ 32 ㉱ 34

해설 주행시간 = 가속시간 + 감속시간 + 전속주행시간
① 전속주행시간: 주행 할 거리 3.5m × 9층 = 31.5m ※ 90m/min = 1.5m/s
  t = 31.5 ÷ 1.5m/s = 21초
② 가속시간: 5회 ×2.2초 = 11초
∴ 주행시간 = 11초 + 21초 = 32초

25. 그림과 같은 도르래 장치에서 로핑 비율과 장력 P와 하중 W의 관계로 옳은 것은? (단, 로핑비율은 'P의 하강거리 : W의 상승거리'로 나타낸다.)

정답 21. ㉮ 22. ㉱ 23. ㉰ 24. ㉰ 25. ㉰

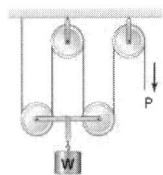

㉮ 2:1로핑, $P = \dfrac{W}{2}$ ㉯ 3:1로핑, $P = \dfrac{W}{3}$

㉰ 4:1로핑, $P = \dfrac{W}{4}$ ㉱ 5:1로핑, $P = \dfrac{W}{5}$

해설 ① 2:1로핑, $P = \dfrac{W}{2}$

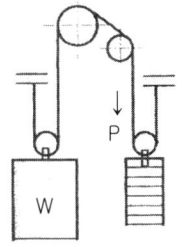

- 로프의 장력은 1:1로핑의 1/2이 된다.
- 1:1로핑에 비하여 로프의 수명이 짧아지며, 이동 도르래에 의해 종합 효율이 저하된다.

② 4:1로핑, $P = \dfrac{W}{4}$

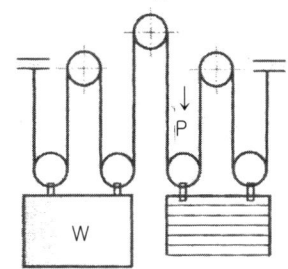

- 로프의 총 길이가 길게 되고 수명이 짧아진다.
- 이동 도르래는 효율을 낮추므로 종합적인 효율이 저하된다.

26. 권상 도르래의 지름이 720mm이고, 감속비가 45:1, 주파수 60Hz, 전동기 극수 4, 로핑은 1:1인 경우, 이 엘리베이터의 속도는 약 몇 m/min인가?(단, 슬립은 없는 것으로 한다.)

㉮ 60 ㉯ 75 ㉰ 90 ㉱ 105

해설 $V = \dfrac{\pi DN}{1000} \times i = \dfrac{3.14 \times 720 \times 1800}{1000} \times \dfrac{1}{45} \fallingdotseq 90 \text{m/min}$

※ $N_s = \dfrac{120f}{P} = \dfrac{120 \times 60}{4} = 1800 \text{rpm}$

27. 파이널 리미트 스위치의 일반적인 요구조건에 관한 설명으로 틀린 것은?

㉮ 권상구동식 및 유압식 엘리베이터의 경우 주행로의 최상부 및 최하부에서 작동하도록 설치되어야 한다.
㉯ 파이널 리미트 스위치는 카 또는 균형추가 완충기에 충돌하기 전에 작동되어야 한다.
㉰ 파이널 리미트 스위치와 일반 종단정지장치는 독립적으로 작동되어야 한다.
㉱ 파이널 리미트 스위치는 우발적인 작동의 위험 없이 가능한 최상층 및 최하층에 근접하여 작동하도록 설치되어야 한다.

정답 26. ㉰ 27. ㉮

해설 파이널 리미트 스위치는 유압식 엘리베이터에서는 최상부에, 권상식에서는 승강로 내부 최상부 및 최하부에 설치하되, 기계적으로 조작되어야 하며, 작동 캠은 금속제로 만든 것이어야 한다.

28. 길이 ℓ, 단면적 A인 균일 단면봉이 인장하중 W를 받아 λ만큼 늘어났을 때 상관관계를 옳게 나타낸 것은? (단, E는 세로탄성계수이고, 후크의 법칙을 만족한다.)

㉠ $E = \dfrac{A\lambda}{W\ell}$ ㉡ $E = \dfrac{A\ell}{W\lambda}$ ㉢ $E = \dfrac{W\lambda}{A\ell}$ ㉣ $E = \dfrac{W\ell}{A\lambda}$

29. 엘리베이터 피트의 피난공간 기준에서 피난자세에 따라 피난 공간 높이의 기준이 달라지는데 각 자세별로 피난공간 높이 기준이 옳게 짝지어진 것은? (단, 주택용 엘리베이터는 제외한다.)

㉠ 서 있는 자세: 2m, 웅크린 자세: 1m
㉡ 서 있는 자세: 2m, 웅크린 자세: 1.2m
㉢ 서 있는 자세: 1.8m, 웅크린 자세: 1m
㉣ 서 있는 자세: 1.8m, 웅크린 자세: 1.2m

해설 ① 서 있는 자세: 2m   ② 웅크린 자세: 1m

30. 카 틀 상부체대 중앙에 현수 도르래가 1개 설치된 경우 그림과 같이 양단지지보 중앙에 하중(W)이 작용하는 것으로 볼 수 있다. 이때 상부체대의 최대 변형량(δ, m)을 구하는 식으로 옳은 것은? (단, W는 카 측 총 중량(N), E는 상부체대재료의 세로탄성계수(N/m^2), L는 상부체대 전 길이(m), I는 상부체대의 단면 2차 모멘트(m^4)이다. 또한 변형량은 W가 작용하는 방향으로의 변형량을 말한다.)

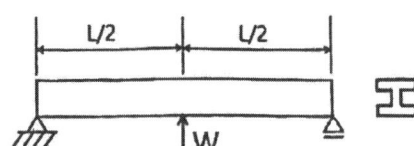

㉠ $\delta = \dfrac{WL^3}{12EI}$ ㉡ $\delta = \dfrac{WL^3}{24EI}$ ㉢ $\delta = \dfrac{WL^3}{48EI}$ ㉣ $\delta = \dfrac{5WL^3}{384EI}$

31. 과속조절기 로프에 대한 설명으로 틀린 것은?

㉠ 과속조절기 로프의 최소 파단 하중은 권상형식 과속조절기의 마찰 계수(μ_{max})0.2를 고려하여 과속조절기가 작동될 때 로프에 발생하는 인장력에 8 이상의 안전율을 가져야 한다.
㉡ 과속조절기의 도르래 피치 직경과 과속조절기 로프의 공칭 직경 사이의 비는 30 이상이어야 한다.
㉢ 과속조절기 로프 및 관련 부속부품은 추락방지안전장치가 작동하는 동안 제동거리가 정상적일 때보다 더 길더라도 손상되지 않아야 한다.
㉣ 과속조절기 로프는 추락방지안전장치로부터 쉽게 분리되지 않아야 한다.

해설 과속조절기 로프는 추락방지안전장치로부터 쉽게 분리되어야 한다(마모 시 교체가능).

정답 28. ㉣ 29. ㉠ 30. ㉢ 31. ㉣

32. 소방구조용 엘리베이터는 갇힌 소방관을 구출하기 위한 비상구출문을 카 지붕에 설치해야 하는데, 비상구출문에 대한 각각의 이중천장을 열기 위해 가해야 하는 힘은 몇 N 이하여야 하는가?

㉮ 200 ㉯ 250 ㉰ 300 ㉱ 350

33. 모듈이 4인 스퍼 외접기어의 잇수가 각각 30, 60 이라고 할 때 양 축간의 중심거리는?

㉮ 90mm ㉯ 180mm ㉰ 270mm ㉱ 360mm

해설 중심거리 $S = \dfrac{M(Z_1+Z_2)}{2} = \dfrac{4(30+60)}{2} = 180mm$

34. 전동기 동력이 11kW인 3상 유도 전동기에 대하여 예비전원 소요 용량을 주어진 조건에 의하여 산출하면 약 몇 kVA 가 되는가? (단, 전동기 역률은 55%, 최대 가속전류는 정격전류의 2.8배이고, 소요 예비전원용량은 가속 시 용량의 1.6배를 적용하며, 주전압은 380V이다.)

㉮ 76 ㉯ 90 ㉰ 108 ㉱ 121

해설 $P = \sqrt{3}\,VI\cos\theta\,(W)$에서 $I = \dfrac{P}{\sqrt{3}\,V\cos\theta} = \dfrac{11 \times 10^3}{\sqrt{3} \times 380 \times 0.55} \fallingdotseq 30.39(A)$
$P_t = \sqrt{3}\,VI = \{\sqrt{3} \times 380 \times (30.39 \times 2.8배)\}1.6배 \fallingdotseq 90(kVA)$

35. 공칭회로의 전압 500V 초과일 경우 기준에 따라 절연저항값을 측정할 때 그 값은 몇 MΩ 이상이어야 하는가?

㉮ 0.3 ㉯ 0.5 ㉰ 0.7 ㉱ 0.1

해설 절연저항
① SELV 및 PELV: DC 시험전압은 250V, 절연 저항은 0.5MΩ 이상
② FELV, 500[V] 이하: DC 시험전압은 500V, 절연 저항은 1.0MΩ 이상
③ 500[V] 초과: DC 시험전압은 1000V, 절연 저항은 1.0MΩ 이상
• SELV: 안전 초저압 • PELV: 보호 초저압 • FELV: 기능 초저압
※ 초저압은 DC 120V 이하, AC 500V 이하를 말한다.

36. 장애인용 엘리베이터의 승장장 바닥과 승강기 바닥 사이의 틈새는 최대 몇 mm 이하이어야 하는가?

㉮ 45 ㉯ 40 ㉰ 35 ㉱ 30

해설 엘리베이터의 승장장 바닥과 승강기 바닥 사이의 틈새는 35mm 이하(장애인용은 30mm이하) 이어야 한다.

37. 로프식 엘리베이터의 속도제어 방식 중 기동과 주행은 고속권선으로, 감속과 착상은 저속권선으로 속도를 제어하는 방식은?

㉮ 교류1단 속도제어 ㉯ 교류2단 속도제어
㉰ 직류1단 속도제어 ㉱ 직류2단 속도제어

정답 32. ㉯ 33. ㉯ 34. ㉯ 35. ㉱ 36. ㉱ 37. ㉯

해설 ① 교류 엘리베이터 제어 방식:
 • 교류1단 속도제어 방식   • 교류2단 속도제어 방식   • 교류 귀환제어 방식   • VVVF 제어 방식
② 직류 엘리베이터 제어 방식:
 • 워드레오나드 방식   • 정지 레오나드 방식
※ 교류1단 속도제어: 가장 간단한 제어방식인데 3상 유도 전동기에 전원을 투입하여 기동과 정속운전을 하고, 정지는 전원을 차단한 후, 제동기에 의해 기계적으로 브레이크를 거는 방식이다.
※ 교류2단 속도제어: 2단 속도 모터(motor)를 사용하여 기동과 주행은 고속권선으로 행하고 감속시는 저속권선으로 감속하여 착상하는 방식이다.

38. 유도전동기가 엘리베이터의 동력용 전동기로 가장 많이 사용되는 이유가 아닌 것은?

㉮ 속도 제어성이 우수하다. ㉯ 구조가 간단하고 견고하다.
㉰ 고장이 적고 가격이 싸다. ㉱ 취급이 용이하다.

해설 속도 제어성 직류 전동기가 우수하다.

39. 엘리베이터의 정격속도가 120m/min일 때 에너지 분산형 완충기의 행정(stroke) 거리는 약 몇 mm 이상이어야 하는가?

㉮ 270   ㉯ 290   ㉰ 310   ㉱ 330

해설 $L = 0.0674 V^2 = 0.0674 \times 2^2 ≒ 0.27m = 270mm$ ※ $120(m/min) = 2(m/s)$

40. 점차 작동형 추락방지안전장치가 적용된 엘리베이터의 정격속도가 150m/min이다. 이 엘리베이터의 과속조절기가 작동되어야 하는 엘리베이터 속도 구간으로 옳은 것은?

㉮ 2.875m/s 이상 3.225m/s 미만   ㉯ 2.875m/s 이상 3.125m/s 미만
㉰ 2.750m/s 이상 3.225m/s 미만   ㉱ 2.750m/s 이상 3.125m/s 미만

해설 추락방지안전장치의 작동을 위한 조속기(과속조절기)는 정격속도의 115% 이상의 속도 또는 다음의 속도 미만에서 작동되어야 한다.
① 정격속도 1m/s 이하에 사용되는 점차 작동형 추락방지 안전장치: 1.5(m/s)
② 정격속도 1m/s 초과에 사용되는 점차 작동형 추락방지 안전장치: $1.25V + \dfrac{0.25}{V}(m/s)$

따라서
• 정격속도 115% 이상일 때: $V_1 = 2.5 \times 1.15 = 2.875(m/s)$
• 정격속도 1(m/s)초과일 때: $V_2 = (1.25 \times 2.5) + \dfrac{0.25}{2.5} = 3.225(m/s)$ ※ $150m/min = 2.5m/s$

(일반 기계 공학)

41. 그림과 같은 캠에서 ⓐ부분의 명칭으로 옳은 것은?

정답 38. ㉮   39. ㉮   40. ㉮   41. ㉯

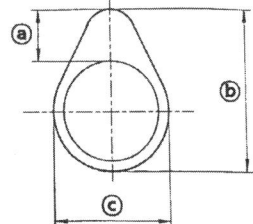

㉮ 캠 로브
㉯ 캠 양정
㉰ 캠 프로파일
㉱ 캠 노즈

해설 캠은 기계의 회전운동을 왕복운동이나 진동 등으로 바꾸기 위한 장치이다.
그림에서 ⓐ 양정 ⓑ 노즈 ⓒ 노브

42. V벨트의 마찰계수 0.4, V벨트의 단면 각도가 40°일 때 유효마찰계수의 값은?

㉮ 0.326   ㉯ 0.378   ㉰ 0.459   ㉱ 0.557

해설 $\mu = \dfrac{\mu}{\sin\dfrac{a}{2}+\mu\cos\dfrac{a}{2}} = \dfrac{0.4}{\sin 20°+0.4\times\cos 20°} \fallingdotseq 0.557$

43. 펌프의 캐비테이션 방지대책으로 틀린 것은?

㉮ 펌프의 설치위치를 될 수 있는 대로 낮춘다.   ㉯ 단 흡입이면 양 흡입으로 고친다.
㉰ 2대 이상의 펌프를 설치한다.   ㉱ 펌프의 회전수를 높인다.

해설 캐비테이션 방지대책: ① 양 흡입 펌프를 사용한다.
② 펌프를 2대 이상 설치한다.   ③ 펌프의 임펠러 속도를 작게 한다.
④ 펌프의 마찰손실을 작게 한다.   ⑤ 펌프의 흡입 수두를 작게 한다.

44. 기계공작법의 소성가공에 관한 설명으로 틀린 것은?

㉮ 소성변형을 주어 원형과 다른 제품을 만든다.
㉯ 대량생산이 곤란하고 균일한 제품을 만들 수 없다.
㉰ 열간가공은 재결정 온도 이상으로 가열하여 가공한다.
㉱ 압연, 압출, 인발, 판금, 전조 가공 등이 있다.

해설 소성가공은 물체의 일부 또는 전부에 힘을 가해서 재료를 영구 변형시켜 여러 가지 모양으로 만드는 가공법을 말한다. 장점은 보통 주물에 비해 성형되는 치수가 정확하다. 또한 금속의 결점조직을 개량하여 강한 성질을 얻을 수 있으며, 다량 생산으로 균일한 제품을 얻을 수 있다.

45. 브레이크의 마찰계수를 μ, 드럼의 원주속도를 v, 접촉면의 압력을 p라 할 때 브레이크 용량을 계산하는 식은?

㉮ $\dfrac{\mu}{pv}$ ㉯ $\dfrac{\pi\mu}{pv}$ ㉰ μpv ㉱ $\pi\mu pv$

정답 42. ㉱   43. ㉱   44. ㉯   45. ㉰

46. 원형 단면의 단순보에 균일분포하중이 작용할 때 최대 처짐량에 대한 설명 중 틀린 것은?

㉮ 균일분포하중에 비례한다. ㉯ 보 길이의 4승에 비례한다.
㉰ 세로 탄성계수에 반비례한다. ㉱ 단면관성모멘트의 4승에 반비례한다.

[해설] ① 양단 고정보 $\delta_{max} = \dfrac{W\ell^4}{384EI}$ ② 단순보 $\delta_{max} = \dfrac{5W\ell^4}{384EI}$
여기서 EI : 굽힘강성계수 W : 균일분포하중 ℓ : 길이

47. 공작기계로 가공된 평면이나 원통면 등을 정밀하게 다듬질하기 위한 수공구는?

㉮ 스크레이퍼 ㉯ 다이스 ㉰ 정 ㉱ 탭

[해설] ① 다이스: 손 작업에서 원봉이나 관 등의 외주에 나사를 내는 절삭공구
② 탭: 나사 구멍 뚫기에 의해 소정의 치수로 뚫은 구멍에 나사 내기에 사용하는 공구

48. 유압기기와 관련하여 체크밸브, 릴리프 밸브 등의 입구 쪽 압력이 강하하고, 밸브가 닫히기 시작하여 밸브의 누설 량이 어느 규정의 양까지 감소했을 때의 압력은? (단, 유압 및 공기압 용어 KS B 0120에 의한다.)

㉮ 서지 압력 ㉯ 파일럿 압력 ㉰ 리시트 압력 ㉱ 크랭킹 압력

[해설] ① 서지 압력: 과도적으로 상승한 압력의 최대값
② 파일럿 압력: 파일럿 관로에 작용하는 압력
③ 크랭크 압력: 체크 밸브 또는 릴리프 밸브 등에서 압력이 상승되어 밸브가 열리기 시작할 때 어느 일정한 흐름의 양이 안정되는 압력

49. 일반 주철에 관한 설명으로 틀린 것은?

㉮ Fe-C 합금에서 C의 함량이 약 2.11~6.68%인 것을 말한다.
㉯ 압축강도에 비해 인장강도가 크다.
㉰ 마찰저항이 크고 절삭성이 좋다.
㉱ 용융점이 낮고 유동성이 좋다.

[해설] 일반 주철(회주철)은 연신율이 거의 없다. 주철은 쉽게 부러지고 인장강도도 떨어진다.

50. 압력제어밸브 중 회로 내의 압력이 설정값에 도달하면 오일의 일부 또는 전부를 배출구로 되돌려서 회로 내의 압력을 일정하게 유지되게 하는 역할을 하는 밸브는?

㉮ 리듀싱 밸브(Reducing valve) ㉯ 시퀀스 밸브(Sequence valve)
㉰ 릴리프 밸브(Relief valve) ㉱ 언로더 밸브(Unloader valve)

[해설] ① 리듀싱 밸브: 사용 목적 보다 유체의 압력이 높을 때 감압하고, 압력을 일정하게 유지하는 밸브
② 시퀀스 밸브: 3방향 밸브의 일종이며 다이어프램의 수압판으로 조작된 공기압을 받아 밸브를 개폐한다.
③ 릴리프 밸브: 유압회로 내에 최고 압력 또는 설정 압력으로 근접하면 압력을 낮추기 위해서 유체를 배출하는 밸브

정답 46. ㉱ 47. ㉮ 48. ㉰ 49. ㉯ 50. ㉰

51. 원형 단면봉에 비틀림 모멘트가 작용할 때 발생하는 비틀림각에 대한 설명으로 옳은 것은?

㉮ 축 길이에 반비례한다.
㉯ 전단탄성계수에 비례한다.
㉰ 비틀림 모멘트에 반비례한다.
㉱ 축 지름의 4승에 반비례한다.

해설 비틀림 각 $\theta = \dfrac{32T\ell}{\pi d^4 G}$ 여기서 d: 직경, ℓ: 길이, T: 비틀림 모멘트, G: 재료의 횡탄성계수

52. 지름 110mm, 회전수 500rpm인 축에 묻힘키를 폭 28mm, 높이 18mm, 길이 300mm로 설계하려고 한다면 키의 전단응력에 의한 최대전달동력(kW)은 약 얼마인가? (단, 키의 허용전단응력은 32MPa이다.)

㉮ 314   ㉯ 523   ㉰ 774   ㉱ 963

해설 $32(MPa) = 32 \times 10^6 (Pa) = 32 \times 10^6 (N/m^2) = 32(N/mm^2)$

$P = \dfrac{N\tau b\ell d}{2 \times 974000} = \dfrac{500 \times \dfrac{32}{9.8} \times 28 \times 300 \times 110}{2 \times 974000} ≒ 774(kW)$

53. 타이타늄 합금의 기계적 성질에 관한 설명으로 옳은 것은?

㉮ 비중이 10으로 강보다 무겁다.
㉯ 장시간 가열에 대한 열 안정성이 불량하다.
㉰ 항공기나 자동차 엔진 재료로 사용이 불가능하다.
㉱ 합금원소 첨가로 크리프강도와 피로강도가 높다.

해설 타이타늄: 기계적 성질이 양호하고 비중(4.5)이 작아, 경금속 부류에 들어간다. 또한 내식성이 우수하다. 합금원소는 Al, Cr, Fe, Mn 등이 있다. 합금원소 첨가로 크리프강도와 피로강도가 높다. 용도는 군대장비, 항공기, 우주선, 의학장비 등이다.

54. 클러치, 캠, 기어 등의 소재 가공 시 강재의 표면만 경화시키는 표면경화법이 아닌 것은?

㉮ 침탄법   ㉯ 질화법   ㉰ 제강법   ㉱ 청화법

해설 1. 화학적 표면 경화법: ① 침탄법 ② 질화법 ③ 청화법 ④ 침유법 ⑤ 금속 침투법
2. 물리적 표면 경화법: ① 화염 경화법 ② 고주파 경화법 ③ 하드 페이싱 ④ 쇼트피닝

55. 볼트 체결에 있어서 마찰각을 ρ, 리드각을 λ라고 할 때, 나사의 효율(η)을 나타내는 식은?

㉮ $\eta = \dfrac{\tan\lambda}{\tan(\lambda+\rho)}$ ㉯ $\eta = \dfrac{\tan(\lambda-\rho)}{\tan(\lambda+\rho)}$

㉰ $\eta = \dfrac{\tan(\lambda+\rho)}{\tan\lambda}$ ㉱ $\eta = \dfrac{\tan(\lambda+\rho)}{\tan(\lambda-\rho)}$

56. 다음 중 각 탄성계수와 푸아송의 비 μ, 푸아송의 수 m과의 관계를 나타낸 것으로 틀린 것은? (단, 가로 탄성계수는 G, 세로 탄성계수는 E, 체적 탄성계수는 K이다.)

정답 51. ㉱ 52. ㉰ 53. ㉱ 54. ㉰ 55. ㉮ 56. ㉯

㉮ $G = \dfrac{E}{2(1+\mu)}$ ㉯ $E = \dfrac{m}{2G(m+1)}$

㉰ $m = \dfrac{2G}{E-2G}$ ㉱ $K = \dfrac{E}{3(1-2\mu)}$

57. 아크(arc)용접에서 언더 컷(undercut)을 방지하는 일반적인 방법으로 틀린 것은?

㉮ 용접전류를 높인다. ㉯ 용접속도는 낮춘다.
㉰ 짧은 아크 길이를 유지한다. ㉱ 모재 두께 및 폭에 대하여 적합한 용접봉을 선택한다.

해설 언더컷: 용접부의 모재면과 용접비드가 맞닿는 부분 또는 루트의 모재쪽 용융에 의해 용접선 가장 자리에 모재가 패어서 홈과 같이 골이 생긴 상태를 말한다. 대책으로는 낮은 전류 사용, 아크의 길이를 짧게, 용접봉의 유지각도를 바꾸거나 용접속도를 낮춘다.

58. 다음 중 미세한 숫돌가루를 이용하여 표면을 매끈하게 만드는 가공법은?

㉮ 선반 ㉯ 래핑 ㉰ 호빙 ㉱ 밀링

해설
- 래핑: 미세한 숫돌가루를 이용하여 표면을 매끈하게 다듬는 것
- 호빙: 압형으로 금속 재료의 틀을 뜨는 일을 말한다.

59. 양 끝을 고정한 연강봉이 온도 22℃에서 가열되어 40℃가 되었다. 이 때 재료 내부에 생기는 열응력(MPa)은 약 얼마인가? (단 재료의 선팽창계수 $1.2 \times 10^{-5}/℃$, 세로탄성계수는 210GPa이다.)

㉮ 45.4 ㉯ 47.9 ㉰ 50.4 ㉱ 52.9

해설 $E = 210(GPa) = 210 \times 10^9 (Pa) = 210 \times 10^9 (N/m^2) = 210 \times 10^3 (N/mm^2)$
$P = \sigma A = E\alpha(t_1 - t_2) = 210 \times 10^3 \times 1.2 \times 10^{-5}(40-22) = 4536 \times 10^{-2} ≒ 45.4(MPa)$

60. 주형 제작에 사용되는 탕구계(gating system)의 구성요소에 포함되는 않는 것은?

㉮ 열풍로 ㉯ 주입구 ㉰ 라이저 ㉱ 탕도

해설 탕구계: 쇳물을 주입하기 위한 통로. 쇳물받이 → 탕구 → 탕류 → 탕도 → 주입구
※ 라이저는 쇳물 부족을 보충하기 위해 주물이 될 주형의 공동부에 마련한 탕구모양의 것으로, 응고 중 주형에 압력을 가해 주형내의 가스를 배출하여 공기발생과 수축공, 편석을 발생하지 않게 한다.

(전기 제어 공학)

61. 어떤 물체가 1초 동안에 50회전할 때 각속도(rad/s)는?

㉮ 50π ㉯ 60π ㉰ 100π ㉱ 120π

해설 $w = 2\pi n = 2\pi \dfrac{N}{60} = \dfrac{2\pi \times 3000}{60} = 100\pi$

정답 57. ㉮ 58. ㉯ 59. ㉮ 60. ㉮ 61. ㉰

62. 어떤 전지에 5A의 전류가 10분간 흘렀다면 이 전지에서 발생한 전하량은 몇 C인가?

㉮ 1000 ㉯ 2000 ㉰ 3000 ㉱ 4000

해설 $Q = It = 5 \times 10 \times 60 = 3000(C)$

63. 전압, 전류, 주파수 등의 양을 주로 제어하는 것으로 응답속도가 빨라야 하는 것이 특징이며, 정전압장치나 발전기 및 조절기의 제어 등에 활용하는 제어방법은?

㉮ 서보기구 ㉯ 비율 제어 ㉰ 자동 조정 ㉱ 프로세스 제어

해설 ① 서보기구: 물체의 위치, 방위, 자세 등의 기계적 변위를 제어량으로 하여 목표값의 임의의 변화에 추종하도록 구성된 제어계
② 비율 제어: 둘 이상의 제어량을 소정의 비율로 제어하는 것. 예) 보일러의 자동연소제어, 암모니아 합성 프로세스 제어 등
③ 자동 조정: 전압, 전류, 주파수, 회전속도, 힘 등 전기적, 기계적 양을 주로 제어하는 것
④ 프로세스 제어: 온도, 유량, 압력, 액위 등을 대상으로 하는 제어

64. r(t)=2, $G_1 = 100$, $H_1 = 0.01$일 때 c(t)를 구하면?

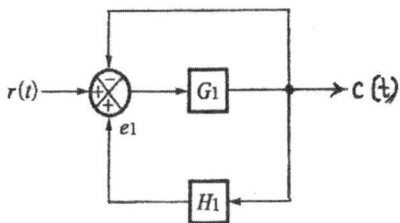

㉮ 2 ㉯ 5 ㉰ 9 ㉱ 10

해설 $c(t) = \dfrac{r(t)G_1}{1 + G_1 - G_1 H_1}$ 에서 $r(t) = 2, \ G_1 = 100, \ H_1 = 0.01$을 대입하면

∴ $c(t) = \dfrac{2 \times 100}{1 + 100 - 100 \times 0.01} = 2$

65. 150kVA 단상변압기의 철손이 1kW, 전 부하동손이 4kW이다. 이 변압기의 최대 효율은 몇 kVA의 부하에서 나타나는가?

㉮ 25 ㉯ 75 ㉰ 100 ㉱ 125

해설 변압기 효율 $m^2 P_c = P_i$일 때 최대이므로 $m^2 \times 4 = 1, \ m = \sqrt{\dfrac{1}{4}} = 0.5$

즉 50% 부하에서 최대효율이 된다. ∴ $150 \times \dfrac{1}{2} = 75(kVA)$

66. 피드백 제어시스템의 피드백 효과로 옳지 않은 것은?

정답 62. ㉰ 63. ㉰ 64. ㉮ 65. ㉯ 66. ㉰

㉮ 대역폭 증가 ㉯ 정확도 개선
㉰ 시스템 간소화 및 비용 감소 ㉱ 외부 조건의 변화에 대한 영향 감소

해설 피드백 제어시스템은 시스템이 복잡하고 설비에 많은 비용이 든다.

67. 다음 중 절연저항을 측정하는 데 사용되는 계측기는?

㉮ 메거 ㉯ 저항계 ㉰ 켈빈브리지 ㉱ 휘스톤브리지

68. 60Hz, 8극, 8200W의 유도전동기가 있다. 전부하 시의 회전수가 855rpm일 때 전동기의 토크 (kg·m)는 약 얼마인가?

㉮ 7.21 ㉯ 8.43 ㉰ 8.92 ㉱ 9.35

해설 $\tau = 0.975 \dfrac{P_o}{N} = 0.975 \times \dfrac{8200}{855} ≒ 9.35(kg \cdot m)$

69. 교류(Alternating current)를 나타내는 값 중 임의의 순간의 크기를 나타내는 것은?

㉮ 최대값 ㉯ 평균값 ㉰ 실효값 ㉱ 순시값

해설 순시값은 교류 파형에서 어떤 임의의 순간에서의 크기를 나타내는 것을 말한다.

70. 다음 회로의 전달함수 G(s)는? (단, s=jω이다.)

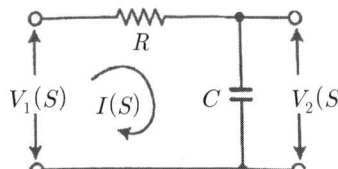

㉮ $\dfrac{1}{RC_s - 1}$ ㉯ $\dfrac{1}{RC_s + 1}$
㉰ $\dfrac{RC_s}{RC_s - 1}$ ㉱ $\dfrac{RC_s}{RC_s + 1}$

해설 T형 회로(입력, 출력이 모두 전압)일 때:
$R = RC_s$, $L = LCS^2$, $C = 1$로 한다. $G(s) = \dfrac{출력}{입력} = \dfrac{1}{RC_s + 1}$

71. 그림과 같은 유접점 회로를 논리식으로 나타내면?

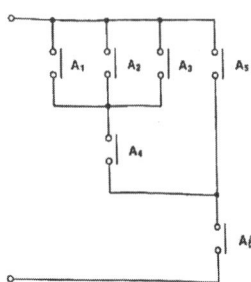

㉮ $(A_1 \times A_2 \times A_3 \times A_4) \times (A_5 + A_6)$
㉯ $(A_1 \times A_2 \times A_3) + A_5 + A_6$
㉰ $[(A_1 + A_2 + A_3 + A_5) \times A_4] \times A_6$
㉱ $[(A_1 + A_2 + A_3) \times A_4 + A_5] \times A_6$

정답 67. ㉮ 68. ㉱ 69. ㉱ 70. ㉯ 71. ㉱

해설 $A_1A_2A_3$는 병렬이므로 OR회로, 그리고 $A_1A_2A_3$와 A_4는 직렬이므로 AND회로 또 $A_1A_2A_3A_4$와 A_5는 병렬이므로 OR회로이다. 최종적으로 $A_1A_2A_3A_4A_5$와 A_6는 직렬이므로 AND회로이다.

72. 전기사용 장소의 사용전압이 380V인 전로의 전로와 대지 사이의 절연저항(MΩ)은 최소 얼마 이상이어야 하는가?

㉮ 0.3   ㉯ 0.6   ㉰ 0.9   ㉱ 1

해설 전기설비의 절연저항

공칭 회로전압	시험전압/직류(V)	절연저항(MΩ)
SELV 및 PELV 100VA 이상	250	0.5 이상
500V 이하 FELV 포함	500	1.0 이상
500V 초과	1,000	1.0 이상

※ SELV: 안전 초저압, PELV: 보호 초저압, FELV: 기능 초저압

73. 피드백 제어계의 구성 요소 중 제어동작 신호를 받아 조작량으로 바꾸는 역할을 하는 것은?

㉮ 설정부   ㉯ 비교부   ㉰ 제어요소   ㉱ 검출부

해설 피드백 제어 시스템

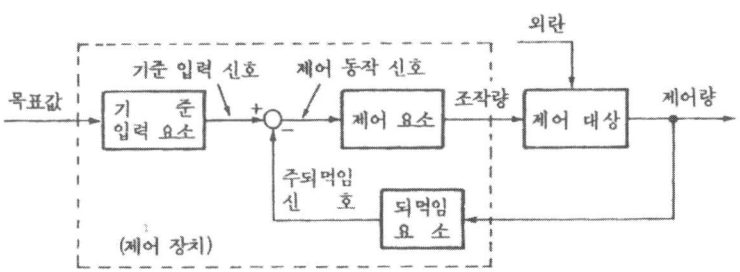

74. 세라믹 콘덴서 소자의 표면에 103K라고 적혀있을 때 이 콘덴서의 용량은 약 몇 μF인가?

㉮ 0.01   ㉯ 0.1   ㉰ 103   ㉱ 10^3

해설 $C = 103K = 10 \times 10^3 = 10 \times 10^3 (PF) = 10 \times 10^3 \times 10^{-12}$
$= 10 \times 10^{-9}(F) = 0.01 \mu F$

75. 저항에 전류가 흐르면 열이 발생하는 열작용과 가장 밀접한 관계가 있는 법칙은?

㉮ 줄의 법칙   ㉯ 쿨롱의 법칙   ㉰ 옴의 법칙   ㉱ 패러데이의 법칙

해설 ① 줄의 법칙: 저항 R(Ω)에 I(A)의 전류가 t(sec) 동안 흐를 때, 이 때의 발열량 H는
$H = I^2Rt(J) = 0.24I^2Rt(cal)$

정답 72. ㉱   73. ㉰   74. ㉮   75. ㉮

② 쿨롱의 법칙: 두 자극 사이에 작용하는 힘의 크기 F(N)은 두 자극의 세기 m_1, m_2(Wb)의 곱에 비례하고, 두 자극 사이의 거리 r(m)의 제곱에 반비례한다.

$$F = \frac{1}{4\pi\mu} \cdot \frac{m_1 m_2}{r^2} = \frac{1}{4\pi\mu_0} \cdot \frac{m_1 m_2}{\mu_s r^2} = 6.33 \times 10^4 \times \frac{m_1 m_2}{\mu_s r^2}(N)(N)$$

여기서 μ : 투자율($\mu = \mu_o \cdot \mu_s$(H/m))

μ_o : 진공의 투자율($\mu_0 = 4\pi \times 10^{-7}$(H/m))

μ_s : 매질의 비투자율(진공 및 공기중에서 약 1)

③ 오옴의 법칙: $I = \dfrac{V}{R}$(A)

④ 패러데이의 법칙: 유도기전력의 크기는 코일을 지나는 자속의 매초 변화량과 코일의 권수에 비례한다.

$$e = -N\frac{\Delta\varnothing}{\Delta t}(V)$$

여기서, Δt : 시간의 변화량, N : 코일권수, $\Delta\varnothing$: 자속의 변화량

76. 평형 3상회로에서 상당 저항이 40Ω, 리액턴스가 30Ω인 3상 유도성 부하를 Y결선으로 결선한 경우 복소전력(VA)은? (단, 선간전압의 크기는 $100\sqrt{3}\ V$이다.)

㉮ 160+j120　　㉯ 480+j360　　㉰ 960+j720　　㉱ 1440+j1080

해설
$$P_a = 3 \times \frac{V_p^2}{Z} = 3 \times \frac{100^2}{40+j30} = \frac{3 \times 10^4(40-j30)}{(40+j30)(40-j30)}$$
$$= \frac{3 \times 10^4(40-j30)}{40^2+30^2}$$
$$= \frac{12 \times 10^5 - j9 \times 10^5}{2500}$$
$$= 480 + j360$$

77. 논리식 $(A+B)(\overline{A}+B)$와 등가인 것은?

㉮ A　　㉯ B　　㉰ AB　　㉱ $A\overline{B}$

해설 $(A+B(\overline{A}+B) = A\overline{A} + AB + \overline{A}B + BB = AB + \overline{A}B + B = B(A+\overline{A}) + B = B$

※ $A\overline{A} = 0$, $BB = B$, $B+B = B$, $A+\overline{A} = 1$

78. 다음 그림과 같은 다이오드 논리 게이트는?

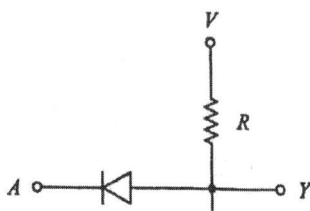

정답 **76.** ㉯　**77.** ㉯　**78.** ㉮

㉮ AND ㉯ OR
㉰ NOT ㉱ NOR

해설 ① AND회로

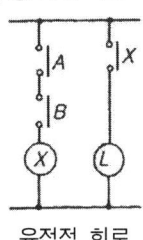
유접점 회로

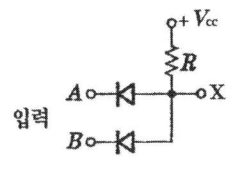
무접점회로

② OR회로

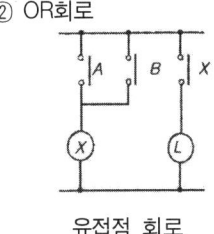
유접점 회로

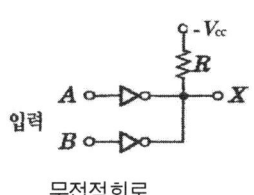
무접점회로

79. 다음 중 옴의 법칙에 대한 설명으로 옳지 않은 것은?

㉮ 저항에 전류가 흐를 때, 전압, 전류, 저항의 관계를 설명해 준다.
㉯ 옴의 법칙은 저항으로 전류의 크기를 조절할 수 있음을 보여준다.
㉰ 옴의 법칙은 저항에 의한 전압강하를 설명해 준다.
㉱ 옴의 법칙을 이용하여 임피던스에 의한 전압강하는 설명할 수 없다.

해설 옴의 법칙 : $I = \dfrac{V}{R}(A)$

80. 검출기기에서 검출된 온도를 전압으로 변환하는 요소의 종류는?

㉮ 열전대 ㉯ 전자석 ㉰ 벨로우즈 ㉱ 광전다이오드

해설 ① 온도 → 전압 (열전대) ② 전압 → 변위 (전자석, 전자코일)
③ 압력 → 변위 (벨로우즈, 다이어프램, 스프링) ④ 광 → 전압 (광전지, 광전다이오드)

정답 79. ㉱ 80. ㉮

승강기 기사 기출문제
(2022. 3. 5)

(승강기 개론)

1. 엘리베이터의 전자-기계 브레이크 시스템에서 브레이크는 카가 정격속도로 정격하중의 몇 %를 싣고 하강방향으로 운행될 때 정지시킬 수 있어야 하는가?

① 110　　② 115　　③ 125　　④ 130

해설 제동기의 능력: 엘리베이터의 카가 정격속도로 정격하중의 125%를 싣고 하강 방향으로 운행될 때 구동기를 정지시킬 수 있어야 한다.

2. 권상 도르래·풀리 또는 드럼의 피치직경과 로프(벨트)의 공칭직경 사이의 비율은 로프(벨트)의 가닥수와 관계없이 몇 배 이상이어야 하는가? (단, 주택용 엘리베이터는 제외한다).

① 36　　② 40　　③ 46　　④ 50

해설 도르래 직경은 로프 직경의 40배 이상 되어야 한다. 단, 주 로프 직경에 접한 부분의 길이가 그 둘레 길이의 1/4 이하인 경우에는 로프 직경의 36배 이상으로 할 수 있다.

3. 유압식 엘리베이터의 장점으로 볼 수 없는 것은?

① 기계실의 배치가 자유롭다.
② 건물 꼭대기 부분에 하중이 걸리지 않는다.
③ 승강로 꼭대기 틈새가 작아도 좋다.
④ 전동기의 소요동력이 작아진다.

해설 유압 엘리베이터의 단점
① 균형추를 사용하지 않으므로 전동기의 소요 동력이 크다.
② 실린더를 사용하므로 행정거리와 속도에 한계가 있다.

4. 엘리베이터의 카에서 비상 시 작동하는 비상등은 몇 lx 이상이어야 하는가?

① 2　　② 5　　③ 10　　④ 20

해설 비상등: 램프 중심으로부터 1m 떨어진 수직면상에서 5lux 이상의 밝기가 되어야 하며, 60분 이상 유지되어야 한다.

5. 엘리베이터의 조작방식에 대한 설명으로 옳은 것은?

① 먼저 눌려져 있는 호출에 응답하고, 그 운전이 완료될 때까지는 다른 호출에 일체 응답하는 않은 것을 단식 자동식이라 한다.
② 승강장의 누름버튼은 두 개가 있고, 동시에 기억시킬 수 있으며, 카는 그 진행방향의 카버튼과 승강장버튼에 응답하면서 승강하는 것을 군 관리방식이라 한다.

정답　1. ③　2. ②　3. ④　4. ②　5. ①

③ 먼저 눌러져 있는 호출에 응답하고, 그 운전이 완료되기 전에도 다른 호출에 응답하는 것을 카 스위치 방식이라 한다.
④ 승강장 누름버튼은 두 개인데 동시에 기억시킬 수 없으며, 카는 그 진행방향의 카 버튼과 승강장버튼에 응답하는 것을 승합 전자동식이라 한다.

해설 ① 단식 자동식(single automatic type): 가장 먼저 눌러진 호출에만 응답하고, 운행 중 다른 호출에는 응하지 않는다. 자동차용 및 화물용에 적합하다.
② 승합 전자동식(乘合全自動式): 승강장의 누름버튼을 상·하 2개가 있고 동시에 기억시킬 수 있다. 카 진행방향의 누름버튼과 승강장의 누름버튼에 응답하면서 오르고 내린다. 1대의 승용 엘리베이터는 이 방식을 채용하고 있다.
③ 군관리 방식: 엘리베이터가 3~8대 병설될 때, 각각의 카를 합리적으로 운행·관리하는 방식이다. 이 방식은 전체 효율에 중점을 둔다. 그리고 승강장의 위치 표시기는 홀랜턴을 사용한다.
④ 하강 승합 자동식(down collective automatic type): 2층 이상의 승강장에는 내림방향의 버튼밖에 없다. 중간층에서 위 방향으로 올라갈 때에는 1층까지 내려와서 카 버튼으로 목적층을 등록시켜 올라가야 한다.

6. 소선의 강도에 의해서 E종으로 분류된 와이어로프의 소선의 공칭 인장강도는 몇 N/mm^2인가?

① 1320   ② 1470   ③ 1620   ④ 1770

해설 ① E종: $1320 N/mm^2$, 엘리베이터용
② A종: $1620 N/mm^2$, 초고층 엘리베이터 및 로프본수를 적게 하는 경우
③ B종: $1770 N/mm^2$, 엘리베이터에는 사용 안함
④ G종: $1470 N/mm^2$, 소선의 표면에 아연도금을 하여 습기가 많은 장소에 사용

7. 승객용 엘리베이터의 가이드 레일의 규격이 '가이드 레일 ISO 7465-T82/A'라고 명시되어 있다. 여기서 '82'는 그림에서 어디 부분의 길이를 의미하는가? (단, 가이드 레일 규격은 KS B ISO 7465에 따른다.)

① A
② B
③ C
④ D

해설

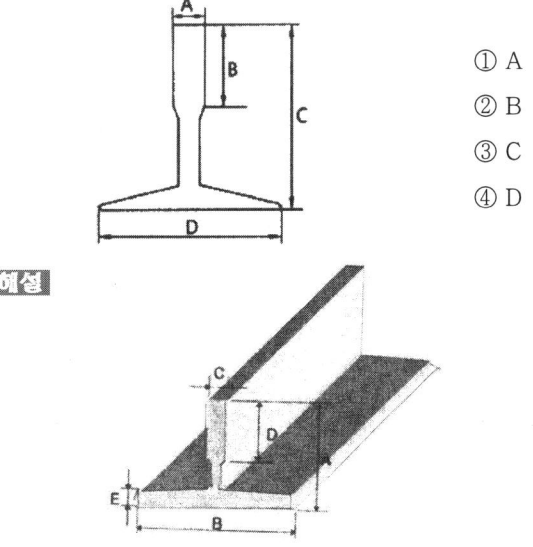

정답 6. ① 7. ④

8. 에스컬레이터의 경사도는 기본적으로 30°를 초과하지 않아야 하는데 특별한 경우 경사도를 35°까지 증가시킬 수 있다. 이 경우 공칭속도는 몇 m/s 이하이어야 하는가? (단, 층고는 6m이하이다).

① 0.5　　　　② 0.75　　　　③ 1　　　　④ 1.5

해설 에스컬레이터 시설
① 경사각도는 30°를 초과하지 않아야 한다.
② 경사각도가 30° 이하는 45m/min(0.75m/s) 이하이어야 한다. 그런데 30°를 초과하고 35° 이하는 30m/min (0.5m/s) 이하이어야 한다.
③ 경사각도가 30° 이하이며, 층 높이가 6m 이하이고, 공칭속도가 0.5m/s 이하인 경우에는 35°까지 허용된다.

9. 카 출입구의 하단에 설치하며 승강로와 카 바닥면의 간격을 일정치 이하로 유지함으로써, 카가 층과 층의 중간에 정지 시 승객이 아래층 방향의 엘리베이터 밖으로 나오려고 할 때 추락을 방지하는 것은?

① 가이드 슈(guide shoe)　　② 에이프런(apron)
③ 하부체대(plank)　　　　　④ 브레이스 로드(brace rod)

해설 에이프런(apron): 카가 층과 층의 중간에 정지 시 승객이 아래층 방향의 엘리베이터 밖으로 나오려고 할 때 추락 방지를 위해 설치한다. 카 문턱에는 승강장 유효 출입구 전폭에 걸쳐 설치하는데, 수직면의 아랫부분은 수평면에 대해 60° 이상으로 아랫방향으로 구부러져야 하며, 구부러진 곳의 수평면에 대한 투영길이는 20mm 이상이어야 한다. 또한 수직부분의 높이는 0.75m 이상이어야 한다.

10. 무빙워크의 경사도는 몇 ° 이내여야 하는가?

① 10　　　　② 12　　　　③ 15　　　　④ 20

해설 무빙워크: ① 경사도는 12° 이하이어야 한다.
② 공칭속도는 45m/min(0.75m/s) 이하이어야 한다.

11. 소형 화물형 엘리베이터의 안전기준에 따라 카와 승강장문과의 거리는 몇 mm 이하여야 하는가?

① 10　　　　② 20　　　　③ 30　　　　④ 40

해설 ① 승객용 엘리베이터: 카와 승강장 문과의 거리 35mm 이하
② 소형 화물형 엘리베이터: 카와 승강장 문과의 거리 30mm 이하

12. 에너지 분산형 완충기의 요구조건에 대한 설명으로 옳지 않은 것은? (단, g_n은 중력가속도를 의미한다.)

① 완충기의 가능한 총 행정은 정격속도 115%에 상응하는 중력 정지거리 이상이어야 한다.
② 카에 정격하중을 싣고, 정격속도의 115%의 속도로 자유낙하 하여 완충기에 충돌할 때 평균 감속도는 1 g_n 이하여야 한다.
③ $2.5g_n$을 초과하는 감속도는 0.1초보다 길지 않아야 한다.
④ 완충기 작동 후에는 영구적인 변형이 없어야 한다.

정답 8. ① 9. ② 10. ② 11. ③ 12. ③

13. 승강기에 사용되는 유도전동기의 용량이 15kW, 전동기의 회전수가 1450rpm 이라면 이 전동기의 브레이크에 요구되는 제동토크는 약 몇 N·m인가? (단, 주어진 조건 이외에는 무시한다.)

① 74   ② 99   ③ 144   ④ 202

해설 $\tau = 9.55 \dfrac{P}{N} = 9.55 \dfrac{15 \times 10^3}{1450} \fallingdotseq 99 (N \cdot m)$

14. 승강로의 일반적인 구조에 관한 설명으로 틀린 것은?

① 승강로 내에는 각 층을 나타내는 표기가 있어야 한다.
② 승강로 내에 설치되는 돌출물은 안전상 지장이 없어야 한다.
③ 엘리베이터의 균형추 또는 평형추는 카와 동일한 승강로에 있어야 한다.
④ 밀폐식 승강로에는 어떠한 환기구나 통풍구가 있어서는 안 된다.

해설 밀폐식 승강로 설비: 승강로는 구멍이 없는 벽, 바닥 및 천장으로 완전히 둘러싸인 구조이어야 한다. 다만, 다음과 같은 개구부는 허용된다.
① 승강장문을 설치하기 위한 개구부
② 승강로의 점검문 및 비상문을 설치하기 위한 개구부
③ 화재 시 가스 및 연기의 배출을 위한 통풍구
④ 환기구
⑤ 엘리베이터 성능을 위한 승강로와 기계실 또는 풀리실 사이의 개구부
⑥ 엘리베이터와 다른 엘리베이터 사이에 설치된 칸막이의 개구부

15. 엘리베이터의 기계실 출입문 크기 기준으로 옳은 것은? (단, 주택용 엘리베이터는 제외한다).

① 폭 0.6m 이상, 높이 1.7m 이상
② 폭 0.7m 이상, 높이 1.8m 이상
③ 폭 0.8m 이상, 높이 1.9m 이상
④ 폭 0.9m 이상, 높이 2.0m 이상

해설 ① 기계실 출입문·피트 출입문·승강로 출입문: 폭 0.7m 이상, 높이 1.8m 이상
② 승강로 비상문: 폭 0.5m 이상, 높이 1.8m 이상   ③ 승강로 점검문: 폭 0.5m 이하, 높이 0.5m 이하
④ 승강로 풀리실 출입문: 폭 0.6m 이상, 높이 1.4m 이상

16. 엘리베이터에서 카 내부의 유효높이는 일반적으로 몇 m 이상인가? (단, 주택용, 자동차용 엘리베이터는 제외한다.)

① 1.8   ② 1.9   ③ 2.0   ④ 2.1

해설 카 내부의 유효 높이는 2m 이상(주택용은 1.8m 이상)이어야 한다.

17. 엘리베이터가 '피난운전'시 특정 안전장치를 제외하고는 기본적으로 모두 작동상태여야 한다. 여기서 제외되는 안전장치는 다음 중 무엇인가?

① 문닫힘 안전장치
② 과부하 감지장치
③ 추락방지 안전장치
④ 상승과속 안전장치

해설 피난운전은 화재 등 재난발생으로 피난활동을 위한 것이므로 피난 안전구역까지는 도어를 열고도 운행할 수 있다.

정답 13. ②   14. ④   15. ②   16. ③   17. ①

18. 소방구조용 엘리베이터의 보조전원 공급장치는 얼마 이상 엘리베이터 운전이 가능하여야 하는가?

① 30분　② 1시간　③ 1시간 30분　④ 2시간

해설 보조전원 공급장치는 주전원이 차단된 후 60초 이내에 자동으로 전원 투입이 되어, 소방용 승강기의 운행이 2시간 이상 운행이 가능하여야 한다.

19. 카의 상승과속방지장치에 대한 설명으로 틀린 것은?

① 상승과속방지장치를 작동하기 위해 외부 에너지가 필요할 경우, 외부 에너지가 공급되지 않으면 엘리베이터는 정지 및 그 상태를 유지해야 한다. (압축 스프링 방식 제외)
② 상승과속방지장치의 복귀를 위해서는 작업자가 승강로에 들어가서 직접 작업하도록 해야 한다.
③ 상승과속방지장치가 작동 후 복귀 후 엘리베이터가 정상운행되기 위해서는 전문가(유지관리업자)의 개입이 요구되어야 한다.
④ 상승과속방지장치는 빈 칸의 감속도가 정지단계 동안 $1g_n$ (중력가속도)을 초과하지 않아야 한다.

해설 상승 과속 방지장치용 브레이크는 카, 균형추, 와이어로프, 권상 시브에 직접 제동력을 가해 엘리베이터를 정지시킨다. 복귀는 유지관리업자(전문가)가 한다.

20. 유압식 엘리베이터에서 유압장치의 보수, 점검 또는 수리 등을 할 때 주로 사용하기 위하여 설치하는 밸브는?

① 스톱 밸브　② 체크 밸브　③ 안전 밸브　④ 럽처 밸브

해설 ① 스톱 밸브: 유압파워 유니트에서 실린더로 통하는 배관 도중에 설치되는 수동조작밸브이다. 이 밸브를 닫으면 실린더의 오일이 파워유니트로 역류하는 것을 방지한다. 이 밸브는 유압장치의 보수, 점검, 수리 시에 사용되는데 게이트 밸브(gate valve)라고도 한다.
② 역저지(check) 밸브: 한쪽 방향으로만 오일이 흐르도록 하는 밸브이다. 기능은 로프식 엘리베이터의 전자 브레이크와 유사하다.
③ 안전 밸브(relief valve): 일종의 압력조정 밸브인데 회로의 압력이 설정값에 도달하면 밸브를 열어 오일을 탱크로 돌려보냄으로써 압력이 과도하게 상승(상용압력의 125%에 설정)하는 것을 방지한다.
④ 럽처 밸브(Rapture valve): 오일이 실린더로 들어가는 곳에 설치하여 압력배관이 파손되었을 때 자동적으로 밸브를 닫아 카가 급격히 떨어지는 것을 방지하는 밸브이다.

(승강기 설계)

21. 엘리베이터의 설치 환경과 교통량에 관한 설명이다. 옳지 않은 것은?

① 대중교통이 발달한 중심상가지역의 사무용 건물에는 아침 출근 시간의 교통량이 상대적으로 많다.
② 사무실이 밀집되어 있는 건물에는 점심시간이 같아서 정오시간의 교통량이 증가한다.
③ 유연근무제, 시차출퇴근제의 확산은 출근시간의 교통량 집중도를 높였지만, 엘리베이터 하향방향의 교통량 집중은 감소시켰다.
④ 병원의 경우는 일반 사무실과는 다르게 환자의 왕진 및 치료와 수술이 행해지는 오전시간에 교통량이 집중되거나, 또는 환자방문시간이나 교대근무가 발생하는 오후의 특정시간에 교통량이 집중될 수도 있다.

해설 유연근무제, 시차출퇴근제의 확산은 출퇴근의 교통량 집중도를 낮춘다.

정답 18. ④　19. ②　20. ①　21. ③

22. 엘리베이터의 적재중량(W)이 3500kg이고, 카 및 관련 부품들의 중량(W_p)이 2000kg일 때 하부체대에 발생하는 최대굽힘응력은 약 몇 MPa인가? (단, 하부체대의 길이(L)은 3m, 하부체대의 총 단면계수는 $498000\,mm^3$이며, 하부체대에 작용하는 최대 굽힘모멘트(M)는 다음과 같은 식(g는 중력가속도)을 적용한다).

$$M = \frac{5}{64}(W + W_p) \times g \times L$$

① 48.8　　② 38.7　　③ 25.4　　④ 18.5

해설 $M = \frac{5}{64}(W + W_p) \times g \times L = \frac{5}{64}(3500 + 2000) \times 9.8 \times 3$
$= 12632.8125(N \cdot m) = 12632.8125 \times 1000(N \cdot mm)$
$\sigma = \frac{M}{Z} = \frac{12632.8125 \times 1000}{498000} = 25.367(N/mm^2) = MPa$

※ M식에 g가 있으므로 계산의 답은 $N \cdot m$이다.

23. 엘리베이터의 승강로 내부, 기계류 공간 및 풀리실에서 직접적인 접촉에 의한 전기설비의 보호를 위해 케이스를 설치하고자 한다. 이는 얼마 이상의 보호등급을 제공해야 하는가?

① IP 2X　　② IP 3X　　③ IP 4X　　④ IP 5X

해설 IP등급이란 스위스 제네바에 본부를 둔 국제전기 기술위원회의 간단한 방수·방진 기술에 관련된 등급이다. IP+(방진등급)+(방수등급)으로 표현된다. IP×4는 방진등급은 없고 방수등급은 4등급이다. IP2X는 방진등급이 2등급이며 방수 등급은 없다.
[참고] 1: 손의 접근으로부터 보호　　2: 손가락의 접근으로부터 보호
　　　 3: 공수의 선단 등으로부터 보호　4: 와이어 등으로부터 보호
　　　 5: 분진으로부터 보호　　　　　6: 완전한 방진구조

24. 엘리베이터 브레이크 장치에서 총 제동토크는 $180 N \cdot m$이고, 브레이크 드럼의 지름은 260mm, 접촉부 마찰계수는 0.35일 때 드럼과 브레이크 슈가 만나는 곳에서의 드럼의 반력은 약 몇 N 인가? (단, 브레이크 슈는 2개가 설치되어 있고, 양쪽 슈에서 작용하는 반력은 동일하며, 한쪽의 반력만 구한다).

① 495　　② 989　　③ 1483　　④ 1978

해설 $T = 2\mu W \frac{D}{2}$ 에서 $W = \frac{T}{\mu D} = \frac{180}{0.35 \times 0.26} ≒ 1978(N)$

25. 소방구조용 엘리베이터의 보조 전원공급장치에 관한 설명으로 옳지 않은 것은?

① 정전 시 60초 이내에 엘리베이터 운행에 필요한 전력용량을 자동적으로 발생시키도록 하되 수동으로 전원을 작동시킬 수 있어야 한다.
② 소방구조용 엘리베이터의 주 전원공급과 보조 전원공급의 전선은 방화구획이 되어야 하고 서로 구분되어야 하며, 다른 전원공급 장치와도 구분되어야 한다.

정답 22. ③　23. ①　24. ④　25. ④

③ 보조 전원공급장치는 방화구획된 장소에 설치되어야 한다.
④ 소방구조용 엘리베이터를 위한 보조 전원공급장치에는 충분한 전력 용량을 제공할 수 있는 자가발전기를 예외 없이 설치해야 한다.

해설 2곳 이상의 변전소로부터 전력을 동시에 공급받는 경우 또는 1곳의 변전소로부터 전력의 공급이 중단될 때 자동으로 다른 변전소의 전원을 공급받을 수 있도록 되어 있는 경우 이 전력용량이 소방구조용 엘리베이터의 전부를 동시에 운행시킬 수 충분한 전력용량이 공급될 경우 자가발전기는 설치되지 않아도 된다.

26. 하중이 작용하는 방향에 의해 하중을 분류하였을 때 이에 해당되지 않는 것은?

① 정하중   ② 인장하중   ③ 압축하중   ④ 전단하중

해설 하중이 작용하는 방향에 따른 분류: ① 압축하중 ② 인장하중 ③ 전단하중

27. 엘리베이터용 가이드 레일에 관한 사항으로 틀린 것은?

① 엘리베이터의 정격하중에 관계가 있다.
② 대형 화물용 엘리베이터의 경우 하중을 적재할 때 발생되는 카의 회전 모멘트는 무시한다.
③ 추락방지안전장치가 작동한 후에도 가이드 레일에는 좌굴이 없어야 한다.
④ 레일 브래킷의 간격을 작게 하면 동일한 하중에 대하여 응력과 휨은 작아진다.

해설 레일을 결정하는 3가지 요소
① 안전장치가 작동했을 때 좌굴하지 않는 지에 대한 점검
② 지진 발생시 레일의 휘어짐이 한도를 넘거나, 레일의 응력이 탄성한계를 넘으면 카 또는 균형추가 레일에서 벗어나지 않는지에 대한 점검
③ 불균형한 큰 하중을 적재 시 또는 그 하중을 올리고 내릴 때 카에 큰 회전 모멘트가 걸리는데, 레일이 지탱할 수 있는지에 대한 점검

28. 적재중량 1200kg, 카 자중 2600kg, 로프 한가닥의 파단하중 60kN, 로프 가닥수 5, 로프 자중 250kg, 균형도르래 중량 500kg인 엘리베이터의 로핑방식이 2:1 싱글 랩 로핑일 때, 이 엘리베이터 로프의 안전율은 약 얼마인가? (단, 안전율의 산정 시 균형도르래의 중량은 1/2을 적용한다).

① 13.2   ② 14.2   ③ 15.2   ④ 16.2

해설 $S = \dfrac{kNf}{W + W_c + W_r + \dfrac{W_t}{2}} = \dfrac{2 \times 5 \times 6122}{1200 + 2600 + 250 + \dfrac{500}{2}} = 14.2$

※ 1kg= 9.8N이므로 60kN은 6122kg이 된다.

29. 기계실이 있는 승강기에서 승강기에 대한 주요 부품중 설치 위치가 다른 한 가지는?

① 균형추   ② 이동케이블   ③ 가이드레일   ④ 과속조절기

해설 과속조절기는 프레임상부(기계실 상부시 기계실에) 및 저부에 설치되는데 조속기 로프에 의해 회전된다.

30. 엘리베이터 운전제어 중 전기적 비상운전 제어에 관한 설명으로 틀린 것은?

정답 26. ① 27. ② 28. ② 29. ④ 30. ②

① 비상운전 제어 시 카 속도는 0.30m/s 이하이어야 한다.
② 전기적 비상운전은 버튼의 순간적인 누름에 의해서도 작동되어야 한다.
③ 전기적 비상운전 스위치는 파이널 리미트 스위치를 무효화시켜야 한다.
④ 전기적 비상운전 스위치의 작동 후, 이 스위치에 의한 움직임을 제외한 모든 카 움직임은 방지되어야 한다.

해설 전기적 비상운전 및 정지는 비상운전 스위치 노브를 움직여 행한다. 전기적 비상운전 제어시 카 속도는 0.30m/s 이하이어야 한다.

31. 엘리베이터용 도어 인터로크에서 잠금장치에 대한 설명으로 옳지 않은 것은?

① 잠금장치 위치는 승강장 도어가 닫힐 때 승강장 측으로부터 접근할 수 있는 위치에 설치해야 한다.
② 안전 접점이 작동하기 전 잠김 상태를 유지하여야 하며, 외부 충격이나 진동에 의해 잠김 상태가 무효화 되어서는 안 된다.
③ 중력, 스프링, 영구자석에 의해 작동하며, 영구 자석에 의해 잠기는 방식에서는 열이나 충격에 의해 기능을 상실해서는 안 된다.
④ 여러 짝의 조합에 의해 이루어진 도어에서는 특별한 경우를 제외하고는 각각의 도어(도어짝)에 잠금 장치를 설치하여야 한다.

해설 도어 인터록(Door Interlock): 도어 인터록 장치는 승강장 도어 안전장치로서 엘리베이터의 안전장치 중에서 가장 중요한 것 중 하나이다. 이 장치는 카가 정지하지 않는 층의 도어는 특수한 열쇠를 사용하지 않으면 열리지 않도록 하는 도어록과 도어가 닫혀 있지 않으면 운전이 불가능하도록 하는 도어 스위치로 구성된다. 도어 인터록 장치에서 중요한 것은 도어록 장치가 확실히 걸린 후 도어 스위치가 들어가고, 도어 스위치가 끊어진 후에 도어록이 열리는 구조로 하는 것이다. 승강장 도어 인터록은 승강장 도어가 닫히면 승강장 측으로부터 접근할 수 없는 쪽에 놓아야 한다.

32. 그림과 같이 아랫부분이 고정되고 위가 자유단으로 된 기둥의 상단에 하중 P가 작용한다. 이 때 좌굴이 발생하는 좌굴하중은 기둥의 높이와 어떤 관계가 되는가? (단, 기둥의 굽힘강성(EI)는 일정하다.)

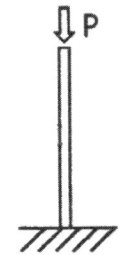

① 기둥의 높이의 제곱에 반비례한다.
② 기둥의 높이에 반비례한다.
③ 기둥의 높이에 비례한다.
④ 기둥의 높이의 제곱에 비례한다.

33. 에너지 분산형 완충기가 적용된 엘리베이터의 정격속도가 80m/min이다. 규정된 시험조건으로 완충기에 충돌할 때 완충기의 행정은 약 몇 mm 이상이어야 하는가?

① 86　　② 94　　③ 108　　④ 119

해설 $L = 0.0674 V^2 = 0.0674 \times 1.33^2 ≒ 119mm$

정답 31. ①　32. ①　33. ④

34. 완충기에 사용하는 코일 스프링을 설계하고자 한다. 스프링에 작용하는 하중은 18kN, 스프링 소선의 지름은 26mm, 코일의 평균지름은 122mm일 때 이 스프링에 발생하는 전단응력은 약 몇 MPa인가? (단, 응력수정계수는 1.33으로 한다).

① 352 ② 386 ③ 423 ④ 469

해설 $\tau = k\dfrac{8WD}{\pi d^3} = 1.33\dfrac{8 \times 18 \times 10^3 \times 122}{\pi \times 26^3} = 423.16(N/mm^2)$

35. 엘리베이터 운행을 위해 전동기에서 요구되는 최대 토크가 $42N \cdot m$, 이 때 전동기 회전수는 2500rpm이다. 이 전동기의 전체 효율이 약 75%이면 전동기에서 요구되는 출력은 약 몇 kW 인가?

① 8.9 ② 10.8 ③ 12.4 ④ 14.7

해설 출력 $P = 2\pi n\tau = 2\pi\dfrac{2500}{60} \times 42 = 10998.8\,W$

∴ $\dfrac{10998.8}{0.75} = 14665\,W = 14.7\,W$

36. 승강기 설비계획을 할 때 고려해야 할 사항에 해당되지 않는 것은?

① 교통량 계산을 하여 그 건물의 교통수요에 적합하고 충분한 대수일 것
② 이용자의 대기시간이 허용치 이하가 되도록 고려할 것
③ 여러 대를 설치할 경우 가능한 건물 가운데로 배치할 것
④ 용도에 관계없이 반드시 서비스층의 분할을 적용할 것

해설 설비계획상의 요점
① 교통량 계산을 하여 그 빌딩의 교통수요에 적합한 충분한 대수일 것
② 이용자의 대기시간이 허용치 이하가 되도록 고려할 것
③ 여러 대를 설치할 경우 가능한 건물 가운데로 배치할 것
④ 교통수요에 따라 시발층을 어느 하나의 층으로 할 것
⑤ 군관리 운전을 할 경우에는 서비스층은 최상층과 최하층을 일치시킬 것
⑥ 초고층 빌딩의 경우에는 서비스층의 분할을 고려할 것

37. 기어 방식의 권상기에서 웜기어와 비교하여 헬리컬 기어의 효율적인 소음을 옳게 설명한 것은?

① 효율은 높고 소음도 크다. ② 효율은 높고 소음도 작다.
③ 효율은 낮고 소음도 크다. ④ 효율은 낮고 소음도 작다.

해설 헬리컬 기어는 효율은 높으나 소음이 크다. 또한 웜기어식 보다는 역 구동이 쉽다.
※ 웜기어는 효율은 낮고 소음이 작으며, 역구동 또한 어렵다.

38. 승강로 최상층의 승강장 바닥면에서 승강로의 상부(기계실 바닥 슬래브 하부면)까지의 수직거리를 무엇이라고 하는가?

정답 34. ③ 35. ④ 36. ④ 37. ① 38. ①

① 오버헤드　　② 꼭대기 틈새　　③ 주행여유　　④ 천장여유

해설 오버헤드는 최상 정지층의 기계실 바닥에서 승강로의 상부까지의 수직거리를 말한다.

39. 승강로 벽의 내측과 카 문턱, 카 문틀 또는 카문의 닫히는 모서리 사이의 수평거리는 승강로 전체에 걸쳐서 기본적으로 몇 m 이하이어야 하는가? (단, 특별한 경우를 제외한 일반적인 조건을 말한다).

① 0.1　　② 0.12　　③ 0.15　　④ 0.2

40. 유압식 엘리베이터의 유압 제어 및 안전장치와 관련하여 릴리프 밸브를 압력을 전 부하 압력의 몇 %까지 제한하도록 맞추어 조절되어야 하는가?

① 125　　② 130　　③ 135　　④ 140

해설 릴리프 밸브(안전밸브)는 압력조절 밸브로서 압력이 과도하게 상승(125%에 세팅)하는 것을 방지한다. 릴리프 밸브는 압력을 전부하 압력의 140%까지 제한하여 맞추어 조절되어야 한다.

(일반 기계 공학)

41. 회전수 1000rpm으로 716.2N·m의 비틀림 모멘트를 전달하는 회전축의 전달 동력(kW)은?

① 약 749.9　　② 약 75.0　　③ 약 119　　④ 약 11.9

해설 $P = 2\pi n \tau = 2\pi \frac{N}{60} \tau = 2 \times 3.14 \times \frac{1000}{60} \times 716.2 ≒ 75 kW$

42. 균일 단면 봉재에 작용하는 수직응력에 의한 탄성에너지를 구하는 식으로 옳은 것은? (단, 탄성에너지 U, 인장하중 P, 봉재길이 L, 세로탄성계수 E, 변형량 δ, 단면적은 A이다).

① $U = \frac{P^2 L}{2EA}$　　② $U = \frac{PL}{2EA}$　　③ $U = \frac{2EA\delta}{L}$　　④ $U = \frac{EA\delta}{2L}$

43. 셸 몰드법(shell mold process)에 대한 설명으로 틀린 것은?

① 미숙련공도 작업이 가능하다.
② 작업공정을 자동화하기 쉽다.
③ 보통 소량생산 방식에 사용된다.
④ 짧은 시간 내에 정도가 높은 주물을 만들 수 있다.

해설 셸 몰드법: 규소, 모래 또는 열경화성의 합성수지와 혼합한 분말을 가열된 금형에 뿌려 두 개의 주형을 만들어 용융 금속을 넣고 주물을 만드는 방법을 말한다. 이 방법은 주로 소형 자동차용 크랭크축, 캠축 등의 대량 생산에 이용되고 있으며, 제작소요 시간이 단축되고 결과물의 표면이 아름다우며 정밀도가 높다. 작업에 있어서 숙련이 요구되지 않는 등의 이점이 있어 경량주물의 생산에 알맞은 주조방법이다.

44. 나사에서 리드각은 나사의 골지름, 유효지름 및 바깥지름에서 각각 다르고 골지름에서 가장 크다. 나사의 비틀림각이 30°이면 리드각은?

정답　39. ③　40. ④　41. ②　42. ①　43. ③　44. ③

① 30°　　　　② 45°　　　　③ 60°　　　　④ 90°

해설 리드각+비틀림각=90°이므로 리드각은 60°이다.

45. 주응력에 대한 설명으로 틀린 것은?

① 주응력은 전단응력이다.　　　　② 평면응력에서 주응력은 2개이다.
③ 주평면 상태하의 응력을 의미한다.　　　　④ 주응력 상태에서 수직응력은 최대와 최소를 나타낸다.

해설 외력을 받는 물체내의 어느 점에서의 응력을 생각할 때, 그 점을 포함하는 평면의 방향을 여러 가지로 변화시키면 어느 면에 있어서 수직응력이 최대가 되어 전단응력이 생기지 않는 면이 3개 있다. 이 면을 주응력면이라 하며, 2면에 작용하는 수직응력을 주응력이라고 한다.

46. 공기압 기술에 대한 특징으로 틀린 것은?

① 작동 매체를 쉽게 구할 수 있다.　　　　② 정밀한 위치 및 속도제어가 가능하다.
③ 동력 전달이 간단하며 장거리 이송이 쉽다.　　　　④ 폭발과 인화의 위험이 적으며 환경오염이 없다.

해설 공기압 시스템은 정확한 정속제어나 중간정지가 곤란하다.

47. 용접부의 시험을 파괴시험과 비파괴시험으로 분류할 때 비파괴시험이 아닌 것은?

① 인장시험　　　　② 음향시험　　　　③ 누설시험　　　　④ 형광시험

해설 비파괴 검사방식
① 방사선 투과검사 ② 초음파 탐상검사 ③ 액체 침투 탐상검사 ④ 자분 탐상검사
⑤ 와전류 탐상검사 ⑥ 열 탐상검사 ⑦ 음향 방출검사 ⑧ 누설 검사 ⑨ 형광 침투검사

48. 모듈 5, 잇수 52인 표준 스퍼기어의 외경(mm)은?

① 250　　　　② 260　　　　③ 270　　　　④ 280

해설 스퍼기어의 외경 = (잇수+2) × 모듈
$= (52+2) \times 5$
$= 270mm$

49. 체결용 기계요소인 코터에 대한 설명으로 틀린 것은?

① 코터의 자립조건에서 마찰각을 ρ, 기울기를 α라 할 때에 한쪽 기울기의 경우는 $\alpha \leq 2\rho$이어야 한다.
② 코터의 기울기는 한쪽 기울기와 양쪽 기울기가 있다.
③ 코터이음에서 코터는 주로 비틀림 모멘트를 받는다.
④ 코터는 로드와 소켓을 연결하는 기계요소이다.

해설 코터는 축과 축 등을 결합시키는데 사용하는 쐐기이다. 축의 길이 방향에 직각으로 끼워서 축을 결합시킨다. 구조가 간단하고 해체하기도 쉬우며, 조절이 가능하므로 두 축의 간이 연결용으로 많이 사용된다.

50. 냉간가공의 특징으로 틀린 것은?

정답 45. ① 46. ② 47. ① 48. ③ 49. ③ 50. ④

① 정밀한 형상의 가공면을 얻을 수 있다.　　② 가공경화로 강도가 증가한다.
③ 가공면이 아름답다.　　④ 연신율이 증가한다.

해설 냉간가공은 재결정 온도보다 낮은 온도에서 금속을 가공하는 일을 말한다. 정밀도가 높고 겉면이 아름다우며 질도 좋아진다. 단점은 소재의 연신율이 감소한다.

51. Ti의 특성에 대한 설명으로 틀린 것은?

① 열전도율이 높다.　　② 내식성은 우수하다.
③ 비중은 약 4.5 정도이다.　　④ Fe보다 가벼운 경금속에 속한다.

해설 티타늄(Ti): ① 내식성이 우수하다. ② 내열성이 우수하다.
③ 저온에서 급격한 취화현상을 나타내지 않는다.
④ 높은 강도가 요구되면서 경량이 요구되는 항공기 및 로켓 부품에 사용된다.
⑤ 매우 가볍다. ⑥ 비중은 약 4.5정도이다.

52. 주철의 물리적, 기계적 성질에 대한 설명으로 틀린 것은?

① 절삭성 및 내마모성이 우수하다.
② 강에 비해 일반적으로 인장강도와 충격값이 우수하다.
③ 탄소함유량이 약 2~6.7%정도인 것을 주철이라 한다.
④ 주조성이 우수하여 복잡한 형상으로 제작이 가능하다.

해설 주철은 인장강도가 강에 비하여 작고, 메짐성이 크며 고온에서도 소성변형이 되지 않는 단점이 있으나, 주조성이 우수하여 복잡한 형상으로도 쉽게 주조되고 값이 저렴하여 많이 이용된다. 탄소함유량이 2.11~6.68%인 철-탄소 합금이 주철이다.

53. 탄성한도 이내에서 가로 변형률과 세로 변형률과의 비를 의미하는 용어는?

① 곡률　　② 세장비　　③ 단면수축률　　④ 프와송 비

해설 프와송의 비: 탄성체의 양 끝에 힘을 가하여 신장시키거나, 수축시켰을 때에, 축에 수직인 방향의 일그러짐 크기를 축 방향의 일그러짐 크기로 나눈 값

54. 연강인 공작물 재질이 드릴 작업을 하려고 할 때 가장 적합한 드릴의 선단각은?

① 70°　　② 118°　　③ 130°　　④ 150°

해설 선단각 ① 주철: 90~118 ② 강(저탄소강): 118 ③ 구리 및 구리합금: 110~130
④ 알루미늄 합금: 90~120 ⑤ 고속도강: 135 ⑥ 플라스틱: 60~90
※ 저탄소강: 탄소를 0.04~1.7%를 함유한 철-탄소합금을 탄소강이라 한다. 0.3% 이하를 저탄소강이라 하고, 특히 세분하여 0.12% 이하를 극연강, 0.20% 이하를 연강, 0.3% 이하를 반연강이라고 한다.

55. 그림과 같이 동일한 재료의 중실축과 중공축에 각각 T_A, T_B의 토크가 작용할 때 전달할 수 있는 토크 T_B는 T_A의 몇 배인가?

정답 51. ①　52. ②　53. ④　54. ②　55. ④

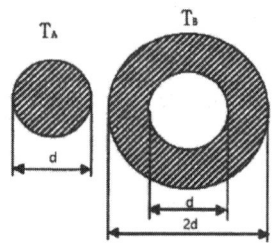

① 6.0
② 6.5
③ 7.0
④ 7.5

해설 $\dfrac{T_B}{T_A} = \dfrac{T\dfrac{\pi d_2^3}{16}(1-x^4)}{T\dfrac{\pi d^3}{16}} = \dfrac{8d^3(1-0.5^4)}{d^3} = 7.5$

56. 0.01mm까지 측정할 수 있는 마이크로미터에서 나사의 피치와 딤블의 눈금에 대한 설명으로 옳은 것은?

① 피치는 0.25mm이고, 딤블은 50등분이 되어 있다. ② 피치는 0.5mm이고, 딤블은 100등분이 되어 있다.
③ 피치는 0.5mm이고, 딤블은 50등분이 되어 있다. ④ 피치는 1mm이고, 딤블은 50등분이 되어 있다.

57. 회전수 1350rpm으로 회전하는 용적형 펌프의 송출량 $32\ell/\min$, 송출압력이 $40kgf/cm^2$이다. 이 때 소비 동력이 3kW라면 이 펌프의 전 효율은?

① 60.1%   ② 69.7%   ③ 75.3%   ④ 81.7%

해설 $K_w = \dfrac{PQ}{102} = \dfrac{40\times 10^4 \times 32\times 10^{-3}}{102\times 60} = 2.09$

$\therefore \dfrac{2.09}{3}\times 100 = 69.7\%$

※ P단위: $\dfrac{kg}{m^2}$, Q단위: $\dfrac{m^3}{s}$

※ 1kW = 102kg·m/s, $40kgf/cm^2 = 40\times 10^4 kg/m^2$

58. 제동장치에서 단식 블록 브레이크의 제동력에 대한 설명으로 옳은 것은?

① 제동 토크에 반비례한다.   ② 마찰 계수에 반비례한다.
③ 브레이크 드럼의 지름에 비례한다.   ④ 브레이크 드럼과 블록사이의 수직력에 비례한다.

해설 단식 블록 브레이크:
① 브레이크 드럼과 블록 사이의 수직력에 비례   ② 큰 제동력을 얻기 어렵다.
③ 블록과 드럼 사이의 마찰로 제동하는 브레이크로 수직력에 비례한다.

59. 크거나 두꺼운 재료를 담금질 했을 때 외부는 냉각속도가 빠르고 내부는 냉각속도가 느려서 재료의 내부로 들어갈수록 경도가 저하되는 현상은?

정답 56. ③   57. ②   58. ④   59. ②

① 노치효과　　② 질량효과　　③ 파커라이징　　④ 치수효과

해설 ① 노치효과: 물체표면의 우묵하게 파인 곳에 응력이 집중되는 효과
② 파커라이징: 철강의 겉면에 인산 망간 또는 인산철의 막을 입혀 녹스는 것을 막는 방법
③ 치수효과: 시험편의 치수가 커지면 피로강도가 저하하는 현상을 말한다.

60. 유압 및 공기압 용어(KS B 0120)와 관련하여 다음이 설명하는 것은?

> 체크 밸브, 릴리프 밸브 등에서 압력이 상승하고 밸브가 열리기 시작하여 어느 일정한 흐름의 양이 인정되는 압력

① 크래킹 압력　　② 리시트 압력　　③ 오버라이드 압력　　④ 서지 압력

해설 ① 크래킹 압력: 체크 밸브, 릴리프 밸브 등에 있어서 압력이 상승하고, 판이 열리기 시작하고 어느 일정의 흐름의 양이 인정되는 압력을 말한다.
② 리시트 압력: 체크 밸브 또는 릴리프 밸브 등으로 입구 쪽 압력이 강하하여 밸브가 닫히기 시작하여 밸브의 누설량이 어떤 규정된 양까지 감소되었을 때의 압력을 말한다.
③ 오버라이드 압력: 설정 압력과 크래킹 압력의 차이를 말하며, 이 압력차가 클수록 릴리프 밸브의 성능이 나쁘고 포핏을 진동시키는 원인이 된다.
④ 서지 압력: 과도적으로 상승한 압력의 최대값을 말한다.

(전기 제어 공학)

61. 유량, 압력, 액위, 농도, 효율 등의 플랜트나 생산공정 중의 상태를 제어량으로 하는 제어는?

① 프로그램제어　　② 프로세스제어　　③ 비율제어　　④ 자동조정

해설 ① 프로그램 제어: 목표값이 미리 정해진 시간적 변화를 하는 경우 제어량을 그것에 추종시키기 위한 제어를 말한다(예: 열차의 무인운전, 산업로봇의 무인운전).
② 프로세스 제어: 제어량이 온도, 압력, 유량, 액면 등과 같은 일반 공업량일 때의 제어를 말한다.
③ 비율제어: 둘 이상의 제어량을 소정의 비율로 제어하는 제어를 말한다(예: 암모니아 합성 프로세스 제어, 보일러의 자동연소제어).
④ 자동조정: 전압, 전류, 주파수, 회전속도 등을 제어량으로 하는 제어를 말한다.

62. 5kVA, 3000/20V의 변압기가 단락시험을 통한 임피던스 전압이 100V, 동손이 100W라 할 때 퍼센트 저항강하는 몇 %인가?

① 2　　② 3　　③ 4　　④ 5

해설 $P = \dfrac{I_{in}r}{V_{in}} \times 100 = \dfrac{I_{in}^2 r}{V_{in}I_{in}} \times 100 = \dfrac{P_c}{kVA} \times 100 = \dfrac{100}{5000} \times 100 = 2\%$

63. 다음 중 2차 전지에 속하는 것은?

① 망간건전지　　② 공기전지　　③ 수은전지　　④ 납축전지

정답 60. ①　61. ②　62. ①　63. ④

[해설] ① 망간건전지: 양극은 이산화망간, 음극은 아연, 전해액은 염화암모늄 또는 염화아연
② 납축전지(2차전지): 양극은 산화납, 음극은 납, 전해질은 진한 황산. 자동차의 배터리로 사용

64. 다음 블록선도와 등가인 블록선도로 알맞은 것은?

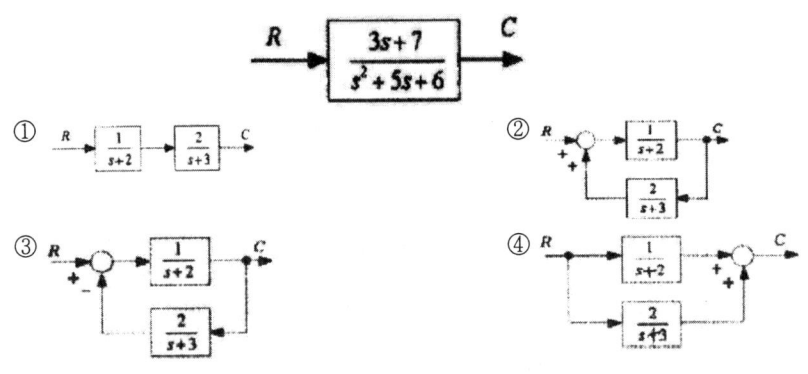

[해설] 블록선도에서 $\dfrac{3s+7}{s^2+5s+6}$ 과 같은 것은 $\dfrac{1}{s+2}+\dfrac{2}{s+3}$ 이다.

65. 60Hz, 4극, 슬립 6%인 유도전동기를 어느 공장에서 운전하고자 할 때 예상되는 회전수는 약 몇 rpm인가?

① 240　　② 720　　③ 1690　　④ 1800

[해설] $N = N_s(1-s) = \dfrac{120f}{P}(1-s) = \dfrac{120 \times 60}{4}(1-0.06) = 1692\,rpm$

66. 그림과 같은 계전기 접점회로의 논리식은?

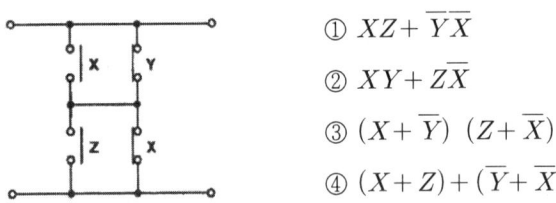

① $XZ + \overline{Y}\overline{X}$
② $XY + Z\overline{X}$
③ $(X + \overline{Y})(Z + \overline{X})$
④ $(X + Z) + (\overline{Y} + \overline{X})$

[해설] X의 a접점과 Y는 병렬로 더하며, Z와 X의 b접점 역시 병렬로 더한다. 그런데 X의 a접점과 Y 그리고 Z와 X의 b접점은 직렬이므로 곱해준다.

67. 그림에 해당하는 함수를 라플라스 변환하면?

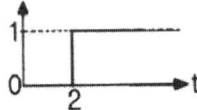

① $\dfrac{1}{s}$　　② $\dfrac{1}{s-2}$
③ $\dfrac{1}{s}e^{-2s}$　　④ $\dfrac{1}{s}(1-e)$

정답　64. ④　65. ③　66. ③　67. ③

해설 시간추이(시간이 변화하는 정리) 라플라스 변환
① 함수 f(t) 라플라스 변환
$$F(s) = \int_0^\infty f(t)e^{-st}dt$$
어떤 시간함수 f(t)가 있을 때 이 함수에 e^{-st}를 곱하고 그것을 다시 0에서 ∞ 까지 시간에 대하여 적분
- 라플라스 변환에서 0 또는 ∞ 가 아니면 추이 적용
- $f(t \pm T)$의 그래프

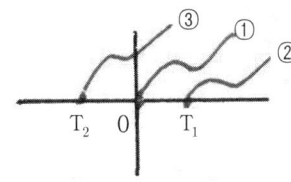

①은 $f(t)$, ②는 $f(t-T_1)$, ③은 $f(t+T_2)$

② $f(t-T) = F(s)e^{-TS}$
 ※ f(t)를 라플라스 변환하면 F(s)
③ $u = (t-a) = \dfrac{1}{s}e^{-as}$
 ※ u(t)는 단위 계단함수(계단처럼 1이란 신호가 계속 나감)로 1을 의미하는데 라플라스 변환하면 $\dfrac{1}{s}$

68. 자기회로에서 도자율(permeance)에 대응하는 전기회로의 요소는?

① 릴럭턴스 ② 컨덕턴스 ③ 정전용량 ④ 인덕턴스

해설 도자율은 자성체가 자성을 띠게 하는 정도를 나타내는 물질상수를 나타낸다. 컨덕턴스는 전류가 통과하기 쉬운 정도를 나타내는 양을 말한다.

69. 어떤 회로에 정현파 전압을 가하니 90° 위상이 뒤진 전류가 흘렀다면 이 회로의 부하는?

① 저항 ② 용량성 ③ 무부하 ④ 유도성

해설 ① R만의 회로: 전압과 전류는 동상이다. ② L만의 회로: 전압은 전류보다 90° 앞선다.
③ C만의 회로: 전압은 전류보다 90° 느리다.

70. 일정 전압의 직류전원 V에 저항 R을 접속하니 정격전류 I가 흘렀다. 정격전류 I의 130%를 흘리기 위해 필요한 저항은 약 얼마인가?

① 0.6R ② 0.77R ③ 1.3R ④ 3R

해설 $1.3I = \dfrac{V}{R}$에서 $R = \dfrac{V}{1.3I} ≒ 0.77\Omega$

71. 3상 회로에 있어서 대칭분 전압이 $V_0 = -8+j3(V)$, $V_1 = 6-j8(V)$, $V_2 = 8+j12(V)$일 때 a상의 전압(V)는?

정답 68. ② 69. ④ 70. ② 71. ①

① 6+j7　　　② 8+j6　　　③ 3+j12　　　④ 6+j12

해설 a상에는 영상분전압, 정상분 전압, 역상분전압이 있다.
비대칭의 a상 $V_a = V_0 + V_1 + V_2 = (-8+j3) + (6-j8) + (8+j12)$
$= 6+j7$

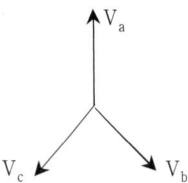

※ 비대칭의 b상 $V_b = V_0 + a^2 V_1 + a V_2$
※ 비대칭의 c상 $V_c = V_0 + a V_1 + a^2 V_2$

[참고 1] 대칭좌표법: 3상 회로의 전류 또는 전압 불평형 문제를 풀이 하는데 사용되는 계산법이다. 전류나 전압의 대칭적인 3개의 성분(영상분, 정상분, 역상분)이 단독으로 존재한다고 하여 계산한 다음, 3개를 중첩해 알고자 하는 것을 얻는 방법이다.

1. 불평형(비대칭) 3상 회로
① 영상분: 크기와 방향이 같은 성분 (위상차가 나지 않는다).

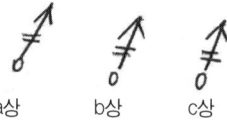

② 정상분: 크기가 같고 위상이 120° 씩 차이가 나며, 상회전 방향은 시계 도는 방향이다. (전동기에 가할 시 시계 도는 방향으로 토크 발생한다.)
③ 역상분: 크기가 같고 위상이 120° 씩 차이가 나며, 상회전 방향은 시계 도는 반대방향이다. (전동기에 가할 시 제동력을 발생시킨다.)
※ 불평형이 아닌 경우에는 영상분, 역상분은 존재하지 않는다.
※ 불평형에서는 영상분, 정상분, 역상분이 존재한다.

[참고 2] ⓐ $a = 1\angle 120° = -\dfrac{1}{2} + j\dfrac{\sqrt{3}}{2}$　　ⓑ $a^2 = 1\angle 240° = -\dfrac{1}{2} - j\dfrac{\sqrt{3}}{2}$
ⓒ $a^3 = 1\angle 120° \times 1\angle 240° = 1\angle 360° = 1\angle 0° = 1$　　ⓓ $a^4 = a \times a^3 = a$
ⓔ $a^5 = a^2 \times a^3 = a^2$　　ⓕ $1 + a + a^2 = 0$
ⓖ 영상분전압 $V_0 = \dfrac{1}{3}(V_a + V_b + V_c)$　　ⓗ 정상분전압 $V_1 = \dfrac{1}{3}(V_a + a V_b + a^2 V_c)$
ⓘ 역상분전압 $V_2 = \dfrac{1}{3}(V_a + a^2 V_b + a V_c)$

2. 평형(대칭) 3상회로
① $V_0 = 0$　　② $V_1 = V_a$　　③ $V_2 = 0$

72. 피드백제어계 중 물체의 위치, 방위, 자세 등의 기계적 변위를 제어량으로 하는 제어는?

정답 72. ①

① 서보기구(servo mechanism)　　　　② 프로세스제어(process control)
③ 자동조정(automatic regulation)　　④ 프로그램제어(program control)

해설 ① 서보기구: 물체의 위치, 방위, 자세 등을 제어량으로 하는 제어
② 프로세스제어: 온도, 유량, 압력, 농도, 습도, 비중 등을 제어량으로 하는 제어
③ 자동조정: 속도, 회전력, 전압, 주파수, 역률 등을 제어량으로 하는 제어
④ 프로그램제어: 열차, 산업로봇의 무인운전, 무조정사의 엘리베이터가 이에 해당된다.

73. 다음 중 일반적으로 중저항의 범위에 해당되는 것은?

① $500\Omega \sim 100M\Omega$의 저항　　② $100\Omega \sim 100M\Omega$의 저항
③ $1\Omega \sim 10M\Omega$의 저항　　　　④ $1\Omega \sim 1M\Omega$의 저항

해설 중저항 범위는 $1\Omega \sim 1M\Omega$의 저항이다.

74. SCR에 관한 설명으로 틀린 것은?

① PNPN 소자이다.　　　　　　　② 스위칭 소자이다.
③ 양방향성 사이리스터이다.　　④ 직류나 교류의 전력제어용으로 사용된다.

해설 SCR은 단방향 사이리스터이다.

75. $V = V_m \sin(wt + 30°)[V]$와 $i = I_m \cos(wt - 60°)[A]$와의 위상차는?

① 0°　　　　② 30°　　　　③ 60°　　　　④ 90°

해설 $i = I_m \cos(wt - 60°) = I_m \sin(wt - 60° + 90°)$
$\qquad\qquad\qquad\quad = I_m \sin(wt + 30°)$
V의 30°와 I의 30°를 계산하면　$Q = 30° - 30° = 0°$

76. 분류기의 저항 (R_s)은? (단, $n = \dfrac{I_o}{I_A}$이다.)

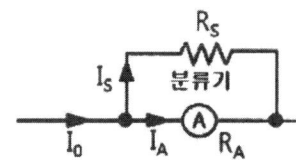

① $\dfrac{R_A}{n+1}$　　② $\dfrac{R_A}{n}$　　③ $\dfrac{R_A}{n-1}$　　④ $\dfrac{R_A}{n-2}$

해설 $I_0 = I_A(1 + \dfrac{R_A}{R_S})[A]$ 여기서 I_0: 측정하고 하는 전류, I_A: 전류계로 흐르는 전류, R_s: 분류기 저항,
$\qquad\qquad\qquad\qquad\qquad R_A$: 전류계 내부저항

$\dfrac{I_o}{I_A} = 1 + \dfrac{R_A}{R_s}$, $n = 1 + \dfrac{R_A}{R_s}$, $n - 1 = \dfrac{R_A}{R_s}$ $\therefore R_s = \dfrac{R_A}{n-1}$

정답 73. ④　74. ③　75. ①　76. ③

77. 아래 그림의 논리회로와 같은 진리값을 NAND소자만으로 구성하여 나타내려면 NAND소자는 최소 몇 개가 필요한가?

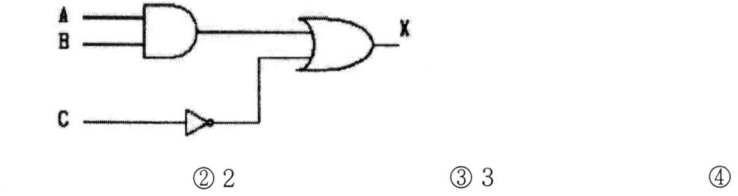

① 1   ② 2   ③ 3   ④ 5

해설 $X = AB + \overline{C}$ 이므로
NAND 소자를 이용, 같은 논리식이 되게 회로도를 그리면 아래와 같다.

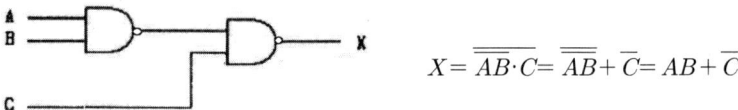

$X = \overline{\overline{AB} \cdot C} = \overline{\overline{AB}} + \overline{\overline{C}} = AB + \overline{C}$

78. $V(V)$로 충전한 $C(F)$의 콘덴서를 $\frac{1}{3}V(V)$까지 방전하여 사용했을 때, 사용된 에너지(J)는?

① $\frac{1}{2}CV^2$ ② CV^2 ③ $\frac{5}{9}CV^2$ ④ $\frac{4}{9}CV^2$

해설 방전 시 에너지 $W = CV^2 = C(\frac{2}{3}V)^2 = \frac{4}{9}CV^2(J)$

79. 특성 방정식이 근이 복소평면의 좌반면에 있으면 이 계는?

① 불안정하다.   ② 조건부 안정이다.
③ 반안정이다.   ④ 안정하다.

해설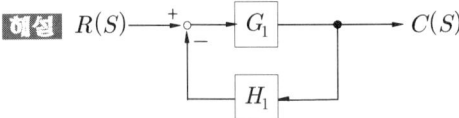

피드백회로의 종합 전달함수 $G(s) = \dfrac{G_1}{1 + G_1 H_1}$ 에서 분모가 0이 되게 하는 식을 특성 방정식이라 하고, 특성 방정식을 만족하는 값을 특성근이라 한다. 특성근의 위치에 따라서 제어계가 안전한지 도는 불안정한지를 판별하는데, S평면(복소평면) 좌반면에 존재하면 안정이고, 우반면에 존재하면 불안정이다.

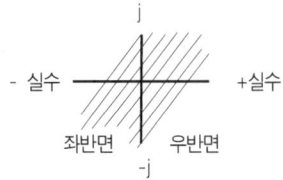

정답 77. ② 78. ④ 79. ④

80. 그림과 같은 단자 1, 2 사이의 계전기 접점회로 논리식은?

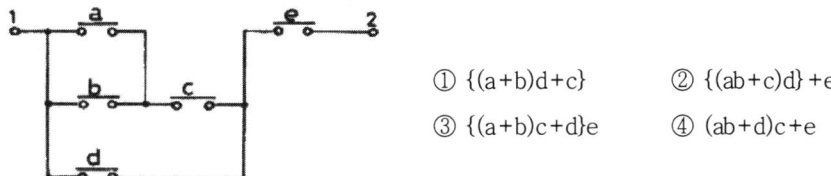

① {(a+b)d+c}
② {(ab+c)d}+e
③ {(a+b)c+d}e
④ (ab+d)c+e

해설 ab는 병렬로 (a+b) 그리고 (a+b)와 c는 직렬이므로 곱한다. 그리고 abc와 d는 병렬이므로 더하며, abcd와 e는 직렬이므로 곱한다.

정답 80. ③

승강기 기사 기출문제
(2022. 4. 24)

(승강기 개론)

1. 기계실의 조명장치와 관련하여 다음 항목에 대한 조도 기준을 올바르게 나타낸 것은?

- 작업공간의 바닥 면 : (㉠) 이상
- 작업공간간 이동공간의 바닥 면: (㉡) 이상

① ㉠: 150lx ㉡: 100lx
② ㉠: 150lx ㉡: 50lx
③ ㉠: 200lx ㉡: 100lx
④ ㉠: 200lx ㉡: 50lx

해설 기계실·기계류 공간·풀리실의 영구적으로 설치된 조명
① 작업공간의 바닥 면: 200lx 이상   ② 작업공간간 이동공간의 바닥 면: 50lx 이상

2. 유압식 엘리베이터는 제약조건이 많아서 수요기 줄어들고 있는 추세인데, 다음 중 유압식 엘리베이터가 주로 이용되는 장소의 조건으로 거리가 먼 것은?

① 저층의 맨션에서 시가지 때문에 일광 제한과 사선 제한의 규제가 있을 경우
② 중심상가에 위치한 10층 상당의 업무용 빌딩에 엘리베이터를 설치할 경우
③ 공원 등에서 건물을 세울 시 높이 제한이 엄격한 경우
④ 대용량이고 승강 행정이 짧은 화물용 엘리베이터로 이용될 경우

해설 유압식 엘리베이터는 실린더를 사용하기 때문에 행정거리와 속도에 한계가 있어 7층 이하, 정격속도 60m/min 이하에 적용한다.

3. 엘리베이터의 상승과속방지장치에 대한 설명으로 옳지 않은 것은?

① 상승과속방지장치는 빈 카의 감속도가 정지단계 동안 $1g_n$ (중력가속도)를 초과하는 것을 허용하지 않아야 한다.
② 상승과속방지장치의 복귀를 위해서 승강로에 접근을 요구하지 않아야 한다.
③ 상승과속방지장치를 작동하기 위해 외부에너지가 필요한 경우, 에너지가 없으면 엘리베이터는 정지되어야 하고 정지 상태가 유지되어야 한다.(단, 압축스프링 방식은 제외)
④ 카의 상승과속을 감지하여 카를 정지시키거나 카가 카의 완충기에 충돌할 경우에 대해 설계된 속도로 감속시켜야 한다.

해설 이 장치는 카의 상승과속을 감지하여 카를 정지시키거나, 균형추 완충기에 대해 설계된 속도로 감속시켜야 한다.

4. 다음 중 카를 지지하는 카 프레임(또는 카틀, car frame)의 주요 구성요소가 아닌 것은?

정답 1. ④ 2. ② 3. ④ 4. ②

① 상부틀(또는 상부체대, cross head) ② 카 바닥(car platform)
③ 하부틀(또는 하부체대, flank) ④ 브레이스 로드(brace road)

해설 카틀의 구조:

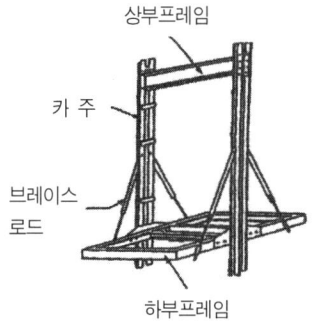

5. 승강기 안전관리법령에 따라 승강기의 정격속도에 따라서 고속 승강기와 중저속 승강기로 구분하는데 이를 구분하는 정격속도의 크기는?

① 3.5m/s   ② 4m/s   ③ 4.5m/s   ④ 5m/s

해설 • 중·저속 승강기: 4m/s 이하   • 고속 승강기: 4m/s 초과

6. 주로 1대의 엘리베이터를 운행할 경우 적용되는 방식으로 승강장의 누름 버튼은 상승용, 하강용의 양쪽 모두 동작이 가능한 방식이며, 상승 또는 하강으로의 진행방향에 승객이 합승을 원할 경우 합승 호출에 응답하면서 운전하는 방식은?

① 단식 자동식   ② 하강 승합 전자동식   ③ 승합 전자동식   ④ 홀 랜턴 방식

해설 ① 단식 자동식: 가장 먼저 눌러진 호출에만 응답하고, 운행 중 다른 호출에는 응하지 않는다. 자동차용 및 화물용에 적합하다.
② 하강 승합 전자동식: 2층 이상의 승강장에는 내림방향의 버튼밖에 없다. 중간층에서 위 방향으로 올라갈 때에는 1층까지 내려와서 카 버튼으로 목적층을 등록시켜 올라가야 한다. 아파트 등에서 사생활 침해나 방범 목적으로 사용된다.
③ 승합 전자동식: 승강장의 누름버튼은 상·하 2개가 있고 동시에 기억시킬 수 있다. 카 진행방향의 누름버튼과 승강장의 누름버튼에 응답하면서 오르고 내린다. 1대의 승용 엘리베이터는 이 방식을 채용하고 있다.
④ 홀 랜턴 방식: 군관리 방식에서 사용되는 위치 표시기 방식으로 카가 도착됨을 알려준다.

7. 적절한 권상능력 또는 전동기의 동력을 확보하기 위해 매다는 로프의 무게에 대한 보상수단을 적용해야 하는데, 이러한 보상수단 중 하나인 튀어오름 방지장치를 설치해야 하는 엘리베이터 정격속도의 기준은?

① 1.75m/s를 초과한 경우   ② 2.5m/s를 초과한 경우
③ 3.0m/s를 초과한 경우   ④ 3.5m/s를 초과한 경우

해설 튀어오름 방지장치를 설치해야 하는 엘리베이터의 정격속도 기준은 3.5m/s 초과인 경우이다.

정답 5. ② 6. ③ 7. ④

8. 카 자중 3500kg, 정격하중 2000kg, 승강행정 60m, 로프 6본, 균형추의 오버밸런스율이 40%일 때 전부하시 카가 최상층에 있는 경우 트랙션비(권상비)는 약 얼마인가? (단, 로프는 1.2kg/m이고, 보상율이 90%가 되는 균형 체인을 설치한다.)

① 1.18　　　② 1.22　　　③ 1.27　　　④ 1.36

해설 ① 카측에 걸리는 하중 $W_{car} = 3500 + 2000 + (1.2 \times 6 \times 60) = 5932 kg$
② 균형추에 걸리는 하중 $W_{cwt} = 3500 + (2000 \times 0.4) + (1.2 \times 6 \times 60 \times 0.9) = 4688.8 kg$

∴ 트랙션비 $= \dfrac{5932}{4688.8} ≒ 1.27$

9. 다음 로프 홈에 대한 설명으로 가장 옳지 않은 것은?

① V홈 - 가공이 쉽고 초기 마찰력도 우수하다.
② 포지티브 홈(나선형 홈) - 로프를 권동에 감기 때문에 고양정으로 사용하기에 유리하다.
③ 언더컷 형 - 트랙션 능력이 커서 가장 많이 사용된다.
④ U홈 - 로프와의 면압이 적으므로 로프의 수명이 길어진다.

해설 ① U홈: 로프와의 면압이 작으므로 로프의 수명은 길어지지만, 마찰계수가 작다.
② 언더컷 홈: U홈과 V홈의 중간적 특성을 갖는데 일반적으로 사용되고 있다.
③ V홈: 마찰계수가 크다. 면압이 높아 와이어로프가 손상되기 쉽다.

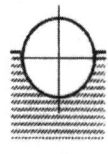　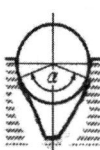　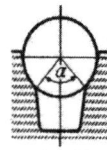
　U홈　　　　V홈　　　언더컷홈

10. 유압식 엘리베이터에서 한쪽 방향으로만 기름이 흐르도록 하는 밸브로서 상승 방향에는 흐르지만 역방향으로는 흐르지 않게 하는 밸브는?

① 체크 밸브　　　② 스톱 밸브　　　③ 바이패스 밸브　　　④ 상승용 유량제어 밸브

해설 체크 밸브(Check Valve): 한쪽 방향으로만 오일이 흐르도록 하는 밸브로서, 상승방향으로는 흐르지만 역방향으로는 흐르지 않는다. 이것은 정전이나 그 이외의 원인으로 펌프의 토출압력이 떨어져서 실린더의 기름이 역류하여 카가 자유낙하하는 것을 방지하는 역할을 한다. 로프식 엘리베이터의 전자브레이크와 유사하다.

11. 엘리베이터 제어방식 중 카의 실속도와 지령속도를 비교하여 사이리스터 점호각을 바꿔 유도전동기의 속도를 제어하는 방식은?

① 교류1단 속도제어　　　　② 교류2단 속도제어
③ 교류귀환제어　　　　　　④ 가변전압 가변주파수 제어

해설 ① 교류1단 속도제어: 3상유도 전동기에 전원을 투입하여 기동과 정속운전을 하고, 정지는 전원을 차단

정답 8. ③　9. ②　10. ①　11. ③

한 후, 제동기에 의해 기계적으로 브레이크를 거는 방식이다.
② 교류2단 속도제어: 2단 속도 모터(motor)를 사용하여 기동과 주행은 고속권선으로 행하고 감속 시는 저속권선으로 감속하여 착상하는 방식이다. 2단 속도 전동기의 속도비는 여러 가지 비율을 생각할 수 있지만 착상오차, 감속도, 감속시의 잭(감속도의 변화비율), 크리프(cleep) 시간(저속으로 주행하는 시간) 등을 고려해 4:1이 가장 많이 사용되고 있다.
③ 교류귀환제어: 카의 실속도와 지령속도를 비교하여 사이리스터의 점호각을 바꿔, 유도전동기의 속도를 제어하는 방식이다.
④ 가변전압 가변주파수 제어: 전압과 주파수를 동시에 변환시켜 제어하는 방식이다.

12. 에스컬레이터에 진입방지대가 설치되는 경우 그 설치요건에 관한 설명 중 옳지 않은 것은?

① 진입방지대는 입구에만 설치해야 하며, 자유구역에서는 출구에 설치할 수 없다.
② 뉴얼의 끝과 진입방지대 및 진입방지대와 진입방지대 사이의 자유로운 입구 폭은 500mm 이상이어야 하며, 사용되는 쇼핑 카트 또는 수하물 카트 유형의 폭보다 작아야 한다.
③ 진입방지대는 승강장 플레이트에 고정하는 것도 허용되지만, 가급적이면 건물 구조물에 고정되어야 한다.
④ 진입방지대의 높이는 700mm에서 900mm 사이이어야 한다.

해설 진입방지대의 높이는 900mm에서 1100mm 사이이어야 한다.

13. 권동식(확동구동식)과 비교하여 트랙션식(마찰구동식) 권상기의 특징에 대한 설명으로 옳지 않은 것은?

① 주 로프의 미끄러짐이나 주 로프 및 도르래에 마모가 거의 일어나지 않는다.
② 균형추를 사용하기 때문에 소요 동력이 작아진다.
③ 와이어로프의 안전율이 확보되면 승강 행정에는 제한이 없다.
④ 여러 가지 장점이 있어 저속에서 초고속까지 넓게 사용되고 있다.

해설 트랙션 권상기 방식은 다음과 같은 경우 로프의 미끄러짐이 쉽게 발생한다.
① 로프의 권부각이 작을수록 미끄러지기 쉽다.
② 카의 가속도와 감속도가 클수록 미끄러지기 쉽다.
③ 카측과 균형추측의 로프에 걸리는 장력비가 클수록 미끄러지기 쉽다.
④ 로프와 도르래 간의 마찰계수가 작을수록 미끄러지기 쉽다.

14. 하나의 승강로에 2대 이상의 엘리베이터가 있는 경우 카 벽에 비상구출문을 설치할 수 있다. 이때 카 간의 수평거리는 몇 m를 초과하면 안 되는가?

① 0.8m   ② 1.0m   ③ 1.2m   ④ 1.5m

해설 2대 이상의 엘리베이터가 동일 승강로에 설치되어 인접한 카에서 구출할 수 있도록 카 벽에 비상구출문이 설치될 수 있다. 다만, 서로 다른 카 사이의 수평거리는 1.0m 이하이어야 한다. 또 비상구출문의 크기는 폭 0.4m 이상 높이 1.8m 이상이어야 한다.

15. 경사형 엘리베이터 안전기준에 따라 승강로 벽을 설계할 때 승강로 벽의 높이 기준은 경사 각도에 따라 달라지는데, 그 기준의 경계가 되는 경사각도는 약 몇 °인가?

정답 12. ④ 13. ① 14. ② 15. ③

① 35°　　　　　② 40°　　　　　③ 45°　　　　　④ 50°

해설 경사형 엘리베이터는 지면 대각선 방향으로 달리는 엘리베이터이다. 목적은 이용자에게 최소한의 노력으로 가파른 언덕과 경사면에 대한 접근성을 제공한다. 경사면 엘리베이터는 케이블 철도의 한 형태이다. 경사면 엘리베이터는 승강로 벽을 설계할 때 승강로 벽의 높이 기준은 경사각도에 따라 달라지는데, 그 기준의 경계가 되는 경사각도는 약 45°이다.

16. 승강기의 정격속도에 관계없이 사용할 수 있는 완충기로 옳은 것은?

① 스프링 완충기　　② 유압 완충기　　③ 우레탄 완충기　　④ 고무 완충기

해설 유압을 이용한 완충기(에너지 분산형 완충기)는 저속 및 고속에 모두 사용 가능하다.

17. 에스컬레이터의 공칭속도에 대한 기준이다. 괄호 안의 내용이 옳게 짝지어진 것은?

- 경사도가 30° 이하인 경우 공칭속도는 (㉠)m/s 이하이어야 한다.
- 경사도가 30°를 초과하고 35° 이하인 경우 공칭속도는 (㉡)m/s 이하이어야 한다.

① ㉠: 0.6, ㉡: 0.4　　　　　　② ㉠: 0.6, ㉡: 0.5
③ ㉠: 0.75, ㉡: 0.4　　　　　④ ㉠: 0.75, ㉡: 0.5

해설 에스컬레이터의 공칭속도
① 경사도가 30° 이하인 에스컬레이터는 0.75m/s 이하이어야 한다.
② 경사도가 30°를 초과하고 35° 이하인 에스컬레이터는 0.5m/s 이하이어야 한다.

18. 권상식 엘리베이터에서 주 로프의 미끄러짐 현상을 줄이는 방법으로 옳지 않은 것은?

① 권부각을 크게 한다.　　　　　② 속도 변화율을 크게 한다.
③ 균형체인이나 균형로프를 설치한다.　　④ 로프와 도르래 사이의 마찰계수를 크게 한다.

해설 엘리베이터의 가속도와 감속도가 크지 않아야 주 로프의 미끄러짐 현상이 일어나지 않는다.

19. 엘리베이터 도어를 작동시키는 도어머신(door machine) 장치가 갖추어야 할 조건으로 가장 거리가 먼 것은?

① 도어용 모터는 토크가 크고 열이 많이 발생하므로 별도의 냉각시설이 필요하다.
② 동작회수가 승강기 기동빈도의 2배 정도이기 때문에 유지보수가 용이해야 한다.
③ 주로 엘리베이터 상단에 설치되어 있어서 소형이면서 경량일수록 좋다.
④ 도어 작동에 있어서 동작이 원활하고 소음이 적어야 한다.

해설 도어머신의 요구성능
① 작동이 원활하고 정숙할 것　② 카 상부에 설치하기 위하여 소형 경량일 것
③ 동작회수가 엘리베이터의 기동회수의 2배가 되므로 보수가 용이할 것　④ 가격이 저렴할 것

정답　16. ②　17. ④　18. ②　19. ①

20. 엘리베이터 안전기준에 따라 소방구조용 엘리베이터의 기본요건으로 틀린 것은?

① 소방구조용 엘리베이터 출입구의 유효폭은 0.7m 이상으로 한다.
② 소방구조용 엘리베이터는 소방운전 시 모든 승강장의 출입구마다 정지할 수 있어야 한다.
③ 소방구조용 엘리베이터는 소방관 접근 지정층에서 소방관이 조작하여 엘리베이터 문이 닫힌 이후부터 60초 이내에 가장 먼 층에 도착하여야 한다.
④ 소방구조용 엘리베이터의 운행속도는 1m/s 이상이어야 한다.

해설 소방구조용 엘리베이터 출입구의 유효폭은 0.8m 이상이어야 한다.

(승강기 설계)

21. 정격속도 90m/min인 엘리베이터 에너지분산형 완충기에 필요한 최소 행정거리는 약 몇 mm인가?

① 121   ② 152   ③ 184   ④ 213

해설 $L = 0.0674 V^2 = 0.0674 \times 1.5^2 = 0.15165 m ≒ 152 mm$
※ $90 m/\min = 1.5 m/s$

22. 카 추락방지안전장치가 작동될 때, 무부하 상태의 카 바닥 또는 정격하중이 균일하게 분포된 부하 상태의 카 바닥은 정상적인 위치에서 몇 %를 초과하여 기울어지지 않아야 하는가?

① 3   ② 4   ③ 5   ④ 6

해설 추락방지안전장치 작동으로 정지 후 승강기 바닥면의 수평도는 5%를 초과하여 기울어지지 않아야 한다.

23. 엘리베이터 설비계획과 관련한 설명으로 옳지 않은 것은?

① 교통량 계산의 결과 해당 건물의 교통 수요에 적합한 충분한 대수를 설치한다.
② 엘리베이터를 기다리는 공간은 복도의 통로가 아닌 별도의 공간으로 구성한다.
③ 초고층 빌딩의 경우 서비스 층을 분할하는 것을 검토한다.
④ 여러 대를 설치할 경우 이용자의 접근을 쉽게 하기 위해 가능한 분산 배치한다.

해설 여러 대를 설치할 경우 가능한 건물 가운데로 배치하여야 한다.

24. 비상통화장치에 대한 설명으로 옳지 않은 것은?

① 기계실 또는 비상구출운전을 위한 장소에는 카내와 통화할 수 있도록 규정된 비상전원 공급장치에 의해 전원을 공급받는 내부통화 시스템 또는 유사한 장치가 설치되어야 한다.
② 비상 시 안정적으로 이용자 상황을 전달할 수 있는 단방향 음성통신이어야 한다.
③ 카 내에 갇힌 이용자 등이 외부와 통화할 수 있는 비상통화장치가 엘리베이터가 있는 건축물이나 고정된 시설물의 관리 인력이 상주하는 장소에 2곳 이상에 설치되어야 한다(단, 관리 인력이 상주하는 장소가 2곳 미만인 경우에는 1곳에만 설치될 수 있다).
④ 비상통화장치는 비상통화 버튼을 한 번만 눌러도 작동되어야 하며, 비상통화가 연결되면 녹색 표시의 등이 점등되어야 한다.

정답 20. ① 21. ② 22. ③ 23. ④ 24. ②

해설 비상통화장치는 구출 활동중에 지속적으로 통화할 수 있는 양방향 음성통신이어야 한다.

25. 점차 작동형 추락방지안전장치를 사용하는 엘리베이터의 정격속도가 150m/min일 때 다음 중 과속조절기가 작동해야 하는 엘리베이터의 속도로 적절한 것은?

① 155m/min ② 165m/min ③ 190m/min ④ 210m/min

해설
$$V_o = 1.25V + \frac{0.25}{V}$$
$$= 1.25 \times 2.5 + \frac{0.25}{2.5}$$
$$= 3.225 m/s = 193.5 m/min \quad \text{※ 150m/min=2.5m/s}$$

26. 전동기의 공칭회로 전압이 380V일 때 시험전압 500V 기준으로 절연 저항은 몇 $M\Omega$ 이상이어야 하는가?

① 0.3 ② 0.5 ③ 1.0 ④ 1.5

해설

전로의 사용전압의 구분	DC 시험전압	절연 저항값
SELV 및 PELV	250[V]	0.5[MΩ]
FELV, 500[V] 이하	500[V]	1[MΩ]
500[V] 초과	1,000[V]	1[MΩ]

27. 엘리베이터용 전동기의 토크는 전동기의 속도가 증가함에 따라 차차 커지다가 최대 토크에 도달하면 그 이후 급격히 토크가 작아져 동기속도가 0이 된다. 이 과정에서 발생한 최대 토크를 무엇이라고 하는가?

① 풀업토크 ② 전부하토크 ③ 정동토크 ④ 기동토크

해설 전동기 토크는 속도가 증가함에 따라 차차 커져 최대 토크에 달하면 급하게 작아져 속도는 0이 되는데 이 최대 토크를 정동토크라 한다.
※ 풀업토크: 정격 주파수의 정격 전압이 인가된 상태에서 정지상태에서 정동토크 속도까지의 가속구간에서 전동기에 의해 발생하는 최소 토크.

28. 엘리베이터에서 카의 자중 및 카에 의해 지지되는 부품의 중량은 1850kg, 정격하중은 1500kg이다. 전 부하 상태의 카가 완충기에 작용하였을 때 피트 바닥에 지지해야 하는 전체 수직력의 최소값은 약 몇 kN인가?

① 107 ② 114 ③ 126 ④ 131

해설
$$G = 4g_n(P+Q)$$
$$= 4 \times 9.8(1850 + 1500)$$
$$= 131320 N$$
$$\fallingdotseq 131 kN$$

정답 25. ③ 26. ③ 27. ③ 28. ④

29. 감아 걸기 전동장치에 대한 설명 중 틀린 것은?

① 평벨트를 사용하는 원통형 풀리는 벨트의 벗어짐을 방지하기 위하여 가운데 부분을 약간 오목하게 한다.
② V-벨트를 이용하면 평벨트를 이용하는 경우보다 비교적 소형으로 큰 동력을 전달할 수 있다.
③ 로프 풀리는 지름을 2배로 키우면 로프에 발생하는 굽힘응력은 1/2로 감소한다.
④ 체인과 스프로킷을 이용하면 벨트를 이용한 전동장치보다 정확한 속도비로 동력을 전달할 수 있다.

해설 평벨트를 사용하는 원통형 풀리는 벨트의 벗어짐을 방지하기 위하여 가운데 부분을 약간 높게 한다.

30. 자세 유형에 따른 피트 피난공간 크기의 최소 기준에 대한 설명 중 틀린 것은? (단, 주택용 엘리베이터는 제외한다).

① 서있는 자세의 수평거리는 $0.3m \times 0.4m$이다.
② 웅크린 자세의 수평거리는 $0.5m \times 0.7m$이다.
③ 서있는 자세의 높이는 2m이다.
④ 웅크린 자세의 높이는 1m이다.

해설 피트의 피난공간 크기

자세	그림	피난공간 크기	
		수평거리(m×m)	높이(m)
서 있는 자세		0.4×0.5	2
웅크린 자세		0.5×0.7	1
누운 자세		0.7×1	0.5

기호 설명: ① 검은색 ② 노란색 ③ 검은색

31. 기어 전동의 특징을 벨트 및 로프 전동과 비교한 설명으로 옳은 것은?

① 효율이 낮다.
② 큰 감속비를 얻기 어렵다.
③ 소음과 진동이 큰 편이다.
④ 동력전달이 불확실하다.

해설 기어 전동의 특징
① 효율이 높다. ② 큰 감속비를 얻기 쉽다. ③ 소음과 진동이 큰 편이다.
④ 동력 전달이 확실하다. ⑤ 충격 흡수에 약하다.

32. 엘리베이터용 전동기를 선정할 때 고려해야 할 조건으로 옳지 않은 것은?

① 회전부분의 관성모멘트가 커야 한다.
② 기동 토크가 커야 한다.
③ 기동 전류가 작은 편이 좋다.
④ 온도 상승에 대해 충분히 견디어야 한다.

정답 29. ① 30. ① 31. ③ 32. ①

해설 엘리베이터용 전동기의 회전부분 관성모멘트가 작아야 한다.

33. 그림과 같은 가이드레일에서 x방향 수평하중(F_x)이 12kN 작용할 때 x방향 처짐량은 약 몇 mm인가? (단, 가이드 브래킷 사이 최대 거리는 250cm이고, y축 단면 2차 모멘트는 $26.48cm^2$ 이며, 재료의 세로탄성계수는 210GPa이다. 그리고, 건물 구조의 처짐량은 무시하고, 처짐 공식은 엘리베이터 안전기준에 따른다).

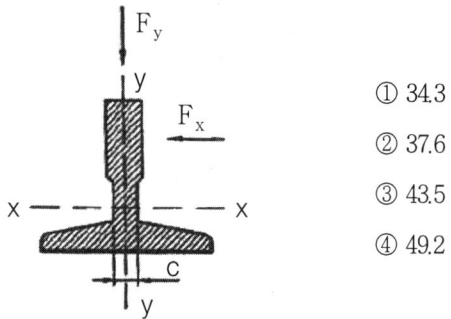

① 34.3
② 37.6
③ 43.5
④ 49.2

해설 처짐량 $= 0.7 \times \dfrac{F_x \ell^3}{48 EI_x}$

$= 0.7 \times \dfrac{12 \times 10^3 \times (250cm)^3}{48 \times (210 \times 10^9 \times 10^{-4} N/cm^2) \times 26.48 cm^4}$

$\fallingdotseq 49.2 mm$

※ $1Pa = 1N/m^2 = 10^{-4}/cm^2$

34. 카 내부에 있는 사람에 의한 카문의 개방을 제한하기 위해 카가 운행 중일 때, 카문의 개방은 몇 N 이상의 힘이 요구되어야 하는가? (단, 잠금해제구간 밖에 있을 때는 제외한다.)

① 30N　　② 50N　　③ 150N　　④ 300N

해설 운행 중인 엘리베이터 카 문의 개방은 50N 이상의 힘이 요구되어야 한다.

35. 엘리베이터 안전기준에 따라 기계실의 크기 및 치수의 기준에 관한 설명으로 옳은 것은?

① 작업구역의 유효 높이는 4m 이상이어야 한다.
② 작업구역 간 이동통로의 유효 폭은 0.3m 이상이어야 한다.
③ 기계실 바닥에 0.3m를 초과하는 단차가 있는 경우, 고정된 사다리 또는 보호난간이 있는 계단이나 발판이 있어야 한다.
④ 보호되지 않은 회전부품 위로 0.3m 이상의 유효 수직거리가 있어야 한다.

해설 기계실의 치수
① 작업구역에서 유효 높이는 2.1m 이상이어야 한다.
② 작업구역 간 이동통로의 유효 폭은 0.5m 이상이어야 한다.
③ 기계실 바닥에 0.5m를 초과하는 단차가 있는 경우, 고정된 사다리 또는 보호난간이 있는 계단이나 발판이

정답 33. ④　34. ②　35. ④

있어야 한다.
④ 구동기의 회전부품 위로 0.3m 이상의 유효 수직거리가 있어야 한다.

36. 엘리베이터에 사용되는 로프의 공칭지름이 18mm일 때 풀리의 피치원 지름은 몇 mm 이상이어야 하는가? (단, 해당 건물은 상업용 건물이다).

① 540mm ② 720mm ③ 1080mm ④ 1440mm

해설 $D = 18 \times 40$배 $= 720mm$

37. 트랙션비(Traction ratio)에 대한 설명으로 틀린 것은?

① 트랙션비의 값이 낮아질수록 트랙션 능력은 좋아진다.
② 트랙션비의 값이 커질수록 전동기의 출력은 낮아질 수 있다.
③ 카측 로프가 매달고 있는 중량과 균형추측 로프가 매달고 있는 중량의 비를 말한다.
④ 트랙션비의 계산 시는 적재하중, 카 자중, 로프 중량, 오버밸런스율 등을 고려하여야 한다.

해설 트랙션비 값이 커질수록 전동기의 출력은 커진다.

38. 카 문턱에 설치하는 에이프런의 수직 높이 기준에 관한 표이다. ㉠, ㉡에 들어갈 기준으로 옳은 것은?

〈에이프런 수직 높이 기준〉

일반 엘리베이터	주택용 엘리베이터
(㉠)m 이상	(㉡)m 이상

① ㉠: 0.55, ㉡: 0.40 ② ㉠: 0.65, ㉡: 0.44
③ ㉠: 0.75, ㉡: 0.54 ④ ㉠: 0.85, ㉡: 0.60

해설 에이프런(apron):
① 카 문턱에는 승강장 유효 출입구 전폭에 걸쳐 에이프런이 설치되어야 한다.
② 수직면의 아랫부분은 수평면에 대해 60° 이상으로 아랫방향을 향하여 구부러져야 한다.
③ 일반용 엘리베이터는 수직 부분의 높이가 0.75m 이상이어야 한다.
④ 일반용이 아닌 주택용 엘리베이터는 수직 부분의 높이가 0.54m 이상이어야 한다.

39. 에스컬레이터를 배치할 경우 고려할 사항 중 틀린 것은?

① 바닥 점유 면적은 되도록 크게 배치한다.
② 건물의 정면 출입구와 엘리베이터 설치 위치와의 중간이 좋다.
③ 백화점일 경우에는 가장 눈에 띄기 쉬운 위치가 좋다.
④ 사람의 움직임이 많은 곳에 설치되어야 한다.

해설 에스컬레이터 배치 시 바닥 점유 면적은 되도록 적게 배치한다.

40. 60Hz, 4극 전동기의 슬립이 5%인 경우 전부하 회전수는 약 몇 rpm인가?

정답 36. ② 37. ② 38. ③ 39. ① 40. ①

① 1710　　　　② 1890　　　　③ 3420　　　　④ 3780

해설 $N = N_s(1-s) = \dfrac{120f}{P}(1-s)$
$= \dfrac{120 \times 60}{4}(1-0.05)$
$= 1710(rpm)$

(일반 기계 공학)

41. 일반적으로 단면이 각형이며 스터핑 박스에 채워 넣어 사용되어지는 패킹의 총칭은?

① 브레이드 패킹　　② 코튼 패킹　　③ 금속박 패킹　　④ 글랜드 패킹

해설 ① 브레이드 패킹: 석면, 면, 마 등을 편직하여 단면이 각형 또는 원형의 끈 모양으로 만든 패킹
② 코튼 패킹: 면사를 재료로 하여 만들어진 패킹의 총칭
③ 금속박 패킹: 금속박의 리본을 사용하여 적당히 감아 겹치거나 조합한 패킹
④ 글랜드 패킹: 일반적으로 단면이 각형이며 스터핑 박스에 채워 넣어 사용되는 패킹의 총칭

42. 드릴링 머신에서 너트나 볼트의 머리와 접촉하는 면을 평면으로 파는 작업은?

① 리밍　　② 보링　　③ 태핑　　④ 스폿 페이싱

해설 ① 리밍: 리벳 구멍을 뚫은 재료를 다른 재료와 이을 때, 미리 뚫어 놓은 리벳 구멍을 확장시켜 상대되는 구멍과 서로 맞추는 작업
② 보링: 선반 또는 보링머신 등으로 보링 바이트를 사용해서 피 가공물의 구멍 가공을 하는 것
③ 태핑: 암 나사를 내기 위해서 암 나사의 내경에 해당되는 드릴로 나사 밑구멍을 뚫고, 이 밑구멍에 탭의 선단을 물려 핸들을 돌려서 나사를 내는 것
④ 스폿 페이싱: 볼트 머리나 너트의 접촉되는 부분만 편평하게 다듬질 하는 작업

43. 두 축이 만나지도 않고, 평행하지도 않는 기어는?

① 웜과 웜 기어　　② 베벨기어　　③ 헬리컬 기어　　④ 스퍼기어

해설 ① 두 축이 만나지도 않고 평행하지도 않는 기어: ·웜 기어 ·나사기어 ·하이포이드 기어
② 평행축 기어: ·평 기어 ·헬리컬 기어 ·랙 기어 ·서큘러 기어
③ 교차 축 기어: ·베벨기어 ·페이스 기어 ·베벨로이드 기어

44. 알루미늄 합금인 두랄루민의 표준성분에 해당하지 않는 원소는?

① Co　　② Cu　　③ Mg　　④ Mn

해설 항공기 등에 사용되는 합금으로 알루미늄, 구리를 주로 하는데 망간, 마그네슘도 첨가된다.

45. 하중을 물체에 작용하는 상태에 따라 분류할 때 해당하지 않는 것은?

① 인장하중　　② 압축하중　　③ 전단하중　　④ 교번하중

정답 41. ④　42. ④　43. ①　44. ①　45. ④

해설 1. 하중을 물체에 작용하는 상태에 따라 분류: ① 인장하중 ② 압축하중 ③ 전단하중 ④ 굽힘하중 ⑤ 비틀림 하중
2. 하중을 물체에 작용하는 속도(시간)에 따라 분류: ① 정하중 ② 동하중 ③ 반복하중 ④ 교번하중 ⑤ 충격하중 ⑥ 이동하중

46. 정밀 주조법의 일종으로 정밀한 금형에 용융금속을 고압, 고속으로 주입하여 주물을 얻는 방법으로 Al 합금, Mg 합금 등에 주로 사용되는 주조법은?

① 원심주조법 ② 다이캐스팅 ③ 셸 몰드법 ④ 연속주조법

해설 ① 원심주조법: 임의의 한 축을 중심으로 주형을 회전시키면서 용융금속을 주입하고, 이에 작용하는 원심력을 이용하는 주조법
② 다이캐스팅: 필요한 주조 형상에 완전히 일치하도록 정확하게 기계 가공된 강제의 금형에 용융 금속을 주입하여 금형과 똑같은 주물을 얻는 정밀 주조법. 알루미늄, 마그네슘, 아연, 동 합금 등에 주로 사용된다.

47. 철강 시험편을 오스테나이트화한 후 시험편의 한 쪽 끝에 물을 분사하여 퀜칭하는 표준시험법은?

① 붕화 ② 복탄 ③ 조미니 ④ 마르에이징

해설 ① 붕화: 강철과 합금에 전기가 통하지 않도록 하기 위해 붕소가 퍼져 스며들게 하는 화학적 열처리의 하나인데, 내화성과 내마모성이 증진된다.
② 복탄: 열처리 기타 열간 가공으로 표면 탈탄한 것을 가스 침탄으로 표면의 탄소량을 생지의 C%로 복귀시키는 열처리
③ 조미니: 철강 시험편을 오스테나이트화 한 후 시험편의 한 쪽 끝에 물을 분사하여 퀜칭하는 표준 시험법
④ 마르에이징: 극 저탄소 합금 마르텐사이트를 시효에 의하여 경화시키는 조작

48. 그림과 같이 용접이음을 하였을 때 굽힘 응력을 계산하는 식으로 옳은 것은? (단, L: 용접 길이, t: 용접 치수(용접판 두께), ℓ: 용접부에서 하중 작용선까지 거리, W: 작용하중이다).

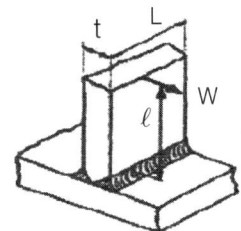

① $\dfrac{6W\ell}{tL^2}$ ② $\dfrac{12W\ell}{tL^2}$

③ $\dfrac{6W\ell}{t^2L}$ ④ $\dfrac{12W\ell}{t^2L}$

49. 호칭 지름이 50mm, 피치가 2mm인 미터 가는 나사가 2줄 왼나사로 암나사 등급이 6일 때 KS 나사 표시방법으로 옳은 것은?

① 왼 2줄 M50×2-6g
② 왼 2줄 M50×2-6H
③ 2줄 M50×2-6g
④ 2줄 M50×2-6H

해설 나사산의 감기 방향은 왼 나사의 경우에는 '왼'의 글자로 하고, 오른 나사의 경우에는 표시하지 않는다. 또한 한 줄 나사는 표시하지 않는다.

정답 46. ② 47. ③ 48. ③ 49. ②

50. 코일의 유효권수 12, 코일의 평균지름 40mm, 소선의 지름 6mm인 압축 코일 스프링에 30N의 외력이 작용할 때, 변위(mm)는 약 얼마인가? (단, 코일 스프링 재질의 전단탄성계수는 $8 \times 10^3 N/mm^2$ 이다).

① 9.35　　② 17.78　　③ 22.70　　④ 33.46

해설 코일 스프링의 처짐 $L = \dfrac{8ND^3 \ell}{Gd^4} = \dfrac{8 \times 12 \times 40^3 \times 30}{8 \times 10^3 \times 6^4}$
$= 17.78 mm$

51. 리벳이음에서 리벳의 지름이 d, 피치가 p일 때 판 효율을 구하는 식으로 옳은 것은?

① $1 - \dfrac{d}{p}$　　② $1 - \dfrac{p}{d}$　　③ $\dfrac{d}{p} - 1$　　④ $\dfrac{p}{d} - 1$

해설 $\eta = 1 - \dfrac{d}{p}$

52. 다음 중 나사산을 가공하는 데 적합한 가공법은?

① 전조　　② 압출　　③ 인발　　④ 압연

해설 ① 전조: 소재나 공구 또는 양자를 회전시켜 소재에 공구의 표면형상을 각인하는 일종의 특수압연이라 볼 수 있는 가공. 나사산 가공에 적합하다.
② 압출: 재료를 용기에 넣고 가열 또는 가열하지 않은 상태로 특정한 모양의 구멍이 있는 다이를 통해 밀어내, 일정하고 긴 모양의 제품을 연속적으로 생산하는 방식
③ 인발: 일정한 모양의 구멍으로 금속을 눌러 짜서 뽑아내며, 자른 면의 단면이 그 구멍과 같고 길이가 긴 제품을 만들어 내는 일
④ 압연: 회전하는 롤러 사이에 재료를 끼워 넣고 소성변형으로 잡아 늘리는 것

53. 유압기기 요소에서 길이가 단면 치수에 비해서 비교적 긴 죔구를 의미하는 용어는?

① 램　　② 초크　　③ 오리피스　　④ 스풀

해설 ① 램: 유압 엘리베이터에서 실린더를 램(RAM)이라고도 한다.
② 초크: 유압기기 요소에서 길이가 단면 치수에 비해서 비교적 긴 죔구를 의미한다.
③ 오리피스: 유압기기에 있어서 오일의 유량이나 압력을 컨트롤하기 위하여 설치된 작은 통로 구멍
④ 스풀: 엘보, 티 등이 ㄱ자형 또는 ㄴ자형으로 결합된 하나의 패키지

54. 그림과 같은 균일분포하중이 작용하는 보의 최대 처짐량을 구하는 식으로 옳은 것은? (단, W: 균일분포하중, L: 보의 길이, E: 세로탄성계수, I: 단면 2차 모멘트이다).

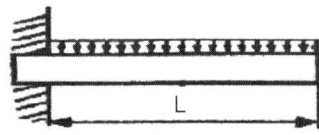

① $\dfrac{WL^3}{3EI}$　　② $\dfrac{WL^4}{8EI}$

③ $\dfrac{WL^3}{216EI}$　　④ $\dfrac{5WL^4}{384EI}$

정답 50. ②　51. ①　52. ①　53. ②　54. ②

55. 지름이 100mm인 유압 실린더의 이론 송출량이 $830 cm^3/s$, 추력이 3kgf일 때 이 유압실린더의 속도(cm/s)는 얼마인가? (단, 펌프의 용적효율은 90%이다).

① 7.5 ② 8.5 ③ 9.5 ④ 10.5

해설 유량 Q = 실린더 단면적 × 실린더 속도 이므로
$830 cm^3 \times 0.9 = \frac{\pi}{4} \times (10cm)^3 V$ 에서 $V = \dfrac{830 cm^3 \times 0.9}{\dfrac{\pi}{4} \times (10cm)^3} ≒ 9.51 cm/s$

56. 비틀림을 받는 원형 단면 봉에서 발생하는 비틀림 각에 대한 설명으로 옳은 것은?

① 봉의 길이에 반비례한다.　　② 전단 탄성계수에 비례한다.
③ 비틀림 모멘트에 반비례한다.　④ 극단면 2차 모멘트에 반비례한다.

해설 비틀림 각 $\theta = \dfrac{\tau \ell}{G I_p}$ 여기서 τ: 토크, ℓ: 길이 G: 상수, I_p: 극관성 모멘트

57. 축에 직각인 하중을 지지하는 베어링은?

① 피벗 베어링 ② 칼라 베어링 ③ 레이디얼 베어링 ④ 스러스트 베어링

해설 ① 피벗 베어링: 세워져 있는 축에 의하여 스러스트 하중을 받을 때 사용한다.
② 칼라 베어링: 수평으로 된 축이 스러스트 하중을 받을 때 사용한다.
③ 레이디얼 베어링: 축에 직각인 하중을 지지할 때 사용한다.
④ 스러스트 베어링: •피벗 베어링 •칼라 베어링

58. 다음 중 버니어 캘리퍼스로 측정할 수 없는 것은?

① 구멍의 내경 ② 구멍의 깊이 ③ 축의 편심량 ④ 공작물의 두께

해설 ① 버니어 켈리퍼스: 길이(외형), 내경, 단차 등을 계측하는 데 사용된다.

59. 지름 8cm, 길이 200cm인 연강봉에 7000N 인장하중이 작용하였을 때 변형량은? (단 탄성한도 내에서 있다고 가정하며, 세로탄성계수는 $2.1 \times 10^6 N/cm^2$ 이다).

① 0.13mm ② 0.52mm ③ 0.33mm ④ 0.62mm

해설 $\lambda = \dfrac{W\ell}{AE} = \dfrac{7000 \times 200}{\dfrac{3.14 \times 8^2}{4} \times 2.1 \times 10^6} ≒ 0.013 cm = 0.13 mm$

60. 유압 회로 구성에 사용되는 어큐뮬레이터의 용도가 아닌 것은?

① 주 동력원 ② 비상동력원 ③ 누설 보상기 ④ 유압 완충기

해설 어큐뮬레이터의 용도: ① 보조 동력원 ② 누설 보상기 ③ 비상 동력원 ④ 유압 완충기

정답 55. ③ 56. ④ 57. ③ 58. ③ 59. ① 60. ①

(전기 제어 공학)

61. 어느 코일에 흐르는 전류가 0.1초간에 1A 변화하여 6V의 기전력이 발생하였다. 이 코일의 자기 인덕턴스는 몇 H인가?

① 0.1　　② 0.6　　③ 1.0　　④ 1.2

해설 $e_L = L\dfrac{dI}{dt}(V)$에서
$L = \dfrac{e_L \cdot dt}{dI} = \dfrac{6 \times 0.1}{1} = 0.6(H)$

62. 어떤 장치에 원료를 넣어 이것을 물리적, 화학적 처리를 가하여 원하는 제품을 만들기 위해 사용하는 제어는?

① 서보제어　　② 추치제어　　③ 프로그램 제어　　④ 프로세스 제어

해설 ① 서보기구: 물체의 위치, 방위, 자세 등 기계적 변위를 제어량으로 한다.
② 추치제어: 목표값의 크기나 위치가 시간에 따라 변화하는 값을 제어한다.
③ 프로그램 제어: 목표값이 미리 정해진 시간적 변화를 하는 경우, 제어량을 그것에 추종시키기 위한 제어. 예) 무인열차, 산업 로봇의 무인운전
④ 프로세스 제어: 제어량이 온도, 압력, 유량 및 액면 등과 같은 일반 공업량일 때 제어. 예) 석유공업, 화학공업

63. 논리식 $L = X + \overline{X} + Y$를 부울대수의 정리를 이용하여 간단히 하면?

① Y　　② 1　　③ 0　　④ X+Y

해설 $L = X + \overline{X} + Y$
　　　$= 1 + Y$
　　　$= 1$
　※ $X + \overline{X} = 1$, $1 + X = 1$

64. 전동기의 기계방정식이 $J\dfrac{d\omega}{dt} + D\omega = \tau$일 때, 이 식으로 그린 블록선도는? (단, J는 관성계수, D는 마찰계수, τ는 전동기에서 발생되는 토크, ω는 전동기의 회전속도이다).

① 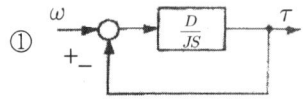　　②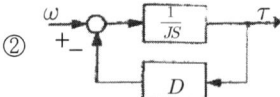

③ 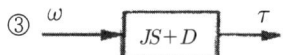　　④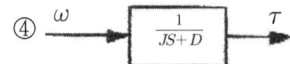

정답 61. ②　62. ④　63. ②　64. ③

해설 $J = \dfrac{d\omega}{dt} = D\omega = \tau$ 라플라스 변환하면 $\tau = JS\omega + D\omega = \omega(JS + D)$

속도와 토크 성분에 관한 전달함수를 구하면 $\dfrac{\tau}{\omega} = \dfrac{JS+D}{1} = JS+D$

65. $G(s) = \dfrac{1}{1+3s+3s^2}$ 일 때 이 요소의 단위 계단응답의 특성은?

① 감쇠 진동(부족제동) ② 완전 진동(무제동)
③ 임계 진동(임계제동) ④ 비진동(과제동)

해설 자동제어계의 2차계 과도응답

2차계 전달함수 $G(s) = \dfrac{w_n^2}{s^2+2\delta w_n s + w_n^2} = \dfrac{1}{3s^2+3s+1} = \dfrac{\frac{1}{3}}{s^2+s+\frac{1}{3}}$

$w_n^2 = \dfrac{1}{3}$, $w_n = \dfrac{1}{\sqrt{3}} ≒ 0.58$, $2\delta w_n = 1$, $2\delta \times 0.58 = 1$, $\delta = \dfrac{1}{1.16} ≒ 0.86 < 1$

∴ 감쇠진동(부족제동)

[참고] • $\delta < 1$: 감쇠진동(부족제동) • $\delta = 1$: 임계제동(임계상태)
• $\delta > 1$: 과제동(비진동) • $\delta = 0$: 무제동(무한진동)

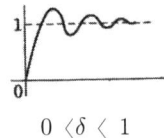
$0 < \delta < 1$

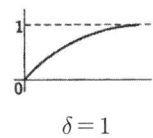
$\delta = 1$

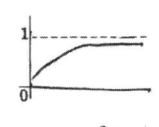
$\delta > 1$

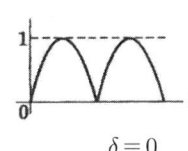
$\delta = 0$

66. $2k\Omega$의 저항에 25mA의 전류를 흘리는 데 필요한 전압(V)은?

① 50 ② 100 ③ 160 ④ 200

해설 $V = IR = 25 \times 10^{-3} \times 2 \times 10^3 = 50(V)$

67. 접점부분이 비활성 가스를 충전한 유리관 속에 봉입되어 있는 스위치 코일에 흐르는 전류로 고속 동작을 하는 입력기구는?

① 근접 스위치 ② 광전 스위치 ③ 플로트레스 스위치 ④ 리드 스위치

해설 ① 근접 스위치: 접점이 물리적으로 접촉하지 않고, 작동하고 있는 것과의 거리에 반응하는 스위치
② 광전 스위치: 광전도 효과를 이용하여 빛의 양에 따라 ON 또는 Off되는 스위치
③ 플로트레스 스위치: 물을 배수하는 용도로 쓰기도 하고, 물을 급수하는 용도로 쓰기도 한다.
④ 리드 스위치: 접점 부분이 비활성 가스를 충전한 유리관 속에 봉입되어 있는 스위치. 자기적 흡인력에 의해 동작된다.

정답 65. ① 66. ① 67. ④

68. 그림과 같은 블록선도에서 X_3/X_1를 구하면?

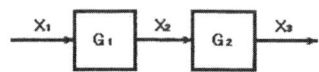

① $G_1 + G_2$ ② $G_1 - G_2$ ③ $G_1 \cdot G_2$ ④ G_1/G_2

블록선도	전달함수
$R(S) \to G_1 \to G_2 \to C(S)$	$G = \dfrac{C(s)}{R(s)} = G_1 G_2$
$R(S) \to (+/-) \to G \to C(S)$ (피드백)	$G = \dfrac{C(s)}{R(s)} = \dfrac{G}{1+G}$
$R(S) \to G_1 \to (+/+) \to C(S)$, G_2 피드백	$G = \dfrac{C(s)}{R(s)} = \dfrac{G_1}{1-G_2}$
$R(S) \to (+/-) \to G_1 \to C(S)$, G_2 피드백	$G = \dfrac{C(s)}{R(s)} = \dfrac{G_1}{1+G_1 G_2}$
$R(S) \to (+/+) \to G_1 \to G_2 \to C(S)$, G_3 피드백	$G = \dfrac{C(s)}{R(s)} = \dfrac{G_1 G_2}{1 - G_1 G_2 G_3}$

69. 입력으로 단위 계단함수 u(t)를 가했을 때, 출력이 그림과 같은 조절계의 기본동작은?

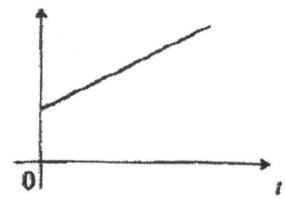

① 비례 동작
② 2위치 동작
③ 비례 적분 동작
④ 비례 미분 동작

해설 단위 계단 함수를 입력시키니 출력이 시간에 따라 계속 증가하고 있다. 이런 경우 PI제어를 하면, P제어 시 측정값과 설정 값의 편차가 생기는데, I제어를 하여 편차가 시간적으로 축적된 양이 크기로 된 곳에서, 조작량을 증가시켜 편차를 없앤다.

정답 68. ③ 69. ③

70. 피드백 제어계의 제어장치에 속하지 않는 것은?

① 설정부　　② 조절부　　③ 검출부　　④ 제어대상

해설 자동제어계의 구성:

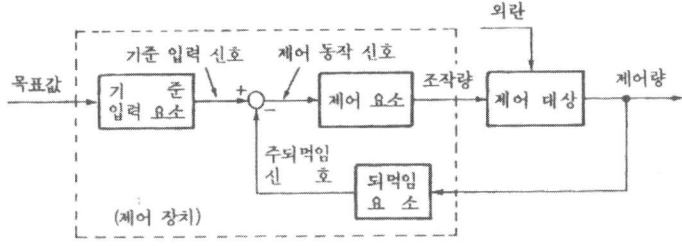

71. 그림과 같은 미끄럼줄 브리지가 $R=10k\Omega$, $X=30k\Omega$에서 평형 되었다. L_1과 L_2의 합이 100cm일 때 L_1의 길이(cm)는?

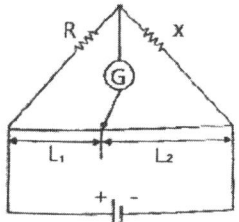

① 25
② 33
③ 66
④ 75

해설 $RL_2 = XL_1$, $L_1 + L_2 = 100$에서 $L_2 = 100 - L_1$
$R(100 - L_1) = XL_1$, $10(100 - L_1) = 30L_1$
$1000 - 10L_1 = 30L_1$, $1000 = 40L_1$ ∴ $L_1 = \dfrac{1000}{40} = 25cm$

72. $\dfrac{3}{2}\pi$(rad)의 단위를 각도(°) 단위로 표시하면 얼마인가?

① 120°　　② 240°　　③ 270°　　④ 360°

해설 $\dfrac{3\pi}{2} = \dfrac{3 \times 180}{2} = 270°$

73. 논리식 $X = (A+B)(\overline{A}+B)$를 간단히 하면?

① A　　② B　　③ AB　　④ A+B

해설 $X = (A+B)(\overline{A}+B) = A\overline{A} + AB + \overline{A}B + BB$
　　$= AB + \overline{A}B + BB$
　　$= B(A + \overline{A}) + B$
　　$= B + B$
　　$= B$

정답 70. ④　71. ①　72. ③　73. ②

※ $A\overline{A}=0$, $BB=B$, $B+B=B$, $A+\overline{A}=1$

74. 변압기의 열화방지를 위하여 콘서베이터를 설치하는 데 기름이 직접 공기와 접촉하지 않도록 봉입하는 가스의 종류는?

① 헬륨　　　　② 수소　　　　③ 유황　　　　④ 질소

75. 전동기 온도 상승 시험 중 반환 부하법에 해당되지 않는 것은?

① 블론델법　　　② 카프법　　　③ 홉킨스법　　　④ 등가저항측정법

해설 전동기 반환 부하법의 종류: ① 블론델법 ② 카프법 ③ 홉킨스법

76. 저항 $R(\Omega)$에 전류 I(A)를 일정 시간동안 흘렸을 때 도선에 발생하는 열량의 크기로 옳은 것은?

① 전류의 세기에 비례
② 전류의 세기에 반비례
③ 전류의 세기의 제곱에 비례
④ 전류의 세기의 제곱에 반비례

해설 $H=I^2Rt(J)$　여기서 I: 전류, R: 저항, t: 시간

77. 그림과 같은 Y결선회로에서 X상에 걸리는 전압(V)은?

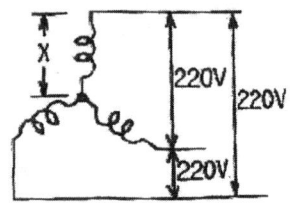

① $220/\sqrt{3}$
② 220/3
③ 110
④ 220

해설 $V_p = \dfrac{V_\ell}{\sqrt{3}} = \dfrac{220}{\sqrt{3}}(V)$

[참고] Y결선 시 $V_\ell = \sqrt{3}\,V_p$, $I_\ell = I_p$　여기서 V_ℓ: 선간전압, V_p: 상전압, I_ℓ: 선전류, I_p: 상전류

78. 다음 그림과 같은 회로가 있다. 이때 각 콘덴서에 걸리는 전압(V)은 약 얼마인가?

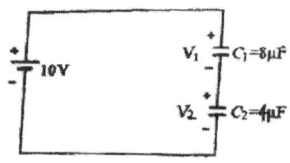

① $V_1 = 3.33$, $V_2 = 6.67$
② $V_1 = 6.67$, $V_2 = 3.33$
③ $V_1 = 3.34$, $V_2 = 1.66$
④ $V_1 = 1.66$, $V_2 = 3.34$

정답 74. ④　75. ④　76. ③　77. ①　78. ①

해설 $V_1 = \dfrac{C_2}{C_1+C_2} \times V = \dfrac{4}{8+4} \times 10 ≒ 3.33(V)$ $V_2 = \dfrac{C_1}{C_1+C_2} \times V = \dfrac{8}{8+4} \times 10 ≒ 6.67(V)$

79. 그림은 3개의 전압계를 사용하여 교류측정이 가능한 회로이다. 이 회로에서 부하의 소비전력을 구하면?

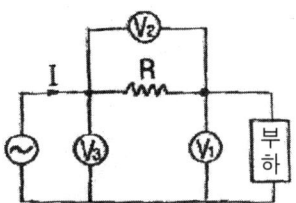

① $P = \dfrac{V_3^2 + V_1^2 + V_2^2}{2R}$ ② $P = \dfrac{V_3^2 - V_1^2 - V_2^2}{2R}$

③ $P = \dfrac{2(V_2^2 - V_1^2 - V_3^2)}{R}$ ④ $P = \dfrac{V_2^2 - V_1^2 - V_3^2}{R}$

해설 3전압계법 $P = \dfrac{1}{2R}(V_3^2 - V_1^2 - V_2^2)[W]$

80. 불평형 3상 전압이 $V_a = 7.3 \angle 12.5°(V)$, $V_b = 0.4 \angle -100°$, $V_c = 4.4 \angle 154°$일 때 정상분 전압 (V_1)은 몇 V인가?

① 2.24∠37.24° ② 2.75∠54.38°
③ 3.26∠13.18° ④ 3.97∠20.54°

해설 정상분 전압 $V_1 = \dfrac{1}{3}(V_a + aV_b + a^2V_c)$
$= \dfrac{1}{3}(7.3\angle 12.5° + 1\angle 120° \times 0.4\angle -100° + 1\angle -120° \times 4.4\angle 154°)$
$= \dfrac{1}{3}(7.3\angle 12.5° + 0.4\angle 20° + 4.4\angle 34°)$
$= 3.72 + j1.39$
$= 3.97\angle 20.49°$

[참고] • 영상분 전압 $V_0 = \dfrac{1}{3}(V_a + V_b + V_c)$ • 정상분 전압 $V_1 = \dfrac{1}{3}(V_a + aV_b + a^2V_c)$

• 역상분 전압 $V_2 = \dfrac{1}{3}(V_a + a^2V_b + aV_c)$

정답 79. ② 80. ④

승강기기사·산업기사 법 개정 요약
(2019. 4. 4 개정)

1. 주로프는 **2본**(종전에는 3본) **이상**을 사용하여야 한다.
2. 주로프의 안전율은 **2본은 16 이상, 3본 이상은 12 이상, 체인은 10 이상**이어야 한다(종전에는 주로프 12 이상).
3. 기계실 작업구역에서 **유효높이는 2.1m**(종전에는 2.0m) **이상**이어야 한다.
4. 카 문턱 끝과 승강로 벽과의 간격은 **15cm**(종전에는 12.5cm) **이하**이어야 한다.
5. 카 비상등은 **1m**(종전에는 2m) 떨어진 수직면상에서 **5lux**(종전에는 2lux) **이상**이어야 한다.
6. 도어 천장의 비상 구출구의 크기는 **0.4m×0.5m**(종전에는 0.35m×0.5m) **이상**이어야 한다.
7. 카 벽에 설치된 비상 구출문은 **폭 0.4m 이상, 높이 1.8m**(종전에는 폭 0.35m×1.8m) **이상**이어야 한다.
8. 절연저항은 전기가 통하는 **전도체와 접지 사이에 측정**되어야 한다.

공칭 회로전압	시험전압/직류 (V)	절연저항 (MΩ)
SELV 및 PELV >100VA	250	≥ 0.5
≤ 500 FELV 포함	500	≥ 1.0
>500	1,000	≥ 1.0

- SELV: 안전 초저압 • PELV: 보호 초저압 • FELV: 기능 초저압

9. 2대 이상의 엘리베이터가 동일 승강로에 설치되어 인접한 카에서 구출할 수 있도록 카 벽에 비상구출구를 설치 시 서로 다른 카 사이의 수평거리는 **1m**(종전에는 0.75m) **이하**이어야 한다.